Analysis für Ingenieure

Reihe Mathematik für Ingenieure: Grundwerk

Analysis für Ingenieure

von Dr.-Ing. W. Leupold, R. Conrad, Dr. S. Völkel, G. Große,

Prof. R. Fucke, Dr. H. Nickel, H. Mende

13. Auflage

Mit 400 Bildern, 771 Aufgaben mit Lösungen und einer Integraltafel

VERLAG HARRI DEUTSCH · THUN UND FRANKFURT/MAIN

HERAUSGEBER:

H. Birnbaum, Dr.-Ing. H. Götzke, Dr.-Ing. H. Kreul,
Dr.-Ing. W. Leupold, Dr. F. Müller, Prof. Dr. P. H. Müller,
Dr. H. Nickel, Prof. Dr. H. Sachs

AUTOREN

Federführung:

Dr.-Ing. Wilhelm Leupold

Autoren:

Rudolf Conrad
(1. bis 3.)

Dr. Siegfried Völkel
(4. bis 7.)

Dipl.-Math. Gerhard Große
(8. bis 11.)

Professor Rudolf Fucke
(12., 14., 15.)

Dr. Heinz Nickel
(13., 20., 21.)

Horst Mende
(16. bis 19.)

Dr.-Ing. Wilhelm Leupold
(22. bis 24.)

ISBN 3 87144 103 1

Redaktionsschluß: 15. 2. 1978

Lizenzausgabe für den Verlag Harri Deutsch · Thun
Satz: VEB Druckhaus „Maxim Gorki“, Altenburg
Fotomechanischer Nachdruck:
Druckerei Schweriner Volkszeitung II-16-8, 27 Schwerin
Printed in GDR

Vorwort

Der vorliegende Band „Analysis für Ingenieure“ und der Band „Algebra und Geometrie für Ingenieure“, die das zweibändige Grundwerk (weißer Einband) der „Reihe Mathematik für Ingenieure“ bilden, gelten bereits als Standardlehrbücher. Sie haben ihren Platz neben dem vierbändigen Grundwerk (grüner Einband), dem „Lehr- und Übungsbuch Mathematik“, das in den Anfangskapiteln breiter angelegt ist und weniger mathematische Vorkenntnisse voraussetzt.
Das zweibändige Grundwerk folgt der neuen Linie der mathematischen Ausbildung, indem es auf den Prinzipien der Mengenlehre aufbaut. Das vierbändige Grundwerk bleibt jedoch weiterhin bestehen, da es wegen seiner ausführlicheren Darstellungsweise vor allem zur Benutzung in Fachschulen und zum Selbststudium vorzüglich geeignet ist.
Die Bände „Algebra und Geometrie für Ingenieure“ und „Analysis für Ingenieure“ liegen von der 6. Auflage an völlig neu bearbeitet vor. Zahlreiche Anregungen von Dozenten, für die sich der Verlag an dieser Stelle noch einmal bedanken möchte, haben wesentlich zur Neufassung und Verbesserung der Bücher beigetragen.
Die Neubearbeitung hat dem zweibändigen Werk zu noch größerer Praxisnähe und Aktualität verholfen. Die Veränderungen beziehen sich im wesentlichen einmal auf den Aufbau des Stoffes, dessen Verständlichkeit erhöht wurde, zum anderen auf Erweiterungen. Der Verlag hofft, daß die Neubearbeitung des zweibändigen Grundwerkes der „Reihe Mathematik für Ingenieure“ zur weiteren Verbesserung der Lernbedingungen beiträgt.

Verlag Harri Deutsch

Inhaltsverzeichnis

Grundlagen der Differential- und Integralrechnung

Einführung in die Fehler- und Ausgleichungsrechnung

Differentialgleichungen

Grundbegriffe der Analysis

1. Funktionen

1.1. Grundbegriffe der Mengenlehre[1])

1.1.1. Der Begriff der Menge

Als **Menge** bezeichnet man jede Zusammenfassung einer Anzahl einzelner, wohlunterschiedener Objekte mit gemeinsamem Merkmal zu einer Gesamtheit.
Man sieht eine Menge als gegeben an, wenn bezüglich eines beliebigen Objektes auf Grund einer Eigenschaft oder Vorschrift genau eine der beiden Aussagen wahr ist:

das Objekt ist Element der Menge,
das Objekt ist nicht Element der Menge.

Eine Menge, die kein Element enthält, wird **leere Menge** genannt und mit $\emptyset$ bezeichnet.
Einige häufig auftretende Mengen sollen durch bestimmte Buchstaben angegeben werden. Es bezeichnen:

N die Menge der natürlichen Zahlen (einschließlich der Null),
G die Menge der ganzen Zahlen,
R die Menge der reellen Zahlen.

Andere Mengen können auf zwei Arten angegeben werden. Entweder werden die Elemente der in Rede stehenden Mengen aufgeführt, z. B.

$$A = \{-8, 3, 5, 9\}, \quad B = \{2, 4, 6, \ldots, 2n, \ldots\},$$

oder es wird die Eigenschaft angegeben, auf Grund der ein Objekt Element der Menge ist. So bedeutet

$$A = \{x \mid |x| < 1 \wedge x \in R\}:$$

die Menge A enthält alle reellen Zahlen, deren Betrag kleiner als 1 ist.

1.1.2. Mengenrelationen

Gleichheit

Zwei Mengen A und B heißen gleich, wenn A dieselben Elemente wie B hat. Im Fall $A = B$ gilt also stets:

$$x \in A \Leftrightarrow x \in B.$$

---

[1]) Vgl. auch die ausführlichere Darstellung im Band »Algebra und Geometrie«

Inklusion

Ist jedes Element von A auch Element von B, so heißt A **Teilmenge oder Untermenge** von B und B **Obermenge** von A:

$$A \subseteqq B \quad \text{bzw.} \quad B \supseteqq A .$$

Dabei ist zugelassen, daß $A = B$ ist. Es gilt also insbesondere

$$A \subseteqq A .$$

Will man ausdrücken, daß B noch andere Elemente als A enthält, so schreibt man

$$A \subset B$$

und nennt A *echte Teilmenge* von B.
Die leere Menge ist Teilmenge jeder beliebigen Menge:

$$\emptyset \subseteqq A \quad \text{und} \quad \emptyset \subseteqq \emptyset .$$

1.1.3. Mengenoperationen

Die Menge, die sämtliche Elemente zweier Mengen A und B enthält, heißt die **Vereinigung** der Mengen A und B:

$$A \cup B .$$

Ein Element, welches in der Vereinigungsmenge $A \cup B$ liegt, muß also in mindestens einer der beiden Mengen A und B liegen. Andererseits liegt ein Element, das in mindestens einer der beiden Mengen A und B enthalten ist, auch sicher in der Vereinigungsmenge $A \cup B$. Es gilt also:

$$x \in A \cup B \Leftrightarrow x \in A \vee x \in B .$$

Die Menge der Elemente, die zwei gegebenen Mengen A und B gemeinsam sind, nennt man den **Durchschnitt** der Mengen A und B:

$$A \cap B .$$

Ein Element x ist Element der Durchschnittsmenge, wenn es zugleich in A und in B liegt. Es gilt also

$$x \in A \cap B \Leftrightarrow x \in A \wedge x \in B .$$

Der Durchschnitt disjunkter (d. h. elementfremder) Mengen ist leer.
Die **Differenz** $A \setminus B$ zweier Mengen A und B ist die Menge, die man erhält, wenn aus A alle die Elemente entfernt werden, die auch in B enthalten sind. Es gilt:

$$x \in A \setminus B \Leftrightarrow x \in A \wedge x \notin B .$$

Sind A und B disjunkt, so gilt $A \setminus B = A$. Für $A \subseteqq B$ wird $A \setminus B = \emptyset$.

1.1.4. Zahlenmengen und lineare Punktmengen

Die Menge R der reellen Zahlen läßt sich bekanntlich geometrisch als Zahlengerade darstellen. Indem man den Zahlen 0 und 1 zwei Punkte O und E einer Geraden g zuordnet, wird eine Einslänge $l_x = \overline{OE}$ festgelegt und der Geraden eine positive Orientierung von O nach E gegeben. Einer Zahl $x \in R$ wird dann der Punkt P auf g zugeordnet, der von O den Abstand $x \cdot l_x$ hat (Bild 1). Dabei ist die Strecke OP

Bild 1

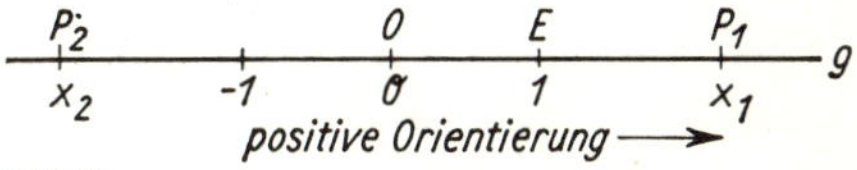

Bild 2

in positiver (negativer) Richtung abzutragen, wenn x positiv (negativ) ist (Bild 2). Auf diese Weise wird jeder reellen Zahl eindeutig ein Punkt der Geraden g zugeordnet. Umgekehrt entspricht jedem Punkt der Geraden g genau eine reelle Zahl. Eine solche umkehrbar eindeutige Zuordnung bezeichnet man als eineindeutig. Das Ergebnis dieser Überlegungen läßt sich kurz so zusammenfassen:

> Die reellen Zahlen lassen sich eineindeutig den Punkten einer orientierten Geraden g mit gewählter Einsstrecke OE zuordnen.

Die Orientierung einer Geraden wird gewöhnlich durch eine in die positive Richtung weisende Pfeilspitze gekennzeichnet.
Nun ist es möglich, Zahlenmengen als lineare Punktmengen (und umgekehrt) darzustellen.
Wegen der Eineindeutigkeit der Zuordnung von Punkten und Zahlen wird oft zwischen Zahlenmengen und Punktmengen nicht streng unterschieden.

BEISPIELE

1. Der in Bild 3 dargestellten Punktmenge $\{P_1, P_2, P_3\}$ entspricht die Zahlenmenge $\{-1, 2, 3\}$.
2. N sei die Menge der natürlichen Zahlen. In Bild 4 ist ein Teil der Zahlenmenge $B = \left\{\frac{1}{n} \,\middle|\, n \in N\right\}$ dargestellt.
3. Bild 5 zeigt die Darstellung der unendlichen Zahlenmenge $A = \{x \mid a < x < b\}$. Die Zahlen a und b gehören nicht der Zahlenmenge an.

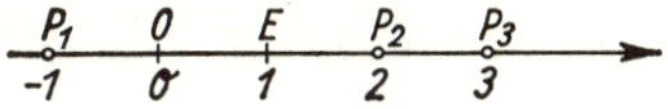

Bild 3

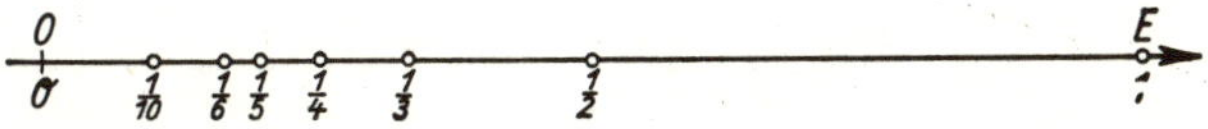

Bild 4

Bild 5

Im letzten Beispiel war die Menge aller reellen Zahlen x zwischen a und b gegeben. Die Menge aller reellen Zahlen, die zwischen zwei Zahlen a und b liegen, wird **Intervall** genannt; a und b heißen seine End- oder Randpunkte. Intervalle werden wir meist mit J bezeichnen.
Je nachdem, ob die Randpunkte a und b zum Intervall gehören, sind folgende Fälle zu unterscheiden:

a) $a \in J, \quad b \in J$

Die Randpunkte a und b gehören dem Intervall J an. Ein solches Intervall heißt *abgeschlossen* und wird durch $[a, b]$ oder $a \leqq x \leqq b$ bezeichnet (Bild 6).

b) $a \notin J, \quad b \notin J$

Die Randpunkte a und b gehören nicht zum Intervall. Ein solches Intervall wird als *offen* bezeichnet und durch (a, b) oder $a < x < b$ angegeben (Bild 7).

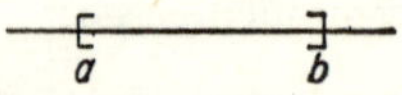

Bild 6

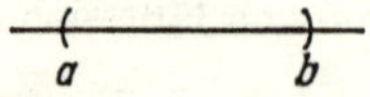

Bild 7

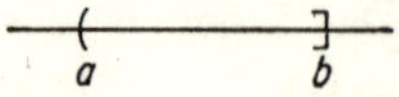

Bild 8

c) $a \notin J, \quad b \in J$ oder $a \in J, \quad b \notin J$

Es gehört nur eine der beiden Zahlen a und b dem Intervall an. Im Falle $a \notin J$, $b \in J$ spricht man von einem links offenen und rechts abgeschlossenen Intervall und bezeichnet es durch $(a, b]$ oder $a < x \leqq b$ (Bild 8).

Das Intervall $a \leqq x \leqq b$ ist durch die Zahlen a und b eingeschränkt und wird deshalb *beschränkt* genannt. Neben beschränkten Intervallen sind auch solche zu betrachten, die rechts, links oder beiderseits keiner Beschränkung unterworfen sind. Solche *unbeschränkten* Intervalle schreibt man unter Verwendung des Zeichens ∞[1]) (gelesen: unendlich):

$$(a, +\infty), \qquad [a, +\infty), \qquad (-\infty, a), \qquad (-\infty, a], \qquad (-\infty, +\infty)$$

bzw. $a < x < +\infty, \quad a \leqq x < +\infty, \quad -\infty < x < a, \quad -\infty < x \leqq a, \quad -\infty < x < +\infty$

oder auch $x > a, \qquad x \geqq a, \qquad x < a, \qquad x \leqq a,$ $\qquad x$ beliebig.

---

[1]) Das Zeichen ∞ bedeutet keine Zahl. In dem hier vorliegenden Sachverhalt wird ausgedrückt, daß z. B. das Intervall $(a, +\infty)$ keinen durch eine bestimmte Zahl angebbaren rechten Randpunkt hat. Wie groß auch im Falle $(a, +\infty)$ ein Wert $x > a$ gewählt wird, stets erstreckt sich rechts von x noch ein unbegrenzt großer Teil des Intervalls. In Abschnitt 2. kann die Bedeutung des Zeichens ∞ genauer gefaßt werden

Ein offenes Intervall (a, b) wird **Umgebung** des Punktes x_0 genannt, wenn x_0 ein Punkt des Intervalls ist, so daß $a < x_0 < b$ gilt. Rechts und links von x_0 liegen also noch Punkte des Intervalls.

BEISPIELE

4. Die Intervalle $(-2, 1)$, $(-10^{-5}, 10^{-6})$ sind Umgebungen von $x_0 = 0$.
5. Das Intervall $[a, b]$ ist weder für a noch für b eine Umgebung, da links von a und rechts von b keine Punkte des Intervalls liegen.

Man betrachtet mitunter auch *einseitige* Umgebungen. So wird das Intervall

$$x_0 \leqq x < x_0 + \varepsilon \qquad (x_0 - \varepsilon < x \leqq x_0)$$

mit $\varepsilon > 0$ rechtsseitige (linksseitige) Umgebung von x_0 genannt.

1.1.5. Ebene und räumliche Punktmengen

Neben Punktmengen auf einer Geraden sind auch Punktmengen in der Ebene und im Raum zu betrachten. Um solche Punktmengen zahlenmäßig zu erfassen, bedient sich die Analytische Geometrie u. a. des cartesischen Koordinatensystems.

Wie Bild 9 zeigt, sind die Koordinatenachsen zwei Zahlengeraden, die sich im Punkte O senkrecht schneiden. Die Einslängen l_x und l_y können voneinander verschieden sein. Mit Hilfe dieses Koordinatensystems wird jedem Punkt P der Ebene ein geordnetes Zahlenpaar $(x; y)$ — in diesem Zusammenhang *Koordinaten* genannt — zugeordnet. Umgekehrt ist durch ein Zahlenpaar $(x; y)$ genau ein Punkt P der Ebene festgelegt. Diese eineindeutige Zuordnung wird auch durch die Schreibweise $P(x; y)$ ausgedrückt.

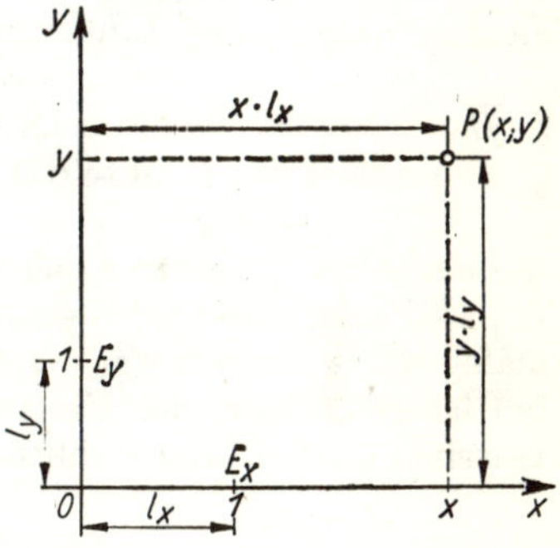

Bild 9

Das cartesische Koordinatensystem vermittelt eine eineindeutige Zuordnung der Punkte der Ebene zu den Zahlenpaaren $(x; y)$.

Um einen Punkt im Raum eindeutig festzulegen, benötigt man eine dritte Koordinate. Dazu legt man durch den Punkt O eine dritte Koordinatenachse, z-Achse genannt, senkrecht zur x, y-Ebene. Für die positive Orientierung der z-Achse gibt es zwei Möglichkeiten (Bilder 10a, b). Bild 10a stellt ein sogenanntes *Rechtssystem*, Bild 10b ein *Linkssystem* dar. Bei einem Rechtssystem zeigt die positive Richtung der z-Achse in die Richtung, in der eine rechtsgängige Schraube fortschreitet, wenn man die x-Achse auf dem kürzesten Wege in die Lage der y-Achse dreht. Beim Linkssystem

zeigt die positive Richtung der z-Achse bei dieser Bewegung in die Fortschreitungsrichtung einer linksgängigen Schraube. Spreizt man Zeigefinger, Mittelfinger und Daumen der rechten bzw. linken Hand rechtwinklig zueinander, so entsprechen sie in dieser Reihenfolge der x-, y- und z-Achse eines Rechts- bzw. Linkssystems. Wir werden ausschließlich das Rechtssystem verwenden.
Jeweils zwei Achsen spannen eine Koordinatenebene auf: die x, y-, die x, z- und die y, z-Ebene. Durch die drei Koordinatenebenen wird der Raum in acht *Oktanten* zerlegt.

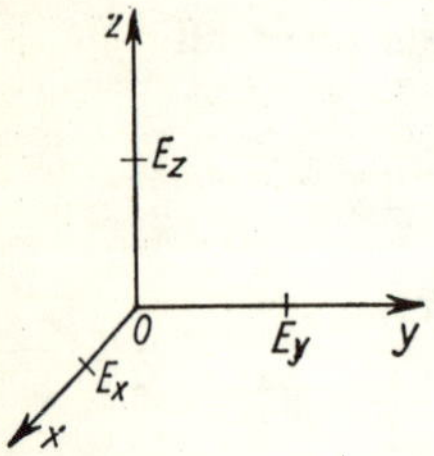

Bild 10a

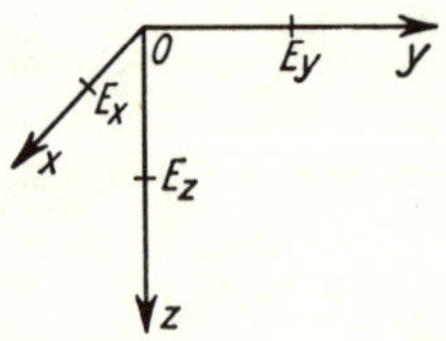

Bild 10b

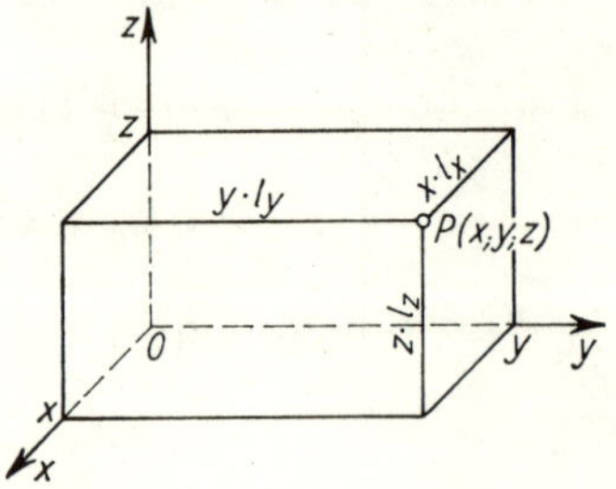

Bild 11

Die Koordinaten x, y, z eines Raumpunktes P sind durch seine Abstände $x \cdot l_x$, $y \cdot l_y$ und $z \cdot l_z$ von den Koordinatenebenen gegeben (Bild 11). Die Zuordnung der Raumpunkte zu den Zahlentripeln $(x; y; z)$ ist eineindeutig.

Das räumliche cartesische Koordinatensystem vermittelt eine eineindeutige Zuordnung der Punkte des Raumes zu den Zahlentripeln $(x; y; z)$.

Die eineindeutige Zuordnung von Punkten und Zahlenpaaren bzw. Zahlentripeln ist vor allem deshalb von Bedeutung, weil sich dadurch geometrische Gebilde zahlenmäßig erfassen und umgekehrt zahlenmäßig gegebene Beziehungen geometrisch deuten lassen. Wegen der Eineindeutigkeit der Zuordnung wird, wie schon erwähnt, zwischen Zahlen- und Punktmengen häufig nicht streng unterschieden.

BEISPIELE

1. Für alle Punkte der linken Halbebene ist die Abszisse $x \leqq 0$ (vgl. Bild 12). Die Menge dieser Punkte ist also durch die Menge A der Zahlenpaare $(x; y)$ mit $x \leqq 0$ gegeben:

$$A = \{(x; y) \mid x \leqq 0\}.$$

2. G sei die Menge der ganzen Zahlen. Die Menge

$$A = \{(x; y) \mid x, y \in G\}$$

wird durch alle Punkte mit ganzzahligen Koordinaten dargestellt. Man nennt sie **Gitterpunkte** der Ebene (Bild 13).

3. Durch $A = \{(x; y) \mid y - x = 2\}$ sind alle Punkte gegeben, deren Koordinaten der Gleichung $y - x = 2$ genügen. Sie liegen bekanntlich auf einer Geraden. Mit $B = \{(x; y) \mid y - x > 2\}$ sind, wie man sich leicht klarmacht, die Punkte der Ebene oberhalb der Geraden $y - x = 2$ gegeben. Die Randpunkte auf der Geraden zählen wegen $y - x > 2$ **nicht** mit zur Punktmenge B. Die Gerade wurde deshalb in Bild 14 unterbrochen gezeichnet.

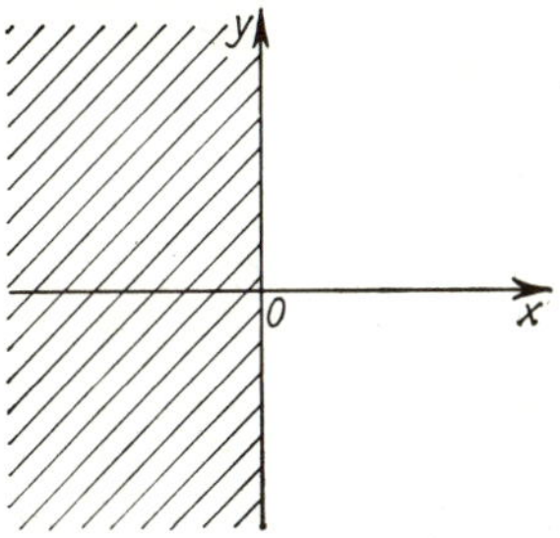

Bild 12

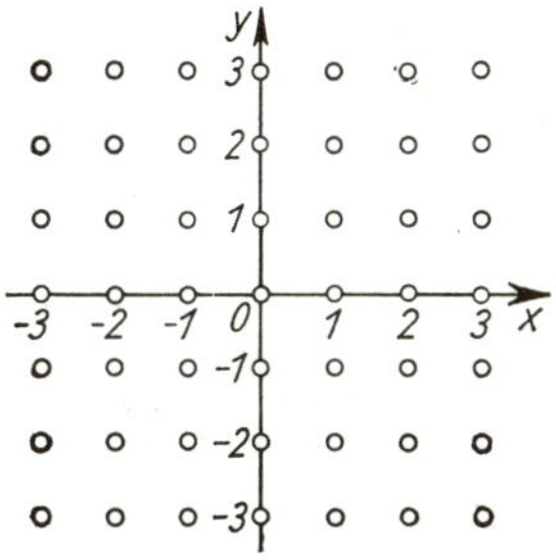

Bild 13

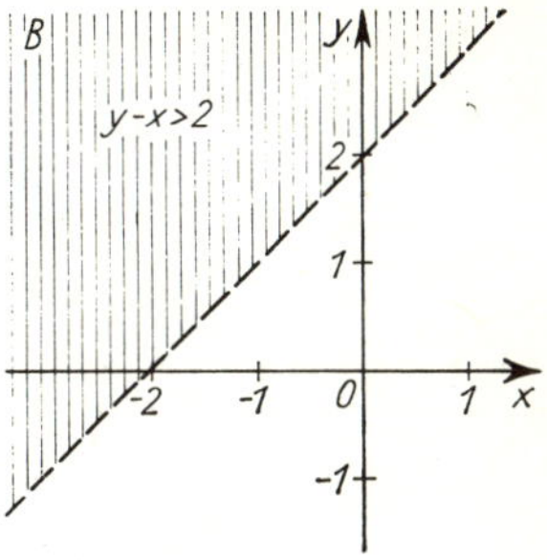

Bild 14

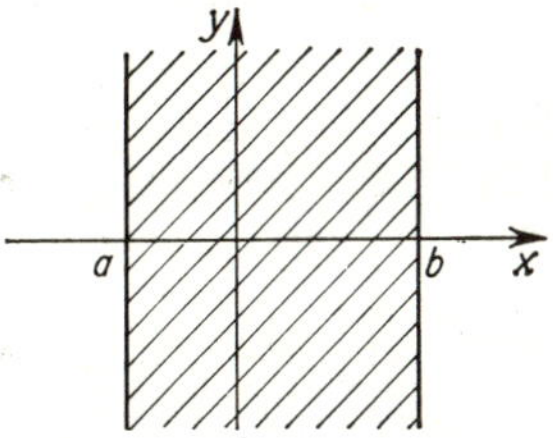

Bild 15

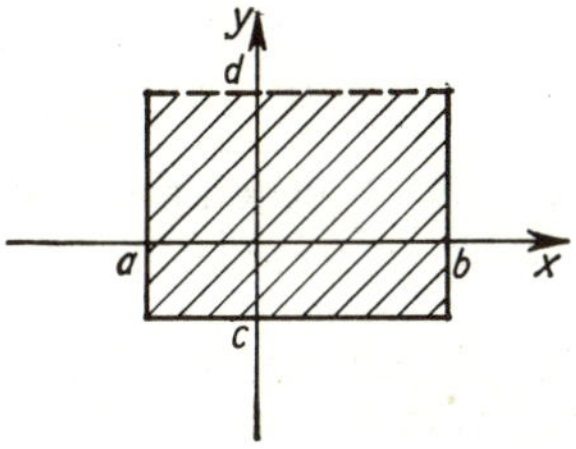

Bild 16

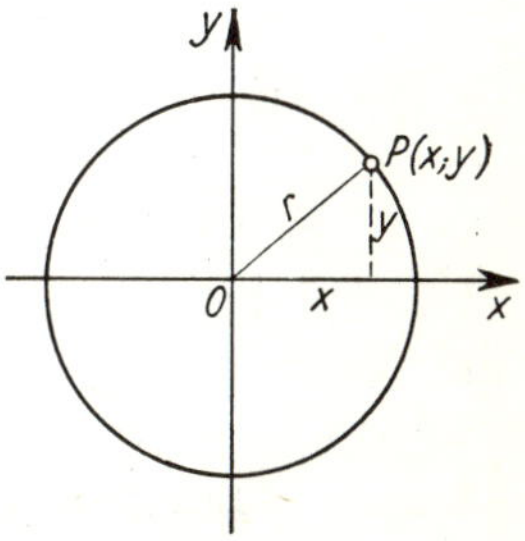

Bild 17

4. Alle Punkte, für deren Koordinaten $a \leqq x \leqq b$ gilt, liegen in einem Streifen parallel zur y-Achse (Bild 15).
Mit $A = \{(x; y) \mid a \leqq x \leqq b,\ c \leqq y < d\}$ sind die Punkte eines Rechtecks gegeben, dessen obere Seite nicht mit zur Punktmenge gehört (Bild 16).

5. Für die Koordinaten x und y eines Punktes P, der den Abstand r vom Ursprung des Koordinatensystems hat, gilt (Bild 17)

$$x^2 + y^2 = r^2.$$

Das gilt für alle Punkte auf der Peripherie des Kreises mit dem Radius r um O. Jeder Punkt der Menge

$$K_1 = \{(x; y) \mid x^2 + y^2 = r^2\}$$

liegt also auf der Kreisperipherie.
Für einen Punkt innerhalb des Kreises gilt offenbar $x^2 + y^2 < r^2$. Mit

$$K_2 = \{(x; y) \mid x^2 + y^2 < r\}$$

ist also eine Kreisfläche (ohne Rand) angegeben.

6. Man überlege sich, daß die angegebenen Mengen von Zahlentripeln die genannten geometrischen Gebilde bestimmen:

$A = \{(x; y; z) \mid z = 0\}$	x, y-Ebene im Raum;
$B = \{(x; y; z) \mid z > 0\}$	oberhalb der x, y-Ebene liegender Raum;
$C = \{(x; y; z) \mid x^2 + y^2 + z^2 = r^2\}$	Kugeloberfläche (Bild 18);
$D = \{(x; y; z) \mid x^2 + z^2 \leqq a^2\}$	Vollzylinder, Zylinderachse ist die y-Achse (Bild 19);
$E = \{(x; y; z) \mid x, y, z \in G\}$	Gitterpunkte des Raumes.

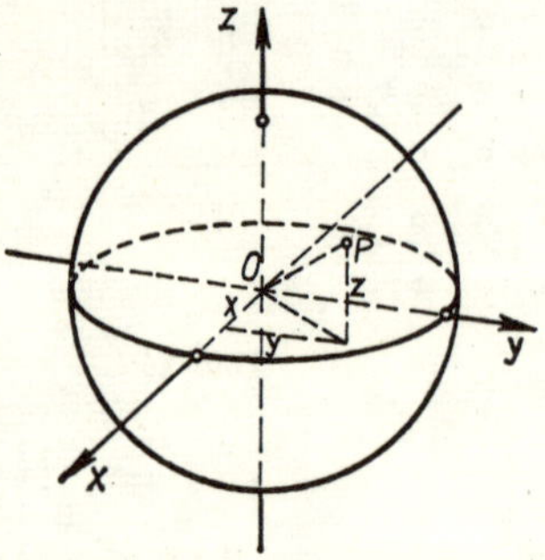

Bild 18

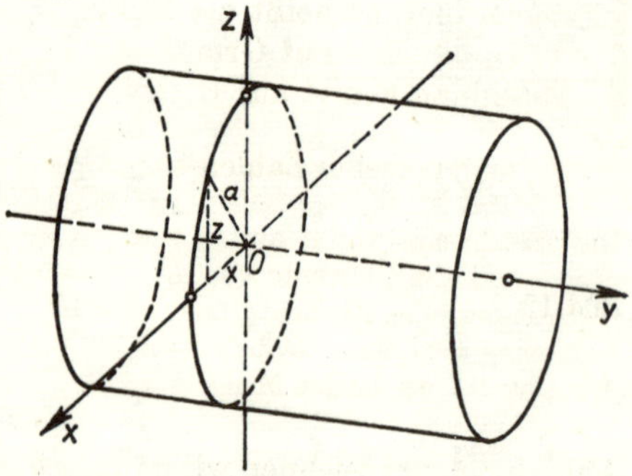

Bild 19

1.2. Die Abbildung

1.2.1. Der Begriff der Abbildung

Der Abbildungsbegriff ist für viele Bereiche der Mathematik und der gesellschaftlichen Praxis von grundlegender Bedeutung. Man spricht von einer Abbildung, wenn bei zwei gegebenen Mengen A und B einzelnen Elementen der Menge A ein oder auch mehrere Elemente der Menge B zugeordnet sind. Die Zuordnung eines Elementes $b \in B$ zu einem Element $a \in A$ wird durch Angabe des geordneten Paares $(a; b)$ wiedergegeben. »Geordnet« soll heißen, daß die Reihenfolge, in der die Elemente angegeben sind, wesentlich ist. An erster Stelle steht stets ein Element der Menge A, an zweiter Stelle ein ihm zugeordnetes Element der Menge B.
Die Menge aller auf Grund der Zuordnung gebildeten Paare $(a; b)$ wird Abbildung genannt.

BEISPIELE

1. In einer Abteilung eines Betriebes bedient die Menge der Arbeiter $A = \{a, b, c, d\}$ die Menge der Maschinen $M = \{1, 2, 3, 4, 5\}$. Jedem Arbeiter sind eine oder mehrere Maschinen zugeordnet, die er bedient. Die Zuordnung ist in Bild 20 angegeben. Daß Arbeiter a die Maschinen 1 und 2 bedient, kann durch die geordneten Paare $(a; 1)$, $(a; 2)$ wiedergegeben werden. Insgesamt besteht die Abbildung aus der Menge der Paare

$$F = \{(a; 1), (a; 2), (b; 2), (c; 3), (c; 5), (d; 3), (d; 4), (d; 5)\}.$$

2. Gegeben seien die Mengen $A = \{1, 2, 3, 4, 5, 6\}$ und $B = \{3, 4, 5, 6\}$. Ein Element $b \in B$ soll einem Element $a \in A$ zugeordnet sein, wenn gilt: $a \mid b$ (lies: a teilt b). Diese Zuordnung liefert die Abbildung:

$$F = \{(1; 3), (1; 4), (1; 5), (1; 6), (2; 4), (2; 6), (3; 3), (3; 6), (4; 4), (5; 5), (6; 6)\}.$$

Definition

Sind Elementen einer Menge A Elemente einer Menge B zugeordnet, so heißt die Menge F der geordneten Paare $(a; b)$, die sich auf Grund der Zuordnung ergeben, eine Abbildung von A auf B.

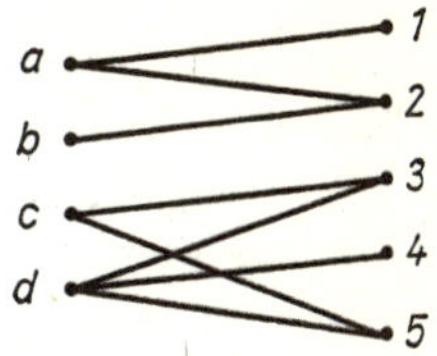

Bild 20

Abbildungen reeller Zahlen sollen **reelle Abbildungen** heißen.

Die Sprechweise »von A auf B« wird verwendet, wenn alle Elemente von A und alle Elemente von B bei der Abbildung erfaßt werden. Werden einzelne Elemente einer der beiden Mengen nicht erfaßt, so spricht man von einer Abbildung »aus A auf B« bzw. »von A in B«. Dementsprechend bedeutet die Formulierung »aus A in B«, daß bei beiden Mengen einzelne Elemente nicht erfaßt sind.

Abbildungen bezeichnen wir im folgenden vorzugsweise mit $F, G, H, f, g, h, \varphi, \psi$, gegebenenfalls mit Indizes.
Ist $(a; b)$ ein Element der Abbildung F, dann heißt b ein durch die Abbildung F vermitteltes **Bild** von a und a das **Urbild** von b.
Die Menge aller Elemente $a \in A$, die ein Bild $b \in B$ haben, nennt man den **Definitionsbereich** der Abbildung F. Andere gebräuchliche Bezeichnungen sind *Vorbereich*, *Argumentbereich* oder *Urbildbereich*. Die Menge aller Elemente $b \in B$, die Bild eines Urbildes $a \in A$ sind, heißt **Wertebereich**, *Nachbereich*, *Gegenbereich* oder *Bildbereich*.
Wie die Beispiele zeigen, können einem Element aus A durchaus auch mehrere Elemente aus B zugeordnet sein. Alle Elemente $y \in B$, die Bild eines Elementes $x \in A$ sind, nennt man das *volle Bild* von x und schreibt dafür $F(x)$ (lies: F von x). In Beispiel 2 ist $F(1) = \{3; 4; 5; 6\}$, $F(5) = \{5\}$.
Definitionsbereich A und Wertebereich B einer Abbildung F müssen nicht voneinander verschiedene Mengen sein. Sind beide durch ein und dieselbe Menge A gegeben, so heißt F eine *Abbildung von A in sich*.
Ist schließlich jedes Element von B jedem Element von A zugeordnet, so wird diese Abbildung **Mengenprodukt** oder *Kreuzprodukt* $A \times B$ (lies: A Kreuz B) der Mengen A und B genannt. Das Mengenprodukt ist nicht kommutativ. $B \times A$ liefert die Menge der Paare $(b; a)$, die im allgemeinen von der Menge der Paare $(a; b)$ verschieden ist.

BEISPIELE

3. Es sei $A = B = R$. Jeder Zahl $x \in R$ soll ihr Quadrat x^2 zugeordnet sein. Mit $x \in R$ ist auch $x^2 \in R$. Die Menge F aller Paare $(x; x^2)$ mit $x \in R$ ist eine Abbildung von R auf sich.

4. Es sei $A = \{a, b\}$, $B = \{1, 2, 3\}$. Das Kreuzprodukt dieser Mengen lautet

$$A \times B = \{(a; 1), (a; 2), (a; 3), (b; 1), (b; 2), (b; 3)\}.$$

Für $B \times A$ ergibt sich das von $A \times B$ verschiedene Kreuzprodukt

$$B \times A = \{(1; a), (1; b), (2; a), (2; b), (3; a), (3; b)\}.$$

5. $G \times G$ ist die Menge aller ganzzahligen Zahlenpaare. Die graphische Darstellung im cartesischen Koordinatensystem liefert die Gitterpunkte der Ebene (vgl. Bild 13).
6. $R \times R$ ist die Menge aller reellen Zahlenpaare. Im cartesischen Koordinatensystem wird $R \times R$ durch die ganze x,y-Ebene dargestellt.
7. In Bild 21 ist das Kreuzprodukt $A \times B$, in Bild 22 das Kreuzprodukt $B \times A$ der Mengen $A = \left\{\frac{1}{x} \,\middle|\, x \in \left[\frac{1}{2}, \infty\right)\right\}$ und $B = N$ dargestellt.

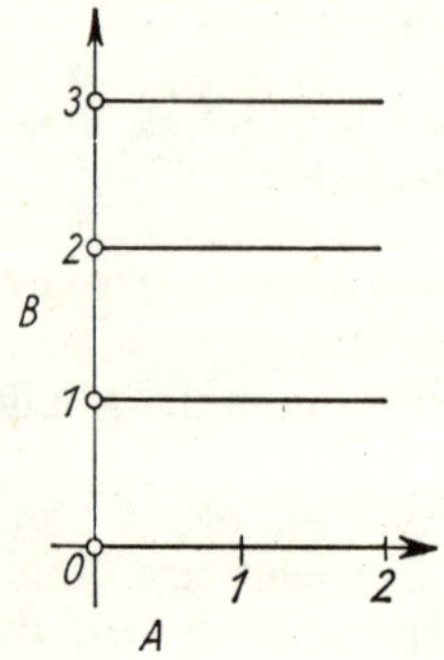

Bild 21

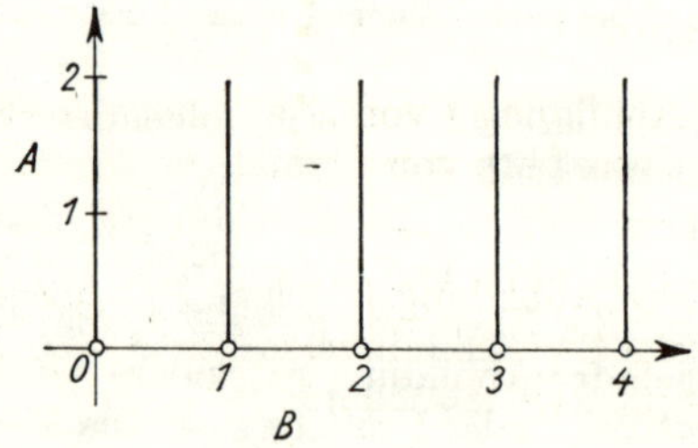

Bild 22

1.2.2. Die inverse Abbildung

F sei eine Abbildung von A auf B und $(a; b) \in F$. Danach ist mit der durch F gegebenen Abbildung dem Element $a \in A$ das Element $b \in B$ zugeordnet. Ordnet man umgekehrt dem Element $b \in B$ das Element $a \in A$ zu, bildet also das Paar $(b; a)$, so spricht man von einer Umkehrung der Zuordnung. Wird diese Umkehrung für alle Paare $(a; b) \in F$ durchgeführt, so erhält man die **Umkehrabbildung** von F oder die zu F **inverse**[1]) **Abbildung.** Sie wird gewöhnlich mit F^{-1} bezeichnet.

Definition

Ist F eine Abbildung von A auf B, so bildet die Menge aller Paare $(b; a)$, für die $(a; b) \in F$ gilt, die zu F inverse Abbildung F^{-1}.

[1]) inversus (lat.) umgekehrt

BEISPIEL

Ist $A = \{a; b; c\}$, $B = \{\alpha; \beta; \gamma\}$ und $F = \{(a; \beta), (b; \alpha), (c; \alpha)\}$, dann lautet die inverse Abbildung $F^{-1} = \{(\alpha; b), (\alpha; c), (\beta; a)\}$ (Bild 23). F ist eine Abbildung von A in B, die Umkehrung F^{-1} eine Abbildung aus B auf A.

Wird die inverse Abbildung F^{-1} umgekehrt, so ergibt sich auf Grund der Definition offensichtlich wieder die ursprüngliche Abbildung F. Es gilt also:

$$\boxed{(F^{-1})^{-1} = F} \tag{1}$$

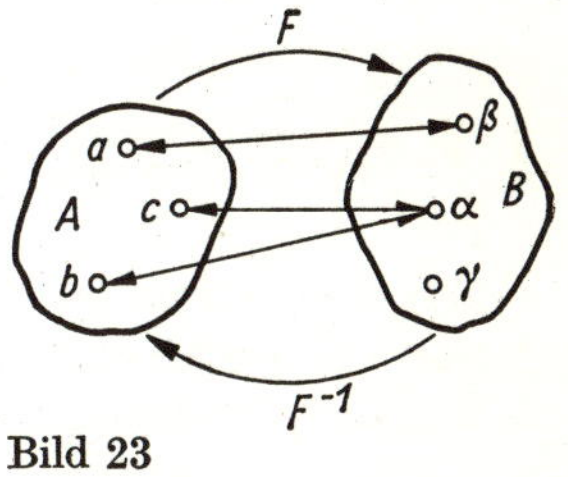

Bild 23

1.2.3. Eindeutige und eineindeutige Abbildungen

Von besonderer Bedeutung sind solche Abbildungen von A auf B, die einem Element $a \in A$ höchstens ein Element $b \in B$ zuordnen. Hat also $a \in A$ ein Bild $b_1 \in B$, so gibt es kein weiteres Element $b_2 \in B$, das ebenfalls ein Bild von a wäre.

Definition

Eine Abbildung f von A auf B heißt **eindeutig**, wenn jedem Element a des Definitionsbereiches von f genau ein Element b des Wertebereiches von f zugeordnet wird.

Die inverse Abbildung f^{-1} einer eindeutigen Abbildung kann mehrdeutig oder eindeutig sein. So ist die inverse der in Bild 23 dargestellten eindeutigen Abbildung F eine mehrdeutige Abbildung.

Definition

Eine eindeutige Abbildung, deren inverse ebenfalls eindeutig ist, heißt **eineindeutige Abbildung.**

AUFGABEN

1. Die Menge A habe m, die Menge B n Elemente. Wieviel Elemente enthält

   a) $A \times A$, b) $A \times B$, c) $B \times A$?

2. Im cartesischen Koordinatensystem sind die Punktmengen $U \times V$, $V \times U$ und $D = (U \times V) \setminus (V \times U)$ darzustellen für

   $U = \{1, 2, 3, 4\}$, $V = \{3, 4, 5\}$.

3. Man stelle $F \subset U \times U$ im cartesischen Koordinatensystem für $U = \{1, 2, 3, 4, 5, 6, 7, 8, 9\}$ dar.

   a) $F = \{(x; y) \mid x | y\}$ b) $F = \{(x; y) \mid x \neq y\}$
   c) $F = \{(x; y) \mid x > y\}$ d) $F = \{(x; y) \mid x$ teilt nicht $y\}$

   Bemerkung: Die letzte Abbildung heißt die zu $F = \{(x; y) \mid x | y\}$ komplementäre Abbildung.

4. Man stelle $F \subset V \times V$ im cartesischen Koordinatensystem für

$V = \{-7, -6, -5, -4, -3, -2, -1, 0, 1, 2, 3, 4, 5, 6, 7\}$ dar.

a) $F = \{(x; y) \mid y = 2x - 1\}$

b) $F = \{(x; y) \mid (x + 1)y = 6\}$

c) $F = \{(x; y) \mid y = x^2 + 1\}$

5. Für jede der Abbildungen der Aufgabe 3 ist $F(3)$ anzugeben.

6. Man bilde F^{-1} für die Abbildungen der Aufgabe 3.
Man beschreibe die Lage der Punkte im gleichgeteilten cartesischen Koordinatensystem im Vergleich zur Abbildung F.

7. Man bilde F^{-1} für die Abbildungen der Aufgabe 4.

8. Welche der Abbildungen von Aufgabe 4 sind eindeutig, welche eineindeutig?

9. Für welche der Abbildungen von Aufgabe 3 gilt $F^{-1} = F$?

10. Die folgenden Abbildungen sind darzustellen (x, y reell).

a) $F = \{(x; y) \mid y = x \cdot |x - 2|\}$

b) $F = \{(x; y) \mid y = |x^2 - 4x + 3|\}$

c) $F = \{(x; y) \mid |x| - |y| = 2\}$

d) $F = \{(x; y) \mid x + |x| = y\}$

e) $F = \{(x; y) \mid y = |x + 3|\}$

f) $F = \{(x; y) \mid |x| + |y| = 3\}$

g) $F = \{(x; y) \mid |x - y| = 2\}$

h) $F = \{(x; y) \mid |x + 1| + |y - 2| = 2\}$

Hinweis: Man zerlege F in Teilabbildungen, z. B.

$F = \{(x; y) \mid |x| + |y| = 3\}$ in

F_1: $x + y = 3$, für $x > 0$, $y > 0$; F_2: $-x + y = 3$, für $x < 0$, $y > 0$;

F_3: $x - y = 3$, für $x > 0$, $y < 0$; F_4: $-x - y = 3$, für $x < 0$, $y < 0$.

11. Die folgenden Abbildungen sind darzustellen.
(Wenn nichts anderes bemerkt, sei x, y reell.)

a) $F = \{(x; y) \mid x^2 + y^2 \leqq 4 \wedge x, y \in G\}$

b) $A \cap B$ für $A = \{(x; y) \mid x - y \geqq 2\}$, $B = \{(x; y) \mid x^2 + y^2 < 16\}$

c) $F = \{(x; y) \mid x < 3,\ y \geqq -1\}$

d) $F = \{(x; y) \mid |x - y| < 1\}$

e) $F = \{(x; y) \mid x + |y| < 3\}$

f) $F = \{(x; y) \mid x^2 + y^2 \leqq 16 \wedge x^2 + y^2 \geqq 4 \wedge y + 3\,|x| > 4\}$

g) $F = \{(x; y) \mid y \leqq |x - 2|\}$

h) $F = \{(x; y) \mid |x| + |y| < 3\}$

12. Man bilde F^{-1} und stelle F und F^{-1} dar für

a) $F = \{(x; y) \mid |y| = x + 2\}$,

b) $F = \{(x; y) \mid 2y = x^2 + 2\,|x| - 3\}$,

c) $F = \{(x; y) \mid |y| \geqq |x - 2|\}$,

d) $F = \{(x; y) \mid |x - 1| + |y - 2| < 2\}$.

1.3. Die Funktion

1.3.1. Der Funktionsbegriff

Im vorangehenden Abschnitt wurde der Begriff der eindeutigen Abbildung definiert. Eine eindeutige Abbildung wird als **Funktion** bezeichnet.

Wegen ihrer besonderen Bedeutung als einer der Grundbegriffe der Mathematik soll die Funktion eingehend behandelt werden.

Definition

Ist jedem Element x einer Menge X *genau ein* Element y einer Menge Y zugeordnet, so heißt die Menge f der geordneten Paare $(x; y)$ eine Funktion.

Die Menge X wird **Definitionsbereich**, die Menge Y **Wertebereich** der Funktion f genannt. Sofern nicht ausdrücklich etwas anderes gesagt wird, betrachten wir im Rahmen der Analysis Funktionen, deren Definitions- und Wertebereich Mengen reeller Zahlen sind. Solche Funktionen werden kurz als *reelle Funktionen* bezeichnet.
Die Funktion f kann auf verschiedene Weise gegeben sein. Darauf wird in 1.3.2. näher eingegangen. Wesentlich ist, daß f als Menge *eindeutig* gegeben ist. Es muß also, wie in 1.1.1. dargestellt, eindeutig entscheidbar sein, ob ein Element $(x; y)$ zur Funktion f gehört oder nicht.
Sind mehrere verschiedene Funktionen zu unterscheiden oder ist eine bestimmte Bedeutung der Funktion hervorzuheben, so werden statt f auch andere Bezeichnungen, wie $g, h, \varphi, \psi, f_1, f_2, \ldots$, benutzt. Ähnliches gilt für Definitions- und Wertebereich.
Die gegebene Funktion f ordnet jedem $x \in X$ eindeutig ein Element $y \in Y$ zu. Deshalb besteht das volle Bild von x stets aus nur einem Element y. Es ist also $f(x) = \{y\}$, wofür man kurz $f(x) = y$ schreibt. Mit $y = f(x)$ wird angegeben, daß y Funktionswert von f an der Stelle x ist.
Das Element x wird **Variable** oder **Argument** der Funktion genannt. Die Abbildungsrichtung $x \to y$ findet ihren Ausdruck darin, daß y als von x abhängig betrachtet und deshalb als **abhängige Variable** oder **Funktionswert** von f an der Stelle x bezeichnet wird.
Fest gewählte Argumentwerte erhalten Bezeichnungen wie $a, b, \ldots, a_0, a_1, a_2, \ldots, x_0, x_1, x_2, \ldots$ Für den Funktionswert an einer bestimmten Stelle, wie 0, a oder x_1, wird $f(0)$, $f(a)$, $f(x_1)$ — gelegentlich auch $y(0)$, $y(a)$, $y(x_1)$ — geschrieben. Für $f(x_1)$ kann auch y_1 stehen.

BEISPIELE

1. Der Definitionsbereich sei die Menge G der ganzen rationalen Zahlen, f ordne jedem Element $a \in G$ sein Quadrat zu. In dieser Erklärung ist auch der Wertebereich B gegeben: die Menge der Quadratzahlen a^2. Für die Wertepaare $(a; b)$ der Funktion f ergibt sich die folgende Tabelle:

a	1	2	3	4	5	...	−1	−2	−3	...
$b = f(a)$	1	4	9	16	25	...	1	4	9	...

2. Die Funktion φ ordne jeder natürlichen Zahl $n \in N \setminus \{0\}$ die Anzahl der positiven Zahlen $1, 2, \ldots, n-1$ zu, die teilerfremd zu n sind. Nach dieser Erklärung ist z. B. $\varphi(6) = 2$, denn von den Zahlen 1, 2, 3, 4, 5 sind 1 und 5 teilerfremd zu 6 (die Zahl 1 gilt als teilerfremd zu einer Zahl n). Für $n = 1, 2, \ldots, 12, \ldots$ ergibt sich die Tabelle [man setzt $\varphi(1) = 1$]:

n	1	2	3	4	5	6	7	8	9	10	11	12 ...
$\varphi(n)$	1	1	2	2	4	2	6	4	6	4	10	4 ...

3. Definitionsbereich und Wertebereich sei die Menge R der reellen Zahlen. Die Funktion f bestehe aus der Menge reeller Zahlenpaare $(x; y)$, die der Gleichung $x - 2y = 2$ genügen. Werden Definitionsbereich X und Wertebereich Y auf die x- bzw. y-Achse eines cartesischen Koordinatensystems gelegt, dann liegen die Punkte $P(x; y)$ der Funktion f auf einer Geraden in der x, y-Ebene (Bild 24).

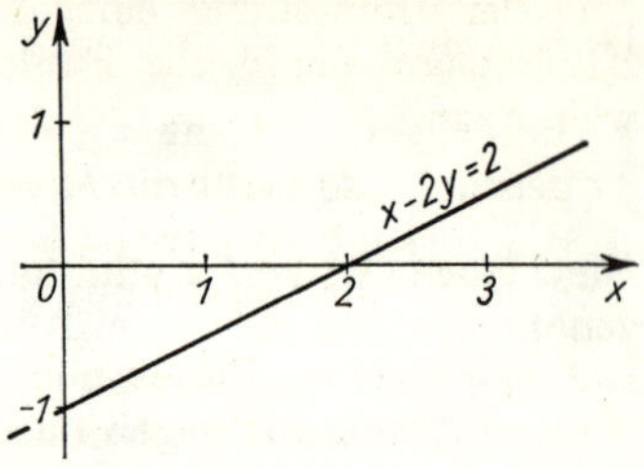

Bild 24

Gleichheit zweier Funktionen

Zwei Funktionen f und g sind genau dann gleich, wenn Definitionsbereich und Wertebereich beider Funktionen übereinstimmen und für jedes Element x des gemeinsamen Definitionsbereiches $f(x) = g(x)$ gilt. Man sagt dann genauer, f und g sind **identisch** und schreibt auch $f \equiv g$.

Von $f = g$ ist die Aussage $f(x) = g(x)$ streng zu unterscheiden. Sie besagt, daß mindestens einem Element x bei f derselbe Funktionswert zugeordnet ist wie bei g.

BEISPIELE

4. Die Funktionen

$$f\colon\ y = (x-1)^2 + 2x \quad \text{und} \quad g\colon\ y = x^2 + 1, \quad x \in R,$$

haben gleichen Definitionsbereich und Wertevorrat, und beiden Funktionsgleichungen genügen dieselben Wertepaare $(x; y)$. Es ist daher $f \equiv g$.

5. Die Funktionen

$$f\colon\ y = \frac{x^2 - 1}{x + 1} \quad \text{und} \quad g\colon\ y = x - 1$$

sind für alle x außer $x = -1$ gleich. Für $x = -1$ ergibt sich $f(-1) = 0/0$. Die Division durch Null ist aber unmöglich, d. h., $f(-1)$ existiert nicht. (Wäre $0/0 = a$, so müßte nach den Regeln der Arithmetik $0 = 0 \cdot a$ sein. Diese Gleichung wird durch jeden beliebigen Wert a erfüllt. Für 0/0 läßt sich also kein bestimmter reeller Wert angeben.)
Während f für $x = -1$ nicht existiert, hat g bei $x = -1$ den Funktionswert $g(-1) = -2$. Somit unterscheiden sich f und g in den Definitionsbereichen: Für f gilt $X_1 = R \setminus \{-1\}$, für g gilt $X_2 = R$. Die Funktionen f und g sind voneinander verschieden: $f \neq g$.

6. Die Funktionen

$$f\colon\ y = 3x^2 + 1 \quad \text{und} \quad g\colon\ y = 4x$$

haben zwar denselben Definitionsbereich; $f(x) = g(x)$ gilt aber nur für $x = 1$ und $x = 1/3$. Die Funktionen f und g sind voneinander verschieden.

1.3.2. Arten der Darstellung reeller Funktionen

Aus der Darstellung einer reellen Funktion muß eindeutig hervorgehen, welche Zahlenpaare $(x; y)$ zur Funktion f gehören. Geeignete und übliche Darstellungsweisen sind

die tabellenmäßige Darstellung,
die graphische Darstellung und
die Darstellung durch eine Funktionsgleichung.

Darüber hinaus gibt es noch weitere Darstellungsarten, wie die in Beispiel 2 des vorigen Abschnitts gegebene Funktion φ zeigt.

Die Darstellung durch eine Wertetabelle

Einzelne Wertepaare einer Funktion können in einer Tabelle angegeben werden. Diese — im allgemeinen unvollständige — tabellenmäßige Darstellung einer Funktion findet in der Praxis Anwendung, wenn von einer Funktion der Zusammenhang zwischen den Variablen nur durch Messung oder Beobachtung ermittelt werden kann. Weitere bekannte Beispiele für die tabellenmäßige Darstellung sind die Tafeln der logarithmischen und die der trigonometrischen Funktionen, deren Werte für Berechnungen häufig gebraucht werden. Die tabellenmäßige Darstellung hat den Vorteil, daß die Funktionswerte mit der erforderlichen Genauigkeit angegeben und der Tabelle wieder entnommen werden können. Nachteilig ist, daß nur eine beschränkte Anzahl Wertepaare angegeben werden kann; weitere Funktionswerte müssen durch Interpolation gewonnen werden. Die Wertetabelle gibt auch keine anschauliche Vorstellung einer Funktion. Dazu dient u. a. die graphische Darstellung einer Funktion.

Die graphische Darstellung einer Funktion

Jedem Zahlenpaar $(x; y)$ läßt sich eineindeutig ein Punkt in einem cartesischen Koordinatensystem zuordnen. Die Angabe der Wertepaare $(x; y)$ einer Funktion f durch eine Punktmenge im cartesischen Koordinatensystem ist deshalb einer tabellarischen Darstellung — abgesehen von den Grenzen, die der Genauigkeit gesetzt sind — gleichwertig. Die Punktmengen der uns interessierenden Funktionen liegen vorwiegend auf Kurven. Eine Kurve stellt nur dann eine Funktion dar, wenn durch sie eine eindeutige Abbildung gegeben ist.

BEISPIELE

1. Bild 25 zeigt eine Funktion, für die man u. a. $(-1{,}5; -1) \in f$, $(1; 1) \in f$, $(2{,}5; 2) \in f$ abliest. Im Intervall $(2; 2{,}5)$ ist f nicht definiert, d. h., dieses Intervall gehört nicht zum Definitionsbereich der Funktion.

2. Die durch die Kurve in Bild 26 dargestellte Abbildung f ist in $0 \leqq x \leqq 3$ mehrdeutig, stellt also keine Funktion dar.

In der Praxis finden vielfach Geräte Verwendung, die eine sich ändernde Größe, wie Druck, Temperatur, Spannung, Strom, in Abhängigkeit von der Zeit als Kurvenzug aufzeichnen. Bekannte Geräte sind Barograph, Elektrokardiograph und Oszillograph.

Die von solchen Geräten aufgezeichneten Kurven stellen Funktionen dar, deren Definitionsbereich das Zeitintervall der Messung und deren Wertebereich die in diesem Zeitintervall aufgezeichnete Menge der Meßwerte der gemessenen Größe ist.
Die Gestalt der Funktionskurve ist von der Wahl des Koordinatensystems abhängig. Sind z. B. die Achsen unterschiedlich geteilt, so erscheint die Kurve gegenüber der im Koordinatensystem mit gleich geteilten Achsen verzerrt. Die Bilder 27 und 28 zeigen die gleiche Funktion in verschiedenen Koordinatensystemen. Die unterschiedliche Teilung der Achsen ist u. a. erforderlich, um den Verlauf einer Funktion im interessierenden Bereich in einem Bild darstellen zu können.

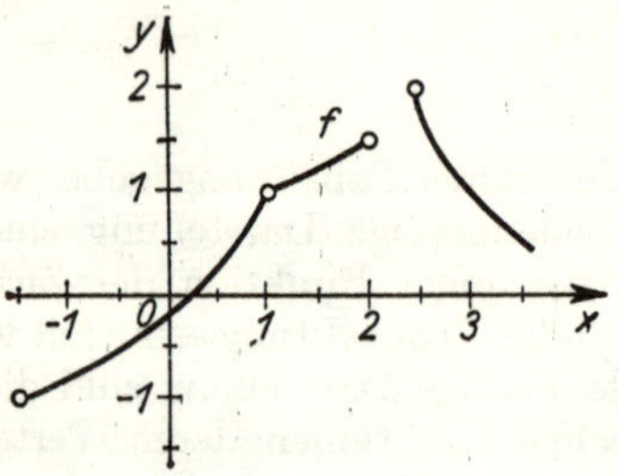

Bild 25

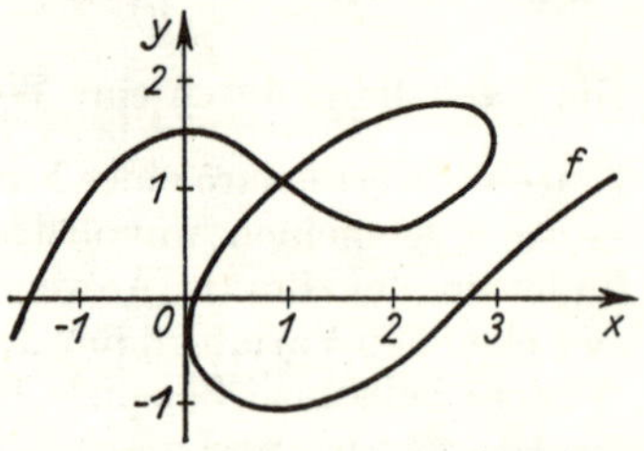

Bild 26

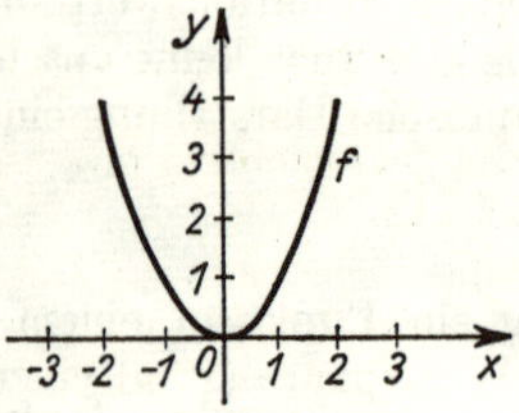

Bild 27

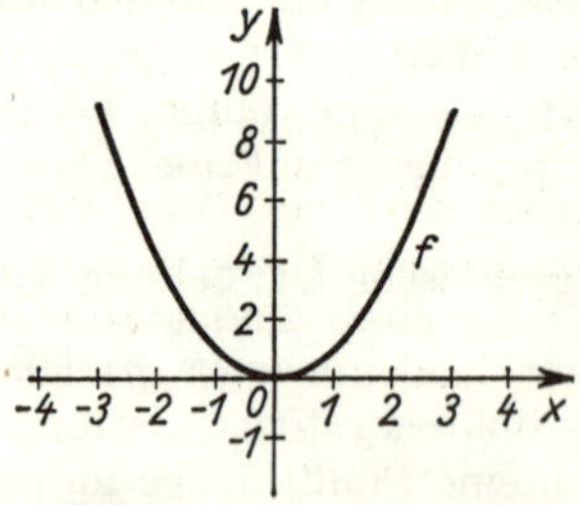

Bild 28

Die vollständige graphische Darstellung einer Funktion im cartesischen Koordinatensystem ist nur möglich, wenn Definitions- und Wertebereich in einem beschränkten Intervall liegen. Ist z. B. $X = [-2, 2]$, so wird durch Bild 27 die Funktion f vollständig dargestellt. Für $X = (-\infty, \infty)$ dagegen stellt Bild 27 nur einen Ausschnitt der Funktion f dar.
Besteht eine Funktion f nur aus einer beschränkten Anzahl von Wertepaaren, so ergibt ihre Darstellung im cartesischen Koordinatensystem einzelne Punkte, die natürlich *nicht* durch einen Kurvenzug zu verbinden sind.
Die graphische Darstellung gibt eine anschauliche Vorstellung von einer Funktion. An Hand der graphischen Darstellung lassen sich mathematische oder physikalische Probleme geometrisch deuten und über diese Deutung einer Lösung zuführen. Im Laufe der Behandlung der Differential- und Integralrechnung wird von dieser Möglichkeit häufig Gebrauch gemacht werden.

Die Darstellung einer Funktion durch eine Funktionsgleichung

Die reellen Zahlenpaare $(x; y)$, die einer Gleichung in den Variablen x und y genügen, bilden eine Menge. Eine Menge F von reellen Zahlenpaaren $(x; y)$ kann daher auch durch eine Vorschrift folgender Art gegeben werden:

> F ist die Menge aller reellen Zahlenpaare $(x; y)$, bei denen
> 1. x und y eine gegebene Gleichung erfüllen und
> 2. x und y Elemente der Mengen X bzw. Y sind.

Ist etwa $y = F(x)$ die gegebene Gleichung, so wird diese Vorschrift mathematisch so formuliert:

$$F = \{(x; y) \mid y = F(x) \wedge x \in X, y \in Y\}$$

oder

$$F = \{(x; F(x)) \mid x \in X, y \in Y\},$$

z. B.

$$F = \{(x; y) \mid y = x^2 \wedge x \in [-4, 1), y \in [0, 16]\}$$

oder

$$F = \{(x; x^2) \mid x \in [-4, 1), y \in [0, 16]\}.$$

Daraus ist abzulesen, daß $(-3; 9) \in F$, während $(2; 4) \notin F$, da $x = 2$ nicht zum Definitionsbereich gehört.
Durch eine solche Vorschrift ist also eine reelle Abbildung gegeben. Wird die gegebene Gleichung durch kein reelles Zahlenpaar erfüllt, dann ist die Abbildung die leere Menge.

Eine solche Gleichung ist z. B. $x^2 + y^2 = -1$.

Ergeben die Paare $(x; y)$ der durch eine Gleichung gegebenen Abbildung im cartesischen Koordinatensystem eine Kurve, dann heißt die Gleichung **Kurvengleichung**. Im Falle einer eindeutigen Abbildung spricht man von einer **Funktionsgleichung**. Häufig kann aus einer mehrdeutigen Abbildung F durch Abgrenzung von Definitions- und Wertebereich eine Teilmenge f so abgegrenzt werden, daß f eindeutig ist.

> Eine reelle Funktion f ist durch Angabe von Definitionsbereich X, Wertebereich Y und Funktionsgleichung gegeben.

Oft beschränkt man sich auf die Angabe der Funktionsgleichung, z. B. $x - 2y = 2$, und spricht kurz von der Funktion $x - 2y = 2$ oder (in anderer Form) $y = {}^1/_2 x - 1$. Um deutlich zwischen Funktion und Gleichung zu unterscheiden, ist aber eine Angabe wie

$$f\colon\ y = \frac{1}{2}x - 1 \quad \text{bzw.} \quad f\colon\ x - 2y = 2$$

vorzuziehen. Werden Definitionsbereich und Wertevorrat nicht angegeben, so sind stillschweigend die größtmöglichen Bereiche für beide Variablen zugelassen. Ausführlich wäre die als Beispiel genannte Funktion durch

$$f = \{(x; y) \mid y = \frac{1}{2}x - 1 \wedge x \in R, y \in R\}$$

anzugeben.

Ist von einer reellen Funktion die Rede, so ist bei $f\colon y = \sqrt{x-2}$ — wenn keine Angaben über X und Y gemacht werden — der Definitionsbereich $X\colon 2 \leqq x < \infty$, der Wertebereich $Y\colon 0 \leqq y < \infty$, denn für $x < 2$ ergeben sich keine reellen Werte für y.

Mit $f\colon x^2 + y^2 = r^2$ allein ist keine Funktion gegeben, denn für einen Wert $x \in (-r; +r)$ ergeben sich zwei Werte $y = \sqrt{r^2 - x^2}$ und $y = -\sqrt{r^2 - x^2}$. Die Gleichung bestimmt vielmehr bei fehlenden Angaben über Definitions- und Wertebereich eine zweideutige Abbildung, da jedem x-Wert für $-r < x < r$ zwei y-Werte zugeordnet sind. Wird aber Y mit $y \geqq 0$ vorgegeben, dann bestimmt die Angabe

$$f\colon x^2 + y^2 = r^2, \quad y \geqq 0$$

eine Funktion (Bild 29), die auch kurz mit

$$f\colon y = \sqrt{r^2 - x^2}$$

angegeben werden kann. Nach obiger Vereinbarung ist X mit $-r \leqq x \leqq r$ und Y mit $0 \leqq y \leqq r$ auch ohne ausdrückliche Angabe aus der Funktionsgleichung zu erschließen.

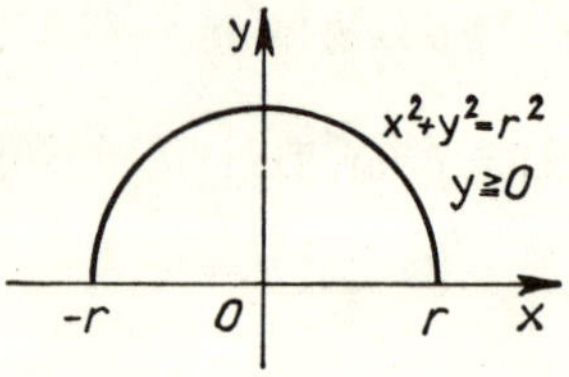

Bild 29

Bei Funktionen aus Naturwissenschaft und Technik sind Definitionsbereich und Wertevorrat meist durch die in der Praxis gegebenen Bedingungen eingeschränkt.

So ist beim Gasgesetz von BOYLE-MARIOTTE dem Druck p ein Volumen V nach der Gleichung $pV = c$ zugeordnet. Diese Gleichung ist nur sinnvoll für $p > 0$ und $V > 0$, da Druck und Volumen nur positive Werte annehmen können. Nach oben ist p dadurch eingeschränkt, daß das Gesetz nur für sogenannte ideale Gase streng gilt.

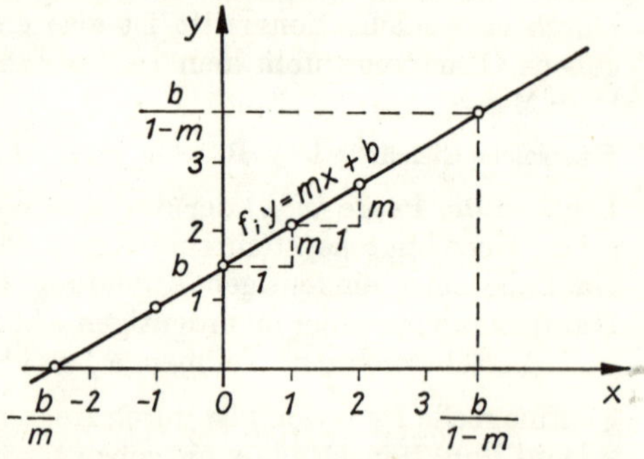

Bild 30

Die Darstellung mit Hilfe einer Funktionsgleichung wird häufig als **analytische Darstellung** der Funktion bezeichnet. Die in einer Funktionsgleichung auftretenden unveränderlichen Größen werden im Unterschied zu den einander zugeordneten Größen **Konstanten** genannt.

BEISPIELE

3. Die Gleichung $y = mx + b$ $(m \neq 1)$ ordnet u. a. folgende Zahlenpaare einander zu:

f:							
x	-1	0	1	2	$-\frac{b}{m}$	$\frac{b}{1-m}$	…
y	$-m+b$	b	$m+b$	$2m+b$	0	$\frac{b}{1-m}$	…

Wegen der eindeutigen Zuordnung ist die Menge aller die Gleichung erfüllenden Zahlenpaare $(x; y)$ eine Funktion. Werden die Zahlenpaare $(x; y)$ als Punkte im cartesischen Koordinatensystem dargestellt, so liegen diese auf einer Geraden (Bild 30), deren Verlauf durch die Konstanten m und b bestimmt ist.

1.3.3. Formen der analytischen Darstellung reeller Funktionen

Im Grunde ist die äußere Form, in der eine Funktionsgleichung gegeben ist, für die dargestellte Funktion selbst ohne Bedeutung. Bei Umformungen ist allerdings zu beachten, daß die umgeformte Gleichung der Ausgangsform äquivalent ist.
So stellen

$$x - 2y = 2 \quad \text{und} \quad y = \frac{1}{2}x - 1$$

dieselbe Funktion f dar. Dagegen ist die Gleichung

$$\frac{1}{x-1} = \frac{1}{2y+1}$$

den beiden ersten Formen nicht mehr äquivalent, da die Lösungsmenge dieser Gleichung das Wertepaar $(1; -{}^1/_2)$ nicht enthält.
Gewisse Formen der Funktionsgleichung werden besonders bezeichnet.
Die Form der Funktionsgleichung, in der die abhängige Variable y allein auf einer Seite der Gleichung steht, heißt **explizite** Form der Funktionsgleichung. Ein Beispiel ist:

$$y = \frac{1}{2}x - 2.$$

Da das Bild y des Argumentes x mit $f(x)$ bezeichnet wird, ist auch die Schreibweise

$$f(x) = \frac{1}{2}x - 2$$

üblich. Sie deutet an, daß das Bild von x durch den Term ${}^1/_2 x - 2$ gegeben ist. Die explizite Form gibt also das Bild von x direkt durch einen Term an.
Die Funktionsgleichung liegt in **impliziter** Form vor, wenn in der Funktionsgleichung die abhängige Veränderliche nicht isoliert auf einer Seite der Gleichung steht.
So sind die Gleichungen

$$x - 2y - 2 = 0, \quad x = 2y + 2, \quad x - 2y = 2, \quad x - 2 = 2y$$

verschiedene implizite Formen, durch die ein und dieselbe Funktion gegeben ist. Das gemeinsame Merkmal ist, daß bei keiner der Gleichungen der Funktionswert y direkt durch einen Term $f(x)$ gegeben wird.
In der ersten und dritten der angegebenen Gleichungen treten auf einer Gleichungsseite Terme mit den zwei Variablen x und y auf. Allgemein werden solche Terme in zwei Variablen durch $T(x; y)$ — lies: T von x, y — angegeben. An Stelle von T können auch andere Buchstaben stehen. Terme mit mehr als zwei Variablen $x, y, \ldots, z$ gibt man sinngemäß durch $T(x; y; \ldots; z)$ an.

Werden in dem Term $T(x; y)$ beide Variablen belegt, dann ergibt sich ein Zahlenwert. So liefert $F(x; y) = x - 2y - 2$ für $x = 2$, $y = -3$ den Wert

$$F(2; -3) = 6.$$

Das Paar $(2; -3)$ ist offenbar kein Element der durch $F(x; y) = 0$ gegebenen Funktion, da $F(2; -3) \neq 0$ ist.

Eine weitere Möglichkeit der analytischen Darstellung einer reellen Abbildung ist die Darstellung mittels einer Hilfsvariablen. Die Hilfsvariable wird **Parameter**, die Darstellung **Parameterdarstellung** genannt.

In der Parameterdarstellung wird eine reelle Abbildung f durch zwei Abbildungen φ und ψ gegeben, die jedem Parameterwert $t \in T$ durch $x = \varphi(t)$ und $y = \psi(t)$ je ein Bild $x \in X$ und $y \in Y$ zuordnen. Die Abbildung f besteht aus den Wertepaaren $(x; y)$, bei denen x und y Bilder desselben Parameterwertes t sind (Bild 31).

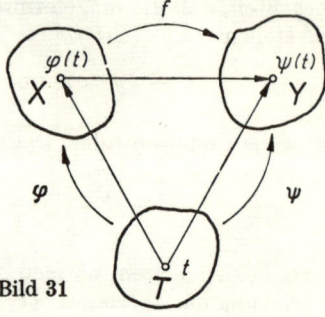

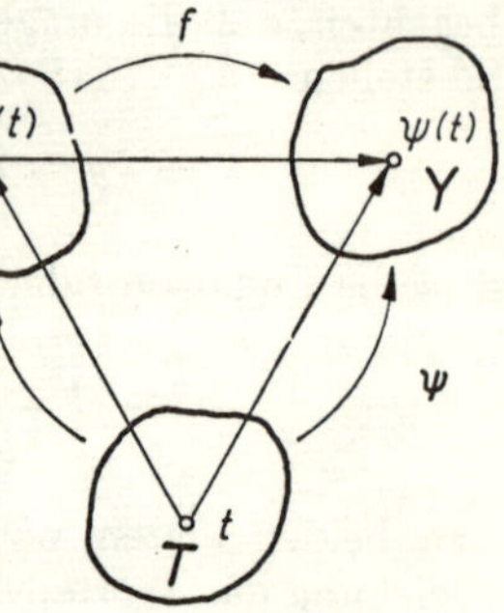

Bild 31

Ist jedem x eindeutig ein y zugeordnet, so ist durch die Parameterdarstellung mittels des Parameters t eine Funktion gegeben.

Wertetabellen werden für alle drei Variablen t, x und y aufgestellt.

Eliminiert man – sofern das möglich ist – aus den Gleichungen der Parameterdarstellung den Parameter, dann erhält man eine Gleichung in den Variablen x und y, also eine Kurvengleichung oder eine Funktionsgleichung.

BEISPIELE

1. Die Gleichungen

$$x = 2t \quad \text{und} \quad y = t - 1$$

liefern für f die Wertetabelle

t	-2	-1	0	1	2	3	$\downarrow \varphi$
x	-4	-2	0	2	4	6	$\downarrow \psi$ (von t)
$f \downarrow$ y	-3	-2	-1	0	1	2	

Die Funktion ist eine Gerade (Bild 32). Die in der Wertetabelle verwendeten t-Werte sind im Bild angeschrieben. Durch den Parameter ist der Geraden eine Orientierung gegeben. Elimination von t ergibt für die Gerade die Darstellung $y = {}^1/_2 x - 1$.

2. Die Gleichungen

$$x = r \cos t \quad \text{und} \quad y = r \sin t \tag{I}$$

bestimmen für $0 \leqq t < 2\pi$ eine Abbildung, die im cartesischen Koordinatensystem durch einen Kreis dargestellt wird (Bild 33). Das läßt sich leicht durch Elimination von t nachweisen: Aus

$$\frac{x}{r} = \cos t, \quad \frac{y}{r} = \sin t$$

folgt

$$\frac{x^2}{r^2} + \frac{y^2}{r^2} = \cos^2 t + \sin^2 t = 1, \qquad x^2 + y^2 = r^2.$$

Aus Bild 33 ist weiterhin zu erkennen, daß der Parameter t die Bedeutung des Winkels hat, den der zum Punkte $P(x; y)$ gehörige Radius mit der x-Achse einschließt. Auf Grund dieser Bedeutung kann die Parameterdarstellung (I) aus Bild 33 abgelesen werden.
Für $0 \leqq t < \pi$ und $\pi \leqq t < 2\pi$ ist durch (I) je eine Funktion gegeben: der obere und der untere Halbkreis.

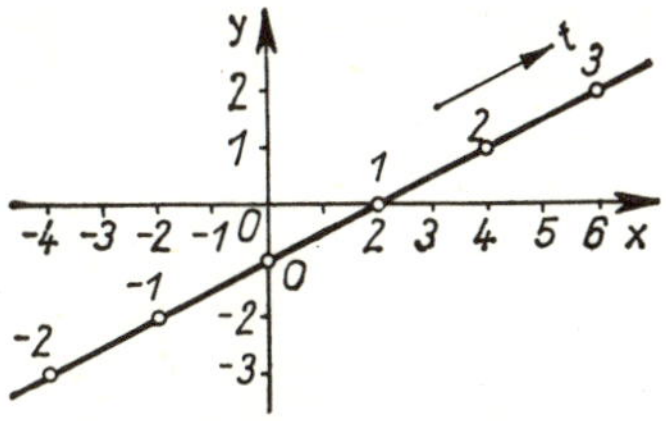

Bild 32

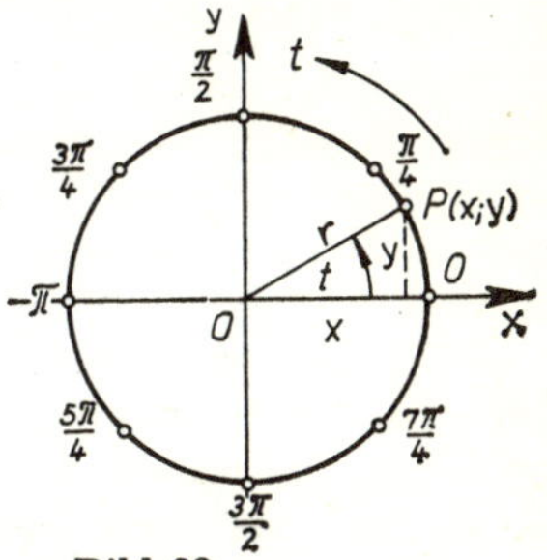

Bild 33

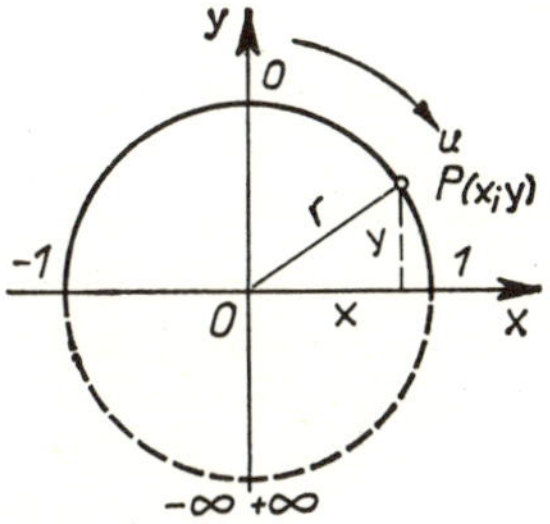

Bild 34

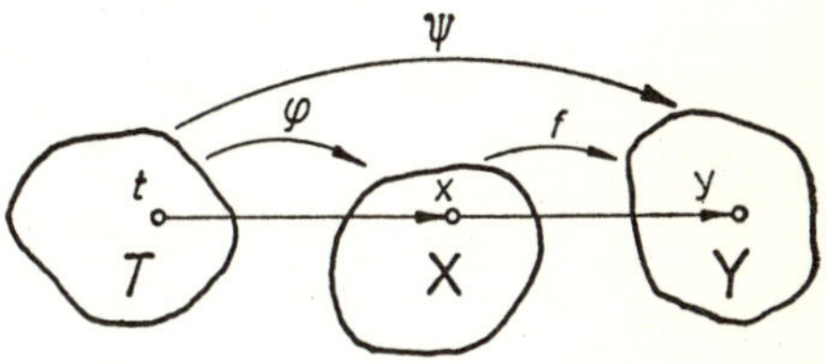

Bild 35

3. Wie sich durch Elimination des Parameters u bestätigen läßt, ist auch

$$x = r\,\frac{2u}{1+u^2}, \quad y = r\,\frac{1-u^2}{1+u^2}$$

eine Parameterdarstellung des Kreises. Der Punkt $(0; -r)$ ist dabei allerdings ausgenommen, denn für keinen Wert von u ergibt sich ein Punkt mit diesen Koordinaten.
Mit wachsendem u wird der Kreis in mathematisch negativem Sinn durchlaufen (Bild 34). Für $|u| \leqq 1$ und $|u| \geqq 1$ ist durch die Parameterdarstellung jeweils eine Funktion $y = f(x)$ (oberer bzw. unterer Halbkreis) gegeben.

In den Beispielen 2 und 3 ist eine Abbildung (Funktion) durch zwei verschiedene Parameterdarstellungen gegeben. Allgemein sind für eine Funktion oder Abbildung beliebig viele Parameterdarstellungen möglich.
Ist eine Abbildung f durch $y = f(x)$ gegeben und wählt man eine beliebige Abbildung φ mit $x = \varphi(t)$, so führt Einsetzen in $y = f(x)$ auf eine Abbildung mit $y = f[\varphi(t)]$. Diese Schreibweise bedeutet: Auf die Variable t ist die Abbildung φ und auf das Ergebnis die Abbildung f anzuwenden. Das Nacheinanderausführen der Abbildungen φ und f ergibt eine Abbildung der Menge T auf die Menge Y, die mit ψ bezeichnet werden soll (Bild 35). Mit

$$x = \varphi(t) \quad \text{und} \quad y = f[\varphi(t)] = \psi(t)$$

ist eine Parameterdarstellung für $y = f(x)$ gegeben.

BEISPIEL

4. Aus $y = f(x) = 2x - 3$ wird durch Einführen von $x = \varphi(t) = 2t + 1$ die Parameterdarstellung

$$x = \varphi(t) = 2t + 1, \quad y = \psi(t) = 4t - 1$$

gewonnen.

Wie Beispiel 2 zeigt, kann dem Parameter eine besondere Bedeutung zukommen. Häufig lassen sich bei günstiger Wahl des Parameters Rechnungen und Umformungen vereinfachen. Mitunter ist eine Funktion oder Abbildung gar nicht in expliziter oder impliziter Form angebbar. Bei der Darstellung einer Funktion oder Abbildung wird man diese Gesichtspunkte berücksichtigen.

Die eben gezeigte Herstellung einer Parameterdarstellung aus einer Darstellung der Form $y = f(x)$ führte auf die Darstellungsform $y = f[\varphi(t)]$. Sie ist eine explizite Darstellung der Abbildung ψ mittels einer Abbildung φ und verlangt das Nacheinanderausführen zweier Abbildungen φ und f. Die dadurch hergestellte Abbildung ψ heißt im Falle der Eindeutigkeit **mittelbare Funktion**.

Das Nacheinanderausführen zweier Abbildungen φ und f wird auch als Multiplikation bezeichnet. Das Produkt $f\varphi = \psi$ ist im allgemeinen nicht kommutativ, wie das Beispiel

$$\varphi\colon \begin{cases} \varphi(1) = 2 \\ \varphi(2) = 1, \end{cases} \qquad f\colon \begin{cases} f(1) = 1 \\ f(2) = 1 \end{cases}$$

zeigt. Es ist

$$f\varphi\colon \begin{cases} f[\varphi(1)] = 1 \\ f[\varphi(2)] = 1 \end{cases} \qquad \text{und} \qquad \varphi f\colon \begin{cases} \varphi[f(1)] = 2 \\ \varphi[f(2)] = 2. \end{cases}$$

Mittelbare Funktionen in analytischer Darstellung treten häufig auf. So wird durch die Gleichung

$$y = \sqrt{2x - 3}$$

der Variablen x zunächst durch $\varphi(x) = 2x - 3$ die Variable $u = \varphi(x)$ zugeordnet. Auf die Variable u ist dann die Abbildung f mit $f(u) = \sqrt{u}$ anzuwenden.

1.3.4. Funktionen aus Naturwissenschaft und Technik und ihre graphische Darstellung

In Naturwissenschaft und Technik treten Funktionen auf, deren Wertepaare Größen (Länge, Masse, Zeit, Geschwindigkeit, ...) sind. Vielfach lassen sich für solche Funktionen Funktionsgleichungen angeben. Einfache Beispiele sind:

das Grundgesetz der Dynamik

$$F = f(a) = ma$$

(F Kraft, a Beschleunigung, m Masse),

die Weg-Zeit-Funktion der beschleunigten Bewegung

$$s = f(t) = s_0 + v_0 t + \frac{1}{2} a t^2$$

(s Weg, t Zeit, s_0 Ort zur Zeit $t_0 = 0$ s, v_0 Anfangsgeschwindigkeit, a Beschleunigung), das Gasgesetz von Boyle-Mariotte

$$pV = c$$

(p Druck, V Gasvolumen, c Konstante),

der Zusammenhang zwischen Länge l einer Schraubenfeder und Belastung F

$$l = cF + l_0$$

(l_0 Federlänge ohne Belastung, c Materialkonstante).

In den angeführten Gleichungen treten Größen auf, weshalb sie **Größengleichungen** genannt werden. Mit jeder der angeführten Gleichungen ist jeweils eine Funktion gegeben, da durch jede Gleichung einer Variablen u eine Variable v zugeordnet wird. Auf Grund der Definition

$$\text{Größe} = \text{Zahlenwert mal Einheit}$$

läßt sich nach Wahl der Einheit dem Wert einer Größe mittels der Beziehung

$$\text{Zahlenwert} = \frac{\text{Größe}}{\text{Einheit}}$$

stets ein Zahlenwert zuordnen. Das gibt die Möglichkeit, eine Größengleichung in eine Gleichung mit reellen Variablen überzuführen. Einer »Größenfunktion« läßt sich auf diese Weise eindeutig eine reelle Funktion zuordnen. So ergibt sich aus der Weg-Zeit-Funktion

$$s = 2\,\mathrm{m} + 12\,\mathrm{m\,s^{-1}}t + 8\,\mathrm{m\,s^{-2}}t^2$$

nach Division durch die Einheit m die **zugeschnittene Größengleichung**

$$\frac{s}{\mathrm{m}} = 2 + 12\,\frac{t}{\mathrm{s}} + 8\left(\frac{t}{\mathrm{s}}\right)^2.$$

In dieser Gleichung ist jede Größe durch die Einheit dividiert, in der sie gemessen wird. Also sind $\frac{s}{\mathrm{m}}$ und $\frac{t}{\mathrm{s}}$ Zahlenwerte, für die die reellen Variablen y und x geschrieben werden können. Damit ist aus der Funktionsgleichung mit den Variablen s und t die Gleichung

$$y = 2 + 12x + 8x^2$$

einer Funktion mit den reellen Variablen x und y gewonnen.

Die Zuordnung von Größe und Zahlenwert gestattet es, Größen sowie Funktionen, deren Wertepaare Größen sind, mit den schon bereitgestellten Mitteln darzustellen.

Reguläre Leitern

Es sei

u die Größe

$[u]$ die Einheit, in der die Größe gemessen wird,

dann ist

$x = \frac{u}{[u]}$ der Zahlenwert, der der Größe u bei gewählter Einheit $[u]$ zugeordnet ist.

Dieser der Größe u zugeordnete Zahlenwert x kann jetzt auf einer Geraden dargestellt werden. Dazu wird auf einer orientierten Geraden g ein Anfangspunkt A gewählt und einem Wert x_0 aus dem darzustellenden Wertebereich X zugeordnet. Nach Wahl einer *Einslänge* l_x wird dann einem Wert $x \in X$ ein Punkt P der Geraden g so zugeordnet, daß die mit Vorzeichen gemessene Strecke AP die Länge

$$\boxed{s(x) = l_x(x - x_0)} \tag{2}$$

hat (Bild 36).

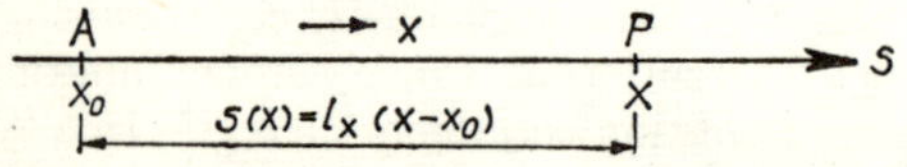

Bild 36

Ist $x_0 = 0$, dann wird $s(x) = l_x x = l_u \cdot \frac{u}{[u]}$ mit $l_x = l_u$.

Werden gleichabständige x-Werte durch Teilstriche an der Geraden gekennzeichnet und die herausgegriffenen x-Werte (oder eine Auswahl derselben) an die Teilstriche geschrieben, so ergibt sich eine gleichmäßige Teilung der Geraden. Eine gleichmäßig geteilte Gerade, bei der die Teilstriche mit gleichabständigen Zahlenwerten beziffert sind, heißt *reguläre Leiter* oder *Skale*. Die Gerade wird *Träger* der Leiter genannt. Die positive Differenz Δx der Teilstrichwerte nennt man *Stufe* der Leiter. Es ist üblich, als Stufenwerte 1, 2 oder 5 Einheiten einer Zehnerpotenz zu wählen.

Beim cartesischen Koordinatensystem sind die Koordinatenachsen reguläre Leitern mit $A = O$, $x_0 = 0$ (bzw. $y_0 = 0$), wobei l_x (bzw. l_y) die Länge der Strecke OE_x (bzw. OE_y) ist.

Je größer die Einslänge l_x gewählt wird, desto feiner läßt sich die Leiter unterteilen. Der Abmessung der Einslänge l_x sind aber durch den abzubildenden Bereich und die zur Verfügung stehende Leiterlänge L (sie ist z. B. durch die Blattgröße begrenzt) Grenzen gesetzt. Ist x_0 der kleinste, x_n der größte abzubildende Zahlenwert, dann muß

$$l_x(x_n - x_0) \leq L$$

sein, damit der vorgesehene Wertebereich auf der Leiterlänge L untergebracht werden kann. Für die Einslänge ergibt sich daraus

$$\boxed{l_x \leqq \frac{L}{x_n - x_0}} \tag{3}$$

Es ist zweckmäßig, für l_x einen möglichst glatten Wert zu wählen, damit sich die Teilung einfach herstellen läßt.
Bei gegebener Einslänge l_x wird der Teilstrichabstand Δs durch die Wahl der Stufe Δx bestimmt:

$$\boxed{\Delta s = l_x \Delta x} \tag{4}$$

Um noch Zwischenwerte zwischen den Teilstrichen auf $^1/_{10}\,\Delta x$ (oder $^1/_5\,\Delta x$) nach Augenmaß abschätzen zu können, ist Δx so zu wählen, daß Δs möglichst klein, aber im allgemeinen $\geqq 1$ mm wird.

BEISPIELE

1. Für die Zeit t ist im Bereich $5\ \mathrm{s} \leqq t \leqq 50\ \mathrm{s}$ eine reguläre Leiter von maximal 100 mm Länge herzustellen.

   Lösung: Der der Zeit t zugeordnete Zahlenwert x ist, wenn zweckmäßig $[t] = \mathrm{s}$ gewählt wird,

   $$x = \frac{t}{[t]} = \frac{t}{\mathrm{s}}.$$

   Der abzubildende Wertebereich ist demnach

   $$5 \leqq x \leqq 50,$$

   also $x_0 = 5$, $x_n = 50$.
   Die Einslänge l_x ist durch

   $$l_x \leqq \frac{L}{x_n - x_0} = \frac{100\ \mathrm{mm}}{50 - 5} = 2{,}22\ \mathrm{mm}$$

   eingeschränkt. Es wird $l_x = 2$ mm gewählt. Die Gesamtlänge der Leiter ist dann nach (2)

   $$s(50) = 2\ \mathrm{mm}(50 - 5) = 90\ \mathrm{mm}.$$

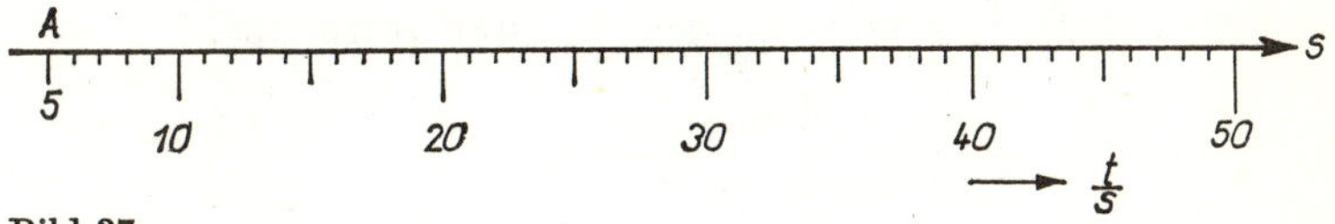

Bild 37

Die Stufenwerte sollen 1, 2 oder 5 Einheiten einer Zehnerpotenz bei Einhaltung von $\Delta s \geqq 1$ mm sein.
Wegen $\Delta s = 2\ \mathrm{mm} \cdot \Delta x$ ist die kleinstmögliche Stufe $\Delta x = 0{,}5$. In Bild 37 wurde $\Delta x = 1$ gewählt.

2. Für die resultierende Geschwindigkeit (Bahngeschwindigkeit) beim waagerechten Wurf gilt (Bild 38)

$$v = \sqrt{v_0^2 + g^2 t^2}.$$

Die Funktion ist in einem Koordinatensystem mit regulär geteilten Achsen für die waagerechte Anfangsgeschwindigkeit $v_0 = 35\ \mathrm{ms^{-1}}$ und $0 \leqq t \leqq 10\ \mathrm{s}$ darzustellen ($g \approx 10\ \mathrm{ms^{-2}}$). Die Breite der Darstellung soll 100 mm, die Höhe 150 mm nicht überschreiten.

Lösung: Die den Größen t und v zugeordneten Zahlenwerte sind

$$x = \frac{t}{\mathrm{s}} \quad \text{und} \quad y = \frac{v}{\mathrm{ms^{-1}}}. \qquad \text{(I)}$$

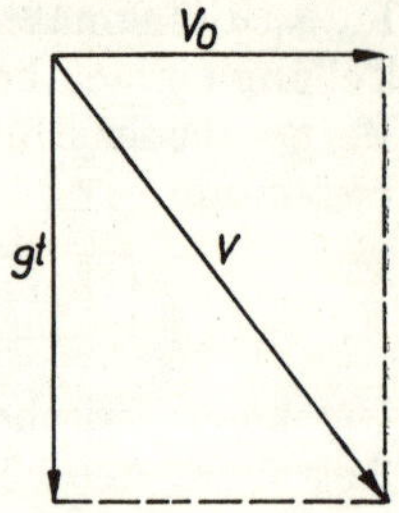

Bild 38

In quadrierter Form lautet die Funktionsgleichung

$$v^2 = 1225\,\frac{\mathrm{m^2}}{\mathrm{s^2}} + 100\,\frac{\mathrm{m^2}}{\mathrm{s^4}}\,t^2, \quad v \geqq 35\ \mathrm{ms^{-1}}.$$

(Die Angabe von $v \geqq 35\ \mathrm{ms^{-1}}$ ist notwendig, da sonst nicht die gegebene Funktionsgleichung vorliegt.) Division durch $[v]^2 = \frac{\mathrm{m^2}}{\mathrm{s^2}}$ liefert die zugeschnittene Größengleichung

$$\left(\frac{v}{\mathrm{ms^{-1}}}\right)^2 = 1225 + 100\left(\frac{t}{\mathrm{s}}\right)^2, \quad \frac{v}{\mathrm{ms^{-1}}} \geqq 35.$$

Jetzt können nach (I) die Variablen x und y eingeführt werden:

$$y = \sqrt{1225 + 100x^2}.$$

Diese reelle Funktion ist für

$$0 \leqq x \leqq 10, \quad 35 \leqq y \leqq 106$$

darzustellen.

Für die Einslängen der Achsen folgt, wenn als Anfangspunkt der y-Leiter $y_0 = 30$ gewählt wird,

$$l_x \leqq \frac{100\ \mathrm{mm}}{10} = 10\ \mathrm{mm}, \quad l_y \leqq \frac{150\ \mathrm{mm}}{106 - 30} = 1{,}97\ \mathrm{mm}.$$

Gewählt wird $l_x = 10\ \mathrm{mm}$, $l_y = 2\ \mathrm{mm}$[1]. Die Leitergleichungen lauten

$$s(x) = 10\ \mathrm{mm} \cdot x, \quad s(y) = 2\ \mathrm{mm}\,(y - 30).$$

Die Funktion ist in Bild 39 (in halber Größe) dargestellt.

Oft wird statt mit der Einslänge mit dem Maßstab gearbeitet:

$$\text{Maßstab} = \frac{\text{abgebildete Strecke}}{\text{abzubildende Größe}},$$

$$m_u = \frac{s(x)}{u}.$$

[1]) Wenn die vorliegende Blattgröße es gestattet, wird man möglichst den glatten Wert $l_y = 2\ \mathrm{mm}$ und nicht etwa $l_y = 1{,}9\ \mathrm{mm}$ oder die kleine Einslänge $l_y = 1\ \mathrm{mm}$ wählen

Mit $s(x) = l_x x = l_u \dfrac{u}{[u]}$ folgt als Zusammenhang zwischen Maßstab und Einslänge

$$\boxed{m_u = \frac{l_u}{[u]}} \tag{5}$$

Ist u ein Zahlenwert, dann sind wegen $[u] = 1$ Maßstab und Einslänge miteinander identisch.

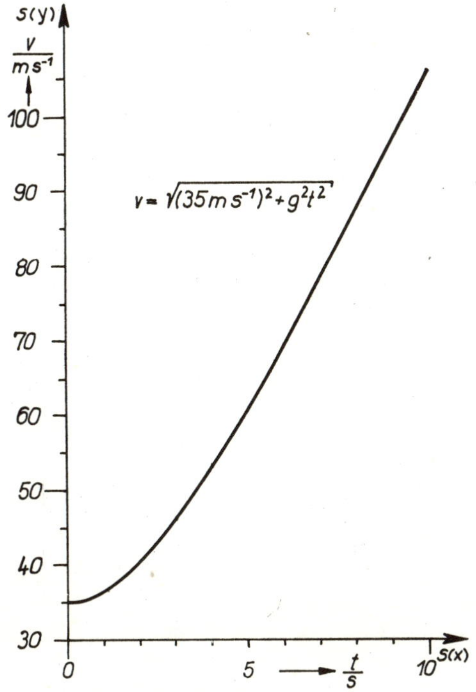

Bild 39

Funktionsleitern

Das cartesische Koordinatensystem ermöglicht es, die Zahlenpaare $(x; y)$ einer Funktion f als Punktmenge einer Ebene darzustellen. Eine andere Möglichkeit ist die Darstellung einer Funktion als Punktmenge einer Geraden (oder auch einer krummen Linie). Dazu wird zunächst wieder einem Wert x_0 des Definitionsbereichs der Funktion f ein Anfangspunkt A einer orientierten Geraden g zugeordnet und auf dieser eine Einslänge l_y festgelegt. Die Zuordnung eines Punktes P der Leiter zu einem Wert $x \in X$ geschieht jetzt mittels der Funktion f, indem der Strecke AP die Länge

$$\boxed{s(x) = l_y[f(x) - f(x_0)]} \tag{6}$$

gegeben wird. Für $s(x) > 0$ wird $\overline{AP}$ in positiver, für $s(x) < 0$ in negativer Trägerrichtung abgetragen (Bild 40).

Für die Variable x werden — zumindest in Teilabschnitten der Leiter — wieder gleichabständige glatte Werte gewählt, die nach (6) zugeordneten Punkte durch Teilstriche gekennzeichnet und die gewählten x-Werte angeschrieben. Die Teilung einer Funktionsleiter ist im allgemeinen nicht mehr gleichmäßig.
Bild 41 zeigt eine trigonometrische Leiter mit

$$s(\alpha) = 100 \text{ mm} \cdot \sin \alpha \quad (0^\circ \leqq \alpha \leqq 90^\circ).$$

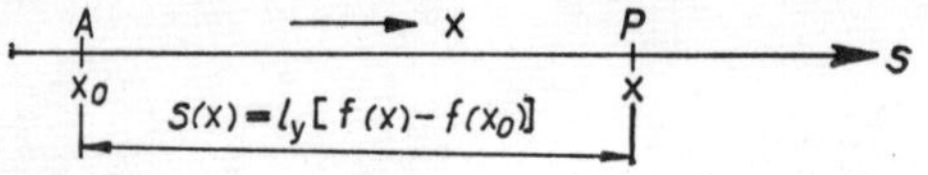

Bild 40

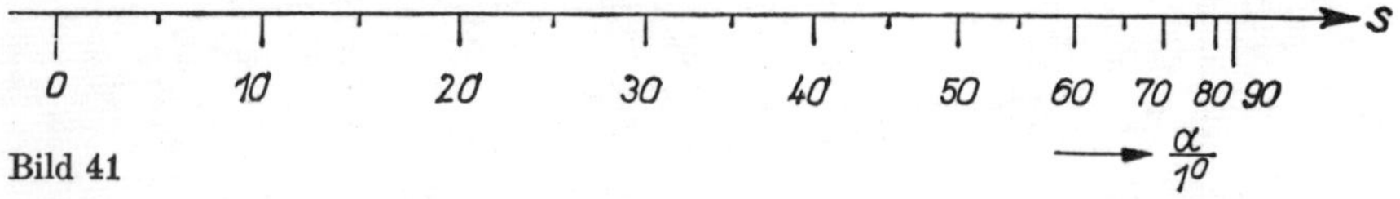

Bild 41

Die Einslänge l_y ist durch

$$\boxed{l_y \leqq \frac{L}{f_{\max}(x) - f_{\min}(x)}} \tag{7}$$

beschränkt. Hierbei ist $f_{\max}(x)$ der größte, $f_{\min}(x)$ der kleinste im Darstellungsbereich auftretende Funktionswert.
Für den Abstand der Teilpunkte gilt jetzt

$$\Delta s = l_y[f(x_{m+1}) - f(x_m)]. \tag{8}$$

Der Abstand Δs ändert sich also bei konstanter Stufe Δx. Deshalb muß unter Umständen die Stufe abschnittsweise geändert werden, damit $\Delta s \geqq 1$ mm bleibt.
Bekannte Funktionsleitern sind die Skalen auf dem Rechenstab. Dort erfordert die Änderung des Teilpunktabstandes eine unterschiedliche Stufung einzelner Skalenabschnitte.
Wächst der Funktionswert bei zunehmendem Argument, so wird die Funktionsleiter in positiver Richtung durchlaufen. Die Laufrichtung ist entgegengesetzt der positiven Orientierung des Trägers, wenn der Funktionswert mit zunehmendem Argument fällt. Geht der Funktionswert bei zunehmendem Argument von Wachsen in Fallen über, dann wird die Skale *rückläufig*.

BEISPIEL

3. Das Bewegungsgesetz beim senkrechten Wurf nach oben

$$h = h_0 + v_0 t - \frac{1}{2} g t^2$$

ist für $h_0 = 1$ m, $v_0 = 20$ ms^{-1}, $g \approx 10$ ms^{-2} durch eine Funktionsleiter mit dem Anfangspunkt h_0 darzustellen. Die Funktionsleiter soll eine Länge von 10 cm haben.

Lösung: Die geworfene Masse m gelangt nach der Wurfzeit t_w wieder in die Ausgangslage h_0 zurück. Es gilt also

$$h_0 + v_0 t_W - \frac{1}{2} g t_W^2 = h_0,$$

$$v_0 t_W - \frac{1}{2} g t_W^2 = 0.$$

Es folgt:

$$t_W = \frac{2 v_0}{g}.$$

Nach der Zeit $t_G = \frac{1}{2} t_W$ ist die Gipfellage h_{max} erreicht.

Der größte Funktionswert ist also

$$h_{max} = h_0 + v_0 \cdot \frac{v_0}{g} - \frac{1}{2} g \cdot \frac{v_0^2}{g^2} = h_0 + \frac{v_0^2}{2g}.$$

Mit den gegebenen Werten ist

$$t_W = 4\,\text{s}, \quad t_G = 2\,\text{s}, \quad h_{max} = 21\,\text{m}.$$

Aus der Größengleichung

$$h = 1\,\text{m} + 20\,\text{ms}^{-1} t - 5\,\text{ms}^{-2} t^2$$

folgt

$$\frac{h}{\text{m}} = 1 + 20 \frac{t}{\text{s}} - 5 \left(\frac{t}{\text{s}}\right)^2,$$

$$y = 1 + 20x - 5x^2.$$

Diese Funktion ist für $0 \leqq x \leqq 4$, $0 \leqq y \leqq 21$ darzustellen.

Anfangswert: $y_0 = 1$,

Leitergleichung: $s(x) = l_y (20x - 5x^2)$,

Einslänge: $l_y = \frac{10\,\text{cm}}{f(2) - f(0)} = 0{,}5\,\text{cm}$.

Die Leiter zeigt Bild 42.

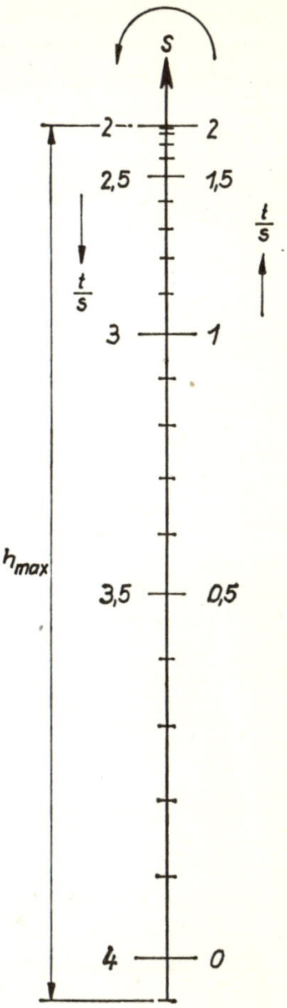

Bild 42

1.3.5. Einteilung der reellen Funktionen

In der expliziten analytischen Darstellung $y = f(x)$ einer reellen Funktion ist der Funktionswert zu x durch einen Term in x gegeben. Bei der Berechnung des Funktionswertes sind auf den gewählten Wert x Operationen auszuüben, die durch den Term bestimmt sind. Die auf x anzuwendenden Operationen liefern ein Einteilungsprinzip für die in expliziter Form analytisch darstellbaren Funktionen.

Die rationalen Funktionen

Die Funktionsgleichungen

$$y = x^2 - 3, \qquad y = \frac{2x^5 - 9}{8},$$

$$y = \pi x^3 - x\sqrt{5}, \qquad y = x(x + 1)^3 + 2x$$

$$y = (x^2 - 2)(x + 5), \qquad y = 2$$

verlangen die Anwendung der ganzrationalen Rechenoperationen (Addition, Subtraktion und Multiplikation) auf das Argument x. Die durch sie gegebenen Funktionen heißen daher **ganzrationale Funktionen**. Zu dieser Menge von Funktionen gehören allgemein alle Funktionen, die sich durch eine Funktionsgleichung von der Form

$$\boxed{y = a_n x^n + a_{n-1} x^{n-1} + \cdots + a_2 x^2 + a_1 x + a_0} \tag{9}$$

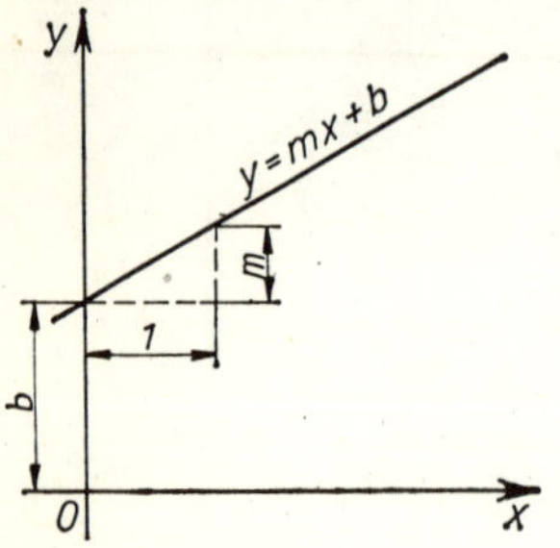

Bild 43

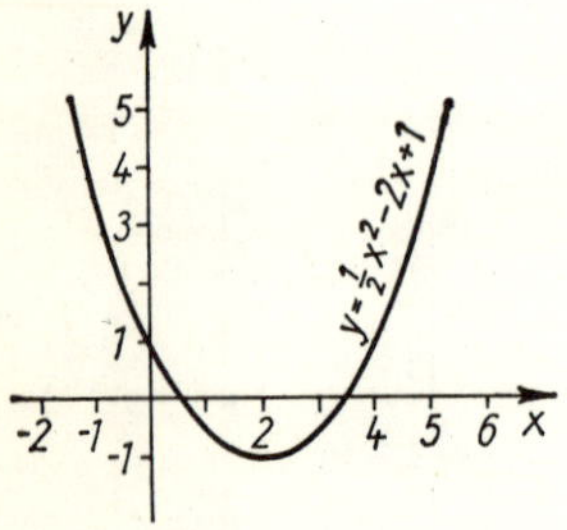

Bild 44

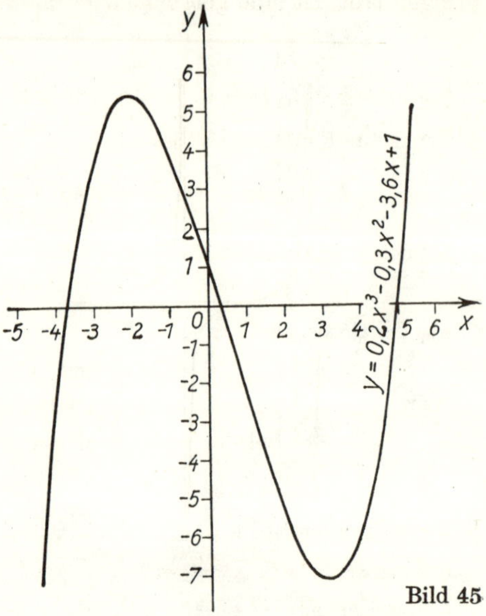

Bild 45

angeben lassen, wobei $n \geqq 0$ und ganzzahlig ist und die Koeffizienten $a_n, a_{n-1}, \ldots, a_1, a_0$ reelle Zahlen sind. Ist $a_n \neq 0$, so ist n der höchste Exponent von x, und man bezeichnet die Funktion als *ganzrationale Funktion n-ten Grades*.

Im cartesischen Koordinatensystem ist das Bild einer ganzrationalen Funktion stets eine nirgends unterbrochene Kurve ohne Knicke.

BEISPIELE

1. Die ganzrationale Funktion 1. Grades. Sie ist bereits als lineare Funktion $y = mx + b$ bekannt und liefert im cartesischen Koordinatensystem eine Gerade (Bild 43).
2. Die ganzrationale Funktion 2. Grades, bekannt als quadratische Funktion $y = a_2 x^2 + a_1 x + a_0$. Ihre Kurve ist eine Parabel. Bild 44 zeigt eine Parabel mit $a_2 = {}^1/_2$, $a_1 = -2$, $a_0 = 1$.
3. Die ganzrationale Funktion 3. Grades. Die Kurve im cartesischen Koordinatensystem heißt Parabel 3. Grades. Sie ist in Bild 45 für $a_3 = 0{,}2$, $a_2 = -0{,}3$, $a_1 = -3{,}6$, $a_0 = 1$ dargestellt.

Den Funktionsgleichungen

a) $y = \dfrac{1}{x^3}$ b) $y = \dfrac{2x - 2}{x^2 - 2x - 3}$

c) $y = \dfrac{x^2 + 3x + 1}{x^2 + 1} = 1 + \dfrac{3x}{x^2 + 1}$ d) $y = \dfrac{x^3 - 4x + 8}{4x - 8} = \dfrac{1}{4}(x^2 + 2x) + \dfrac{2}{x - 2}$

ist gemeinsam, daß in Zähler und Nenner der rechten Seite ganzrationale Terme stehen. Durch jede Funktionsgleichung, die sich auf die Form

$$\boxed{y = R(x) = \frac{g(x)}{h(x)} = \frac{a_n x^n + a_{n-1} x^{n-1} + \cdots + a_2 x^2 + a_1 x + a_0}{b_m x^m + b_{m-1} x^{m-1} + \cdots + b_2 x^2 + b_1 x + b_0}} \qquad (10)$$

bringen läßt, ist eine **gebrochenrationale Funktion** gegeben.

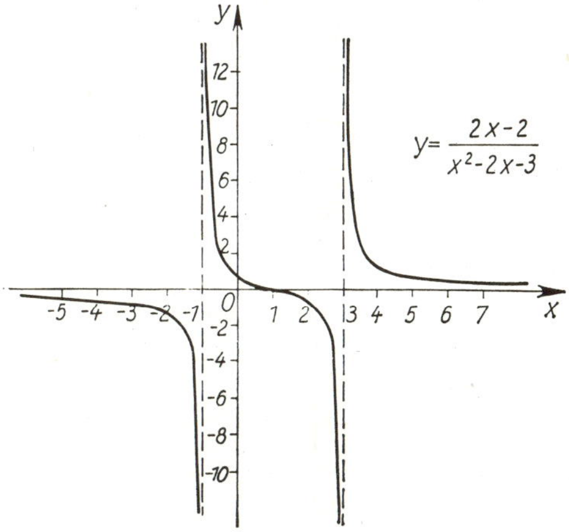

Bild 46

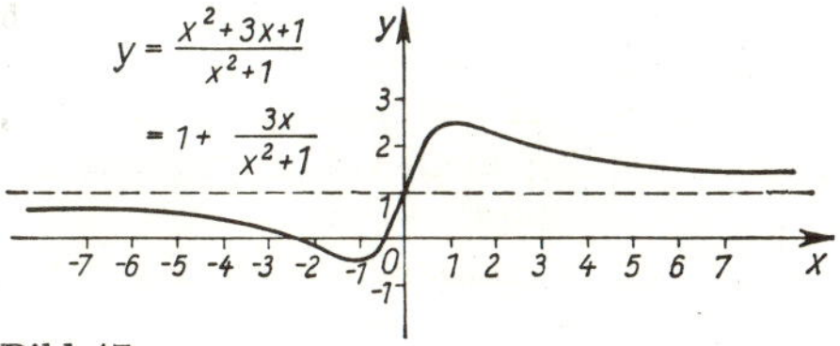

Bild 47

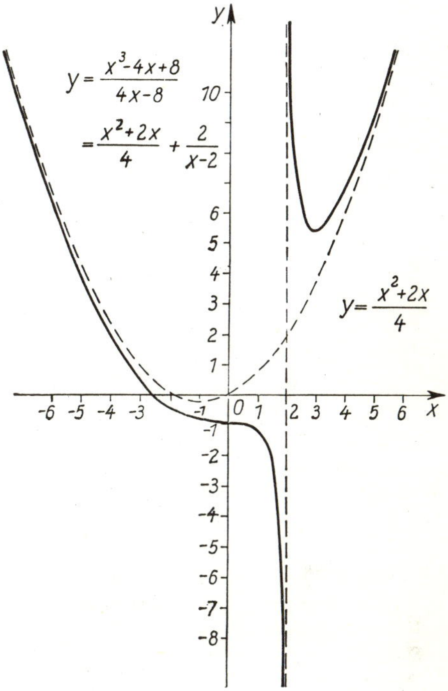

Bild 48

Die Menge der gebrochenrationalen Funktionen wird noch weiter unterteilt: in die Menge der echt gebrochenen und die Menge der unecht gebrochenen rationalen Funktionen.

Ist der Grad des Zählers kleiner als der Grad des Nenners, also $n < m$, liegt eine *echt gebrochene* rationale Funktion vor. Die Beispiele a) und b) mit $n = 0$, $m = 3$ bzw. $n = 1$, $m = 2$ sind solche Funktionen. Ist $n \geqq m$, so handelt es sich um *unecht gebrochene* rationale Funktionen. Der Term $\frac{g(x)}{h(x)}$ läßt sich dann, wie die Beispiele c) und d) zeigen, durch Ausführen der Division als die Summe eines ganzen und eines echt gebrochenen Terms darstellen.

Die Kurven der Funktionen der Beispiele b), c) und d) (Bilder 46, 47 und 48) lassen einige charakteristische Eigenschaften gebrochenrationaler Funktionen erkennen.

Es sei hier hervorgehoben, daß bei gebrochenrationalen Funktionen mitunter für bestimmte x-Werte kein Funktionswert y existiert. Dies ist im Beispiel b) bei $x = -1$ und $x = 3$ (Bild 46), im Beispiel d) für $x = 2$ (Bild 48) der Fall. Die Ursache ist, daß in $R(x) = \dfrac{g(x)}{h(x)}$ für diese x-Werte der Nenner $h(x) = 0$ wird. An solchen Stellen wird die Funktion als *unstetig* bezeichnet.

Die nichtrationalen Funktionen

Alle Funktionsgleichungen, die sich nicht auf die Formen (9) oder (10) bringen lassen, stellen *nichtrationale Funktionen* dar. Beispiele dafür sind

Wurzelfunktionen:	$y = \sqrt[3]{x}$,	$y = \sqrt{\dfrac{x}{x^2+1}}$,
logarithmische Funktionen:	$y = \log_4(x+1)$,	$y = \ln x$,
Exponentialfunktionen:	$y = 10^x$,	$y = e^x$,
trigonometrische Funktionen:	$y = \cos 3x$,	$y = \sin(x^2-1)$,
Arcusfunktionen:	$y = \arcsin x$,	$y = \arctan\left(x + \sqrt{1+x^2}\right)$.

Algebraische und transzendente Funktionen

Neben der Einteilung in rationale und nichtrationale Funktionen ist noch eine Einteilung in algebraische und transzendente möglich. Jede Funktion, die mittels einer Gleichung definiert ist, die sich auf die Form

$$P_n(x)y^n + P_{n-1}(x)y^{n-1} + \cdots + P_1(x)y + P_0(x) = 0$$

bringen läßt [$P_i(x)$ Polynom i-ten Grades in x], ist eine *algebraische Funktion*. Alle anderen Funktionen heißen *transzendent*. Algebraisch sind sowohl die rationalen (ganzen und gebrochenen) Funktionen als auch alle Wurzelfunktionen, also ein Teil der nichtrationalen Funktionen. Zu den einfachsten transzendenten Funktionen gehören die Exponentialfunktion, die Logarithmusfunktion, die trigonometrischen und die Arcusfunktionen.

BEISPIELE

4. a) $y = x^2 + 4x\ln(a^2+1)$ — algebraisch und rational

b) $y = \sqrt[3]{x^2-1}$ — algebraisch und nichtrational

c) $y = \dfrac{2x^3 - \sqrt{x - \sqrt[3]{4+x^2}}}{\sqrt[4]{2x^2+3x^6} - \sqrt[3]{1+\sqrt{5+x^2}}}$ — algebraisch und nichtrational

d) $y = \tan x$

e) $y = x - \ln x$

f) $y = \lg|\sin\sqrt[3]{x}|$

g) $y = e^{\cos x}$

(d) bis g): transzendent)

Für die Funktionen in expliziter analytischer Darstellung gibt es also zwei Einteilungsprinzipien:

1. die Einteilung in rationale und nichtrationale Funktionen. In diesem Fall sind die transzendenten Funktionen unter den nichtrationalen enthalten;
2. die Einteilung in algebraische und transzendente Funktionen. Die transzendenten Funktionen sind alle nichtrational, wobei die ebenfalls nichtrationalen Wurzelfunktionen *nicht* zu den transzendenten gehören.

1.3.6. Elementare Eigenschaften reeller Funktionen

Eine der wichtigsten algebraischen Funktionen ist die **Potenzfunktion**

$$y = ax^{\alpha}$$

(α eine reelle Zahl). Für die folgenden Betrachtungen sei zunächst $a = 1$ gesetzt. Wegen $1^{\alpha} = 1$ für alle α haben alle Potenzfunktionen $y = x^{\alpha}$ den Punkt (1; 1) gemeinsam. Für $\alpha = 0$ ergibt sich die Potenzfunktion $y = x^0$. Wegen $x^0 = 1$ ist sie identisch mit der Funktion $y = 1$ (Bild 49).

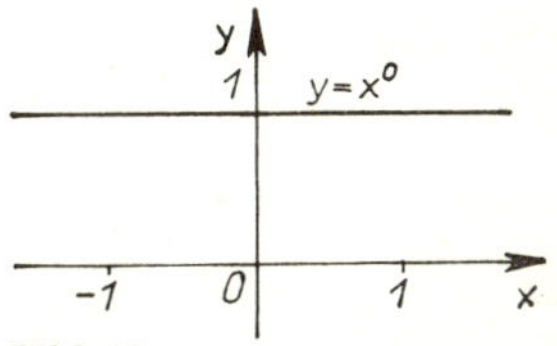

Bild 49

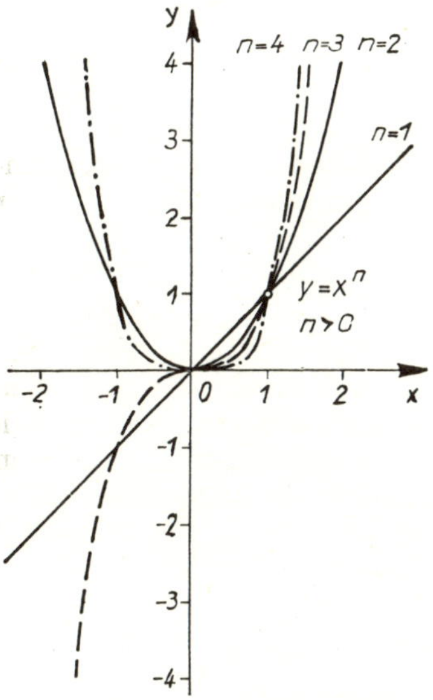

Bild 50

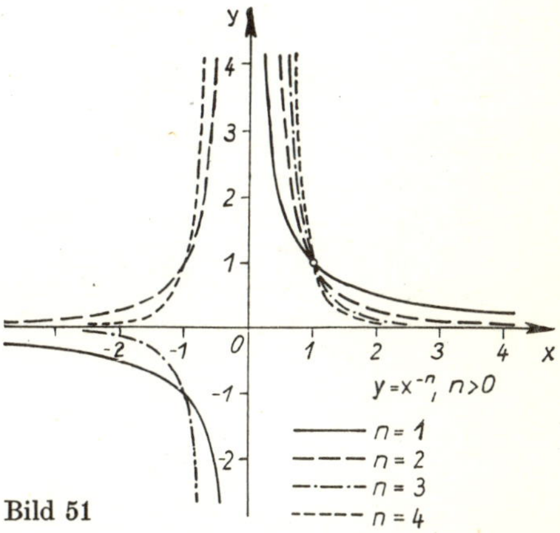

Bild 51

Ist α eine positive ganze Zahl: $\alpha = n$, dann ist die Potenzfunktion eine ganzrationale Funktion. Die Kurven der Funktionen

$$y = x^n, \quad n = 1, 2, 3, \ldots$$

heißen *Parabeln*. Bild 50 zeigt die Parabeln für $n = 1, 2, 3, 4$.
Für $\alpha = -n$ ($n \in N\setminus\{0\}$) lautet die Potenzfunktion

$$y = x^{-n} = \frac{1}{x^n}.$$

Die Kurven sind im cartesischen Koordinatensystem *Hyperbeln* (Bild 51).

Ist α **keine ganze Zahl**, so ist die Potenzfunktion $y = x^\alpha$ nur für $x > 0$ — bei $\alpha > 0$ auch noch für $x = 0$ — definiert. Von der Menge der Potenzfunktionen mit nicht ganzzahligem Exponenten α sollen hier die mit **rationalem** α hervorgehoben werden. Zu ihnen gehören die *Wurzelfunktionen* $y = x^{\frac{1}{n}} = \sqrt[n]{x}$. Die Kurven sind Halbparabeln. Bei geradem n werden diese Halbparabeln durch $y = -x^{\frac{1}{n}} = -\sqrt[n]{x}$ zu

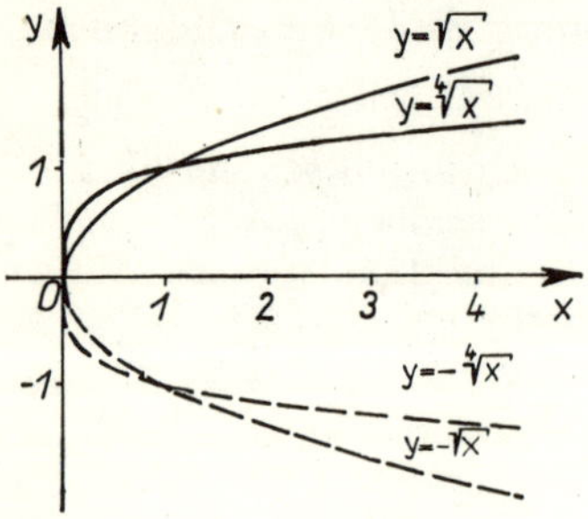

Bild 52

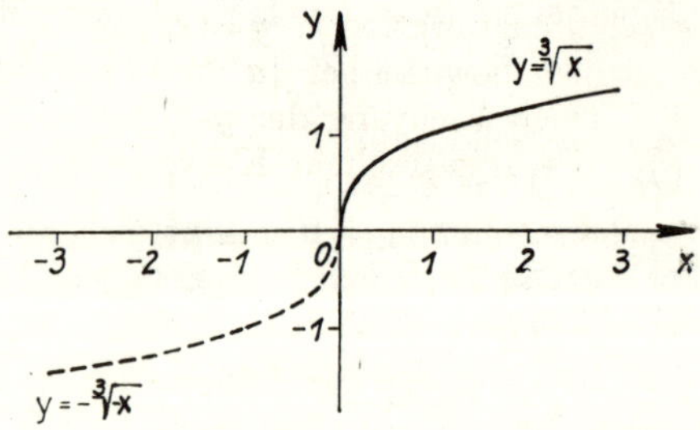

Bild 53

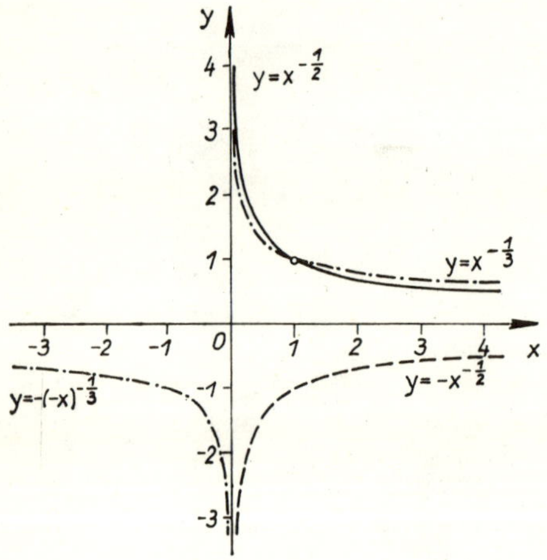

Bild 54

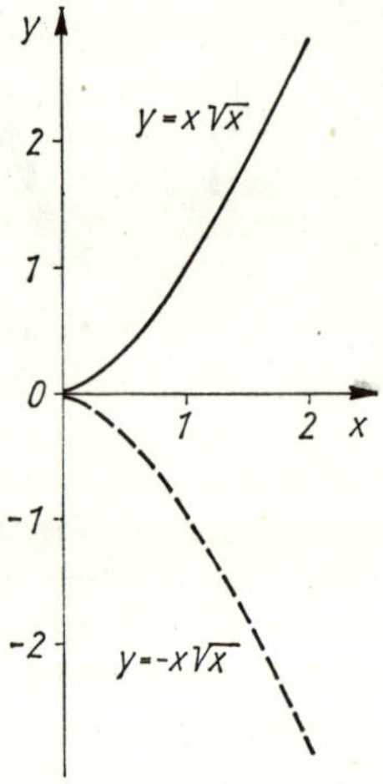

Bild 55

Vollparabeln ergänzt, die den Parabeln $y = x^n$ bei gleichem n kongruent sind (Bilder 52 und 50). Bei ungeradem n ist $y = -(-x)^{\frac{1}{n}} = -\sqrt[n]{-x}$ die ergänzende Halbparabel zu $y = x^{\frac{1}{n}}$ (Bild 53). Geschlossen werden diese Parabeln durch

$$y^n = x, \quad x \in R$$

angegeben.

Für $\alpha = -\frac{1}{n}$ ergeben sich wieder Hyperbeln (Bild 54).

Besonders erwähnt sei hier noch die NEILsche *Parabel* $y^2 = x^3$, die aus den Ästen

$$y = x\sqrt{x} \quad \text{und} \quad y = -x\sqrt{x}$$

besteht (Bild 55).

Die Potenzfunktion f: $y = ax^\alpha$ weist dieselben Eigenschaften wie $y = x^\alpha$ auf. Der Faktor a bewirkt bei $|a| > 1$ ein Strecken, bei $|a| < 1$ ein Stauchen der Kurve $y = x^\alpha$ in Richtung der y-Achse. Gibt man a das entgegengesetzte Vorzeichen, so wird die ursprüngliche Kurve an der x-Achse gespiegelt. Bild 56 zeigt $y = ax^3$ für $a = 1, 2, \frac{1}{2}$ und $-\frac{1}{2}$.

Bei Betrachtung der Bilder 49 ··· 56 fallen die Symmetrieeigenschaften der dargestellten Kurven auf.

Durch die Gleichung

$$y = x^n, \quad n = 0, \pm 1, \pm 2, \pm 3, \ldots$$

sind Kurven gegeben, die bei geradem n *axialsymmetrisch* zur y-Achse, bei ungeradem n *zentralsymmetrisch* zum Ursprung O liegen.

Für

$$y^n = x, \quad n = \pm 1, \pm 2, \pm 3, \ldots$$

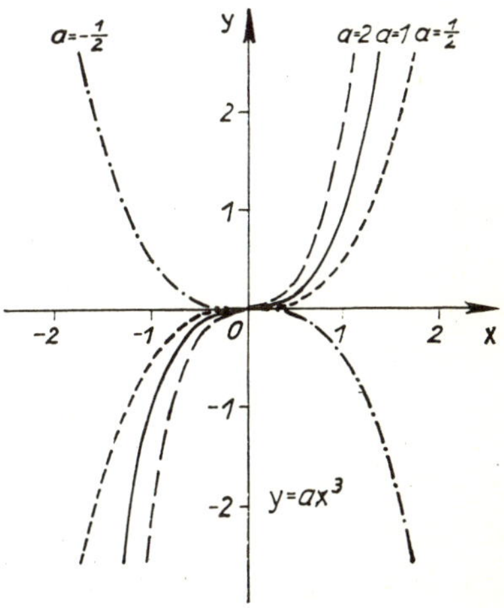

Bild 56

ergeben sich bei geradem n zur x-Achse axialsymmetrische Kurven, bei ungeradem n liegt wieder Zentralsymmetrie mit dem Zentrum in O vor. Das Beispiel der Kurvengleichungen $y = x^n$ und $y^n = x$ zeigt, daß es allgemeine Eigenschaften — wie die Symmetrie der Kurven — gibt, die einer ganzen Reihe von Abbildungen bzw. Funktionen eigen sind. Da Kurve und Kurvengleichung eng miteinander verbunden sind, spiegeln sich Eigenschaften der Kurve in der Kurvengleichung wider.

Die Funktionen sollen auf einige solche allgemeine Eigenschaften untersucht werden. Nicht jede Funktion wird durch eine symmetrische Kurve dargestellt (vgl. Bild 48). Symmetriebeziehungen der Kurve zum Achsenkreuz lassen sich leicht an der Funktionsgleichung erkennen. Hat eine Funktion für entgegengesetzte Argumente gleiche Funktionswerte — ist also $f(x) = f(-x)$ —, so liegt ihr Bild axialsymmetrisch zur y-Achse. Einfache Vertreter dieser Klasse von Funktionen sind die geraden Potenzfunktionen. So gilt z. B. für die Normalparabel $y = f(x) = x^2$:

$$f(3) = f(-3) = +9, \quad \text{allgemein: } f(x) = f(-x).$$

Definition

Funktionen, bei denen für alle x

$$f(x) = f(-x)$$

gilt, heißen **gerade Funktionen.**

Hat eine Funktion für entgegengesetzte Argumente entgegengesetzte Funktionswerte — ist also $f(x) = -f(-x)$ —, so liegt ihr Bild zentralsymmetrisch zum Ursprung O. Einfache Beispiele sind die ungeraden Potenzfunktionen. Für die Funktion $y = f(x) = x^3$ gilt z. B.

$$f(2) = 8, \quad f(-2) = -8, \quad \text{also} \quad f(2) = -f(-2),$$

allgemein:

$$f(x) = -f(-x).$$

Definition

Funktionen, bei denen für alle x

$$f(x) = -f(-x)$$

gilt, heißen **ungerade Funktionen.**

BEISPIELE

1. $y = f(x) = \sin x$ ist eine ungerade Funktion, denn es gilt für alle x

$$\sin(-x) = -\sin x.$$

2. $y = f(x) = \dfrac{x^2 - 1}{x^2 + 1}$ ist eine gerade Funktion, denn

$$f(-x) = \frac{(-x)^2 - 1}{(-x)^2 + 1} = \frac{x^2 - 1}{x^2 + 1} = f(x).$$

3. $y = f(x) = +\sqrt{x^2 - 2x + 5}$ ist weder gerade noch ungerade, denn

$$f(-x) = +\sqrt{(-x)^2 - 2(-x) + 5} = +\sqrt{x^2 + 2x + 5},$$

d. h., für $x \neq 0$ ist sowohl $f(-x) \neq f(x)$ als auch $f(-x) \neq -f(x)$.

Betrachtet man die Wertepaare $(x; y)$ der Funktion $y = x^2$, so findet man, daß im Intervall $[0; \infty)$ die Funktionswerte y mit wachsendem x ständig zunehmen. Ist $x_1 < x_2$, so gilt auch $y_1 < y_2$. Dieser Sachverhalt spiegelt sich an der Kurve im Ansteigen des rechten Parabelastes wider. Im Intervall $(-\infty; 0]$ ist umgekehrt für $x_1 < x_2$ stets $y_1 > y_2$. Die Funktionswerte nehmen mit wachsendem x ab, die Kurve fällt ständig im Intervall $(-\infty; 0]$.

Definition

Eine Funktion $y = f(x)$ heißt in einem Intervall J *monoton wachsend*, wenn für irgend zwei Werte x_1 und x_2 mit $x_1 < x_2$ stets $f(x_1) \leqq f(x_2)$ gilt. Sie heißt *monoton fallend*, wenn mit $x_1 < x_2$ stets $f(x_1) \geqq f(x_2)$ gilt.

Es ist zu beachten, daß das Gleichheitszeichen zugelassen ist. Gilt durchweg das Ungleichheitszeichen, ist also im ganzen Intervall $f(x_1) < f(x_2)$ bzw. $f(x_1) > f(x_2)$, so spricht man von *strenger Monotonie*. Ist eine Funktion im ganzen Definitionsbereich X monoton, so nennt man sie schlechthin monoton.
Die Funktion $y = 0{,}2x^3 - 0{,}3x^2 - 3{,}6x + 1$ (vgl. Bild 45) z. B. ist im Intervall

$-\infty < x \leqq -2$	(streng) monoton steigend,
$-2 \leqq x \leqq 3$	(streng) monoton fallend,
$3 \leqq x < \infty$	(streng) monoton steigend.

Im Intervall [0; 5] z. B. ist sie nicht monoton, da sie bis $x = 3$ fällt, von $x = 3$ an aber steigt.
Bei vielen Funktionen tritt jede reelle Zahl als Funktionswert auf. Beispiele dafür sind

$$y = f(x) = x, \quad x \in R \quad \text{und} \quad y = f(x) = x^3, \quad x \in R.$$

Solche Funktionen heißen **unbeschränkte Funktionen**. Sie haben den Wertebereich $Y = R$.
Funktionen, deren Wertebereich nach einer oder nach beiden Seiten begrenzt ist, heißen **beschränkte Funktionen.**
Eine Zahl, die kleiner (größer) als jeder Funktionswert des Wertebereichs ist, heißt **untere (obere) Schranke** des Wertebereichs. Man wird bestrebt sein, für eine Funktion die engsten Schranken — also die größte untere bzw. die kleinste obere Schranke — anzugeben.

BEISPIELE

4. Die Funktion $y = f(x) = x^2 + 2$ hat den Wertebereich $[2, \infty)$, ist also nach unten beschränkt. Eine untere Schranke ist -1. Die größte untere Schranke ist 2.
5. Die Funktion $y = f(x) = \sqrt{r^2 - x^2}$ ist nach oben und unten beschränkt. Die engsten Schranken sind 0 und $|r|$ (vgl. Bild 29).
6. Die Funktion $y = f(x) = \dfrac{x^2 + 3x + 1}{x^2 + 1}$, $x \in R$ ist nach oben und unten beschränkt: $-0{,}3 < f(x) < 2{,}3$ (vgl. Bild 47).

Eine weitere wesentliche Eigenschaft ist die **Stetigkeit** einer Funktion. Sie soll zunächst nur anschaulich behandelt werden. Eine strengere Betrachtung wird später nachgeholt werden können (vgl. 2.4.2.).
Soll eine Funktion als Kurve in einem Koordinatensystem dargestellt werden, so stellt man gewöhnlich eine Wertetabelle auf, trägt die erhaltenen Wertepaare als Punkte im Koordinatensystem ein und verbindet die einzelnen Punkte zu einem Kurvenzug. Man nimmt dabei stillschweigend an, daß sich alle anderen nicht berechneten Punkte des Funktionsbildes ohne Unterbrechung auf der Verbindungslinie aneinanderreihen. Voraussetzung für den letzten Arbeitsgang ist also, daß die Kurve zwischen den einzelnen Punkten keine Lücken aufweist oder Sprünge macht. Eine Funktion, deren Kurvenbild in einem bestimmten Bereich einen ununterbrochenen Linienzug aufweist, heißt in diesem Bereich **stetig**. Trifft das nicht zu, heißt sie unstetig. Knicke sind durchaus zugelassen, denn an einem Knick hat der Linienzug keine Unterbrechung.

BEISPIELE

7. Nach der Anschauung wird man ohne weiteres und richtig die folgenden Funktionen für stetig erklären:

$$y = mx + b \qquad \text{(Bild 43)},$$

$$y = x^3 \qquad \text{(Bild 50)},$$

$$y = 0{,}2x^3 - 0{,}3x^2 - 3{,}6x + 1 \qquad \text{(Bild 45)},$$

$$y = \frac{x^2 + 3x + 1}{x^2 + 1} \qquad \text{(Bild 47)},$$

$$y = 2^x \qquad \text{(Bild 67)}.$$

8. Folgende Funktionen sind unstetig:

$$y = \frac{x^3 - 4x + 8}{4x - 8} \quad \text{bei } x = 2 \qquad \text{(Bild 48)},$$

$$y = \frac{2x - 2}{x^2 - 2x - 3} \quad \text{bei } x = -1 \quad \text{und} \quad x = 3 \qquad \text{(Bild 46)},$$

$$y = x^{-n} \quad (n = 1, 2, 3, \ldots) \quad \text{bei } x = 0 \qquad \text{(Bild 51)}.$$

Die Unstetigkeit dieser gebrochenrationalen Funktionen ist offenbar dadurch begründet, daß der Nenner an der Unstetigkeitsstelle Null ist.

9. Die angeführten unstetigen Funktionen sind in bestimmten Intervallen stetig. Zum Beispiel ist

$$y = \frac{2x - 2}{x^2 - 2x - 3} \quad \text{stetig in}$$

$$-\infty < x < -1, \quad -1 < x < 3,$$

$$3 < x < +\infty.$$

10. Leicht einzusehen sind auch folgende Verallgemeinerungen:
   a) Jede ganzrationale Funktion ist überall stetig (vgl. Beispiele).
   b) Jede gebrochenrationale Funktion, deren Nenner nirgends verschwindet, ist überall stetig $\left(\text{Beispiel: } y = \frac{x^2 + 3x + 1}{x^2 + 1}\right)$.
   c) Jede gebrochenrationale Funktion ist überall dort unstetig, wo der Nenner verschwindet.

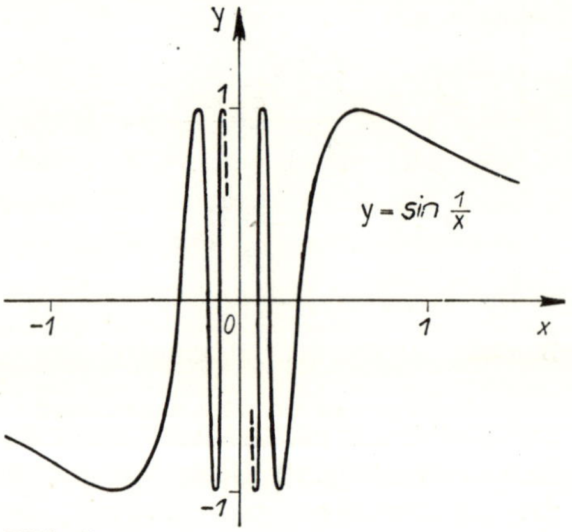

Bild 57

11. Aus der Anschauung nicht zu übersehen ist die Frage der Stetigkeit bei der Funktion $y = \sin {}^1/x$. Diese Funktion schwankt dauernd zwischen -1 und $+1$. Je mehr man sich der Stelle $x = 0$ nähert, desto öfter wechselt sie zwischen diesen Grenzen hin und her (Bild 57). Für $x = 0$ ist sie nicht erklärt. Die Funktion $y = \sin {}^1/x$ ist bei $x = 0$ unstetig.

Für viele Betrachtungen ist die Steilheit einer Kurve von Interesse. Als Maß für die Steilheit einer Kurve zwischen zwei Kurvenpunkten $P_0(x_0; y_0)$ und $P_1(x_1; y_1)$

kann der **Differenzenquotient**

$$\frac{y_1 - y_0}{x_1 - x_0} = \frac{f(x_1) - f(x_0)}{x_1 - x_0}$$

dienen.

Nach Bild 58 ist

$$\frac{y_1 - y_0}{x_1 - x_0} = \tan \sigma,$$

wobei σ der Anstiegswinkel der Sekante P_0P_1 ist. Der Differenzenquotient gibt also den *Anstieg der Sekante* an und kann daher als mittlerer Anstieg der Kurve innerhalb des Intervalls $[x_0; x_1]$ angesehen werden. Ist eine genauere Angabe des Anstiegs der Kurve in der Nähe von P_0 erwünscht, so muß P_1 näher an P_0 gewählt werden.

Häufig wird der Differenzenquotient $\frac{y_1 - y_0}{x_1 - x_0}$ kurz $\frac{\Delta y}{\Delta x}$ geschrieben, gelesen: delta y durch delta x. Der griechische Buchstabe Δ steht als Merkmal dafür, daß eine Differenz gebildet wurde.

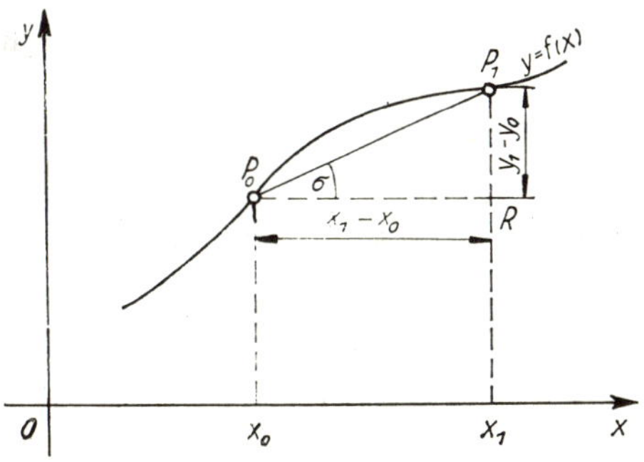

Bild 58

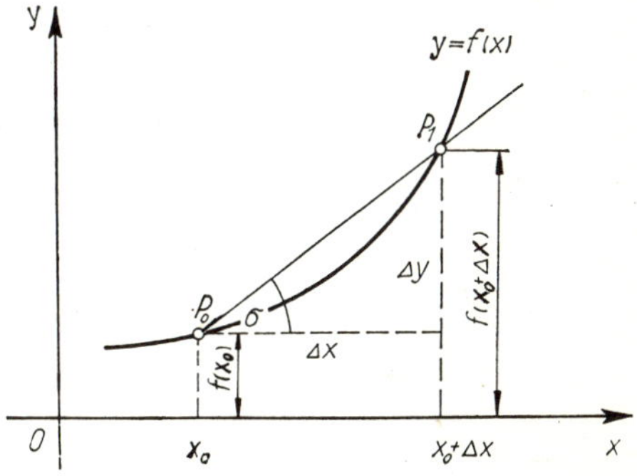

Bild 59

Die Einführung der Größen Δy und Δx gibt die Möglichkeit einer anderen und viel fach zweckmäßigeren Betrachtungsweise. Die Funktion $y = f(x)$ hat an der Stelle x_0 den Funktionswert $f(x_0)$. Erfährt x_0 eine Änderung um Δx, so ändert sich der Funktionswert um Δy. Die Größe Δy stellt also die *Änderung des Funktionswertes* bei der Argumentänderung um Δx dar. Es ist (Bild 59):

$$\Delta y = f(x_0 + \Delta x) - f(x_0).$$

Der mittlere Anstieg der zur Funktion $y = f(x)$ gehörenden Kurve zwischen den Kurvenpunkten $P_0(x_0; y_0)$ und $P_1(x_0 + \Delta x; y_0 + \Delta y)$ wird somit durch

$$\tan \sigma = \frac{\Delta y}{\Delta x} = \frac{f(x_0 + \Delta x) - f(x_0)}{\Delta x}$$

angegeben.

BEISPIEL

12. Es sei f: $y = 0{,}2x^2$. Für $x_0 = 1$ und $\Delta x = 4; 2; 1$ ist der Differenzenquotient zu bilden.

Lösung: $y_0 = f(x_0) = 0{,}2x_0^2$,

$$y_0 + \Delta y = f(x_0 + \Delta x) = 0{,}2(x_0 + \Delta x)^2 = 0{,}2[x_0^2 + 2x_0\Delta x + (\Delta x)^2],$$

$$\Delta y = f(x_0 + \Delta x) - f(x_0) = 0{,}2[x_0^2 + 2x_0\Delta x + (\Delta x)^2] - 0{,}2x_0^2,$$

$$\Delta y = 0{,}2[2x_0\Delta x + (\Delta x)^2],$$

$$\frac{\Delta y}{\Delta x} = 0{,}2\,\frac{2x_0\Delta x + (\Delta x)^2}{\Delta x} = 0{,}2(2x_0 + \Delta x).$$

An der Stelle $x_0 = 1$ wird

$$\frac{\Delta y}{\Delta x} = \underline{\underline{0{,}4 + 0{,}2\,\Delta x.}}$$

Für $\Delta x = 4; 2; 1$ ergeben sich die Werte $\dfrac{\Delta y}{\Delta x} = 1{,}2; 0{,}8; 0{,}6$.

Bild 60 gibt den geometrischen Sachverhalt wieder: Mit der Änderung von Δx dreht sich die Sekante um P_0.

Der Differenzenquotient liegt vielen naturwissenschaftlichen Fragestellungen zugrunde. Ist die betrachtete Funktion das Weg-Zeit-Gesetz der Kinematik $s = f(t)$, so stellt der Differenzenquotient

$$\frac{\Delta s}{\Delta t} = \frac{s_1 - s_0}{t_1 - t_0} = \frac{\text{zurückgelegter Weg}}{\text{Zeitspanne}}$$

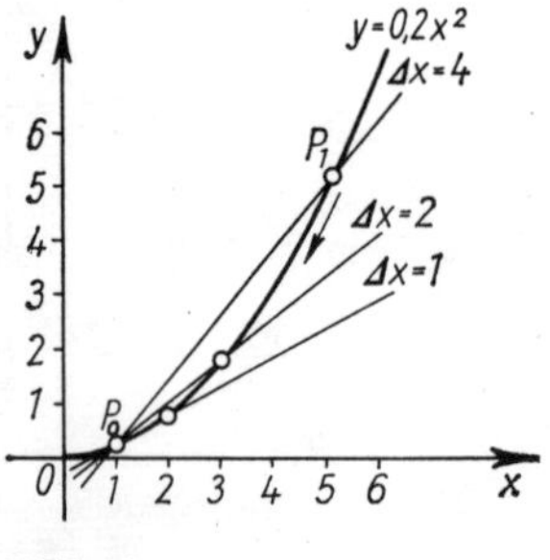

Bild 60

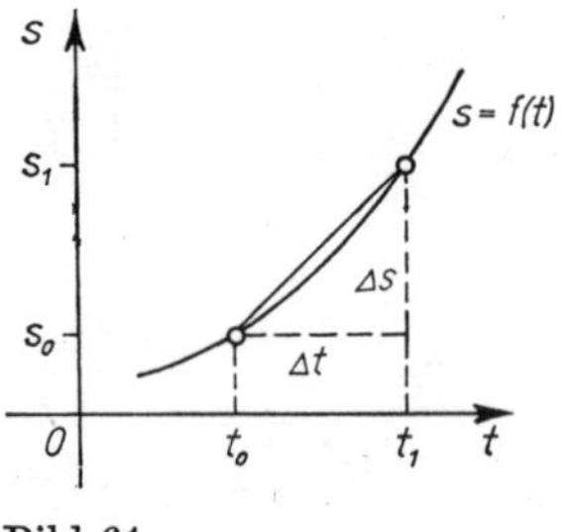

Bild 61

die *mittlere Geschwindigkeit* eines Körpers im Zeitintervall $t_0 \ldots t_1$ dar. Meist interessiert aber nicht die mittlere, sondern die Augenblicksgeschwindigkeit des Körpers zu einem Zeitpunkt t_0. Man wird um so genauer Auskunft über die Augenblicksgeschwindigkeit erhalten, je kürzer die Zeitspanne $\Delta t = t_1 - t_0$ gewählt wird. Aus Bild 61 ist zu erkennen, daß beim Problem der Geschwindigkeit der gleiche mathematische Sachverhalt vorliegt wie bei dem Anstieg einer Kurve.

Von den zahlreichen naturwissenschaftlichen Problemen, die zu der gleichen Fragestellung führen, sei noch die Beschleunigung erwähnt. Bewegt sich ein Körper mit der veränderlichen Geschwindigkeit $v = f(t)$, so gibt

$$\frac{\Delta v}{\Delta t} = \frac{v_1 - v_0}{t_1 - t_0} = \frac{\text{Änderung der Geschwindigkeit}}{\text{Zeitspanne}}$$

die *mittlere Beschleunigung* im Intervall $t_0 \ldots t_1$ an (Bild 62). Zur Ermittlung eines brauchbaren Näherungswertes für die Augenblicksbeschleunigung zur Zeit t_0 muß die Zeitspanne $\Delta t = t_1 - t_0$ genügend klein gewählt werden.

1.3.7. Die Umkehrfunktion

In 1.2.2. wurde der Begriff der zu F inversen Abbildung F^{-1} definiert. Ist die Abbildung eine Funktion f und die Umkehrung f^{-1} wieder eine Funktion, dann heißt f^{-1} die zu f **inverse Funktion** oder die **Umkehrfunktion** von f. Die Umkehrung f^{-1} von f ist nur dann eine Funktion, wenn f^{-1} eindeutig ist. Dann ist aber f eine eineindeutige Funktion.

Satz

Eine Funktion f hat genau dann eine Umkehrfunktion, wenn sie eineindeutig ist.

Das bedeutet, daß sich nur zu einer eineindeutigen Funktion die Umkehrfunktion bilden läßt. Bild 63 zeigt eine Funktion f, die sich nicht umkehren läßt, denn wegen $f(x_2) = f(x_3)$ ist $f^{-1}(y_2) = \{x_2, x_3\}$. Die Umkehrabbildung f^{-1} ist also nicht eindeutig und stellt keine Funktion dar. Ein weiteres Beispiel einer Funktion, zu der keine inverse existiert, zeigt Bild 64.

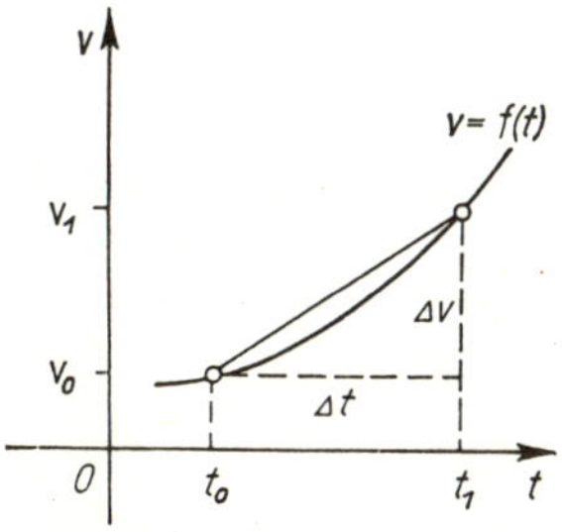

Bild 62

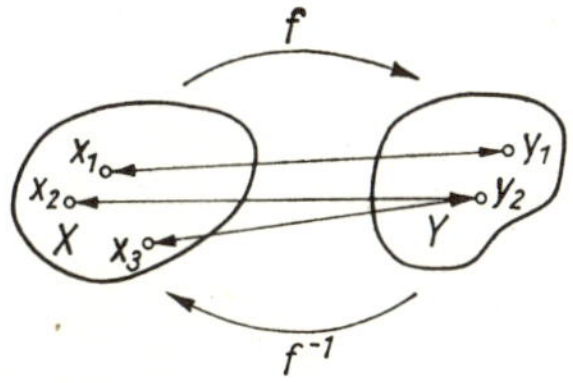

Bild 63

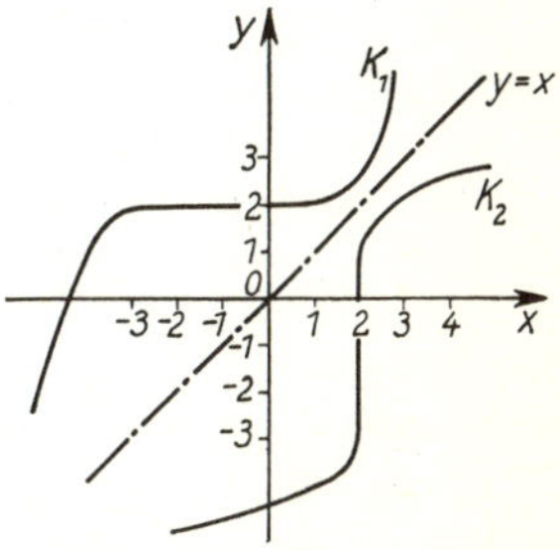

Bild 64

Ist $(a; b)$ Element der umkehrbaren Funktion f, so ist $(b; a)$ Element der Umkehrfunktion $f^{-1} = \varphi$. Umgekehrt folgt aber auch aus $(b; a) \in \varphi$, daß $(a; b) \in f$. Das bedeutet, daß f wiederum die Umkehrfunktion von φ ist.

Satz

Funktion und Umkehrfunktion sind zueinander invers.

Aus $(a; b) \in f \rightleftarrows (b; a) \in \varphi$ läßt sich leicht weiter folgern:

Argument von f	$\rightleftarrows$	Funktionswert von φ,
Funktionswert von f	$\rightleftarrows$	Argument von φ,
Definitionsbereich von f	$\rightleftarrows$	Wertebereich von φ,
Wertebereich von f	$\rightleftarrows$	Definitionsbereich von φ

In der analytischen Darstellung wird bei einer Funktion f das Argument mit x, der Funktionswert mit y bezeichnet. Da beim Übergang zur Umkehrfunktion Argument und Funktionswert ihre Rollen vertauschen, sind auch ihre Bezeichnungen dementsprechend zu ändern. So ergibt

die Funktion f: $\quad y = f(x) = \frac{1}{2}x - 1,$

die Umkehrfunktion φ: $\quad x = f(y) = \frac{1}{2}y - 1.$

Um die Umkehrfunktion in der expliziten Darstellung zu erhalten, muß $x = f(y)$ noch nach der Variablen y aufgelöst werden:

Umkehrfunktion φ: $\quad y = \varphi(x) = 2x + 2.$

Da im ersten Schritt nur x durch y ersetzt wird, bleibt der Term $f(x)$ in der Form unverändert. Er erscheint nur in der neuen Schreibweise $f(y)$. Beim Auflösen nach y entsteht ein neuer Term in x, der in Anlehnung an die Umkehrfunktion φ mit $\varphi(x)$ bezeichnet wird.

Für Funktion f und Umkehrfunktion φ genügt eine Wertetabelle. Für das gewählte Beispiel etwa

	x	-1	0	1	2	3	4	y	
$f\downarrow$	y	$-1{,}5$	-1	$-0{,}5$	0	$0{,}5$	1	x	$\uparrow\varphi$

Die korrespondierenden Punkte $P_1(a; b)$ und $P_2(b; a)$ von Funktion und Umkehrfunktion liegen im gleichgeteilten cartesischen Koordinatensystem spiegelbildlich zur Geraden $y = x$. Das gilt für alle Wertepaare einer Funktion, also auch für die gesamte die Funktion darstellende Kurve. Bild 65 demonstriert das am bisher behandelten Beispiel.

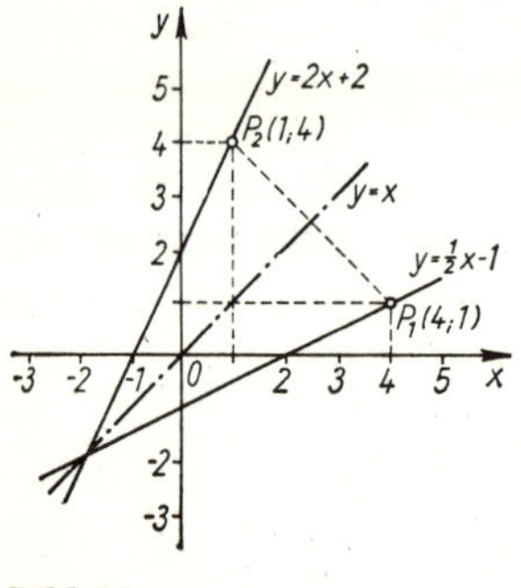

Bild 65

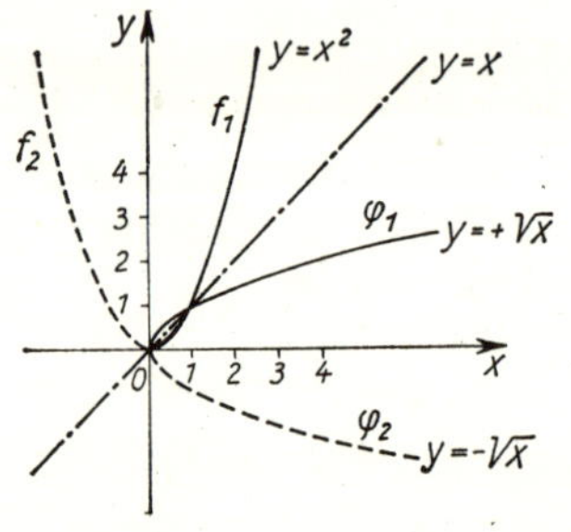

Bild 66

Satz

Die Bilder von Funktion und Umkehrfunktion liegen im gleichgeteilten cartesischen Koordinatensystem spiegelbildlich zur Geraden f: $y = x$.

Bei Funktionen, die nicht eineindeutig sind, führt die Umkehrung — wie schon erwähnt — auf mehrdeutige Abbildungen. Die Umkehrabbildung kann dann häufig in einzelne eindeutige Abbildungen zerlegt werden. So ist die Funktion $f\colon y = x^2$ nicht eineindeutig; ihre Umkehrung $f^{-1}\colon\ y^2 = x$ ist eine zweideutige Abbildung. Sie kann — wie Bild 66 zeigt — in die Funktionen $\varphi_1\colon y = \sqrt{x}$ und $\varphi_2\colon y = -\sqrt{x}$ zerlegt werden.
Wie bei diesem Beispiel ersichtlich ist, kann $f\colon\ y = x^2$ als Vereinigung der beiden eineindeutigen Funktionen

$$f_1\colon\ y = x^2, \quad x \geqq 0$$

und

$$f_2\colon\ y = x^2, \quad x \leqq 0$$

aufgefaßt werden, zu denen die Umkehrfunktionen

$$\varphi_1\colon\ y = \sqrt{x}$$

und

$$\varphi_2\colon\ y = -\sqrt{x}$$

gehören.
Ist eine Funktion in einem Bereich streng monoton, so ist sie dort auch eineindeutig (Bild 66).

Satz

Zu jeder streng monotonen Funktion existiert die Umkehrfunktion.

BEISPIELE

1. Allgemein liefert die Umkehrung der geraden Potenzfunktionen

$$f\colon\ y = x^{2n} \quad (n = \pm 1, \pm 2, \ldots)$$

die mehrdeutigen Abbildungen

$$f^{-1}\colon\ y^{2n} = x.$$

Jede dieser Abbildungen ist die Vereinigung zweier Funktionen

$$\varphi_1\colon\ y = \sqrt[2n]{x} \text{ und } \varphi_2\colon\ y = -\sqrt[2n]{x}.$$

Vgl. dazu die Bilder 50 und 52.

2. Zu jeder der ungeraden Potenzfunktionen

$$f\colon\ y = x^{2n-1} \ (n = 0, \pm 1, \pm 2, \ldots)$$

existiert eine Umkehrfunktion. Es sind dies die Wurzelfunktionen[1])

$$\varphi\colon\quad y = \begin{cases} \sqrt[2n-1]{x}, & x \geqq 0, \\ -\sqrt[2n-1]{-x}, & x \leqq 0, \end{cases} \quad (n = 0, \pm 1, \pm 2, \ldots)$$

[1]) Da $\sqrt[n]{a}$ nur für $a \geqq 0$ definiert ist, müssen hier zur vollständigen Angabe der Umkehrfunktion zwei Gleichungen geschrieben werden

für die geschlossen auch

$$\varphi\colon\ y^{2n-1} = x$$

geschrieben werden kann. Für $n = 3$ zeigen die Bilder 50 und 53 Funktion und Umkehrfunktion.
$n = 0$ liefert die Potenzfunktion $y = x^{-1}$. Aus

$$f\colon\ y = \frac{1}{x}$$

folgt durch Vertauschen von x und y:

$$\varphi\colon\ x = \frac{1}{y}.$$

Auflösen nach y liefert

$$\varphi\colon\ y = \frac{1}{x}.$$

Bei der Einheitshyperbel sind Funktion und Umkehrfunktion identisch, da die Funktion $f\colon\ y = \dfrac{1}{x}$ im cartesischen Koordinatensystem symmetrisch zur Geraden $y = x$ liegt.
Für $n = 1$ liegt die Funktion $y = x$ vor. Auch hier fallen Funktion und Umkehrfunktion zusammen.

3. Für die Exponentialfunktion

$$f\colon\ y = a^x \quad (a > 0)$$

folgt durch Vertauschen von x und y:

$$\varphi\colon\ x = a^y$$

und Auflösen nach y:

$$\varphi\colon\ y = \log_a x.$$

Die Logarithmusfunktion ist die Umkehrfunktion der Exponentialfunktion. Bild 67 stellt die Exponentialfunktion und ihre Umkehrfunktion für $a = 1/2$ und $a = 2$ dar.

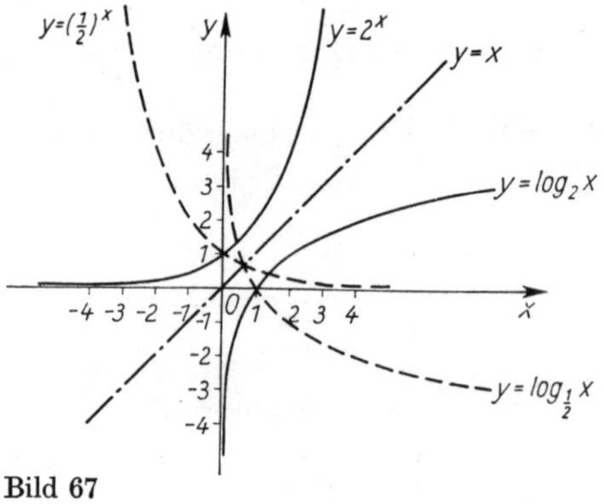

Bild 67

Den Zusammenhang von Funktion und Umkehrfunktion kann man benutzen, um für scheinbar komplizierte Funktionen schnell eine einfache Wertetafel zu erhalten. Um z. B. $f\colon\ y = \log_{\frac{1}{2}} x$ graphisch darzustellen und eine Vorstellung über Definitionsbereich und Wertevorrat zu gewinnen, stellt man eine Wertetafel für $\varphi\colon\ y = \left(\frac{1}{2}\right)^x$ auf:

$\varphi\colon\ y = \left(\frac{1}{2}\right)^x \rightarrow \downarrow$; $\uparrow \leftarrow f\colon\ y = \log_{\frac{1}{2}} x$

x	…	-2	-1	0	1	2	3	…	y
y	…	4	2	1	$\frac{1}{2}$	$\frac{1}{4}$	$\frac{1}{8}$	…	x

Daraus ist noch für f abzulesen: $X = (0, \infty)$ und $Y = (-\infty, +\infty)$.

Funktionstafeln werden für Funktion und Umkehrfunktion benutzt, etwa die Quadrattafel (Bild 68).

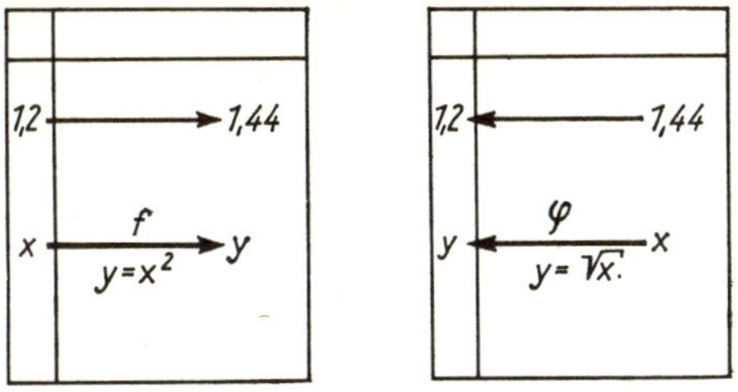

Bild 68

Auch auf dem Rechenstab sind mehr Funktionen ablesbar, als man gemeinhin annimmt. Allein die Skalen L, D, A, K liefern u. a. folgende Funktionen (Bild 69):

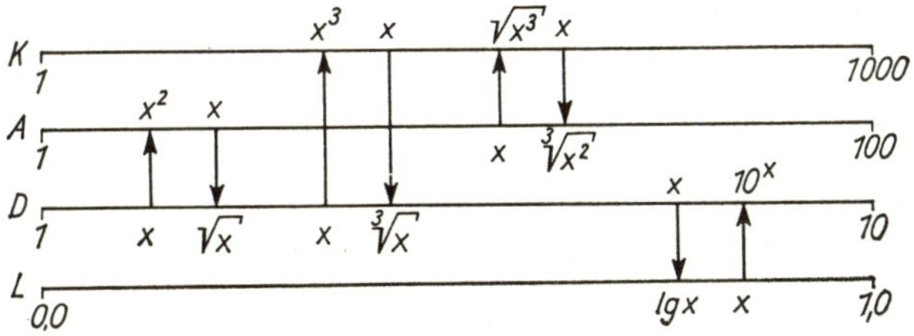

Bild 69

So ist also leicht abzulesen durch Übergang

$$\text{A} \to \text{K}: \quad 16^{\frac{3}{2}} = 64,$$

$$\text{K} \to \text{A}: \quad 27^{\frac{2}{3}} = 9,$$

$$\text{L} \to \text{D}: \quad 10^{0,4} = 2{,}51.$$

Der Zusammenhang zwischen den Skalen A und K ergibt sich wie folgt:
Mit x in A stellt man $\sqrt{x}$ in D ein. In K steht aber die 3. Potenz von $\sqrt{x}$, also $\sqrt{x^3}$.

1.3.8. Periodische Funktionen

In Natur und Technik treten vielfach periodische Vorgänge auf. Unter periodischen Vorgängen werden solche Abläufe verstanden, bei denen sich ein bestimmter Vorgang oder eine bestimmte Situation nach Verstreichen einer festen Zeit T wiederholt. Bekannte Beispiele für periodische Vorgänge sind die periodisch wiederkehrenden Jahreszeiten ($T = 1$ Jahr), eingelaufene Produktionszyklen (u. a. in der Landwirtschaft) und Schwingungsvorgänge.
Mathematisch werden periodische Vorgänge durch periodische Funktionen erfaßt. Das sind — dem eben beschriebenen Sachverhalt entsprechend — Funktionen, die für alle Argumentwerte x, die sich um einen festen Wert a unterscheiden, denselben Funktionswert aufweisen.

Definition

Eine Funktion f heißt **periodisch**, wenn für alle $x \in X$ und $x + ka \in X$

$$f(x + ka) = f(x) \qquad (k = 0, \pm 1, \pm 2, \ldots)$$

gilt.

Die Konstante a heißt *Periode* der Funktion f. Die kleinste Periode p, für die $f(x + kp) = f(x)$ gilt, wird *primitive* Periode genannt. Jede Periode a einer Funktion f ist ein ganzzahliges Vielfaches von p.
Harmonische Schwingungen (z. B. Schwingung einer Stimmgabel, ungedämpfte elektrische Schwingungen) lassen sich mathematisch mit Hilfe der harmonischen Funktion

$$y = f(t) = A \sin(\omega t + \varphi) \qquad \text{(I)}$$

beschreiben. Hierbei heißen

y die Elongation,
$A > 0$ die Amplitude,
ω die Kreisfrequenz ($\omega > 0$),
φ der Nullphasenwinkel ($|\varphi| \leqq \pi$),
$\omega t + \varphi$ der Phasenwinkel.

Die Sinusfunktion $y = \sin x$ hat die (primitive) Periode $p = 2\pi$. Setzt man also $\omega t + \varphi = x$, so gilt

$$A \sin(x + 2\pi) = A \sin x.$$

Die *Periodendauer* T von (I) folgt somit aus

$$\omega(t + T) + \varphi = \omega t + \varphi + 2\pi$$

zu

$$T = \frac{2\pi}{\omega}.$$

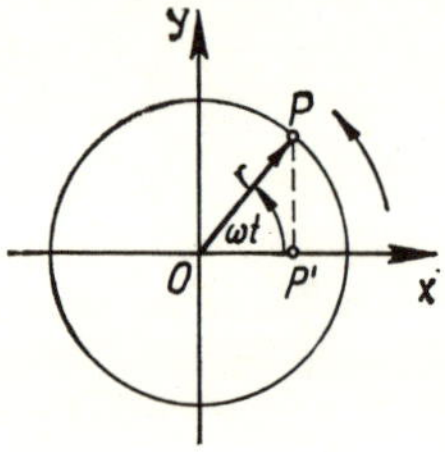

Bild 70

Der Kehrwert $\nu = \frac{1}{T} = \frac{\omega}{2\pi}$ heißt *Frequenz* der Schwingung.

BEISPIEL

1. Ein Punkt P bewegt sich gleichförmig auf der Peripherie eines Kreises mit dem Radius r. Der zugehörige Radius OP (Bild 70) überstreicht dabei in 10^{-1} s einmal die Kreisfläche. Wie groß sind Kreisfrequenz ω und Frequenz ν der Schwingung, die von der Projektion P' von P auf die x-Achse bei dieser Bewegung von P ausgeführt wird?

   Lösung: In 10^{-1} s wird von $\overline{OP}$ der Winkel $\alpha = 2\pi$ überstrichen. Es gilt also wegen $\omega t = \alpha$:

   $$\omega \cdot 10^{-1}\,\mathrm{s} = 2\pi$$

   $$\underline{\underline{\omega = 20\pi\,\mathrm{s}^{-1}}}, \qquad \underline{\underline{\nu = 10\,\mathrm{s}^{-1}}}.$$

In elektrischen Schaltungen (z. B. Fernsehtechnik) werden häufig sogenannte *Kippschwingungen* angewendet. Das sind Schwingungen, bei denen sich elektrische Größen (Strom, Spannung) sprunghaft ändern, wobei sich dieser Vorgang periodisch wiederholt. Ein wesentliches Schaltelement zur Erzeugung solcher Schwingungen ist der Kondensator, der sich bei Anlegen einer Spannung innerhalb einer gewissen Zeitspanne auflädt und bei Kurzschließen in sehr kurzer Zeit entlädt. Die Kurven dieser Funktionen weisen gewöhnlich Ecken oder Sprünge auf. Auf solche periodische Funktionen wird an anderer Stelle eingegangen.

Haben die Funktionen $f_1, f_2, \ldots, f_n$ alle die Periode a, so hat auch jede Linearkombination

$$L(x) = c_0 + c_1 f_1(x) + c_2 f_2(x) + \cdots + c_n f_n(x)$$

die Periode a. Das ist leicht einzusehen. Denn gilt

$$c_i f_i(x + ka) = c_i f_i(x) \quad \text{für} \quad i = 1, 2, \ldots, n, \tag{II}$$

so folgt für

$$L(x + ka) = c_0 + c_1 f_1(x + ka) + \cdots + c_n f_n(x + ka)$$

wegen (II):

$$L(x + ka) = c_0 + c_1 f_1(x) + \cdots + c_n f_n(x) = L(x).$$

BEISPIEL

2. Welche primitive Periode p hat die Funktion

$$y = f(t) = b_1 \sin \omega t + b_2 \sin 2\omega t + \cdots + b_n \sin n\omega t?$$

Lösung: Wegen $\sin(x + 2\pi) = \sin x$ folgt für die primitive Periode p der Funktion $f_k(t) = \sin k\omega t$:

$$\begin{aligned} k\omega(t + p) &= k\omega t + 2\pi, \\ k\omega p &= 2\pi, \\ p &= \frac{2\pi}{k\omega}. \end{aligned}$$

Für jede Funktion f_k ist auch

$$a = kp = \frac{2\pi}{\omega}$$

eine Periode. Diese Periode ist unabhängig von k. Somit hat $y = f(t)$ die Periode $\frac{2\pi}{\omega}$. Das ist offenbar auch die kleinste Periode. Also gilt

$$p = \frac{2\pi}{\omega}.$$

1.3.9. Die Newtonsche Interpolation

Das Newtonsche Interpolationspolynom

Die ganzrationalen Funktionen spielen in vielen praktischen Anwendungen eine Rolle, da sie gegenüber anderen Funktionen Vorzüge aufweisen, die für das praktische Arbeiten Bedeutung haben. Zur Berechnung der Funktionswerte einer ganzrationalen

Funktion sind bei Benutzung des HORNER-Schemas als Rechenoperationen nur Addition und Multiplikation erforderlich, so daß bei umfangreicheren Arbeiten Rechenmaschinen oder Rechenautomaten eingesetzt werden können. Unter anderem ist also der Grad der zu behandelnden ganzrationalen Funktionen von untergeordneter Bedeutung, sofern geeignete Hilfsmittel zur Verfügung stehen.
Dieser Vorteil kann auch für andere Funktionen genutzt werden, da sich für jede in einem abgeschlossenen Intervall stetige Funktion eine ganzrationale Näherungsfunktion angeben läßt. Durch geeignete Wahl des Grades n und der Koeffizienten a_i kann man erreichen, daß die Abweichungen von der anzunähernden Funktion unter einer beliebig kleinen vorgegebenen Schranke bleiben.
In der Praxis ergibt sich oft die Aufgabe, aus einer Anzahl vorgegebener Wertepaare $(x_0; y_0), (x_1; y_1), \ldots, (x_n; y_n)$ einer Funktion $y = f(x)$ eine ganzrationale Funktion $y = g(x)$ zu bestimmen, die die vorgegebenen Wertepaare enthält. Die vorgegebenen Argumentwerte $x_0, \ldots, x_n$ heißen *Stützstellen*, die ihnen zugeordneten Funktionswerte $y_0, \ldots, y_n$ heißen *Stützwerte* der Funktion.
Für $y = g(x)$ wird gefordert

$$y_\nu = f(x_\nu) = g(x_\nu) \quad \text{für} \quad \nu = 0, 1, 2, \ldots, n. \qquad \text{(I)}$$

Das sind $n + 1$ Bedingungen, die der Term $g(x)$ erfüllen muß. Deshalb ist für $g(x)$ ein ganzrationaler Term mit $n + 1$ Koeffizienten, also ein Term n-ten Grades, anzusetzen:

$$g(x) = a_n x^n + a_{n-1} x^{n-1} + \cdots + a_1 x + a_0.$$

Wegen der Forderung (I) muß für $\nu = 0, 1, 2, \ldots, n$

$$y_\nu = a_n x_\nu^n + a_{n-1} x_\nu^{n-1} + \cdots + a_1 x_\nu + a_0 \qquad \text{(II)}$$

gelten. Das liefert ein Gleichungssystem mit $n + 1$ Gleichungen für die $n + 1$ Unbekannten $a_0, a_1, \ldots, a_n$. Wie sich zeigen läßt, ist die Koeffizientendeterminante

$$D = \begin{vmatrix} x_0^n & x_0^{n-1} & \ldots & x_0 & 1 \\ x_1^n & x_1^{n-1} & \ldots & x_1 & 1 \\ \cdots & & \ldots & \cdots & \\ x_n^n & x_n^{n-1} & \ldots & x_n & 1 \end{vmatrix} \neq 0,$$

wenn alle Stützstellen $x_0, \ldots, x_n$ voneinander verschieden sind. Daher hat das Gleichungssystem (II) genau eine Lösung. Das bedeutet, es gibt genau eine ganzrationale Funktion von höchstens[1]) n-tem Grade, die die Forderung (I) erfüllt. Die gesuchte Funktion werden wir im folgenden wegen dieses Zusammenhanges mit $y = g_n(x)$ bezeichnen, auch wenn der Grad der ermittelten Funktion kleiner als n ausfallen sollte.
Für das praktische Rechnen ist der Weg, die Koeffizienten a_i aus dem Gleichungssystem (II) zu ermitteln, zu umständlich. Von den in der Praxis angewandten Verfahren, den Ausdruck $g_n(x)$ zu ermitteln, soll hier die NEWTONsche Interpolationsformel behandelt werden.

[1]) Es kann z. B. $a_n = 0$ oder $a_n = a_{n-1} = \cdots = a_{n-k} = 0$ sein

Die ganzrationale Näherungsfunktion $y = g_n(x)$ wird zweckmäßig durch den Ansatz

$$\boxed{\begin{aligned} y = g_n(x) = c_0 &+ c_1(x - x_0) + c_2(x - x_0)(x - x_1) + \\ &+ c_3(x - x_0)(x - x_1)(x - x_2) + \cdots + \\ &+ c_n(x - x_0)(x - x_1) \ldots (x - x_{n-1}) \end{aligned}} \tag{11}$$

bestimmt. Das in dieser Form angesetzte Polynom n-ten Grades heißt NEWTONsches Interpolationspolynom. Der Vorteil dieser Form des Ansatzes liegt darin, daß für die Koeffizienten $c_0, c_1, \ldots, c_n$ ein gestaffeltes lineares Gleichungssystem entsteht, das sehr einfach zu lösen ist.

Die Funktion $y = g_n(x)$ soll den Forderungen (I) genügen. Es muß also sein:

$$\begin{aligned} g_n(x_0) &= y_0 = c_0 \\ g_n(x_1) &= y_1 = c_0 + c_1(x_1 - x_0) \\ g_n(x_2) &= y_2 = c_0 + c_1(x_2 - x_0) + c_2(x_2 - x_0)(x_2 - x_1) \\ g_n(x_3) &= y_3 = c_0 + c_1(x_3 - x_0) + c_2(x_3 - x_0)(x_3 - x_1) + \\ &\qquad + c_3(x_3 - x_0)(x_3 - x_1)(x_3 - x_2) \\ &\ldots\ldots\ldots\ldots\ldots\ldots\ldots\ldots \\ g_n(x_n) &= y_n = c_0 + c_1(x_n - x_0) + c_2(x_n - x_0)(x_n - x_1) + \cdots + \\ &\qquad + c_n(x_n - x_0)(x_n - x_1) \ldots (x_n - x_{n-1}). \end{aligned} \tag{III}$$

Die Stützstellen $x_0, x_1, \ldots, x_n$ und die Stützwerte $y_0, y_1, \ldots, y_n$ sind von der Aufgabenstellung her bekannt. Aus diesem gestaffelten Gleichungssystem für die unbekannten Koeffizienten $c_0, c_1, \ldots, c_n$ lassen sich diese der Reihe nach wie folgt berechnen:

Aus der 1. Gleichung folgt sofort

$$c_0 = y_0.$$

Mit dem nun bekannten Wert c_0 ergibt sich aus der 2. Gleichung

$$c_1 = \frac{y_1 - y_0}{x_1 - x_0}.$$

Die 3. Gleichung liefert unter Verwendung des ermittelten Koeffizienten c_1:

$$c_2 = \frac{y_2 - y_0 - \dfrac{y_1 - y_0}{x_1 - x_0}(x_2 - x_0)}{(x_2 - x_0)(x_2 - x_1)}.$$

In dieser Weise fortfahrend können alle Koeffizienten $c_0, c_1, \ldots, c_n$ schrittweise berechnet werden.

BEISPIEL

1. Es ist die ganzrationale Funktion von höchstens 3. Grade zu bestimmen, die die Punkte (1; 9), (3; −27), (4; −30), (7; 165) enthält.

   Lösung: Aus dem Ansatz

   $$g_3(x) = c_0 + c_1(x - 1) + c_2(x - 1)(x - 3) + c_3(x - 1)(x - 3)(x - 4)$$

folgt

$$\begin{aligned} g_3(1) &= 9 = c_0, \\ g_3(3) &= -27 = c_0 + 2c_1, \\ g_3(4) &= -30 = c_0 + 3c_1 + 3c_2, \\ g_3(7) &= 165 = c_0 + 6c_1 + 24c_2 + 72c_3. \end{aligned}$$

Das gestaffelte Gleichungssystem liefert der Reihe nach

$$c_0 = 9,$$

$$c_1 = \frac{-27 - 9}{2}, \qquad c_1 = -18,$$

$$c_2 = \frac{-30 - 9 - 3 \cdot (-18)}{3}, \qquad c_2 = 5,$$

$$c_3 = \frac{165 - 9 - 6 \cdot (-18) - 24 \cdot 5}{72}, \qquad c_3 = 2.$$

Die verlangte ganzrationale Funktion lautet demnach

$$y = g_3(x) = 9 - 18(x-1) + 5(x-1)(x-3) + 2(x-1)(x-3)(x-4).$$

Nach Potenzen von x geordnet ergibt sich

$$\underline{\underline{y = g_3(x) = 2x^3 - 11x^2 + 18.}}$$

Die Berechnung der Koeffizienten $c_0, c_1, \ldots, c_n$ wird bei dem hier eingeschlagenen Weg mit wachsender Zahl der Stützstellen immer umständlicher. In den Anwendungen werden außerdem bei den Stützstellen und Stützwerten nur selten ganzzahlige Werte auftreten. Für die Rechenpraxis wurden daher Rechenschemata entwickelt, mit deren Hilfe die Koeffizienten c_i sehr einfach und in schematischer Weise ermittelt werden können. Ein solches Rechenschema ist der sogenannte *Steigungsspiegel*. Dieses Schema soll hier nicht begründet, sondern nur erläutert werden. Die Herleitung würde umfangreichere Betrachtungen erfordern, die nicht im Rahmen dieses Lehrbuches liegen.

Der Steigungsspiegel wird nach folgendem Schema aufgebaut:

$x_{\nu+4} - x_\nu$	$x_{\nu+3} - x_\nu$	$x_{\nu+2} - x_\nu$	$x_{\nu+1} - x_\nu$	x_ν	y_ν	c_ν^1	c_ν^2	c_ν^3	c_ν^4
				x_0	$\underline{y_0}$				
			$x_1 - x_0$			$\underline{c_0^1}$			
		$x_2 - x_0$		x_1	y_1		$\underline{c_0^2}$		
	$x_3 - x_0$		$x_2 - x_1$			c_1^1		$\underline{c_0^3}$	
$x_4 - x_0$		$x_3 - x_1$		x_2	y_2		c_1^2		$\underline{c_0^4}$
$\vdots$	$x_4 - x_1$		$x_3 - x_2$			c_2^1		c_1^3	$\vdots$
	$\vdots$	$x_4 - x_2$		x_3	y_3		c_2^2	$\vdots$	
		$\vdots$	$x_4 - x_3$			c_3^1	$\vdots$		
			$\vdots$	x_4	y_4	$\vdots$			
				$\vdots$	$\vdots$				

In diesem Schema heißen

c_ν^1 $(\nu = 0, 1, 2, \ldots)$ Steigungen 1. Ordnung,

c_ν^2 $(\nu = 0, 1, 2, \ldots)$ Steigungen 2. Ordnung,

allgemein

c_ν^k $(\nu = 0, 1, 2, \ldots)$ Steigungen k-ter Ordnung.

Die Berechnung des Steigungsspiegels wird von den Spalten für x_ν und y_ν ausgehend vorgenommen.
Zunächst berechnet man die Differenzen $x_{\nu+k} - x_\nu$. Die Differenz $x_4 - x_1$ steht z. B. im Schnittpunkt der von x_4 und x_1 ausgehenden Schrägzeilen. Nachdem die Differenzen ermittelt sind, werden spaltenweise die Steigungen 1. Ordnung, 2. Ordnung, ..., n-ter Ordnung berechnet.
An korrespondierender Stelle zu $x_4 - x_1$ steht auf der rechten Seite des Schemas die Steigung c_1^3. Diese Steigung 3. Ordnung berechnet sich aus den Steigungen 2. Ordnung, die in der linken Nachbarspalte schräg unter und über der gesuchten Steigung c_1^3 stehen, nach der Formel

$$c_1^3 = \frac{c_2^2 - c_1^2}{x_4 - x_1}.$$

Allgemein wird die Steigung k-ter Ordnung c_ν^k nach

$$c_\nu^k = \frac{c_{\nu+1}^{k-1} - c_\nu^{k-1}}{x_{\nu+k} - x_\nu}$$

berechnet. Dividiert wird stets durch die zu c_ν^k an korrespondierender Stelle stehende Differenz $x_{\nu+k} - x_\nu$.
Die rechts in der ersten absteigenden Schrägzeile stehenden Steigungen

$$y_0, c_0^1, c_0^2, \ldots, c_0^n$$

sind die gesuchten Koeffizienten

$$c_0, c_1, c_2, \ldots, c_n$$

des Newtonschen Interpolationspolynoms (11). (y_0 kann als Steigung nullter Ordnung angesehen werden.)
Das Verfahren, $y = g_n(x)$ mit dem Steigungsspiegel zu ermitteln, hat den Vorteil, daß sich die Koeffizienten $c_0, c_1, \ldots, c_n$ sehr leicht berechnen lassen. Außerdem können ohne weiteres schrittweise weitere Stützstellen hinzugenommen werden, falls sich erweisen sollte, daß $y = g_n(x)$ noch nicht hinreichend der Funktion $y = f(x)$ angenähert ist. Dabei ist es nicht notwendig, daß die Stützstellen $x_0, x_1, \ldots, x_n$ im Steigungsspiegel der Reihe nach geordnet erscheinen.

BEISPIEL

2. Die in Beispiel 1 gestellte Aufgabe soll mit Hilfe des Steigungsspiegels gelöst werden.

Lösung:

Der Steigungsspiegel lautet:

$x_{\nu+3}-x_\nu$	$x_{\nu+2}-x_\nu$	$x_{\nu+1}-x_\nu$	x_ν	y_ν	c_ν^1	c_ν^2	c_ν^3
			1	9			
		2			−18		
	3		3	−27		5	
6		1			−3		2
	4		4	−30		**17**	
		3			65		
			7	165			

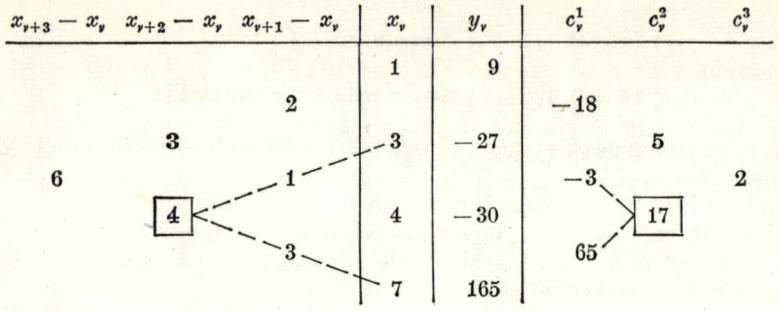

Die Berechnung von $x_3 - x_1$ und c_1^2 ist angedeutet.
Für die verlangte ganzrationale Funktion ergibt sich

$$y = g_3(x) = 9 - 18(x-1) + 5(x-1)(x-3) + 2(x-1)(x-3)(x-4).$$

Ordnen nach Potenzen von x liefert

$$\underline{\underline{y = g_3(x) = 2x^3 - 11x^2 + 18.}}$$

Mit Hilfe des in der Form (11) gewonnenen Näherungspolynoms $g_n(x)$ ist die Berechnung einzelner Funktionswerte etwas umständlich, vor allem, da meist keine glatten Zahlenwerte wie im Beispiel vorliegen werden. Man könnte daran denken, wie im Beispiel die Form $g_n(x) = a_0 + a_1x + \cdots + a_nx^n$ herzustellen, um das HORNER-Schema ansetzen zu können. Wenn aber nur wenige Funktionswerte zu berechnen sind, dürfte der Aufwand für die Umformung nicht lohnen. Es ist aber möglich, mit Hilfe des Steigungsspiegels einzelne Funktionswerte zu berechnen. Dazu führt die folgende Überlegung.

Dieselben Stützstellen können auch in anderer Reihenfolge angesetzt werden. Bei umgekehrter Stützstellenfolge sieht der Steigungsspiegel für das angeführte Beispiel wie folgt aus:

			x_ν	y_ν			
			7	165			
		−3			65		
	−4		4	−30		17	
−6		−1			−3		2
	−3		3	−27		5	
		−2			−18		
			1	9			

Mit den Werten der von rechts oben abwärts laufenden Schrägzeile als Koeffizienten lautet das Näherungspolynom

$$g_3(x) = 165 + 65(x-7) + 17(x-7)(x-4) + 2(x-7)(x-4)(x-3).$$

Es ist nur eine andere Form des im Beispiel 2 gewonnenen Polynoms. Ordnen nach Potenzen von x liefert wieder

$$g_3(x) = 2x^3 - 11x^2 + 18.$$

Die im Beispiel 2 errechneten Koeffizienten stehen jetzt in der von rechts unten aufsteigenden Schrägzeile. Man kann also auch — wie sich allgemein zeigen läßt — die aufsteigende Schrägzeile zur Aufstellung von $g_n(x)$ verwenden. Zu beachten ist nur, daß man die richtigen Linearfaktoren ansetzt. Die gezeigte Eigenschaft gestattet es, einzelne Funktionswerte zu errechnen. Es ist für $x = a$ (vgl. das Ergebnis im Beispiel 2)

$$g_3(a) = 9 - 18(a-1) + 5(a-1)(a-3) + 2(a-1)(a-3)(a-4).$$

Für die Rechnung im Steigungsspiegel läßt sich diese Formel wie folgt von hinten her „aufrollen“:

$$g_3(a) = \underbrace{\Big(\underbrace{\{\underbrace{[2(a-4)+5]}_{A_2}(a-3)-18\}}_{A_1}(a-1)+9\Big)}_{A_0}$$

Zur Berechnung von $g_3(a)$ ist daher der Steigungsspiegel lediglich für die neue Stützstelle a zu erweitern:

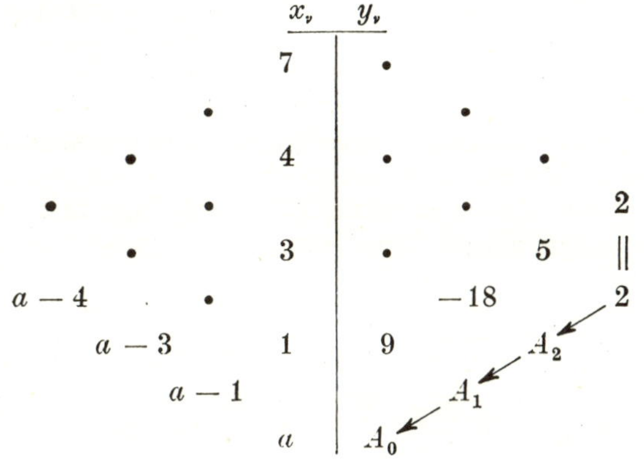

In der nach links aufsteigenden Schrägzeile werden in gewohnter Weise die Differenzen $a-1$, $a-3$, $a-4$ berechnet. Im rechten Teil des Steigungsspiegels wird die letzte Steigung — hier also die 2 — unverändert heruntergeholt und in die mit $a-4$ korrespondierende Stelle geschrieben. Sodann wird die 2 mit $a-4$ multipliziert, das Produkt zu 5 addiert und das Ergebnis A_2 in die mit $a-3$ korrespondierende Stelle geschrieben. Jetzt wird A_2 mit $a-3$ multipliziert, das Produkt zu -18 addiert und das Ergebnis A_1 unterhalb von -18 eingetragen. In entsprechender Weise erhält man $A_0 = g_3(a)$.

BEISPIEL

3. Aus einer 4stelligen Tafel der natürlichen Werte der Tangensfunktion entnimmt man folgende Werte:

α	88,30°	88,40°	88,50°	88,60°
$\tan\alpha$	33,69	35,80	38,19	40,92

Es ist tan 88,36° zu berechnen!

Lösung: Der Steigungsspiegel wird für die gegebenen Stützstellen aufgestellt und für $\alpha =$ $= 88{,}36°$ erweitert. Dadurch wird kubisch interpoliert.

			$\alpha/1°$	$\tan\alpha$			
			88,30	33,69			
		0,10			21,10		
	0,20		88,40	35,80		14,0	
0,30		0,10			23,90		10,0
	0,20		88,50	38,19		17,0	
−0,04		0,10			27,30		10,0
	−0,14		88,60	40,92		16,6	
		−0,24			24,976		
			88,36	34,926			

Der berechnete Funktionswert tan 88,36° = 34,93 ist auf 4 Stellen genau. Bei linearer Interpolation hätte man 34,96, bei quadratischer Interpolation 34,92 — beides fehlerhafte Werte — erhalten.

Die Interpolationsformel von Gregory-Newton

Im letzten Beispiel traten **äquidistante Stützstellen** (d. h. Stützstellen mit gleichen Abständen) auf. In diesem Fall läßt sich das NEWTONsche Interpolationsverfahren noch vereinfachen. Zu diesem Zweck werden *Differenzen* eingeführt, die auch bei anderen numerischen Verfahren eine Rolle spielen.

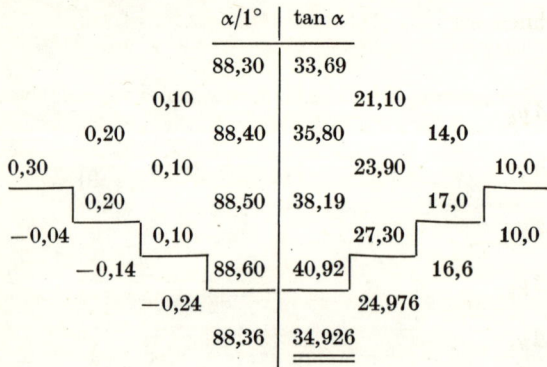

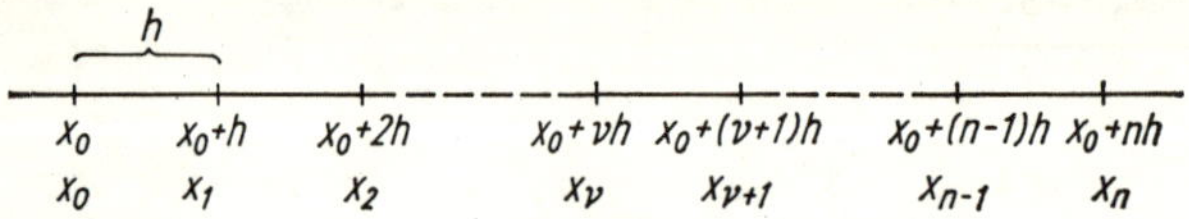

Bild 71

Die Stützstellen $x_0, x_1, x_2, \ldots, x_n$ seien äquidistant. Ist der Abstand zweier benachbarter Stützstellen $\Delta x = h$, dann läßt sich für die Stützstelle x_ν

$$x_\nu = x_0 + \nu h$$

schreiben (Bild 71).

Für die den Stützstellen x_ν zugeordneten Stützwerte y_ν definiert man die *Differenzen erster Ordnung*:

$$\Delta y_\nu = y_{\nu+1} - y_\nu,$$

mit diesen die *Differenzen zweiter Ordnung*:

$$\Delta^2 y_\nu = \Delta(\Delta y_\nu) = \Delta y_{\nu+1} - \Delta y_\nu .$$

In dieser Weise wird fortgefahren, so daß rekursiv (rücklaufend) mit Hilfe der Differenzen k-ter Ordnung die Differenzen $(k+1)$-ter Ordnung definiert werden:

$$\boxed{\Delta^{k+1} y_\nu = \Delta(\Delta^k y_\nu) = \Delta^k y_{\nu+1} - \Delta^k y_\nu} \tag{12}$$

Für das praktische Rechnen wird ein *Differenzenschema* angelegt:

$$\begin{array}{c|ccccc}
x_0 & y_0 & & & & \\
 & & \Delta y_0 & & & \\
x_1 & y_1 & & \Delta^2 y_0 & & \\
 & & \Delta y_1 & & \Delta^3 y_0 & \searrow \\
x_2 & y_2 & & \Delta^2 y_1 & & \\
 & & \Delta y_2 & & \Delta^3 y_1 & \searrow \\
x_3 & y_3 & & \Delta^2 y_2 & & \\
 & & \Delta y_3 & & \Delta^3 y_2 & \searrow \\
x_4 & y_4 & & \Delta^2 y_3 & & \\
\vdots & \vdots & \Delta y_4 & \vdots & \Delta^3 y_3 & \searrow \\
 & & \vdots & & \vdots &
\end{array}$$

In jeder absteigenden Schrägzeile hat y denselben Index. Deshalb heißen die hier definierten Differenzen *absteigende Differenzen.*

Für bestimmte Zwecke werden die Differenzen auch anders bezeichnet, so daß die Indizes im Schema einen anderen Verlauf nehmen. Hier werden nur absteigende Differenzen benützt.

BEISPIEL

4.

x_ν	y_ν	Δy_ν	$\Delta^2 y_\nu$	$\Delta^3 y_\nu$	$\Delta^4 y_\nu$	$\Delta^5 y_\nu$
−1	−8					
		4				
−0,5	−4		2			
		6		−8		
0	2		−6		18	
		0		10		−31
0,5	2		4		−13	
		4		−3		
1	6		1			
		5				
1,5	11					

Der Argumentschritt ist $h = 0{,}5$. Bei 6 gegebenen Stützstellen läßt sich noch die Differenz 5. Ordnung $\Delta^5 y_0$ bilden.

Es ist zweckmäßig, die Rechnung im Differenzenschema durch *Rechenkontrollen* zu überprüfen. Auf Grund der Definition (12) folgt

$$\Delta^{k+1}y_\nu + \Delta^{k+1}y_{\nu+1} + \Delta^{k+1}y_{\nu+2} + \cdots + \Delta^{k+1}y_{\nu+p-1} =$$
$$= (\Delta^k y_{\nu+1} - \Delta^k y_\nu) + (\Delta^k y_{\nu+2} - \Delta^k y_{\nu+1}) + (\Delta^k y_{\nu+3} - \Delta^k y_{\nu+2}) + \cdots + (\Delta^k y_{\nu+p} - \Delta^k y_{\nu+p-1}) =$$
$$= \Delta^k y_{\nu+p} - \Delta^k y_\nu .$$

Es gilt somit

$$\boxed{\Delta^k y_{\nu+p} - \Delta^k y_\nu = \Delta^{k+1}y_\nu + \Delta^{k+1}y_{\nu+1} + \cdots + \Delta^{k+1}y_{\nu+p-1}} \tag{13}$$

Zur Rechenkontrolle ist also im Differenzenschema folgende einfache Rechnung auszuführen:

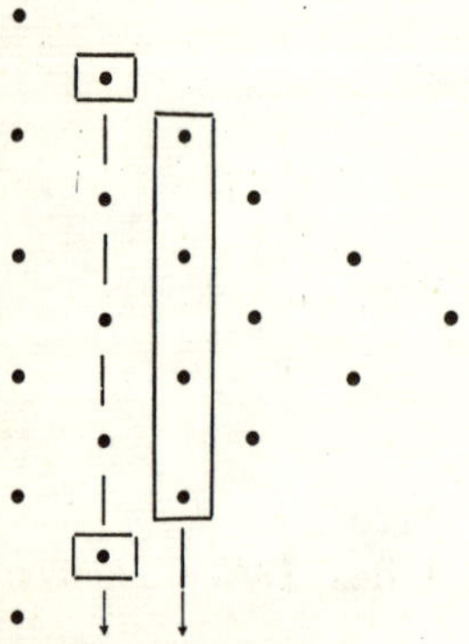

Diff. = Summe

Für Beispiel 4 lautet die hier gezeigte Kontrolle:

$$5 - 4 = 2 - 6 + 4 + 1 = 1 .$$

Nach diesen Vorbereitungen kann die NEWTONsche Interpolationsformel für den Fall äquidistanter Stützstellen auf eine einfache Form gebracht werden. Bei der Ermittlung der Koeffizienten $c_0, c_1, \ldots, c_n$ wollen wir uns zunächst auf den Fall $n = 4$ beschränken.

Liegen äquidistante Stützstellen vor, so geht das aus dem Ansatz (11) folgende Gleichungssystem wegen

$$x_{\nu+k} - x_\nu = k \cdot h$$

für $n = 4$ über in

$$\begin{aligned}
y_0 &= c_0 \qquad\qquad (\mathrm{I})\\
y_1 &= c_0 + c_1 \cdot 1h\\
y_2 &= c_0 + c_1 \cdot 2h + c_2 \cdot 2 \cdot 1h^2\\
y_3 &= c_0 + c_1 \cdot 3h + c_2 \cdot 3 \cdot 2h^2 + c_3 \cdot 3 \cdot 2 \cdot 1h^3\\
y_4 &= c_0 + c_1 \cdot 4h + c_2 \cdot 4 \cdot 3h^2 + c_3 \cdot 4 \cdot 3 \cdot 2h^3 + c_4 \cdot 4 \cdot 3 \cdot 2 \cdot 1h^4 .
\end{aligned}$$

Wir bilden nun die 1., 2., 3. und 4. Differenzen:

$$\Delta y_0 = c_1 h \tag{II}$$
$$\Delta y_1 = c_1 h + c_2 \cdot 2 \cdot 1 h^2$$
$$\Delta y_2 = c_1 h + c_2 \cdot 2 \cdot 2 h^2 + c_3 \cdot 3 \cdot 2 \cdot 1 h^3$$
$$\Delta y_3 = c_1 h + c_2 \cdot 2 \cdot 3 h^2 + c_3 \cdot 3 \cdot 3 \cdot 2 h^3 + c_4 \cdot 4 \cdot 3 \cdot 2 \cdot 1 h^4$$
$$\Delta^2 y_0 = c_2 \cdot 2 \cdot 1 h^2 \tag{III}$$
$$\Delta^2 y_1 = c_2 \cdot 2 \cdot 1 h^2 + c_3 \cdot 3 \cdot 2 \cdot 1 h^3$$
$$\Delta^2 y_2 = c_2 \cdot 2 \cdot 1 h^2 + c_3 \cdot 3 \cdot 2 \cdot 2 h^3 + c_4 \cdot 4 \cdot 3 \cdot 2 \cdot 1 h^4$$
$$\Delta^3 y_0 = c_3 \cdot 3 \cdot 2 \cdot 1 h^3 \tag{IV}$$
$$\Delta^3 y_1 = c_3 \cdot 3 \cdot 2 \cdot 1 h^3 + c_4 \cdot 4 \cdot 3 \cdot 2 \cdot 1 h^4$$
$$\Delta^4 y_0 = c_4 \cdot 4 \cdot 3 \cdot 2 \cdot 1 h^4. \tag{V}$$

Aus den Gleichungen (I) bis (V) lassen sich nun die gesuchten Koeffizienten $c_0, c_1, \ldots, c_4$ berechnen:

$$c_0 = y_0, \quad c_1 = \frac{\Delta y_0}{h}, \quad c_2 = \frac{\Delta^2 y_0}{2!h^2}, \quad c_3 = \frac{\Delta^3 y_0}{3!h^3}, \quad c_4 = \frac{\Delta^4 y_0}{4!h^4}.$$

Wie sich zeigen läßt, gilt allgemein

$$c_k = \frac{\Delta^k y_0}{k!h^k} \qquad (k = 0, 1, \ldots, n), \tag{VI}$$

wobei $c_0 = y_0$ zu setzen ist.

Bei $n + 1$ äquidistanten Stützstellen $x_0, x_1, \ldots, x_n$ mit $x_{\nu+1} - x_\nu = h$ folgt somit unter Benutzung von (VI):

$$y = g_n(x) = y_0 + \frac{\Delta y_0}{1!h}(x - x_0) + \frac{\Delta^2 y_0}{2!h^2}(x - x_0)(x - x_1) +$$
$$+ \cdots + \frac{\Delta^n y_0}{n!\,h^n}(x - x_0)(x - x_1)(x - x_2)\ldots(x - x_{n-1}).$$

Wird zur weiteren Vereinfachung durch

$$x = x_0 + th$$

für x die Variable t eingeführt, so folgt wegen

$$x_1 = x_0 + h, \quad x_2 = x_0 + 2h, \quad \ldots, \quad x_{n-1} = x_0 + (n-1)h$$

$$y = g_n(x_0 + th) = y_0 + \frac{\Delta y_0}{1!h} \cdot th + \frac{\Delta^2 y_0}{2!\,h^2} th(th - h) + \cdots +$$
$$+ \frac{\Delta^n y_0}{n!h^n} th(th - h)(th - 2h) \ldots [th - (n-1)h] =$$
$$= y_0 + \frac{\Delta y_0}{1!h} th + \frac{\Delta^2 y_0}{2!h^2} h^2 t(t-1) + \cdots + \frac{\Delta^n y_0}{n!h^n} h^n t(t-1)(t-2)\ldots[t-(n-1)] =$$
$$= y_0 + \frac{t}{1!}\Delta y_0 + \frac{t(t-1)}{2!}\Delta^2 y_0 + \cdots + \frac{t(t-1)\ldots(t-n+1)}{n!}\Delta^n y_0.$$

Die Faktoren vor den Differenzen sind die Binomialkoeffizienten:

$$\binom{t}{k} = \frac{t(t-1)(t-2)\dots(t-k+1)}{k!}.$$

Für äquidistante Stützstellen ergibt sich so die **Interpolationsformel von Gregory-Newton**

$$g_n(x_0 + th) = y_0 + \binom{t}{1}\Delta y_0 + \binom{t}{2}\Delta^2 y_0 + \cdots + \binom{t}{n}\Delta^n y_0 \tag{14}$$

BEISPIEL

5. Die in Beispiel 3 geforderte Interpolation ist mit Hilfe der Interpolationsformel von Gregory-Newton durchzuführen.

Lösung: Zunächst wird die Differenzentafel aufgestellt,

$\alpha/1°$	$\tan\alpha$			
88,30	33,69			
		2,11		
88,40	35,80		0,28	
		2,39		0,06
88,50	38,19		0,34	
		2,73		
88,60	40,92			

Aus $x = x_0 + th$ folgt mit $h = 0{,}1$, $x_0 = 88{,}30$ und $x = 88{,}36$ der Wert $t = 0{,}6$. Es ist

$$\binom{0{,}6}{1} = 0{,}6, \quad \binom{0{,}6}{2} = -0{,}12, \quad \binom{0{,}6}{3} = 0{,}056.$$

Es ergibt sich

$$\begin{aligned} y_0 &= & & 33{,}69 \\ \binom{t}{1}\Delta y_0 &= 0{,}6 \cdot 2{,}11 &=& 1{,}266 \\ \binom{t}{2}\Delta^2 y_0 &= -0{,}12 \cdot 0{,}28 &=& -0{,}0336 \\ \binom{t}{3}\Delta^3 y_0 &= 0{,}056 \cdot 0{,}06 &=& 0{,}00336 \\ \hline y &= & & \underline{\underline{34{,}93}} \end{aligned}$$

AUFGABEN

13. Für die folgenden reellen Funktionen sind Definitionsbereich X und Wertebereich Y zu bestimmen.

a) $y = -x$ b) $y = 2x^3 + 1$ c) $y = +\sqrt{1 - x^2}$

d) $y = \sqrt[3]{x + 2}$ e) $y = 1 + \sqrt{9 + x^2}$ f) $y = -2 + \sqrt{x^2 - 16}$

g) $y = 4 - \sqrt{x + 5}$ h) $y = \cos 3x$ i) $y = 2 + \sin 2x$

k) $y = \ln (x - 1)$ l) $y = 2 + e^x$ m) $y = a^{+\sqrt{x}}$ $(a > 1)$

14. Man untersuche, ob $f = g$ ist. Im Falle $f \neq g$ ist anzugeben, worin sich f und g unterscheiden.

a) $y = f(x) = \dfrac{x^3 + 8}{x + 2}$, $y = g(x) = x^2 - 2x + 4$

b) $y = f(x) = \dfrac{x^4 - 1}{x^2 + 1}$, $y = g(x) = x^2 - 1$

c) $y = f(x) = \ln \sqrt{x}$, $y = g(x) = \dfrac{1}{2} \ln x$

d) $y = f(x) = \ln x^2$, $y = g(x) = 2 \ln x$

e) $y = f(x) = \dfrac{\sin x}{\sin 2x}$, $y = g(x) = \dfrac{1}{2 \cos x}$

f) $y = f(x) = \dfrac{3 + \sin^2 x}{2 + \cos x}$, $y = g(x) = 2 - \cos x$

15. Man stelle die in Parameterdarstellung gegebenen Abbildungen im cartesischen Koordinatensystem dar.

a) $x = \dfrac{1}{2} t^2$, $y = t$ b) $x = t$, $y = \dfrac{2}{t - 1}$

c) $x = t^2$, $y = \dfrac{1}{2} t^3$ d) $x = 2t + 1$, $y = t(t + 2)$

e) $x = 1 + 2t^2$, $y = -2 + t$ f) $x = \dfrac{5t^2}{1 + t^2}$, $y = \dfrac{t^3}{1 + t^2}$

16. a) $x = a \cos t$, $y = b \sin t$; b) $x = \sin^3 t$, $y = \cos^3 t$;
c) $x = \sin t$, $y = \cos 2t$; d) $x = \cos^2 t$, $y = \cos 2t$.

17. Man eliminiere in den Gleichungspaaren der Aufgabe 15 den Parameter t.

18. Dsgl. für Aufgabe 16.

19. Man stelle für f eine Funktionsleiter von der Länge $L = 100$ mm her. Kleinster Teilpunktabstand $\Delta s \approx 5$ mm.

a) $y = f(x) = \lg x$, $1 \leqq x \leqq 10$
b) $y = f(x) = \lg x^2$, $1 \leqq x \leqq 100$
c) $y = f(x) = x^2$, $-5 \leqq x \leqq 5$
d) $y = f(x) = \sqrt{1 - x^2}$, $0 \leqq x \leqq 1$

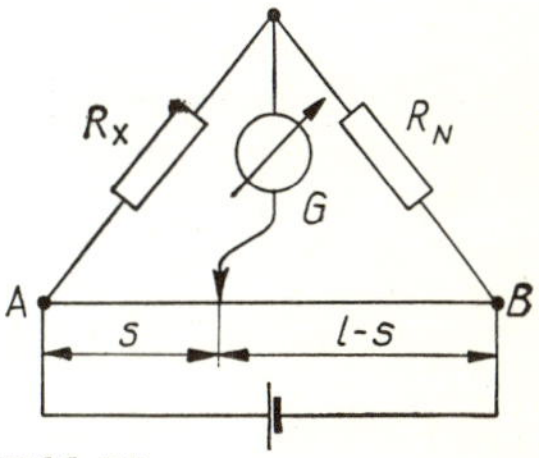

Bild 72

20. In der Elektrotechnik wird zur Widerstandsmessung die WHEATSTONEsche Brückenschaltung verwendet (Bild 72). Zur Bestimmung des unbekannten Widerstandes R_x wird auf dem Brückendraht AB ein Schleifkontakt in eine solche Stellung geschoben, daß das Galvanometer G keinen Ausschlag anzeigt. R_x berechnet sich dann nach der Gleichung

$$R_x = \frac{s}{l - s} R_N,$$

wobei R_N ein bekannter Normalwiderstand ist. Am Brückendraht von der Länge $l = 1000$ mm ist eine Teilung für die Zahlenwerte $x = \frac{R_x}{R_N}$ anzubringen (Zeichnung im Maßstab 1:10). Kleinster Teilpunktabstand $\Delta s \approx 2$ mm.

21. Das Spektrum der elektromagnetischen Wellen reicht von 10^{-14} bis 10^9 cm Wellenlänge. Die in der folgenden Tabelle angegebenen Bereiche der Wellenlängen sind auf einer logarithmischen Skale von 190 mm Länge zu markieren.

Bezeichnung	Röntgenstrahlen		Licht		
	hart	weich	ultraviolett	sichtbar	infrarot
λ/cm	$10^{-13} \cdots 5 \cdot 10^{-9}$	$5 \cdot 10^{-9} \cdots 3 \cdot 10^{-5}$	$3 \cdot 10^{-7} \cdots 4 \cdot 10^{-5}$	$4 \cdot 10^{-5} \cdots 7{,}5 \cdot 10^{-5}$	$7{,}5 \cdot 10^{-5} \cdots 1{,}4 \cdot 10^{-1}$

Bezeichnung	Radiowellen				
	Mikrowellen	ultrakurz	kurz	mittel	lang
λ/cm	$2 \cdot 10^{-2} \cdots 10^2$	$10^2 \cdots 10^3$	$10^3 \cdots 10^4$	$10^4 \cdots 10^5$	$10^5 \cdots 10^6$

22. Die folgenden Größengleichungen sind auf die angegebenen Einheiten zuzuschneiden.

a) Schnittgeschwindigkeit bei Drehmaschinen:

$$v = \pi d n, \quad [d] = \text{mm}, \quad [v] = \text{ms}^{-1}, \quad [n] = \text{min}^{-1};$$

b) Masse einer Stahlkugel:

$$m = {}^{\pi}/_{6}\,\varrho\, d^3, \quad [m] = \text{g}, \quad [d] = \text{mm}, \quad [\varrho] = \text{g cm}^{-3};$$

c) Massenträgheitsmoment eines Hohlzylinders:

$$J = {}^{1}/_{2}\, m r^2, \quad [J] = \text{kgm}^2, \quad [m] = \text{kg}, \quad [r] = \text{mm};$$

d) NEWTONsches Grundgesetz:

$$F = ma, \quad [F] = \text{N}, \quad [m] = \text{g}, \quad [a] = \text{cm s}^{-2};$$

e) Leistung (bei gleicher Richtung von Kraft und Geschwindigkeit):

$$P = Fv, \quad [P] = \text{W}, \quad [F] = \text{kp}, \quad [v] = \text{cm s}^{-1};$$

f) Periodendauer eines mathematischen Pendels:

$$T = 2\pi \sqrt{\frac{l}{g}}, \quad [T] = \text{s}, \quad g = 9{,}81\ \text{ms}^{-2}, \quad [l] = \text{mm}.$$

Welche der folgenden Funktionen sind gerade, welche ungerade?

23. a) $y = 3x^4 + 2x^2 - 1$ b) $y = 2x^3 - \sin x$ c) $y = \frac{x}{x^3 - 2x + 5}$

d) $y = \cos x \cdot \sin^2 x$ e) $y = x^2 - \sin 2x$ f) $y = \tan x + \cos x$

24. a) $y = |x| + 2$ b) $y = {}^{1}/_{2}(x^2 + 2\,|x| - 3)$ c) $y = |x| + x$

d) $y = \sin |x|$ e) $y = x\sqrt{3 - x}, \; x \in [-3, 3]$ f) $y = x \sqrt[3]{|x + x^3|}$

25. Zu bilden ist der Differenzenquotient der Funktionen:

a) $y = 0{,}3x^2 + 2x$, b) $y = 2x^3 - x$, c) $v = f(t) = 2t^2 - 4t + 1$.

26. Von den in Aufgabe 25 genannten Funktionen ist der Differenzenquotient an der Stelle $x_0 = 2$ bzw. $t_0 = 2$ für Δx bzw. $\Delta t = 10; 5; 1; 0{,}1; 0{,}01$ zu berechnen.

27. Man berechne den Differenzenquotienten von $y = 0{,}2x^2 + 0{,}8x - 1$ an der Stelle $x_0 = 1$ für $\Delta x = -8; -6; -3; -1$. Die Funktion ist mit den zu Δx gehörenden Sekanten zu zeichnen.

28. Man bilde den Differenzenquotienten $\dfrac{\Delta y}{\Delta x} = \dfrac{f(x + \Delta x) - f(x)}{\Delta x}$:

a) $y = \dfrac{4}{x^2}$, b) $y = \sqrt{x}$, c) $y = \dfrac{1}{\sqrt{x}}$.

Bei b) und c) ist der Zähler des Differenzenquotienten rational zu machen.

29. Man bilde die Umkehrfunktion [Form: $y = \varphi(x)$ mit $\varphi = f^{-1} = \{(x; y) \mid y = \varphi(x)\}$].

a) $y = 3x - 2$ b) $y = -\dfrac{1}{2}x + 5$ c) $y = \dfrac{2x - 3}{2}$

d) $y = -\sqrt[3]{2x}$ e) $y = 4 - \sqrt{x}$ f) $y = \dfrac{x + 1}{x - 1}$

g) $y = \dfrac{x}{2x - 3}$ h) $y = 4x^2 + 2 \quad (x \geqq 0)$ i) $y = -x^3 + 1$

k) $y = 2^x + 1$ l) $y = 1 + \ln x$ m) $y = \ln \ln x$

30. Welche Funktionen kann man am Rechenstab beim Skalenübergang $S_1 \underset{\varphi}{\overset{f}{\rightleftarrows}} S_2$ ablesen $(\varphi = f^{-1})$?
(Es bedeuten: A Quadratskale, D Normalskale, R Reziprokskale, L Logarithmenskale, e^x e^x-Skale.)

a) D $\rightleftarrows$ L b) A $\rightleftarrows$ L c) D $\rightleftarrows$ R d) R $\rightleftarrows$ L e) R $\rightleftarrows$ A

System Darmstadt:

f) $e^{0,1} \rightleftarrows e^x$ g) D $\rightleftarrows e^x$ h) D $\rightleftarrows e^{0,1x}$ i) R $\rightleftarrows e^x$

31. Die folgenden Aufgaben sind mittels einer Einstellung am Rechenstab zu lösen.

a) $10^{0,65}$ b) $10^{1,82}$ c) $10^{2,04}$ d) $\sqrt[4]{10}$ e) $\dfrac{10}{\sqrt{20{,}5}}$ f) $1 - \lg 5{,}2$

System Darmstadt:

g) $e^{1,25}$ h) $e^{0,24}$ i) $e^{0,062}$ k) $\ln 2{,}45$ l) $\ln 1{,}0422$ m) $\sqrt[100]{225}$

32. Man bestimme mit Hilfe der $\lg x$-Tafel auf drei geltende Ziffern:

a) $10^{0,54}$, b) $10^{2,92}$, c) $10^{-1,45}$.

33. Man bestimme mit Hilfe der $\ln x$-Tafel auf drei geltende Ziffern:

a) $e^{5,03}$, b) $e^{3,22}$, c) $e^{-0,223}$.

Anmerkung zu c): Man verwende $e^{2,3026} = 10$.

34. Welche primitive Periode haben die folgenden Funktionen?

a) $y = \sin 2x$ b) $y = \cos kx$ c) $y = 1 - 2 \sin 3x$

d) $y = \cos 2x - 3 \sin 5x$ e) $U = U_0 \sin (3\omega t - \varphi)$

f) $y = \sin 3\omega t + \cos 5\omega t$ g) $y = 2 \cos 2\omega t - 3 \sin 6\omega t$

h) $y = \sin^2 2t$ i) $y = \sin^2 \omega t - 2 \cos 2\omega t$

k) $y = a_0 + a_1 \cos \omega t + a_2 \cos 2\omega t + \cdots + a_n \cos n\omega t +$
$+ b_1 \sin \omega t + b_2 \sin 2\omega t + \cdots + b_n \sin n\omega t$

35. Man gebe die Funktionsgleichung für die in den Bildern 73a und 73b dargestellten Funktionen an.
Die Kurven sind Sinuskurven.

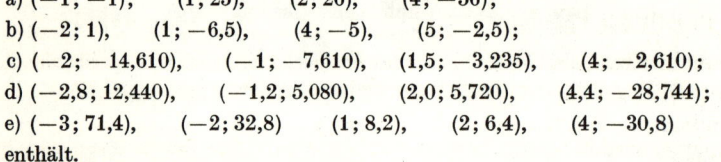

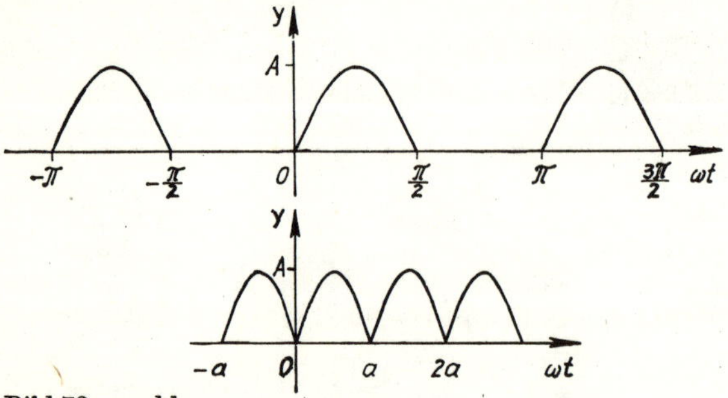

Bild 73 a und b

36. Es ist die ganzrationale Funktion zu bestimmen, die die Punkte

a) (−1; −1), (1; 25), (2; 26), (4; −56);

b) (−2; 1), (1; −6,5), (4; −5), (5; −2,5);

c) (−2; −14,610), (−1; −7,610), (1,5; −3,235), (4; −2,610);

d) (−2,8; 12,440), (−1,2; 5,080), (2,0; 5,720), (4,4; −28,744);

e) (−3; 71,4), (−2; 32,8) (1; 8,2), (2; 6,4), (4; −30,8)

enthält.

37. Für die in Aufgabe 36 gewonnenen Polynome berechne man mit Hilfe des Steigungsspiegels $g_n(-0{,}5)$ und $g_n(3{,}2)$.

38. Aus den Tafelwerten

x	0,12	0,13	0,14
$\ln x$	−2,1203	−2,0402	−1,9661

ist durch quadratische Interpolation a) ln 0,128, b) ln 0,133 zu bestimmen. Man interpoliere außerdem linear und vergleiche mit den zuerst gewonnenen Werten.

39. Aus den Tafelwerten

$x/1°$	0,46	0,47	0,48
$\lg \sin x + 10$	7,90463	7,91397	7,92311

ist durch quadratische Interpolation der Funktionswert a) für $x = 0{,}466°$, b) für $x = 0{,}477°$ zu bestimmen und mit dem durch lineare Interpolation gewonnenen Wert zu vergleichen.

40. Auf Grund der Tafelwerte

x	0	0,1	0,2	0,3
$\sin x$	0,00000	0,09983	0,19867	0,29552

ist für $y = \sin x$ ein Interpolationspolynom für den Bereich $0 \leqq x \leqq 0{,}3$ aufzustellen. Man berechne mit Hilfe dieses Polynoms a) $\sin 0{,}05$, b) $\sin 0{,}12$.

41. Aus den Tafelwerten

x	0,4	0,5	0,6	0,7
e^x	1,49182	1,64872	1,82212	2,01375

ist für $y = e^x$ ein Interpolationspolynom für den Bereich $0{,}4 \leqq x \leqq 0{,}7$ zu gewinnen. Man berechne danach a) $e^{0{,}45}$, b) $e^{0{,}51}$.

42. Mit Hilfe der Tafelwerte

x	0,40	0,45	0,50	0,55
$\sqrt{1 - x^2}$	0,91652	0,89303	0,86603	0,83516

berechne man $\sqrt{1 - x^2}$ a) für $x = 0{,}46$, b) für $x = 0{,}525$.

2. Folgen und Reihen; Grenzwert

2.1. Folgen

2.1.1. Der Begriff der Folge

Für viele der beim Aufbau der Analysis auftretenden Probleme wie auch für viele Anwendungen ist der Begriff der Zahlenfolge — oft kurz als Folge bezeichnet — von großer Wichtigkeit.
Bei einer Zahlenmenge wird bekanntlich von einer Anordnung der Elemente abgesehen. Eine vollständig *geordnete* Menge von Zahlen wird als **Zahlenfolge** bezeichnet. *Geordnet* soll heißen, daß die Zahlenfolge eine erste Zahl x_1, eine zweite Zahl x_2, eine dritte Zahl x_3 und so fort besitzt. Die einzelnen Zahlen einer Folge heißen ihre **Glieder**. Das Zeichen für die gesamte Zahlenfolge ist $\{x_k\}$, wobei x_k das k-te Glied der Folge bezeichnet. Anstelle von x und k werden auch andere Buchstaben verwendet.

BEISPIELE

1. Die Folge der geraden positiven Zahlen

$$\{x_k\} = 2, 4, 6, 8, \ldots .$$

2. Die Folge der ungeraden positiven Zahlen

$$\{x_k\} = 1, 3, 5, 7, \ldots .$$

3. Die Folge der Stammbrüche, deren Nenner Quadratzahlen sind

$$\{x_k\} = \frac{1}{1}, \frac{1}{4}, \frac{1}{9}, \frac{1}{16}, \ldots .$$

4. Die Folge

$$\{x_k\} = 2, 2, 2, 2, \ldots .$$

5. Die Folge

$$\{x_k\} = 2, -4, 6, -8, \ldots .$$

6. Die Folge

$$\{x_k\} = 7, 12, -3, 5, 2, 9.$$

7. Die Folge der negativen ganzen Zahlen

$$\{x_k\} = -1, -2, -3, -4, \ldots .$$

Das Zeichen ... in den angegebenen Beispielen ist zu lesen: und so weiter unbegrenzt. Die ersten fünf der angegebenen Folgen haben also unendlich viele Glieder. Sie heißen daher *unendliche* Folgen. Die sechste ist eine *endliche* Folge.

Das Zeichen ... für die nicht angegebenen Glieder einer Folge zu setzen ist nur dann sinnvoll, wenn die Folge eindeutig fortgesetzt werden kann. Bei den Folgen der Beispiele 1, 2, 3 und 7 ist das durch die Wortformulierung, bei der sechsten Folge durch die vollständige Angabe der Glieder gewährleistet. Bei den Folgen der Beispiele 4 und 5 läßt sich eine plausible Fortsetzung angeben. Die Angabe einer unendlichen Folge durch eine endliche Zahl von Gliedern ist aber nicht eindeutig.

Die eindeutige Fortsetzung einer Folge kann z. B. durch Angabe eines k-ten Gliedes x_k — des sogenannten *allgemeinen Gliedes* — gesichert sein. So liefert für $k = 1, 2, 3, \ldots$

$x_k = 2k$	die Folge	$2,$	$4,$	$6,$	$\ldots, 2k, \ldots,$
$x_k = 2k - 1$	„ „	$1,$	$3,$	$5,$	$\ldots, 2k-1, \ldots,$
$x_k = \dfrac{1}{k^2}$	„ „	$\dfrac{1}{1},$	$\dfrac{1}{4},$	$\dfrac{1}{9},$	$\ldots, \dfrac{1}{k^2}, \ldots,$
$x_k = 2$	„ „	$2,$	$2,$	$2,$	$\ldots,$
$x_k = (-1)^{k-1} \cdot 2k$	„ „	$2,$	$-4,$	$6,$	$\ldots,$
$x_k = -k$	„ „	$-1,$	$-2,$	$-3,$	$\ldots .$

Der Buchstabe k wird gelegentlich auch als laufender Buchstabe, der Index k als Laufindex bezeichnet. Für ihn können auch andere Buchstaben, wie i, j, n, μ, ν, stehen. Mitunter ist es auch vorteilhaft, die Numerierung der Glieder statt mit 1 mit 0 oder -1 oder -2 oder irgendeiner ganzen Anfangsnummer a zu beginnen. So bezeichnen

$$\{x_k\} = \{2k - 1\}, \qquad k = 1, 2, 3, \ldots$$

$$\{x_n\} = \{2n + 1\}, \qquad n = 0, 1, 2, \ldots$$

$$\{x_\nu\} = \{2\nu - 5\}, \qquad \nu = 3, 4, 5, \ldots$$

$$\{x_\mu\} = \{2\mu + 3\}, \qquad \mu = -1, 0, 1, \ldots$$

alle dieselbe Folge

$$\{x_k\} = 1, 3, 5, \ldots, 2k - 1, \ldots .$$

Da jede Zahlenfolge ein erstes Glied, ein zweites Glied, ein drittes Glied, ... hat, kann man sich die Glieder einer Zahlenfolge der Reihe nach den natürlichen Zahlen 1, 2, 3, ... zugeordnet denken. Diese Zuordnung ist eindeutig.

Definition

Eine reelle **Zahlenfolge** ist eine reelle Funktion, deren Definitionsbereich die Menge (oder eine endliche Teilmenge) der natürlichen Zahlen ist.

Ist f die Funktion, die die natürlichen Zahlen auf die Glieder der Zahlenfolge abbildet, so läßt sich die Zahlenfolge durch

$$x_k = f(k)$$

beschreiben. Mit $k \in N \setminus \{0\}$ ist eine unendliche, mit $k \in \{1, 2, \ldots, n\}$ ist eine endliche Zahlenfolge gegeben. Ist $f(k)$ als Term in k angebbar, so läßt sich eine Folge $\{x_k\}$ in **unabhängiger Darstellung** angeben, z. B.

$$\{x_k\}: \ x_k = \frac{1}{k^2}, \quad \text{mit} \quad k = 1, 2, 3, \ldots .$$

Die Darstellung entspricht einer Funktionsgleichung (wobei k dem Argument und x_k dem Funktionswert entspricht) und gibt x_k unabhängig von anderen Gliedern der Folge an.
Eine andere Möglichkeit der Darstellung ist die **rekursive Darstellung** einer Zahlenfolge mittels des allgemeinen Gliedes:

$$x_k = \varphi(x_{k-1}).$$

Sie gibt an, wie jedes Glied der Folge aus seinem Vorgänger zu ermitteln ist, und wird angewendet, wenn die unabhängige Darstellung unbequem oder so kompliziert ist, daß sie sich schwer finden läßt. Die rekursive Darstellung ist aber erst dann vollständig, wenn eine Anfangsbedingung, z. B. das Glied x_1, gegeben ist.

BEISPIEL

8. Für die Folge

$$a_k = k \cdot a_{k-1} \quad \text{mit} \quad a_3 = 6 \quad \text{und} \quad k = 1, 2, 3, \ldots$$

ist die unabhängige Darstellung anzugeben.

Lösung: Aus $a_3 = 3 \cdot a_2$ bzw. $6 = 3 \cdot a_2$ folgt $a_2 = 2$, $a_1 = 1$.

Von $a_1 = 1$ ausgehend, können jetzt die Glieder der Folge berechnet werden:

$$a_2 = 2a_1 = 2 \cdot 1,$$
$$a_3 = 3a_2 = 3 \cdot 2 \cdot 1,$$
$$a_4 = 4a_3 = 4 \cdot 3 \cdot 2 \cdot 1.$$

Als Bildungsgesetz für a_k ist

$$a_k = k \cdot (k-1) \cdot \ldots \cdot 3 \cdot 2 \cdot 1 = k!$$

zu vermuten. Beweis durch vollständige Induktion! Die unabhängige Darstellung lautet somit

$$\{a_k\}: \ a_k = k! \quad \text{mit} \quad k = 1, 2, 3, \ldots .$$

Nicht jede Folge läßt sich durch eine unabhängige oder rekursive Darstellung angeben. Ein Beispiel dafür ist die Folge der Primzahlen 2, 3, 5, 7, 11, 13, 17, ... Die formelmäßig angebbaren Folgen sind gewissermaßen Ausnahmen. Diese Ausnahmen aber sind gerade für Theorie und Praxis von Bedeutung.
Bei einigen der in den Beispielen 1 bis 7 angegebenen Zahlenfolgen fallen Besonderheiten auf, über die sich Aussagen machen lassen, die für alle Glieder der jeweils betrachteten Folge gelten. So ist bei der Zahlenfolge

$$\{x_k\} = 2, 4, 6, \ldots, 2k, \ldots$$

Jedes Glied größer als das vorangehende. Die Aussage gilt ohne Ausnahme für jeden Index k und ist deshalb eine Eigenschaft der Zahlenfolge. Man untersuche die Folgen der Beispiele 1 bis 7 hinsichtlich der im folgenden definierten Eigenschaften einer Zahlenfolge!

Definition

Eine Zahlenfolge heißt

(streng) monoton **wachsend**, (streng) monoton **fallend**, **alternierend**, **konstant** — wenn für alle k gilt

$$\begin{cases} a_k < a_{k+1} \\ a_k > a_{k+1} \\ a_k \cdot a_{k+1} < 0 \\ a_k = \text{const} \end{cases}$$

Durch die Ausdrucksweise streng monoton wird betont, daß zwei benachbarte Glieder der Folge stets voneinander verschieden sind. Man spricht von *Monotonie im weiteren Sinne*, wenn Gleichheit zugelassen ist, wenn also $a_k \leqq a_{k+1}$ oder $a_k \geqq a_{k+1}$ für alle k gilt.

Definition

Eine Zahlenfolge heißt **nach unten beschränkt**, wenn sich eine Zahl S_1 angeben läßt, so daß

$$S_1 \leqq x_k \quad \text{für alle } k$$

gilt.
Eine Zahlenfolge heißt **nach oben beschränkt**, wenn sich eine Zahl S_2 angeben läßt, so daß

$$x_k \leqq S_2 \quad \text{für alle } k$$

gilt.

Die Zahl S_1 (S_2) heißt **untere (obere) Schranke** der Zahlenfolge. In Hinblick auf die Zahlengerade sind auch die Sprechweisen „nach links (rechts) beschränkt" sowie „linke (rechte) Schranke" gebräuchlich. Die Folgen der Beispiele 1 und 2 sind nach unten (links) beschränkt. Eine untere Schranke ist z. B. für beide Folgen die Zahl -5, da für beide Folgen

$$-5 < x_k \quad \text{für alle } k$$

gilt. Die Folge des dritten Beispiels ist nach unten und oben beschränkt. Die engsten Schranken für diese Folge sind $S_1 = 0$ und $S_2 = 1$. Zwischen diesen Zahlen liegen alle Glieder der Folge, denn es gilt

$$0 < x_k \leqq 1 \quad \text{für alle } k.$$

Die Folge des Beispiels 5 ist weder nach unten noch nach oben beschränkt; denn wie man auch z. B. S_2 wählen mag, stets gibt es Glieder x_k, die größer als S_2 sind.
Häufig ist es notwendig, die **Summe** einer Anzahl von Gliedern einer Folge zu berechnen. Für eine abkürzende Schreibweise wird das Zeichen Σ (griechischer Buchstabe sigma, entspricht dem lateinischen Buchstaben S) verwendet.
Ist $\{x_k\}$ mit $k = 1, 2, 3, \ldots$ eine Folge, so bedeutet z. B. die Schreibweise $\sum_{k=1}^{k=n} x_k$ (lies: Summe über x_k für k gleich 1 bis k gleich n), es ist die Summe s_n der ersten n Glieder zu bilden:

$$s_n = \sum_{k=1}^{k=n} x_k = x_1 + x_2 + \cdots + x_n. \tag{I}$$

Unter und über dem Summenzeichen Σ wird angegeben, welchen Abschnitt der ganzen Zahlen der Laufindex k durchlaufen soll. Kürzere Schreibweisen sind

$$\sum_{k=1}^{n} x_k \quad \text{oder} \quad \sum_{1}^{n} x_k.$$

Auch $\sum x_k$ ist üblich, wenn vorweg bekannt ist, welche Glieder der Folge $\{x_k\}$ zu summieren sind.
Zuweilen ist es zweckmäßig, den Laufindex zu verändern. So bezeichnet

$$\sum_{\mu=-3}^{\mu=n-4} x_{\mu+4} = x_1 + x_2 + \cdots + x_n$$

dieselbe Summe, die durch (I) angegeben wurde.

BEISPIELE

9. Für $\sum_{k=5}^{k=n} a_k$ ist ein neuer Laufindex ν so einzuführen, daß von $\nu = 1$ an summiert wird.

Lösung: Man setzt an

$$a_{\nu+m} = a_k.$$

Für $\nu = 1$ muß $k = 5$ sein. Also

$$1 + m = 5, \qquad \nu + 4 = n,$$

$$m = 4, \qquad \nu = n - 4.$$

Somit folgt

$$\sum_{k=5}^{k=n} a_k = \sum_{\nu=1}^{\nu=n-4} a_{\nu+4}.$$

10. Man berechne $\sum_{\nu=-1}^{3} 2^{\nu-1}$.

Lösung: $\sum_{\nu=-1}^{3} 2^{\nu-1} = 2^{-2} + 2^{-1} + 2^{0} + 2^{1} + 2^{2} = \underline{\underline{\frac{31}{4}}}$.

Ehe weitere allgemeine Eigenschaften von Zahlenfolgen behandelt werden, sollen zwei besondere Arten von Zahlenfolgen näher untersucht werden, die schon in der Elementarmathematik eine Rolle spielen.

2.1.2. Arithmetische und geometrische Folgen

Bei den folgenden Betrachtungen soll die Numerierung der Glieder einer Folge stets mit $k = 1$ beginnen.

Die Folge

$$\{x_k\} = 1, 3, 5, 7, 9, 11, \ldots, 2k - 1, \ldots$$

zeichnet sich dadurch aus, daß die *Differenz* $x_{k+1} - x_k$ zweier benachbarter Glieder konstant ist. Die nacheinander gebildeten Differenzen bilden wieder eine Folge, die *Differenzenfolge*:

$$\{\Delta x_k\} = 2, 2, 2, 2, 2, \ldots, 2, \ldots.$$

Definition

Eine Zahlenfolge $\{x_k\}$ mit konstanter Differenzenfolge $\{\Delta x_k\}$ heißt arithmetische Zahlenfolge.

Die genauere Bezeichnung ist arithmetische Zahlenfolge *erster Ordnung*. Eine Zahlenfolge, bei der die p-te Differenzenfolge konstant ist, wird als arithmetische Zahlenfolge p-ter Ordnung bezeichnet. Ein Beispiel einer arithmetischen Zahlenfolge dritter Ordnung ist die Folge der Kubikzahlen:

$$\{x_k\} = 1, \quad 8, \quad 27, \quad 64, \quad 125, \quad 216, \ldots$$

$$\{\Delta x_k\} = 7, \quad 19, \quad 37, \quad 61, \quad 91, \ldots$$

$$\{\Delta^2 x_k\} = 12, \quad 18, \quad 24, \quad 30, \ldots$$

$$\{\Delta^3 x_k\} = 6, \quad 6, \quad 6, \ldots$$

Hier sollen nur arithmetische Zahlenfolgen erster Ordnung betrachtet werden, so daß auf den Zusatz „erster Ordnung" verzichtet werden kann.

Die konstante Differenz $x_{k+1} - x_k = \Delta x_k$ wird gewöhnlich mit d bezeichnet.
Aus der Definition folgt die *rekursive Darstellung* der arithmetischen Zahlenfolge

$$\boxed{x_{k+1} = x_k + d} \tag{15}$$

Für $d > 0$ ist — wie man aus (15) sofort abliest — die arithmetische Zahlenfolge monoton steigend, für $d < 0$ monoton fallend. Eine konstante Folge kann als arith-

metische Folge mit $d = 0$ angesehen werden. Es sollen nur endliche arithmetische Folgen betrachtet werden. Das letzte Glied x_n wird *Endglied* genannt.
Mit dem Anfangsglied x_1 und der Differenz d läßt sich die arithmetische Folge durch

$$x_1,\ x_1 + d,\ \ x_1 + 2d, \ldots, x_1 + (k-1)d, \ldots, x_1 + (n-1)d$$

angeben. Danach gilt stets:

$$x_k = x_1 + (k-1)d.$$

Somit lautet die *unabhängige Darstellung* einer arithmetischen Zahlenfolge $\{x_k\}$:

$$\boxed{x_k = x_1 + (k-1)d, \quad \text{mit } k = 1, 2, \ldots, n} \qquad (16)$$

Da die Numerierung mit $k = 1$ beginnt, hat die Folge (16) n Glieder.

BEISPIELE

1. Von einer arithmetischen Zahlenfolge sind bekannt:

$$x_3 = -1, \qquad x_n = \frac{13}{5}, \qquad d = \frac{3}{5}.$$

Man gebe die unabhängige Darstellung an.

Lösung: Nach (16) folgt für $k = 3$:

$$-1 = x_1 + 2 \cdot \frac{3}{5},$$

$$x_1 = -\frac{11}{5},$$

für $k = n$:

$$\frac{13}{5} = -\frac{11}{5} + (n-1) \cdot \frac{3}{5},$$

$$n = 9.$$

Somit

$$\{x_k\}\colon\ x_k = -\frac{11}{5} + (k-1) \cdot \frac{3}{5}, \quad \text{mit } k = 1, 2, 3, \ldots, 9.$$

2. Zwischen je zwei Glieder der arithmetischen Folge

$$x_1, \qquad x_1 + d, \qquad x_1 + 2d, \ldots$$

sind m Glieder so einzuschalten, daß wieder eine arithmetische Folge entsteht.

Lösung: Die Differenz der neuen Folge sei d^*. Da zwischen zwei Nachbarglieder mit der Differenz $x_{k+1} - x_k = d$ jeweils m neue Glieder eingeschaltet werden, gilt

$$(m+1)\, d^* = d,$$

$$d^* = \frac{d}{m+1}.$$

Die arithmetische Zahlenfolge verdankt ihren Namen dem Umstand, daß das Glied x_k das arithmetische Mittel seiner Nachbarglieder ist. Nach (15) gilt nämlich

$$x_k - d = x_{k-1},$$
$$x_k + d = x_{k+1},$$

woraus folgt:

$$\boxed{x_k = \frac{x_{k-1} + x_{k+1}}{2}} \tag{17}$$

Mitunter ist die **Summe**

$$s_n = x_1 + x_2 + \cdots + x_k + \cdots + x_n$$

der ersten n Glieder einer arithmetischen Zahlenfolge zu berechnen. Sie ist leicht zu finden, wenn man die Summe noch einmal in umgekehrter Reihenfolge darunter schreibt:

$$s_n = x_n + x_{n-1} + \cdots + x_{n-k+1} + \cdots + x_1$$

und addiert:

$$2s_n = (x_1 + x_n) + (x_2 + x_{n-1}) + \cdots + (x_k + x_{n-k+1}) + \cdots + (x_n + x_1).$$

Nun ist nach (16)

$$(x_k + x_{n-k+1}) = x_1 + (k-1)d + x_1 + (n-k)d = 2x_1 + (n-1)d =$$
$$= x_1 + x_n.$$

Dieser Summand tritt n-mal auf, also folgt für die n Glieder $x_1, x_2, \ldots, x_n$:

$$\boxed{s_n = \frac{n}{2}(x_1 + x_n) = \frac{n}{2}[2x_1 + (n-1)d]} \tag{18}$$

BEISPIELE

3. Es ist die Summe der natürlichen Zahlen $1, 2, \ldots, \nu$ zu berechnen.

Lösung: Die Folge hat $n = \nu$ Glieder. Mit $x_1 = 1$, $x_n = \nu$ folgt

$$s_n = \sum_{k=1}^{\nu} k = \frac{\nu(\nu+1)}{2}.$$

4. Von einer arithmetischen Folge sind bekannt:

$$x_1 = \frac{7}{3}, \quad d = \frac{5}{3}, \quad s_n = 138.$$

Man bestimme die Anzahl der Glieder und x_n.

Lösung: Einsetzen in die zweite Form von (18):

$$138 = \frac{n}{2}\left[\frac{14}{3} + (n-1)\cdot\frac{5}{3}\right]$$

liefert die quadratische Gleichung

$$n^2 + 1{,}8n - 165{,}6 = 0$$

mit den Lösungen $n_1 = 12$ und $n_2 = -13{,}8$. Die zweite Lösung scheidet aus, da die Anzahl der Glieder weder negativ noch gebrochen sein kann. Somit ist die Anzahl der Glieder $\underline{\underline{n = 12.}}$

Das Endglied ergibt sich aus (16):

$$x_n = \frac{7}{3} + 11\cdot\frac{5}{3} = \underline{\underline{\frac{62}{3}}}.$$

Außer den arithmetischen Zahlenfolgen sind in der Elementarmathematik noch die geometrischen Zahlenfolgen von Bedeutung. Ein Beispiel dafür ist die Folge

$$\{x_k\} = 1, 2, 4, 8, \ldots, 2^{k-1}, \ldots.$$

Hier ist der *Quotient* $\frac{x_{k+1}}{x_k} = 2$ zweier benachbarter Glieder konstant. Dieser Quotient wird gewöhnlich mit q bezeichnet.

Definition

Eine Zahlenfolge $\{x_k\}$, bei der der Quotient $\frac{x_{k+1}}{x_k}$ zweier benachbarter Glieder für alle k denselben Wert q hat, heißt **geometrische Zahlenfolge.**

Aus der Definition ergibt sich die *rekursive Darstellung* der geometrischen Zahlenfolge

$$\boxed{x_{k+1} = x_k q} \qquad (19)$$

Ist $q < 0$, so alterniert die geometrische Zahlenfolge. Eine nähere Untersuchung erfolgt in 2.2.2.

Sind Anfangsglied x_1 und Quotient q bekannt, so lassen sich die Glieder der geometrischen Folge der Reihe nach berechnen:

$$x_1,\ x_1q,\ x_1q^2,\ \ldots,\ x_1q^{k-1},\ \ldots.$$

Bei $k = 1, 2, 3, \ldots, n$ heißt das k-te Glied der Folge x_1q^{k-1}. Somit lautet die *unabhängige Darstellung* der geometrischen Zahlenfolge $\{x_k\}$:

$$\boxed{x_k = x_1q^{k-1} \quad \text{mit} \quad k = 1, 2, 3, \ldots, n} \qquad (20)$$

BEISPIEL

5. Von einer geometrischen Zahlenfolge sind bekannt:

$$x_5 = 2, \quad x_n = \frac{16}{27}, \quad q = \frac{2}{3}.$$

Man gebe die unabhängige Darstellung an.

Lösung: Nach (20) folgt für $k = 5$:

$$2 = x_1 \cdot \left(\frac{2}{3}\right)^4 \qquad x_1 = \frac{81}{8}$$

für $k = n$:

$$\frac{16}{27} = \frac{81}{8} \cdot \left(\frac{2}{3}\right)^{n-1}$$

$$n - 1 = \frac{\lg \dfrac{8 \cdot 16}{27 \cdot 81}}{\lg \dfrac{2}{3}} = \frac{\lg \dfrac{2^7}{3^7}}{\lg \dfrac{2}{3}} = 7$$

$$n = 8.$$

Die unabhängige Darstellung lautet somit:

$$\{x_k\}: \quad x_k = \frac{81}{8} \cdot \left(\frac{2}{3}\right)^{k-1}, \quad k = 1, 2, 3, \ldots, 8.$$

6. Zwischen je zwei Glieder der geometrischen Folge

$$x_1, \quad x_1 q, \quad x_1 q^2, \ldots$$

mit $q > 0$ sind m Glieder so einzuschalten, daß wieder eine geometrische Folge entsteht.

Lösung: Der Quotient der neuen Folge sei q^*. Werden zwischen zwei Nachbarglieder mit $\frac{x_{k+1}}{x_k} = q$ jeweils m neue Glieder eingeschaltet, so gilt

$$q^{*m+1} = q$$

$$q^* = \sqrt[m+1]{q} \qquad (q > 0).$$

Ihren Namen verdankt die geometrische Zahlenfolge der Eigenschaft, daß jedes Glied das geometrische Mittel seiner Nachbarglieder ist. Das folgt sofort aus der Definition. Danach gilt nämlich für die Glieder x_{k-1}, x_k, x_{k+1}:

$$\frac{x_{k-1}}{x_k} = \frac{1}{q} \quad \text{und} \quad \frac{x_k}{x_{k+1}} = \frac{1}{q}$$

also:

$$\boxed{x_{k-1} : x_k = x_k : x_{k+1}} \qquad (21)$$

oder

$$x_k^2 = x_{k-1} \cdot x_{k+1}.$$

Auch bei geometrischen Zahlenfolgen ist oft die **Summe** der ersten n Glieder

$$s_n = x_1 + x_1q + x_1q^2 + \cdots + x_1q^{n-1} \tag{I}$$

von Interesse. Um die Summierung der einzelnen Glieder zu umgehen, bildet man

$$s_nq = \qquad x_1q + x_1q^2 + \cdots + x_1q^{n-1} + x_1q^n \tag{II}$$

und subtrahiert (II) von (I):

$$s_n(1 - q) = x_1 \qquad\qquad - x_1q^n.$$

Es folgt:

$$\boxed{s_n = x_1 \frac{1 - q^n}{1 - q} \quad \text{für} \quad q \neq 1} \tag{22}$$

Für $q = 1$ ergibt sich sofort aus (I)

$$s_n = nx_1.$$

Nimmt man in (22) das Anfangsglied x_1 in den Zähler:

$$s_n = \frac{x_1 - x_1q^n}{1 - q}$$

und setzt $x_1q^n = x_1q^{n-1} \cdot q = x_nq$, so erhält die Summenformel die Gestalt

$$\boxed{s_n = \frac{x_1 - x_nq}{1 - q} \text{ für } q \neq 1} \tag{22a}$$

BEISPIELE

7. Wie groß ist a) das 8. Glied, b) die Summe der Glieder der geometrischen Folge

$$6, \quad -3, \quad \frac{3}{2}, \ldots, x_8?$$

Lösung:

a) $x_1 = 6, \quad q = -\frac{1}{2}, \quad k = 8$ liefert

$$x_8 = 6 \cdot \left(-\frac{1}{2}\right)^7 = \underline{\underline{-\frac{3}{64}}}.$$

b) Mit (22) folgt

$$s_8 = 6 \cdot \frac{1 - \left(-\frac{1}{2}\right)^8}{1 + \frac{1}{2}} = \underline{\underline{\frac{255}{64}}}.$$

8. Man berechne die Summe

$$a^{n-1} + a^{n-2}b + a^{n-3}b^2 + \cdots + ab^{n-2} + b^{n-1}.$$

Lösung: Das allgemeine Glied der Summe lautet

$$x_k = a^{n-k}b^{k-1}.$$

Der Quotient

$$\frac{x_k}{x_{k-1}} = \frac{a^{n-k}b^{k-1}}{a^{n-k+1}b^{k-2}} = \frac{b}{a}$$

ist unabhängig von k, also konstant. Folglich handelt es sich bei den Gliedern der Summe um eine geometrische Folge. Da der Exponent von b von 0 bis $n - 1$ läuft, ist die Anzahl der Glieder gleich n. Es folgt mit $x_1 = a^{n-1}$, $q = \frac{b}{a}$:

$$s_n = a^{n-1}\,\frac{1 - \frac{b^n}{a^n}}{1 - \frac{b}{a}} = \frac{a^n}{a} \cdot \frac{1 - \frac{b^n}{a^n}}{1 - \frac{b}{a}} = \underline{\underline{\frac{a^n - b^n}{a - b}}}.$$

Folgerung: Der Term $a^n - b^n$ ist durch $a - b$ ohne Rest teilbar. So ist zum Beispiel

$$\frac{a^3 - b^3}{a - b} = a^2 + ab + b^2,$$

$$\frac{1 - x^4}{1 - x} = 1 + x + x^2 + x^3.$$

Bekannt ist schon der Fall $n = 2$:

$$\frac{a^2 - b^2}{a - b} = a + b$$

in der Form

$$a^2 - b^2 = (a + b)(a - b).$$

2.1.3. Anwendungen der geometrischen Folge

Vorzugszahlen

Eine wesentliche Voraussetzung für eine schnelle Entwicklung der Großproduktion ist die Vereinheitlichung der industriellen Erzeugnisse nach Abmessung, Masse, Leistung, Drehzahl und anderen maßgebenden Größen. Da es häufig nötig ist, ein Erzeugnis — etwa eine Welle oder ein Gewinde — in verschiedenen Abmessungen herzustellen, ist die Stufung der Abmessungen (Typenreihen) durch das Vorschreiben von **Vorzugszahlen** genormt. Das geschieht, indem man für die Maßzahlen der einzelnen Abmessungen bestimmte Zahlenfolgen vorschreibt. Die geometrische Zahlenfolge erweist sich dabei aus verschiedenen Gesichtspunkten heraus meist als sehr zweckmäßig.

BEISPIEL

1. Es sollen Rohre in sechs verschiedenen Größen gefertigt werden. Der Durchmesser des kleinsten Rohres soll 20 mm, der des größten Rohres 200 mm betragen. Zwischen 20 mm und 200 mm sind vier Glieder zwischenzuschalten.

Lösung: Es folgt für die

arithmetische Stufung: $d^* = \frac{180\text{ mm}}{5} = 36\text{ mm},$

geometrische Stufung: $q^* = \sqrt[5]{\frac{200\text{ mm}}{20\text{ mm}}} \approx 1{,}585.$

Demnach betragen die Rohrweiten bei

arithmetischer Stufung:	20	56	92	128	164	200 mm
geometrischer Stufung:	20	31,7	50,2	79,6	126,2	200 mm.

Bei arithmetischer Stufung ist der prozentuale Zuwachs des Durchmessers sehr unausgeglichen: Vom 1. zum 2. Rohr beträgt er 180%, vom 5. zum 6. Rohr nur noch etwa 22% (vgl. auch Bild 74). Dagegen ist der prozentuale Zuwachs des Durchmessers bei geometrischer Stufung von Rohrweite zu Rohrweite derselbe (Bild 75). Man wird daher der geometrischen Stufung den Vorzug geben.

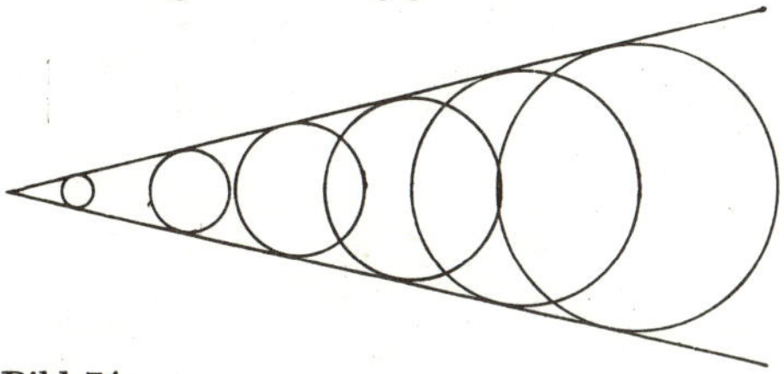

Bild 74

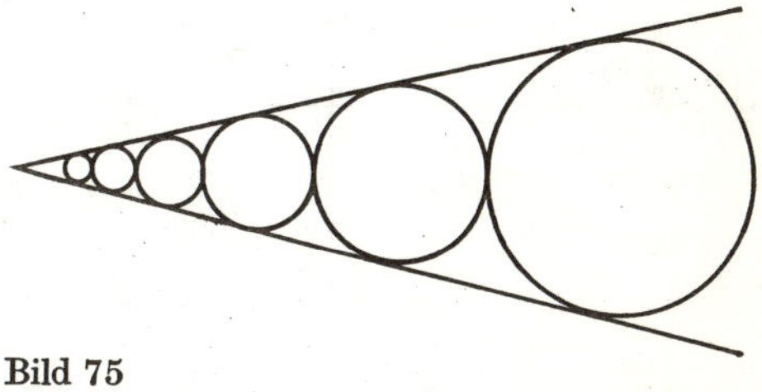

Bild 75

Die Vorzugszahlen, die der Standardisierung von Abmessungen zugrunde gelegt werden, bilden annähernd geometrische Folgen und sind dem Dezimalsystem angepaßt. Bei der Rundung der errechneten Werte wurde außerdem berücksichtigt, daß die Verdopplung oder Halbierung einer Abmessung leicht vorgenommen werden kann.
Die Anpassung an das Dezimalsystem wird erreicht, indem man als Anfangs- und Endglied der geometrischen Folgen aufeinanderfolgende Zehnerpotenzen wählt, also etwa 1 und 10 oder 10 und 100. Zwischen Anfangs- und Endglied werden 4, 9, 19 oder 39 Glieder eingeschaltet, so daß eine geometrische Folge mit 5, 10, 20 bzw. 40 Stufen entsteht. Auf diese Weise ergeben sich die sogenannten Grundreihen[1]) R 5, R 10, R 20, R 40, die sich durch die Feinheit der Unterteilung unterscheiden.
Der Stufensprung bei R 5 ist z. B.

$$q^* = \varphi = \sqrt[5]{\frac{10^{n+1}}{10^n}} = \sqrt[5]{10} \approx 1{,}5849.$$

Im technischen Schrifttum wird der Quotient der geometrischen Folge Stufensprung genannt und mit φ bezeichnet.

[1]) Nach unserer Definition müßte es Grundfolgen heißen. Der Sprachgebrauch in der Technik hält sich aber nicht immer an die mathematische Terminologie

Mit φ und der Wahl des Anfangsgliedes ist die Reihe bestimmt:

$$10 \quad 10\varphi \quad 10\varphi^2 \quad 10\varphi^3 \quad 10\varphi^4 \quad 10\varphi^5.$$

Wegen $\varphi^5 = \left(\sqrt[5]{10}\right)^5 = 10$ ist das letzte Glied gleich 100.
Für die anderen Grundreihen ergeben sich folgende Stufensprünge:

$$\text{R 10:} \qquad \varphi = \sqrt[10]{10} \approx 1{,}2589,$$

$$\text{R 20:} \qquad \varphi = \sqrt[20]{10} \approx 1{,}1220,$$

$$\text{R 40:} \qquad \varphi = \sqrt[40]{10} \approx 1{,}0592.$$

In Tafel I sind die sogenannten *Hauptwerte* — das sind die zweckmäßig gerundeten Genauwerte — für den Bereich 1 ... 10 zusammengestellt.

Tafel I: Vorzugszahlen

Hauptwerte der Grundreihen							
R 5	R 10	R 20	R 40	R 5	R 10	R 20	R 40
1,00	1,00	1,00	1,00				3,35
			1,06			3,55	3,55
		1,12	1,12				3,75
			1,18	4,00	4,00	4,00	4,00
	1,25	1,25	1,25				4,25
			1,32			4,50	4,50
		1,40	1,40				4,75
			1,50		5,00	5,00	5,00
1,60	1,60	1,60	1,60				5,30
			1,70			5,60	5,60
		1,80	1,80				6,00
			1,90	6,30	6,30	6,30	6,30
	2,00	2,00	2,00				6,70
			2,12			7,10	7,10
		2,24	2,24				7,50
			2,36		8,00	8,00	8,00
2,50	2,50	2,50	2,50				8,50
			2,65			9,00	9,00
		2,80	2,80				9,50
			3,00				
	3,15	3,15	3,15	10,00	10,00	10,00	10,00

Aus der Tabelle ist ersichtlich, daß man die Grundreihen R 5, R 10, R 20 aus der jeweils feiner gestuften Grundreihe durch Überspringen eines Gliedes erhält. Man begründe diesen Zusammenhang!
Für bestimmte Zwecke wurden die Reihen der Hauptwerte noch stärker gerundet. Diese stark gerundeten Werte heißen *Rundwerte*. Sie lauten z. B. für R 10:

1 1,25 1,6 2,0 2,5 3,2 4,0 5,0 6,3 8,0 10,0.

Zinseszinsrechnung

Die Verzinsung eines Guthabens wird so vorgenommen, daß die für ein Guthaben b innerhalb eines Jahres aufgelaufenen Zinsen am Ende des Jahres dem Guthaben b zugeschlagen und im kommenden Jahr mitverzinst werden.
Bei einem Zinssatz p betragen die für ein Guthaben b nach Ablauf eines Jahres zu zahlenden Zinsen

$$z = b\,\frac{p}{100},$$

so daß das Guthaben am Ende des ersten Jahres

$$b_1 = b + b\,\frac{p}{100} = b\left(1 + \frac{p}{100}\right)$$

beträgt. Die Verzinsung von b_1 zu dem gleichen Zinssatz p ergibt am Ende des zweiten Jahres ein Guthaben

$$b_2 = b_1\left(1 + \frac{p}{100}\right) = b\left(1 + \frac{p}{100}\right)^2.$$

Bleibt das Guthaben n Jahre stehen, dann entsteht am Ende des n-ten Jahres ein Endbetrag von

$$b_n = b\left(1 + \frac{p}{100}\right)^n.$$

(Beweis durch vollständige Induktion).

Wird noch $1 + \frac{p}{100} = q$ gesetzt, so ergibt sich dieser Endbetrag nach der sogenannten

Zinseszinsformel:

$$\boxed{b_n = bq^n} \qquad (23)$$

Man nennt $q = 1 + \frac{p}{100}$ den **Zinsfaktor.**

Zur logarithmischen Berechnung von q^n werden siebenstellige Logarithmen verwendet. Für diesen Zweck sind in den gebräuchlichen fünfstelligen Logarithmentafeln für 1 bis 1,1 siebenstellige Mantissen angegeben.
Auch die Potenz q^n selbst ist für die gebräuchlichen Zinssätze vertafelt. Die Benutzung solcher Zinseszinstafeln ist besonders dann zweckmäßig, wenn eine Rechenmaschine zur Verfügung steht.
Da in (23) vier Variablen auftreten, sind vier Aufgabenstellungen möglich.

BEISPIEL

2. Die Gesamtbevölkerung der Erde wurde 1950 auf $2{,}48 \cdot 10^9$ und 1957 auf $2{,}78 \cdot 10^9$ geschätzt. Welche Bevölkerungszahl ist für das Jahr 2000 zu erwarten, wenn man annimmt, daß die prozentuale Zunahme pro Jahr in diesem Zeitraum konstant bleibt?

Lösung: Aus (23) folgt nach Logarithmieren

$$\lg q = \frac{\lg b_n - \lg b}{n}.$$

Für $n = 7,\ b = 2{,}48 \cdot 10^9,\ b_7 = 2{,}78 \cdot 10^9$ wird

$$\lg q = \frac{\lg 2{,}78 - \lg 2{,}48}{7} = 0{,}007\,084.$$

(Aus $q = 1{,}0164$ ergibt sich eine jährliche Zuwachsrate von 1,64%.)
Im Jahre 2000 ist eine Bevölkerungszahl von

$$b_{50} = b \cdot q^{50}$$

zu erwarten. Unter Verwendung von $\lg q = 0{,}007\,084$ ergibt sich

$$\underline{\underline{b_{50} \approx 5{,}6 \cdot 10^9}}.$$

AUFGABEN

43. Es sind die ersten fünf Glieder anzugeben ($k = 1, 2, 3, \ldots$).

a) $\{3k\}$ b) $\{3 - 2k\}$ c) $\left\{\frac{k}{2k+1}\right\}$

d) $\{10^{-k}\}$ e) $\left\{\frac{k}{10^k}\right\}$ f) $\left\{\left(1 + \frac{1}{k}\right)^k\right\}$

g) $\left\{\frac{1}{k!}\right\}$ h) $\{(-1)^{k+1} x^{2k}\}$

44. Bei den angegebenen Zahlenfolgen ist ein neuer Laufindex so einzuführen, daß das erste Glied der Zahlenfolgen die Nummer 0 erhält.

a) $\{x_k\}$: $x_k = \frac{1}{k^2}$ $k = 1, 2, 3, \ldots$

b) $\{x_k\}$: $x_k = 2^{5-k}$ $k = 4, 5, 6, \ldots$

c) $\{x_k\}$: $x_k = (1 - k)^{k+1}$ $k = -2, -1, 0, \ldots$

d) $\{x_k\}$: $x_k = k^2 - 2k + 5$ $k = -3, -2, -1, \ldots$

45. Aus der rekursiven Darstellung ist das erste Glied der Folge zu ermitteln und die Darstellung des allgemeinen Gliedes herzuleiten.
Das erste Glied soll stets die Nummer 1 tragen.

a) $a_1 = 3,\quad a_{k+1} = a_k - 2$ b) $a_3 = 4,\quad a_{k+1} = 2a_k - 4$

c) $a_3 = 2,\quad a_{k+1} = 2a_k - 4$ d) $a_2 = 5,\quad a_{k+1} = 2a_k + k$

Hinweis zu c) und d): Man betrachte die Differenzen $a_{k+1} - a_k$, $k = 1, 2, 3, \ldots$.

e) $a_4 = 6, \quad a_{k+1} = 2a_k$ f) $a_3 = 1, \quad a_{k+1} = a_k + 3$

g) $a_2 = -2, \quad a_{k+1} = \frac{1}{a_k}$ h) $a_4 = 2, \quad a_{k+1} = -\frac{1}{2}a_k$

46. Die Folgen der Aufgaben 43 und 44 sind hinsichtlich Monotonie und Vorzeichenwechsel zu charakterisieren.

47. Man gebe für die nachstehenden Folgen die unabhängige Darstellung an ($k = 0, 1, 2, \ldots$) und charakterisiere sie hinsichtlich Monotonie und Vorzeichenwechsel.

a) $a_0 = 0, \quad a_1 = 3, \quad a_{k+1} = 2a_k - a_{k-1} + 2$

b) $a_0 = 4, \quad a_1 = 2, \quad a_{k+1} = 2a_k - a_{k-1}$

c) $a_0 = -\frac{1}{2}, \quad a_1 = \frac{1}{4}, \quad a_{k+1} = \frac{1}{2}(a_k + a_{k-1})$

d) $a_0 = 0, \quad a_1 = -2, \quad a_{k+1} = \frac{1}{2}(a_{k-1} - a_k) - 1$

e) $a_0 = 2, \quad a_1 = \frac{3}{2}, \quad a_{k+1} = a_k + \frac{1}{a_{k-1}} - \frac{1}{a_k}$

f) $a_0 = 4, \quad a_1 = 2, \quad a_2 = 1, \quad 2a_{k+1} = a_{k-2} - a_{k-1} - a_k$

48. Man berechne:

a) $\sum\limits_{k=3}^{8} \frac{k-2}{2}$, b) $\sum\limits_{n=3}^{8} 3 \cdot 10^{5-n}$, c) $\sum\limits_{\nu=2}^{5} (\nu - 3)^3$,

d) $\sum\limits_{\nu=-2}^{3} \frac{2\nu + 1}{4 - \nu}$, e) $\sum\limits_{k=3}^{7} (-1)^k k$, f) $\sum\limits_{k=3}^{9} (2k - 5)$.

49. Man berechne:

a) $\sum\limits_{n=1}^{6} a^n b^{1-n}$, b) $\sum\limits_{\nu=3}^{6} (x-1)^{\nu-3}, \quad (x \neq 1)$, c) $\sum\limits_{k=1}^{5} \binom{5}{1-k}$,

d) $\sum\limits_{\nu=1}^{4} \binom{4}{\nu - 1}\binom{5}{4-\nu}$, e) $\sum\limits_{n=1}^{99} \left(\frac{1}{n+1} - \frac{1}{n}\right)$, f) $\sum\limits_{k=1}^{4} (-1)^k (1-a)^{k-1}, (a \neq 1)$.

50. Man schreibe den binomischen Satz für $(a + b)^n$ unter Verwendung des Summenzeichens.

51. In den Termen der Aufgabe 48 ist ein neuer Laufindex μ so einzuführen, daß von $\mu = 1$ an zu summieren ist.

52. Welche der Folgen der Aufgaben 45 und 47 sind arithmetische Folgen? Man gebe jeweils die konstante Differenz d an.

53. Für die arithmetische Folge $\{x_k\}$, $k = 1, 2, 3, \ldots, n$, von der die folgenden Werte bekannt sind, sollen x_7 und s_{13} berechnet werden.

a) $x_4 = 5, \quad d = -2{,}5$ b) $x_3 = -12, \quad d = 1{,}5$

c) $x_{11} = -6, \quad d = -0{,}4$ d) $x_4 = -5, \quad x_9 = -9$

e) $x_3 = -4{,}2, \quad x_{11} = 3$ f) $x_6 = 0{,}8, \quad x_{10} = -4{,}8$

g) $x_4 = 6, \quad s_9 = 21$ h) $x_5 = -12, \quad s_{11} = 33$

54. Man berechne n und x_n.

a) $x_1 = 15, \quad d = -7/3, \quad s_n = 13$

b) $x_1 = -12, \quad d = 3/4, \quad s_n = -102$

c) $x_1 = -3, \quad d = 2, \quad s_n = -5$

55. Das Argument x der linearen Funktion $y = mx + n$ durchlaufe die natürlichen Zahlen $0, 1, 2, \ldots$. Welche Folgen durchlaufen dann die Funktionswerte y?

56. Man beweise die Formel für die Summe der Glieder einer arithmetischen Folge durch vollständige Induktion.

57. Es ist die Summe aller ganzen Zahlen zwischen 100 und 1000 zu berechnen, die durch 7 teilbar sind.

58. Man berechne die Summe aller ganzen Zahlen zwischen 1000 und 10000, die bei Division durch 11 den Rest 3 lassen.

59. Man beweise:

a) $\sum\limits_{\nu=1}^{n} \nu = \dfrac{n(n+1)}{2}$, b) $\sum\limits_{\nu=1}^{n} \nu^2 = \dfrac{n(n+1)(2n+1)}{6}$,

c) $\sum\limits_{\nu=1}^{n} \nu^3 = \dfrac{n^2(n+1)^2}{4}$.

60. Es ist die Summe der ersten n ungeraden Zahlen zu berechnen.

61. Welche der Folgen in Aufgabe 45 und 47 sind geometrische Folgen? Man gebe x_1 und q an.

62. Man untersuche die geometrische Folge $\{x_1 q^{k-1}\}$ für $x_1 > 0$ hinsichtlich Monotonie.

63. Für die geometrische Folge $\{x_k\}$ ist q zu bestimmen.

a) $\dfrac{4}{5}, 2, 5, \ldots$ b) $8a^3, \quad 4a^2b, \quad 2ab^2, \ldots$

c) $\dfrac{2}{\sqrt{6}}, \quad -\sqrt{2}, \quad \sqrt{6}, \ldots$ d) $\sqrt{2} - 1, \quad 2 - \sqrt{2}, \quad 2\sqrt{2} - 2, \ldots$

64. Für eine geometrische Folge $\{x_k\}$ ist der Term $\lg x_k$ zu bilden! Was für eine Folge ergibt sich? Man gebe ein konkretes Beispiel an und interpretiere das Ergebnis.

65. Man berechne x_5 und s_7 für die geometrische Folge $\{x_k\}$, $k = 1, 2, 3, \ldots$.

a) $x_1 = -3{,}2, \quad q = 0{,}5$ b) $x_1 = -100, \quad q = -0{,}4$

c) $x_1 = 64, \quad q = -2{,}5$ d) $x_1 = -5, \quad q = 1$

e) $x_3 = 1{,}6, \quad x_6 = 0{,}1024$ f) $x_4 = -3{,}2, \quad x_8 = -51{,}2$

66. Man berechne für die geometrische Folge $\{x_k\}$, $k = 1, 2, \ldots, n$, n und x_n, wenn gegeben ist:

a) $x_1 = 0{,}2, \quad q = 3, \quad s_n = 656$, b) $x_1 = 192, \quad q = -\dfrac{1}{2}, \quad s_n = 128{,}25$.

67. Man berechne für die geometrische Folge $\{x_k\}$, $k = 1, 2, \ldots, n$, n und s_n, wenn gegeben ist:

a) $x_1 = -0{,}5, \quad q = -3, \quad x_n = 1093{,}5$, b) $x_1 = -48{,}6, \quad q = -\dfrac{2}{3}, \quad x_n = 6{,}4$.

68. Die Dualzahl LLLLL LLLLL LLLLL LLLLL (L = 1 im Dualsystem) ist im Dezimalsystem anzugeben.

69. Die Dualzahl LLLLL LLLLL, LLL ist im Dezimalsystem anzugeben.

70. Es sind 60 Rohre so zu stapeln, daß jede Schicht auf Lücke mit der darunterliegenden Schicht liegt. Die oberste Schicht soll aus 4 Rohren bestehen. Wieviel Rohre müssen in die unterste Schicht gelegt werden, und wieviel Schichten umfaßt der ganze Stapel?

71. In der Tonleiter stehen die Schwingungszahlen von Grundton und Oktave im Verhältnis 1:2. Bei der gleichschwebenden Stimmung werden zwischen Grundton und Oktave 11 Halbtöne so eingeschaltet, daß das Verhältnis zweier aufeinanderfolgender Schwingungszahlen konstant ist. Man gebe die Schwingungszahlen für die Halbtöne der Tonleiter an, deren Grundton die Frequenz 440 s^{-1} hat.

72. Man berechne die Summe a) der Quadratzahlen, b) der Kubikzahlen zwischen 101 und 10001 (vgl. dazu Aufgabe 59).

73. Ein Vollkreis ist in 10 Sektoren aufzuteilen. Der Zentriwinkel des 1. Sektors soll 55,5° betragen, die Zentriwinkel der übrigen Sektoren sollen von Sektor zu Sektor um denselben Betrag abnehmen. Wie lautet die Folge der Zentriwinkel?

74. Mit einem Draht von 0,2 mm Durchmesser soll eine Spule von 2400 Windungen gewickelt werden. Wie lang ist der Wickeldraht, wenn die Spule bei einem lichten Durchmesser von 0,8 cm eine Länge von 2 cm hat ($\pi \approx 3{,}14$)?

75. Eine Drehmaschine soll 21 Drehzahlstufen mit konstantem Stufensprung erhalten. Wie lauten die Drehzahlen, wenn die niedrigste 120 min^{-1}, die höchste 1200 min^{-1} beträgt?

76. An einem Regelwiderstand lassen sich 10 verschiedene Widerstände abgreifen. Wieviel Ohm hat der kleinste Widerstand, wenn der größte 10 kΩ beträgt und jeder Widerstand um 25% gegenüber dem nächstgrößeren abfällt?

77. Man berechne:

a) $\sum\limits_{\nu=0}^{6} (-1)^\nu x^\nu$, b) $\sum\limits_{\nu=0}^{n} (-1)^\nu x^\nu$, c) $\sum\limits_{\nu=0}^{n} (-1)^\nu a^\nu b^{n-\nu}$.

78. Nach welcher Zeit verdoppelt (verdreifacht) sich ein Geldbetrag, der zu 5% Jahreszinsen auf Zinseszins steht?

79. Die Amplitude A einer Schwingung mit der Frequenz $f = 100\,s^{-1}$ hat zur Zeit $t = 0$ den Wert A_0. Dieser Anfangswert verringert sich nach jeder Schwingungsperiode um 1%. Nach welcher Zeit ist die Amplitude auf 0,1 A_0 abgesunken?

80. Das Produktionsvolumen eines großen Industriebetriebes sollte innerhalb von fünf Jahren auf 134% anwachsen. Dieses Ziel wurde bereits nach vier Jahren erreicht. Wie groß war der prozentuale, auf den jeweiligen Jahresanfang bezogene Jahreszuwachs, wenn ein gleichmäßiges Anwachsen der Industrieproduktion angenommen wird?

81. Auf welchen Betrag wächst ein Grundbetrag von 4000 Mark bei 4,5% Zinseszins a) in 6 Jahren, b) in 12 Jahren an?

82. Ein Grundbetrag ist in 11 Jahren bei 4% Zinseszins auf 5600 Mark angewachsen. Wie groß war der Grundbetrag?

2.2. Konvergenz, Divergenz einer Folge; Grenzwert

2.2.1. Nullfolgen

Die Zahlenfolgen sind gegenüber den Mengen dadurch ausgezeichnet, daß ihren Gliedern eine bestimmte Anordnung gegeben ist. Wegen dieser Anordnung kommen den Zahlenfolgen bestimmte Eigenschaften zu, die in der strengen Aufeinanderfolge der Glieder begründet sind. Solche Eigenschaften sind die Monotonie oder die Eigenschaft, arithmetisch oder geometrisch zu sein. Bei unendlichen Zahlenfolgen sind

darüber hinaus solche Eigenschaften von Bedeutung, die wesentlich durch die Glieder mit hoher Gliednummer — gewissermaßen durch die „fernen" Glieder — bedingt werden. Auf diese Eigenschaften hat die Beschaffenheit der ersten Glieder oder irgendeiner bestimmten Anzahl von Gliedern der Folge keinerlei Einfluß. Sie werden deshalb *infinitäre*[1]) Eigenschaften einer Zahlenfolge genannt.
Eine solche infinitäre Eigenschaft ist die Beschränktheit (vgl. 2.1.1.) einer Zahlenfolge. Betrachtet man z. B. die beschränkte Folge

$$\{x_n\} = 1,\ \frac{1}{2},\ \frac{1}{4},\ \ldots,\ \frac{1}{2^n},\ \ldots,$$

so bleibt die Eigenschaft der Beschränktheit erhalten, auch wenn man etwa die ersten 100000 Glieder abändert. Wählt man z. B. für das größte dieser neuen Glieder den Wert 10^6, so hat zwar die neue Folge eine andere obere Schranke, nämlich 10^6. Die Folge ist aber immer noch beschränkt, da für keinen Index n die obere Schranke $S = 10^6$ von einem Glied x_n übertroffen wird.
Nach diesen Vorbetrachtungen sollen jetzt einige weitere infinitäre Eigenschaften von Zahlenfolgen behandelt werden, die von weittragender Bedeutung sind. Die Numerierung soll im folgenden immer bei $n = 0$ beginnen.
Für die Zahlenfolge

$$\{x_n\} = \left\{\frac{1}{n+1}\right\} = 1,\ \frac{1}{2},\ \frac{1}{3},\ \frac{1}{4},\ \ldots$$

ist 1 eine obere, 0 eine untere Schranke. Wegen $x_0 = 1$ gehört die obere Schranke 1 selbst zur Zahlenfolge, während der Wert 0 der unteren Schranke von keinem Glied der Folge angenommen wird.
Die Zahlenfolge hat bezüglich der unteren Schranke 0 eine besondere Eigenschaft: Da $\left\{\frac{1}{n+1}\right\}$ eine fallende Folge ist, nähern sich die Glieder der Folge mit wachsendem Index n immer mehr der unteren Schranke 0. Charakteristisch für diese Annäherung ist, daß der Abstand zwischen 0 und einem Glied x_n um so kleiner ist, je größer die Gliednummer n ist (vgl. Bild 76). Obwohl kein Glied der Folge den Wert 0 annimmt,

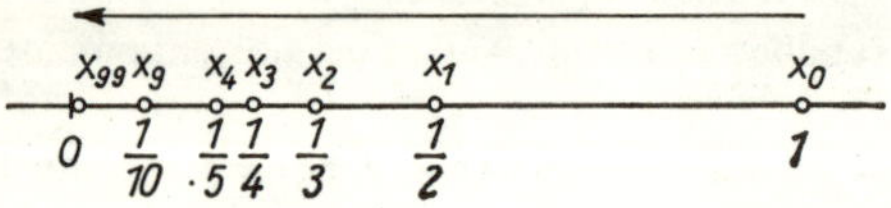

Bild 76

läßt sich kein kleinster Abstand zwischen 0 und den Gliedern der Folge angeben. Denn wählt man einen beliebig kleinen Abstand ε, so gibt es stets einen Index $N(\varepsilon)$, so daß

$$x_N < \varepsilon \tag{I}$$

ausfällt. Ist etwa $\varepsilon = 10^{-3}$, so wird für $N(\varepsilon) = 1000$ das Glied $x_{1000} = \frac{1}{1001} < 10^{-3}$.
Die Ungleichung (I) gilt aber nicht nur für diesen Index $N(\varepsilon)$, sondern für alle

[1]) infinitum (lat.) das Unendliche

$n \geqq N(\varepsilon)$. In dem kleinen Intervall $(0, \varepsilon)$ liegen also alle Glieder der Folge mit Ausnahme der N Glieder x_0 bis x_{N-1}, und das sind unzählig viele. Man sagt für diesen Sachverhalt auch kurz: Im Intervall $(0, \varepsilon)$ liegen fast alle Glieder der Folge. Zahlenfolgen mit dieser Eigenschaft werden **Nullfolgen** genannt.
Auch die alternierende Zahlenfolge

$$\{x_n\} = \left\{(-1)^n \frac{1}{n+1}\right\} = 1,\ -\frac{1}{2},\ \frac{1}{3},\ -\frac{1}{4},\ \ldots$$

ist eine Nullfolge, denn die Beträge $|x_n|$ nähern sich mit wachsendem n immer mehr dem Wert 0, und für eine beliebige (kleine) Zahl $\varepsilon > 0$ läßt sich stets ein Index $N(\varepsilon)$ angeben, so daß

$$|x_n| < \varepsilon \quad \text{für alle} \quad n \geqq N(\varepsilon).$$

Bei dieser Zahlenfolge ist es das Intervall $(-\varepsilon, \varepsilon)$, in dem fast alle Glieder der Folge liegen.

Definition

Eine Zahlenfolge $\{x_n\}$ heißt **Nullfolge**, wenn sich für jede Zahl $\varepsilon > 0$ ein Index $N(\varepsilon)$ so angeben läßt, daß gilt:

$$|x_n| < \varepsilon \quad \text{für alle} \quad n \geqq N(\varepsilon).$$

Der Nachweis, daß $\{x_n\}$ eine Nullfolge darstellt, ist erst dann erbracht, wenn für jedes vorgegebene $\varepsilon > 0$ der Index $N(\varepsilon)$, von dem ab alle Glieder dem Betrage nach kleiner als ε sind, angegeben werden kann.
Auch in den folgenden Beispielen soll die Numerierung stets bei $n = 0$ beginnen.

BEISPIELE

1. a) Es ist nachzuweisen, daß die Folge $\left\{\frac{1}{2n+1}\right\}$ eine Nullfolge ist.
   b) Von welcher Gliednummer ab sind die Glieder sämtlich kleiner als $\varepsilon = 10^{-2}$?

   Lösung:
   a) Aus

$$\frac{1}{2n+1} < \varepsilon$$

folgt

$$2n+1 > \frac{1}{\varepsilon}$$

$$n > \frac{\frac{1}{\varepsilon} - 1}{2} = \frac{1-\varepsilon}{2\varepsilon}.$$

Zu jedem $\varepsilon > 0$ existiert eine Zahl $\frac{1-\varepsilon}{2\varepsilon}$. Es läßt sich daher stets eine Zahl $N(\varepsilon) > \frac{1-\varepsilon}{2\varepsilon}$ finden, so daß $|x_n| < \varepsilon$ für alle $n \geqq N(\varepsilon)$ gilt. Die Folge ist eine Nullfolge.
b) Für $\varepsilon = 10^{-2}$ wird

$$\frac{1-\varepsilon}{2\varepsilon} = \frac{1-10^{-2}}{2 \cdot 10^{-2}} = \frac{99}{2}.$$

Vom Index $\underline{\underline{N(\varepsilon) = 50}} > \frac{99}{2}$ ab sind also alle Glieder der Folge kleiner als 10^{-2}.

2. Es ist zu prüfen, ob $\left\{\frac{n+1}{2n+1}\right\}$ eine Nullfolge ist.

Lösung: Für $n \in N$ kann dividiert werden:

$$\frac{n+1}{2n+1} = \frac{1}{2} + \frac{1}{2(2n+1)}.$$

Jedes Glied der Folge ist also größer als 1/2. Das bedeutet: Es existiert kein Index $N(\varepsilon)$ derart, daß für $n \geqq N(\varepsilon)$

$$\frac{n+1}{2n+1} < \frac{1}{2}$$

wäre. Die Zahlenfolge ist keine Nullfolge.

2.2.2. Der Grenzwert einer Zahlenfolge

Der Begriff der Nullfolge läßt sich leicht verallgemeinern.
Bei einer Nullfolge läßt sich kein kleinster Abstand zwischen 0 und den Gliedern der Folge angeben. Wir betrachten jetzt Folgen, für die sich kein kleinster Abstand zwischen einer Zahl g und den Gliedern der Folge angeben läßt. In diesem Fall bilden also die Abstände

$$|x_n - g|$$

eine Nullfolge.
Ein Beispiel dafür ist die Folge

$$\{x_n\} = \left\{\frac{n+2}{n+1}\right\} = 2,\ \frac{3}{2},\ \frac{4}{3},\ \frac{5}{4},\ \ldots.$$

Obwohl die Glieder mit wachsendem n immer kleiner werden, wird der Wert 1 nicht unterschritten, da der Zähler stets größer als der Nenner ist. Der Abstand des Gliedes x_n von der Zahl 1 ist

$$\left|\frac{n+2}{n+1} - 1\right| = \frac{n+2-(n+1)}{n+1} = \frac{1}{n+1}.$$

Für diese Abstände ergibt sich also die Folge

$$\{|x_n - 1|\} = \left\{\frac{1}{n+1}\right\},$$

die schon als Nullfolge bekannt ist. Daher läßt sich für die Glieder der Folge kein kleinster Abstand zu der Zahl 1 angeben.
Die Zahl 1 gehört zwar nicht selbst zu der Folge; die Glieder nähern sich aber unbegrenzt dem Wert 1.
Man nennt 1 den Grenzwert der Zahlenfolge und sagt, die Zahlenfolge s t r e b t mit wachsendem n gegen $g = 1$, geschrieben:

$$x_n \to g \quad \text{für} \quad n \to \infty$$

(lies: x_n gegen g für n gegen unendlich)

oder

$$\lim_{n \to \infty} x_n = g$$

(lies: limes[1]) x_n für n gegen unendlich gleich g).
Das Symbol $n \to \infty$ besagt, daß dem Anwachsen von n keine Schranke gesetzt ist, bedeutet also nicht, daß n gegen einen bestimmten Zahlenwert strebt und die Zahlenfolge bei einem Index ∞ abbricht. Mit anderen Worten: Es gibt unter den Indizes keinen größten Index n^*. Darum kann es auch kein letztes Glied a_{n^*} der Zahlenfolge geben. Trotz $x_n \to 1$ wird der Grenzwert 1 selbst nie erreicht. Die Schreibweise $\lim\limits_{n \to \infty} x_n = g$ behauptet nur, daß der *Grenzwert* — der Wert, dem sich die x_n unbegrenzt nähern — gleich g ist. Im allgemeinen ist $x_n \neq g$. Es gibt natürlich auch Zahlenfolgen, für die $x_n = g$ ist, z. B. $\{x_n\} = 1, 1, 1, \ldots$ mit $g = 1$. Hier gilt schon von $n = 0$ an durchweg $x_n = g$.
Genauer wird der Begriff des Grenzwertes durch die folgende Definition erfaßt.

Definition

Die Zahlenfolge $\{x_n\}$ hat den **Grenzwert** g, wenn sich für jede Zahl $\varepsilon > 0$ ein Index $N(\varepsilon)$ so angeben läßt, daß gilt

$$|x_n - g| < \varepsilon \quad \text{für alle} \quad n \geqq N(\varepsilon).$$

In diesem Falle schreibt man

$$\lim_{n \to \infty} x_n = g.$$

In dieser Definition ist für $g = 0$ die Definition der Nullfolge enthalten. Eine Nullfolge hat den Grenzwert 0.
Die Eigenschaft einer Zahlenfolge $\{x_n\}$, einen Grenzwert g zu besitzen, kann auch durch folgende Formulierungen ausgedrückt werden:

Die Zahlenfolge $\{x_n\}$ hat den Grenzwert g, wenn

$$\{x_n - g\}$$

eine Nullfolge ist.
Die Zahlenfolge $\{x_n\}$ hat den Grenzwert g, wenn für *jedes beliebige* $\varepsilon > 0$ fast alle Glieder der Folge in der ε-Umgebung $(g - \varepsilon, g + \varepsilon)$ liegen.

Man kann die Zahlenfolgen in zwei Klassen einteilen: in solche, die einen Grenzwert g haben, und solche, die keinen Grenzwert g besitzen.

Definition

Zahlenfolgen, die einen Grenzwert haben, heißen **konvergent**[2]).
Zahlenfolgen, die keinen Grenzwert haben, heißen **divergent**[2]).

[1]) limes (lat.) die Grenze
[2]) vergere (lat.) sich neigen

Die Zahlenfolge $\{2n\}$ strebt für $n \to \infty$ keinem bestimmten Zahlenwert g zu. Mit unbeschränkt wachsendem n überschreiten die Glieder jede noch so große Schranke S. Man schreibt in diesem Falle

$$\lim_{n\to\infty} 2n = \infty.$$

Allgemein werden

$$\lim_{n\to\infty} x_n = \infty \quad \text{und} \quad \lim_{n\to\infty} x_n = -\infty$$

uneigentliche Grenzwerte genannt. Trotzdem man hier den Begriff Grenzwert benutzt, sind Zahlenfolgen mit uneigentlichem Grenzwert natürlich divergent zu nennen. Auch die Zahlenfolge

$$1, -1, 1, -1, \ldots$$

ist divergent. In jeder noch so kleinen Umgebung von 1 liegen zwar unendlich viele Glieder der Folge. Dasselbe trifft aber auch für -1 zu. Eine solche Folge heißt **unbestimmt divergent**. Im Unterschied dazu nennt man divergente Folgen mit dem uneigentlichen Grenzwert ∞ oder $-\infty$ **bestimmt divergent**.

BEISPIELE

1. Man weise nach, daß $\left\{\frac{n+1}{2n-1}\right\}$ den Grenzwert $g = \frac{1}{2}$ hat.

   Lösung: Es ist

$$|x_n - g| = \left|\frac{n+1}{2n-1} - \frac{1}{2}\right| = \left|\frac{n+1-\left(n-\frac{1}{2}\right)}{2n-1}\right| = \left|\frac{\frac{3}{2}}{2n-1}\right|.$$

   Mit $n \to \infty$ wächst bei konstantem Zähler des Quotienten $\dfrac{\frac{3}{2}}{2n-1}$ der Nenner unbegrenzt. Somit gilt

$$\left\{\frac{n+1}{2n-1} - \frac{1}{2}\right\} \to 0 \quad \text{für} \quad n \to \infty.$$

   Die Folge hat also den Grenzwert $\frac{1}{2}$.

2. Für welche Werte von q ist die Folge $\{q^n\}$ konvergent, für welche divergent?

   Lösung:

   $|q| > 1$: Der Betrag der Potenz q^n wächst mit $n \to \infty$ unbeschränkt:

$$\lim_{n\to\infty} |q^n| = \infty.$$

   Für $q > 1$ wird $\lim_{n\to\infty} q^n = \infty$ (bestimmt divergent);

   für $q < -1$ wird $\lim_{n\to\infty} q^n = \pm\infty$ (unbestimmt divergent).

$q = 1$: Es ist stets $1^n = 1$ für alle n, also

$$\lim_{n\to\infty} q^n = 1 \quad \text{(konvergent).}$$

$q = -1$: Es ist $(-1)^n = +1$ oder -1, je nachdem n gerade oder ungerade ist. Es liegt die Folge

$$1, -1, 1, -1, \ldots$$

vor, die unbestimmt divergent ist.

$|q| < 1$: Es läßt sich $q = \frac{1}{p}$, also $q^n = \frac{1}{p^n}$ mit $|p| > 1$ setzen. Da, wie oben gezeigt,

$\lim_{n\to\infty} |p^n| = \infty$ ist, ist $\left\{\frac{1}{p^n}\right\}$ für $|p| > 1$ eine Nullfolge:

$$\lim_{n\to\infty} q^n = 0.$$

2.2.3. Die Zahl e

Die Berechnung des Grenzwertes einer Zahlenfolge ist nicht immer mit elementaren Mitteln zu erreichen. Eine solche Zahlenfolge ist

$$\{x_n\} = \left\{\left(1 + \frac{1}{n}\right)^n\right\} = (1 + 1)^1, \left(1 + \frac{1}{2}\right)^2, \left(1 + \frac{1}{3}\right)^3, \ldots, \left(1 + \frac{1}{n}\right)^n, \ldots.$$

Der Grenzwert dieser Zahlenfolge wird später benötigt. Er soll aber schon hier vorbereitend betrachtet werden.
Um zu zeigen, daß die angeführte Zahlenfolge einen Grenzwert hat, muß ein Satz herangezogen werden, dessen Beweisführung den Rahmen dieses Lehrbuches überschreitet.

Satz

Jede beschränkte und monotone Zahlenfolge ist konvergent.

BEISPIELE

1. Die Zahlenfolge

$$\{x_n\} = 0{,}3, \quad 0{,}33, \quad 0{,}333, \quad \ldots, \quad 0{,}333\ldots 3, \quad \ldots$$

ist *monoton wachsend*. Eine obere Schranke ist 0,4, denn es gilt

$$x_n < 0{,}4 \quad \text{für alle } n.$$

Die Folge hat den Grenzwert $g = 1/3$.

2. Die Zahlenfolge

$$\{x_n\} = 0{,}4, \quad 0{,}34, \quad 0{,}334, \quad \ldots, \quad 0{,}333\ldots 34, \quad \ldots$$

ist *monoton fallend*. Eine untere Schranke ist 0,3:

$$0{,}3 < x_n \quad \text{für alle } n.$$

Die Folge hat den Grenzwert $g = 1/3$.

Als erstes soll nachgewiesen werden, daß $\left\{\left(1+\frac{1}{n}\right)^n\right\}$ eine beschränkte Zahlenfolge ist. Nach der binomischen Formel gilt:

$$x_n = \left(1+\frac{1}{n}\right)^n = 1 + \binom{n}{1}\frac{1}{n} + \binom{n}{2}\frac{1}{n^2} + \cdots + \binom{n}{k}\frac{1}{n^k} + \cdots + \binom{n}{n}\frac{1}{n^n}. \qquad \text{(I)}$$

Da jeder Summand positiv ist, folgt zunächst

$$x_n > 1 + \binom{n}{1}\cdot\frac{1}{n} = 1 + 1 = 2. \qquad \text{(II)}$$

2 ist also eine untere Schranke der Folge.

Der Summand $\binom{n}{k}\frac{1}{n^k}$ läßt sich wie folgt umformen:

$$\binom{n}{k}\frac{1}{n^k} = \frac{n(n-1)(n-2)\cdots(n-k+1)}{1\cdot 2\cdot\ldots\cdot k}\cdot\frac{1}{n^k} =$$

$$= \frac{\frac{n}{n}\cdot\frac{n-1}{n}\cdot\frac{n-2}{n}\cdot\ldots\cdot\frac{n-k+1}{n}}{1\cdot 2\cdot\ldots\cdot k} =$$

$$= \frac{1}{1\cdot 2\cdot\ldots\cdot k}\left(1-\frac{1}{n}\right)\left(1-\frac{2}{n}\right)\cdot\ldots\cdot\left(1-\frac{k-1}{n}\right).$$

Auf (I) angewendet folgt:

$$x_n = 1 + 1 + \frac{1}{1\cdot 2}\left(1-\frac{1}{n}\right) + \frac{1}{1\cdot 2\cdot 3}\left(1-\frac{1}{n}\right)\left(1-\frac{2}{n}\right) + \cdots +$$

$$+ \frac{1}{1\cdot 2\cdot\ldots\cdot k}\left(1-\frac{1}{n}\right)\left(1-\frac{2}{n}\right)\cdot\ldots\cdot\left(1-\frac{k-1}{n}\right) + \cdots +$$

$$+ \frac{1}{1\cdot 2\cdot\ldots\cdot n}\left(1-\frac{1}{n}\right)\left(1-\frac{2}{n}\right)\cdot\ldots\cdot\left(1-\frac{n-1}{n}\right).$$

Wegen $\left(1-\frac{k}{n}\right) < 1$ kann x_n nach oben abgeschätzt werden, indem jede der Klammern durch 1 ersetzt wird:

$$x_n < 1 + 1 + \frac{1}{1\cdot 2} + \frac{1}{1\cdot 2\cdot 3} + \cdots + \frac{1}{1\cdot 2\cdot\ldots\cdot k} + \cdots + \frac{1}{1\cdot 2\cdot\ldots\cdot n}.$$

Wird ferner jeder Faktor in den Nennern, der größer als 2 ist, durch die kleinere Zahl 2 ersetzt, so wird die Summe wiederum vergrößert. Es gilt somit:

$$x_n < 1 + 1 + \frac{1}{2} + \frac{1}{2^2} + \cdots + \frac{1}{2^{k-1}} + \cdots + \frac{1}{2^{n-1}}.$$

Vom zweiten Summanden ab bilden die Summanden eine geometrische Folge mit dem Anfangsglied 1 und $q = 1/2$. Nach (22) ist also

$$x_n < 1 + \frac{1 - \left(\frac{1}{2}\right)^n}{1 - \frac{1}{2}} = 1 + 2 - \frac{1}{2^{n-1}},$$

$$x_n < 3 - \frac{1}{2^{n-1}}.$$

Da $\left\{-\frac{1}{2^{n-1}}\right\}$ eine monoton wachsende Nullfolge ist, gilt

$$x_n < 3. \tag{III}$$

(II) und (III) ergeben schließlich

$$2 < x_n < 3. \tag{IV}$$

Die Folge ist also beschränkt.
Es bleibt noch zu zeigen, daß die Folge $\left\{\left(1 + \frac{1}{n}\right)^n\right\}$ monoton wächst.
Das auf x_n folgende Glied lautet

$$\begin{aligned} x_{n+1} = \left(1 + \frac{1}{n+1}\right)^{n+1} &= 1 + 1 + \frac{1}{1 \cdot 2}\left(1 - \frac{1}{n+1}\right) + \\ &+ \frac{1}{1 \cdot 2 \cdot 3}\left(1 - \frac{1}{n+1}\right)\left(1 - \frac{2}{n+1}\right) + \cdots + \\ &+ \frac{1}{1 \cdot 2 \cdot \cdots \cdot k}\left(1 - \frac{1}{n+1}\right)\left(1 - \frac{2}{n+1}\right) \cdot \cdots \cdot \left(1 - \frac{k-1}{n+1}\right) + \\ &+ \cdots + \frac{1}{1 \cdot 2 \cdot \cdots \cdot (n+1)}\left(1 - \frac{1}{n+1}\right)\left(1 - \frac{2}{n+1}\right) \cdot \cdots \times \\ &\times \left(1 - \frac{n}{n+1}\right). \end{aligned}$$

Das Glied x_n liefert $n + 1$, das Glied x_{n+1} liefert $n + 2$ Summanden. Außerdem ist wegen $n < n + 1$

$$\frac{k}{n} > \frac{k}{n+1}$$

und

$$1 - \frac{k}{n} < 1 - \frac{k}{n+1}. \tag{V}$$

Da x_n weniger Summanden als x_{n+1} hat und wegen (V) jeder Summand von x_n — ausgenommen die beiden ersten — kleiner als der entsprechende von x_{n+1} ist, folgt

$$x_n < x_{n+1}.$$

Die Folge $\left\{\left(1 + \frac{1}{n}\right)^n\right\}$ ist also monoton wachsend.

Nach dem angeführten Satz hat die Folge einen Grenzwert. Dieser Grenzwert wird mit e bezeichnet und **Eulersche Zahl** genannt. Durch Abschätzung wurde schon festgestellt:

$$2 < \mathrm{e} < 3$$

[vgl. (IV)]. Die Zahl e ist eine *transzendente*[1]) *Zahl* und lautet in den ersten 16 Stellen $\mathrm{e} \approx 2{,}718\,281\,828\,459\,045$. Es ist also

$$\boxed{\lim_{n\to\infty}\left(1 + \frac{1}{n}\right)^n = \mathrm{e} \approx 2{,}71828} \qquad \textbf{(24)}$$

Die Zahl e spielt eine wesentliche Rolle in der höheren Mathematik, z. B. als Basis des natürlichen Logarithmus $\log_e x = \ln x$ und als Basis der Exponentialfunktion $y = \mathrm{e}^x$. In der Praxis ist die Funktion $y = a\mathrm{e}^{bx}$ von Bedeutung, die Prozesse des Wachstums und des Abklingens beschreibt. Der nachfolgende Abschnitt bringt dazu einige Beispiele.

Stetige Verzinsung

Bei jährlicher Verzinsung werden die aufgelaufenen Zinsen am Ende des Jahres dem Grundbetrag zugeschlagen und erst im folgenden Jahr mitverzinst. Innerhalb des laufenden Jahres werden die Zinsen proportional dem Grundbetrag, der zu Beginn des betreffenden Jahres vorhanden ist, berechnet.

Die Zunahme beim organischen Wachstum — z. B. Vermehrung eines Waldbestandes, Vermehrung einer Bakterienkultur — erfolgt aber ständig und ist in jedem Augenblick dem in diesem Augenblick vorhandenen Grundbestand proportional.

Um die Gesetzmäßigkeit des organischen Wachstums zu erfassen, stellen wir die folgende Überlegung an.

Bei jährlicher Verzinsung zum Zinssatz p wächst der Grundbetrag 1 auf

$$1 + \frac{p}{100}.$$

Werden die Zinsen schon nach einem halben Jahr zum Grundbetrag geschlagen und mitverzinst, so ist der Zinssatz $p/2$ anzuwenden. Das Jahr hat dann zwei Zins-

[1]) Transzendent ist jede Zahl x, die nicht Lösung einer Gleichung

$$a_n x^n + a_{n-1} x^{n-1} + \cdots + a_1 x + a_0 = 0 \quad (n > 1)$$

mit ganzzahligen Koeffizienten sein kann. Neben e sind u. a. auch π und die meisten Funktionswerte der transzendenten Funktionen $y = \sin x$, $y = \log_a x$ usw. transzendent

termine, so daß der Grundbetrag 1 auf

$$\left(1 + \frac{p}{2 \cdot 100}\right)^2$$

anwächst.

Bei Verzinsung und Zuschlagen zum Grundbetrag nach dem k-ten Teil eines Jahres hat das Jahr k Zinstermine, und der Zinssatz ist mit $\frac{p}{k}$ anzusetzen. Demnach wächst der Grundbetrag 1 nach Ablauf eines Jahres auf den Wert

$$\left(1 + \frac{p}{k \cdot 100}\right)^k. \tag{I}$$

Für die weitere Betrachtung setzen wir $\frac{p}{k \cdot 100} = \frac{1}{n}$. Dann wird $k = n \cdot \frac{p}{100}$, und der Ausdruck (I) erhält die Gestalt

$$\left(1 + \frac{1}{n}\right)^{n \cdot \frac{p}{100}} = \left[\left(1 + \frac{1}{n}\right)^n\right]^{\frac{p}{100}}. \tag{II}$$

Wählt man die Zeiträume zwischen den Zinsterminen immer kürzer, so wächst die Zahl k der Zinstermine immer mehr. Wegen $n = k \cdot \frac{100}{p}$ wächst mit unbeschränkt wachsendem k auch n unbeschränkt. Somit ergibt sich

$$\lim_{k \to \infty} \left(1 + \frac{p}{k \cdot 100}\right)^k = \lim_{n \to \infty} \left[\left(1 + \frac{1}{n}\right)^n\right]^{\frac{p}{100}}.$$

Nach (24) ist

$$\lim_{n \to \infty} \left(1 + \frac{1}{n}\right)^n = \mathrm{e}.$$

Der Grundbetrag 1 wächst demnach bei stetiger Verzinsung und unter Anwendung des auf die jährliche Verzinsung bemessenen Zinssatzes p auf den Wert

$$\overline{w} = \mathrm{e}^{\frac{p}{100}}.$$

Das ergibt natürlich einen Zuwachs pro Jahr, der größer als p % ist. Soll aber der Jahreszuwachs wie bei jährlicher Verzinsung auch nur p % betragen, so ist für die stetige Verzinsung ein Zinssatz p^* anzusetzen. Das ergibt dann den Jahresendbetrag

$$w = \mathrm{e}^{\frac{p^*}{100}}.$$

p^* kann aus dem Ansatz

$$\mathrm{e}^{\frac{p^*}{100}} = 1 + \frac{p}{100}$$

ermittelt werden:

$$p^* = 100 \ln\left(1 + \frac{p}{100}\right).$$

Für $p = 3$ wird zum Beispiel

$$p^* = 2{,}9559.$$

Wir setzen noch

$$\frac{p^*}{100}\Big/\text{Zeiteinheit} = \alpha.$$

Den auf die Zeiteinheit bezogenen Wert α wollen wir *Wachstumsintensität* nennen. Für die stetige Verzinsung eines Grundbetrages b über den Zeitraum t ergibt sich schließlich

$$\boxed{w = b\,e^{\alpha t}} \tag{25}$$

(25) wird **Gesetz des organischen Wachstums** genannt. Auch Prozesse des Abklingens, wie die Abkühlung eines Körpers (NEWTONsches Abkühlungsgesetz), die Entladung eines Kondensators oder der radioaktive Zerfall, werden durch dieses Gesetz beschrieben. In diesen Fällen ist α negativ.
Beim radioaktiven Zerfall wird $\alpha = -\lambda$ gesetzt. Die Größe λ heißt *Zerfallskonstante*. Gemäß (25) lautet das

Gesetz des radioaktiven Zerfalls

$$\boxed{N = N_0 e^{-\lambda t}} \tag{26}$$

Hierbei ist N_0 die Anzahl der noch nicht zerfallenen Atomkerne zur Zeit $t = 0$, N die nach dem Verstreichen der Zeit t noch nicht zerfallenen Kerne.
Als anschaulichere Größe für den Zerfallsvorgang wird häufig die sogenannte **Halbwertszeit** $T_{1/2}$ angegeben. Das ist die Zeit, in der die Anzahl der aktiven Atomkerne eines Radionuklids auf die Hälfte absinkt.

BEISPIEL

3. Die Zerfallskonstante des Radionuklids Ra 226 beträgt $\lambda = 4{,}28 \cdot 10^{-4}\,\text{a}^{-1}$ (1 a = 1 Jahr). Wie groß ist die Halbwertszeit $T_{1/2}$?

   Lösung: Aus

   $$\frac{N}{N_0} = e^{-\lambda T_{1/2}} = \frac{1}{2}$$

   folgt

   $$\lambda T_{1/2} = \ln 2,$$

   $$T_{1/2} = \frac{\ln 2}{\lambda} = \underline{\underline{1620\,\text{a}.}}$$

2.2.4. Das Rechnen mit Grenzwerten

Für die Grenzwertberechnung leisten oft einige Sätze über Grenzwerte gute Dienste. Sie ermöglichen es vielfach, über Folgen mit bekanntem Grenzwert den Grenzwert einer anderen Folge herzuleiten.
Es gelten die folgenden **Grenzwertsätze:**

Sind $\{u_n\}$ und $\{v_n\}$ konvergente Zahlenfolgen und ist

$$\lim_{n\to\infty} u_n = u, \quad \lim_{n\to\infty} v_n = v,$$

so gilt

$$\lim_{n\to\infty} (u_n + v_n) = \lim_{n\to\infty} u_n + \lim_{n\to\infty} v_n = u + v, \tag{27}$$

$$\lim_{n\to\infty} (u_n - v_n) = \lim_{n\to\infty} u_n - \lim_{n\to\infty} v_n = u - v, \tag{28}$$

$$\lim_{n\to\infty} (u_n \cdot v_n) = \lim_{n\to\infty} u_n \cdot \lim_{n\to\infty} v_n = u \cdot v \tag{29}$$

und unter der Voraussetzung $v \neq 0$

$$\lim_{n\to\infty} \frac{u_n}{v_n} = \frac{\lim\limits_{n\to\infty} u_n}{\lim\limits_{n\to\infty} v_n} = \frac{u}{v}. \tag{30}$$

Diese Sätze lassen sich wie folgt kurz zusammenfassen:

Sind $\{u_n\}$ und $\{v_n\}$ konvergente Zahlenfolgen, so können die rationalen Rechenoperationen mit dem Grenzübergang vertauscht werden.

Es soll hier nur der erste der vier Sätze bewiesen werden. Es seien $\{u_n\}$ und $\{v_n\}$ zwei konvergente Zahlenfolgen mit

$$\lim_{n\to\infty} u_n = u \quad \text{und} \quad \lim_{n\to\infty} v_n = v. \tag{I}$$

Wir wählen eine beliebige Zahl $\varepsilon > 0$. Wegen (I) gibt es einen Index $N_1(\varepsilon)$ derart, daß

$$|u_n - u| < \frac{\varepsilon}{2} \qquad \text{für alle } n > N_1(\varepsilon),$$

und einen Index $N_2(\varepsilon)$, so daß

$$|v_n - v| < \frac{\varepsilon}{2} \qquad \text{für alle } n > N_2(\varepsilon)$$

gilt. Die größere der beiden Zahlen $N_1(\varepsilon)$ und $N_2(\varepsilon)$ soll mit $N(\varepsilon)$ bezeichnet werden. Dann gilt *gleichzeitig*

$$|u_n - u| < \frac{\varepsilon}{2} \quad \text{und} \quad |v_n - v| < \frac{\varepsilon}{2} \quad \text{für alle } n > N(\varepsilon).$$

Nun ist aber

$$|(u_n + v_n) - (u + v)| = |(u_n - u) + (v_n - v)| \leqq |u_n - u| + |v_n - v|$$

und für alle $n > N(\varepsilon)$

$$|u_n - u| + |v_n - v| < \frac{\varepsilon}{2} + \frac{\varepsilon}{2} = \varepsilon,$$

also

$$|(u_n + v_n) - (u + v)| < \varepsilon \qquad \text{für alle } n > N(\varepsilon).$$

Das bedeutet: Der Grenzwert der Folge $\{(u_n + v_n)\}$ ist $u + v$:

$$\lim_{n\to\infty} (u_n + v_n) = \lim_{n\to\infty} u_n + \lim_{n\to\infty} v_n = u + v.$$

Damit ist der erste Satz bewiesen.

BEISPIELE

1. $\lim\limits_{n\to\infty}\left(1 + \frac{1}{n}\right)$ ist zu berechnen.

Lösung: Es ist

$$u_n = 1, \qquad \lim_{n\to\infty} u_n = 1,$$

$$v_n = \frac{1}{n}, \qquad \lim_{n\to\infty} v_n = 0,$$

$$\lim_{n\to\infty}\left(1 + \frac{1}{n}\right) = \lim_{n\to\infty} 1 + \lim_{n\to\infty} \frac{1}{n} = 1 + 0 = \underline{\underline{1}}.$$

2. Gesucht ist der Grenzwert der Folge $\left\{\frac{n^2 - 2n + 10}{2n^2 - n}\right\}$.

Lösung: Häufig führen erst geeignete Umformungen auf Folgen mit bekanntem Grenzwert. Hier führt zweckmäßiges Kürzen des Quotienten auf konstante Folgen und auf Nullfolgen und somit zum Ziel:

$$\lim_{n\to\infty} \frac{n^2 - 2n + 10}{2n^2 - n} = \lim_{n\to\infty} \frac{1 - \frac{2}{n} + \frac{10}{n^2}}{2 - \frac{1}{n}} = \frac{\lim\limits_{n\to\infty} 1 - \lim\limits_{n\to\infty} \frac{2}{n} + \lim\limits_{n\to\infty} \frac{10}{n^2}}{\lim\limits_{n\to\infty} 2 - \lim\limits_{n\to\infty} \frac{1}{n}} =$$

$$= \frac{1 - 0 + 0}{2 - 0} = \frac{1}{2}.$$

Angewandt wurden der 1., 2. und 4. Grenzwertsatz.

2.3. Die unendliche geometrische Reihe

In 2.1.2. wurde die Summe der ersten n Glieder der geometrischen Zahlenfolge $x_1, x_1q, \ldots, x_1q^{n-1}$ mit

$$s_n = x_1 \frac{1 - q^n}{1 - q}$$

angegeben. Für $k = 1, 2, 3, \ldots, n$ stellt

$$\{s_k\} = \left\{x_1 \frac{1 - q^k}{1 - q}\right\} \tag{I}$$

eine Zahlenfolge dar. Die Glieder $s_1, s_2, \ldots, s_k, \ldots$ dieser Folge sind die sogenannten **Teilsummen** oder **Partialsummen**[1])

$$s_1 = x_1 \qquad = x_1 \frac{1 - q}{1 - q}$$

$$s_2 = x_1 + x_1 q \qquad = x_1 \frac{1 - q^2}{1 - q}$$

$$s_3 = x_1 + x_1 q + x_1 q^2 \qquad = x_1 \frac{1 - q^3}{1 - q}$$

....

$$s_k = x_1 + x_1 q + \cdots + x_1 q^{k-1} \qquad = x_1 \frac{1 - q^k}{1 - q} \tag{II}$$

....

der Summe

$$s_n = x_1 + x_1 q + \cdots + x_1 q^{k-1} + \cdots + x_1 q^{n-1} = x_1 \frac{1 - q^n}{1 - q}. \tag{III}$$

Das schrittweise Summieren der Summe (III) liefert also die Zahlenfolge (I), deren letztes Glied s_n gleich der Summe (III) ist.
Wird die Folge (I) nicht beim Glied s_n abgebrochen, sondern unbegrenzt fortgesetzt, so entsteht eine unendliche Zahlenfolge, deren Konvergenzverhalten nun untersucht werden soll.
Laut Beispiel 2 aus 2.2.2. ist für $|q| > 1$:

$$\lim_{n \to \infty} |q^n| = \infty.$$

In diesem Fall divergiert die Folge (I).
Für $q = 1$ liefert (I) keine Aussage, da dann der Quotient $\frac{1 - 1}{1 - 1} = \frac{0}{0}$ lautet.
Greift man auf (II) zurück, dann ergibt sich

$$s_k = k x_1.$$

Es wird somit

$$\lim_{k \to \infty} s_k = \infty.$$

Die Folge (I) divergiert auch für $q = 1$.

---

[1]) pars (lat.) der Teil

Für $q = -1$ folgt aus (I)

$$s_k = \frac{1-(-1)^k}{2} = \begin{cases} 0 \text{ für gerades } k \\ 1 \text{ für ungerades } k. \end{cases}$$

Die Folge (I) ist dann unbestimmt divergent.
Für $|q| < 1$ ist nach 2.2.2., Beispiel 2:

$$\lim_{k\to\infty} q^k = 0.$$

Es wird also

$$\lim_{k\to\infty} s_k = \lim_{k\to\infty} x_1 \frac{1-q^k}{1-q} = x_1 \frac{1-0}{1-q} = \frac{x_1}{1-q}. \qquad \text{(IV)}$$

Die Folge (I) ist für $|q| < 1$ konvergent.
Dieses Ergebnis ist überraschend. Gemäß (III) ist das Glied s_n der Folge (I) gleich der Summe

$$x_1 + x_1 q + \cdots + x_1 q^{n-1}$$

von n Gliedern. Läßt man hier $n \to \infty$ laufen, so bedeutet das, eine Summe mit unendlich vielen Summanden zu bilden. Eine solche Summierung ist aber nicht ausführbar und daher sinnlos. Bildet man aber Teilsummen:

$$x_1,\ x_1 + x_1 q,\ x_1 + x_1 q + x_1 q^2,\ \ldots,$$

so hat diese Folge von Teilsummen einen Grenzwert, der durch (IV) gegeben ist.
Man definiert daher:

Der Term

$$\sum_{n=1}^{\infty} x_1 q^{n-1} = x_1 + x_1 q + x_1 q^2 + \cdots + x_1 q^n + \cdots$$

heißt **unendliche geometrische Reihe** und ist der Teilsummenfolge

$$x_1 = x_1 \frac{1-q}{1-q}$$

$$x_1 + x_1 q = x_1 \frac{1-q^2}{1-q}$$

$$x_1 + x_1 q + x_1 q^2 = x_1 \frac{1-q^3}{1-q}$$

....

$$x_1 + x_1 q + x_1 q^2 + \cdots + x_1 q^{n-1} = x_1 \frac{1-q^n}{1-q}$$

....

äquivalent.
Für $|q| < 1$ ist die Teilsummenfolge

$$\left\{x_1 \frac{1-q^n}{1-q}\right\}$$

konvergent. Ihr Grenzwert

$$\boxed{s = \frac{x_1}{1-q}} \tag{31}$$

heißt **Summe der unendlichen geometrischen Reihe.**

BEISPIELE

1. Die Summe der unendlichen geometrischen Reihe

$$\sum_{n=1}^{\infty} \frac{(-1)^{n-1}}{2^{n-1}} = 1 - \frac{1}{2} + \frac{1}{4} - \frac{1}{8} + - \cdots$$

ist wegen $q = -\frac{1}{2}$:

$$s = \frac{1}{1 + \frac{1}{2}} = \frac{2}{3}.$$

2. Der unendliche periodische Dezimalbruch $0{,}\overline{18}$ ist in einen gemeinen Bruch umzuwandeln.
Lösung: $0{,}\overline{18}$ kann als geometrische Reihe dargestellt werden:

$$0{,}\overline{18} = 0{,}18 + 0{,}0018 + 0{,}000018 + \cdots.$$

Es ist $x_1 = 0{,}18$, $q = 0{,}01$. Wegen $|q| < 1$ gilt nach (31)

$$0{,}18 = \frac{0{,}18}{1 - 0{,}01} = \frac{18}{99} = \underline{\underline{\frac{2}{11}}}.$$

Es soll hier bemerkt werden, daß auf den Term $\sum_{n=1}^{\infty} x_1 q^{n-1}$ ganz bewußt das Wort »Summe« nicht angewendet wird. Dieser Term bekommt erst dann einen Sinn, wenn er als unendliche Folge der angeführten (endlichen) Partialsummen aufgefaßt wird. Die Summanden dieser Folgen heißen Glieder der Reihe.
Man definiert auf dieselbe Weise auch andere unendliche Reihen, deren Glieder *keine* geometrische Folge bilden. Da diese unendlichen Reihen als *Folgen von Partialsummen* aufzufassen sind, kann für sie die bei den Folgen eingeführte Terminologie übernommen werden.

Definition

Eine unendliche Reihe heißt **konvergent (divergent)**, wenn ihre Partialsummenfolge konvergent (divergent) ist.

BEISPIEL

3. Man prüfe die unendliche Reihe

$$\sum_{n=1}^{\infty} \frac{1}{n(n+1)} = \frac{1}{1 \cdot 2} + \frac{1}{2 \cdot 3} + \frac{1}{3 \cdot 4} + \frac{1}{4 \cdot 5} + \cdots$$

auf Konvergenz und berechne im gegebenen Falle ihre Summe.

Lösung: Die Glieder der Reihe bilden keine geometrische Folge. Es ist also zunächst die Folge der Partialsummen $s_1, s_2, s_3, \ldots$ zu bilden. Die n-te Partialsumme lautet:

$$s_n = \frac{1}{1 \cdot 2} + \frac{1}{2 \cdot 3} + \cdots + \frac{1}{n(n+1)}.$$

Nun gilt für das k-te Glied dieser Summe:

$$\frac{1}{k(k+1)} = \frac{1}{k} - \frac{1}{k+1}. \qquad \text{(I)}$$

Wird diese Umformung auf alle Glieder von s_n angewendet, so folgt

$$s_n = \left(1 - \frac{1}{2}\right) + \left(\frac{1}{2} - \frac{1}{3}\right) + \left(\frac{1}{3} - \frac{1}{4}\right) + \cdots + \left(\frac{1}{n} - \frac{1}{n+1}\right)$$

$$s_n = 1 - \frac{1}{n+1}.$$

Für $n \to \infty$ ist $\frac{1}{n+1}$ eine Nullfolge. Es ist also

$$\lim_{n\to\infty} s_n = \lim_{n\to\infty}\left(1 - \frac{1}{n+1}\right) = 1.$$

Die Reihe hat die Summe $\underline{\underline{s = 1}}$.

AUFGABEN

83. Der Holzbestand eines Waldes wird auf 80000 fm, 10 Jahre später auf 118000 fm geschätzt. Wie groß ist die Wachstumsintensität?

84. Nach welcher Zeit verdoppelt sich der Holzbestand eines Waldes, wenn die Wachstumsintensität $\alpha = 0{,}043\ \mathrm{a}^{-1}$ (1 a = 1 Jahr) beträgt?

85. Man bestimme die Halbwertszeit folgender Radionuklide der Transurane:

    a) Plutonium 239, $\lambda = 2{,}85 \cdot 10^{-5}\ \mathrm{a}^{-1}$

    b) Plutonium 237, $\lambda = 3{,}85\ \mathrm{s}^{-1}$

    c) Einsteinium 254, $\lambda = 1{,}44 \cdot 10^{-3}\ \mathrm{d}^{-1}$

86. In welcher Zeit ist die Aktivität eines Radionuklids mit der Zerfallskonstante $\lambda = 0{,}05\ \mathrm{s}^{-1}$ auf den 10. Teil abgesunken?

87. Die Temperatur eines Körpers erniedrigt sich innerhalb einer Minute von 120 °C auf 105 °C. Es sei vorausgesetzt, daß sich der Körper nach dem NEWTONschen Abkühlungsgesetz abkühlt. In welcher Zeit wird er sich von 105 °C auf 70 °C abgekühlt haben?

88. Die Beobachtung einer Bakterienkultur unter dem Mikroskop ergab, daß von 100 Bakterien in $1^1/_2$ Stunden 12 Bakterien zur Teilung gelangen. Auf das Wievielfache haben sich die Bakterien dieser Kultur innerhalb von 4 Tagen vermehrt?

89. Welche der angegebenen Zahlenfolgen ($n = 0, 1, 2, \ldots$) sind beschränkt? Im gegebenen Falle sind die engsten Schranken zu bestimmen.

a) $\left\{\left(\frac{1}{2}\right)^{n-2}\right\}$ b) $\left\{\binom{6}{n}\right\}$ c) $\{\ln(n + 1)\}$

d) $\left\{\frac{3 - n}{1 + n}\right\}$ e) $\{\sqrt{n}\}$ f) $\{(x_0 - nd)\}$

g) $\{(-2)^n\}$ h) $\{(-2)^{-n}\}$ i) $\left\{\sin\frac{n\pi}{2}\right\}$

k) $\left\{\sin\frac{n\pi}{2} + \cos n\pi\right\}$ l) $\left\{\sqrt[n+1]{3}\right\}$ m) $\left\{\frac{2^{n+1}}{(n + 1)^2}\right\}$

90. Man berechne die nachstehenden Grenzwerte.

a) $\lim\limits_{n\to\infty} \frac{2}{n - 1}$ b) $\lim\limits_{n\to\infty} \frac{n^2 + 1}{n + 1}$ c) $\lim\limits_{n\to\infty} 10^{-n}$

d) $\lim\limits_{n\to\infty} \frac{10^5 n}{n^2}$ e) $\lim\limits_{n\to\infty} \frac{2 - n^3}{10n^2 + n}$ f) $\lim\limits_{n\to\infty} \left(\frac{1}{2}\right)^{-n}$

91. Man zeige, daß die angegebenen Folgen ($n = 1, 2, \ldots$) Nullfolgen sind, und gebe den Index $N(\varepsilon)$ an, von dem an $|x_n| < \varepsilon$ gilt. (Zahlenbeispiel: $\varepsilon = 0{,}01$)

a) $\left\{\left(\frac{1}{2}\right)^n\right\}$ b) $\left\{\frac{1}{n^2}\right\}$ c) $\left\{\frac{1}{\sqrt{n}}\right\}$

d) $\left\{\left(\sqrt[n]{3} - 1\right)\right\}$ e) $\left\{\left(\sqrt[n]{0{,}5} - 1\right)\right\}$ f) $\left\{\frac{n}{n^2 + 1}\right\}$

92. Für welche Werte von c sind die angegebenen Folgen ($n = 1, 2, \ldots$) Nullfolgen?

a) $\{n^c\}$ b) $\{c^n\}$ c) $\left\{\left(\sqrt[n]{c} - 1\right)\right\}$

93. Von den Folgen der Aufgabe 89 ist das Konvergenzverhalten anzugeben. Für die konvergenten Folgen bestimme man den Grenzwert.

94. Man bestimme den Grenzwert der Folge $\{x_n\}$.

a) $\left\{\frac{n}{n + 1}\right\}$ b) $\left\{\frac{an}{n + 1}\right\}$ c) $\left\{\frac{an + b}{cn + d}\right\}$

d) $\left\{\frac{1}{1 + c^n}\right\}$ ($|c| > 1$) e) $\left\{\frac{1}{1 + c^n}\right\}$ ($|c| < 1$) f) $\left\{\frac{(n - 5)^2}{n^2 + 1}\right\}$

Es ist außerdem der Index $N(\varepsilon)$ anzugeben, von dem an $|x_n - g| < \varepsilon$ gilt.

95. Man berechne $s = \sum\limits_{n=1}^{\infty} x_1 q^{n-1}$ für

a) $q = 1/3$, b) $q = -1/3$, c) $q = 0{,}1$, d) $q = -4/5$.

96. Von welchem Index N an weicht bei $x_1 = 1$ die Partialsumme s_n der Reihen von Aufgabe 95 um weniger als 0,001 von der Summe s ab? Man gebe zunächst die allgemeine Lösung an.

97. In einem rechtwinkligen Dreieck mit den Katheten a und b wird vom Scheitel des rechten Winkels das Lot auf die Hypotenuse gefällt. Vom Fußpunkt des Lotes fällt man das Lot auf die Kathete b, von dessen Fußpunkt das Lot auf c, vom Fußpunkt des letztes Lotes das Lot auf b. Dieses Verfahren denke man sich unbegrenzt fortgesetzt. Wie groß ist die Summe aller Lote?

98. Die Seite a_1 eines Quadrates ist Diagonale eines zweiten Quadrates, dessen Seite die Diagonale eines dritten Quadrates usf. a) Man summiere die Seiten $a_1, a_2, \ldots$ aller Quadrate. b) Es ist die Summe aller Quadratflächen zu bilden.

99. Einem Quadrat mit der Seitenlänge a_1 ist ein Quadrat so einbeschrieben, daß seine Ecken die Seiten des ersten Quadrates im Verhältnis $m:n$ teilen. In derselben Weise ist dem zweiten Quadrat ein drittes, dem dritten ein viertes einbeschrieben usf. Man berechne a) die Summe der Seiten $a_1, a_2, \ldots,$ b) die Summe der Flächen aller Quadrate.

100. Einem Quadrat mit der Seitenlänge a_1 wird ein Kreis, diesem ein Quadrat, dem Quadrat wieder ein Kreis einbeschrieben usf. Man berechne
a) die Summe der Umfänge aller Quadrate und Kreise;
b) die Summe der Flächeninhalte aller Quadrate und Kreise.

101. Die nachstehenden periodischen Dezimalbrüche sind als gemeine Brüche zu schreiben.
a) $0,\overline{7}$ b) $0,\overline{03}$ c) $6,4\overline{2970}$ d) $1,1\overline{923076}$

102. Der periodische Dualbruch
a) $\mathrm{O},\overline{\mathrm{L}}$ b) $\mathrm{L},\overline{\mathrm{OL}}$ c) $\mathrm{L},\overline{\mathrm{LLO}}$
ist als gemeiner Bruch im Dezimalsystem zu schreiben.

2.4. Grenzwerte von Funktionen; Stetigkeit

2.4.1. Der Grenzwert einer Funktion an der Stelle $x = a$

In der Praxis treten nicht selten **unstetige** Funktionen auf. Ein bekannter unstetiger Vorgang ist der Schmelzvorgang. Wird einem festen Körper Wärme zugeführt, so steigt sein Wärmeinhalt zunächst mit der Temperatur an. Da zum Übergang von der festen in die flüssige Phase eine bestimmte Wärmemenge notwendig ist, erhöht sich beim Schmelzen der Wärmeinhalt, während die Temperatur konstant bleibt (Bild 77).

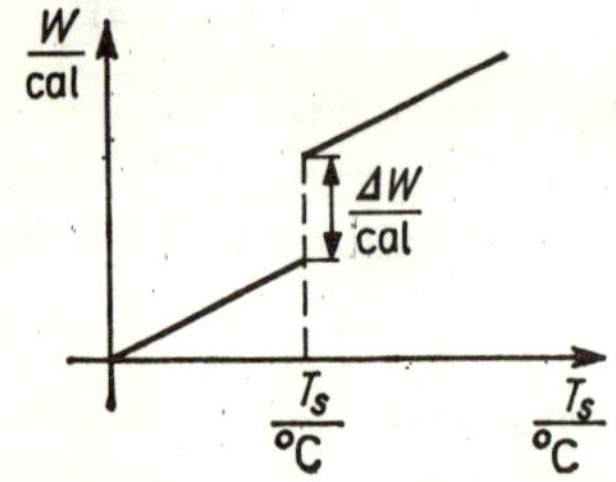

Bild 77

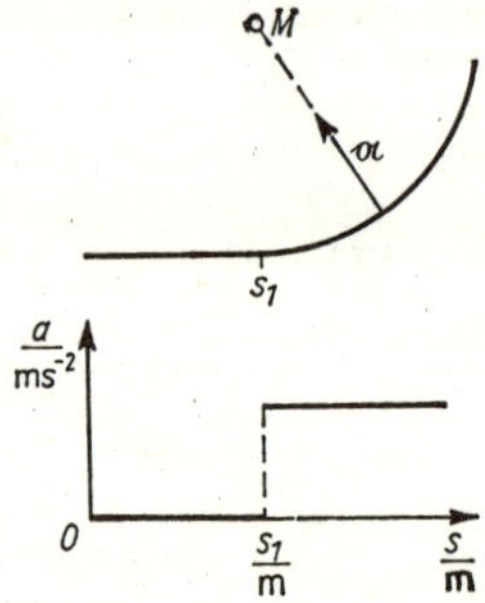

Bild 78

Ein Beispiel aus der Mechanik ist das plötzliche Auftreten einer Zentralbeschleunigung, wenn ein Schienenfahrzeug aus der Geraden in eine kreisbogenförmige Kurve einbiegt (Bild 78). Bei der mathematischen Behandlung solcher Vorgänge wirft die Unstetigkeit gewöhnlich besondere Probleme auf, die zu beachten sind.

Ist eine Funktion an einer Stelle x unstetig, so kann mit den bisher bereitgestellten Mitteln nichts Näheres über das Verhalten der Funktion an dieser Stelle ausgesagt werden. Das zeigen schon verhältnismäßig einfache Beispiele:

a) Die Funktion f sei für $x \in (-\infty, \infty)$ dadurch gegeben, daß der Funktionswert $f(x)$ gleich der größten ganzen Zahl g ist, für die $g \leqq x$ gilt. Es ist also (vgl. auch Bild 79)

$$f(x) = \begin{cases} 0 & \text{für} \quad 0 \leqq x < 1 \\ 1 & \text{für} \quad 1 \leqq x < 2 \\ \cdot\ \cdot\ \cdot & \cdot\ \cdot\ \cdot\ \cdot\ \cdot\ \cdot \\ -1 & \text{für} \quad -1 \leqq x < 0 \\ \cdot\ \cdot\ \cdot & \cdot\ \cdot\ \cdot\ \cdot\ \cdot\ \cdot \end{cases}$$

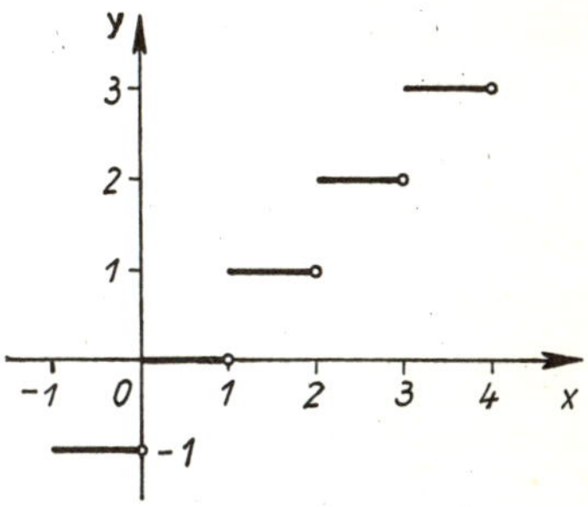

Bild 79

Diese Funktion wird gewöhnlich kurz durch

$$y = f(x) = [x]$$

angegeben.
Die Funktion $y = [x]$ ist zwar für jedes $x \in (-\infty, \infty)$ definiert. Es ist aber nicht ohne weiteres klar, wie sich z. B. an der Stelle $x = 2$ der Übergang von dem Funktionswert 1 zum Funktionswert 2 vollzieht.

Bemerkung: Solche „Sprungfunktionen" treten in der Praxis z. B. bei Schaltvorgängen auf.

b) Die Funktion f: $y = f(x) = \frac{\sin x}{x}$ ist für jedes $x \in X = R \setminus \{0\}$ definiert. Für $x = 0$ ergibt sich $f(0) = \frac{0}{0}$. Da $\frac{0}{0}$ ein sinnloser Term ist, existiert für $x = 0$ kein Funktionswert. Die Funktion f hat bei $x = 0$ eine **Lücke** und ist dort unstetig. Deshalb ist das Verhalten der Funktion in der engeren Umgebung von $x = 0$ von Interesse.

c) Eine Lücke hat auch die Funktion $y = f(x) = \frac{x^2 - 1}{x - 1}$, denn für $x = 1$ ergibt sich $f(1) = \frac{0}{0}$. Die Funktion ist bei $x = 1$ nicht definiert. Auch hier ist eine Untersuchung der Funktion in der engeren Umgebung von $x = 1$ notwendig.

d) Die Funktion $y = f(x) = \frac{x + 1}{x}$ ist bei $x = 0$ unstetig, da $f(0) = \frac{1}{0}$ nicht definiert ist. Das Verhalten der Funktion in der Umgebung von $x = 0$ ist zunächst ungeklärt.

Schon diese wenigen Beispiele zeigen, daß Unstetigkeiten von mannigfacher Art sein können. Es wird daher zweckmäßig sein, die betreffende Funktion in der *näheren Umgebung* der Unstetigkeitsstelle zu untersuchen. Ein Mittel dafür ist durch die Zahlenfolgen und die Definition des Grenzwertes gegeben. Wie bei einer solchen Untersuchung vorzugehen ist, soll zunächst am Beispiel einer stetigen Funktion erläutert werden.

Wir betrachten die Menge von Zahlenpaaren (bzw. Punkten), die durch die Gleichung

$$y = x^2 \tag{I}$$

definiert ist. Die durch (I) gegebene Abbildung $x \to y$ ist als eindeutig bekannt, stellt also eine Funktion $f = \{(x; y) \mid y = x^2, x \in R\}$ dar.
Um das Verhalten der Funktion in der Umgebung eines Punktes — z. B. (2; 4) — näher zu untersuchen, wählen wir aus dem Definitionsbereich $X = R$ eine Zahlenfolge aus, deren Grenzwert 2 ist. Eine solche Zahlenfolge ist

$$\{x_n\} = 3,\quad 2 + \frac{1}{2},\quad 2 + \frac{1}{3},\quad \ldots,\quad 2 + \frac{1}{n}, \ldots.$$

Jedem Glied x_n dieser Folge ist genau ein Wert y_n des Wertebereiches $Y \subset R$ zugeordnet. Das heißt: Durchläuft die Variable x die Folge $\{x_n\} = \left\{2 + \frac{1}{n}\right\}$, so durchläuft die Variable y die zugeordnete Folge

$$\{y_n\} = \{x_n^2\} = \left\{\left(2 + \frac{1}{n}\right)^2\right\},$$

also

$$\{y_n\} = 3^2,\ \left(2 + \frac{1}{2}\right)^2,\ \left(2 + \frac{1}{3}\right)^2,\ \ldots,\ \left(2 + \frac{1}{n}\right)^2,\ \ldots.$$

Wir untersuchen, welchen Grenzwert die Folge $\{y_n\}$ hat.
Ist dieser Grenzwert g, so muß der Abstand

$$|y_n - g| = \left|\left(2 + \frac{1}{n}\right)^2 - g\right| = \left|4 + \frac{4}{n} + \frac{1}{n^2} - g\right|$$

für $n \to \infty$ gegen Null streben. Da $\left\{\frac{4}{n}\right\}$ und $\left\{\frac{1}{n^2}\right\}$ Nullfolgen sind, ergibt sich $g = 4$, d. h.,

$$\lim_{n\to\infty} y_n = \lim_{n\to\infty} \left(2 + \frac{1}{n}\right)^2 = 4. \tag{II}$$

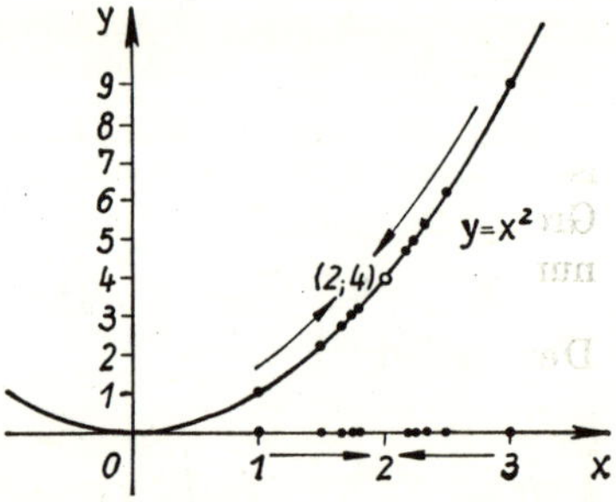

Bild 80

Da wir uns dem Wert 2 durch eine Folge genähert haben, deren Glieder sämtlich größer als 2 waren, also auf der Abszissenachse rechts von 2 lagen (Bild 80), soll der so gewonnene Grenzwert der Folge $\{y_n\}$ rechtsseitiger Grenzwert der Funktion $y = x^2$ an der Stelle $x = 2$ genannt werden.

Für eine Annäherung von links an den Punkt (2; 4) kann die Folge

$$\{x_n\} = 1,\ 2 - \frac{1}{2},\ 2 - \frac{1}{3},\ \ldots,\ 2 - \frac{1}{n}, \ldots$$

dienen, die ebenfalls den Grenzwert 2 hat. Die zugeordnete Folge der Ordinaten ist

$$\{y_n\} = 1^2,\ \left(2-\frac{1}{2}\right)^2,\ \left(2-\frac{1}{3}\right)^2,\ \ldots,\ \left(2-\frac{1}{n}\right)^2,\ \ldots.$$

Für den so gebildeten linksseitigen Grenzwert von $y = x^2$ in $x = 2$ ergibt sich

$$\lim_{n\to\infty} y_n = \lim_{n\to\infty}\left(2-\frac{1}{n}\right)^2 = 4. \qquad \text{(III)}$$

Auch eine beliebige andere Folge $\{x_n\}$ mit dem Grenzwert 2 würde für die zugeordnete Folge $\{y_n\}$ denselben Grenzwert liefern.

Mit Hilfe der Zahlenfolgen $\left\{2+\frac{1}{n}\right\}$ und $\left\{2-\frac{1}{n}\right\}$ wurden die links- und die rechtsseitige Umgebung des Punktes $(2; 4)$ untersucht. Durch die Wahl der Zahlenfolgen sind wir gewissermaßen in jede noch so enge Umgebung von $(2; 4)$ eingedrungen.

Die zur Untersuchung der Funktion $y = x^2$ an der Stelle $x = 2$ angewendeten Mittel sollen nun für den allgemeinen Fall definiert werden.

Definition

Es sei f eine Funktion, deren Definitionsbereich X eine Umgebung der Stelle a enthält. Hat die Folge der Funktionswerte $\{f(x_n)\}$ den Grenzwert g *für jede beliebige* Folge $\{x_n\}$ mit $x_n \to a$, so heißt g **der allgemeine Grenzwert der Funktion f** an der Stelle a, und man schreibt

$$f(x) \to g \quad \text{für} \quad x \to a$$

oder

$$\lim_{x\to a} f(x) = g.$$

Es soll besonders bemerkt werden, daß bei der hier definierten Schreibweise der Index n fortgelassen wird. Man schreibt also $x \to a$ statt $x_n \to a$ und $f(x) \to g$ statt $f(x_n) \to g$.

Es gibt Funktionen, für die an einer Stelle a dieser Grenzwert nicht existiert. Dann ist u. U. der rechts- oder der linksseitige Grenzwert vorhanden, oder es existieren beide Grenzwerte nicht. In solchen Fällen sind Folgen $\{x_n\}$ heranzuziehen, deren Glieder nur rechts bzw. nur links von a liegen.

Definition

Es sei f eine Funktion, deren Definitionsbereich X mindestens eine rechtsseitige Umgebung von a enthält. Hat die Folge der Funktionswerte $\{f(x_n)\}$ den Grenzwert g^+ für jede beliebige gegen a konvergierende Folge $\{x_n\}$, deren Glieder sämtlich größer als a sind, so heißt g^+ **rechtsseitiger Grenzwert der Funktion f** an der Stelle a, und man schreibt

$$f(x) \to g^+ \quad \text{für} \quad x \to a + 0$$

oder

$$\lim_{x \to a+0} f(x) = g^+.$$

Dementsprechend ist der **linksseitige Grenzwert der Funktion f** erklärt. Man schreibt:

$$f(x) \to g^- \quad \text{für} \quad x \to a - 0$$

oder

$$\lim_{x \to a-0} f(x) = g^-.$$

Ist $\lim_{x \to a} f(x) = g$, dann gilt natürlich auch

$$\lim_{x \to a+0} f(x) = \lim_{x \to a-0} f(x) = g,$$

denn f hat ja laut Definition genau dann den Grenzwert g, wenn $\{f(x_n)\} \to g$ für jede beliebige Folge $\{x_n\}$ mit $x_n \to a$ gilt. Also muß man auch Folgen wählen können, deren Glieder nur von rechts (von links) dem Wert a zustreben.
Auch die Umkehrung dieses Sachverhalts ist richtig, was hier nicht bewiesen werden soll.

Satz

Ist

$$\lim_{x \to a+0} f(x) = \lim_{x \to a-0} f(x) = g,$$

so gilt auch

$$\lim_{x \to a} f(x) = g.$$

Die praktische Berechnung des Grenzwertes einer Funktion wird oft dadurch erleichtert, daß man eine neue Variable einführt. Im Falle $x \to 0$ wurde schon die Substitution

$$x = \frac{1}{n} \quad \text{mit} \quad n \to \infty$$

benutzt. Hierbei muß n nicht unbedingt die natürlichen Zahlen durchlaufen. Bei $x \to a$ führt oft die Substitution

$$x = a + h \quad \text{mit} \quad h \to 0$$

zum Ziel.
Da mit dem Einsetzen einer Folge $\{x_n\}$ in $y = f(x)$ eine Folge $\{y_n\}$ entsteht, gelten natürlich auch hier die Grenzwertsätze.

BEISPIELE

1. Es ist $\lim_{x \to 1} \frac{x^2 - 1}{x - 1}$ zu berechnen.

Lösung: Wir setzen $x = 1 + h$ mit $h \to 0$. Dabei muß stets $h \neq 0$ gelten, denn der Term $\frac{x^2 - 1}{x - 1}$ ist für $x = 1$ nicht definiert. Es folgt

$$\lim_{x \to 1} \frac{x^2 - 1}{x - 1} = \lim_{h \to 0} \frac{(1 + h)^2 - 1}{(1 + h) - 1} = \lim_{h \to 0} \frac{1 + 2h + h^2 - 1}{h} = \lim_{h \to 0} \frac{2h + h^2}{h}.$$

Wegen $h \neq 0$ kann mit h gekürzt werden:

$$\lim_{x \to 1} \frac{x^2 - 1}{x - 1} = \lim_{h \to 0} (2 + h) = \underline{\underline{2}}.$$

2. Das Verhalten der Funktion $y = f(x) = \frac{x + 1}{x}$ in der Umgebung von $x = 0$ ist zu untersuchen.

Lösung: Wir wählen zunächst die Nullfolge $\left\{\frac{1}{n}\right\}$ mit $n \to \infty$. Dann strebt $x \to +0$, und es folgt

$$\lim_{x \to +0} \frac{x + 1}{x} = \lim_{n \to \infty} \frac{\frac{1}{n} + 1}{\frac{1}{n}} = \lim_{n \to \infty} (1 + n) = \underline{\underline{\infty}}.$$

Durch Einsetzen der Nullfolge $\left\{-\frac{1}{n}\right\}$ ergibt sich

$$\lim_{x \to -0} \frac{x + 1}{x} = \lim_{n \to \infty} \frac{-\frac{1}{n} + 1}{-\frac{1}{n}} = \lim_{n \to \infty} (1 - n) = \underline{\underline{-\infty}}.$$

Rechts- und linksseitiger Grenzwert an der Stelle $x = 0$ sind voneinander verschieden und beides uneigentliche Grenzwerte. Man vergleiche dazu Bild 81.

3. Die Funktion $y = f(x) = \dfrac{2}{1 + 2^{\frac{1}{x}}}$ ist in der Umgebung von $x = 0$ zu untersuchen.

Lösung: Zur Bildung des rechtsseitigen Grenzwertes setzen wir die Folge $\left\{\frac{1}{n}\right\}$ mit $n \to \infty$ ein:

$$\lim_{x \to +0} \frac{2}{1 + 2^{\frac{1}{x}}} = \lim_{n \to \infty} \frac{2}{1 + 2^n}.$$

Da der Nenner für $n \to \infty$ unbeschränkt wächst, während der Zähler konstant bleibt, folgt

$$\lim_{x \to +0} \frac{2}{1 + 2^{\frac{1}{x}}} = \underline{\underline{0}}.$$

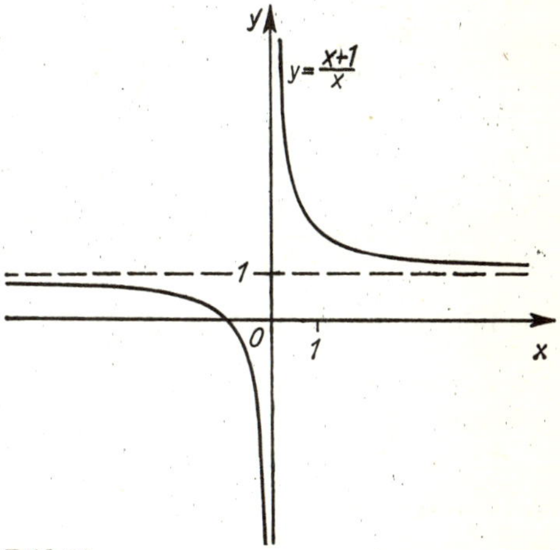

Bild 81

Zur Bildung des linksseitigen Grenzwertes benutzen wir die Folge $\left\{-\frac{1}{n}\right\}$ für $n \to \infty$:

$$\lim_{x\to -0} \frac{2}{1+2^{\frac{1}{x}}} = \lim_{n\to\infty} \frac{2}{1+2^{-n}} = \frac{2}{\lim\limits_{n\to\infty} 1 + \lim\limits_{n\to\infty} \frac{1}{2^n}} = \frac{2}{1+0} = \underline{\underline{2.}}$$

Rechts- und linksseitiger Grenzwert sind voneinander verschieden. Die Funktion zeigt Bild 82.

Ist $f(x)$ ein gebrochenrationaler Term, also von der Form $\frac{g(x)}{h(x)}$, so kann auch wie folgt vorgegangen werden.
Der Term ist für solche Werte x nicht definiert, für die der Nenner $h(x)$ verschwindet. Ist etwa

$$h(a) = 0 \quad \text{und} \quad g(a) \neq 0,$$

so ist $\lim\limits_{x\to a} f(x)$, da $h(x)$ für $x \to a$ eine Nullfolge ist, ein uneigentlicher Grenzwert. Gilt

$$h(a) = 0 \quad \text{und} \quad g(a) = 0,$$

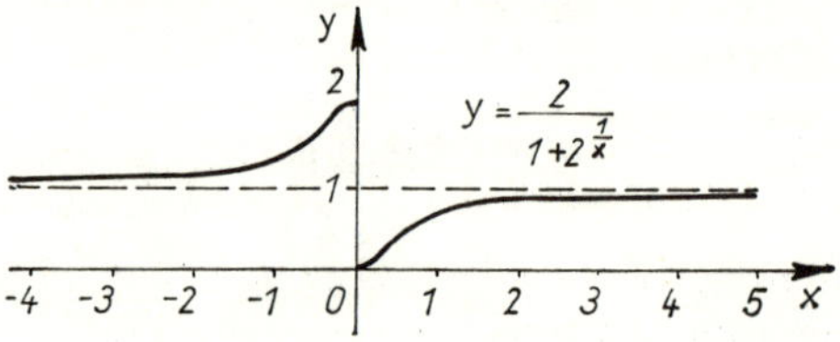

Bild 82

haben also Zähler und Nenner dieselbe Nullstelle, so läßt sich in Zähler und Nenner der Faktor $(x - a)$ abspalten:

$$\frac{g(x)}{h(x)} = \frac{(x-a)g_1(x)}{(x-a)h_1(x)}.$$

Ist jetzt

$$h_1(a) \neq 0 \quad \text{und} \quad g_1(a) \neq 0,$$

so führt das Einsetzen einer Folge $\{x_n\}$ mit $x_n \to a$ und $x_n \neq a$ auf die Folge $\left\{\frac{(x_n - a)g_1(x_n)}{(x_n - a)h_1(x_n)}\right\}$. Wegen $x_n \neq a$ kann gekürzt werden. Also folgt:

$$\lim_{x_n\to a} \frac{g(x_n)}{h(x_n)} = \lim_{x_n\to a} \frac{(x_n - a)g_1(x_n)}{(x_n - a)h_1(x_n)} = \lim_{x_n\to a} \frac{g_1(x_n)}{h_1(x_n)} = \frac{g_1(a)}{h_1(a)}.$$

Das führt zu dem Verfahren, im Falle

$$\frac{g(a)}{h(a)} = \frac{0}{0}$$

in $\frac{g(x)}{h(x)}$ mit $(x - a)$ zu kürzen und anschließend in dem gekürzten Term wieder $x = a$ zu setzen. Gegebenenfalls ist dieses Verfahren zu wiederholen.

BEISPIEL

4. Zähler und Nenner von

$$f(x) = \frac{g(x)}{h(x)} = \frac{x^3 + 8}{x^2 + 3x + 2}$$

haben die gemeinsame Nullstelle $x = -2$.
Für $x \neq -2$ folgt

$$\frac{g(x)}{h(x)} = \frac{(x+2)(x^2 - 2x + 4)}{(x+2)(x+1)} = \frac{x^2 - 2x + 4}{x+1}.$$

Also ist

$$\lim_{x \to -2} \frac{g(x)}{h(x)} = \lim_{x \to -2} \frac{x^2 - 2x + 4}{x+1} = \underline{\underline{-12}}.$$

Es läßt sich nicht immer wie in den angeführten Beispielen überschauen, welchem Grenzwert eine Funktion zustrebt. Oft ist die Anwendung einer besonderen Beweisführung notwendig. Ein solcher Grenzwert, der oft gebraucht wird, ist $\lim\limits_{x \to 0} \frac{\sin x}{x}$, der nun untersucht werden soll.

Bildet man den Funktionswert der Funktion f: $y = \frac{\sin x}{x}$ an der Stelle $x = 0$, so erhält man den Term $f(0) = \frac{0}{0}$. Dieser Term ist aber sinnlos, da die Division durch Null unmöglich ist. Der Funktionswert $f(x)$ ist für $x = 0$ nicht erklärt.
Wir können uns darauf beschränken, die Funktion auf die Existenz des rechtsseitigen Grenzwertes bei $x = 0$ zu untersuchen. Da nämlich f: $y = \frac{\sin x}{x}$ eine gerade Funktion ist:

$$f(-x) = \frac{\sin(-x)}{-x} = \frac{-\sin x}{-x} =$$

$$= \frac{\sin x}{x} = f(x),$$

gilt bei Existenz des rechtsseitigen Grenzwertes:

$$\lim_{x \to +0} f(x) = \lim_{x \to -0} f(x).$$

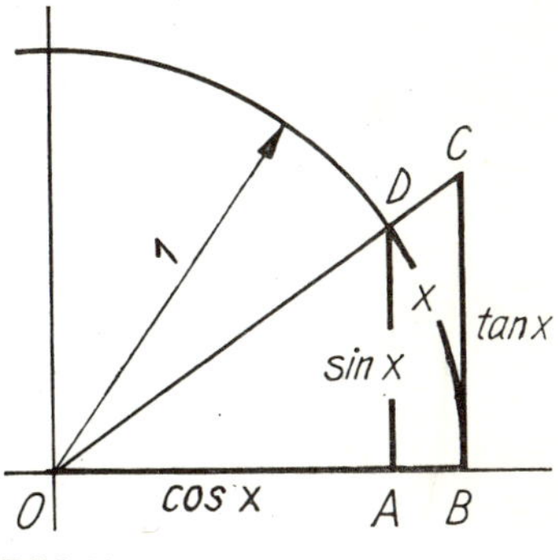

Bild 83

In Bild 83 ist

Dreieck OAD < Sektor OBD < Dreieck OBC,

also

$$\frac{\sin x \cdot \cos x}{2} < \frac{1 \cdot x}{2} < \frac{1 \cdot \tan x}{2}.$$

Dividiert man diese Ungleichung für $x > 0$ durch $\frac{\sin x}{2}$, so wird

$$\cos x < \frac{x}{\sin x} < \frac{1}{\cos x}$$

und nach Bilden des Kehrwertes

$$\frac{1}{\cos x} > \frac{\sin x}{x} > \cos x.$$

Für $x \to 0$ ist $\frac{\sin x}{x}$ zwischen $\lim\limits_{x\to 0} \frac{1}{\cos x} = 1$ und $\lim\limits_{x\to 0} \cos x = 1$ eingeschlossen, also gilt

$$\boxed{\lim_{x\to 0} \frac{\sin x}{x} = 1} \tag{32}$$

Aus diesem Ergebnis kann keinesfalls geschlossen werden, daß $\frac{0}{0}$ gleich 1 wäre. $\frac{\sin x}{x}$ strebt gegen 1 für $x \to 0$, wobei stets $x \neq 0$ und $\frac{\sin x}{x} \neq \frac{0}{0}$ bleibt.
Nach der Erklärung des Grenzwertes gilt nach (32) für x-Werte, die dem Betrage nach genügend klein sind,

$$\frac{\sin x}{x} \approx 1, \quad \text{also} \quad \sin x \approx x.$$

Für kleine x-Werte kann daher für $\sin x$ näherungsweise x (im Bogenmaß) gesetzt werden. Dies zeigt auch nachstehende Tabelle. Der Sinus weist bis zu 4° nur Abweichungen gegenüber dem Winkel (im Bogenmaß) auf, die dem Betrage nach kleiner als 1‰ sind:

$$\frac{|0{,}06976 - 0{,}06981|}{0{,}06981} = \frac{5}{6981} < 1‰.$$

x	$\sin x$
0° = 0,00000	0,00000
0° 1′ = 0,00029	0,00029
0°10′ = 0,00291	0,00291
0°30′ = 0,00873	0,00873
1° = 0,01745	0,01745
2° = 0,03491	0,03490
3° = 0,05236	0,05234
4° = 0,06981	0,06976
5° = 0,08727	0,08716

2.4.2. Die Stetigkeit einer Funktion

Ist f eine Funktion, deren Definitionsbereich eine Umgebung der Stelle a enthält, so können folgende Fälle eintreten:

1. Die Funktion f ist an der Stelle $x = a$ nicht definiert;
2. $\lim\limits_{x \to a} f(x)$ ist nicht vorhanden;
3. $\lim\limits_{x \to a} f(x)$ ist vorhanden, aber $\lim\limits_{x \to a} f(x) \neq f(a)$;
4. es ist $\lim\limits_{x \to a} f(x) = f(a)$.

Tritt einer der ersten drei Fälle ein, so heißt die Funktion f unstetig an der Stelle $x = a$.

Definition

Eine Funktion $f = \{[x; f(x)]\}$, deren Definitionsbereich eine Umgebung der Stelle $x = a$ enthält, ist an der Stelle $x = a$ genau dann **stetig**, wenn

1. die Funktion f an der Stelle $x = a$ definiert, also $[a; f(a)]$ ein Element der Menge f ist,
2. der Grenzwert $\lim\limits_{x \to a} f(x)$ existiert und gleich einer bestimmten Zahl g ist,
3. $f(a) = g$ gilt.

Ist auch nur einer dieser Punkte nicht erfüllt, dann ist die Funktion f unstetig.
Die Punkte 1 und 3 der Definition bereiten meist keine Schwierigkeiten.
Bei Punkt 2 ist zu beachten, daß eine Unstetigkeit vorliegt, wenn auch nur eine spezielle Folge $\{x_n\}$ nachgewiesen wird, für die $\lim\limits_{x \to a} f(x)$ nicht existiert.

Ist eine Funktion in jedem Punkt eines Intervalls J stetig, so heißt sie **stetig im Intervall J**.

BEISPIELE

1. Die Funktion $y = f(x) = \dfrac{x^2 - 1}{x - 1}$ ist an der Stelle $x = 1$ unstetig. Zwar ist $\lim\limits_{x \to 1} \dfrac{x^2 - 1}{x - 1} = 2$ vorhanden, aber $f(1)$ existiert nicht.
2. Die Funktion $y = f(x) = [x]$ (vgl. Bild 79) ist z. B. an der Stelle $x = 2$ definiert: $f(2) = 2$. Es gilt aber:

$$\lim_{x \to 2+0} [x] = \lim_{h \to +0} [2 + h] = 2,$$

$$\lim_{x \to 2-0} [x] = \lim_{h \to +0} [2 - h] = 1,$$

d. h., $\lim\limits_{x \to 2} [x]$ ist nicht vorhanden. Die Funktion ist bei $x = 2$ unstetig. Das gleiche gilt für jeden ganzzahligen Wert des Definitionsbereichs.

3. Die Funktion

$$y = f(x) = \begin{cases} \dfrac{\sin x}{x} & \text{für } x \neq 0 \\ 0 & \text{für } x = 0 \end{cases}$$

ist bei $x = 0$ unstetig. Hier existiert sowohl $f(0)$ als auch $\lim\limits_{x\to 0} f(x)$. Es ist nämlich

$$\lim_{x\to +0} \frac{\sin x}{x} = 1,$$

$$\lim_{x\to -0} \frac{\sin x}{x} = 1,$$

also

$$\lim_{x\to 0} \frac{\sin x}{x} = 1.$$

Grenzwert und Funktionswert an der Stelle $x = 0$ sind aber voneinander verschieden:

$$\lim_{x\to 0} f(x) \neq f(0).$$

Die in Beispiel 1 untersuchte Funktion

$$y = f(x) = \frac{x^2 - 1}{x - 1}$$

ist bei $x = 1$ unstetig, weil $f(1)$ nicht existiert. Da aber der allgemeine Grenzwert $\lim\limits_{x\to 1} \frac{x^2 - 1}{x - 1} = 2$ vorhanden ist, ist es sinnvoll, für den fehlenden Funktionswert diesen Grenzwert zu setzen. Mit der Festsetzung $f(1) = 2$ ist die Lücke geschlossen. Die so ergänzte Funktion ist stetig, denn nach dieser Ergänzung ist ja

1. f an der Stelle $x = 1$ definiert,
2. $\lim\limits_{x\to 1} f(x) = 2$ vorhanden,
3. $f(1) = 2$.

Die Unstetigkeit läßt sich also hier durch die Festsetzung $f(1) = 2$ beheben. Man spricht in diesem Falle von einer **hebbaren Unstetigkeit**.
Eine Unstetigkeit an der Stelle $x = a$ läßt sich dann und nur dann beheben, wenn der allgemeine Grenzwert $\lim\limits_{x\to a} f(x)$ existiert. Wie man auch z. B. bei $y = f(x) = [x]$ den Funktionswert $f(2)$ wählt, die drei Forderungen der Stetigkeit lassen sich nicht erfüllen.

2.4.3. Grenzwert des Funktionswertes für $x \to \pm\infty$

Häufig interessiert die Frage, wie sich der Funktionswert einer Funktion bei unbeschränkt wachsendem (fallendem) Argument x verhält.

Definition

Ist f eine in $[a, \infty)$ definierte Funktion, und gilt für die Folge der Funktionswerte $\{f(x_n)\}$ mit $x_n \to \infty$:

$$\lim_{x\to\infty} f(x) = g,$$

so sagt man, der Funktionswert *konvergiert* für $x \to \infty$ gegen den Grenzwert g.

Dementsprechend ist auch die Konvergenz für $x \to -\infty$ definiert.

BEISPIELE

1. Für $y = f(x) = \frac{1}{x^k}$ $(k > 0)$ ist

$$\lim_{x \to \infty} \frac{1}{x^k} = \lim_{x \to -\infty} \frac{1}{x^k} = 0.$$

Das Ergebnis spiegelt sich an der Kurve im cartesischen Koordinatensystem dadurch wider, daß die x-Achse Asymptote der Kurve ist (vgl. Bilder 51 und 54).

2. Für die Funktion $y = f(x) = \frac{x^2 + 3x + 1}{x^2 + 1}$ ist

$$\lim_{x \to \infty} \frac{x^2 + 3x + 1}{x^2 + 1} = \lim_{x \to \infty} \frac{1 + \frac{3}{x} + \frac{1}{x^2}}{1 + \frac{1}{x^2}} = \frac{\lim\limits_{x \to \infty} 1 + \lim\limits_{x \to \infty} \frac{3}{x} + \lim\limits_{x \to \infty} \frac{1}{x^2}}{\lim\limits_{x \to \infty} 1 + \lim\limits_{x \to \infty} \frac{1}{x^2}} =$$

$$= \frac{1 + 0 + 0}{1 + 0} = \underline{\underline{1}}.$$

Dasselbe Ergebnis erhält man für $x \to -\infty$. Die Gerade $y = 1$ ist also Asymptote der Kurve (vgl. Bild 47).

3. Es soll das Verhalten der Exponentialfunktion $y = a^x$ $(a > 0)$ im Unendlichen diskutiert werden.

Lösung:

$a > 1$:

Setzt man $a = 1 + k$, so folgt für $x > 0$:

$$a^x = (1 + k)^x > 1 + kx.$$

Wegen $\lim\limits_{x \to \infty} (1 + kx) = \infty$ ergibt sich

$$\lim_{x \to \infty} a^x = \underline{\underline{\infty}}. \tag{I}$$

Zur Bildung von $\lim\limits_{x \to -\infty} a^x$ soll $x = -z$ mit $z \to \infty$ gesetzt werden. Dann folgt mit (I)

$$\lim_{x \to -\infty} a^x = \lim_{z \to \infty} a^{-z} = \lim_{z \to \infty} \frac{1}{a^z} = \underline{\underline{0}}. \tag{II}$$

$0 < a < 1$:

Die Aufgabe läßt sich auf die vorige zurückführen, wenn man $a = \frac{1}{b}$ setzt. Dann ist $b > 1$, und es folgt mit dem Ergebnis (II):

$$\lim_{x \to \infty} a^x = \lim_{x \to \infty} b^{-x} = \lim_{x \to \infty} \frac{1}{b^x} = \underline{\underline{0}},$$

und mit (I):

$$\lim_{x \to -\infty} a^x = \lim_{x \to -\infty} b^{-x} = \lim_{z \to \infty} b^z = \underline{\underline{\infty}}.$$

Man vergleiche dazu auch Bild 67

Für gebrochenrationale Funktionen lassen sich allgemeine Aussagen machen. Für $n < m$ ist

$$y = R(x) = \frac{a_n x^n + a_{n-1} x^{n-1} + \cdots + a_2 x^2 + a_1 x + a_0}{b_m x^m + b_{m-1} x^{m-1} + \cdots + b_2 x^2 + b_1 x + b_0}$$

eine *echt gebrochene* rationale Funktion.

Wir kürzen den Quotienten mit x^n:

$$y = \frac{a_n + \dfrac{a_{n-1}}{x} + \cdots + \dfrac{a_2}{x^{n-2}} + \dfrac{a_1}{x^{n-1}} + \dfrac{a_0}{x^n}}{b_m x^{m-n} + b_{m-1} x^{m-n-1} + \cdots + \dfrac{b_2}{x^{n-2}} + \dfrac{b_1}{x^{n-1}} + \dfrac{b_0}{x^n}}.$$

Jetzt stehen für $x \to +\infty$ und $x \to -\infty$ im Zähler neben a_n lauter Nullfolgen, während der Nenner wegen $n < m$ durch das Glied $b_m x^{m-n}$ dem Betrage nach unbeschränkt wächst. Somit gilt für $n < m$

$$\lim_{x \to \pm\infty} \frac{a_n x^n + a_{n-1} x^{n-1} + \cdots + a_1 x + a_0}{b_m x^m + b_{m-1} x^{m-1} + \cdots + b_1 x + b_0} = 0.$$

Jede *unecht gebrochene* rationale Funktion läßt sich als Summe einer ganzrationalen und einer echt gebrochenen rationalen Funktion schreiben. Ist

$$y = R(x) = P(x) + r(x)$$

und $P(x)$ der ganze, $r(x)$ der echt gebrochene Anteil, so folgt:

$$\lim_{x \to \infty} r(x) = 0.$$

Da $r(x)$ für jede Folge $x \to \infty$ eine Nullfolge ist, gilt für genügend großes x

$$R(x) \approx P(x).$$

Dasselbe folgert man für $x \to -\infty$. Die Funktion f: $y = P(x)$ wird deshalb als **Grenzfunktion**, ihre Kurve als **Grenzkurve** der Funktion f: $y = R(x)$ bezeichnet. Ist eine Grenzkurve eine Gerade, so wird sie **Asymptote** genannt.

BEISPIELE

4. Für $y = R(x) = \dfrac{1}{x^k}$ $(k > 0)$ wurde schon festgestellt:

$$\underline{\underline{P(x) = 0.}}$$

5. Für

$$y = R(x) = \frac{x^2 + 3x + 1}{x^2 + 1}$$

ist

$$\underline{\underline{P(x) = 1.}}$$

6. Für

$$y = R(x) = \frac{x^3 - 4x + 8}{4x - 8} = \frac{x^2 + 2x}{4} + \frac{2}{x - 2}$$

ist

$$\underline{\underline{P(x) = \frac{1}{4}(x^2 + 2x).}}$$

Man vergleiche dazu Bild 48.

Von Interesse sind mitunter die Grenzwerte

$$\boxed{\lim_{x\to\infty} \frac{e^x}{x^n} = \infty} \qquad n \geqq 0 \tag{33}$$

und

$$\boxed{\lim_{x\to\infty} \frac{\ln x}{x^n} = 0} \qquad n > 0\,. \tag{34}$$

Das bedeutet anschaulich

e^x wächst mit x schneller als jede Potenz x^n mit $n \geqq 0$,
$\ln x$ wächst mit x schwächer als jede Potenz x^n mit $n > 0$.

Es gilt sogar für $a > 1$ und $n \geqq 0$

$$\boxed{\lim_{x\to\infty} \frac{a^x}{x^n} = \infty} \tag{33a}$$

BEISPIEL

7. Für $a = 1{,}1$ und $n = 10$ ergibt sich:

x	a^x		x^n
10	2,59	$<$	10^{10}
100	$1{,}38 \cdot 10^{4}$	$<$	10^{20}
1000	$2{,}47 \cdot 10^{41}$	$>$	10^{30}
10000	$8{,}45 \cdot 10^{413}$	$>$	10^{40}

Es ist zu erkennen, daß $a^x > x^n$ wird, sofern nur x genügend groß ist.

Beweis zu (33):
Wie aus Bild 84 abzulesen ist, gilt

$$e^x > x.$$

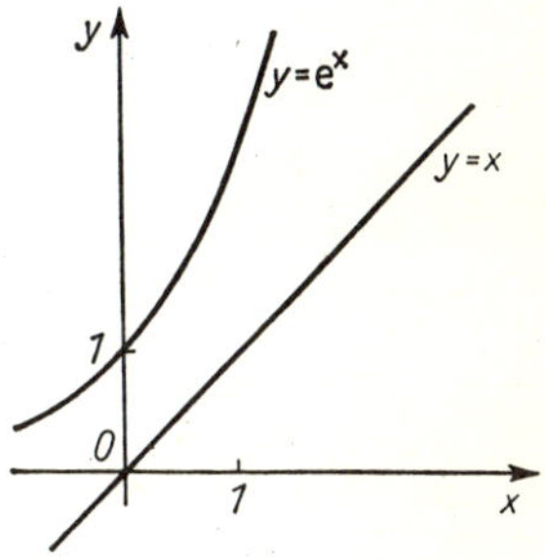

Bild 84

Also ist

$$\frac{e^x}{x^n} = \left(\frac{e^{\frac{x}{2n}}}{x^{\frac{1}{2}}}\right)^{2n} > \left(\frac{\frac{x}{2n}}{x^{\frac{1}{2}}}\right)^{2n},$$

$$\frac{e^x}{x^n} > \left(\frac{1}{2n}\, x^{\frac{1}{2}}\right)^{2n} = \left(\frac{1}{2n}\right)^{2n} x^n.$$

Für $n > 0$ ist $\lim\limits_{x\to\infty} x^n = \infty$, also auch $\lim\limits_{x\to\infty} \left(\frac{1}{2n}\right)^{2n} x^n = \infty$. Somit folgt

$$\lim_{x\to\infty} \frac{e^x}{x^n} = \infty.$$

Für $n = 0$ ist (33) offensichtlich.

In ähnlicher Weise lassen sich auch die Formeln (33a) und (34) beweisen. Sobald die Mittel der Differentialrechnung — die die Grenzwerttheorie zur Grundlage hat — zur Verfügung stehen, ergibt sich ein eleganterer Zugang zu diesen Grenzwerten (vgl. 5.2., Beispiel 6).

AUFGABEN

103. Die nachstehenden Grenzwerte $\lim\limits_{x \to a} f(x)$ sind durch Einsetzen einer geeigneten Folge $\{x_n\}$ in $f(x)$ zu bestimmen.

a) $\lim\limits_{x \to -3} \dfrac{x^2 - 9}{x + 3}$ b) $\lim\limits_{x \to \frac{1}{2}} \dfrac{2x^2 + x - 1}{4x^2 - 1}$

c) $\lim\limits_{x \to 2} \dfrac{-x^2 - 3x + 10}{2x^2 + x - 10}$ d) $\lim\limits_{x \to 0} \dfrac{(x + 2)^2 - 4}{x}$

e) $\lim\limits_{x \to -2} \dfrac{x^3 + 8}{x + 2}$ f) $\lim\limits_{x \to a} \dfrac{x^4 - a^4}{x - a}$

104. Man berechne die Grenzwerte der Aufgabe 103 durch Kürzen vor dem Grenzübergang.

105. a) $\lim\limits_{x \to 1} \dfrac{1 - x}{1 - \sqrt{x}}$ b) $\lim\limits_{x \to \sqrt{2}} \dfrac{x^4 + x^2 - 6}{x^2 - 2}$ c) $\lim\limits_{x \to 0} \dfrac{\sqrt{1 + x} - 1}{x}$

106. a) $\lim\limits_{x \to 0} \dfrac{\tan x}{x}$ b) $\lim\limits_{x \to 0} \dfrac{\sin^2 x}{x}$ c) $\lim\limits_{x \to 0} \left(\dfrac{1}{2}\right)^x$

d) $\lim\limits_{x \to 0} \dfrac{\sin x \cos x}{x}$ e) $\lim\limits_{x \to 0} \dfrac{1 - \cos x}{\sin x}$ f) $\lim\limits_{x \to \frac{\pi}{2}} \dfrac{1 - \sin x}{\cos x}$

g) $\lim\limits_{x \to +0} \left(\sin x - \dfrac{\cos x}{x}\right)$ h) $\lim\limits_{x \to \frac{\pi}{4}} \dfrac{1 - \tan x}{1 - \cot x}$

107. Die Stetigkeit der Funktion $y = f(x)$ ist zu diskutieren. Im Falle einer Unstetigkeit ist zu untersuchen, ob die Unstetigkeit hebbar ist. Man begründe das Ergebnis.

a) $y = \dfrac{x}{|x|}$ b) $y = \sin \dfrac{1}{x}$ c) $y = x \sin \dfrac{1}{x}$

d) $y = \dfrac{x}{x} + \dfrac{1}{x + 1}$ e) $y = \dfrac{x - 4}{\sqrt{x} - 2}$ f) $y = \ln 2^{\frac{1}{x-1}}$

108. Man diskutiere die Unstetigkeiten der nachstehenden Funktionen.

a) $y = \dfrac{x^2}{|x|}$ b) $y = 2^{\frac{|x|}{x}}$ c) $y = x \cdot 2^{\frac{|x|}{x}}$

d) $y = x - [x]$ e) $y = 2^{\frac{1}{x-1}}$ f) $y = \dfrac{1 - x}{1 - |x|}$

Grundlagen der Differential- und Integralrechnung

3. Einführung in die Differentialrechnung

3.1. Die Ableitung als Grenzwert des Differenzenquotienten

Bei einer Reihe wichtiger naturwissenschaftlicher und technischer Fragestellungen stößt man auf eine Problematik, die von grundlegender Art ist und der sich mit elementaren Mitteln nicht beikommen läßt. Ein Beispiel dafür ist die Ermittlung der Geschwindigkeit v_0 eines ungleichförmig bewegten Körpers zu einem Zeitpunkt t_0 im Bahnpunkt P_0.

Bewegt sich ein Körper *gleichförmig* und hat er nach der Zeit t_0 den Weg $s(t_0) = s_0$, nach der Zeit t_1 den Weg $s(t_1) = s_1$ zurückgelegt, so ist seine Geschwindigkeit nach der physikalischen Definition durch den Quotienten

$$\frac{\text{zurückgelegter Weg}}{\text{Zeitspanne}} = \frac{s_1 - s_0}{t_1 - t_0} = \frac{\Delta s}{\Delta t} \tag{I}$$

gegeben. Bei *ungleichförmiger* Bewegung ist aber die Geschwindigkeit im Bahnpunkt P_0 eine andere als im Bahnpunkt P_1. Die Geschwindigkeit im Bahnpunkt P_0 läßt sich nach (I) nicht angeben. Da der Punkt P_0 keine Ausdehnung hat, durchläuft der Körper in P_0 die Strecke Null in der Zeit Null, und für seine Geschwindigkeit wäre nach (I) $v_0 = \frac{0}{0}$ anzugeben. Das liefert kein Ergebnis. Da sich aber der Körper bewegt, muß ihm eine Geschwindigkeit zukommen.

Der Quotient (I) — in 1.3.6. schon als Differenzenquotient der Weg-Zeit-Funktion $s = s(t)$ eingeführt — gibt einen mittleren Wert der Geschwindigkeit im Zeitintervall $t_0 \cdots t_1$ an. Da sich die Geschwindigkeiten an Anfang und Ende der Meßstrecke um so weniger unterscheiden, je kürzer die Meßstrecke ist, liegt der Gedanke nahe, $\Delta s = s_1 - s_0$ möglichst klein zu wählen, um eine möglichst gute Aussage über die Geschwindigkeit des Körpers zum Zeitpunkt t_0 zu gewinnen. Auch bei diesem Vorgehen erhält man stets nur einen Näherungswert für die Geschwindigkeit zur Zeit t_0.

Ähnliche Fragestellungen, die auf die gleiche Problematik führen, sind u. a. die Frage nach der Augenblicksbeschleunigung, nach Stromstärke und Spannung eines veränderlichen elektrischen Stromes zur Zeit t_0 oder nach dem Anstieg der Tangente in einem Kurvenpunkt. Da sich die zuerst genannten Probleme alle auf das der Tangente zurückführen lassen und hier die Möglichkeit einer anschaulichen Darstellung am besten gegeben ist, wird das Tangentenproblem im folgenden im Mittelpunkt stehen.[1])

---

[1]) Vom Tangentenproblem ausgehend, gelangte LEIBNIZ (1646 bis 1716) zur Differentialrechnung. NEWTON (1643 bis 1727), der unabhängig von LEIBNIZ arbeitete, ging von der Geschwindigkeit aus

An die in Bild 85 dargestellte Kurve der stetigen Funktion $f\colon\ y = f(x)$ soll im Punkt P_0 die Tangente t gelegt werden. Die Lage einer Geraden ist durch zwei Punkte oder durch einen Punkt und den Anstieg der Geraden gegen eine Bezugsrichtung (hier: Richtung der x-Achse) bestimmt. Von der Tangente ist aber nur ein Punkt P_0 bekannt. Deshalb sei zunächst ein zweiter Kurvenpunkt P gewählt und die Sekante P_0P gezogen.

Die gewählte Bezeichnungsweise soll hier andeuten, daß eine einmal gewählte Abszisse x_0 beibehalten wird, während wir uns vorbehalten, für x verschiedene Werte einzusetzen oder x eine bestimmte Folge durchlaufen zu lassen.

Wandert in Bild 85 der Punkt P auf der Kurve gegen den festgehaltenen Punkt P_0, so führt die Sekante P_0P eine Drehung um P_0 aus. Je mehr sich P dem Punkt P_0 nähert, desto mehr nähert sich die Sekante einer Grenzlage. Man definiert die Gerade in dieser Grenzlage als Tangente der Kurve in P_0. Der *Anstieg der Tangente* in P_0 wird auch als *Anstieg der Kurve* in P_0 bezeichnet.

Die hier gegebene Definition der Tangente erfaßt auch Sonderfälle. So kann z. B. — wie Bild 86 zeigt — die Tangente die Kurve auch durchsetzen.

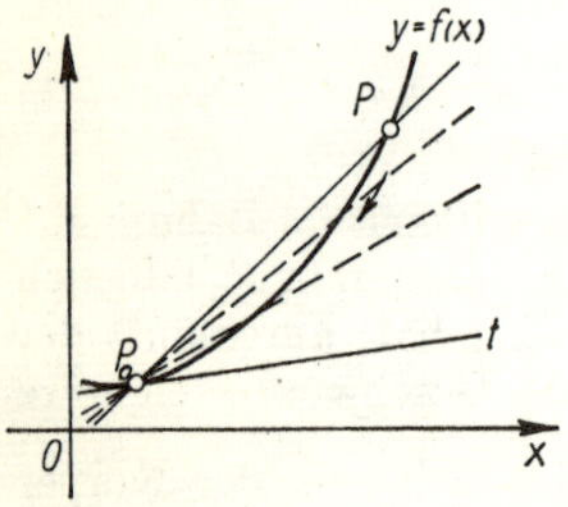

Bild 85

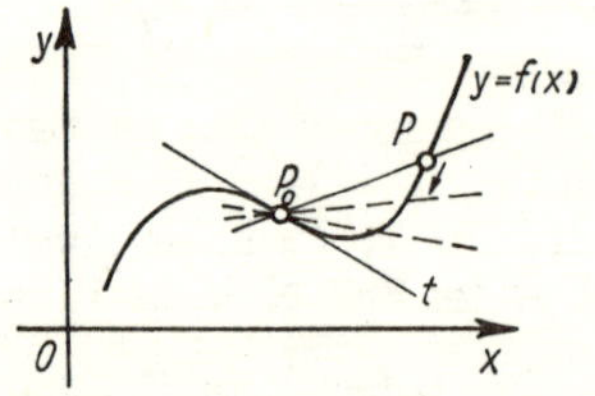

Bild 86

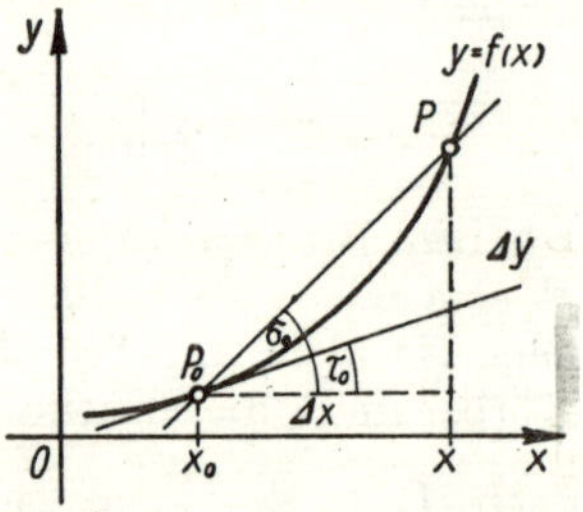

Bild 87

Nachdem die Tangente im Punkte einer Kurve definiert ist, kann das Tangentenproblem rechnerisch erfaßt werden. Da der Punkt P_0 gegeben ist, genügt es, den Anstieg der Tangente in P_0 zu ermitteln. Die Lage der Tangente ist dann durch P_0 und den Anstieg bestimmt.

Gegeben sei die Kurve einer stetigen Funktion $f\colon\ y = f(x)$ (Bild 87). Um den Anstieg der Tangente in $P_0(x_0; y_0)$ zu ermitteln, wird vom Anstieg einer Sekante P_0P ausgegangen, die mit der x-Achse einen Winkel σ_0 einschließt. Der Differenzenquotient

$$\frac{\Delta y}{\Delta x} = \frac{\Delta f(x)}{\Delta x} = \frac{y - y_0}{x - x_0} = \frac{f(x) - f(x_0)}{x - x_0} = \tan \sigma_0 \qquad \text{(II)}$$

wird als *Anstieg der Sekante* P_0P bezeichnet.

Durchläuft die Variable x eine Folge mit dem Grenzwert x_0:

$$x \to x_0,$$

so führt P auf der Kurve eine Bewegung $P \to P_0$ aus, und die Sekante dreht sich in eine Grenzlage, d. h. in die Lage der Tangente mit dem Anstiegswinkel τ_0. Der

Anstieg der Tangente ist also durch den Grenzwert

$$\lim_{x \to x_0} \frac{y - y_0}{x - x_0} = \lim_{x \to x_0} \frac{f(x) - f(x_0)}{x - x_0} = \tan \tau_0 \tag{III}$$

gegeben.
Für den Differenzenquotienten (II) einer Funktion ist noch eine andere Schreibweise üblich. Setzt man $x = x_0 + \Delta x$, so wird $f(x) = f(x_0 + \Delta x)$ und $\frac{\Delta y}{\Delta x} = \frac{\Delta f(x)}{\Delta x} = \frac{f(x_0 + \Delta x) - f(x_0)}{\Delta x}$.
Der Grenzwert des Differenzenquotienten lautet dann

$$\lim_{\Delta x \to 0} \frac{\Delta y}{\Delta x} = \lim_{\Delta x \to 0} \frac{\Delta f(x)}{\Delta x} = \lim_{\Delta x \to 0} \frac{f(x_0 + \Delta x) - f(x_0)}{\Delta x}.$$

Von einer geometrischen Aufgabenstellung ausgehend, wurde der Grenzwert (III) des Differenzenquotienten (II) einer Funktion f gebildet. Auch in (I) liegt im Prinzip der gleiche Differenzenquotient wie in (II) vor. Die Überlegung zum Tangentenproblem liefert daher auch die Lösung des Geschwindigkeitsproblems sowie der anderen angedeuteten Probleme. Der Grenzwert (II) des Differenzenquotienten hat also zentrale Bedeutung.

Definition

Ist f eine Funktion und $x_0 \in X$, $y_0 = f(x_0) \in Y$, so heißt der Grenzwert des Differenzenquotienten

$$\lim_{\Delta x \to 0} \frac{\Delta y}{\Delta x} = \lim_{\Delta x \to 0} \frac{\Delta f(x)}{\Delta x} = \lim_{\Delta x \to 0} \frac{f(x_0 + \Delta x) - f(x_0)}{\Delta x}$$

— falls er existiert — **Ableitung der Funktion f** an der Stelle x_0.

Wenn von der Ableitung einer Funktion die Rede ist, ist stets dieser Grenzwert gemeint. Daß die Existenz dieses Grenzwertes nicht selbstverständlich ist, wird aus den bei der Behandlung des Grenzwertbegriffs geführten Betrachtungen einleuchten. Auf diesen Umstand wird später genauer eingegangen.
Das Bilden des eben definierten Grenzwertes wird als *Differenzieren* oder *Ableiten* bezeichnet. Der Vorgang heißt *Differentiation*. Für die Ableitung der Funktion f an der Stelle x_0 wird nach LAGRANGE[1]) kurz $y_0' = f'(x_0)$ geschrieben.
Aus dem Zusammenhang Funktion — Kurve ergibt sich die Feststellung:

Die Ableitung $y_0' = f'(x_0)$ der Funktion f: $y = f(x)$ gibt — sofern sie existiert — den Anstieg der Tangente (den Anstieg der Kurve) an der Stelle x_0 an.

Der Grenzwert

$$y_0' = f'(x_0) = \lim_{\Delta x \to 0} \frac{f(x_0 + \Delta x) - f(x_0)}{\Delta x}$$

[1]) LAGRANGE (1736 bis 1813), bedeutender französischer Mathematiker

kann nun nicht einfach dadurch gebildet werden, daß man $\Delta x = 0$ setzt. Für $\Delta x = 0$ erhält man den sinnlosen Term

$$\frac{f(x_0 + 0) - f(x_0)}{0} = \frac{f(x_0) - f(x_0)}{0} = \frac{0}{0}.$$

Den Differenzenquotienten muß man, um den Grenzübergang ohne Schwierigkeiten durchführen zu können, in geeigneter Weise umformen.

BEISPIEL

1. Für die Funktion $f\colon y = f(x) = 0{,}5x^2$ ist

$$\begin{array}{ll} f(x_0 + \Delta x) & = 0{,}5(x_0 + \Delta x)^2 \\ f(x_0) & = 0{,}5x_0^2 \\ \hline f(x_0 + \Delta x) - f(x_0) & = 0{,}5[(x_0 + \Delta x)^2 - x_0^2]. \end{array}$$

Also gilt an der Stelle x_0:

$$y'_0 = f'(x_0) = \lim_{\Delta x \to 0} \frac{f(x_0 + \Delta x) - f(x_0)}{\Delta x} =$$

$$= \lim_{\Delta x \to 0} \frac{0{,}5[(x_0 + \Delta x)^2 - x_0^2]}{\Delta x} =$$

$$= \lim_{\Delta x \to 0} \frac{0{,}5[x_0^2 + 2x_0\,\Delta x + (\Delta x)^2 - x_0^2]}{\Delta x} =$$

$$= \lim_{\Delta x \to 0} \frac{0{,}5[2x_0\Delta x + (\Delta x)^2]}{\Delta x} =$$

$$= \lim_{\Delta x \to 0} 0{,}5(2x_0 + \Delta x)$$

$$\underline{\underline{y'_0 = x_0.}}$$

Dies ist der Anstieg der Kurve an der Stelle x_0. Für $x_0 = 1$ wird

$$y'_0 = 1,$$

d. h., die Kurventangente hat in $P_0(1;0{,}5)$ den Anstieg

$$\tan \tau_0 = 1$$

und den Anstiegswinkel

$$\tau_0 = 45° \text{ (Bild 88)}.$$

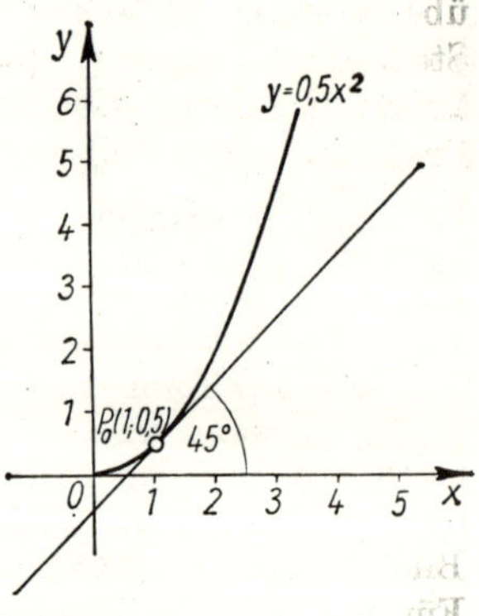

Bild 88

Es wurde schon erwähnt, daß die Existenz der Ableitung einer Funktion f an der Stelle x_0 nicht selbstverständlich ist. Andererseits kann aber eine Funktion u. U. in allen Stellen ihres Definitionsbereiches — einzelne Punkte eventuell ausgenommen — eine Ableitung haben. So läßt sich in allen Punkten einer Parabel die Tangente anlegen, was sich darin widerspiegelt, daß die Funktion $f\colon\ y = x^2$ an jeder Stelle des Definitionsbereichs eine Ableitung hat.

Definition

Eine Funktion f: $y = f(x)$ heißt an der Stelle x_0 *differenzierbar*, wenn

1. f an der Stelle x_0 definiert ist,
2. der allgemeine Grenzwert

$$\lim_{\Delta x \to 0} \frac{f(x_0 + \Delta x) - f(x_0)}{\Delta x}$$

existiert und gleich einer bestimmten Zahl y_0' ist.
Die Funktion f heißt im Intervall (a, b) differenzierbar, wenn sie in jedem Punkt des Intervalls differenzierbar ist.

Die Definition der Differenzierbarkeit soll noch erläutert werden.
Die erste Voraussetzung für die Differenzierbarkeit einer Funktion an der Stelle x_0 ist, daß sie an der Stelle x_0 erklärt ist. Die Funktion $y = \frac{1}{x}$ ist bei $x_0 = 0$ unstetig, es existiert dort kein Funktionswert. Also ist $y = \frac{1}{x}$ für $x_0 = 0$ nicht differenzierbar.

Satz

Ist eine Funktion bei x_0 unstetig, so ist sie dort nicht differenzierbar.

Diese Feststellung besagt aber nicht, daß andererseits jede stetige Funktion differenzierbar wäre. So ist die in Bild 89 wiedergegebene Funktion im dargestellten Bereich überall stetig. Sie weist aber an der Stelle x_0 einen Knick auf und hat daher an dieser Stelle zwei Tangenten mit verschiedenem Anstieg. Dies äußert sich darin, daß der Differenzenquotient dort einen links- und einen rechtsseitigen Grenzwert hat. Man nennt

$$\lim_{x \to x_0 - 0} \frac{f(x) - f(x_0)}{x - x_0}$$ die *linksseitige Ableitung*,

$$\lim_{x \to x_0 + 0} \frac{f(x) - f(x_0)}{x - x_0}$$ die *rechtsseitige Ableitung*

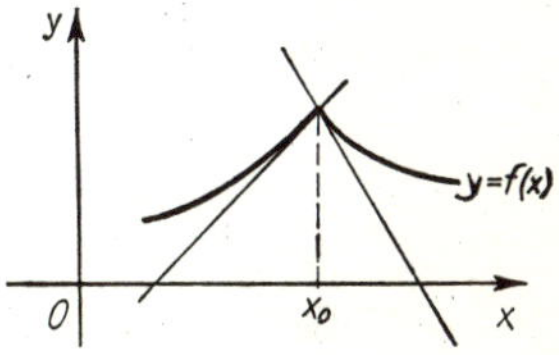

Bild 89

der Funktion f an der Stelle x_0. Da beide Grenzwerte verschieden ausfallen, ist die in Bild 89 gezeigte Funktion an der Stelle x_0 nicht differenzierbar.
Für den Fall, daß die Ableitung einer Funktion f in einem evtl. den ganzen Definitionsbereich umfassenden Intervall existiert, kann die Stelle, an der differenziert wird, beliebig in diesem Intervall gewählt werden. Diese Tatsache, daß die Ableitung für jede Stelle innerhalb eines Intervalls (a, b) existiert, soll dadurch angedeutet werden, daß die Ableitungsstelle durch eine Variable ohne Index angegeben wird. Wir schreiben also in diesem Falle x statt x_0 und $y' = f'(x)$ statt $y_0' = f'(x_0)$.
Jedem Wert x, für den die Ableitung von f existiert, ist ein Ableitungswert y' zugeordnet. Die Wertepaare $(x; y')$ bilden also wieder eine Funktion, die **Ableitungsfunktion**

$$f' = \{(x; y') \mid y' = f'(x)\}.$$

Der Definitionsbereich von f' fällt mit dem Definitionsbereich X der Funktion f zusammen, wenn f überall in X differenzierbar ist.
Die Bezeichnungsweise der Variablen ist natürlich auf das Differenzieren ohne Einfluß. Bei der Funktion $u = f(t) = 0{,}5t^2$ heißt die unabhängige Veränderliche t. Nach Beispiel 1 wird $u' = f'(t) = t$.

BEISPIELE

2. Die Funktion $y = f(x) = -x^2 + 4\,|x - 1| + 3$ ist an der Stelle $x_0 = 1$ zu differenzieren.

Lösung: Es ist

$$y = f(x) = \begin{cases} -x^2 - 4x + 7 & \text{für } x \leqq 1 \\ -x^2 + 4x - 1 & \text{für } x \geqq 1. \end{cases}$$

Zunächst ist die Stetigkeit von f in $x_0 = 1$ festzustellen:

$$\lim_{x\to 1-0} f(x) = \lim_{x\to 1-0} (-x^2 - 4x + 7) = \lim_{k\to +0} [-(1-k)^2 - 4(1-k) + 7] =$$
$$= \lim_{k\to +0} (2 + 6k - k^2) = 2.$$
$$\lim_{x\to 1+0} f(x) = \lim_{x\to 1+0} (-x^2 + 4x - 1) = \lim_{h\to +0} [-(1+h)^2 + 4(1+h) - 1] =$$
$$= \lim_{h\to +0} (2 + 2h - h^2) = 2.$$

Die Funktion ist in $x_0 = 1$ stetig.
Nun sind links- und rechtsseitiger Differenzenquotient für $x_0 = 1$ zu bilden. Wegen

$$f(x) = -x^2 - 4x + 7 \text{ für } x \leqq 1, \qquad f(x) = -x^2 + 4x - 1 \text{ für } x \geqq 1$$

folgt aus

$$f(1) = 2, \qquad f(1) = 2,$$
$$f(1 - \Delta x) = -(1 - \Delta x)^2 - \qquad f(1 + \Delta x) = -(1 + \Delta x)^2 +$$
$$- 4(1 - \Delta x) + 7 = \qquad + 4(1 + \Delta x) - 1 =$$
$$= 2 + 6\Delta x - (\Delta x)^2, \qquad = 2 + 2\Delta x - (\Delta x)^2$$

der Differenzenquotient

$$\frac{\Delta y}{-\Delta x} = -6 + \Delta x, \qquad \frac{\Delta y}{\Delta x} = 2 - \Delta x.$$

Der Grenzübergang liefert als links- bzw. rechtsseitige Ableitung in $x_0 = 1$:

$$\lim_{\Delta x\to +0} \frac{\Delta y}{-\Delta x} = \underline{\underline{-6}}, \qquad \lim_{\Delta x\to +0} \frac{\Delta y}{\Delta x} = \underline{\underline{2}}.$$

Links- und rechtsseitige Ableitung sind verschieden. Die Funktion f ist in $x_0 = 1$ nicht differenzierbar (Bild 90).

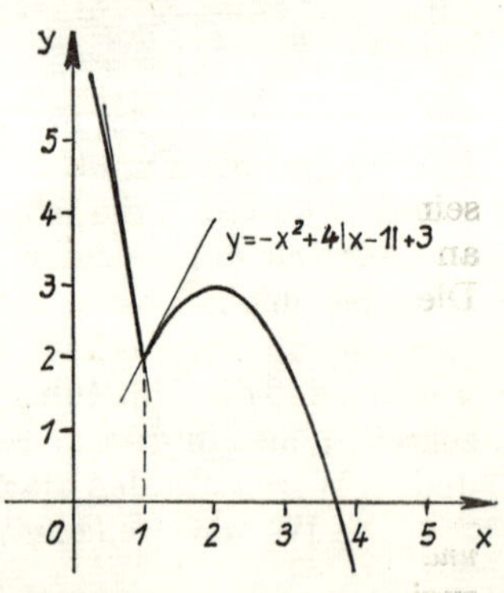

Bild 90

3. Die Funktion $y = f(x) = \sqrt[3]{x}$ ist an der Stelle $x_0 = 0$ abzuleiten.

Lösung: Wegen $X = [0, \infty)$ kann an der Stelle $x_0 = 0$ nur die rechtsseitige Ableitung gebildet werden. Der Differenzenquotient lautet ($\Delta x > 0$):

$$\frac{\Delta y}{\Delta x} = \frac{f(0 + \Delta x) - f(0)}{\Delta x} = \frac{\sqrt[3]{0 + \Delta x} - \sqrt[3]{0}}{\Delta x} = \frac{\sqrt[3]{\Delta x}}{\Delta x} = \frac{1}{\sqrt[3]{(\Delta x)^2}}.$$

Somit wird

$$\lim_{\Delta x \to +0} \frac{1}{\sqrt[3]{(\Delta x)^2}} = +\infty.$$

Die Ableitung an der Stelle $x_0 = 0$ ist ein *uneigentlicher* Grenzwert. Die Funktion $y = f(x) = \sqrt[3]{x}$ ist an der Stelle $x_0 = 0$ *nicht* differenzierbar. Geometrisch bedeutet das Ergebnis, daß die Tangente der Kurve an der Stelle $x_0 = 0$ senkrecht zur x-Achse verläuft.

Die Beispiele zeigen: Voraussetzung für die Differenzierbarkeit ist stets die Stetigkeit. Diese Bedingung reicht aber nicht aus, denn auch stetige Funktionen sind mitunter nicht differenzierbar. Ein Beispiel dafür ist die Funktion $f\colon \sqrt[3]{|x|}$, die an der Stelle $x_0 = 0$ zwar stetig, aber nicht differenzierbar ist (vgl. Bild 91). Man sagt: Die Stetigkeit ist eine zwar **notwendige**, aber **nicht hinreichende** Bedingung für die Differenzierbarkeit einer Funktion.
Es gilt aber der

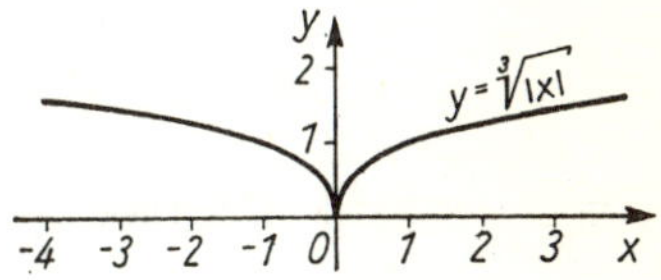

Bild 91

Satz

Jede differenzierbare Funktion ist stetig.

Für die Existenz eines eigentlichen Grenzwertes

$$\lim_{\Delta x \to 0} \frac{f(x + \Delta x) - f(x)}{\Delta x}$$

ist nämlich notwendig, daß der Zähler des Differenzenquotienten für $\Delta x \to 0$ eine Nullfolge ist. Damit jedoch

$$\lim_{\Delta x \to 0} [f(x + \Delta x) - f(x)] = 0$$

ist, muß

$$\lim_{\Delta x \to 0} f(x + \Delta x) = f(x)$$

sein. Das ist aber nach Abschnitt 2.4.2. die Bedingung der Stetigkeit einer Funktion f an der Stelle x.
Die Differenzierbarkeit ist *keine notwendige* Bedingung für die Stetigkeit, denn eine nicht differenzierbare Funktion kann trotzdem stetig sein (z. B. $y = \sqrt[3]{|x|}$ bei $x_0 = 0$). Doch ist die Bedingung *hinreichend*, denn aus der Differenzierbarkeit folgt — wie gezeigt wurde — unbedingt die Stetigkeit einer Funktion.

Außer der notwendigen Bedingung und der hinreichenden Bedingung gibt es noch die *notwendige und hinreichende* Bedingung. Sie verlangt weder zuwenig — wie die notwendige Bedingung — noch zuviel — wie die hinreichende Bedingung.

Die Untersuchung, ob eine Bedingung notwendig und hinreichend ist, erfordert in vielen Fällen ein tieferes Eindringen in die vorliegende Problematik. Es soll deshalb nicht näher auf die notwendige und hinreichende Bedingung eingegangen werden.

AUFGABEN

109. Von den folgenden Funktionen ist der Differenzenquotient aufzustellen und durch Grenzübergang die Ableitung zu bilden.

a) $y = -2x^2$ b) $y = -0{,}6x^2 - 2x + 1$

c) $v = v(u) = 1{,}2u^3$ d) $y = 0{,}2x^3 + 0{,}5x + 4$

e) $y = (-2x + 3)^2$ f) $y = (2 - 3x)(x - 4)$

110. Von den nachstehenden Funktionen ist, vom Differenzenquotienten ausgehend, die Ableitung zu bilden.

a) $y = \sqrt{x}$ b) $y = \sqrt{-x}$ c) $y = x\sqrt{x}$

Hinweis: Im Differenzenquotienten zunächst den Zähler rational machen.

111. Man untersuche, in welchem Bereich die Funktion f: $y = f(x)$ differenzierbar ist. Das Ergebnis ist zu begründen.

a) $y = 4x^2$ b) $y = |x|$ c) $y = x^n$, $n \in N$

d) $y = \dfrac{1}{x^2}$ e) $y = \dfrac{x}{|x|}$ f) $y = \sqrt{1 - x^2}$

Hinweis zu f): Im Differenzenquotienten zunächst den Zähler rational machen.

3.2. Die Ableitung der Potenzfunktion

Es wäre mühsam, für jede Funktion die Ableitung, vom Differenzenquotienten ausgehend, zu bilden. Es wird sich zeigen, daß die Kenntnis der Ableitungsfunktionen von einer geringen Anzahl einfacher Funktionen sowie die Kenntnis einiger Ableitungsregeln genügt, um eine Vielfalt von Funktionen differenzieren zu können.
In diesem und den folgenden Abschnitten werden die für das Differenzieren benötigten Ableitungen und die Grundregeln der Differentiation hergeleitet.
Liegt die Potenzfunktion $y = f(x) = x^n$ (n positiv, ganzzahlig) vor, so heißt der Differenzenquotient an der Stelle x_0:

$$\frac{\Delta y}{\Delta x} = \frac{f(x) - f(x_0)}{x - x_0} = \frac{x^n - x_0^n}{x - x_0}.$$

Für $x \neq x_0$ liefert die Division

$$\frac{x^n - x_0^n}{x - x_0} = x^{n-1} + x_0 x^{n-2} + x_0^2 x^{n-3} + \cdots + x_0^{n-2}x + x_0^{n-1}.$$

Jetzt kann der Grenzübergang $x \to x_0$ durchgeführt werden. Man erhält für die Ableitung

$$f'(x) = \lim_{\Delta x \to 0} \frac{\Delta y}{\Delta x} = \lim_{x \to x_0} \frac{f(x) - f(x_0)}{x - x_0} = \lim_{x \to x_0} \frac{x^n - x_0^n}{x - x_0} =$$

$$= \lim_{x \to x_0} (x^{n-1} + x_0 x^{n-2} + \cdots + x_0^{n-2}x + x_0^{n-1}) = n \cdot x_0^{n-1}.$$

Da dieses Ergebnis für jede Stelle x des gesamten Definitionsbereiches gilt, folgt

$$\boxed{(x^n)' = nx^{n-1}} \tag{35}$$

d. h., die Ableitungsfunktion f' ist durch $y' = nx^{n-1}$ gegeben.
Die Ableitung der Potenzfunktion wurde für ganzzahlige, positive n hergeleitet. Das gewonnene Ergebnis gilt aber — wie noch in 3.7. gezeigt werden wird — für jeden reellen Exponenten n.

BEISPIELE

1. Für die Ableitung von $y = x^6$ ergibt sich

$$y' = 6x^{6-1} = \underline{\underline{6x^5}}.$$

2. Ist der Anstieg der Kurve mit der Gleichung $y = x^3$ an der Stelle $x_0 = -2$ zu bestimmen, so bildet man zunächst die Ableitung an der Stelle x:

$$y' = 3x^{3-1} = 3x^2.$$

Für $x_0 = -2$ erhält man

$$y_0' = 3 \cdot (-2)^2 = 12.$$

Die Tangente hat also im Punkte $P_0(-2; -8)$ den Anstieg $\tan \tau_0 = \underline{\underline{12}}$.

3. $y = \sqrt[3]{x^2} = x^{\frac{2}{3}}$

$$y' = \frac{2}{3} x^{\frac{2}{3}-1} = \frac{2}{3} x^{-\frac{1}{3}} = \underline{\underline{\frac{2}{3\sqrt[3]{x}}}}$$

4. $y = \frac{1}{x^3} = x^{-3}$

$$y' = -3x^{-3-1} = -3x^{-4} = \underline{\underline{-\frac{3}{x^4}}}$$

5. $y = x$ liefert $y' = 1 \cdot x^{1-1} = x^0$. Es folgt somit $y' = 1$.
Wie aus der Elementarmathematik bekannt ist, stellt $y = x$ eine Gerade mit dem Anstiegswinkel $\alpha = 45°$ dar, was durch die Ableitung noch einmal bestätigt wird.

6. In welchen Punkten hat die Tangente der kubischen Parabel mit der Gleichung $y = \sqrt[3]{x}$ den Anstiegswinkel $\alpha = 45°$?

Lösung: Die Ableitung für $y = \sqrt[3]{x}$ lautet

$$y' = \left(x^{\frac{1}{3}}\right)' = \frac{1}{3} x^{-\frac{2}{3}} = \frac{1}{3\sqrt[3]{x^2}}.$$

Wegen

$$\tan 45° = 1$$

muß

$$y' = \frac{1}{3\sqrt[3]{x^2}} = 1$$

sein. Es folgt

$$\sqrt[3]{x^2} = \frac{1}{3}$$

$$x^2 = \frac{1}{27}$$

$$x_1 = \frac{1}{9}\sqrt{3} \qquad x_2 = -\frac{1}{9}\sqrt{3}.$$

Für den negativen Wert x_2 ist $y = \sqrt[3]{x}$ nicht erklärt.

Die Tangente der Kurve hat im Punkte $P_1\left(\frac{1}{9}\sqrt{3}; \frac{1}{3}\sqrt{3}\right)$ den Anstiegswinkel $\alpha = 45°$.

Man veranschauliche sich das Ergebnis, indem man Kurve und Tangente zeichnet.

3.3. Grundregeln der Differentiation

3.3.1. Vorbetrachtung

Bei der Herleitung der Ableitung einer Funktion f wurde davon ausgegangen, daß f durch einen Ausdruck $y = f(x)$ bei festgelegtem Definitionsbereich X und Wertebereich Y gegeben ist. Zur Aufstellung der Grundregeln der Differentiation werden die Funktionen unter dem Gesichtspunkt betrachtet, welche Gestalt der Term $f(x)$ hat.

Vorbereitend zu den in den folgenden Abschnitten anzustellenden Betrachtungen soll auf einige Sprechweisen und Vereinbarungen eingegangen werden. Definitionsbereich und Wertevorrat sollen in diesem Abschnitt stets als gegeben angesehen werden.

Ist a eine Konstante, so wird die durch $y = a \cdot f(x)$ gegebene Funktion als *Funktion mit konstantem Faktor* bezeichnet. Diese ungenaue, aber übliche Sprechweise darf nicht mißverstanden werden. Gemeint ist, daß der Term $f(x)$ mit einem konstanten Faktor multipliziert ist.

Sind zwei Funktionen $u\colon\ y = u(x)$ und $v\colon\ y = v(x)$ gegeben, so heißt

$$f\colon\ y = f(x) = u(x) + v(x)$$

die *Summe der Funktionen u und v*. Die Bezeichnung Summe bezieht sich wieder auf die Terme $u(x)$ und $v(x)$.

Dementsprechend sind

die *Differenz* $f\colon\ y = f(x) = u(x) - v(x)$

das *Produkt* $f\colon\ y = f(x) = u(x) \cdot v(x)$

der *Quotient* $f\colon\ y = f(x) = \dfrac{u(x)}{v(x)}$ für $v(x) \neq 0$

der Funktionen u und v erklärt.

BEISPIEL

Für die Funktionen

$$u:\ y = x^2 \text{ und } v:\ y = 2x - 1$$

lautet die Differenz von u und v

$$f:\ y = f(x) = x^2 - 2x + 1,$$

das Produkt von u und v

$$f:\ y = x^2(2x - 1),$$

der Quotient von u und v

$$f:\ y = \frac{x^2}{2x - 1}.$$

Bei der Bildung der Ableitung wird mit dem Term $f(x)$ operiert. Das Ergebnis ist wieder ein Term $f'(x)$. Wird x belegt, so ergeben sich Funktionswerte von f bzw. f'. Das entspricht der Absicht, die Augenblicksgeschwindigkeit, den Anstieg der Tangente, die Ableitung, also einen Funktionswert an einer bestimmten Stelle, zu gewinnen. Da vornehmlich der Funktionswert interessiert, werden Formeln für die Ableitungsregeln in der Form angegeben, wie es schon bei der Potenzfunktion geschehen ist: $(x^n)' = nx^{n-1}$. Mit dem Term nx^{n-1} ist ja nach stillschweigender Vereinbarung auch die Ableitungsfunktion f': $\{(x; y') \mid y' = nx^{n-1}\}$ gegeben.
Aus diesen Überlegungen ergibt sich auch die in Worte gefaßte Kurzform der Ableitungsregeln, deren Text sich nur auf den die Funktion definierenden Term bezieht.

3.3.2. Die Ableitung einer konstanten Funktion

Die Funktion $y = f(x) = c$ ergibt im cartesischen Koordinatensystem eine Parallele zur x-Achse im Abstand c. Da der Differenzenquotient unabhängig von Δx stets gleich Null ist:

$$\frac{\Delta y}{\Delta x} = \frac{f(x + \Delta x) - f(x)}{\Delta x} = \frac{c - c}{\Delta x} = 0,$$

ist auch die Ableitung als dessen Grenzwert gleich Null. Es gilt:

$$\boxed{(c)' = 0} \tag{36}$$

Die Ableitung einer Konstanten ist gleich Null.

Dieses Ergebnis ist nicht überraschend, da die Ableitung als Tangens des Anstiegswinkels einer Kurve erklärt ist und die Gerade $y = c$ überall den Anstiegswinkel $\alpha = 0$ hat.

3.3.3. Die Ableitung einer Funktion mit konstantem Faktor

Es sei vorausgesetzt, daß die Ableitung der Funktion f: $y = f(x)$ existiert. Ist $f(x)$ mit einem konstanten Faktor a versehen:

$$y = a \cdot f(x),$$

so folgt für den Differenzenquotienten

$$\frac{\Delta y}{\Delta x} = \frac{a \cdot f(x + \Delta x) - a \cdot f(x)}{\Delta x} = a \frac{f(x + \Delta x) - f(x)}{\Delta x}.$$

Für die Ableitung ist der Grenzwert

$$\lim_{\Delta x \to 0} a \cdot \frac{f(x + \Delta x) - f(x)}{\Delta x}$$

zu bilden. Der Grenzwert eines Produktes ist gleich dem Produkt der Grenzwerte der Faktoren (vgl. 2.2.4.). Es folgt also

$$y' = \lim_{\Delta x \to 0} a \cdot \lim_{\Delta x \to 0} \frac{f(x + \Delta x) - f(x)}{\Delta x},$$

$$\boxed{\left(a \cdot f(x)\right)' = a \cdot f'(x)} \qquad (37)$$

Ein konstanter Faktor bleibt beim Differenzieren erhalten.

BEISPIEL

Für die Ableitung von $y = 3x^5$ erhält man

$$y' = (3x^5)' = 3 \cdot (x^5)' = 3 \cdot 5x^4,$$

$$y' = \underline{\underline{15x^4}}.$$

3.3.4. Die Ableitung der Summe mehrerer Funktionen

Ist eine Funktion $y = f(x) = u(x) + v(x)$ gegeben, so lautet der Differenzenquotient

$$\frac{\Delta y}{\Delta x} = \frac{f(x + \Delta x) - f(x)}{\Delta x} = \frac{[u(x + \Delta x) + v(x + \Delta x)] - [u(x) + v(x)]}{\Delta x} =$$

$$= \frac{u(x + \Delta x) - u(x)}{\Delta x} + \frac{v(x + \Delta x) - v(x)}{\Delta x}.$$

Unter Verwendung des 1. Grenzwertsatzes aus 2.2.4. wird, sofern die Grenzwerte der Summanden existieren,

$$y' = f'(x) = \lim_{\Delta x \to 0} \left[\frac{u(x + \Delta x) - u(x)}{\Delta x} + \frac{v(x + \Delta x) - v(x)}{\Delta x}\right] =$$

$$= \lim_{\Delta x \to 0} \frac{u(x + \Delta x) - u(x)}{\Delta x} + \lim_{\Delta x \to 0} \frac{v(x + \Delta x) - v(x)}{\Delta x}.$$

Dies sind die Grenzwerte der Differenzenquotienten $\frac{\Delta u(x)}{\Delta x}$ und $\frac{\Delta v(x)}{\Delta x}$. Nach dem Grenzübergang folgt die **Summenregel:**

$$[u(x) + v(x)]' = u'(x) + v'(x) \tag{38}$$

Die Ableitung einer Summe ist gleich der Summe der Ableitungen der Summanden.

Diese Regel gilt für endlich viele, also auch für mehr als zwei Summanden. Auch Differenzen sind als algebraische Summen in dieser Regel eingeschlossen.

BEISPIELE

1. Für die ganzrationale Funktion

$$f\colon\ y = a_n x^n + a_{n-1}x^{n-1} + \cdots + a_1 x + a_0$$

wird

$$f'\colon\ y' = n a_n x^{n-1} + (n-1)a_{n-1}x^{n-2} + \cdots + a_1.$$

Die Ableitungsfunktion ist wieder eine ganzrationale Funktion mit einem um 1 niedrigeren Grade.

2. Für $y = x^2 + \frac{2}{x} - \sqrt{x}$ folgt $y' = 2x - \frac{2}{x^2} - \frac{1}{2\sqrt{x}}$.

3. $y = (2x^2 - x)(x + 3)$

$y = 2x^3 + 5x^2 - 3x$

$y' = 6x^2 + 10x - 3$

4. An welchen Stellen der Kurve mit der Gleichung

$$y = 0{,}2x^3 - 0{,}3x^2 - 3{,}6x + 1$$

verläuft die Tangente parallel zur x-Achse?

Lösung: Die Ableitung der Funktion lautet

$$y' = 0{,}6x^2 - 0{,}6x - 3{,}6.$$

Gesucht sind die Stellen, an denen der Anstieg der Kurventangente $\tan\tau = 0$ ist. Es ist also $y' = 0$ zu setzen:

$$0{,}6x^2 - 0{,}6x - 3{,}6 = 0,$$

$$x^2 - x - 6 = 0,$$

$$\underline{\underline{x_1 = -2}}, \quad \underline{\underline{x_2 = 3}}.$$

Die Tangente der Kurve $y = 0{,}2x^3 - 0{,}3x^2 - 3{,}6x + 1$ verläuft an den Stellen $x_1 = -2$, $x_2 = 3$ parallel zur x-Achse.
Das Ergebnis ist mit der in Bild 45 dargestellten Kurve zu vergleichen.

3.3.5. Die Ableitung des Produktes mehrerer Funktionen

Es soll die Ableitung des Produktes zweier Funktionen $y = f(x) = u(x) \cdot v(x)$ gebildet werden. Die Differenzierbarkeit der Funktionen u und v sei vorausgesetzt. Der Differenzenquotient lautet

$$\frac{\Delta y}{\Delta x} = \frac{u(x + \Delta x) \cdot v(x + \Delta x) - u(x) \cdot v(x)}{\Delta x}.$$

Ehe der Grenzübergang vorgenommen wird, soll der Differenzenquotient so umgeformt werden, daß die Differenzenquotienten $\frac{\Delta u(x)}{\Delta x}$ und $\frac{\Delta v(x)}{\Delta x}$ auftreten. Dies gelingt, wenn im Zähler $u(x)\, v(x + \Delta x)$ subtrahiert und wieder addiert wird:

$$\frac{\Delta y}{\Delta x} = \frac{u(x + \Delta x) \cdot v(x + \Delta x) - u(x) \cdot v(x) - u(x) \cdot v(x + \Delta x) + u(x) \cdot v(x + \Delta x)}{\Delta x} =$$

$$= \frac{u(x + \Delta x) - u(x)}{\Delta x} v(x + \Delta x) + \frac{v(x + \Delta x) - v(x)}{\Delta x} u(x) =$$

$$= \frac{\Delta u(x)}{\Delta x} v(x + \Delta x) + \frac{\Delta v(x)}{\Delta x} u(x).$$

Jetzt kann der Grenzwert gebildet werden. Für $\Delta x \to 0$ geht $v(x + \Delta x) \to v(x)$, $\frac{\Delta u(x)}{\Delta x} \to u'(x)$, $\frac{\Delta v(x)}{\Delta x} \to v'(x)$, und $u(x)$ bleibt unverändert. Unter Anwendung der Grenzwertsätze erhält man die **Produktregel**

$$[u(x) \cdot v(x)]' = u'(x) \cdot v(x) + u(x) \cdot v'(x),$$

die auch kurz durch

$$\boxed{(uv)' = u'v + uv'} \qquad (39)$$

angegeben werden kann.
Ist eine Funktion aus drei Faktoren

$$y = u \cdot v \cdot w$$

gegeben, so kann zunächst (uv) als ein Faktor aufgefaßt werden. Für die Ableitung folgt

$$y' = (uv)'w + (uv)w'.$$

Mit $(uv)' = u'v + uv'$ erhält man

$$y' = (u'v + uv')w + uvw'$$

und schließlich

$$y' = u'vw + uv'w + uvw'.$$

Die Produktregel läßt sich leicht auf n Faktoren erweitern. Ist

$$y = u_1 u_2 \ldots u_n,$$

so folgt als Ableitung

$$y' = \underbrace{u_1' u_2 \cdot \cdots \cdot u_n + u_1 u_2' \cdot \cdots \cdot u_n + \cdots + u_1 u_2 \cdot \cdots \cdot u_n'}_{n \text{ Summanden}}.$$

Der Beweis kann durch vollständige Induktion erfolgen.

BEISPIELE

1. Bei der Funktion

$$y = (2x^2 + 1)\sqrt{x}$$

sind

$$u = (2x^2 + 1), \quad v = x^{\frac{1}{2}}$$

und

$$u' = 4x, \qquad v' = \frac{1}{2} x^{-\frac{1}{2}}.$$

Es wird also

$$y' = u'v + uv',$$

$$y' = 4x\sqrt{x} + \frac{2x^2 + 1}{2\sqrt{x}} = 5x\sqrt{x} + \frac{1}{2\sqrt{x}} = \underline{\underline{\frac{10x^2 + 1}{2\sqrt{x}}}}.$$

Man kommt hier auch ohne Produktregel aus, indem man zunächst ausmultipliziert:

$$y = 2x^2\sqrt{x} + \sqrt{x} = 2x^{\frac{5}{2}} + x^{\frac{1}{2}}.$$

Es folgt ohne Produktregel

$$y' = 5x^{\frac{3}{2}} + \frac{1}{2} x^{-\frac{1}{2}} = 5x\sqrt{x} + \frac{1}{2\sqrt{x}}.$$

Für Funktionen wie $y = x \sin x$ ist aber die Produktregel unentbehrlich.

2. Mit Hilfe der Produktregel läßt sich die Formel

$$(x^n)' = nx^{n-1}$$

für ganzzahliges $n > 1$ leicht bestätigen. Schreibt man

$$y = \underbrace{x \cdot x \cdot x \cdot \cdots \cdot x}_{n \text{ Faktoren}},$$

so wird nach der Produktregel

$$y' = \underbrace{1 \cdot x \cdot x \cdot \cdots \cdot x + x \cdot 1 \cdot x \cdot \cdots \cdot x + \cdots + x \cdot x \cdot x \cdot \cdots \cdot 1}_{n \text{ Summanden}},$$

$$\underline{\underline{y' = nx^{n-1}}}.$$

3.3.6. Die Ableitung des Quotienten zweier Funktionen

Die Differenzierbarkeit der Funktionen u und v sei wieder vorausgesetzt. Weiterhin sei $v(x)$ im zu differenzierenden Bereich stets ungleich Null. Der Differenzenquotient der gebrochenen Funktion

$$y = \frac{u(x)}{v(x)}$$

heißt

$$\frac{\Delta y}{\Delta x} = \frac{1}{\Delta x}\left[\frac{u(x+\Delta x)}{v(x+\Delta x)} - \frac{u(x)}{v(x)}\right] =$$

$$= \frac{1}{\Delta x} \cdot \frac{u(x+\Delta x) \cdot v(x) - v(x+\Delta x) \cdot u(x)}{v(x+\Delta x) \cdot v(x)}.$$

Fügt man im Zähler $u(x) \cdot v(x) - u(x) \cdot v(x)$ (das ist gleich Null) hinzu, so wird

$$\frac{\Delta y}{\Delta x} = \frac{1}{v(x+\Delta x) \cdot v(x)} \times$$

$$\times \frac{u(x+\Delta x) \cdot v(x) - v(x+\Delta x) \cdot u(x) + u(x) \cdot v(x) - u(x) \cdot v(x)}{\Delta x} =$$

$$= \frac{1}{v(x+\Delta x) \cdot v(x)}\left[\frac{u(x+\Delta x) - u(x)}{\Delta x} v(x) - \frac{v(x+\Delta x) - v(x)}{\Delta x} u(x)\right].$$

Da nun in der eckigen Klammer die Differenzenquotienten $\frac{\Delta u(x)}{\Delta x}$ und $\frac{\Delta v(x)}{\Delta x}$ stehen, findet man beim Grenzübergang $\Delta x \to 0$ die **Quotientenregel**

$$\left[\frac{u(x)}{v(x)}\right]' = \frac{u'(x) \cdot v(x) - u(x) \cdot v'(x)}{[v(x)]^2},$$

in einfacher Schreibweise

$$\boxed{\left(\frac{u}{v}\right)' = \frac{u'v - uv'}{v^2}} \qquad (40)$$

Bei der Anwendung der Quotientenregel darf nie übersehen werden, daß eine gebrochene Funktion $y = \frac{u(x)}{v(x)}$ nur dort differenzierbar ist, wo $v(x) \neq 0$ ist.

BEISPIELE

1. Für $y = 2\,\frac{x-1}{x^2 - 2x - 3}$ ist $u(x) = x - 1$, $v(x) = x^2 - 2x - 3$; $u'(x) = 1$, $v'(x) = 2x - 2$.

Es wird

$$y' = 2\,\frac{1\,(x^2 - 2x - 3) - (x - 1)\,(2x - 2)}{(x^2 - 2x - 3)^2},$$

$$y' = 2\,\frac{-x^2 + 2x - 5}{(x^2 - 2x - 3)^2}.$$

Die Funktion ist an den Stellen $x_1 = -1$ und $x_2 = 3$ nicht differenzierbar, da $v(-1) = 0$ und $v(3) = 0$ ist. Die Funktion ist an diesen Stellen unstetig (Bild 46).

2. Für die sogenannte *reziproke Funktion*

$$y = \frac{1}{f(x)}$$

wird

$$y' = \frac{0 \cdot f(x) - 1 \cdot f'(x)}{[f(x)]^2},$$

$$y' = -\frac{f'(x)}{[f(x)]^2}.$$

3. Mit Hilfe der Quotientenregel kann die Formel

$$(x^n)' = nx^{n-1}$$

für negative Exponenten $n = -m$ $(m > 0)$ bestätigt werden.
Aus

$$y = x^{-m} = \frac{1}{x^m}$$

folgt nach (40) oder Beispiel 2

$$y' = -\frac{mx^{m-1}}{x^{2m}},$$

$$y' = -mx^{-m-1},$$

also

$$(x^{-m})' = -mx^{-m-1}.$$

Das ist aber Formel (35) für $n = -m$.

3.3.7. Die Ableitung der Umkehrfunktion

Wird bei einer eineindeutigen Funktion f die Zuordnung umgekehrt, so erhält man die Umkehrfunktion $f^{-1} = \varphi$ (vgl. 1.3.7.). Die Funktion f sei im Intervall (a, b) differenzierbar und $f'(x) \neq 0$ für $x \in (a, b)$. Beim Übergang zur Umkehrfunktion soll — abweichend von den Ausführungen in 1.3.7. — die Bezeichnung der Variablen *nicht* geändert werden. Dann wird

das Argument x von f	zum Funktionswert x von φ,
der Funktionswert y von f	zum Argument y von φ,
die Argumentänderung Δx von f	zur Funktionswertänderung Δx von φ,
die Funktionswertänderung Δy von f	zur Argumentänderung Δy von φ.

Ist f durch eine Funktionsgleichung gegeben, also

$$f\colon\ y = f(x),$$

so ist $y = f(x)$ gleichzeitig Funktionsgleichung der Umkehrfunktion in impliziter Form. Explizit lautet sie $x = \varphi(y)$. Zum besseren Verständnis sei ein Beispiel gegeben.

$$f\colon\ y = f(x) = \frac{1}{2}x - 2, \quad \varphi\colon\ x = \varphi(y) = 2y + 4.$$

Der Differenzenquotient der Umkehrfunktion lautet $\frac{\Delta x}{\Delta y}$. Da f die Umkehrfunktion von φ ist, gilt $\Delta y = f(x + \Delta x) - f(x)$. Es ist also

$$\frac{\Delta x}{\Delta y} = \frac{\Delta x}{f(x + \Delta x) - f(x)} = \frac{1}{\dfrac{f(x + \Delta x) - f(x)}{\Delta x}}.$$

Auf Grund der Eineindeutigkeit von f und nach dem Grenzwertsatz (30) folgt

$$\varphi'(y) = \lim_{\Delta y \to 0} \frac{\Delta x}{\Delta y} = \lim_{\Delta x \to 0} \frac{\Delta x}{f(x + \Delta x) - f(x)} = \frac{1}{\lim\limits_{\Delta x \to 0} \dfrac{f(x + \Delta x) - f(x)}{\Delta x}} =$$

$$= \frac{1}{f'(x)}.$$

Satz

Ist f eine eineindeutige, im Intervall (a, b) differenzierbare Funktion und ist $f'(x) \neq 0$ für $x \in (a, b)$, so ist die Umkehrfunktion $f^{-1} = \varphi$ im Intervall (a, b) differenzierbar und hat dort die Ableitung

$$\varphi'(y) = \frac{1}{f'(x)}.$$

Nach dieser Formel ist es nicht notwendig, die explizite Form der Funktionsgleichung von φ herzustellen. Das ist mitunter auch gar nicht möglich (vgl. Beispiel 3).

BEISPIELE

1. Die Funktion $f\colon\ y = f(x) = x^2, \quad x > 0, \quad y > 0$

   hat die Ableitung $f'(x) = 2x, \quad x > 0.$

   Für die Umkehrfunktion

   $$\varphi\colon\ x = \varphi(y) = \sqrt{y}, \quad y > 0, \quad x > 0$$

   ergibt sich somit die Ableitung

   $$\varphi'(y) = \frac{1}{f'(x)} = \frac{1}{2x}, \quad x > 0.$$

Mit $x = \sqrt{y}$ folgt

$$\varphi'(y) = \frac{1}{2\sqrt{y}}.$$

Vertauscht man die Bezeichnung der Variablen, so wird deutlich, daß ein schon bekanntes Ergebnis vorliegt:

$$\varphi\colon\ y = \varphi(x) = \sqrt{x},$$

$$\varphi'(x) = \frac{1}{2y} = \frac{1}{2\sqrt{x}}.$$

2. Beim Bilden der Ableitung von $f\colon\ y = f(x) = \sqrt[n]{x},\ x > 0,\ y > 0$ kann man über die Umkehrfunktion gehen:

$$\varphi\colon\ x = \varphi(y) = y^n, \quad y > 0$$

$$\varphi'(y) = ny^{n-1}$$

$$f'(x) = \frac{1}{\varphi'(y)} = \frac{1}{ny^{n-1}}, \quad y > 0$$

Mit $y = \sqrt[n]{x}$ folgt

$$f'(x) = \frac{1}{n\left(\sqrt[n]{x}\right)^{n-1}}.$$

Auf direktem Wege lautet die Rechnung

$$y = f(x) = \sqrt[n]{x} = x^{\frac{1}{n}},$$

$$f'(x) = \frac{1}{n}x^{\frac{1}{n}-1},$$

$$f'(x) = \frac{1}{n}x^{\frac{1-n}{n}},$$

$$f'(x) = \frac{1}{n\left(\sqrt[n]{x}\right)^{n-1}}.$$

3. Für die durch die Kurvengleichung $x + y^2 - y^5 = 0$ gegebene Kurve soll der Anstiegswinkel der Tangente im Punkte $P_0(0; 1)$ angegeben werden.
Es ist

$$x = \varphi(y) = y^5 - y^2,$$

$$\varphi'(y) = 5y^4 - 2y,$$

$$\tan\tau = f'(x) = \frac{1}{5y^4 - 2y},$$

$$\tan\tau_0 = f'(0) = \frac{1}{5\cdot 1^4 - 2\cdot 1},$$

$$\tan\tau_0 = \frac{1}{3}, \qquad \tau_0 = 18{,}4^\circ.$$

3.3.8. Ermittlung der Ableitung einer ganzrationalen Funktion an einer Stelle x_0 mittels des Hornerschen Schemas

Zur Ermittlung der Funktionswerte einer ganzrationalen Funktion wird zweckmäßigerweise das HORNERsche Schema benutzt (vgl. Band »Algebra und Geometrie«, 18.1.). Auch die Berechnung der Ableitung an einer Stelle x_0 läßt sich sehr einfach mit Hilfe des HORNERschen Schemas durchführen.
Bekanntlich kann das Polynom

$$g_n(x) = a_n x^n + a_{n-1}x^{n-1} + \cdots + a_1 x + a_0$$

für $x_0 \in X$ in der Form

$$g_n(x) = (x - x_0)g_{n-1}(x) + r_0 \tag{I}$$

dargestellt werden. Diese Division mit Rest wird mit dem HORNERschen Schema ausgeführt, das die Koeffizienten $b_0, b_1, \ldots, b_{n-1}$ des Polynoms $g_{n-1}(x)$ und den Divisionsrest r_0 liefert:

$$\begin{array}{c|cccccc|c}
 & a_n & a_{n-1} & a_{n-2} & \cdots & a_1 & a_0 & \\
 & \downarrow & x_0 b_{n-1} & x_0 b_{n-2} & \cdots & x_0 b_1 & x_0 b_0 & \\
\hline
x_0 & b_{n-1} & b_{n-2} & b_{n-3} & \cdots & b_0 & & r_0
\end{array}$$

Für $x = x_0$ folgt aus (I)

$$g_n(x_0) = r_0.$$

Wegen dieser Beziehung dient das HORNERsche Schema zur Berechnung von Funktionswerten der ganzrationalen Funktionen $y = g_n(x)$.
Wird (I) nach x differenziert, so folgt nach der Produktregel

$$g'_n(x) = g_{n-1}(x) + (x - x_0)g'_{n-1}(x). \tag{II}$$

Für $x = x_0$ ergibt sich aus (II):

$$g'_n(x_0) = g_{n-1}(x_0).$$

Das bedeutet: Der Wert des Polynoms $g_{n-1}(x_0)$ ist gleich der Ableitung der ganzrationalen Funktion $y = g_n(x)$ an der Stelle x_0. Diesen Wert $g_{n-1}(x_0)$ erhält man, wenn das HORNERsche Schema auf $g_{n-1}(x)$ angewendet wird. Es zeigt sich also, daß der Divisionsrest r_1 in

$$g_{n-1}(x) = (x - x_0)g_{n-2}(x) + r_1$$

gleich dem Wert der Ableitung $g'_n(x_0)$ der Funktion g_n ist. Zusammengefaßt:

$$\begin{array}{l|cccccc|l}
g_n(x) \rightarrow & a_n & a_{n-1} & a_{n-2} & \cdots\ a_2 & a_1 & a_0 & \\
 & \downarrow & x_0 b_{n-1} & x_0 b_{n-2} & \cdots\ x_0 b_2 & x_0 b_1 & x_0 b_0 & \\
\hline
g_{n-1}(x) \rightarrow x_0 & b_{n-1} & b_{n-2} & b_{n-3} & \cdots\ b_1 & b_0 & & r_0 = g_n(x_0) \\
 & \downarrow & x_0 c_{n-2} & x_0 c_{n-3} & \cdots\ x_0 c_1 & x_0 c_0 & & \\
\hline
g_{n-2}(x) \rightarrow x_0 & c_{n-2} & c_{n-3} & c_{n-4} & \cdots\ c_0 & & & r_1 = g'_n(x_0)
\end{array}$$

Es sei betont, daß sich das nach Division durch $x - x_0$ gewonnene Polynom $g_{n-1}(x)$ *nicht* zur Berechnung einer Ableitung $g'_n(x_1)$ mit $x_1 \neq x_0$ verwenden läßt, da die Division durch $x - x_1$ ein anderes Polynom $\bar{g}_{n-1}(x)$ liefert. Für die von x_0 verschiedene Stelle x_1 muß das HORNERsche Schema erneut angesetzt werden. Bemerkenswert ist, daß sich $g'_n(x_0)$ *ohne* Differentiation durch Fortsetzung des HORNERschen Schemas ergibt.

BEISPIEL

Für die ganzrationale Funktion

$$y = g_4(x) = 1{,}2x^4 - 2{,}5x^3 + 0{,}8x - 3{,}2$$

ist die Ableitung $g'_4(-1{,}4)$ zu berechnen.

Lösung:

Σ:								
$-3{,}7$		1,2	$-2{,}5$	0	0,8	$-3{,}2$		
		↓	$-1{,}68$	5,85	$-8{,}19$	10,35		Kontrolle:
$-4{,}52$	$-1{,}4$	1,2	$-4{,}18$	5,85	$-7{,}39$	$7{,}15 = g_4(-1{,}4)$		$-3{,}7 + 2{,}4 \cdot 4{,}52 = 7{,}15$
		↓	$-1{,}68$	8,20	$-19{,}67$			
9,39	$-1{,}4$	1,2	$-5{,}86$	14,05	$-27{,}06 = g'_4(-1{,}4)$			$-4{,}52 - 2{,}4 \cdot 9{,}39 = -27{,}06$

Zur Kontrollrechnung vergleiche man Band »Algebra und Geometrie«, 18.1.

AUFGABEN

112. Man bilde die Ableitung der Funktionen von Aufgabe 109 unter Anwendung der hergeleiteten Regeln.

Die folgenden Funktionen sind zu differenzieren:

113. a) $y = 2x^4 - 3x^2 - 5x + 6$ b) $y = -0{,}8x^3 + \sqrt{3}\,x^2 + 1{,}9x - 2$

c) $y = \frac{5}{12}x^9 + \frac{4}{3}x^6 - \frac{8}{9}x^3 + 2x$ d) $y = -ax^4 + 3bx^2 + c^2x + d$

e) $y = (4t - 1)^2$ f) $y = (x - a)^2(x + a)$

114. a) $y = -2x^{-5} + 3x^{-3} - 0{,}5x^{-2} + 3$ b) $y = (1 - x^{-4})(2x^2 + x^{-1})$

c) $v = 6u^{\frac{4}{3}} - 2u^{-\frac{1}{3}} - 10u^{\frac{2}{5}}$ d) $y = \left(2x^{-\frac{2}{3}} - 3x^{-\frac{1}{2}}\right)^2$

115. a) $y = \frac{2x^3 - 3}{x^2}$ b) $v = v(s) = as - \frac{bs + c}{s^3}$

c) $y = \frac{(x - 2x^2)^3}{x^5}$ d) $y = \frac{3(x^{-2} - x^{-4})}{x^{-1} + x^{-2}}$ e) $y = \frac{t^{-2} + t^{-3}}{1 + t}$

116. a) $g = t\sqrt{t}$ b) $w = \sqrt[3]{\sqrt{u}}$ c) $y = x^2\left(\sqrt[4]{x^3}\right)$

d) $y = \frac{a - x}{\sqrt{bx}}$ e) $s = \frac{t^2 - 2}{\sqrt[3]{t}}$ f) $v = \frac{1 - u}{u + \sqrt{u}}$

g) $y = \left(x^2 + 2x\sqrt{x} + 4\right)\sqrt[3]{x^2}$ h) $y = \left(\sqrt{x} - x\right)\left(1 + \sqrt{x}\right)$

i) $y = \left(1 - \sqrt[3]{x}\right)^3$ k) $y = \dfrac{(t^{-2} - 1)^2}{t^{-1} + 1}$

117. Welchen Wert hat die Ableitung der Funktion $f\colon\ y = f(x)$ an der Stelle x_1, und welchen Winkel bildet dort die Kurventangente mit der x-Achse?

a) $y = -\dfrac{2}{3}x^5 + 2x^3 - x^2 + 2$ $x_1 = -2$

b) $y = \dfrac{1 - \sqrt{x}}{x}$ $x_1 = 4$

c) $y = 0{,}2x^2 + 0{,}8x + 4$ $x_1 = -4{,}5$

d) $y = \sqrt{x} + \dfrac{1}{\sqrt{x}}$ $x_1 = 0{,}25$

118. An welchen Stellen der Kurve mit der Gleichung $y = 0{,}1x^4 + 0{,}4x^3 - 0{,}8x^2 - 5{,}8x + 8$ bildet die Tangente mit der x-Achse einen Winkel von 135°?

119. Unter welchem Winkel schneidet die Kurve mit der Gleichung

a) $y = 0{,}1x^4 - 0{,}2x^2 - 0{,}3$ b) $y = -x^3 + 3x - 18$

c) $y = \left(x - \sqrt{3}\right)\left(x + \sqrt{3}\right)^2$

die x-Achse?

120. Wo und unter welchen Winkeln schneiden einander die Kurven mit den Gleichungen

a) $y = x^3$ und $y = \sqrt{x}$ b) $y = x^2$ und $y = x^3$

c) $y = x^3 - 2x^2 + 2x + 2$ und $y = 2x - 1$?

121. Wo hat die Kurve mit der Gleichung

a) $y = 2x^3 - 4x^2 + 2x - 5$, b) $y = x^5 - x^3 + \dfrac{1}{4}x - 3$

waagerechte Tangenten?

122. Die Kurve mit der Gleichung $y = x^3 - 10x^2 + 28x - 19$ ist mit Hilfe von Punkten und Tangenten für $x = 1, 2, \ldots, 6$ zu zeichnen.

123. Es ist die Funktion 3. Grades zu bestimmen, für die bekannt ist:

a) $f(0) = -2$, $f(2) = 2$, $f'(-1) = -16$, $f'(0) = 0$;

b) $f(-2) = 1$, $f(1) = -5$, $f'(0) = -8$, $f'(3) = 46$;

c) $f(-2) = 1$, $f'(-2) = -7$, $f'(1) = -4$, $f'(-3) = -20$.

(Ansatz: $y = ax^3 + bx^2 + cx + d$)

124. Man bestimme die Ableitung nach x über die Umkehrfunktion

a) $y = f(x) = \sqrt{2 - x}$ b) $y = f(x) = 1 + \dfrac{1}{\sqrt{1 + x}}$

c) $y = f(x) = \sqrt{\dfrac{x}{a - x}}$ d) $y = \sqrt{\dfrac{1}{x - 1}}$. Geben Sie den Anstieg der Tangente an der Stelle $x_0 = 1{,}25$ an.

125. Welche Punkte der durch die Gleichung

$$y^3 - 3y + x = 0$$

gegebenen Kurve haben die Abszisse $x = 0$? Man gebe die Anstiege der Tangenten in diesen Punkten an.

126. Für $y = g_n(x)$ ist mit Hilfe des Hornerschen Schemas $g'_n(x_0)$ zu berechnen.

a) $y = 2x^3 - 3x^2 + 4x + 10,\qquad x_0 = -2$

b) $y = -x^4 + 3x^2 - 8x - 6,\qquad x_0 = 1{,}6$

c) $y = x^4 + 4{,}40x^3 + 9{,}24x^2 + 5{,}8x + 4{,}32,\qquad x_0 = 1{,}2$

d) $y = -1{,}2x^5 + 4{,}2x^3 - 2{,}2x^2 + 2{,}5x - 3{,}3,\qquad x_0 = 2{,}12$

e) $y = 1{,}6x^4 - 2{,}8x^3 - 10{,}2x^2 + 5{,}8x - 12{,}6,\qquad x_0 = -1{,}28$

127. Die Kurve einer Funktion 3. Grades geht durch die Punkte $P_1(-1;0)$, $P_2(0;2)$, $P_3(1;0)$ und schneidet die x-Achse in P_1 unter einem Winkel von 45°.

a) Wie heißt die Funktionsgleichung?

b) Wie lautet die dritte Nullstelle?

128. Wie heißt die ganzrationale Funktion 3. Grades, deren Kurve

a) im Punkt $(2;-4)$ den Anstieg -3 hat und die Achsen in $x = 4$ und $y = 4$ schneidet;

b) die x-Achse bei $x = -2$ unter einem Winkel von 45° und die y-Achse in $y = 2$ waagerecht schneidet?

129. Für welche Funktion zweiten Grades geht die Kurve durch die Punkte $P_1(-2;0)$ und $P_2(3;-5)$ und hat in P_1 den Anstieg -4?

130. Wie lautet die Gleichung der Geraden, die die Kurve mit der Gleichung $w = u^2 - {}^3/_2 u + 4$ berührt und die Gerade mit der Gleichung $w = 2u - 3$ unter einem rechten Winkel schneidet?

131. Welcher Bedingung müssen die Koeffizienten der Funktion $y = x^3 + ax^2 + bx + c$ genügen, damit die Kurve nirgends eine waagerechte Tangente hat?

132. Wie groß muß b gewählt werden, damit sich die Kurven mit den Gleichungen $y = x^2 - b$ und $y = -x^2 + b$ unter einem rechten Winkel schneiden?

133. Welche Bedingung müssen a und b erfüllen, damit sich die Kurven mit den Gleichungen

$$y = x^2 + 2ax - b \quad \text{und} \quad y = -x^2 - 2ax + b$$

unter einem rechten Winkel schneiden?

134. Wie lautet die ganzrationale Funktion dritten Grades, deren Kurve bei $x = -1$ und $x = 1$ die Gerade mit der Gleichung $y = -{}^1/_2 x + {}^5/_2$ unter einem rechten Winkel schneidet? Wo liegt der dritte Schnittpunkt?

Man differenziere nach der Produktregel.

135. a) $y = (x - 1)(2 - x^2)$ b) $y = (1 - x - x^2)(x^3 + 2x)$

c) $y = (-x^3 + 4x - 1)(x^2 - 6x + 5)$ d) $v = (u^3 - 2)(u^2 - 2u + 1)$

e) $y = (4x^2 - 3x)(2 - x^3)x^3$ f) $y = (2x^2 - 5)^2$

136. a) $y = (x - 1)(x^2 - 1)(x^3 - 1)$ b) $y = (1 - x - x^2)(1 + x^2)$

c) $y = (a - x)(b - x^2)$ d) $y = (x^n - x^{n-2} + 1)^2$

e) $y = (x + a)(x^2 + b)(x^3 + c)$ f) $y = (x^2 - ax + b^2)(x^2 + ax - b^2)$

137. a) $y = (t - 1)\sqrt{t}$ b) $y = \dfrac{3x^2 - a}{\sqrt{x}}$

c) $y = \left(\sqrt[3]{x} - 1\right)\left(2x - \sqrt{x}\right)$ d) $y = \dfrac{4x - 1}{\sqrt[3]{x}}(3x^2 - 1)$

138. a) $y = \dfrac{1}{\sqrt[3]{x}}\left(1 + \sqrt[4]{x}\right)$ b) $y = \left(\dfrac{2}{\sqrt{x}} - \sqrt[3]{x^2} + \dfrac{4\sqrt[3]{x}}{\sqrt{x}}\right)\left(1 + \sqrt{5x} - \sqrt[6]{x^5}\right)$

c) $y = \dfrac{3x^2 + 2}{x\sqrt[3]{x}}\left(4 - \sqrt[3]{x}\right)$ d) $y = \dfrac{\sqrt{x} - 1}{2x^2}\left(1 + \sqrt{x}\right)^2$

139. a) $y = (a + bx)(c - dx) - (a - bx)(c + dx)$ b) $v = (t - 1)^4$

c) $w = (au^2 - 1)^3 (c - bu^3)$ d) $y = (ax + b)^2 (b - ax)^2$

e) $y = (ax + b)^n$ f) $y = (ax^2 - bx + c)^2$

140. a) $y = (x^{2n} - x)\left(x^{3-n} + \dfrac{2}{x}\right)$ b) $y = \left(2x^{\frac{n}{2}} - 1\right)\sqrt[n]{x}$

c) $y = x^n f(x)$ d) $y = [f(x)]^3$

Man differenziere.

141. a) $y = \dfrac{2t}{t - 1}$ b) $y = \dfrac{t + 1}{t - 1}$ c) $y = \dfrac{ax + b}{ax - b}$

d) $y = \dfrac{2x^2 - 1}{3x + 4}$ e) $y = \dfrac{4x^2 - 2x}{3x^3 - x + 4}$ f) $y = \dfrac{2 - 6x^2}{5x - 2x^3}$

142. a) $y = \dfrac{x^2 - x + 1}{x^2 + x - 1}$ b) $y = (2x^2 - 4)\dfrac{2 - 4x^3}{5 - x}$ c) $y = \dfrac{4 - x}{(3 - 2x)(x^2 + 1)}$

d) $y = \dfrac{(3x^2 - 2)(x + 1)}{x^2 + 1}$ e) $k = \dfrac{1}{h + 2}$ f) $y = \dfrac{1}{(x^2 - 2)(3x - 4)}$

143. a) $y = \dfrac{2x - x^3}{2 + x^3}$ b) $y = \dfrac{1 - 2x^2}{(1 - 2x)^2}$ c) $y = \dfrac{x^2 - 2x - 3}{(3 - x)^2}$

d) $y = \dfrac{3}{t^2 + 2}$ e) $y = \dfrac{4x^2 + 6x}{(x - 1)(4x^2 - 9)}$ f) $y = \dfrac{x - 9x^3}{(3x - 1)(1 + 6x + 9x^2)}$

144. a) $y = \dfrac{ax}{x^2 - a}$ b) $y = \dfrac{ax^2}{x^2 - a}$ c) $y = \dfrac{ax - a^2}{x^2 - a^2}$

d) $y = \dfrac{ax}{(x + b)^2}$ e) $y = \dfrac{ax^2 + b}{x^2 - c}$ f) $y = \dfrac{x^n}{x^n - c}$

145. a) $y = \dfrac{1}{1 - \sqrt{x}}$ b) $y = \dfrac{x^3 + 3\sqrt[3]{x}}{2x^2 + x}$ c) $y = \dfrac{\sqrt[3]{t}}{1 - \sqrt[3]{t}}$

d) $y = \dfrac{a - \sqrt{x}}{a + \sqrt{x}}$ e) $y = \dfrac{2a}{a + \sqrt{x}}$ f) $y = \dfrac{2x - \sqrt[3]{x}}{x^2 - 2x - 1}$

g) $y = \dfrac{-2x^2 + 1}{\sqrt{x} - x}$

146. Warum haben die Funktionen der Aufgaben 141a) und 141b) die gleiche Ableitung?

147. a) Für welche Werte von u steigt (fällt) die Kurve der Funktion $w = \dfrac{u}{1 + u^2}$?

b) Wo hat die Kurve waagerechte Tangenten?

148. Die Funktion f ist auf Differenzierbarkeit zu untersuchen. Ist f an einer Stelle nicht differenzierbar, so prüfe man, ob links- und rechtsseitige Ableitung an dieser Stelle existieren. Diese Ableitungen sind im gegebenen Fall zu bestimmen.

a) $y = f(x) = |x^2 - 4|$ b) $y = f(x) = x^2 - 2|x| + 5$

c) $y = f(x) = |x^2 - 2x - 3|$ d) $y = f(x) = (x - 2) \cdot |x + 3|$

e) $y = f(x) = |x^3 - 3x^2 + 3x - 1|$ f) $y = f(x) = |x| \sqrt{|x|}$

3.4. Die Ableitungen der trigonometrischen Funktionen

In der Elementarmathematik wird bei den trigonometrischen Funktionen das Argument zumeist im Gradmaß angegeben. In der höheren Mathematik ist es notwendig, das Bogenmaß zu verwenden. Dies ist beim Auftreten trigonometrischer Funktionen zu beachten.

3.4.1. Die Ableitung der Funktion $y = \sin x$

Der Differenzenquotient von $y = \sin x$ hat den Wert

$$\frac{\Delta y}{\Delta x} = \frac{\sin(x + \Delta x) - \sin x}{\Delta x}.$$

Mit $\sin(x + \Delta x) - \sin x = 2 \sin \dfrac{\Delta x}{2} \cos \dfrac{2x + \Delta x}{2}$ wird

$$\frac{\Delta y}{\Delta x} = \frac{2 \sin \frac{\Delta x}{2} \cos \left(x + \frac{\Delta x}{2}\right)}{\Delta x} = \frac{\sin \frac{\Delta x}{2}}{\frac{\Delta x}{2}} \cos \left(x + \frac{\Delta x}{2}\right)$$

Nach Formel (32) ist $\lim\limits_{z \to 0} \dfrac{\sin z}{z} = 1$. Mit $z = \dfrac{\Delta x}{2}$ gilt demnach $\lim\limits_{\Delta x \to 0} \dfrac{\sin \frac{\Delta x}{2}}{\frac{\Delta x}{2}} = 1$.

Da für $\Delta x \to 0$ außerdem $\cos\left(x + \frac{\Delta x}{2}\right) \to \cos x$ geht, heißt die Ableitung von $y = \sin x$

$$\boxed{(\sin x)' = \cos x} \tag{41}$$

3.4.2. Die Ableitung der Funktion $y = \cos x$

Ähnlich wie für $y = \sin x$ läßt sich die Ableitung der Funktion $y = \cos x$ herleiten. Der Differenzenquotient

$$\frac{\Delta y}{\Delta x} = \frac{\cos(x + \Delta x) - \cos x}{\Delta x}$$

erhält mit $\cos(x + \Delta x) - \cos x = -2 \sin \frac{2x + \Delta x}{2} \sin \frac{\Delta x}{2}$ die Form

$$\frac{\Delta y}{\Delta x} = -\frac{2 \sin\left(x + \frac{\Delta x}{2}\right) \sin \frac{\Delta x}{2}}{\Delta x} = -\sin\left(x + \frac{\Delta x}{2}\right) \cdot \frac{\sin \frac{\Delta x}{2}}{\frac{\Delta x}{2}}.$$

Für $\Delta x \to 0$ geht $\sin\left(x + \frac{\Delta x}{2}\right) \to \sin x$ und $\frac{\sin \frac{\Delta x}{2}}{\frac{\Delta x}{2}} \to 1$. Also wird

$$\boxed{(\cos x)' = -\sin x} \tag{42}$$

3.4.3. Die Ableitungen der Funktionen $y = \tan x$ und $y = \cot x$

Da $\tan x = \frac{\sin x}{\cos x}$ und $\cot x = \frac{\cos x}{\sin x}$ ist, gewinnt man die Ableitungen von $y = \tan x$ und $y = \cot x$ am einfachsten unter Verwendung der Quotientenregel. Man beachte, daß die erste Funktion nur für $\cos x \neq 0$, die zweite nur für $\sin x \neq 0$ differenzierbar ist.

$$y = \tan x = \frac{\sin x}{\cos x} \qquad\qquad y = \cot x = \frac{\cos x}{\sin x}$$

$$y' = \frac{\cos x \cos x + \sin x \sin x}{\cos^2 x} = \qquad\qquad y' = \frac{-\sin x \sin x - \cos x \cos x}{\sin^2 x} =$$

$$= \frac{\cos^2 x + \sin^2 x}{\cos^2 x} \qquad\qquad = -\frac{\sin^2 x + \cos^2 x}{\sin^2 x}$$

Mit $\sin^2 x + \cos^2 x = 1$ erhält man also

$$\boxed{(\tan x)' = \frac{1}{\cos^2 x}} \tag{43}$$

$$\boxed{(\cot x)' = -\frac{1}{\sin^2 x}} \tag{44}$$

Ohne Anwendung von $\sin^2 x + \cos^2 x = 1$ ergibt sich für diese Ableitungen die zuweilen zweckmäßige Form

$$\boxed{(\tan x)' = 1 + \tan^2 x} \tag{43a}$$

bzw.

$$\boxed{(\cot x)' = -(1 + \cot^2 x)} \tag{44a}$$

BEISPIELE

1. $y = 3x^2 \cos x;$ $\qquad \underline{\underline{y' = 6x \cos x - 3x^2 \sin x}}.$

2. Aus $y = \sin 2x$ folgt nach Umformung in $y = 2 \sin x \cos x$

$y' = 2(\cos^2 x - \sin^2 x)$

$\underline{\underline{y' = 2 \cos 2x}}.$

3.5. Das Differential; der Differentialquotient

Wird das Argument x der Funktion f: $y = f(x)$ um Δx geändert, so ändert sich der Funktionswert um Δy.

Die Funktion f sei an der Stelle x differenzierbar. Wir denken uns die durch f gegebene Kurve vom Punkt $P(x; y)$ an durch die Tangente in P *linear fortgesetzt*. Wird jetzt wieder x um Δx geändert, so erfährt der Funktionswert der so fortgesetzten Funktion eine Änderung, die in Bild 92 durch das Ordinatenstück QR dargestellt wird. Diese Änderung $\overline{QR}$ läßt sich leicht berechnen, denn im Tangendreieck PQR gilt:

$$\frac{\overline{QR}}{\overline{PQ}} = \tan \tau .$$

Die Gegenkathete QR wird mit $\mathrm{d}y$ bezeichnet. Mit $\overline{PQ} = \Delta x$ und $\tan \tau = f'(x)$ folgt

$$\mathrm{d}y = f'(x) \cdot \Delta x . \tag{I}$$

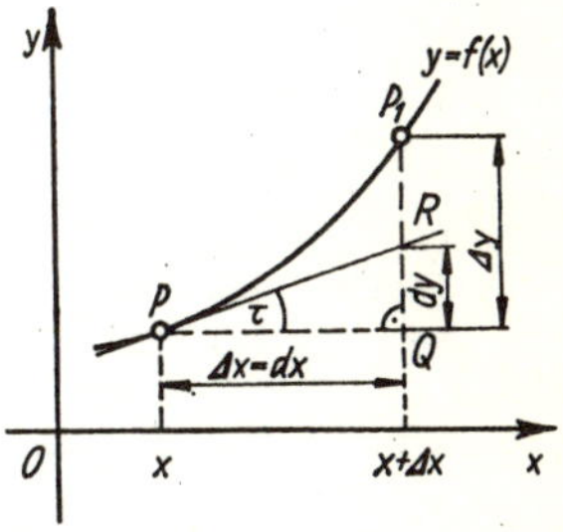

Bild 92

Man nennt $\mathrm{d}y$ das **Differential** der Funktion f: $y = f(x)$. Wegen $y = f(x)$ ist für das Differential auch die Schreibweise $\mathrm{d}f(x)$ üblich.

Während Δy die tatsächliche Änderung des Funktionswertes y bei der Argumentänderung Δx angibt, liefert $\mathrm{d}y$ die Änderung, die $y = f(x)$ erfährt, wenn f von der Stelle x an linear fortgesetzt würde.

BEISPIELE

1. Das Differential der Funktion $y = f(x) = \sin x$ ist

$$\mathrm{d}f(x) = \mathrm{d} \sin x = (\sin x)' \cdot \Delta x = \cos x \cdot \Delta x.$$

2. Das Differential von $y = f(x) = x$ ist

$$\mathrm{d}f(x) = \mathrm{d}x = (x)' \cdot \Delta x = 1 \cdot \Delta x$$

$$\mathrm{d}x = \Delta x.$$

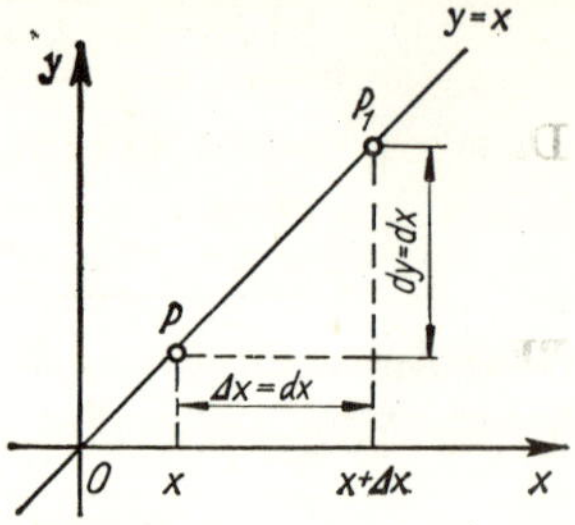

Bild 93

Das letzte Ergebnis ist sehr wichtig:
Das Differential $\mathrm{d}f(x)$ und die Abszissenänderung Δx sind bei der Funktion $y = x$ dem Werte nach gleich (Bild 93). Man kann daher in (I) den Faktor Δx durch das Differential $\mathrm{d}x$ der Funktion $y = x$ ersetzen.
Mit $\Delta x = \mathrm{d}x$ erscheint Gleichung (I) in der Form

$$\boxed{\mathrm{d}y = f'(x)\,\mathrm{d}x} \tag{45}$$

Während stets $\Delta x = \mathrm{d}x$ gilt, ist im allgemeinen $\mathrm{d}y \neq \Delta y$; denn Δy ist die Änderung des Funktionswertes und $\mathrm{d}y$ die Änderung der Tangentenordinate. Nur bei der Geraden fallen Kurve und Tangente zusammen, so daß hier $\Delta y = \mathrm{d}y$ gilt.
Das Differential $\mathrm{d}y$ und die Änderung des Funktionswertes Δy sind beide abhängig von der Stelle x, an der sie gebildet werden, und von der Argumentänderung Δx. Man überlege sich das am folgenden Beispiel.

BEISPIEL

3. Für die Funktion $y = f(x) = x^2$ sind Δy und $\mathrm{d}y$ an der Stelle $x = 1$ zu berechnen, wenn $\Delta x = \mathrm{d}x$ die Werte 10; 1; 0,1; ...; 0,0001 annimmt.
Für Δy erhält man

$$\Delta y = f(x + \Delta x) - f(x) = 2x\,\Delta x + (\Delta x)^2.$$

Für $\mathrm{d}y$ ergibt sich

$$\mathrm{d}y = f'(x)\,\mathrm{d}x = 2x\,\mathrm{d}x.$$

Ist $x = 1$ und $\Delta x = 10$, so wird $\Delta y = 120$, $\mathrm{d}y = 20$.
Die weiteren Werte für Δy und $\mathrm{d}y$ sind in der nachfolgenden Tabelle zusammengestellt.

$\Delta x = \mathrm{d}x$	$\Delta y = f(x + \Delta x) - f(x)$	$\mathrm{d}y = f'(x)\,\mathrm{d}x$
10	120	20
1	3	2
0,1	0,21	0,2
0,01	0,0201	0,02
0,001	0,002001	0,002
0,0001	0,00020001	0,0002

Der Zusammenhang zwischen Δy und Δx ist — abgesehen von linearen Funktionen — mehr oder weniger kompliziert:

$$\Delta y = f(x + \Delta x) - f(x).$$

Dagegen besteht zwischen Differential $\mathrm{d}y$ und Δx die einfache *lineare Beziehung*

$$\mathrm{d}y = f'(x) \cdot \Delta x.$$

BEISPIEL

4. Für $y = x^3$ ist

$$\Delta y = (x + \Delta x)^3 - x^3, \qquad \Delta y = 3x^2 \Delta x + 3x(\Delta x)^2 + (\Delta x)^3,$$

$$\mathrm{d}y = (x^3)' \Delta x, \qquad \mathrm{d}y = 3x^2 \Delta x.$$

An der Stelle $x = 2$ gilt z. B.

$$\Delta y = 12\Delta x + 6(\Delta x)^2 + (\Delta x)^3,$$

$$\mathrm{d}y = 12\Delta x.$$

Im Beispiel 4 sind bei $\mathrm{d}y$ gegenüber Δy die Glieder mit Potenzen von Δx vernachlässigt. Je kleiner Δx ist, desto weniger fällt diese Vernachlässigung ins Gewicht. So ist für $\Delta x = 0{,}1$:

$$\Delta y = 1{,}261 \approx \mathrm{d}y = 1{,}2.$$

Für hinreichend kleines Δx gilt also hier $\Delta y \approx \mathrm{d}y$.

Das Ersetzen von Δy durch den Näherungswert $\mathrm{d}y$ bedeutet ein Vernachlässigen von Gliedern, die für kleines Δx bei der Berechnung von Δy nur geringen Einfluß auf das Ergebnis haben. Der Gewinn ist eine einfacher zu handhabende lineare Beziehung. Durch die Unterdrückung von vernachlässigbaren Größen wird die Aufgabe, Δy zu berechnen, *linearisiert*. Das Vorgehen, komplizierte Zusammenhänge zu linearisieren, wird in der Praxis vielfach angewendet.

Es zeigt sich, daß die Näherung $\Delta y \approx \mathrm{d}y$ bei kleinem $\Delta x = \mathrm{d}x$ für differenzierbare Funktionen allgemein gilt. Bildet man nämlich $\dfrac{\Delta y}{\mathrm{d}y}$, so ergibt eine kleine Umformung $[f'(x) \neq 0]$

$$\frac{\Delta y}{\mathrm{d}y} = \frac{f(x + \Delta x) - f(x)}{f'(x)\,\Delta x} = \frac{\dfrac{f(x + \Delta x) - f(x)}{\Delta x}}{f'(x)}.$$

Es wird damit

$$\lim_{\Delta x \to 0} \frac{\Delta y}{\mathrm{d}y} = \frac{\lim\limits_{\Delta x \to 0} \dfrac{f(x + \Delta x) - f(x)}{\Delta x}}{\lim\limits_{\Delta x \to 0} f'(x)} = \frac{f'(x)}{f'(x)} = 1.$$

Das bedeutet, daß für kleines Δx gilt:

$$\frac{\Delta y}{\mathrm{d}y} \approx 1 \quad \text{oder} \quad \Delta y \approx \mathrm{d}y = f'(x)\,\mathrm{d}x,$$

wie behauptet wurde. Für genügend kleines Δx kann also Δy durch $\mathrm{d}y$ ersetzt werden. Das wird auch am Beispiel der Tabelle auf S. 156 sichtbar. Eine Anwendung wird die Beziehung $\Delta y \approx \mathrm{d}y$ in 21.2. finden.
Dividiert man Gleichung (45) durch $\mathrm{d}x$, so ergibt sich

$$\boxed{\frac{\mathrm{d}y}{\mathrm{d}x} = f'(x)} \tag{46}$$

Der Quotient der Differentiale $\mathrm{d}y$ und $\mathrm{d}x$ wird gelesen »$\mathrm{d}y$ durch $\mathrm{d}x$« und heißt Differentialquotient. Da der Differentialquotient gleich dem Grenzwert $\lim\limits_{\Delta x \to 0} \frac{\Delta y}{\Delta x}$ des Differenzenquotienten ist, pflegt man die Bezeichnungen »Ableitung« und »Differentialquotient« nebeneinander zu gebrauchen.
Wegen $f'(x) = \lim\limits_{\Delta x \to 0} \frac{\Delta y}{\Delta x}$ ist für (46) auch die Schreibweise

$$\boxed{\lim_{\Delta x \to 0} \frac{\Delta y}{\Delta x} = \frac{\mathrm{d}y}{\mathrm{d}x}} \tag{46a}$$

möglich. Das ist die Definitionsgleichung von LEIBNIZ für den Differentialquotienten. Formel (46a) kann zu der *falschen* Auffassung führen, für $\Delta x \to 0$ ergäben sich die Differentiale $\mathrm{d}y$ und $\mathrm{d}x$ und sie wären »unendlich kleine« Größen. Der Grenzwert $\lim\limits_{\Delta x \to 0} \frac{\Delta y}{\Delta x}$ ergibt aber den *Quotienten* der Differentiale, und diese selbst können durchaus große Werte annehmen, wie der Anfang der Tabelle auf S. 156 zeigt.
Aus der differentiellen Schreibweise für die Ableitung geht klar hervor, welches die Variable ist, nach der differenziert werden soll. So heißt für $u = f(s)$ der Differentialquotient $\frac{\mathrm{d}u}{\mathrm{d}s}$, und für $u = as^4 - bs^2 + c$ wird

$$\frac{\mathrm{d}u}{\mathrm{d}s} = \frac{\mathrm{d}}{\mathrm{d}s}(as^4 - bs^2 + c) = 4as^3 - 2bs.$$

Nach 1.3.6. gibt der Differenzenquotient $\frac{\Delta s}{\Delta t}$ die mittlere Geschwindigkeit an. Je kleiner Δt gewählt wird, desto besser beschreibt dieser Quotient die Geschwindigkeit zum Zeitpunkt t. Für $\Delta t \to 0$ erhält man die Geschwindigkeit zum Zeitpunkt t. Nach (46a) wird

$$v = \lim_{\Delta t \to 0} \frac{\Delta s}{\Delta t} = \frac{\mathrm{d}s}{\mathrm{d}t}.$$

Die Geschwindigkeit ist die Ableitung der Weg-Zeit-Funktion nach der Zeit. Für den freien Fall gilt

$$s = f(t) = \frac{g}{2} t^2 .$$

Für die Geschwindigkeit erhält man daraus die bekannte Formel $v = gt$:

$$v = \frac{ds}{dt} = \frac{g}{2} \cdot 2 \cdot t = gt .$$

Aus der mittleren Beschleunigung $\frac{\Delta v}{\Delta t}$ wird für $\Delta t \to 0$ die Beschleunigung zum Zeitpunkt t:

$$a = \lim_{\Delta t \to 0} \frac{\Delta v}{\Delta t} = \frac{dv}{dt} .$$

Die Beschleunigung ist die Ableitung der Geschwindigkeit-Zeit-Funktion nach der Zeit. Beim freien Fall ist

$$v = gt .$$

Es wird

$$a = \frac{dv}{dt} = g .$$

Bei der Drehbewegung hängt der überstrichene Winkel von der verstrichenen Zeit ab: $\alpha = \alpha(t)$. Die mittlere Winkelgeschwindigkeit ist dann $\omega_m = \frac{\Delta \alpha}{\Delta t}$. Daraus ergibt sich die Winkelgeschwindigkeit

$$\omega = \lim_{\Delta t \to 0} \frac{\Delta \alpha}{\Delta t} = \frac{d\alpha}{dt} .$$

Bei der Drehbewegung mit konstanter Winkelgeschwindigkeit ω_0 ist

$$\alpha = \omega_0 t \quad \text{und} \quad \frac{d\alpha}{dt} = \omega_0 .$$

AUFGABEN

Wie lauten die Ableitungen der nachstehenden Funktionen?

149. a) $y = \sin^2 x$ b) $y = \cot^2 x$ c) $y = 3 \sin t + t \cos t$

d) $y = 2 \sin \alpha (\alpha - \cot \alpha)$ e) $y = (2 \tan x - 3 \sin x)(\cot x - 2 \cos x)$

f) $y = (x - \tan x) \sin x \cos x$

150. a) $y = \frac{1}{1 + \tan \alpha}$ b) $y = \frac{1 - \cos x}{1 + \sin x}$ c) $y = \frac{x + \cot x}{\sin^2 x}$

d) $y = \frac{\sin t}{t}$ e) $y = -\frac{\cos x}{2x \tan x}$ f) $y = \frac{(2x^2 - 1) \sin x}{1 + \cos x}$

151. a) $y = 2x^3 \tan x$ b) $y = t(\sin t - \cos t)$ c) $y = \sin\alpha - \alpha\cos\alpha$

d) $y = 2x\sin x - (x^2 - 2)\cos x$ e) $y = \dfrac{2x}{1 + \tan x}$ f) $y = \dfrac{x\tan^2 x}{1 + \tan x}$

152. Man differenziere und vereinfache das Ergebnis soweit wie möglich.

a) $y = \cos 2x + \sin^2 x$ b) $y = 3\sin 2x + 2\cos^2 x + 4\sin^2 x$

c) $y = \cos x\,(\sin x + \cos x)$ d) $y = (4\sin x - 8\sin^3 x)\cos x$

e) $y = \dfrac{1}{\cos x} + \tan x$ f) $y = \dfrac{-1 + \sin x}{\cos x}$

g) $y = x - \sin x\cos x$ h) $y = x + \sin x\cos x$

153. Unter welchem Winkel schneidet die Kurve mit der Gleichung

a) $y = \sin ax$, b) $y = \tan ax$

die x-Achse?

154. Unter welchem Winkel schneiden einander die Kurven mit den Gleichungen

a) $y = \sin x$ und $y = \cos x$, b) $y = \tan x$ und $y = \cot x$, c) $y = \sin 2x$ und $y = \sin^2 x$?

155. Wie heißt das Differential $\mathrm{d}y$ der Funktion

a) $y = 4x^3 - 2x^2 + 1$, b) $y = \tan x$,

c) $y = \dfrac{1}{x^2}$, d) $y = x - 5$?

156. Für die folgenden Funktionen sind an der Stelle x_1 die Differenz $\Delta y - \mathrm{d}y$ sowie die Quotienten $\dfrac{\Delta y - \mathrm{d}y}{\mathrm{d}y}$ und $\dfrac{\Delta y - \mathrm{d}y}{\Delta y}$ für die Werte $\Delta x = 2; 1; 0{,}5; 0{,}1$ zu bilden. Die Ergebnisse sind — soweit möglich — zeichnerisch zu veranschaulichen.

a) $y = 0{,}3x^2$, $x_1 = 0{,}5$ b) $y = 0{,}1x^3 - 2$, $x_1 = -2$

157. Ein Körper bewegt sich mit einer Geschwindigkeit $v_0 = 14\ \mathrm{ms}^{-1}$. Er wird gebremst und bewegt sich nach dem Weg-Zeit-Gesetz

$$s = 14\ \mathrm{ms}^{-1} \cdot t - 2{,}25\ \mathrm{ms}^{-2} \cdot t^2 + 0{,}03\ \mathrm{ms}^{-3} \cdot t^3,$$

bis er zum Stehen kommt.
Wie lang ist der Bremsweg ?

158. Ein Körper wird aus der Höhe $h = 0$ mit der Anfangsgeschwindigkeit v_0 unter einem Winkel α gegen die Horizontalebene geworfen (Bild 94). Seine Bewegungskomponenten in horizontaler und vertikaler Richtung sind dann (ohne Berücksichtigung des Luftwiderstandes):

$$x = x(t) = v_0 t\cos\alpha, \qquad y = y(t) = v_0 t\sin\alpha - \frac{g}{2}t^2$$

(vgl. Band »Algebra und Geometrie«, 28.4.).

a) Wie groß sind die Komponenten v_x und v_y seiner Geschwindigkeit zur Zeit t?
b) Wie groß ist seine Bahngeschwindigkeit v (vgl. Bild 94) zur Zeit t?
c) Wie groß ist seine Aufschlaggeschwindigkeit v_e an der Stelle x_e?

159. Ein Körper wird unter den in Aufgabe 158 genannten Bedingungen geworfen und trifft auf eine Ebene auf, die, von der Abwurfstelle ausgehend, gegen die Horizontalebene unter dem Winkel β geneigt ist (Bild 94). Wie groß ist seine Aufschlaggeschwindigkeit v_β?

160. Ein Körper wird aus der Höhe h unter den Bedingungen der Aufgabe 158 geworfen (vgl. Bild 95). Wie groß ist seine Aufschlaggeschwindigkeit v_e?

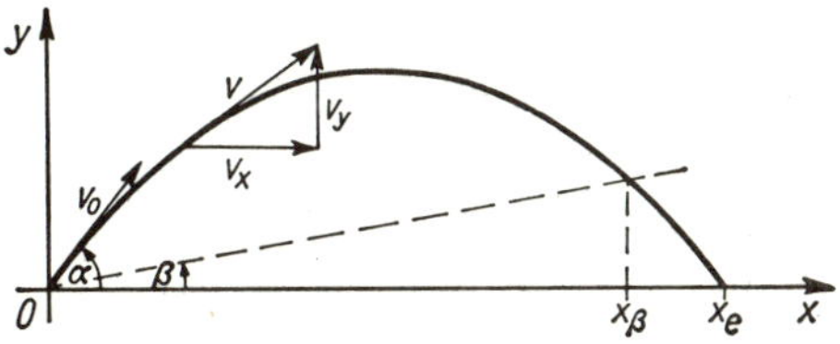

Bild 94

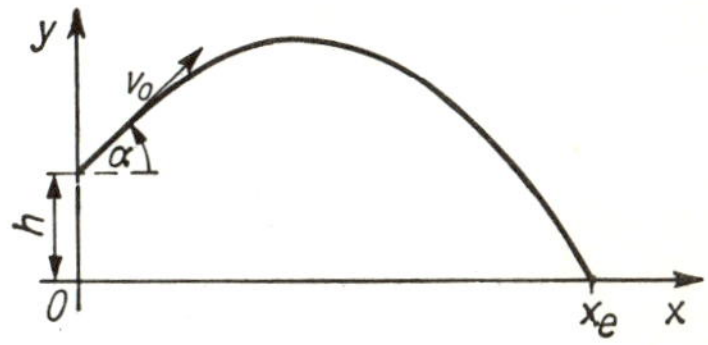

Bild 95

3.6. Die Ableitung der mittelbaren Funktion. Die Ableitung einer Funktion in impliziter Darstellung

Nach den in 3.3. erhaltenen Vorschriften können eine Reihe von elementaren Funktionen sowie Summen, Produkte und Differenzen dieser Funktionen differenziert werden. Die Differentiation von Funktionen wie

$$y = f(x) = \sin(2x + 3) \quad \text{oder} \quad y = f(x) = 3\sqrt{\cos(1 - x^2)}$$

ist aber nach den bisher bekannten Regeln nicht möglich. Bevor für solche Funktionen eine Ableitungsvorschrift hergeleitet wird, sollen die angeführten Beispiele näher betrachtet werden.

Ist im ersten Beispiel ein Funktionswert zu berechnen, so wird man zunächst in dem Term $2x + 3$ die Variable x mit dem ins Auge gefaßten Argumentwert belegen und von dem sich ergebenden Wert $u = 2x + 3$ den Sinuswert aufsuchen, also $\sin u$ bilden.

$$y = f(x) = \sin u \quad \text{mit} \quad u = 2x + 3$$

ist dann der x zugeordnete Funktionswert.

Diesem Vorgehen entspricht, daß man f: $y = f(x) = \sin(2x + 3)$ als mittelbare Funktion (vgl. 1.3.3.) auffaßt, bei der zunächst dem Wert x der Funktionswert $u = \varphi(x) = 2x + 3$ und anschließend dem Wert u der Funktionswert $y = \psi(u) = \sin u$ zugeordnet wird. Kurz:

$$x \xrightarrow{\varphi} u \xrightarrow{\psi} y.$$

Man bezeichnet φ als *innere* und ψ als *äußere Funktion* der mittelbaren Funktion und schreibt

$$y = f(x) = \psi[\varphi(x)].$$

Die Funktionen φ: $u = \varphi(x) = 2x + 3$ und ψ: $y = \psi(u) = \sin u$ sind Funktionen, für die Ableitungsregeln bereitstehen. Man wird daher versuchen, die Ableitung von f über die Ableitungen von φ und ψ zu gewinnen.
Ist eine mittelbare Funktion f: $f(x) = \psi[\varphi(x)]$ mit $u = \varphi(x)$, $y = \psi(u)$ gegeben, so lassen sich die Differenzenquotienten

$$\frac{\Delta y}{\Delta u} = \frac{\psi(u + \Delta u) - \psi(u)}{\Delta u} \quad \text{und} \quad \frac{\Delta u}{\Delta x} = \frac{\varphi(x + \Delta x) - \varphi(x)}{\Delta x}$$

bilden. Das Produkt dieser beiden Differenzenquotienten liefert $\frac{\Delta y}{\Delta x}$, den Differenzenquotienten der mittelbaren Funktion:

$$\frac{\Delta y}{\Delta x} = \frac{\Delta y}{\Delta u} \cdot \frac{\Delta u}{\Delta x}.$$

Geht $\Delta x \to 0$, so strebt – falls φ: $u = \varphi(x)$ stetig ist – auch $\Delta u \to 0$. Es wird also nach dem Grenzwertsatz über Produkte

$$\lim_{\Delta x \to 0} \frac{\Delta y}{\Delta x} = \lim_{\Delta u \to 0} \frac{\Delta y}{\Delta u} \cdot \lim_{\Delta x \to 0} \frac{\Delta u}{\Delta x},$$

$$\boxed{\frac{\mathrm{d}y}{\mathrm{d}x} = \frac{\mathrm{d}y}{\mathrm{d}u} \cdot \frac{\mathrm{d}u}{\mathrm{d}x}} \tag{47}$$

Wegen $\frac{\mathrm{d}y}{\mathrm{d}u} = \psi'(u)$ und $\frac{\mathrm{d}u}{\mathrm{d}x} = \varphi'(x)$ ergibt sich als andere Schreibweise

$$\boxed{f'(x) = \psi'(u) \cdot \varphi'(x)} \tag{47a}$$

Diese Regel heißt **Kettenregel.**

Die Ableitung einer mittelbaren Funktion $y = f(x) = \psi[\varphi(x)]$ ist gleich dem Produkt der Ableitungen von äußerer und innerer Funktion.

In Formel (47) zeigen sich die Vorzüge der differentiellen Schreibweise, denn formal läßt sich die rechte Seite durch Erweitern der linken mit du erhalten. Das wäre aber kein Beweis dieser Formel, denn bei den Differentialquotienten $\frac{\mathrm{d}y}{\mathrm{d}u}$ und $\frac{\mathrm{d}u}{\mathrm{d}x}$ ist u einmal unabhängige, dann abhängige Variable. Trotzdem wird man natürlich die in (47) gewonnene Erkenntnis auch formal anwenden. So ist (47) auch in der Form

$$\frac{\mathrm{d}y}{\mathrm{d}x} = \frac{\mathrm{d}y}{\mathrm{d}t} \cdot \frac{\mathrm{d}t}{\mathrm{d}x}$$

richtig, wenn $t = \varphi(x)$ und $y = \psi(t)$, also $y = f(x) = \psi[\varphi(x)]$ gilt.

Die Kettenregel läßt sich auf den Fall von zwei und mehr inneren Funktionen erweitern. Für

$$y = f(x) = f_1\{f_2[f_3(x)]\}$$

mit

$$u = f_3(x), \quad v = f_2(u), \quad y = f_1(v)$$

gilt z. B.

$$\frac{\mathrm{d}y}{\mathrm{d}x} = \frac{\mathrm{d}y}{\mathrm{d}v} \cdot \frac{\mathrm{d}v}{\mathrm{d}u} \cdot \frac{\mathrm{d}u}{\mathrm{d}x}$$

oder

$$f'(x) = f_1'(v) \cdot f_2'(u) \cdot f_3'(x).$$

BEISPIELE

1. $y = \sin(2x + 3)$

   Lösung: Innere Funktion: $u = \varphi(x) = 2x + 3$.

   Äußere Funktion: $y = \psi(u) = \sin u$.

   Mit $\quad \dfrac{\mathrm{d}y}{\mathrm{d}u} = \psi'(u) = \cos u \quad$ und $\quad \dfrac{\mathrm{d}u}{\mathrm{d}x} = \psi'(x) = 2$

   wird $\quad y' = 2 \cdot \cos u = \underline{\underline{2\cos(2x + 3)}}$.

2. $y = 3\sqrt{\cos(1 - x^2)}$

   Lösung: $u = f_3(x) = 1 - x^2; \quad v = f_2(u) = \cos u; \quad y = f_1(v) = 3\sqrt{v}$

   $$\frac{\mathrm{d}u}{\mathrm{d}x} = -2x \qquad \frac{\mathrm{d}v}{\mathrm{d}u} = -\sin u \qquad \frac{\mathrm{d}y}{\mathrm{d}v} = \frac{3}{2\sqrt{v}}$$

   $$y' = -2x \cdot (-\sin u) \cdot \frac{3}{2\sqrt{v}}$$

   $$y' = \underline{\underline{\frac{3x\sin(1 - x^2)}{\sqrt{\cos(1 - x^2)}}}}$$

Häufig tritt der Fall ein, daß eine Funktion in einer impliziten Darstellung $F(x; y) = 0$ vorliegt, für die sich u. U. keine explizite Form angeben läßt. Auch solche Funktionen lassen sich zum großen Teil mit den bisher bereitgestellten Mitteln differenzieren.

Die Ableitung der Funktion f: $y = f(x)$ ist so definiert, daß für den Term $f(x)$ der Term

$$\frac{f(x + \Delta x) - f(x)}{\Delta x}$$

gebildet und davon der Grenzwert für $\Delta x \to 0$ bestimmt wird. Das Ergebnis ist ein Term $f'(x)$.

Auf Grund der Grenzwertsätze war es möglich, formale Vorschriften — die Ableitungsregeln — für die Bildung von $f'(x)$ zu gewinnen, falls $f(x)$ Linearkombination, Produkt, Quotient oder mittelbarer Term anderer Terme ist. Die Grenzwertsätze erlauben es, einen Term $F(x; y)$ in der gleichen Weise wie einen Term $f(x)$ zu behandeln. Zu beachten ist nur, daß jeder die Variable y enthaltende Term $F(x; y)$ wegen $y = f(x)$ ein mittelbarer Term $F[x; f(x)]$ der Variablen x ist, auf den folglich die Kettenregel anzuwenden ist.

Als Beispiel sei die Funktion

$$F(x; y) = x^2 - y^3 = 0 \qquad \text{(I)}$$

genommen. Die linke Seite läßt sich als Summe der Terme

$$\varphi(x) = x^2 \quad \text{und} \quad \psi(y) = y^3$$

auffassen, wobei $\psi(y) = y^3$ wegen $y = f(x)$ ein mittelbarer Term von x ist: $\chi(x) = \psi[f(x)]$. Auf die Linearkombination $F(x; y) = \varphi(x) - \psi[f(x)]$ lassen sich die Differentiationsregeln in bekannter Weise anwenden:

$$\varphi'(x) = 2x, \quad \chi'(x) = \psi'(y) \cdot f'(x) = 3y^2 \cdot y'.$$

Die Differentiation von (I) nach x liefert somit

$$\frac{\mathrm{d}}{\mathrm{d}x} F(x; y) = 2x - 3y^2y' = 0$$

und schließlich

$$y' = \frac{2x}{3y^2}.$$

Da hier $F(x; y) = 0$ nach y auflösbar ist, folgt mit $y = \sqrt[3]{x^2}$

$$y' = \frac{2}{3\sqrt[3]{x}}.$$

Häufig tritt der Fall ein, daß $F(x; y) = 0$ keine eindeutige Abbildung des Variablenbereiches X in den Variablenbereich Y liefert. Auch dann kann so, wie am Beispiel demonstriert, verfahren werden.

Zum Beispiel folgt aus

$$F(x; y) = x^3 - y^2 = 0 \quad (x \geqq 0)$$

bei Differentiation nach x:

$$\frac{\mathrm{d}}{\mathrm{d}x} F(x; y) = 3x^2 - 2yy' = 0$$

$$y' = \frac{3x^2}{2y}. \qquad \text{(II)}$$

Für $y \geqq 0$ stellt $F(x; y) = x^3 - y^2 = 0$ die Funktion $y = \sqrt{x^3}$ dar (Bild 55, ausgezogene Kurve), deren Ableitung nach (II)

$$y' = \frac{3}{2}\sqrt{x}$$

lautet.

$x^3 - y^2 = 0$ mit $y \leqq 0$ ist die implizite Darstellung der Funktion $y = -\sqrt{x^3}$, für deren Ableitung aus (II)

$$y' = -\frac{3}{2}\sqrt{x}$$

folgt.

Aus diesen Überlegungen ergibt sich, daß $y' = \frac{3x^2}{2y}$ den Anstieg der Tangente für jeden Punkt $(x; y)$ der Kurve $x^3 - y^2 = 0$ angibt.

BEISPIELE

3. $\cos x + x \sin y = 0$

Lösung: $-\sin x + \sin y + xy' \cos y = 0$

$$y' = \frac{\sin x - \sin y}{x \cos y}.$$

4. Es soll die Gültigkeit der in 3.2. für positives ganzzahliges n bewiesenen Ableitungsregel

$$\frac{\mathrm{d}x^n}{\mathrm{d}x} = nx^{n-1}$$

für rationales $n = \frac{p}{q}$ nachgewiesen werden. Der Nachweis ist nur für $x > 0$ zu führen, da die Potenz $x^{\frac{p}{q}}$ nur für $x > 0$ erklärt ist.

Lösung: Nach Umformung von $y = x^{\frac{p}{q}}$ $(x > 0)$ in

$$y^q = x^p$$

wird $\quad qy^{q-1} \cdot y' = px^{p-1},$

$$y' = \frac{p}{q} \cdot \frac{x^{p-1}}{y^{q-1}} = \frac{p}{q} \cdot \frac{x^{p-1}}{x^{\frac{p}{q}(q-1)}},$$

$$y' = \frac{p}{q} \cdot \frac{x^{p-1}}{x^{p-\frac{p}{q}}} = \frac{p}{q}\, x^{\frac{p}{q}-1}$$

5. Es soll die Gleichung der Tangente aufgestellt werden, die die Ellipse $\frac{x^2}{a^2} + \frac{y^2}{b^2} = 1$ in $P_0(x_0; y_0)$ berührt.

Lösung: Durch Differentiation der Ellipsengleichung gewinnt man

$$\frac{2x}{a^2} + \frac{2yy'}{b^2} = 0.$$

Daraus ergibt sich für den Anstieg in $P_0(x_0; y_0)$

$$y_0' = -\frac{b^2 x_0}{a^2 y_0}.$$

Die Tangente in P_0 hat also die Gleichung

$$\frac{y - y_0}{x - x_0} = -\frac{b^2 x_0}{a^2 y_0}.$$

Nach Umformung folgt

$$\frac{x x_0 - x_0^2}{a^2} + \frac{y y_0 - y_0^2}{b^2} = 0$$

$$\frac{x x_0}{a^2} + \frac{y y_0}{b^2} = \frac{x_0^2}{a^2} + \frac{y_0^2}{b^2}$$

$$\underline{\underline{\frac{x x_0}{a^2} + \frac{y y_0}{b^2} = 1.}}$$

3.7. Die Ableitung der logarithmischen und der Exponentialfunktion

3.7.1. Die Ableitung der logarithmischen Funktion

Zur Herleitung der Ableitungsvorschrift für die Logarithmusfunktion $y = \log_a x$ wird wieder vom Differenzenquotienten ausgegangen:

$$\frac{\Delta y}{\Delta x} = \frac{\log_a(x + \Delta x) - \log_a x}{\Delta x}.$$

Wegen $\log_a(x + \Delta x) - \log_a x = \log_a \frac{x + \Delta x}{x}$ wird

$$\frac{\Delta y}{\Delta x} = \frac{1}{\Delta x} \cdot \log_a \left(1 + \frac{\Delta x}{x}\right) = \frac{1}{x} \cdot \frac{x}{\Delta x} \cdot \log_a \left(1 + \frac{\Delta x}{x}\right).$$

Nun ist

$$\frac{x}{\Delta x} \cdot \log_a \left(1 + \frac{\Delta x}{x}\right) = \log_a \left(1 + \frac{\Delta x}{x}\right)^{\frac{x}{\Delta x}}.$$

Also folgt

$$\frac{\Delta y}{\Delta x} = \frac{1}{x} \cdot \log_a \left(1 + \frac{\Delta x}{x}\right)^{\frac{x}{\Delta x}}.$$

Setzt man vorübergehend $\frac{x}{\Delta x} = n$, so erhält der Numerus des Logarithmus die Gestalt

$$\left(1 + \frac{1}{n}\right)^n.$$

Für $\Delta x \to 0$ geht $\frac{x}{\Delta x} = n \to \infty$, also ist

$$\lim_{\Delta x \to 0} \left(1 + \frac{\Delta x}{x}\right)^{\frac{x}{\Delta x}} = \lim_{n \to \infty} \left(1 + \frac{1}{n}\right)^n.$$

Damit wird, wegen $\lim\limits_{n\to\infty}\left(1+\frac{1}{n}\right)^n = \mathrm{e}$,

$$\lim_{\Delta x\to 0}\left(1+\frac{\Delta x}{x}\right)^{\frac{x}{\Delta x}} = \mathrm{e}$$

und

$$\lim_{\Delta x\to 0}\frac{\Delta y}{\Delta x} = \frac{1}{x}\cdot\lim_{\Delta x\to 0}\left[\log_a\left(1+\frac{\Delta x}{x}\right)^{\frac{x}{\Delta x}}\right] = \frac{1}{x}\cdot\log_a \mathrm{e}.$$

Es gilt also

$$\boxed{(\log_a x)' = \frac{1}{x}\cdot\log_a \mathrm{e} = \frac{1}{x\ln a}} \tag{48}$$

Die Basis des natürlichen Logarithmus ist e. Für $y = \ln x$ folgt daher nach (48)

$$\frac{\mathrm{d}(\ln x)}{\mathrm{d}x} = \frac{1}{x}\cdot\log_{\mathrm{e}} \mathrm{e},$$

und wegen $\log_{\mathrm{e}} \mathrm{e} = 1$

$$\boxed{(\ln x)' = \frac{1}{x}} \tag{49}$$

Die Einfachheit der letzten Regel ist ein Grund für die Bevorzugung des natürlichen Logarithmus in der höheren Mathematik.

BEISPIELE

1. Bei $y = \ln x^3$ führt, wie in vielen Fällen, die Anwendung der Logarithmengesetze zur Vereinfachung der Rechnung:

$$y = 3\ln x,$$

$$\underline{\underline{y' = \frac{3}{x}.}}$$

Anmerkung: Wie stets bei der Umformung einer Gleichung ist auf Äquivalenz der Umformung zu achten! So sind die Gleichungen $y = \ln x^2$ und $y = 2\ln x$ *nicht* äquivalent, da der Variablenbereich der ersten Gleichung $X_1 = R\setminus\{0\}$, der der zweiten Gleichung $X_2 = (0, +\infty)$ ist. Nach Differentiation ergibt sich in beiden Fällen die Gleichung $y' = 2/x$. Die Ableitungsfunktion zu $y = \ln x^2$ ist

$$f' = \left\{(x; y')\mid y' = \frac{2}{x}\wedge x\in R\setminus\{0\}\right\}.$$

Für $y = 2 \ln x$ lautet sie

$$f' = \left\{(x; y') \mid y' = \frac{2}{x} \wedge x \in (0, +\infty)\right\}.$$

2. $y = \ln \frac{1-x^2}{1+x^2}$. Für $|x| < 1$ ist das äquivalent mit $y = \ln(1-x^2) - \ln(1+x^2)$. Es folgt

$$y' = -\frac{2x}{1-x^2} - \frac{2x}{1+x^2} = \underline{\underline{-\frac{4x}{1-x^4}}} \qquad (|x| < 1).$$

3. $y = \ln f(x)$.

$$y' = f'(x) \cdot \frac{1}{f(x)} = \underline{\underline{\frac{f'(x)}{f(x)}}} \qquad [f(x) > 0].$$

Beispiel 2 kann auch mit Hilfe des Ergebnisses von Beispiel 3 berechnet werden.

3.7.2. Die Ableitung der Exponentialfunktion

Die Umkehrung der Exponentialfunktion

$$f\colon \; y = f(x) = a^x, \quad a > 0, \quad x \in R$$

ist die Logarithmusfunktion

$$\varphi\colon \; x = \varphi(y) = \log_a y, \quad y > 0.$$

Da die Logarithmusfunktion überall im Definitionsbereich differenzierbar und stets $\varphi'(y) \neq 0$ ist, ist $y = f(x) = a^x$ für alle $x \in R$ differenzierbar (vgl. 3.3.7.). Auf Grund der Beziehung $\varphi'(y) = \frac{1}{f'(x)}$ bzw. $f'(x) = \frac{1}{\varphi'(y)}$ gewinnt man aus der Ableitung der Logarithmusfunktion

$$\varphi'(y) = \frac{1}{y \ln a}$$

die Ableitung der Exponentialfunktion

$$f'(x) = y \ln a.$$

Mit $y = a^x$ folgt

$$\boxed{(a^x)' = a^x \ln a, \qquad (a > 0)} \tag{50}$$

Im besonderen wird für $a = \mathrm{e}$

$$\boxed{(\mathrm{e}^x)' = \mathrm{e}^x} \tag{51}$$

Man erhält das bemerkenswerte Ergebnis, daß die Ableitung von $y = e^x$ gleich der Funktion selbst ist. Diese Eigenschaft sowie die Einfachheit der Regel $\frac{d(\ln x)}{dx} = \frac{1}{x}$ verschaffen der Zahl e ihre besondere Stellung in Theorie und Praxis.

3.7.3. Differentiation nach Logarithmieren

Der Satz über die Ableitung der Umkehrfunktion sichert die Existenz der Ableitung der Exponentialfunktion. Ist die Existenz der Ableitung gesichert, so kann man bei der Herleitung der Ableitung auch anders vorgehen.
Man logarithmiert zunächst die Gleichung $y = f(x) = a^x (a > 0)$, wobei wegen der Einfachheit der Formel (49) die Zahl e als Basis vorzuziehen ist:

$$\ln y = x \ln a .$$

Unter Beachtung von $y = f(x)$ kann nun nach bekannten Regeln leicht differenziert werden:

$$\frac{1}{y} \cdot y' = \ln a ,$$

$$y' = y \ln a ,$$

$$y' = a^x \ln a .$$

Das hier angewandte Verfahren wird als **Differentiation nach Logarithmieren**, mitunter auch — nicht ganz korrekt — als *logarithmische Differentiation* bezeichnet. Es läßt sich allgemein auf differenzierbare Funktionen der Form $y = f(x) = u^v$ mit $u = \varphi(x)$ und $v = \psi(x)$ anwenden, die der Differentiation zunächst nicht ohne weiteres zugänglich scheinen. Man logarithmiert $y = u^v$ zur Basis e:

$$\ln y = v \ln u .$$

Die Differentiation bietet nun keine Schwierigkeiten:

$$\frac{1}{y} \cdot y' = v' \ln u + v \cdot \frac{1}{u} \cdot u' ,$$

$$y' = y \left[v' \ln u + \frac{u'v}{u} \right],$$

$$y' = u^v \left[v' \ln u + \frac{u'v}{u} \right].$$

Zur Beseitigung des Nenners kann noch umgeformt werden:

$$y' = u^{v-1} (uv' \ln u + u'v) .$$

BEISPIELE

1. $y = x^x, \quad \ln y = x \ln x$

$$\frac{y'}{y} = 1 \cdot \ln x + x \cdot \frac{1}{x}$$

$$\underline{\underline{y' = x^x(1 + \ln x)}}$$

2. $y = x^{\ln \sin x}, \quad \ln y = (\ln \sin x) \ln x$

$$\frac{y'}{y} = \frac{\cos x}{\sin x} \ln x + \frac{1}{x} \ln \sin x$$

$$\underline{\underline{y' = x^{\ln \sin x}\left(\cot x \cdot \ln x + \frac{\ln \sin x}{x}\right)}}$$

3. Die Ableitungsregel $\frac{\mathrm{d}(x^n)}{\mathrm{d}x} = nx^{n-1}$ wurde in 3.2. nur für positives ganzzahliges n und in 3.6., Beispiel 4, für $n = \frac{p}{q}$ bewiesen. Um zu zeigen, daß diese Regel bei $x > 0$ für jedes reelle n gilt, logarithmiert man zunächst die Gleichung $y = x^n$ $(x > 0)$.

Aus

$$\ln y = n \ln x$$

folgt

$$\frac{y'}{y} = n \frac{1}{x},$$

$$y' = n \frac{y}{x} = n \frac{x^n}{x},$$

$$\underline{\underline{y' = nx^{n-1}}}.$$

Bei der Durchführung der Rechnung ist n keinerlei Bedingungen unterworfen. Daher gilt $\frac{\mathrm{d}(x^n)}{\mathrm{d}x} = nx^{n-1}$ für jedes reelle n und $x > 0$.

3.8. Höhere Ableitungen

Ist die Ableitungsfunktion f': $y' = f'(x)$ einer Funktion f differenzierbar, so kann man die Ableitungsfunktion wiederum differenzieren. Die zweite Ableitung wird $y'' = f''(x)$ (lies: y zwei Strich gleich f zwei Strich von x) geschrieben. Mit $y''' = f'''(x)$ wird die dritte Ableitung bezeichnet. Von der vierten Ableitung an schreibt man $y^{(4)} = f^{(4)}(x)$, $y^{(5)} = f^{(5)}(x), \ldots, y^{(n)} = f^{(n)}(x)$. Unter Ableitung schlechthin versteht man stets die erste Ableitung einer Funktion. Die zweite und alle weiteren Ableitungen werden *höhere Ableitungen* genannt.
In differentieller Schreibweise wird die erste Ableitung $y' = \frac{\mathrm{d}y}{\mathrm{d}x}$ geschrieben. Die zweite Ableitung wäre

$$y'' = \frac{\mathrm{d}y'}{\mathrm{d}x} = \frac{\mathrm{d}}{\mathrm{d}x}\left(\frac{\mathrm{d}y}{\mathrm{d}x}\right).$$

Dafür schreibt man kürzer

$$y'' = \frac{d^2y}{dx^2},$$

gelesen: de zwei y durch de x Quadrat. Dementsprechend werden die höheren Ableitungen mit $\frac{d^3y}{dx^3}$ (de drei y durch de x hoch drei), $\frac{d^4y}{dx^4}, \ldots, \frac{d^ny}{dx^n}$ bezeichnet. Ableitungen nach der Zeit werden vorzugsweise durch einen Punkt gekennzeichnet. So findet man für die Ableitungen von $s = f(t)$ und $x = x(t)$ häufig die Schreibweisen

$$v = \frac{ds}{dt} = \dot{s}, \qquad \frac{dx}{dt} = \dot{x},$$

$$a = \frac{d^2s}{dt^2} = \ddot{s}, \qquad \frac{d^2x}{dt^2} = \ddot{x}.$$

Im Vordergrund stehen diese Bezeichnungsweisen bei der Beschreibung von Bewegungsabläufen. Dort sind dann z. B. $\dot{x}$ und $\ddot{x}$ immer als Geschwindigkeit bzw. Beschleunigung des bewegten Punktes zu deuten. Ist ϑ der Winkel einer Drehbewegung, so sind dementsprechend $\dot{\vartheta}$ die Winkelgeschwindigkeit und $\ddot{\vartheta}$ die Winkelbeschleunigung.

BEISPIELE

1. Es ist die dritte Ableitung von $y = e^{ax}$ zu bilden.

Aus

$$y = e^{ax}$$

folgt

$$\frac{dy}{dx} = ae^{ax},$$

weiter

$$\frac{d^2y}{dx^2} = a^2e^{ax},$$

schließlich

$$\frac{d^3y}{dx^3} = a^3e^{ax}.$$

2. Die erste Ableitung der Potenzfunktion n-ten Grades

$$y = a_nx^n + a_{n-1}x^{n-1} + \cdots + a_2x^2 + a_1x + a_0$$

ist

$$\frac{dy}{dx} = na_nx^{n-1} + (n-1)\,a_{n-1}x^{n-2} + \cdots + 2a_2x + a_1.$$

Die höheren Ableitungen werden

$$\frac{d^2y}{dx^2} = n(n-1)a_n x^{n-2} + (n-1)(n-2)a_{n-1}x^{n-3} + \cdots + 3\cdot 2\cdot a_3 x + 2\cdot 1\cdot a_2$$

$$\frac{d^3y}{dx^3} = n(n-1)(n-2)a_n x^{n-3} + (n-1)(n-2)(n-3)a_{n-1}x^{n-4} + \cdots + 3\cdot 2\cdot 1\cdot a_3.$$

Der Grad der ganzrationalen Funktion erniedrigt sich bei jeder Differentiation um 1. Schließlich wird

$$\frac{d^ny}{dx^n} = n(n-1)(n-2)\cdots 2\cdot 1\cdot a_n = n!\,a_n.$$

Die n-te Ableitung ist konstant. Die $(n+1)$-te Ableitung und alle weiteren sind daher identisch gleich Null.

Für eine ganzrationale Funktion n-ten Grades $y = g_n(x)$ lassen sich neben der ersten auch alle höheren Ableitungen an einer Stelle x_0 mittels des Hornerschen Schemas ermitteln.

Wie im Band „Algebra und Geometrie“, 18.1., gezeigt wurde, läßt sich ein Polynom $g_n(x)$ an einer Stelle x_0 wie folgt entwickeln:

$$g_n(x) = r_n(x-x_0)^n + \cdots + r_3(x-x_0)^3 + r_2(x-x_0)^2 + r_1(x-x_0) + r_0. \quad \text{(I)}$$

Hierbei sind $r_0, r_1, \ldots, r_n$ die Reste, die im vollständigen Hornerschen Schema bei der fortlaufenden Division durch $(x - x_0)$ auftreten. Es soll zunächst eine Beziehung zwischen den Resten r_k und den Ableitungen $g_n^{(k)}(x_0)$ $(k = 0, 1, \ldots, n)$ hergestellt werden. Unter $g_n^{(0)}(x_0)$ ist sinngemäß $g_n(x_0)$ zu verstehen.

Wird (I) n-mal nach x differenziert, so folgt

$$\begin{aligned}
g_n'(x) &= n r_n(x-x_0)^{n-1} + \cdots + 3r_3(x-x_0)^2 + 2r_2(x-x_0) + r_1,\\
g_n''(x) &= n(n-1)\,r_n(x-x_0)^{n-2} + \cdots + 3\cdot 2\cdot r_3(x-x_0) + 2\cdot 1\cdot r_2,\\
g_n'''(x) &= n(n-1)(n-2)\,r_n(x-x_0)^{n-3} + \cdots + 3\cdot 2\cdot 1\cdot r_3,\\
&\cdots\cdots\cdots\cdots\cdots\cdots\cdots\cdots\cdots\cdots\\
g^{(n)}(x) &= n!\,r_n.
\end{aligned}$$

Für $x = x_0$ ergibt sich

$$\begin{aligned}
g_n(x_0) &= r_0 & r_0 &= g_n(x_0)\\
g_n'(x_0) &= 1!\,r_1 & r_1 &= \frac{1}{1!}\,g_n'(x_0)\\
g_n''(x_0) &= 2!\,r_2 & r_2 &= \frac{1}{2!}\,g_n''(x_0)\\
g_n'''(x_0) &= 3!\,r_3 & r_3 &= \frac{1}{3!}\,g_n'''(x_0)\\
&\cdots\cdots & &\cdots\cdots\\
g_n^{(n)}(x_0) &= n!\,r_n & r_n &= \frac{1}{n!}\,g_n^{(n)}(x_0)
\end{aligned}$$

Mit diesen Werten für $r_0, r_1, \ldots, r_n$ geht (I) über in die **Taylorsche Formel für ganzrationale Funktionen:**

$$g_n(x) = \sum_{k=0}^{n} \frac{g_n^{(k)}(x_0)}{k!}(x - x_0)^k = g_n(x_0) + \frac{g_n'(x_0)}{1!}(x - x_0) + \frac{g_n''(x_0)}{2!}(x - x_0)^2 + \cdots + \frac{g^{(n)}(x_0)}{n!}(x - x_0)^n \tag{52}$$

Man sagt: $g_n(x)$ ist *an der Stelle* x_0 *nach Taylor entwickelt* oder: $g_n(x)$ ist *nach Potenzen von* $x - x_0$ *entwickelt.*
Die für die Koeffizienten $r_0, r_1, \ldots, r_n$ gefundenen Beziehungen erlauben es, aus dem vollständigen HORNERschen Schema die Ableitungen $g_n^{(k)}(x_0)$ für $k = 0, 1, \ldots, n$ zu entnehmen.

BEISPIEL

3. Für die ganzrationale Funktion

$$y = g_4(x) = 3x^4 - 2x^3 + 4x - 12$$

sind die erste bis vierte Ableitung an der Stelle $x_0 = 2$ zu berechnen. Mit Hilfe der TAYLORschen Formel ist $g_n(x)$ an der Stelle $x_0 = 2$ zu entwickeln.

Lösung:

Σ:								Kontrolle:
−7		3	−2	0	4	−12		
		↓	6	8	16	40		
35	2	3	4	8	20	$28 = g_4(2)$		$-7 + 1 \cdot 35 = 28$
		↓	6	20	56			
41	2	3	10	28	$76 = g_4'(2)$			$35 + 1 \cdot 41 = 76$
		↓	6	32				
19	2	3	16	$60 = \frac{g_4''(2)}{2!}$				$41 + 1 \cdot 19 = 60$
		↓	6					
3	2	3	$22 = \frac{g_4'''(2)}{3!}$					$19 + 1 \cdot 3 = 22$
		↓						
		$3 = \frac{g_4^{(4)}(2)}{4!}$						

Es ergibt sich:

$$\underline{\underline{g_4'(2) = 76}}, \quad \underline{\underline{g_4''(2) = 120}}, \quad \underline{\underline{g_4'''(2) = 132}}, \quad \underline{\underline{g_4^{(4)}(2) = 72}}.$$

Entwicklung an der Stelle $x_0 = 2$:

$$\underline{\underline{g_4(x) = 28 + 76(x - 2) + 60(x - 2)^2 + 22(x - 2)^3 + 3(x - 2)^4}}.$$

AUFGABEN

161. Für $y = g_n(x)$ sind mit Hilfe des HORNERschen Schemas die Ableitungen $g_n^{(k)}(x_0)$ für $k = 1, 2, \ldots, n$ zu berechnen. Die Funktion ist an der Stelle x_0 nach TAYLOR zu entwickeln.

a) $y = -2x^3 + 5x + 10,\quad x_0 = 3$

b) $y = x^4 + 2{,}40x^3 - 3{,}46x - 4{,}08,\quad x_0 = -1{,}20$

c) $y = -0{,}80x^4 + 2{,}28x^2 + 1{,}04x + 3{,}16,\quad x_0 = 1{,}18$

d) $y = 2{,}40x^5 - 4{,}16x^3 + 1{,}16x - 2{,}78,\quad x_0 = -2{,}48$

162. Für die in den Aufgaben 161a), b), c) gegebenen Funktionen sind unter Verwendung der dort vorgenommenen TAYLOR-Entwicklung die folgenden Funktionswerte auf zwei Dezimalen nach dem Komma zu berechnen:

Aufgabe a): $g_3(2{,}96)$, Aufgabe b): $g_4(-1{,}40)$, Aufgabe c): $g_4(1{,}16)$.

Die nachstehenden Funktionen sind zu differenzieren.

163. a) $y = (2x^2 - 1)^{10}$ b) $y = (x^3 - 2x)(1 - x^3)^5$ c) $y = (6x - 2\sqrt[3]{x^2})^8$

d) $y = \sqrt{1 - x}$ e) $x = \sin 2t$ f) $y = \cot(1 - 2x)$

164. a) $y = (3 - 2\sqrt{2x})^5$ b) $y = (1 - \sqrt{1 + x^2})^6$ c) $y = \sqrt{1 + \sqrt{x}}$

d) $y = \cos \dfrac{1}{1 - x}$ e) $y = \sqrt{\tan x}$ f) $y = \sqrt{\dfrac{1 - x}{1 + x}}$

165. a) $y = \dfrac{2x}{1 - \sqrt{x^2 - 1}}$ b) $y = \dfrac{-\sqrt{1 - x - x^2}}{2x - 3}$ c) $y = \sin\sqrt{1 - 2x}$

d) $y = \dfrac{1 + \sqrt{1 + x}}{1 - x}$ e) $y = \dfrac{x^2 - 1}{x + \sqrt{x^2 - 1}}$ f) $y = \sqrt[3]{\dfrac{2x}{x - 1}}$

166. Ein Punkt P bewegt sich mit konstanter Winkelgeschwindigkeit ω auf einer Kreisbahn mit dem Radius r. Der Ort seiner Projektion auf der x- bzw. der y-Achse ist durch die Gleichung $x = r\cos\omega t$ bzw. $y = r\sin\omega t$ gegeben (Bild 96).

a) Für die Projektionen des Punktes auf die Achsen sollen Geschwindigkeit und Beschleunigung berechnet werden.

b) Zu welchen Zeiten sind Geschwindigkeit bzw. Beschleunigung der Projektionen gleich Null?

c) Man zeige, daß die Kreisbahngeschwindigkeit $v = \omega r$ auch aus den Komponenten v_x und v_y folgt.

d) Wie groß ist die Bahnbeschleunigung, und welche Richtung hat sie?

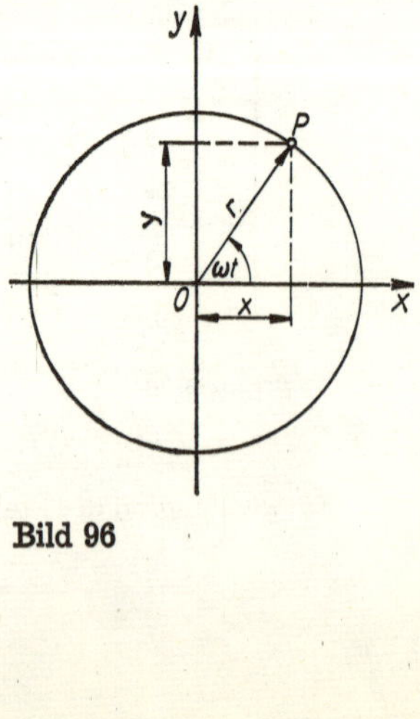

Bild 96

167. Ein Punkt R bewegt sich mit konstanter Winkelgeschwindigkeit ω auf dem Hauptkreis einer Ellipse mit der großen Halbachse m und der kleinen Halbachse n. Seine senkrechte Projektion P auf die Ellipse (Bild 97) hat dann die Bewegungskomponenten in Richtung der Ellipsenachsen

$$x = x(t) = m\cos\omega t,\quad y = y(t) = n\sin\omega t$$

(vgl. Band »Algebra und Geometrie«, 29.2.).

a) Wie groß sind die Geschwindigkeitskomponenten v_x und v_y des Ellipsenpunktes P?

b) Wie groß ist die Bahngeschwindigkeit v?

c) In die Formel für die Bahngeschwindigkeit ist $r = \overline{OP} = \sqrt{x^2 + y^2}$ einzuführen. Daraus sind Ort und Größe von Maximum und Minimum der Bahngeschwindigkeit zu erschließen.

d) Wie groß sind die Beschleunigungskomponenten a_x und a_y?

e) Wie groß ist die Bahnbeschleunigung a? Es ist der Mittelpunktsabstand r einzuführen.

f) Das Ergebnis von d) ist zu deuten.

g) Wo wird das Maximum von a erreicht, und wie groß ist es?

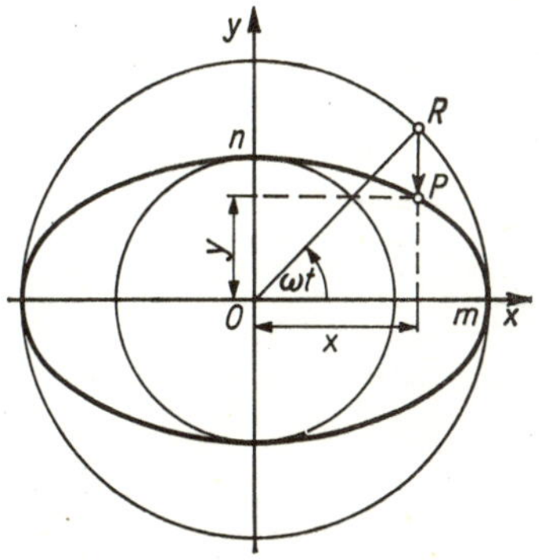

Bild 97

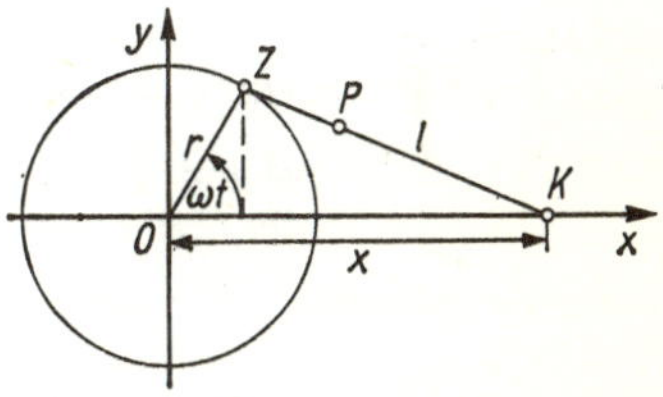

Bild 98

168. Ist bei einem Schubkurbelgetriebe (Bild 98) die Kurbellänge r im Vergleich zur Schubstangenlänge l sehr klein, so gilt für die Abszisse des Kreuzkopfes K näherungsweise:

$$x \approx \frac{4l^2 - r^2}{4l} + r \cos \omega t + \frac{r^2}{4l} \cos 2\omega t.$$

a) Diese Formel ist unter Verwendung von $\sqrt{1 - \varepsilon} \approx 1 - {}^1/_2\varepsilon$ (für $\varepsilon \ll 1$) und goniometrischer Beziehungen zu bestätigen.

b) Wie groß ist bei konstanter Winkelgeschwindigkeit ω näherungsweise die Geschwindigkeit des Kreuzkopfes?

c) Wie groß ist die Beschleunigung des Kreuzkopfes?

d) Der Punkt P teile die Schubstange ZK im Verhältnis $m : n$. Wie groß sind Horizontal- und Vertikalkomponente seiner Geschwindigkeit?

169. Man differenziere implizit.

a) $2x^3 + 2xy^2 - 2y = 0$

b) $y^2 = x^2 \left(\frac{a + x}{a - x}\right)$ (Strophoide)

c) $x^3 + y^3 = 3axy$ (Cartesisches Blatt)

d) $(x^2 + y^2)^2 - 2ax(x^2 + y^2) = a^2y^2$ (Kardioide)

e) $x^{\frac{2}{3}} + y^{\frac{2}{3}} = a^{\frac{2}{3}}$ (Astroide)

f) $y - x \sin y = 0$

g) $y^4 = \left(\frac{x+1}{x-1}\right)^3$ h) $y^3 - \frac{x+y}{x-y} = 0$ i) $xy(x+y) + x^2 = 2y^2$

k) $y^3(x-1) = x^4 - 2xy$ l) $x^4 - y^4 = 4x^2y$ m) $x^5 + y^5 = xy^2$

n) $x^2y^2 = (y+1)^2(4 - y^2)$

170. Die Gleichung des Kreises $x^2 + y^2 = r^2$ ist a) in der impliziten, b) in der expliziten Form zu differenzieren. Die Ergebnisse sind zu vergleichen.

171. Man ermittle den Anstieg der Kurve mit der Gleichung

a) $x^2 + y^2 = r^2$, b) $y^2 = 2px$, c) $\frac{x^2}{a^2} - \frac{y^2}{b^2} = 1$·

in $P_0(x_0; y_0)$ und stelle die Gleichung der Tangente auf, die die Kurve in P_0 berührt.

172. Man leite die Quotientenregel her, indem man die Funktionsgleichung $y = f(x) = \frac{u(x)}{v(x)}$ in der Form $f(x) \cdot v(x) = u(x)$ differenziert.

173. Für die Kurve mit der Gleichung $(x-6)^2 + (y-8)^2 - 100 = 0$ ist der Anstieg der Tangente an der Stelle $x = -2$ zu ermitteln.

Man differenziere.

174. a) $y = x \ln x$ b) $y = \frac{\ln x}{x}$ c) $y = \ln \sqrt{1-x}$

d) $y = \ln \tan x$ e) $y = \log_2 3x$ f) $u = f(t) = \frac{\ln \sin t}{\ln \cos t}$

175. a) $y = \sqrt{-\ln \sin x}$ b) $y = \lg x^n$ c) $y = f(t) = \ln \frac{\sqrt{1+t}}{\sqrt{1-t}}$

d) $y = \log_a x^3 \cdot \log_b \frac{1}{x}$ e) $y = \ln\left(x + \sqrt{1+x^2}\right)$ f) $y = \ln(x \cos x)$

176. a) $y = \ln \ln x$ b) $y = \ln \ln \tan 2x$ c) $y = f(u) = (\ln u)^4$

d) $y = \ln \tan \frac{x}{2}$ e) $y = \ln \tan\left(\frac{x}{2} + \frac{\pi}{4}\right)$ f) $y = \ln \sin x + \frac{1}{2} \cot^2 x$

177. a) $y = 2^x$ b) $y = x^2 e^x$ c) $y = \frac{\sin x}{e^x}$

d) $y = a^x \cdot x^a$ e) $u = f(t) = e^{\sqrt{t}}$ f) $y = e^{\cos x}$

178. a) $y = e^{\ln x}$ b) $v = f(u) = e^u \cos u$ c) $y = f(t) = \frac{e^t - e^{-t}}{2}$

d) $y = f(t) = \frac{e^t - e^{-t}}{e^t + e^{-t}}$ e) $y = \sqrt{1 - e^{2x}}$ f) $y = f(t) = e^{\sin \omega t}$

179. a) $y = \sqrt{1 + a^x}$ $(a > 0)$ b) $y = 2^x \cdot e^x$ c) $y = \ln e^{2x-1}$

d) $y = \frac{2e^x}{e^x + e^{-x}}$ e) $y = e^{-\frac{1}{x^2}}$ f) $y = \frac{1}{2 - e^{\frac{1}{1-x}}}$

180. Man wende die Differentiation nach Logarithmieren an.

a) $y = x^{\sin x}$ b) $y = \sin x \cdot x^{\cos x}$ c) $y = \left(1 + \frac{1}{x}\right)^x$

d) $y = \sqrt[x]{x}$ e) $y^x = 2e^x$ f) $y = x^{1-\cos x}$

g) $y = x^{x \cos x}$ h) $y = \frac{u(x)}{v(x)}$ i) $y^x = x^y$

181. Es sind die erste und die zweite Ableitung zu bilden.

a) $y = \sin x \cos x$ b) $y = \cos^2 x$ c) $y = \frac{x}{1-x}$

d) $y = x^4 \ln x$ e) $y = a^{2x}$ f) $y = \frac{x^3}{x-1}$

g) $y = x^2 \sin 2x$ h) $y = e^x \sin x$ i) $y = e^{-x} + e^{-2x}$

k) $y = \frac{1+x}{1-2x-x^2}$ l) $y = \frac{ax^2}{ax+b}$ m) $y = \sqrt[3]{1-x}$

n) $y = \sqrt{1-x^2}$ o) $y = e^{\tan x}$ p) $y = xe^{\sqrt{x}}$

182. Man bilde die ersten vier Ableitungen von

a) $y = \sin x$, b) $y = \cos x$, c) $y = \ln x$,

d) $y = x^n$, e) $y = u(x) \cdot v(x)$.

183. Es ist die n-te Ableitung von

a) $y = x^n$, b) $y = \ln x$, c) $y = \frac{1+x}{1-x}$,

d) $y = \frac{x}{1-x}$, e) $y = e^{ax}$, f) $y = 2^x$

zu bilden.

184. An die Kurve mit der Gleichung $x^3 - ay^2 = 0$, $a > 0$ (NEILsche Parabel) lege man in einem beliebigen Punkte $P(x_0; y_0)$ die Tangente und bestimme deren Schnittpunkt mit der Kurve.

185. Für welche ganzrationale Funktion 3. Grades ist

a) $f(-1) = 0$, $f'(1) = 7$, $f'(2) = 34$, $f''(-1) = -18$;

b) $f(1) = -4$, $f'(-1) = 10$, $f''(1) = 8$, $f''(-1) = -16$;

c) $f(2) = -28$, $f'(-2) = -53$, $f''(0) = 2$, $f''(1) = -22$?

Ansatz: $y = ax^3 + bx^2 + cx + d$

3.9. Graphische Differentiation

In den vorangehenden Abschnitten wurde die Ableitungsfunktion f': $y' = f'(x)$ rechnerisch gewonnen. In der Praxis sind aber Funktionen häufig nicht durch eine Funktionsgleichung, sondern durch eine Kurve — auf Grund einer Meßreihe oder durch einen Kurvenschreiber — gegeben. Die Kurve der Ableitungsfunktion kann dann auf graphischem Wege ermittelt werden.

Die graphische Darstellung der Funktion f soll im folgenden **Stammkurve**, die der Ableitungsfunktion f' **abgeleitete Kurve** heißen. Nachstehend wird gezeigt, wie sich aus der in einem cartesischen Koordinatensystem vorliegenden Stammkurve punktweise die abgeleitete Kurve konstruieren läßt.

In Bild 99 ist im gleichgeteilten x, y-Koordinatensystem eine Stammkurve f gegeben, für die an der Stelle x die Ableitung $y' = f'(x)$ ermittelt werden soll. Dazu wird im Punkte $P(x; y)$ die Tangente an die Stammkurve gezeichnet. Die Parallele zu dieser Tangente durch den Punkt $A(-1; 0)$ bildet mit dem Achsenkreuz das Dreieck AOB. Dessen Kathete $\overline{OB}$ stellt die Ordinate der abgeleiteten Kurve an der Stelle x dar, d. h., $\overline{OB}$ hat als Maßzahl den gesuchten Ableitungswert y'. Das sieht man wie folgt ein: Nach Konstruktion sind Tangentendreieck PQR und Dreieck AOB einander ähnlich. Demnach gilt

$$\frac{\overline{QR}}{\overline{PQ}} = \frac{\overline{OB}}{\overline{AO}} = \tan \tau = y'.$$

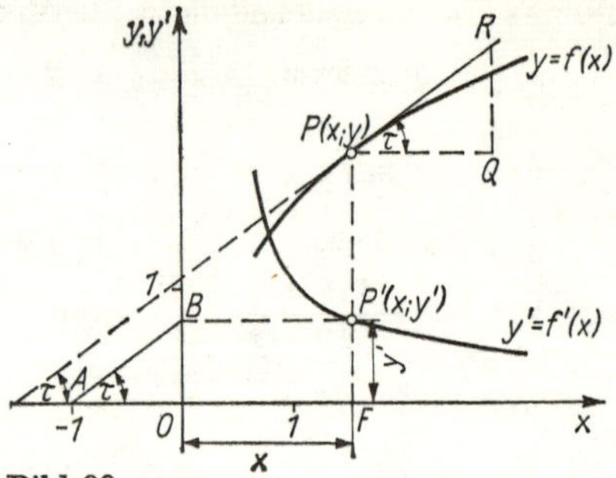

Bild 99

Da $\overline{AO}$ gleich der Einslänge beider Koordinatenachsen ist $(\overline{AO} = l_x = l_y)$, hat $\overline{OB}$ die Maßzahl y'. Man hat also nur noch $\overline{OB}$ parallel nach $F(x; 0)$ zu transformieren und erhält so den Punkt $P'(x; y')$ der abgeleiteten Kurve.

Bei dieser Konstruktion wird der Punkt A **Pol**, die Strecke AO **Polabstand**, der Strahl AB **Polstrahl** genannt. In der dargestellten Weise können weitere Punkte der abgeleiteten Kurve konstruiert und zu einer Kurve verbunden werden.

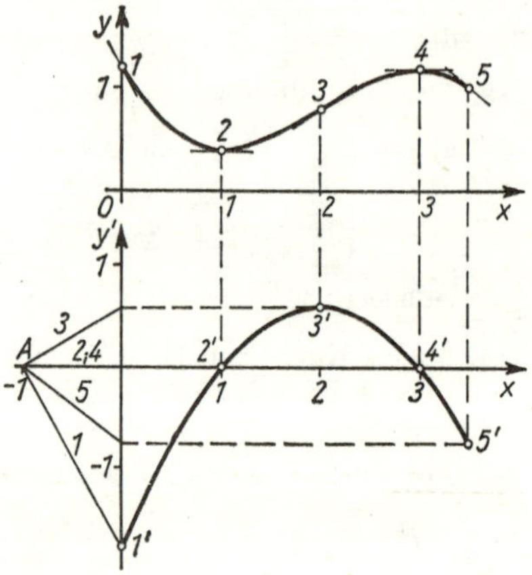

Bild 100

Da die Tangenten nach Augenmaß an die Stammkurve gelegt werden müssen, ist das geschilderte Verfahren nur eine Näherungskonstruktion. Entscheidend für ein möglichst zuverlässiges Ergebnis ist nicht eine Vielzahl von Tangenten, sondern die Sorgfalt, mit der Tangenten, Polstrahlen und die weiteren Konstruktionselemente ausgeführt werden.

BEISPIEL

1. Zu der in Bild 100 gegebenen Stammkurve ist die abgeleitete Kurve zu konstruieren.

   Lösung:

   Eine zweckmäßige Auswahl von Punkten erleichtert die Konstruktion.

   Punkt 2 und 4: Hier liegt die Tangente waagerecht; also ist $\tan \tau = y' = 0$.

   Punkt 3: Die Stammkurve hat in diesem Punkt den größten Anstieg, da sie hier den Krümmungssinn ändert. Man gewinnt so einen markanten Punkt der abgeleiteten Kurve.

Punkt 1 und 5 benötigt man, um die Ordinaten der abgeleiteten Kurve an den Grenzen des dargestellten Intervalls zu gewinnen. Falls erforderlich, wird man noch einige wenige Zwischenpunkte hinzunehmen.

Die eben beschriebene Konstruktion mit dem Polabstand $\overline{AO} = p = 1 \cdot l_x$ setzt voraus, daß die Stammkurve in einem gleichgeteilten Achsenkreuz vorliegt. Die Darstellung der abgeleiteten Kurve erfolgte in demselben Achsenkreuz.

Häufig liegt die Stammkurve nicht in einem gleichgeteilten Achsenkreuz vor. Auch für die abgeleitete Kurve ist mitunter eine andere Einheit für die Ordinatenlänge erwünscht. Der zu wählende Polabstand p hängt dann — unter Beibehaltung des Konstruktionsverfahrens — von den vorliegenden Einslängen l_x, l_y und $l_{y'}$ ab. Der Zusammenhang der vier Größen ergibt sich aus Bild 101. Wegen der Ähnlichkeit der Dreiecke PQR und AOB gilt

$$\frac{\overline{AO}}{\overline{OB}} = \frac{\overline{PQ}}{\overline{QR}}.$$

Mit den geforderten Einslängen folgt

$$\frac{p}{l_{y'} \cdot y'} = \frac{l_x \cdot \mathrm{d}x}{l_y \cdot \mathrm{d}y} = \frac{l_x}{l_y \cdot y'},$$

$$p = \frac{l_x \cdot l_{y'}}{l_y}. \qquad (53)$$

In Bild 101 wurden gewählt: $l_x = 4$ mm, $l_y = 6$ mm, $l_{y'} = 24$ mm. Nach Formel (53) ergibt sich $p = 16$ mm.

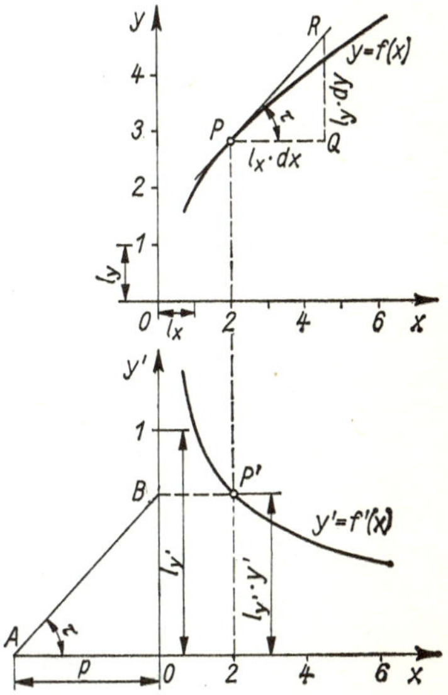

Bild 101

BEISPIEL

2. **Zu der in Bild 102 gegebenen Stammkurve ist die abgeleitete Kurve zu konstruieren.**

Lösung:

Im Achsenkreuz der gegebenen Stammkurve ist $l_x = 2{,}5$ mm, $l_y = 5$ mm. Für die Wahl von $l_{y'}$ ist entscheidend, welche Ableitungswerte auftreten. Außerdem soll der Polabstand nicht zu klein werden. An der steilsten Stelle (Punkt 2) der Stammkurve ist der Ableitungswert $y' = \frac{\mathrm{d}y}{\mathrm{d}x} = \frac{1{,}5}{2} = 0{,}75$. Es wurde $l_{y'} = 20$ mm gewählt. Damit ist der Polabstand nach (53)

$$p = \frac{2{,}5 \cdot 20}{5}\ \text{mm} = 10\ \text{mm}.$$

Bei der Konstruktion wurde von den Punkten 1, 3 und 5 (waagerechte Tangenten) sowie 2 und 4 (steilste Stellen) ausgegangen. Hinzugenommen wurden noch drei Zwischenpunkte. Die gewählten Punkte reichen aus, um den Verlauf der abgeleiteten Kurve zu bestimmen.

AUFGABEN

186. Man bestimme durch graphische Differentiation die Ableitung der Funktion

$f\colon\ y = 0{,}2x^3 - 1{,}35x$

a) an der Stelle $x = 1$; b) an der Stelle $x = 3{,}5$
und prüfe das Ergebnis durch Rechnung nach.

187. Die Kurve der Funktion $f\colon\ y = -0{,}8x^3 + 8{,}4x^2 - 24x + 22$ ist im Bereich $0{,}5 \leqq x \leqq 6$ graphisch zu differenzieren.
Man wähle $l_x = 20$ mm, $l_y = 5$ mm, $l_{y'} = 2{,}5$ mm.

188. Bei der Untersuchung eines Bewegungsablaufs werden folgende Werte gemessen:

t/s	0	0,3	0,4	0,6	0,8	0,9	1,2	1,6	2,0	2,4	2,6	2,8
s/m	0	0,03	0,06	0,16	0,34	0,46	1,00	1,90	2,80	3,48	3,64	3,70

Das v,t- und das a,t-Diagramm sind zu ermitteln.

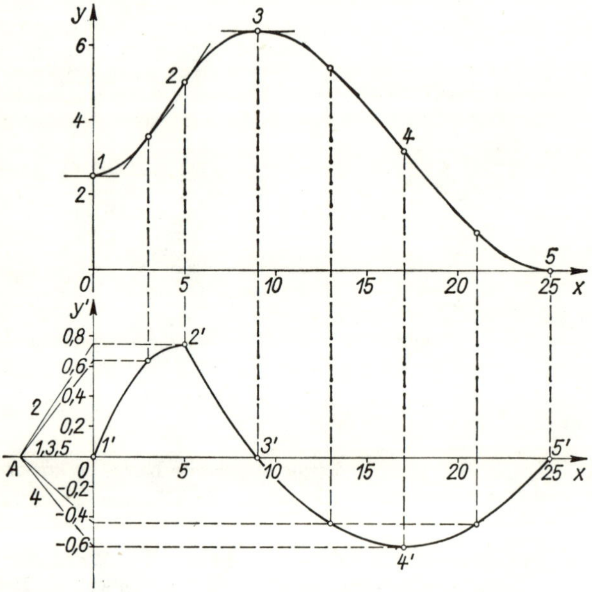

Bild 102

4. Der Mittelwertsatz der Differentialrechnung

4.1. Satz von Rolle; Mittelwertsatz und erweiterter Mittelwertsatz

Den Inhalt dieses Abschnittes bilden drei Lehrsätze, die für die Anwendung der Differentialrechnung große Bedeutung haben. Der erste Satz ist der

Satz von Rolle:

Wenn eine Funktion f

1. im offenen Intervall $(a; b)$ differenzierbar,
2. im abgeschlossenen Intervall $[a; b]$ stetig, und wenn
3. $f(a) = f(b)$ ist,

dann existiert mindestens ein c zwischen a und b, so daß

$$\boxed{f'(c) = 0, \quad c \in (a; b)}. \tag{54}$$

Da der Beweis den Rahmen dieses Lehrbuches übersteigt, wird nur eine geometrische Begründung gegeben (Bild 103):
Auf dem zu $[a; b]$ gehörenden Kurvenbogen von f, der nach Voraussetzung 1 im Innern keinen Knick, nach Voraussetzung 2 keine Unstetigkeit (Sprung, Lücke) und nach Voraussetzung 3 Randpunkte A, B mit gleichen Ordinaten hat, muß mindestens ein Punkt C existieren, in dem die Tangente parallel zur x-Achse ist.

Die Voraussetzungen 1 bis 3 sind insgesamt eine hinreichende Bedingung. Ist also mindestens eine Voraussetzung nicht erfüllt, so kann eine zur x-Achse parallele Tangente existieren, muß aber nicht. Die Funktion f_1 in Bild 104 und f_2 in Bild 105 erfüllen an der Stelle d (Knickstelle) beide nicht die Voraussetzung 1, f_2 erfüllt an der Stelle b nicht die Voraussetzung 2 (Sprungstelle), während Voraussetzung 3 von f_1 und f_2 erfüllt wird. f_1 hat keine zur x-Achse parallele Tangente, aber f_2.

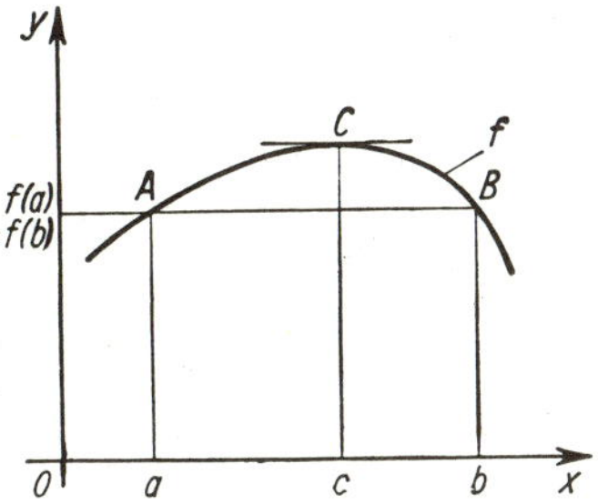

Bild 103

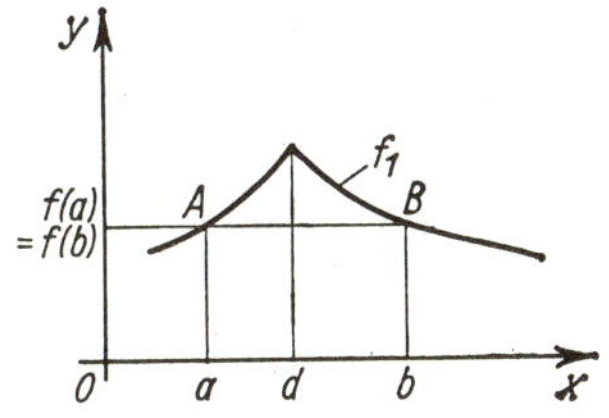

Bild 104

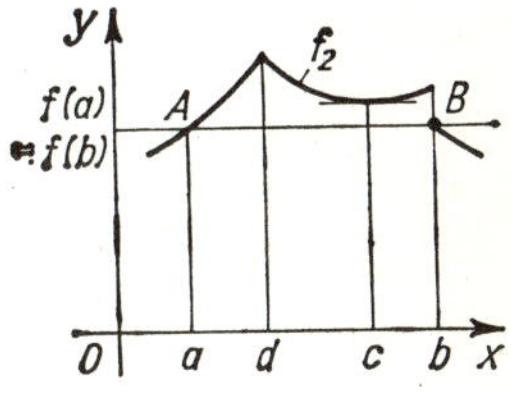

Bild 105

Eine Erweiterung des Satzes von ROLLE ist der

Mittelwertsatz der Differentialrechnung:

Wenn eine Funktion f in $(a; b)$ differenzierbar und in $[a; b]$ stetig ist, dann existiert mindestens ein c zwischen a und b, so daß

$$\boxed{\frac{f(b) - f(a)}{b - a} = f'(c), \quad c \in (a; b)}. \tag{55}$$

Geometrische Deutung (Bild 106):

Anstieg der Sehne $\overline{AB}$ = Anstieg der Tangente in C (Abszisse c).

Der Mittelwertsatz besagt also, daß auf dem zu $[a; b]$ gehörenden Kurvenbogen von f mindestens ein Punkt C existiert, in dem die Tangente parallel zur Sehne $\overline{AB}$ ist.
Beweis: Es wird eine Funktion f_1 konstruiert, die die Bedingungen des Satzes von Rolle erfüllt. Dazu wird die Gleichung der Sehne gebraucht (Zweipunktegleichung):

$$\frac{y_s - f(a)}{x - a} = \frac{f(b) - f(a)}{b - a},$$

$$y_s = f(a) + \frac{f(b) - f(a)}{b - a}(x - a),$$

und die Gleichung von f: $y = f(x)$.

Durch Subtraktion folgt

$$f_1(x) = y - y_s =$$

$$= f(x) - f(a) - \frac{f(b) - f(a)}{b - a}(x - a). \quad \text{(I)}$$

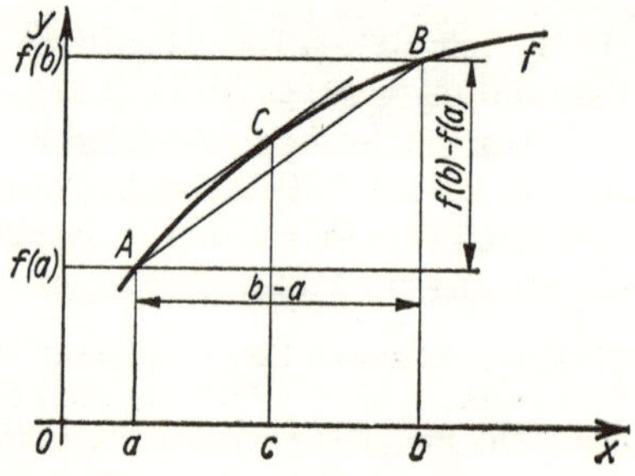

Bild 106

[$f_1(x)$ bedeutet also die Differenz der Ordinaten zweier senkrecht übereinanderliegender Punkte auf Kurvenbogen und Sehne.] f_1 erfüllt die Bedingungen des Satzes von Rolle, denn die Voraussetzungen 1 und 2 werden sowohl von f als auch von der linearen Funktion der Sehnengleichung erfüllt. Wegen $f_1(a) = 0$ und $f_1(b) = 0$ ist auch Voraussetzung 3 erfüllt.

(I) wird differenziert: $f_1'(x) = f'(x) - \dfrac{f(b) - f(a)}{b - a}$,

folglich $$f_1'(c) = f'(c) - \frac{f(b) - f(a)}{b - a}.$$

Aus (54) folgt wegen $f_1'(c) = 0$: $0 = f'(c) - \dfrac{f(b) - f(a)}{b - a}$,

also $$f(b) - f(a) = (b - a)\,f'(c).$$

Damit ist der Mittelwertsatz bewiesen.
Der Satz von Rolle (54) folgt übrigens aus dem Mittelwertsatz (55), wenn $f(a) = f(b)$, d. h., der Satz von Rolle ist ein Sonderfall des Mittelwertsatzes.

BEISPIEL

$f(x) = \sqrt{x}$; $a = 0$, $b = 4$ (Bild 107).

f ist differenzierbar in $(0; 4)$ und stetig in $[0; 4]$. Die Voraussetzungen für (55) sind erfüllt. Der Anstieg der Sehne $\overline{AB}$ ist

$$\frac{f(b) - f(a)}{b - a} = \frac{\sqrt{4} - \sqrt{0}}{4 - 0} = \frac{1}{2}.$$

Es gibt also einen Punkt C auf der Kurve mit dem Tangentenanstieg $\frac{1}{2}$:

$$f'(x) = \frac{1}{2\sqrt{x}} = \frac{1}{2}, \quad \text{also } x = 1, \ f(1) = 1.$$

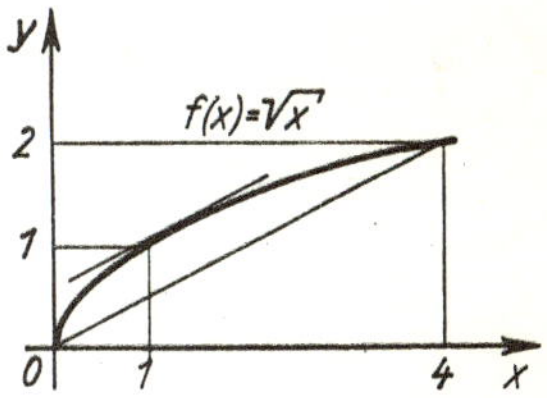

Bild 107

Der Punkt $C(1; 1)$ ist also derjenige Kurvenpunkt, in dem die Tangente parallel zur Sehne $\overline{AB}$ verläuft.

Der folgende Satz ist eine allgemeinere Fassung des Mittelwertsatzes.

Erweiterter Mittelwertsatz:

Wenn zwei Funktionen f und g

1. im offenen Intervall $(a; b)$ differenzierbar,
2. im abgeschlossenen Intervall $[a; b]$ stetig sind und
3. $g'(x) \neq 0$ für alle $x \in (a; b)$ ist,

dann existiert mindestens ein c zwischen a und b, so daß

$$\boxed{\frac{f(b) - f(a)}{g(b) - g(a)} = \frac{f'(c)}{g'(c)}, \quad c \in (a; b)}. \tag{56}$$

In (56) treten zwei Nenner auf. Beide sind ungleich Null; denn $g'(c)$ ist nach Voraussetzung 3 ungleich Null, und für $g(b) - g(a)$ gilt wegen (55): $g(b) - g(a) = (b - a)\,g'(c_1) \neq 0$, $c_1 \in (a; b)$, ebenfalls nach Voraussetzung 3.

Beweis: Wie beim Beweis von (55) wird eine Funktion f_1 konstruiert, die die Voraussetzungen des Satzes von ROLLE erfüllt (vgl. I):

$$f_1(x) = f(x) - f(a) - \frac{f(b) - f(a)}{g(b) - g(a)}\,[g(x) - g(a)]. \tag{II}$$

Da f und g die Voraussetzungen 1 und 2 erfüllen, erfüllt sie auch f_1. Wegen $f_1(a) = 0$ und $f_1(b) = 0$ ist auch Voraussetzung 3 erfüllt. (II) wird differenziert:

$$f_1'(x) = f'(x) - \frac{f(b) - f(a)}{g(b) - g(a)}\,g'(x),$$

folglich $$f_1'(c) = f'(c) - \frac{f(b) - f(a)}{g(b) - g(a)}\,g'(c).$$

Aus (54) folgt wegen $f_1'(c) = 0$:

$$0 = f'(c) - \frac{f(b) - f(a)}{g(b) - g(a)} g'(c),$$

$$\frac{f(b) - f(a)}{g(b) - g(a)} = \frac{f'(c)}{g'(c)}.$$

Damit ist (56) bewiesen.
Mit $g(x) = x$ folgt übrigens (55) aus (56).

4.2. Folgerungen aus den Mittelwertsätzen

Satz 1

Zwischen zwei Nullstellen einer differenzierbaren Funktion f liegt mindestens eine Nullstelle der Ableitung.

Beweis: a und b seien die Nullstellen von f: $f(a) = f(b) = 0$. Da eine differenzierbare Funktion auch stetig ist, erfüllt f die Voraussetzungen des Satzes von ROLLE. Also existiert nach (54) mindestens ein c mit $f'(c) = 0$, $c \in (a; b)$.

Satz 2

Wenn eine Funktion f in einem Intervall J differenzierbar und $f'(x) = 0$ für alle $x \in J$ ist, so ist f eine in diesem Intervall konstante Funktion.

Beweis: Gewählt wird eine Stelle $a \in J$ mit dem Funktionswert $f(a)$. Da f in J differenzierbar ist, ist (55) anwendbar. Für die Stelle a und eine beliebige Stelle $x \in J$ $(x \neq a)$ gilt somit $f(x) - f(a) = (x - a) f'(c)$ mit $c \in (a; x)$. Da $c \in J$, ist $f'(c) = 0$ nach Voraussetzung. Folglich ist $f(x) - f(a) = 0$, also $f(x) = f(a)$. Für $x = a$ folgt unmittelbar $f(x) = f(a)$. Folglich ergibt sich für jedes beliebige $x \in J$ der gleiche Funktionswert $f(a)$. f ist also eine konstante Funktion.

Der nächste Satz ist für die Integralrechnung und die Lehre von den Differentialgleichungen besonders wichtig.

Satz 3

Wenn zwei Funktionen f und g im Intervall J differenzierbar sind und ihre Ableitungen dort übereinstimmen, dann unterscheiden sich ihre Funktionswerte höchstens um eine additive Konstante:

$$\boxed{f'(x) = g'(x) \Rightarrow f(x) = g(x) + c, \quad x \in J}. \tag{57}$$

Beweis: Aus f und g wird eine Funktion f_1 konstruiert:

$$f_1(x) = f(x) - g(x).$$

Nach Voraussetzung gilt: $f_1'(x) = f'(x) - g'(x) = 0$. Da auch f_1 in J differenzierbar ist, erfüllt f_1 die Voraussetzungen von Folgerung 2. Folglich ist $f_1(x) = c$, demnach $f(x) = g(x) + c$.

AUFGABEN

189. Es sind die Intervalle zu bestimmen, in denen Nullstellen der Ableitung f' liegen.

a) $f(x) = (x + 3)(x - 1)(2x - 5)$

b) $f(x) = x(x + 1)(2x - 1)(x + 3)(x - 5)$

190. Mit Hilfe des Mittelwertsatzes sind die Stellen zu berechnen, wo die Tangente an die Kurve den gleichen Anstieg hat wie die Sehne durch die Kurvenpunkte mit den Abszissen x_1 und x_2.

a) $f(x) = -x^3 + 2x$, $\quad x_1 = 1;\ x_2 = 2$

b) $f(x) = \dfrac{x-2}{2x+6}$, $\quad x_1 = -2;\ x_2 = 1$

c) $f(x) = \ln \dfrac{1-x}{1+x}$, $\quad x_1 = 0;\ x_2 = \dfrac{1}{2}$

d) $f(x) = e^{3x}$, $\quad x_1 = 0;\ x_2 = \dfrac{1}{3}\ln 2$

191. Es ist nachzuweisen, daß sich die Werte der Funktionen f und g um eine additive Konstante unterscheiden. Die Konstante ist zu bestimmen.

a) $f(x) = \ln\left(x + \sqrt{x^2 + a^2}\right)$, $\quad g(x) = \ln\left(\dfrac{x}{a} + \sqrt{\left(\dfrac{x}{a}\right)^2 + 1}\right)$

b) $f(x) = 2\cos^2 x$, $\quad g(x) = \cos 2x$

192. Für welche Abszisse x ist die Tangente an die Parabel mit der Gleichung $y = ax^2 + bx + c$ parallel zur Sekante durch die Punkte $P_1[x_1; f(x_1)]$ und $P_2[x_2; f(x_2)]$? Welche Tangentenkonstruktion ergibt sich daraus?

5. Uneigentliche Grenzwerte

5.1. Regeln für das Rechnen mit uneigentlichen Grenzwerten

Grenzwerte von Funktionen wurden schon in 2.4. berechnet. Für den Grenzwert einer Summe, einer Differenz, eines Produktes oder Quotienten gelten entsprechende Grenzwertsätze wie für Zahlenfolgen (siehe 2.2.4.). Sie sind auch anzuwenden, wenn uneigentliche Grenzwerte auftreten.

BEISPIELE

1. $\lim\limits_{x\to 0}\left(4+\frac{1}{x}\right)=\lim\limits_{x\to 0}4+\lim\limits_{x\to 0}\frac{1}{x}=\infty$, denn $\lim\limits_{x\to 0}4=4$ und $\lim\limits_{x\to 0}\frac{1}{x}=\infty$. Allgemein: Aus $\lim f(x)=a$ und $\lim g(x)=\infty$ folgt $\lim[f(x)+g(x)]=\infty$; in abgekürzter Form geschrieben:

   $$a+\infty=\infty.$$

2. $\lim\limits_{x\to\infty}(x-x^2)=\infty-\infty$. Durch Ausklammern ergibt sich $\lim\limits_{x\to\infty}(x-x^2)=\lim\limits_{x\to\infty}x^2\left(\frac{1}{x}-1\right)=$ $=-\infty$, da $\lim\limits_{x\to\infty}x^2=\infty$ und $\lim\limits_{x\to\infty}\left(\frac{1}{x}-1\right)=-1$.

   Andererseits ist auch $\lim\limits_{x\to\infty}(x^2-x)=\infty-\infty$, aber durch Ausklammern ergibt sich

   $\lim\limits_{x\to\infty}(x^2-x)=\lim\limits_{x\to\infty}x^2\left(1-\frac{1}{x}\right)=\infty$, da $\lim\limits_{x\to\infty}x^2=\infty$ und $\lim\limits_{x\to\infty}\left(1-\frac{1}{x}\right)=1$.

   Dem Symbol $\infty-\infty$ kann also keine feste Bedeutung gegeben werden.

Die folgende Zusammenstellung enthält Regeln, die so aufzufassen sind, wie Beispiel 1 zeigt. In der letzten Spalte stehen Symbole ohne feste Bedeutung, die auch als **unbestimmte Formen** bezeichnet werden.

		Unbestimmte Formen
Summen, Differenzen	$a\pm\infty=\pm\infty$; $\infty+\infty=\infty$ $-\infty+(-\infty)=-\infty$	$\infty-\infty$
Produkte	$(\pm\infty)(\pm\infty)=\infty$ $\infty(-\infty)=-\infty$ $a>0$: $a\cdot(\pm\infty)=\pm\infty$; $a<0$: $a\cdot(\pm\infty)=\mp\infty$	$0\cdot(\pm\infty)$
Quotienten	$a\neq 0$: $\frac{a}{\pm\infty}=0$; $\left\lvert\frac{\pm\infty}{0}\right\rvert=\infty$; $\left\lvert\frac{a}{0}\right\rvert=\infty$	$\frac{0}{0}$; $\frac{\pm\infty}{\pm\infty}$
Potenzen	$a>1$: $a^\infty=\infty$; $a^{-\infty}=0$ $a\in(0;1)$: $a^\infty=0$; $a^{-\infty}=\infty$ $a>0$: $\infty^a=\infty$; $a<0$: $\infty^a=0$ $0^\infty=0$; $\infty^\infty=\infty$; $\infty^{-\infty}=0$	1^∞; 0^0; ∞^0

Bei $\frac{\pm\infty}{0}$ und $\frac{a}{0}$ ist keine eindeutige Aussage möglich, da rechtsseitiger und linksseitiger Grenzwert nicht übereinzustimmen brauchen.

Beispiel: $\lim\limits_{x\to+0}\frac{e^x}{x}=\infty$, und $\lim\limits_{x\to-0}\frac{e^x}{x}=-\infty$.

5.2. Die Regel von Bernoulli und de l'Hospital

Die Regel dient zur Berechnung von Grenzwerten, die auf eine unbestimmte Form führen.

Regel von Bernoulli-de l'Hospital[1]):

Wenn zwei Funktionen f und g in einer Umgebung der Stelle a differenzierbar sind und $f(a) = g(a) = 0$ ist, dann ist

$$\boxed{\lim_{x\to a} \frac{f(x)}{g(x)} = \lim_{x\to a} \frac{f'(x)}{g'(x)}}. \tag{58}$$

Anmerkungen:

1. Nicht der Bruch $\frac{f(x)}{g(x)}$ ist zu differenzieren, sondern der Zähler für sich allein und der Nenner für sich allein.
2. Sollte sich wieder eine unbestimmte Form ergeben, kann eine wiederholte Anwendung der Regel zum Ziel führen.
3. Der Satz ist auch anwendbar, wenn f und g nur in einer rechtsseitigen Umgebung $(a; x)$ bzw. nur in einer linksseitigen Umgebung $(x; a)$ der Stelle a definiert und differenzierbar sind und wenn $f(x) \to 0$ und $g(x) \to 0$ für $x \to a + 0$ bzw. $x \to a - 0$.
4. Manchmal liefert die Regel keinen Grenzwert, obwohl er vorhanden ist.

Beweis:

1. a sei endlich. Da die Voraussetzungen des erweiterten Mittelwertsatzes erfüllt sind, existiert nach (56) für jedes x der Umgebung von a ein x_1 mit $x_1 \in (a; x)$, so daß

$$\frac{f(x) - f(a)}{g(x) - g(a)} = \frac{f'(x_1)}{g'(x_1)} \qquad \text{gilt.}$$

Für $x \to a$ geht auch $x_1 \to a$. Daraus folgt (58).

2. a sei unendlich. Es wird $x = \frac{1}{z}$ gesetzt, und aus $x \to \infty$ wird $z \to 0$. Aus dem unter 1. Bewiesenen folgt mit Hilfe der Kettenregel

$$\lim_{x\to\infty} \frac{f(x)}{g(x)} = \lim_{z\to 0} \frac{f\left(\frac{1}{z}\right)}{g\left(\frac{1}{z}\right)} = \lim_{z\to 0} \frac{f'\left(\frac{1}{z}\right)\left(-\frac{1}{z^2}\right)}{g'\left(\frac{1}{z}\right)\left(-\frac{1}{z^2}\right)} =$$

$$= \lim_{z\to 0} \frac{f'\left(\frac{1}{z}\right)}{g'\left(\frac{1}{z}\right)} = \lim_{x\to\infty} \frac{f'(x)}{g'(x)}.$$

[1]) Aufgestellt von BERNOULLI (1667–1748) und veröffentlicht vom MARQUIS DE L'HOSPITAL (1661–1704)

Die Regel (58) ist auch zur Berechnung von Grenzwerten anwendbar, die auf die unbestimmte Form $\frac{\infty}{\infty}$ führen. Der Beweis wird nicht geführt.

BEISPIELE

Form $\frac{0}{0}$

1. $\lim\limits_{x \to 0} \frac{\sin x}{x} = \lim\limits_{x \to 0} \frac{\cos x}{1} = \mathbf{1}.$

   Das ist allerdings kein neuer Beweis für die Richtigkeit dieses Grenzwertes, denn er wurde ja schon zur Berechnung der Ableitung der Sinusfunktion gebraucht (siehe 3.4.1.).

2. $\lim\limits_{x \to 4} \frac{x^2 + x - 20}{x^3 - x^2 - 12x} = \lim\limits_{x \to 4} \frac{2x + 1}{3x^2 - 2x - 12} = \frac{9}{28}.$

3. $\lim\limits_{x \to 0} \frac{x^2 - 2 + 2\cos x}{x^4} = \lim\limits_{x \to 0} \frac{2x - 2\sin x}{4x^3} = \lim\limits_{x \to 0} \frac{2 - 2\cos x}{12x^2} = \lim\limits_{x \to 0} \frac{2\sin x}{24x} =$

   $= \lim\limits_{x \to 0} \frac{2\cos x}{24} = \frac{1}{12}.$

Form $\frac{\infty}{\infty}$

4. $\lim\limits_{x \to +0} \frac{\ln \sin x}{\cot x} = \lim\limits_{x \to +0} \frac{\cos x \sin^2 x}{\sin x \cdot (-1)} \overset{(U)}{=} \lim\limits_{x \to +0} (-\sin x \cos x) = 0.$

   Das Zeichen (U) bedeutet bei diesen Beispielen eine identische Umformung des Terms, aber keine Anwendung der Regel (58).

5. $\lim\limits_{x \to \frac{\pi}{2}} \frac{\tan x}{\tan 3x} = \lim\limits_{x \to \frac{\pi}{2}} \frac{\frac{1}{\cos^2 x}}{\frac{1}{\cos^2 3x} \cdot 3} \overset{(U)}{=} \lim\limits_{x \to \frac{\pi}{2}} \frac{\cos^2 3x}{3\cos^2 x} = \lim\limits_{x \to \frac{\pi}{2}} \frac{-6\cos 3x \sin 3x}{-6\cos x \sin x} \overset{(U)}{=}$

   $\overset{(U)}{=} \lim\limits_{x \to \frac{\pi}{2}} \frac{\cos 3x \sin 3x}{\cos x \sin x} = \lim\limits_{x \to \frac{\pi}{2}} \frac{-3\sin^2 3x + 3\cos^2 3x}{-\sin^2 x + \cos^2 x} = \frac{-3}{-1} = 3.$

6. Für $n \in N \setminus \{0\}$ und $a \in (1; \infty)$ gilt:

   $\lim\limits_{x \to \infty} \frac{x^n}{a^x} = \lim\limits_{x \to \infty} \frac{n x^{n-1}}{a^x \ln a} = \lim\limits_{x \to \infty} \frac{n(n-1)x^{n-2}}{a^x (\ln a)^2} = \cdots = \lim\limits_{x \to \infty} \frac{n!}{a^x (\ln a)^n} = 0$

   $\lim\limits_{x \to \infty} \frac{\log_a x}{x^n} = \lim\limits_{x \to \infty} \frac{\frac{1}{x \ln a}}{n x^{n-1}} \overset{(U)}{=} \lim\limits_{x \to \infty} \frac{1}{n x^n \ln a} = 0.$

   Sonderfälle: $\lim\limits_{x \to \infty} \frac{x^n}{e^x} = 0$; $\lim\limits_{x \to \infty} \frac{\ln x}{x^n} = 0.$

   Es läßt sich beweisen, daß sich auch für positives *reelles* n die gleichen Grenzwerte ergeben.

Ergebnis: Für die Exponential-, Potenz- und Logarithmusfunktionen mit den Gleichungen $y = a^x\ (a > 1)$, $y = x^n\ (n > 0)$ und $y = \log_a x\ (a > 1)$ gilt: Die Werte der Exponentialfunktion wachsen stärker gegen Unendlich als die Werte der Potenzfunktion, und diese wiederum wachsen stärker gegen Unendlich als die Werte der Logarithmusfunktion.

Alle anderen unbestimmten Formen lassen sich auf $\frac{0}{0}$ oder $\frac{\infty}{\infty}$ umformen:

Form	$f(x) \to$	$g(x) \to$	Umformung
$0 \cdot \infty$	0	∞	$f(x) \cdot g(x) = \dfrac{f(x)}{\dfrac{1}{g(x)}} \to \dfrac{0}{0}$ oder $\ldots = \dfrac{g(x)}{\dfrac{1}{f(x)}} \to \dfrac{\infty}{\infty}$
$\infty - \infty$	0	0	$\dfrac{1}{f(x)} - \dfrac{1}{g(x)} = \dfrac{g(x) - f(x)}{f(x)\, g(x)} \to \dfrac{0}{0}$
$1^\infty;\ 0^0;\ \infty^0$	$1;\ 0;\ \infty$	$\infty;\ 0;\ 0$	$f(x)^{g(x)} = e^{\ln\left[f(x)^{g(x)}\right]} = e^{g(x)\cdot\ln f(x)} \to e^{0\cdot\infty}$ (Zeile 1)

BEISPIELE

7. $$\lim_{x\to 0}\left(\frac{1}{x} - \frac{1}{\sin x}\right) \overset{(U)}{=} \lim_{x\to 0}\frac{\sin x - x}{x \sin x} = \lim_{x\to 0}\frac{\cos x - 1}{\sin x + x\cos x} = \lim_{x\to 0}\frac{-\sin x}{2\cos x - x\sin x} = \frac{0}{2} = 0.$$

8. $$\lim_{x\to +0} x^x \overset{(U)}{=} \lim_{x\to +0} e^{x\ln x} = e^{\lim\limits_{x\to +0} x\ln x};\quad \lim_{x\to +0} x\ln x \overset{(U)}{=} \lim_{x\to +0}\frac{\ln x}{\dfrac{1}{x}} = \lim_{x\to +0}\frac{\dfrac{1}{x}}{-\dfrac{1}{x^2}} \overset{(U)}{=} \lim_{x\to +0}(-x) = 0.$$

Damit ergibt sich $\lim\limits_{x\to +0} x^x = e^0 = 1.$

AUFGABEN

193. Die folgenden Grenzwerte sind zu bestimmen.

a) $\lim\limits_{x\to \frac{1}{2}} \dfrac{4x^3 - 52x^2 + 49x - 12}{4x^3 + 8x^2 - 11x + 3}$

b) $\lim\limits_{x\to 1} \dfrac{10x^{12} - 11x^{11} + x}{(1-x)^2}$

c) $\lim\limits_{x\to 8} \dfrac{3 - \sqrt{x+1}}{x^2 - 64}$

d) $\lim\limits_{x\to a+0} \dfrac{a - \sqrt[4]{2x^4 - a^4}}{\sqrt[5]{x^5 - a^5}}$, $a > 0$

e) $\lim\limits_{x\to x_0} \dfrac{x_0 - \sqrt[4]{x_0 x^3}}{\sqrt{2x_0^3 x - x^4} - x_0\sqrt[3]{x_0^2 x}}$, $x_0 > 0$

f) $\lim\limits_{x\to 0} \dfrac{\sin x - x}{e^{\sin x} - e^x}$

g) $\lim\limits_{x\to 1+0} \dfrac{\ln x}{\sqrt{x^2 - 1}}$

h) $\lim\limits_{x\to\infty} \dfrac{\ln x}{\sqrt{x^2-1}}$ i) $\lim\limits_{x\to 3} \dfrac{\ln(x^2-8)}{x^2+x-12}$

k) $\lim\limits_{x\to\infty} \dfrac{\sin 3x - 3\sin x + 4x^3}{6e^x - 6e^{-x} - 12x - 2x^3}$ l) $\lim\limits_{x\to 0} \dfrac{x - \sin x}{x \cos x}$

m) $\lim\limits_{x\to +0} \dfrac{\ln \sin x}{\ln \sin 2x}$ n) $\lim\limits_{x\to\infty} \dfrac{bx+a}{\ln(1+e^x)}$

o) $\lim\limits_{x\to 0} \dfrac{\cot 3x}{\cot x}$ p) $\lim\limits_{x\to 0} \dfrac{\ln x}{\cot x}$

194. Die folgenden Grenzwerte sind zu bestimmen.

a) $\lim\limits_{x\to +0} (e^x - 1)\ln 3x$ b) $\lim\limits_{x\to 1} (x-1)\tan\left(\dfrac{\pi}{2}x\right)$

c) $\lim\limits_{x\to 0} (1-\cos x)\cot x$ d) $\lim\limits_{x\to 0} (1-e^{3x})\cot x$

e) $\lim\limits_{x\to 0} \left(\dfrac{1}{\sin x} + \dfrac{1}{\ln(1-x)}\right)$ f) $\lim\limits_{x\to\frac{\pi}{2}} \left(\dfrac{\pi}{2\cos x} - \dfrac{x}{\cot x}\right)$

g) $\lim\limits_{x\to 1} \left(\dfrac{1}{\ln x} - \dfrac{1}{x-1}\right)$ h) $\lim\limits_{x\to\frac{\pi}{2}} \left(\tan x - \dfrac{1}{\cos x}\right)$

i) $\lim\limits_{x\to\infty} x^{\frac{1}{x}}$ k) $\lim\limits_{x\to 0} \cos x^{\frac{1}{\sin x}}$

l) $\lim\limits_{x\to 0} (\sin x)^x$ m) $\lim\limits_{x\to\infty} \left(1+\dfrac{1}{x}\right)^x$

n) $\lim\limits_{x\to 0} (\sin x)^{\tan x}$

6. Untersuchung von Funktionen

6.1. Charakteristische Bereiche und Punkte

Eine Funktion f ist nach (1.3.1.) eine eindeutige Abbildung der Elemente der Menge X (Definitionsbereich) auf die Elemente der Menge Y (Wertebereich), also eine Menge von geordneten Paaren $f = \{(x; y) \mid y = f(x)\}$. Der Wertebereich Y soll auf Besonderheiten untersucht werden.

BEISPIEL

x	-2	-1	0	1	2	3	4
$y = x^2 - 2x$	8	3	0	-1	0	3	8

Aus der Tabelle folgt, daß die Funktionswerte erst kleiner, dann größer werden und für $x \in (0;2)$ negativ sind.

Ein schnellerer Überblick ergibt sich, wenn die Kurve der Funktion gezeichnet und deren Verlauf untersucht wird **(Kurvendiskussion)**. Sie kann auf zwei Arten gezeichnet werden: 1. mit Hilfe vieler Punkte, deren Koordinaten sich aus einer ausführlichen Wertetabelle für f ergeben; 2. mit Hilfe weniger charakteristischer Punkte und einiger wichtiger Eigenschaften der Kurve (charakteristische Bereiche), die sich nach speziellen Verfahren aus der Funktionsgleichung ergeben. Da bei der ersten Art die Argumente x zufällig ausgewählt werden und der Kurvenverlauf zwischen je zwei Punkten unbekannt bleibt, ist die zweite Art vorzuziehen. Die erforderlichen Verfahren sind der Inhalt der folgenden Abschnitte.

6.2. Definitionsbereich, Symmetrie

6.2.1. Definitionsbereich X

Wenn kein spezieller Definitionsbereich angegeben ist, wird X so bestimmt, daß für alle $x \in X$ die Rechenoperationen in der Funktionsgleichung $y = f(x)$ sinnvoll sind **(maximaler, natürlicher Definitionsbereich)**.

BEISPIELE

1. Ganzrationale Funktion: $y = a_n x^n + a_{n-1} x^{n-1} + \cdots + a_1 x + a_0$; $a_i \in R$, $n \in N \setminus \{0\}$
$X = R$.

2. Gebrochene Funktion: $y = \dfrac{Z(x)}{N(x)}$. Da die Division durch 0 nicht ausführbar ist, sind die Nullstellen des Nennerterms auszuschließen: $X = R \setminus \{x \mid N(x) = 0\}$;

z. B.: $y = \dfrac{x^2 + 1}{x^2 - 4}$, $X = R \setminus \{-2; 2\}$,

$y = \dfrac{\sin x}{\cos x - 1}$, $X = R \setminus \{x \mid \cos x = 1\} = R \setminus \{x \mid x = k \cdot 2\pi,\ k \in G\}$.

3. Wurzelfunktion: $y = \sqrt[n]{r(x)}$, $n \in N \setminus \{0\}$. $X = \{x \mid r(x) \geqq 0\}$;
z. B.: $y = \sqrt[3]{x + 2}$, $X = [-2; \infty)$.

Für Summe, Differenz und Produkt f zweier Funktionen u und v mit den Definitionsbereichen X_u und X_v gilt (zur Bezeichnung siehe 3.3.1.):

$$X_f = X_u \cap X_v.$$

Der Definitionsbereich des Quotienten $\left(\text{Funktionsgleichung } y = f(x) = \dfrac{u(x)}{v(x)}\right)$ ist $X_f = (X_u \cap X_v) \setminus \{x \mid v(x) = 0\}$.

BEISPIEL

4. $y = f(x) = \dfrac{1 + \sqrt{x + 2}}{\sqrt{9 - x^2}}$, $X_f = [-2; \infty) \cap (-3; 3) = [-2; 3)$.

6.2.2. Symmetrie

Nach 1.3.6. gilt:

Kurve von f	$\Leftrightarrow$ Funktion f	$\Leftrightarrow$ für alle x gilt:
axialsymmetrisch zur y-Achse	gerade (ger.)	$f(-x) = f(x)$
zentralsymmetrisch zum Ursprung	ungerade (ung.)	$f(-x) = -f(x)$

Die Kurven gerader bzw. ungerader Funktionen brauchen nur für $x \in [0; \infty)$ diskutiert zu werden, denn aus Symmetriegründen ist damit der gesamte Kurvenverlauf bekannt. Die Untersuchung auf Symmetrie erleichtert folgende Tabelle:

$u(x)$	$v(x)$	$u(x) \pm v(x)$	$u(x) \cdot v(x)$	$\frac{u(x)}{v(x)}$
ger.	ger.	ger.	ger.	ger.
ger.	ung.	—	ung.	ung.
ung.	ger.	—	ung.	ung.
ung.	ung.	ung.	ger.	ger.

Der Beweis soll nur für das Produkt zweier ungerader Terme durchgeführt werden: u und v seien ungerade $\Rightarrow u(-x) = -u(x)$ und $v(-x) = -v(x) \Rightarrow u(-x)\,v(-x) = [-u(x)]\,[-v(x)] \Rightarrow$ $\Rightarrow u(-x)\,v(-x) = u(x)\,v(x)$. Das Produkt ist also gerade, was zu beweisen war.

BEISPIELE

1. $y = f(x) = \dfrac{x^3 - 5x}{x^2 + 5}$.

   Zählerterm: Differenz zweier ungerader Terme, demnach ungerade; Nennerterm: Summe zweier gerader Terme [ein konstanter Term c ist immer ein gerader Term, denn $v(x) = c$ und $v(-x) = c$, also $v(-x) = v(x)$], der Nennerterm ist also gerade; $f(x)$ ist demnach Quotient eines ungeraden und eines geraden Terms, folglich ist f ungerade.

2. $y = f(x) = x \cos x - 3 \sin x$.

   Term x ist ungerade, Term $\cos x$ ist gerade, also ist $x \cos x$ ein ungerader Term;
   Term 3 ist gerade, Term $\sin x$ ist ungerade, also ist $3 \sin x$ ein ungerader Term;
   folglich: f ist ungerade.

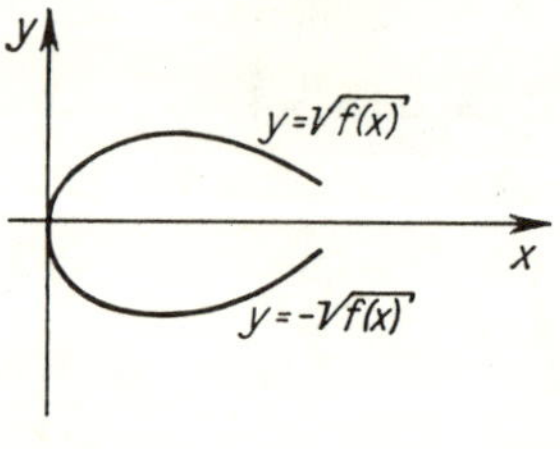

Bild 108

Axialsymmetrie zur x-Achse (Bild 108):
Die Kurve ist die graphische Darstellung einer zweideutigen Abbildung, wobei die beiden axialsymmetrisch zueinander liegenden Kurventeile je eine Funktion darstellen. Die Gleichung der Abbildung kann z. B. die Form haben: $y^2 = f(x)$. Durch Radizieren ergeben sich die Funktionsgleichungen $y = \sqrt{f(x)}$ und $y = -\sqrt{f(x)}$.

AUFGABEN

195. Für die durch folgende Gleichungen gegebenen Funktionen ist der maximale Definitionsbereich zu bestimmen.

a) $y = \dfrac{3x - 4}{x^3 - 6x^2 + 8x}$ b) $y = \dfrac{\sqrt{x^3 - 1}}{x - 7}$

c) $y = \ln(x + 3)$ d) $y = \ln \dfrac{x - 2}{x + 7}$

e) $y = \ln \sin x$ f) $y = \sqrt{x + 2} + 3\sqrt{3 - x}$

g) $y = 2\sqrt{x^2 - 16} - \sqrt{32 - 2x^2}$

196. Es ist zu zeigen, daß die Funktionen f und g unterschiedliche Definitionsbereiche haben, obwohl sich $f(x)$ in $g(x)$ umformen läßt.

a) $f(x) = \dfrac{2x}{x^2 - 3x}$, $g(x) = \dfrac{2}{x - 3}$

b) $f(x) = \sqrt[4]{(x - 1)^2}$, $g(x) = \sqrt{x - 1}$

c) $f(x) = \dfrac{\sqrt{x}}{\sqrt{x + 1}}$, $g(x) = \sqrt{\dfrac{x}{x + 1}}$

d) $f(x) = \ln(x - 2)^2$, $g(x) = 2\ln(x - 2)$.

6.3. Das Verhalten im Unendlichen

Darunter soll das Verhalten einer Kurve für $x \to +\infty$ und $x \to -\infty$ verstanden werden. Die Untersuchung ist also nur nötig, wenn der Definitionsbereich X nach einer oder nach beiden Seiten unbeschränkt ist. Auskunft über das Verhalten im Unendlichen geben die Grenzwerte

$$\lim_{x \to -\infty} y = \lim_{x \to -\infty} f(x) \quad \text{und} \quad \lim_{x \to +\infty} y = \lim_{x \to +\infty} f(x).$$

6.3.1. Die ganzrationale Funktion

Die ganzrationale Funktion hat die Form

$$y = f(x) = a_n x^n + a_{n-1}x^{n-1} + \cdots + a_2 x^2 + a_1 x + a_0,$$
$$a_i \in R, \quad n \in N \setminus \{0\}.$$

Es ist

$$\lim_{x \to \pm\infty} y = \lim_{x \to \pm\infty} (a_n x^n + a_{n-1}x^{n-1} + \cdots + a_2 x^2 + a_1 x + a_0) =$$
$$= \lim_{x \to \pm\infty} \left(a_n + \frac{a_{n-1}}{x} + \cdots + \frac{a_2}{x^{n-2}} + \frac{a_1}{x^{n-1}} + \frac{a_0}{x^n}\right) x^n =$$
$$= a_n \cdot \lim_{x \to \pm\infty} x^n,$$

denn mit Ausnahme des ersten Gliedes haben alle anderen Glieder in der Klammer den Grenzwert Null.

Wegen $\lim\limits_{x \to +\infty} x^n = +\infty$ und $\lim\limits_{x \to -\infty} x^n = \begin{cases} +\infty \text{ falls } & n = 2k, \; k \in N \setminus \{0\} \\ -\infty \quad ,, & n = 2k + 1, \; k \in N \end{cases}$

folgt unter Berücksichtigung des Vorzeichens von a_n:

n	a_n	$\lim\limits_{x \to -\infty} y$	$\lim\limits_{x \to +\infty} y$
$2k$	> 0	$+\infty$	$+\infty$
$2k$	< 0	$-\infty$	$-\infty$
$2k + 1$	> 0	$-\infty$	$+\infty$
$2k + 1$	< 0	$+\infty$	$-\infty$

Geometrische Deutung: Wenn der Grad gerade ist, »kommt« und »geht« die Kurve auf derselben Seite der x-Achse »ins Unendliche« (Bilder 109a und 109b); wenn der Grad ungerade ist, »kommt« und »geht« die Kurve auf verschiedenen Seiten der x-Achse »ins Unendliche« (Bilder 109c und 109d).

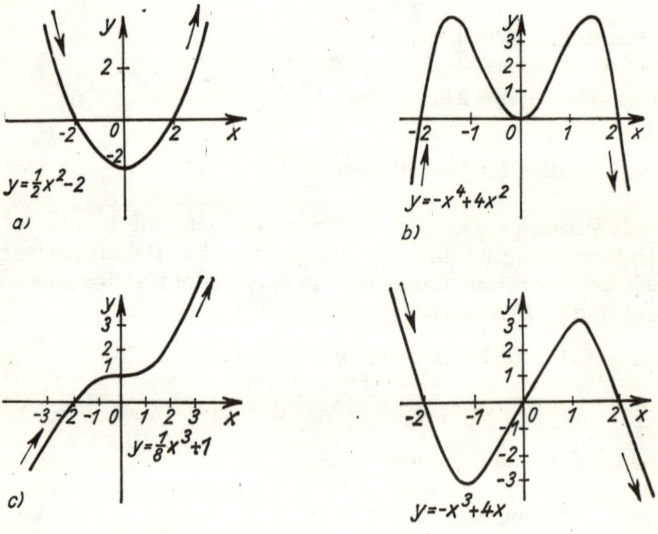

Bild 109

6.3.2. Die gebrochenrationale Funktion

Die gebrochenrationale Funktion hat die Form

$$y = f(x) = \frac{Z(x)}{N(x)},$$

Z, N sind ganzrationale Funktionen.

Das Verhalten im Unendlichen wurde schon in 2.4.3. untersucht. Die Ergebnisse seien hier noch einmal zusammengefaßt (der Grad von Z sei n, der Grad von N sei m): Durch Ausführen der Division $Z(x):N(x) = P(x) + r(x)$ wird die gebrochenrationale Funktion f in eine Summe zerlegt, wobei P ganzrational und r echt gebrochen rational ist. Für $|x| \to \infty$ nähert sich die Kurve von f asymptotisch der Kurve von P.
Sie wird **Grenzkurve** genannt; ist sie eine Gerade, heißt sie auch **Asymptote:**

f		Gleichung der Grenzkurve	
unecht gebrochen rational	$n > m$	$y_A = P(x)$	$n - m = 1$: Gerade $n - m > 1$: Parabel $(n - m)$ten Grades
	$n = m$	$y_A = P(x) = {}$ $= \text{const.}$	Parallele zur x-Achse
echt gebrochen rational	$n < m$	$y_A = P(x) = 0$	x-Achse

BEISPIELE (siehe 1.3.5., Bilder 46–48)

1. $y = \dfrac{2x - 2}{x^2 - 2x - 3} = (2x - 2):(x^2 - 2x - 3) = 0 + \dfrac{2x - 2}{x^2 - 2x - 3}$

   $y_A = 0$; Asymptote: x-Achse.

2. $y = \dfrac{x^2 + 3x + 1}{x^2 + 1} = (x^2 + 3x + 1):(x^2 + 1) = 1 + \dfrac{3x}{x^2 + 1}$

   $$\frac{-(x^2 \qquad + 1)}{3x}$$

   $y_A = 1$; Asymptote: Parallele zur x-Achse.

3. $y = \dfrac{x^3 - 4x + 8}{4x - 8} = (x^3 - 4x + 8):(4x - 8) = \dfrac{1}{4}x^2 + \dfrac{1}{2}x + \dfrac{8}{4x - 8}$

   $y_A = \dfrac{1}{4}x^2 + \dfrac{1}{2}x$; Grenzkurve: Parabel 2. Grades.

6.4. Unstetigkeitsstellen, Achsenschnittpunkte

6.4.1. Unstetigkeitsstellen

Die am häufigsten auftretenden Unstetigkeitsstellen einer Funktion f sind Stellen mit endlichem Sprung, Stellen mit vertikaler Asymptote und Stellen mit hebbarer Unstetigkeit. Andere Arten von Unstetigkeiten werden hier nicht untersucht.

Stellen mit endlichem Sprung: x_s

Die seitlichen Grenzwerte von f sind an der Stelle x_s voneinander verschieden:

$$\lim_{x \to x_s + 0} f(x) = g^+, \quad \lim_{x \to x_s - 0} f(x) = g^- \quad \text{und} \quad g^+ \neq g^-.$$

BEISPIELE

1. $y = f(x) = \dfrac{2}{1 + 2^{\frac{1}{x}}}$, siehe 2.4.1., Beispiel 3;

$$x_s = 0\colon\ g^- = 2;\ g^+ = 0.$$

2. $y = f(x) = \begin{cases} \cos x & \text{für } x \in \left[0; \dfrac{\pi}{2}\right], \\ \sin x & \text{für } x \in \left(\dfrac{\pi}{2}; \pi\right]. \end{cases}$

Für $x \to \dfrac{\pi}{2} - 0$ gilt $\lim\limits_{x \to \frac{\pi}{2} - 0} \cos x = 0$,

für $x \to \dfrac{\pi}{2} + 0$ gilt $\lim\limits_{x \to \frac{\pi}{2} + 0} \sin x = 1$.

An dieser Stelle ist also $g^- \neq g^+$,

demnach liegt bei $x_s = \dfrac{\pi}{2}$ eine Stelle mit einem endlichen Sprung vor.

Wenn also eine Funktion für eine Vereinigung von Intervallen definiert ist, und zwar für jedes Intervall durch einen anderen analytischen Ausdruck, so empfiehlt es sich, die Intervallgrenzen auf Sprungstellen zu untersuchen.

Stellen mit vertikaler Asymptote (Unendlichkeitsstellen): x_p

Mindestens einer der seitlichen Grenzwerte von f ist an der Stelle x_p uneigentlich. Bei gebrochenrationalen Funktionen heißt x_p **Polstelle**, und die vertikale Asymptote heißt **Pol**.

BEISPIELE

3. $y = f(x) = \tan x;\ x_p = \dfrac{\pi}{2} + k\pi,\ k \in G\colon\ g^- = -\infty,\ g^+ = +\infty.$

4. $y = f(x) = \dfrac{x+1}{x};\ x_p = 0$ (siehe 2.4.1., Beispiel 2): $g^- = -\infty,\ g^+ = +\infty.$

5. $y = f(x) = e^{\frac{x+1}{x}};\ x_p = 0.$

Substitution $\dfrac{x+1}{x} = z$. Nach Beispiel 4 ist $\lim\limits_{x \to -0} z = -\infty$ und $\lim\limits_{x \to +0} z = +\infty$, folglich ist

$$g^- = \lim_{x \to -0} e^{\frac{x+1}{x}} = \lim_{z \to -\infty} e^z = 0 \text{ und } g^+ = \lim_{z \to +\infty} e^z = +\infty.$$

6. $y = f(x) = \dfrac{1}{\sin^2 x};\ x_p = 0 + k\pi,\ k \in G\colon\ g^- = g^+ = +\infty.$

Stellen mit hebbarer Unstetigkeit (Lücken): x_1

Die seitlichen Grenzwerte von f sind an der Stelle x_1 gleich:

$$\lim_{x \to x_1+0} f(x) = g^+, \quad \lim_{x \to x_1-0} f(x) = g^- \quad \text{und} \quad g^+ = g^- = g.$$

An der Stelle x_1 hat f also einen Grenzwert, ist aber dort nicht definiert. Geht $f(x)$ beim Belegen der Variablen mit x_1 in eine unbestimmte Form über, wird der Grenzwert von f nach der Regel von BERNOULLI-DE L'HOSPITAL berechnet (siehe 5.2.). Zu f läßt sich eine **Ersatzfunktion** f^* definieren, die auch für x_1 stetig ist. f^* soll für $x \neq x_1$ wie f definiert sein, und $f^*(x_1)$ soll gleich dem Grenzwert von f sein. Damit ist die Unstetigkeit an der Stelle x_1 behoben.

BEISPIELE

7. $y = f(x) = \frac{\sin x}{x}$, $x_1 = 0$, $X = R\setminus\{0\}$.

Es ist $\lim\limits_{x \to 0} \frac{\sin x}{x} = \lim\limits_{x \to 0} \frac{\cos x}{1} = 1$.

$$\text{Ersatzfunktion: } y = f^*(x) = \begin{cases} \frac{\sin x}{x} & \text{für } x \in R\setminus\{0\}, \\ 1 & \text{für } x = 0. \end{cases}$$

8. $y = f(x) = \frac{x^2 - 4}{x + 2}$; $x_1 = -2$; $X = R\setminus\{-2\}$.

Es ist $\lim\limits_{x \to -2} \frac{x^2 - 4}{x + 2} = \lim\limits_{x \to -2} \frac{2x}{1} = -4$.

$$\text{Ersatzfunktion: } y = f^*(x) = \begin{cases} \frac{x^2 - 4}{x + 2} & \text{für } x \in R\setminus\{-2\}, \\ -4 & \text{für } x = -2. \end{cases}$$

Eine einfachere Schreibweise der Ersatzfunktion entsteht, wenn der Zähler des Bruches in Faktoren zerlegt und der Bruch gekürzt wird: $y = f^*(x) = x - 2$.

6.4.2. Achsenschnittpunkte

Schnittpunkte mit der x-Achse $P(x; 0)$

Als Elemente der x-Achse und der Kurve von f müssen ihre Koordinaten die Gleichung der x-Achse ($y = 0$) und die Gleichung von f: $y = f(x)$ erfüllen. Demnach haben ihre Ordinaten den Wert Null, und ihre Abszissen (die **Nullstellen** von f) sind Lösungen von

$$\boxed{f(x) = 0}$$

Nach ihrer Vielfachheit unterscheidet man Nullstellen ungerader und gerader Ordnung. Bei einer Nullstelle ungerader Ordnung (z. B. $x_0 = 0$ bei $y = x^3$, dreifache Nullstelle) wird die x-Achse geschnitten, d. h., die Kurve verläuft beiderseits der Nullstelle auf verschiedenen Seiten der x-Achse. Bei einer Nullstelle gerader Ordnung (z. B. $x_0 = 0$ bei $y = x^2$, zweifache Nullstelle) wird die x-Achse berührt, d. h., die Kurve verläuft beiderseits der Nullstelle auf derselben Seite der x-Achse.

Schnittpunkt mit der y-Achse $P(0; y)$

Die Abszisse hat den Wert Null, und die Ordinate ist Lösung von

$$\boxed{y = f(0)}$$

6.4.3. Gebrochenrationale Funktionen: $y = \frac{Z(x)}{N(x)}$; Z, N ganzrational

Es empfiehlt sich folgendes Verfahren:

1. Nullstellen von Z berechnen: $L_z = \{x \mid Z(x) = 0\}$;
2. Nullstellen von N berechnen: $L_n = \{x \mid N(x) = 0\}$;
3. $L_z \setminus L_n$ bestimmen: Nullstellen von f;
4. $L_n \setminus L_z$ bestimmen: Polstellen von f;
5. $L_z \cap L_n$ bestimmen: Polstellen oder Lücken von f.

Zu 4: Nach ihrer Vielfachheit unterscheidet man Polstellen ungerader und gerader Ordnung.

BEISPIELE

1. $y = \frac{1}{x-2}$; $L_n \setminus L_z = \{2\} \setminus \emptyset = \{2\}$. $x_p = 2$ ist *einfache* Lösung von $N(x) = 0$, also Polstelle *erster* (ungerader) Ordnung (Bild 110a). Es ist $g^- \neq g^+$.

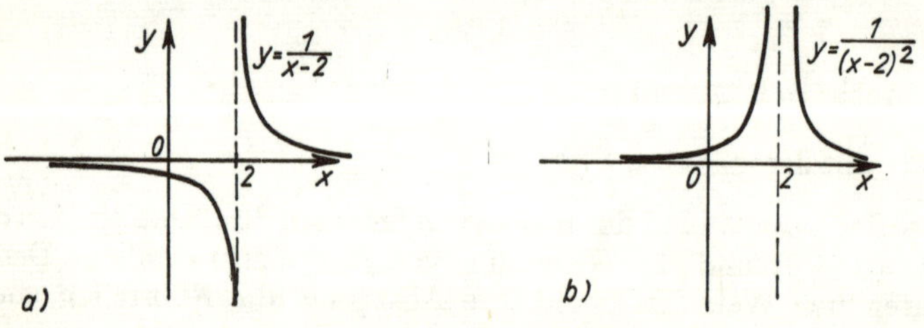

Bild 110

2. $y = \frac{1}{(x-2)^2}$; $L_n \setminus L_z = \{2\} \setminus \emptyset = \{2\}$. $x_p = 2$ ist *zweifache* Lösung von $N(x) = 0$, also Polstelle *zweiter* (gerader) Ordnung (Bild 110b). Es ist $g^- = g^+$.

Zu 5: x sei i-fache Nullstelle von Z und k-fache Nullstelle von N. Dann gilt für
$i \geqq k$: $x = x_l$ ist Lücke (hebbare Unstetigkeit) von f;
$i < k$: $x = x_p$ ist Polstelle von f.
Die Gleichung der Ersatzfunktion ergibt sich durch Kürzen.

BEISPIELE

3. $y = f_1(x) = \frac{x^2 - 1}{x - 1} = \frac{(x+1)(x-1)}{x-1}$, $L_z \cap L_n = \{-1; 1\} \cap \{1\} = \{1\}$. $x = 1$

ist einfache Nullstelle von Z und N: $i = k = 1$. $x = 1$ ist also Lücke.

$\lim\limits_{x \to 1} \frac{x^2 - 1}{x - 1} = \lim\limits_{x \to 1} \frac{2x}{1} = 2$. Ersatzfunktion: $y = f_1^*(x) = x + 1$.

Die Kurven von f_1 und f_1^* sind gleich für alle $x \neq 1$. Für $x = 1$ hat f_1 eine Lücke, während f_1^* auch an dieser Stelle stetig ist (Bild 111a).

4. $y = f_2(x) = \frac{(x+1)(x-1)^2}{x-1}$; $L_z \cap L_n = \{1\}$; $i = 2$, $k = 1$; $i > k$, also: Lücke $x_l = 1$.

Ersatzfunktion: $y = f_2^*(x) = (x+1)(x-1) = x^2 - 1$ (Bild 111b).

5. $y = f_3(x) = \frac{(x+1)(x-1)}{(x-1)^2}$; $L_z \cap L_n = \{1\}$; $i = 1$; $k = 2$; $i < k$, also: Polstelle $x_p = 1$.

Ersatzfunktion: $y = f_3^*(x) = \frac{x+1}{x-1}$ (Bild 111c).

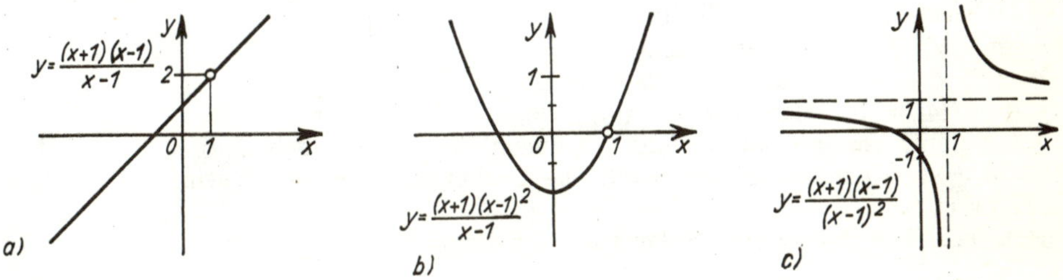

Bild 111

Bei gebrochenen Funktionen (Z, N nicht ganzrational) ist analog zu verfahren.

6.5. Monotoniebögen, Extrempunkte

Die Kurve in Bild 112 läßt sich in Bögen zerlegen, für die charakteristisch ist, daß sie entweder nur positiven (I, III, IV) oder nur negativen (II, V) Anstieg haben: *wachsende* bzw. *fallende* Monotoniebögen. Für die Endpunkte der Bögen ist charakteristisch, daß ihre Ordinaten relativ extreme Werte annehmen können, wenn man sie mit den Ordinaten hinreichend nahe gelegener Punkte vergleicht. Diese Ordinaten brauchen keine absoluten Extremwerte zu sein, z. B. hat P_5 eine kleinere Ordinate als T. Ein *relativer Extrempunkt* trennt zwei verschiedenartige Monotoniebögen (H, T, P_2, aber nicht P_1). Bedingungen für die Ermittlung von Monotoniebögen und Extrempunkten folgen aus dem Mittelwertsatz.

Satz

Die Funktion f sei im Intervall J differenzierbar. Dann ist *notwendig* und *hinreichend* dafür, daß f streng monoton

wachsend | *fallend*

in J ist, daß für alle $x \in J$

$f'(x) > 0$ | $f'(x) < 0$

ist. Der entsprechende Kurvenbogen von f heißt

wachsender | *fallender*

Monotoniebogen.

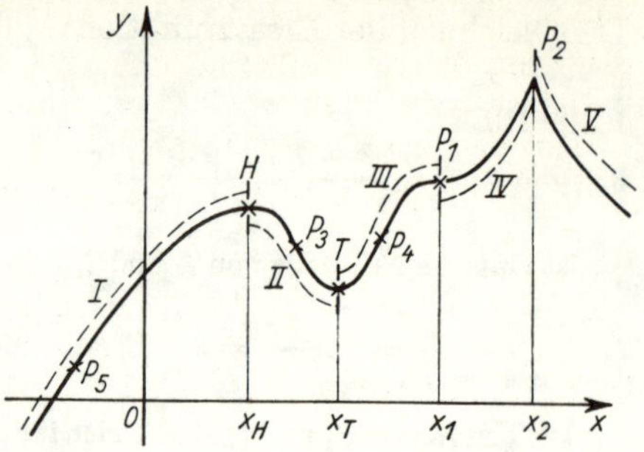

Bild 112

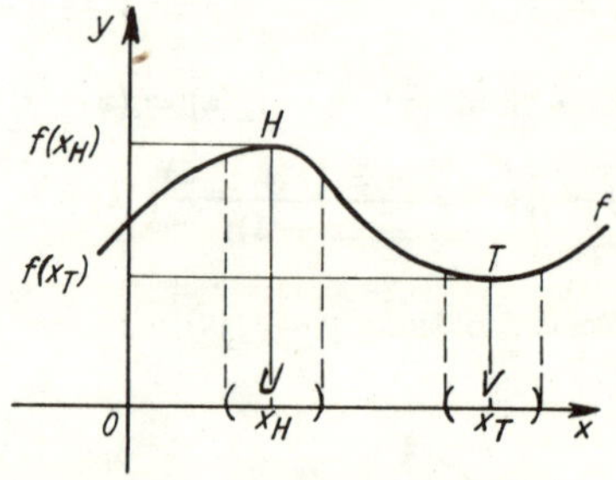

Bild 113

Beweis: Es wird nur die Bedingung für den wachsenden Bogen bewiesen. Die Bedingung für den fallenden Bogen läßt sich entsprechend beweisen.
Es sei $\{a; b\} \subset J$ und $a < b$. Nach dem Mittelwertsatz (4.1., (2)) gilt $f(b) - f(a) = (b - a) \cdot f'(c)$, $c \in (a; b) \subseteqq J$.
Wegen $b - a > 0$ und $f'(c) > 0$ folgt $f(b) - f(a) > 0$, also $f(a) < f(b)$. Da a, b beliebig gewählt waren, folgt allgemein für $a < b$ auch $f(a) < f(b)$, d. h., f ist in J streng monoton wachsend. Die Umkehrung des Satzes wird entsprechend bewiesen.
Extremstellen und -werte werden wie folgt definiert.

Definition

f sei eine Funktion mit dem Definitionsbereich X.

1. $x_H \in X$ heißt (relative) *Maximumstelle* von f, wenn es eine Umgebung U von x_H gibt, in der für alle $x \in U$ $f(x) \leqq f(x_H)$ ist. Der Funktionswert $y_H = f(x_H)$ heißt (relatives) **Maximum** von f.
2. $x_T \in X$ heißt (relative) *Minimumstelle* von f, wenn es eine Umgebung V von x_T gibt, in der für alle $x \in V$ $f(x) \geqq f(x_T)$ ist. Der Funktionswert $y_T = f(x_T)$ heißt (relatives) **Minimum** von f.

Bezeichnung der Punkte auf der Kurve: $H(x_H; y_H)$ heißt Maximum- oder Hochpunkt, $T(x_T; y_T)$ heißt Minimum- oder Tiefpunkt (Bild 113).
Eine *hinreichende* Bedingung für das Vorhandensein eines Extremwertes ergibt sich aus folgender Überlegung: Wenn in Richtung wachsender Abszissen ein wachsender

Monotoniebogen in einen fallenden übergeht, muß der Trennungspunkt ein Maximumpunkt sein. Entsprechendes gilt für einen Minimumpunkt. Daraus folgt der

Satz I

Wenn eine Funktion f in einer Umgebung U von x_E differenzierbar ist (in x_E selbst braucht f nicht differenzierbar zu sein) und wenn für alle $x \in U$ die Ableitung $f'(x)$ für $x < x_E$ (links von x_E) ein anderes Vorzeichen hat als für $x > x_E$ (rechts von x_E), so ist x_E Extremstelle, und zwar:

wenn für $x < x_E$	und für $x > x_E$	so ist x_E
$f'(x) > 0$	$f'(x) < 0$	Maximumstelle
$f'(x) < 0$	$f'(x) > 0$	Minimumstelle.

Wenn f auch in x_E differenzierbar ist, läßt sich noch eine *notwendige* Bedingung angeben:

Satz

Wenn eine Funktion f an der Stelle x_E differenzierbar und x_E Extremstelle ist, so ist

$$\boxed{f'(x_E) = 0}.$$

Beweis: x_E sei z. B. Maximumstelle. Nach Definition ist dann $f(x) \leqq f(x_E)$ für alle $x \in U$. Damit folgt für den Differenzenquotienten für alle $x < x_E$:

$$\frac{f(x) - f(x_E)}{x - x_E} \geqq 0 \quad \text{wegen} \quad f(x) - f(x_E) \leqq 0 \quad \text{und} \quad x - x_E < 0,$$

also auch $\quad f'(x_E) = \lim\limits_{x \to x_E - 0} \dfrac{f(x) - f(x_E)}{x - x_E} \geqq 0;$

entsprechend folgt für alle $x > x_E$:

$$\frac{f(x) - f(x_E)}{x - x_E} \leqq 0, \quad \text{also} \quad f'(x_E) = \lim_{x \to x_E + 0} \frac{f(x) - f(x_E)}{x - x_E} \leqq 0;$$

aus $f'(x_E) \geqq 0$ und $f'(x_E) \leqq 0$ folgt $f'(x_E) = 0$.
Wenn x_E Minimumstelle ist, verläuft der Beweis entsprechend.

Geometrische Deutung: Wenn in einem Extrempunkt eine Tangente existiert, *muß* sie parallel zur x-Achse verlaufen. Wenn in einem Punkt eine Tangente existiert, die parallel zur x-Achse verläuft, *kann* dieser Punkt ein Extrempunkt sein, muß es aber nicht sein (z. B. P_1 in Bild 112).
Eine weitere hinreichende Bedingung für in x_E zweimal differenzierbare Funktionen folgt in 6.6.

BEISPIELE

1. Für die in Bild 112 dargestellte Funktion gibt folgende Tabelle über das Verhalten der ersten Ableitung Auskunft:

x	$(-\infty; x_H)$	x_H	$(x_H; x_T)$	x_T	$(x_T; x_1)$	x_1	$(x_1; x_2)$	x_2	$(x_2; +\infty)$
y	wachsend	Max.	fallend	Min.	wachsend	·/.	wachsend	Max.	fallend
y'	> 0	$= 0$	< 0	$= 0$	> 0	$= 0$	> 0	nicht diff.bar	< 0

2. $y = f(x) = -x^2 + 4x - 1$. Gesucht sind die Koordinaten des Scheitelpunktes.
Der Scheitelpunkt ist der Extrempunkt der quadratischen Parabel. Seine Koordinaten errechnen sich nach folgendem Verfahren:

2.1. y' berechnen: $y' = f'(x) = -2x + 4$;

2.2. notwendige Bedingung $f'(x) = 0$, Gleichung lösen:

$$0 = -2x + 4, \quad L = \{2\};$$

2.3. die Intervalle ermitteln, in denen die Ableitung gleiches Vorzeichen hat, und das jeweilige Vorzeichen ermitteln: Dazu wird aus jedem Intervall ein beliebiges Element ausgewählt, z. B.:

$$f'(1) = -2 \cdot 1 + 4 > 0, \quad f'(3) = -2 \cdot 3 + 4 < 0,$$

aus 2.2. folgt $f'(2) = 0$.

x	$(-\infty; 2)$	2	$(2; +\infty)$
y	wachsend	Max.	fallend
y'	> 0	$= 0$	< 0

2.4. Art des Extremwertes ermitteln: Da ein wachsender Monotoniebogen in einen fallenden übergeht, liegt ein Maximum vor.

2.5. Extremwert $y_E = f(x_E)$ berechnen: $y_E = -2^2 + 4 \cdot 2 - 1 = 3$.

Lösung: Der Scheitelpunkt ist der Hochpunkt $H(2; 3)$.

6.6. Krümmungsbögen, Wendepunkte

Im vorhergehenden Abschnitt ergab sich, daß sich die Art der Monotonie eines Kurvenbogens aus dem Vorzeichen der ersten Ableitung ermitteln läßt. Um die Kurve zu zeichnen, reicht das aber oft nicht aus. Ein wachsender Monotoniebogen kann z. B. auf zwei Arten wachsen (Bild 114). Beide Arten unterscheiden sich durch die Art ihrer Krümmung. Entsprechend gibt es auch zwei Arten von fallenden Monotoniebögen. Die beiden Arten von **Krümmungsbögen** werden erklärt durch die

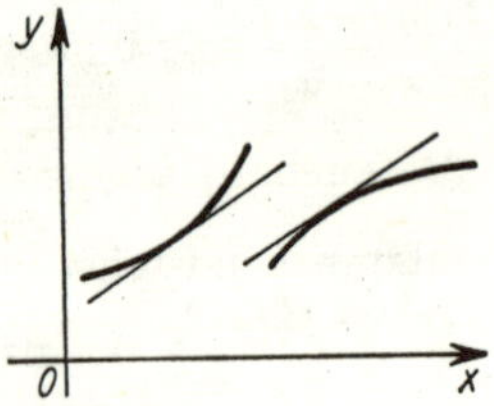

Bild 114

Definition

Die Funktion f sei im Intervall J differenzierbar. f heißt

konvex | konkav

in J, wenn die Tangente in jedem Punkt der Kurve

unterhalb | oberhalb

der Kurve liegt. Der entsprechende Kurvenbogen heißt

Konvexbogen | **Konkavbogen.**

Die Krümmungsart eines Bogens wird ermittelt nach folgendem

Satz

f sei in J zweimal differenzierbar. Dann ist *notwendig* und *hinreichend* dafür, daß f in J

konvex | konkav

ist, daß für alle $x \in J$

$f''(x) > 0$ | $f''(x) < 0$.

Auf den Beweis wird verzichtet, da er den Rahmen dieses Lehrbuches übersteigt. Eine geometrische Deutung soll den Satz begründen: In den Bildern 115 sind je zwei Konvex- und zwei Konkavbögen graphisch differenziert worden. Ergebnis:

Wenn f konvex ist, dann ist f' streng monoton wachsend,	Wenn f konkav ist, dann ist f' streng monoton fallend,

folglich ist nach 6.5. die Ableitung f'' von f'

positiv: $f''(x) > 0$.	negativ: $f''(x) < 0$.

Beide Überlegungen sind umkehrbar.

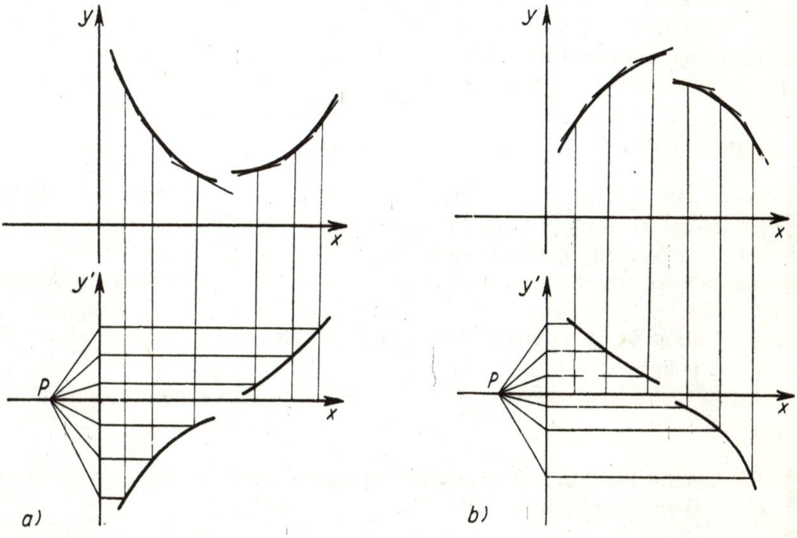

Bild 115

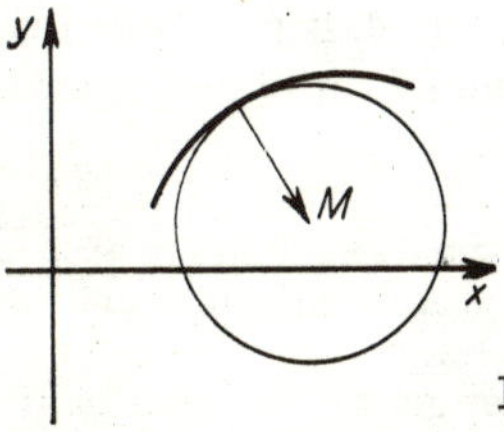

Bild 116

Merkregel: Man denke sich an den Krümmungsbogen einen Kreis gelegt, der näherungsweise die gleiche Krümmung hat (Bild 116). Liegt der Kreismittelpunkt M unterhalb des Bogens, also vom Bogen aus gesehen in Richtung der *negativen* Ordinaten, dann ist auch die zweite Ableitung *negativ*. Liegt M oberhalb des Bogens, also in Richtung der *positiven* Ordinaten, ist die zweite Ableitung *positiv*.

Da ein Extrempunkt mit waagerechter Tangente ein Maximumpunkt ist, wenn er im Innern eines Konkavbogens liegt, und ein Minimumpunkt, wenn er im Innern eines Konvexbogens liegt (siehe Bild 112: H, T), folgt daraus der

Satz

Wenn eine Funktion f an der Stelle x_E zweimal differenzierbar ist, $f'(x_E) = 0$ und $f''(x_E) \begin{matrix} > 0 \\ < 0 \end{matrix}$ ist, so ist x_E $\begin{matrix} \text{Minimum-} \\ \text{Maximum-} \end{matrix}$ stelle.

Diese Bedingung ist *hinreichend*, aber nicht notwendig, denn der Maximumpunkt P_2 in Bild 112 erfüllt z. B. diese Bedingung nicht.
Ein Punkt heißt *Wendepunkt* einer Kurve, wenn er zwei verschiedenartige Krümmungsbögen trennt (Bild 112, P_1, P_2, P_3, P_4).
Daraus folgt als *hinreichende* Bedingung

Satz II

Wenn eine Funktion f in einer Umgebung U von x_W zweimal differenzierbar ist (in x_W selbst braucht f nicht differenzierbar zu sein) und wenn für alle $x \in U$ die zweite Ableitung $f''(x)$ für $x < x_W$ (links von x_W) ein anderes Vorzeichen hat als für $x > x_W$ (rechts von x_W), so ist x_W Abszisse eines **Wendepunktes**.

Wenn f auch in x_W zweimal differenzierbar ist, läßt sich noch eine *notwendige* Bedingung angeben:

Satz

Wenn eine Funktion f an der Stelle x_W zweimal differenzierbar und x_W Abszisse eines Wendepunktes ist, so ist

$$\boxed{f''(x_W) = 0}.$$

Begründung: Nach Satz II ergibt sich aus Satz I, daß f' an der Stelle x_W einen Extremwert haben muß. Da f an der Stelle x_W zweimal differenzierbar, also f' an der Stelle x_W differenzierbar ist, folgt $f''(x_W) = 0$.

Aus $f''(x_W) = 0$ folgt also nur, daß x_W Wendepunktsabszisse sein kann, es aber nicht sein muß. Wesentlich ist das unterschiedliche Vorzeichen der zweiten Ableitung links und rechts von x_W.

Wenn f in x_W differenzierbar ist, gibt es eine Tangente im Wendepunkt (**Wendetangente**), und $f'(x_W)$ läßt sich als ihr Anstieg deuten.
Ein **Stufen-** oder **Terrassenpunkt** $W_t(x_{Wt}; y_{Wt})$ ist ein Wendepunkt mit parallel zur x-Achse (waagerecht) verlaufender Tangente (P_1 in Bild 112). Notwendige Bedingung für ihn ist also:

$$f'(x_{Wt}) = 0, \quad f''(x_{Wt}) = 0.$$

6.7. Beispiele für Kurvendiskussionen

Man geht zweckmäßigerweise in folgender Reihenfolge vor:

1. Definitionsbereich bestimmen,
2. Untersuchung auf Symmetrie,
3. Untersuchung auf Verhalten im Unendlichen,
4. Unstetigkeitsstellen und Achsenschnittpunkte bestimmen,
5. $y' = f'(x)$ und $y'' = f''(x)$ bestimmen,
6. Extrempunkte und Art der Extrempunkte bestimmen,
7. Wendepunkte und Anstieg der Wendetangenten bestimmen,
8. Tabelle anfertigen,
9. Skizze anfertigen.

Die folgende Zusammenstellung enthält noch einmal alle Bedingungen für charakteristische Bögen und Punkte:

$f'(x)$ $f''(x)$	>0 >0	>0 <0	<0 >0	<0 <0	$=0$	$=0$ >0	$=0$ <0	$=0$	$=0$ $=0$
Bogen bzw. Punkt					E	T	H	W	W_t
Art der Bedingung					notw.	hinr.	hinr.	notw.	notw.

Außerdem werden noch die Sätze I und II benötigt.

1. $y = f(x) = -x^4 + 8x^2 + 9$.

1.1. f ist ganzrational, folglich $X = R$.

1.2. $f(x)$ ist Summe von drei geraden Termen, also ist f gerade: Die Kurve von f ist axialsymmetrisch zur y-Achse.

1.3. $n = 4 = 2k$ und $a_4 = -1 < 0$, also $\lim\limits_{x \to \pm\infty} y = -\infty$.

1.4. Unstetigkeitsstellen sind keine vorhanden.

Achsenschnittpunkte:

$f(x) = 0$: $0 = -x^4 + 8x^2 + 9$, $x^2 = z$

$$0 = z^2 - 8z - 9$$

$$z_1 = 9, \quad z_2 = -1$$

$$x^2 = 9, \quad x^2 = -1$$

$L_1 = \{+3; -3\}$, $L_2 = \emptyset$, also $P_1(-3; 0)$, $P_2(3; 0)$.

$y = f(0)$: $y = 9$, $L = \{9\}$, also $P_3(0; 9)$.

1.5. $y' = f'(x) = -4x^3 + 16x$

$y'' = f''(x) = -12x^2 + 16$

1.6. $f'(x) = 0$: $0 = -4x^3 + 16x$,

$0 = -4x(x^2 - 4)$, $L = \{0; -2; 2\}$.

Die Art der Extremstelle folgt aus dem Vorzeichen der zweiten Ableitung: $f''(0) = 16 > 0$: $x = 0$ ist Minimumstelle, $f''(2) < 0$: $x = 2$ ist Maximumstelle, dann ist aus Symmetriegründen $x = -2$ (s. 1. 2.) ebenfalls Maximumstelle.

1.7. $f''(x) = 0$: $0 = -12x^2 + 16$, $L = \left\{-\frac{2}{3}\sqrt{3}; \frac{2}{3}\sqrt{3}\right\}$.

Die Stellen $x_1 = -\frac{2}{3}\sqrt{3} \approx -1{,}15$ und $x_2 \approx 1{,}15$ können also Wendepunktsabszissen sein. Ob sie wirklich welche sind, ergibt sich nach Satz II aus der Tabelle. Berechnung der Ordinaten und des Anstiegs der Wendetangente: $f(0) = 9$, $f(2) = f(-2) = 25$, $f\left(\frac{2}{3}\sqrt{3}\right) = f\left(-\frac{2}{3}\sqrt{3}\right) \approx 17{,}9$ (Symmetrie berücksichtigen), $f'\left(\pm\frac{2}{3}\sqrt{3}\right) \approx \pm 12{,}3$.

1.8. Tabelle:

x	$-\infty$		-3	-2		$-1{,}15$		0		$1{,}15$		2	3		$+\infty$
y	$-\infty$		0	25		$17{,}9$		9		$17{,}9$		25	0		$-\infty$
y'		$+$		0		$-12{,}3$		0		$12{,}3$		0		$-$	
y''				$-$		0		$+$		0		$-$			
Bogen		╭		H_1	╮	W_1	╰	T	‿	W_2	╭	H_2		╮	

Alle berechneten Koordinaten sowie die Nullstellen von f' und f'' werden eingetragen, ebenfalls das Verhalten im Unendlichen. Da f' und f'' stetig sind, ergeben sich damit auch die Intervalle, in denen $f'(x)$ bzw. $f''(x)$ gleiches Vorzeichen haben. Für $f''(x)$ sind das die Intervalle $(-\infty; -1{,}15)$, $(-1{,}15; 1{,}15)$, $(1{,}15; +\infty)$. Die Vorzeichen in diesen Intervallen wurden schon in 1.6. ermittelt. Aus dem Vorzeichenwechsel bei $x = -1{,}15$ und $x = 1{,}15$ folgt nach Satz II die Existenz zweier Wendepunkte. Entsprechend ergeben sich bei $f'(x)$ vier Intervalle. Das Vorzeichen in jedem Intervall wird ermittelt, indem ein beliebiges Element ausgewählt und für dieses das Vorzeichen ermittelt wird, z. B.: $-3 \in (-\infty; -2)$, $f'(-3) > 0$, folglich wird das Vorzeichen „+" eingetragen. Einfacher wird die Ermittlung der Vorzeichen in der Nachbarschaft von Extrempunkten. Zum Beispiel liegt links von einem Hochpunkt ein Intervall mit $f'(x) > 0$ usw. (siehe Satz I). Wenn alle Vorzeichen ermittelt sind, ergibt sich aus der Tabelle am Beginn dieses Abschnittes die Art eines jeden Bogens.

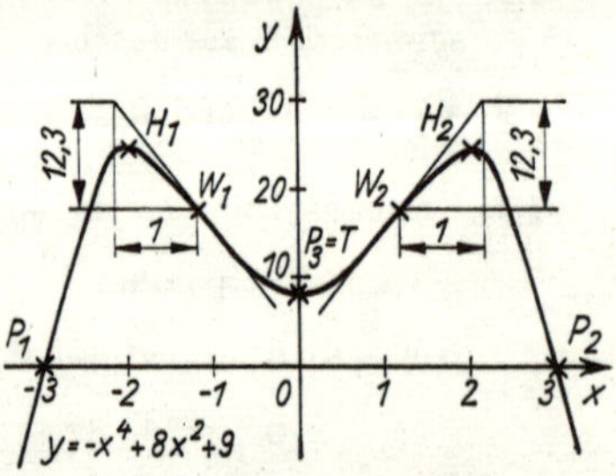

Bild 117

1.9. Skizze (Bild 117). Der Maßstab auf der y-Achse wird so gewählt, daß die Kurve in y-Richtung nicht zu stark gestreckt ist (entsprechend ist der Maßstab auf der x-Achse zu wählen). Unter Verwendung der charakteristischen Punkte und Bögen ist die Kurve zu skizzieren. In den Wendepunkten kann ein Stück der Wendetangente mit Hilfe ihres

Anstiegs konstruiert werden (W_2 in Bild 117), da dadurch der Kurvenverlauf in der Umgebung der Wendepunkte mit guter Annäherung wiedergegeben wird. Da sich aber damit keine wesentlichen neuen Erkenntnisse ergeben, sind in den folgenden Beispielen die Berechnung des Anstiegs der Wendetangente sowie ihre Konstruktion weggelassen worden.

2. $y = f(x) = \dfrac{4x(x-2)}{(x^2+1)(x-2)} = \dfrac{Z(x)}{N(x)}$.

2.1. f ist gebrochenrational. Nullstellen des Nenners:

$$L_n = \{x \mid (x^2+1)(x-2) = 0\} = \{2\}; \quad X = R \setminus L_n = R \setminus \{2\}.$$

2.2. Term $(x - 2)$ ist Differenz des ungeraden Terms x und des geraden Terms 2, also weder gerade noch ungerade, folglich ist auch f weder gerade noch ungerade.

2.3. Der Grad von Z ist 2, der Grad von N ist 3, also ist f echt gebrochenrational, folglich: x-Achse ist Asymptote mit der Gleichung $y_A = 0$.

2.4. $L_z = \{x \mid 4x(x-2) = 0\} = \{0; 2\}$; $L_n = \{2\}$ (s. 2.1.).

$L_z \setminus L_n = \{0\}$: Nullstelle $x_0 = 0$, also $P(0; 0)$,

$L_n \setminus L_z = \emptyset$: keine Polstellen,

$L_z \cap L_n = \{2\}$, $x = 2$ ist einfache Nullstelle von Z und einfache Nullstelle von N:

$x_1 = 2$ ist Lücke.

$$\lim_{x \to 2} \frac{4x(x-2)}{(x^2+1)(x-2)} = \lim_{x \to 2} \frac{4x}{x^2+1} = \frac{8}{5} = 1{,}6;$$

Gleichung der Ersatzfunktion f^*: $y = f^*(x) = \dfrac{4x}{x^2+1}$.

f^* ist ebenfalls auf Symmetrie zu untersuchen! $4x$ ist ungerade, $x^2 + 1$ ist gerade (Summe zweier gerader Terme): f^* ist ungerade und die Kurve von f^* zentralsymmetrisch zu $(0; 0)$.
Da f und f^* mit Ausnahme der Lücke gleichen Kurvenverlauf haben, wird f^* weiter untersucht.
Achsenschnittpunkte: $P(0; 0)$ (s. 2.4. oben),

$y = f^*(0)$: $y = 0$, $L = \{0\}$: $P(0; 0)$, also der gleiche Punkt.

2.5. $y' = f^{*\prime}(x) = \dfrac{4(x^2+1) - 4x \cdot 2x}{(x^2+1)^2} = -4 \dfrac{x^2-1}{(x^2+1)^2}$

$$y'' = f^{*\prime\prime}(x) = -4 \frac{2x(x^2+1)^2 - (x^2-1)\,2(x^2+1)\,2x}{(x^2+1)^4} =$$

$$= -4 \frac{(x^2+1)\,[2x(x^2+1) - (x^2-1)\,4x]}{(x^2+1)^4} = -4 \frac{-2x^3+6x}{(x^2+1)^3}$$

Zu beachten ist, daß sich die zweite Ableitung einer gebrochenrationalen Funktion immer kürzen läßt.

2.6. $f^{*\prime}(x) = 0$: $0 = -4\,\dfrac{x^2 - 1}{(x^2+1)^2}$, also $0 = x^2 - 1$, denn wenn ein Bruch den Wert Null annehmen soll, muß der Zähler den Wert Null annehmen.

$$L = \{-1; 1\};\quad f^{*\prime\prime}(-1) > 0,\ \text{also}\ T(-1; -2),$$
$$f^{*\prime\prime}(1) < 0,\ \text{also}\ H(1; 2).$$

Die Ordinaten ergeben sich als Funktionswerte der Ersatzfunktion, z. B.: $f^*(-1) = -2$.

2.7. $f^{*\prime\prime}(x) = 0$: $0 = -2x^3 + 6x$,

$$0 = -2x(x^2 - 3),\quad L = \{0; -\sqrt{3}; \sqrt{3}\}.$$

$f^*(0) = 0$, $f^*(-\sqrt{3}) = -\sqrt{3}$, $f^*(\sqrt{3}) = \sqrt{3}$ (Symmetrie ausnutzen).

2.8. Tabelle für f:

x	$-\infty$		$-1{,}73$		-1		0		1		$1{,}73$		2	$+\infty$
y	0		$-1{,}73$		-2		0		2		1,73		(1,6)	0
y'		$-$			0		$+$		0			$-$		
y''	$-$		0		$+$		0		$-$		0		$+$	
Bogen		╮	W_1	╰	T	╯	W_2	╭	H	╮	W_3	╰		

Zur Ermittlung der Bogenart sind in $(-\infty; -1{,}73)$ und $(1{,}73; \infty)$ für y'' noch die Vorzeichen zu bestimmen. Das geschieht mit Hilfe von $f^{*\prime\prime}(x)$. Aus dem Vorzeichenwechsel bei y'' folgt die Existenz von drei Wendepunkten.

2.9. Bild 118.

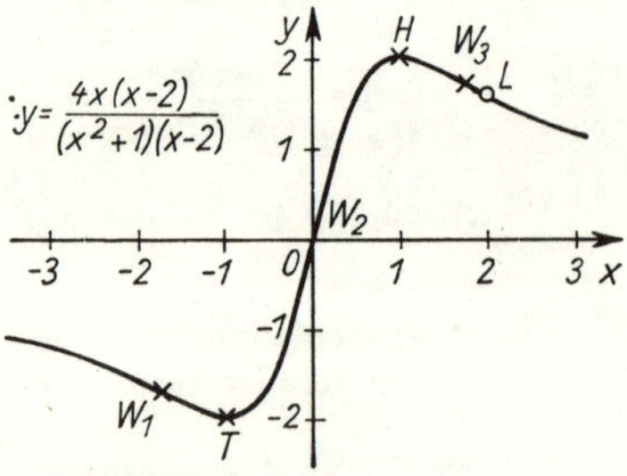

Bild 118

3. $y = f(x) = \dfrac{-x^2 + 2x - 1}{x + 1} = \dfrac{Z(x)}{N(x)}$.

3.1. $L_n = \{x \mid x + 1 = 0\} = \{-1\}$: $X = R \setminus \{-1\}$.

3.2. Z ist weder gerade noch ungerade: f ist weder gerade noch ungerade.

3.3. f ist unecht gebrochenrational:

$$y = (-x^2 + 2x - 1) : (x + 1) = -x + 3 - \frac{4}{x+1};$$

Asymptote mit der Gleichung: $y_A = -x + 3$.

3.4. $L_z = \{1\}$, $L_n = \{-1\}$,

$L_z \setminus L_n = \{1\}$: zweifache Nullstelle $x_0 = 1$, also Berührungspunkt $P(1; 0)$,

$L_n \setminus L_z = \{-1\}$: Polstelle $x_p = -1$ (einfach, also ungerader Ordnung),

$L_n \cap L_z = \emptyset$.

Achsenschnittpunkte: $P_1(1; 0)$; aus $y = f(0)$ folgt $P_2(0; -1)$.

3.5. $y' = f'(x) = \dfrac{-x^2 - 2x + 3}{(x+1)^2}$; $y'' = f''(x) = \dfrac{-8}{(x+1)^3}$.

3.6. $f'(x) = 0$: $0 = -x^2 - 2x + 3$, $L = \{-3; 1\}$,

$f''(-3) > 0$: $T(-3; 8)$; $f''(1) < 0$: $H(1; 0)$.

3.7. $f''(x) = 0$: $-8 = 0$, $L = \emptyset$.

3.8.

x	$-\infty$		-3		-1		0	1	∞
y	$+\infty$		8		⋮		-1	0	$-\infty$
y'			0		⋮			0	
y''			$+$		⋮			$-$	
Bogen	◟		T	◞	⋮	◜		H	◝

$y_A = -x + 3$

Asymptote und Kurve von f haben gleiches Verhalten im Unendlichen. Aus der Tabelle folgt, daß auf beiden Seiten einer Polstelle verschiedenartige Krümmungsbögen liegen können.

3.9. Als erstes sind Asymptote und Pol einzuzeichnen, denn durch beide wird der Kurvenverlauf maßgeblich bestimmt (Bild 119).

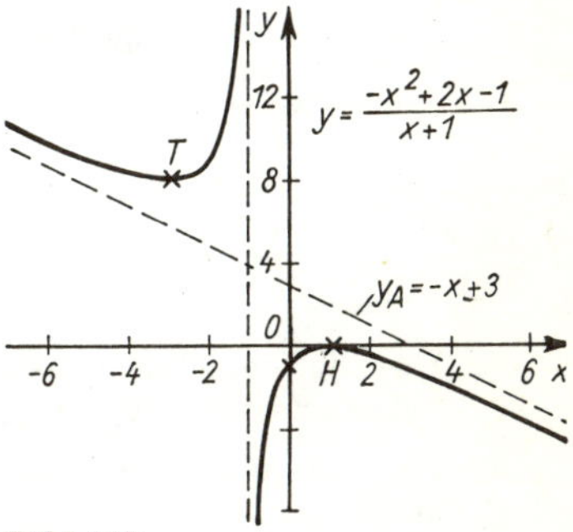

Bild 119

4. $F(x; y) = 9y^2 - (x + 1)(2 - x)^2 = 0$ (parabolisches Blatt).

4.1. $y^2 = \dfrac{(x + 1)}{9}(2 - x)^2$ wird radiziert:

$$|y| = \frac{\sqrt{x + 1}}{3}|2 - x|, \quad y = \pm\frac{1}{3}\sqrt{x + 1}\,(2 - x).$$

$$X = \{x \mid x + 1 \geqq 0\} = [-1; \infty).$$

4.2. Axialsymmetrie zur x-Achse (s. 6.2.2.), also genügt die Untersuchung von

$$y = +\frac{1}{3}\sqrt{x + 1}\,(2 - x).$$

4.3. $\lim\limits_{x\to\infty} y = +\infty \cdot (-\infty) = -\infty$ (s. 5.1.); $\lim\limits_{x\to-\infty} y$ entfällt, da $X = [-1; \infty)$.

4.4. Unstetigkeitsstellen sind keine vorhanden.
Achsenschnittpunkte:

$$f(x) = 0:\ 0 = \frac{1}{3}\sqrt{x + 1}\,(2 - x), \quad L = \{-1; 2\}; \quad P_1(-1; 0), \quad P_2(2; 0),$$

$$y = f(0):\ y = \frac{1}{3} \cdot 1 \cdot 2, \quad L = \left\{\frac{2}{3}\right\}, \quad P_3\left(0; \frac{2}{3}\right).$$

4.5. $$y' = \frac{1}{3}\left[\frac{1}{2\sqrt{x + 1}}(2 - x) + \sqrt{x + 1}\,(-1)\right] = -\frac{1}{2}\frac{x}{\sqrt{x + 1}}$$

$$y'' = -\frac{1}{2}\,\frac{\sqrt{x + 1} - x\,\dfrac{1}{2\sqrt{x + 1}}}{x + 1} = -\frac{1}{4}\,\frac{x + 2}{\sqrt{x + 1}\,(x + 1)}.$$

4.6. $f'(x) = 0$: $0 = x$, $L = \{0\}$; $f''(0) < 0$: $H\left(0; \dfrac{2}{3}\right)$.

4.7. $f''(x) = 0$: $0 = x + 2$, $L = \{-2\}$, aber $-2 \notin X$. Es gibt also keinen Wendepunkt.

4.8.

x	$-\infty$	-1	0	2	$+\infty$
y	/////	0	$\frac{2}{3}$	0	$-\infty$
y'	/////	$+\infty$	0		
y''	/////		$-$		
Bogen	/////	⌒	H	⌒	

Da $\lim\limits_{x \to -1} y' = +\infty$, hat die Kurve im Punkte $(-1; 0)$ eine senkrechte Tangente.

4.9. Bild 120. Der Kurvenast f_1 entsteht durch Spiegeln des Kurvenastes f an der x-Achse.

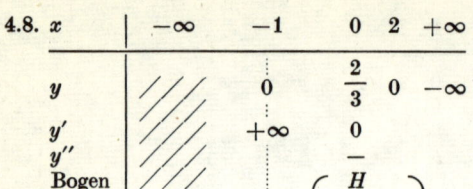

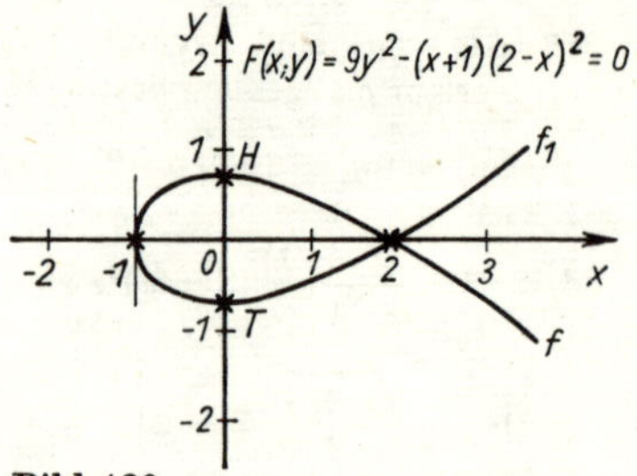

Bild 120

5. $y = f(x) = 4e^{-0,2x} \sin 2x$, $X = [0; \infty)$. Es sollen keine Wendepunkte und von den Extrempunkten nur die Abszissen berechnet werden.

5.1. $X = [0; \infty)$ ist vorgegeben.

5.2. Symmetrie ist keine vorhanden.

5.3. $\lim\limits_{x \to \infty} f(x) = \lim\limits_{x \to \infty} \frac{4 \sin 2x}{e^{0,2x}} = 0$, da $|\sin 2x| \leqq 1$ und $\lim\limits_{x \to \infty} e^{0,2x} = \infty$ ist.

5.4. Unstetigkeitsstellen sind keine vorhanden.
Achsenschnittpunkte:

$f(x) = 0$: $0 = 4e^{-0,2x} \sin 2x$, also $0 = \sin 2x$, denn $e^{-0,2x}$ kann nicht den Wert Null annehmen:

$L = \{x \mid x = 0° + k \cdot 90°,\ k \in N\}$, $P_k(0° + k \cdot 90°; 0)$, $k \in N$;

$y = f(0)$: $y = 4 \cdot 1 \cdot \sin 0$, $L = \{0\}$: $P(0; 0)$, das ist P_k für $k = 0$.

5.5. Die erste Ableitung genügt:

$$y' = f'(x) = 4e^{-0,2x}(-0{,}2 \sin 2x + 2 \cos 2x).$$

5.6. $f'(x) = 0$: $0 = 4e^{-0,2x}(-0{,}2 \sin 2x + 2 \cos 2x)$, und da $0 = e^{-0,2x}$ keine Lösung hat:

$$0 = -0{,}2 \sin 2x + 2 \cos 2x \,|: \frac{\cos 2x}{5}$$

$$\tan 2x = 10$$

$$2x \approx 84{,}3° + k \cdot 180°, \quad k \in N$$

$$x \approx 42{,}2° + k \cdot 90°, \quad k \in N.$$

Damit sind die Stellen berechnet, die Extremstellen sein können.

5.7. Die Tabelle wird nicht aufgestellt.

5.8. Die Kurve ist eine Sinusschwingung, deren Amplituden Werte einer fallenden Exponentialfunktion sind (gedämpfte Sinusschwingung). An den Stellen mit $|\sin 2x| = 1$, also bei $x = 45° + k \cdot 90°$ $(k \in N)$, hat die gegebene Funktion den gleichen Wert wie $y = 4e^{-0,2x}$ oder $y = -4e^{-0,2x}$. Die betreffenden Punkte der Sinusschwingung liegen auf einer der beiden Exponentialkurven. Aus der Berechnung der Extremstellen (5.6.) folgt, daß diese jeweils etwas kleiner sind, d. h., die Extrempunkte liegen vor diesen Berührungspunkten (Bild 121).

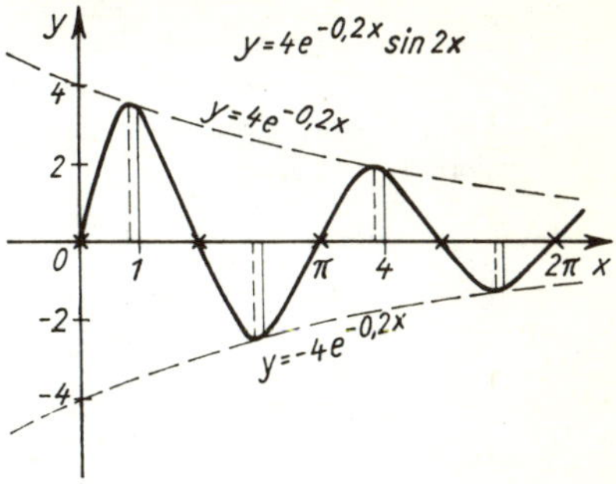

Bild 121

6. $y = f(x) = -x^2 + 4\,|x - 1| + 3.$

6.1. Betragszeichen beseitigen:

$$y = f(x) = \begin{cases} -x^2 + 4(x-1) + 3 & \text{für } x - 1 \geqq 0, \\ -x^2 - 4(x-1) + 3 & \text{für } x - 1 < 0. \end{cases}$$

Aus $x - 1 \geqq 0$ wird $x \geqq 1$, in Intervallschreibweise $x \in [1; \infty)$, entsprechend $x - 1 < 0$. f ist also für zwei verschiedene Teilintervalle verschieden definiert:

$$y = f(x) = \begin{cases} -x^2 + 4x - 1 & \text{für } x \in [1; \infty), \\ -x^2 - 4x + 7 & \text{für } x \in (-\infty; 1). \end{cases}$$

Die Terme sind ganzrational, folglich auch f: $X = R$.

6.2. Symmetrie ist keine vorhanden.

6.3. $\lim\limits_{x\to-\infty} f(x) = \lim\limits_{x\to-\infty} (-x^2 - 4x + 7) = -\infty,$

$\lim\limits_{x\to\infty} f(x) = \lim\limits_{x\to\infty} (-x^2 + 4x - 1) = -\infty,$

6.4. Die Stelle $x = 1$ könnte eine Unstetigkeitsstelle sein, aber $g^+ = \lim\limits_{x\to1+0} f(x) =$

$\lim\limits_{x\to1+0} (-x^2 + 4x - 1) = 2$ und $g^- = \lim\limits_{x\to1-0} f(x) = \lim\limits_{x\to1-0} (-x^2 - 4x + 7) = 2,$

also $g^+ = g^- = f(1)$, d. h., f ist stetig an der Stelle $x = 1$.

Achsenschnittpunkte: $f(x) = 0$:

$0 = -x^2 + 4x - 1,\ x \in [1; \infty)$ oder $0 = -x^2 - 4x + 7,\ x \in (-\infty; 1),$

$L_1 = \{2 - \sqrt{3}; 2 + \sqrt{3}\} \cap [1; \infty)$ $\quad L_2 = \{-2 - \sqrt{11}; -2 + \sqrt{11}\} \cap (-\infty; 1)$

$L_1 = \{2 + \sqrt{3}\}$ $\quad L_2 = \{-2 - \sqrt{11}\}$

$L = L_1 \cup L_2 = \{-2 - \sqrt{11}; 2 + \sqrt{3}\}$, also $P_1(-5,32; 0)$, $P_2(3,73; 0)$.

$y = f(0)$: $y = 7$, $L = \{7\}$, also $P_3(0; 7)$.

6.5. $$y' = f'(x) = \begin{cases} -2x + 4 & \text{für } x \in [1; \infty); \\ -2x - 4 & \text{für } x \in (-\infty; 1) \end{cases}$$

$y'' = f''(x) = -2$

Es muß untersucht werden, ob f an der Stelle $x = 1$ differenzierbar ist:

$$\lim_{x \to 1-0} f'(x) = \lim_{x \to 1-1} (-2x - 4) = -6,$$

$$\lim_{x \to 1+0} f'(x) = \lim_{x \to 1+0} (-2x + 4) = 2.$$

Die seitlichen Grenzwerte sind verschieden, folglich ist f an der Stelle 1 nicht differenzierbar.

6.6. $f'(x) = 0$: $0 = -2x + 4, \quad x \in [1; \infty), \quad L_1 = \{2\},$

$0 = -2x - 4, \quad x \in (-\infty; 1), \quad L_2 = \{-2\},$

$L = L_1 \cup L_2 = \{-2; 2\}.$

$f''(-2) = -2 < 0$: $H_1(-2; 11)$; $f''(2) = -2 < 0$: $H_2(2; 3)$.

Da f an der Stelle $x = 1$ nicht differenzierbar ist, kann diese Stelle eine Extremstelle sein.

6.7. $f''(x) = 0$: $0 = -2$, $L = \emptyset$; Wendepunkte sind keine vorhanden.

6.8.

x	$-\infty$		$-5{,}32$	-2	0	1		2	$3{,}73$		$+\infty$
y	$-\infty$		0	11	7	2		3	0		$-\infty$
y'		$+$		0	$-$	·/.	$+$	0		$-$	
y''				$-$		⋮		$-$			
Bogen		◜		H_1	◝	T	◜	H_2		◝	

Aus der Art der Krümmungsbögen auf beiden Seiten von $x = 1$ ergibt sich, daß an dieser Stelle ein Tiefpunkt vorhanden sein muß.

6.9. Bild 122 (vgl. 3.1., Bild 90).

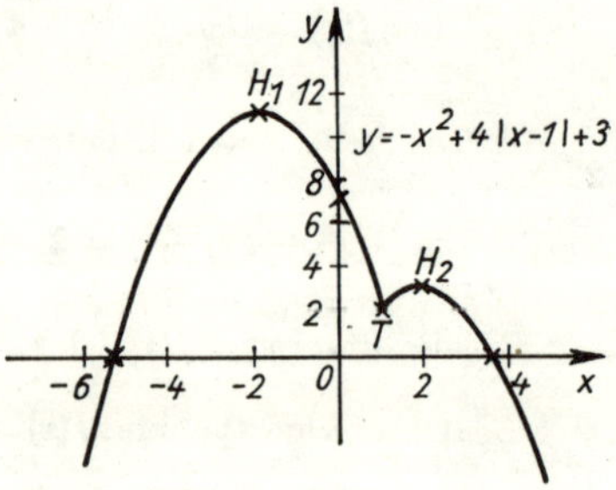

Bild 122

AUFGABEN

In den Aufgaben 197 bis 199 sind die Kurven der durch die Gleichungen gegebenen Funktionen zu diskutieren.

197. a) $y = x^3 - 6x^2 + 9x - 4$

b) $y = -\frac{1}{2}x^4 + 4x^2 - 6$

c) $y = -x^3 + 6x^2 - 7$ d) $y = x^4 - 16x^2$

e) $y = x^4 - \frac{16}{3}x^3 + 8x^2$ f) $y = |(x^2 + 3x - 18)(x + 6)|$

g) $y = |-x^4 + 24x^2 + 64x - 5|$ h) $y = x^2 + 2|x + 2| + 4$

198. a) $y = \frac{-2x}{(x-1)^2}$ b) $y = \frac{x}{3x + 2x^2 - x^3}$

c) $y = \frac{1}{x^2 + 1}$ d) $y = \frac{x^3 - 16x}{x^2 - 4}$

e) $y = \frac{3x-6}{x+1}$

f) $y = \frac{x^2-9}{x^2+4}$

g) $y = \frac{2x^2-12x+16}{x^2-6x+5}$

h) $y = \left(\frac{x-2}{x+2}\right)^2$

i) $y = \frac{x^2+4}{x}$

k) $y = \frac{x^5-x}{x^3}$

l) $y = \frac{x^2-9}{2x-4}$

m) $y = \frac{x^3-1}{x}$

n) $y^2 = x(4-x)^2$

o) $y = \frac{1}{\sqrt{4-x^2}}$

p) $y = \frac{x^2-1}{\sqrt{x}\,(x-1)}$

q) $y = \sqrt{x(x^2-9)}$

199. a) $y = (x+1)\ln(x+1)$

b) $y = \frac{\ln x}{x}$

c) $y = x^2 \ln x$

d) $y = \frac{\ln x}{x^2}$

e) $y = \frac{e^x}{x^2}$

f) $y = \frac{1}{2}(e^{-x} - e^{-4x}), \quad X = [0; \infty)$

g) $y = 4xe^{-0{,}2x}, \quad X = [0; \infty]$

h) $y = e^{-x^2}$

i) $y = \sin x \cos x, \quad X = [0; 2\pi]$

k) $y = \sin^2 x$

l) $y = \sqrt{\sin x}, \quad x \geqq 0$

m) $y = \frac{\sin^3 x}{1-\cos x}, \quad X = (0; 2\pi)$

200. Es sind die Extremstellen, Extremwerte und die Art der Extremwerte der durch die folgenden Gleichungen gegebenen Funktionen zu berechnen:

a) $y = \sqrt{1+x} + \sqrt{1-x}$

b) $y = \frac{x}{(x-a)(x-b)}, \quad ab > 0$

201. Eine Schwingung ist gegeben durch $s = e^{\sin \omega t} - 1$. Es sind die Zeitpunkte mit extremaler Geschwindigkeit zu bestimmen.

202. Welche Gleichung hat eine Parabel dritter Ordnung mit dem Stufenpunkt $W_t(2; 2)$? (Ansatz: $y = x^3 + a_2x^2 + a_1x + a_0$)

203. Welche Gleichung hat eine Parabel fünfter Ordnung, die mit der x-Achse einen Berührungspunkt mit der Abszisse 0, einen Extrempunkt $E(2; -2)$ und einen Wendepunkt mit der Abszisse 1 hat?

6.8. Extremwertaufgaben

Unter Extremwertaufgaben versteht man Aufgaben aus den Gebieten der Naturwissenschaft, Technik, Wirtschaft usw., bei denen ein Bestwert ermittelt werden soll. Das Lösungsverfahren wird am folgenden Beispiel erläutert.

BEISPIEL

1. Aus einem rechteckigen Blech von 16 dm Länge und 6 dm Breite soll ein quaderförmiger, oben offener Behälter von möglichst großem Fassungsvermögen hergestellt werden, indem aus jeder Ecke ein Quadrat ausgeschnitten und der Rest zu dem Behälter zusammengebogen wird (Bild 123). Wie lang muß die Seite der ausgeschnittenen Quadrate werden?

Lösung:

1. Die Größe, die einen extremen Wert annehmen soll, sowie die Art des Extremums sind zu ermitteln:
   V soll Maximum werden!
2. Es ist eine Funktionsgleichung aufzustellen, in der diese Größe (bzw. ihr Zahlenwert) als abhängige Variable auftritt, und die unabhängigen Variablen sind zu ermitteln:
   $$V = abx = f(a, b, x).$$
3. Es ist eine Gleichung mit nur einer unabhängigen Variablen herzustellen, da bisher nur Gleichungen mit einer unabhängigen Variablen behandelt wurden. Dazu sind bei n unabhängigen Variablen $n - 1$ Nebenbedingungen, d. h. Beziehungen zwischen den unabhängigen Variablen und den gegebenen Größen, aufzustellen. Für die Funktionsgleichung mit einer unabhängigen Variablen ist der Definitionsbereich zu ermitteln:
   $$a = 16 - 2x, \quad b = 6 - 2x$$
   $$V = (16 - 2x)(6 - 2x)\,x = f(x)$$
   $$V = 4x^3 - 44x^2 + 96x, \quad x \in [0; 3].$$
   Der Definitionsbereich ergibt sich unmittelbar aus Bild 123.
4. Mit den bekannten Verfahren sind Extremstelle, Extremwert und die Art des Extremwerts zu ermitteln:
   $$V' = f'(x) = 12x^2 - 88x + 96$$
   $$V'' = f''(x) = 24x - 88$$
   $$f'(x) = 0\colon\; 0 = 12x^2 - 88x + 96, \quad x \in [0; 3]$$

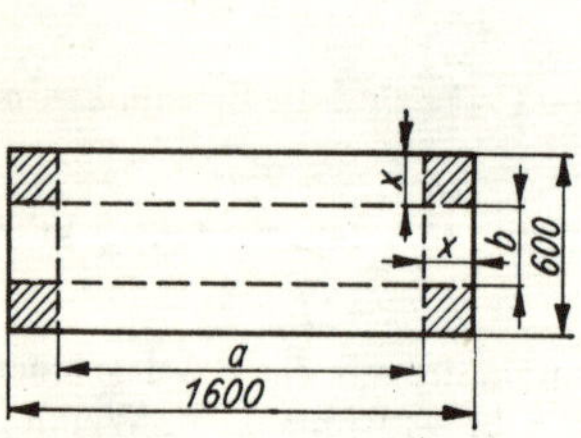

Bild 123

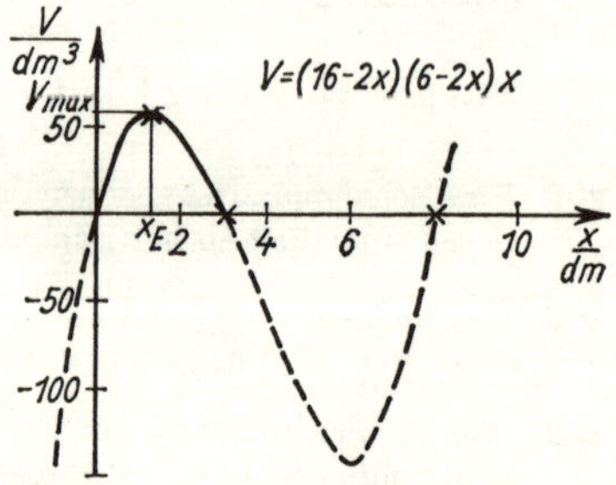

Bild 124

$$x_{1,2} = \frac{11}{3} \pm \frac{7}{3}, \qquad L = \left\{\frac{4}{3}\right\}, \quad \text{da} \quad x_2 = 6 \notin [0; 3].$$

$$f''\left(\frac{4}{3}\right) = 32 - 88 < 0, \text{ folglich ist } x = \frac{4}{3} \text{ Maximumstelle.}$$

Maximum ist $V_{\max} = f\left(\frac{4}{3}\right) = \frac{1600}{27}$ (Bild 124).

5. Das Ergebnis ist zu formulieren:

Der Behälter erhält das maximale Volumen $V = \frac{1600}{27}\,\text{dm}^3 \approx 59{,}26\,\text{dm}^3$, wenn die Seite der ausgeschnittenen Quadrate $x = \frac{4}{3}\,\text{dm} \approx 1{,}33\,\text{dm}$ ist.

Anmerkungen:

1. Wenn sich die Anzahl der unabhängigen Variablen nicht auf eine reduzieren läßt, sind zur Berechnung des Extremwertes Verfahren anzuwenden, die in 13.5. und 13.6. erarbeitet werden.
2. Da bei Extremwertaufgaben der absolute Extremwert in einem vorgegebenen Definitionsbereich gesucht ist und dieser auch in den Randpunkten des Definitionsbereichs auftreten kann, ist bei jeder Aufgabe nachzuprüfen, ob für diese Randpunkte ein Extremwert vorliegt. Zum Beispiel hat eine lineare Funktion mit mehreren unabhängigen Variablen ihre Extremwerte in den Randpunkten des Definitionsbereichs. Da für diesen Fall die Verfahren der Differentialrechnung nicht anwendbar sind, wurden spezielle Verfahren entwickelt, die als Verfahren der »linearen Optimierung« bekannt geworden sind und in den letzten Jahren vor allem beim Lösen von Problemen aus der Wirtschaft große Bedeutung erlangt haben.

In den nächsten Beispielen erfolgt die Lösung gemäß den 5 Schritten des ersten Beispiels.

Durch Anwendung folgender Regeln läßt sich häufig die Rechnung vereinfachen:

$y = f(x)$	$f'(x)$	Bedingung für $f'(x) = 0$
I $a \cdot g(x)$	$a \cdot g'(x)$	$g'(x) = 0$
II $y = \sqrt[n]{R(x)}$ $n \in N \setminus \{0\}$	$\frac{R'(x)}{n y^{n-1}}$	$R'(x) = 0$ und $y \neq 0$[1] (s. u.) (hinreichend)
III $y = \frac{a}{n(x)}$	$-\frac{a n'(x)}{[n(x)]^2}$	$n'(x) = 0$ (notw. u. hinreichend)

IV Aus $f'(x) = \frac{u(x)}{v(x)}$ und $f'(x_0) = 0$ folgt $f''(x_0) = \frac{u'(x_0)}{v(x_0)}$.[2]

[1]) Denn mit $R'(x) = 0$ und $y = 0$ wird $f'(x)$ eine unbestimmte Form.

[2]) Danach ergibt sich für

II: $f''(x_0) = \frac{R''(x_0)}{n y^{n-1}}$, und für III: $f''(x_0) = -\frac{a n''(x_0)}{[n(x_0)]^2}$.

Beweise:

II, III: Die Regeln ergeben sich sofort aus der Ableitung von $y^n = R(x)$ bzw. $y = \frac{a}{n(x)}$.

IV: Aus $f''(x) = \frac{u'(x)\,v(x) - u(x)\,v'(x)}{[v(x)]^2}$ und $f'(x_0) = 0$, d. h., $u(x_0) = 0$, folgt

$$f''(x_0) = \frac{u'(x_0)\,v(x_0) - 0 \cdot v'(x_0)}{[v(x_0)]^2} = \frac{u'(x_0)}{v(x_0)}.$$

BEISPIELE

2. Einem geraden Kreiskegel soll ein Zylinder mit möglichst großem Volumen einbeschrieben werden. Welcher Teil des Kegels wird ausgefüllt?

Lösung:

1. Zylindervolumen V soll Maximum werden.
2. $V = \pi r^2 h = f(r, h)$ (Bild 125).
3. Aus ähnlichen Dreiecken folgt $h : H = (R - r) : R$.
Da h nur linear, r aber quadratisch auftritt, ist der Arbeitsaufwand geringer, wenn h eliminiert wird:

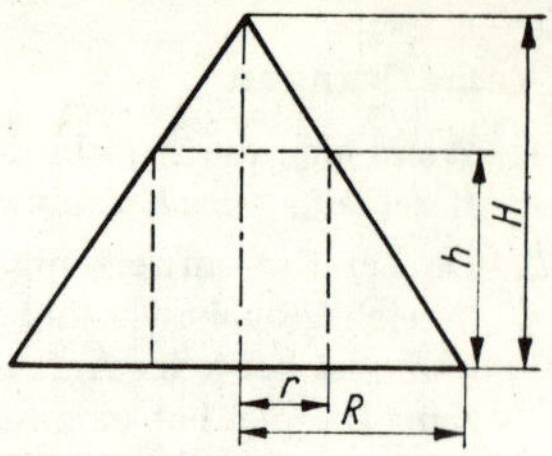

Bild 125

$$h = \frac{H}{R}(R - r)$$

$$V = \pi r^2 \frac{H}{R}(R - r) = f(r).$$

Um beim Differenzieren die Produktregel zu vermeiden, wird r^2 mit dem Term in der Klammer multipliziert:

$$V = \pi \frac{H}{R}(Rr^2 - r^3) = \pi \frac{H}{R} g(r), \quad r \in [0; R].$$

4. $g'(r) = 2Rr - 3r^2$ (Regel I)

$$g''(r) = 2R - 6r.$$

$$0 = r(2R - 3r) \qquad L = \left\{0; \frac{2}{3}R\right\}$$

Aus $\pi \frac{H}{R} > 0$, $g''(0) > 0$ und $g''\left(\frac{2}{3}R\right) < 0$ folgt

$V'' = f''(0) > 0$ und $V'' = f''\left(\frac{2}{3}R\right) < 0$, also

$$r_{max} = \frac{2}{3}R, \quad h_{max} = \frac{H}{R}(R - r_{max}) = \frac{1}{3}H.$$

Maximum ist $V = \pi r_{max}^2 h_{max} = \frac{4}{27}\pi R^2 H.$

Die Grenzfälle $r = 0$ und $r = R$ ergeben $V = 0$, also kein Maximum.
Vergleich mit dem Kegelvolumen V_k:

$$V : V_k = \frac{4}{27}\pi R^2 H : \frac{1}{3}\pi R^2 H = \frac{4}{9}.$$

5. Für $r = \frac{2}{3}R$, $h = \frac{1}{3}H$ ergibt sich das maximale Zylindervolumen

$$V = \frac{4}{27}\pi R^2 H.$$

Vom Kegel werden $\frac{4}{9} \approx 44\%$ ausgefüllt.

3. Einem Halbkreis soll ein Rechteck mit möglichst großem Inhalt einbeschrieben werden (Bild 126). Gesucht sind die Abmessungen des Rechtecks und das Verhältnis der beiden Flächeninhalte.

Lösung:

1. Rechteckinhalt A soll Maximum werden.

2. $A = ab = f(a; b)$.

3. Satz des PYTHAGORAS: $r^2 = \left(\frac{a}{2}\right)^2 + b^2; \quad b = \sqrt{r^2 - \left(\frac{a}{2}\right)^2}$

$$A = a\sqrt{r^2 - \left(\frac{a}{2}\right)^2} = \sqrt{a^2\left(r^2 - \frac{a^2}{4}\right)} = f(a), \quad a \in [0; 2r].$$

4. Regel II: $R(a) = r^2a^2 - \frac{1}{4}a^4$

$$R'(a) = 2r^2a - a^3$$

$$0 = a(2r^2 - a^2) \text{ und } A \neq 0$$

$$L = \{r\sqrt{2}\} \text{ (Wegen } A \neq 0 \text{ entfällt die Lösung } a = 0)$$

Regel IV: $R''(a) = 2r^2 - 3a^2$

$$f''(a_0) = \frac{2r^2 - 3a^2}{2A_0} = \frac{2r^2 - 6r^2}{2A_0} < 0$$

folglich $a_{max} = r\sqrt{2}, \; b_{max} = \frac{r}{2}\sqrt{2}, \; A_{max} = r^2$.

Die Grenzfälle $a = 0$ und $a = 2r$ ergeben $A = 0$, also kein Maximum.
Verhältnis der Flächeninhalte:

$$A_{max} : \frac{1}{2}\pi r^2 = r^2 : \frac{1}{2}\pi r^2 = \frac{2}{\pi} \approx 64\%.$$

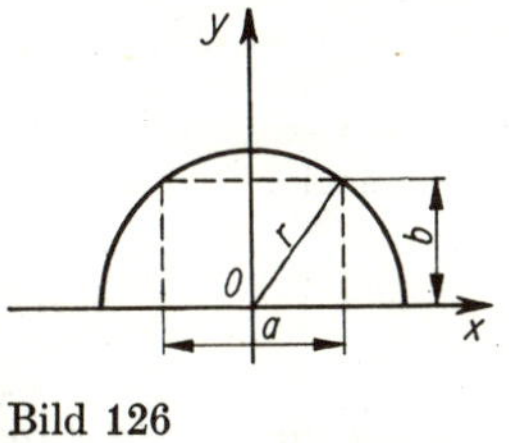

Bild 126

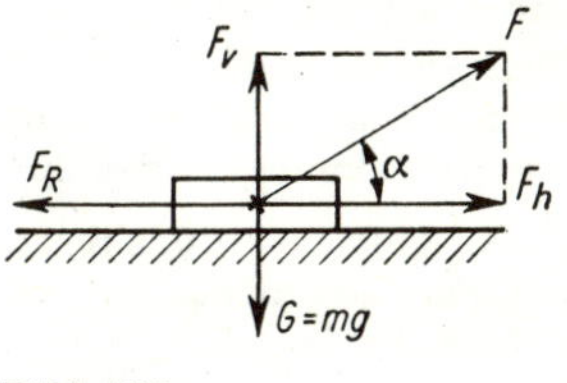

Bild 127

5. Für $a = r\sqrt{2}, \; b = \frac{r}{2}\sqrt{2}$ ergibt sich der maximale Rechteckinhalt $A = r^2$. Rechteck- und Halbkreisfläche verhalten sich wie $2:\pi$, d. h., das Rechteck nimmt etwa 64% der Halbkreisfläche ein.

4. Ein Körper mit der Masse m soll auf einer horizontalen Unterlage mit dem Reibungskoeffizienten $\mu = 0{,}2$ von der Zugkraft F gleichförmig fortbewegt werden. Wie groß muß der Winkel zwischen F und der Horizontalen sein, damit F möglichst klein wird (Bild 127)?

Lösung:

1. Die Zugkraft F soll Minimum werden.

2., 3. Die Horizontalkomponente $F_h = F \cos\alpha$ von F muß den gleichen Betrag wie die Reibungskraft F_R haben:

$$F_h = F_R$$

Für die Reibungskraft gilt (F_N ist die Normalkraft, $G = mg$ das Gewicht, $F_v = F \sin\alpha$ die Vertikalkomponente von F):

$$F_R = \mu F_N = \mu(G - F_v) = \mu(mg - F\sin\alpha)$$

folglich $F\cos\alpha = \mu(mg - F\sin\alpha)$

$$F = \frac{\mu mg}{\cos\alpha + \mu\sin\alpha} = f(\alpha),\ \alpha \in [0°; 90°].$$

4. Regel III:

$$(\cos\alpha + \mu\sin\alpha)' = -\sin\alpha + \mu\cos\alpha$$

$$0 = -\sin\alpha + \mu\cos\alpha$$

$$\tan\alpha = \mu$$

$$\tan\alpha = 0{,}2, \quad L = \{\approx 11{,}3°\}$$

Regel IV:

$$f''(\alpha_0) = \frac{-\mu mg(-\cos\alpha_0 - \mu\sin\alpha_0)}{[\cos\alpha_0 + \mu\sin\alpha_0]^2} = \frac{\mu mg(\cos\alpha_0 + \mu\sin\alpha_0)}{[\cos\alpha_0 + \mu\sin\alpha_0]^2} > 0,$$

folglich $\alpha_{\min} \approx 11{,}3°$.

5. Für den Winkel α, für den $\tan\alpha = \mu$ gilt, ergibt sich minimale Zugkraft. Für $\mu = 0{,}2$ ist dieser Winkel etwa 11,3°.

AUFGABEN

204. Eine Zahl z ist zu zerlegen

a) in 2 Summanden, so daß ihr Produkt am größten,
b) in 2 Summanden, so daß die Summe ihrer Quadrate am kleinsten,
c) in 2 positive Faktoren, so daß ihre Summe am kleinsten wird.

205. Einem Kreis (Radius r) ist das Rechteck

a) mit größtem Flächeninhalt A,
b) mit größtem Umfang U,
c) mit größtem Trägheitsmoment I $\left(I = \frac{1}{12}ab^3\right.$ in bezug auf die zu a parallele Achse durch den Schwerpunkt),
d) mit größtem Widerstandsmoment W $\left(W = \frac{1}{6}ab^2\right)$

einzubeschreiben. Wie lang sind jeweils die Seiten des Rechtecks?
Anmerkung zu d): Ein Balken hat die größte Tragfähigkeit, wenn das Widerstandsmoment seines Querschnitts am größten ist.

206. Welche Länge hat die Grundlinie eines Dreiecks von maximalem Flächeninhalt, wenn s die Summe der Längen von Grundlinie und zugehöriger Höhe ist?

207. Wie lang sind die Seiten des rechtwinkligen Dreiecks, dessen Kathetenlängen die Summe s haben und dessen Hypotenuse möglichst klein sein soll?

208. Einem Halbkreis ist ein Trapez einzubeschreiben, dessen eine Grundlinie der Halbkreisdurchmesser ist. Für welche Basiswinkel wird der Flächeninhalt des Trapezes möglichst groß?

209. Zur Bestimmung eines Wertes liegen n verschiedene Meßwerte $x_1, x_2, \ldots, x_n$ vor, deren absolute Fehler $|x - x_1|, |x - x_2|, \ldots, |x - x_n|$ sind. Für welchen Wert x wird die Summe der Quadrate dieser Fehler, also

$$s = (x - x_1)^2 + (x - x_2)^2 + \cdots + (x - x_n)^2$$

ein Minimum?

210. Durch einen Punkt Q zwischen den Schenkeln eines rechten Winkels ist eine Gerade so zu legen, daß
a) der Inhalt des abgeschnittenen Dreiecks,
b) die Summe der Abschnitte auf den beiden Schenkeln,
c) die Länge des zwischen den Schenkeln liegenden Geradenstücks
ein Minimum wird.
Wie lang sind jeweils die Abschnitte auf den beiden Schenkeln (Bild 128)?

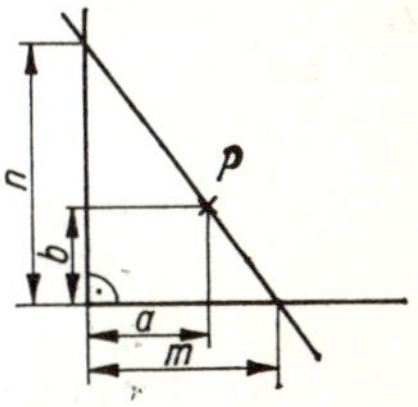

Bild 128

211. Der Querschnitt einer Schleuse bzw. eines Kanals soll den Wert A haben. Wegen des Materialaufwandes und des Reibungswiderstandes soll der benetzte Umfang möglichst klein werden. Wie lang sind jeweils die Abmessungen des Querschnitts, wenn er
a) ein oben offenes Rechteck ist;
b) ein oben offenes symmetrisches Trapez mit dem konstanten Böschungswinkel $\alpha = 30°$ an der Grundlinie ist;
c) ein oben offenes, auf der Spitze stehendes gleichschenkliges Dreieck ist (als Variable ist der Winkel an der Spitze einzuführen);
d) ein Rechteck mit aufgesetztem Halbkreis ist?
(Zahlenbeispiel: $A = 1\ \mathrm{m}^2$.)

212. In eine Kugel (Radius R) ist
a) der Kreiszylinder mit größtem Volumen V,
b) der Kreiszylinder mit größter Mantelfläche M,
c) der Kreiszylinder mit größter Oberfläche O,
d) der Kegel mit größtem Volumen V
einzubeschreiben. Wie lang sind jeweils Radius und Höhe?

213. Für die folgenden Behälter- bzw. Körperformen sind die Abmessungen zu bestimmen, für die bei gegebenem Volumen die Oberfläche möglichst klein wird:
a) allseitig geschlossener Zylinder;
b) oben offener Zylinder;
c) oben offener Kegel (wie groß ist der Zentriwinkel des abgewickelten Kegelmantels?);
d) allseitig geschlossener Quader mit quadratischer Grundfläche;
e) wie d), aber oben offen. (Zahlenbeispiel: $V = 1\ \mathrm{dm}^3$.)

214. Welchen Zentriwinkel muß ein Kreisausschnitt (Radius s) haben, damit der Kegel mit diesem Ausschnitt als Mantel möglichst großes Volumen hat?

215. Welcher Punkt der Geraden mit der Gleichung $y = \frac{1}{2}x + 2$ hat von dem Parabelast mit der Gleichung $y = \sqrt{x}$ den kleinsten Abstand?

216. Der stationäre Anteil einer gedämpften erzwungenen Schwingung ist nach 24.3. gleich $K \cos(\omega t + \varphi)$. Für die Amplitude gilt

$$K = \frac{-K_0}{\sqrt{(\omega_0^2 - \omega^2)^2 + (2\delta\omega)^2}} = f(\omega);$$

K_0, ω_0 und δ sind konstant. Für welche Kreisfrequenz $\omega = \omega_r$ ergibt sich die maximale Amplitude (Resonanzfrequenz)?

217. Zwei Punkte P_1 und P_2 bewegen sich auf den beiden Koordinatenachsen gleichförmig mit $v_1 = 0{,}3\ \mathrm{ms}^{-1}$ und $v_2 = 0{,}4\ \mathrm{ms}^{-1}$ in Richtung auf den Ursprung O hin. Am Anfang der Bewegung sind sie vom Ursprung 12 m bzw. 9 m entfernt. Nach wieviel Sekunden ist ihre Entfernung am kleinsten?

218. Zwei Punkte A und B haben von einer Geraden g die Abstände a und b, die Fußpunkte ihrer Lote auf g haben den Abstand c. Für welchen Punkt P auf g wird die Zeit zum Durchlaufen des Weges $\overline{AP} + \overline{PB}$ am kleinsten, wenn

a) A und B auf derselben Seite von g liegen und der Weg mit konstanter Geschwindigkeit v durchlaufen wird,

b) A und B auf verschiedenen Seiten von g liegen und $\overline{AP}$ gleichförmig mit v_1, $\overline{PB}$ gleichförmig mit v_2 durchlaufen werden?

Das Ergebnis ist optisch zu deuten, indem in P die Normale n auf g errichtet wird und die Sinuswerte der Winkel zwischen $\overline{AP}$ bzw. $\overline{PB}$ und n eingeführt werden (Aufgabe b ist nur optisch zu deuten).

219. Auf einer schiefen Ebene von der Länge l rollt eine Kugel herab und läuft auf einer waagerechten Ebene aus. Bei welchem Neigungswinkel α rollt sie am weitesten?

220. Für eine symmetrische Linse mit bekannter Brennweite f ist mit Hilfe der Abbildungsgleichung $\frac{1}{f} = \frac{1}{g} + \frac{1}{b}$ (g ist die Gegenstands-, b ist die Bildweite) die kürzeste Entfernung von Bild und Gegenstand zu bestimmen.

221. Ein Balken auf zwei Stützen mit der Stützweite l hat bei folgenden Belastungen im Abstand x vom linken Auflager das Biegemoment

a) $M_x = \dfrac{qx(l-x)}{2}$, $x \in [0; l]$ bei gleichmäßig verteilter Last q;

b) $M_x = \dfrac{ql}{6}x - \dfrac{q}{6l}x^3$, $x \in [0; l]$ bei einseitiger Dreieckslast, die von 0 bis zum Wert q linear ansteigt;

c) $M_x = \dfrac{2F}{l}x\left(l - x - \dfrac{a}{2}\right)$, $x \in [0; l-a]$ bei zwei gleich großen wandernden Lasten F mit konstantem Abstand $a < \dfrac{l}{2}$, wobei x der Abstand der linken Last vom linken Auflager ist.

Zu bestimmen sind das größte Biegemoment sowie die Stelle, an der es auftritt (gefährdeter Querschnitt).

222. An eine Spannungsquelle mit der Urspannung E und dem inneren Widerstand R_i ist ein äußerer Widerstand R_a angeschlossen. Wie groß ist R_a zu wählen, damit die in ihm verbrauchte Leistung $P = I^2R_a$ möglichst groß ist?

223. Es sind $N = mn$ galvanische Elemente, von denen jedes die Urspannung E und den inneren Widerstand R_i hat, in m parallele Reihen von je n Elementen so zu schalten, daß die Batterie eine möglichst große Stromstärke liefert, wenn sie mit einem äußeren Widerstand R_a in Reihe geschaltet wird.

224. Das Innere einer Spule habe kreisförmigen Querschnitt und soll durch einen Eisenkern von kreuzförmigem Querschnitt maximal ausgefüllt werden. Zu bestimmen sind die Abmessungen des kreuzförmigen Querschnitts (Bild 129). Wieviel Prozent der Kreisfläche werden ausgefüllt?

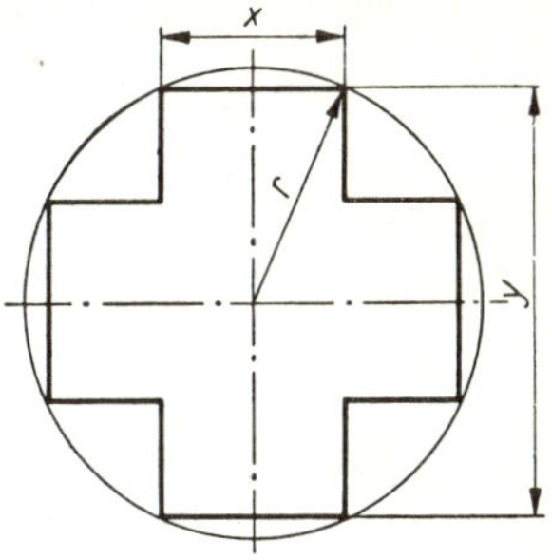

Bild 129

7. Weitere transzendente Funktionen und ihre Ableitungen

7.1. Zyklometrische Funktionen

7.1.1. Definition und graphische Darstellung

Die trigonometrischen oder Kreisfunktionen (Tabelle 1) lassen sich nicht über dem ganzen Definitionsbereich X umkehren, da sie nicht einsinnig streng monoton und demnach nicht eineindeutig sind (siehe 1.3.7.).
Wählt man Intervalle $X_1 \subset X$, in denen diese Funktionen einsinnig streng monoton sind (Tabelle 1), dann lassen sich über X_1 Umkehrfunktionen bilden. Sie heißen *zyklometrische* oder *Arcusfunktionen*[1]).

Tabelle 1

Gleichung	X	X_1	Y
$y = \sin x$	R	$\left[-\frac{\pi}{2}; \frac{\pi}{2}\right]$	$[-1; 1]$
$y = \cos x$	R	$[0; \pi]$	$[-1; 1]$
$y = \tan x$	$R \setminus \left\{x \mid x = \frac{\pi}{2} + k\pi; k \in G\right\}$	$\left(-\frac{\pi}{2}; \frac{\pi}{2}\right)$	R
$y = \cot x$	$R \setminus \{x \mid x = k\pi;\ k \in G\}$	$(0; \pi)$	R

Unter der Voraussetzung, daß bei der Funktion f und der Umkehrfunktion f^{-1} die unabhängige Variable mit x und die abhängige Variable mit y bezeichnet wird, ergibt sich nach 1.3.7. die Gleichung von f^{-1} (in impliziter Form) aus der Gleichung von

[1]) So viel wie »kreismessende Funktionen« [kýklos (griech.) Kreis; métron (griech.) Maß], da der Kreisbogen [arcus (lat.) Bogen] mit Hilfe des Winkels gemessen wird: $b = r\alpha$

f durch Vertauschen von x und y. Durch Auflösen nach y erhält man die Gleichung von f^{-1} in expliziter Form. In vielen Fällen, z. B. auch bei den zyklometrischen Funktionen, ist das erst möglich, wenn ein neues Funktionszeichen eingeführt wird. Der Definitionsbereich von f^{-1} ist gleich dem Wertebereich von f, und der Wertebereich von f^{-1} ist gleich dem Definitionsbereich von f. Im gleichgeteilten kartesischen Koordinatensystem liegen die Kurven von f und f^{-1} symmetrisch zur Geraden mit der Gleichung $y = x$.

BEISPIEL

f: $y = \sin x$; $X_1 = \left[-\frac{\pi}{2}; \frac{\pi}{2}\right]$, $Y = [-1; 1]$

f ist in X_1 streng monoton wachsend, also umkehrbar.

f^{-1}: $x = \sin y$ (implizite Form),

$y = \arcsin x$ (explizite Form), $X = [-1; 1]$, $Y = \left[-\frac{\pi}{2}; \frac{\pi}{2}\right]$.

Das neue Zeichen »arcsin« (gelesen »Arcus sinus«) wird eingeführt, damit die Gleichung von f^{-1} in expliziter Form geschrieben werden kann.

In Tabelle 2 sind die vier zyklometrischen Funktionen zusammengestellt (vgl. Tabelle 1). Ihre graphische Darstellung zeigt Bild 130.

Tabelle 2

Gleichung	X	Y
$y = \arcsin x$	$[-1; 1]$	$\left[-\frac{\pi}{2}; \frac{\pi}{2}\right]$
$y = \arccos x$	$[-1; 1]$	$[0; \pi]$
$y = \arctan x$	R	$\left(-\frac{\pi}{2}; \frac{\pi}{2}\right)$
$y = \operatorname{arccot} x$	R	$(0; \pi)$

7.1.2. Numerische Berechnung von Funktionswerten

Aus der Äquivalenz der Gleichungen $y = \arcsin x$ und $\sin y = x$ für $y \in \left[-\frac{\pi}{2}; \frac{\pi}{2}\right]$ folgt: y ist der Winkel, dessen Sinuswert x ist. Entsprechendes gilt für die anderen zyklometrischen Funktionen. Beim Ermitteln des Winkels ist auf die Wertebereiche (Tabelle 2) zu achten.

BEISPIELE

Beachte: $1° = \frac{\pi}{180}$.

$\arcsin 0{,}5 = 30° = \frac{\pi}{6}$, $\arccos 0{,}5 = 60° = \frac{\pi}{3}$

$\arcsin(-0{,}5) = -30° = -\frac{\pi}{6}$, $\arccos(-0{,}5) = 120° = \frac{2\pi}{3}$

$\arctan 0{,}4 \approx 21{,}8° \approx 0{,}380$, $\operatorname{arccot} 0{,}4 \approx 68{,}2° \approx 1{,}190$,

$\arctan(-0{,}4) \approx -21{,}8° \approx -0{,}380$, $\operatorname{arccot}(-0{,}4) \approx 111{,}8° \approx 1{,}951$.

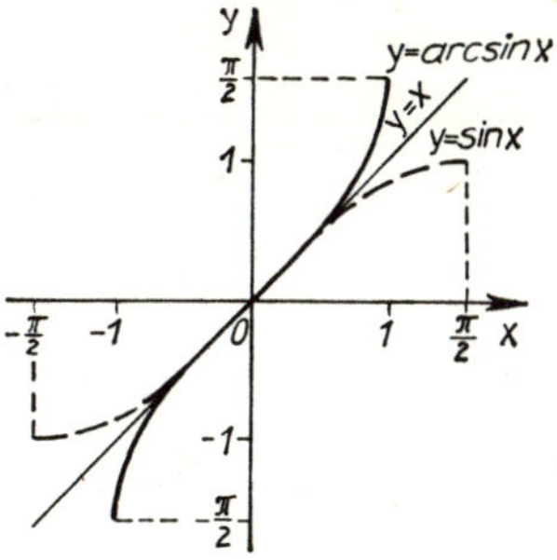

a

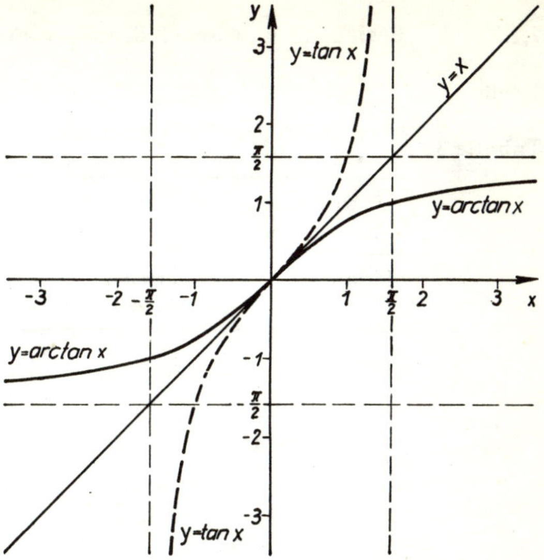

c

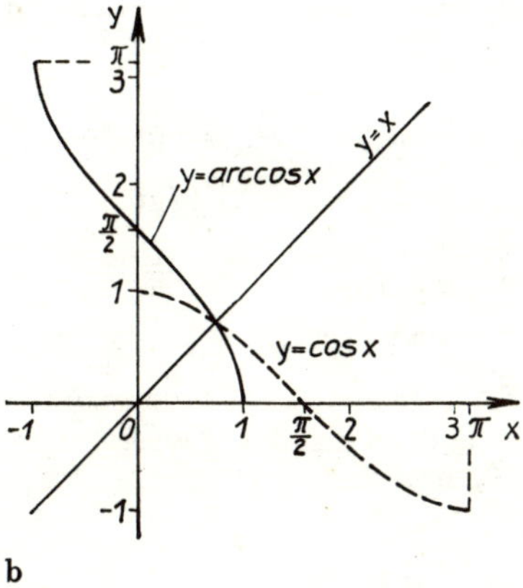

b

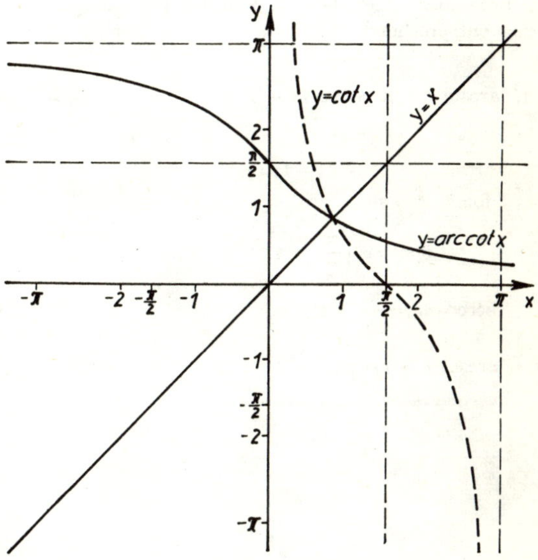

Bild 130 d

7.1.3. Beziehungen zwischen den Funktionen

Es gilt

Tabelle 3

I. $\sin(\arcsin x) = x$,	$\tan(\arctan x) = x$
$\cos(\arccos x) = x$,	$\cot(\operatorname{arccot} x) = x$
II. $\arcsin(-x) = -\arcsin x$,	$\arccos(-x) = \pi - \arccos x$
$\arctan(-x) = -\arctan x$,	$\operatorname{arccot}(-x) = \pi - \operatorname{arccot} x$
III. $\arcsin x + \arccos x = \frac{\pi}{2}$,	$\arcsin x = \arccos\sqrt{1-x^2}$, $\quad x \in [0; 1]$
$\arctan x + \operatorname{arccot} x = \frac{\pi}{2}$,	$\arccos x = \arcsin\sqrt{1-x^2}$, $\quad x \in [0; 1]$
$\arctan x = \operatorname{arccot}\frac{1}{x}$, $\quad x \in (0; \infty)$	
$\operatorname{arccot} x = \arctan\frac{1}{x}$, $\quad x \in (0; \infty)$.	

Die Beziehungen I ergeben sich unmittelbar aus der Definition der zyklometrischen Funktionen. Aus dem Kurvenverlauf (Bild 130) lassen sich die Beziehungen II ablesen. Aus ihnen folgt, daß Arcussinus- und Arcustangensfunktion ungerade Funktionen sind, ihre Kurven also zentralsymmetrisch zum Ursprung sind, während Arcuscosinus- und Arcuscotangensfunktion weder gerade noch ungerade sind. Von den Beziehungen III werden zwei bewiesen. Die anderen lassen sich entsprechend beweisen:

1. $\arcsin x + \arccos x = \frac{\pi}{2}$:

Aus

$\arcsin x = z$, $x \in [-1; 1]$

folgt $x = \sin z$

$$x = \cos\left(\frac{\pi}{2} - z\right)$$

$$\arccos x = \frac{\pi}{2} - z$$

$$\underline{\underline{\arcsin x + \arccos x = \frac{\pi}{2}.}}$$

2. $\arcsin x = \arccos\sqrt{1-x^2}$, $\quad x \in [0; 1]$:

Aus $\arcsin x = z$, $x \in [0; 1]$ folgt

$$x = \sin z$$

$$1 - x^2 = 1 - \sin^2 z$$

$$1 - x^2 = \cos^2 z$$

$$\sqrt{1-x^2} = |\cos z|.$$

Wegen $x \geqq 0$ ist $z \geqq 0$ und auch $\cos z \geqq 0$, folglich

$$\sqrt{1-x^2} = \cos z$$

$$\arccos\sqrt{1-x^2} = z$$

$$\underline{\underline{\arcsin x = \arccos\sqrt{1-x^2}.}}$$

Für $x \in [-1; 0)$ gilt die Beziehung nicht, da $\arcsin x < 0$ und $\sqrt{1-x^2} > 0$, folglich $\arccos\sqrt{1-x^2} > 0$ ist, d. h., die Terme auf beiden Seiten des Gleichheitszeichens haben verschiedene Vorzeichen.

7.1.4. Ableitungen

Die Ableitungen der zyklometrischen Funktionen ergeben sich leicht aus der impliziten Darstellung (siehe 3.6. und 3.7.):

$y = \arcsin x,$ $\sin y = x$	$y = \arctan x,$ $\tan y = x$

wird differenziert:

$\cos y \cdot y' = 1,$ $y' = \frac{1}{\cos y}.$ Wegen $y \in \left[-\frac{\pi}{2}; \frac{\pi}{2}\right]$, also $\cos y \geqq 0$, gilt: $\cos y = \sqrt{1 - \sin^2 y},$ $y' = \frac{1}{\sqrt{1 - \sin^2 y}},$ $y' = \frac{1}{\sqrt{1 - x^2}}.$	$(1 + \tan^2 y)y' = 1,$ $y' = \frac{1}{1 + \tan^2 y}.$ $y' = \frac{1}{1 + x^2}.$

Aus 7.1.3., Tabelle 3, III folgt

$y = \operatorname{arccos} x = \frac{\pi}{2} - \arcsin x,$ $y' = -\frac{1}{\sqrt{1 - x^2}},$	$y = \operatorname{arccot} x = \frac{\pi}{2} - \arctan x,$ $y' = -\frac{1}{1 + x^2}.$

$$(\arcsin x)' = \frac{1}{\sqrt{1 - x^2}} \qquad (\arctan x)' = \frac{1}{1 + x^2}$$
$$(\arccos x)' = -\frac{1}{\sqrt{1 - x^2}} \qquad (\operatorname{arccot} x)' = -\frac{1}{1 + x^2} \tag{59}$$

Arcussinus- und Arcuscosinusfunktion sind demnach nur für $x \in (-1; 1)$, aber nicht an den Grenzen des Definitionsbereiches differenzierbar. Da für alle x, für die die Funktionen differenzierbar sind, $(\arcsin x)' > 0$, $(\arctan x)' > 0$,
$(\arccos x)' < 0$, $(\operatorname{arccot} x)' < 0$ ist,

sind demnach Arcussinus- und Arcustangensfunktion streng monoton wachsend und Arcuscosinus- und Arcuscotangensfunktion streng monoton fallend.

BEISPIELE

1. $y = \arctan\sqrt{3x-1}$ ist zu differenzieren.

$$y = \arctan u, \quad u = \sqrt{3x-1}$$

$$y' = \frac{1}{1+u^2}\cdot u', \quad u' = \frac{3}{2\sqrt{3x-1}}$$

$$y' = \frac{1}{1+(3x-1)}\cdot\frac{3}{2\sqrt{3x-1}} = \underline{\underline{\frac{1}{2x\sqrt{3x-1}}}}$$

2. $y = \arcsin\dfrac{x}{\sqrt{1+x^2}}$ ist zu differenzieren.

$$y = \arcsin u, \quad u = \frac{x}{\sqrt{1+x^2}}$$

$$y' = \frac{1}{\sqrt{1-u^2}}\cdot u', \qquad u' = \frac{1\sqrt{1+x^2} - x\dfrac{2x}{2\sqrt{1+x^2}}}{1+x^2} = \frac{1}{(1+x^2)\sqrt{1+x^2}}$$

$$y' = \frac{1}{\sqrt{1-\dfrac{x^2}{1+x^2}}}\cdot\frac{1}{(1+x^2)\sqrt{1+x^2}} = \frac{1}{\sqrt{\dfrac{1}{1+x^2}}}\cdot\frac{1}{(1+x^2)\sqrt{1+x^2}} = \underline{\underline{\frac{1}{1+x^2}}}$$

3. $y = \arccos(\sin x), \quad x \in [0;\pi]$ ist zu differenzieren.

$$y' = -\frac{1}{\sqrt{1-\sin^2 x}}\cdot\cos x = \begin{cases} \underline{\underline{-1,\ x \in \left[0;\dfrac{\pi}{2}\right)}} \\ \underline{\underline{1,\ x \in \left(\dfrac{\pi}{2};\pi\right]}} \end{cases},$$

denn
$$\sqrt{1-\sin^2 x} = \begin{cases} \cos x, & x \in \left[0;\dfrac{\pi}{2}\right) \\ -\cos x, & x \in \left(\dfrac{\pi}{2};\pi\right] \end{cases}.$$

An der Stelle $x = \dfrac{\pi}{2}$ ist die Funktion nicht differenzierbar, da $\sqrt{1-\sin^2 x} = \cos x = 0$ ist.

7.2. Hyperbelfunktionen

7.2.1. Definition und graphische Darstellung

Verschiedene mathematische, naturwissenschaftliche und technische Probleme führen auf bestimmte Linearkombinationen von Exponentialausdrücken. Diese werden als neue Funktionen definiert. Da zwischen diesen Funktionen einerseits ähnliche

Beziehungen wie bei den Kreisfunktionen bestehen und andererseits ähnliche Beziehungen zur Einheitshyperbel (siehe 7.2.2.) wie bei den Kreisfunktionen zum Einheitskreis bestehen, bezeichnet man diese Funktionen als *Hyperbelsinus*, *-cosinus*, *-tangens* und *-cotangens*.

Definitionen[1]):

Tabelle 4

$$y = \sinh x = \frac{1}{2}(e^x - e^{-x}) \qquad y = \cosh x = \frac{1}{2}(e^x + e^{-x})$$

$$y = \tanh x = \frac{\sinh x}{\cosh x} = \frac{e^x - e^{-x}}{e^x + e^{-x}} \qquad y = \coth x = \frac{1}{\tanh x} = \frac{\cosh x}{\sinh x} = \frac{e^x + e^{-x}}{e^x - e^{-x}}$$

(Gelesen: »Sinus hyperbolicus« oder »Hyperbelsinus« usw.)

Diese Definitionen bilden eine Analogie zu den aus der Eulerschen Formel folgenden Beziehungen für die Kreisfunktionen (s. Bd. Algebra und Geometrie: Körper der komplexen Zahlen). Aus

$$e^{jx} = \cos x + j\sin x \quad \text{und} \quad e^{-jx} = \cos x - j\sin x \quad \text{folgt}$$

$$\sin x = \frac{1}{2j}(e^{jx} - e^{-jx}) \qquad \cos x = \frac{1}{2}(e^{jx} + e^{-jx})$$

$$\tan x = \frac{\sin x}{\cos x} = \frac{1}{j}\,\frac{e^{jx} - e^{-jx}}{e^{jx} + e^{-jx}} \qquad \cot x = \frac{1}{\tan x} = j\,\frac{e^{jx} + e^{-jx}}{e^{jx} - e^{-jx}}.$$

Die Kurven von $y = \sinh x$ und $y = \cosh x$ ergeben sich durch graphische Subtraktion bzw. Addition der Kurven von $y = \frac{1}{2}e^x$ und $y = \frac{1}{2}e^{-x}$ (Bild 131a).

Aus $\tanh x = \frac{\sinh x}{\cosh x}$ und $\coth x = \frac{1}{\tanh x}$ ergeben sich die Kurven für $y = \tanh x$ und $y = \coth x$ (Bild 131b). Wegen $\lim\limits_{x\to-\infty} e^x = 0$ und $\lim\limits_{x\to\infty} e^{-x} = 0$ gilt für *Abszissen mit großen Beträgen*

$$\text{für } x > 0\text{: } \sinh x \approx \cosh x \approx \frac{1}{2}e^x;\ \tanh x \approx \coth x \approx 1;$$

$$\text{für } x < 0\text{: } \sinh x \approx -\frac{1}{2}e^{-x},\ \cosh x \approx \frac{1}{2}e^{-x},\ \tanh x \approx \coth x \approx -1.$$

Es ist $\sinh 0 = 0$, $\cosh 0 = 1$, $\tanh 0 = 0$; $\coth 0$ ist nicht definiert, $\lim\limits_{x\to-0} \coth x = -\infty$, $\lim\limits_{x\to+0} \coth x = +\infty$ (Analogie zu den Kreisfunktionen). Die Kurven von

[1]) Nach Riccati (1676 bis 1754), der die Hyperbelfunktionen einführte

$y = \tanh x$ und $y = \coth x$ haben Asymptoten mit den Gleichungen $y = 1$ und $y = -1$.

Definitions- und Wertebereiche:

Tabelle 5

Gleichung	X	Y
$y = \sinh x$	R	R
$y = \cosh x$	R	$[1; \infty)$
$y = \tanh x$	R	$(-1; 1)$
$y = \coth x$	$R \setminus \{0\}$	$(-\infty; -1) \cup (1; \infty)$

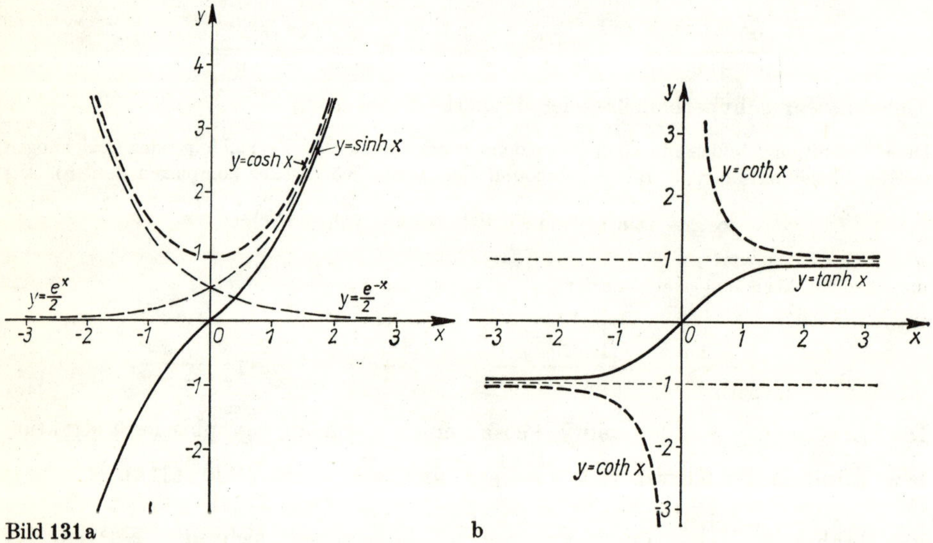

Bild 131 a b

7.2.2. Beziehungen zwischen den Funktionen

Es gilt

Tabelle 6

I. $\sinh(-x) = -\sinh x$, $\cosh(-x) = \cosh x$,	$\tanh(-x) = -\tanh x$ $\coth(-x) = -\coth x$
II. $\cosh x + \sinh x = e^x$,	$\cosh x - \sinh x = e^{-x}$
III. $\sinh(x \pm y) = \sinh x \cosh y \pm \cosh x \sinh y$ $\cosh(x \pm y) = \cosh x \cosh y \pm \sinh x \sinh y$	
IV. $\sinh 2x = 2 \sinh x \cosh x$,	$\cosh 2x = \cosh^2 x + \sinh^2 x$
V. $\cosh^2 x - \sinh^2 x = 1$.	

Die Beziehungen I ergeben sich aus den Definitionen (Tabelle 4) durch Vergleich von $f(-x)$ mit $f(x)$. Sie lassen sich auch aus dem Kurvenverlauf (Bild 131) ablesen. Demnach sind Hyperbelsinus, -tangens und -cotangens ungerade Funktionen (d. h., ihre Kurven sind zentralsymmetrisch zum Ursprung), und Hyperbelcosinus ist eine gerade Funktion (d. h., die Kurve ist axialsymmetrisch zur y-Achse).
Die Beziehungen II ergeben sich durch Addition bzw. Subtraktion der Definitionsgleichungen von $y = \sinh x$ und $y = \cosh x$. Von den Additionstheoremen III wird das erste bewiesen. Die anderen lassen sich entsprechend beweisen. Nach Tabelle 4 und Tabelle 6, II., ist

$$\sinh(x+y) = \frac{1}{2}\left(e^{x+y} - e^{-(x+y)}\right) =$$

$$= \frac{1}{2}\left(e^x e^y - e^{-x} e^{-y}\right) =$$

$$= \frac{1}{2}[(\cosh x + \sinh x)(\cosh y + \sinh y) - (\cosh x - \sinh x)(\cosh y - \sinh y)] =$$

$$= \frac{1}{2}(2 \sinh x \cosh y + 2 \cosh x \sinh y) =$$

$$= \sinh x \cosh y + \cosh x \sinh y .$$

Jede Umformung ist umkehrbar. Damit ist die Beziehung bewiesen.
Die Beziehungen IV und V folgen aus III. In $\sinh(x+y)$, $\cosh(x+y)$ und $\cosh(x-y)$ ist $y = x$ zu setzen und $\cosh 0 = 1$ zu beachten. Die Beziehungen der Tabelle 6 und die entsprechenden Beziehungen zwischen den Kreisfunktionen sind gleich bzw. unterscheiden sich höchstens durch Vorzeichen.

7.2.3. Hyperbelfunktionen und Einheitshyperbel

Die Mittelpunktsgleichung der Einheitshyperbel (Halbachsen $a = b = 1$) ist $x^2 - y^2 = 1$ (s. Bd. Algebra und Geometrie: Analytische Geometrie). Die Koordinaten des Punktes P des rechten Astes der Einheitshyperbel (Bild 132) lassen sich mit Hilfe des Hyperbelsinus und -kosinus als Funktionswerte eines Parameters t darstellen. In 12.4. wird gezeigt, daß sich der halbe Parameter $\frac{t}{2}$ als Maßzahl des Inhalts der Sektorfläche deuten läßt, die von der x-Achse, der Einheitshyperbel und dem Fahrstrahl $\overline{OP}$ begrenzt wird (schraffierte Fläche in Bild 132). Für Punkte auf dem im vierten Quadranten liegenden Teil des Astes ist $t < 0$ zu wählen. Die Koordinaten von P sind : $x = \cosh t$, $y = \sinh t$. Durch Quadrieren und Subtrahieren der beiden Gleichungen folgt die Gleichung der Einheitshyperbel:

$$x^2 - y^2 = \cosh^2 t - \sinh^2 t$$

$$x^2 - y^2 = 1 \quad \text{(Tab. 6, V)}.$$

Die Koordinaten der Punkte R und S auf $\overline{OP}$ bzw. der (rückwärtigen) Verlängerung von $\overline{OP}$ sind: $R\,(1; \tanh t)$, $S(\coth t; 1)$. Diese Darstellung ist analog der Darstellung der Kreisfunktionen am Einheitskreis (Bild 133): Für den Inhalt des Kreissektors gilt $A = \frac{1}{2} br$; und aus $b = r\alpha$, $r = 1$, $\alpha = t$ folgt $A = \frac{t}{2}$. Die Koordinaten von P sind $x = \cos t$, $y = \sin t$. Durch Quadrieren und Addieren folgt daraus die Gleichung des Einheitskreises:

$$x^2 + y^2 = \cos^2 t + \sin^2 t$$

$$x^2 + y^2 = 1.$$

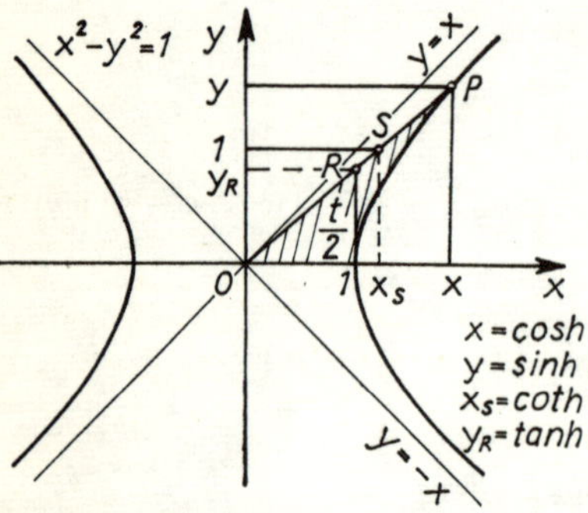

Bild 132

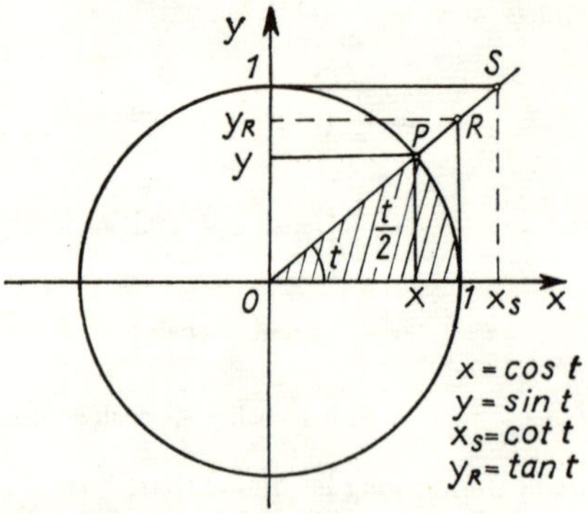

Bild 133

Die Koordinaten der Punkte R und S auf $\overline{OP}$ bzw. der (rückwärtigen) Verlängerung sind: $R(1; \tan t)$, $S(\cot t; 1)$.

7.2.4. Ableitungen

Da die Exponentialfunktion für alle $x \in R$ differenzierbar ist, sind auch die Hyperbelfunktionen in ihrem Definitionsbereich differenzierbar. Aus den Definitionen der Tabelle 4 folgt wegen $(e^x)' = e^x$ und $(e^{-x})' = -e^{-x}$

$$(\sinh x)' = \frac{1}{2}(e^x + e^{-x}) = \cosh x, \quad (\cosh x)' = \sinh x,$$

$$(\tanh x)' = \left(\frac{\sinh x}{\cosh x}\right)' = \frac{\cosh^2 x - \sinh^2 x}{\cosh^2 x} = \begin{cases} \dfrac{1}{\cosh^2 x} \\ 1 - \tanh^2 x \end{cases} \quad \text{(Tab. 6, V)},$$

und entsprechend die Ableitung von coth x.

$$\boxed{\begin{aligned} &(\sinh x)' = \cosh x, \quad (\tanh x)' = \frac{1}{\cosh^2 x} = 1 - \tanh^2 x \\ &(\cosh x)' = \sinh x, \quad (\coth x)' = -\frac{1}{\sinh^2 x} = 1 - \coth^2 x \end{aligned}} \qquad (60)$$

Diese Ableitungen unterscheiden sich von den entsprechenden Ableitungen der Kreisfunktionen höchstens durch ein Vorzeichen.

BEISPIELE

1. $y = \sinh 2x \cdot \cosh 2x$ ist zu differenzieren.

$$y = \sinh u \cosh u, \quad u = 2x$$
$$(\sinh u)' = \cosh u \cdot u' = 2 \cosh 2x$$
$$(\cosh u)' = \sinh u \cdot u' = 2 \sinh 2x \quad \text{(Kettenregel)}$$

$$y' = 2 \cosh^2 2x + 2 \sinh^2 2x = \quad \text{(Produktregel)}$$
$$= \underline{\underline{2 \cosh 4x}} \quad \text{(Tabelle 6, IV).}$$

2. $y = \ln \sinh 3x$ ist zu differenzieren.

$$y = \ln u, \quad u = \sinh v, \quad v = 3x$$

$$y' = \frac{1}{u} \cdot u' = \frac{1}{u} \cosh v \cdot v' = \frac{1}{u} \cosh v \cdot 3 \quad \text{(Kettenregel)}$$

$$\underline{\underline{y' = 3 \coth 3x}}$$

3. $y = \sqrt{\dfrac{1 + \cosh 2x}{2}}$ ist zu differenzieren.

$$y = \sqrt{u}, \quad u = \frac{1 + \cosh v}{2}, \quad v = 2x$$

$$y' = \frac{1}{2\sqrt{u}} u' = \frac{1}{2\sqrt{u}} \cdot \frac{\sinh v}{2} v' = \frac{1}{2\sqrt{u}} \frac{\sinh v}{2} 2$$

$$y' = \frac{1}{2} \sqrt{\frac{2}{1 + \cosh 2x}} \sinh 2x = \frac{1}{2} \sqrt{\frac{2}{1 + \cosh^2 x + \sinh^2 x}} \sinh 2x = \quad \text{(Tabelle 6, IV)}$$

$$= \frac{1}{2} \sqrt{\frac{2}{2 \cosh^2 x}} \sinh 2x = \quad \text{(Tabelle 6, V)}$$

$$= \frac{1}{2} \frac{1}{\cosh x} 2 \sinh x \cosh x = \quad \text{(Tabelle 6, IV; } \cosh x > 0)$$

$$= \underline{\underline{\sinh x.}}$$

7.3. Areafunktionen

7.3.1. Definition und graphische Darstellung

Alle Hyperbelfunktionen mit Ausnahme des Hyperbelcosinus sind in ihrem Definitionsbereich X einsinnig streng monoton. Folglich lassen sich über X Umkehrfunktionen bilden. Beim Hyperbelcosinus wird die Umkehrfunktion über $X_1 = [0; \infty) \subset X$ gebildet, da die Hyperbelcosinusfunktion in diesem Intervall streng monoton ist. Die Umkehrfunktionen heißen *Areafunktionen*[1]), da die Funktions-

[1]) area (lat.) Fläche

werte sich geometrisch als Maßzahl des Sektorinhalts einer Einheitshyperbel deuten lassen (s. 7.2.3.). Die Definitions- und Wertebereiche sind (vgl. Tabelle 5):

Tabelle 7

Gleichung	X	Y
$y = \operatorname{arsinh} x$	R	R
$y = \operatorname{arcosh} x$	$[1; \infty)$	$[0; \infty)$
$y = \operatorname{artanh} x$	$(-1; 1)$	R
$y = \operatorname{arcoth} x$	$(-\infty; -1) \cup (1; \infty)$	$R \setminus \{0\}$

(Gelesen: »Area sinus« oder »area sinus hyperbolicus« usw.)
Die graphischen Darstellungen ergeben sich aus den graphischen Darstellungen der Hyperbelfunktionen durch Spiegelung an der Geraden mit der Gleichung $y = x$ (Bild 134).

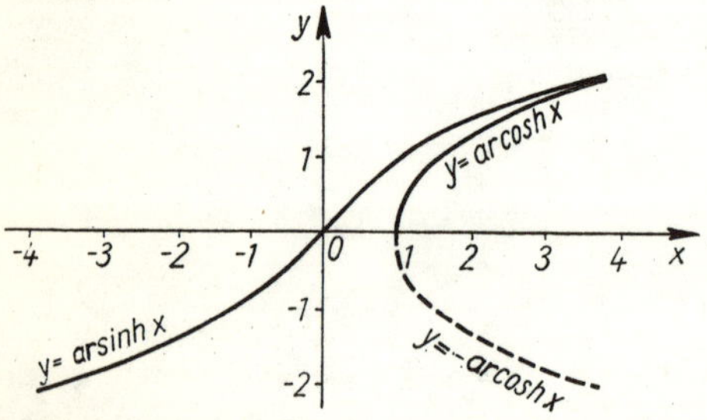

Bild 134 a

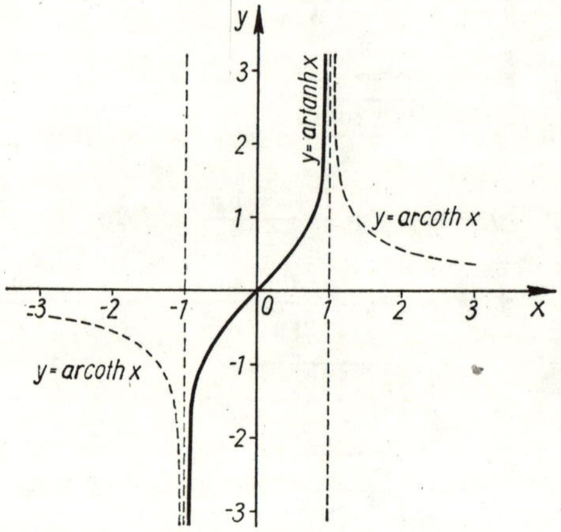

b

Beim Hyperbelcosinus läßt sich über $X_2 = (-\infty; 0]$ eine zweite Umkehrfunktion mit der Gleichung $y = -\operatorname{arcosh} x$ bilden. Die graphische Darstellung ist die gestrichelte Kurve in Bild 134a.

7.3.2. Beziehungen zwischen den Funktionen

Es gilt:

Tabelle 8

I.	$\sinh(\operatorname{arsinh} x) = x$, $\cosh(\operatorname{arcosh} x) = x$,	$\tanh(\operatorname{artanh} x) = x$ $\coth(\operatorname{arcoth} x) = x$
II.	$\operatorname{arsinh}(-x) = -\operatorname{arsinh} x$,	$\operatorname{artanh}(-x) = -\operatorname{artanh} x$ $\operatorname{arcoth}(-x) = -\operatorname{arcoth} x$
III.	$\operatorname{arsinh} x = \ln\left(x + \sqrt{x^2+1}\right)$, $\operatorname{arcosh} x = \ln\left(x + \sqrt{x^2-1}\right)$,	$\operatorname{artanh} x = \frac{1}{2} \ln \frac{1+x}{1-x}$ $\operatorname{arcoth} x = \frac{1}{2} \ln \frac{x+1}{x-1}$

Die Beziehungen I ergeben sich unmittelbar aus der Definition der Areafunktionen, wonach z. B. $y = \operatorname{arsinh} x$ und $\sinh y = x$ äquivalente Gleichungen sind. Durch Substitution von y erhält man die erste der Beziehungen I.
Die Beziehungen II lassen sich aus dem Kurvenverlauf (Bild 134) ablesen. Demnach sind Areasinus, Areatangens und Areacotangens ungerade Funktionen (d. h., ihre Kurven sind zentralsymmetrisch zum Ursprung).
Von den Beziehungen III sollen die Beziehungen für $\operatorname{arcosh} x$ und für $\operatorname{artanh} x$ hergeleitet werden. Die anderen ergeben sich in gleicher Weise.

1. $y = \operatorname{arcosh} x, \quad y \in [0; \infty)$

$\cosh y = x$

$\frac{1}{2}(e^y + e^{-y}) = x$ und daraus folgt

$$e^{2y} - 2x\,e^y + 1 = 0.$$

$$e^y = z: \quad z^2 - 2xz + 1 = 0$$

$$z_{1,2} = x \pm \sqrt{x^2 - 1}$$

$$e^y = x \pm \sqrt{x^2 - 1}.$$

Wegen $y \in [0; \infty)$ ist $e^y \geqq 1$, also kommt nur das positive Vorzeichen vor der Wurzel in Frage. Folglich

$$\underline{\underline{y = \ln\left(x + \sqrt{x^2 - 1}\right)}}.$$

Wird das negative Vorzeichen geschrieben, ergibt sich die Gleichung der anderen Umkehrfunktion des Hyperbelcosinus, denn dann ist $e^y = x - \sqrt{x^2 - 1} \in (0; 1]$, also $y \in (-\infty; 0]$. Diese Behauptung ergibt sich auch durch Erweitern des Terms, der hinter dem Zeichen ln steht:

$$y = \ln\left(x - \sqrt{x^2 - 1}\right) = \ln \frac{\left(x - \sqrt{x^2 - 1}\right)\left(x + \sqrt{x^2 - 1}\right)}{x + \sqrt{x^2 - 1}} =$$

$$= \ln \frac{x^2 - (x^2 - 1)}{x + \sqrt{x^2 - 1}} = \ln \frac{1}{x + \sqrt{x^2 - 1}} =$$

$$= -\ln\left(x + \sqrt{x^2 - 1}\right) = -\operatorname{arcosh} x.$$

2. $y = \operatorname{artanh} x$

$\tanh y = x$

$$\frac{e^y - e^{-y}}{e^y + e^{-y}} = x$$

$$e^y - e^{-y} = x e^y + x e^{-y}$$

$$e^{2y} - 1 = x e^{2y} + x$$

$$e^{2y} = \frac{1 + x}{1 - x}$$

$$2y = \ln \frac{1 + x}{1 - x}$$

$$\underline{\underline{y = \frac{1}{2} \ln \frac{1 + x}{1 - x}}}.$$

7.3.3. Ableitungen

Nach dem Satz in 3.3.7. sind die Areafunktionen mit einer Ausnahme im ganzen Definitionsbereich differenzierbar. Nur die Areacosinusfunktion ist wegen $(\cosh x)'_{x=0} = 0$ an der Stelle $x = 1$ nicht differenzierbar.

Die Ableitungen ergeben sich aus der impliziten Darstellung:

$y = \operatorname{arsinh} x$	$y = \operatorname{arcosh} x$
$\sinh y = x$	$\cosh y = x$

wird differenziert:

$\cosh y \cdot y' = 1$	$\sinh y \cdot y' = 1$
$y' = \dfrac{1}{\cosh y}$	$y' = \dfrac{1}{\sinh y}$

Aus Tabelle 7, V und

$\cosh y \geqq 1 > 0$ folgt	$y \geqq 0$, folglich $\sinh y \geqq 0$ folgt
$\cosh y = \sqrt{\sinh^2 y + 1} = \sqrt{x^2 + 1}$	$\sinh y = \sqrt{\cosh^2 y - 1} = \sqrt{x^2 - 1}$
$y' = \dfrac{1}{\sqrt{x^2 + 1}}$	$y' = \dfrac{1}{\sqrt{x^2 - 1}}$

$y = \operatorname{artanh} x$	$y = \operatorname{arcoth} x$
$\tanh y = x$	$\coth y = x$

wird differenziert

$(1 - \tanh^2 y)y' = 1$	$(1 - \coth^2 y)y' = 1$
$y' = \dfrac{1}{1 - \tanh^2 y}$	$y' = \dfrac{1}{1 - \coth^2 y}$
$y' = \dfrac{1}{1 - x^2}$	$y' = \dfrac{1}{1 - x^2}$

$$\boxed{\begin{aligned} (\operatorname{arsinh} x)' &= \frac{1}{\sqrt{x^2+1}}, & (\operatorname{arcosh} x)' &= \frac{1}{\sqrt{x^2-1}} \\ (\operatorname{artanh} x)' &= \frac{1}{1-x^2}, & (\operatorname{arcoth} x)' &= \frac{1}{1-x^2} \end{aligned}} \tag{61}$$

Da für alle x, für die die Funktionen differenzierbar sind,

$(\operatorname{arsinh} x)' > 0$, $(\operatorname{arcosh} x)' > 0$,

$(\operatorname{artanh} x)' > 0$ für $x \in X = (-1; 1)$

$(\operatorname{arcoth} x)' < 0$ für $x \in X = (-\infty; -1) \cup (1; \infty)$ gilt,

sind Areasinus-, Areacosinus- und Areatangensfunktion streng monoton wachsend und die Areacotangensfunktion in den Intervallen $(-\infty; -1)$ und $(1; \infty)$ streng monoton fallend.

BEISPIELE

1. $y = \operatorname{artanh}\frac{x}{3}$ ist zu differenzieren.

$$y = \operatorname{artanh} u, \quad u = \frac{x}{3}$$

$$y' = \frac{1}{1-u^2}u' = \frac{1}{1-\frac{x^2}{9}} \cdot \frac{1}{3} = \underline{\underline{\frac{3}{9-x^2}}}$$

2. $y = \operatorname{arcosh}\sqrt{x^2+1}$ ist zu differenzieren.

$$y = \operatorname{arcosh} u, \quad u = \sqrt{v}, \quad v = x^2+1$$

$$y' = \frac{1}{\sqrt{u^2-1}} \cdot \frac{1}{2\sqrt{v}} \cdot 2x = \frac{2x}{\sqrt{x^2}\,2\sqrt{x^2+1}} = \frac{x}{|x|\sqrt{x^2+1}} =$$

$$= \begin{cases} \dfrac{1}{\sqrt{x^2+1}} & \text{für } x > 0, \text{ da } |x| = x \text{ für } x > 0 \\ -\dfrac{1}{\sqrt{x^2+1}} & \text{für } x < 0, \text{ da } |x| = -x \text{ für } x < 0. \end{cases}$$

Für $x = 0$ ist die Funktion nicht differenzierbar.

AUFGABEN

225. Folgende Funktionswerte sind zu ermitteln:

a) $\arcsin\frac{1}{2}\sqrt{2}$ b) $\arccos 0{,}6$ c) $\arctan\sqrt{3}$

d) $\operatorname{arccot} 1$ e) $\arcsin(-0{,}324)$ f) $\arccos(-0{,}5)$

g) $\arctan(-0{,}75)$ h) $\operatorname{arccot}(-12, 6)$

226. Es sind die folgenden Beziehungen zu beweisen.

a) $\arccos x = \arcsin\sqrt{1-x^2}$ b) $\arctan x = \operatorname{arccot}\frac{1}{x}$

227. Die folgenden Grenzwerte sind zu berechnen.

a) $\lim\limits_{x\to 3}\frac{\arcsin(3-x)}{\sqrt{x^2-4x+3}}$ b) $\lim\limits_{x\to 0}\frac{\sqrt{2x-x^2}}{\arccos(1-x)}$

c) $\lim\limits_{x\to\infty} x\cdot\operatorname{arccot} x$ d) $\lim\limits_{x\to a}\arcsin\frac{x-a}{a}\cot(x-a), \quad a \neq 0$

228. Es sind die ersten Ableitungen zu bilden.

a) $y = (1+x^2)\arctan x$ b) $y = x\arcsin 4x$

c) $y = x\operatorname{arccot}\frac{x}{4}$ d) $y = \arcsin x + \arccos x$

e) $y = \arcsin(1-x)$ f) $y = \arcsin\sqrt{1-x^2}$

g) $y = \arcsin \dfrac{x}{\sqrt{1 + x^2}}$ h) $y = \operatorname{arccot} \dfrac{x}{\sqrt{1 - x^2}}$

i) $y = \arcsin \dfrac{a^2 - x^2}{a^2 + x^2}$ k) $y = x \arctan x - \ln \sqrt{1 + x^2}$

l) $y = 3 \arcsin \dfrac{\sqrt{6x - x^2}}{3} - \sqrt{6x - x^2}$ m) $y = x \arcsin \dfrac{x}{a} + \sqrt{a^2 - x^2}$

229. Es ist nachzuweisen, daß sich die Werte der Funktionen f und g um eine additive Konstante unterscheiden. Die Konstante ist zu bestimmen (Anleitung: Anwendung der Folgerung 3 aus dem Mittelwertsatz).

a) $f(x) = \arctan x, \quad g(x) = \arctan \dfrac{x + a}{1 - ax}, \quad a \in R, \quad x \neq \dfrac{1}{a}$

b) $f(x) = \arcsin 2x \sqrt{1 - x^2}, \quad g(x) = 2 \arcsin x, \quad |x| < \dfrac{1}{2}\sqrt{2}$

230. Beim Schubkurbelgetriebe (Bild 135) gilt

$\beta = \arcsin \left(\dfrac{r}{l} \sin \alpha\right)$, wenn α der Kurbelwinkel ist.

Für welchen Wert von α wird $|\beta|$ am größten, und wie groß ist dann $|\beta|$?

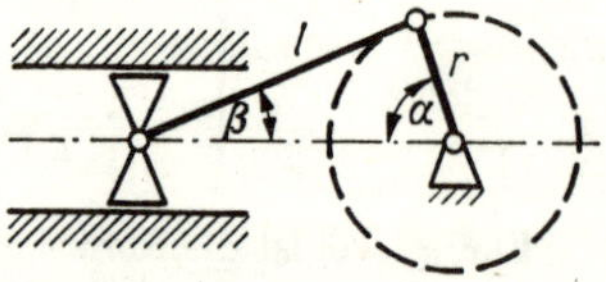

Bild 135

231. $y = \sqrt{2x - x^2} - 2 \arctan \sqrt{\dfrac{2 - x}{x}}$. Es sind die Extremstelle, der Extremwert und die Art des Extremwertes zu ermitteln.

232. Folgende Funktionswerte sind zu ermitteln:

a) arsinh 4 b) arcosh 2,6 c) artanh 0,75 d) arcoth 1,5

e) arsinh(−4) f) artanh(−0,75) g) arcoth(−1,5)

233. Es sind die folgenden Beziehungen zu beweisen.

a) $\cosh(x + y) = \cosh x \cdot \cosh y + \sinh x \cdot \sinh y$

b) $\operatorname{arsinh} x = \ln\left(x + \sqrt{x^2 + 1}\right)$

234. Die folgenden Grenzwerte sind zu berechnen.

a) $\lim\limits_{x \to 0} \dfrac{\cosh x - 1}{x^2}$ b) $\lim\limits_{x \to 1-0} \dfrac{\operatorname{artanh} x}{\ln(1 - x)}$

c) $\lim\limits_{x \to 0} \dfrac{6 \sinh x - 6x - x^3}{x^5}$ d) $\lim\limits_{x \to 0} \dfrac{\sin x - \operatorname{arsinh} x}{x^5}$

235. Es sind die ersten Ableitungen zu bilden.

a) $y = \tanh \dfrac{x}{2}$ b) $y = \cosh^2 x + \sinh^2 x$

c) $y = \ln \cosh 2x$ d) $y = \sqrt{\dfrac{\cosh 2x - 1}{\cosh 2x + 1}}$

e) $y = \arcsin(\tanh x)$

f) $y = e^{\sinh x}$

g) $y = \operatorname{arsinh} 5x$

h) $y = \operatorname{arsinh} \sqrt{x^2 - 1}$

i) $y = \operatorname{artanh} \dfrac{2x}{1 + x^2}$

k) $y = \operatorname{arcosh} \left(\dfrac{1}{\cos x}\right)$

l) $y = x \cdot \operatorname{artanh} x + \dfrac{1}{2} \ln(1 - x^2)$

m) $y = x \cdot \operatorname{arsinh} x - \sqrt{x^2 + 1}$

236. Es ist nachzuweisen, daß sich die Werte der Funktionen f und g um eine additive Konstante unterscheiden. Die Konstante ist zu bestimmen (Anleitung: Anwendung der Folgerung 3 aus dem Mittelwertsatz).

a) $f(x) = \operatorname{arsinh} \dfrac{x^2 - 1}{2x}, \quad g(x) = \operatorname{artanh} \dfrac{x^2 - 1}{x^2 + 1}, \quad x > 0$

b) $f(x) = \arctan(\tanh x), \quad g(x) = \arctan e^{2x}$

237. Beim freien Fall mit Luftwiderstand gilt für den zurückgelegten Weg $s = \dfrac{a^2}{g} \ln \cosh \dfrac{g}{a} t$; $a = \sqrt{\dfrac{mg}{c}}$.

Dabei wird angenommen, daß der Luftwiderstand F_L proportional dem Quadrat der Fallgeschwindigkeit v ist, und c ist der Proportionalitätsfaktor: $F_L = cv^2$.

a) Es ist die Geschwindigkeit v zu berechnen (vgl. 23.3.).

b) Aus beiden Formeln sind s und v für den freien Fall im luftleeren Raum zu berechnen.

Anleitung: $c \to 0$, folglich $a \to \infty$; Grenzwert $\infty \cdot 0$ nach BERNOULLI-DE L'HOSPITAL berechnen, und zwar nach a differenzieren.

238. Die Kurve der Funktion $y = e^{-ax} \sinh bx$ $(a > b > 0)$ ist für $x \in [0; \infty]$ zu diskutieren, und zwar sind die Nullstellen, die Abszissen des Extrem- und des Wendepunktes sowie die Art des Extrempunktes, der Anstieg für $x = 0$ und $\lim\limits_{x \to \infty} y$ zu berechnen. Welche einfache Beziehung besteht zwischen x_E und x_W?

8. Einführung in die Integralrechnung

8.1. Das unbestimmte Integral

Grundaufgabe der bisher behandelten Differentialrechnung ist es, zu einer gegebenen Funktion f die Ableitung f' zu bestimmen. In vielen Problemen der Technik und der Wissenschaft ist jedoch die umgekehrte Aufgabe zu lösen, d. h., es ist eine Funktion zu suchen, deren Ableitung man bereits kennt. So sei daran erinnert, daß bei einem Bewegungsvorgang die Geschwindigkeit v sich als Ableitung des Weges s nach der Zeit t berechnen läßt: $v = \dfrac{ds}{dt}$. Oft ist aber die Geschwindigkeit v bekannt, und gesucht ist der zurückgelegte Weg s in Abhängigkeit von der Zeit t: $s = F(t)$. Die gleichen Zusammenhänge bestehen zwischen der Geschwindigkeit v und der Beschleunigung a: $a = \frac{\mathrm{d}v}{\mathrm{d}t}$. Ist die Beschleunigung gegeben und die Geschwindigkeit gesucht, so hat man ebenfalls eine Funktion zu bestimmen, deren Ableitung bereits bekannt ist (vgl. Beispiel 18 in 8.4.6.).

Diese Art der Fragestellung ist die **Grundaufgabe der Integralrechnung:**

Zur gegebenen Funktion f wird eine Funktion F gesucht, die die Bedingung $F'(x) = f(x)$ erfüllt.

Offenbar ist dieses Problem die Umkehrung der Grundaufgabe der Differentialrechnung, weshalb auch die Integralrechnung als Umkehrung der Differentialrechnung anzusehen ist.
Jede Funktion F, für die in einem Intervall die Beziehung $F'(x) = f(x)$ gilt, soll in diesem Intervall **Stammfunktion** oder **Integralfunktion** von f heißen. So ist z. B. die Funktion mit der Gleichung $F(x) = \frac{1}{3}x^3$ eine Stammfunktion zu $f(x) = x^2$, denn es gilt

$$\left(\frac{x^3}{3}\right)' = x^2.$$

Es soll nun die Frage untersucht werden, ob sich die Grundaufgabe der Integralrechnung eindeutig lösen läßt, d. h., ob es zu einer gegebenen Funktion f immer nur eine Stammfunktion F gibt. Diese Frage muß verneint werden, denn im ebengenannten Beispiel erfüllen auch die Terme $\frac{1}{3}x^3 + 7$, $\frac{1}{3}x^3 - 25$, $\frac{1}{3}x^3 - \sqrt{2}$ und beliebig viele andere die Bedingung, daß ihre Ableitungen gleich x^2 sind. Als Folgerung aus dem Mittelwertsatz der Differentialrechnung wurde in 4.2. gezeigt, daß sich zwei Funktionen mit gleicher Ableitung nur um eine Konstante unterscheiden. Ist demnach $F_1'(x) = f(x)$ und $F_2'(x) = f(x)$, so sind F_1 und F_2 beides Stammfunktionen zu f, und es gilt

$$F_2(x) = F_1(x) + C.$$

Man kann also zu einer Funktion f beliebig viele Stammfunktionen angeben, indem man zu irgendeiner Stammfunktion beliebige Konstanten addiert. Für die Menge aller Stammfunktionen zu einer Funktion f wird zur Vereinfachung der weiteren Darstellung ein neues Symbol eingeführt:

$$\boxed{\int f(x)\,\mathrm{d}x = \{F(x) + C \mid F'(x) = f(x);\quad C \in R\}} \tag{62}$$

Man nennt (62) das **unbestimmte Integral**[1]) der Funktion f, $f(x)$ den **Integranden**, x die **Integrationsvariable** und C die **Integrationskonstante**. Da diese Darstellungsweise für die praktische Handhabung aber zuviel Aufwand erfordert, ist es üblich,

[1]) integer (lat.) unversehrt; functio integra, die unversehrte, d. h. nicht abgeleitete Funktion

nur mit Repräsentanten aus der Menge der Stammfunktionen zu arbeiten. Statt (62) soll also in Zukunft immer nur

$$\int f(x)\,\mathrm{d}x = F(x) + C \tag{63}$$

geschrieben werden. (63) ist zu lesen: Integral über $f(x)\,\mathrm{d}x$ gleich $F(x) + C$. Die historische Entstehung des Symbols $\int$ und der tiefere Sinn des $\mathrm{d}x$ in diesem Zusammenhang werden in 8.5.3. behandelt. Es ist jedoch stets zu beachten, daß nach dem Zeichen $\int$ nicht die Ableitung, sondern das *Differential* der gesuchten Stammfunktion steht, denn nach der Definition des Differentials gilt wegen $F'(x) = f(x)$:

$$\mathrm{d}F(x) = F'(x)\,\mathrm{d}x = f(x)\,\mathrm{d}x.$$

Die Beziehung (63) könnte also auch in der Form

$$\int f(x)\,\mathrm{d}x = \int \mathrm{d}F(x) = F(x) + C \tag{64}$$

geschrieben werden.

Nach diesen Überlegungen tauchen zwei weitere Fragen auf, nämlich ob zu jeder Funktion f immer eine Stammfunktion F existiert, d. h., ob eine Funktion immer *integrierbar* ist, und ob sich diese Stammfunktion auch berechnen läßt. Über die zweite Frage gibt der Abschnitt 10. Auskunft. Die erste Frage läßt sich im Rahmen dieses Buches nicht erschöpfend beantworten. Ohne Beweis seien dazu einige Bemerkungen gemacht. Damit die Beziehung (62) sinnvoll ist, muß die Funktion F differenzierbar sein, denn nur dann können Differentiation und Integration als entgegengesetzte Rechenoperationen angesehen werden. Die Existenz einer Stammfunktion F zu einer gegebenen Funktion f ist gesichert, wenn f in dem betrachteten Intervall *beschränkt*[1]) und stetig ist. Ist das Intervall sogar abgeschlossen, so genügt es, die Stetigkeit von f zu verlangen, da eine in einem abgeschlossenen Intervall stetige Funktion dort auch beschränkt ist.

Sofern nichts anderes vereinbart wird, soll daher bei allen Betrachtungen der nächsten Abschnitte vorausgesetzt werden, daß die zu integrierenden Funktionen in einem abgeschlossenen Intervall stetig oder in einem offenen Intervall stetig und beschränkt seien.

Eine verhältnismäßig geringe Anzahl von Funktionen, für die diese Bedingungen erfüllt sind, ist uns schon bekannt. Die zu diesen Funktionen gehörigen Stammfunktionen lassen sich einfach aus den Differentiationsregeln durch Umkehrung gewinnen. Jede Formel der Differentialrechnung in der Art

$$F'(x) = f(x) \quad \text{bzw.} \quad \frac{\mathrm{d}F(x)}{\mathrm{d}x} = f(x)$$

---

[1]) Eine Funktion f heißt in einem Intervall beschränkt, wenn ihre Funktionswerte einen endlichen Höchstwert M nicht übersteigen und einen endlichen Tiefstwert m nicht unterschreiten, d. h., wenn für alle Abszissen x des betrachteten Intervalles

$$m \leqq f(x) \leqq M \qquad (m, M \in R)$$

gilt

ist gleichbedeutend mit der Beziehung

$$\int f(x)\,\mathrm{d}x = F(x) + C$$

aus der Integralrechnung. Beispielsweise gilt:

aus $(\sin x)' = \cos x$ folgt $\int \cos x\,\mathrm{d}x = \sin x + C$,

aus $(x^5)' = 5x^4$ bzw. aus $\left(\frac{1}{5}x^5\right)' = x^4$ folgt $\int x^4\,\mathrm{d}x = \frac{1}{5}x^5 + C$,

aus $(x)' = 1$ folgt $\int 1\,\mathrm{d}x = \int \mathrm{d}x = x + C$.

Die letzte Beziehung ergibt sich auch aus der Gleichung (64), wenn in $\int \mathrm{d}F(x) = F(x) + C$ speziell $F(x) = x$ gesetzt wird.

Die nach diesem Verfahren herleitbaren Formeln zur Bestimmung von Stammfunktionen werden **Grundintegrale** genannt. Sie sind in der folgenden Übersicht zusammengestellt:

$[C]' = 0$	$\int 0\,\mathrm{d}x = C$
$[x]' = 1$	$\int 1\,\mathrm{d}x = \int \mathrm{d}x = x + C$
$[x^{n+1}]' = (n+1)x^n$	$\int x^n\,\mathrm{d}x = \frac{x^{n+1}}{n+1} + C$ für $n \neq -1$
$[\ln x]' = \frac{1}{x}$ für $x > 0$; $[\ln(-x)]' = \frac{1}{x}$ für $x < 0$	$\int \frac{1}{x}\,\mathrm{d}x = \int \frac{\mathrm{d}x}{x} = \ln\lvert x\rvert + C$ für $x \neq 0$[1]
$[e^x]' = e^x$	$\int e^x\,\mathrm{d}x = e^x + C$
$[a^x]' = a^x \ln a$	$\int a^x\,\mathrm{d}x = \frac{a^x}{\ln a} + C$ für $0 < a \neq 1$
$[\sin x]' = \cos x$	$\int \cos x\,\mathrm{d}x = \sin x + C$
$[\cos x]' = -\sin x$	$\int \sin x\,\mathrm{d}x = -\cos x + C$
$[\tan x]' = \frac{1}{\cos^2 x} = 1 + \tan^2 x$	$\int \frac{1}{\cos^2 x}\,\mathrm{d}x = \int \frac{\mathrm{d}x}{\cos^2 x} = \tan x + C$; $x \neq \frac{2n+1}{2}\pi;\quad n \in G$
	$\int \tan^2 x\,\mathrm{d}x = \tan x - x + C$[2]

[1]) Man beachte die Definition des Betrages $\lvert x\rvert = \begin{cases} x & \text{für } x > 0 \\ -x & \text{für } x < 0. \end{cases}$ Das angegebene Grundintegral ist in jedem Intervall anwendbar, das nicht den Koordinatenursprung enthält, also entweder für nur positive x oder für nur negative x

[2]) Um diese Beziehung einzusehen, benötigt man eine Rechenregel, die erst in 8.4.2. behandelt wird

$[\cot x]' = -\frac{1}{\sin^2 x} = -1 - \cot^2 x$ $\quad\int \frac{1}{\sin^2 x}\,\mathrm{d}x = \int \frac{\mathrm{d}x}{\sin^2 x} = -\cot x + C$

$x \neq n\pi; \quad n \in G$

$\int \cot^2 x\,\mathrm{d}x = -\cot x - x + C$[1])

$$\left.\begin{aligned}[\arcsin x]' &= \frac{1}{\sqrt{1-x^2}}\\ [\arccos x]' &= -\frac{1}{\sqrt{1-x^2}}\end{aligned}\right\} \quad \int \frac{1}{\sqrt{1-x^2}}\,\mathrm{d}x = \int \frac{\mathrm{d}x}{\sqrt{1-x^2}} = \arcsin x + C_1 = -\arccos x + C_2\text{[2])}$$

$x \in (-1; 1)$

$$\left.\begin{aligned}[\arctan x]' &= \frac{1}{1+x^2}\\ [\operatorname{arccot} x]' &= -\frac{1}{1+x^2}\end{aligned}\right\} \quad \int \frac{1}{1+x^2}\,\mathrm{d}x = \int \frac{\mathrm{d}x}{1+x^2} = \arctan x + C_1 = -\operatorname{arccot} x + C_2\text{[3])}$$

$[\sinh x]' = \cosh x$ $\quad\int \cosh x\,\mathrm{d}x = \sinh x + C$

$[\cosh x]' = \sinh x$ $\quad\int \sinh x\,\mathrm{d}x = \cosh x + C$

$[\tanh x]' = \frac{1}{\cosh^2 x} = 1 - \tanh^2 x$ $\quad\int \frac{1}{\cosh^2 x}\,\mathrm{d}x = \int \frac{\mathrm{d}x}{\cosh^2 x} = \tanh x + C$

$\int \tanh^2 x\,\mathrm{d}x = x - \tanh x + C$[1])

$[\coth x]' = -\frac{1}{\sinh^2 x} = 1 - \coth^2 x$ $\quad\int \frac{1}{\sinh^2 x}\,\mathrm{d}x = \int \frac{\mathrm{d}x}{\sinh^2 x} = -\coth x + C$

$x \neq 0$

$\int \coth^2 x\,\mathrm{d}x = x - \coth x + C$[1])

$[\operatorname{arsinh} x]' = \frac{1}{\sqrt{x^2+1}}$ $\quad\int \frac{1}{\sqrt{x^2+1}}\,\mathrm{d}x = \int \frac{\mathrm{d}x}{\sqrt{x^2+1}} =$

$= \operatorname{arsinh} x + C = \ln\left(x + \sqrt{x^2+1}\right) + C$

---

[1]) Um diese Beziehung einzusehen, benötigt man eine Rechenregel, die erst in 8.4.2. behandelt wird

[2]) Man beachte die Beziehung $\arcsin x = \frac{\pi}{2} - \arccos x$, also ist $C_2 = C_1 + \frac{\pi}{2}$

[3]) Man beachte die Beziehung $\arctan x = \frac{\pi}{2} - \operatorname{arccot} x$, also ist $C_2 = C_1 + \frac{\pi}{2}$

$$[\operatorname{arcosh} x]' = \frac{1}{\sqrt{x^2-1}} \qquad \int \frac{1}{\sqrt{x^2-1}}\,\mathrm{d}x = \int \frac{\mathrm{d}x}{\sqrt{x^2-1}} =$$

$$= \operatorname{arcosh} x + C \quad \text{für } x > 1$$

$$= \ln|x+\sqrt{x^2-1}| + C \quad \text{für } |x| > 1^{1)}$$

$$\left.\begin{array}{l}[\operatorname{artanh} x]' = \dfrac{1}{1-x^2} \quad \text{für } |x|<1 \\ [\operatorname{arcoth} x]' = \dfrac{1}{1-x^2} \quad \text{für } |x|>1\end{array}\right\} \quad \int \frac{1}{1-x^2}\,\mathrm{d}x = \int \frac{\mathrm{d}x}{1-x^2} =$$

$$= \begin{cases} \operatorname{artanh} x + C = \dfrac{1}{2}\ln\dfrac{1+x}{1-x} + C & \text{für } |x|<1 \\ \operatorname{arcoth} x + C = \dfrac{1}{2}\ln\dfrac{x+1}{x-1} + C & \text{für } |x|>1 \end{cases}$$

$$= \frac{1}{2}\ln\left|\frac{1+x}{1-x}\right| + C \quad \text{für } |x| \neq 1^{2)}$$

Obwohl sich mit diesen Grundintegralen verhältnismäßig wenig Aufgaben unmittelbar lösen lassen, ist es doch unbedingt notwendig, sich zumindest die wichtigsten Grundintegrale gut einzuprägen, da alle weiteren Lösungsverfahren im wesentlichen auf diese Grundintegrale zurückführen. Je sicherer die Grundintegrale im Gedächtnis haften, desto leichter ist später der Ansatz eines geeigneten Lösungsverfahrens für kompliziertere Integrale.

Jetzt soll noch untersucht werden, in welcher Weise sich die Stammfunktionen graphisch darstellen lassen. Das unbestimmte Integral $\int f(x)\,\mathrm{d}x = F(x) + C$ mit beliebig wählbarer Integrationskonstanten C ist die Menge aller möglichen Stammfunktionen, die zur Funktion f gebildet werden können. Wird für C ein bestimmter Wert gewählt, so ist $y = F(x) + C$ die Gleichung einer Kurve, die in der üblichen Weise im kartesischen Koordinatensystem dargestellt werden kann. Da C beliebig vieler Werte fähig ist, erhält man aus $y = \int f(x)\,\mathrm{d}x = F(x) + C$ eine Schar von

---

[1]) Man beachte: Für $x > 1$ ist $x + \sqrt{x^2-1} > 0$ und $\ln|x+\sqrt{x^2-1}| = \ln(x+\sqrt{x^2-1})$.
Dann ist $\left[\ln\left(x+\sqrt{x^2-1}\right)\right]' = \dfrac{1}{\sqrt{x^2-1}}$.
Für $x < -1$ ist $x + \sqrt{x^2-1} < 0$ und $\ln|x+\sqrt{x^2-1}| = \ln\left\{-\left(x+\sqrt{x^2-1}\right)\right\}$.
Dann ist $\left[\ln\left\{-\left(x+\sqrt{x^2-1}\right)\right\}\right]' = \dfrac{1}{\sqrt{x^2-1}}$

[2]) Keine der beiden Stellen $x = 1$ und $x = -1$ darf im Integrationsintervall liegen

unendlich vielen Kurven, die sich an jeder Stelle x_0 nur durch die Konstante C voneinander unterscheiden. Da die Ableitung einer Konstanten Null ist, gilt für jedes C

$$[F(x) + C]' = F'(x).$$

Daraus folgt, daß alle Stammfunktionen an einer Stelle x_0 des betrachteten Intervalls den gleichen Anstieg haben (Bild 136). Die Kurven der aus ein-undderselben Funktion f gewonnenen Stammfunktionen lassen sich also durch Parallelverschiebung in y-Richtung zur Deckung bringen.

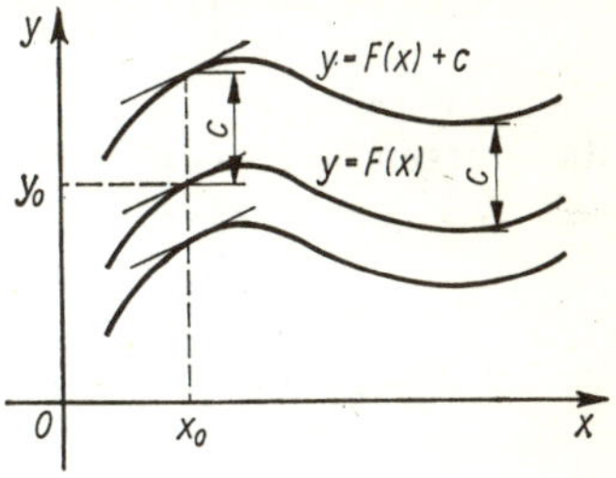

Bild 136

8.2. Das partikuläre Integral

Im vorangehenden Abschnitt wurde gezeigt, daß das unbestimmte Integral eine Menge von Funktionen liefert, die Menge der Stammfunktionen, die graphisch durch eine Kurvenschar dargestellt werden kann. Die Frage nach der Stammfunktion F zu einer gegebenen Funktion f kann also nicht eindeutig beantwortet werden, da unbegrenzt viele Funktionen die Eigenschaft haben, Stammfunktion von f zu sein. Dieser Sachverhalt ist für die Lösung vieler Aufgaben unbefriedigend, denn häufig wird genau eine Funktion gesucht, deren Ableitung mit der gegebenen Funktion übereinstimmt. Aus der Vielzahl der möglichen Lösungen, die sich lediglich in der Integrationskonstanten C unterscheiden, läßt sich aber nur dann eine bestimmte Lösung ermitteln, wenn eine zusätzliche Bedingung bekannt ist. Ist ein ganz bestimmter Punkt gegeben, durch den die Kurve der gesuchten Stammfunktion gehen soll, so ist damit aus der Kurvenschar eine einzige Kurve festgelegt und die gesuchte Stammfunktion eindeutig ermittelt. Zum Beispiel soll vereinbart werden, daß die gesuchte Stammfunktion bei $x = a$ eine Nullstelle hat. Die zugehörige Kurve geht also durch den Punkt $P(a; 0)$ (Bild 137). Aus der Gleichung $y = F(x) + C$ ergibt sich dann durch Einsetzen der Koordinaten dieses Punktes

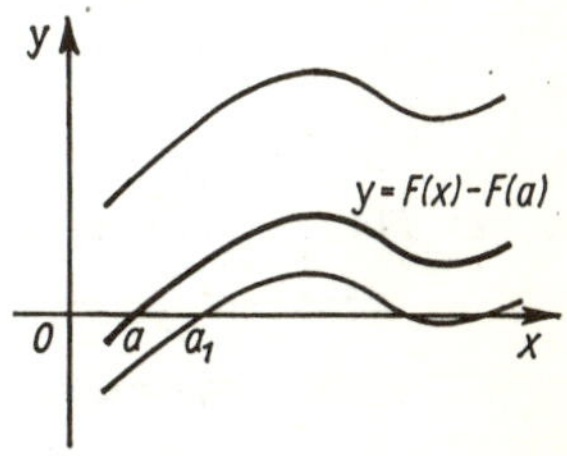

Bild 137

$$0 = F(a) + C$$

und daraus

$$C = -F(a).$$

Die Gleichung der gesuchten Stammfunktion ist also

$$y = F(x) - F(a).$$

Diese Gleichung unterscheidet sich von der Gleichung einer beliebigen anderen Stammfunktion dadurch, daß die Integrationskonstante nicht mehr frei wählbar ist, sondern den durch die Zusatzforderung bedingten Wert $-F(a)$ hat. Entsprechend lautet die Gleichung derjenigen Stammfunktion, die bei $x = a_1$ eine Nullstelle hat:

$$y = F(x) - F(a_1).$$

Nach demselben Verfahren kann die Integrationskonstante ermittelt werden, wenn die Kurve der Stammfunktion durch einen beliebigen anderen Punkt $P(\alpha; \beta)$ gehen soll. Aus $y = F(x) + C$ ergibt sich durch Einsetzen der Koordinaten α und β

$$\beta = F(\alpha) + C \quad \text{und} \quad C = -F(\alpha) + \beta.$$

Die Gleichung der gesuchten Stammfunktion lautet mithin

$$y = F(x) - F(\alpha) + \beta.$$

Jede Stammfunktion, deren Integrationskonstante auf Grund einer vorgegebenen Bedingung festliegt, also nicht mehr frei wählbar ist, heißt **partikuläres Integral.** Die Bedingung, mit deren Hilfe eine bestimmte Stammfunktion ausgewählt wird, heißt **Anfangsbedingung.** Gibt diese Anfangsbedingung, so wie oben dargelegt, eine Nullstelle der gesuchten Stammfunktion an, so wird das am Integralzeichen vermerkt. Man schreibt dann für das partikuläre Integral:

$$\boxed{I(x) = \int_a^x f(x)\,\mathrm{d}x = F(x) - F(a)} \qquad (65)$$

gesprochen: Integral von a bis x über $f(x)\,\mathrm{d}x$. Das unter dem Integralzeichen stehende a heißt **untere Grenze**, das über dem Integralzeichen stehende x heißt **obere Grenze.** Beim partikulären Integral in der Schreibweise der Beziehung (65) gibt die untere Grenze stets eine Nullstelle der durch $I(x) = F(x) - F(a)$ dargestellten Stammfunktion an, wogegen die obere Grenze die unabhängige Variable dieser Funktion bezeichnet[1]). Über eine andere Bedeutung der Grenzen eines Integrals gibt 8.5.1. Auskunft.

BEISPIELE

1. Gesucht ist diejenige Funktion, die bei $x = 2$ eine Nullstelle hat und deren Ableitung durch $f(x) = x^2$ dargestellt wird.

   Lösung:

   Das unbestimmte Integral $\int x^2\,\mathrm{d}x = \frac{1}{3}x^3 + C$ mit $F(x) = \frac{1}{3}x^3$ gibt die Menge aller nur möglichen Stammfunktionen an. Daraus ist diejenige auszuwählen, die der vorgegebenen Anfangsbedingung genügt. Man erhält wegen $C = -F(2)$:

   $$I(x) = \int_2^x x^2\,\mathrm{d}x = \frac{1}{3}x^3 - \frac{1}{3}2^3 = \frac{1}{3}x^3 - \frac{8}{3}.$$

[1]) Wegen dieser Schreibweise wird das partikuläre Integral oft auch bestimmtes Integral mit variabler oberer Grenze genannt

Man überprüfe das Ergebnis, indem man für $I(x) = \frac{1}{3}x^3 - \frac{8}{3}$ die reelle Nullstelle und die Ableitung berechne.

2. Es sei $I'(x) = \sinh x$. Gesucht ist die Funktion I, deren Kurve durch den Punkt $P(0; 0)$ geht.

Lösung:

$$I(x) = \int_0^x \sinh x \, dx = \cosh x - \cosh 0 = \cosh x - \mathbf{1}.$$

Probe!

3. Wie heißt die Gleichung der Kurve, die durch $P(0{,}5; 0)$ geht und deren Anstieg an jeder Stelle x durch $\tan\alpha = \frac{1}{\sqrt{1-x^2}}$ gegeben wird?

Lösung: $$I(x) = \int_{0,5}^{x} \frac{dx}{\sqrt{1-x^2}} = \arcsin x - \arcsin 0{,}5 = \arcsin x - \frac{\pi}{6}.$$

8.3. Das bestimmte Integral als Funktionswert einer Stammfunktion

Wird in das partikuläre Integral (65) für die Variable x ein bestimmter Wert b eingesetzt, so erhält man den Funktionswert der durch $I(x) = F(x) - F(a)$ festgelegten Stammfunktion an der Stelle $x = b$. Man schreibt dann

$$\boxed{I(b) = \int_a^b f(x)\, dx = F(b) - F(a)} \tag{66}$$

und nennt (66) das **bestimmte Integral.** $I(b)$ ist der Funktionswert derjenigen Funktion an der Stelle $x = b$, die bei $x = a$ eine Nullstelle hat und deren Ableitung gleich f ist. Das bestimmte Integral hat also einen bestimmten Wert und unterscheidet sich daher wesentlich vom partikulären Integral, das eine Funktion ist. Graphisch wird das bestimmte Integral als Ordinate an der Stelle $x = b$ der durch $y = F(x) - F(a)$ gegebenen Kurve dargestellt (Bild 138). Man beachte, daß im Gegensatz zum partikulären Integral beim bestimmten Integral auch die obere Grenze ein fester Wert ist.

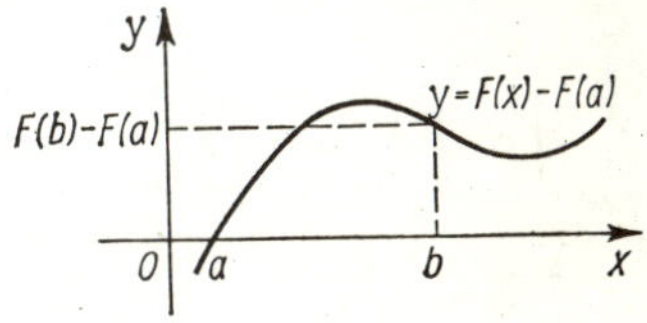

Bild 138

Zur Berechnung des bestimmten Integrals wird die Stammfunktion F benötigt, die man aus dem unbestimmten Integral erhält. Für die einzelnen Rechenschritte ergibt sich folgende Reihenfolge:

1. Ermittlung der Stammfunktion F durch unbestimmte Integration.
2. Einsetzen der oberen Grenze b und der unteren Grenze a in diese Stammfunktion.
3. Bilden der Differenz $F(b) - F(a)$.

Diese Arbeitsvorschrift wird auch symbolisch ausgedrückt, indem die Grenzen des Integrals unter Verwendung eines senkrechten Striches hinter dem Term der Stammfunktion angegeben werden:

$$\int_a^b f(x)\,\mathrm{d}x = F(x)\Big|_a^b = F(b) - F(a).$$

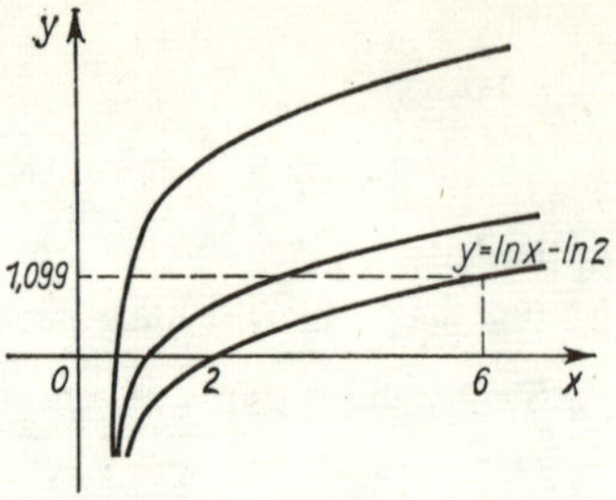

Bild 139

BEISPIELE

1. Gesucht ist der Funktionswert an der Stelle $x = 6$ für die Funktion, deren Kurve bei $x = 2$ die x-Achse schneidet und deren Ableitung durch $\tan\alpha = \frac{1}{x}$ gegeben ist (Bild 139).

$$I(6) = \int_2^6 \frac{1}{x}\,\mathrm{d}x = \ln|x|\Big|_2^6 = \ln 6 - \ln 2 =$$

$$= \ln 3 \approx 1{,}099.$$

Die Kurve der betreffenden Stammfunktion hat die Gleichung $y = \ln x - \ln 2$. In Bild 139 sind außer dieser Kurve noch einige weitere Kurven der gleichen Schar eingezeichnet.

2. Gesucht ist $I(5)$, wenn $I(3) = 0$ und $I'(x) = \frac{1}{1-x^2}$.

$$I(5) = \int_3^5 \frac{1}{1-x^2}\,\mathrm{d}x = \frac{1}{2}\ln\frac{x+1}{x-1}\Big|_3^5 = \frac{1}{2}\left(\ln\frac{3}{2} - \ln 2\right) = \frac{1}{2}\ln\frac{3}{4} \approx -0{,}144.$$

3. $\int_4^{-1} x\,\mathrm{d}x = \frac{x^2}{2}\Big|_4^{-1} = \frac{1}{2} - 8 = -\frac{15}{2}$

Anmerkung: Ist die obere Grenze des Integrals kleiner als die untere, so ist der Funktionswert an einer Stelle gesucht, die links von der Nullstelle der betreffenden Stammfunktion liegt.

4. $\int_{\frac{\pi}{4}}^{\frac{3\pi}{4}} \cos x\,\mathrm{d}x = \sin x\Big|_{\frac{\pi}{4}}^{\frac{3\pi}{4}} = \sin\frac{3\pi}{4} - \sin\frac{\pi}{4} = \frac{1}{2}\sqrt{2} - \frac{1}{2}\sqrt{2} = 0$

5. $\int_a^b \mathrm{d}x = x\Big|_a^b = b - a$

Zur Unterscheidung der drei besprochenen Integralformen sei folgende Zusammenfassung gegeben:

Das unbestimmte Integral $\int f(x)\,\mathrm{d}x = F(x) + C$ (genauer: $\int f(x)\,\mathrm{d}x = \{F(x) + C \mid C \in R\}$) stellt eine **Menge von Funktionen** dar, deren gemeinsame Ableitung durch $F'(x) = f(x)$ gegeben ist. Graphisch wird es durch eine einparametrige Kurvenschar veranschaulicht.

Das partikuläre Integral $I(x) = \int_a^x f(x)\,\mathrm{d}x = F(x) - F(a)$ ist **eine ganz bestimmte Funktion** aus der Menge aller möglichen Stammfunktionen, graphisch eine einzige Kurve aus der gesamten Schar. Es wird durch eine besondere Anfangsbedingung ermittelt.

Das bestimmte Integral $I(b) = \int_a^b f(x)\,\mathrm{d}x = F(b) - F(a)$ ist eine **Zahl,** nämlich der Funktionswert der unter Beachtung der Anfangsbedingung ausgewählten Stammfunktion an einer gegebenen Stelle $x = b$. Graphisch wird es durch die Ordinate bei $x = b$ der durch $y = F(x) - F(a)$ gegebenen Kurve dargestellt. Man betrachte dazu noch einmal Bild 139.

8.4. Elementare Integrationsregeln

Zum Lösen von Integralen und zum Rechnen mit ihnen werden die folgenden Regeln benötigt.

8.4.1. Differentiation und Integration nacheinander ausgeführt

Nach 3.5. ist das Differential einer Funktion gleich dem Produkt aus der Ableitung und einer willkürlichen Argumentänderung, also

$$\mathrm{d}F(x) = F'(x)\,\mathrm{d}x.$$

Beachtet man die Definition des unbestimmten Integrals, wonach

$$\int f(x)\,\mathrm{d}x = F(x) + C, \quad \text{sofern} \quad F'(x) = f(x),$$

so ergibt sich unmittelbar die folgende Eigenschaft:

$$\boxed{\mathrm{d}\int f(x)\,\mathrm{d}x = \mathrm{d}[F(x) + C] = f(x)\,\mathrm{d}x}. \tag{67}$$

Die Zeichen d und $\int$ heben einander in dieser Reihenfolge auf.

Außerdem wurde in der Beziehung (64) aus 8.1. bereits gezeigt, daß

$$\boxed{\int \mathrm{d}F(x) = F(x) + C}. \tag{68}$$

Die Zeichen d und $\int$ heben sich auch in umgekehrter Reihenfolge auf; allerdings ist dann zu $F(x)$ eine beliebige Konstante C zu addieren.

8.4.2. Integration einer algebraischen Summe

Berücksichtigt man, daß $F'(x) = f(x)$ und $G'(x) = g(x)$, so ergibt sich unter Berufung auf die Summenregel (38) der Differentialrechnung und Anwendung der Formeln (67) und (68) nach entsprechender Umformung die Regel:

$$\boxed{\int [f(x) + g(x)]\,\mathrm{d}x = \int f(x)\,\mathrm{d}x + \int g(x)\,\mathrm{d}x} \tag{69}$$

Das Integral einer algebraischen Summe von Termen ist gleich der algebraischen Summe der Integrale der einzelnen Terme.

Diese Regel läßt sich auf endlich viele Summanden erweitern:

$$\int \sum_{\nu=1}^{n} f_\nu(x)\,\mathrm{d}x = \sum_{\nu=1}^{n} \int f_\nu(x)\,\mathrm{d}x \qquad (69\,\mathrm{a})$$

Die Integrationskonstanten, die sich bei der Lösung der Integrale auf beiden Seiten der Gleichung ergeben würden, lassen sich auf einer Seite zusammenfassen, so daß letztlich nur eine Konstante in der Lösung erscheint. Die Regeln (69) und (69a) gelten auch für bestimmte Integrale, sofern die Grenzen in allen auftretenden Integralen gleich sind.

8.4.3. Integrand mit konstantem Faktor

Unter Beachtung von $[aF(x)]' = aF'(x)$ ergibt sich mit Hilfe der Formeln (67) und (68) die Regel:

$$\boxed{\int a f(x)\,\mathrm{d}x = a \int f(x)\,\mathrm{d}x; \quad a \neq 0} \qquad (70)$$

Ein konstanter Faktor des Integranden darf vor das Integralzeichen gezogen werden.

Für $a \in G$ ist die Regel (70) eine Folgerung aus (69), wenn die einzelnen Summanden einander gleich sind. Die Regel (70) gilt für alle Integralformen.

8.4.4. Vertauschung der Integrationsgrenzen

Für bestimmte Integrale gilt

$$\int_a^b f(x)\,\mathrm{d}x = F(b) - F(a) \quad \text{und} \quad \int_b^a f(x)\,\mathrm{d}x = F(a) - F(b).$$

Da $F(b) - F(a) = -[F(a) - F(b)]$, ergibt sich die Regel:

$$\boxed{\int_a^b f(x)\,\mathrm{d}x = -\int_b^a f(x)\,\mathrm{d}x} \qquad (71)$$

Bei Vertauschung der Integrationsgrenzen kehrt sich das Vorzeichen des Integrals um.

Eine notwendige Folgerung aus (71) ist die Beziehung

$$\int_a^a f(x)\,\mathrm{d}x = 0.$$

8.4.5. Zerlegung des Integrationsintervalls in Teilintervalle

Für drei Zahlen a, b, c, die in beliebiger Reihenfolge geordnet sein können, gilt die Regel

$$\boxed{\int_a^b f(x)\,\mathrm{d}x = \int_a^c f(x)\,\mathrm{d}x + \int_c^b f(x)\,\mathrm{d}x} \tag{72}$$

Das bestimmte Integral bleibt unverändert, wenn das Integrationsintervall $[a, b]$ in Teilintervalle $[a, c]$ und $[c, b]$ zerlegt und die Summe der bestimmten Integrale über die Teilintervalle gebildet wird.

Zum Beweis beachte man, daß

$$\int_a^b f(x)\,\mathrm{d}x = F(b) - F(a); \qquad \int_a^c f(x)\,\mathrm{d}x = F(c) - F(a);$$

$$\int_c^b f(x)\,\mathrm{d}x = F(b) - F(c),$$

unabhängig davon, ob etwa $a < c < b$ oder $a < b < c$. Daraus folgt

$$\int_a^c f(x)\,\mathrm{d}x + \int_c^b f(x)\,\mathrm{d}x = F(c) - F(a) + F(b) - F(c) = F(b) - F(a) =$$

$$= \int_a^b f(x)\,\mathrm{d}x.$$

Für $[a, c] \subset [a, b]$ verlangt (72) eine Addition, symbolisch:

$$\int_b^a = \int_a^c + \int_c^b,$$

wogegen für $[a, b] \subset [a, c]$ die Beziehung (72) unter Berücksichtigung von (71) auf eine Subtraktion hinausläuft:

$$\int_a^b = \int_a^c + \int_c^b = \int_a^c - \int_b^c.$$

Die Regel (72) läßt sich entsprechend anwenden, wenn das Integrationsintervall in mehr als zwei Teilintervalle zerlegt wird.

8.4.6. Änderung der Integrationsvariablen

Für eine Funktion F, deren Ableitung f bekannt ist, gilt $\int f(x)\,\mathrm{d}x = F(x) + C_1$ und ebenso $\int f(t)\,\mathrm{d}t = F(t) + C_2$ für zwei verschiedene Variablen x und t. Nach der Definition des bestimmten Integrals ergibt sich daraus

$$\int_a^b f(x)\,\mathrm{d}x = F(b) - F(a) \quad \text{und} \quad \int_a^b f(t)\,\mathrm{d}t = F(b) - F(a).$$

Mithin ist

$$\int_a^b f(x)\,\mathrm{d}x = \int_a^b f(t)\,\mathrm{d}t \tag{73}$$

Das bestimmte Integral ist nicht abhängig von der Bezeichnung der Integrationsvariablen.

Maßgebend für den Wert eines bestimmten Integrals sind allein die Grenzen und die zu integrierende Funktion f.

BEISPIELE

Man überprüfe das Ergebnis, indem man den Term der Stammfunktion differenziere und die Ableitung mit dem Integranden vergleiche.

1. $\mathrm{d}\int \cos x\,\mathrm{d}x = \cos x\,\mathrm{d}x$, denn $\int \cos x\,\mathrm{d}x = \sin x + C$ und $\mathrm{d}(\sin x + C) = \cos x\,\mathrm{d}x$.

2. $\int \mathrm{d}(\cos x) = \int(-\sin x)\,\mathrm{d}x = -\int \sin x\,\mathrm{d}x = \cos x + C$

3. $\int(1 - x^3 + \mathrm{e}^x)\,\mathrm{d}x = \int \mathrm{d}x - \int x^3\,\mathrm{d}x + \int \mathrm{e}^x\,\mathrm{d}x = x + C_1 - \frac{1}{4}x^4 - C_2 + \mathrm{e}^x + C_3 =$

$$= x - \frac{x^4}{4} + \mathrm{e}^x + C, \text{ wobei } C = C_1 - C_2 + C_3.$$

4. $\int 2x^3\,\mathrm{d}x = 2\int x^3\,\mathrm{d}x = 2\left(\frac{x^4}{4} + C_1\right) = \frac{2x^4}{4} + 2C_1 = \frac{x^4}{2} + C$, wobei $C = 2C_1$.

5. $\int\left(\sqrt{x} - 3x + 0{,}5\sin x\right)\mathrm{d}x = \int x^{\frac{1}{2}}\,\mathrm{d}x - 3\int x\,\mathrm{d}x + 0{,}5\int \sin x\,\mathrm{d}x =$

$$= \frac{2}{3}\sqrt{x}^{\,3} - \frac{3x^2}{2} - \frac{1}{2}\cos x + C$$

6. $\int(a\cosh t - b\sinh t)\,\mathrm{d}t = a\sinh t - b\cosh t + C$

7. $\int \frac{\mathrm{d}\varphi}{\cos^2\varphi} = \tan\varphi + C$

8. $\int \frac{\mathrm{d}x}{\cos^2\varphi} = \frac{1}{\cos^2\varphi}\int \mathrm{d}x = \frac{1}{\cos^2\varphi}x + C$ $\quad \left(\frac{1}{\cos^2\varphi}\text{ ist ein konstanter Faktor}\right)$

9. $\int \frac{x}{t}\,\mathrm{d}x = \frac{1}{t}\int x\,\mathrm{d}x = \frac{x^2}{2t} + C$

$$\int \frac{x}{t}\,\mathrm{d}t = x\int \frac{\mathrm{d}t}{t} = x\ln|t| + C$$

(Da im zweiten Integral die Integrationsvariable t heißt, ist x ein konstanter Faktor)

10. $$\int \frac{x + 3\sqrt[5]{x^2} - \sqrt[3]{x}}{\sqrt{x^3}}\,\mathrm{d}x = \int x^{-\frac{1}{2}}\,\mathrm{d}x + 3\int x^{-\frac{11}{10}}\,\mathrm{d}x - \int x^{-\frac{7}{6}}\,\mathrm{d}x =$$
$$= 2x^{\frac{1}{2}} - 30x^{-\frac{1}{10}} + 6x^{-\frac{1}{6}} + C$$

11. $$\int\limits_4^x (1 - x)\,\mathrm{d}x = x - \frac{x^2}{2}\bigg|_4^x = \left(x - \frac{x^2}{2}\right) - (4 - 8) = x - \frac{x^2}{2} + 4$$
$$\int\limits_4^x (1 - t)\,\mathrm{d}t = t - \frac{t^2}{2}\bigg|_4^x = \left(x - \frac{x^2}{2}\right) - (4 - 8) = x - \frac{x^2}{2} + 4$$

Das partikuläre Integral ist nur von der variablen oberen Grenze, aber nicht von der Integrationsvariablen abhängig.

12. $$\int\limits_0^2 (1 - \mathrm{e}^x)\,\mathrm{d}x = (x - \mathrm{e}^x)\bigg|_0^2 = (2 - \mathrm{e}^2) - (0 - \mathrm{e}^0) = 2 - \mathrm{e}^2 + 1 = 3 - \mathrm{e}^2$$

13. $$\int\limits_0^{\frac{\pi}{2}} \sin x\,\mathrm{d}x = -\cos x\bigg|_0^{\frac{\pi}{2}} = \left(-\cos\frac{\pi}{2}\right) - (-\cos 0) = 0 - (-1) = 1$$
$$\int\limits_{\frac{\pi}{2}}^0 \sin x\,\mathrm{d}x = -\cos x\bigg|_{\frac{\pi}{2}}^0 = (-\cos 0) - \left(-\cos\frac{\pi}{2}\right) = -1 + 0 = -1$$

Die Vertauschung der Grenzen bewirkt im Ergebnis eine Vorzeichenänderung.

14. $$\int\limits_2^4 (2 + u^3)\,\mathrm{d}u = 2u + \frac{u^4}{4}\bigg|_2^4 = (8 + 64) - (4 + 4) = 64$$
$$\int\limits_2^3 (2 + u^3)\,\mathrm{d}u + \int\limits_3^4 (2 + u^3)\,\mathrm{d}u = 2u + \frac{u^4}{4}\bigg|_2^3 + 2u + \frac{u^4}{4}\bigg|_3^4 =$$
$$= \left(6 + \frac{81}{4}\right) - (4 + 4) + (8 + 64) - \left(6 + \frac{81}{4}\right) = 64$$
$$\int\limits_2^5 (2 + u^3)\,\mathrm{d}u + \int\limits_5^4 (2 + u^3)\,\mathrm{d}u = 2u + \frac{u^4}{4}\bigg|_2^5 + 2u + \frac{u^4}{4}\bigg|_5^4 =$$
$$= \left(10 + \frac{625}{4}\right) - (4 + 4) + (8 + 64) - \left(10 + \frac{625}{4}\right) = 64$$

Das Resultat ändert sich nicht, wenn bei gleichem Integranden das Integrationsintervall aufgespalten wird.

15. $$\int\limits_{-\frac{\pi}{2}}^0 \cos x\,\mathrm{d}x + \int\limits_0^{\pi} \cos x\,\mathrm{d}x + \int\limits_{\pi}^{\frac{3\pi}{2}} \cos x\,\mathrm{d}x = \int\limits_{-\frac{\pi}{2}}^{\frac{3\pi}{2}} \cos x\,\mathrm{d}x = \sin x\bigg|_{-\frac{\pi}{2}}^{\frac{3\pi}{2}} =$$
$$= \sin\frac{3\pi}{2} - \sin\left(-\frac{\pi}{2}\right) = -1 - (-1) = 0$$

Mehrere Integrale mit gleichem Integranden lassen sich zu einem Integral zusammenfassen, wenn die Grenzen der Teilintervalle sich aneinander anschließen.

16. $\int\limits_{-2}^{-6}\frac{dy}{y} = -\int\limits_{-6}^{-2}\frac{dy}{y} = -\ln|y|\Big|_{-6}^{-2} = (-\ln|-2|) - (-\ln|-6|) =$

$$= -\ln 2 + \ln 6 = \ln\frac{6}{2} = \ln 3$$

17. $\int\limits_{0}^{0,5}\frac{dx}{\sqrt{1-x^2}} = \arcsin x\Big|_{0}^{0,5} = \arcsin 0,5 - \arcsin 0 = \frac{\pi}{6}$

$$\int\limits_{0}^{0,5}\frac{d\alpha}{\sqrt{1-\alpha^2}} = \arcsin\alpha\Big|_{0}^{0,5} = \arcsin 0,5 - \arcsin 0 = \frac{\pi}{6}$$

Der Wert eines bestimmten Integrals ist unabhängig von der Bezeichnung der Integrationsvariablen.

18. Für eine gleichförmig beschleunigte Bewegung mit der konstanten Beschleunigung $a = g$ soll eine Beziehung für die Geschwindigkeit angegeben werden, wobei zur Zeit $t = 0$ auch $v = 0$ sei.

Lösung: Wegen $a = \frac{dv}{dt}$ gilt $v = \int a\,dt$ und speziell $v = \int\limits_0^t g\,dt$.

Zur Unterscheidung der variablen oberen Grenze von der Integrationsvariablen kann man unter Berücksichtigung von (73) schreiben:

$$v = \int\limits_0^t g\,dx = g\int\limits_0^t dx = gx\Big|_0^t = g(t-0) = gt.$$

AUFGABEN

239. $\int (x^5 - 3x^2 + 7)\,dx$

240. $\int\frac{dx}{x^3}$

241. $\int\frac{x^4 - 5x^3 + 2x}{x^3}\,dx$

242. $\int\sqrt[3]{x}\,dx$

243. $\int 7\sqrt[3]{x^4}\,dx$

244. $\int\frac{dx}{\sqrt[5]{x^2}}$

245. $\int\frac{t^2 - 4\sqrt[3]{t} + 8t^{-2}}{2\sqrt{t}}\,dt$

246. $\int\left(s + 2\sqrt{s}\right)^3 ds$

247. $\int\sqrt{u\sqrt[3]{u^2}}\,du$

248. $\int\sqrt{v\sqrt[3]{u^2}}\,du$

249. $\int (r^2 + 2^r)\,dr$

250. $\int (\sin x + \sinh x + 2e^x - 1)\,dx$

251. $\int\left(m - \frac{1}{m}\right)dm$

252. $\int a\cos^2 x\,du$

253. $\int\limits_{\frac{\pi}{4}}^{t}\frac{dx}{\cos^2 x}$

254. $\int\limits_1^x (q^3 + 6q^2 - 2q + 7)\,dq$

255. $\int\limits_2^s\frac{ds}{s}$

256. $\int\limits_{\frac{1}{2}}^{y}\left[\frac{\pi}{2} + (1 - x^2)^{-\frac{1}{2}}\right]dx$

257. Man bestimme die Stammfunktion zu $f(x) = x^3 + 5x - 4$, deren Kurve durch den Punkt $P(2; 8)$ geht.

258. $\int_{-2}^{1} (2 - 4x)\,dx$ 259. $\int_{0}^{\pi} (\sin x - 5)\,dx$ 260. $\int_{0}^{0,5} \frac{dx}{1 - x^2}$

261. $\int_{2}^{4} \frac{dx}{1 - x^2}$ 262. $\int_{0,5}^{2} \frac{dx}{1 - x^2}$ 263. $\int_{1}^{2} (\cos \varphi) t\,dt$

264. $-\int_{5}^{0} \frac{dx}{\sqrt{1 + x^2}}$ 265. $\int_{x_1}^{x_2} ab\pi\,dt$

266. $\int_{1}^{3} (1 - x^2)\,dx - \int_{3}^{4} (x^2 - 1)\,dx$ 267. $\int_{\frac{\pi}{4}}^{\frac{\pi}{2}} \frac{1 + \sin^2 x}{\sin^2 x}\,dx$

268. $\int_{0}^{a} 3e^x\,dx$ 269. $\int_{1}^{0,1} \frac{dv}{v}$ 270. $\int_{0}^{2} d(x^2)$

8.5. Zusammenhänge zwischen Integration und Flächenberechnung

8.5.1. Das Problem der Flächenberechnung. Die Flächenfunktion

Von großer Bedeutung für viele wissenschaftliche und technische Aufgaben ist das Problem der Flächenberechnung. Obwohl für viele ebene Figuren der Flächeninhalt mit den Formeln der Planimetrie berechnet werden kann, ist es nicht möglich, mit ihnen allein in jedem Falle den Inhalt einer Fläche zu ermitteln. Es hat sich gezeigt, daß die Berechnung des Inhalts von Flächen allgemein schwieriger ist, als man das bei oberflächlicher Betrachtung erwartet. In gewissen Fällen ist sogar der Begriff des Flächeninhaltes nicht ohne weiteres klar und bedarf einer sorgfältigen Definition. Im Rahmen dieses Buches soll jedoch im wesentlichen die anschauliche Vorstellung vom Flächeninhalt benutzt werden.

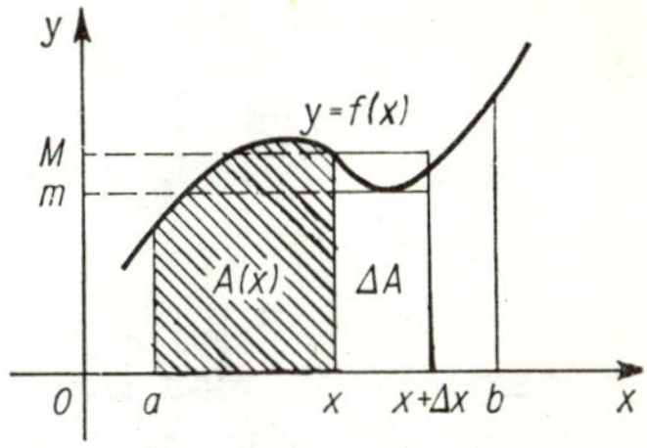

Bild 140

Im folgenden soll der Inhalt einer Fläche berechnet werden, die teilweise unregelmäßig gekrümmte Begrenzungen aufweist. Die Begrenzungen dieser Fläche (Bild 140) seien:

die Kurve einer im Intervall $[a, b]$ stetigen Funktion f, die dort keine negativen Werte annehmen möge,
die beiden Ordinaten dieser Funktion an den Stellen $x = a$ und $x = b$,
der Abschnitt der x-Achse zwischen $x = a$ und $x = b$.

Die Inhaltsberechnung dieser Fläche mit Formeln der Planimetrie ist nicht möglich, da die obere Begrenzung unregelmäßig gekrümmt ist. Zur Behebung dieser Schwierigkeit wird zunächst die in Bild 140 schraffierte Fläche betrachtet, deren Inhalt offenbar von der variablen rechten Begrenzung abhängig ist und mit $A(x)$ bezeichnet wird. Ändert sich x um Δx, so verschiebt sich die begrenzende Ordinate von x nach $x + \Delta x$, und der variable Flächeninhalt $A(x)$ erfährt eine Änderung ΔA. Bezeichnet man mit m den kleinsten und mit M den größten Funktionswert von f im Intervall $[x, x + \Delta x]$, so läßt sich die Flächenänderung ΔA mit dem Inhalt zweier Rechtecke vergleichen, die die gemeinsame Basis Δx und die Höhen m bzw. M haben. Der Inhalt von ΔA ist nicht größer als der des Rechteckes mit der Höhe M und nicht kleiner als der des Rechteckes mit der Höhe m, also

$$m \cdot \Delta x \leqq \Delta A \leqq M \cdot \Delta x$$

oder nach Division durch Δx

$$m \leqq \frac{\Delta A}{\Delta x} \leqq M.$$

Strebt Δx gegen Null, so streben wegen der Stetigkeit der Funktion f die Höhen m und M beide gegen den Funktionswert $f(x)$. Daher gilt

$$f(x) \leqq \lim_{\Delta x \to 0} \frac{\Delta A}{\Delta x} \leqq f(x)$$

oder

$$\frac{\mathrm{d}A(x)}{\mathrm{d}x} = A'(x) = f(x).$$

Diese Gleichung besagt:

Die Ableitung des variablen Flächeninhalts $A(x)$ nach der Abszisse x ist gleich dem Wert derjenigen Funktion f an der Stelle x, deren Kurve die Fläche von oben begrenzt.

Das bedeutet, daß der variable Flächeninhalt eine Stammfunktion der gegebenen Funktion f ist. Man bezeichnet diese Stammfunktion, die durch $y = A(x)$ dargestellt wird, auch als **Flächenfunktion**. Diese Erkenntnis bildete historisch den Anfang der Integralrechnung. Sie geht bereits auf NEWTON und LEIBNIZ, in anderer Form sogar schon auf BARROW[1]) zurück. Von NEWTON und LEIBNIZ wurden darauf aufbauend die Grundlagen der Integralrechnung entwickelt.

---

[1]) GOTTFRIED WILHELM LEIBNIZ (1646 bis 1716), deutscher Mathematiker
ISAAC NEWTON (1643 bis 1727), englischer Mathematiker
ISAAC BARROW (1630 bis 1677), englischer Mathematiker, Lehrer NEWTONS

Da die als bekannt vorausgesetzte Funktion f mit der Ableitung der durch $y = A(x)$ gegebenen Flächenfunktion übereinstimmt, ist das Problem der Flächeninhaltsberechnung zurückgeführt auf die Ermittlung einer zu f gehörigen Stammfunktion. Es handelt sich also um die Umkehrung einer Aufgabe der Differentialrechnung.
Von allen zu f möglichen Stammfunktionen gibt diejenige den Inhalt der in Bild 140 schraffierten Fläche $A(x)$ an, die bei $x = a$ eine Nullstelle hat. Denn wird die rechte Begrenzung von beliebiger Stelle x nach der Stelle a verschoben, so verschwindet der Inhalt dieser Fläche. Es ist $A(a) = 0$. In Übereinstimmung mit den Erkenntnissen aus 8.2., insbesondere mit Gleichung (65), kann man diesen Sachverhalt durch die folgende Gleichung ausdrücken:

$$A(x) = \int_a^x f(x)\,\mathrm{d}x = F(x) - F(a). \tag{74}$$

In diesem Zusammenhang wird auch die Bedeutung der Grenzen dieses partikulären Integrals klarer: Die untere Grenze des Integrals gibt die linke Begrenzung der Fläche an, wogegen die obere Grenze des Integrals auf die rechte Begrenzung der Fläche hinweist.
Nach den bisherigen Überlegungen ist die rechte Begrenzung der Fläche noch variabel. Ziel der anfangs gestellten Aufgabe war es jedoch, den Inhalt einer Fläche zu berechnen, die auf beiden Seiten feste Grenzen besitzt. Das ist jetzt leicht möglich. Man braucht nur die rechte Begrenzung nach der Stelle $x = b$ zu verschieben. Damit erhält man aus (74) unter den angegebenen Bedingungen für den Inhalt einer Fläche

$$\boxed{A = \int_a^b f(x)\,\mathrm{d}x = F(b) - F(a)}\,, \tag{75}$$

wenn diese wie in Bild 140 von den zu $x = a$ und $x = b$ gehörigen Ordinaten begrenzt wird. (75) ist ein bestimmtes Integral; F ist eine beliebige Stammfunktion von f. Es sei ausdrücklich darauf hingewiesen, daß die Beziehung (75) nur dann den Inhalt einer Fläche richtig beschreibt, wenn die Funktion f im Intervall $[a, b]$ keine negativen Werte annimmt, d. h., wenn die Fläche völlig oberhalb der x-Achse liegt. Wie sich diese Einschränkung umgehen läßt, wird in 9.1. gezeigt.

Zusammenfassend sei gesagt:

Das bestimmte Integral gibt den Inhalt einer Fläche an, sofern die folgenden Voraussetzungen erfüllt sind: Die Fläche wird begrenzt von der Kurve einer im Intervall $[a, b]$ stetigen und dort nirgends negativen Funktion f, von den zu den Randpunkten des Intervalles gehörigen Ordinaten und von dem zwischen $x = a$ und $x = b$ liegenden Abschnitt der x-Achse.

Der Inhalt der auf diese Weise festgelegten Fläche ist nach (75) der Funktionswert an der Stelle $x = b$ der in Bild 141 graphisch dargestellten Flächenfunktion, die als partikuläres Integral (74) diejenige von allen zu f gehörigen Stammfunktionen ist, die bei $x = a$ eine Nullstelle hat.

BEISPIEL

Zu berechnen ist der Inhalt der in Bild 142 schraffierten Fläche. Die Gleichung der begrenzenden Kurve sei $y = cx^2$.

Lösung:

$$A = \int_0^{x_1} cx^2 \, dx = \left. \frac{cx^3}{3} \right|_0^{x_1} = \frac{cx_1^3}{3}$$

Wegen $y_1 = cx_1^2$ erhält man auch $A = \frac{1}{3} x_1 y_1$. Hinsichtlich der Maßeinheiten beachte man einen Vermerk in 9.1. Das Ergebnis sagt aus, daß der Inhalt der schraffierten Fläche auf der konvexen Seite der Parabel ein Drittel des umschließenden Rechteckes beträgt. Demzufolge

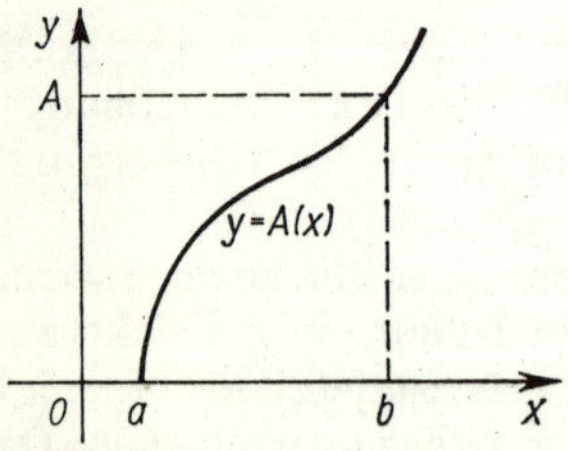

Bild 141

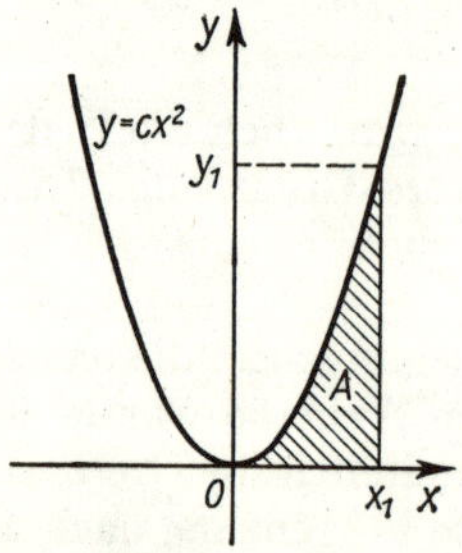

Bild 142

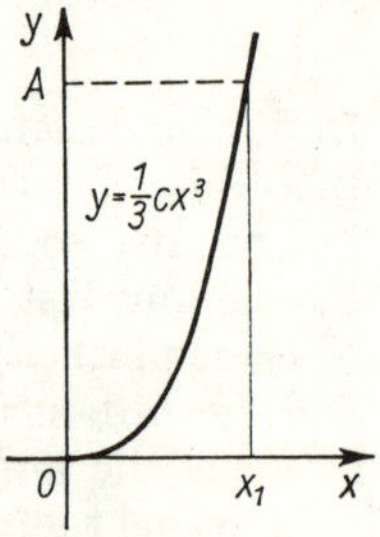

Bild 143

ist der Inhalt der Fläche auf der konkaven Seite der Parabel zwei Drittel des umschließenden Rechteckes. In Bild 143 ist die zugehörige Flächenfunktion und die Fläche A als Funktionswert an der Stelle x_1 dargestellt. Es ist

$$A(x) = \int_0^x cx^2 \, dx = F(x) - F(0) = \frac{cx^3}{3} - 0 = \underline{\underline{\frac{cx^3}{3}}}.$$

8.5.2. Der Mittelwertsatz der Integralrechnung

Nach dem Mittelwertsatz der Differentialrechnung (Abschnitt 4.1.) gibt es zu einer im abgeschlossenen Intervall $[a, b]$ stetigen und im offenen Intervall (a, b) differenzierbaren Funktion F mindestens eine Stelle $\xi \in (a, b)$, für die die Gleichung

$$\frac{F(b) - F(a)}{b - a} = F'(\xi) \tag{76}$$

gilt. Verwendet man für F eine Stammfunktion zu einer in $[a, b]$ stetigen Funktion f, so sind die geforderten Bedingungen erfüllt, und es gilt

$$F'(x) = f(x), \quad \text{insbesondere} \quad F'(\xi) = f(\xi),$$

sowie

$$F(b) - F(a) = \int_a^b f(x) \, dx.$$

Werden diese Beziehungen in (76) berücksichtigt, so erhält man

$$\frac{1}{b-a}\int_a^b f(x)\,\mathrm{d}x = f(\xi).$$

$f(\xi)$ heißt **Mittelwert** der Funktion f im Intervall $[a, b]$. Genauere Bezeichnungen dafür sind linearer Mittelwert oder arithmetischer Mittelwert.
Der dargelegte Zusammenhang wird formuliert im

Mittelwertsatz der Integralrechnung:

Ist f in $[a, b]$ stetig, so gibt es eine Stelle $\xi \in (a, b)$ derart, daß

$$\int_a^b f(x)\,\mathrm{d}x = (b-a)f(\xi). \tag{77}$$

Da nach (75) das Integral $\int_a^b f(x)\,\mathrm{d}x$ den Inhalt einer Fläche angibt, läßt sich dieser Satz in der folgenden Weise geometrisch deuten (Bild 144):
Ist für $x \in [a, b]$ stets $f(x) \geqq 0$, so stellt die linke Seite von (77) den Inhalt einer Fläche dar, die berandet wird von der durch f gegebenen Kurve, von den Ordinaten zu $x = a$ und $x = b$ und von einem Teil der x-Achse. Die rechte Seite von (77) ist dagegen der Inhalt eines Rechteckes mit derselben Basis $b - a$ und der Höhe $f(\xi)$. Die von der Kurve begrenzte Fläche ist also in ein flächengleiches Rechteck umgeformt worden. Die Höhe dieses Rechteckes kann man als mittlere Ordinate des Intervalles $[a, b]$ auffassen. Das ist auch dann möglich, wenn in $[a, b]$ nicht immer $f(x) \geqq 0$. Es sei bemerkt, daß im Unterschied zum linearen Mittelwert auch ein **quadratischer Mittelwert** definiert werden kann, der durch den Term

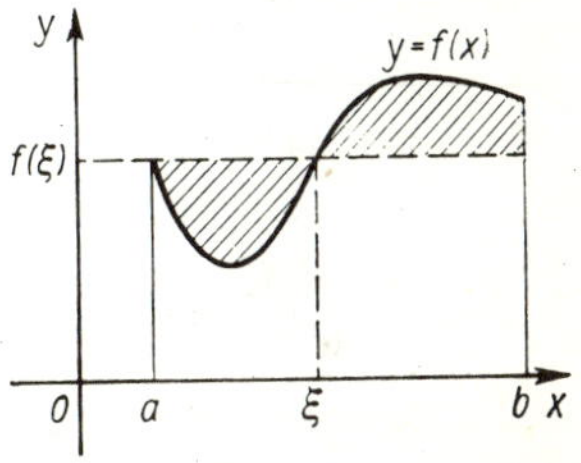

Bild 144

$$\sqrt{\frac{1}{b-a}\int_a^b [f(x)]^2\,\mathrm{d}x} \tag{78}$$

gegeben ist.

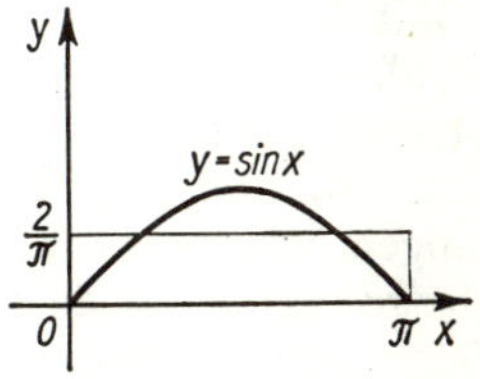

Bild 145

BEISPIELE

1. Man berechne den Mittelwert von $f(x) = \sin x$ für das Intervall $[0, \pi]$ (Bild 145).

$$f(\xi) = \frac{1}{\pi - 0}\int_0^\pi \sin x\,\mathrm{d}x = \frac{1}{\pi}(-\cos x)\Big|_0^\pi = \frac{1}{\pi}(1+1) = \frac{2}{\pi} \approx \underline{\underline{0{,}636}}$$

2. Man berechne den Mittelwert von $f(x) = x^2$ für das Intervall [1, 3] und die Stelle ξ, an der der Mittelwert angenommen wird.

$$f(\xi) = \frac{1}{3-1}\int_1^3 x^2\,dx = \frac{x^3}{6}\Big|_1^3 = \frac{1}{6}(27-1) = \frac{13}{3} \approx \underline{\underline{4{,}33}}$$

Wegen $f(\xi) = \xi^2 = \frac{13}{3}$ ist $\xi = \sqrt{\frac{13}{3}} = \frac{1}{3}\sqrt{39} \approx \underline{\underline{2{,}08}}$.

8.5.3. Das bestimmte Integral als Grenzwert einer Summenfolge

Nach der in 8.1. getroffenen Vereinbarung wurde bisher immer vorausgesetzt, daß die zu integrierende Funktion f entweder in $[a, b]$ stetig oder in (a, b) stetig und beschränkt sei. Es soll nun untersucht werden, ob auch Funktionen integriert werden können, die im Innern eines Intervalls unstetig sind, und ob die Berechnung von solchen Flächen sinnvoll ist, bei denen die begrenzende Kurve unterbrochen wird. Zu diesem Zweck wird im folgenden der Integralbegriff völlig unabhängig vom Begriff der Ableitung entwickelt. Den Ausgang bildet das Problem der Flächeninhaltsberechnung. Bisher wurde mit der anschaulichen Vorstellung vom Flächeninhalt gearbeitet. Es gibt aber Beispiele, insbesondere wenn die Funktion f der begrenzenden Kurve im betreffenden Intervall unstetig oder nicht beschränkt ist, bei denen es nicht sofort klar ist, was man unter dem Inhalt einer Fläche zu verstehen hat. Man betrachte zum Beispiel die Funktionen mit den Gleichungen

$$f_1(x) = \frac{1}{x} \qquad x \in [-1; 1]$$

oder

$$f_2(x) = \begin{cases} 1 \text{ für } x \in [a, b] \text{ und } x \text{ rational} \\ 2 \text{ für } x \in [a, b] \text{ und } x \text{ irrational} \end{cases}$$

und überlege sich, ob der Begriff des Flächeninhaltes hier sinnvoll ist.

Um eine neue Einsicht zu gewinnen, soll jetzt noch einmal der Inhalt einer Fläche berechnet werden, deren Berandung nach oben durch eine Kurve, nach den Seiten durch zwei Ordinaten und nach unten durch einen Abschnitt der x-Achse festgelegt ist (Bild 146). Vorerst wird vorausgesetzt, die Funktion f sei im abgeschlossenen Intervall $[a, b]$ stetig und habe dort keine negativen Funktionswerte. Später wird untersucht, ob man auf diese Voraussetzungen verzichten kann. Zum Inhalt der dargestellten Fläche gelangt man durch die folgenden Überlegungen. Das Intervall $[a, b]$ werde auf beliebige Art in n Teilintervalle zerlegt:

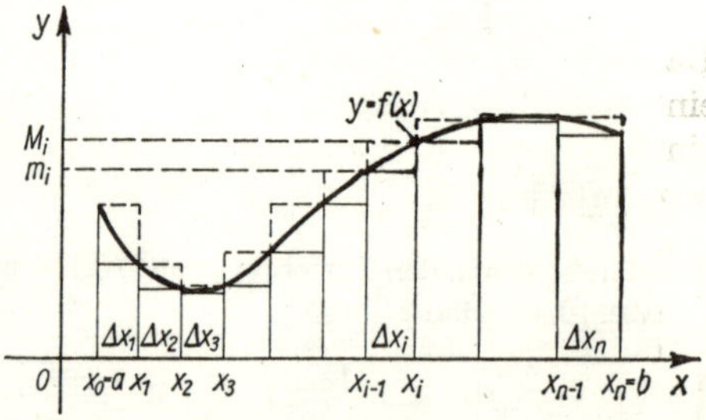

Bild 146

$$a = x_0 < x_1 < x_2 < x_3 < \ldots$$

$$\ldots < x_{i-1} < x < \ldots < x_n = b.$$

Die Breite des i-ten Teilintervalls sei $\Delta x_i = x_i - x_{i-1}$. Die Ordinaten von je zwei aufeinanderfolgenden Stellen x_k und x_{k+1} begrenzen einen Flächenstreifen. Wählt man als Höhe des i-ten Streifens einmal die kleinste Ordinate m_i, zum anderen die größte Ordinate M_i des Intervalls $[x_{i-1}, x_i]$, so erhält man zwei Rechtecke mit den Flächen $m_i \Delta x_i$ bzw. $M_i \Delta x_i$, von denen das erste nicht größer und das zweite nicht kleiner als der gesuchte Flächenstreifen ist. Entsprechend gilt für die Summen dieser Rechtecke im Vergleich zur gesuchten Fläche

$$s_n = \sum_{i=1}^{n} m_i \Delta x_i \leqq A \leqq \sum_{i=1}^{n} M_i \Delta x_i = S_n. \tag{79}$$

Die linksstehende Summe s_n nennt man **Untersumme**, weil sie kleiner oder höchstens gleich A ist. Die rechtsstehende Summe S_n heißt **Obersumme**; sie ist mindestens gleich A oder größer. Man kann also mit Hilfe einer solchen Zerlegung zwei Werte angeben, zwischen denen der gesuchte Flächeninhalt liegt. Wird nun die Zerlegung verfeinert, indem die Anzahl n der Teilintervalle erhöht und damit die Breite Δx_i der einzelnen Streifen verringert wird, so kann die Untersumme s_n höchstens größer und die Obersumme S_n nur kleiner werden. Zur Begründung betrachte man das Verhalten der Ordinaten m_i bzw. M_i. Die neuen Ordinaten m_i können nicht kleiner als die bisherigen kleinsten Ordinaten sein. Sie werden aber in einigen Teilintervallen anwachsen. Ebenso können die neuen M_i nicht größer als die bisherigen größten Ordinaten sein, wohl aber können sie kleiner werden.

Macht man nun die Zerlegungen immer feiner und feiner, indem man die Anzahl n der Teilintervalle unbegrenzt wachsen und damit alle Δx_i gegen Null streben läßt, so bilden die Untersummen s_n eine monoton wachsende beschränkte Folge und die Obersummen S_n eine monoton fallende beschränkte Folge. Nach dem Satz in 2.2.3. existiert daher für jede dieser Folgen ein Grenzwert:

$$s = \lim_{n \to \infty} s_n \quad \text{bzw.} \quad S = \lim_{n \to \infty} S_n.$$

Sind diese beiden Grenzwerte gleich, so nennt man ihren gemeinsamen Wert I bestimmtes Integral und schreibt dafür

$$\boxed{I = \lim_{n \to \infty} \sum_{i=1}^{n} m_i \Delta x_i = \lim_{n \to \infty} \sum_{i=1}^{n} M_i \Delta x_i = \int_a^b f(x)\,\mathrm{d}x.} \tag{80}$$

Da nach (79) der Flächeninhalt A für die Folge $\{s_n\}$ eine obere und für die Folge $\{S_n\}$ eine untere Schranke ist, kann nur dann die Gleichheit der Grenzwerte s und S eintreten, wenn sie beide gleich A sind. Folglich ist unter den angegebenen Voraussetzungen $I = A$.

Der Inhalt einer Fläche ist dann und nur dann ein sinnvoller Begriff, wenn die Folge der Untersummen und die Folge der Obersummen einen gemeinsamen Grenzwert haben, bzw. wenn

$$\lim_{n \to \infty} (S_n - s_n) = 0.$$

Daß das nicht immer zutrifft, zeigt eine Betrachtung der Fläche, deren Berandung durch die am Anfang dieses Abschnittes erwähnte Funktion f_2 gegeben wird. Hier ist $s = 1$ und $S = 2$. Daher gibt es in diesem Falle keinen Flächeninhalt.
Zu dem in (80) formulierten Ergebnis gelangt man auch, wenn man als Höhen der Rechtecke nicht die kleinste bzw. größte Ordinate jedes Teilintervalls verwendet, sondern aus jedem Teilintervall eine beliebige Stelle $\xi_i \in [x_{i-1}, x_i]$ auswählt und die zugehörige Ordinate $f(\xi_i)$ zur Höhe des i-ten Rechteckes macht (Bild 147). Für den Flächeninhalt eines jeden Rechteckes gilt dann

$$m_i \Delta x_i \leqq f(\xi_i) \Delta x_i \leqq M_i \Delta x_i$$

und für die Summen der Rechteckflächen

$$\sum_{i=1}^{n} m_i \Delta x_i \leqq \sum_{i=1}^{n} f(\xi_i) \Delta x_i \leqq \leqq \sum_{i=1}^{n} M_i \Delta x_i .$$

Wird die mittlere Summe mit σ_n bezeichnet, so gilt

$$s_n \leqq \sigma_n \leqq S_n . \qquad \text{(I)}$$

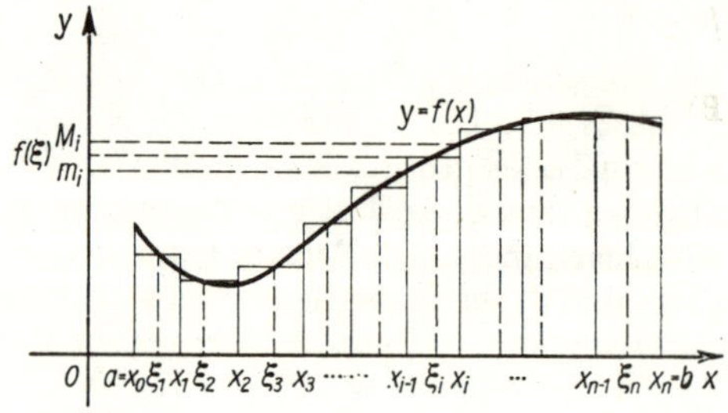

Bild 147

Wenn bei immer feiner werdenden Zerlegungen, also für $n \to \infty$, die Folge der Untersummen s_n und die Folge der Obersummen S_n gegen den gemeinsamen Grenzwert I konvergieren, so ist wegen (I) auch die Folge der Summen σ_n konvergent, und ihr Grenzwert ist ebenfalls I:

$$\boxed{I = \lim_{n\to\infty} \sigma_n = \lim_{n\to\infty} \sum_{i=1}^{n} f(\xi_i) \Delta x_i = \int_a^b f(x)\,\mathrm{d}x} \qquad (81)$$

Die Ungleichung (I) gilt für jede Wahl der Stellen ξ_i. Die Existenz des Grenzwertes (81) ist also nicht davon abhängig, wie die ξ_i festgelegt werden, sondern ausschließlich von der Gleichheit der Grenzwerte s und S. Nach RIEMANN[1]) läßt sich auf Grund dieser Überlegungen folgendes definieren:

Eine Funktion f heißt genau dann im Intervall $[a, b]$ **integrierbar**, wenn bei jeder Folge beliebig fein werdender Zerlegungen jede der Folgen $\{\sigma_n\}$ den gleichen endlichen Grenzwert I hat.
Der Grenzwert I heißt **bestimmtes Integral** der Funktion f im Intervall $[a, b]$.

Als wichtigstes Ergebnis der Überlegungen dieses Abschnittes sei herausgestellt, daß das bestimmte Integral als Grenzwert einer Folge von Summen aufgefaßt

[1]) Der deutsche Mathematiker BERNHARD RIEMANN (1826 bis 1866) hat mit seinen Untersuchungen wesentlich zur Klärung des Integralbegriffes beigetragen. Da es auch noch andere Integralbegriffe gibt, die in diesem Buch jedoch nicht behandelt werden, spricht man bei den hier dargelegten Begriffen genauer von der RIEMANN-Integrierbarkeit und vom RIEMANN-Integral

werden kann, bei der die Zahl der Summanden gegen unendlich, aber der Wert jedes einzelnen Summanden gegen Null strebt. Diese Auffassung ist *nicht an die Berechnung des Flächeninhaltes gebunden*, sie ist vielmehr bei jeder Folge von Summen anwendbar, die die angegebenen Eigenschaften hat.
Aus der Beziehung (81) wird auch der Sinn des Integralzeichens $\int$ deutlich. Es wurde von LEIBNIZ eingeführt und stellt ein stilisiertes S dar. Durch dieses Zeichen soll auf die Summenbildung hingewiesen werden. Man hüte sich jedoch davor, das Zeichen $\int$ als Ersatz für das Summenzeichen $\sum$ zu betrachten. Das Integralzeichen ist das Symbol für den *Grenzwert von Summenfolgen* im oben geschilderten Sinne.

BEISPIEL

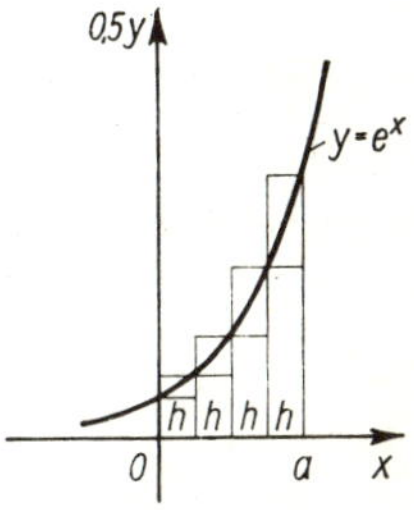

Bild 148

Im folgenden wird der Inhalt einer Fläche mit Hilfe des bestimmten Integrals ermittelt, ohne vorher das unbestimmte Integral berechnet zu haben. Die Fläche liege zwischen der Kurve mit der Gleichung $y = e^x$ und der x-Achse im Intervall $[0, a]$ (Bild 148; veränderter Maßstab der y-Achse). Zunächst wird $[0, a]$ in n Teilintervalle zerlegt, die der einfacheren Rechnung wegen gleich groß gewählt werden. Ihre Breite sei $\Delta x_i = x_i - x_{i-1} = h$, wobei $h = \frac{a}{n}$ ist. Als Höhen der Rechtecke werden einmal die Ordinaten der linken Randpunkte und zum anderen die Ordinaten der rechten Randpunkte der Teilintervalle verwendet. Da die Funktion monoton zunehmend ist, führt das im ersten Fall auf die Untersummen und im zweiten Fall auf die Obersummen.
Berechnung der Untersummen s_n:
Für die Ordinaten der linken Randpunkte der Teilintervalle erhält man

$$f(x_0) = e^0 = 1, \ f(x_1) = e^h, \ f(x_2) = e^{2h}, \ldots, f(x_{n-1}) = e^{(n-1)h}.$$

Das ergibt für die Untersummen

$$s_n = \sum_{i=0}^{n-1} f(x_i)\,\Delta x_i = [1 + e^h + e^{2h} + \cdots + e^{(n-1)h}]\,h$$

und durch Anwendung der Summenformel (22) für die ersten n Glieder einer geometrischen Folge mit $q = e^h$ und $nh = a$

$$s_n = \frac{1 - e^{nh}}{1 - e^h}\,h = (1 - e^a)\,\frac{h}{1 - e^h}.$$

Für $n \to \infty$ und $h \to 0$ erhält man nach der Regel von DE L'HOSPITAL als Grenzwert der Folge der Untersummen:

$$s = \lim_{n\to\infty} s_n = (1 - e^a) \lim_{h\to 0} \frac{h}{1 - e^h} = (1 - e^a) \lim_{h\to 0} \frac{1}{-e^h} = (1 - e^a)(-1) = e^a - 1.$$

Entsprechend verläuft die Rechnung für die Obersummen S_n. Die Ordinaten für die rechten Randpunkte der Teilintervalle sind

$$f(x_1) = e^h, \ f(x_2) = e^{2h}, \ldots, f(x_n) = e^{nh}.$$

Dann ergibt sich

$$S_n = \sum_{i=1}^{n} f(x_i)\,\Delta x_i = [e^h + e^{2h} + \cdots + e^{nh}]\,h = e^h\,\frac{1 - e^{nh}}{1 - e^h}\,h = (1 - e^a)\,\frac{h\,e^h}{1 - e^h}$$

und

$$S = \lim_{n\to\infty} S_n = (1 - e^a) \lim_{h\to 0} \frac{he^h}{1 - e^h} = (1 - e^a) \lim_{h\to 0} \frac{e^h + he^h}{-e^h} = (1 - e^a)(-1) = e^a - 1.$$

Wie man sieht, sind die Grenzwerte s und S gleich. Daher existiert das Integral

$$I = \int_0^a e^x \, dx,$$

und es ist $s = S = I = e^a - 1$. Dasselbe Ergebnis würde man auf dem Wege über das unbestimmte Integral erhalten. Da die Funktion mit der Gleichung $y = e^x$ nirgends negative Werte annimmt, liefert das Integral I gleichzeitig den Inhalt A der gesuchten Fläche.

AUFGABEN

271. Man bestimme den Mittelwert von $f(x) = e^x - 1$ für das Intervall $[0, a]$.
272. Man bestimme den Mittelwert von $f(x) = x^3$ für das Intervall $[-1, 1]$.
273. Man bestimme den Mittelwert von $f(x) = \begin{cases} 0 & \text{für } 0 \leqq x < \frac{\pi}{3} \\ \sin x & \text{für } \frac{\pi}{3} \leqq x \leqq \pi \end{cases}$ für den angegebenen Definitionsbereich.

8.6. Vergleich der Integraldefinitionen. Bedingungen für die Integrierbarkeit

Der Begriff des bestimmten Integrals wurde in 8.5.3. anders definiert als in 8.3. In beiden Fällen wurde jedoch dasselbe Symbol $\int_a^b f(x)\,dx$ benutzt.

Es soll jetzt gezeigt werden, daß die beiden Begriffe übereinstimmen und daher die Verwendung des gleichen Symbols gerechtfertigt ist. Es wird dazu der Mittelwertsatz der Integralrechnung benutzt.

Nach (81) ist $\int_a^b f(x)\,dx = \lim_{n\to\infty} \sum_{i=1}^{n} f(\xi_i)\Delta x_i$, wobei das Ergebnis von der Wahl der ξ_i unabhängig ist. Wählt man die Zwischenstellen ξ_i speziell so, daß $f(\xi_i)$ den Mittelwert der Funktion f im i-ten Teilintervall $[x_{i-1}, x_i]$ darstellt (Bild 147), so gilt nach (77) für jedes Teilintervall der Zerlegung

$$\int_{x_{i-1}}^{x_i} f(x)\,dx = (x_i - x_{i-1})\, f(\xi_i) = \Delta x_i f(\xi_i).$$

Durch Summierung über alle Teilintervalle erhält man unter Beachtung der Regel (72)

$$\int_a^b f(x)\,dx = \sum_{i=1}^{n} f(\xi_i)\Delta x_i.$$

Auf der linken Seite wird der in 8.3. erklärte Integralbegriff verwendet. Die Summe auf der rechten Seite dieser Gleichung ändert ihren Wert nicht, wenn man die Einteilung zunehmend verfeinert, wenn also $n \to \infty$ und $\Delta x_i \to 0$ streben. Man kann daher auch schreiben

$$\int_a^b f(x)\,\mathrm{d}x = \lim_{n\to\infty} \sum_{i=1}^{n} f(\xi_i)\Delta x_i.$$

Hierin genügt der rechtsstehende Grenzwert den Forderungen der Integraldefinition von 8.5.3.

Im folgenden wird dargelegt, welche Bedingungen eine integrierbare Funktion erfüllen muß und auf welche bisher gemachten Voraussetzungen verzichtet werden kann. Allerdings sind vollständige Beweisführungen dazu im Rahmen dieses Buches nicht möglich.

Zuerst muß festgestellt werden, daß eine Funktion f nur dann der Definition des bestimmten Integrales als Grenzwert einer Summenfolge genügt, wenn sie beschränkt ist. Wäre sie im Intervall $[a, b]$ nicht beschränkt, so ist es möglich, für mindestens eine Stelle $\xi_k \in [a, b]$ den Wert $f(\xi_k)$ beliebig groß zu machen. Damit könnte auch $\lim\limits_{n\to\infty} \sum\limits_{i=1}^{n} f(\xi_i)\Delta x_i$ keinen endlichen Wert annehmen. Es gilt demnach der

Satz 1

Eine Funktion f ist in $[a, b]$ nur dann integrierbar, wenn sie in $[a, b]$ beschränkt ist.

Aber die Beschränktheit von f ist für die Integrierbarkeit nicht ausreichend. Als Beispiel betrachte man noch einmal die Funktion f_2 am Anfang von 8.5.3., die zwar beschränkt, aber nicht integrierbar ist. Ist eine Funktion f in $[a, b]$ nicht nur beschränkt, sondern sogar stetig, wie das bei allen Überlegungen bisher vorausgesetzt wurde, so folgt daraus die Integrierbarkeit. Es gilt der

Satz 2

Ist die Funktion f in $[a, b]$ stetig, so ist f in $[a, b]$ auch integrierbar.

Die Integrierbarkeit einer beschränkten Funktion ist auch dann noch gewährleistet, wenn die Funktion im Intervall endlich viele Unstetigkeitsstellen hat. Denn wenn nur endlich viele $f(\xi_i)$ wegfallen, wird die Bildung der Summen $\sigma_n = \sum\limits_{i=1}^{n} f(\xi_i)\Delta x_i$ nicht behindert. In der Folge der σ_n entfallen dann ebenfalls endlich viele Elemente. Da aber eine konvergente Folge zum gleichen Grenzwert konvergent bleibt, wenn man in ihr endlich viele Elemente streicht, existiert auch in diesem Falle $I = \lim\limits_{n\to\infty} \sigma_n$ und ist endlich. Es gilt der

Satz 3

Hat die beschränkte Funktion f in $[a, b]$ nur endlich viele Unstetigkeitsstellen, so ist f in $[a, b]$ integrierbar.

Es sei darauf hingewiesen, daß die Unstetigkeitsstellen keine Unendlichkeitsstellen sein dürfen, da die Funktion sonst nicht beschränkt ist. Man darf daher niemals über Unendlichkeitsstellen des Integranden hinwegintegrieren. So ist z. B. die in 8.5.3. angeführte Funktion f_1 nicht im ganzen Intervall $[-1; 1]$ integrierbar, da bei $x = 0$ eine Unendlichkeitsstelle vorliegt. Bei Unstetigkeitsstellen endlicher Sprunghöhe wird beim praktischen Rechnen das Integrationsintervall in endlich viele Teilintervalle zerlegt und dann die Regel (72) angewendet.

Sind z. B. $x_1, x_2 \in (a, b)$ zwei solche Unstetigkeitsstellen von f (Bild 149), so rechnet man

$$\int_a^b f(x)\,\mathrm{d}x = \int_a^{x_1-0} f(x)\,\mathrm{d}x + \int_{x_1+0}^{x_2-0} f(x)\,\mathrm{d}x + \int_{x_2+0}^{b} f(x)\,\mathrm{d}x.^{1)} \qquad (82)$$

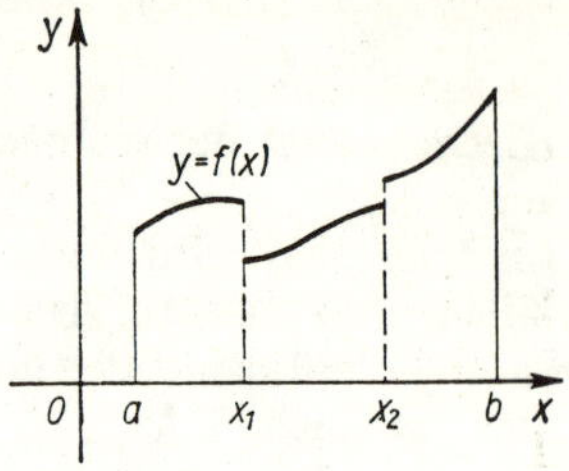

Bild 149

Schließlich soll noch untersucht werden, welche Auswirkungen auf den Wert des bestimmten Integrals sich ergeben, wenn man für die Funktion f im Integrationsintervall auch negative Funktionswerte zuläßt. Zunächst sei die Funktion f im ganzen Intervall $[a, b]$ negativ. Dann sind entgegengesetzt zu der Darstellung in Bild 147 in der Summe $\sigma_n = \sum_{i=1}^{n} f(\xi_i)\Delta x_i$ sämtliche $f(\xi_i) < 0$. Da gleichzeitig alle $\Delta x_i > 0$ bleiben, ist $\sigma_n < 0$ und somit auch

$$I = \int_a^b f(x)\,\mathrm{d}x = \lim_{n\to\infty} \sigma_n < 0.$$

Es gilt also der

Satz 4

Ist die Funktion f im ganzen Intervall $[a, b]$ negativ, d. h., $f(x) < 0$ für alle $x \in [a, b]$, so ist auch

$$I = \int_a^b f(x)\,\mathrm{d}x < 0.$$

Bei einer Flächenberechnung würde sich in diesem Falle für den Flächeninhalt ein negativer Wert ergeben. Nimmt die Funktion im betrachteten Intervall teils positive und teils negative Werte an, so läßt sich über das Vorzeichen von I nicht ohne weiteres eine Entscheidung fällen. Zur Berechnung des Flächeninhaltes sind dann besondere Maßnahmen notwendig, über die 9.1. Auskunft gibt.

1) $\int_a^{x_1-0} (x)\,\mathrm{d}x = \lim_{\varepsilon\to 0} \int_a^{x_1-\varepsilon} (x)\,\mathrm{d}x$. Entsprechendes gilt für die Grenzen $x_1 + 0,\ x_2 - 0,\ x_2 + 0$

8.7. Uneigentliche Integrale

In 8.6. wurde bereits im Anschluß an Satz 3 auf einige Schwierigkeiten hingewiesen, die sich bei der Anwendung des bisherigen Integralbegriffs ergeben. Damit das bestimmte Integral $\int\limits_a^b f(x)\,\mathrm{d}x$ existiert, mußte vorausgesetzt werden, daß das Intervall $[a, b]$ endlich und die Funktion f in $[a, b]$ beschränkt ist. In diesem Abschnitt soll eine Erweiterung des Integralbegriffs in zweierlei Hinsicht vorgenommen werden:

1. Das Integrationsintervall ist unendlich.
2. Die Funktion f ist im endlichen Integrationsintervall $[a, b]$ nicht beschränkt, d. h., sie hat dort mindestens eine Unendlichkeitsstelle.

In beiden Fällen wird zur Lösung der Aufgabe ein zusätzlicher Grenzübergang durchgeführt. Man spricht dann von einem **uneigentlichen Integral** im Unterschied zu dem bisher behandelten eigentlichen Integral.
Ist das Integrationsintervall unendlich, z. B. $[a, \infty)$, so wird zunächst das Integral bis zu einer endlichen oberen Grenze ω und anschließend der Grenzwert für $\omega \to \infty$ berechnet. Man schreibt

$$\int\limits_a^\infty f(x)\,\mathrm{d}x = \lim_{\omega\to\infty} \int\limits_a^\omega f(x)\,\mathrm{d}x. \tag{83}$$

Ist dieser Grenzwert endlich, so heißt die Funktion f in $[a; \infty)$ integrierbar, und (83) wird als konvergentes uneigentliches Integral bezeichnet. Im anderen Falle nennt man das uneigentliche Integral divergent. In gleicher Weise kann man vorgehen, wenn das Integrationsintervall linksseitig oder beiderseitig unbegrenzt ist:

$$\int\limits_{-\infty}^a f(x)\,\mathrm{d}x = \lim_{\omega\to\infty} \int\limits_{-\omega}^a f(x)\,\mathrm{d}x$$

bzw.

$$\int\limits_{-\infty}^\infty f(x)\,\mathrm{d}x = \lim_{\omega\to\infty} \int\limits_{-\omega}^\omega f(x)\,\mathrm{d}x.$$

Die Integration einer Funktion f, die in $[a, b]$ eine Unendlichkeitsstelle x_p hat, läßt sich unter Berücksichtigung von (72) auf den Fall zurückführen, daß die Unendlichkeitsstelle entweder mit dem linken oder mit dem rechten Rand des Integrationsintervalls zusammenfällt.
Ist f in $[a; x_\mathrm{p})$ integrierbar und $\lim\limits_{x\to x_\mathrm{p}-0} f(x) = \infty$, so integriert man zunächst nur bis zu einer Stelle $x_\mathrm{p} - \varepsilon$ und berechnet anschließend den Grenzwert für $\varepsilon \to 0$:

$$\int\limits_a^{x_\mathrm{p}} f(x)\,\mathrm{d}x = \lim_{\varepsilon\to 0} \int\limits_a^{x_\mathrm{p}-\varepsilon} f(x)\,\mathrm{d}x. \tag{84}$$

Ist dieser Grenzwert endlich, so heißt die Funktion f in $[a; x_\mathrm{p}]$ integrierbar, und (84) heißt wiederum konvergentes uneigentliches Integral. Bei unendlichem oder nicht existierendem Grenzwert spricht man von einem divergenten uneigentlichen Integral. Entsprechendes gilt, wenn die Unendlichkeitsstelle auf dem linken Rand des Integrationsintervalls liegt:

$$\int_{x_p}^{a} f(x)\,dx = \lim_{\varepsilon\to 0} \int_{x_p+\varepsilon}^{a} f(x)\,dx.$$

BEISPIELE

1. $$\int_1^\infty \frac{dx}{x^2} = \lim_{\omega\to\infty}\int_1^\omega \frac{dx}{x^2} = \lim_{\omega\to\infty}\left[-\frac{1}{x}\Big|_1^\omega\right] = \lim_{\omega\to\infty}\left[-\frac{1}{\omega}+1\right] = \underline{\underline{1}}$$

2. $$\int_1^\infty \frac{dx}{x} = \lim_{\omega\to\infty}\int_1^\omega \frac{dx}{x} = \lim_{\omega\to\infty}\left[\ln|x|\Big|_1^\omega\right] = \lim_{\omega\to\infty}[\ln\omega - \ln 1] = \underline{\underline{\infty}}$$

   Bei diesem Beispiel handelt es sich um ein divergentes uneigentliches Integral.

3. $$\int_{-\infty}^{+\infty} \frac{dx}{\cosh^2 x} = \lim_{\omega\to\infty}\int_{-\omega}^{+\omega} \frac{dx}{\cosh^2 x} = \lim_{\omega\to\infty}\left[\tanh x\Big|_{-\omega}^{+\omega}\right] = \lim_{\omega\to\infty}[\tanh\omega - \tanh(-\omega)] =$$
   $$= 2\lim_{\omega\to\infty}\tanh\omega = 2\cdot 1 = \underline{\underline{2}}$$

4. $$\int_0^1 \frac{dx}{x} = \lim_{\varepsilon\to 0}\int_{0+\varepsilon}^1 \frac{dx}{x} = \lim_{\varepsilon\to 0}\left[\ln|x|\Big|_\varepsilon^1\right] = \lim_{\varepsilon\to 0}[\ln 1 - \ln\varepsilon] = \underline{\underline{+\infty}}$$

5. $$\int_0^1 \frac{dx}{\sqrt{1-x^2}} = \lim_{\varepsilon\to 0}\int_0^{1-\varepsilon} \frac{dx}{\sqrt{1-x^2}} = \lim_{\varepsilon\to 0}\left[\arcsin x\Big|_0^{1-\varepsilon}\right] =$$
   $$= \lim_{\varepsilon\to 0}[\arcsin(1-\varepsilon) - \arcsin 0] = \arcsin 1 = \underline{\underline{\frac{\pi}{2}}}$$

9. Anwendungen der Integralrechnung aus der Geometrie

Die folgenden Anwendungen der Integralrechnung berufen sich alle auf die Definition des bestimmten Integrals als Grenzwert einer Summenfolge. Das gesuchte Ganze wird zunächst näherungsweise durch eine Summe von endlich vielen »Elementen« dargestellt, um dann durch Grenzübergang zum genauen Wert zu gelangen. Der Berechnung des bestimmten Integrals liegt immer dieser Vorgang zugrunde. Das entspricht auch dem historischen Anliegen der Integralrechnung. Äußerer Ausdruck dafür ist bereits der Name, der vom lateinischen *integer* = *ganz* abgeleitet ist. Da vorläufig die Integrationsverfahren noch nicht verfügbar sind, können in diesem Abschnitt nur relativ einfache Beispiele gerechnet werden. Schwierigere Beispiele, insbesondere zur Bogenlängen- und Mantelflächenberechnung, findet man in den Aufgaben zum Abschnitt 10. Ein weiterer Ausbau der hier behandelten Anwendungen erfolgt im Abschnitt 12. Schließlich sei darauf hingewiesen, daß die Geometrie nicht das einzige Anwendungsgebiet der Integralrechnung ist. Man betrachte dazu den Abschnitt 11.

9.1. Flächeninhalte

9.1.1. Flächen zwischen einer Kurve und der x-Achse

In 8.5.1. wurde gezeigt, daß das bestimmte Integral I den Inhalt einer Fläche A angibt, die von der Kurve mit der Gleichung $y = f(x)$, der x-Achse und den zu $x = a$ und $x = b$ gehörigen Ordinaten begrenzt wird, sofern die Funktion f im Intervall $[a, b]$ nirgends negativ wird:

$$A = I = \int_a^b f(x)\,\mathrm{d}x = F(b) - F(a), \quad \text{wenn } f(x) \geqq 0 \text{ in } [a, b].$$

Im folgenden sollen diese Untersuchungen vertieft werden.
Bei einfachen Flächen läßt sich der Inhalt auch elementar berechnen. Selbstverständlich führt die Inhaltsberechnung durch Integration zum gleichen Ergebnis.

BEISPIEL

1. Man bestimme den Inhalt der Fläche, die von den Geraden mit den Gleichungen

$$y = -\frac{1}{2}x + \frac{9}{2}, \quad y = 0 \quad \text{und} \quad x = 1 \quad \text{begrenzt wird}$$

(Bild 150).

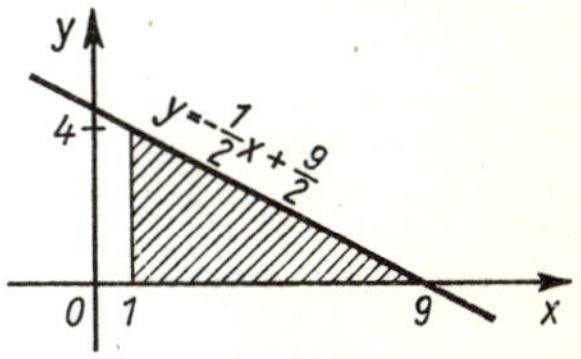

Bild 150

Lösung:

Die Grenzen sind $x = 1$ und $x = 9$. Da in diesem Intervall keine negativen Funktionswerte auftreten, ist $A = I$.

$$A = \int_1^9 \left(-\frac{1}{2}x + \frac{9}{2}\right) \mathrm{d}x = \left(-\frac{x^2}{4} + \frac{9}{2}x\right)\Bigg|_1^9 =$$

$$= \left(-\frac{81}{4} + \frac{81}{2}\right) - \left(-\frac{1}{4} + \frac{9}{2}\right) = \underline{\underline{16}}$$

Der Inhalt der Fläche beträgt also im gleichgeteilten Koordinatensystem 16 Flächeneinheiten. Dasselbe Ergebnis erhält man auch auf elementarem Wege.

In Zukunft werden bei allen Beispielen in der Rechnung die Maßeinheiten weggelassen. Man darf dann auch zum Ergebnis, also zum letzten Glied der Gleichung, keine Einheiten hinzufügen, denn sonst müßten bereits die Grenzen des Integrals

mit Einheiten versehen werden, was nicht üblich ist. Man verschaffe sich bereits vor Beginn jeder Rechnung Klarheit über die zu erwartenden Maßeinheiten.
Es soll jetzt untersucht werden, wie sich der Flächeninhalt berechnen läßt, wenn Teile der Fläche unter der x-Achse liegen. Im Anschluß an die Überlegungen am Ende von 8.6. kann über das Vorzeichen des bestimmten Integrals I folgendes festgestellt werden:
Sind in der Summe $\sigma_n = \sum\limits_{i=1}^{n} f(\xi_i)\Delta x_i$ für alle i

$$f(\xi_i) > 0 \text{ und } \Delta x_i > 0, \text{ so ist } I > 0,$$
$$f(\xi_i) < 0 \text{ und } \Delta x_i > 0, \text{ so ist } I < 0,$$
$$f(\xi_i) > 0 \text{ und } \Delta x_i < 0, \text{ so ist } I < 0,$$
$$f(\xi_i) < 0 \text{ und } \Delta x_i < 0, \text{ so ist } I > 0.$$

Für den Flächeninhalt ergibt sich daraus folgende in Bild 151 veranschaulichte Merkregel, die unabhängig davon gilt, ob $a < b$ oder $b < a$:

Liegt die Fläche links von der Richtung $a \to b$, so ist ihr Inhalt positiv, liegt sie rechts von der Richtung $a \to b$, so ist ihr Inhalt negativ.

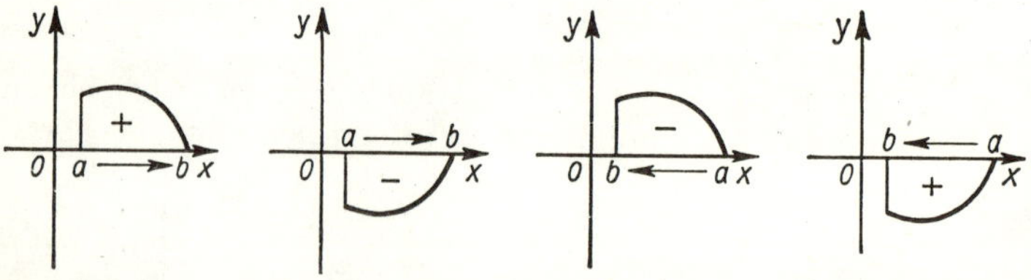

Bild 151

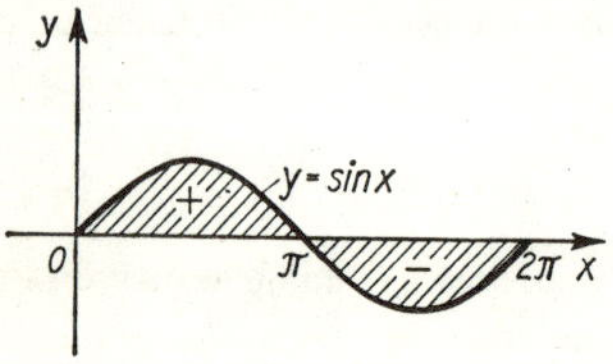

Bild 152

Liegt die Fläche teils oberhalb, teils unterhalb der x-Achse, so haben die Inhalte der Teilflächen verschiedenes Vorzeichen, und das bestimmte Integral gibt nicht den Inhalt der Gesamtfläche, sondern die Differenz der Teilflächen an (Bild 152). Um den Inhalt der Gesamtfläche zu berechnen, muß man die Nullstellen der Begrenzungsfunktion, die innerhalb des Integrationsintervalles liegen, ermitteln und über die Teilintervalle einzeln integrieren. Der Flächeninhalt ist dann die Summe der Beträge der Teilintegrale. Für den Fall, daß in $[a, b]$ nur eine Nullstelle liegt, ergibt sich die Formel

$$A = |I_1| + |I_2| = \left| \int\limits_a^{x_N} f(x)\,\mathrm{d}x \right| + \left| \int\limits_{x_N}^{b} f(x)\,\mathrm{d}x \right| \tag{85}$$

BEISPIELE

2. Zu berechnen ist der Inhalt der Fläche zwischen der Sinuskurve und der x-Achse im Intervall $[0, 2\pi]$ (Bild 152).

Lösung: Berechnet man I, so ergibt sich

$$I = \int_0^{2\pi} \sin x \, dx = -\cos x \Big|_0^{2\pi} = (-\cos 2\pi) - (-\cos 0) = -1 + 1 = 0.$$

Das ist offenbar nicht der gesuchte Flächeninhalt. Zur Begründung vergleiche man

$$I_1 = \int_0^{\pi} \sin x \, dx = -\cos x \Big|_0^{\pi} = (-\cos \pi) - (-\cos 0) = 1 + 1 = 2$$

und

$$I_2 = \int_{\pi}^{2\pi} \sin x \, dx = -\cos x \Big|_{\pi}^{2\pi} = (-\cos 2\pi) - (-\cos \pi) = -1 - 1 = -2.$$

Den Flächeninhalt erhält man durch die Rechnung

$$A = |I_1| + |I_2| = \left| \int_0^{\pi} \sin x \, dx \right| + \left| \int_{\pi}^{2\pi} \sin x \, dx \right| = |2| + |-2| = 4.$$

3. Man berechne den Inhalt der Fläche, die im Intervall $[2, 5]$ von $y = \frac{1}{2}x^2 - x - \frac{3}{2}$ und der x-Achse begrenzt wird.

Lösung:

Aus $\frac{1}{2}x^2 - x - \frac{3}{2} = 0$ findet man die Nullstellen $x_{N1} = -1$ und $x_{N2} = 3$, von denen die zweite im Integrationsintervall liegt (Bild 153). Also ist zu rechnen:

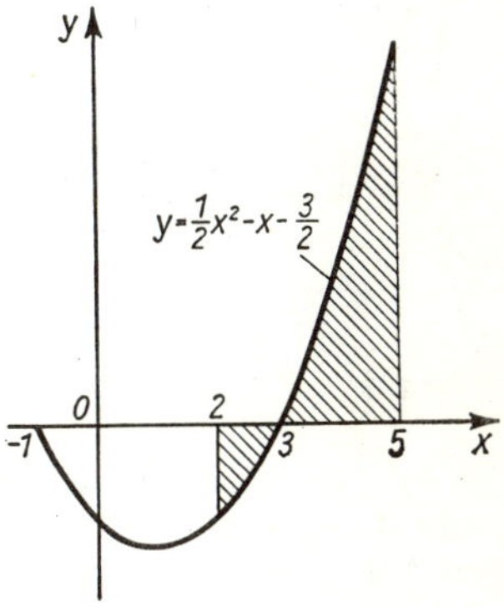

Bild 153

$$I_1 = \int_2^3 \left(\frac{1}{2}x^2 - x - \frac{3}{2}\right) dx =$$

$$= \frac{x^3}{6} - \frac{x^2}{2} - \frac{3}{2}x \Big|_2^3 =$$

$$= \left(\frac{9}{2} - \frac{9}{2} - \frac{9}{2}\right) - \left(\frac{4}{3} - 2 - 3\right) = -\frac{5}{6}$$

$$I_2 = \int_3^5 \left(\frac{1}{2}x^2 - x - \frac{3}{2}\right) dx = \frac{x^3}{6} - \frac{x^2}{2} - \frac{3}{2}x \Big|_3^5 =$$

$$= \left(\frac{125}{6} - \frac{25}{2} - \frac{15}{2}\right) - \left(\frac{9}{2} - \frac{9}{2} - \frac{9}{2}\right) = \frac{32}{6}$$

und $A = |I_1| + |I_2| = \left| -\frac{5}{6} \right| + \left| \frac{32}{6} \right| = \frac{37}{6} \approx \underline{\underline{6{,}17}}.$

4. Gegeben sei die Funktion mit der Gleichung

$$f(x) = \begin{cases} \dfrac{1}{1+x^2} & \text{für } x \in [0, 1] \\ \dfrac{1}{x} & \text{für } x \in (1, 4] \end{cases}$$

Gesucht ist der Inhalt der Fläche zwischen der zugehörigen Kurve und der x-Achse (Bild 154).

Lösung:

Die hier angegebene Funktion enthält im Integrationsintervall [0, 4] zwar keine Nullstellen, ist aber bei $x = 1$ unstetig. Da der Sprung von endlicher Höhe ist, läßt sich der Flächeninhalt nach Formel (84) in ähnlicher Weise wie bei den vorhergehenden Beispielen berechnen.

$$A = I_1 + I_2 = \int\limits_0^1 \frac{dx}{1+x^2} + \int\limits_{1+0}^4 \frac{dx}{x} = \arctan x \Big|_0^1 + \ln|x| \Big|_{1+0}^4 =$$

$$= \arctan 1 - \arctan 0 + \ln 4 - \ln 1 =$$

$$= \frac{\pi}{4} - 0 + \ln 4 - 0 = \frac{\pi}{4} + \ln 4 \approx \underline{\underline{2,172}}$$

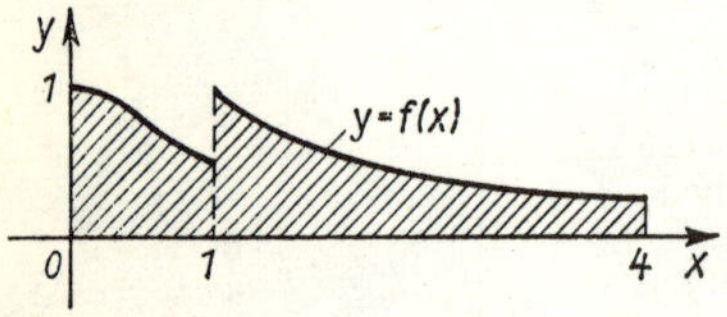

Bild 154

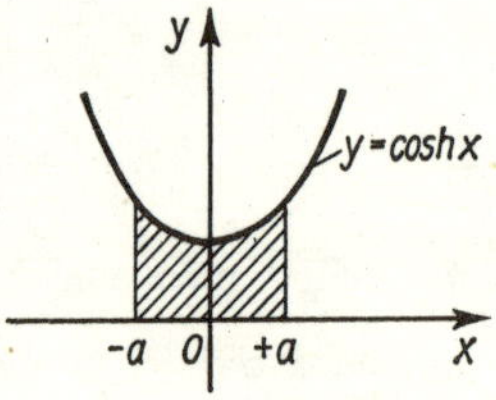

Bild 155

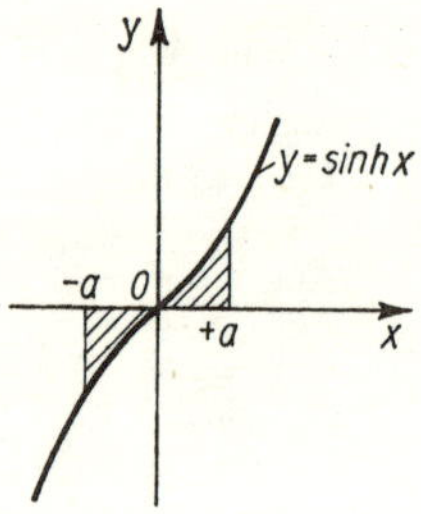

Bild 156

In solchen Fällen, in denen die Begrenzungskurven gewisse Symmetrieeigenschaften aufweisen, läßt sich die Berechnung des Flächeninhaltes noch vereinfachen. Wird das Integrationsintervall durch die y-Achse halbiert und ist der Integrand der Term einer *geraden* Funktion, gilt also $f(-x) = f(x)$, so liegt die Fläche symmetrisch zur y-Achse (Bild 155). Man braucht dann nur die halbe Fläche zu berechnen und das Ergebnis zu verdoppeln. Dabei wird die Rechnung durch die untere Grenze 0 oft vereinfacht. Für gerade Funktionen f gilt

$$A = I = \int\limits_{-a}^{+a} f(x)\,dx = 2\int\limits_0^a f(x)\,dx,$$

sofern die zu f gehörige Kurve in $(0, a)$ nirgends die x-Achse schneidet.

Überträgt man das entsprechend auf *ungerade* Funktionen, die allgemein durch $f(-x) = -f(x)$ gekennzeichnet sind (Bild 156), so erhält man für das bestimmte

Integral und für den Flächeninhalt verschiedene Ergebnisse. Für ungerade Funktionen f gilt:

$$I = \int_{-a}^{+a} f(x)\,\mathrm{d}x = 0, \quad \text{aber} \quad A = 2\int_{0}^{a} f(x)\,\mathrm{d}x;$$

sofern die zu f gehörige Kurve in $(0, a)$ nirgends die x-Achse schneidet.

BEISPIELE

5. Der Inhalt der in Bild 155 schraffierten Fläche ist für das Intervall $[-1{,}5, +1{,}5]$ zu berechnen.

Lösung:

$$A = \int_{-1,5}^{+1,5} \cosh x\,\mathrm{d}x = 2\int_{0}^{1,5} \cosh x\,\mathrm{d}x = 2 \sinh x \Big|_0^{1,5} = 2 \sinh 1{,}5 \approx \underline{\underline{4{,}259}}$$

6. Es soll der Inhalt eines Kreises mit dem Radius $r = 3$ durch Integration bestimmt werden (Bild 157).

Lösung:

Da die Kreisfläche symmetrisch zur x-Achse liegt, braucht man nur die obere Hälfte zu berechnen. Diese liegt wiederum symmetrisch zur y-Achse. Insgesamt genügt es also, den Viertelkreis des 1. Quadranten zu berechnen und das Ergebnis mit 4 zu multiplizieren. Die Gleichung des oberen Halbkreises $y = \sqrt{9 - x^2}$ stellt eine gerade Funktion dar.

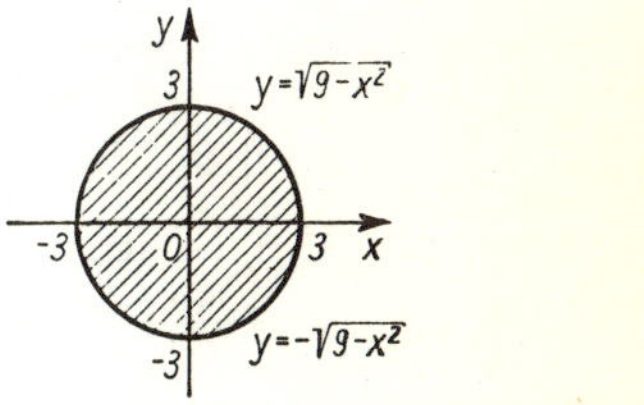

Bild 157

$$A = 4\int_{0}^{3} \sqrt{9 - x^2}\,\mathrm{d}x =$$

$$= 4\left(\frac{9}{2} \arcsin \frac{x}{3} + \frac{x}{2}\sqrt{9 - x^2}\right)\Big|_0^3 =^{1)}$$

$$= 4\left(\frac{9}{2}\,\frac{\pi}{2} + 0 - 0 - 0\right) = \underline{\underline{9\pi}}.$$

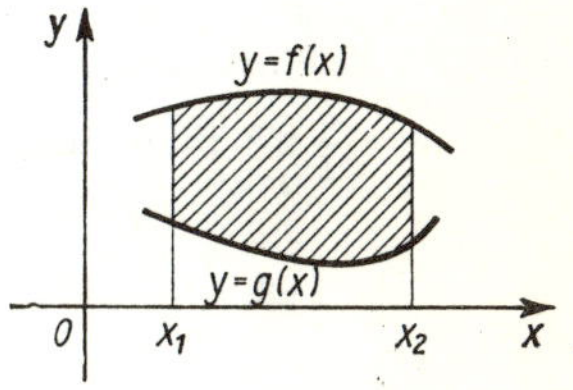

Bild 158

9.1.2. Flächen zwischen zwei Kurven

Bisher wurden die zu berechnenden Flächen nach einer Seite immer durch die x-Achse begrenzt. Man kann aber mit denselben Mitteln der Integralrechnung auch die Inhalte solcher Flächen berechnen, die oben und unten von Kurven begrenzt sind. Dazu braucht man nur die Differenz der Flächeninhalte zu bilden, wie das aus Bild 158 ersichtlich wird.

---

[1]) Die Lösung dieses Integrales wird erst in 10.1.3. behandelt. Sie kann aber auch aus der Integraltafel (Integral 3.4.) entnommen werden

Ist A_1 der Inhalt der Fläche zwischen oberer Kurve und x-Achse und A_2 der Inhalt der Fläche zwischen unterer Kurve und x-Achse, so erhält man für den Inhalt der schraffierten Fläche

$$A = A_1 - A_2 = \int_{x_1}^{x_2} f(x)\,\mathrm{d}x - \int_{x_1}^{x_2} g(x)\,\mathrm{d}x.$$

Da die Grenzen beider Integrale gleich sind, kann man die Differenz der Integrale zusammenfassen zu einem Integral:

$$A = \int_{x_1}^{x_2} [f(x) - g(x)]\,\mathrm{d}x, \quad \text{wenn } f(x) \geqq g(x) \text{ für alle } x \in [x_1, x_2] \qquad (86)$$

Ist im Integrationsintervall teils $f(x) > g(x)$, teils $f(x) < g(x)$, so schneiden sich die Begrenzungskurven innerhalb des Intervalls, und der Term des Integranden hat dort eine Nullstelle (Bild 161). Die Formel (86) liefert dann nicht den Flächeninhalt. Man muß in diesem Falle gemäß Formel (85) verfahren. x_N ist die Schnittstelle der beiden Kurven bzw. die Nullstelle des Integranden $f(x) - g(x)$.

$$A = |I_1| + |I_2| = \left|\int_{x_1}^{x_N} [f(x) - g(x)]\,\mathrm{d}x\right| + \left|\int_{x_N}^{x_2} [f(x) - g(x)]\,\mathrm{d}x\right|$$

BEISPIEL

1. Man bestimme den Inhalt der Fläche, die von den beiden Kurven mit den Gleichungen $y = 2\sqrt{x}$ und $y = \frac{1}{4}x^2$ eingeschlossen wird (Bild 159).

Lösung:

Um das Integrationsintervall festzulegen, sind zunächst die Schnittstellen der beiden Kurven zu bestimmen. Aus $2\sqrt{x} = \frac{1}{4}x^2$ findet man $x_1 = 0$ und $x_2 = 4$.

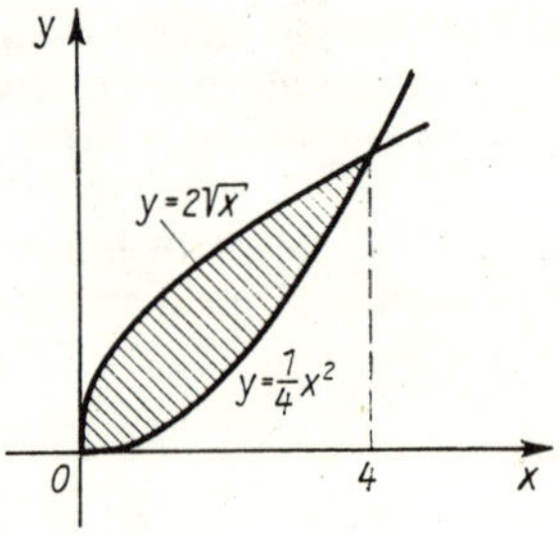

Bild 159

$$A = \int_0^4 \left(2x^{\frac{1}{2}} - \frac{1}{4}x^2\right)\mathrm{d}x = \left(\frac{4}{3}x^{\frac{3}{2}} - \frac{1}{12}x^3\right)\Bigg|_0^4 = \left(\frac{32}{3} - \frac{16}{3}\right) - 0 = \underline{\underline{\frac{16}{3}}}$$

Liegt eine von zwei Kurven begrenzte Fläche teilweise oder ganz unterhalb der x-Achse (Bild 160), kann der Flächeninhalt ebenfalls nach Formel (86) berechnet werden. Um das einzusehen, braucht man das Koordinatensystem nur genügend weit nach unten zu verschieben, so daß die gesuchte Fläche wieder oberhalb der x-Achse liegt. (In Bild 160 erfolgte eine Verschiebung um 4 Einheiten nach unten.) Dadurch ändert sich nichts am Flächeninhalt. Zu den Funktionswerten beider Kurven wird dieselbe Konstante addiert (in diesem Falle die Zahl 4), die sich bei Bildung der Differenz $f(x) - g(x)$ wieder heraushebt.

BEISPIELE

2. Zu berechnen ist der Inhalt der von $y = -x^2 + 2$ und $y = x^2 - 2x - 2$ eingeschlossenen Fläche (Bild 160).

Lösung:
Aus $x^2 - 2x - 2 = -x^2 + 2$ erhält man die Schnittstellen $x_1 = -1$ und $x_2 = 2$.

$$A = \int_{-1}^{2} [(-x^2 + 2) - (x^2 - 2x - 2)]\,\mathrm{d}x = \int_{-1}^{2} (-2x^2 + 2x + 4)\,\mathrm{d}x =$$

$$= \left(-\frac{2}{3}x^3 + x^2 + 4x\right)\Big|_{-1}^{2} = \left(-\frac{16}{3} + 4 + 8\right) - \left(\frac{2}{3} + 1 - 4\right) = \underline{\underline{9}}$$

3. Gesucht ist der Inhalt der Fläche, die im Intervall $[-1, 5]$ von den beiden Kurven mit den Gleichungen $y = \frac{1}{2}x^2 - x + \frac{1}{2}$ und $y = \frac{1}{2}(x^3 - 5x^2 + x + 11)$ eingeschlossen wird (Bild 161).

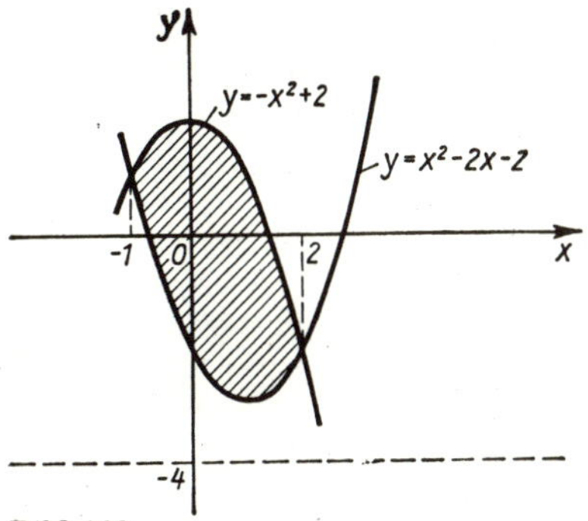

Bild 160

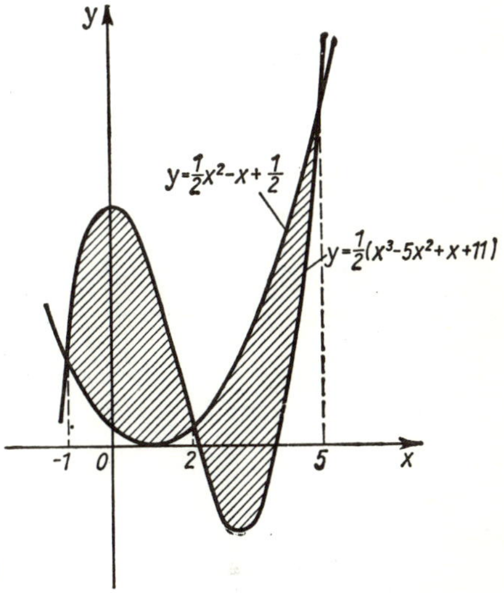

Bild 161

Lösung:
Im Innern des Intervalles $[-1, 5]$ liegt bei $x = 2$ eine Schnittstelle der beiden Kurven, die man aus $\frac{1}{2}x^2 - x + \frac{1}{2} = \frac{1}{2}(x^3 - 5x^2 + x + 11)$ findet. Der Integrand $f(x) - (g)x =$
$= \frac{1}{2}(x^3 - 5x^2 + x + 11) - \left(\frac{1}{2}x^2 - x + \frac{1}{2}\right) = \frac{1}{2}x^3 - 3x^2 + \frac{3}{2}x + 5$ hat demnach dort eine Nullstelle. Es ist nach Gl. (85) zu rechnen. Die Tatsache, daß ein Teil der Fläche unterhalb der x-Achse liegt, braucht nicht berücksichtigt zu werden.

$$I_1 = \int_{-1}^{2} \left(\frac{1}{2}x^3 - 3x^2 + \frac{3}{2}x + 5\right) \mathrm{d}x = \left(\frac{x^4}{8} - x^3 + \frac{3}{4}x^2 + 5x\right)\Big|_{-1}^{2} = \frac{81}{8}$$

$$I_2 = \int_{2}^{5} \left(\frac{1}{2}x^3 - 3x^2 + \frac{3}{2}x + 5\right) \mathrm{d}x = \left(\frac{x^4}{8} - x^3 + \frac{3}{4}x^2 + 5x\right)\Big|_{2}^{5} = -\frac{81}{8}$$

$$A = |I_1| + |I_2| = \frac{81}{8} + \frac{81}{8} = \frac{81}{4} = \underline{\underline{20{,}25}}$$

9.1.3. Flächen zwischen einer Kurve und der y-Achse. Das Flächenelement

Abschließend soll die Flächenberechnung unter einem Gesichtspunkt betrachtet werden, der insbesondere für die weiteren Anwendungen der Integralrechnung bedeutungsvoll ist.

Gegeben sei eine integrierbare Funktion f. Gesucht ist der Inhalt der Fläche zwischen der zugehörigen Kurve und der x-Achse im Intervall $[a, b]$ (Bild 162). Die Fläche wird in endlich viele Streifen der Breite $\Delta x = \mathrm{d}x$ zerlegt. Ihr Inhalt sei ΔA, wobei das Δ grundsätzlich darauf hinweist, daß die genaue oder wahre Größe gemeint ist. ΔA ist näherungsweise dem Inhalt $\mathrm{d}A$ eines Rechteckes gleich, dessen Höhe $f(x)$ der Funktionswert für irgendein x aus dem betrachteten Intervall der Breite $\mathrm{d}x$ ist. Das Rechteck $\mathrm{d}A$ wird als Flächenelement bezeichnet, wobei das vorgestellte d andeutet, daß es sich nur um eine Näherung handelt. (Man überlege sich in diesem Zusammenhang noch einmal die Bedeutung des Differentials.) Es gilt demnach

$$\Delta A \approx \mathrm{d}A = f(x)\,\mathrm{d}x.$$

Hieraus gewinnt man durch formale Integration

$$\boxed{A = \int\limits_{A} \mathrm{d}A = \int\limits_{a}^{b} f(x)\,\mathrm{d}x.} \tag{87}$$

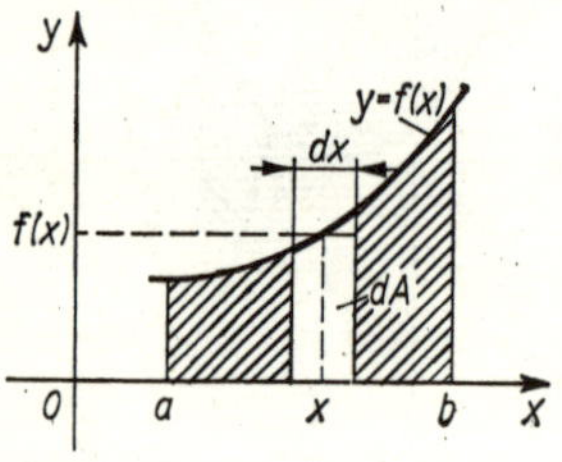

Bild 162

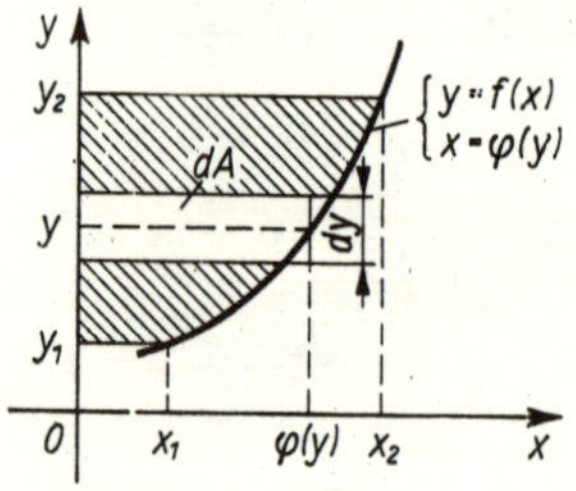

Bild 163

Diese Integration *über alle Flächenelemente* $\mathrm{d}A$ bedeutet im einzelnen stets die Summierung der Flächeninhalte der endlich vielen Rechteckstreifen mit anschließender Berechnung des Grenzwertes dieser Summe für $n \to \infty$ und $\mathrm{d}x \to 0$. Der Vorgang stimmt damit völlig mit der in 8.5.3. erfolgten Definition des Flächeninhaltes als Grenzwert einer Summenfolge überein, ist aber für den praktischen Ansatz einer Rechnung rationeller. Das an das erste Integralzeichen gesetzte A fordert dazu auf, die Grenzen bei der Berechnung des Integrals so zu wählen, daß die gesamte Fläche A erfaßt wird.

Bei Verwendung dieser Überlegung kann man in einfacher Weise auch zu Regeln für die Berechnung des Inhaltes von Flächen kommen, die zwischen einer Kurve und der y-Achse liegen.

Gegeben sei eine in $[x_1, x_2]$ eineindeutige und stetige Funktion f. Gesucht ist der Inhalt der Fläche, die zwischen der zu f gehörigen Kurve und der y-Achse liegt, in den Grenzen von $y_1 = f(x_1)$ bis $y_2 = f(x_2)$ (Bild 163). Die Fläche wird parallel zur x-Achse in endlich viele Streifen der Breite $\mathrm{d}y$ zerlegt. Ihr Inhalt ΔA wird näherungsweise durch den Inhalt von Rechtecken (Flächenelementen) $\mathrm{d}A$ ausgedrückt:

$$\Delta A \approx \mathrm{d}A = \varphi(y)\,\mathrm{d}y.$$

Darin ist $\varphi(y)$ der Wert der Umkehrfunktion φ an der Stelle y. Man erhält $\varphi(y)$, indem man $y = f(x)$ nach x auflöst. Durch Integration folgt aus dem Ansatz sofort

$$A = \int\limits_A \mathrm{d}A = \int\limits_{y_1}^{y_2} \varphi(y)\,\mathrm{d}y, \quad \text{sofern } \varphi(y) \geqq 0 \quad \text{für } y \in [y_1, y_2]. \tag{88}$$

Alle Überlegungen dieses Abschnittes über Flächen, die beiderseits der Abszissenachse oder zwischen zwei Kurven liegen, lassen sich hierauf sinngemäß anwenden.

BEISPIEL

Man berechne den Inhalt der Fläche zwischen der Kurve von $y = \mathrm{e}^x$, der Geraden mit der Gleichung $y = 6$ und der y-Achse (Bild 164).

Lösung: Die Kurve schneidet die y-Achse bei $y = 1$. Die Integrationsgrenzen sind also $y_1 = 1$ und $y_2 = 6$. Aus $y = \mathrm{e}^x$ erhält man durch Auflösen nach x die Gleichung der Umkehrfunktion $x = \ln y$. Dann ist

$$A = \int\limits_1^6 \ln y\,\mathrm{d}y = y(\ln y - 1)\Big|_1^6 =$$
$$= [6(\ln 6 - 1)] - [\ln 1 - 1] =\text{[1]}$$
$$= 6 \ln 6 - 5 \approx \underline{\underline{5{,}751}}$$

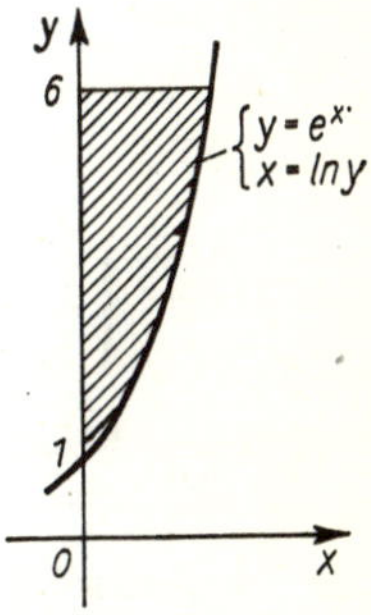

Bild 164

AUFGABEN

Vor Beginn der Rechnung ist die Anfertigung einer Skizze zu empfehlen.

274. Man bestimme den Inhalt der Fläche, die von der Kurve mit der Gleichung $y = \dfrac{x^2 + 3}{2x}$, der x-Achse und den Geraden mit den Gleichungen $x = 1$ und $x = 4$ begrenzt wird.

Man bestimme die Flächeninhalte der Figuren, deren Begrenzungskurven durch die folgenden Gleichungen gegeben sind:

275. $y = \dfrac{1}{5}x + 2;\ y = 0;\ x = 1;\ x = 5.$

276. $y = \dfrac{1}{10}2^x;\ y = 0;\ x = 0;\ x = 10.$

277. $y = x + \sin x;\ y = 0;\ x = 0;\ x = 2\pi.$

278. $y = \dfrac{1}{2}x^2 - x - \dfrac{3}{2}$ und $y = 0.$

279. $y = x^2 - 5x + 4;\ y = 0;\ x = 0;\ x = 6.$

---

[1]) Das unbestimmte Integral wird erst in 10.2. gelöst. Es kann auch der Integraltafel (Integral 7.1.) entnommen werden

280. $y = \cos x - \sin x;\ y = 0;\ x = 0;\ x = 2\pi.$

281. $y = -x^2 + 4x + 2;\ y = 2x - 1.$

282. $y = x - 2;\ y = 0;\ y = 2;\ x = 0.$

283. $y = \frac{1}{x^2};\ y = 1;\ y = 9;\ x = 0.$

284. $y = x;\ y = x + \cos x.$ Gesucht ist die eingeschlossene Fläche zwischen zwei benachbarten Schnittpunkten.

285. $y = \frac{1}{\sqrt{1 + x^2}};\ y = 0;\ x = -a;\ x = +a.$

286. $y = 2 - \frac{x^2}{4};\ y = \frac{x^2}{4} - 2;\ x = -2;\quad x = 2.$

287. Man berechne den Inhalt der Fläche, die von den beiden Koordinatenachsen und der Kurve mit der Gleichung

$$f(x) = \begin{cases} \dfrac{1}{1 - x^2} & \text{für} \quad x \in [0,\ 0{,}5] \\ 2x - x^2 & \text{für} \quad x \in [0{,}5,\ 2] \end{cases} \quad \text{begrenzt wird.}$$

288. Welche Fläche schließen die Kurven mit den Gleichungen $y = \sin x$ und $y = \cos x$ im Bereich zweier aufeinanderfolgender Schnittpunkte ein?

289. Gegeben sei die Fläche, die von der Kurve mit der Gleichung $y = x^2\ (x > 0)$, der y-Achse und der Geraden mit der Gleichung $y = b^2$ begrenzt wird. Wie heißt die Gleichung der Geraden, die die beschriebene Fläche halbiert und parallel zur x-Achse verläuft?

290. Man berechne den Inhalt der von den beiden Kurven mit den Gleichungen $y = \cos x$ und $y = x^2 - 1/2$ eingeschlossenen Fläche.

291. Man berechne den Inhalt der Fläche zwischen der x-Achse und der Kurve mit der Gleichung $y = \frac{1}{1 + x^2}$.

Hinweis: Die Aufgabe führt auf das *uneigentliche Integral* $\int\limits_{-\infty}^{+\infty} \frac{dx}{1 + x^2}$.

9.2. Rauminhalte

9.2.1. Der Rauminhalt von Rotationskörpern

Gegeben sei eine im Intervall $[x_1, x_2]$ stetige Funktion f. Wird die zwischen der Kurve von f und der x-Achse liegende ebene Fläche um die x-Achse gedreht, so erzeugt sie dabei einen Rotationskörper. Dessen Volumen V_x (der Index x gibt die Rotationsachse an) soll berechnet werden. Es werden dazu dieselben Überlegungen angestellt wie in 9.1.3. zum Begriff des Flächenelementes. Der zu berechnende Rotationskörper wird in Volumenelemente zerlegt, deren Summe einen Näherungswert für das gesuchte Volumen liefert. Durch Grenzübergang (Berechnung des bestimmten Integrals) erhält man den genauen Wert.

Im einzelnen sind die folgenden Schritte durchzuführen (Bild 165):

Der Rotationskörper wird durch Schnitte parallel zur y, z-Ebene in endlich viele Scheiben mit dem Volumen ΔV_x zerlegt. Diese Scheiben werden ersetzt durch flache Zylinder (Volumenelemente) mit der Dicke (Höhe) $\mathrm{d}x$. Der Zylinderradius $f(x)$ ist der Funktionswert einer beliebigen Stelle x des Intervalles mit der Breite $\mathrm{d}x$. Das Volumen $\mathrm{d}V_x$ eines solchen Zylinders ist annähernd gleich dem Volumen ΔV_x der entsprechenden Scheibe. Der auftretende Fehler wird um so kleiner sein, je dünner die Volumenelemente sind und je größer ihre Zahl n ist.

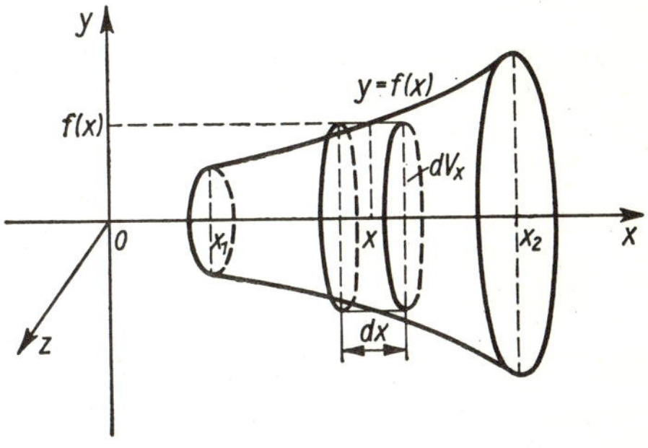

Bild 165

$$\Delta V_x \approx \mathrm{d}V_x = \pi[f(x)]^2\,\mathrm{d}x = \pi y^2\,\mathrm{d}x$$

Da $\pi[f(x)]^2 = \pi y^2$ der Term einer stetigen Funktion ist, existiert das bestimmte Integral darüber. (Man beachte den Satz 2 in 8.6.) Durch *Integration über alle Volumenelemente* $\mathrm{d}V_x$ erhält man schließlich

$$V_x = \int_{V_x} \mathrm{d}V_x = \pi \int_{x_1}^{x_2} [f(x)]^2\,\mathrm{d}x = \pi \int_{x_1}^{x_2} y^2\,\mathrm{d}x. \tag{89a}$$

Das bedeutet, der Grenzwert für $n \to \infty$ und $\mathrm{d}x_i \to 0$ der Folge der Summen

$$\lim_{n\to\infty} \sum_{i=1}^{n} \pi[f(x_i)]^2\,\mathrm{d}x_i$$

ist für alle nur möglichen Zerlegungen endlich und gleich V_x.

Durch ähnliche Überlegungen wie in 9.1.3. erhält man das Volumen V_y eines Rotationskörpers bei Drehung um die y-Achse. Die erzeugende Fläche liegt zwischen der y-Achse und der Kurve, deren Gleichung mit $x = \varphi(y)$ anzugeben ist. φ ist die Umkehrfunktion zu f. Unter entsprechenden Voraussetzungen wie bei V_x ergibt sich

$$V_y = \pi \int_{y_1}^{y_2} [\varphi(y)]^2\,\mathrm{d}y = \pi \int_{y_1}^{y_2} x^2\,\mathrm{d}y. \tag{89b}$$

Das Ergebnis wird in Volumeneinheiten gemessen, bei einem gleichgeteilten Koordinatensystem in (Längeneinheiten)³.

BEISPIELE

1. Es ist das Volumen eines geraden Kreiskegels mit dem Grundkreisradius r und der Höhe h zu berechnen (Bild 166).

   Lösung:

   Die Rechnung wird begünstigt durch eine geschickte Wahl des Koordinatensystems. Die Spitze des Kegels liege im Ursprung, Rotationsachse sei die x-Achse. Bild 166 zeigt einen Längsschnitt des Kegels. Es ist

$$\mathrm{d}V_x = \pi[f(x)]^2\,\mathrm{d}x = \pi\frac{r^2}{h^2}x^2\,\mathrm{d}x$$

   und

$$V_x = \pi\frac{r^2}{h^2}\int_0^h x^2\,\mathrm{d}x = \frac{\pi r^2 x^3}{3h^2}\bigg|_0^h = \underline{\underline{\frac{1}{3}\pi r^2 h}}.$$

2. Es ist das Volumen des Rotationsparaboloids der Höhe h zu bestimmen, das durch Rotation der von der y-Achse und der Parabel $y = x^2$ $(x > 0)$ begrenzten Fläche um die y-Achse erzeugt wird (Bild 167).

   Lösung:

$$\mathrm{d}V_y = \pi[\varphi(y)]^2\,\mathrm{d}y = \pi x^2\,\mathrm{d}y,\ \text{ und da }\ y = x^2$$

$$V_y = \pi\int_0^h y\,\mathrm{d}y = \frac{\pi y^2}{2}\bigg|_0^h = \frac{\pi h^2}{2} = \underline{\underline{\frac{1}{2}\pi r^2 h}},$$

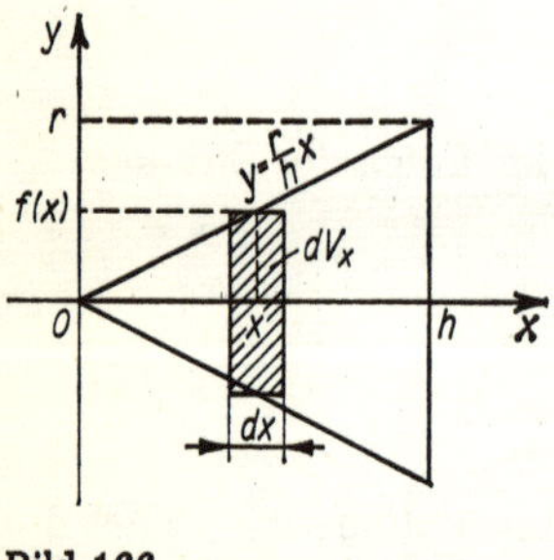

Bild 166

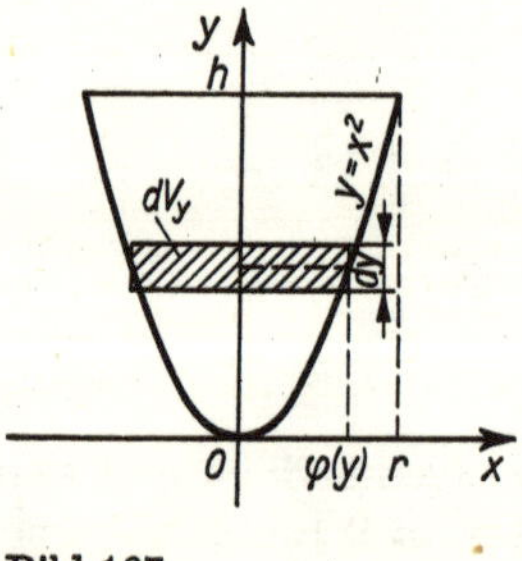

Bild 167

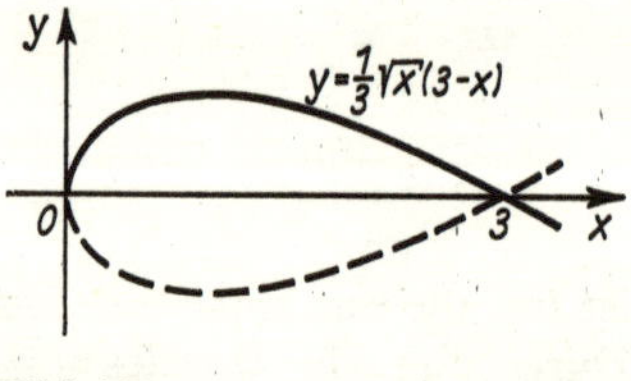

Bild 168

   wobei $h = r^2$ berücksichtigt wurde. Das Volumen eines Rotationsparaboloids ist also gleich dem halben Volumen eines Zylinders mit gleicher Höhe und gleichem Grundkreisradius.

3. Man berechne das Volumen eines Stromlinienkörpers, der durch Rotation eines parabolischen Blattes um die x-Achse entsteht. Die obere Begrenzungskurve der erzeugenden Fläche sei durch $y = \frac{1}{3}\sqrt{x}\,(3 - x)$ gegeben (Bild 168).

Lösung:

Aus $\frac{1}{3}\sqrt{x}\,(3 - x) = 0$ ergeben sich die Grenzen $x_1 = 0$ und $x_2 = 3$.

$$V_x = \pi \int_{x_1}^{x_2} y^2\,dx = \frac{\pi}{9}\int_0^3 x(9 - 6x + x^2)\,dx = \frac{\pi}{9}\int_0^3 (9x - 6x^2 + x^3)\,dx =$$

$$= \frac{\pi}{9}\left(\frac{9}{2}x^2 - 2x^3 + \frac{1}{4}x^4\right)\Bigg|_0^3 = \frac{\pi}{9}\left(\frac{81}{2} - 54 + \frac{81}{4}\right) = \frac{3}{4}\pi \approx \underline{\underline{2{,}356}}$$

9.2.2. Der Rauminhalt anderer Körper

Das Verfahren der Volumenberechnung von Rotationskörpern läßt sich sinngemäß auf solche Körper übertragen, bei denen die parallel zu einer Koordinatenebene liegenden Querschnittsflächen bestimmbar sind.
Es soll das Volumen des in Bild 169 dargestellten Körpers berechnet werden. Durch Schnittebenen parallel zur y, z-Ebene wird der Körper in Scheiben zerlegt, deren Volumen ΔV durch die Volumenelemente dV in gleicher Weise wie in 9.2.1. angenähert wird. Der Inhalt A jeder Querschnittsfläche ist abhängig von der Stelle x, an der der Schnitt geführt wird: $A = q(x)$.
Bei Rotationskörpern ist $A = \pi[f(x)]^2$. Hier wird durch q ein anderer Zusammenhang gegeben. Haben die Volumenelemente die Dicke dx, so gilt

$$\Delta V \approx dV = q(x)\,dx.$$

Durch *Integration über alle Volumenelemente* dV erhält man

$$\boxed{V = \int_V dV = \int_{x_1}^{x_2} q(x)\,dx.} \qquad (90)$$

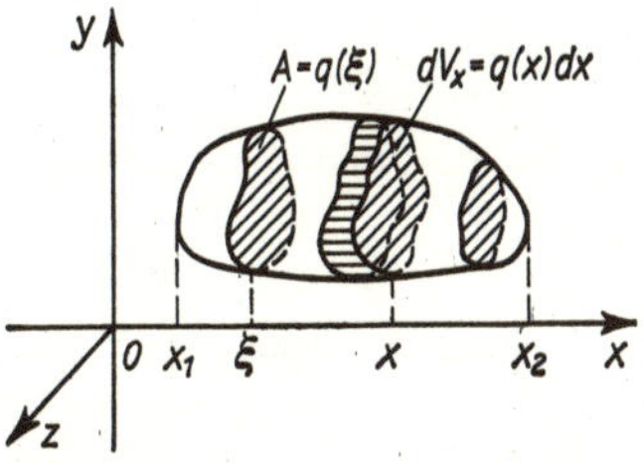

Bild 169

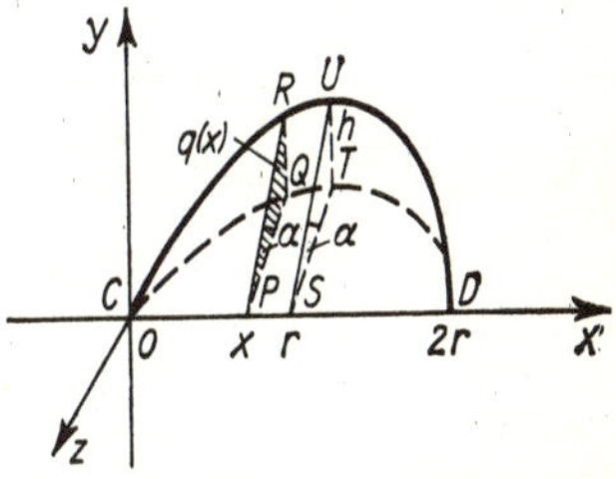

Bild 170

Die Lösung dieses Integrals ist jedoch nur möglich, wenn die Funktion q bekannt oder bestimmbar ist. Das setzt voraus, daß der Körper eine gewisse, mathematisch erfaßbare Regelmäßigkeit aufweist. Überdies muß die Funktion q für alle $x \in [x_1, x_2]$ stetig sein, damit das Integral (90) als Grenzwert einer Summenfolge existiert und endlich ist.

BEISPIEL

Es ist das Volumen des in Bild 170 dargestellten Zylinderabschnittes zu bestimmen, der aus einem geraden Kreiszylinder durch eine Ebene abgeschnitten wird, die durch einen Durchmesser des Grundkreises geht. Die Höhe des Abschnittes sei h.

Lösung:

Das Koordinatensystem wird zweckmäßig so gelegt, daß der Ursprung auf dem Grundkreis liegt und die x-Achse mit dem Durchmesser $\overline{CD}$ zusammenfällt. Die Querschnitte $q(x)$ sind rechtwinklige Dreiecke. Aus dem Dreieck PQR erhält man

$$q(x) = \frac{1}{2}\overline{PQ}\cdot\overline{QR} \quad \text{und wegen} \quad \overline{QR} = \overline{PQ}\cdot\tan\alpha$$

$$q(x) = \frac{1}{2}\overline{PQ}^2\cdot\tan\alpha.$$

Nach dem Satz des Thales ist $\triangle\, CDQ$ ebenfalls ein rechtwinkliges Dreieck, für das sich nach dem Höhensatz die Beziehung

$$\overline{PQ}^2 = \overline{CP}\cdot\overline{PD} = x(2r - x)$$

aufstellen läßt. Insgesamt ist dann $q(x) = \frac{1}{2}x(2r - x)\tan\alpha$. Nach Formel (90) erhält man

$$V = \int\limits_0^{2r} q(x)\,\mathrm{d}x = \frac{1}{2}\tan\alpha\int\limits_0^{2r} x(2r - x)\,\mathrm{d}x = \frac{1}{2}\tan\alpha\left(rx^2 - \frac{x^3}{3}\right)\Bigg|_0^{2r} =$$

$$= \frac{1}{2}\tan\alpha\,\frac{4}{3}r^3 = \underline{\underline{\frac{2}{3}r^2h.}}$$

Die letzte Umformung ergibt sich unter Beachtung von $h = \overline{ST}\cdot\tan\alpha = r\tan\alpha$ aus dem Dreieck STU.

AUFGABEN

292. Man berechne das Volumen des Körpers, der bei Rotation der Kurve mit der Gleichung $y = \frac{1}{\cosh x}$ $(x \in [-2, 2])$ um die x-Achse entsteht.

293. Man berechne das Volumen des Körpers, der bei Rotation der Kurve mit der Gleichung $y = \frac{1}{x^2}$ $(y \in [1, 9])$ um die y-Achse entsteht.

294. Man berechne das Volumen des Körpers, der durch Rotation der Fläche zwischen den Kurven mit den Gleichungen $y = \sqrt{8x}$, $(x - 5)^2 + y^2 = 9$, $y = 0$ und $x = 5$ um die x-Achse entsteht (Skizze!).

295. Man berechne das Volumen des Körpers, der durch Rotation der von den Kurven mit den Gleichungen $y = \sqrt{2(x + 5)}$, $x^2 + y^2 = 25$ und $y = 0$ eingeschlossenen Fläche um die x-Achse entsteht (Skizze!).

296. Die von der Kurve mit der Gleichung $y = 2 - \frac{x^2}{2}$ und der x-Achse begrenzte Fläche rotiere a) um die x-Achse, b) um die y-Achse.
Man berechne V_x und V_y.

297. Die Ellipse mit der Gleichung $\frac{x^2}{a^2} + \frac{y^2}{b^2} = 1$ rotiert a) um die x-Achse, b) um die y-Achse.
Bestimme die Volumen der dabei entstehenden Körper.

298. Wie groß sind die Volumen der Rotationshyperboloide, die durch Rotation der Fläche unter der Hyperbel mit der Gleichung $\frac{x^2}{a^2} - \frac{y^2}{b^2} = 1$ um deren Hauptachsen entstehen?

299. Durch das Integral $V_x = \pi \int_a^b x \, dx$ wird das Volumen eines Rotationskörpers bestimmt. Wie heißt die Gleichung der Kurve, die die erzeugende Fläche von oben begrenzt? Welche Gestalt hat der entstehende Rotationskörper?

300. Durch das Integral $V_y = \int_{y_1}^{y_2} \cos^2(2y - 1) \, dy$ wird das Volumen eines Rotationskörpers bestimmt. Wie heißt die Gleichung der Kurve, die die erzeugende Fläche von oben begrenzt?

301. Durch das Integral $V_x = \int_{x_1}^{x_2} \sqrt{x} \, dx$ wird das Volumen eines Rotationskörpers bestimmt. Wie heißt die Gleichung der oberen Begrenzungsfunktion jener Fläche, die durch Rotation um die x-Achse den Körper erzeugt?

302. Man berechne das Volumen einer Pyramide der Höhe h, deren Grundfläche ein regelmäßiges Sechseck mit der Seitenlänge s ist.

303. Man berechne das Volumen eines Ellipsoids, dessen Halbachsen in x-, y- und z-Richtung die Längen a, b und c haben. Die Formel für den Flächeninhalt einer Ellipse setze man als bekannt voraus.

9.3. Bogenlängenberechnung (Rektifikation)

In diesem Abschnitt soll ein Verfahren hergeleitet werden, das die Berechnung der Länge einer ebenen Kurve zwischen zwei Punkten ermöglicht. Im wesentlichen wird dabei derselbe Weg wie bei der Flächen- oder Rauminhaltsberechnung eingeschlagen.

Gegeben sei eine Funktion f, für deren Kurve die Bogenlänge zwischen den Punkten P_1 und P_2 berechnet werden soll (Bild 171). Damit das sinnvoll ist, muß f als stetig vorausgesetzt werden. Später zeigt es sich, daß man sogar die Differenzierbarkeit von f und die Stetigkeit von f' verlangen muß. Das Kurvenstück zwischen P_1 und P_2 wird zunächst durch endlich viele Punkte unterteilt. Einer dieser Punkte sei P. Die Länge des Kurvenstücks zwischen P und dem nächsten Teilungspunkt sei Δs. Diese Länge kann näherungsweise durch das geradlinige *Linienelement* ds (auch Bogendifferential genannt) ersetzt werden. ds läßt sich als Teilstück der durch P gehenden Tangente durch die zugehörigen Differentiale dx und dy ausdrücken:

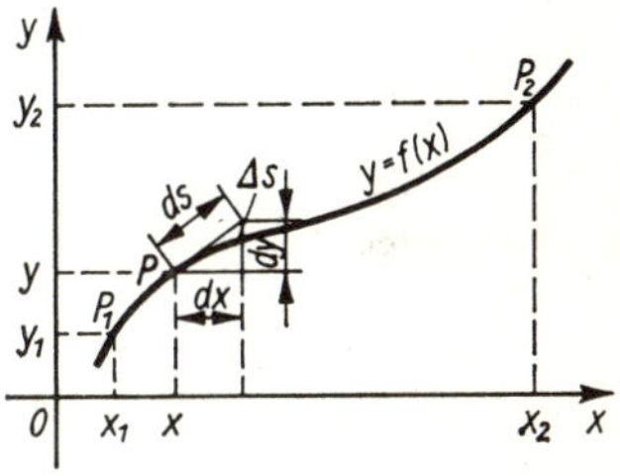

Bild 171

$$\Delta s \approx ds = \sqrt{(dx)^2 + (dy)^2} = \sqrt{1 + \left(\frac{dy}{dx}\right)^2} \, dx. \tag{91}$$

Die Summe aller Linienelemente ds wird die gesuchte Bogenlänge um so besser annähern, je feiner die Unterteilung ist. Man erhält daher für immer engere Unterteilungen eine Folge von Summen, deren Grenzwert für $n \to \infty$ und $\mathrm{d}x \to 0$ gebildet wird. Ist dieser Grenzwert endlich, so gibt er die gesuchte Bogenlänge an, und die Kurve heißt rektifizierbar. Diesen Vorgang kann man formal durch ein bestimmtes Integral beschreiben, indem man *über alle Linienelemente* $\mathrm{d}s$ integriert. Beachtet man, daß $\frac{\mathrm{d}y}{\mathrm{d}x} = f'(x)$, so ergibt sich

$$s = \int_s \mathrm{d}s = \int_{x_1}^{x_2} \sqrt{1 + \left(\frac{\mathrm{d}y}{\mathrm{d}x}\right)^2}\,\mathrm{d}x = \int_{x_1}^{x_2} \sqrt{1 + [f'(x)]^2}\,\mathrm{d}x. \qquad (92\,\mathrm{a})$$

Ist die Funktion f im Intervall $[x_1, x_2]$ eineindeutig, kann man zur Bogenlängenberechnung auch die Umkehrfunktion φ heranziehen. Die Grenzen des Integrales sind dann y_1 und y_2.

Aus $\mathrm{d}s = \sqrt{(\mathrm{d}x)^2 + (\mathrm{d}y)^2} = \sqrt{1 + \left(\frac{\mathrm{d}x}{\mathrm{d}y}\right)^2}\,\mathrm{d}y$ erhält man wegen $\frac{\mathrm{d}x}{\mathrm{d}y} = \varphi'(y)$

$$s = \int_{y_1}^{y_2} \sqrt{1 + \left(\frac{\mathrm{d}x}{\mathrm{d}y}\right)^2}\,\mathrm{d}y = \int_{y_1}^{y_2} \sqrt{1 + [\varphi'(y)]^2}\,\mathrm{d}y. \qquad (92\,\mathrm{b})$$

Das Ergebnis gibt die Bogenlänge in Längeneinheiten an. Wie die Formeln (92) zeigen, ergeben Bogenlängenberechnungen meist komplizierte Integrale. Daher werden hier nur zwei einfache Beispiele gerechnet.

BEISPIELE

1. Es ist die Bogenlänge der Kettenlinie $y = \cosh x$ zwischen den Punkten mit den Abszissen $-a$ und $+a$ zu berechnen (Bild 155).

Lösung:

Wegen der Symmetrie der Kurve braucht man nur von 0 bis a zu integrieren und das Ergebnis zu verdoppeln.

$$s = 2\int_0^a \sqrt{1 + [(\cosh x)']^2}\,\mathrm{d}x = 2\int_0^a \sqrt{1 + \sinh^2 x}\,\mathrm{d}x = 2\int_0^a \cosh x\,\mathrm{d}x =$$

$$= 2 \sinh x \Big|_0^a = \underline{\underline{2 \sinh a}}$$

2. Man berechne den Umfang s des Kreises mit dem Radius 1.

Lösung:

Liegt der Kreismittelpunkt im Ursprung, so ist $y = \sqrt{1 - x^2}$ die Funktionsgleichung des oberen Halbkreises und $y' = \frac{-x}{\sqrt{1 - x^2}}$. Für die Bogenlänge eines Viertelkreises erhält man

$$\frac{s}{4} = \int_0^1 \sqrt{1 + \frac{x^2}{1 - x^2}}\, dx = \int_0^1 \frac{dx}{\sqrt{1 - x^2}} = \arcsin x \Big|_0^1 = \frac{\pi}{2}.$$

Daraus folgt $s = 2\pi$.

9.4. Mantelflächenberechnung (Komplanation) von Rotationskörpern

$y = f(x)$ sei die Gleichung einer rektifizierbaren Kurve, P_1 und P_2 seien zwei Punkte dieser Kurve mit den Abszissen x_1 und x_2. Bei Rotation um die x-Achse beschreibt das zwischen P_1 und P_2 liegende Kurvenstück den Mantel eines Rotationskörpers (Bild 172). Zur Berechnung der Mantelfläche wird der Rotationskörper in bereits bekannter Weise in Scheiben zerlegt. Die Mantelfläche ΔA_{Mx} einer solchen Scheibe, erzeugt durch das Bogenstück Δs, läßt sich durch die Mantelfläche dA_{Mx} eines Kegelstumpfes annähern, die durch das Linienelement ds erzeugt wird. Man verfolge die weiteren Überlegungen am Bild 171, das einen Achsenschnitt des Körpers von Bild 172 darstellt. Unter Berücksichtigung der für die Mantelfläche eines Kegelstumpfes geltenden Formel erhält man dann

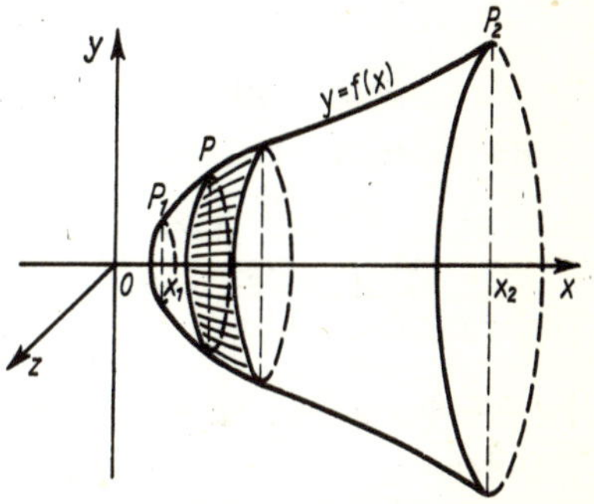

Bild 172

$$\Delta A_{Mx} \approx dA_{Mx} = \pi[y + (y + dy)]\, ds = 2\pi y\, ds + \pi\, dy\, ds.$$

Hierin ist der zweite Summand als Produkt kleiner Größen gegenüber dem ersten Summanden vernachlässigbar. Daher gilt annähernd

$$dA_{Mx} \approx 2\pi y\, ds.$$

Bildet man die Summe dieser Mantelflächenelemente dA_{Mx}, so wird durch sie die gesuchte Mantelfläche um so besser angenähert, je schmaler die einzelnen Flächenstreifen sind. Zum genauen Wert gelangt man durch Berechnung des Grenzwertes für $n \to \infty$ und $dx \to 0$. Man erhält

$$A_{Mx} = 2\pi \int_{x_1}^{x_2} y\, ds = 2\pi \int_{x_1}^{x_2} f(x)\, ds$$

und unter Beachtung von (91)

$$A_{Mx} = 2\pi \int_{x_1}^{x_2} y \sqrt{1 + \left(\frac{\mathrm{d}y}{\mathrm{d}x}\right)^2}\, \mathrm{d}x = 2\pi \int_{x_1}^{x_2} f(x) \sqrt{1 + [f'(x)]^2}\, \mathrm{d}x. \tag{93a}$$

Entsprechende Überlegungen führen bei Rotation um die y-Achse auf die Formel

$$A_{My} = 2\pi \int_{y_1}^{y_2} x \sqrt{1 + \left(\frac{\mathrm{d}x}{\mathrm{d}y}\right)^2}\, \mathrm{d}y = 2\pi \int_{y_1}^{y_2} \varphi(y) \sqrt{1 + [\varphi'(y)]^2}\, \mathrm{d}y, \tag{93b}$$

in der φ die Umkehrfunktion zu f bedeutet. Die Voraussetzungen sind die gleichen wie bei der Bogenlängenberechnung. Das Ergebnis drückt die Mantelfläche in Flächeneinheiten aus.

BEISPIELE

1. Berechnung einer Kugelzone (Mantelfläche einer Kugelschicht) (Bild 173).

   Lösung:

   Der Kugelradius sei r. Dann ist $y = \sqrt{r^2 - x^2}$ die Funktionsgleichung des oberen Halbkreises und $y' = \dfrac{-x}{\sqrt{r^2 - x^2}}$.

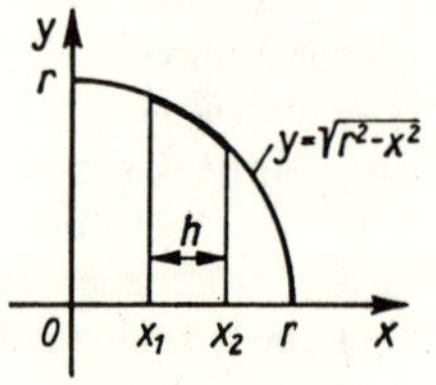

Bild 173

$$A_{Mx} = 2\pi \int_{x_1}^{x_2} \left(\sqrt{r^2 - x^2} \sqrt{1 + \frac{x^2}{r^2 - x^2}}\right) \mathrm{d}x = 2\pi r \int_{x_1}^{x_2} \mathrm{d}x = 2\pi r (x_2 - x_1) = \underline{\underline{2\pi r h}}$$

2. Berechnung der Oberfläche des in Bild 169 dargestellten Stromlinienkörpers.

   Lösung:

   Bei einem Stromlinienkörper ist die Oberfläche mit der Mantelfläche identisch.

   Funktionsgleichung: $y = \dfrac{1}{3}\sqrt{x}\,(3 - x)$ Grenzen: $x_1 = 0,\ x_2 = 3$

   Ableitung: $y' = \dfrac{1 - x}{2\sqrt{x}}$

$$A_{Mx} = 2\pi \int_0^3 \frac{1}{3}\sqrt{x}\,(3 - x) \sqrt{1 + \frac{(1 - x)^2}{4x}}\, \mathrm{d}x =$$

$$= \frac{2\pi}{3} \int_0^3 \sqrt{x}\,(3 - x) \sqrt{\frac{(1 + x)^2}{4x}}\, \mathrm{d}x =$$

$$= \frac{\pi}{3} \int_0^3 (3 + 2x - x^2)\, \mathrm{d}x = \frac{\pi}{3}\left(3x + x^2 - \frac{x^3}{3}\right)\Bigg|_0^3 = \underline{\underline{3\pi}}.$$

Weitere Beispiele sind in den Aufgaben zu den Integrationsverfahren zu finden.

10. Integrationsverfahren

Bisher konnten nur solche Aufgaben gelöst werden, bei denen sich die Integrale in einfacher Weise aus Grundintegralen zusammensetzten. Mit Hilfe der Integrationsverfahren sollen nun auch kompliziertere Integrale gelöst werden. Das Prinzip dieser Verfahren besteht darin, gegebene Integrale durch Umformungen auf Grundintegrale oder auf andere bereits bekannte Integrale zurückzuführen. Der Erfolg dieser Bemühungen hängt in hohem Maße davon ab, ob die in 8.1. besprochenen Grundintegrale sicher im Gedächtnis haften.

Trotzdem führen die im folgenden behandelten Integrationsverfahren häufig nicht zum Ziel. Es besteht nämlich in dieser Hinsicht ein wesentlicher Unterschied zur Differentialrechnung. Die Ableitungen aller elementaren Funktionen sind wieder elementare Funktionen oder setzen sich durch endlich viele arithmetische Operationen aus elementaren Funktionen zusammen. Dagegen gibt es Integrale über verhältnismäßig einfache elementare Funktionen, die sich *nicht* durch elementare Funktionen ausdrücken lassen. Man sagt dann, die betreffenden Funktionen seien nicht geschlossen integrierbar. Diese Integrale definieren neue Funktionen, die nicht zur Klasse der elementaren Funktionen gehören. Beispiele dafür sind

$$\int \frac{\sin x}{x}\,\mathrm{d}x, \quad \int \frac{\mathrm{d}x}{\ln x}, \quad \int \sin x^2\,\mathrm{d}x, \quad \int \mathrm{e}^{-x^2}\,\mathrm{d}x, \quad \int \frac{\mathrm{d}x}{\sqrt{1+x^4}}.$$

Man kann sich diesen Sachverhalt durch einen Vergleich mit der Einführung der rationalen Zahlen klarmachen. Die Multiplikation ganzer Zahlen führt aus der Menge G der ganzen Zahlen nicht hinaus. Dagegen ist die Division (als Umkehroperation) zweier ganzer Zahlen nicht immer in G lösbar. Man definiert daher die nicht in G enthaltenen Quotienten als neue Zahlen und gelangt damit zur Menge der rationalen Zahlen. Ebenso treten bei der Integration als Umkehrung der Differentiation neue, nicht elementare Funktionen auf, die eine neue Klasse von Funktionen darstellen. Als Hilfsmittel der Integration in solchen Fällen wird u. a. die Potenzreihenentwicklung herangezogen. Hinweise dazu findet man in 19.2.

Die zunächst behandelten drei Verfahren

Integration durch Substitution,
partielle Integration und
Integration nach Partialbruchzerlegung

dienen im wesentlichen der geschlossenen Integration. Führen sie nicht zum Ziel, kann man unter bestimmten Voraussetzungen die anschließend besprochenen Näherungsverfahren zur Integration benutzen, die im Wirkungsgrad einer geschlossenen Integration durchaus gleichwertig sind. Häufig wird man sogar eine näherungsweise Integration bevorzugen, obwohl eine geschlossene Integration möglich ist, da das Näherungsverfahren mitunter weniger Aufwand erfordert und praktisch hinreichend genaue Werte liefert.

In jedem Falle achte man auf den Definitionsbereich des Integranden. Ein Integral ist nur für solche Stellen sinnvoll, für die der Integrand definiert ist.

10.1. Integration durch Substitution

10.1.1. Allgemeines Prinzip des Verfahrens

Das Substitutionsverfahren strebt eine Vereinfachung des zu lösenden Integrals an, indem für einen Teil $\varphi(x)$ des Integranden eine neue Variable eingeführt wird. Das trifft insbesondere zu, wenn der Integrand durch den Term $f[\varphi(x)]$ einer mittelbaren Funktion gegeben ist. Aber nicht in jedem solchen Falle kann das Integral durch Substitution gelöst werden. Andererseits ist das Substitutionsverfahren nicht an Integranden der Form $f[\varphi(x)]$ gebunden, wie die nachfolgenden Darlegungen noch zeigen.
Zunächst seien zwei Beispiele betrachtet.

BEISPIELE

1. $\int\sqrt{2x+1}\,\mathrm{d}x$ ist kein Grundintegral, obwohl der Integrand sehr einfach ist. Durch die Substitution $z = 2x + 1$ wird eine neue Variable eingeführt. Für $\sqrt{2x+1}$ kann man dann $\sqrt{z}$ schreiben. Da die Variable x außerdem noch im Differential $\mathrm{d}x$ erscheint, muß auch hier eine Umrechnung vorgenommen werden. Aus $z = 2x + 1$ erhält man durch Differentiation

$$\frac{\mathrm{d}z}{\mathrm{d}x} = 2 \quad \text{und} \quad \mathrm{d}x = \frac{1}{2}\,\mathrm{d}z.$$

Damit ist folgende Weiterrechnung möglich:

$$\int\sqrt{2x+1}\,\mathrm{d}x = \int\sqrt{z}\,\frac{\mathrm{d}z}{2} = \frac{1}{2}\int z^{\frac{1}{2}}\,\mathrm{d}z = \frac{1}{3}z^{\frac{3}{2}} + C$$

und unter Beachtung von $z = 2x + 1$

$$\int\sqrt{2x+1}\,\mathrm{d}x = \frac{1}{3}(2x+1)^{\frac{3}{2}} + C = \underline{\underline{\frac{1}{3}(2x+1)\sqrt{2x+1} + C.}}$$

2. $\int(2-3x)^7\,\mathrm{d}x$ ist ebenfalls kein Grundintegral. Durch Umformung des Integranden nach dem binomischen Satz läßt es sich aber in eine Summe von Grundintegralen zerlegen. Einfacher ist die Anwendung der Substitution $z = 2 - 3x$. Durch Differentiation ergibt sich

$$\frac{\mathrm{d}z}{\mathrm{d}x} = -3 \quad \text{und} \quad \mathrm{d}x = -\frac{\mathrm{d}z}{3}.$$

Durch Einsetzen erhält man

$$\int(2-3x)^7\,\mathrm{d}x = \int z^7\left(-\frac{\mathrm{d}z}{3}\right) = -\frac{1}{3}\int z^7\,\mathrm{d}z = -\frac{1}{24}z^8 + C =$$

$$= \underline{\underline{-\frac{1}{24}(2-3x)^8 + C.}}$$

Das diesen Beispielen zugrunde liegende Lösungsprinzip wird aus der folgenden Überlegung ersichtlich.

Es sei F eine in $[a, b]$ differenzierbare Funktion und $F' = f$. Für Argumente $z \in [a, b]$ gelte also $F(z) + C = \int f(z)\,\mathrm{d}z$.
Ferner sei $z = \varphi(x)$ Funktionswert einer Funktion φ für $x \in [\alpha, \beta]$. Dann ergibt sich unter gewissen Voraussetzungen, die weiter unten besprochen werden, nach der Kettenregel der Differentialrechnung

$$\frac{\mathrm{d}F[\varphi(x)]}{\mathrm{d}x} = F'[\varphi(x)]\,\varphi'(x).$$

Durch Umkehrung, also durch Integration, erhält man daraus

$$F[\varphi(x)] + C = \int F'[\varphi(x)]\,\varphi'(x)\,\mathrm{d}x.$$

Wegen $\varphi(x) = z$ und $F' = f$ ist das gleichbedeutend mit

$$\int f(z)\,\mathrm{d}z = \int f[\varphi(x)]\,\varphi'(x)\,\mathrm{d}x.$$

Beachtet man noch die Integrationsgrenzen, so ist letztlich

$$\boxed{\int_a^b f(z)\,\mathrm{d}z = \int_\alpha^\beta f[\varphi(x)]\,\varphi'(x)\,\mathrm{d}x} \qquad (94)$$

Das ist die dem Substitutionsverfahren zugrunde liegende Formel. Sie entspricht etwa der Kettenregel der Differentialrechnung, obwohl sie mit dieser nicht gleichbedeutend ist.
Damit in (94) beide Integrale sinnvoll sind, muß folgendes vorausgesetzt werden:

1. f ist in $[a, b]$ stetig,
2. φ ist differenzierbar in $[\alpha, \beta]$,
3. φ' ist stetig in $[\alpha, \beta]$,
4. $\varphi'(x) \neq 0$ für alle $x \in [\alpha, \beta]$.

Die Bedingung 1 ist notwendig zur Existenz des linken Integrals, die Bedingungen 2 und 3 sind notwendig zur Existenz des rechten Integrals. Die Bedingung 4 sagt aus, daß die Funktion φ in $[\alpha, \beta]$ streng monoton ist, d. h., daß von $z = \varphi(x)$ tatsächlich alle Werte zwischen $a = \varphi(\alpha)$ und $b = \varphi(\beta)$ angenommen werden. Damit ist φ auch eindeutig umkehrbar, und die Grenzen α und β können unmittelbar durch

$$\alpha = \psi(a) \quad \text{und} \quad \beta = \psi(b)$$

ausgedrückt werden, wenn ψ die Umkehrfunktion von φ ist.
Die Formel (94) kann von links nach rechts und auch von rechts nach links gelesen werden. Von links nach rechts bedeutet sie:

> Ein beliebiges Integral $\int f(z)\,\mathrm{d}z$ kann dadurch in einen anderen Integraltyp umgewandelt werden, daß man in geeigneter Weise $z = \varphi(x)$ setzt und dann das Integral $\int f[\varphi(x)]\,\varphi'(x)\,\mathrm{d}x$ betrachtet. Ist dieses ein Grundintegral oder läßt es sich durch mehrere Grundintegrale ausdrücken, so ist die Aufgabe geschlossen lösbar.

Von rechts nach links gelesen bedeutet (94):

Das Integral eines Produktes läßt sich immer dann berechnen, wenn der eine Faktor Funktionswert $f[\varphi(x)]$ einer mittelbaren Funktion und der andere Faktor die Ableitung $\varphi'(x)$ des inneren Terms ist, sofern für die Funktion f unter Beachtung der Substitution $z = \varphi(x)$ ein Integral $\int f(z)\,\mathrm{d}z$ angegeben werden kann.

Der Erfolg einer solchen Rechnung ist abhängig von der richtigen Wahl der Substitution $z = \varphi(x)$. Dies setzt gewisse Erfahrungen voraus, die sich nur durch gründliches Üben erwerben lassen. Vor der Festlegung der Substitution verschaffe man sich immer erst Klarheit über die Struktur des Integranden und berücksichtige auch den Einfluß des Differentials $\mathrm{d}x$.

10.1.2. Integrale der Form $\int f[\varphi(x)]\,\varphi'(x)\,\mathrm{d}x$

Zu beachten ist, daß neben dem Funktionswert $f[\varphi(x)]$ einer mittelbaren Funktion immer die Ableitung $\varphi'(x)$ des inneren Terms als Faktor auftritt. Neben dem allgemeinen Fall ergeben sich einige wichtige Sonderfälle.

Allgemeiner Fall

Aus der Substitution $z = \varphi(x)$ erhält man $\mathrm{d}z = \varphi'(x)\,\mathrm{d}x$ und somit

$$\boxed{\int f[\varphi(x)]\varphi'(x)\,\mathrm{d}x = \int f(z)\,\mathrm{d}z} \qquad (94\text{a})$$

φ ist eine lineare Funktion

$\varphi(x) = ax + b$

Substitution: $z = ax + b, \quad \frac{\mathrm{d}z}{\mathrm{d}x} = a, \quad \mathrm{d}x = \frac{\mathrm{d}z}{a}$

$$\boxed{\int f(ax + b)\,\mathrm{d}x = \frac{1}{a}\int f(z)\,\mathrm{d}z} \qquad (94\text{b})$$

f ist Potenzfunktion mit einem Exponenten $n \neq -1$

Der Integrand lautet $[\varphi(x)]^n\varphi'(x)$. Für negative n muß $\varphi(x) \neq 0$ sein.
Substitution: $z = \varphi(x)$, $\mathrm{d}z = \varphi'(x)\,\mathrm{d}x$

$$\boxed{\int [\varphi(x)]^n\,\varphi'(x)\,\mathrm{d}x = \int z^n\,\mathrm{d}z = \frac{z^{n+1}}{n+1} + C = \frac{[\varphi(x)]^{n+1}}{n+1} + C} \qquad (94\text{c})$$

f ist Potenzfunktion mit dem Exponenten $n = -1$

Der Integrand lautet $\frac{\varphi'(x)}{\varphi(x)}$, wobei stets $\varphi(x) \neq 0$ sein muß. Der Zählerterm ist also die Ableitung des Nennerterms.

Substitution: $z = \varphi(x),\ \mathrm{d}z = \varphi'(x)\,\mathrm{d}x$

$$\boxed{\int \frac{\varphi'(x)}{\varphi(x)}\,\mathrm{d}x = \int \frac{\mathrm{d}z}{z} = \ln|z| + C = \ln|\varphi(x)| + C} \tag{94d}$$

BEISPIELE

Man benutze die Möglichkeit der Probe durch Differentiation des Ergebnisses!
Beispiele zu (94a):

1. $\int \sin^5 x \cos x\,\mathrm{d}x$

Aus $z = \sin x$ erhält man durch Differenzieren $\mathrm{d}z = \cos x\,\mathrm{d}x$ und nach Einsetzen

$$\int \sin^5 x \cos x\,\mathrm{d}x = \int z^5\,\mathrm{d}z = \frac{1}{6} z^6 + C = \underline{\underline{\frac{1}{6}\sin^6 x + C}}$$

2. $\int\limits_{\frac{\pi}{6}}^{\frac{\pi}{2}} \sin^5 x \cos x\,\mathrm{d}x$

Zur Berechnung des bestimmten Integrals ergeben sich zwei Möglichkeiten.

1. Möglichkeit: Es wird zunächst unbestimmt integriert ohne jegliche Berücksichtigung der Grenzen. Mit dem Ergebnis des unbestimmten Integrales wird in einer *neuen Gleichung* das bestimmte Integral berechnet.

Also erhält man unter Benutzung des 1. Beispieles:

$$\int\limits_{\frac{\pi}{6}}^{\frac{\pi}{2}} \sin^5 x \cos x\,\mathrm{d}x = \frac{1}{6}\sin^6 x \Bigg|_{\frac{\pi}{6}}^{\frac{\pi}{2}} = \frac{1}{6}\left(\sin^6\frac{\pi}{2} - \sin^6\frac{\pi}{6}\right) = \frac{1}{6}\left(1 - \frac{1}{64}\right) = \underline{\underline{\frac{21}{128}}}$$

2. Möglichkeit: Die Rechnung erfolgt durchgehend. Mit Hilfe der Substitutionsgleichung werden auch die Grenzen auf die neue Variable umgerechnet.

Häufig ist dieser Weg günstiger als der erste, da sich die Rückrechnung auf die ursprüngliche Variable erübrigt.

$$\int\limits_{\frac{\pi}{6}}^{\frac{\pi}{2}} \sin^5 x \cos x\,\mathrm{d}x = \int\limits_{\frac{1}{2}}^{1} z^5\,\mathrm{d}z = \frac{1}{6} z^6 \Bigg|_{\frac{1}{2}}^{1} = \frac{1}{6}\left(1 - \frac{1}{64}\right) = \underline{\underline{\frac{21}{128}}}$$

Substitution: $z = \sin x$ $\qquad x_1 = \frac{\pi}{6} \rightarrow z_1 = \sin\frac{\pi}{6} = \frac{1}{2}$

$\mathrm{d}z = \cos x\,\mathrm{d}x$ $\qquad x_2 = \frac{\pi}{2} \rightarrow z_2 = \sin\frac{\pi}{2} = 1$

3. $\int \frac{\cos\alpha\,\mathrm{d}\alpha}{1 + \sin^2\alpha}$

Die Substitution $z = \sin\alpha,\ \mathrm{d}z = \cos\alpha\,\mathrm{d}\alpha$ führt auf

$$\int \frac{\cos\alpha\,\mathrm{d}\alpha}{1 + \sin^2\alpha} = \int \frac{\mathrm{d}z}{1 + z^2} = \arctan z + C = \underline{\underline{\arctan(\sin\alpha) + C}}$$

4. $\int\limits_0^1 \frac{\arctan x \, dx}{1 + x^2}$

Wegen $(\arctan x)' = \frac{1}{1 + x^2}$ hat der Integrand die Form $\varphi(x)\, \varphi'(x)$.

Substitution:

$z = \varphi(x) = \arctan x$

$dz = \varphi'(x)\, dx = \frac{dx}{1 + x^2}$

Grenzen:

$x_1 = 0 \qquad z_1 = \arctan 0 = 0$

$x_2 = 1 \qquad z_2 = \arctan 1 = \frac{\pi}{4}$

$$\int\limits_0^1 \frac{\arctan x \, dx}{1 + x^2} = \int\limits_0^{\frac{\pi}{4}} z \, dz = \frac{1}{2} z^2 \Big|_0^{\frac{\pi}{4}} = \underline{\underline{\frac{\pi^2}{32}}}$$

5. $\int \frac{\ln x \, dx}{x}$

Wegen $(\ln x)' = \frac{1}{x}$ hat der Integrand die Form $\varphi(x)\, \varphi'(x)$.

Substitution: $z = \ln x, \quad dz = \frac{1}{x} dx$

$$\int \frac{\ln x \, dx}{x} = \int z \, dz = \frac{1}{2} z^2 + C = \underline{\underline{\frac{1}{2} (\ln x)^2 + C}}$$

In vielen Fällen ist der Integrand nicht unmittelbar in der Form $f[\varphi(x)]\, \varphi'(x)$ gegeben, kann aber durch arithmetische Operationen, z. B. durch Erweitern mit einem konstanten Faktor, auf diese Form gebracht werden.

6. $\int x \, e^{-x^2} \, dx$

Es ist $f[\varphi(x)] = e^{-x^2}$, $\varphi(x) = -x^2$, $\varphi'(x) = -2x$. Im Integranden fehlt also der Faktor -2. Nach Erweitern mit diesem Faktor kann in der üblichen Weise substituiert werden:

$$z = -x^2, \quad dz = -2x \, dx$$

$$\int x \, e^{-x^2} \, dx = \frac{1}{-2} \int (-2x e^{-x^2}) \, dx = -\frac{1}{2} \int e^z \, dz = -\frac{1}{2} e^z + C =$$

$$= \underline{\underline{-\frac{1}{2} e^{-x^2} + C}}$$

7. $\int \frac{x^2 \, dx}{\sqrt{a^2 + x^3}}$

Substitution: $z = a^2 + x^3, \quad dz = 3x^2 \, dx$

$$\int \frac{x^2 \, dx}{\sqrt{a^2 + x^3}} = \frac{1}{3} \int \frac{3x^2 \, dx}{\sqrt{a^2 + x^3}} = \frac{1}{3} \int \frac{dz}{\sqrt{z}} = \frac{1}{3} \int z^{-\frac{1}{2}} \, dz = \frac{2}{3} z^{\frac{1}{2}} + C =$$

$$= \underline{\underline{\frac{2}{3} \sqrt{a^2 + x^3} + C}}$$

8. $\int \sin^3 x \, dx$

Damit die Ableitung des inneren Terms als Faktor auftritt, ist eine Umformung nötig. Danach substituiert man $z = \cos x, \quad -dz = \sin x \, dx$.

$$\int \sin^3 x \, dx = \int \sin^2 x \sin x \, dx = \int (1 - \cos^2 x) \sin x \, dx = -\int (1 - z^2) \, dz =$$

$$= -\left(z - \frac{z^3}{3}\right) + C = \underline{\underline{-\cos x + \frac{1}{3} \cos^3 x + C}}$$

Beispiele zu (94b):

9. $\int \frac{du}{3u - 2}$

Substitution: $z = 3u - 2, \quad dz = 3 \, du, \quad du = \frac{dz}{3}$

$$\frac{du}{3u - 2} = \frac{1}{3} \int \frac{dz}{z} = \frac{1}{3} \ln |z| + C = \underline{\underline{\frac{1}{3} \ln |3u - 2| + C}}$$

10. $\int e^{2x+5} \, dx$

Substitution: $z = 2x + 5, \quad dz = 2 \, dx, \quad dx = \frac{dz}{2}$

$$\int e^{2x+5} \, dx = \frac{1}{2} \int e^z \, dz = \frac{1}{2} e^z + C = \underline{\underline{\frac{1}{2} e^{2x+5} + C}}$$

11. $\int \sin(\omega t + \varphi) \, dt$

Substitution: $z = \omega t + \varphi, \quad dz = \omega dt, \quad dt = \frac{dz}{\omega}$

$$\int \sin(\omega t + \varphi) \, dt = \frac{1}{\omega} \int \sin z \, dz = -\frac{1}{\omega} \cos z + C = \underline{\underline{-\frac{1}{\omega} \cos(\omega t + \varphi) + C}}$$

12. $\int x \sqrt{2x - 1} \, dx$

Substitution: $z = 2x - 1, \quad x = \frac{z + 1}{2}, \quad dx = \frac{dz}{2}$

$$\int x \sqrt{2x - 1} \, dx = \int \frac{z + 1}{2} \sqrt{z} \frac{dz}{2} = \frac{1}{4} \int (z + 1) z^{\frac{1}{2}} \, dz = \frac{1}{4} \int \left(z^{\frac{3}{2}} + z^{\frac{1}{2}}\right) dz =$$

$$= \frac{1}{4} \left(\frac{2}{5} z^{\frac{5}{2}} + \frac{2}{3} z^{\frac{3}{2}}\right) + C = \frac{1}{2} z \sqrt{z} \left(\frac{z}{5} + \frac{1}{3}\right) + C =$$

$$= \frac{1}{2} (2x - 1) \sqrt{2x - 1} \left[\frac{1}{5} (2x - 1) + \frac{1}{3}\right] + C =$$

$$= \underline{\underline{\frac{1}{5} \left(x + \frac{1}{3}\right) (2x - 1) \sqrt{2x - 1} + C}}$$

Durch Ausklammern konstanter Faktoren, Anwendung goniometrischer Beziehungen und andere Umformungen kann häufig erreicht werden, daß eine lineare Substitution auf ein Grundintegral führt.

13. $\int \frac{dt}{\sqrt{a^2 - t^2}}$

Nach Ausklammern des Faktors $\frac{1}{a}$ ist folgende Substitution möglich: $z = \frac{t}{a}$, $dz = \frac{dt}{a}$

$$\int \frac{dt}{\sqrt{a^2 - t^2}} = \int \frac{dt}{\sqrt{a^2\left(1 - \frac{t^2}{a^2}\right)}} = \frac{1}{a}\int \frac{dt}{\sqrt{1 - \left(\frac{t}{a}\right)^2}} = \int \frac{dz}{\sqrt{1 - z^2}} =$$

$$= \arcsin z + C = \underline{\underline{\arcsin \frac{t}{a} + C}}$$

14. $\int \cos^2 x \, dx$

Aus $\cos 2x = 2\cos^2 x - 1$ folgt $\cos^2 x = \frac{1}{2}(1 + \cos 2x)$ und somit

$$\int \cos^2 x \, dx = \frac{1}{2}\int (1 + \cos 2x)\, dx = \frac{1}{2}\int dx + \frac{1}{2}\int \cos 2x \, dx.$$

Im zweiten Integral ist $z = 2x$, $dx = \frac{dz}{2}$ zu setzen.

$$\int \cos^2 x \, dx = \frac{1}{2}x + C_1 + \frac{1}{4}\int \cos z \, dz = \frac{1}{2}x + C_1 + \frac{1}{4}\sin z + C_2 =$$

$$= \frac{1}{2}x + \frac{1}{4}\sin 2x + C = \underline{\underline{\frac{1}{2}(x + \sin x \cos x) + C}}$$

15. Wegen $\sin^2 x = 1 - \cos^2 x$ erhält man aus Beispiel 14:

$$\int \sin^2 x \, dx = \int (1 - \cos^2 x)\, dx = x - \frac{1}{2}(x + \sin x \cos x) + C =$$

$$= \underline{\underline{\frac{1}{2}(x - \sin x \cos x) + C.}}$$

16. Für bestimmte Rechnungen, z. B. im Zusammenhang mit Fourier-Reihen, ist eine Gruppe von Integralen bedeutsam (Integraltafel 4.14. bis 4.16.), für die als Beispiel

$\int \sin mx \sin nx \, dx$, $m, n \in N$, $m \neq n$, genannt sei.

Lösung:

Aus $\cos\alpha - \cos\beta = -2\sin\frac{\alpha+\beta}{2}\sin\frac{\alpha-\beta}{2}$ [vgl. »Algebra u. Geometrie«, Gl. (79)] folgt

$$\sin\frac{\alpha+\beta}{2}\sin\frac{\alpha-\beta}{2} = \frac{1}{2}(\cos\beta - \cos\alpha).$$

Setzt man $\frac{\alpha+\beta}{2} = mx$, $\frac{\alpha-\beta}{2} = nx$ und berechnet daraus

$\alpha = (m+n)x$, $\beta = (m-n)x$, so ist

$$\int \sin mx \sin nx \, dx = \frac{1}{2}\left[\int \cos(m-n)x \, dx - \int \cos(m+n)x \, dx\right]$$

Durch die Substitutionen $u = (m - n)x, \quad du = (m - n)\,dx$

$v = (m + n)x, \quad dv = (m + n)\,dx$

erhält man

$$\int \sin mx \sin nx \,dx = \frac{1}{2}\left[\frac{1}{m-n}\int \cos u \,du - \frac{1}{m+n}\int \cos v \,dv\right] =$$

$$= \frac{1}{2}\left[\frac{\sin(m-n)x}{m-n} - \frac{\sin(m+n)x}{m+n}\right] + C.$$

Daraus ergibt sich das häufig benötigte bestimmte Integral $\int\limits_0^{\pi} \sin mx \sin nx \,dx = 0$ für $m \neq n$ (Integraltafel 10.7.).

17. Man bestimme den Inhalt der Fläche, die von der Kurve mit der Gleichung $y = \sqrt{5 - x}$, der x-Achse und der y-Achse begrenzt wird.

Lösung:

Zunächst fertige man sich eine Skizze an. Die linke Grenze ist $x_1 = 0$; die rechte Grenze $x_2 = 5$ ergibt sich aus $5 - x = 0$ (Schnittpunkt der Kurve mit der x-Achse).

$$A = \int\limits_0^5 \sqrt{5 - x}\,dx = -\int\limits_5^0 \sqrt{z}\,dz = \int\limits_0^5 \sqrt{z}\,dz = \frac{2}{3} z\sqrt{z}\Big|_0^5 = \frac{10}{3}\sqrt{5} \approx 7{,}454$$

Substitution: $z = 5 - x, \quad -dz = dx$

Grenzen:

$x_1 = 0 \qquad z_1 = 5 - 0 = 5$

$x_2 = 5 \qquad z_2 = 5 - 5 = 0$

18. Man berechne die Mantelfläche des Rotationskörpers, der durch Rotation der im Beispiel 17 gegebenen Fläche um die x-Achse entsteht.

Aus $y = \sqrt{5 - x}$ und $y' = \dfrac{-1}{2\sqrt{5 - x}}$ erhält man

$$A_{Mx} = 2\pi \int\limits_{x_1}^{x_2} f(x)\sqrt{1 + [f'(x)]^2}\,dx = 2\pi \int\limits_0^5 \sqrt{5 - x}\sqrt{1 + \frac{1}{4(5 - x)}}\,dx =$$

$$= \pi \int\limits_0^5 \sqrt{21 - 4x}\,dx =$$

$$= -\frac{\pi}{4}\int\limits_{21}^{1} \sqrt{z}\,dz =$$

$$= \frac{\pi}{4}\int\limits_1^{21} \sqrt{z}\,dz =$$

Substitution: $z = 21 - 4x$

$dx = -\dfrac{dz}{4}$

Grenzen: $x_1 = 0 \to z_1 = 21 - 0 = 21$

$x_2 = 5 \to z_2 = 21 - 20 = 1$

$$= \frac{\pi}{6} z\sqrt{z}\Big|_1^{21} = \frac{\pi}{6}\left(21\sqrt{21} - 1\right) \approx 49{,}86$$

Beispiele zu (94c):

Zu dieser Gruppe von Aufgaben gehören die Beispiele 1, 2 und 7.

19. $$\int_1^2 x\sqrt{4-x^2}\,dx = -\frac{1}{2}\int_1^2 (-2)x\sqrt{4-x^2}\,dx =$$

$$= -\frac{1}{2}\int_3^0 z^{\frac{1}{2}}\,dz = \frac{1}{2}\int_0^3 z^{\frac{1}{2}}\,dz = \frac{1}{3}z\sqrt{z}\Big|_0^3 = \underline{\underline{\sqrt{3}}}$$

Substitution:	Grenzen:
$z = 4 - x^2$	$x_1 = 1 \to z_1 = 4 - 1 = 3$
$dz = -2x\,dx$	$x_2 = 2 \to z_2 = 4 - 4 = 0$

Beispiele zu (94d):

Auch hier ist häufig eine Umformung nötig, bevor der Integrand die gewünschte Form hat.

20. $$\int \tan x\,dx = \int \frac{\sin x}{\cos x}\,dx = -\int \frac{dz}{z} = -\ln|z| + C = \underline{\underline{-\ln|\cos x| + C}}$$

Substitution: $z = \cos x$, $-dz = \sin x\,dx$

21. $$\int \frac{dx}{\sin x\cos x} = \int \frac{dx}{\frac{\sin x}{\cos x}\cos^2 x} = \int \frac{\frac{1}{\cos^2 x}\,dx}{\tan x} = \int \frac{dz}{z} = \ln|z| + C =$$

$$= \underline{\underline{\ln|\tan x| + C}}$$

Substitution: $z = \tan x$, $dz = \dfrac{1}{\cos^2 x}\,dx$

22. $$\int \frac{dy}{y\ln y} = \int \frac{\frac{1}{y}\,dy}{\ln y} = \int \frac{dz}{z} = \ln|z| + C = \underline{\underline{\ln|\ln y| + C}}$$

Substitution: $z = \ln y$, $dz = \dfrac{1}{y}\,dy$

23. $$\int \frac{x\,dx}{x^2 - 4x + 5}$$

Hier ist zunächst eine Umformung des Integranden in der folgenden Art erforderlich:

$$\frac{x}{x^2-4x+5} = \frac{\frac{1}{2}(2x-4)+2}{x^2-4x+5} = \frac{1}{2}\,\frac{2x-4}{x^2-4x+5} + \frac{2}{x^2-4x+5}$$

Demzufolge kann man das Integral zerlegen in

$$\int \frac{x\,dx}{x^2-4x+5} = \frac{1}{2}\int \frac{2x-4}{x^2-4x+5}\,dx + 2\int \frac{dx}{x^2-4x+5}$$

oder $I = \dfrac{1}{2}I_1 + 2I_2$.

In I_1 ist der Zählerterm die Ableitung des Nennerterms. Also gilt

$$I_1 = \int \frac{2x-4}{x^2-4x+5}\,\mathrm{d}x = \int \frac{\mathrm{d}z}{z} = \ln|z| + C_1 = \ln|x^2-4x+5| + C_1,$$

sofern $z = x^2 - 4x + 5$ und $\mathrm{d}z = (2x-4)\,\mathrm{d}x$.

In I_2 ist eine weitere Umformung mit Anwendung der quadratischen Ergänzung notwendig:

$$I_2 = \int \frac{\mathrm{d}x}{x^2-4x+5} = \int \frac{\mathrm{d}x}{(x^2-4x+4)+1} = \int \frac{\mathrm{d}x}{(x-2)^2+1} = \int \frac{\mathrm{d}u}{u^2+1} =$$

$$= \arctan u + C_2 = \arctan(x-2) + C_2, \text{ sofern } u = x-2,\ \mathrm{d}u = \mathrm{d}x.$$

Insgesamt erhält man dann

$$I = \frac{1}{2} I_1 + 2 I_2 = \frac{1}{2} \ln|x^2-4x+5| + \frac{C_1}{2} + 2\arctan(x-2) + 2C_2 =$$

$$= \underline{\underline{\frac{1}{2} \ln|x^2-4x+5| + 2\arctan(x-2) + C}}, \text{ wobei } C = \frac{C_1}{2} + 2C_2.$$

10.1.3. Substitution trigonometrischer und hyperbolischer Funktionen

Im folgenden werden Integrale der Form

a) $\int f\left(x; \sqrt{a^2 - x^2}\right) \mathrm{d}x$

b) $\int f\left(x; \sqrt{x^2 + a^2}\right) \mathrm{d}x$

c) $\int f\left(x; \sqrt{x^2 - a^2}\right) \mathrm{d}x$

betrachtet, deren Integranden spezielle irrationale Terme enthalten. Da Quadratwurzeln aus Summen oder Differenzen sich nicht ohne weiteres vereinfachen lassen, werden zwei Formeln herangezogen, in denen die Summe bzw. die Differenz zweier Quadrate durch ein Quadrat ausgedrückt wird. Es sind dies die Formeln $\sin^2 z + \cos^2 z = 1$ und $\cosh^2 z - \sinh^2 z = 1$. Mit ihrer Hilfe sind beispielsweise die folgenden Umformungen möglich:

Wenn $x = a \sin z$, so ist

$$\sqrt{a^2 - x^2} = \sqrt{a^2 - a^2 \sin^2 z} = a\sqrt{1 - \sin^2 z} = a \cos z,$$

oder für $x = a \cosh z$ ist

$$\sqrt{x^2 - a^2} = \sqrt{a^2 \cosh^2 z - a^2} = a\sqrt{\cosh^2 z - 1} = a \sinh z.$$

Dadurch fallen die Wurzeln weg, und der Integrand vereinfacht sich wesentlich.

In der folgenden Übersicht sind die bei den verschiedenen Integranden anzuwendenden Substitutionen und die zugehörigen Umrechnungsformeln zusammengestellt:

Tabelle 9

Integral	$\int f(x; \sqrt{a^2 - x^2})\,dx$	$\int f(x; \sqrt{x^2 + a^2})\,dx$	$\int f(x; \sqrt{x^2 - a^2})\,dx$
Formeln für die Substitution	$x = a \sin z$ $dx = a \cos z\,dz$ $\sqrt{a^2 - x^2} = a \cos z$	$x = a \sinh z$ $dx = a \cosh z\,dz$ $\sqrt{x^2 + a^2} = a \cosh z$	$x = a \cosh z$ $dx = a \sinh z\,dz$ $\sqrt{x^2 - a^2} = a \sinh z$
Formeln für die Zurückführung auf die Variable x	$z = \arcsin \frac{x}{a}$	$z = \operatorname{arsinh} \frac{x}{a} =$ $= \ln(x + \sqrt{x^2 + a^2})$ $- \ln a$	$z = \operatorname{arcosh} \frac{x}{a} =$ $= \ln(x + \sqrt{x^2 - a^2})$ $- \ln a$
	$\sin z = \frac{x}{a}$ $\cos z = \frac{1}{a}\sqrt{a^2 - x^2}$ $\tan z = \frac{x}{\sqrt{a^2 - x^2}}$ $\cot z = \frac{\sqrt{a^2 - x^2}}{x}$	$\sinh z = \frac{x}{a}$ $\cosh z = \frac{1}{a}\sqrt{x^2 + a^2}$ $\tanh z = \frac{x}{\sqrt{x^2 + a^2}}$ $\coth z = \frac{\sqrt{x^2 + a^2}}{x}$	$\sinh z = \frac{1}{a}\sqrt{x^2 - a^2}$ $\cosh z = \frac{x}{a}$ $\tanh z = \frac{\sqrt{x^2 - a^2}}{x}$ $\coth z = \frac{x}{\sqrt{x^2 - a^2}}$

Bei bestimmten Integralen achte man darauf, daß die Grenzen im Definitionsbereich der verwendeten Funktionen liegen!

BEISPIELE

1. $\displaystyle\int \frac{dx}{\sqrt{3 + x^2}}$

Substitution: $x = \sqrt{3} \sinh z$, $dx = \sqrt{3} \cosh z\,dz$, $\sqrt{3 + x^2} = \sqrt{3} \cosh z$.

$$\int \frac{dx}{\sqrt{3 + x^2}} = \int \frac{\sqrt{3} \cosh z\,dz}{\sqrt{3} \cosh z} = \int dz = z + C = \operatorname{arsinh} \frac{x}{\sqrt{3}} + C$$

$$= \ln(x + \sqrt{3 + x^2}) - \ln \sqrt{3} + C_1 = \underline{\underline{\ln(x + \sqrt{3 + x^2}) + C_2}},$$

wobei $C_2 = -\ln \sqrt{3} + C_1$.

2. $\int \sqrt{9 - x^2}\,dx$

Dieses Integral wurde bereits in 9.1.1., Beispiel 6, zur Inhaltsberechnung eines Kreises benötigt.

Substitution: $x = 3 \sin z$, $dx = 3 \cos z\,dz$, $\sqrt{9 - x^2} = 3 \cos z$

$$\int \sqrt{9 - x^2}\,dx = \int 3 \cos z\, 3 \cos z\,dz = 9 \int \cos^2 z\,dz$$

Das letzte Integral ist aus 10.1.2., Beispiel 13, bereits bekannt. Also ist

$$\int \sqrt{9-x^2}\,\mathrm{d}x = \frac{9}{2}(z + \sin z \cos z) + C = \underline{\underline{\frac{9}{2}\left(\arcsin\frac{x}{3} + \frac{x}{9}\sqrt{9-x^2}\right) + C}}$$

3. $\int\limits_1^3 \sqrt{9x^2 - 6x - 3}\,\mathrm{d}x$

Der Integrand muß durch quadratische Ergänzung erst auf die gewohnte Form gebracht werden. Zur Lösung der Aufgabe sind zwei Substitutionen notwendig.

Umformung: $9x^2 - 6x - 3 = (9x^2 - 6x + 1) - 4 = (3x-1)^2 - 4$

$$\int\limits_1^3 \sqrt{9x^2 - 6x - 3}\,\mathrm{d}x = \int\limits_1^3 \sqrt{(3x-1)^2 - 4}\,\mathrm{d}x =$$

$$= \frac{1}{3}\int\limits_2^8 \sqrt{u^2 - 4}\,\mathrm{d}u =$$

$$= \frac{4}{3}\int\limits_{z_1}^{z_2} \sinh^2 z\,\mathrm{d}z =$$

1. Substitution:

$u = 3x - 1, \quad \mathrm{d}x = \frac{\mathrm{d}u}{3}$

$x_1 = 1 \to u_1 = 3 - 1 = 2$

$x_2 = 3 \to u_2 = 9 - 1 = 8$

2. Substitution:

$u = 2\cosh z, \quad \mathrm{d}u = 2\sinh z\,\mathrm{d}z$

$\sqrt{u^2 - 4} = 2\sinh z$

$$= \frac{2}{3}(\sinh z \cosh z - z)\Big|_{z_1}^{z_2} = \text{(laut Aufgabe 312)}$$

$$= \frac{2}{3}\left[\frac{u}{4}\sqrt{u^2-4} - \ln\left(u + \sqrt{u^2-4}\right)\right]\Bigg|_2^8 =$$

$$= \frac{2}{3}\left[2\sqrt{60} - \ln\left(8 + \sqrt{60}\right) + \ln 2\right] \approx \underline{\underline{8{,}952}}$$

Hinweis: Da die Grenzen von z nicht eingesetzt werden sollen, ist es überflüssig, sie zu berechnen. Daher werden sie nur allgemein mit z_1 und z_2 angegeben.

10.1.4. Integrale der Form $\int R(\sin x; \cos x; \tan x; \cot x)\,\mathrm{d}x$

Die Schreibweise $R(\sin x; \cos x; \tan x; \cot x)$ bedeutet, daß der Integrand ein Term ist, in dem $\sin x$, $\cos x$, $\tan x$ und $\cot x$ durch rationale Rechenoperationen miteinander verknüpft sein können. Man sagt dazu, der Integrand sei rational in $\sin x$, $\cos x$, $\tan x$ und $\cot x$. Durch die Substitution

$$z = \tan\frac{x}{2} \text{ und damit } x = 2\arctan z, \quad \mathrm{d}x = \frac{2\,\mathrm{d}z}{1+z^2}$$

geht der Integrand in einen rationalen Term der Variablen z über. Zur Umrechnung der Variablen müssen goniometrische Formeln herangezogen werden, z. B.

$$\sin x = 2\sin\frac{x}{2}\cos\frac{x}{2} = \frac{2\sin\frac{x}{2}\cos\frac{x}{2}}{\sin^2\frac{x}{2} + \cos^2\frac{x}{2}} = \frac{2\tan\frac{x}{2}}{1 + \tan^2\frac{x}{2}} = \frac{2z}{1+z^2}.$$

In ähnlicher Weise ergeben sich

$$\cos x = \frac{1 - z^2}{1 + z^2}; \quad \tan x = \frac{2z}{1 - z^2}; \quad \cot x = \frac{1 - z^2}{2z}.$$

Dann kann man schreiben

$$\int R(\sin x;\ \cos x;\ \tan x;\ \cot x)\,\mathrm{d}x = \int R\left(\frac{2z}{1 + z^2};\ \frac{1 - z^2}{1 + z^2};\ \frac{2z}{1 - z^2};\ \frac{1 - z^2}{2z}\right)\frac{2\,\mathrm{d}z}{1 + z^2} =$$
$$= \int \overline{R}\,(z)\,\mathrm{d}z.$$

Zur Lösung dieses neuen Integrals ist häufig die Anwendung der *Partialbruchzerlegung* (vgl. 10.3.) erforderlich.
Entsprechend erfolgt die Lösung von Integralen, deren Integrand rational in $\sinh x$, $\cosh x$, $\tanh x$, $\coth x$ ist.

BEISPIELE

1. $$\int \frac{\mathrm{d}x}{\sin x} = \int \frac{(1 + z^2)\,\mathrm{d}z}{z(1 + z^2)} = \int \frac{\mathrm{d}z}{z} = \ln |z| + C = \underline{\underline{\ln \left| \tan \frac{x}{2} \right| + C}}$$

2. $$\int \frac{\mathrm{d}x}{1 - \cos x} = \int \frac{2\,\mathrm{d}z}{\left(1 - \frac{1 - z^2}{1 + z^2}\right)(1 + z^2)} = \int \frac{2\,\mathrm{d}z}{1 + z^2 - 1 + z^2} =$$
$$= \int \frac{\mathrm{d}z}{z^2} = -\frac{1}{z} + C = -\frac{1}{\tan \frac{x}{2}} + C = \underline{\underline{-\cot \frac{x}{2} + C}}$$

AUFGABEN

304. $\int \sqrt{5x + 3}\,\mathrm{d}x$

305. $\int \frac{\mathrm{d}t}{2t + 3}$

306. $\int 3^{2-x}\,\mathrm{d}x$

307. $\int \cos(2\varphi + 0{,}5)\,\mathrm{d}\varphi$

308. $\int \frac{\mathrm{d}x}{\sqrt{9x^2 - 1}}$

309. $\int \frac{5\,\mathrm{d}u}{\sqrt[6]{2u - 7}}$

310. $\int \frac{3\,\mathrm{d}x}{\cos^2 (4x - 2)}$

311. $\int \cosh^2 x\,\mathrm{d}x$

312. $\int \sinh^2 x\,\mathrm{d}x$

Zu 311. und 312. beachte man die Beispiele 14 und 15 in 10.1.2.!

313. $\int \frac{\mathrm{d}u}{1 + a^2u^2}$

314. $\int\limits_2^4 2\mathrm{e}^{3y-6}\,\mathrm{d}y$

315. $\int\limits_0^1 \left(\frac{x}{2} + \frac{3}{2}\right)^2 \mathrm{d}x$

316. $\int\limits_4^5 \frac{\mathrm{d}v}{(v - 3)^2}$

317. $\int\limits_0^2 \left[-\sin\left(\frac{x}{5} + 1\right)\right] \mathrm{d}x$

318. $\int\limits_{-\pi}^{-\frac{\pi}{2}} \cos^2 \left(\frac{x}{2} - \frac{\pi}{4}\right) \mathrm{d}x$

319. $\int \cos^3 x \sin x\,\mathrm{d}x$

320. $\int (5 \sin^4 x - 3 \sin^2 x + 2 \sin x + 4) \cos x\,\mathrm{d}x$

321. $\int x^2 \sqrt{6x^3 - 5}\, dx$

322. $\int \frac{e^{\frac{1}{x}}}{x^2}\, dx$

323. $\int e^{\sin x} \cos x\, dx$

324. $\int \frac{\operatorname{arsinh} 4x}{\sqrt{16x^2+1}}\, dx$

325. $\int \frac{3r^2\, dr}{\sqrt{2 - r^3}}$

326. $\int\limits_0^{\sqrt{2}} \frac{x}{\sqrt{2 + x^2}}\, dx$

327. $\int\limits_1^2 \frac{\coth^2 x}{\cosh x}\, dx$

328. $\int\limits_2^4 \frac{x - 1}{\sqrt{x^2 - 1}}\, dx$

329. $\int\limits_0^2 \cosh^2 u \sinh u\, du$

330. $\int \alpha \cos \alpha^2\, d\alpha$

331. $\int\limits_0^{\frac{\pi^2}{9}} \frac{\sin \sqrt{x}}{\sqrt{x}}\, dx$

332. $\int \cot x\, dx$

333. $\int \frac{e^x}{e^x + a}\, dx$

334. $\int \frac{\sin^5 t}{\cos^7 t}\, dt$

335. $\int \coth(1 - 4x)\, dx$

336. $\int \frac{x\, dx}{a^2 + x^2}$

337. $\int\limits_0^{-1} \frac{u^2\, du}{2 - 3u^3}$

338. $\int\limits_0^{\frac{\pi}{2}} \frac{\cos x\, dx}{a + b \sin x}$

339. $\int\limits_2^6 \frac{dx}{x \lg x}$

340. $\int \frac{dx}{x^2 \sqrt{4 - x^2}}$

341. $\int \frac{du}{\sqrt{5 - u^2}}$

342. $\int \frac{\sqrt{a^2 - x^2}}{x^2}\, dx$

343. $\int \sqrt{3 - (4 + y)^2}\, dy$

344. $\int \frac{a^2 - 2x^2}{\sqrt{a^2 - x^2}}\, dx$

345. $\int \sqrt{a^2 - b^2x^2}\, dx$

346. $\int\limits_{1,5}^{0,5} \frac{dx}{\sqrt{3 + 4x - 4x^2}}$

347. $\int \sqrt{4 + x^2}\, dx$

348. $\int \frac{x^3}{\sqrt{1 + x^2}}\, dx$

349. $\int x \sqrt{x^2 + 4x + 29}\, dx$

350. $\int \frac{dx}{\sqrt{9x^2 + 6x + 5}}$

351. $\int \sqrt{x^2 - 1}\, dx$

352. $\int \frac{dx}{x^4 \sqrt{x^2 - 1}}$

353. $\int \frac{dx}{(x^2 - 4)^{\frac{3}{2}}}$

354. $\int \frac{dx}{\sqrt{4x^2 - 8x}}$

355. $\int \frac{dx}{\cos x}$

356. $\int \frac{dx}{1 + \cos x}$

357. $\int \frac{x^{n-1}}{a + bx^n}\, dx$

358. $\int \frac{dx}{e^x + e^{-x}}$

359. $\int \frac{s^2\, ds}{(4 + 7s^3)^3}$

360. $\int \frac{1}{x^2} \tan \frac{1}{x}\, dx$

361. $\int \frac{dx}{a^2 \sin^2 x + b^2 \cos^2 x}$

Anleitung: Man erweitere zunächst mit $\frac{1}{\cos^2 x}$!

362. $\int \frac{dy}{y(\ln y)^2}$

363. $\int \frac{x^2}{\cos^2 x^3}\,dx$

364. $\int \frac{dt}{\sqrt{t}\,(1+\sqrt[3]{t})}$

Anleitung: Man setze $t = z^6$ und forme den Integranden durch partielle Division um!

365. $\int \frac{dx}{x^2+7}$

366. $\int \frac{dx}{x^2-6x+11}$

367. $\int \cos^5 x\,dx$

368. $\int \tan^3 x\,dx$

369. $\int \sqrt{-x^2-6x}\,dx$

370. $\int \frac{5x-7}{x^2-3x+7}\,dx$

371. $\int \sqrt{\frac{1+x}{1-x}}\,dx$

Anleitung: Man erweitere so, daß nur der Nenner eine Wurzel enthält.

372. $\int\limits_2^3 \tanh x\,dx$

373. $\int\limits_{1,5}^{2} \frac{dx}{x\ln x}$

374. $\int\limits_{\frac{\pi}{4}}^{\frac{\pi}{2}} \left[\sin\frac{x}{2} + \cos\frac{x}{2}\right] dx$

375. $\int\limits_{\frac{1}{2}}^{\frac{3}{4}} \frac{\operatorname{artanh} x}{1-x^2}\,dx$

376. Man bestimme den Inhalt der Ellipse mit der Gleichung $\frac{x^2}{16} + \frac{y^2}{9} = 1$.

377. Man bestimme den Inhalt der Fläche, die von der x-Achse, der y-Achse und den Kurven mit den Gleichungen $y = b\cosh\frac{x}{b}$ und $x = a$ begrenzt wird.

378. Welchen Inhalt hat die Fläche, deren Begrenzung die Kurven mit den Gleichungen $y = -\sin\left(\frac{x}{5}+1\right)$, $y = 0$, $x = 0$ und $x = 2$ sind?

379. Man bestimme den Inhalt des von den Kurven mit den Gleichungen $y = \sqrt{2}\sin x$ und $y = \tan x$ zwischen den zwei kleinsten nichtnegativen Schnittstellen eingeschlossenen Flächenstücks.

380. Welche Fläche wird von den Kurven mit den Gleichungen $y = \sin^2 x$ und $y = \frac{1}{2}\tan x$ zwischen den zwei kleinsten nichtnegativen Schnittstellen eingeschlossen?

381. Wie groß ist der Flächeninhalt des von den Kurven mit den Gleichungen $y^2 = 2x$ und $y^2 = \frac{8(x+1)^3}{27}$ gebildeten Bogendreiecks?

382. Die Fläche unter der Kurve mit der Gleichung $y = \frac{x}{a+bx^2}$ ist in den Grenzen von $x_1 = a$ bis $x_2 = b$ zu berechnen.

383. Wie groß ist die von den Kurven mit den Gleichungen $25y^2 - 144x + 144 = 0$ und $9x^2 + 25y^2 - 90x = 0$ eingeschlossene Fläche?

384. In welchem Abstand von der y-Achse ist die Parallele zu ziehen, die mit der positiven x-Achse und der Kurve der Funktion $y = \tan x$ die Fläche begrenzt, die den Inhalt 1 hat?

385. Von den Kurven mit den Gleichungen

$$y = e^{\frac{x}{4}}, \quad y = -\frac{1}{8}x + 1 \quad \text{und} \quad x = 4 \quad \text{wird eine Fläche eingeschlossen.}$$

Man berechne a) den Inhalt dieser Fläche,
b) das Volumen des Körpers, der bei Rotation dieser Fläche um die x-Achse entsteht.

386. Die Kurven mit den Gleichungen $y = \sqrt{3(x+1)}$, $y = 0$ und $x = 2$ schließen eine Fläche ein. Man berechne

a) den Inhalt dieser Fläche,
b) das Volumen des Körpers, der bei Rotation dieser Fläche um die x-Achse entsteht.

387. Durch die Rotation der Fläche unter der Kurve mit der Gleichung $y = 2\cos(1 - 2x)$ um die x-Achse entsteht ein Körper, dessen Volumen in den Grenzen von $x_1 = 0$ bis $x_2 = 1$ bestimmt werden soll.

388. Eine Fläche wird von den Kurven mit den Gleichungen $y = \frac{1}{2}x + 2$, $y = 2$ und $x = 4$ begrenzt. Man berechne das Volumen des Körpers, der bei Rotation dieser Fläche um die x-Achse entsteht.

389. Die Sinuskurve rotiere im Intervall $[0; \pi]$ um die x-Achse. Man berechne das Volumen und die Oberfläche des entstehenden Rotationskörpers.

390. Man berechne die Mantelfläche des Körpers, der durch Rotation des im 1. Quadranten liegenden Teils der Kurve mit der Gleichung $y = 2\sqrt{5 - x}$ um die x-Achse entsteht.

391. Man berechne die Mantelfläche des Körpers, der durch Rotation der Kurve mit der Gleichung $y = \frac{1}{2}e^x$ um die x-Achse im Intervall $[0, \ln 2]$ erzeugt wird.

392. Die Fläche zwischen der Kurve mit der Gleichung $y = x^3$ und der x-Achse rotiere im Intervall $\left[0, \frac{2}{3}\right]$ um die x-Achse. Man berechne die Mantelfläche des entstehenden Rotationskörpers.

393. Man bestimme die Oberfläche des Rotationsellipsoids mit den Achsen $2a$ und $2b$ bei Rotation um die x-Achse.

394. Man bestimme die Länge des Bogens der Parabel mit der Gleichung $y^2 = ax$ in den Grenzen $x_1 = 0$; $x_2 = c$.

395. Man berechne die Bogenlänge der Parabel mit der Gleichung $y = x^2 - 2x - 15$ zwischen den beiden Nullstellen.

396. Man berechne die Bogenlänge eines Teils der NEILschen Parabel mit der Gleichung $y = \frac{2}{3}\sqrt{x^3}$ und $x \in [0, 3]$.

397. Man berechne die Bogenlänge eines Viertelkreises mit dem Radius r.

398. Wie lang ist die Schleife der Kurve mit der Gleichung $y^2 = \frac{1}{36}x(12 - x)^2$? (Skizze!)

399. Wegen $\sin x \cos x = \frac{1}{2}\sin 2x$ läßt sich das Integral $\int \sin x \cos x \, dx$ durch zwei verschiedene Substitutionen nach (94b) oder nach (94c) lösen. Man zeige, daß die beiden Resultate einander nicht widersprechen.

10.2. Partielle Integration

Das Verfahren der partiellen Integration führt die Lösung eines Integrals auf zwei Teilintegrationen zurück, die schrittweise nacheinander auszuführen sind. Es ist bevorzugt dann anwendbar, wenn der Integrand das Produkt zweier Terme ist, von denen einer leicht integriert werden kann (Beispiele 1 und 2). Aber auch in solchen Fällen, in denen der Integrand zunächst nicht die Form eines Produktes hat, kann die partielle Integration erfolgreich sein (Beispiele 3 und 4).
Es seien $u = f(x)$ und $v = g(x)$ die Funktionswerte zweier differenzierbarer Funktionen f und g, deren Ableitungen $u' = f'(x)$ und $v' = g'(x)$ als stetig vorausgesetzt werden sollen. Nach der Produktregel (39) der Differentialrechnung gilt dann

$$\frac{\mathrm{d}(uv)}{\mathrm{d}x} = \frac{\mathrm{d}u}{\mathrm{d}x}v + u\frac{\mathrm{d}v}{\mathrm{d}x} \quad \text{bzw.} \quad (uv)' = u'v + uv'.$$

Durch Integration erhält man daraus

$$uv + c = \int u'v\,\mathrm{d}x + \int uv'\,\mathrm{d}x$$

oder

$$\int u'v\,\mathrm{d}x = uv + c - \int uv'\,\mathrm{d}x.$$

Da auf der rechten Seite dieser Gleichung noch ein unbestimmtes Integral steht, kann die zu uv gehörige Integrationskonstante c mit der zu $\int uv'\,\mathrm{d}x$ gehörigen Konstanten vereinigt werden. Man braucht das c daher nicht anzugeben und darf schreiben:

$$\boxed{\int u'v\,\mathrm{d}x = uv - \int uv'\,\mathrm{d}x.} \tag{95}$$

Nach dieser Formel der partiellen Integration ist von den beiden Faktoren des Integranden der eine zu differenzieren und der andere zu integrieren. Das Verfahren ist erfolgreich, wenn sich aus u' durch eine erste Teilintegration u berechnen läßt und wenn in der zweiten Teilintegration $\int uv'\,\mathrm{d}x$ auf ein Grundintegral führt oder nach anderen Integrationsverfahren gelöst werden kann. Entscheidend ist dabei, welcher der beiden Faktoren des Integranden mit u' und welcher mit v bezeichnet wird. Bei der Wahl dieser Bezeichnungen achte man darauf, daß die Ableitung v' einfacher als v wird und daß u nicht komplizierter als der zu integrierende Faktor u' ist. Gegebenenfalls ist dazu vorher eine kurze Überschlagsrechnung notwendig.
Die bei der ersten Teilintegration, also bei der Berechnung von u aus u', auftretende Integrationskonstante hebt sich aus der Rechnung immer heraus und braucht daher nicht berücksichtigt zu werden. Im ersten Beispiel wird das ausführlich gezeigt. In den weiteren Beispielen wird nur noch am Ende der Integration eine Konstante angegeben.

BEISPIELE

1. $\int x\mathrm{e}^x\,\mathrm{d}x$

   Lösung: Der Ansatz $u' = \mathrm{e}^x$, $v = x$ führt durch Integration auf $u = \mathrm{e}^x + C_1$ und durch Differentiation auf $v' = 1$. Dann ist nach (95)

$$\int x\mathrm{e}^x\,\mathrm{d}x = x(\mathrm{e}^x + C_1) - \int (\mathrm{e}^x + C_1)\,\mathrm{d}x = x\mathrm{e}^x + C_1x - (\mathrm{e}^x + C_1x) + C.$$

Die aus der ersten Teilintegration herrührende Konstante C_1 hebt sich heraus, wogegen die aus der zweiten Integration stammende Konstante C in das Ergebnis eingeht. Man erhält also

$$\int x e^x \,dx = x e^x - e^x + C = \underline{\underline{e^x (x - 1) + C.}}$$

Man überprüfe in dieser Hinsicht auch die folgenden Beispiele.

Anmerkung: Der zweite mögliche Ansatz $u = e^x$, $v' = x$ bringt keine Vereinfachung der Aufgabe, sondern führt auf das kompliziertere Integral $\int x^2 e^x \,dx$.

2. $\int_0^{\frac{\pi}{2}} x \cos x \,dx$

Lösung: $u' = \cos x \quad u = \sin x$ (C_1 wird weggelassen!)

$v = x \quad v' = 1$

$$\int_0^{\frac{\pi}{2}} x \cos x \,dx = x \sin x \Big|_0^{\frac{\pi}{2}} - \int_0^{\frac{\pi}{2}} \sin x \,dx = (x \sin x + \cos x) \Big|_0^{\frac{\pi}{2}} = \underline{\underline{\frac{\pi}{2} - 1}}$$

3. $\int \ln x \,dx$

Lösung: Der Integrand erhält die Form eines Produktes, indem die 1 als ein Faktor verwendet wird.

$u' = 1 \quad u = x$

$v = \ln x \quad v' = \frac{1}{x}$

$$\int \ln x \,dx = x \ln x - \int dx = x \ln x - x + C = \underline{\underline{x(\ln x - 1) + C}}$$

4. $\int \arcsin x \,dx$

Lösung: $u' = 1 \quad u = x$

$v = \arcsin x \quad v' = \frac{1}{\sqrt{1 - x^2}}$

$$\int \arcsin x \,dx = x \arcsin x - \int \frac{x \,dx}{\sqrt{1 - x^2}}$$

Zur zweiten Teilintegration ist die Substitution $z = 1 - x^2$, $dz = -2x \,dx$, $-\frac{dz}{2} = x \,dx$ erforderlich:

$$-\int \frac{x \,dx}{\sqrt{1 - x^2}} = \frac{1}{2} \int \frac{dz}{\sqrt{z}} = \frac{1}{2} 2 \sqrt{z} + C = \sqrt{1 - x^2} + C$$

Mithin ist

$$\int \arcsin x \,dx = \underline{\underline{x \arcsin x + \sqrt{1 - x^2} + C.}}$$

5. $\int x \sin 3x \, dx$

Lösung: Da der Faktor sin $3x$ Term einer mittelbaren Funktion ist, muß entweder bei den einzelnen Teilintegrationen oder, wie hier gezeigt, vor der partiellen Integration substituiert werden:

$$z = 3x, \quad x = \frac{z}{3}, \quad dx = \frac{dz}{3}$$

$$\int x \sin 3x \, dx = \frac{1}{9} \int z \sin z \, dz$$

Partielle Integration: $u' = \sin z \qquad u = -\cos z$

$v = z \qquad v' = 1$

$$\int x \sin 3x \, dx = \frac{1}{9}\left(-z \cos z + \int \cos z \, dz\right) = \frac{1}{9}(-z \cos z + \sin z + C) =$$

$$= \frac{1}{9}(-3x \cos 3x + \sin 3x + C)$$

6. $\int e^x \sin x \, dx$

Lösung: $u_1' = e^x \qquad u_1 = e^x$

$v_1 = \sin x \qquad v_1' = \cos x$

$$\int e^x \sin x \, dx = e^x \sin x - \int e^x \cos x \, dx$$

Die Lösung des rechtsstehenden Integrals macht eine erneute partielle Integration notwendig:

$u_2' = e^x \qquad u_2 = e^x$

$v_2 = \cos x \qquad v_2' = -\sin x$

$$\int e^x \sin x \, dx = e^x \sin x - \left[e^x \cos x + \int e^x \sin x \, dx\right] + C_1$$

Wenn, wie in diesem Falle, das rechtsstehende Integral mit dem Ausgangsintegral übereinstimmt, so ist die Rechnung keineswegs gescheitert, sondern man kann beide Integrale auf einer Seite der Gleichung zusammenfassen und nach dem Ausgangsintegral auflösen:

$$2 \int e^x \sin x \, dx = e^x \sin x - e^x \cos x + C_1$$

oder

$$\int e^x \sin x \, dx = \frac{1}{2} e^x (\sin x - \cos x) + C \qquad \left(C = \frac{C_1}{2}\right).$$

In vielen Fällen muß bis zur endgültigen Lösung des Integrals die partielle Integration mehrmals hintereinander ausgeführt werden. Mit jedem Schritt vereinfacht sich dabei das auf der rechten Seite der Gleichung verbleibende Integral. Die aus diesem Verfahren abgeleiteten allgemeinen Formeln heißen **Rekursionsformeln** (Rückgriffsformeln). Die folgenden Beispiele zeigen die wiederholte Anwendung der partiellen Integration und die damit verbundene Herleitung von Rekursionsformeln. Auch die Integraltafel enthält viele Rekursionsformeln, so z. B. die Integrale 4.3. bis 4.6., 4.9., 4.10., 6.2., 7.2. und andere.

BEISPIELE

7. $\int x^2 e^x \, dx$

Lösung: $u' = e^x \qquad u = e^x$

$v = x^2 \qquad v' = 2x$

$$\int x^2 e^x \, dx = x^2 e^x - 2 \int x e^x \, dx$$

Für das rechtsstehende Integral erhält man bei erneuter partieller Integration aus Beispiel 1 den Term $e^x(x-1)$. Somit ist

$$\int x^2 e^x \, dx = x^2 e^x - 2e^x(x-1) + C = \underline{\underline{e^x(x^2 - 2x + 2) + C}}.$$

Dieselbe Rechnung ergibt für einen beliebigen Exponenten n die Rekursionsformel:

$$\int x^n e^x \, dx = x^n e^x - n \int x^{n-1} e^x \, dx.$$

8. $\int \sin^n x \, dx$

Lösung: Man schreibt $\sin^n x = \sin^{n-1} x \sin x$ und setzt

$u' = \sin x \qquad u = -\cos x$

$v = \sin^{n-1} x \qquad v' = (n-1) \sin^{n-2} x \cos x.$

Dann ist

$$\int \sin^n x \, dx = -\sin^{n-1} x \cos x + (n-1) \int \sin^{n-2} x \cos^2 x \, dx.$$

Das rechtsstehende Integral läßt sich als Differenz zweier Integrale schreiben, von denen eins das Ausgangsintegral ist:

$$\int \sin^{n-2} x \cos^2 x \, dx = \int \sin^{n-2} x (1 - \sin^2 x) \, dx = \int \sin^{n-2} x \, dx - \int \sin^n x \, dx.$$

Somit ergibt sich

$$\int \sin^n x \, dx = -\sin^{n-1} x \cos x + (n-1) \int \sin^{n-2} x \, dx - (n-1) \int \sin^n x \, dx.$$

Faßt man die beiden Integrale mit dem Integranden $\sin^n x$ auf der linken Seite zusammen und dividiert durch den Koeffizienten $1 + (n-1) = n$, so erhält man eine Rekursionsformel, in der der Exponent des Integranden in einem Schritt von n auf $n-2$ erniedrigt wird:

$$\int \sin^n x \, dx = \underline{\underline{-\frac{1}{n} \sin^{n-1} x \cos x + \frac{n-1}{n} \int \sin^{n-2} x \, dx.}}$$

AUFGABEN

400. $\int x^2 \sin x \, dx$

401. $\int x \sin^2 x \, dx$

402. $\int x \sin x^2 \, dx$

403. $\int x \sin(3 - x) \, dx$

404. $\int_0^{\frac{\pi}{2}} x(\cos x + 1) \, dx$

405. $\int_0^{\frac{\pi}{4}} 4t \cos 2t \, dt$

406. $\int_1^3 u e^{u-3} \, du$

407. $\int \frac{\sin x}{e^x} \, dx$

408. $\int x^3 e^{-4x} \, dx$

409. $\int x^2 \cosh \frac{x}{a} \, dx$

410. $\int \arctan x \, dx$ $\left(\text{Man beachte } \frac{x^2}{1+x^2} = 1 - \frac{1}{1+x^2}\right)$

411. $\int x \arctan x \, dx$

412. $\int \operatorname{arsinh} x \, dx$

413. $\int x(\ln x + 1) \, dx$

414. $\int\limits_1^2 x^{-2} \ln x \, dx$

415. $\int \frac{\ln x}{\sqrt[3]{x}} \, dx$

416. $\int \frac{\ln(\ln x)}{x} \, dx$

417. $\int \sin^6 x \, dx$

418. $\int \cos^8 x \, dx$

419. $\int\limits_0^{\frac{3\pi}{2}} \sin^7 x \, dx$

420. Man stelle für $\int \frac{dx}{\cos^n x}$ eine Rekursionsformel auf.

421. Die Kurve mit der Gleichung $y = x + \cos x$ rotiere um die x-Achse. Man berechne für $x \in \left[\frac{\pi}{2}, \frac{5\pi}{2}\right]$ das Volumen des entstehenden Rotationskörpers.

422. Man berechne den Inhalt der Fläche, die von den Kurven mit den Gleichungen $y = 0$, $y = \lg x^2$, $x = 1$ und $x = 10$ begrenzt wird.

423. Die Fläche unter der Kurve mit der Gleichung $y = a^x \sqrt{x}$ erzeugt bei der Rotation um die x-Achse einen Körper, dessen Inhalt $(x_1 = 0;\ x_2 = 1)$ berechnet werden soll.

424. Bei der Rotation der Fläche unter der Kurve mit der Gleichung $y = \cos x$ um die x-Achse entsteht ein Körper. Er erstrecke sich im Intervall $0 \leqq x \leqq a$.
Welchen Wert muß a haben, damit das Volumen den Wert $\pi/8$ annimmt?
Man ziehe zur Berechnung die graphische Lösung von Gleichungen mit heran.

425. Man berechne die Mantelfläche des Körpers, der bei Rotation der Kurve mit der Gleichung $y = 2x^2$ um die x-Achse für $|x| \leqq 2{,}5$ entsteht.

10.3. Integration nach Partialbruchzerlegung

10.3.1. Vorbetrachtung

Im Gegensatz zu den ersten beiden Integrationsverfahren, deren Anwendungsgebiete nicht genau begrenzt sind, ist die Integration nach Partialbruchzerlegung nur auf eine ganz bestimmte Klasse von Funktionen, auf gebrochenrationale Funktionen, anwendbar. Man kann sogar voraussetzen, daß der Integrand echt gebrochen rational ist, denn nach 1.3.5. läßt sich jede unecht gebrochene rationale Funktion als Summe einer ganzrationalen Funktion und einer echt gebrochenen rationalen Funktion darstellen. Die Integration einer ganzrationalen Funktion bereitet aber keine Schwierigkeiten. Daher sollen hier nur solche Integrale behandelt werden, deren Integrand die Form [vgl. 1.3.5., (10)]

$$R(x) = \frac{a_n x^n + a_{n-1} x^{n-1} + a_{n-2} x^{n-2} + \cdots + a_1 x + a_0}{x^m + b_{m-1} x^{m-1} + b_{m-2} x^{m-2} + \cdots + b_1 x + b_0}$$

$$\text{mit } n < m;\ m, n \in N;\ a_i, b_i \in R;\ a_n \neq 0$$

hat. Die hier berücksichtigte Bedingung $b_m = 1$ läßt sich notfalls immer durch Kürzen erreichen. Der einfacheren Darstellung wegen wird nur der Fall $m = 2$

betrachtet, was wegen $n < m$ die Einschränkung $n = 1$ zur Folge hat. Die hieraus gewonnenen Erkenntnisse lassen sich ohne Schwierigkeiten auf Exponenten $m > 2$ übertragen.
Der Hauptteil des Verfahrens besteht aus der Zerlegung des gebrochenrationalen Integranden in endlich viele Partial- oder Teilbrüche, was nach dem hier nicht bewiesenen Satz von der Partialbruchzerlegung rationaler Funktionen immer möglich ist. Die eigentliche Integration ist nicht problematisch und vollzieht sich im wesentlichen nach dem Substitutionsverfahren.
Zur Erklärung des Prinzips der Partialbruchzerlegung werden zunächst zwei Brüche mit linearen Nennern addiert:

$$\frac{3}{x-2} + \frac{2}{x+5} = \frac{3(x+5) + 2(x-2)}{(x-2)(x+5)} = \frac{5x+11}{x^2+3x-10}.$$

Die Zerlegung eines gebrochenen rationalen Terms $\frac{Z(x)}{N(x)}$ in Partialbrüche ist der umgekehrte Vorgang. Der Quotient mit dem quadratischen Nennerterm $N(x)$ ist so in zwei Teilbrüche mit linearen Nennern zu zerlegen, daß $N(x)$ der Hauptnenner der beiden linearen Nenner ist und die Summe der Teilbrüche mit dem gegebenen Quotienten $\frac{Z(x)}{N(x)}$ übereinstimmt. Es kommt demnach darauf an, für $N(x)$ eine Faktorzerlegung $N(x) = (x - x_1)(x - x_2)$ zu finden. Bezeichnen darin x_1 und x_2 die Wurzeln der quadratischen Gleichung $N(x) = 0$, so ist diese Faktorzerlegung eine Folgerung aus dem Fundamentalsatz der Algebra und daher immer möglich. Die Nenner der Teilbrüche ergeben sich aus den Linearfaktoren $x - x_1$ und $x - x_2$. Deren Kenntnis setzt die Berechnung der Nullstellen x_1 und x_2 des quadratischen Nennerterms $N(x)$ voraus. Dabei sind die folgenden vier Fälle zu unterscheiden:

Fall 1: $N(x)$ hat nur reelle einfache und folglich voneinander verschiedene Nullstellen;

Fall 2: $N(x)$ hat nur reelle, aber auch mehrfache Nullstellen;

Fall 3: $N(x)$ enthält komplexe einfache Nullstellen;

Fall 4: $N(x)$ enthält komplexe mehrfache Nullstellen.

10.3.2. Der Nenner des Integranden hat nur einfache reelle Nullstellen

Zu lösen sei das Integral

$$\int \frac{Z(x)}{N(x)}\,dx = \int \frac{a_1 x + a_0}{x^2 + b_1 x + b_0}\,dx.$$

Für die Nullstellen x_1 und x_2 des Nenners $N(x)$ gelte $x_1, x_2 \in R$ und $x_1 \neq x_2$. Dann ist für $N(x)$ die Produktdarstellung

$$N(x) = x^2 + b_1 x + b_0 = (x - x_1)(x - x_2)$$

möglich. Als Ansatz für die Partialbruchzerlegung ergibt sich daraus

$$\frac{a_1x + a_0}{x^2 + b_1x + b_0} = \frac{A}{x - x_1} + \frac{B}{x - x_2},$$

worin A und B noch zu bestimmende Konstanten sind. Wie man sich sofort überzeugen kann, ist die Summe der rechtsstehenden Teilbrüche ein Quotient mit dem Hauptnenner $N(x)$ und einem linearen Zähler $Z(x)$:

$$\frac{A}{x - x_1} + \frac{B}{x - x_2} = \frac{A(x - x_2) + B(x - x_1)}{(x - x_1)(x - x_2)} = \frac{(A + B)x - Ax_2 - Bx_1}{x^2 + b_1x + b_0}.$$

Man braucht die Konstanten A und B nur noch so zu bestimmen, daß

$$A + B = a_1$$

und $$-Ax_2 - Bx_1 = a_0.$$

Statt des Vergleichs der Koeffizienten kann man bei der Bestimmung von A und B auch nach einem Einsetzverfahren arbeiten, das in den Beispielen beschrieben wird. Nach der Partialbruchzerlegung ist die Integration in einfacher Weise möglich:

$$\int \frac{a_1x + a_0}{x^2 + b_1x + b_0}\,\mathrm{d}x = A\int \frac{\mathrm{d}x}{x - x_1} + B\int \frac{\mathrm{d}x}{x - x_2}.$$

BEISPIELE

1. $\displaystyle\int \frac{5x + 11}{x^2 + 3x - 10}\,\mathrm{d}x$

Lösung:

Bestimmung der Nullstellen des Nenners:

$$x^2 + 3x - 10 = 0 \text{ ergibt } x_1 = 2 \text{ und } x_2 = -5.$$

Mithin ist $N(x) = x^2 + 3x - 10 = (x - 2)(x + 5)$.

Zerlegung in Partialbrüche:

$$\frac{5x + 11}{x^2 + 3x - 10} = \frac{A}{x - 2} + \frac{B}{x + 5}$$

Zur Vereinfachung multipliziert man mit dem Hauptnenner $N(x)$ und erhält

$$5x + 11 = A(x + 5) + B(x - 2).$$

Da x eine frei wählbare Variable ist, bleibt diese Gleichung richtig, wenn für x beliebige reelle Zahlen eingesetzt werden. Setzt man nacheinander $x = x_1 = 2$ und $x = x_2 = -5$, so erhält man zwei Gleichungen zur Bestimmung der beiden Konstanten A und B:

$$x = 2: \qquad 21 = 7A$$

$$x = -5: \qquad -14 = -7B.$$

Daraus folgt $A = 3$ und $B = 2$.

Selbstverständlich muß man nicht unbedingt die Nullstellen des Nenners einsetzen, jedoch werden dann die Bestimmungsgleichungen für A und B nicht so einfach. Die gesuchte Partialbruchzerlegung lautet

$$\frac{5x+11}{x^2+3x-10} = \frac{3}{x-2} + \frac{2}{x+5}.$$

Integration:

$$\int \frac{5x+11}{x^2+3x-10}\,\mathrm{d}x = 3\int \frac{\mathrm{d}x}{x-2} + 2\int \frac{\mathrm{d}x}{x+5} = \underline{\underline{3\ln|x-2| + 2\ln|x+5| + C}}$$

Der Integration liegt das Substitutionsverfahren zugrunde. Die sich aus den Teilintegralen ergebenden Integrationskonstanten werden zu einer einzigen Konstanten C vereinigt.

2. $\displaystyle\int \frac{-x-9}{x^2-2x-24}\,\mathrm{d}x$

Lösung:

Nullstellen des Nenners:

$$x^2 - 2x - 24 = 0 \quad \text{ergibt} \quad x_1 = -4, \quad x_2 = 6.$$

Partialbruchzerlegung:

$$\frac{-x-9}{x^2-2x-24} = \frac{A}{x+4} + \frac{B}{x-6}$$

$$-x-9 = A(x-6) + B(x+4)$$

Bestimmung von A und B:

$$x = -4: \qquad -5 = -10A \qquad A = \frac{1}{2}$$

$$x = 6: \qquad -15 = 10B \qquad B = -\frac{3}{2}$$

Integration:

$$\int \frac{-x-9}{x^2-2x-24}\,\mathrm{d}x = \frac{1}{2}\int \frac{\mathrm{d}x}{x+4} - \frac{3}{2}\int \frac{\mathrm{d}x}{x-6} =$$

$$= \underline{\underline{\frac{1}{2}\ln|x+4| - \frac{3}{2}\ln|x-6| + C}}$$

Das hier angewandte Verfahren läßt sich ohne Abänderungen auf den Fall übertragen, daß der Nennerterm $N(x)$ von höherem Grade als 2 ist.

10.3.3. Der Nenner des Integranden hat mehrfache reelle Nullstellen

Für die Nullstellen x_1 und x_2 des Nenners $N(x)$ von $\dfrac{a_1x + a_0}{x^2 + b_1x + b_0}$ gelte $x_1 = x_2$ und $x_1 \in R$. Die Produktdarstellung für $N(x)$ lautet dann

$$N(x) = x^2 + b_1x + b_0 = (x - x_1)(x - x_2) = (x - x_1)^2.$$

$N(x)$ ist also ein vollständiges Quadrat. Würde die Partialbruchzerlegung genauso angesetzt wie in 10.3.2., so erhielte man

$$\frac{a_1x + a_0}{x^2 + b_1x + b_0} = \frac{A}{x - x_1} + \frac{B}{x - x_2} = \frac{A + B}{x - x_1}.$$

Dieser Ansatz ist offenbar falsch, denn die Summe der rechtsstehenden Teilbrüche ist ein Quotient mit linearem Nenner und kann daher dem linksstehenden Quotienten mit quadratischem Nenner nicht gleich sein. Damit der Hauptnenner der Teilbrüche ebenfalls quadratisch ausfällt, muß der Ansatz richtig lauten:

$$\frac{a_1x + a_0}{x^2 + b_1x + b_0} = \frac{A}{(x - x_1)^2} + \frac{B}{x - x_1}.$$

Jetzt ergibt die Summe der Teilbrüche einen Quotienten mit dem quadratischen Nenner $N(x)$ und einem linearen Zähler $Z(x)$:

$$\frac{A}{(x - x_1)^2} + \frac{B}{x - x_1} = \frac{A + B(x - x_1)}{(x - x_1)^2} = \frac{Bx + (A - Bx_1)}{(x - x_1)^2}.$$

Den zweiten Teilbruch $\dfrac{B}{x - x_1}$ darf man im Ansatz nicht weglassen, da sonst der Zähler des Quotienten der rechten Seite konstant wäre und damit dem linearen Zähler der linken Seite widersprechen würde. Die weitere Rechnung verläuft genauso wie in 10.3.2.

BEISPIELE

1. $\displaystyle\int \frac{x - 5}{x^2 - 6x + 9}\,dx$

Lösung:

Nullstellen des Nenners:

$$x^2 - 6x + 9 = 0 \text{ ergibt } x_1 = 3 \text{ und } x_2 = 3, \text{ also } x^2 - 6x + 9 = (x - 3)^2.$$

Partialbruchzerlegung:

$$\frac{x - 5}{x^2 - 6x + 9} = \frac{A}{(x - 3)^2} + \frac{B}{x - 3}$$

Die Multiplikation mit dem Hauptnenner $(x - 3)^2$ liefert

$$x - 5 = A + B(x - 3)$$

Da die beiden Nullstellen gleich sind, muß zur Bestimmung der Konstanten A und B neben $x = 3$ noch irgendein anderer Wert für x eingesetzt werden, z. B. $x = 4$.

$$x = 3: \quad -2 = A$$

$$x = 4: \quad -1 = A + B$$

Daraus folgt $A = -2$ und $B = 1$, und die Zerlegung lautet

$$\frac{x-5}{x^2-6x+9} = \frac{-2}{(x-3)^2} + \frac{1}{x-3}.$$

Integration:

Mit Hilfe der Substitution $z = x - 3$ erhält man

$$\int \frac{x-5}{x^2-6x+9}\,\mathrm{d}x = -2\int \frac{\mathrm{d}x}{(x-3)^2} + \int \frac{\mathrm{d}x}{x-3} = \underline{\underline{\frac{2}{x-3} + \ln|x-3| + C.}}$$

2. $\displaystyle\int \frac{15x^2+26x-5}{x^3+3x^2-4}\,\mathrm{d}x$

Lösung:

Nullstellen des Nenners:

$$x^3 + 3x^2 - 4 = 0 \text{ ergibt } x_1 = 1,\ x_2 = x_3 = -2.$$

In diesem Beispiel besitzt der Nenner sowohl eine einfache als auch eine mehrfache Nullstelle. Die entsprechenden Verfahren sind miteinander zu verknüpfen.

Partialbruchzerlegung:

$$\frac{15x^2+26x-5}{x^3+3x^2-4} = \frac{A}{x-1} + \frac{B}{(x+2)^2} + \frac{C}{x+2}$$

Die Multiplikation mit dem Hauptnenner $(x-1)(x+2)^2$ ergibt

$$15x^2 + 26x - 5 = A(x+2)^2 + B(x-1) + C(x-1)(x+2).$$

$x = 1$: $\quad 36 = 9A$

$x = -2$: $\quad 3 = -3B$

$x = 0$: $\quad -5 = 4A - B - 2C$

Daraus erhält man $A = 4$, $B = -1$, $C = 11$,
und

$$\frac{15x^2+26x-5}{x^3+3x^2-4} = \frac{4}{x-1} - \frac{1}{(x+2)^2} + \frac{11}{x+2}.$$

Integration:

$$\int \frac{15x^2+26x-5}{x^3+3x^2-4}\,\mathrm{d}x = 4\int \frac{\mathrm{d}x}{x-1} - \int \frac{\mathrm{d}x}{(x+2)^2} + 11\int \frac{\mathrm{d}x}{x+2} =$$

$$= \underline{\underline{4\ln|x-1| + \frac{1}{x+2} + 11\ln|x+2| + C}}$$

Kommen bei Nennern höheren Grades Nullstellen mit größerer Vielfachheit vor, so sind beim Ansatz der Partialbrüche alle Potenzen des zugehörigen Linearfaktors von der ersten bis zu der durch die Vielfachheit der Nullstelle festgelegten Potenz zu berücksichtigen. Die Anzahl der Partialbrüche ist immer gleich dem Grad des Nenners $N(x)$ des Integranden.

10.3.4. Der Nenner des Integranden enthält komplexe einfache Nullstellen

Gilt für $N(x) = x^2 + b_1 x + b_0$ die Ungleichung $\left(\frac{b_1}{2}\right)^2 < b_0$, so sind die Nullstellen des Nenners $N(x)$ konjugiert komplex. Eine Partialbruchzerlegung der gleichen Art wie in 10.3.2. würde in diesem Falle dazu führen, daß auch die Zähler A und B der Teilbrüche komplex wären. Daher verzichtet man auf die Partialbruchzerlegung und integriert den Term $\frac{a_1 x + a_0}{x^2 + b_1 x + b_0}$ nach dem in 10.1.2., Beispiel 23, gezeigten Verfahren. Durch Multiplikation mit einem geeigneten Faktor und Ergänzung einer Konstanten zerlegt man den Zähler so in zwei Teile, daß der erste Teil die Ableitung des Nenners als Faktor enthält und der zweite Teil eine Konstante ist. Damit zerfällt das Integral in zwei Summanden, die nach dem Substitutionsverfahren behandelt werden können. Auch die in 10.3.2. und 10.3.3. besprochenen Integrale lassen sich so lösen. Treten bei Nennern höheren Grades reelle und konjugiert komplexe Nullstellen gleichzeitig auf, so sind die geeigneten Verfahren miteinander zu koppeln. Als Zähler des Teilbruches, dessen Nenner der quadratische Term mit den konjugiert komplexen Nullstellen ist, setzt man einen linearen Term an.

BEISPIELE

1. $\int \frac{3x - 4}{x^2 - 6x + 34}\,\mathrm{d}x$

Lösung:

Als Nullstellen des Nenners erhält man $x_1 = 3 - 5i$; $x_2 = 3 + 5i$. Daher wird der Nenner nicht zerlegt. Man formt den Zähler um:

$$\frac{3x - 4}{x^2 - 6x + 34} = \frac{\frac{3}{2}(2x - 6) + 5}{x^2 - 6x + 34} = \frac{3}{2}\,\frac{2x - 6}{x^2 - 6x + 34} + \frac{5}{x^2 - 6x + 34}$$

und erhält

$$\int \frac{3x - 4}{x^2 - 6x + 34}\,\mathrm{d}x = \frac{3}{2}\int \frac{2x - 6}{x^2 - 6x + 34}\,\mathrm{d}x + 5\int \frac{\mathrm{d}x}{x^2 - 6x + 34}.$$

Im ersten Teilintegral ist der Zähler die Ableitung des Nenners. Nach 10.1.2. (94d) ergibt sich

$$\frac{3}{2}\int \frac{2x - 6}{x^2 - 6x + 34}\,\mathrm{d}x = \frac{3}{2}\ln|x^2 - 6x + 34| + C_1.$$

Das zweite Teilintegral kann durch quadratische Ergänzung und Substitution zu einem Grundintegral umgeformt werden:

$$5\int \frac{\mathrm{d}x}{x^2 - 6x + 34} = 5\int \frac{\mathrm{d}x}{(x - 3)^2 + 25} = \frac{5}{25}\int \frac{\mathrm{d}x}{\left(\frac{x - 3}{5}\right)^2 + 1} =$$

$$= \int \frac{\mathrm{d}z}{z^2 + 1} = \arctan z + C_2 = \arctan \frac{x - 3}{5} + C_2.$$

Substitution: $z = \frac{x - 3}{5}$, $\mathrm{d}x = 5\,\mathrm{d}z$

Insgesamt erhält man

$$\int \frac{3x - 4}{x^2 - 6x + 34}\,\mathrm{d}x = \underline{\underline{\frac{3}{2}\ln|x^2 - 6x + 34| + \arctan\frac{x-3}{5} + C.}}$$

2. $\displaystyle\int \frac{14x^2 - 51x + 43}{x^3 - 7x^2 + 17x - 15}\,\mathrm{d}x$

Lösung:

Nullstellen des Nenners:

$$x^3 - 7x^2 + 17x - 15 = 0 \quad \text{ergibt} \quad x_1 = 3,\ x_2 = 2 - \mathrm{i},\ x_3 = 2 + \mathrm{i}.$$

Als Produktdarstellung des Nenners erhält man $N(x) = (x - 3)(x^2 - 4x + 5)$. Der quadratische Term, der die konjugiert komplexen Nullstellen liefert, wird nicht zerlegt.

Partialbruchzerlegung:

$$\frac{14x^2 - 51x + 43}{x^3 - 7x^2 + 17x - 15} = \frac{A}{x-3} + \frac{Bx + C}{x^2 - 4x + 5}$$

Multiplikation mit dem Hauptnenner ergibt

$$14x^2 - 51x + 43 = A(x^2 - 4x + 5) + (Bx + C)(x - 3).$$

Koeffizientenbestimmung durch Einsetzen beliebiger Werte für x:

$$x = 3: \qquad 16 = 2A$$

$$x = 0: \qquad 43 = 5A - 3C$$

$$x = 2: \qquad -3 = A - 2B - C$$

Folglich ist $A = 8,\ B = 6,\ C = -1.$

Integration:

$$\int \frac{14x^2 - 51x + 43}{x^3 - 7x^2 + 17x - 15}\,\mathrm{d}x = 8\int\frac{\mathrm{d}x}{x-3} + \int\frac{6x-1}{x^2 - 4x + 5}\,\mathrm{d}x =$$

$$= 8\int\frac{\mathrm{d}x}{x-3} + \int\frac{3(2x-4) + 11}{x^2 - 4x + 5}\,\mathrm{d}x =$$

$$= 8\int\frac{\mathrm{d}x}{x-3} + 3\int\frac{2x-4}{x^2 - 4x + 5}\,\mathrm{d}x + 11\int\frac{\mathrm{d}x}{(x-2)^2 + 1} =$$

$$\underline{\underline{= 8\ln|x - 3| + 3\ln|x^2 - 4x + 5| + 11\arctan(x - 2) + C}}$$

10.3.5. Der Nenner des Integranden enthält komplexe mehrfache Nullstellen

Da komplexe mehrfache Nullstellen immer paarweise konjugiert komplex auftreten, ist dieser Fall erst bei Nennern vierten oder höheren Grades möglich. Bei der Partialbruchzerlegung sind die in 10.3.3. und 10.3.4. besprochenen Verfahren miteinander zu verknüpfen.

BEISPIEL

$$\int \frac{6x^3 - 29x^2 + 100x - 64}{x^4 - 8x^3 + 42x^2 - 104x + 169}\,dx = \int \frac{6x^3 - 29x^2 + 100x - 64}{(x^2 - 4x + 13)^2}\,dx$$

Lösung:

Nullstellen des Nenners:

$$(x^2 - 4x + 13)^2 = 0 \text{ ergibt } x_1 = 2 + 3i,\ x_2 = 2 - 3i,\ x_3 = 2 + 3i,\ x_4 = 2 - 3i.$$

Wie in 10.3.4. wird daher der quadratische Term $x^2 - 4x + 13$, der die konjugiert komplexen Lösungen liefert, nicht zerlegt. Die Mehrfachlösungen werden genauso wie in 10.3.3. berücksichtigt.

Partialbruchzerlegung:

$$\frac{6x^3 - 29x^2 + 100x - 64}{(x^2 - 4x + 13)^2} = \frac{Ax + B}{(x^2 - 4x + 13)^2} + \frac{Cx + D}{x^2 - 4x + 13}$$

Die Multiplikation mit dem Hauptnenner ergibt

$$6x^3 - 29x^2 + 100x - 64 = Ax + B + (Cx + D)(x^2 - 4x + 13).$$

Zur Bestimmung der Konstanten A, B, C und D wird die Variable x mit beliebigen Werten belegt.

$$\begin{aligned}
x = 0{:}\quad & -64 = B + 13D\\
x = 1{:}\quad & 13 = A + B + 10C + 10D\\
x = -1{:}\quad & -199 = -A + B - 18C + 18D\\
x = 2{:}\quad & 68 = 2A + B + 18C + 9D
\end{aligned}$$

Als Lösung dieses Gleichungssystems erhält man

$$A = 2, \quad B = 1, \quad C = 6, \quad D = -5.$$

Die Partialbruchzerlegung lautet demnach

$$\frac{6x^3 - 29x^2 + 100x - 64}{(x^2 - 4x + 13)^2} = \frac{2x + 1}{(x^2 - 4x + 13)^2} + \frac{6x - 5}{x^2 - 4x + 13}.$$

Integration:

Es ist zweckmäßig, die Integration nach der Integraltafel zu vollziehen. Schreibt man

$$\begin{aligned}
\int \frac{6x^3 - 29x^2 + 100x - 64}{(x^2 - 4x + 13)^2}\,dx &= \int \frac{2x + 1}{(x^2 - 4x + 13)^2}\,dx + \int \frac{6x - 5}{x^2 - 4x + 13}\,dx =\\
&= 2\int \frac{x\,dx}{(x^2 - 4x + 13)^2} + \int \frac{dx}{(x^2 - 4x + 13)^2} +\\
&\quad + 6\int \frac{x\,dx}{x^2 - 4x + 13} - 5\int \frac{dx}{x^2 - 4x + 13},
\end{aligned}$$

so können der Reihe nach die Integrale 2.4., 2.2., 2.3. und 2.1. angewandt werden. Als Ergebnis erhält man den Term

$$\frac{1}{18} \cdot \frac{5x - 28}{x^2 - 4x + 13} + 3 \ln |x^2 - 4x + 13| - \frac{131}{54} \arctan \frac{x - 2}{3} + C.$$

AUFGABEN

426. $\int \frac{x+13}{x^2-4x-5}\,dx$
427. $\int \frac{(2x+1)\,dx}{x^2-10x+25}$
428. $\int \frac{(x+2)\,dx}{(x-1)(1-x)}$

429. $\int \frac{x-3}{x^2+1}\,dx$
430. $\int \frac{(x-1)\,dx}{x^2+2x-1}$
431. $\int \frac{3x^3-6x^2-20x-1}{x^2-2x-8}\,dx$

432. $\int \frac{(11x+16)\,dx}{x^2-2x-8}$
433. $\int \frac{dx}{(x-1)(x+2)^2}$
434. $\int \frac{5x^2-24x+21}{x^3-7x^2+8x+16}\,dx$

435. $\int \frac{dx}{\sin x+\cos x}$

10.4. Der Gebrauch von Integraltafeln

Häufig sind die wichtigsten Integrale in Tafeln zusammengestellt, wodurch sich der Aufwand bei der Lösung wesentlich verringert. Eine solche Tafel der gebräuchlichsten Integrale ist diesem Buch am Schluß beigelegt. Bei ihrem Gebrauch achte man vor allem auf die Einteilung der Integranden und auf die geltenden Einschränkungen, die in der letzten Spalte angegeben sind. Die Integranden sind nach der Art der in ihnen enthaltenen Funktionen geordnet. Die Merkmale für die Einteilung der Funktionen wurden bereits in 1.3.5. besprochen. Zur besseren Orientierung sind die Integrale numeriert. Algebraische Integranden findet man unter den Nummern 1 bis 3, transzendente Integranden sind unter den Nummern 4 bis 10 aufgeführt. Enthält der Integrand gleichzeitig einen algebraischen und einen transzendenten Term, so suche man das Integral unter der Nummer des transzendenten Terms. Hat man den Typ des gegebenen Integranden in der Tafel gefunden, so sind in die Lösungsformel noch die als Koeffizienten und Exponenten auftretenden Konstanten einzusetzen.
Obwohl der Gebrauch einer Integraltafel die Integration in vielen Fällen erleichtert, kann man nicht völlig auf die in den vorangehenden Abschnitten besprochenen Integrationsverfahren verzichten. Selbst in umfangreichen Integraltafeln kann nur eine begrenzte Auswahl von Integralen dargestellt werden. Ist ein zu lösendes Integral nicht in der Tafel zu finden, so versuche man, das Integral durch ein Integrationsverfahren auf ein in der Tafel vorhandenes Integral zurückzuführen.

BEISPIELE

1. $\int \frac{x\,dx}{\sqrt{2x^2-5x+11}}$

Lösung: Der Integrand ist algebraisch und irrational. Er ist im Integral 3.7. zu finden. Die Konstanten haben die Werte $a = 2$, $b = -5$, $c = 11$. Man kann sofort ablesen:

$$\int \frac{x\,dx}{\sqrt{2x^2-5x+11}} = \frac{\sqrt{2x^2-5x+11}}{2} + \frac{5}{4}\int \frac{dx}{\sqrt{2x^2-5x+11}}.$$

Das rechtsstehende Integral ist unter 3.1. dargestellt, wobei jedoch die in der letzten Spalte angegebenen drei Fälle zu unterscheiden sind. Im vorliegenden Fall ist $a = 2 > 0$ und $4ac - b^2 = 63 > 0$. Es trifft also die Lösungsformel der ersten Zeile zu:

$$\int \frac{dx}{\sqrt{2x^2 - 5x + 11}} = \frac{1}{\sqrt{2}} \operatorname{arsinh} \frac{4x - 5}{\sqrt{63}} + C_1.$$

Insgesamt ergibt sich dann

$$\int \frac{x\,dx}{\sqrt{2x^2 - 5x + 11}} = \underline{\underline{\frac{\sqrt{2x^2 - 5x + 11}}{2} + \frac{5\sqrt{2}}{8} \operatorname{arsinh} \frac{4x - 5}{\sqrt{63}} + C.}}$$

2. $\int x^4 e^{-x}\,dx$

Lösung: Der Integrand enthält den algebraischen Term x^4 und den transzendenten Term e^{-x}. Sucht man in der Tafel nach Integralen, die Exponentialfunktionen enthalten, so findet man unter 6.2. eine Rekursionsformel, die nach mehrmaliger Anwendung die Lösung liefert. Für $n = 4$ und $a = -1$ ist

$$\int x^4 e^{-x}\,dx = -x^4 e^{-x} + 4\{-x^3 e^{-x} + 3[-x^2 e^{-x} + 2(-x e^{-x} - e^{-x})]\} + C =$$
$$= \underline{\underline{-e^{-x}(x^4 + 4x^3 + 12x^2 + 24x + 24) + C.}}$$

3. $\int \frac{dx}{\sin^3(2x - 1)}$

Lösung: Dieses Integral ist in der Tafel nicht enthalten, aber unter 4.9. ist ein ähnliches angegeben. Es muß das Substitutionsverfahren herangezogen werden. Setzt man $z = 2x - 1$, $dx = \frac{dz}{2}$, so erhält man zunächst

$$\int \frac{dx}{\sin^3(2x - 1)} = \frac{1}{2} \int \frac{dz}{\sin^3 z}$$

und kann jetzt die Formel 4.9. anwenden. Für $n = 3$ und $\omega = 1$ ist

$$\frac{1}{2} \int \frac{dz}{\sin^3 z} = \frac{1}{2}\left[-\frac{1}{2}\frac{\cos z}{\sin^2 z} + \frac{1}{2}\int \frac{dz}{\sin z}\right] + C =$$
$$= \frac{1}{4}\left[-\frac{\cos z}{\sin^2 z} + \ln\left|\tan\frac{z}{2}\right|\right] + C = \quad \text{(Integral 4.7.)}$$
$$= \underline{\underline{\frac{1}{4}\left[-\frac{\cos(2x - 1)}{\sin^2(2x - 1)} + \ln\left|\tan\frac{2x - 1}{2}\right|\right] + C.}}$$

AUFGABEN

436. $\int \frac{x^2\,dx}{(2x + 5)^2}$ 437. $\int \frac{dx}{x(9x^2 + 6x + 1)}$ 438. $\int \sin^3(2x) \cos 2x\,dx$

439. $\int \frac{dx}{\cosh 3x}$ 440. $\int e^{-2x} \sin\frac{x}{2}\,dx$ 441. $\int (\ln x)^5\,dx$

442. $\int \operatorname{arccot} x\,dx$ 443. $\int \frac{x\,dx}{\sqrt{3 - 2x - x^2}}$

10.5. Näherungsweise Integration

Nicht immer werden Integrale mit den bisher behandelten Verfahren berechnet. In bestimmten Fällen ist die Anwendung dieser Verfahren nicht möglich, in anderen Fällen für praktische Zwecke zu kompliziert. Als Ursachen dafür kommen in Frage:

1. Ein gegebener Term ist nicht geschlossen integrierbar.
2. Die geschlossene Integration eines Terms ist zu aufwendig.
3. Der Integrand ist nicht analytisch als Term gegeben, sondern liegt als Wertetabelle oder als Kurve vor.

In diesen Fällen dienen verschiedene Verfahren zur Berechnung des Integrals, die ihrem Charakter entsprechend als Näherungsverfahren bezeichnet werden. Es sei jedoch ausdrücklich betont, daß diese Verfahren nicht als unzulänglich oder behelfsmäßig gelten müssen. Ihre Ergebnisse sind für praktische Zwecke hinreichend genau. In bestimmten Fällen kann sogar theoretisch jede gewünschte Genauigkeit erzielt werden. Näherungsverfahren gibt es sowohl zur Ermittlung bestimmter als auch unbestimmter Integrale.

10.5.1. Numerische Integration

Unter numerischer Integration versteht man die Berechnung bestimmter Integrale mit Hilfe von Näherungsformeln, von denen hier zwei besprochen werden. Ihre Anwendung setzt voraus, daß die zu integrierende Funktion als Wertetabelle mit konstanter Abszissenänderung vorliegt. Ist der Integrand analytisch als Term gegeben, so kann man durch Einsetzen geeigneter Abszissenwerte eine solche Wertetabelle aufstellen. Liegt der Integrand als Kurve vor, so braucht man nur die Paare der einander zugeordneten Abszissen und Ordinaten auszumessen.
Bei der Herleitung der Näherungsformeln wird zunächst von der Vorstellung ausgegangen, daß das bestimmte Integral den Inhalt einer Fläche angibt, die von einer Kurve mit der Gleichung $y = f(x)$ und der x-Achse im Intervall $[x_0, x_n]$ begrenzt wird, sofern f in $[x_0, x_n]$ keine negativen Werte annimmt. Zerlegt man das Intervall $[x_0, x_n]$ in n gleich breite Teilintervalle der Breite

$$h = \frac{x_n - x_0}{n}$$

und ersetzt die so entstandenen Flächenstreifen durch Rechtecke, wie das bereits in 8.5.3. gezeigt wurde, so ist die Summe dieser Rechtecke eine Näherungslösung für das bestimmte Integral.
Eine im allgemeinen bessere und leicht zu berechnende Näherung ergibt sich, wenn die krummlinige Begrenzung der Flächenstreifen durch die zugehörigen Sehnen ersetzt wird (Bild 174). Man erhält dann über jedem Teilintervall $[x_{i-1}, x_i]$ ein Trapez mit dem Flächeninhalt

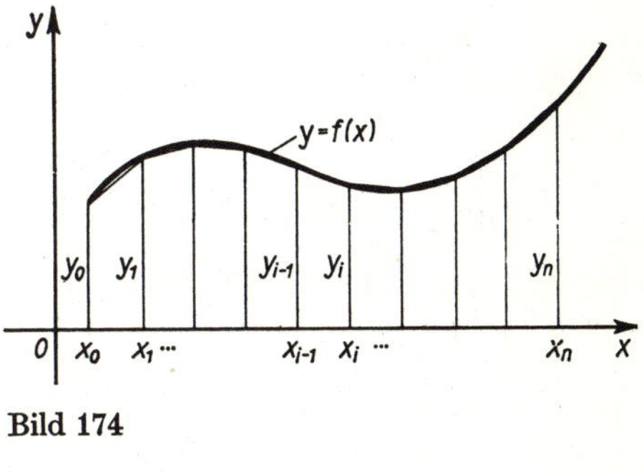

Bild 174

$$\frac{y_{i-1} + y_i}{2} h .$$

Die Summe aller Trapezflächen ist ein Näherungswert für den Inhalt der Fläche über dem Intervall $[x_0, x_n]$:

$$A \approx h\left(\frac{y_0 + y_1}{2} + \frac{y_1 + y_2}{2} + \frac{y_2 + y_3}{2} + \cdots + \frac{y_{n-1} + y_n}{2}\right).$$

Eine Umformung ergibt die **Trapezformel**:

$$A \approx h\left(\frac{1}{2}\, y_0 + y_1 + y_2 + \cdots + y_{n-1} + \frac{1}{2}\, y_n\right) \tag{96}$$

Die Trapezformel liefert ein zu kleines Ergebnis, wenn die Kurve im ganzen Intervall konkav $[f''(x) < 0]$ ist, und ein zu großes Ergebnis, wenn im ganzen Intervall die Kurve konvex $(f''(x) > 0)$ ist.

Eine Formel, die bei gleichem Aufwand noch genauere Ergebnisse liefert, erhält man, wenn zur Annäherung an die Kurve statt der Sehnen Parabeln 2. Grades verwendet werden (Bild 175). Unter den gleichen Voraussetzungen wie bei der Trapezformel wird das Intervall $[x_0, x_n]$ in eine gerade Anzahl n von Teilintervallen gleicher Breite

$$h = \frac{x_n - x_0}{n}$$

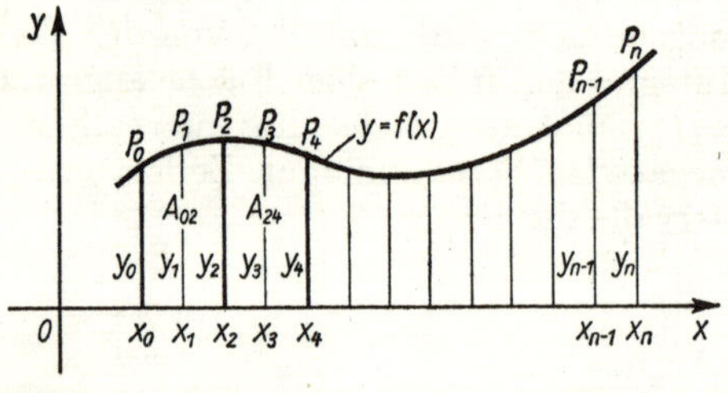

Bild 175

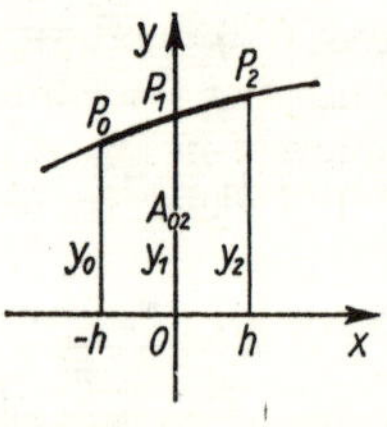

Bild 176

zerlegt. Je zwei der entstehenden Flächenstreifen werden zu einem Doppelstreifen zusammengefaßt. Der Inhalt des ersten Doppelstreifens über dem Intervall $[x_0, x_2]$ sei A_{02}. Durch die drei Kurvenpunkte P_0, P_1, P_2 läßt sich eindeutig eine Parabel mit der Gleichung $y = a_2x^2 + a_1x + a_0$ legen. Um die Bestimmung der Koeffizienten a_2, a_1, a_0 möglichst einfach zu gestalten, denkt man sich die y-Achse so weit parallel verschoben, daß sie durch den Punkt P_1 geht (Bild 176). Dadurch ändern sich die Koordinaten der drei Punkte des ersten Doppelstreifens in der folgenden Weise:

$$P_0(x_0; y_0) \rightarrow P_0(-h; y_0)$$

$$P_1(x_1; y_1) \rightarrow P_1(0; y_1)$$

$$P_2(x_2; y_2) \rightarrow P_2(h; y_2).$$

Da diese Punkte auf der Parabel liegen sollen, müssen ihre Koordinaten die Parabelgleichung erfüllen. Durch Einsetzen erhält man das Gleichungssystem

$$\begin{aligned} y_0 &= a_2h^2 - a_1h + a_0 \\ y_1 &= a_0 \\ y_2 &= a_2h^2 + a_1h + a_0 \end{aligned}$$

mit den Variablen a_2, a_1 und a_0. Daraus folgt

$$a_2 = \frac{1}{2\,h^2}(y_0 - 2y_1 + y_2)$$

$$a_1 = \frac{1}{2h}(y_2 - y_0)$$

$$a_0 = y_1.$$

Nachdem die Koeffizienten der Parabelgleichung bekannt sind, kann der Inhalt der parabelförmig begrenzten Fläche berechnet und als Näherungswert für A_{02} verwendet werden. Man erhält

$$A_{02} \approx \int_{-h}^{+h} (a_2x^2 + a_1x + a_0)\,\mathrm{d}x = \frac{a_2x^3}{3} + \frac{a_1x^2}{2} + a_0x \Big|_{-h}^{+h} = \frac{2a_2h^3}{3} + 2a_0h.$$

Setzt man für a_2 und a_0 die berechneten Werte ein und vereinfacht, so ist

$$\boxed{A_{02} \approx \frac{h}{3}(y_0 + 4y_1 + y_2).} \tag{97}$$

Diese Formel wird **Keplersche Faßregel**[1]) genannt. Man kann mit ihr in grober Näherung den Inhalt der Gesamtfläche berechnen, wenn das Intervall $[x_0, x_n]$ in nur zwei Teilintervalle zerlegt wird.

Die Flächeninhalte der übrigen Doppelstreifen (Bild 175) ergeben sich analog zu (97), also z. B.

$$A_{24} \approx \frac{h}{3}(y_2 + 4y_3 + y_4).$$

---

[1]) JOHANNES KEPLER (1571 bis 1630), deutscher Mathematiker und Astronom. Er schrieb u. a. ein Buch »Die Stereometrie des Fasses«

Zum Intervall $[x_0, x_n]$ gehören insgesamt $\frac{n}{2}$ Doppelstreifen. Addiert man die Näherungswerte ihrer Flächeninhalte, so stellt die Summe in praktisch ausreichender Näherung den Inhalt der Gesamtfläche dar:

$$A \approx \frac{h}{3}[(y_0 + 4y_1 + y_2) + (y_2 + 4y_3 + y_4) + \cdots + (y_{n-2} + 4y_{n-1} + y_n)].$$

Da unter den anfangs vorausgesetzten Bedingungen der Inhalt dieser Fläche mit dem bestimmten Integral der Funktion f im Intervall $[x_0, x_n]$ übereinstimmt, erhält man nach dem Zusammenfassen gleicher Glieder die **Simpsonsche Formel**[1]:

$$\int_{x_0}^{x_n} f(x)\,\mathrm{d}x \approx \frac{h}{3}[y_0 + y_n + 4(y_1 + y_3 + \cdots + y_{n-1}) + 2(y_2 + y_4 + \cdots + y_{n-2})] \quad n \in N \text{ und gerade} \tag{98}$$

Hierin sind die y_i stets die Werte des Integranden: $y_i = f(x_i)$, unabhängig davon, ob das bestimmte Integral zur Berechnung einer Fläche oder in anderem Zusammenhang verwendet wird. Die Formel (98) ist auch dann richtig, wenn die Funktion f in $[x_0, x_n]$ negative Werte annimmt. Hat die zu f gehörige Kurve in $[x_0, x_n]$ Ecken oder Sprungstellen, so ist die Intervallteilung so zu wählen, daß diese Stellen nur in den Randpunkten der Teilintervalle auftreten. Mit der SIMPSONschen Formel kann man theoretisch jede gewünschte Genauigkeit erzielen. Man braucht nur die Zahl n der Teilintervalle genügend groß zu wählen.
Zur praktischen Berechnung eines bestimmten Integrals nach der SIMPSONschen Formel ist die Verwendung eines übersichtlichen Schemas zweckmäßig.

BEISPIELE

1. $\int_1^2 \frac{\mathrm{d}x}{x}$

Lösung: Da es sich bei dieser Aufgabe um ein Grundintegral handelt, kann man die Lösung auch ohne Anwendung einer Näherungsformel sofort angeben:

$$\int_1^2 \frac{\mathrm{d}x}{x} = \ln x \Big|_1^2 = \ln 2 - \ln 1 = \ln 2 - 0 \approx \underline{\underline{0{,}693\,147}}.$$

Zum Vergleich der erreichbaren Genauigkeiten soll die Lösung sowohl nach der Trapezformel als auch nach der SIMPSONschen Formel gezeigt werden. Es sei $n = 10$ und damit

---

[1]) THOMAS SIMPSON (1710 bis 1761), englischer Mathematiker

$h = \frac{2-1}{10} = 0{,}1$. Die Trapezformel ergibt:

x_i	
1,0	$\frac{1}{2} y_0 = 0{,}500000$
1,1	$y_1 = 0{,}909091$
1,2	$y_2 = 0{,}833333$
1,3	$y_3 = 0{,}769231$
1,4	$y_4 = 0{,}714286$
1,5	$y_5 = 0{,}666667$
1,6	$y_6 = 0{,}625000$
1,7	$y_7 = 0{,}588235$
1,8	$y_8 = 0{,}555556$
1,9	$y_9 = 0{,}526316$
2,0	$\frac{1}{2} y_{10} = 0{,}250000$
Σ	6,937715

$$\int_1^2 \frac{\mathrm{d}x}{x} \approx h \cdot \Sigma = 0{,}1 \cdot 6{,}937715 = \underline{\underline{0{,}6937715}}$$

Nach der Simpsonschen Formel erhält man:

i	x_i	$y_i = f(x_i) = \frac{1}{x_i}$		
0	1,0	1,000000		
1	1,1		0,909091	
2	1,2			0,833333
3	1,3		0,769231	
4	1,4			0,714286
5	1,5		0,666667	
6	1,6			0,625000
7	1,7		0,588235	
8	1,8			0,555556
9	1,9		0,526316	
10	2,0	0,500000		
		1,500000 $= \Sigma_1$	3,459540 $= \Sigma_2$	2,728175 $= \Sigma_3$

Σ_1	1,500000
$4\,\Sigma_2$	13,838160
$2\,\Sigma_3$	5,456350
Σ	20,794510

$$\int_1^2 \frac{\mathrm{d}x}{x} \approx \frac{h}{3} \Sigma = \frac{0{,}1}{3} 20{,}794510 = \underline{\underline{0{,}693150}}$$

Beim Vergleich der drei Ergebnisse stellt man fest, daß die Trapezformel einen zu großen Wert liefert, da $\left(\frac{1}{x}\right)'' > 0$ im Intervall [1; 2]. In der Rechnung hätten 3 Dezimalen genügt, da die weiteren Stellen sowieso ungenau sind. Dagegen weicht das nach der Simpsonschen Formel gewonnene Ergebnis nur um $3 \cdot 10^{-6}$ vom genauen Wert ln 2 ab. Das Rechnen mit 6 Dezimalen ist daher berechtigt.

2. Man berechne die Bogenlänge der Kurve mit der Gleichung $y = e^x$ im Intervall [0; 1,6]!

Lösung: Wegen (92a) und $(y')^2 = e^{2x}$ ist $s = \int\limits_0^{1,6} \sqrt{1 + e^{2x}}\,dx$.

Der in die SIMPSONsche Formel einzusetzende Integrand ist demnach der Term $\sqrt{1 + e^{2x}}$. Das Intervall [0; 1,6] wird zerlegt in $n = 8$ Teilintervalle mit der Breite $h = \frac{1,6 - 0}{8} = 0,2$.

i	x_i	e^{2x_i}	$1 + e^{2x_i}$	$y_i = f(x_i) = \sqrt{1 + e^{2x_i}}$		
0	0	1,00	2,00	1,414		
1	0,2	1,49	2,49		1,578	
2	0,4	2,23	3,23			1,797
3	0,6	3,32	4,32		2,078	
4	0,8	4,95	5,95			2,439
5	1,0	7,39	8,39		2,897	
6	1,2	11,02	12,02			3,467
7	1,4	16,44	17,44		4,176	
8	1,6	24,53	25,53	5,053		
				6,467 $= \Sigma_1$	10,729 $= \Sigma_2$	7,703 $= \Sigma_3$

Σ_1	6,467
$4\,\Sigma_2$	42,916
$2\,\Sigma_3$	15,406
Σ	64,789

$$s = \int\limits_0^{1,6} \sqrt{1 + e^{2x}}\,dx \approx \frac{h}{3}\Sigma = \frac{0,2}{3}\,64,789 = \underline{\underline{4,319}}$$

AUFGABEN

Man berechne die folgenden Integrale nach der SIMPSONschen Formel unter völliger Ausnutzung der zur Verfügung stehenden Zahlentafeln.

444. $\int\limits_0^1 \lg(1 + x^3)\,dx;\quad n = 10$

445. $\int\limits_0^{1,2} \lg(1 + x^2)\,dx;\quad n = 6$

446. $\int\limits_0^{1,2} e^{x^2-1}\,dx;\quad h = 0,1$

447. $\int\limits_{0,8}^{1,6} \cosh(2 - x^2)\,dx;\quad h = 0,1$

448. $\int\limits_{0,1}^{0,7} \sinh(1 + x^2)\,dx;\quad h = 0,1$

449. $\int\limits_4^8 \frac{dx}{\sqrt{1 + x^3}};\quad n = 4$

450. $\int\limits_{\frac{\pi}{4}}^{\frac{\pi}{2}} \frac{x\,dx}{\sin x};\quad n = 4$

451. Man berechne nach der SIMPSONschen Formel den Inhalt der Fläche zwischen der x-Achse und der durch die folgende Wertetabelle gegebenen Kurve:

x	2	3	4	5	6	7	8
y	10	11	13	17	19	20	18

(Skizze!)

10.5.2. Graphische Integration

Die graphische Integration ermöglicht die Ermittlung sowohl partikulärer als auch bestimmter Integrale. Da sich aus einem partikulären Integral durch Parallelverschiebung die Menge aller Stammfunktionen erzeugen läßt, ist mit dem partikulären auch das unbestimmte Integral bekannt. Die bei der graphischen Integration erreichbare Genauigkeit ist im allgemeinen nicht so hoch wie bei der numerischen Integration.

Um ein Integral auf graphischem Wege ermitteln zu können, muß die zu integrierende Funktion f als Kurve vorliegen. Die Funktionsgleichung braucht nicht bekannt zu sein. Ist der Integrand analytisch, also durch eine Gleichung, gegeben oder liegt für ihn eine Wertetabelle vor, so muß erst die zugehörige Kurve gezeichnet werden. Dem Verfahren liegt die Vorstellung zugrunde, daß das partikuläre Integral als Flächenfunktion bzw. das bestimmte Integral als Flächeninhalt aufgefaßt werden kann. Da zwischen graphischer Integration und graphischer Differentiation ein enger Zusammenhang besteht (die Konstruktionen laufen im wesentlichen in entgegengesetzter Reihenfolge ab), wird vor der Betrachtung des Folgenden eine eingehende Information über 3.9. nützlich sein.

Gegeben sei die Kurve einer stetigen Funktion mit der Gleichung $y' = f(x)$ (Bild 177). Gesucht ist eine zugehörige Stammfunktion mit der Gleichung $y = F(x) + C$ oder ein bestimmtes Integral $\int\limits_{x_1}^{x_n} f(x)\,\mathrm{d}x$. Der Grundgedanke des Verfahrens besteht darin, daß die Fläche zwischen der Kurve mit der Gleichung $y' = f(x)$ und der x-Achse ersetzt werden kann durch eine inhaltsgleiche Fläche zwischen einer geeigneten Treppenkurve und der x-Achse. Man braucht nur darauf zu achten, daß die Flächenstücke zwischen der gegebenen Kurve und der Treppenkurve (im Bild schraffiert) paarweise inhaltsgleich sind.

Im einzelnen ergeben sich die folgenden Konstruktionsschritte:

1. *Auf der gegebenen Kurve sind an beliebigen Stellen die Punkte $P'_1, P'_2, P'_3, \ldots, P'_n$ zu wählen.* Es empfiehlt sich, vorhandene Extrempunkte, Wendepunkte und Nullstellen dabei zu berücksichtigen.

2. *Durch die Punkte P'_i konstruiere man Parallelen zu beiden Koordinatenachsen.* Auf der y'-Achse ergeben sich dadurch die Schnittpunkte B_i.

3. Die gegebene Kurve ist durch eine Treppenkurve zu ersetzen.
Man wählt nach Augenmaß geeignete Zwischenpunkte $S'_1, S'_2, S'_3, \ldots, S'_{n-1}$, so daß die schraffiert gezeichneten Flächenstücke beiderseits der gegebenen Kurve paarweise inhaltsgleich sind.

4. *Durch die Zwischenpunkte S'_i konstruiere man Parallelen zur y'-Achse.*

5. *Auf der x-Achse lege man an der Stelle $x = -1$ (oder an anderer Stelle) einen sogenannten Polpunkt A fest.* Der Polabstand p zum Koordinatenursprung hat dann den Wert 1 (oder einen anderen konstanten Wert).

6. *Die Punkte B_i verbinde man mit dem Polpunkt A durch Geraden.* Diese Geraden geben die Tangentenrichtungen für die gesuchte Kurve der Stammfunktion mit

der Gleichung $y = F(x) + C$ an. In den Dreiecken AOB_i gilt nämlich die Beziehung $\tan \alpha_i = \frac{\overline{OB_i}}{p}$. Wegen $p = 1$, $\overline{OB_i} = f(x_i)$ und $f(x_i) = F'(x_i)$ ergibt sich $\tan \alpha_i = \frac{f(x_i)}{1} = F'(x_i)$.

7. Da die Tangentenrichtungen für die gesuchte Kurve bereits bekannt sind, benötigt man nur noch einen Anfangspunkt. Daher *wähle man auf der durch P_1' parallel zur y'-Achse verlaufenden Geraden an beliebiger Stelle einen Punkt P_1.* Durch die Wahl dieses Punktes wird für die Stammfunktion mit der Gleichung $y = F(x) + C$ die Konstante C festgelegt.

8. *Die durch $\overline{AB_i}$ gegebenen Tangentenrichtungen sind parallel zu verschieben.* Die Parallele zu $\overline{AB_1}$ lasse man durch P_1 gehen. Man erhält auf der Parallelen durch S_1' den Schnittpunkt S_1. In diesem Punkt setze man die Parallele zu $\overline{AB_2}$ an, wodurch sich die Schnittpunkte P_2 und S_2 ergeben. P_2 ist der nächste Kurvenpunkt der gesuchten Stammfunktion, S_2 ist der Ansatzpunkt für die nächste Tangente parallel zu $\overline{AB_3}$. In gleicher Weise verfahre man mit den übrigen Tangenten. Es ergibt sich ein Tangentenzug $P_1 S_1 S_2 S_3 \ldots S_{n-1} P_n$.

9. *Durch die Punkte $P_1, P_2, P_3, \ldots, P_n$ zeichne man die Kurve der gesuchten Stammfunktion.* Der Tangentenzug erleichtert die Konstruktion der Kurve. Die y'-Achse gilt für die Stammfunktion mit der Gleichung $y = F(x) + C$ gleichzeitig als y-Achse. Ist der Polabstand $p \neq 1$, ergeben sich für y' und y verschiedene Maßstäbe.

Das Ergebnis dieser Konstruktion ist wegen der Festlegung des Anfangspunktes P_1 und der damit zusammenhängenden Wahl einer festen Integrationskonstanten C ein partikuläres Integral der gegebenen Funktion f. Durch Parallelverschiebung der zugehörigen Kurve in y-Richtung läßt sich aber die Schar der Kurven aller Stammfunktionen von f erzeugen. Damit ist auch das unbestimmte Integral gegeben. Soll das bestimmte Integral $\int_{x_1}^{x_n} f(x)\,\mathrm{d}x = F(x_n) - F(x_1)$ ermittelt werden, so hat man nur die Ordinatendifferenz der Punkte P_n und P_1 auszumessen, denn es ist

$$[F(x_n) + C] - [F(x_1) + C] = F(x_n) - F(x_1).$$

In Bild 177 ist das bestimmte Integral $\int_{x_1}^{x_4} f(x)\,\mathrm{d}x = F(x_4) - F(x_1)$ dargestellt.

Durchläuft man die angegebene Konstruktionsvorschrift sinngemäß in entgegengesetzter Reihenfolge und unterläßt die Konstruktion der Treppenkurve, so erhält man das Verfahren der graphischen Differentiation.

Um in praktischen Fällen die Abmessungen des vorhandenen Papierformates nicht zu überschreiten, wählt man häufig den Polabstand $p \neq 1$. Je größer p ist, desto flacher verläuft die gesuchte Lösungskurve. Zwischen dem Polabstand und den

Einslängen der Achsen gilt dieselbe Beziehung wie bei der graphischen Differentiation:

$$p = \frac{l_x \cdot l_{y'}}{l_y} \quad \text{bzw.} \quad l_y = \frac{l_x \cdot l_{y'}}{p}.$$

Verwendet man statt der Einslängen Maßstäbe, so gilt wegen $m_x = \frac{l_x}{[x]}$, $m_y = \frac{l_y}{[y]}$, $m_y{}' = \frac{l_{y'}}{[y']}$ und $[y'] = \frac{[y]}{[x]}$ entsprechend

$$p = \frac{m_x \cdot m_{y'}}{m_y} \quad \text{bzw.} \quad m_y = \frac{m_x \cdot m_{y'}}{p}.$$

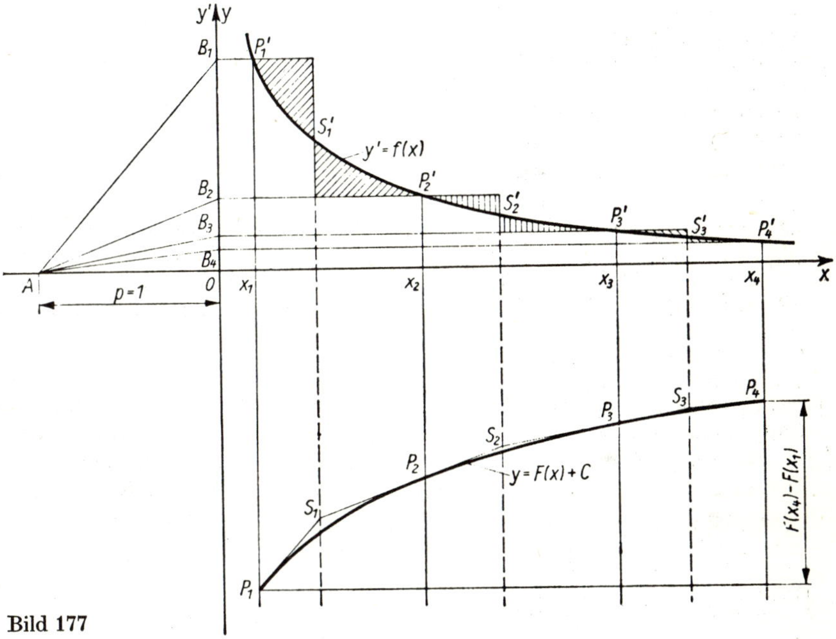

Bild 177

Bei der graphischen Integration kommt es nicht darauf an, die Anzahl der Teilintervalle möglichst groß zu wählen. Die übertriebene Vergrößerung von n führt meist zu einer Verschlechterung des Ergebnisses wegen der Häufung der Ungenauigkeiten beim Aneinandersetzen der einzelnen Tangenten.

AUFGABEN

452. Man ermittele $\int x \, dx$ auf graphischem Wege.

453. Man bestimme graphisch das Integral $\int\limits_0^{\frac{\pi}{2}} \sin^2 x \, dx$ und vergleiche das Ergebnis mit dem durch Rechnung gewonnenen Wert.

10.5.3. Instrumentelle Integration

Als weitere Hilfsmittel zur Integration bieten sich zahlreiche Instrumente und Geräte an, die zusammenfassend als Integratoren bezeichnet werden. Sie wurden zur rationellen praktischen Lösung häufig wiederkehrender Integrale entwickelt. Voraussetzung zur Anwendung dieser Integriergeräte ist das Vorliegen einer Kurve. Die Gleichung dieser Kurve braucht nicht bekannt zu sein. Zur Bestimmung des Integrals wird die Kurve mit einem Stift befahren. Das Ergebnis ist entweder auf einem Zählwerk abzulesen oder wird wieder als Kurve gezeichnet. Die Genauigkeit hängt von der sorgfältigen Handhabung des Gerätes beim Integriervorgang ab.
Einen Überblick über die wichtigsten Integratoren gibt die folgende Zusammenstellung. Sie ist nicht vollständig. Weitergehende Informationen gibt die Fachliteratur[1]).

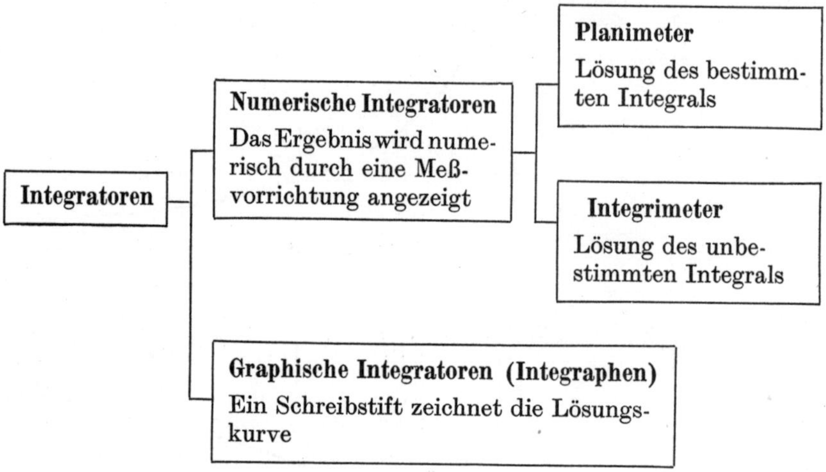

Von allen angeführten Integriervorrichtungen gibt es Grundgeräte und Funktionsgeräte. Die Grundgeräte ermitteln beim Befahren der Kurve mit der Gleichung $y = f(x)$ das Integral $\int f(x)\,\mathrm{d}x$, wogegen die Funktionsgeräte ohne weitere Umrechnung aus $f(x)$ das Integral $\int \varphi[f(x)]\,\mathrm{d}x$ ermitteln (z. B. $\int [f(x)]^2\,\mathrm{d}x$ bei der Volumenberechnung).
Das für praktische Zwecke wichtigste Gerät ist das sogenannte Polarplanimeter. Es wurde 1854 von dem Schweizer Amsler entwickelt. In Bild 178 ist das Gerät gezeigt. Es besteht im wesentlichen aus drei Teilen, dem Polarm mit dem Pol, dem Fahrarm und dem Zählwerk, das am Fahrarm verstellbar befestigt ist. Am Ende des Fahrarmes befindet sich ein Stift, mit dem die Berandungskurve einer Fläche umfahren wird. Die Bewegung des Fahrarmes wird durch eine Gleitrolle des Zählwerkes in eine Drehbewegung umgesetzt, die mit verschiedener Geschwindigkeit teils vorwärts, teils rückwärts abläuft. Das Gelenk zwischen Fahrarm und Polarm

[1]) Z. B.: F. A. Willers, „Mathematische Maschinen und Instrumente", Akademie-Verlag, Berlin 1951. Dort findet man auch weitere Literaturhinweise

bewegt sich dabei auf einem Kreis, dessen Mittelpunkt der Pol ist. Dadurch wird der Stillstand der Gleitrolle verhindert, wenn sich der Fahrstift entlang einer Geraden bewegt. Die auf der Gleitrolle befindliche und mit einem Nonius versehene Skale ermöglicht in Verbindung mit der Zählscheibe die Ablesung des Resultats. Der

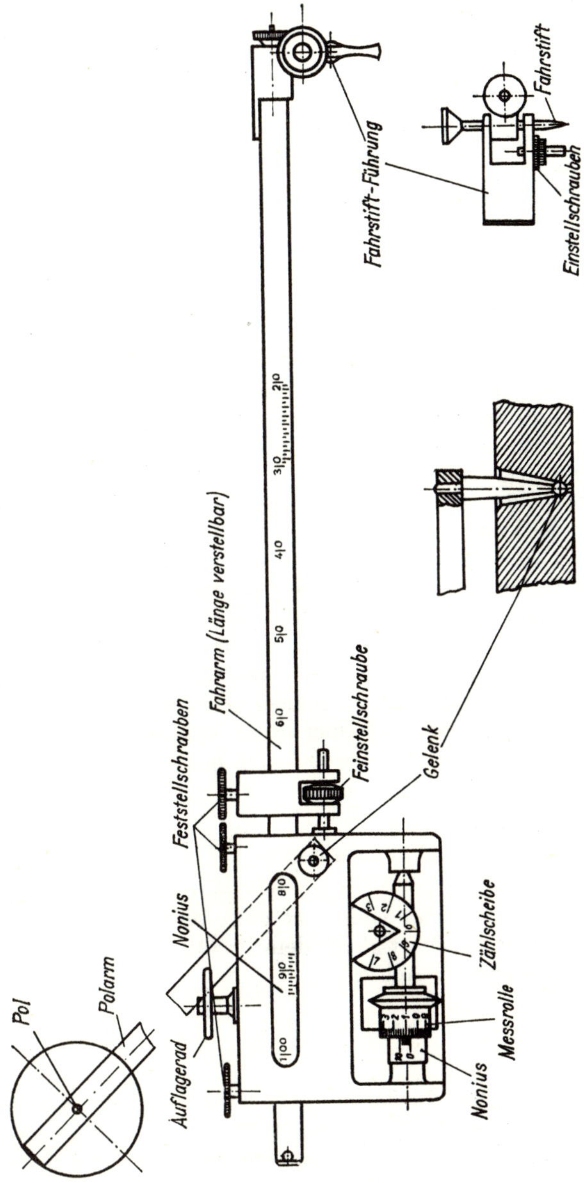

Bild 178

abgelesene Wert kann mit 4 Dezimalstellen angegeben werden. Bei einem Grundplanimeter erhält man entweder unmittelbar den Inhalt der umfahrenen Fläche oder einen Wert, der diesem Flächeninhalt proportional ist. Durch Verschiebung des Zählwerks auf dem Fahrarm ändert sich der Proportionalitätsfaktor. Sind n_1 der in der Anfangsstellung und n_2 der in der Endstellung der Meßrolle abgelesene Wert, so ist der Inhalt der umfahrenen Fläche

$$\boxed{A = k(n_2 - n_1).} \tag{99}$$

Die sog. Planimeterkonstante k kann entweder aus einer dem Planimeter beigegebenen Tabelle oder durch mehrmaliges Umfahren einer bekannten Fläche (für eine bestimmte Fahrarmlänge) ermittelt werden.

11. Anwendungen der Integralrechnung aus Physik und Technik

Zahlreiche physikalische und technische Probleme lassen sich mit Hilfe der Integralrechnung lösen. Das Gemeinsame dieser Aufgaben ist die Summation von Produkten mit gleichzeitigem Grenzübergang in dem im Abschnitt 8.5.3. dargelegten Sinne. Die Anwendung der Integralrechnung auf die Flächenberechnung wurde in 9.1.3. behandelt. Da die folgenden Überlegungen völlig analog verlaufen, wird eine vorherige Wiederholung des ersten Teils von 9.1.3. nützlich sein.
Das gesuchte Ganze wird zunächst stets in endlich viele Teile zerlegt, die zur Vereinfachung des Problems nur näherungsweise berechnet werden. Die wahre Größe eines Teils ist durch ein vorgestelltes Δ, der Näherungswert (auch »Element« genannt) durch ein vorgestelltes d gekennzeichnet. Die Summe aller Elemente liefert einen Näherungswert für das Ganze, der um so besser ausfällt, je kleiner die Teile sind und je größer ihre Anzahl n ist. Läßt man in einem Grenzübergang n unbegrenzt anwachsen und dabei den auftretenden Fehler gegen Null gehen, so erhält man den genauen Wert als Grenzwert einer Summenfolge, d. h. als bestimmtes Integral.

11.1. Statisches Moment und Schwerpunkt

Das statische Moment (oder Drehmoment) M eines *abstrakten Massenpunktes* mit der Masse m bezüglich einer Achse ist gleich dem Produkt aus der Masse m und dem Abstand r dieses Punktes von der Achse:

$$M = rm. \tag{100}$$

Soll das statische Moment eines realen Körpers berechnet werden, so zerlegt man diesen in endlich viele Teile, deren Massen näherungsweise durch $\mathrm{d}m_1, \mathrm{d}m_2, \ldots, \mathrm{d}m_n$ dargestellt werden. Multipliziert man die Massenelemente $\mathrm{d}m_i$ mit ihren Abständen

r_i von der Bezugsachse, so erhält man die »Elementarmomente« $\mathrm{d}M_i$, deren Summe ein Näherungswert für das Gesamtmoment des Körpers ist:

$$\mathrm{d}M = \mathrm{d}M_1 + \mathrm{d}M_2 + \cdots + \mathrm{d}M_n = r_1\,\mathrm{d}m_1 + r_2\,\mathrm{d}m_2 + \cdots + r_n\,\mathrm{d}m_n.$$

Der Fehler wird dabei um so kleiner, je geringer die Masse der einzelnen Elemente ist. Läßt man die $\mathrm{d}m_i$ gegen Null und ihre Anzahl gegen Unendlich streben, so erhält man den genauen Wert für M. Der Grenzwert der Summenfolge wird durch ein bestimmtes Integral dargestellt:

$$\boxed{M = \int_m r\,\mathrm{d}m} \tag{101}$$

Denkt man sich die gesamte Masse m des Körpers in einem Punkt, dem Massenmittelpunkt oder Schwerpunkt S, vereinigt, und ist r_s der Abstand des Schwerpunktes von der Bezugsachse, so folgt aus (100)

$$M = r_s m. \tag{102}$$

Aus (101) und (102) ergibt sich

$$r_s m = \int_m r\,\mathrm{d}m. \tag{103}$$

Das statische Moment ist einerseits gleich dem Produkt aus Gesamtmasse und Schwerpunktsabstand von der Bezugsachse und andererseits gleich dem Grenzwert einer Summenfolge der Elementarmomente.

Diese Erkenntnis wird den folgenden Betrachtungen zugrunde gelegt. Es ist ratsam, jede Schwerpunktsberechnung darauf aufzubauen.

11.1.1. Statische Momente und Schwerpunkt einer ebenen Fläche

Unter der Annahme, daß eine ebene Figur homogen mit Masse belegt sei und damit die *Flächendichte* ϱ (Masse pro Flächeneinheit) konstant bleibt, ist die Masse der Figur ihrem Flächeninhalt proportional. Für $\varrho = 1$ (was ohne Beschränkung der Allgemeinheit immer vorausgesetzt werden kann) stimmt die Maßzahl der Masse jedes Teils der Figur mit der Maßzahl des zugehörigen Flächeninhalts überein. Die Formel (103) geht dann über in

$$r_s A = \int_A r\,\mathrm{d}A,$$

wobei r_s den Abstand des Flächenschwerpunkts von einer Bezugsachse angibt. Liegt die Figur in einem kartesischen Koordinatensystem (Bild 179), so sind für r_s und r die Abstände zur x- bzw. y-Achse einzusetzen. Man erhält dann für die statischen **Momente einer Fläche**

$$M_x = \int_A y \, \mathrm{d}A, \quad M_y = \int_A x \, \mathrm{d}A \tag{104}$$

und unter Einbeziehung der Schwerpunktskoordinaten x_s und y_s:

$$x_s A = \int_A x \, \mathrm{d}A \quad \text{bzw.} \quad y_s A = \int_A y \, \mathrm{d}A \tag{105}$$

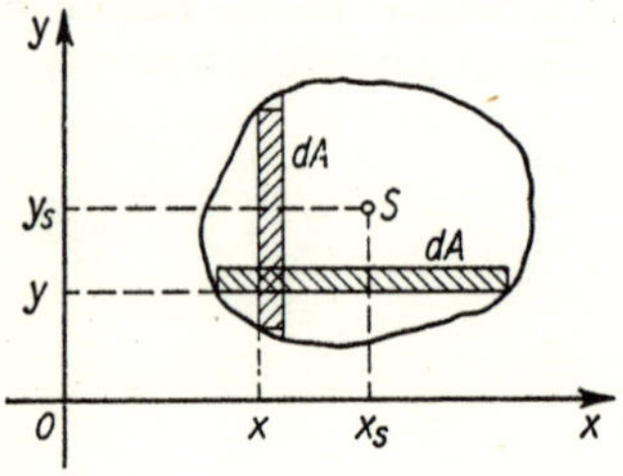

Bild 179

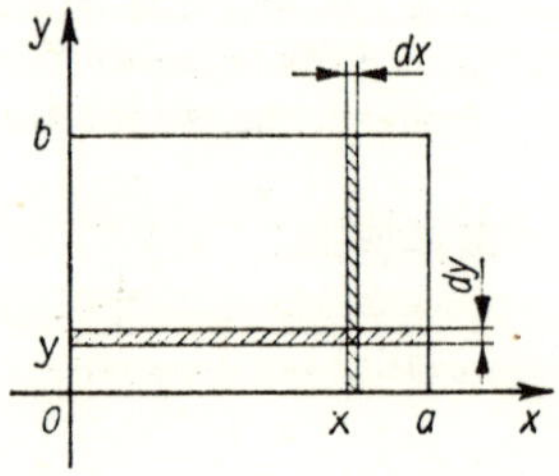

Bild 180

In diesen Formeln ist das Flächenelement dA ein Näherungswert für einen beliebig herausgegriffenen Flächenstreifen, der bei M_y parallel zur y-Achse und bei M_x parallel zur x-Achse liegt. x bzw. y ist der Abstand des Streifens zur betreffenden Achse.
Das im Anschluß an Gleichung (103) formulierte Prinzip wurde hier auf die Berechnung von Flächenschwerpunkten angewendet. Häufig vereinfacht sich die Rechnung, wenn man berücksichtigt, daß bei homogener Massenbelegung jede Symmetrieachse durch den Schwerpunkt geht.

BEISPIELE

1. Man berechne die Schwerpunktskoordinaten eines Rechtecks mit den Seitenlängen a und b.

   Lösung: Das Rechteck wird zweckmäßig so in das Koordinatensystem gelegt, wie Bild 180 zeigt. Als Flächenelemente wählt man Streifen parallel zu den Koordinatenachsen. Dann erhält man für die statischen Momente gemäß (104) und (105):

$$M_y = x_s A = \int_0^a x b \, \mathrm{d}x$$

$$M_x = y_s A = \int_0^b y a \, \mathrm{d}y$$

und nach Auflösung der Integrale

$$x_s ab = \frac{a^2 b}{2} \quad \text{bzw.} \quad y_s ab = \frac{ab^2}{2}.$$

Also ist $\underline{\underline{x_s = \frac{a}{2}}}$ und $\underline{\underline{y_s = \frac{b}{2}}}$.

2. Man bestimme den Schwerpunkt eines Dreiecks (Bild 181).

Lösung: Der trapezförmige Flächenstreifen A wird durch das rechteckige Flächenelement $\mathrm{d}A$ ersetzt. Es ist $\mathrm{d}A = a_1\,\mathrm{d}x$. Aus Bild 181 findet man $a_1 : a = x : h$. Daher gilt

$$\mathrm{d}A = \frac{ax}{h}\,\mathrm{d}x, \quad A = \int\limits_0^h \frac{ax}{h}\,\mathrm{d}x = \frac{ah}{2} \quad \text{und} \quad \mathrm{d}M_y = x\,\mathrm{d}A = \frac{ax^2}{h}\,\mathrm{d}x.$$

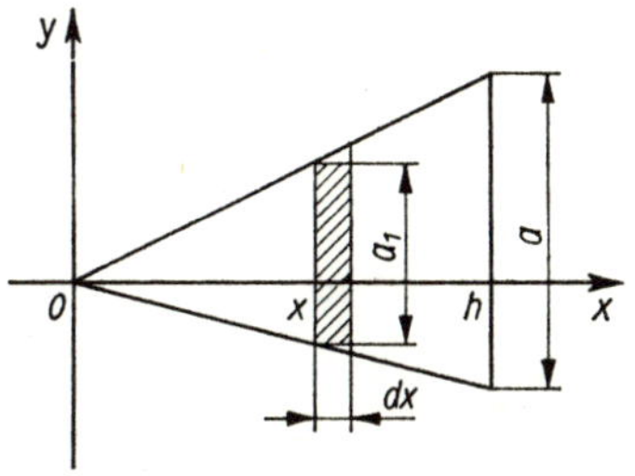

Bild 181

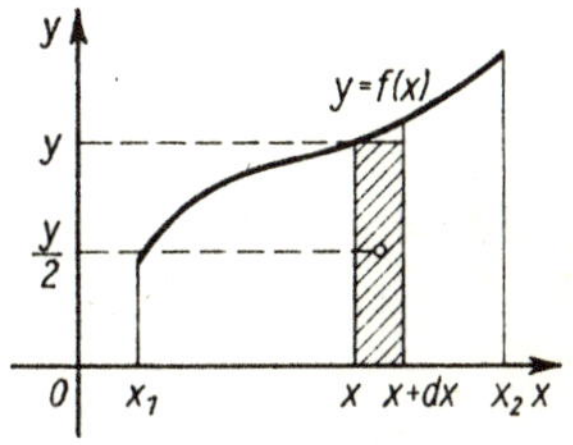

Bild 182

Damit erhält man nach (105) für das statische Moment der Dreiecksfläche bezüglich der y-Achse

$$x_s A = \int\limits_0^h \frac{ax^2}{h}\,\mathrm{d}x$$

oder

$$x_s \frac{ah}{2} = \frac{ah^2}{3}, \quad \text{woraus} \quad \underline{\underline{x_s = \frac{2}{3} h}} \quad \text{folgt.}$$

Der Schwerpunkt des Dreiecks hat also von der Seite a den Abstand $\frac{h}{3}$. Entsprechend ist der Schwerpunktsabstand von jeder anderen Seite ein Drittel der zugehörigen Höhe. Damit ist die Lage des Schwerpunkts eindeutig bestimmt, ohne daß y_s berechnet werden muß.

Im folgenden wird eine Fläche betrachtet, die im Intervall $[x_1, x_2]$ von einer Kurve mit der Gleichung $y = f(x)$ und der x-Achse begrenzt wird (Bild 182). Die Funktion f sei stetig in $[x_1, x_2]$. Die statischen Momente M_x und M_y ergeben sich durch Grenzübergang aus einer Summe der Elementarmomente $\mathrm{d}M_x$ bzw. $\mathrm{d}M_y$. Zu ihrer Berechnung kann das Ergebnis des Beispiels 1 verwendet werden. Der Abstand des Schwerpunkts des rechteckigen Flächenelements $\mathrm{d}A$ von der x-Achse ist gleich $\frac{1}{2}y$, von der y-Achse näherungsweise gleich x (der Fehler $\frac{\mathrm{d}x}{2}$ kann vernachlässigt werden, da er beim Grenzübergang $\mathrm{d}x \to 0$ verschwindet). Mit $\mathrm{d}A = y\,\mathrm{d}x$ erhält man demnach

$$\mathrm{d}M_y = xy\,\mathrm{d}x \quad \text{und} \quad \mathrm{d}M_x = \frac{1}{2}y^2\,\mathrm{d}x.$$

Daraus folgt nach Summierung und Grenzübergang

$$M_y = \int_{x_1}^{x_2} xy\,\mathrm{d}x; \quad M_x = \frac{1}{2}\int_{x_1}^{x_2} y^2\,\mathrm{d}x$$

und gemäß Formel (105)

$$x_s A = \int_{x_1}^{x_2} xy\,\mathrm{d}x; \quad y_s A = \frac{1}{2}\int_{x_1}^{x_2} y^2\,\mathrm{d}x$$

bzw. wegen $y = f(x)$

$$\boxed{x_s A = \int_{x_1}^{x_2} x f(x)\,\mathrm{d}x; \quad y_s A = \frac{1}{2}\int_{x_1}^{x_2} [f(x)]^2\,\mathrm{d}x} \tag{106}$$

Für den Fall, daß die Fläche zwischen den Kurven zweier in $[x_1, x_2]$ stetiger Funktionen f und g liegt, ergeben sich ohne Schwierigkeiten entsprechende Formeln:

$$x_s A = \int_{x_1}^{x_2} x[f(x) - g(x)]\,\mathrm{d}x; \quad y_s A = \frac{1}{2}\int_{x_1}^{x_2} \{[f(x)]^2 - [g(x)]^2\}\,\mathrm{d}x.$$

BEISPIELE

3. Man bestimme die Schwerpunktskoordinaten der Fläche, die im Intervall $[0; \pi]$ von der Kurve mit der Gleichung $y = x + \sin x$ und der x-Achse begrenzt wird.

Lösung: Nach (106) erhält man für M_y:

$$x_s \int_0^{\pi} (x + \sin x)\,\mathrm{d}x = \int_0^{\pi} x(x + \sin x)\,\mathrm{d}x \quad \text{oder}$$

$$x_s\left(\frac{\pi^2}{2} + 2\right) = \frac{\pi^3}{3} + \pi \quad \text{und daraus} \quad \underline{\underline{x_s \approx 1{,}945.}}$$

Für M_x erhält man

$$y_s \int_0^{\pi} (x + \sin x)\,\mathrm{d}x = \frac{1}{2}\int_0^{\pi} (x + \sin x)^2\,\mathrm{d}x \quad \text{oder}$$

$$y_s\left(\frac{\pi^2}{2} + 2\right) = \frac{\pi^3}{6} + \frac{5}{4}\pi \quad \text{und daraus} \quad \underline{\underline{y_s \approx 1{,}31.}}$$

Die Lösung der auftretenden Integrale erfordert die Anwendung der partiellen Integration.

4. Wo liegt der Schwerpunkt der in Bild 183 stark umrandeten Fläche?

Lösung:

Wegen $\mathrm{d}A = [f(x) - g(x)]\,\mathrm{d}x = (1 - \ln x)\,\mathrm{d}x$ ergibt sich für M_y:

$$x_s \int_1^e (1 - \ln x)\,\mathrm{d}x = \int_1^e x(1 - \ln x)\,\mathrm{d}x$$

$$x_s(e - 2) = \frac{e^2 - 3}{4}$$

$$x_s = \frac{e^2 - 3}{4(e - 2)} \approx \underline{\underline{1{,}53}}$$

Entsprechend gilt für M_x:

$$y_s \int_1^e (1 - \ln x)\,\mathrm{d}x = \frac{1}{2} \int_1^e [1^2 - (\ln x)^2]\,\mathrm{d}x$$

$$y_s(e - 2) = \frac{1}{2}$$

$$y_s = \frac{1}{2(e - 2)} \approx \underline{\underline{0{,}69}}$$

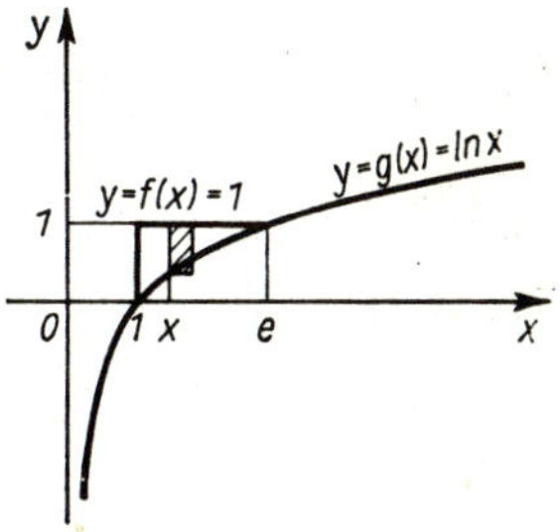

Bild 183

11.1.2. Statische Momente und Schwerpunkt eines Körpers

Es sollen nur solche Körper betrachtet werden, die homogen mit Masse belegt sind. Ohne Einschränkung der Allgemeinheit kann dann die Dichte ϱ mit 1 angenommen werden, so daß die Maßzahl der Masse des Körpers mit der Maßzahl seines Volumens übereinstimmt. Dann ergibt sich aus (101) allgemein

$$M = \int_V r\,\mathrm{d}V$$

und bei Bezug auf die Koordinatenebenen

$$M_{xy} = \int_V z\,\mathrm{d}V; \quad M_{yz} = \int_V x\,\mathrm{d}V; \quad M_{xz} = \int_V y\,\mathrm{d}V.$$

Zur Berechnung der Schwerpunktskoordinaten wird auch hier das in Formel (103) dargestellte Prinzip angewendet. Bei Rotationskörpern vereinfacht sich die Rechnung insofern, als die Rotationsachse gleichzeitig Symmetrielinie ist und daher der Schwerpunkt auf dieser Achse liegt. In diesem Falle braucht nur ein statisches Moment berechnet zu werden. Allgemein ergeben sich die **Koordinaten des Schwerpunktes eines Körpers** aus

$$\boxed{x_s V = \int_V x\,\mathrm{d}V; \quad y_s V = \int_V y\,\mathrm{d}V; \quad z_s V = \int_V z\,\mathrm{d}V} \qquad (107)$$

Mit $y = f(x)$, f stetig in $[x_1, x_2]$, erhält man insbesondere für einen Rotationskörper bei Rotation um die x-Achse: $\mathrm{d}V = \pi y^2\,\mathrm{d}x$, $\mathrm{d}M_{yz} = x\pi y^2\,\mathrm{d}x$ (Bild 184). Mithin gilt

$$x_s V = \pi \int_{x_1}^{x_2} x y^2\,\mathrm{d}x \quad \text{bzw.} \quad x_s V = \pi \int_{x_1}^{x_2} x[f(x)]^2\,\mathrm{d}x \tag{108}$$

und aus Symmetriegründen $y_s = 0$; $z_s = 0$.

BEISPIEL

Man bestimme die Schwerpunktskoordinaten eines Rotationsparaboloids mit dem Grundkreisradius r und der Höhe h.

Lösung: Bild 184 zeigt einen Längsschnitt des Körpers. Aus $\mathrm{d}V = \pi y^2\,\mathrm{d}x$ folgt unter Beachtung von $r = \sqrt{2ph}$

$$V = \pi \int_0^h 2px\,\mathrm{d}x = \frac{1}{2}\pi r^2 h$$

(vgl. auch 9.2.1. Beispiel 2)

Weiterhin ist

$$M_{yz} = \pi \int_0^h x\,2px\,\mathrm{d}x = 2\pi p\,\frac{h^3}{3} = \frac{1}{3}\,\pi r^2 h^2.$$

Daraus folgt

$$x_s \frac{1}{2}\pi r^2 h = \frac{1}{3}\pi r^2 h^2 \quad \text{und} \quad \underline{\underline{x_s = \frac{2}{3}h.}}$$

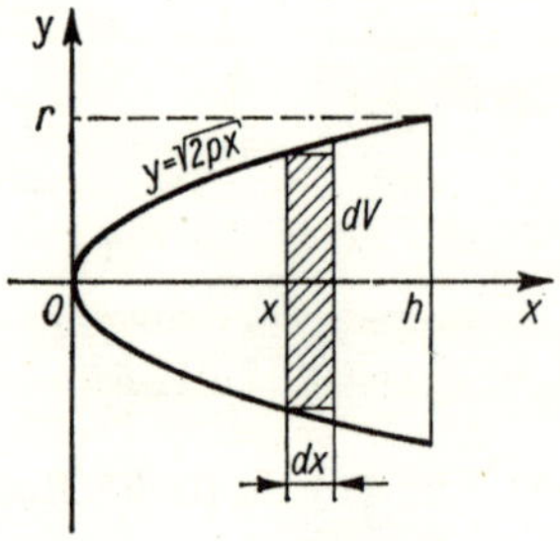

Bild 184

Aus der Symmetrie ergibt sich $\underline{\underline{y_s = 0}}$ und $\underline{\underline{z_s = 0}}$. Der Schwerpunkt eines Rotationsparaboloids liegt also auf der Rotationsachse bei einem Drittel der Höhe, vom Grundkreis aus gemessen.

11.1.3. Statische Momente und Schwerpunkt eines ebenen Kurvenstücks

Denkt man sich einen Bogen homogen mit Masse belegt und setzt die lineare Dichte (Masse pro Längeneinheit) $\varrho = 1$, so stimmt die Maßzahl der Masse des Bogens mit der Maßzahl seiner Länge überein. Für das statische Moment eines ebenen Kurvenstücks ergibt sich damit aus (101)

$$M = \int_s r\,\mathrm{d}s.$$

Die statischen Momente bezüglich der Achsen eines kartesischen Koordinatensystems lauten

$$M_x = \int_s y\,\mathrm{d}s; \quad M_y = \int_s x\,\mathrm{d}s.$$

Dabei wird das vorgegebene Kurvenstück in Teile zerlegt, die durch Linienelemente $\mathrm{d}s$ angenähert werden (Bild 185). x und y sind näherungsweise die Achsenabstände eines solchen Linienelements. Mit $y = f(x)$, f stetig in $[x_1, x_2]$, erhält man unter Beachtung der für $\mathrm{d}s$ geltenden Beziehung (91) gemäß (103) die folgenden Formeln zur Berechnung der **Schwerpunktskoordinaten eines ebenen Kurvenstücks:**

$$x_s s = \int_{x_1}^{x_2} x \sqrt{1 + \left(\frac{\mathrm{d}y}{\mathrm{d}x}\right)^2}\,\mathrm{d}x = \int_{x_1}^{x_2} x \sqrt{1 + [f'(x)]^2}\,\mathrm{d}x$$

$$y_s s = \int_{x_1}^{x_2} y \sqrt{1 + \left(\frac{\mathrm{d}y}{\mathrm{d}x}\right)^2}\,\mathrm{d}x = \int_{x_1}^{x_2} f(x) \sqrt{1 + [f'(x)]^2}\,\mathrm{d}x \qquad (109)$$

Man beachte, daß der Schwerpunkt nicht unbedingt auf der Kurve liegen muß.

BEISPIEL

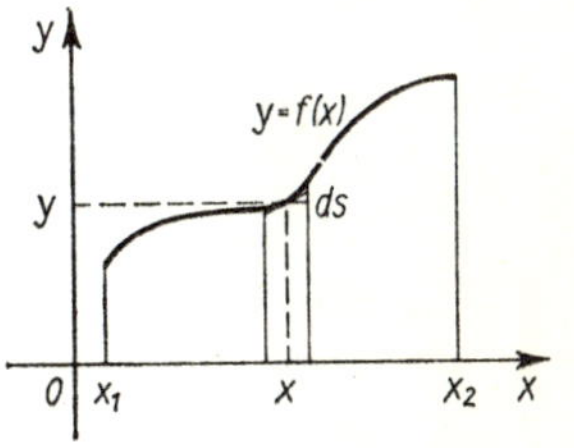

Bild 185

Es ist der Schwerpunkt der Kurve mit der Gleichung $y = \cosh x$ im Intervall $[0; 2]$ zu ermitteln.

Lösung:
Aus (92a) ergibt sich

$$s = \int_0^2 \sqrt{1 + \sinh^2 x}\,\mathrm{d}x = \sinh 2 \approx 3{,}63$$

(vgl. 9.3., Beispiel 1).

Weiterhin gilt

$$M_y = \int_0^2 x \sqrt{1 + \sinh^2 x}\,\mathrm{d}x = \int_0^2 x \cosh x\,\mathrm{d}x \approx 4{,}49$$

$$M_x = \int_0^2 \cosh x \sqrt{1 + \sinh^2 x}\,\mathrm{d}x = \int_0^2 \cosh^2 x\,\mathrm{d}x \approx 7{,}82.$$

Nach (109) ist damit

$$3{,}63 x_s = 4{,}49, \qquad \underline{\underline{x_s = 1{,}24}};$$

$$3{,}63\, y_s = 7{,}82, \qquad \underline{\underline{y_s = 2{,}16}}.$$

11.1.4. Die Regeln von Guldin

Die Regeln von Guldin[1]) vermitteln einen Zusammenhang zwischen der Berechnung von Rauminhalten und Oberflächen von Rotationskörpern und der Schwerpunktsbestimmung von Flächen und Kurven. Ein Vergleich der Formel (89a) für

[1]) Paul Guldin (1577 bis 1643) Schweizer Mathematiker

das Volumen eines Rotationskörpers mit der Beziehung für das Moment M_x einer ebenen Fläche zeigt Übereinstimmung der Integrale. Ist $y = f(x)$ die Gleichung der Begrenzungskurve einer um die x-Achse rotierenden Fläche, so ist

$$V_x = \pi \int_{x_1}^{x_2} y^2 \,\mathrm{d}x \quad \text{und} \quad M_x = \frac{1}{2} \int_{x_1}^{x_2} y^2 \,\mathrm{d}x, \quad \text{also} \quad V_x = 2\pi M_x.$$

Wegen (106) folgt daraus die **1. Guldinsche Regel:**

$$\boxed{V_x = 2\pi y_s A} \tag{110}$$

Das Volumen eines Rotationskörpers ist gleich dem Produkt aus dem Inhalt der erzeugenden Fläche und dem Weg ihres Schwerpunkts.

Diese Regel gilt auch bei Rotation der Fläche um eine beliebige andere Achse.
Nach 9.4. gilt für die Mantelfläche eines Rotationskörpers bei Rotation um die x-Achse $A_\mathrm{M} = 2\pi \int_s y \,\mathrm{d}s$ und für das Moment M_x eines ebenen Kurvenstücks $M_x = \int_s y \,\mathrm{d}s$. Also ist $A_\mathrm{M} = 2\pi M_x$. Wegen $M_x = y_s s$ folgt daraus die **2. Guldinsche Regel:**

$$\boxed{A_\mathrm{M} = 2\pi y_s s} \tag{111}$$

Die Mantelfläche eines Rotationskörpers ist gleich dem Produkt aus der Länge des erzeugenden Bogens und dem Weg seines Schwerpunkts.

Auch diese Regel ist unabhängig von der Lage der Rotationsachse.
Die 1. Guldinsche Regel ermöglicht bei Kenntnis von A und y_s die Bestimmung von V und bei Kenntnis von A und V die Bestimmung von y_s. Mit Hilfe der 2. Guldinschen Regel kann aus s und y_s die Mantelfläche A_M und aus A_M und s der Schwerpunktsabstand y_s berechnet werden. Die jeweils zweite Möglichkeit ist praktisch die bedeutsamere. Man beachte, daß y_s in (110) die Schwerpunktsordinate der Fläche, in (111) aber die Schwerpunktsordinate des Bogens ist.

BEISPIELE

1. Man berechne das Volumen eines zylindrischen Ringes (Torus) (Bild 186).

Lösung: Setzt man in (110) $A = \pi r^2$ und $y_s = R$ ein, so erhält man

$$V = 2\pi R \pi r^2 = \underline{\underline{2\pi^2 r^2 R}}.$$

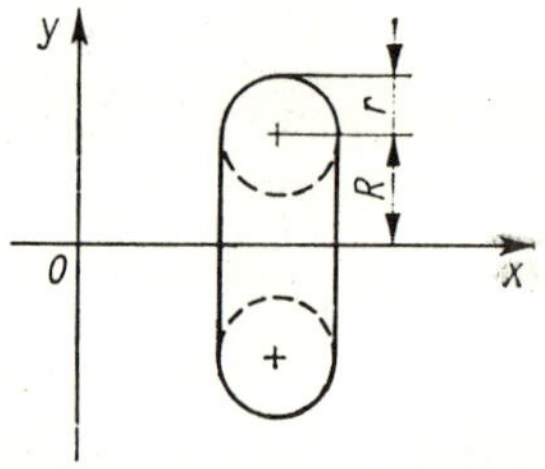

Bild 186

2. Man bestimme den Schwerpunkt einer Halbkreisfläche mit dem Radius r.

Lösung: Es ist $A_\mathrm{Halbkreis} = \frac{1}{2}\pi r^2$ und $V_\mathrm{Kugel} = \frac{4}{3}\pi r^3$. Aus (110) ergibt sich damit

$$\frac{4}{3}\pi r^3 = 2\pi y_s \frac{1}{2}\pi r^2 \quad \text{und} \quad y_s = \underline{\underline{\frac{4r}{3\pi}}}.$$

Die zweite Schwerpunktskoordinate x_s läßt sich unter Ausnutzung der Symmetrie bestimmen.

3. Man bestimme den Schwerpunkt eines Halbkreisbogens mit dem Radius r.

Lösung: Es ist $A_M = 4\pi r^2$ und $s = \pi r$. Aus (111) folgt

$$4\pi r^2 = 2\pi y_s \pi r \quad \text{und} \quad \underline{\underline{y_s = \frac{2r}{\pi}}}.$$

x_s ergibt sich wiederum aus der Symmetrie.

AUFGABEN

Anmerkung: Die Rechnung wird durch das Anfertigen einer Skizze wesentlich erleichtert.

454. Man bestimme den Schwerpunkt der Fläche unter der Kurve mit der Gleichung $y = x^3 - 8$ in den Grenzen $x_1 = 2$ und $x_2 = 3$.

455. Man bestimme den Schwerpunkt der Fläche unter der Kurve mit der Gleichung $y = \sqrt[3]{x}$ für das Intervall [0, 2].

456. Man bestimme den Schwerpunkt der Fläche, die von der Kurve mit der Gleichung $y = x(3 - x)$ und der x-Achse begrenzt wird.

457. Man berechne den Schwerpunkt der Fläche unter der Kurve mit der Gleichung $y = \cosh x$ von $x_1 = 0$ bis $x_2 = x$.

458. Man bestimme den Schwerpunkt der Fläche unter der Kurve mit der Gleichung $y = e^{-2x}$ innerhalb der Grenzen $x_1 = 0$ und $x_2 = 1/2$.

459. Man bestimme den Schwerpunkt der Fläche unter der Kurve mit der Gleichung $y = e^{\frac{x}{4}}$ für das Intervall [0, 4].

460. Man bestimme den Schwerpunkt eines Halbkreises mit dem Radius r, ohne die GULDINsche Regel zu benutzen.

461. Man bestimme den Schwerpunkt eines rechtwinkligen Dreiecks mit den Katheten a und b ohne Benutzung der GULDINschen Regel.

462. Man bestimme den Schwerpunkt der Fläche, die von den Kurven mit den Gleichungen $y = \sqrt{x}$ und $y = x^2$ eingeschlossen wird.

463. Man bestimme den Schwerpunkt der Fläche, die von den Kurven mit den Gleichungen

$$y = 2\sqrt{x}, \quad y = \frac{4}{3}x - \frac{4}{3} \quad \text{und} \quad x = 1$$

begrenzt wird.

464. Man bestimme den Schwerpunkt der Fläche, die von den beiden Kurven mit den Gleichungen $y = x^2 - 4x - 2$ und $y = 4 - x^2$ eingeschlossen wird.

465. Man bestimme den Schwerpunkt der Fläche, die von den Kurven mit den Gleichungen $y = 0$, $x = x_1$ und $ay - x^2 = 0$ begrenzt wird.

466. Man bestimme den Schwerpunkt des parabolischen Blattes, dessen Fläche von der Schleife der Kurve mit der Gleichung $y^2 = \frac{1}{25}x(4 - x)^2$ eingeschlossen wird. Man beachte die Symmetrie.

467. Man bestimme den Schwerpunkt des Rotationskörpers, der im Intervall [0, 1] durch Rotation der Fläche unter der Hyperbel mit der Gleichung $y = \sqrt{1 + x^2}$ um die x-Achse erzeugt wird.

468. Bei der Rotation der Kurve mit der Gleichung $y = \ln x$ um die x-Achse entsteht im Intervall $1 \leqq x \leqq e$ ein Körper. Welche Koordinaten hat sein Schwerpunkt?

469. Durch Rotation der beiden Kurven mit den Gleichungen $x^2 + y^2 = 25$ und $y^2 = 2(x + 5)$ um die x-Achse entsteht ein Rotationskörper. Man berechne die Lage seines Schwerpunkts.

470. Man bestimme den Schwerpunkt eines Kegelstumpfes.

471. Man bestimme den Schwerpunkt einer Pyramide mit quadratischer Grundfläche.

472. Man bestimme den Schwerpunkt des Bogens mit der Gleichung $y = x^3$ im Intervall $[0, 4]$. Zur Berechnung der Bogenlänge verwende man die SIMPSONsche Formel ($n = 8$).

473. Man berechne den Schwerpunkt der Verbindungsgeraden zwischen den Punkten $P_1(0; 0)$ und $P_2(3; 3)$.

474. Man berechne die Oberfläche eines zylindrischen Kreisringes (Torus) nach GULDIN (Bild 186).

475. Durch den Punkt $P_1(0; 4)$ gehe eine Parabel, deren Scheitelpunkt bei $P_0(6; 0)$ liege. Man berechne nach GULDIN die y-Koordinate des Schwerpunkts der von der Kurve und den beiden Koordinatenachsen begrenzten Fläche, ohne die Kurvengleichung aufzustellen. Man beachte die Ergebnisse von Beispiel 2, Seite 278, und von dem Beispiel auf Seite 256.

11.2. Trägheitsmomente

Unter dem Trägheitsmoment J eines Massenpunktes mit der Masse m bezüglich einer Achse versteht man das Produkt aus seiner Masse und dem Quadrat des Abstandes r dieses Punktes von der Achse:

$$J = r^2 m \tag{112}$$

Das Trägheitsmoment eines Körpers läßt sich berechnen, indem man den Körper in Elemente zerlegt, für jedes Element das Trägheitsmoment bestimmt und die Summe dieser Elementarmomente bildet. Läßt man die Zahl der Elemente beliebig groß und jedes einzelne Element beliebig klein werden, so hat man den Grenzwert einer Summe zu berechnen, der der Definition des bestimmten Integrals gemäß (81) genügt.

Liegen alle Massenpunkte in einer Ebene, so gelangt man zum Begriff des Flächenträgheitsmoments, für das ein analoges Berechnungsverfahren zutrifft. Bei Flächenträgheitsmomenten unterscheidet man

das *äquatoriale* (*axiale*) *Flächenträgheitsmoment*, wenn die Bezugsachse in der Ebene der Fläche liegt,

und

das *polare Flächenträgheitsmoment*, wenn die Bezugsachse senkrecht auf der Ebene der Fläche steht.

Liegt ein Massenpunkt in der Ebene des kartesischen Koordinatensystems (Bild 187), so erhält man für ihn bezüglich der x- und der y-Achse die äquatorialen Trägheitsmomente

$$J_x = y^2 m \quad \text{und} \quad J_y = x^2 m \tag{113a}$$

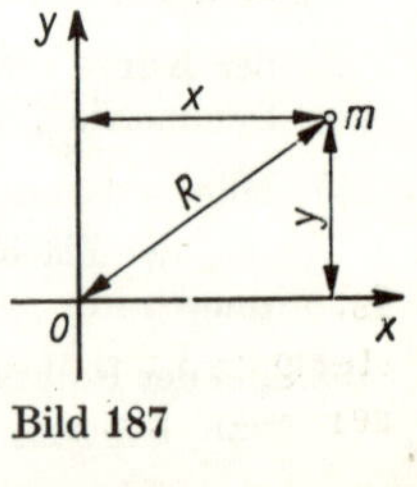

Bild 187

und bezüglich des Koordinatenursprungs als Durchstoßpunkt (Pol) einer senkrecht zur Ebene stehenden Achse das polare Trägheitsmoment

$$J_p = R^2 m. \tag{113b}$$

Nach dem Satz des PYTHAGORAS gilt $R^2 = x^2 + y^2$ und deshalb

$$J_p = R^2 m = (x^2 + y^2) m = x^2 m + y^2 m .$$

Folglich ist

$$\boxed{J_p = J_x + J_y} \tag{114}$$

11.2.1. Trägheitsmomente von ebenen Flächen

Wie in 11.1.1. soll angenommen werden, daß die Flächendichte einer homogen mit Masse belegten ebenen Figur gleich 1 sei. Dann stimmen die Maßzahlen von Masse und Flächeninhalt überein, und man erhält aus (113a) und (113b) für die Flächenträgheitsmomente eines Elements dA:

$$\mathrm{d}I_x = y^2\,\mathrm{d}A, \quad \mathrm{d}I_y = x^2\,\mathrm{d}A, \quad \mathrm{d}I_p = R^2\,\mathrm{d}A .$$

Durch Integration ergeben sich daraus die **äquatorialen Flächenträgheitsmomente**

$$\boxed{I_x = \int_A y^2\,\mathrm{d}A; \quad I_y = \int_A x^2\,\mathrm{d}A} \tag{115a}$$

und das **polare Flächenträgheitsmoment**

$$\boxed{I_p = \int_A R^2\,\mathrm{d}A} \tag{115b}$$

In einem gleichgeteilten Koordinatensystem haben Flächenträgheitsmomente die Maßeinheit (Längeneinheiten)^4.

BEISPIEL

1. Man berechne die äquatorialen Flächenträgheitsmomente eines Rechtecks in bezug auf seine Seiten (Bild 180).
   Lösung: Zur Berechnung von I_x betrachtet man einen Flächenstreifen parallel zur x-Achse mit dem Inhalt d$A = a\,\mathrm{d}y$ und erhält aus (115a)

$$I_x = \int_0^b a y^2\,\mathrm{d}y = \underline{\underline{\frac{ab^3}{3}}}.$$

   Entsprechend ist

$$I_y = \int_0^a b x^2\,\mathrm{d}x = \underline{\underline{\frac{a^3 b}{3}}}.$$

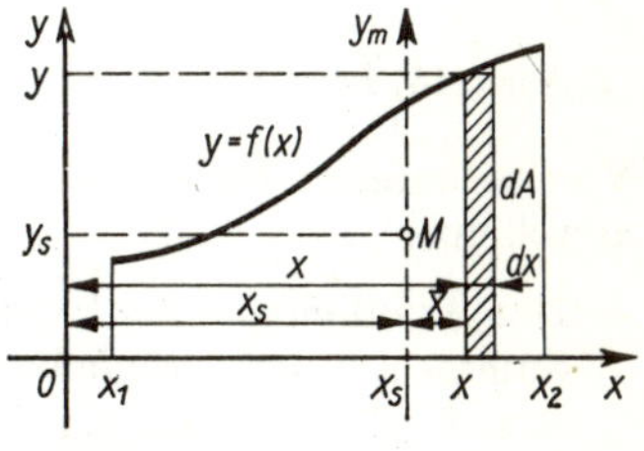

Bild 188

Ist eine Fläche gegeben, die im Intervall $[x_1, x_2]$ nach oben von der Kurve einer stetigen Funktion und nach unten von der x-Achse begrenzt wird (Bild 188), so zerlegt man die Fläche in Streifen und nähert diese durch rechteckige Flächenelemente an. Die Berechnung der Trägheitsmomente der einzelnen Elemente kann dann nach Beispiel 1 erfolgen. Es ist demnach

$$\mathrm{d}I_x = \frac{1}{3} y^3 \,\mathrm{d}x \quad \text{und} \quad \mathrm{d}I_y = x^2 y \,\mathrm{d}x .$$

Daraus erhält man durch Integration die **äquatorialen Trägheitsmomente der Fläche unter der Kurve mit der Gleichung $y = f(x)$:**

$$\boxed{\begin{aligned} I_x &= \frac{1}{3}\int_{x_1}^{x_2} y^3 \,\mathrm{d}x = \frac{1}{3}\int_{x_1}^{x_2} [f(x)]^3 \,\mathrm{d}x \\ I_y &= \int_{x_1}^{x_2} x^2 y \,\mathrm{d}x = \int_{x_1}^{x_2} x^2 f(x) \,\mathrm{d}x \end{aligned}} \tag{116}$$

Liegt die Fläche zwischen zwei Kurven, so erhält man die gesuchten Trägheitsmomente durch Subtraktion der Trägheitsmomente zweier Teilflächen, von der jeweiligen Kurve bis zur x-Achse gemessen.

BEISPIEL

2. Man berechne die äquatorialen Flächenträgheitsmomente I_x und I_y und das polare Flächenträgheitsmoment I_p für die von der Sinuskurve und der x-Achse im Intervall $[0, \pi]$ eingeschlossene Fläche.

Lösung:

$$I_x = \frac{1}{3}\int_0^{\pi} \sin^3 x \,\mathrm{d}x = -\frac{1}{9} \cos x (\sin^2 x + 2)\Big|_0^{\pi} = \frac{4}{9} \approx \underline{\underline{0{,}44}}$$

(Rekursionsformel Integraltafel 4.3.)

$$I_y = \int_0^{\pi} x^2 \sin x \,\mathrm{d}x = (2 - x^2)\cos x + 2x \sin x \Big|_0^{\pi} = \pi^2 - 4 \approx \underline{\underline{5{,}87}}$$

(Integraltafel 4.5.)

Aus (114) folgt dann $I_p = I_x + I_y = \underline{\underline{6{,}31}}$.

Von besonderer Bedeutung für die Berechnung von Trägheitsmomenten ist der Satz von Steiner[1]):

Das Trägheitsmoment einer Fläche A in bezug auf eine Achse L ist gleich der Summe aus dem Trägheitsmoment dieser Fläche bezüglich einer durch den Schwerpunkt M gehenden, zu L parallelen Achse und dem Produkt $A l^2$, wobei l der Abstand der beiden Achsen ist:

$$\boxed{I_L = I_M + A l^2} \tag{117}$$

[1]) Jacob Steiner (1796 bis 1863) Schweizer Mathematiker

Für die Flächenträgheitsmomente I_x und I_y lautet der Satz von STEINER:

$$I_x = I_{x_m} + y_s^2 A \quad \text{bzw.} \quad I_y = I_{y_m} + x_s^2 A .$$

Im folgenden wird die Gültigkeit dieses Satzes für I_y gezeigt. Der Beweis für I_x verläuft analog. Aus Bild 188 ergibt sich

$$I_{y_m} = \int_{x_1}^{x_2} \bar{x}^2 y \, dx .$$

Setzt man hierin $\bar{x} = x - x_s$ ein, so erhält man

$$I_{y_m} = \int_{x_1}^{x_2} (x - x_s)^2 y \, dx = \int_{x_1}^{x_2} x^2 y \, dx - 2x_s \int_{x_1}^{x_2} xy \, dx + x_s^2 \int_{x_1}^{x_2} y \, dx .$$

Hierin ist nach (116) $\int_{x_1}^{x_2} x^2 y \, dx = I_y$, nach (106) $\int_{x_1}^{x_2} xy \, dx = x_s A$ und nach (75) $\int_{x_1}^{x_2} y \, dx = A$. Insgesamt ist demnach

$$I_{y_m} = I_y - 2x_s^2 A + x_s^2 A , \quad \text{also} \quad I_y = I_{y_m} + x_s^2 A .$$

Die Bedeutung des Satzes von STEINER liegt vor allem darin, daß das Trägheitsmoment bezüglich einer beliebigen Achse mit Hilfe des häufig einfacher zu berechnenden Trägheitsmomentes bezüglich der Schwerpunktsachse bestimmt werden kann.

BEISPIEL

3. Man berechne das Trägheitsmoment einer Kreisfläche mit dem Radius 1 bezüglich einer Tangente.

Lösung: Bild 189 zeigt eine zweckmäßige Lage des Koordinatensystems. Die y-Achse ist gleichzeitig Schwerpunktsachse. Mit der Gleichung $y = \sqrt{1 - x^2}$ für den oberen Halbkreis erhält man $I_y = 2 \int_{-1}^{1} x^2 \sqrt{1 - x^2} \, dx$. Durch den Faktor 2 wird auch der untere Halbkreis mit erfaßt. Mit Hilfe der Integraltafel (3.14., 3.4., 3.1.) findet man

$$I_y = 4 \int_0^1 x^2 \sqrt{1 - x^2} \, dx = -x \sqrt{1 - x^2}^{\,3} + \frac{1}{2} x \sqrt{1 - x^2} + \frac{1}{2} \arcsin x \Big|_0^1 = \underline{\underline{\frac{\pi}{4}}} .$$

Der Lösungsweg vereinfacht sich, wenn zuerst I_p berechnet wird. Dazu empfiehlt sich die Zerlegung des Kreises in Kreisringe (Bild 189), deren Inhalt ΔA durch Rechtecke dA der Länge $2\pi r$ und der Breite dr angenähert wird: $\Delta A \approx dA = 2\pi r \, dr$. Dann ergibt sich

$$I_p = \int_A r^2 \, dA = 2\pi \int_0^1 r^3 \, dr = \underline{\underline{\frac{\pi}{2}}} .$$

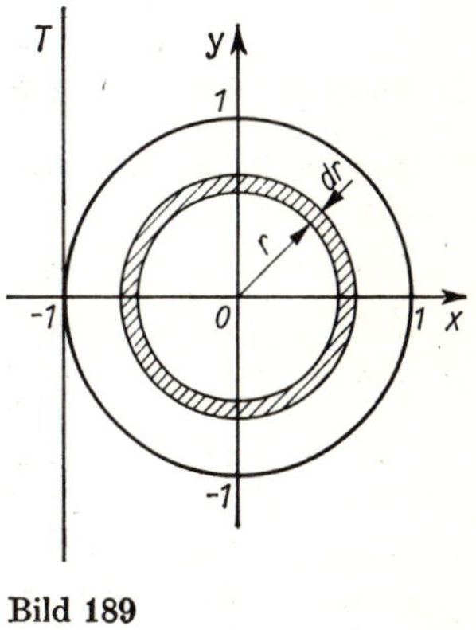

Bild 189

Aus der Beziehung $I_p = I_x + I_y$ und der wegen der Symmetrie geltenden Gleichheit $I_x = I_y$ folgt $I_y = \frac{1}{2} I_p = \frac{\pi}{4}$.

Das Trägheitsmoment bezüglich der Tangente T läßt sich dann nach dem Satz von STEINER angeben ($l = 1$):

$$I_T = I_y + Al^2 = \frac{\pi}{4} + \pi = \underline{\underline{\frac{5\pi}{4}}}.$$

11.2.2. Massenträgheitsmomente

Es sollen nur Massenträgheitsmomente von Rotationskörpern bezüglich der Rotationsachse berechnet werden. Die betrachteten Körper seien außerdem homogen mit Masse belegt, d. h., ihre Dichte ϱ sei konstant. Aus (112) und dem anschließend formulierten Prinzip ergibt sich für das Massenträgheitsmoment eines Masseteilchens der Näherungswert

$$\mathrm{d}J = r^2\,\mathrm{d}m$$

und für das Trägheitsmoment der Gesamtmasse eines Körpers

$$J = \int_m r^2\,\mathrm{d}m. \tag{118a}$$

Daraus folgt wegen $m = \varrho V$ und $\mathrm{d}m = \varrho\,\mathrm{d}V$

$$J = \varrho \int_V r^2\,\mathrm{d}V. \tag{118b}$$

Die Maßeinheit für das Massenträgheitsmoment ist Masseneinheit · (Längeneinheit)^2.

BEISPIELE

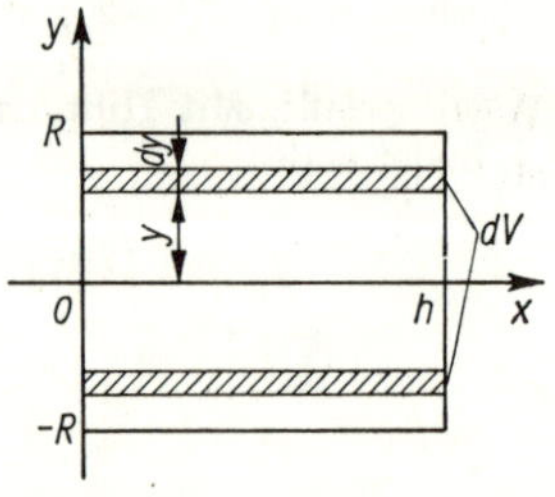

Bild 190

1. Man berechne das Massenträgheitsmoment eines geraden Kreiszylinders mit dem Radius R und der Höhe h.

   Lösung: Man zerlegt den Zylinder in dünnwandige konzentrische Hohlzylinder, deren Volumen ΔV durch den Näherungswert $\mathrm{d}V = h\,2\pi y\,\mathrm{d}y$ ersetzt wird (Bild 190). Die Fläche eines Grundkreisringes wird dabei wie in Bild 189 durch ein Rechteck angenähert. Durch Integration ergibt sich nach (118b)

$$J_x = \varrho \int_0^R y^2 h\,2\pi y\,\mathrm{d}y = 2\pi h\varrho \int_0^R y^3\,\mathrm{d}y = \frac{1}{2}\pi h \varrho R^4.$$

   Da die Gesamtmasse des Zylinders $m = \varrho\pi R^2 h$ beträgt, lautet die Lösung $\underline{\underline{J_x = \frac{1}{2} m R^2}}.$

2. Man berechne das Massenträgheitsmoment eines Hohlzylinders mit dem Außenradius R, dem Innenradius r und der Höhe h bezüglich seiner Symmetrieachse.

Lösung: Man erhält das gesuchte Trägheitsmoment als Differenz der Trägheitsmomente zweier Zylinder. Nach Beispiel 1 ist

$$J_R = \frac{1}{2} \varrho \pi h R^4 \quad \text{und} \quad J_r = \frac{1}{2} \varrho \pi h r^4, \text{ also}$$

$$J = J_R - J_r = \frac{1}{2} \varrho \pi h (R^4 - r^4) = \frac{1}{2} \varrho \pi h (R^2 - r^2)(R^2 + r^2).$$

Die Masse des Hohlzylinders ist $m = \varrho \pi h (R^2 - r^2)$. Damit wird $J = \frac{1}{2} m (R^2 + r^2)$.

Vergleicht man die Ergebnisse der Beispiele 1 und 2, so zeigt es sich, daß bei gleicher Masse das Trägheitsmoment des Hohlzylinders größer ist als das des Vollzylinders. Diese Erkenntnis wird bei der Konstruktion von Schwungrädern angewandt.

Um das Massenträgheitsmoment eines beliebigen Rotationskörpers zu berechnen, denkt man sich den Körper in Scheiben zerlegt, deren Volumen ΔV durch das Volumen $\mathrm{d}V$ zylinderförmiger Elemente angenähert wird (Bild 191). Das Massenträgheitsmoment eines solchen Elements ist dann bei Verwendung des Ergebnisses aus Beispiel 1

$$\mathrm{d}J_x = \frac{1}{2} y^2 \,\mathrm{d}m = \frac{1}{2} y^2 \varrho \,\mathrm{d}V =$$

$$= \frac{1}{2} y^2 \varrho \pi y^2 \,\mathrm{d}x.$$

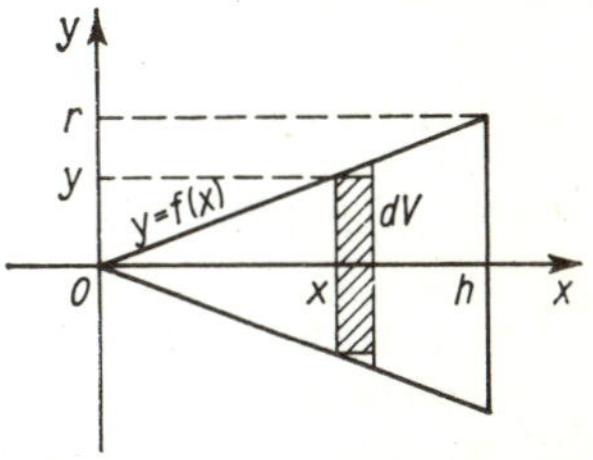

Bild 191

Durch Integration erhält man

$$J_x = \frac{1}{2} \pi \varrho \int_{x_1}^{x_2} y^4 \,\mathrm{d}x.$$

Wird die Begrenzung der erzeugenden Fläche durch die Kurve einer in $[x_1, x_2]$ stetigen Funktion f gegeben, so ergibt sich als **Massenträgheitsmoment bezüglich der x-Achse**

$$J_x = \frac{1}{2} \pi \varrho \int_{x_1}^{x_2} [f(x)]^4 \,\mathrm{d}x. \tag{119a}$$

Analog erhält man als **Massenträgheitsmoment bezüglich der y-Achse**

$$J_y = \frac{1}{2} \pi \varrho \int_{y_1}^{y_2} [\varphi(y)]^4 \mathrm{d}y, \tag{119b}$$

wenn die den Rotationskörper erzeugende Fläche zwischen der y-Achse und einer Kurve mit der Gleichung $x = \varphi(y)$ liegt und φ stetig in $[y_1, y_2]$ ist.

BEISPIEL

3. Man bestimme das Massenträgheitsmoment eines geraden Kreiskegels mit der Dichte ϱ in bezug auf seine Symmetrieachse (Bild 191).

Lösung: Aus Bild 191 ergibt sich $f(x) = \frac{r}{h}\,x$. Durch Einsetzen in (119a) erhält man

$$J_x = \frac{1}{2}\pi\varrho\int_0^h \frac{r^4}{h^4}\,x^4\,\mathrm{d}x = \frac{1}{10}\pi\varrho r^4 h.$$

Da die Kegelmasse $m = \varrho V = \frac{1}{3}\pi r^2 h\varrho$ ist, folgt $\underline{\underline{J_x = \frac{3}{10}\,mr^2}}$.

AUFGABEN

476. Man bestimme die Trägheitsmomente der Fläche unter der Kurve mit der Gleichung $y = 4 - \frac{x^2}{2}$ im Intervall $[-2, 2]$ in bezug auf die Koordinatenachsen.

477. Man bestimme die Trägheitsmomente I_x, I_y und I_p der von der Kurve mit der Gleichung $y = 2\sqrt{5 - x}$ und den beiden Koordinatenachsen eingeschlossenen Fläche.

478. Man bestimme die Trägheitsmomente für die Fläche unter der Kurve mit der Gleichung $y = \frac{1}{2}\,\mathrm{e}^x$ im Intervall $[0, 2]$ in bezug auf die Koordinatenachsen.

479. Man bestimme die Trägheitsmomente der Fläche unter der Kurve mit der Gleichung $y = \ln x$ in den Grenzen $x_1 = 1$; $x_2 = 2$ in bezug auf die Koordinatenachsen.

480. Man bestimme das Trägheitsmoment der Fläche unter der Kurve mit der Gleichung $y = \frac{x - 4}{x^2 - 1}$ in den Grenzen x_1 und x_2 in bezug auf die x-Achse $(x_2 > x_1 > 4)$.

481. Man bestimme die Flächenträgheitsmomente eines Dreiecks mit der Grundlinie g und der Höhe h in bezug auf die Grundlinie und auf eine parallel zur Grundlinie durch den Schwerpunkt gehende Achse.

482. Man bestimme die Flächenträgheitsmomente der in den Bildern 192 und 193 gegebenen Profile in bezug auf die angedeuteten Achsen.

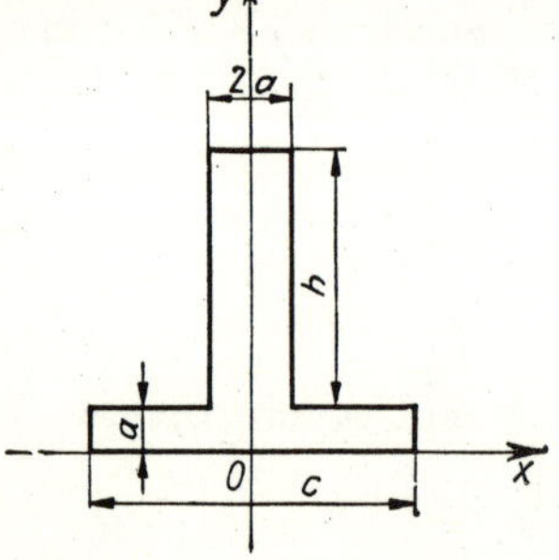

Bild 192

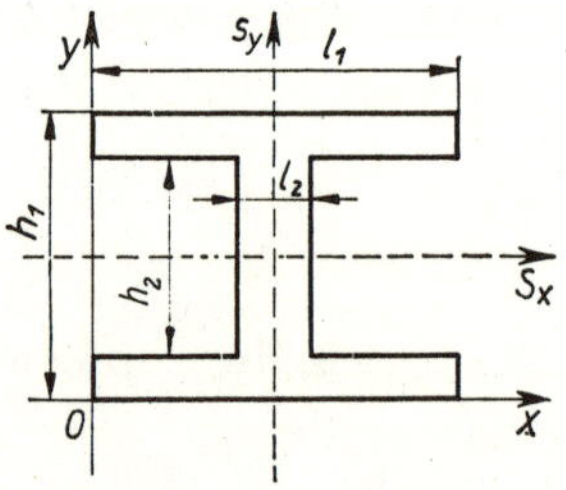

Bild 193

483. Man bestimme das Massenträgheitsmoment des Körpers, der durch die Rotation der Fläche unter der Kurve mit der Gleichung $y = 3x^2$ um die x-Achse in den Grenzen $x_1 = 1$, $x_2 = 3$ entsteht (Bezugsachse sei die Drehachse, die Dichte des Körpers sei ϱ).

484. Man bestimme das Massenträgheitsmoment des Körpers, der bei Rotation der Fläche unter der Kurve mit der Gleichung $y = \sin x$ um die x-Achse im Intervall $\left[0, \frac{\pi}{2}\right]$ entsteht. Bezugsachse sei die Rotationsachse.

485. Man bestimme das Massenträgheitsmoment einer Kugel vom Radius r und der Dichte ϱ
a) in bezug auf eine durch den Mittelpunkt gehende Achse und
b) in bezug auf eine Achse, die Tangente der Kugel ist.

486. Man bestimme das Massenträgheitsmoment eines Rotationsparaboloids mit dem Grundkreisradius r und der Höhe h in bezug auf die Rotationsachse.

11.3. Der Balken auf zwei Stützen mit ungleichmäßig verteilter Streckenlast

Von Bedeutung für die Statik ist die Betrachtung einer über die Balkenlänge ungleichmäßig verteilten Streckenlast. Dieser Fall, der z. B. bei der Lagerung von Schüttgütern auftritt, ist in Bild 194 dargestellt. Der Ursprung des Koordinatensystems liege im linken Auflager, die x-Achse zeige in Balkenrichtung, und die Belastungsordinaten q seien durch die Gleichung $q = f(x)$ einer in $[0, l]$ stetigen Funktion f gegeben.

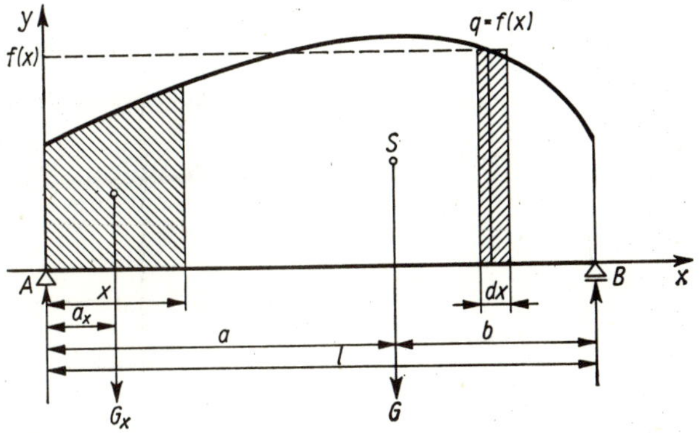

Bild 194

11.3.1. Auflagerwiderstände

Die Last auf dem Balkenstück der Breite $\mathrm{d}x$ ist näherungsweise $q\,\mathrm{d}x = f(x)\,\mathrm{d}x$. Die Gesamtlast ergibt sich als Inhalt der Fläche unter der *Belastungskurve* mit der Gleichung $q = f(x)$ durch Integration:

$$\boxed{G = \int_0^l f(x)\,\mathrm{d}x} \qquad (120)$$

Der Vektor von G greift im Schwerpunkt S der *Belastungsfläche* an, in dem man sich die Gesamtlast vereinigt denken kann. Den Schwerpunktsabstand a vom linken Auflager erhält man nach (106) aus

$$\boxed{aG = \int_0^l x f(x)\,\mathrm{d}x} \tag{121}$$

Aus Bild 194 folgt $b = l - a$. Mit der Gesamtlast G stehen die beiden Auflagerwiderstände A und B im Gleichgewicht. Daher muß die Momentensumme in bezug auf jeden beliebigen Drehpunkt gleich Null sein. Liegt der Drehpunkt einmal im linken und einmal im rechten Auflager, so gelten die Momentengleichungen

$$Bl - Ga = 0 \quad \text{und} \quad Al - Gb = 0,$$

aus denen sich die Auflagerwiderstände

$$\boxed{A = \frac{Gb}{l}; \quad B = \frac{Ga}{l}} \tag{122}$$

ergeben.

11.3.2. Schnittkräfte

Die *Längskraft* ist Null, da keine waagerechten Belastungskomponenten auftreten. Die *Querkraft* $Q = g(x)$ für einen Schnitt in der beliebigen Entfernung x vom linken Auflager ist die Summe aller senkrechten Kräfte vom linken Auflager bis zur Schnittstelle x. Ist G_x die Last auf der Strecke $[0, x]$, so erhält man entsprechend (120)

$$G_x = \int_0^x f(x)\,\mathrm{d}x$$

und

$$\boxed{Q = A - \int_0^x f(x)\,\mathrm{d}x} \tag{123}$$

wenn nach oben gerichtete Kräfte als positiv vorausgesetzt werden.
Das *Moment* an der Stelle x ist die Summe der Momente aller links von x angreifenden Kräfte, bezogen auf die Stelle x. Unter Berücksichtigung der beiden Kräfte A und G_x ist deshalb das Moment an der Stelle x

$$M = Ax - G_x(x - a_x) = Ax - xG_x + a_x G_x.$$

Analog zu (121) ergibt sich a_x aus

$$a_x G_x = \int_0^x x f(x)\,\mathrm{d}x.$$

Mithin ist

$$\boxed{M = Ax - x\int_0^x f(x)\,\mathrm{d}x + \int_0^x xf(x)\,\mathrm{d}x} \qquad (124)$$

11.3.3. Zusammenhang zwischen Moment, Querkraft und Belastung

Durch Differentiation erhält man aus (124) unter Beachtung der Regel (67)

$$\frac{\mathrm{d}M}{\mathrm{d}x} = A - \int_0^x f(x)\,\mathrm{d}x - x\frac{\mathrm{d}}{\mathrm{d}x}\int_0^x f(x)\,\mathrm{d}x + \frac{\mathrm{d}}{\mathrm{d}x}\int_0^x xf(x)\,\mathrm{d}x =$$

$$= A - \int_0^x f(x)\,\mathrm{d}x - xf(x) + xf(x) = A - \int_0^x f(x)\,\mathrm{d}x.$$

Wegen (123) ist also

$$\boxed{\frac{\mathrm{d}M}{\mathrm{d}x} = Q} \qquad (125)$$

Die Maßzahl des Anstiegs der Momentenlinie an einer Stelle x ist gleich der Maßzahl der Querkraft an dieser Stelle.

Weitere Differentiation ergibt

$$\frac{\mathrm{d}^2M}{\mathrm{d}x^2} = \frac{\mathrm{d}Q}{\mathrm{d}x} = 0 - \frac{\mathrm{d}}{\mathrm{d}x}\int_0^x f(x)\,\mathrm{d}x = -f(x)$$

und wegen $q = f(x)$

$$\boxed{\frac{\mathrm{d}Q}{\mathrm{d}x} = -q} \qquad (126)$$

Die Maßzahl des Anstiegs der Querkraftlinie an einer Stelle x ist gleich der negativen Maßzahl der Belastung an dieser Stelle.

Die Stelle x_E, an der die Momentenlinie einen Extrempunkt hat, heißt gefährdeter Querschnitt. Die Bedingung dafür ist

$$\left(\frac{\mathrm{d}M}{\mathrm{d}x}\right)_{x=x_E} = 0,$$

also wegen (125)

$$\boxed{Q = g(x_E) = 0}. \tag{127}$$

Der gefährdete Querschnitt liegt an der Stelle x_E, an der die Querkraft den Wert Null hat.

BEISPIEL

Die Belastung für einen Balken der Länge $l = 2$ werde durch die Kurve mit der Gleichung $q = \sin x$ gegeben (Bild 195). Man berechne G, A, B, die Querkraft Q und das Moment M für eine beliebige Stelle x und für die Balkenmitte sowie den gefährdeten Querschnitt.

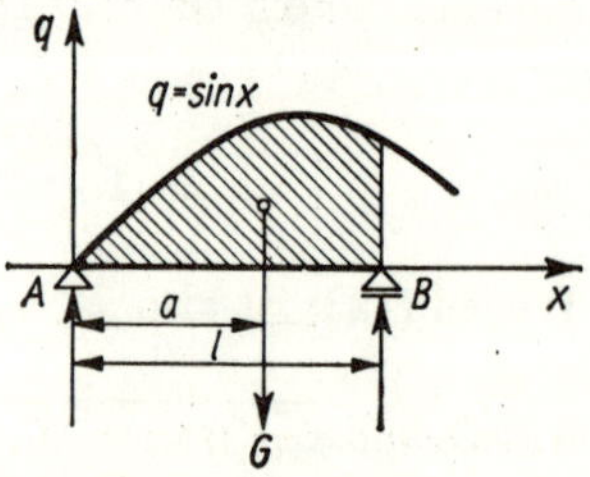

Bild 195

Lösung:

$$G = \int_0^2 \sin x \, dx = 1{,}4161$$

Nach (121) ist

$$aG = \int_0^2 x \sin x \, dx = 1{,}7415 \text{ und damit}$$

$$B = \frac{Ga}{l} = 0{,}8708.$$

Wegen $A + B = G$ folgt $A = G - B = 0{,}5453$.

$$Q = A - \int_0^x \sin x \, dx = 0{,}5453 + \cos x - 1 = \cos x - 0{,}4547$$

$$Q_{\frac{l}{2}} = \cos 1 - 0{,}4547 = 0{,}0856$$

$$M = Ax - x\int_0^x \sin x \, dx + \int_0^x x \sin x \, dx = x(A - 1) + \sin x = \sin x - 0{,}4547x$$

$$M_{\frac{l}{2}} = A - 1 + \sin 1 = 0{,}3868$$

Weiter ergibt sich aus $Q = 0$

$$x_E = \arccos 0{,}4547 = 1{,}099.$$

Werden die Kräfte in kp und die Längen in m gemessen, so erhält man demnach

$G \approx 1{,}42$ kp; $A \approx 0{,}55$ kp; $B \approx 0{,}87$ kp; $Q_{\frac{l}{2}} \approx 0{,}09$ kp; $M_{\frac{l}{2}} \approx 0{,}39$ kpm; $x_E \approx 1{,}10$ m.

11.4. Arbeit

11.4.1. Arbeit bei der Ausdehnung einer Schraubenfeder

In der Mechanik ist die durch eine konstante Kraft F geleistete Arbeit definiert als Produkt

$$W = F_s s,$$

wobei F_s die in der Bewegungsrichtung liegende Kraftkomponente ist. Häufig werden sich jedoch sowohl der Betrag als auch der Winkel der Angriffsrichtung der Kraft in Abhängigkeit vom Weg ändern, d. h., es ist $F = f(s)$. Zur Berechnung der Arbeit zerlegt man den Weg in n Elemente $\mathrm{d}s_i$, längs derer die Arbeit ΔW_i näherungsweise durch $\mathrm{d}W_i = F_i\,\mathrm{d}s_i = f(s_i)\,\mathrm{d}s_i$ dargestellt wird. Für die Gesamtarbeit erhält man damit

$$W \approx \sum_{i=1}^{n} f(s_i)\,\mathrm{d}s_i\,.$$

Die $f(s_i)$ setzt man längs der einzelnen Wegstücke $\mathrm{d}s_i$ als konstant voraus. Der Fehler wird dabei um so kleiner, je feiner die Unterteilung wird, d. h., je kleiner die $\mathrm{d}s_i$ sind. Durch Grenzübergang erhält man den genauen Wert:

$$\boxed{W = \lim_{\substack{n\to\infty\\ \mathrm{d}s_i\to 0}} \sum_{i=1}^{n} f(s_i)\,\mathrm{d}s_i = \int_{s_1}^{s_2} f(s)\,\mathrm{d}s = \int_{s_1}^{s_2} F\,\mathrm{d}s} \tag{128}$$

Auf Grund der Darstellung durch ein bestimmtes Integral läßt sich die Arbeit auch geometrisch als Inhalt der Fläche unter der Kurve von $F = f(s)$ im F, s-Diagramm deuten (Bild 196).

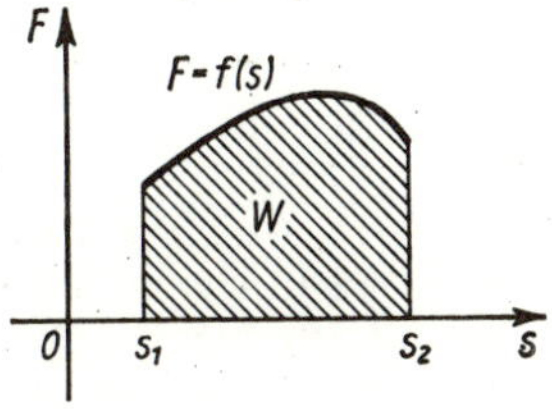

Bild 196

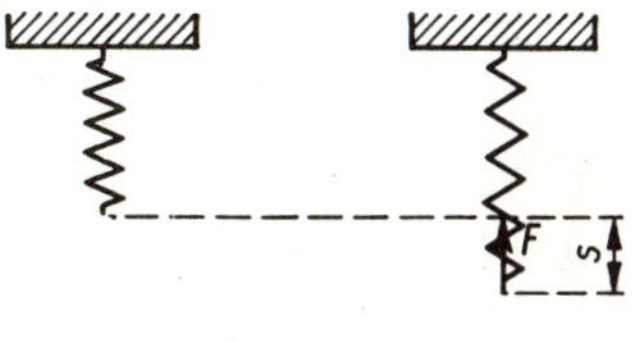

Bild 197

Bei der Dehnung s einer Feder (Bild 197) muß die wirkende Kraft F eine Spannung überwinden, die in gewissen Grenzen der Dehnung proportional ist:

$$F = ks\,.$$

k ist dabei ein materialbedingter Proportionalitätsfaktor, die sogenannte Federkonstante. Die Arbeit bei der Dehnung um die Länge h ist damit nach (128)

$$W = \int_0^h F\,\mathrm{d}s = k\int_0^h s\,\mathrm{d}s = \frac{kh^2}{2}.$$

Bezeichnet man mit F_h den größten Wert von F, der der Dehnung h entspricht, so ist $F_h = kh$ und demnach

$$W = \frac{hF_h}{2}.$$

Im F, s-Diagramm kann also die Arbeit für die Ausdehnung einer Schraubenfeder als Flächeninhalt eines rechtwinkligen Dreiecks mit den Kathetenlängen h und F_h dargestellt werden.

11.4.2. Ausdehnungsarbeit eines Gases

In einem Zylinder befinde sich auf der einen Seite des Kolbens (Bild 198) ein Gas mit dem Volumen V und dem Druck p. Der Kolbenquerschnitt sei Q. Dehnt sich das Gas aus, so wird der Kolben um die Strecke ds nach rechts bewegt. Die auf den Kolben wirkende Kraft ist gleich pQ und die vom Gas geleistete Arbeit

$$W = Q\int_{s_1}^{s_2} p\,ds.$$

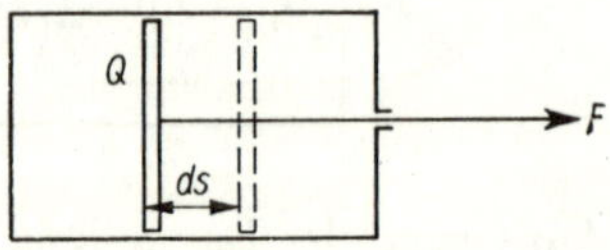

Bild 198

Wegen $V = Qs$ kann das Produkt $Q\,ds$ durch dV ersetzt werden. Dadurch ergibt sich

$$\boxed{W = \int_{V_1}^{V_2} p\,dV} \qquad (129)$$

wobei V_1 und V_2 das Anfangs- und das Endvolumen bezeichnen. Verläuft der Prozeß *isotherm*, d. h. bei gleichbleibender Temperatur, so gilt für ideale Gase das Gesetz von BOYLE-MARIOTTE[1]) $pV = p_1V_1 = \text{const.}$, sofern p_1 und V_1 bekannte Anfangswerte sind. Demnach ist $p = \frac{p_1V_1}{V}$ und nach (129)

$$W = p_1V_1\int_{V_1}^{V_2}\frac{dV}{V} = p_1V_1 \ln\frac{V_2}{V_1}.$$

Für einen *adiabatischen* Ausdehnungsprozeß, bei dem mit der Umgebung kein Wärmeaustausch erfolgt, gilt das Gesetz von POISSON[2]) $pV^{\varkappa} = p_1V_1^{\varkappa}$, wobei $\varkappa = \frac{c_p}{c_v}$

[1]) ROBERT BOYLE (1627 bis 1691) englischer Physiker
EDMÉ MARIOTTE (1620 bis 1684) französischer Physiker

[2]) SIMEON DENIS POISSON (1781 bis 1840) französischer Mathematiker und Physiker

das Verhältnis der spezifischen Wärme des Gases bei konstantem Druck und bei konstantem Volumen angibt. Aus $p = p_1 \frac{V_1^\varkappa}{V^\varkappa}$ und (129) folgt

$$W = p_1 V_1^\varkappa \int\limits_{V_1}^{V_2} \frac{\mathrm{d}V}{V^\varkappa} = \frac{p_1 V_1^\varkappa}{\varkappa - 1} \left(\frac{1}{V_1^{\varkappa-1}} - \frac{1}{V_2^{\varkappa-1}} \right).$$

11.4.3. Arbeit des Wechselstroms

Für die Arbeit in einem Gleichstromkreis mit der konstanten Spannung U und dem konstanten Strom I während einer Zeit t gilt die Beziehung

$$W = UIt.$$

Sind dagegen die Spannung und der Strom zeitlich veränderlich $[u = f(t),\ i = g(t)]$, wird die Arbeit durch diese Gleichung nicht richtig dargestellt. Man zerlegt die vorgegebene Zeitspanne T in kleine Zeitelemente $\mathrm{d}t$ und betrachtet u und i während der kurzen Zeit $\mathrm{d}t$ als annähernd konstant. Dann ist

$$\mathrm{d}W = u\,i\,\mathrm{d}t$$

ein Näherungswert für die Arbeit in dieser Zeit, und die Arbeit für die Gesamtzeit T ergibt sich durch Integration:

$$\boxed{W = \int\limits_0^T u\,i\,\mathrm{d}t} \qquad (130)$$

Ist $u = \hat{u} \sin \omega t$ eine Wechselspannung mit der Amplitude $\hat{u}$ und der Kreisfrequenz ω, die einen Wechselstrom $i = \hat{\imath} \sin (\omega t + \varphi)$ erzeugt, wobei $\hat{\imath}$ die Amplitude des Wechselstroms und φ die Phasendifferenz zwischen Strom und Spannung sei, so folgt aus (130) für die Arbeit des Wechselstroms während einer Periode $T = \frac{2\pi}{\omega}$

$$W = \hat{u}\hat{\imath} \int\limits_0^T \sin \omega t \sin (\omega t + \varphi)\,\mathrm{d}t.$$

Nach der Lösung dieses Integrals (Integraltafel 4.17) ergibt sich

$$W = \frac{\hat{u}\hat{\imath}}{2} \left[-\frac{1}{2\omega} \sin (2\,\omega t + \varphi) + t \cos \varphi \right]\Bigg|_0^T =$$

$$= \frac{\hat{u}\hat{\imath}}{2} \left[-\frac{1}{2\omega} \sin (2\omega T + \varphi) + T \cos \varphi + \frac{1}{2\omega} \sin \varphi \right].$$

Beachtet man, daß $2\omega T = 4\pi$ und $\sin(4\pi + \varphi) = \sin\varphi$, so ist schließlich

$$W = \frac{\hat{u}\hat{\imath}}{2} T \cos\varphi.$$

Durch Einführung der Effektivwerte $U = \frac{\hat{u}}{\sqrt{2}}$ und $I = \frac{\hat{\imath}}{\sqrt{2}}$ von Spannung und Strom (vgl. 11.6.2.) erhält man daraus

$$\underline{\underline{W = UIT\cos\varphi.}}$$

11.5. Chemische Reaktionsgeschwindigkeit in Abhängigkeit von der Konzentration[1])

Bei der irreversiblen Vereinigung zweier Stoffe ist nach dem Massenwirkungsgesetz die momentane Reaktionsgeschwindigkeit $\frac{\mathrm{d}x}{\mathrm{d}t}$ (dabei ist x die Anzahl der reagierenden Moleküle) proportional dem Produkt der jeweiligen Konzentration der beiden Stoffe. Dabei soll sich die Reaktion so vollziehen, daß jeweils Molekülpaare miteinander reagieren.
Sind dann a_1 und a_2 die Ausgangskonzentrationen, so gilt

$$\frac{\mathrm{d}x}{\mathrm{d}t} = k(a_1 - x)(a_2 - x). \qquad \text{(I)}$$

Dabei ist der Proportionalitätsfaktor k eine konzentrationsunabhängige Reaktionskonstante, die jedoch, was hier nicht weiter berücksichtigt werden soll, stark temperaturabhängig ist.
Will man aus (I) t als Funktionswert von x entnehmen, so gilt es, die Integrale

$$k\int \mathrm{d}t = \int \frac{\mathrm{d}x}{(a_1 - x)(a_2 - x)} \qquad \text{(II)}$$

zu lösen. Während links kt entsteht, folgt rechts durch Integration in Partialbrüchen

$$\int \frac{\mathrm{d}x}{(a_1 - x)(a_2 - x)} = \int \frac{A\,\mathrm{d}x}{(a_1 - x)} + \int \frac{B\,\mathrm{d}x}{(a_2 - x)}$$

---

1) SIRK, HUGO, „Mathematik für Naturwissenschaftler und Chemiker", 7. Auflage, Th. Steinkopff, Leipzig u. Dresden 1956

und unter Benutzung des Einsetzverfahrens zunächst für die Konstanten A und B

$$1 = A(a_2 - x) + B(a_1 - x)$$

$$x = a_2 \qquad 1 = B(a_1 - a_2)$$

$$x = a_1 \qquad 1 = A(a_2 - a_1),$$

also

$$A = \frac{1}{a_2 - a_1}; \quad B = -\frac{1}{a_2 - a_1}.$$

Somit ist

$$\int \frac{\mathrm{d}x}{(a_1 - x)(a_2 - x)} = \frac{1}{a_2 - a_1} [\ln(a_2 - x) - \ln(a_1 - x)] + C.$$

Aus Gleichung (II) wird damit

$$kt = \frac{1}{a_2 - a_1} \ln \frac{a_2 - x}{a_1 - x} + C \text{ (allgemeine Lösung).} \tag{III}$$

Da für $t = 0$ die Reaktion erst beginnen soll, ist dort auch das Reaktionsprodukt $x = 0$.
Dadurch ergibt sich für C

$$0 = \frac{1}{a_2 - a_1} \ln \frac{a_2}{a_1} + C$$

$$C = \frac{1}{a_2 - a_1} \ln \frac{a_1}{a_2}$$

und aus (III) schließlich

$$kt = \frac{1}{a_2 - a_1} \left(\ln \frac{a_2 - x}{a_1 - x} + \ln \frac{a_1}{a_2} \right) \text{ (partikuläre Lösung)}$$

$$t = \frac{1}{k(a_2 - a_1)} \ln \frac{a_1(a_2 - x)}{a_2(a_1 - x)}.$$

11.6. Berechnung von Mittelwerten mit Hilfe des bestimmten Integrals

11.6.1. Linearer Mittelwert

Aus dem Mittelwertsatz der Integralrechnung (77) ergibt sich

$$f(\xi) = \frac{1}{b-a} \int_a^b f(x)\,\mathrm{d}x.$$

$f(\xi)$ heißt linearer oder arithmetischer Mittelwert. Geometrisch gibt er die Höhe eines Rechtecks an, welches der von $y = f(x)$ und der x-Achse im Intervall $[a, b]$ begrenzten Fläche inhaltsgleich ist.

BEISPIELE

1. Für eine Kraft F gelte $F = f(s) = \frac{s^2}{2}$. Man berechne jene konstante Kraft F_{m}, die längs des Weges von $s_1 = 1$ bis $s_2 = 8$ die gleiche Arbeit wie die veränderliche Kraft F verrichtet.

   Lösung:

$$F_{\mathrm{m}} = \frac{1}{s_2 - s_1} \int_{s_1}^{s_2} f(s)\,\mathrm{d}s = \frac{1}{7} \int_1^8 \frac{s^2}{2}\,\mathrm{d}s = \frac{1}{7} \left.\frac{s^3}{6}\right|_1^8 \approx \underline{\underline{12{,}2}}.$$

   Wird F in kp angegeben, so ist die Maßeinheit des Ergebnisses ebenfalls kp.

2. Ein elektrischer Strom konstanter Stärke I transportiert während der Zeit t die Elektrizitätsmenge $Q = It$. Ist dagegen die Stromstärke zeitlich variabel, also $i = f(t)$, so ist $\mathrm{d}Q = i\,\mathrm{d}t$ ein Näherungswert für die in der kurzen Zeit $\mathrm{d}t$ beförderte Elektrizitätsmenge $\{i = f(\tau),\ \tau \in [t, t + \mathrm{d}t]\}$. Daraus ergibt sich für ein Zeitintervall $[t_1, t_2]$:

$$Q = \int_{t_1}^{t_2} i\,\mathrm{d}t.$$

   Man berechne die gedachte konstante Stromstärke $\bar{i}$, die erforderlich ist, um in der Zeit $t_2 - t_1$ die gleiche Elektrizitätsmenge zu transportieren wie bei der variablen Stromstärke $i = f(t)$.

   Lösung:

$$\bar{i} = \frac{1}{t_2 - t_1} \int_{t_1}^{t_2} i\,\mathrm{d}t$$

   $\bar{i}$ heißt in der Elektrotechnik *arithmetischer* oder *elektrolytischer Mittelwert*. Betrachtet man einen Wechselstrom $i = \hat{i} \sin \omega t$ mit der Amplitude $\hat{i}$ und der Kreisfrequenz ω während einer

Periode T, so ist

$$\bar{i} = \frac{\hat{i}}{T} \int_0^T \sin \omega t \, \mathrm{d}t = -\frac{\hat{i}}{\omega T} \cos \omega t \Big|_0^T$$

und wegen $\omega = \dfrac{2\pi}{T}$

$$\bar{i} = -\frac{\hat{i}}{2\pi} [\cos 2\pi - \cos 0] = 0.$$

Der arithmetische Mittelwert für eine halbe Periode ist

$$\bar{i} = \frac{2\hat{i}}{T} \int_0^{\frac{T}{2}} \sin \omega t \, \mathrm{d}t = -\frac{2\hat{i}}{\omega T} \cos \omega t \Big|_0^{\frac{T}{2}} = -\frac{2\hat{i}}{2\pi} [\cos \pi - \cos 0] =$$

$$= \frac{2}{\pi} \hat{i} \approx \underline{\underline{0{,}637\,\hat{i}}}.$$

11.6.2. Quadratischer Mittelwert

Der quadratische Mittelwert einer Funktion f im Intervall $[a, b]$ wird nach (78) durch den Term

$$\sqrt{\frac{1}{b-a} \int_a^b [f(x)]^2 \, \mathrm{d}x}$$

gegeben. Als Beispiel sei der *Effektivwert* der Stromstärke angeführt.

Die von einem Gleichstrom während einer Zeit t geleistete Arbeit ist $W = UIt = I^2Rt$. Der Effektivwert eines Wechselstroms $i = \hat{i} \sin \omega t$ ist jener konstante Strom I, der während einer Periode T den gleichen Effekt erzielt, d. h. dieselbe Arbeit leistet bzw. dieselbe Wärmemenge liefert. Somit ergibt sich unter Beachtung von (130)

$$I^2Rt = \int_0^t ui \, \mathrm{d}t = \int_0^t i^2 R \, \mathrm{d}t.$$

Für $t = T$ gilt

$$I^2RT = R \int_0^T i^2 \mathrm{d}t \quad \text{bzw.} \quad I^2 = \frac{1}{T} \int_0^T i^2 \mathrm{d}t$$

und folglich

$$I = \sqrt{\frac{1}{T} \int_0^T i^2 \, \mathrm{d}t}.$$

Der Effektivwert I ist demnach ein quadratischer Mittelwert. Durch weitere Umformung erhält man

$$I^2 = \frac{\hat{i}^2}{T}\int\limits_0^T \sin^2 \omega t \, dt = \frac{\hat{i}^2}{2\omega T}(\omega t - \sin \omega t \cos \omega t)\Big|_0^T.$$

Wegen $T = \frac{2\pi}{\omega}$ folgt daraus

$$I^2 = \frac{\hat{i}^2}{4\pi}(2\pi - \sin 2\pi \cos 2\pi) = \frac{\hat{i}^2}{2}$$

und

$$I = \frac{\hat{i}}{\sqrt{2}} \approx \underline{\underline{0{,}707\,\hat{i}}}.$$

Weiterer Ausbau der Differential- und Integralrechnung

12. Differentialgeometrie

12.1. Formen der analytischen Darstellung von Funktionen

12.1.1. Parameterdarstellung

Neben der Darstellung von Funktionen durch die Zuordnung cartesischer Koordinaten mittels der Gleichung $y = f(x)$ hat man auch die Möglichkeit, die beiden Veränderlichen x und y einer dritten Veränderlichen t zuzuordnen. Diese Veränderliche heißt Parameter. Man nennt dann die beiden Gleichungen

$$x = x(t); \quad y = y(t)$$

die **Parameterdarstellung** der Funktion (vgl. 1.3.3.).
Der Parameter t kann verschiedene Bedeutung haben.

a) Der Parameter ist ein Winkel

Aus Bild 199 liest man für einen beliebigen Punkt des Kreises ab:

$$x = r \cos t; \quad y = r \sin t.$$

Durch Quadrieren und Addieren beider Gleichungen eliminiert man t und erhält $x^2 + y^2 = r^2$, die Kreisgleichung in cartesischer Form.

b) Der Parameter ist die Zeit

Wird ein Körper unter dem Erhebungswinkel φ mit der Anfangsgeschwindigkeit v_0 abgeworfen, so führt er gleichzeitig zwei Bewegungen aus: die gleichförmig-geradlinige Bewegung in Richtung v_0 und die Fallbewegung. Hieraus ergeben sich zur Zeit t die Koordinaten eines Bahnpunktes:

$$x = v_0 t \cos \varphi; \quad y = v_0 t \sin \varphi - \frac{1}{2} g t^2.$$

Setzt man den aus der ersten Gleichung gewonnenen Term für t in die zweite Gleichung ein, so ergibt sich

$$y = v_0 \frac{x}{v_0 \cos \varphi} \sin \varphi - \frac{1}{2} g \frac{x^2}{v_0^2 \cos^2 \varphi} = x \tan \varphi - \frac{g}{2 v_0^2 \cos^2 \varphi} x^2.$$

Das ist die Gleichung der transformierten, nach unten geöffneten Parabel (Bild 200).

c) Der Parameter ist eine beliebige Veränderliche ohne geometrische oder physikalische Deutung

In der Gleichung

$$y = 3x^2 + 2$$

kann man setzen

$$x = \sqrt{t}, \quad \text{also} \quad y = 3t + 2.$$

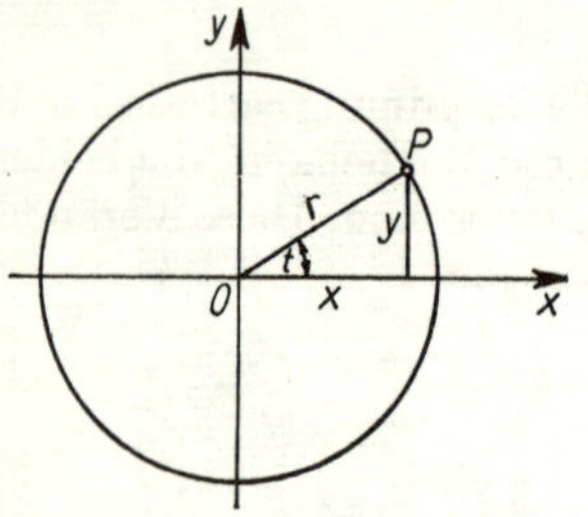

Bild 199

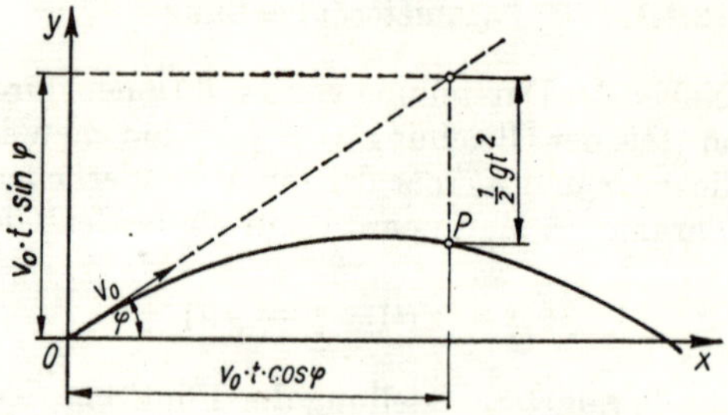

Bild 200

Dies ist *eine mögliche* Parameterdarstellung der durch die obige Gleichung gegebenen Funktion.

In der Funktionsgleichung $y = 3x^2 + 2$ könnte x alle Werte von $-\infty$ bis $+\infty$ durchlaufen. Die Gleichung $x = \sqrt{t}$ dagegen läßt nur noch positive x-Werte einschließlich 0 zu. y nimmt infolge der Gleichung $y = 3x^2 + 2$ Werte an, die größer oder gleich 2 sind. Die Parameterdarstellung kann, wie dieses Beispiel zeigt, gegenüber der cartesischen Darstellung den Definitionsbereich einschränken.

Überblick:

$y = 3x^2 + 2$		$x = \sqrt{t}$;	$y = 3t + 2$
Definitionsbereich:	$(-\infty, +\infty)$	Parameterbereich:	$[0, +\infty)$
Wertebereich:	$[+2, \infty)$	Definitionsbereich:	$[0, +\infty)$
		Wertebereich:	$[+2, +\infty)$

Wenn der Parameter im Sinne wachsender Werte seinen Bereich durchläuft, durchwandern x und y ihre Bereiche in einem durch die Parameterdarstellung gegebenen Sinne. Der sich ändernde Parameter gibt somit einen *Durchlaufsinn* der die Funktion darstellenden Kurve an.

12.1.2. Darstellung in Polarkoordinaten

Die Lage eines Punktes P kann statt in cartesischen Koordinaten auch in Polarkoordinaten angegeben werden. Hierbei gibt man den stets positiv genommenen Abstand r des Punktes vom Ursprung (Pol) an, den man den **Radiusvektor** oder **Leitstrahl** nennt, und den Winkel φ, die **Abweichung** oder **Anomalie**, den dieser

Leitstrahl mit der positiven x-Achse bildet. Zwischen den Polarkoordinaten r und φ und den cartesischen Koordinaten bestehen dann die Beziehungen (Bild 201)

$$\boxed{\begin{aligned} x &= r\cos\varphi \\ y &= r\sin\varphi \end{aligned}} \qquad (131)$$

und

$$\boxed{\begin{aligned} r^2 &= x^2 + y^2 \\ \tan\varphi &= \frac{y}{x} \end{aligned}} \qquad (132)$$

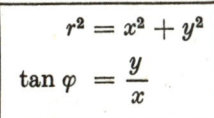

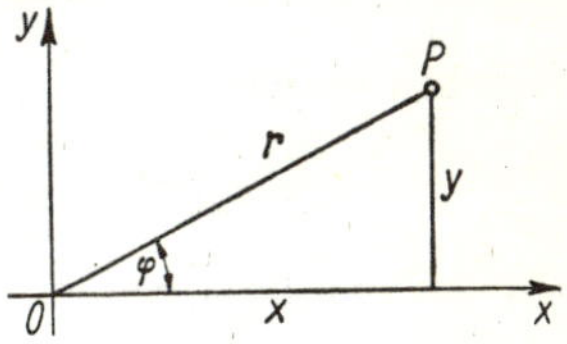

Bild 201

Bewegt sich ein Punkt längs einer durch die Gleichung $y = f(x)$ gegebenen Kurve, so muß zwischen r und φ ein funktionaler Zusammenhang bestehen, da jeder Richtung φ ein bestimmter Wert r zugeordnet ist. Es gilt also eine Gleichung $r = r(\varphi)$.
Für den Kreis um den Ursprung gilt offenbar

$$r = \text{const.} = r_0.$$

Die Darstellung der Ellipse mit den Halbachsen a und b ergibt sich aus ihrer Gleichung

$$b^2x^2 + a^2y^2 = a^2b^2$$

unter Beachtung von (131) zu

$$r = \frac{ab}{\sqrt{b^2\cos^2\varphi + a^2\sin^2\varphi}}.$$

Besonders einfach werden durch Einführung von Polarkoordinaten die Gleichungen der Funktionen, welche Spiralkurven darstellen:

Archimedische Spirale: $r = a\varphi$;

Logarithmische Spirale: $r = e^{\varphi}$.

Würde man z. B. die logarithmische Spirale in cartesischen Koordinaten darstellen, so erhielte man nach (132)

$$y = x \tan \ln \sqrt{x^2 + y^2};$$

es leuchtet ein, daß die Darstellung in Polarkoordinaten weit günstiger ist.
Die Gleichung der gleichseitigen Hyperbel $x^2 - y^2 = a^2$ ergibt sich in Polarkoordinaten zu

$$r^2(\cos^2\varphi - \sin^2\varphi) = a^2$$

$$r = \frac{a}{\sqrt{\cos 2\varphi}}.$$

12.2. Differentiation

12.2.1. Differentiation bei Parameterdarstellung

Gegeben sei eine Funktion durch die Gleichungen

$$x = x(t); \quad y = y(t).$$

Gilt es, den Anstieg der Kurventangente für einen Parameterwert $t = t_0$ zu bestimmen, so ist y nach x zu differenzieren, d. h., es ist zu bilden $y' = \frac{\mathrm{d}y}{\mathrm{d}x}$. Nun ist aber

$$\boxed{\frac{\mathrm{d}x}{\mathrm{d}t} = \dot{x} \quad \text{und} \quad \frac{\mathrm{d}y}{\mathrm{d}t} = \dot{y}} \tag{133}$$

Die übergesetzten Punkte sollen die Differentiation nach dem Parameter bedeuten, während y' nach wie vor die Differentiation nach x anzeigt.
Aus (133) folgt:

$$\mathrm{d}x = \dot{x}\,\mathrm{d}t \quad \text{und} \quad \mathrm{d}y = \dot{y}\,\mathrm{d}t,$$

also

$$\boxed{\frac{\mathrm{d}y}{\mathrm{d}x} = y' = \frac{\dot{y}}{\dot{x}}} \tag{134}$$

Die zweite Ableitung $y'' = \frac{\mathrm{d}(y')}{\mathrm{d}x}$ erhält man aus (134), indem man nach der Kettenregel zunächst $y' = \frac{\dot{y}}{\dot{x}}$ nach t differenziert und dann t nach x, also

$$y'' = \frac{\mathrm{d}\left(\frac{\dot{y}}{\dot{x}}\right)}{\mathrm{d}t} \cdot \frac{\mathrm{d}t}{\mathrm{d}x} = \frac{\dot{x}\ddot{y} - \ddot{x}\dot{y}}{\dot{x}^2} \cdot \frac{1}{\dot{x}} = \frac{\dot{x}\ddot{y} - \ddot{x}\dot{y}}{\dot{x}^3}.$$

Also gilt

$$\boxed{y'' = \frac{\dot{x}\ddot{y} - \ddot{x}\dot{y}}{\dot{x}^3}} \tag{135}$$

BEISPIEL

Für die Kurve der Funktion mit den Gleichungen

$$x = \cos t; \quad y = \sin^2 t \quad (0 \leqq t \leqq \pi)$$

sind die extremalen Punkte zu bestimmen.

Lösung:

$$\dot{x} = -\sin t; \qquad \dot{y} = \sin 2t;$$

$$\ddot{x} = -\cos t; \qquad \ddot{y} = 2\cos 2t.$$

Es ist

$$y' = \frac{\dot{y}}{\dot{x}} = \frac{\sin 2t}{-\sin t} = -2\cos t; \quad y' = 0 \quad \text{für } t = \frac{\pi}{2};$$

$$y'' = \frac{-2\sin t \cos 2t + \sin 2t \cos t}{-\sin^3 t}; \; y''\left(\frac{\pi}{2}\right) = -2 < 0.$$

$$x\left(\frac{\pi}{2}\right) = 0; \quad y\left(\frac{\pi}{2}\right) = 1.$$

Die Kurve hat also im Punkte $P(0; 1)$ ein Maximum. Durch Einführung von cartesischen Koordinaten erkennt man sofort, daß eine Parabel mit P als Scheitel vorliegt.

$$x^2 + y = \cos^2 t + \sin^2 t = 1$$
$$y = 1 - x^2.$$

Man beachte, daß in dieser Schreibweise x alle positiven und negativen Werte einschließlich der Null annehmen könnte; die gegebene Parameterdarstellung aber läßt nur den Definitionsbereich $[-1, +1]$ zu, und der Wertevorrat enthält nur positive Werte und Null. Die Parameterdarstellung ergibt also den im ersten und zweiten Quadranten liegenden Parabelbogen. Der Durchlaufsinn dieses Bogens führt von $P_1(1; 0)$ über P nach $P_2(-1; 0)$; die Kurve wird nämlich, wenn t das Intervall von 0 bis π durchläuft, im Sinne fallender x-Werte abgelaufen.

12.2.2. Differentiation bei Darstellung in Polarkoordinaten

Liegt eine Funktion durch die Gleichung $r = r(\varphi)$ vor, so kann man ohne weiteres zu einer Parameterdarstellung mit dem Parameter φ übergehen. Nach (131) kann man schreiben:

$$x = r(\varphi)\cos\varphi = f_1(\varphi)$$
$$y = r(\varphi)\sin\varphi = f_2(\varphi).$$

Der Differentialquotient ergibt sich zu

$$\boxed{y' = \frac{\dot{y}}{\dot{x}} = \frac{\dot{r}\sin\varphi + r\cos\varphi}{\dot{r}\cos\varphi - r\sin\varphi}} \tag{136}$$

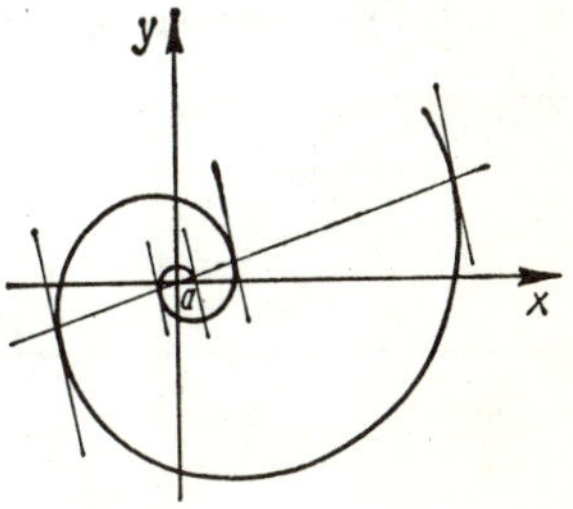

Bild 202

Für die logarithmische Spirale z. B. gilt die Parameterdarstellung

$$x = e^{\varphi}\cos\varphi; \quad y = e^{\varphi}\sin\varphi.$$

Hieraus folgt:

$$y' = \frac{\dot{y}}{\dot{x}} = \frac{e^{\varphi}\sin\varphi + e^{\varphi}\cos\varphi}{e^{\varphi}\cos\varphi - e^{\varphi}\sin\varphi} = \frac{\sin\varphi + \cos\varphi}{\cos\varphi - \sin\varphi} = \frac{1 + \tan\varphi}{1 - \tan\varphi}.$$

Das Ergebnis besagt, daß der Tangentenanstieg nur von $\tan\varphi$, also nicht von der Leitstrahllänge, abhängt. Ein beliebiger Leitstrahl schneidet daher alle Bogen der Spirale unter gleichem Winkel (Bild 202).

BEISPIEL

Es soll der Kurvenverlauf der *Lemniskate* diskutiert werden.

Lösung: Die Lemniskate hat die Gleichung

$$(x^2 + y^2)^2 - a^2(x^2 - y^2) = 0;$$

in Polarkoordinaten geht die Gleichung nach (131) über in

$$r^2 - a^2 \cos 2\varphi = 0$$

oder

$$r = a\sqrt{\cos 2\varphi}.$$

Also ergibt sich die Parameterdarstellung

$$x = a\sqrt{\cos 2\varphi}\cos\varphi,$$

$$y = a\sqrt{\cos 2\varphi}\sin\varphi.$$

Hieraus folgt

$$\dot{x} = a\left(\frac{-\sin 2\varphi}{\sqrt{\cos 2\varphi}}\cos\varphi - \sin\varphi\sqrt{\cos 2\varphi}\right) = -a\frac{\sin 3\varphi}{\sqrt{\cos 2\varphi}},$$

$$\dot{y} = a\left(\frac{-\sin 2\varphi}{\sqrt{\cos 2\varphi}}\sin\varphi + \cos\varphi\sqrt{\cos 2\varphi}\right) = a\frac{\cos 3\varphi}{\sqrt{\cos 2\varphi}}.$$

Somit ist

$$y' = \frac{\dot{y}}{\dot{x}} = \frac{\cos 3\varphi}{-\sin 3\varphi} = -\cot 3\varphi.$$

Da sich wegen $r = a\sqrt{\cos 2\varphi}$ nur in den Winkelbereichen $-45° \leqq \varphi \leqq +45°$ und $135° \leqq \leqq \varphi \leqq 225°$ reelle Werte für r ergeben, kann die Diskussion der Kurve auf diese Bereiche beschränkt werden. Sie soll in Form einer Tabelle durchgeführt werden, indem man φ die Winkelbereiche durchlaufen läßt und die zu den Winkeln gehörigen r-Werte, dann die cartesischen Koordinaten der Kurvenpunkte und schließlich die Tangentenanstiege in diesen Punkten ermittelt. Es ergibt sich die folgende Tabelle:

Tabelle 10:

φ	$r = a\sqrt{\cos 2\varphi}$	P: $x = a\sqrt{\cos 2\varphi}\cos\varphi$, $y = a\sqrt{\cos 2\varphi}\sin\varphi$	$y' = -\cot 3\varphi$
0°	a	P_1: $a; 0$	∞
30°	$\frac{a}{2}\sqrt{2}$	P_3: $\frac{1}{4}\sqrt{6}; \frac{1}{4}\sqrt{2}$	0
45°	0	0; 0	1
135°	0	0; 0	−1
150°	$\frac{a}{2}\sqrt{2}$	P_4: $-\frac{1}{4}\sqrt{6}; \frac{1}{4}\sqrt{2}$	0
180°	a	P_2: $-a; 0$	∞
210°	$\frac{a}{2}\sqrt{2}$	P_5: $-\frac{1}{4}\sqrt{6}; -\frac{1}{4}\sqrt{2}$	0
225°	0	0; 0	1
315°	0	0; 0	−1
330°	$\frac{a}{2}\sqrt{2}$	P_6: $\frac{1}{4}\sqrt{6}: -\frac{1}{4}\sqrt{2}$	0
360°	a	P_1: $a; 0$	∞

Nach dieser Tabelle kann die Lemniskate in ihrem prinzipiellen Verlauf gezeichnet werden (Bild 203).

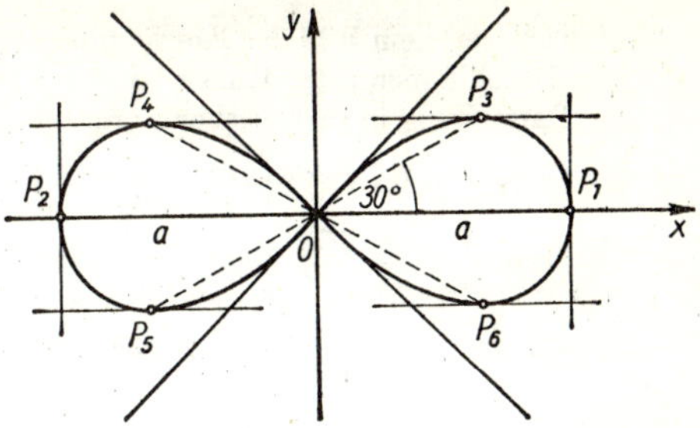

Bild 203

AUFGABEN

487. Von der durch die Gleichungen

$$x = t^2 + 2t; \quad y = t^2 - 2t - 1$$

gegebenen Kurve sind zu berechnen:

a) Horizontal- und Vertikaltangenten,
b) die Gleichung der Kurve in cartesischen Koordinaten,
c) Parameterbereich; Definitionsbereich und Wertevorrat für die Parameterdarstellung.

488. Welche Kurve wird durch die Parameterdarstellung gegeben

a) $x = \sqrt{t}; \qquad y = \sqrt{t-1},$

b) $x = \dfrac{t}{1-t}; \qquad y = \dfrac{1}{t}$?

Man untersuche die Bereiche für cartesische und für Parameterdarstellung.

489. Ein Kreis vom Radius r rollt innen auf einem Kreis vom Radius $R = 2r$ ab. Auf der Fläche des rollenden Kreises befindet sich der Punkt P im Abstand a von dessen Mittelpunkt. Man zeige, daß P eine Ellipse mit den Halbachsen $(r + a)$ und $(r - a)$ beschreibt.
Man zeige weiterhin, daß für $a = r$ der Punkt P periodisch den Durchmesser des Kreises mit dem Radius R durchläuft (Umsetzung einer Kreisbewegung in eine geradlinige Bewegung, CARDANO, 1570).

490. In einem Getriebe bewege sich eine Stange AB von der Länge s so, daß die Endpunkte A und B in je einer geraden Schiene gleiten, die aufeinander senkrecht stehen. Welche Bahn beschreibt ein Punkt P der Stange ($\overline{AP} = a$)?

491. Man rechne in cartesische Koordinaten um:

$$x = \cosh t; \qquad y = \sinh t.$$

492. Man untersuche mittels der ersten Ableitung das Verhalten der drei Zykloiden an der Stelle $t = 0$.

493. Man bilde y' und y'' für die Funktionen mit den Gleichungen

a) $x = \ln t; \quad y = t^2,$

b) $x = \sin^3 t; \quad y = \cos^3 t.$

494. Die Gleichung der *Astroide* $x^{\frac{2}{3}} + y^{\frac{2}{3}} = a^{\frac{2}{3}}$ ist in einer Parameterdarstellung anzugeben. Mit dieser Darstellung untersuche man den Kurvenverlauf und den Durchlaufsinn der Kurve für wachsende Parameterwerte.

495. Man gebe die durch die Gleichungen $x = a$ bzw. $y = a$ gegebenen Kurven in Polarkoordinaten an.

496. Die in Parameterdarstellung gegebene *Strophoide* soll in cartesische und in Polarkoordinaten umgerechnet werden:

$$x = \frac{a(t^2 - 1)}{t^2 + 1}; \qquad y = \frac{at(t^2 - 1)}{t^2 + 1}.$$

Man entwerfe ein Bild der Kurve unter Verwendung von Polarkoordinaten. Man untersuche den Durchlaufsinn der Kurve bei den verschiedenen Darstellungen und begründe, warum bei Darstellung in cartesischer Form nicht die vollständige Strophoide erfaßt wird.

497. Man schreibe in Polarkoordinaten um:

a) $\arctan \frac{y}{x} = \frac{2xy}{\sqrt{(x^2 + y^2)}}$;

b) $x^3 + y^3 - 3xy = 0$ (*Cartesisches Blatt*).

498. Für die Kurve mit der Gleichung

$$(x^2 + y^2)^2 = 4xy$$

bestimme man die zu den Achsen parallelen Tangenten mit ihren Berührungspunkten. Welche Punkte der Kurve haben vom Ursprung maximalen Abstand? Welche Richtung hat die Kurve in diesen Punkten? (Man verwende Polarkoordinaten.)

12.3. Bogenlänge

Um die Länge eines Bogenstückes einer Kurve berechnen zu können, ist es notwendig, diese Bogenlänge zunächst als eine Summe von geradlinigen Streckenelementen näherungsweise darzustellen, um dann durch einen Grenzübergang, der die Streckenstücke unendlich klein werden läßt, zur eigentlichen Bogenlänge zu gelangen.
Man nähert zunächst ein Bogenstück, das man sich schon beliebig klein denken kann, durch das Stück Tangente an, die man im Anfangspunkt P_0 (Bild 204) an das Kurvenelement legt. Aus dem Bilde kann dann unter Beachtung der Bedeutung der Differentiale $\mathrm{d}x$ und $\mathrm{d}y$ die Beziehung abgelesen werden:

$$(\mathrm{d}x)^2 + (\mathrm{d}y)^2 = (\mathrm{d}s)^2.$$

Hierfür kann man auch schreiben:

$$(\mathrm{d}s)^2 = \left[1 + \left(\frac{\mathrm{d}y}{\mathrm{d}x}\right)^2\right] (\mathrm{d}x)^2$$

oder [vgl. (91)]

$$\mathrm{d}s = \sqrt{1 + \left(\frac{\mathrm{d}y}{\mathrm{d}x}\right)^2}\, \mathrm{d}x. \qquad \text{(I)}$$

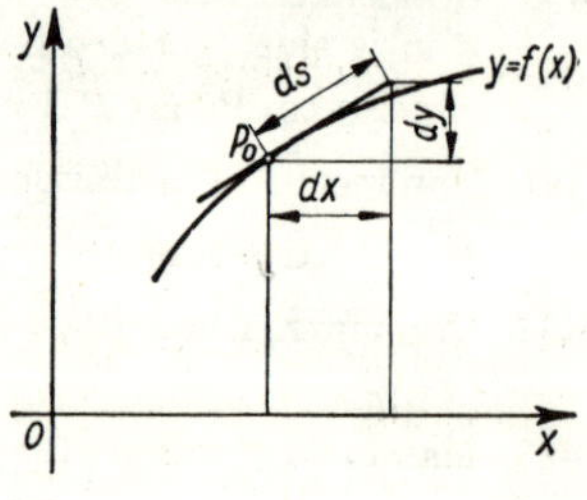

Bild 204

Die Wurzel ist positiv, während $\mathrm{d}x$ positiv oder negativ sein kann. Nun ist die Summation über die *Bogendifferentiale* durchzuführen. Die erhaltene Summe geht beim Grenzübergang in das Integral über die Bogendifferentiale über, wobei dieses Integral längs eines Kurvenstückes von x_1 bis x_2 zu bilden ist. Man erhält somit zwischen den Punkten P_1 und P_2 einer Kurve [vgl. (92a)] für die

Bogenlänge (cartesisch)

$$s = \int_{x_1}^{x_2} \sqrt{1 + \left(\frac{\mathrm{d}y}{\mathrm{d}x}\right)^2}\, \mathrm{d}x. \qquad \text{(II)}$$

Unter der Wurzel erscheint $y' = \mathrm{d}y/\mathrm{d}x$, d. h. die Ableitung der vorgegebenen Funktion.
Liegt die Funktion in Parameterdarstellung vor, so gelten die Gleichungen

$$x = x(t); \quad y = y(t); \quad \mathrm{d}x = \dot{x}\,\mathrm{d}t.$$

Weiterhin gilt

$$y' = \frac{\dot{y}}{\dot{x}} \quad \text{und} \quad y'^2 = \frac{\dot{y}^2}{\dot{x}^2}$$

Die Formel für die Bogenlänge geht jetzt über in

$$s = \int_{t_1}^{t_2} \sqrt{1 + \frac{\dot{y}^2}{\dot{x}^2}}\,\dot{x}\,\mathrm{d}t$$

oder

Bogenlänge (Parameterdarstellung)

$$\boxed{s = \int_{t_1}^{t_2} \sqrt{\dot{x}^2 + \dot{y}^2}\,\mathrm{d}t} \tag{137 a}$$

Nun sei die Funktion in Polarkoordinaten gegeben, also $r = r(\varphi)$. Zwischen den cartesischen Koordinaten x, y und den Polarkoordinaten r, φ bestehen die Beziehungen

$$x = r\cos\varphi \quad \text{und} \quad y = r\sin\varphi.$$

Unter Beachtung der Produktregel gilt für die Differentiale

$$\mathrm{d}x = (\dot{r}\cos\varphi - r\sin\varphi)\,\mathrm{d}\varphi,$$
$$\mathrm{d}y = (\dot{r}\sin\varphi + r\cos\varphi)\,\mathrm{d}\varphi.$$

Der übergesetzte Punkt bedeutet die Differentiation nach dem Parameter φ. Aus der Beziehung

$$(\mathrm{d}s)^2 = (\mathrm{d}x)^2 + (\mathrm{d}y)^2$$

folgt:

$$\mathrm{d}s = \sqrt{(\dot{r}\cos\varphi - r\sin\varphi)^2 + (\dot{r}\sin\varphi + r\cos\varphi)^2}\,\mathrm{d}\varphi$$

oder

$$\mathrm{d}s = \sqrt{r^2 + \dot{r}^2}\,\mathrm{d}\varphi.$$

Durch Integration erhält man

Bogenlänge (Polarkoordinaten)

$$\boxed{s = \int_{\varphi_1}^{\varphi_2} \sqrt{r^2 + \dot{r}^2}\,\mathrm{d}\varphi} \tag{137 b}$$

BEISPIELE

1. Berechnung des Kreisumfanges bei gegebenem Radius r_0.

Lösung:

a) *cartesisch*: Im ersten Quadranten gilt für den Kreis die Funktionsgleichung

$$y = \sqrt{r_0^2 - x^2},$$

also ist

$$y' = \frac{-x}{\sqrt{r_0^2 - x^2}}.$$

Somit gilt nach (92a) für den Viertelkreisbogen:

$$s = \int_0^{r_0} \sqrt{1 + \frac{x^2}{r_0^2 - x^2}}\, \mathrm{d}x = r_0 \int_0^{r_0} \frac{\mathrm{d}x}{\sqrt{r_0^2 - x^2}} =$$

$$= r_0 \arcsin \frac{x}{r_0} \Big|_0^{r_0} = r_0 \ (\arcsin 1 - \arcsin 0) = \underline{\underline{r_0 \frac{\pi}{2}}}.$$

Der Vollkreis hat somit den Umfang $2\pi r_0$.

b) *in Parameterdarstellung*:
Für den Vollkreis gilt

$$x = r_0 \cos t; \qquad y = r_0 \sin t \qquad (0 \leqq t \leqq 2\pi);$$

$$\dot{x} = -r_0 \sin t; \qquad \dot{y} = r_0 \cos t.$$

Also folgt aus (137a) für die Bogenlänge

$$s = \int_0^{2\pi} \sqrt{r_0^2 \sin^2 t + r_0^2 \cos^2 t}\, \mathrm{d}t = r_0 \int_0^{2\pi} \mathrm{d}t = \underline{\underline{2\pi r_0}}.$$

c) *in Polarkoordinaten*:

Die Darstellung des Vollkreises heißt jetzt:

$$r = r_0,$$

$$\dot{r} = 0.$$

Nach (137b) gilt

$$s = \int_0^{2\pi} r_0\, \mathrm{d}\varphi = \underline{\underline{2\pi r_0}}.$$

2. Berechnung der Bogenlänge eines Bogens der Zykloide mit den Gleichungen

$$x = a(t - \sin t),$$

$$y = a(1 - \cos t).$$

a ist der Radius des längs der x-Achse rollenden Kreises, der mit einem Umfangspunkt den Zykloidenbogen beschreibt.

Lösung: Es ist

$$\dot{x} = a(1 - \cos t),$$

$$\dot{y} = a \sin t.$$

Nach (137a) folgt für die Bogenlänge:

$$s = \int_0^{2\pi} \sqrt{a^2(1-\cos t)^2 + a^2 \sin^2 t}\, \mathrm{d}t = a \int_0^{2\pi} \sqrt{2 - 2\cos t}\, \mathrm{d}t =$$

$$= a\sqrt{2} \int_0^{2\pi} \sqrt{1 - \cos t}\, \mathrm{d}t = 2a \int_0^{2\pi} \sin \frac{t}{2}\, \mathrm{d}t, \text{ weil } 1 - \cos t = 2 \sin^2 \frac{t}{2} \text{ ist.}$$

Die Integration ergibt

$$s = -2a \cdot 2 \cdot \cos \frac{t}{2} \Big|_0^{2\pi} = 4a + 4a = \underline{\underline{8a}}.$$

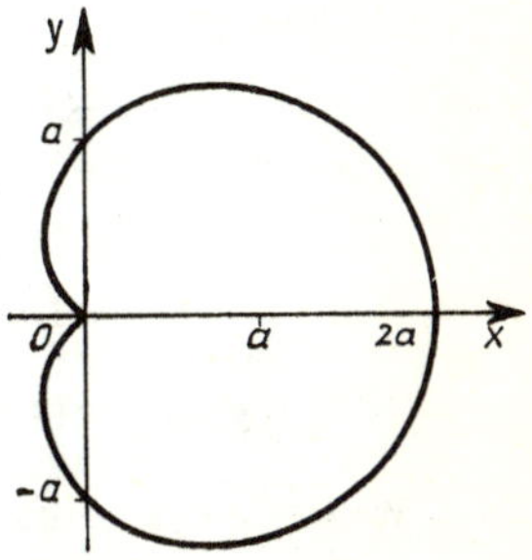

Bild 205

3. Berechnung der Bogenlänge der logarithmischen Spirale

$$r = r_0 e^{a\varphi}$$

zwischen den Grenzen φ_1 und φ_2.

Lösung: Es ist

$$\dot{r} = a r_0 e^{a\varphi};$$

also ergibt sich nach (137b)

$$s = \int_{\varphi_1}^{\varphi_2} \sqrt{r_0^2 e^{2a\varphi} + a^2 r_0^2 e^{2a\varphi}}\, \mathrm{d}\varphi = r_0 \sqrt{1 + a^2} \int_{\varphi_1}^{\varphi_2} e^{a\varphi} \mathrm{d}\varphi =$$

$$= r_0 \frac{\sqrt{1 + a^2}}{a} (e^{a\varphi_2} - e^{a\varphi_1}),$$

oder, da

$$r_1 = r_0 e^{a\varphi_1} \text{ und } r_2 = r_0 e^{a\varphi_2} \text{ ist,}$$

$$s = \frac{\sqrt{1 + a^2}}{a} (r_2 - r_1) = \underline{\underline{\text{const.} (r_2 - r_1)}}.$$

Die Bogenlänge der logarithmischen Spirale ist also proportional der Differenz der Radiusvektoren, welche sie einschließen.

4. Berechnung der Bogenlänge der *Kardioide* mit der Gleichung $r = a(1 + \cos \varphi)$.

Lösung: Mittels Wertetabelle findet man den in Bild 205 dargestellten Kurvenverlauf. Die Kurve ist symmetrisch in bezug auf die x-Achse. Für das Bogenlängendifferential ergibt sich mit $\dot{r} = -a \sin \varphi$:

$$\mathrm{d}s = \sqrt{r^2 + \dot{r}^2}\, \mathrm{d}\varphi = a \sqrt{(1 + \cos \varphi)^2 + \sin^2 \varphi}\, \mathrm{d}\varphi =$$

$$= a\sqrt{2}\sqrt{1 + \cos \varphi}\, \mathrm{d}\varphi = 2a \cos \frac{\varphi}{2}\, \mathrm{d}\varphi,$$

weil $1 + \cos \varphi = 2 \cos^2 \varphi/2$ ist.

Für $180° \leqq \varphi \leqq 360°$ wird $\mathrm{d}s$ negativ; also würden sich bei Integration über den Vollwinkel die summierten Bogenlängendifferentiale aufheben und Null ergeben. Man integriert daher nur von 0° bis 180°, und aus der Symmetrie der Kurve folgt für die Bogenlänge:

$$s = 2\int_0^{\pi} 2a\cos\frac{\varphi}{2}\,\mathrm{d}\varphi = 8a\sin\frac{\varphi}{2}\Big|_0^{\pi} = \underline{\underline{8a}}.$$

AUFGABEN

499. **Man berechne die Länge der Kettenlinie, welche die Gleichung hat**

$$y = \cosh x = \frac{e^x + e^{-x}}{2} \quad \text{für} \quad -a \leqq x \leqq a.$$

500. **Man berechne die Bogenlänge der Kreisevolvente, die sich durch Abwicklung eines Halbkreises ergibt:**

$$x = r(\cos t + t\sin t); \qquad y = r(\sin t - t\cos t).$$

501. **Man berechne die Bogenlänge der Astroide**

$$x = a\cos^3 t; \qquad y = a\sin^3 t.$$

502. **Man berechne die Länge der Schleife**

$$y^2 = \frac{1}{9}x(3 - x)^2.$$

503. **Welche Weglänge durchfällt ein Körper, der mit der Geschwindigkeit v_0 horizontal abgeworfen wird und auf den um die Höhe H tiefer gelegenen Boden fällt?**

504. **Welche Länge hat der im vierten Quadranten liegende Bogen der Kurve mit der Gleichung**

$$r = 4(2\cos\varphi - \sin\varphi)?$$

Um welche Kurve handelt es sich hier?

505. **Für $0 \leqq \varphi \leqq \pi/2$ berechne man die Bogenlänge der durch die Gleichung $r = 2\varphi$ gegebenen Spirale.**

12.4. Sektorenformeln

Es sei eine Funktion in *Polarkoordinaten* gegeben. Will man den Sektor berechnen, den der Radiusvektor überstreicht, wenn sich das Argument von φ_1 nach φ_2 ändert, so zerlegt man vorerst den Sektor in Flächendifferentiale, die jeweils den Winkel $\mathrm{d}\varphi$ (Bild 206) enthalten. Ein solches Flächendifferential kann bei hinreichender Kleinheit als ein Kreissektor angesehen werden, der den Bogen $r\,\mathrm{d}\varphi$ hat. Seine Fläche ist

$$\mathrm{d}A = \frac{1}{2}r \cdot r\,\mathrm{d}\varphi = \frac{1}{2}r^2\,\mathrm{d}\varphi.$$

Also ist die Gesamtfläche

$$\boxed{A = \frac{1}{2}\int_{\varphi_1}^{\varphi_2} r^2\,\mathrm{d}\varphi} \qquad (138\text{a})$$

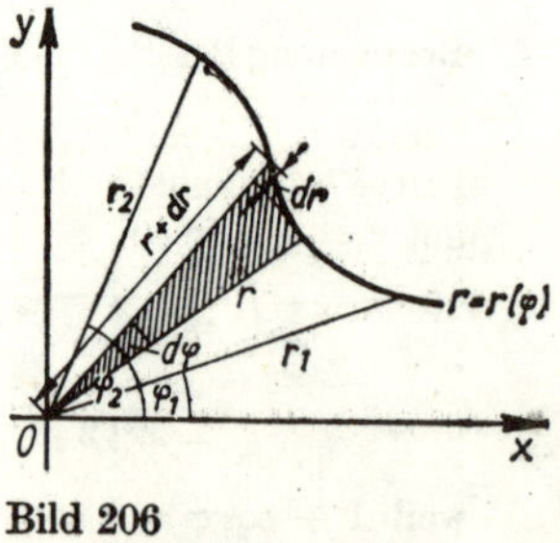

Bild 206

Nun liege die Funktion in *Parameterdarstellung* vor. In diesem Falle ist

$$x = x(t); \quad y = y(t); \quad \tan\varphi = \frac{y(t)}{x(t)}.$$

Die letzte Beziehung zeigt, daß φ abhängig von t ist; sie kann also auf beiden Seiten nach t differenziert werden. Es ergibt sich (Kettenregel)

$$\frac{1}{\cos^2\varphi} \cdot \frac{\mathrm{d}\varphi}{\mathrm{d}t} = \frac{x\dot{y} - \dot{x}y}{x^2}.$$

Da $x = r\cos\varphi$ ist, folgt weiter

$$\frac{1}{\cos^2\varphi} \cdot \frac{\mathrm{d}\varphi}{\mathrm{d}t} = \frac{x\dot{y} - \dot{x}y}{r^2\cos^2\varphi}$$

oder

$$r^2\,\mathrm{d}\varphi = (x\dot{y} - \dot{x}y)\,\mathrm{d}t.$$

Das Flächendifferential eines Sektors ist somit in Parameterdarstellung

$$\mathrm{d}A = \frac{1}{2}(x\dot{y} - \dot{x}y)\,\mathrm{d}t$$

und der Sektor selbst:

Leibnizsche Sektorenformel

$$\boxed{A = \frac{1}{2}\int\limits_{t_1}^{t_2}(x\dot{y} - \dot{x}y)\,\mathrm{d}t} \tag{138b}$$

Wenn t_1 einem Winkel φ_1 und t_2 einem Winkel φ_2 $(\varphi_2 > \varphi_1)$ entspricht, geht man bei wachsendem t von t_1 nach t_2 entlang der Kurve so, daß die Sektorfläche zur Linken liegt (Bild 207). Sie ergibt sich positiv, weil man im Sinne wachsender φ-Werte $(\mathrm{d}\varphi > 0)$ läuft. Also muß in diesem Falle auch das Integral der Formel (138b) positiv sein. Liegt entsprechend die Fläche zur Rechten, wenn man die Kurve abwandert, so muß hierbei im Sinne abnehmender φ-Werte $(\mathrm{d}\varphi < 0)$ die Fläche negativ werden. Umwandert man nun eine *geschlossene Kurve*, so liegt, wie Bild 208 zeigt, die Fläche A_1

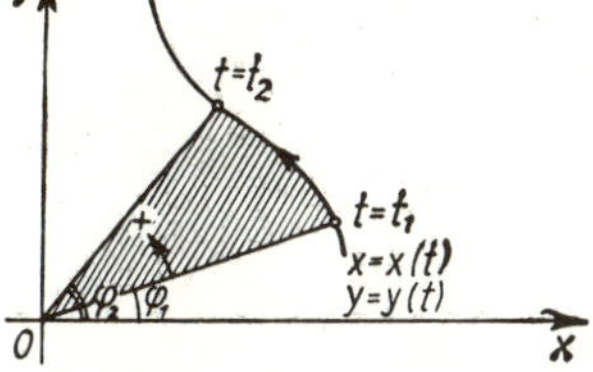

Bild 207

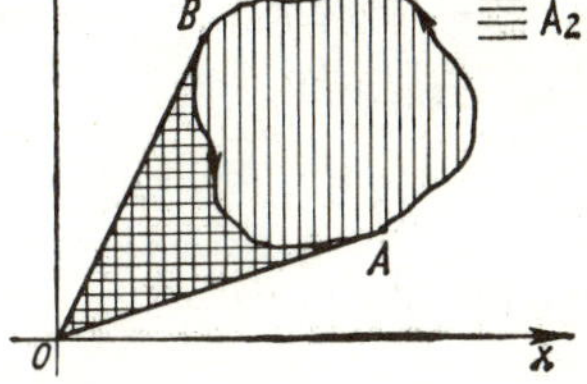

Bild 208

(vertikal schraffiert) zur Linken und A_2 zur Rechten; es wird also das Integral über die geschlossene Kurve

$$\frac{1}{2} \oint (x\dot{y} - \dot{x}y)\,\mathrm{d}t = A_1 - A_2.$$

Man erhält somit die von der Kurve umschlossene Fläche.

BEISPIELE

1. Man berechne die von der bereits diskutierten Lemniskate (Bild 203) umschlossene Fläche.

Lösung: Die Lemniskate hat die Gleichung $r = a\sqrt{\cos 2\varphi}$. Die umschlossene Fläche ist dann unter Beachtung der Symmetrieeigenschaften der Kurve nach (138a):

$$A = 4 \cdot \frac{1}{2} a^2 \int\limits_0^{\frac{\pi}{4}} \cos 2\varphi \,\mathrm{d}\varphi = 2a^2 \cdot \frac{1}{2} \sin 2\varphi \Big|_0^{\frac{\pi}{4}} = \underline{\underline{a^2}}.$$

Man kann also die vier Viertelflächen einer Lemniskate in ein Quadrat umformen.

2. Man berechne die Fläche, die der Radiusvektor der in Parameterdarstellung gegebenen Einshyperbel überstreicht.

Lösung: Die Hyperbel hat die Gleichung (vgl. Aufg. 491):

$$x = \cosh t; \qquad y = \sinh t.$$

Es ist

$$\dot{x} = \sinh t; \qquad \dot{y} = \cosh t.$$

Also gilt nach (138b):

$$A = \frac{1}{2} \int\limits_0^t (\cosh^2 t - \sinh^2 t)\,\mathrm{d}t = \frac{1}{2} \int\limits_0^t \mathrm{d}t = \underline{\underline{\frac{t}{2}}}.$$

Das Ergebnis läßt die geometrische Deutung des Parameters t als Fläche erkennen (Bild 209)

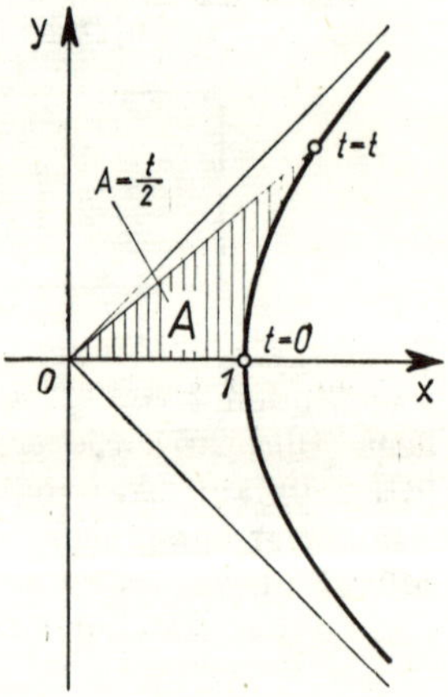

Bild 209

3. Man berechne die Fläche der Ellipse mit den Halbachsen a und b.

Lösung: Es gilt

$$x = a \cos t; \qquad y = b \sin t$$
$$\dot{x} = -a \sin t; \qquad \dot{y} = b \cos t.$$

Also ist nach (138b):

$$A = \frac{1}{2} \int\limits_0^{2\pi} (ab \cos^2 t + ab \sin^2 t)\,\mathrm{d}t = \underline{\underline{ab\pi}}.$$

Man vergleiche an diesem Beispiel den eleganten Rechenweg mit dem, der sich unter Anwendung cartesischer Koordinaten ergeben würde.

4. Man berechne die von der Kardioide umschlossene Fläche (Bild 205).

Lösung: Mit der Gleichung

$$r = a(1 + \cos\varphi)$$

ergibt sich nach (138a):

$$A = \frac{a^2}{2}\int_0^{2\pi}(1+\cos\varphi)^2\,\mathrm{d}\varphi = \frac{a^2}{2}\int_0^{2\pi}(1 + 2\cos\varphi + \cos^2\varphi)\,\mathrm{d}\varphi =$$

$$= \frac{a^2}{2}\left[\varphi + 2\sin\varphi + \frac{1}{2}(\varphi - \sin\varphi\cos\varphi)\right]\Bigg|_0^{2\pi} = \underline{\underline{\frac{3}{2}\pi a^2}}.$$

Die LEIBNIZsche Sektorenformel stellt, wie man sagt, ein *Linienintegral* dar, weil längs einer (geschlossenen) Linie integriert wird. Da Flächen auch, wie später noch gezeigt wird, mit zweifachen Integralen berechnet werden können, ergibt sich somit unter Einsatz der Sektorenformel die Möglichkeit, zweifache Integrale auf einfache zurückzuführen. Hiervon wird in der Theorie der Kraft- und Strömungsfelder Gebrauch gemacht.

AUFGABEN

506. Man berechne die Fläche, die unter einem Zykloidenbogen liegt, und vergleiche sie mit der Fläche des Kreises, durch den die Zykloide erzeugt wird.

507. Man berechne die von der dreischleifigen Hypozykloide umschlossene Fläche

$$x = 2a(\cos t + \cos 2t)$$
$$y = 2a(\sin t - \sin 2t).$$

508. Man berechne die von der Schleifenlinie mit den Gleichungen

$$x = a\cos t; \qquad y = b\sin 2t$$

umschlossene Fläche.

509. Man berechne die Fläche der Exzenterscheibe, die von dem Bogen der Spirale mit der Gleichung $r = a\varphi$ und von den zu den Argumenten $\pi/4$, $7\pi/4$ gehörigen Leitstrahlen begrenzt wird.

510. Man berechne die im zweiten Quadranten liegende Fläche, die von den Koordinatenachsen und von der Kurve mit der Gleichung $r = 1 - \cos\varphi$ begrenzt wird. Welcher Leitstrahl halbiert diese Fläche?

12.5. Berechnung von Drehkörpern

12.5.1. Kubatur (Volumenberechnung)

Drehkörper entstehen, wenn eine Kurve um eine Achse rotiert; die Kurve selbst beschreibt hierbei den Mantel des Körpers, der seinerseits das Volumen des Körpers einschließt. Die Berechnung dieses Volumens aus der gegebenen Kurve gelingt, wenn die x-Achse Drehachse ist, indem man den Körper in Kreisscheiben senkrecht zur x-Achse zerlegt. Die beliebig klein angenommene Höhe jeder Scheibe sei $\mathrm{d}x$, ihr Radius ist y, wenn die Kurvengleichung $y = f(x)$ ist. Dann gilt für ein Volumenelement:

$$\mathrm{d}V = \pi y^2 \,\mathrm{d}x.$$

Das gesamte Volumen ergibt sich nach Integration [vgl. (89a) und (89b)]:

$$V_x = \pi \int_{x_1}^{x_2} y^2 \,\mathrm{d}x \qquad \text{(I)}$$

In analoger Weise folgt bei Rotation um die y-Achse:

$$V_y = \pi \int_{y_1}^{y_2} x^2 \,\mathrm{d}y \qquad \text{(II)}$$

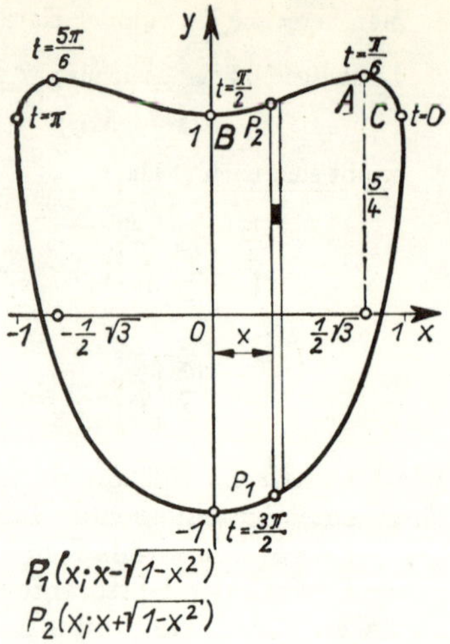

Bild 210

Diese beiden Beziehungen können ohne weiteres auf die Fälle übertragen werden, in denen die Gleichungen der Kurven in Parameterdarstellung bzw. in Polarkoordinaten gegeben sind.
Für die Parameterdarstellung gilt:

$$V_x = \pi \int_{t_1}^{t_2} [y(t)]^2 \dot{x} \,\mathrm{d}t; \qquad V_y = \pi \int_{t_1}^{t_2} [x(t)]^2 \dot{y} \,\mathrm{d}t \qquad \text{(139a)}$$

Bei gegebener Darstellung in Polarkoordinaten sind für die Differentiale $\mathrm{d}x$ und $\mathrm{d}y$ die bereits hergeleiteten Formeln (vgl. 12.3.) einzusetzen. Es folgt:

$$\begin{aligned} V_x &= \pi \int_{\varphi_1}^{\varphi_2} r^2 \sin^2 \varphi (\dot{r} \cos \varphi - r \sin \varphi) \,\mathrm{d}\varphi \\ V_y &= \pi \int_{\varphi_1}^{\varphi_2} r^2 \cos^2 \varphi (\dot{r} \sin \varphi + r \cos \varphi) \,\mathrm{d}\varphi \end{aligned} \qquad \text{(139b)}$$

BEISPIELE

1. Die durch die Gleichungen

$$x = \cos t; \qquad y = \cos^2 t + \sin t$$

gegebene Kurve rotiere um die y-Achse. Man berechne das Volumen der entstehenden „Birne".

Lösung: Mittels Wertetabelle ergibt sich die in Bild 210 dargestellte Kurve.

Der Drehkörper wird bereits von der rechten Kurvenhälfte beschrieben. Die Integration ist also von $t = 3\pi/2$ bis $t = \pi/2$ durchzuführen. Da $\dot{y} = \cos t - 2 \sin t \cos t$ ist, folgt aus (139a)

$$V_y = \pi \int_{\frac{3\pi}{2}}^{\frac{\pi}{2}} \cos^2 t\,(\cos t - 2\sin t\cos t)\,\mathrm{d}t = \pi \int_{\frac{3\pi}{2}}^{\frac{\pi}{2}} (\cos^3 t - 2\cos^3 t\sin t)\,\mathrm{d}t.$$

Es ist:

$$\int_{\frac{3\pi}{2}}^{\frac{\pi}{2}} \cos^3 t\,\mathrm{d}t = \int_{\frac{3\pi}{2}}^{\frac{\pi}{2}} (1 - \sin^2 t)\cos t\,\mathrm{d}t = \int_{t=\frac{3\pi}{2}}^{t=\frac{\pi}{2}} (1 - \sin^2 t)\,\mathrm{d}(\sin t) =$$

$$= \left(\sin t - \frac{\sin^3 t}{3}\right)\Bigg|_{\frac{3\pi}{2}}^{\frac{\pi}{2}} = \frac{4}{3}.$$

(Der Rechenvorgang entspricht der Substitution $z = \sin t$.)

$$2\int_{\frac{\pi}{2}}^{\frac{3\pi}{2}} \cos^3 t\sin t\,\mathrm{d}t = -2\int_{t=\frac{\pi}{2}}^{t=\frac{3\pi}{2}} \cos^3 t\,\mathrm{d}(\cos t) = -\left(\frac{1}{2}\cos^4 t\right)\Bigg|_{\frac{\pi}{2}}^{\frac{3\pi}{2}} = 0.$$

Also folgt

$$V_y = \frac{4\pi}{3}.$$

Es ist zu beachten, daß der von A nach B laufende Bogen negative Werte von $\mathrm{d}y$ ergibt, so daß sich bei der Integration das zum Bogen von C bis A gehörende, zu große Drehvolumen von selbst um das zum Bogen AB gehörende Drehvolumen vermindert.

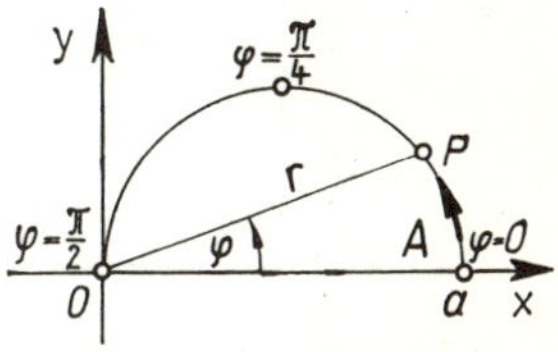

Bild 211

2. Die Kurve mit der Gleichung $r = a\cos\varphi$ rotiere um die x-Achse für $0 \leqq \varphi \leqq \pi/2$. Welches Drehvolumen entsteht?

Lösung: In Bild 211 ist die Kurve dargestellt. Da $\dot{r} = -a\sin\varphi$ ist, gilt nach (139b):

$$V_x = \pi a^3 \int_0^{\frac{\pi}{2}} \cos^2\varphi\sin^2\varphi(-\sin\varphi\cos\varphi - \cos\varphi\sin\varphi)\,\mathrm{d}\varphi =$$

$$= 2\pi a^3 \int_{\frac{\pi}{2}}^{0} \cos^3\varphi\sin^3\varphi\,\mathrm{d}\varphi = 2\pi a^3 \int_{\varphi=\frac{\pi}{2}}^{\varphi=0} (1 - \sin^2\varphi)\sin^3\varphi\,\mathrm{d}(\sin\varphi) =$$

$$= 2\pi a^3 \left[\frac{\sin^4\varphi}{4} - \frac{\sin^6\varphi}{6}\right]_{\frac{\pi}{2}}^{0} = 2\pi a^3\left(-\frac{1}{12}\right) = -\frac{1}{6}\pi a^3.$$

Daß sich das Volumen negativ ergibt, erklärt sich aus dem für die Kurve gewählten Durchlaufsinn von A nach 0 ($\mathrm{d}x < 0$). Übrigens ist die Kurve ein transformierter Halbkreis, wovon man sich durch Umrechnen in cartesische Koordinaten leicht überzeugt. Es wurde also das Kugelvolumen für den Durchmesser a berechnet.

12.5.2. Mantelflächen

Die durch die Gleichung $y = f(x)$ gegebene Kurve rotiere um die x-Achse. Hierbei erzeugt ein Bogendifferential ein Differential der Mantelfläche, welches die Form eines Reifens hat. Seine Fläche beträgt

$$\mathrm{d}A_{Mx} = 2\pi y\,\mathrm{d}s = 2\pi y\sqrt{1+y'^2}\,\mathrm{d}x.$$

Die gesamte Fläche ergibt sich durch Integration [vgl. (93a) und (93b)] zu

$$A_{Mx} = 2\pi\int_{x_1}^{x_2} y\sqrt{1+y'^2}\,\mathrm{d}x. \tag{I}$$

Bei Rotation um die y-Achse folgt entsprechend mit $x' = \mathrm{d}x/\mathrm{d}y$:

$$A_{My} = 2\pi\int_{y_1}^{y_2} x\sqrt{1+x'^2}\,\mathrm{d}y. \tag{II}$$

Die Übertragung dieser Formeln auf den Fall der Parameterdarstellung ergibt:

$$\boxed{\begin{aligned} A_{Mx} &= 2\pi\int_{t_1}^{t_2} y(t)\sqrt{\dot{x}^2+\dot{y}^2}\,\mathrm{d}t \\ A_{My} &= 2\pi\int_{t_1}^{t_2} x(t)\sqrt{\dot{x}^2+\dot{y}^2}\,\mathrm{d}t \end{aligned}} \tag{140a}$$

Bei Darstellung in Polarkoordinaten folgt aus (I) und (II):

$$\boxed{\begin{aligned} A_{Mx} &= 2\pi\int_{\varphi_1}^{\varphi_2} r\sin\varphi\sqrt{r^2+\dot{r}^2}\,\mathrm{d}\varphi \\ A_{My} &= 2\pi\int_{\varphi_1}^{\varphi_2} r\cos\varphi\sqrt{r^2+\dot{r}^2}\,\mathrm{d}\varphi \end{aligned}} \tag{140b}$$

BEISPIELE

1. Man berechne die Oberfläche des Rotationsellipsoides mit den Achsen $2a$ und $2b$. $2a$ sei die Drehachse. Die Ellipse hat die Gleichungen

   $$x = a\cos t; \qquad y = b\sin t.$$

   Lösung: Nach (140a) folgt unter Ausnutzung der Symmetrieeigenschaft der Ellipse

   $$A_{Mx} = 2\cdot 2\pi\int_0^{\frac{\pi}{2}} b\sin t\sqrt{a^2\sin^2 t + b^2\cos^2 t}\,\mathrm{d}t =$$

   $$= 4\pi b\int_{t=\frac{\pi}{2}}^{t=0}\sqrt{a^2-(a^2-b^2)\cos^2 t}\,\mathrm{d}(\cos t)$$

Mit $u = \cos t$ folgt

$$A_{Mx} = 4\pi b\sqrt{a^2 - b^2}\int\limits_0^1 \sqrt{\frac{a^2}{a^2 - b^2} - u^2}\,du.$$

Das Integral

$\int \sqrt{a^2 - x^2}\,dx$ ergibt (vgl. Integraltafel 3.1.):

$$\frac{x}{2}\sqrt{a^2 - x^2} + \frac{a^2}{2}\arcsin\frac{x}{2} + C,$$

also ist

$$A_{Mx} = 4\pi b\sqrt{a^2 - b^2}\left(\frac{1}{2}\sqrt{\frac{a^2}{a^2 - b^2} - 1} + \frac{a^2}{2(a^2 - b^2)}\arcsin\frac{\sqrt{a^2 - b^2}}{a}\right) =$$

$$= 2\pi\left(b^2 + \frac{a^2 b}{\sqrt{a^2 - b^2}}\arcsin\frac{\sqrt{a^2 - b^2}}{a}\right).$$

2. Welche Fläche beschreibt der im ersten Quadranten liegende Bogen ($0 \leqq \varphi \leqq \pi/2$) der logarithmischen Spirale mit der Gleichung $r = e^{\varphi}$ bei Drehung um die y-Achse?

Lösung: Nach (140b) gilt:

$$A_{My} = 2\pi\int\limits_0^{\frac{\pi}{2}} e^{\varphi}\cos\varphi\sqrt{e^{2\varphi} + e^{2\varphi}}\,d\varphi = 2\pi\sqrt{2}\int\limits_0^{\frac{\pi}{2}} e^{2\varphi}\cos\varphi\,d\varphi.$$

Durch partielle Integration findet man:

$$\int\limits_0^{\frac{\pi}{2}} e^{2\varphi}\cos\varphi\,d\varphi = \frac{2}{5}e^{2\varphi}\left(\cos\varphi + \frac{1}{2}\sin\varphi\right)\Big|_0^{\frac{\pi}{2}} = \frac{2}{5}\left(\frac{e^{\pi}}{2} - 1\right) = \frac{1}{5}(e^{\pi} - 2).$$

Also ist

$$A_{My} = \frac{2\pi\sqrt{2}}{5}(e^{\pi} - 2).$$

AUFGABEN

511. Man leite die Formel für das Kugelvolumen her, falls der erzeugende Kreis in Parameterdarstellung bzw. in Polarkoordinaten gegeben ist (Mittelpunkt im Ursprung).

512. Man berechne das Volumen des Rotationsellipsoides, wenn die Ellipse in Parameterdarstellung vorliegt (V_x und V_y).

513. Man berechne die Oberfläche der Kugel, falls der erzeugende Kreis in Parameterdarstellung bzw. in Polarkoordinaten gegeben ist.

514. Welche Oberfläche beschreibt die im ersten und vierten Quadranten liegende Schleifenkurve mit der Gleichung $r = 1 - \varphi^2$ bei Drehung um die x-Achse?

515. Ein „Stromlinienkörper" entstehe durch Drehung der Kurve mit den Gleichungen

$$x = t^2; \quad y = \frac{1}{3}t(3 - t^2).$$

Man berechne die Oberfläche des Körpers.

12.6. Krümmung ebener Kurven

12.6.1. Definition der Krümmung

Wandert man auf einer Kurve im Sinne wachsender x-Werte um eine beliebig kleine Bogenlänge Δs, so ändert sich hierbei der Richtungswinkel der Tangente um $\Delta\alpha$ (Bild 212). Je größer diese Änderung ist, um so größer ist dann auch die Krümmung der Kurve. Der Quotient $\Delta\alpha/\Delta s$ kann also als Maß der **mittleren Krümmung** angesehen werden. Durch den Grenzübergang

$$\lim_{\Delta s \to 0} \frac{\Delta\alpha}{\Delta s} = \frac{d\alpha}{ds}$$

erhält man die Krümmung der Kurve in einem Punkte:

$$k = \frac{d\alpha}{ds}. \qquad (I)$$

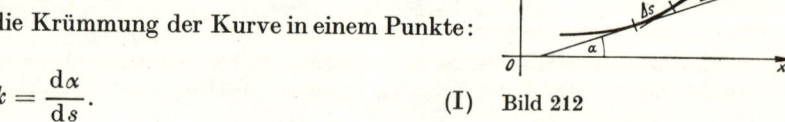

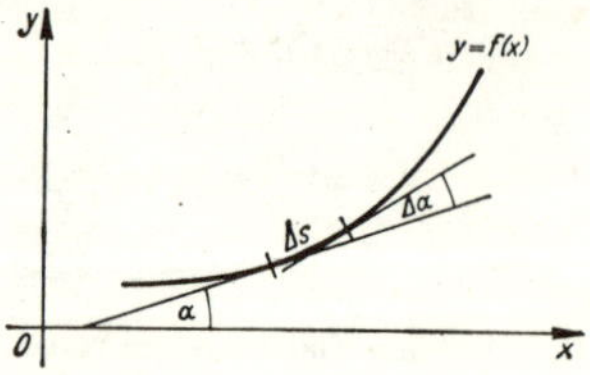

Bild 212

Nun ist $\tan\alpha = y'$, also $\alpha = \arctan y'$. Dann gilt nach der Kettenregel

$$\frac{d\alpha}{dx} = \frac{1}{1+y'^2}y'' \quad \text{oder} \quad d\alpha = \frac{y''}{1+y'^2}\,dx.$$

Andererseits ist

$$ds = \sqrt{1+y'^2}\,dx;$$

also folgt aus (I) für die

Krümmung der Kurve in einem Punkt

$$\boxed{k = \frac{d\alpha}{ds} = \frac{y''}{(1+y'^2)^{\frac{3}{2}}}} \qquad (141)$$

Die so definierte Krümmung hat ein Vorzeichen. Bei einer „Linkskurve“ nehmen die α-Werte zu ($\Delta\alpha > 0$), bei einer „Rechtskurve“ nehmen sie ab ($\Delta\alpha < 0$) (Bild 213). Es gilt demnach

Rechtskrümmung (konkav): k negativ

Linkskrümmung (konvex): k positiv.

Da der Nenner von (141) niemals Null werden kann, sondern stets positiv ist, wird die Krümmung nur für $y'' = 0$ auch Null (vgl. 6.6.), d. h.:

In einem Wendepunkt ist die Krümmung einer Kurve gleich Null.

Für die Sinuskurve z. B. ergibt sich nach (141):

$$k = \frac{-\sin x}{\sqrt{1 + \cos^2 x}^3}.$$

Im Intervall $0 \leqq x \leqq \pi$ ist somit $k < 0$, weil der Zähler negativ ist; es liegt auch in der Tat eine Rechtskrümmung vor. Im Maximum ($x = \pi/2$) hat die Krümmung den Wert

$$k = -1.$$

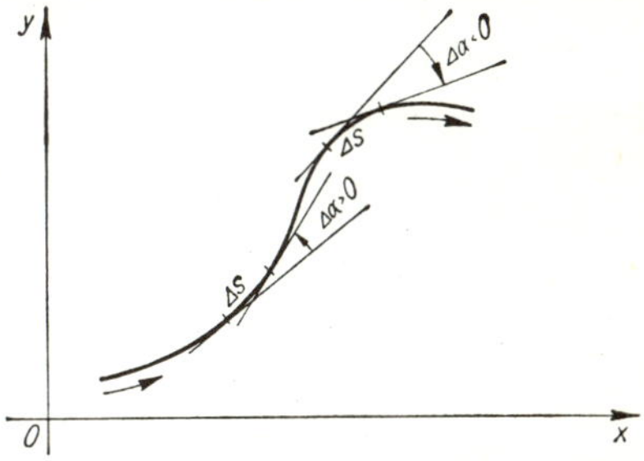

Bild 213

Im Minimum ($x = 3\pi/2$) ist $k = 1$; dort besitzt die Kurve eine Linkskrümmung. Für $x = \pi$ ist $k = 0$ (Wendepunkt!).
Ein besonderer Punkt einer Kurve ist ein solcher, in welchem die Kurve maximale oder minimale Krümmung besitzt. Diese *Punkte extremaler Krümmung* nennt man **Scheitel** der Kurve.
Als Beispiel hierzu soll der Scheitel der Exponentialkurve ($y = e^x$) ermittelt werden. Es ist

$$k = \frac{e^x}{(1 + e^{2x})^{\frac{3}{2}}} > 0 \quad \text{(Linkskrümmung)}$$

$$\frac{dk}{dx} = \frac{e^x (1 + e^{2x})^{\frac{3}{2}} - \frac{3}{2} e^x \, 2 (1 + e^{2x})^{\frac{1}{2}} e^{2x}}{(1 + e^{2x})^3} =$$

$$= \frac{e^x (1 + e^{2x})^{\frac{1}{2}} (1 + e^{2x} - 3 e^{2x})}{(1 + e^{2x})^3} = 0.$$

Der Bruch kann nur beim Verschwinden des letzten Zählerfaktors gleich Null werden; also folgt

$$e^{2x} = \frac{1}{2} \quad \text{oder} \quad 2x = -\ln 2 \quad x_s = -\frac{1}{2} \ln 2.$$

Aus $y = e^x$ ergibt sich

$$y_s = e^{-\frac{1}{2} \ln 2} = \frac{1}{e^{\ln \sqrt{2}}} = \frac{1}{\sqrt{2}} = \frac{1}{2} \sqrt{2}.$$

Der Scheitel hat die Koordinaten

$$\left(-\frac{1}{2}\ln 2;\quad \frac{1}{2}\sqrt{2}\right).$$

Liegt die Funktion in Parameterdarstellung vor, so folgt wegen (134) und (135) aus (141):

$$\boxed{k = \frac{\dot{x}\ddot{y} - \ddot{x}\dot{y}}{(\dot{x}^2 + \dot{y}^2)^{\frac{3}{2}}}} \tag{141a}$$

Bei Polarkoordinaten empfiehlt es sich, die Funktion mit φ als Parameter darzustellen $[x = r(\varphi)\cos\varphi;\; y = r(\varphi)\sin\varphi]$ und dann (141a) anzuwenden. Für die Archimedische Spirale $(r = a\varphi)$ ergibt sich zum Beispiel:

$$x = a\varphi\cos\varphi;\quad \dot{x} = a(\cos\varphi - \varphi\sin\varphi);\quad \ddot{x} = a(-2\sin\varphi - \varphi\cos\varphi),$$
$$y = a\varphi\sin\varphi;\quad \dot{y} = a(\sin\varphi + \varphi\cos\varphi);\quad \ddot{y} = a(2\cos\varphi - \varphi\sin\varphi).$$

Also ist nach (141a)

$$k = \frac{2 + \varphi^2}{a(1 + \varphi^2)^{\frac{3}{2}}} > 0 \quad \text{(Linkskrümmung)}.$$

12.6.2. Krümmungskreis; Evolute und Evolvente

Die Krümmung eines Kreises ergibt sich aus

$$x = r\cos t;\qquad y = r\sin t$$
$$\dot{x} = -r\sin t;\qquad \dot{y} = r\cos t$$
$$\ddot{x} = -r\cos t;\qquad \ddot{y} = -r\sin t$$

zu

$$k = \frac{r^2}{(r^2)^{\frac{3}{2}}} = \frac{1}{r} > 0.$$

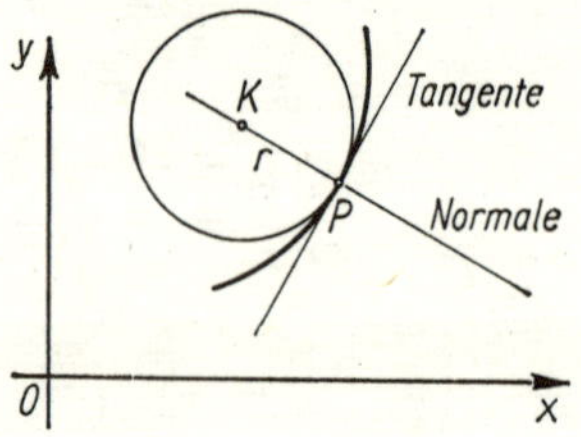

Bild 214

Dieses Ergebnis kann verwendet werden, um in einem Punkt P einer Kurve einen **Krümmungskreis** anzulegen, der folgende Bedingungen in P erfüllt (Bild 214):

1. Kurve und Kreis berühren einander in P mit gemeinsamer Tangente ($y'_{\text{Kreis}} = y'_{\text{Kurve}}$);
2. Kurve und Kreis haben in P die gleiche Krümmung, also gilt nach (141): $y''_{\text{Kreis}} = y''_{\text{Kurve}}$ und $|k| = 1/r$.

Dieser Kreis berührt, wie man sagt, die Kurve in zweiter Ordnung; sein Mittelpunkt K heißt **Krümmungsmittelpunkt**, sein Radius r **Krümmungsradius**. Der Krümmungsmittelpunkt muß auf der Normalen der Kurve im Punkte P liegen.
Für die Sinuskurve z. B. hat der Gipfelpunkt P (Bild 215), zu dem $k = -1$ berechnet wurde, einen Krümmungsradius $r = 1/|k| = 1$, also liegt der Mittelpunkt des Krümmungskreises auf der x-Achse. Das negative Vorzeichen von k bedeutet, daß der Kreis beim Durchlaufen der Kurve in Richtung wachsender Abszissen zur Rechten liegt.
Da zu jedem Punkt P einer Kurve ein Krümmungsmittelpunkt K gehört, ergibt die Gestalt aller Krümmungsmittelpunkte eine Kurve, die **Evolute** genannt wird, während die ursprüngliche Kurve **Evolvente** heißt. Es gilt, den Zusammenhang zwischen beiden Kurven herzustellen.

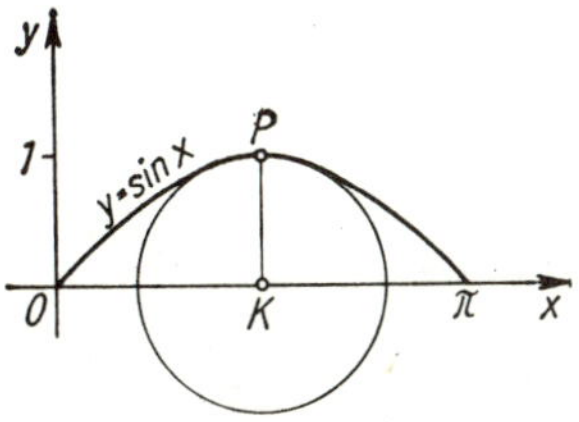

Bild 215

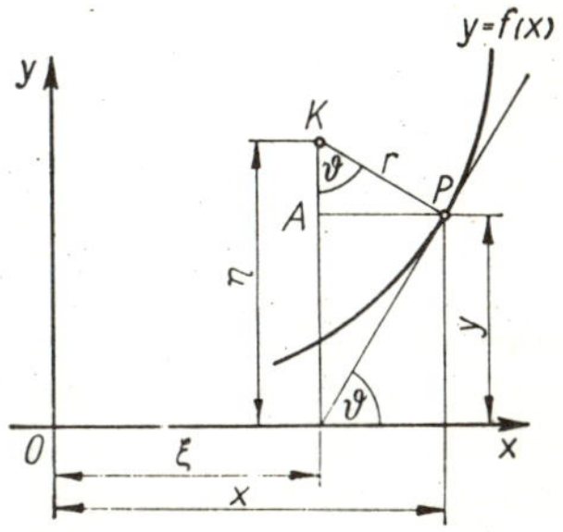

Bild 216

In Bild 216 ist für eine Evolvente mit der Gleichung $y = f(x)$ an einem Punkt P der Krümmungskreis mit dem Mittelpunkt $K(\xi; \eta)$ gelegt. Aus dem Dreieck KAP ergibt sich:

$$x - \xi = r \sin \vartheta \qquad \text{(I)}$$

und

$$\eta - y = r \cos \vartheta . \qquad \text{(II)}$$

Nun ist aber

$$\sin \vartheta = \frac{\tan \vartheta}{\sqrt{1 + \tan^2 \vartheta}} \quad \text{und} \quad \cos \vartheta = \frac{1}{\sqrt{1 + \tan^2 \vartheta}}.$$

Mit $\tan \vartheta = y'$ gehen (I) und (II) über in

$$\xi = x - r \sin \vartheta = x - \frac{1}{|k|} \frac{y'}{\sqrt{1 + y'^2}} = x - \frac{(1 + y'^2)^{\frac{3}{2}}}{y''} \frac{y'}{\sqrt{1 + y'^2}}$$

$$\xi = x - y' \frac{1 + y'^2}{y''};$$

$$\eta = y + r \cos \vartheta = y + \frac{1}{|k|} \frac{1}{\sqrt{1 + y'^2}} = y + \frac{(1 + y'^2)^{\frac{3}{2}}}{y''} \frac{1}{\sqrt{1 + y'^2}}$$

$$\eta = y + \frac{1 + y'^2}{y''}.$$

Die **Koordinaten des Krümmungsmittelpunktes** sind also

$$\boxed{\begin{aligned}\xi &= x - y'\,\frac{1+y'^2}{y''}\\ \eta &= y + \frac{1+y'^2}{y''}\end{aligned}} \tag{142}$$

Führt man in diese Formeln für x, y, y' und y'' die Ausdrücke der Parameterdarstellung ein, so erhält man für die Koordinaten des Krümmungsmittelpunktes:

$$\boxed{\begin{aligned}\xi &= x(t) - \dot{y}\,\frac{\dot{x}^2+\dot{y}^2}{\dot{x}\ddot{y}-\ddot{x}\dot{y}}\\ \eta &= y(t) + \dot{x}\,\frac{\dot{x}^2+\dot{y}^2}{\dot{x}\ddot{y}-\ddot{x}\dot{y}}\end{aligned}} \tag{142a}$$

Die Gleichungen (142) und (142a) geben zugleich eine **Parameterdarstellung der Evolute**, indem einmal x, das andere Mal t der Parameter ist.
Als Beispiel diene die Ellipse (Evolvente) und ihre Evolute. Aus $x = a\cos t$ und $y = b\sin t$ folgen die Gleichungen:

$$\xi = a\cos t - b\cos t\cdot\frac{a^2\sin^2 t + b^2\cos^2 t}{ab} = \frac{a^2-b^2}{a}\cos^3 t$$

$$\eta = b\sin t - a\sin t\cdot\frac{a^2\sin^2 t + b^2\cos^2 t}{ab} = \frac{b^2-a^2}{b}\sin^3 t.$$

Die Evolute der Ellipse hat für $t = 0$ (Hauptscheitel) die Koordinaten

$$\xi = \frac{a^2-b^2}{a};\quad \eta = 0$$ (Koordinaten des Krümmungsmittelpunktes im positiven Hauptscheitel der Ellipse).

Für $t = 90°$ ergibt sich (Nebenscheitel):

$$\xi = 0;\quad \eta = \frac{b^2-a^2}{b}$$ (Koordinaten des Krümmungsmittelpunktes im positiven Nebenscheitel der Ellipse).

Die dazugehörigen Krümmungsradien sind dann, wie Bild 217 erkennen läßt,

$$r_1 = a - \frac{a^2-b^2}{a} = \frac{b^2}{a};\qquad r_2 = b - \frac{b^2-a^2}{b} = \frac{a^2}{b}.$$

Die Ellipse läßt sich nun sehr gut in den Scheiteln durch die Krümmungskreise ersetzen, wie Bild 218 zeigt. Die Werte für r_1 und r_2 ergeben sich aus der Ähnlichkeit der schraffierten Dreiecke. Aus Symmetriegründen wiederholt sich die Konstruktion entsprechend für die Gegenscheitel.

Für einen beliebigen Ellipsenpunkt hat die Ellipsentangente den Richtungsfaktor $\dot{y}/\dot{x}$ die Normale dazu also $-\dot{x}/\dot{y} = \dfrac{a \sin t}{b \cos t} = \dfrac{a}{b} \tan t$. Für den gleichen Parameterwert hat die Evolute die Tangentenrichtung

$$\frac{\dot{\eta}}{\dot{\xi}} = \frac{3\,(b^2 - a^2)}{b} \sin^2 t \cos t : \left(\frac{3\,(b^2 - a^2)}{a} \cos^2 t \sin t \right) = \frac{a}{b} \tan t = -\,\frac{\dot{x}}{\dot{y}}.$$

Die *Normale zur Evolvente* ist zugleich die *Tangente an die Evolute.* Da auf der Normalen der Krümmungsmittelpunkt liegt, ist dieser der Berührungspunkt für die Evolutentangente. Dieser für die Ellipse hergeleitete Sachverhalt gilt allgemein.

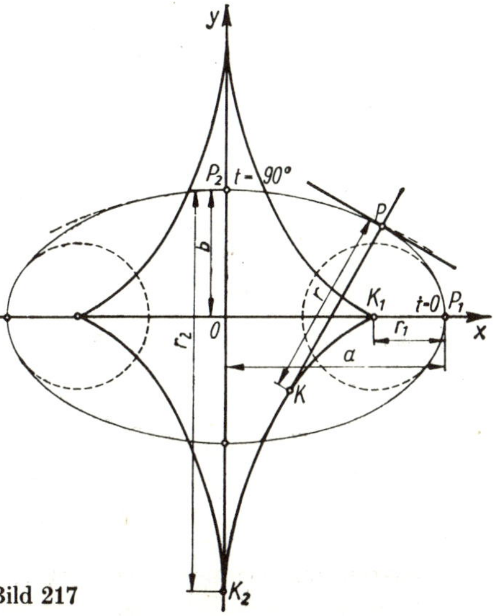

Bild 217

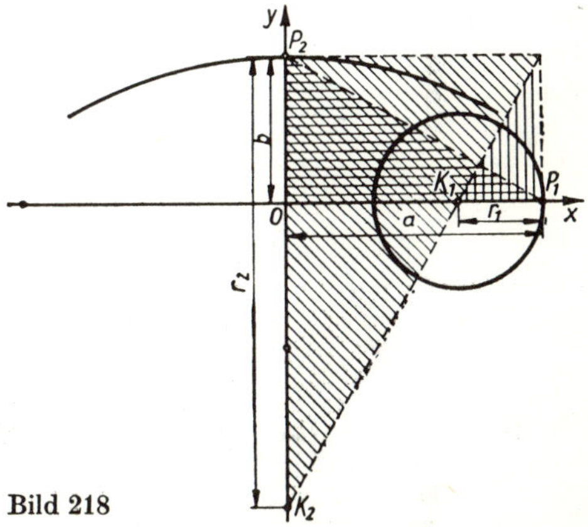

Bild 218

Wandert man auf der Evolute ein kleines Stück $\mathrm{d}s$, so hat sich der Krümmungsradius um einen Betrag $\mathrm{d}r$ geändert, der, wie sich nachrechnen läßt, gerade so groß ist wie der abgewanderte Evolutenbogen. Es gilt also:

$$|\mathrm{d}r| = |\mathrm{d}s|.$$

Man kann daher auch sagen: Die Evolutentangente rollt an der Evolute ab, wobei sich r in seiner Länge um den gleichen Betrag ändert, um den die Tangente längs der Evolute „abgewickelt“ wurde. Praktisch bedeutet dies für die Ellipse: Ein um einen Evolutenbogen $(K_1 K_2)$ gelegter Faden, der in einem Hauptscheitel (P_1) endet, werde von der Evolute straff abgewickelt; dann beschreibt der bewegte Endpunkt des Fadens einen Ellipsenbogen (Bild 219). Der jeweilige Ablösepunkt des Fadens von der Evolute ist der momentane Drehpunkt, um den der Fadenendpunkt mit dem jeweiligen Krümmungsradius dreht. So wird die Ellipse laufend durch Krümmungskreisbögen erzeugt.

Mit diesen Überlegungen kann umgekehrt zu einer Kurve als Evolute eine dazugehörige Evolvente entwickelt werden. Als Beispiel werde die technisch wichtige **Kreisevolvente** gewählt. In Bild 220 ist der Kreis die Evolute. Die Abwicklung beginne im Punkt P_0. Der Kreispunkt K ist Krümmungsmittelpunkt zu einem Evolventenpunkt P. Aus dem Bild folgt ohne weiteres mit $r = b = Rt$:

$$x = \xi + r \sin t = \xi + r \frac{\eta}{R} = R \cos t + Rt \frac{R \sin t}{R}$$

$$\underline{\underline{x = R(\cos t + t \sin t)}};$$

$$y = \eta - r \cos t = \eta - r \frac{\xi}{R} = R \sin t - Rt \frac{R \cos t}{R}$$

$$\underline{\underline{y = R(\sin t - t \cos t)}}.$$

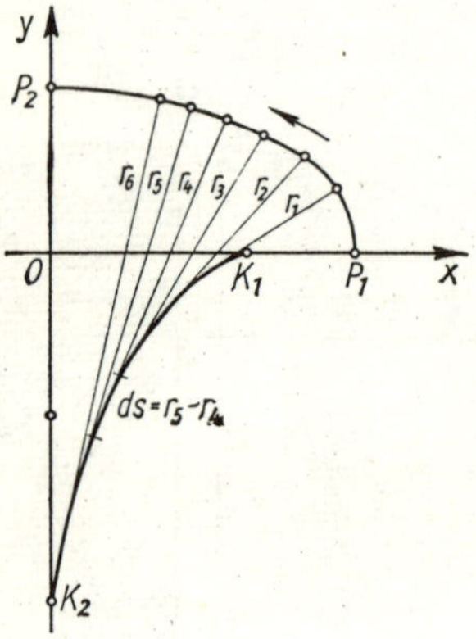

Bild 219

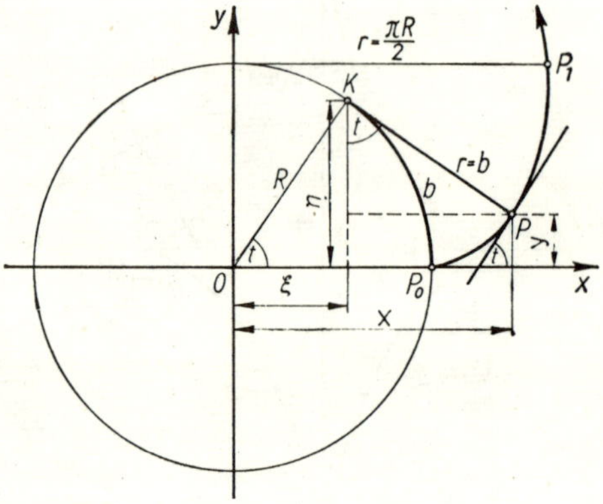

Bild 220

Man beachte, daß sich für $t = \pi/2$ ergibt (Punkt P_1):

$$x = \frac{\pi R}{2}; \quad y = R.$$

In der Tat wurde ja auch der Viertelkreis $\pi R/2$ abgewickelt, der nun den zur x-Achse parallel liegenden Krümmungsradius ergeben muß.

AUFGABEN

516. Wie groß ist der Krümmungsradius der Parabel mit der Gleichun g $y^2 = 2px$ im Scheitel?
517. Man bestimme die Evolute der Normalparabel $y = x^2$.
518. Wo besitzt die Kurve des natürlichen Logarithmus ihren Scheitel; wie groß ist dort der Krümmungsradius?
519. Man entwerfe ein Bild der zur Gleichung $y = \ln \sin x$ gehörigen Kurve, indem man für die Zeichnung den Krümmungskreis im Scheitel zu Hil fe nimmt.

520. Man zeige für die Kurve mit den Gleichungen

$$x = \cos t + t \sin t; \qquad y = \sin t - t \cos t,$$

daß sie keinen Scheitel besitzt und daß ihre Evolute ein Kreis ist.

521. Man bestimme die Evolute der durch $r = 4(2 \cos \varphi - \sin \varphi)$ gegebenen Kurve.

522. Für die Parabel ($x = t; y = t^2$) zeige man, daß für den gleichen t-Wert gilt: $|dr| = |ds|$, wobei ds ein Bogenlängendifferential der Evolute ist.

523. Man beweise den Satz: Der Krümmungsradius der gleichseitigen Hyperbel $xy = c^2$ ist halb so lang wie die durch die dazugehörige Normale bestimmte Sehne.

524. Wie groß ist der Krümmungsradius der Hyperbel mit der Gleichung

$$b^2x^2 - a^2y^2 = a^2b^2$$

in den Scheiteln? Man zeige mit dem Ergebnis, daß die Krümmungsmittelpunkte gefunden werden können, indem man die in den Nebenscheiteln zu den Asymptoten errichteten Senkrechten mit der Hauptachse zum Schnitt bringt.

13. Funktionen mit mehreren unabhängigen Veränderlichen

13.1. Definition und geometrische Veranschaulichung

Der bisher verwandte Funktionsbegriff ist erklärt als die Zuordnung zwischen zwei Variablen x und y, wobei jedem Wert der „unabhängigen" Variablen x aus einem Definitionsbereich X eindeutig ein Wert der „abhängigen" Variablen y aus einem Wertebereich Y zugeordnet ist. Als kurze symbolische Schreibweise verwendete man $x \to y$ oder $y = f(x)$. Nun gibt es aber in der Physik und Technik zahlreiche Beispiele, in denen die betrachteten Größen von mehreren anderen variablen Größen abhängig sind. Deshalb soll in dem vorliegenden Kapitel der Funktionsbegriff bezüglich der Anzahl der Variablen verallgemeinert werden.

Zum Beispiel ist die Stromstärke I nach dem Ohmschen Gesetz $I = \frac{U}{R}$ von der Spannung U und dem Widerstand R abhängig. Dabei sind U und R selbst voneinander unabhängige Größen, denn man kann Spannung und Widerstand unabhängig voneinander beliebig verändern. Jedem Wertepaar $(U; R)$ ist eindeutig eine Stromstärke I zugeordnet. Man nennt dann die Menge f der geordneten Wertetripel $(U; R; I)$ eine Funktion mit zwei unabhängigen Variablen und schreibt

$$f = \{(U; R; I) \mid I = f(U; R)\}.$$

$I = f(U; R)$ heißt der Funktionswert von U und R und wird auch gelesen: I ist f von U und R. Vereinfacht spricht man meist von der „Funktion $I = f(U; R)$". Auch die Schreibweise $(U; R) \to I$ [gelesen: $(U; R)$ abgebildet auf I] wird verwendet. Bei praktischen Aufgaben sind für U und R nur Werte aus bestimmten Bereichen zugelassen.

Verallgemeinert erhält man für zwei unabhängige Variable: Es sind drei Mengen X, Y und Z gegeben, und es seien $x \in X$, $y \in Y$ und $z \in Z$ beliebige Elemente dieser Mengen. Man bildet die Menge D der geordneten Paare $(x; y)$, d. h. die Produktmenge $D = X \times Y$.

Definition

Liegt eine eindeutige Abbildung der Menge $D = X \times Y$ auf die Menge Z vor, d. h., ist jedem Paar $(x; y) \in D$ eindeutig ein Element $z \in Z$ zugeordnet, dann heißt die Menge f der geordneten Tripel $(x; y; z)$ eine **Funktion mit zwei unabhängigen Veränderlichen**, und man schreibt

$$f = \{(x; y; z) \mid z = f(x; y)\}$$

oder kürzer nur

$$z = f(x; y) \quad \text{bzw.} \quad (x; y) \to z.$$

BEISPIEL

1. Eine Funktion f sei durch die analytische Darstellung

$$z = 2x^2 - 3y + 1$$

gegeben. Hier können für x und y unabhängig voneinander beliebige reelle Zahlen gewählt werden. Es gilt also

$$x \in X = R, \qquad y \in Y = R \quad \text{und} \quad D = R \times R.$$

Man betrachtet die eindeutige Abbildung $(x; y) \to 2x^2 - 3y + 1$, z. B. $(1; 1) \to 0$, $(2; 1) \to 6$, $(3; 10) \to -11$ usw. Die Funktion f ist die Menge der Tripel $(x; y; 2x^2 - 3y + 1)$, enthält also u. a. die Tripel $(1; 1; 0)$, $(2; 1; 6)$, $(3; 10; -11)$.

Als Beispiel für eine Funktion mit mehr als zwei unabhängigen Variablen betrachte man einen Raum, der von einer Stelle aus erwärmt wird. Die Temperatur T ist in den einzelnen Raumpunkten P unterschiedlich und außerdem von der Zeit t abhängig. Legt man ein dreiachsiges cartesisches Koordinatensystem zugrunde, in dem jeder Raumpunkt 3 Koordinaten x, y und z hat, dann ist jedem gewählten Quadrupel $(x; y; z; t)$ eindeutig eine Temperatur T zugeordnet, und man nennt die Menge f der geordneten Quintupel $(x; y; z; t; T)$ eine Funktion f von vier unabhängigen Variablen und schreibt dafür kurz

$$T = f(x; y; z; t).$$

Um allgemein eine Funktion von n unabhängigen Veränderlichen zu definieren, betrachtet man die $n + 1$ Mengen $X_1, X_2, \ldots, X_n, Y$. Weiterhin seien $x_1 \in X_1$, $x_2 \in X_2, \ldots, x_n \in X_n$, $y \in Y$ beliebige Elemente dieser Mengen. D sei die Menge der geordneten n-Tupel $(x_1; x_2; \ldots; x_n)$, also das mehrfache Mengenprodukt $D = X_1 \times X_2 \times \cdots \times X_n$. Daraus folgt die

Definition

Liegt eine eindeutige Abbildung der Menge D auf die Menge Y vor, d. h., ist jedem n-Tupel $(x_1; x_2; \ldots; x_n) \in D$ eindeutig ein Element $y \in Y$ zugeordnet, dann heißt die Menge f der geordneten $(n + 1)$-Tupel $(x_1; x_2; \ldots; x_n; y)$ eine **Funktion**

von n unabhängigen Veränderlichen. Man schreibt dafür

$$f = \{(x_1; x_2; \ldots; x_n; y) \mid y = f(x_1; x_2; \ldots; x_n)\}$$

oder wieder vereinfacht

$$y = f(x_1; x_2; \ldots; x_n) \quad \text{bzw.} \quad (x_1; x_2; \ldots; x_n) \to y.$$

Hier dienen also die Indizes nicht zur Kennzeichnung fester Werte von x, sondern werden zur Unterscheidung der Variablen verwendet. Die Menge $D = X_1 \times X_2 \times \times \cdots \times X_n$ heißt der **Definitionsbereich**, die Menge Y der **Wertebereich** der Funktion f. Bei zwei unabhängigen Veränderlichen schreibt man meist $z = f(x; y)$ und bei drei unabhängigen Veränderlichen $u = f(x; y; z)$.

Die unabhängigen Variablen sollen auch stets selbst voneinander unabhängig sein. Würde nämlich in $u = f(x; y; z)$ z. B. zwischen y und z eine Beziehung bestehen, so daß etwa $y = g(z)$ ist, dann könnte man diesen Wert in u einsetzen und erhielte mit $u = f[x; g(z); z] = \varphi(x; z)$ eine Funktion von nur noch zwei unabhängigen Veränderlichen x und z.

Die Einteilung der Funktionen von mehreren unabhängigen Veränderlichen erfolgt nach denselben Gesichtspunkten wie bei den Funktionen einer unabhängigen Veränderlichen. So stellt z. B.

$$z = 5x^2 - 4xy + 8y^2 - 6x - 2y + 3$$

eine ganzrationale Funktion 2. Grades von 2 unabhängigen Veränderlichen und

$$u = e^z \cos(x + y)$$

eine transzendente Funktion von 3 unabhängigen Veränderlichen dar.

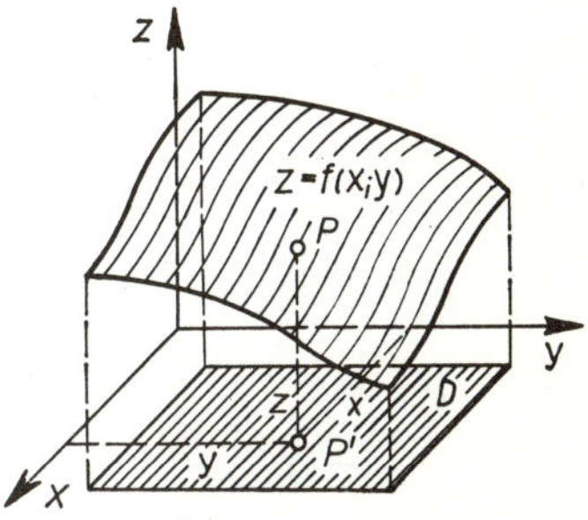

Bild 221

Bekanntlich läßt sich einer Funktion von einer unabhängigen Veränderlichen unter Zugrundelegung eines ebenen Koordinatensystems eine Kurve als graphische Darstellung zuordnen.

Im folgenden soll erklärt werden, was unter dem Bild einer Funktion $z = f(x; y)$ zu verstehen ist.

Zugrunde gelegt werde ein räumliches cartesisches Koordinatensystem, dessen x-, y- und z-Achse ein Rechtssystem bilden sollen. Wie bereits in 1.1.5. gezeigt wurde, gibt es eine eineindeutige Abbildung der Punkte des Raumes auf die Menge der Zahlentripel $(x; y; z)$. Der Funktion f als Menge von Zahlentripeln entspricht eine Punktmenge im Raum, die im allgemeinen eine Fläche ist und das Bild der Funktion $z = f(x; y)$ heißt.

Zur Entstehung dieser Fläche noch folgende Überlegung: Einem beliebig gewählten Wertepaar $(x; y)$ läßt sich ein eindeutig bestimmter Punkt P' in der x, y-Ebene zuordnen, und der zugehörige Funktionswert $z = f(x; y)$ läßt sich als die Höhe eines senkrecht über P' gelegenen Raumpunktes P deuten (Bild 221). Dem Definitionsbereich D als Menge der zulässigen Wertepaare $(x; y)$ entspricht die Menge aller Punkte P' in der x, y-Ebene. Die Menge der zugehörigen Raumpunkte bildet die Fläche Φ:

$$\Phi = \{P(x; y; z) \mid z = f(x; y), \quad (x; y) \in D\}.$$

Wegen der Eindeutigkeit der Abbildung $(x; y) \to z$ trifft jede innerhalb des Definitionsbereiches errichtete Senkrechte zur x,y-Ebene die Fläche genau einmal. Umgekehrt stellt die Orthogonalprojektion der Fläche auf die x,y-Ebene das Bild des Definitionsbereiches dar.

Ist aus einer gegebenen Funktion $z = f(x; y)$ auf die Form der zugehörigen Fläche und ihre Lage im Koordinatensystem zu schließen, dann werden am besten auf der Fläche liegende Kurven betrachtet. Man beschränkt sich meist auf die Schnittkurven zwischen der Fläche und den Koordinatenebenen sowie auf die dazu parallelen Kurven.

Die von der y- und z-Achse aufgespannte Koordinatenebene E_{yz} ist dadurch ausgezeichnet, daß ihre sämtlichen Punkte die Koordinate $x = 0$ besitzen:

$$E_{yz} = \{P(x; y; z) \mid x = 0\}.$$

Entsprechendes gilt für die beiden anderen Koordinatenebenen:

$$E_{xz} = \{P(x; y; z) \mid y = 0\},$$
$$E_{xy} = \{P(x; y; z) \mid z = 0\}.$$

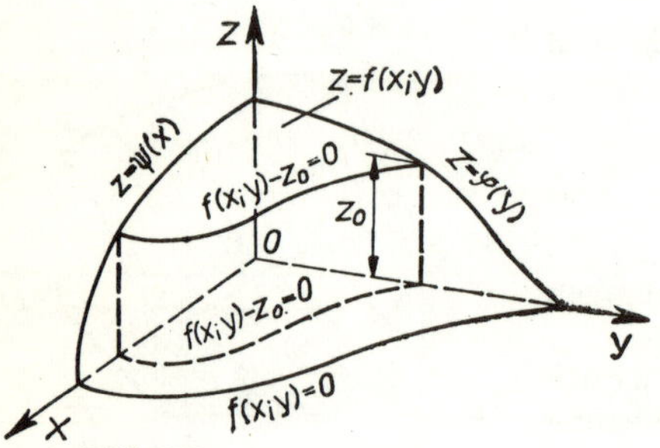

Bild 222

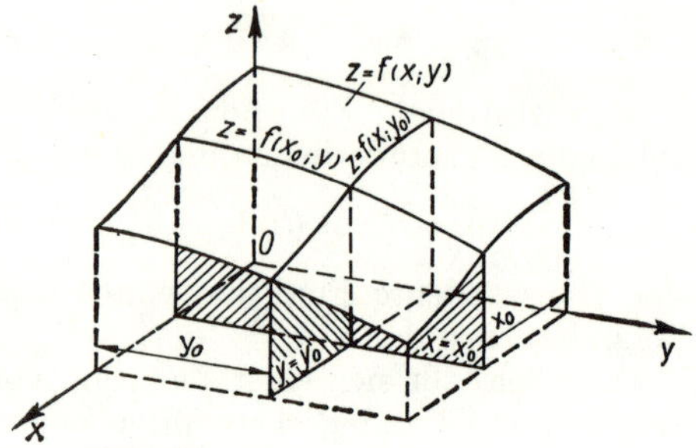

Bild 223

Die Schnittkurve k zwischen der Fläche und der Ebene E_{yz} ist der Durchschnitt der entsprechenden Punktmengen. Die Gleichung der Schnittkurve folgt daher sofort aus der Flächengleichung $z = f(x; y)$, wenn in dieser $x = 0$ gesetzt wird (Bild 222):

$$k = \Phi \cap E_{yz} = \{P(x; y; z) \mid z = f(0; y) = \varphi(y)\}.$$

Durch Nullsetzen der Variablen y bzw. z ergeben sich die Gleichungen der übrigen Schnittkurven:

$$g = \Phi \cap E_{xz} = \{P(x; y; z) \mid z = f(x; 0) = \psi(x)\},$$
$$h = \Phi \cap E_{xy} = \{P(x; y; z) \mid 0 = f(x; y)\}.$$

Die Gleichung von h ist in impliziter Form gegeben.

Die Menge aller Punkte, welche von der y,z-Ebene den Abstand x_0 haben, stellt eine zur y,z-Ebene parallele Ebene dar (Bild 223), deren Gleichung $x = x_0$ lautet:

$$E_{yz}(x_0) = \{P(x; y; z) \mid x = x_0\}.$$

Durch Einsetzen des Wertes $x = x_0$ in $z = f(x; y)$ folgt mit $z = f(x_0; y)$ die Gleichung der Schnittkurve $k(x_0)$ zwischen Φ und $E_{yz}(x_0)$:

$$k(x_0) = \Phi \cap E_{yz}(x_0) = \{P(x; y; z) \mid z = f(x_0; y)\}.$$

Analog ist

$$g(y_0) = \Phi \cap E_{xz}(y_0) = \{P(x; y; z) \mid z = f(x; y_0)\}$$

eine Kurve in der Fläche, die parallel zur x,z-Ebene ist und von dieser den Abstand $y = y_0$ hat.

$$h(z_0) = \Phi \cap E_{xy}(z_0) = \{P(x; y; z) \mid z_0 = f(x; y)\}$$

ist die Gleichung einer Höhenlinie der Fläche (Bild 222). Mit Hilfe mehrerer in den Grundriß projizierter Höhenlinien kann ein Bild der Fläche entworfen werden.
Es entspricht der üblichen Höhenliniendarstellung der Geländefläche in der Landkarte.

BEISPIELE

2. Gesucht wird das Bild der Funktion

$$z = \sqrt{r^2 - x^2 - y^2} = f(x; y).$$

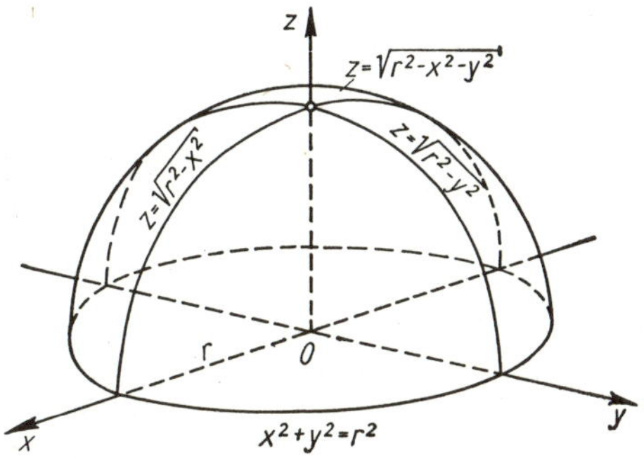

Bild 224

Lösung: Durch Nullsetzen der einzelnen Variablen ergeben sich die folgenden Schnittkurven mit den Koordinatenebenen:

$$k = \Phi \cap E_{yz} = \{P(x; y; z) \mid z = \sqrt{r^2 - y^2}\} \quad \Rightarrow \text{Halbkreis mit dem Radius } r$$

$$g = \Phi \cap E_{xz} = \{P(x; y; z) \mid z = \sqrt{r^2 - x^2}\} \quad \Rightarrow \text{Halbkreis mit dem Radius } r$$

$$h = \Phi \cap E_{xy} = \{P(x; y; z) \mid 0 = \sqrt{r^2 - x^2 - y^2}\}$$

$$= \{P(x; y; z) \mid x^2 + y^2 = r^2\} \quad \Rightarrow \text{Kreis mit dem Radius } r.$$

Das Bild der Funktion ist eine Halbkugelfläche mit dem Radius r. Wegen der Bedingung $x^2 + y^2 \leqq r^2$ ist das Bild des Definitionsbereiches eine Kreisfläche mit dem Radius r (Bild 224).

3. Welches Bild hat die Funktion

$$z = x^2 + y^2 = f(x; y)?$$

Lösung: $k = \Phi \cap E_{yz} = \{P(x; y; z) \mid z = y^2\}$ $\Rightarrow$ Parabel

$g = \Phi \cap E_{xz} = \{P(x; y; z) \mid z = x^2\}$ $\Rightarrow$ Parabel

$h = \Phi \cap E_{xy} = \{P(x; y; z) \mid 0 = x^2 + y^2\}$ $\Rightarrow$ Punkt (Ursprung) mit den Koordinaten (0; 0; 0).

Die Funktion hat als Bild eine Fläche, welche durch Rotation einer Parabel, z. B. mit der Gleichung $z = x^2$, um die x-Achse entsteht und daher *Rotationsparaboloid* genannt wird (Bild 225). Für die Wahl von x und y bestehen keine Einschränkungen, also ist $D = R \times R$, und die zugehörige Punktmenge ist die gesamte x, y-Ebene.
Bild 226 zeigt die Höhenliniendarstellung des Rotationsparaboloids unter Verwendung der Höhenlinien für $z = 0, 1, 2, 3, 4$.

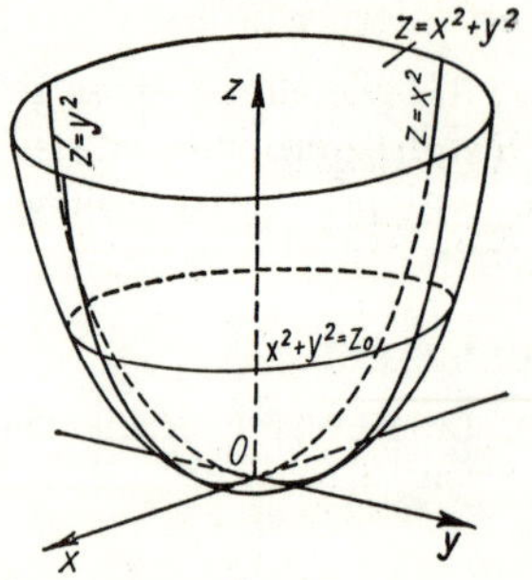

Bild 225

4. Die zur Funktion $z = x^2 - y^2 = f(x; y)$ gehörende Fläche ist durch Höhenlinien in der x, y-Ebene darzustellen.

Lösung: Für $z = z_0$ folgt $x^2 - y^2 = z_0$, das ist die Gleichung einer gleichseitigen Hyperbel mit den Halbachsen $a = b = \sqrt{z_0}$. Für $z_0 > 0$ liegen die Scheitelpunkte der Hyperbel auf der x-Achse, für $z_0 < 0$ auf der y-Achse. Bild 227 zeigt die Höhenlinienkarte der Fläche.

Die Fläche heißt *hyperbolisches Paraboloid* und wird auch Sattelfläche genannt. Der Punkt $S = O$ heißt *Scheitelpunkt* oder *Sattelpunkt*. Eine anschauliche Darstellung zeigt Bild 228.

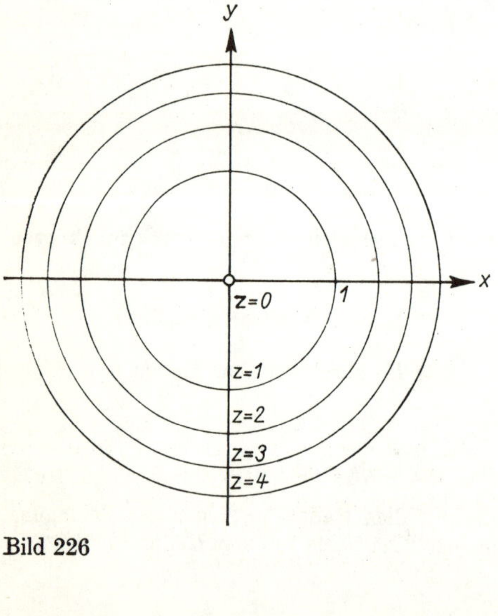

Bild 226

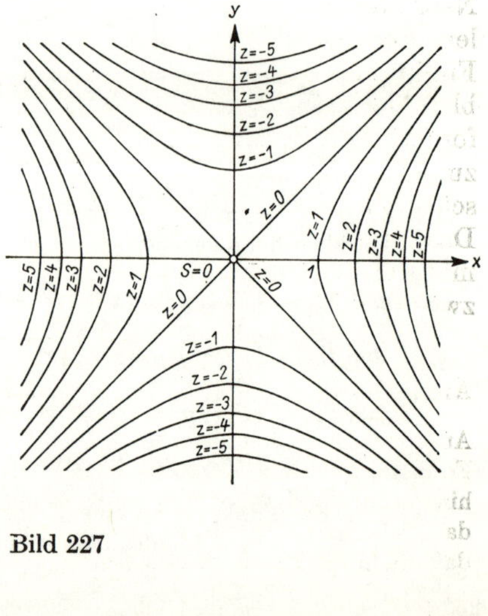

Bild 227

Für die Schnittkurven mit den Koordinatenebenen folgt

$k = \Phi \cap E_{yz} = \{P(x; y; z) \mid z = -y^2\}$ $\Rightarrow$ nach unten geöffnete Parabel

$g = \Phi \cap E_{xz} = \{P(x; y; z) \mid z = x^2\}$ $\Rightarrow$ nach oben geöffnete Parabel

$h = \Phi \cap E_{xy} = \{P(x; y; z) \mid x^2 - y^2 = 0\}$ $\Rightarrow$ zwei sich in O schneidende Geraden mit den Gleichungen $y = \pm x$

Für Funktionen mit mehr als zwei unabhängigen Veränderlichen ist eine derartige geometrische Veranschaulichung nicht möglich, da sie mehr als drei Dimensionen erfordern würde.

AUFGABEN

525. Welches Bild hat die Funktion

$$z = -\frac{1}{2}x - 2y + 2?$$

526. Welche Fläche wird durch die Gleichung

$$x^2 - \frac{y^2}{4} + z^2 = 0 \text{ mit}$$

$y \geqq 0$ dargestellt?

13.2. Partielle Ableitungen

Nach diesen Vorbereitungen sollen nun auch Ableitungen für Funktionen von mehreren Variablen definiert werden. Die erforderlichen Beziehungen werden zunächst für zwei Variable anschaulich aus dem Bild abgeleitet. Das Ergebnis wird dann sinngemäß auf Funktionen von mehr als zwei Variablen übertragen.

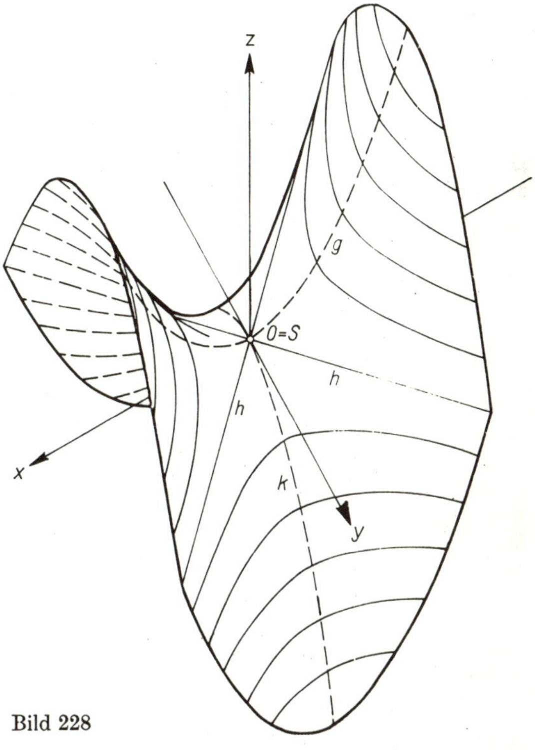

Bild 228

Anmerkung:

An dieser Stelle soll ausdrücklich betont werden, daß eine strenge, analytische Herleitung der Formeln in diesem Abschnitt und in den folgenden Abschnitten über den Rahmen des Buches hinausführt und daher eine Beschränkung auf Plausibilitätsbetrachtungen notwendig ist. Es ist das Ziel dieses Kapitels, so weit in das Gebiet der Funktionen mehrerer Variabler einzuführen, daß die in der Praxis vorkommenden Aufgaben sicher gelöst werden können.

In Bild 229 wurde die Fläche mit der Gleichung $z = f(x; y)$ mit zwei durch die Gleichungen $x = x_0$ und $y = y_0$ gegebenen Ebenen zum Schnitt gebracht. Die Schnittkurven mit den Gleichungen $z = f(x_0; y)$ und $z = f(x; y_0)$ verlaufen parallel zur y,z- bzw. x,z-Ebene und schneiden einander in P_0. Entsprechend der Definition des Differentialquotienten für eine Variable sollen nun die Anstiege der in P_0 an die beiden Kurven gelegten Tangenten berechnet werden. Das Sekantendreieck der Schnittkurve, die in der Ebene mit der Gleichung $y = y_0$ liegt, hat die Katheten h und $f(x_0 + h; y_0) - f(x_0; y_0)$. Der Anstieg der Sekante wird also durch den Differenzenquotienten

$$\frac{f(x_0 + h; y_0) - f(x_0; y_0)}{h}$$

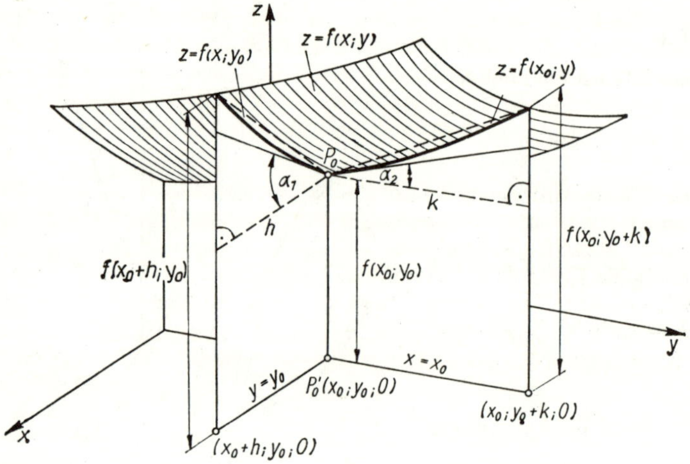

Bild 229

angegeben. Für $h \to 0$ geht die Sekante in die Tangente über. Ihr Anstieg ergibt sich aus dem Grenzwert

$$\lim_{h \to 0} \frac{f(x_0 + h; y_0) - f(x_0; y_0)}{h} = \tan \alpha_1 . \tag{I}$$

Entsprechend erhält man für den Anstieg der Tangente, die in P_0 an die Kurve mit der Gleichung $z = f(x_0; y)$ gelegt ist, den Grenzwert

$$\lim_{k \to 0} \frac{f(x_0; y_0 + k) - f(x_0; y_0)}{k} = \tan \alpha_2 . \tag{II}$$

Die Grenzwerte (I) und (II) heißen die **ersten partiellen Differentialquotienten** oder die **ersten partiellen Ableitungen** der Funktion $z = f(x; y)$ nach x bzw. y. Betrachtet man nun die partiellen Ableitungen nicht an einer bestimmten Stelle P_0, sondern in einem beliebigen Punkt P mit den Koordinaten $x; y$, dann erhält man unter Beifügung der verschiedenen gebräuchlichen Bezeichnungen

$$\boxed{\begin{aligned} \lim_{h\to 0}\frac{f(x+h;y)-f(x;y)}{h} &= \frac{\partial z}{\partial x} = \frac{\partial f(x;y)}{\partial x} = z_x = f_x(x;y) \\ \lim_{k\to 0}\frac{f(x;y+k)-f(x;y)}{k} &= \frac{\partial z}{\partial y} = \frac{\partial f(x;y)}{\partial y} = z_y = f_y(x;y) \end{aligned}} \qquad (143)$$

Die partiellen Ableitungen (143) stellen geometrisch den Anstieg von Tangenten dar, die in einem beliebigen Punkt P an die Fläche mit der Gleichung $z = f(x; y)$ angelegt sind und parallel zur x,z- bzw. y,z-Ebene verlaufen.
Zum Unterschied gegen den gewöhnlichen Differentialquotienten verwendet man hier das geschwungene ∂. Für $\partial z/\partial x$ spricht man: de-z partiell nach de-x bzw. de-z partiell durch de-x.
Zur Definition der partiellen Ableitung $f_x(x; y)$ wurde eine Kurve auf der Fläche betrachtet, deren Punkte einen konstanten Wert $y = y_0$ besitzen. Für die praktische Berechnung ergibt sich daraus die einfache Regel:
Um entsprechend (143) die partielle Ableitung der Funktion $z = f(x; y)$ nach x zu bilden, betrachtet man vorübergehend y als konstante Größe und differenziert nach den bekannten Regeln die Funktion nach x. Entsprechend ist bei der partiellen Ableitung nach y die Variable x vorläufig als konstant anzusehen und nach y zu differenzieren. Will man die Tangentenanstiege für einen bestimmten Punkt P_0 berechnen, dann setzt man in die partiellen Ableitungen, die ja wieder Funktionen von x und y sind, die Koordinaten x_0 und y_0 dieses Punktes ein.

BEISPIELE

1. Wie groß ist der Anstiegswinkel α der Tangente, die die Fläche mit der Gleichung $z = \sqrt{9 - x^2 - y^2}$ im Punkte $P_0(2; 1; z_0)$ berührt und parallel zur y,z-Ebene verläuft?
   Lösung: Die Funktion stellt nach Beispiel 2 aus 13.1. eine Halbkugel mit dem Radius $r = 3$ dar. Für die partielle Ableitung nach y erhält man

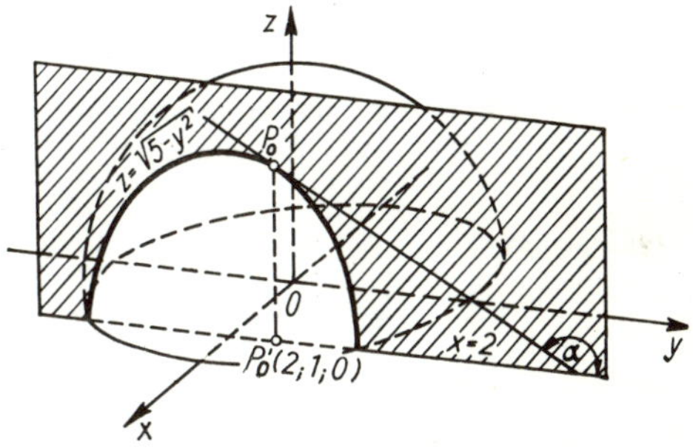

Bild 230

$$\frac{\partial z}{\partial y} = \frac{-y}{\sqrt{9 - x^2 - y^2}}.$$

Sie bedeutet zunächst den Anstieg einer Tangente, welche in einem beliebigen Punkt $P\left(x; y; \sqrt{9 - x^2 - y^2}\right)$ parallel zur y,z-Ebene an die Halbkugel gelegt ist.
Setzt man nun $x = 2$, dann muß der Berührungspunkt auf der Kurve mit der Gleichung $z = \sqrt{9 - 4 - y^2} = \sqrt{5 - y^2}$ liegen (Bild 230), und der Tangentenanstieg für diese Kurve ist

$$\left[\frac{\partial z}{\partial y}\right]_{x=2} = \frac{-y}{\sqrt{5 - y^2}}.$$

Die Schreibweise $\left[\frac{\partial z}{\partial y}\right]_{x=2}$ bedeutet hierbei, daß die partielle Ableitung der Funktion nach y an der Stelle $x = 2$ zu betrachten ist.

Mit $y = 1$ folgt dann schließlich die Ableitung

$$\left[\frac{\partial z}{\partial y}\right]_{\substack{x=2\\y=1}} = f_y(2;1) = \frac{-1}{\sqrt{5-1}} = -\frac{1}{2} = \tan\alpha$$

und der gesuchte Winkel mit $\underline{\underline{\alpha = 153°26'}}$.

2. Man bilde die ersten partiellen Ableitungen der Funktion

$$z = 3x^2 + xy - y^2 - 4x - 5y + 6$$

an der Stelle $x = 2$, $y = -3$.

Lösung: Die partiellen Ableitungen lauten allgemein

$$\frac{\partial z}{\partial x} = 6x + y - 4$$

$$\frac{\partial z}{\partial y} = x - 2y - 5.$$

Durch Einsetzen der Werte $x = 2$, $y = -3$ folgt

$$\left[\frac{\partial z}{\partial x}\right]_{\substack{x=2\\y=-3}} = \frac{\partial f(2;-3)}{\partial x} = \underline{\underline{5}}$$

$$\left[\frac{\partial z}{\partial y}\right]_{\substack{x=2\\y=-3}} = \frac{\partial f(2;-3)}{\partial y} = \underline{\underline{3}}.$$

3. Man bilde die ersten partiellen Ableitungen der Funktion

$$z = e^x \cos y + \sqrt{x^2 - y^2}.$$

Lösung:

$$\frac{\partial z}{\partial x} = e^x \cos y + \frac{x}{\sqrt{x^2 - y^2}}$$

$$\frac{\partial z}{\partial y} = -e^x \sin y - \frac{y}{\sqrt{x^2 - y^2}}.$$

Der Begriff des partiellen Differentialquotienten wird nun formal auch auf Funktionen von mehr als zwei Variablen übertragen. Danach besitzt die Funktion

$$y = f(x_1; x_2; \ldots; x_n)$$

von n Variablen die n ersten partiellen Differentialquotienten

$$\frac{\partial y}{\partial x_1}, \frac{\partial y}{\partial x_2}, \ldots, \frac{\partial y}{\partial x_n}.$$

Dabei wird $\partial y/\partial x_i$ definiert als der Grenzwert

$$\frac{\partial y}{\partial x_i} = \lim_{h \to 0} \frac{f(x_1; \ldots; x_{i-1}; x_i + h; x_{i+1}; \ldots; x_n) - f(x_1; \ldots; x_i; \ldots; x_n)}{h}.$$

Um etwa $\partial y/\partial x_2$ zu berechnen, sind bei der Differentiation $x_1, x_3, \ldots, x_n$ als konstant, x_2 als variabel zu betrachten.

BEISPIEL

4. Man bilde die ersten partiellen Differentialquotienten der Funktion

$$u = z \sin x + \ln(x^2 - y^2) = f(x; y; z).$$

Lösung:

$$\frac{\partial u}{\partial x} = z \cos x + \frac{2x}{x^2 - y^2}$$

$$\frac{\partial u}{\partial y} = \frac{-2y}{x^2 - y^2}$$

$$\frac{\partial u}{\partial z} = \sin x.$$

Da die ersten partiellen Ableitungen wieder Funktionen sind, kann man sie nochmals partiell differenzieren und gelangt so zu dem Begriff der höheren partiellen Ableitungen. Zum Beispiel ergeben sich für die zweiten partiellen Ableitungen der Funktion $z = f(x; y)$ vier Möglichkeiten mit folgenden Schreibweisen:

$$\frac{\partial\left(\frac{\partial z}{\partial x}\right)}{\partial x} = \frac{\partial^2 z}{\partial x^2} = f_{xx}(x; y) \qquad \frac{\partial\left(\frac{\partial z}{\partial x}\right)}{\partial y} = \frac{\partial^2 z}{\partial x\,\partial y} = f_{xy}(x; y)$$

$$\frac{\partial\left(\frac{\partial z}{\partial y}\right)}{\partial x} = \frac{\partial^2 z}{\partial y\,\partial x} = f_{yx}(x; y) \qquad \frac{\partial\left(\frac{\partial z}{\partial y}\right)}{\partial y} = \frac{\partial^2 z}{\partial y^2} = f_{yy}(x; y).$$

Ferner bedeutet z. B.

$$\frac{\partial^3 z}{\partial x^2\,\partial y} = f_{xxy}(x; y),$$

daß die Funktion $z = f(x; y)$ erst zweimal partiell nach x und anschließend einmal partiell nach y differenziert ist.

BEISPIEL

5. Man berechne die 1. und 2. partiellen Ableitungen der Funktionen:

a) $z = x^2 + 5xy - \frac{1}{2} y^2 + 3x - \frac{3}{2} y + 10,$

b) $z = 2x^3 \sin 2y.$

Lösung:

a) $z_x = 2x + 5y + 3$ $\qquad z_y = 5x - y - \dfrac{3}{2}$

$z_{xx} = 2 \qquad z_{xy} = 5$ $\qquad z_{yx} = 5 \qquad z_{yy} = -1$

b) $z_x = 6x^2 \sin 2y$ $\qquad z_y = 4x^3 \cos 2y$

$z_{xx} = 12x \sin 2y$ $\qquad z_{yx} = 12x^2 \cos 2y$

$z_{xy} = 12x^2 \cos 2y$ $\qquad z_{yy} = -8x^3 \sin 2y$

Die Übereinstimmung der beiden gemischten Ableitungen z_{xy} und z_{yx} in obigen Beispielen ist kein Zufall. Es gilt nämlich der

Satz von Schwarz

Unter der Voraussetzung, daß die Funktion und ihre partiellen Ableitungen stetig sind, ist die Reihenfolge der partiellen Differentiationen gleichgültig.

BEISPIEL

6. Man zeige für die Funktion

$$u = \frac{2y}{x} \tan z$$

die Gleichheit der gemischten partiellen Ableitungen 3. Ordnung u_{xyz} und u_{zyx}.

Lösung:

$$u_x = \frac{-2y}{x^2} \tan z \qquad u_z = \frac{2y}{x \cos^2 z}$$

$$u_{xy} = \frac{-2}{x^2} \tan z \qquad u_{zy} = \frac{2}{x \cos^2 z}$$

$$u_{xyz} = \frac{-2}{x^2 \cos^2 z} \qquad u_{zyx} = \frac{-2}{x^2 \cos^2 z}$$

AUFGABEN

527. Man berechne die Ableitung z_x der Funktion $z = x^2 + y^2$ an der Stelle $x_0 = 1$, $y_0 = 1$ und stelle das Ergebnis anschaulich entsprechend Bild 230 dar.

Man berechne die 1. partiellen Ableitungen der Funktionen in den Aufgaben 528 bis 540.

528. $z = x^3 - 8x^2y + xy^2 + 15x - 20y + 2$

529. $u = x^5 + 6x^3y - 2x^2yz + 3yz^3$

530. $f(x; y) = \dfrac{3x^2 + 2xy^2}{1 - x}$

531. $z = \dfrac{xy}{x^2 + y^2}$

532. $u = \dfrac{x^2 + z^2}{x^2 + y^2}$

533. $z = \sqrt{r^2 - x^2 - y^2}$

534. $z = \cos(x + y) \cos(x - y)$

535. $z = \arctan \dfrac{y}{x}$

536. $z = e^{\sin xy} + e^{\cos(x+y)}$

537. $u = e^x \ln y + z^2 \cos y$

538. $v = v_0 \dfrac{p_0}{p}(1 + \alpha t) = f(p; t)$

539. $T = 2\pi \sqrt{\dfrac{l}{g}} = f(l; g)$

540. $I_1 = I \dfrac{R_2}{R_1 + R_2} = f(R_1; R_2)$

Man berechne die 1. und 2. partiellen Ableitungen der Funktionen in den Aufgaben 541—549.

541. $z = x^5 + 2x^3y^2 + 2y^5$

542. $u = xy + yz + zx$

543. $f(x; y) = \dfrac{x - y}{x + y}$

544. $z = \dfrac{1 + xy}{1 - xy}$

545. $z = \sqrt{x^2 + y^2}$

546. $z = 2 \sin(x + y) \cos(x - y)$

547. $u = \arctan \dfrac{x + y}{1 - xy}$

548. $f(x; y) = \ln \dfrac{x + y}{x - y}$

549. $f(x; y) = \ln \dfrac{\sin y}{\sin x}$

550. Man berechne für die Funktion $u = e^{xyz}$ die partielle Ableitung 3. Ordnung $\dfrac{\partial^3 u}{\partial x\, \partial y\, \partial z}$.

551. Man zeige für die Funktion $u = (x - y)^z$ die Gleichheit der partiellen Ableitungen 3. Ordnung u_{xyz} und y_{zyx}.

552. Man weise für die Funktion $u = x^2 \ln \sin(y - z)$ die Richtigkeit der folgenden Gleichungen nach:

a) $u_{xyz} = u_{zyx}$;

b) $u_{yyz} = u_{zyy}$.

553. Man zeige, daß die Funktion $z = e^y \arcsin(x - y)$ die Beziehung

$$\frac{\partial z}{\partial x} + \frac{\partial z}{\partial y} = z \text{ erfüllt.}$$

554. Man bestimme $xz_x + yz_y$ für die Funktion $z = \dfrac{x}{y}$.

555. Man berechne $u_x + u_y + u_z$ für $u = \ln(x^3 + y^3 + z^3 - 3xyz)$.

556. Man zeige, daß die Funktion $z = e^{\frac{x^2}{y^2}}$ die Gleichung $xz_x + yz_y = 0$ erfüllt.

13.3. Das totale Differential

In 3.5. wurden für eine Funktion $y = f(x)$ die Begriffe Funktionsänderung und Differential behandelt. Analoge Betrachtungen werden nun auch für Funktionen von mehreren Variablen angestellt.

Die Änderung Δz eines Funktionswertes $z = f(x; y)$, die dieser erfährt, wenn die beiden unabhängigen Variablen x und y um Δx und Δy geändert werden, ist

$$\Delta z = f(x + \Delta x; y + \Delta y) - f(x; y).$$

Geometrisch bedeutet Δz die Höhenänderung eines Punktes, der auf der Fläche von P nach P_1 verschoben wird (Bild 231). Das Differential $\mathrm{d}z$ läßt sich darstellen als die zugehörige Höhenänderung bis zur Tangentialebene, die in $P(x; y; z)$ an die Fläche $z = f(x; y)$ gelegt ist. Nun wurde in 3.5. gezeigt, daß für die unabhängige Variable x bei Funktionen einer Variablen das Differential $\mathrm{d}x$ und die Differenz Δx übereinstimmend gewählt werden können. Entsprechend kann auch bei den vorliegenden zwei unabhängigen Variablen

$$\Delta x = \mathrm{d}x \quad \text{und} \quad \Delta y = \mathrm{d}y$$

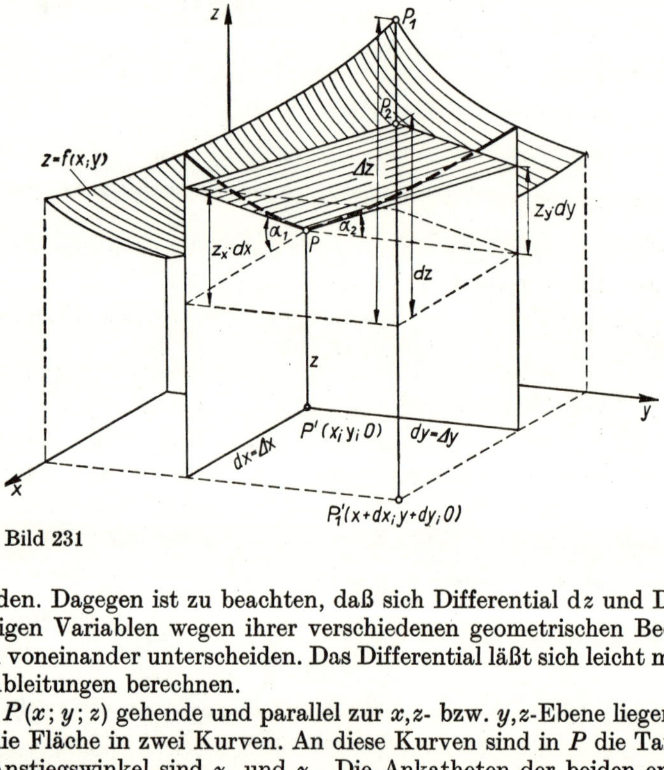

Bild 231

gesetzt werden. Dagegen ist zu beachten, daß sich Differential $\mathrm{d}z$ und Differenz Δz der abhängigen Variablen wegen ihrer verschiedenen geometrischen Bedeutung im allgemeinen voneinander unterscheiden. Das Differential läßt sich leicht mit Hilfe der partiellen Ableitungen berechnen.

Zwei durch $P(x; y; z)$ gehende und parallel zur x,z- bzw. y,z-Ebene liegende Ebenen schneiden die Fläche in zwei Kurven. An diese Kurven sind in P die Tangenten gelegt. Ihre Anstiegswinkel sind α_1 und α_2. Die Ankatheten der beiden entstandenen rechtwinkligen Dreiecke sind $\mathrm{d}x$ und $\mathrm{d}y$. Da $\tan \alpha_1 = z_x$ und $\tan \alpha_2 = z_y$ ist, haben die Gegenkatheten die Längen $z_x \mathrm{d}x$ und $z_y \mathrm{d}y$. Die beiden Tangenten spannen eine Tangentialebene auf. Aus Bild 231 erkennt man, daß sich der Höhenzuwachs bis zum Punkt P_2 dieser Ebene aus den Strecken $z_x \mathrm{d}x$ und $z_y \mathrm{d}y$ zusammensetzt. Es ist also

$$\mathrm{d}z = z_x \mathrm{d}x + z_y \mathrm{d}y.$$

Man nennt

$$\boxed{dz = \frac{\partial z}{\partial x} dx + \frac{\partial z}{\partial y} dy} \tag{144}$$

das **vollständige** oder **totale Differential** der Funktion $z = f(x; y)$.
Für kleine Werte dx und dy gilt die wichtige Näherung $dz \approx \Delta z$. Hiervon wird in der Fehlerrechnung (vgl. 20.2.) Gebrauch gemacht.

BEISPIEL

1. Man berechne Δz und dz der Funktion $z = 2x + y^2$ für $x = 3$, $y = 5$, $dx = 0{,}3$ und $dy = 0{,}2$.
Lösung: Man erhält an der Stelle (3; 5) den Funktionswert

$$z_1 = f(x; y) = f(3; 5) = 6 + 25 = 31.$$

Wird x um $dx = 0{,}3$ und y um $dy = 0{,}2$ vermehrt, dann ist

$$z_2 = f(x + dx; y + dy) = f(3{,}3; 5{,}2) = 6{,}6 + 27{,}04 = 33{,}64.$$

Damit wird

$$\Delta z = z_2 - z_1 = 2{,}64.$$

Für dz folgt

$$dz = 2dx + 2y\,dy = 0{,}6 + 2 = 2{,}60.$$

Tatsächlich gilt also $\Delta z \approx dz$.

Die für $z = f(x; y)$ angestellten Betrachtungen lassen sich wieder auf Funktionen mit beliebig vielen Variablen erweitern.
Ist die Funktion

$$y = f(x_1; x_2; \ldots; x_n)$$

gegeben und werden die unabhängigen Variablen um die Werte $dx_1, dx_2, \ldots, dx_n$ verändert, dann ergibt sich das totale Differential mit

$$\boxed{dy = \frac{\partial y}{\partial x_1} dx_1 + \frac{\partial y}{\partial x_2} dx_2 + \cdots + \frac{\partial y}{\partial x_n} dx_n} \tag{145}$$

Für die Änderung $\Delta y = f(x_1 + dx_1; \ldots; x_n + dx_n) - f(x_1; \ldots; x_n)$ des Funktionswertes y gilt bei kleinen Änderungen $dx_1, \ldots, dx_n$ ebenfalls die Näherung $\Delta y \approx dy$.

BEISPIELE

2. Man berechne das totale Differential der Funktion $z = xy$.

Lösung: Es ist nach (144)

$$dz = y\,dx + x\,dy. \tag{I}$$

Das Ergebnis läßt sich auf einfache Weise geometrisch deuten. Man kann $z = xy$ als Fläche eines Rechtecks mit den Seiten x und y auffassen.
Eine Vergrößerung der Seiten um $\mathrm{d}x$ bzw. $\mathrm{d}y$ ergibt nach Bild 232 den Flächenzuwachs

$$\Delta z = y\,\mathrm{d}x + x\,\mathrm{d}y + \mathrm{d}x\,\mathrm{d}y. \qquad \text{(II)}$$

Ein Vergleich mit (I) zeigt anschaulich den Fehler, der bei der Näherung $\Delta z \approx \mathrm{d}z$ gemacht wird. Er ist gleich dem Produkt $\mathrm{d}x \cdot \mathrm{d}y$. Für kleine Änderungen $\mathrm{d}x$ und $\mathrm{d}y$ kann dieses Rechteck aber tatsächlich gegen die beiden anderen hinzukommenden Rechtecke vernachlässigt werden.

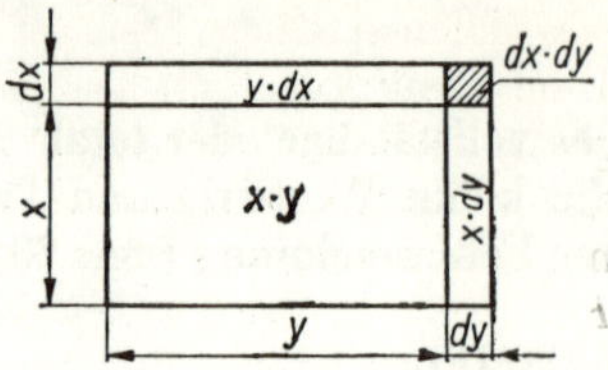

Bild 232

3. Wie lautet das totale Differential der Funktion

$$u = \frac{x}{\sqrt{y^2 - z^2}}?$$

Lösung: Für die partiellen Ableitungen erhält man

$$\frac{\partial u}{\partial x} = \frac{1}{\sqrt{y^2 - z^2}} \qquad \frac{\partial u}{\partial y} = \frac{-xy}{\sqrt{y^2 - z^2}^{\,3}} \qquad \frac{\partial u}{\partial z} = \frac{xz}{\sqrt{y^2 - z^2}^{\,3}}.$$

Damit folgt nach (145)

$$\mathrm{d}u = \frac{1}{\sqrt{y^2 - z^2}}\,\mathrm{d}x - \frac{xy}{\sqrt{y^2 - z^2}^{3}}\,\mathrm{d}y + \frac{xz}{\sqrt{y^2 - z^2}^{3}}\,\mathrm{d}z.$$

AUFGABEN

557. Man berechne für die Funktion $u = xy + yz + zx$ die Funktionsänderung Δu und das totale Differential $\mathrm{d}u$ an der Stelle $x = 2, y = 3, z = 1$, wenn die Veränderungen $\mathrm{d}x = 0{,}1$, $\mathrm{d}y = -0{,}2$, $\mathrm{d}z = 0{,}2$ gegeben sind.

558. Man bestimme Δz und $\mathrm{d}z$ für die Funktion $z = x^2/y$ an der Stelle $x = 12, y = -3$ mit $\mathrm{d}x = \mathrm{d}y = 0{,}2$.

559. Es ist das totale Differential der Funktion $w = 3x^2 - xy + 2yz + 4z^2$ für $\mathrm{d}x = \mathrm{d}y = \mathrm{d}z = 0{,}25$ an der Stelle $x = 2,\ y = -4,\ z = 1$ zu bestimmen.

Man berechne für jede der Funktionen 560 bis 566 das totale Differential:

560. $z = 4x^3 - 6x^2y^2 + 4y^3$

561. $z = \dfrac{x}{y} + \dfrac{y}{x}$

562. $z = x^y$

563. $u = \mathrm{e}^{x^2+y^2+z^2}$

564. $z = \mathrm{e}^x \sin y$

565. $w = \ln\sqrt{x^2 + y^2 + z^2}$

566. $z = \arctan xy$

567. Welche Änderung $\Delta\alpha$ hat man annähernd für den Winkel α eines rechtwinkligen Dreiecks zu erwarten, wenn die Ankathete $b = 28$ m um 5 cm vergrößert und die Hypotenuse $c = 35$ m um 10 cm verkleinert werden?

568. Um welchen Wert ändert sich die Fläche A eines Dreiecks, wenn die Seiten $a = 10$ m, $b = 16$ m und der eingeschlossene Winkel $\gamma = 60°$ sowie die Änderungen $\Delta a = \Delta b = 0{,}2$ m und $\Delta\gamma = 1°$ gegeben sind?

13.4. Die Ableitung von Funktionen mit impliziter Darstellung

Die bisherigen Regeln für die Ableitung einer Funktion mit einer unabhängigen Variablen setzen voraus, daß die Funktionsgleichung in expliziter Form gegeben ist. Eine Funktion kann aber auch durch einen impliziten analytischen Ausdruck dargestellt werden, daß heißt durch eine Gleichung, bei der die Variablen x und y sowie sämtliche Konstanten auf der linken Seite der Gleichung stehen (vgl. 1.3.3.). Bezeichnet man den links stehenden Term mit $F(x; y)$, dann lautet die implizite Darstellung $F(x; y) = 0$. Nun ist es manchmal schwierig oder sogar unmöglich, diese Gleichung nach y aufzulösen, um zu einer expliziten Darstellung zu gelangen. Es wird daher in diesem Abschnitt gezeigt, wie mit Hilfe der partiellen Ableitungen auch implizit dargestellte Funktionen differenziert werden können. Zuvor muß jedoch noch auf einige Schwierigkeiten der impliziten Darstellung eingegangen werden. So ist einer gegebenen Gleichung $F(x; y) = 0$ nicht sofort anzusehen, ob sie eine oder mehrere Funktionen darstellt. Ist außerdem eine Auflösung nach y nicht möglich, dann hat man keine Vorschrift, um zu einem gewählten x-Wert den zugehörigen y-Wert zu ermitteln. Man erhält lediglich durch Probieren Wertepaare $(x; y)$, die die Funktionsgleichung erfüllen. Und nur dann, wenn sich jedem gewählten x-Wert nur ein y-Wert zuordnen läßt, stellt die Menge f der Wertepaare $(x; y)$ eine durch $F(x; y) = 0$ definierte Funktion dar. Als Beispiele seien die Gleichungen

$$x^2 - 6y + 8 = 0 \qquad \text{(I)}$$

$$x^2 + y^2 - 6y - 27 = 0 \qquad \text{(II)}$$

$$x^5 - 4x^3y - 8x^2y^4 - 9y^5 - 23 = 0 \qquad \text{(III)}$$

$$3\cos x - 2xy - 6\sin y = 0 \qquad \text{(IV)}$$

gegeben.
Aus (I) erhält man durch Umformung die explizite Darstellung

$$y = \frac{x^2}{6} + \frac{4}{3}$$

und erkennt, daß jedes gewählte $x \in R$ eindeutig auf ein $y \in [4/3; \infty)$ abgebildet wird. (I) stellt also tatsächlich eine Funktion mit dem Definitionsbereich $X = R$ und dem Wertebereich $Y = [4/3; \infty)$ dar.
Aus (II) erhält man

$$y = 3 \pm \sqrt{36 - x^2}\,.$$

Die Gleichung (II) stellt also zwei Funktionen

$$y = 3 + \sqrt{36 - x^2} = f_1(x)$$

$$y = 3 - \sqrt{36 - x^2} = f_2(x)$$

dar, deren Definitionsbereiche ($X_1 = X_2 = [-6; 6]$) gleich und deren Wertebereiche ($Y_1 = [3; 9]$, $Y_2 = [-3; 3]$) verschieden sind. Beide Funktionen sind in der Darstellung (II) zusammengefaßt. Aus der Gleichung (III) läßt sich keine explizite Darstellung für y gewinnen, da bekanntlich Gleichungen vom 5. und höheren Grad im allgemeinen nicht mehr lösbar sind. Durch Probieren erhält man zu einem gewählten x-Wert den y-Wert, z. B. zu $x = 2$ den Wert $y = 1$. Da zu $x = 2$ auch weitere y-Werte gehören können, bleibt offen, ob (III) eine oder mehrere Funktionen darstellt. Auch die Bestimmung des Definitions- bzw. Wertebereiches stößt auf Schwierigkeiten. Dasselbe gilt für Gleichung (IV), die als transzendente Gleichung für y nicht nach y auflösbar ist.

Für das Folgende wird angenommen, daß die Gleichung $F(x; y) = 0$ die implizite analytische Darstellung einer Funktion $y = f(x)$ sei, auch wenn die Gleichung nicht nach y auflösbar ist. Auch implizit dargestellte Funktionen haben als Bilder ebene Kurven, denn man kann die Menge der Wertepaare $(x; y)$, welche $F(x; y) = 0$ erfüllen, eindeutig auf eine ebene Punktmenge abbilden.

k sei die durch $F(x; y) = 0$ festgelegte Kurve. Die Ableitung y' der implizit dargestellten Funktion f bedeutet geometrisch den Tangentenanstieg dieser Kurve k. Zur Bestimmung der Ableitung betrachtet man $F(x; y) = 0$ als Sonderfall der Funktion $z = F(x; y)$ von zwei unabhängigen Variablen für $z = 0$. Dann ist k nach Bild 233 die Schnittkurve zwischen der Fläche mit der Gleichung $z = F(x; y)$ und

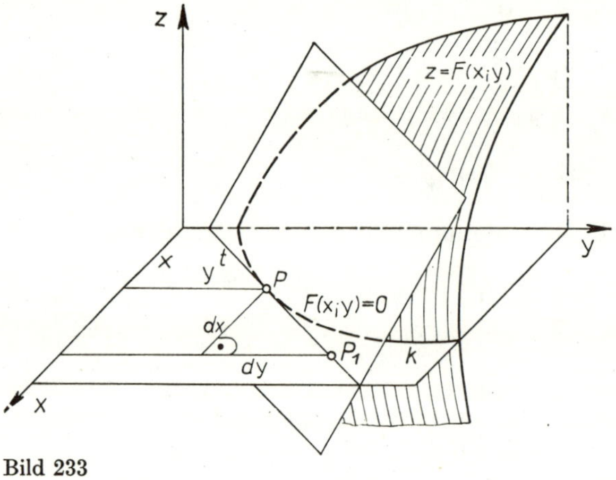

Bild 233

der x,y-Ebene. In einem beliebigen Punkt $P(x; y; 0)$ von k ist an die Fläche die Tangentialebene gelegt, welche die x,y-Ebene in der durch P gehenden Tangente von k schneidet. Man geht nun zum Punkt $P_1(x + \mathrm{d}x; y + \mathrm{d}y; 0)$ über, wobei $\mathrm{d}y$ das zu $\mathrm{d}x$ gehörende Differential der Funktion f ist. Mit $\mathrm{d}x$ und $\mathrm{d}y$ folgt für das totale Differential der Funktion $z = F(x; y)$:

$$\mathrm{d}z = F_x(x; y)\,\mathrm{d}x + F_y(x; y)\,\mathrm{d}y.$$

Da P_1 in der Tangentialebene liegt, ist nach der geometrischen Bedeutung des totalen Differentials $\mathrm{d}z = 0$:

$$0 = F_x(x; y)\,\mathrm{d}x + F_y(x; y)\,\mathrm{d}y.$$

Division durch $\mathrm{d}x$ ergibt

$$F_x(x; y) + F_y(x; y)y' = 0$$

bzw. unter der Voraussetzung $F_y(x; y) \neq 0$

$$\boxed{y' = -\frac{F_x(x; y)}{F_y(x; y)}} \qquad (146)$$

Auf der rechten Seite von (146) steht ein Term, der im allgemeinen x und y enthält. Ist $F(x; y) = 0$ nach y auflösbar, dann kann der Wert für y in (146) eingesetzt und die Form $y' = f'(x)$ hergestellt werden. Sonst müssen zur Bestimmung der Ableitung in einem Punkt beide Koordinaten x und y bekannt sein.

BEISPIELE

1. Man berechne den Neigungswinkel der Tangente, die im Punkt $P_0(1; 2)$ an die Kurve mit der Gleichung

$$x^4 - 3x^2y + y^3 - 3 = 0$$

gelegt ist.

Lösung: Nach (146) folgt

$$y' = -\frac{F_x(x;\ y)}{F_y(x;\ y)} = -\frac{4x^3 - 6xy}{-3x^2 + 3y^2}$$

und für die Koordinaten von P_0

$$\left[\frac{\mathrm{d}y}{\mathrm{d}x}\right]_{\substack{x=1\\y=2}} = \frac{8}{9} = \tan\alpha.$$

Damit wird $\underline{\underline{\alpha = 41°38'}}$.

2. Es ist die Tangentengleichung der Parabel mit der Gleichung

$$F(x; y) = y^2 - 2px = 0$$

für den Berührungspunkt $P_0(x_0; y_0)$ aufzustellen.

Lösung: In der Punkt-Richtungs-Gleichung der Tangente durch P_0

$$\frac{y - y_0}{x - x_0} = m$$

ist der Richtungsfaktor m gleich der Ableitung y' der Parabelgleichung an der Stelle P_0. Man erhält

$$m = [y']_{\substack{x=x_0\\y=y_0}} = -\frac{F_x(x_0; y_0)}{F_y(x_0; y_0)} = -\frac{-2p}{2y_0} = \frac{p}{y_0}.$$

Aus der Geradengleichung folgt damit

$$\frac{y - y_0}{x - x_0} = \frac{p}{y_0}$$

oder nach Umformung

$$yy_0 - y_0^2 = px - px_0.$$

Da P_0 auf der Parabel liegt, müssen seine Koordinaten die Parabelgleichung erfüllen, also muß gelten $y_0^2 = 2px_0$. Setzt man diesen Wert oben ein, so erhält man nach Umformung die bekannte Gleichung der Parabeltangente:

$$\underline{\underline{yy_0 = p(x + x_0)}}.$$

AUFGABEN

569. Man berechne die Neigungen der Tangenten, die an die Kurve mit der Gleichung $y^3 - 3y + x = 0$ in den Schnittpunkten der Kurve mit der y-Achse gelegt sind.

570. Unter welchen Neigungen schneidet die Kurve mit der Gleichung $F(x; y) = 2y^3 + 6x^3 - 24x + 6y = 0$ die x-Achse?

571. Man bestimme die Ableitung y' der Funktion $(y + 2) \sin x - \sin y = 0$ an der Stelle $(0; 0)$.

Man berechne die 1. Ableitungen der Funktionen mit den impliziten Darstellungen 572 bis 577.

572. $x^3 - ay^2 = 0$

573. $xy + \arccos \sqrt{x^2 - y^2} + c = 0$

574. $xy = y^x$

575. $x^{\frac{2}{3}} + y^{\frac{2}{3}} - a^{\frac{2}{2}} = 0$ (Astroide)

576. $(x^2 + y^2)^2 = a^2x^2 + b^2y^2$

577. $\frac{1}{2} \ln (x^2 + y^2) - \ln c = \arctan y/x$

578. Unter welchen Winkeln schneiden einander die Kurven mit den Gleichungen

$$x^2 + 4y^2 - 100 = 0 \quad \text{und} \quad x^2 - y^2 - 20 = 0?$$

13.5. Maxima und Minima von Funktionen mehrerer unabhängiger Veränderlicher

Die aus 6.5. bekannte Bestimmung von Extremwerten soll nun auf Funktionen von mehreren Veränderlichen übertragen werden. Hierzu gibt es wieder zahlreiche Anwendungen.

Man betrachte eine Funktion $z = f(x; y)$, welche die in Bild 234 dargestellte, annähernd halbkugelförmige Fläche als Bild besitzt. Auf ihr gibt es einen Punkt E, der höher liegt als jeder Punkt seiner Umgebung. Die Funktion $z = f(x; y)$ nimmt

also an der Stelle $(x_E; y_E)$ in bezug auf ihre Umgebung den maximalen Wert z_E an. Man sagt, sie besitze für $x = x_E$ und $y = y_E$ ein (relatives) ***Maximum***. Entsprechend besitzt eine Funktion an einer Stelle $(x_E; y_E)$ ein (relatives) ***Minimum***, wenn im Funktionsbild der Punkt $E(x_E; y_E; z_E)$ tiefer liegt als jeder Punkt seiner Umgebung (Bild 235).
Eine Fläche besitzt im Maximum- bzw. Minimumpunkt E eine waagerechte Tangentenebene. Jede in der Fläche liegende und durch E gehende Kurve hat dort ebenfalls einen Maximum- bzw. Minimumpunkt und somit eine waagerechte Tangente. Betrachtet man speziell die Kurven k_1 und k_2 parallel zur x,z- bzw. y,z-Ebene, so

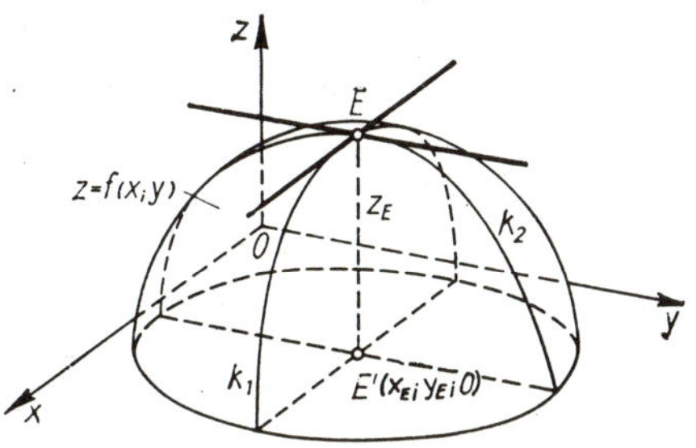

Bild 234

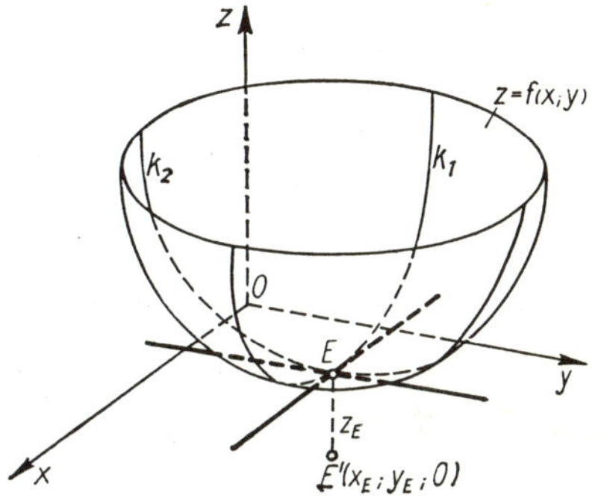

Bild 235

folgt, daß die partiellen Ableitungen $f_x(x_E; y_E)$ und $f_y(x_E; y_E)$ gleich Null sind. Also lauten die *notwendigen Bedingungen* für das Vorhandensein eines Maximums oder Minimums

$$f_x(x_E; y_E) = 0; \qquad f_y(x_E; y_E) = 0. \tag{I}$$

Diese Formeln liefern 2 Gleichungen zur Berechnung der unbekannten Koordinaten x_E und y_E der Extremstelle.

BEISPIEL

1. An welcher Stelle nimmt die Funktion

$$z = 2x^2 + 3xy + 2y^2 - 5x - 2y + 5 = f(x; y)$$

einen Extremwert an, und wie lautet dieser?

Lösung: Die notwendigen Bedingungen lauten:

$$f_x(x; y) = 4x + 3y - 5 = 0$$
$$f_y(x; y) = 3x + 4y - 2 = 0.$$

Daraus ergibt sich die Extremstelle

$$\underline{\underline{(x_E; y_E) = (2; -1)}}$$

und der extremale Funktionswert zu

$$\underline{\underline{z_E = 1.}}$$

Damit ist aber nur die Existenz einer waagerechten Tangentenebene im Punkte $E(2; -1)$ bekannt. Eine Unterscheidung in Maximum oder Minimum ist noch nicht möglich. Es kann sogar ein 3. Fall eintreten. So ist der Sattelpunkt S der in Bild 236 gezeigten Sattelfläche zwar der Maximumpunkt der Kurve k_1, aber zugleich auch der Minimumpunkt der Kurve k_2. Obwohl also die Tangenten an beiden Kurven waagerecht und damit die partiellen Ableitungen gleich Null sind, ist kein Extrempunkt der Fläche vorhanden. Aus diesen Gründen werden noch weitere Bedingungen an-

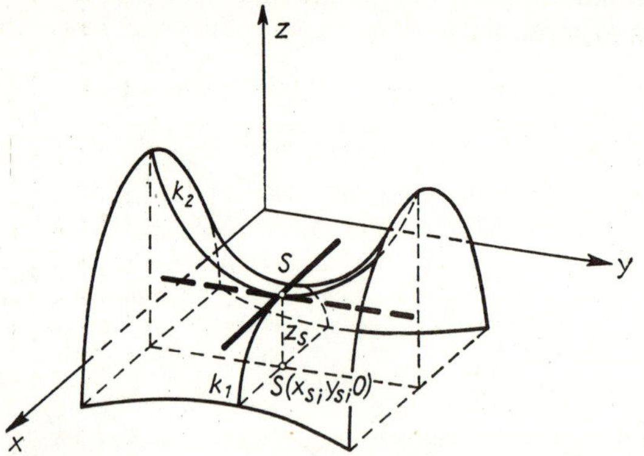

Bild 236

gegeben, die hier nicht bewiesen werden sollen. Zusammen mit (I) erhält man dann die folgenden *notwendigen und hinreichenden Bedingungen* für das Vorhandensein eines Extremwertes und für die Unterscheidung von Maximum und Minimum:

Existenz eines Extremwertes:	$\begin{cases} f_x(x_E; y_E) = 0 \quad f_y(x_E; y_E) = 0 \\ f_{xx}(x_E; y_E) \cdot f_{yy}(x_E; y_E) - f_{xy}^2(x_E; y_E) > 0 \end{cases}$	
Maximum:	$f_{xx}(x_E; y_E) < 0$	(und damit auch $f_{yy}(x_E; y_E) < 0$)
Minimum:	$f_{xx}(x_E; y_E) > 0$	(und damit auch $f_{yy}(x_E; y_E) > 0$)

(147)

Ist $f_{xx}(x_E; y_E) \cdot f_{yy}(x_E; y_E) - f_{xy}^2(x_E; y_E) < 0$, dann ist kein Extremwert vorhanden. Für $f_{xx}(x_E; y_E) \cdot f_{yy}(x_E; y_E) - f_{xy}^2(x_E; y_E) = 0$ sind ein Maximum, ein Minimum oder kein Extremwert möglich, d. h., mit Hilfe der 2. Ableitung kann keine Entscheidung getroffen werden. Dieser Fall wird hier nicht weiter verfolgt.

BEISPIELE

1. (Fortsetzung):
   Für obige Funktion folgt

$$f_{xx}(2; -1) = 4 \qquad f_{yy}(2; -1) = 4 \qquad f_{xy}(2; -1) = 3$$
$$f_{xx}(2; -1) \cdot f_{yy}(2; -1) - f_{xy}^2(2; -1) = 7 > 0.$$

   Die Funktion hat also an der Stelle $(x_E; y_E) = (2; -1)$ einen Extremwert, und zwar wegen $f_{xx}(2; -1) > 0$ ein Minimum.

2. Man berechne die Extremwerte der Funktion $f(x; y) = 2x^3 + 4xy - 2y^3 + 5$.

Lösung: Aus

$$f_x(x; y) = 6x^2 + 4y = 0$$
$$f_y(x; y) = 4x - 6y^2 = 0$$

folgt

$$x_{E1} = 0 \qquad x_{E2} = 2/3$$
$$y_{E1} = 0 \qquad y_{E2} = -2/3.$$

Die 2. Ableitungen lauten

$$f_{xx}(x; y) = 12x \qquad f_{yy}(x; y) = -12y \qquad f_{xy}(x; y) = 4.$$

Für x_{E1}, y_{E1} erhält man

$$f_{xx}(0; 0) \cdot f_{yy}(0; 0) - f_{xy}^2(0; 0) = -16 < 0.$$

An der Stelle (0; 0) liegt also kein Extremwert vor.
Für x_{E2}, y_{E2} folgt

$$f_{xx}\left(\frac{2}{3}; -\frac{2}{3}\right) \cdot f_{yy}\left(\frac{2}{3}; -\frac{2}{3}\right) - f_{xy}^2\left(\frac{2}{3}; -\frac{2}{3}\right) = 48 > 0$$
$$f_{xx}\left(\frac{2}{3}; -\frac{2}{3}\right) = 8 > 0.$$

An der Stelle $\left(\frac{2}{3}; -\frac{2}{3}\right)$ besitzt die Funktion das Minimum $f\left(\frac{2}{3}; -\frac{2}{3}\right) = \frac{119}{27}$.

In einem rechtwinkligen ebenen Koordinatensystem sind die drei Punkte $A(x_a; y_a)$, $B(x_b; y_b)$ und $C(x_c; y_c)$ durch ihre Koordinaten gegeben. Ein Punkt $M(x; y)$ ist so zu bestimmen, daß die Summe der Quadrate seiner Abstände von den drei Punkten ein Minimum wird.

Lösung: Mit den Bezeichnungen des Bildes 237 soll also das Minimum der Funktion

$$g(u; v; w) = u^2 + v^2 + w^2$$

bestimmt werden. Drückt man u, v, w durch Koordinaten aus, dann erhält man

$$f(x; y) = (x - x_a)^2 + (y - y_a)^2 + (x - x_b)^2 + \\ + (y - y_b)^2 + (x - x_c)^2 + (y - y_c)^2.$$

Es folgt dann

$$f_x(x; y) = 2(x - x_a) + 2(x - x_b) + 2(x - x_c) = 0$$
$$f_y(x; y) = 2(y - y_a) + 2(y - y_b) + 2(y - y_c) = 0$$

und daraus

$$x = \frac{x_a + x_b + x_c}{3} \qquad y = \frac{y_a + y_b + y_c}{3}.$$

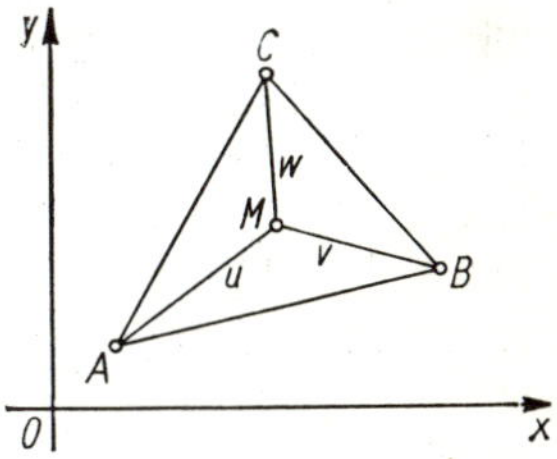

Bild 237

Der gesuchte Punkt M ist also der Schwerpunkt des Dreiecks ABC.
Wegen

$$f_{xx}(x; y) = f_{yy}(x; y) = 6 > 0 \qquad f_{xy}(x; y) = 0$$
$$f_{xx}(x; y)\, f_{yy}(x; y) - f_{xy}(x; y) = 36 > 0$$

liegt tätsächlich ein Minimum vor.

Die Bestimmung der Extremwerte läßt sich auch auf Funktionen von beliebig vielen Variablen übertragen. Ist die Funktion

$$y = f(x_1; x_2; \ldots; x_n)$$

von n unabhängigen Veränderlichen gegeben, dann bildet man die n partiellen Differentialquotienten und setzt sie einzeln gleich Null:

$$\frac{\partial y}{\partial x_1} = 0, \quad \frac{\partial y}{\partial x_2} = 0, \quad \ldots, \quad \frac{\partial y}{\partial x_n} = 0.$$

Aus den n Gleichungen lassen sich dann die Koordinaten $x_1, x_2, \ldots, x_n$ der Extremstelle berechnen. Auf die entsprechenden hinreichenden Bedingungen kann hier nicht eingegangen werden, da sie weitergehende algebraische Hilfsmittel erfordern.

BEISPIEL

4. Man bestimme den Extremwert der Funktion

$$u = x^2 + y^2 + z^2 - xy + 2z + x.$$

Lösung: Aus dem Gleichungssystem

$$\begin{aligned} u_x &= 2x - y + 1 = 0 \\ u_y &= -x + 2y = 0 \\ u_z &= 2z + 2 = 0 \end{aligned}$$

folgt

$$x_E = -\frac{2}{3}; \quad y_E = -\frac{1}{3}; \quad z_E = -1 \quad \text{und damit} \quad \underline{\underline{u_E = -\frac{4}{3}}}.$$

Es läßt sich zeigen (u. a. durch Betrachtung der benachbarten Funktionswerte), daß ein Minimum vorliegt.
(Bei eingekleideten Aufgaben geht meist schon aus der Aufgabenstellung die Existenz und Art des Extremwertes hervor.)

AUFGABEN

Man berechne die Extremstellen und -werte der Funktionen 579 bis 586

579. $z = x^2 - xy + y^2 + 3y$

580. $z = x^2 + 3xy + y^2 - x - 4y + 8$

581. $z = x^2 + y^2 - 4x - 6y + 7$

582. $z = 5(x + 2y - 1) - (x^2 + xy - y^2)$

583. $z = 3x^2 - 4xy + 2y^2 - 24x + 20y - 5$

584. $z = \frac{xy}{27} + \frac{1}{x} - \frac{1}{y}$

585. $z = x^3y^2(1 - x - y)$

586. $z = 2x^3 - 3xy + 2y^3 + 1$

587. Für $f(x; y) = \sin x + \sin y + \sin(x + y)$ sind die im Bereich $0 \leqq x \leqq \frac{\pi}{2}$, $0 \leqq y \leqq \frac{\pi}{2}$ liegenden Extremstellen und zugehörigen Extremwerte zu berechnen.

588. Eine Strecke l ist so in 3 Teile zu teilen, daß deren Produkt ein Maximum ist.

589. Ein Dreieck wird festgelegt durch 3 Geraden mit den Gleichungen $y = x + 2$; $y = -x + 3$; $x - 6 = 0$. Man bestimme die Koordinaten des Punktes, für den die Summe der Quadrate seiner Abstände von den Dreieckseiten ein Minimum ist.

590. Das Volumen eines Quaders sei V. Wie groß müssen die Kanten sein, damit die Oberfläche ein Minimum wird?

591. Ein Kanal besitzt einen trapezförmigen Querschnitt, dessen Fläche A gegeben ist. Wie müssen Höhe h und Böschungswinkel α gewählt werden, damit der benetzte Umfang U ein Minimum wird?

13.6. Maxima und Minima mit Nebenbedingungen

Bei vielen Aufgaben der Extremwertbestimmung sind die Variablen nicht unabhängig voneinander, sondern durch eine oder mehrere Nebenbedingungen miteinander verknüpft.

BEISPIEL

1. Gegeben ist die Summe $2s = x + y + z$ der Dreieckseiten x, y, z. Wie groß müssen die Seiten selbst gewählt werden, damit die Dreieckfläche A ein Maximum wird?

Lösung: Mit A wird auch A^2 ein Maximum. Nach der HERONischen Formel folgt die Forderung:

$$A^2 = f(x; y; z) = s(s - x)(s - y)(s - z) = \text{Maximum},$$

wobei zwischen den Dreieckseiten außerdem die Nebenbedingung

$$\varphi(x; y; z) = x + y + z - 2s = 0$$

besteht.
Diese Aufgabe läßt sich auf 2 Arten lösen. Man kann sie erstens auf eine Extremwertaufgabe ohne Nebenbedingungen zurückführen, indem man die Gleichung $\varphi(x; y; z) = 0$ nach einer Variablen, z. B. z, auflöst und diesen Wert in die Funktion $f(x; y; z)$ einsetzt. Man erhält dann mit $z = 2s - x - y$ eine Funktion von 2 Variablen:

$$g(x; y) = s(s - x)(s - y)(x + y - s).$$

Nach den Methoden des vorigen Abschnitts ergibt sich

$$\begin{aligned} g_x(x; y) &= -s(s - y)(x + y - s) + s(s - x)(s - y) = 0 \qquad \text{(I)}\\ g_y(x; y) &= -s(s - x)(x + y - s) + s(s - x)(s - y) = 0. \end{aligned}$$

Da im Dreieck die Summe zweier Seiten größer ist als die 3. Seite, gilt

$$s - y \neq 0 \quad \text{und} \quad s - x \neq 0.$$

Man erhält aus den Gleichungen (I) nach Division durch s und $s - y$ bzw. $s - x$

$$\begin{aligned} 2s - 2x - y &= 0\\ 2s - x - 2y &= 0 \end{aligned}$$

und schließlich $x_E = y_E = z_E = 2s/3$.
Das Dreieck muß also gleichseitig sein. Wegen

$$g_{xx}(x_E; y_E) = g_{yy}(x_E; y_E) = -\frac{2}{3}s^2 < 0 \quad g_{xy}(x_E; y_E) = -\frac{s^2}{3}$$

$$g_{xx}(x_E; y_E) \cdot g_{yy}(x_E; y_E) - g_{xy}^2(x_E; y_E) = \frac{4s^4}{9} - \frac{s^4}{9} = \frac{s^4}{3} > 0$$

liegt tatsächlich ein Maximum vor.

Die hier verwandte Lösungsmethode hat den Nachteil, daß sie die Veränderlichen nicht gleichmäßig behandelt. Von den 3 zunächst gleichberechtigten Dreieckseiten nimmt z eine Sonderstellung ein, indem es eliminiert wurde. Man nennt solche Lösungen unsymmetrisch. Für verschiedene Aufgaben mit größerer Gleichungsanzahl, z. B. aus der Ausgleichungsrechnung, ist aber gerade die Symmetrie der Lösung notwendig. Außerdem kann es Schwierigkeiten machen, die Nebenbedingung nach einer Veränderlichen aufzulösen. Hier führt ein 2. Lösungsverfahren zum Ziel, das unter Beschränkung auf eine Funktion $z = f(x; y)$ von 2 Variablen und auf eine Nebenbedingung $\varphi(x; y) = 0$ anschaulich hergeleitet werden soll.

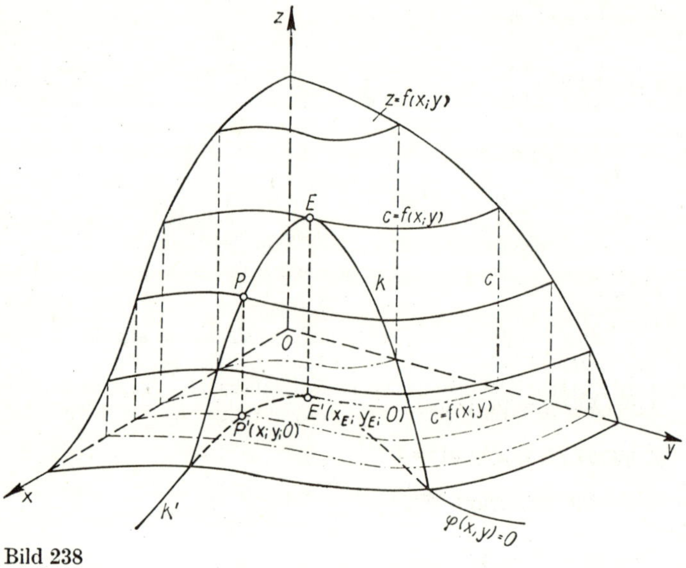

Bild 238

Der Funktion $z = f(x; y)$ läßt sich bekanntlich eine Fläche im Raum zuordnen (Bild 238), während man die Nebenbedingung $\varphi(x; y) = 0$ als die implizite Darstellung einer Funktion von einer unabhängigen Veränderlichen auffassen kann. Diese hat aber als Bild eine Kurve k' in der x,y-Ebene.

Liegt für einen Flächenpunkt $P(x; y; z)$ die Grundrißprojektion P' auf der Kurve k', dann erfüllen dessen Koordinaten x, y die Nebenbedingung $\varphi(x; y) = 0$. Umgekehrt stellt die Menge aller Punkte der Fläche, deren Koordinaten die Nebenbedingung $\varphi(x; y) = 0$ befriedigen, eine in der Fläche gelegene Raumkurve k dar, die die Kurve k' als Grundrißprojektion hat.

Die Aufgabe, das Maximum oder Minimum der Funktion $z = f(x; y)$ unter Beachtung der Nebenbedingung zu berechnen, bedeutet also geometrisch, das Maximum bzw. Minimum dieser Raumkurve zu ermitteln.

Für $z = c = \text{const.}$ erhält man aus der gegebenen Funktion die Gleichung einer Höhenlinie der Höhe c in der Form $c = f(x; y)$ bzw. $f(x; y) - c = 0$. Eine spezielle dieser Höhenlinien berührt die Raumkurve k in dem gesuchten Extrempunkt E (für Bild 238 im Maximumpunkt). Die Grundrißprojektion E' ist der Berührungspunkt zwischen der Kurve k' und der Projektion der Höhenlinie $f(x; y) - c = 0$. Wegen der Berührung haben beide Kurven in E' dieselben Tangenten und damit auch die gleichen Ableitungen. Nach (146) erhält man für die Tangentenneigung von k':

$$y' = -\frac{\varphi_x(x; y)}{\varphi_y(x; y)}$$

und von der Projektion der Höhenlinie

$$y' = -\frac{f_x(x; y)}{f_y(x; y)},$$

gleichgesetzt ergibt dies

$$-\frac{f_x(x; y)}{f_y(x; y)} = -\frac{\varphi_x(x; y)}{\varphi_y(x; y)}.$$

Hieraus folgt, daß die Zähler bzw. die Nenner jeweils proportional sein müssen:

$$f_x(x; y) \sim \varphi_x(x; y) \qquad f_y(x; y) \sim \varphi_y(x; y).$$

Der gemeinsame Proportionalitätsfaktor wird mit $-\lambda$ bezeichnet und heißt LAGRANGEscher *Multiplikator*. Dann folgt:

$$f_x(x; y) = -\lambda\varphi_x(x; y) \qquad f_y(x; y) = -\lambda\varphi_y(x; y)$$

oder

$$f_x(x; y) + \lambda\varphi_x(x; y) = 0 \qquad f_y(x; y) + \lambda\varphi_y(x; y) = 0. \tag{II}$$

Bildet man nun eine Funktion $F(x; y)$ von der Form

$$F(x; y) = f(x; y) + \lambda\varphi(x; y),$$

dann stellen die Gleichungen (II) die partiellen Ableitungen dieser Funktion dar. Durch Zusammenfassung dieser Ergebnisse erhält man folgende **Lagrangesche Multiplikatorenregel** für 2 Variable:

Um die Extremwerte der Funktion $z = f(x; y)$ bei Berücksichtigung der Nebenbedingung $\varphi(x; y) = 0$ zu bestimmen, setzt man unter Verwendung eines unbekannten Multiplikators λ die Funktion

$$F(x; y) = f(x; y) + \lambda\varphi(x; y)$$

an. Bildet man ihre partiellen Ableitungen und setzt diese gleich Null, dann kann man aus den beiden Gleichungen

$$F_x(x; y) = f_x(x; y) + \lambda\varphi_x(x; y) = 0$$

$$F_y(x; y) = f_y(x; y) + \lambda\varphi_y(x; y) = 0$$

in Verbindung mit der Nebenbedingung

$$\varphi(x; y) = 0$$

die Koordinaten x_E, y_E der Extremstelle und den Multiplikator λ berechnen.

Die Frage, ob ein Maximum, Minimum oder Sattelwert vorliegt, ist hiermit noch nicht entschieden.

BEISPIELE

2. Gesucht werden die Extremstelle und der Extremwert der Funktion $f(x; y) = x^2 + y^2$, wobei zwischen den Variablen die Nebenbedingung $\varphi(x; y) = x + y - 1 = 0$ besteht.

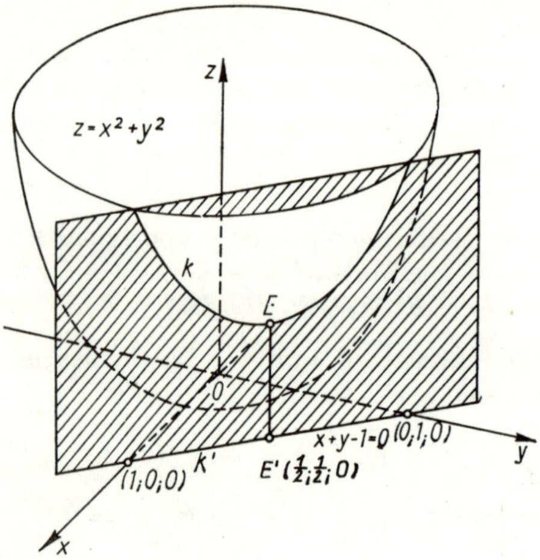

Bild 239

Lösung: Man bildet die Funktion

$$F(x; y) = x^2 + y^2 + \lambda(x + y - 1)$$

und erhält durch Nullsetzen der partiellen Ableitungen die Gleichungen

$$F_x(x; y) = 2x + \lambda = 0$$
$$F_y(x; y) = 2y + \lambda = 0.$$

Daraus folgt $x = y$
und damit aus der Nebenbedingung $x + y - 1 = 0$

$$x_E = y_E = \frac{1}{2}.$$

Für den Funktionswert an dieser Stelle ergibt sich

$$f\left(\frac{1}{2}; \frac{1}{2}\right) = \frac{1}{2}.$$

Bild 239 veranschaulicht das Ergebnis. E stellt einen Minimumpunkt dar.

Letzteres kann man auch aus der Höhenliniendarstellung der Fläche ablesen, in welche auch die Kurve k' mit eingezeichnet wird (Bild 240). Durch Vergleichen der Höhen der Schnittpunkte zwischen k und den Höhenlinien ergibt sich E als der tiefste Punkt der Raumkurve k.

3. Aus vier gegebenen Strecken der Längen a, b, c, d soll ein Viereck mit maximaler Fläche A gebildet werden. Wie sind die Winkel des Vierecks zu wählen?

Lösung: Mit den Bezeichnungen des Bildes 241 ergibt sich für die Fläche

$$A = \frac{1}{2}\, ad \sin x + \frac{1}{2}\, bc \sin y$$

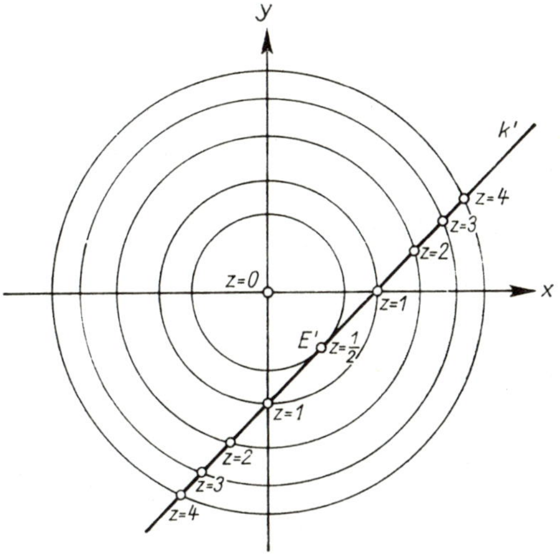

Bild 240

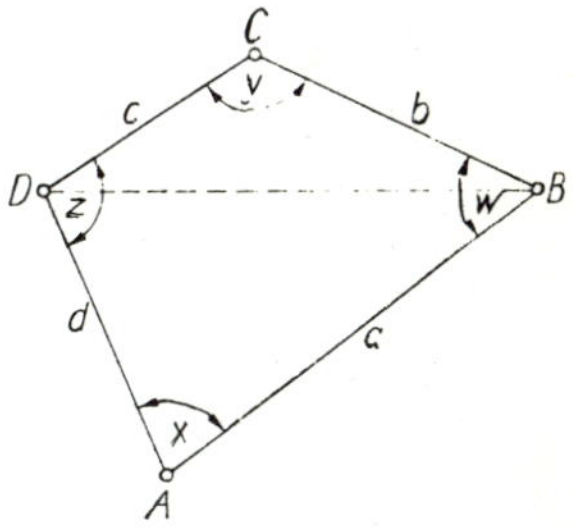

Bild 241

oder, da mit A auch $2A$ ein Maximum wird,

$$f(x; y) = 2A = ad \sin x + bc \sin y.$$

Die Nebenbedingung ergibt sich aus der Tatsache, daß man die Diagonale BD aus den beiden Dreiecken DBC und ABD berechnen kann:

$$\overline{BD}^2 = a^2 + d^2 - 2ad \cos x = b^2 + c^2 - 2bc \cos y$$

oder

$$\varphi(x; y) = a^2 + d^2 - 2ad \cos x - b^2 - c^2 + 2bc \cos y = 0.$$

Damit bildet man

$$F(x; y) = ad \sin x + bc \sin y + \lambda(a^2 + d^2 - 2ad \cos x - b^2 - c^2 + 2bc \cos y).$$

Aus den Gleichungen

$$F_x(x; y) = ad \cos x + 2\lambda ad \sin x = 0$$

$$F_y(x; y) = bc \cos y - 2\lambda bc \sin y = 0$$

folgt

$$\cos x = -2\lambda \sin x$$

$$\cos y = \quad 2\lambda \sin y.$$

Durch Division beider Gleichungen eliminiert man λ:

$$\frac{\cos x}{\cos y} = -\frac{\sin x}{\sin y}.$$

Daraus ergibt sich

$$\sin y \cos x + \cos y \sin x = 0$$

oder

$$\sin(x + y) = 0.$$

Von den beiden Lösungen $x + y = 0$ und $x + y = \pi$ hat nur die zweite geometrisch einen Sinn. Da daraus aber auch $w + z = \pi$ folgt, sind also die Winkel so zu wählen, daß die Summe zweier gegenüberliegender Winkel 180° beträgt. Das Viereck mit maximalem Flächeninhalt ist deshalb ein Sehnenviereck, d. h., seine Eckpunkte liegen auf einem Kreis.

Die Lagrangesche Multiplikatorenregel läßt sich auch auf Funktionen von mehreren Variablen und ebenso auf das Vorhandensein von mehreren Nebenbedingungen übertragen. Ohne Beweis wird hier die dann anzuwendende **verallgemeinerte Lagrangesche Multiplikatorenregel mitgeteilt:**

Gegeben ist die Funktion

$$y = f(x_1; x_2; \ldots; x_n)$$

von n Veränderlichen, die durch m Nebenbedingungen $(m < n)$

$$\left.\begin{cases} \varphi_1(x_1; x_2; \ldots; x_n) = 0 \\ \varphi_2(x_1; x_2; \ldots; x_n) = 0 \\ \cdots\cdots\cdots \\ \varphi_m(x_1; x_2; \ldots; x_n) = 0 \end{cases}\right\} \qquad \text{(III)}$$

miteinander verbunden sind. Um die Extremwerte der Funktion zu bestimmen, bildet man unter Einführung von m Multiplikatoren $\lambda_1, \lambda_2, \ldots, \lambda_m$ die Funktion

$$F(x_1; \ldots; x_n) = f(x_1; \ldots; x_n) + \lambda_1 \varphi_1(x_1; \ldots; x_n) + \cdots + \lambda_m \varphi_m(x_1; \ldots; x_n)$$

und setzt die partiellen Ableitungen gleich Null:

$$\left.\begin{cases} F_{x1}(x_1; \ldots; x_n) = 0 \\ F_{x2}(x_1; \ldots; x_n) = 0 \\ \cdots\cdots\cdots \\ F_{xn}(x_1; \ldots; x_n) = 0. \end{cases}\right\} \qquad \text{(IV)}$$

Aus diesen $n + m$ Gleichungen (III) und (IV) kann man die Koordinaten x_{1E}, $x_{2E}, \ldots, x_{nE}$ der Extremstelle und die Multiplikatoren $\lambda_1, \lambda_2, \ldots, \lambda_m$ berechnen.

Allgemeine Formeln für die Untersuchung, ob ein Maximum oder ein Minimum vorliegt, können hier nicht angegeben werden. Es muß für jede Aufgabe gesondert entschieden werden und ergibt sich meist aus der Aufgabenstellung heraus.
Da die Multiplikatoren nur als Hilfsgrößen eingeführt wurden, wird ihr Wert selbst meist nicht benötigt. Man versucht deshalb, sie aus den Gleichungen gleich am Anfang der Rechnung zu eliminieren.

BEISPIEL

4. Gegeben sind die Parabel mit der Gleichung

$$16x^2 - 24xy + 9y^2 + 9x - 38y + 154 = 0$$

und die Gerade mit der Gleichung

$$3x + 4y + 21 = 0.$$

Gesucht wird der kürzeste Abstand d der Geraden von der Parabel.

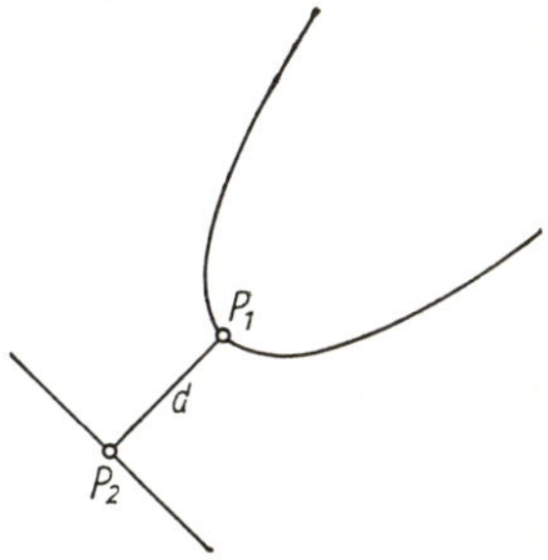

Bild 242

Lösung: Liegen P_1 auf der Parabel und P_2 auf der Geraden (Bild 242), dann gilt:

$$d^2 = f(x_1; x_2; y_1; y_2) = (x_1 - x_2)^2 + (y_1 - y_2)^2$$

$$\varphi_1(x_1; x_2; y_1; y_2) = 16x_1^2 - 24x_1y_1 + 9y_1^2 + 9x_1 - 38y_1 + 154 = 0$$

$$\varphi_2(x_1; x_2; y_1; y_2) = 3x_2 + 4y_2 + 21 = 0.$$

Man bildet

$$F(x_1; \ldots; y_2) = f(x_1; \ldots; y_2) + \lambda_1\varphi_1(x_1; \ldots; y_2) + \lambda_2\varphi_2(x_1; \ldots; y_2)$$

und erhält

$$F_{x1}(x_1; \ldots; y_2) = 2(x_1 - x_2) + \lambda_1(32x_1 - 24y_1 + 9) = 0 \qquad \text{(V)}$$

$$F_{x2}(x_1; \ldots; y_2) = -2(x_1 - x_2) + \lambda_2 \cdot 3 = 0 \qquad \text{(VI)}$$

$$F_{y1}(x_1; \ldots; y_2) = 2(y_1 - y_2) + \lambda_1(-24x_1 + 18y_1 - 38) = 0 \qquad \text{(VII)}$$

$$F_{y2}(x_1; \ldots; y_2) = -2(y_1 - y_2) + \lambda_2 \cdot 4 = 0. \qquad \text{(VIII)}$$

Aus (V) und (VII) folgt durch Elimination von λ_1:

$$\frac{x_1 - x_2}{y_1 - y_2} = \frac{32x_1 - 24y_1 + 9}{-24x_1 + 18y_1 - 38} \qquad \text{(IX)}$$

und entsprechend aus (VI) und (VIII) durch Elimination von λ_2:

$$\frac{x_1 - x_2}{y_1 - y_2} = \frac{3}{4}. \qquad \text{(X)}$$

Gleichsetzen von (IX) und (X) liefert:

$$y_1 = \frac{4}{3} x_1 + 1 \qquad \text{(XI)}$$

und schließlich (XI) in $\varphi_1(x_1; \ldots; y_2)$ eingesetzt:

$$x_{1E} = 3 \qquad y_{1E} = 5.$$

Damit erhält man aus (X) und $\varphi_2(x_1; \ldots; y_2)$:

$$x_{2E} = -3 \qquad y_{2E} = -3$$

und schließlich für den gesuchten Abstand

$$\underline{\underline{d = 10.}}$$

AUFGABEN

592. Man bestimme die Extremstellen und Extremwerte der Funktion $z = 3 - \frac{3}{4} x - y$ unter Beachtung der Nebenbedingung $4x^2 + 4y^2 - 9 = 0$ und überlege sich anschaulich wie in Bild 239, wo ein Maximum oder Minimum vorliegt.

Man berechne die Extremstellen und Extremwerte der Funktionen 593 bis 596 mit Nebenbedingungen.

593. $f(x; y) = xy \qquad \varphi(x; y) = x^2 + y^2 - a^2 = 0$

(Durch Höhenliniendarstellung ist bei dieser Aufgabe entsprechend Bild 240 die Art der vorhandenen Extremwerte zu bestimmen.)

594. $u = x^3 + y^3 + z^3 \qquad x + y + z = 6$

595. $u = x + y + z \qquad \frac{4}{x} + \frac{9}{y} + \frac{16}{z} = 1$

596. $u = xyz \qquad \frac{1}{x} + \frac{1}{y} + \frac{1}{z} = 3$

597. Man behandle das Beispiel 1. aus 13.6. nach der LAGRANGEschen Methode.

598. Welcher Punkt P_1 der Hyperbel mit der Gleichung $x^2 - y^2 = 1$ hat von dem Punkt $P_0(0; 1)$ die kleinste Entfernung?

599. Die Gleichung einer Ellipse, deren Mittelpunkt mit dem Koordinatenursprung zusammenfällt, lautet $5x^2 - 8xy + 5y^2 - 9 = 0$. Man bestimme die Halbachsen a und b.

600. Welches dem Kreis mit dem Radius r einbeschriebene Fünfeck besitzt den größten Inhalt?

601. Gegeben ist ein Sektor mit dem Inhalt A. Wie groß muß der Radius sein, damit der Sektorumfang ein Minimum wird?

602. Man bestimme den Kreiszylinder, der bei gegebener Oberfläche A_0 das größte Volumen besitzt.

603. Die Zahl a ist so in 3 Summanden zu zerlegen, daß deren Produkt ein Maximum ist.

14. Mehrfache Integrale

14.1. Flächenberechnung

14.1.1. Cartesische Koordinaten

Das Integral $\int_a^b f(x)\,\mathrm{d}x$ wurde als Grenzwert einer Summe entwickelt, als es galt, die Fläche unter einer Kurve zu berechnen. Die in Rechtecke zerlegte Fläche hatte den genäherten Wert

$$\sum_{x=a}^{b} f(x)\,\Delta x,$$

wobei jeder Summand $f(x)\,\Delta x$ ein solches Rechteck darstellte. Es ist aber nun möglich, bereits jedes einzelne Rechteck wiederum durch eine Summe von Flächenteilchen darzustellen. Man wählt als solche Teilchen Rechtecke mit den Seiten Δx und Δy (Bild 243). Ein „großes" Rechteck hat dann angenähert den Inhalt

$$\sum_{y=0}^{f(x)} \Delta y\,\Delta x;$$

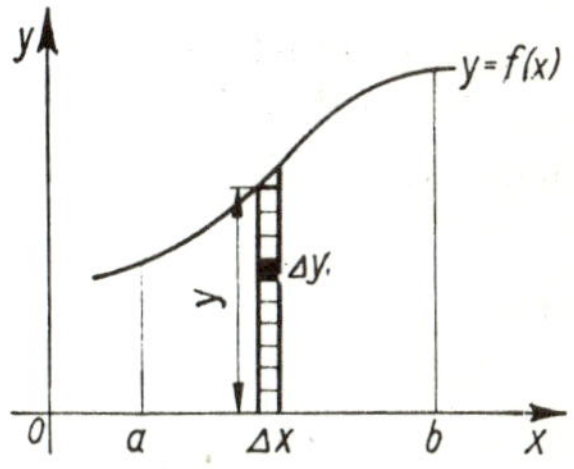

Bild 243

die Summation erfolgt in Richtung der y-Achse bis zur Kurve der Funktion mit der Gleichung $y = f(x)$. Um die Gesamtfläche unter der Kurve zwischen den Abszissen a und b zu erhalten, ist dann noch in Richtung der x-Achse von a bis b über alle „großen" Rechtecke zu summieren. Man schreibt also die Doppelsumme

$$A \approx \sum_{x=a}^{b} \sum_{y=0}^{f(x)} \Delta y\,\Delta x.$$

Durch Grenzübergang gehen die Summen in Integrale über, und man erhält:

$$\boxed{A = \int_{x=a}^{b} \int_{y=0}^{f(x)} \mathrm{d}y\,\mathrm{d}x} \qquad (148)$$

$\mathrm{d}y\,\mathrm{d}x$ nennt man *Flächendifferential.*

BEISPIELE

1. Berechnung der Fläche des Viertelkreises (Bild 244).
   Lösung: Man lege ein *beliebiges* Flächendifferential $\mathrm{d}x\,\mathrm{d}y$ in den Kreis. Integriert man zunächst in der y-Richtung, so lagert man gewissermaßen die Differentiale $\mathrm{d}x\,\mathrm{d}y$ übereinander

von $y = 0$ bis $y = \sqrt{r^2 - x^2}$. Es ist dann, wie man sagen kann, ein *Fadendifferential* entstanden:

$$\mathrm{d}A = \int\limits_{y=0}^{\sqrt{r^2-x^2}} \mathrm{d}y\,\mathrm{d}x.$$

Man beachte, daß bei dieser Integration x und auch $\mathrm{d}x$ konstant bleiben. Integriert man nun über die Fadendifferentiale, die in Richtung x-Achse von 0 bis r nebeneinanderliegen, so ergibt sich die Viertelkreisfläche zu

$$A = \int\limits_{x=0}^{r} \int\limits_{y=0}^{\sqrt{r^2-x^2}} \mathrm{d}y\,\mathrm{d}x.$$

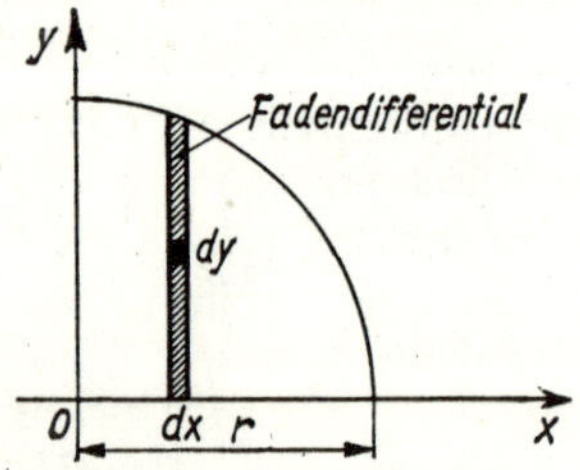

Bild 244

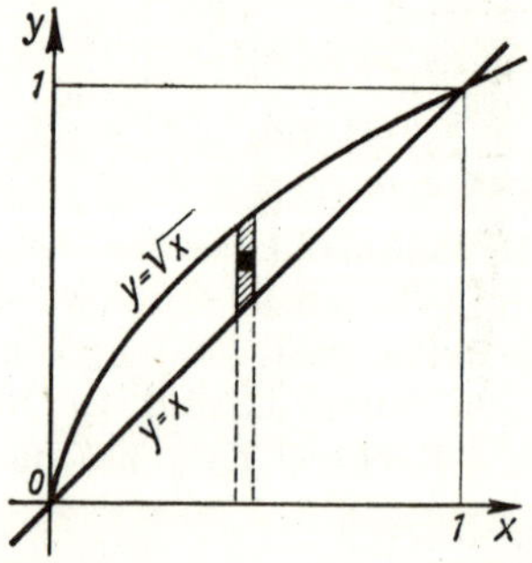

Bild 245

Dieses Doppelintegral setzt sich aus einem *inneren* und einem *äußeren* Integral zusammen. Man berechne zunächst das innere Integral, zu dem das Differential $\mathrm{d}y$ gehört (d. h. also Integration in der Richtung der y-Achse, y ist die Integrationsvariable).
Symbolisch schreibt man:

$$A = \int\limits_{x=0}^{r} y \Big|_0^{\sqrt{r^2-x^2}} \mathrm{d}x = \int\limits_{x=0}^{r} \sqrt{r^2 - x^2}\,\mathrm{d}x.$$

Das verbleibende äußere Integral mit dem Differential $\mathrm{d}x$ hat konstante Grenzen und kann nun berechnet werden. Man erhält

$$A = \frac{1}{4}\pi r^2.$$

2. Man berechne die Fläche, die von den Kurven mit den Gleichungen $y = x$ und $y = \sqrt{x}$ begrenzt wird (Bild 245).

Lösung: Ein beliebig in die Fläche gelegtes Flächendifferential ist zunächst in Richtung y-Achse von $y = x$ bis $y = \sqrt{x}$ zu integrieren. Das so erhaltene Fadendifferential ist sodann in x-Richtung von 0 bis 1 zu integrieren, weil sich die Kurven für $x = 1$ schneiden. Man erhält also

$$A = \int\limits_{x=0}^{1} \int\limits_{y=x}^{\sqrt{x}} \mathrm{d}y\,\mathrm{d}x = \int\limits_{x=0}^{1} y \Big|_x^{\sqrt{x}} \mathrm{d}x = \int\limits_{x=0}^{1} \left(\sqrt{x} - x\right) \mathrm{d}x = \left(\frac{2}{3}\,x\sqrt{x} - \frac{x^2}{2}\right)\Big|_0^1 = \frac{1}{6}.$$

14.1.2. Angepaßte Koordinaten

Oftmals vereinfacht sich die Berechnung mehrfacher Integrale, wenn man Koordinaten einführt, die sich der zu berechnenden Fläche „anpassen". So erscheint es z. B. zweckmäßig, bei der Berechnung ebener Flächen, die durch Drehung eines Radiusvektors erzeugt werden, *Polarkoordinaten* anzuwenden. In der Ebene erhält man dann ein Flächendifferential (Bild 246), das von zwei Differentialen $\mathrm{d}r$ des Leitstrahles und zwei Bogendifferentialen $r\,\mathrm{d}\varphi$ um so besser rechteckförmig begrenzt wird, je kleiner man die Differentiale $\mathrm{d}r$ und $\mathrm{d}\varphi$ ansetzt. Es ist also

$$\mathrm{d}A = r\,\mathrm{d}r\,\mathrm{d}\varphi.$$

Die Integration, d. h. das Ausfüllen der Fläche mit diesen Flächendifferentialen $\mathrm{d}A$, erfolgt einmal in der Richtung des Leitstrahles (r-Richtung) und dann noch durch Drehung des erhaltenen, nach O hin zugespitzten Fadendifferentials um den Ursprung in Richtung des Argumentes φ. Man kann also schreiben:

$$\boxed{A = \int\limits_{\varphi=\varphi_1}^{\varphi_2} \int\limits_{r=0}^{r(\varphi)} r\,\mathrm{d}r\,\mathrm{d}\varphi.} \qquad (149)$$

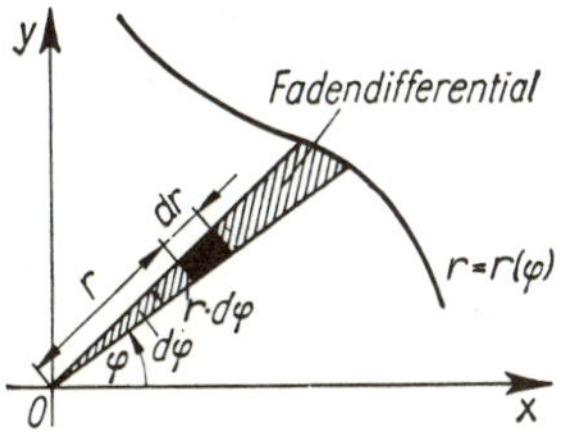

Bild 246

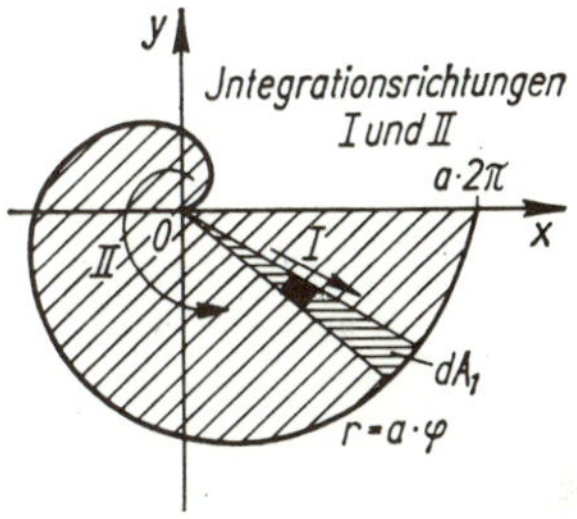

Bild 247

BEISPIELE

1. Berechnung der vom Leitstrahl bei der ersten Umdrehung überstrichenen Fläche der Spirale mit der Gleichung $r = a\varphi$ $(a > 0)$ (Bild 247).

   Lösung: Man legt in die Fläche ein beliebiges Flächendifferential $\mathrm{d}A$. Integriert man nun bei konstantem φ „von innen nach außen", so muß man von 0 bis $a\varphi$ über die Variable r integrieren; sodann wird in der φ-Richtung mit der Variablen φ von 0 bis 2π integriert, also

$$A = \int\limits_{\varphi=0}^{2\pi} \int\limits_{r=0}^{a\varphi} r\,\mathrm{d}r\,\mathrm{d}\varphi = \int\limits_{\varphi=0}^{2\pi} \frac{r^2}{2}\Bigg|_0^{a\varphi} \mathrm{d}\varphi = \frac{a^2}{2}\int\limits_{\varphi=0}^{2\pi} \varphi^2\,\mathrm{d}\varphi = \frac{a^2}{6}\,\varphi^3\Bigg|_0^{2\pi} = \underline{\underline{\frac{4}{3}\,a^2\pi^3}}$$

2. Berechnung der von der Kardioide $r = 1 + \cos\varphi$ umschlossenen Fläche (Bild 248).

Lösung: Unter Beachtung der Symmetrie gilt das Integral

$$A = 2 \cdot \int\limits_{\varphi=0}^{\pi} \int\limits_{r=0}^{1+\cos\varphi} r\,\mathrm{d}r\,\mathrm{d}\varphi = \int\limits_{\varphi=0}^{\pi} r^2 \Big|_0^{1+\cos\varphi} \mathrm{d}\varphi = \int\limits_{\varphi=0}^{\pi} (1 + 2\cos\varphi + \cos^2\varphi)\,\mathrm{d}\varphi =$$

$$= \left[\varphi + 2\sin\varphi + \frac{1}{2}\left(\varphi + \frac{1}{2}\sin 2\varphi\right)\right]\Bigg|_0^{\pi} = \underline{\underline{\frac{3}{2}\pi}}.$$

AUFGABEN

604. Man berechne mit einem Doppelintegral die Fläche der Ellipse mit den Halbachsen a und b.

605. Für die Kurve mit der Gleichung

$$(x^2 + y^2)^2 - 2xy = 0$$

berechne man die umschlossene Fläche mit einem Doppelintegral.

606. Man berechne die von den Kurven mit den Gleichungen $y = \mathrm{e}x^2$ und $y = \mathrm{e}^x$ begrenzte Fläche mit einem Doppelintegral ($x \geqq 0$).

607. Mit einem Doppelintegral berechne man die Fläche, welche von der Kurve mit der Gleichung $r = \sin\varphi\cos\varphi$ umschlossen wird.

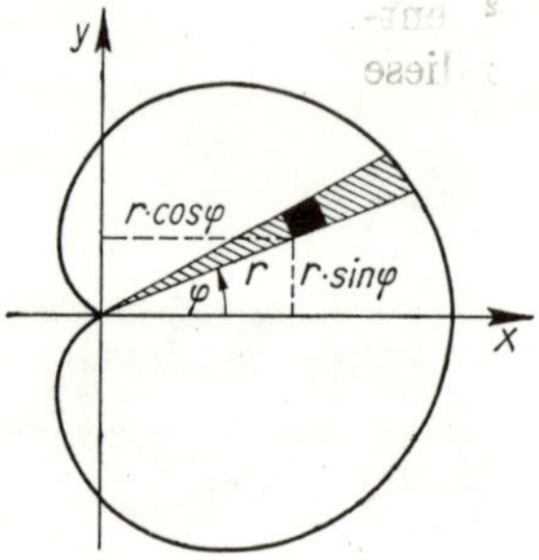

Bild 248

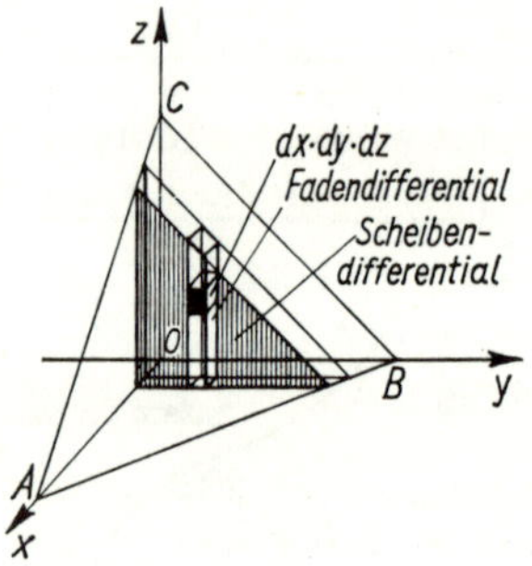

Bild 249

14.2. Volumenberechnung

14.2.1. Cartesische Koordinaten

Es bereitet keine Schwierigkeiten, das für die Flächenberechnung entwickelte Doppelintegral nun für die Volumenberechnung zum dreifachen Integral zu erweitern. Ein *Volumendifferential* (Quader) $\Delta x\,\Delta y\,\Delta z$ liege im x,y,z-Koordinatensystem so, daß seine Seiten je zu den drei Raumachsen parallel laufen. Ein vorgegebenes Volumen (in Bild 249 ist dies die Pyramide $OABC$) kann mit diesen Volumendifferentialen in den drei Achsenrichtungen nacheinander angenähert ausgefüllt werden:

1. Summation in Richtung der z-Achse ergibt ein *Fadendifferential*,
2. Summation der Fadendifferentiale in Richtung der y-Achse ergibt ein *Scheibendifferential*,
3. Summation der Scheibendifferentiale in Richtung der x-Achse ergibt das gesamte *Volumen*.

Diese Betrachtung führt im Grenzübergang zu dem dreifachen Integral (in allgemeiner Schreibweise):

$$\boxed{V = \int_{x=x_1}^{x_2} \int_{y=y_1}^{y_2} \int_{z=z_1}^{z_2} \mathrm{d}z\,\mathrm{d}y\,\mathrm{d}x} \tag{150}$$

An einem Beispiel soll das Festlegen der Integrationsgrenzen und die Berechnung des Integrales gezeigt werden. Die Parabel mit der Gleichung $z = y^2$ rotiere um die z-Achse. Das Volumen des entstehenden Paraboloides soll berechnet werden, wenn die Höhe des Paraboloides $h = 9$ sei. In Bild 250 ist das Paraboloid in Grund- und Aufriß dargestellt.

Man legt ein Volumendifferential $\mathrm{d}V$ *beliebig* in den Körper. Die Integration dieses Differentiales in Richtung der z-Achse erfolgt von der Paraboloidoberfläche bis zum Deckkreis des Körpers. Hat $\mathrm{d}V$ die Koordinaten x, y, z, so bleiben bei dieser Integration x und y konstant, während sich z ändert. Sein oberster Wert ist 9. Hat $\mathrm{d}V$ von der z-Achse den Abstand $r = \sqrt{x^2 + y^2}$, so ist der unterste Wert von z, der einem Punkt der drehenden Parabel $z = r^2$ entspricht, gleich $r^2 = x^2 + y^2$. In Bild 250 ist diese Parabel im Aufriß angedeutet.

Das Fadendifferential ist somit

$$\mathrm{d}V_1 = \int_{z=x^2+y^2}^{9} \mathrm{d}z\,\mathrm{d}y\,\mathrm{d}x.$$

Integriert man nun die Fadendifferentiale in Richtung der y-Achse, so legt man gewissermaßen einen ebenen Schnitt durch das Paraboloid, der im Grundriß als Sehne senkrecht zur x-Achse im Kreis mit dem Radius $r_1 = 3$ des Deckkreises erscheint. Bei dieser Integration bleibt x konstant, und y wandert von $-\sqrt{9 - x^2}$ bis $+\sqrt{9 - x^2}$.

Also ist das Scheibendifferential

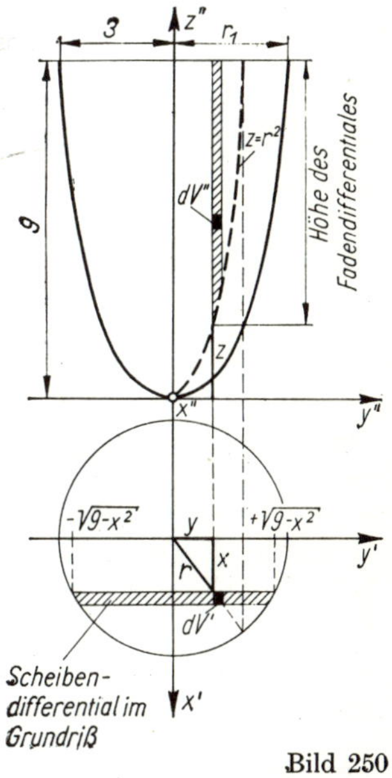

Bild 250

$$\mathrm{d}V_2 = \int_{y=-\sqrt{9-x^2}}^{+\sqrt{9-x^2}} \int_{z=x^2+y^2}^{9} \mathrm{d}z\,\mathrm{d}y\,\mathrm{d}x.$$

Nun wird schließlich die Integration in Richtung der x-Achse ausgeführt. Das Scheibendifferential durchwandert das Paraboloid von $x = -3$ bis $x = +3$. Es ergibt sich

$$V = \int_{x=-3}^{+3} \int_{y=-\sqrt{9-x^2}}^{+\sqrt{9-x^2}} \int_{z=x^2+y^2}^{9} \mathrm{d}z\,\mathrm{d}y\,\mathrm{d}x.$$

Die Integration hat sich in drei Schritten zu vollziehen (wobei — wie bei mehrfachen Integralen üblich — in den Zwischenrechnungen statt der Integrationsgrenzen nur die Integrationsvariablen angegeben sind):

1. Integration nach z:

$$V = \int_x \int_y z \Big|_{x^2+y^2}^{9} \mathrm{d}y \, \mathrm{d}x = \int_x \int_y (9 - x^2 - y^2) \, \mathrm{d}y \, \mathrm{d}x;$$

2. Integration nach y:

$$V = \int_x \left(9y - x^2 y - \frac{y^3}{3}\right) \Bigg|_{-\sqrt{9-x^2}}^{+\sqrt{9-x^2}} \mathrm{d}x =$$

$$= \int_x \left[2(9 - x^2) \sqrt{9 - x^2} - \frac{2}{3} (9 - x^2) \sqrt{9 - x^2}\right] \mathrm{d}x =$$

$$= \frac{4}{3} \int_x (9 - x^2) \sqrt{9 - x^2} \, \mathrm{d}x;$$

3. Integration nach x:

$$V = \frac{4}{3} \left[9 \int_x \sqrt{9 - x^2} \, \mathrm{d}x - \int_x x^2 \sqrt{9 - x^2} \, \mathrm{d}x\right].$$

Beide auftretenden Integraltypen wurden bereits behandelt; es ergibt sich

$$\underline{\underline{V = \frac{81}{2} \pi.}}$$

Das Beispiel zeigt das Spiel der Integralgrenzen. Beim inneren Integral hängen diese (zumindest die untere) von x und y ab, beim mittleren Integral nur noch von x, und beim letzten Integral sind beide Grenzen konstant. Daher kann dieses auch nur als letztes integriert werden, da bei einer anderen Reihenfolge sonst das letzte Integral beim Einsetzen der Grenzen wieder Variable in den Wert des Integrales einführen würde.

14.2.2. Angepaßte Koordinaten

Für die Berechnung vieler Körper, insbesondere Drehkörper, führt man *Zylinderkoordinaten* ein. In dem im Bild 251 dargestellten räumlichen Koordinatensystem $(x; y; z)$ kann die Lage eines Raumpunktes festgelegt werden durch die 3 Koordinaten φ, r, z. Es bedeuten r und φ die Polarkoordinaten in der x,y-Ebene, und z gibt die Höhenlage des Punktes über der x,y-Ebene an. Das Volumendifferential ergibt sich zu

$$\mathrm{d}V = r \mathrm{d}z \, \mathrm{d}r \, \mathrm{d}\varphi.$$

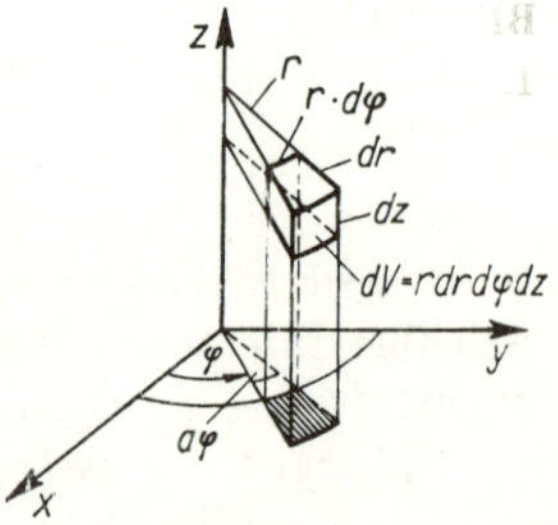

Bild 251

Die Integration geschieht jetzt in Richtung der drei Zylinderkoordinaten:

1. in der z-Richtung;
2. in der r-Richtung;
3. in der φ-Richtung.

Natürlich kann die Reihenfolge der Integrationsrichtungen vertauscht werden; die Hauptsache ist, daß das zu berechnende Volumen vollständig mit den Volumendifferentialen ausgefüllt wird und daß im letzten Integral konstante Grenzen auftreten. Dieses letzte Integral muß nur noch eine Variable mit ihrem Differential enthalten.

Als einfachstes Beispiel diene zunächst der Drehzylinder vom Radius r_1 und der Höhe h. Er stehe auf der x, y-Ebene so, daß seine Achse auf der z-Achse liegt. Man lege in das Zylinderinnere beliebig ein Volumendifferential. Die Integration in der z-Richtung bei konstantem φ und r ergibt das *Fadendifferential*

$$\mathrm{d}V_1 = \int\limits_{z=0}^{h} r\,\mathrm{d}z\,\mathrm{d}r\,\mathrm{d}\varphi.$$

Die nun erfolgende Integration in der r-Richtung liefert das *Scheibendifferential*

$$\mathrm{d}V_2 = \int\limits_{r=0}^{r_1}\int\limits_{z=0}^{h} r\,\mathrm{d}z\,\mathrm{d}r\,\mathrm{d}\varphi.$$

Endlich ergibt die Integration in der φ-Richtung das gesamte Zylindervolumen:

$$V = \int\limits_{\varphi=0}^{2\pi}\int\limits_{r=0}^{r_1}\int\limits_{z=0}^{h} r\,\mathrm{d}z\,\mathrm{d}r\,\mathrm{d}\varphi = \int\limits_{\varphi=0}^{2\pi}\int\limits_{r=0}^{r_1} rh\,\mathrm{d}r\,\mathrm{d}\varphi =$$

$$= h\int\limits_{\varphi=0}^{2\pi}\frac{r_1^2}{2}\,\mathrm{d}\varphi = h\,\frac{r_1^2}{2}\,2\pi = \underline{\underline{\pi r_1^2 h}}.$$

Da bei diesem Integral *alle* Grenzen konstant sind, hätte man auch in beliebig anderer Reihenfolge integrieren können, wovon man sich durch Nachrechnen leicht überzeugen kann. Man mache sich hierbei auch die geometrische Auffüllung des Zylindervolumens mit den Volumendifferentialen klar.

BEISPIELE

1. Das im vorigen Abschnitt berechnete Paraboloid soll mit Zylinderkoordinaten ermittelt werden.

   Lösung: Wenn man der Reihe nach in der z-, r- und φ-Richtung integriert, gilt das dreifache Integral

$$V = \int\limits_{\varphi=0}^{2\pi}\int\limits_{r=0}^{3}\int\limits_{z=r^2}^{9} r\,\mathrm{d}z\,\mathrm{d}r\,\mathrm{d}\varphi = \int\limits_{\varphi}\int\limits_{r} r(9-r^2)\,\mathrm{d}r\,\mathrm{d}\varphi =$$

$$= \int\limits_{\varphi}\left(\frac{9r^2}{2}-\frac{r^4}{4}\right)\Bigg|_0^3\,\mathrm{d}\varphi = \int\limits_{\varphi}\left(\frac{81}{2}-\frac{81}{4}\right)\mathrm{d}\varphi = \frac{81}{4}\,2\pi = \underline{\underline{\frac{81}{2}\pi}}.$$

2. Die Halbkugel vom Radius R werde von einem Zylinder vom Radius $R/2$ so durchdrungen, daß der Kugelmittelpunkt auf dem Zylindermantel liegt. Man berechne das beiden Körpern gemeinsame Volumen.
Lösung: Bild 252a zeigt die beiden Körper passend in ein Koordinatensystem gestellt. Der Grundkreis des Zylinders hat, wie man aus Bild 252b erkennt, in Polarkoordinaten die Gleichung $r = R\cos\varphi$. Da beide Körper in bezug auf die y, z-Ebene symmetrisch liegen, berechnet man nur das gemeinsame Volumen auf der Seite der positiven x-Achse, also die Hälfte des gesuchten Volumens. Die Integration erfolgt nun mit Zylinderkoordinaten in drei Richtungen:
1. *Integration in der z-Richtung* von $z = 0$ bis an die Kugeloberfläche zum Punkte P. P hat, wie aus $\triangle\, OP_0P$ folgt, die z-Koordinate $\sqrt{R^2 - r^2}$.
2. *Integration in der r-Richtung* von $r = 0$ bis zum Umfang des Grundkreises, also bis $R\cos\varphi$.
3. *Integration in der φ-Richtung* von $\varphi = 0$ bis $\pi/2$.

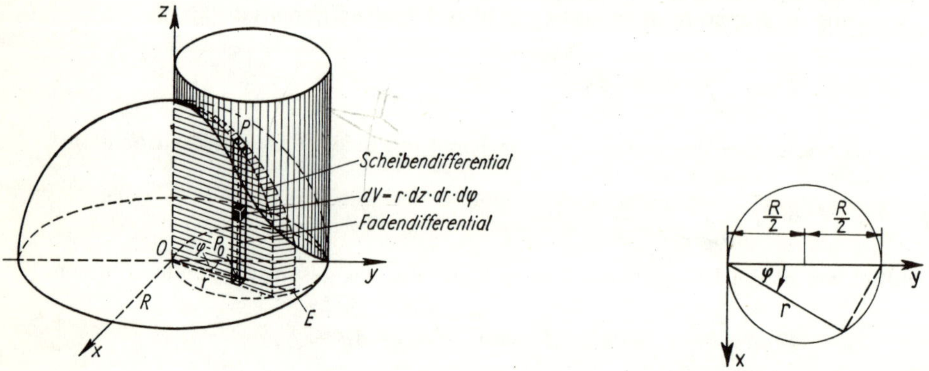

Bild 252 a b

1. ergibt das Fadendifferential, welches durch 2. von innen nach außen geschoben wird und dabei das Scheibendifferential bildet. 3. dreht das Scheibendifferential durch das gesuchte Halbvolumen mit der z-Achse als Drehachse.
Es gilt somit

$$\frac{V}{2} = \int\limits_{\varphi=0}^{\frac{\pi}{2}} \int\limits_{r=0}^{R\cos\varphi} \int\limits_{z=0}^{\sqrt{R^2-r^2}} r\,\mathrm{d}z\,\mathrm{d}r\,\mathrm{d}\varphi = \int\limits_{\varphi}\int\limits_{r} r\sqrt{R^2 - r^2}\,\mathrm{d}r\,\mathrm{d}\varphi.$$

Die Substitution $R^2 - r^2 = t$ mit $-2r\,\mathrm{d}r = \mathrm{d}t$ führt das Integral über in

$$\frac{V}{2} = \int\limits_{\varphi=0}^{\frac{\pi}{2}} \int\limits_{t=R^2\sin^2\varphi}^{R^2} \frac{1}{2}\sqrt{t}\,\mathrm{d}t\,\mathrm{d}\varphi = \frac{1}{3}\int\limits_{\varphi} t\sqrt{t}\,\Big|_{R^2\sin^2\varphi}^{R^2}\mathrm{d}\varphi = \frac{R^3}{3}\int\limits_{\varphi}(1 - \sin^3\varphi)\,\mathrm{d}\varphi =$$

$$= \frac{R^3}{3}\left(\varphi - \frac{\cos^3\varphi}{3} + \cos\varphi\right)\Bigg|_0^{\frac{\pi}{2}} = \underline{\underline{\frac{R^3}{3}\left(\frac{\pi}{2} - \frac{2}{3}\right)}}.$$

Man beachte wiederum an diesem Beispiel, daß eine Veränderung der Reihenfolge der Integration hier nicht möglich ist. Würde man zum Beispiel zuerst nach r integrieren, so käme bei der folgenden Integration nach z die Variable r wieder ins Integral. Man sieht wieder, daß nur bei konstanten Grenzen die Integrationsreihenfolge beliebig ist.

AUFGABEN

608. Man berechne das Kugelvolumen mit cartesischen und mit Zylinderkoordinaten.

609. Man entwickle mit cartesischen und mit Zylinderkoordinaten die Volumenformel für den Drehkegel.

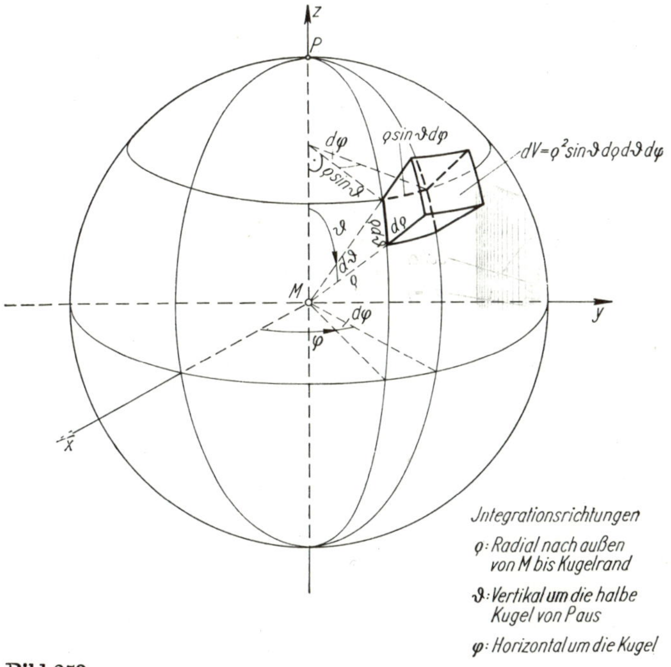

Bild 253

610. Man berechne das Volumen des Rotationsellipsoides mit den Achsen $2a$ und $2b$ (Drehachse $2a$).

611. Eine Kugel (R) verschneidet sich mit einem Drehzylinder ($R/2$). Die Achsen beider Körper fallen zusammen. Man berechne das beiden Körpern gemeinsame Volumen.

612. Der Mittelpunkt einer Kugel ist zugleich Spitze eines Drehkegels. Man berechne das vom Drehkegel ausgeschnittene Kegelvolumen.
Kugelradius: R; Kegelgrundkreisradius: R; Kegelhöhe: $2R$.

613. Der Radius einer Kugel sei ϱ. Auf dieser Kugel kann man einen Oberflächenpunkt durch *Kugelkoordinaten* angeben:

    1. Bogenabstand vom Pol (ϑ),
    2. Argument φ (Bild 253).

Verändert man nun ϱ, φ und ϑ um ihre Differentiale $d\varrho$, $d\varphi$ und $d\vartheta$, so ergibt sich ein Volumendifferential

$$dV = \varrho^2 \sin\vartheta \, d\varrho \, d\varphi \, d\vartheta \quad \text{(Bild 253).}$$

Man berechne mit diesem Differential das Volumen einer Kugel vom Radius R, indem man der Reihe nach in den Richtungen ϱ, φ und ϑ integriert.

14.3. Schwerpunkt- und Momentenberechnung

14.3.1. Schwerpunkte und Momente von Bögen

Die Lage des Schwerpunktes eines Kurvenstückes bestimmt man durch folgende Überlegung (Bild 254). In bezug auf die x-Achse hat jedes einzelne Bogendifferential ein statisches Moment $dM_x = y\,ds$. Die Summe dieser Momente zwischen zwei allgemein mit (1) und (2) bezeichneten Grenzen

$$\int_{(1)}^{(2)} y\,ds$$

muß gleich dem statischen Moment sein, das sich ergibt, wenn man sich die gesamte Bogenlänge „im Schwerpunkt vereinigt" denkt. Hat der Schwerpunkt die Ordinate y_S, so muß also gelten (vgl. 11.1.3.):

$$\int_{(1)}^{(2)} y\,ds = s y_S$$

oder

$$y_S = \frac{\int_{(1)}^{(2)} y\,ds}{s}. \quad \text{(I)}$$

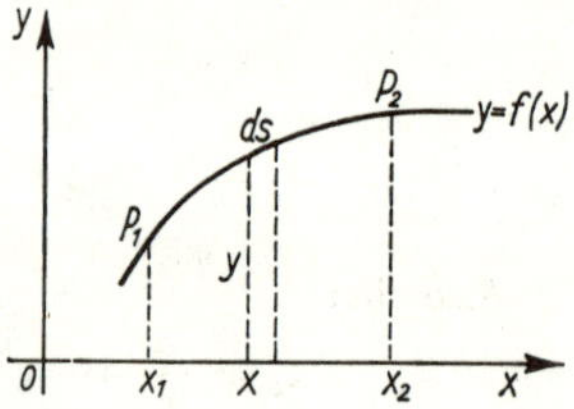

Bild 254

Die analoge Überlegung für das statische Moment in bezug auf die y-Achse führt zur Abszisse x_S des Schwerpunktes:

$$x_S = \frac{\int_{(1)}^{(2)} x\,ds}{s}. \quad \text{(II)}$$

Diese Formeln lassen sich ohne weiteres auf Parameterdarstellung und Polarkoordinaten übertragen. Man erhält

$$x_S = \frac{\int_{t_1}^{t_2} x(t)\sqrt{\dot{x}^2 + \dot{y}^2}\,dt}{\int_{t_1}^{t_2} \sqrt{\dot{x}^2 + \dot{y}^2}\,dt}; \quad y_S = \frac{\int_{t_1}^{t_2} y(t)\sqrt{\dot{x}^2 + \dot{y}^2}\,dt}{\int_{t_1}^{t_2} \sqrt{\dot{x}^2 + \dot{y}^2}\,dt} \quad (151)$$

Mit $x = r\cos\varphi$ und $y = r\sin\varphi$ folgt weiter:

$$x_S = \frac{\int\limits_{\varphi_1}^{\varphi_2} r(\varphi)\sqrt{r^2 + \dot{r}^2}\cos\varphi\,\mathrm{d}\varphi}{\int\limits_{\varphi_1}^{\varphi_2}\sqrt{r^2+\dot{r}^2}\,\mathrm{d}\varphi}; \quad y_S = \frac{\int\limits_{\varphi_1}^{\varphi_2} r(\varphi)\sqrt{r^2 + \dot{r}^2}\sin\varphi\,\mathrm{d}\varphi}{\int\limits_{\varphi_1}^{\varphi_2}\sqrt{r^2+\dot{r}^2}\,\mathrm{d}\varphi} \tag{152}$$

BEISPIELE

1. Bestimmung der Schwerpunktkoordinaten des Zykloidenbogens mit den Gleichungen

$$x = a(t - \sin t); \qquad y = a(1 - \cos t).$$

Lösung: Die Bogenlänge wurde bereits zu $8a$ ermittelt. Das Bogenlängendifferential $\mathrm{d}s$ ergibt sich mit $\dot{x} = a(1 - \cos t)$ und $\dot{y} = a\sin t$ zu $\mathrm{d}s = a\sqrt{2}\sqrt{1-\cos t}\,\mathrm{d}t = 2a\sin {}^t\!/_2\,\mathrm{d}t$. Aus (151) folgt nun:

$$x_S = \frac{1}{8a}\,2a^2\int\limits_0^{2\pi}(t - \sin t)\sin\frac{t}{2}\,\mathrm{d}t = \frac{a}{4}\left[\int\limits_0^{2\pi} t\sin\frac{t}{2}\,\mathrm{d}t - \int\limits_0^{2\pi}\sin t\sin\frac{t}{2}\,\mathrm{d}t\right]$$

$$J_1 = \int\limits_0^{2\pi} t\sin\frac{t}{2}\,\mathrm{d}t = \left(-2t\cos\frac{t}{2} + 4\sin\frac{t}{2}\right)\Bigg|_0^{2\pi} = 4\pi$$

$$J_2 = \int\limits_0^{2\pi}\sin t\sin\frac{t}{2}\,\mathrm{d}t = 2\int\limits_0^{2\pi}\sin^2\frac{t}{2}\cos\frac{t}{2}\,\mathrm{d}t = 0.$$

Also gilt:

$$x_S = \frac{a}{4}\,4\pi = \underline{\underline{a\pi}}.$$

Der Schwerpunkt liegt auf der mittleren Ordinate eines Zykloidenbogens, was auch aus der Symmetrie der Kurve ersichtlich ist.
Für y_S gilt

$$y_S = \frac{1}{8a}\int\limits_0^{2\pi} a(1-\cos t)\,2a\sin\frac{t}{2}\,\mathrm{d}t = \frac{a}{4}\left[\int\limits_0^{2\pi}\sin\frac{t}{2}\,\mathrm{d}t - \int\limits_0^{2\pi}\sin\frac{t}{2}\cos t\,\mathrm{d}t\right]$$

$$J_1 = \int\limits_0^{2\pi}\sin\frac{t}{2}\,\mathrm{d}t = -2\cos\frac{t}{2}\Bigg|_0^{2\pi} = 4$$

$$J_2 = \int\limits_0^{2\pi}\sin\frac{t}{2}\cos t\,\mathrm{d}t = \int\limits_0^{2\pi}\left(2\cos^2\frac{t}{2} - 1\right)\sin\frac{t}{2}\,\mathrm{d}t;$$

mit $z = \cos {}^t\!/_2$ ergibt sich: $J_2 = -4/3$. Also ist

$$y_S = \frac{a}{4}\left(4 + \frac{4}{3}\right) = \underline{\underline{\frac{4}{3}}}\,a.$$

2. Bestimmung des Schwerpunktes des Bogens der Kardioide $r = a(1 + \cos\varphi)$ für $0 \leqq \varphi \leqq \pi$.

Lösung: Die Bogenlänge wurde bereits zu $4a$ berechnet. Das Bogenlängendifferential ist, wegen $\dot{r} = -a \sin\varphi$,

$$\mathrm{d}s = \sqrt{a^2(1 + \cos\varphi)^2 + a^2 \sin^2\varphi}\, \mathrm{d}\varphi = 2a \cos\frac{\varphi}{2}\, \mathrm{d}\varphi \quad \text{(vgl. 12.3.).}$$

Also gilt nach (152):

$$x_S = \frac{1}{4a} \int_0^\pi a(1 + \cos\varphi) \cos\varphi \cdot 2a \cos\frac{\varphi}{2}\, \mathrm{d}\varphi =$$

$$= \frac{a}{2} \int_0^\pi 2\cos^2\frac{\varphi}{2} \left(2\cos^2\frac{\varphi}{2} - 1\right) \cos\frac{\varphi}{2}\, \mathrm{d}\varphi =$$

$$= a \int_0^\pi \left(2\cos^5\frac{\varphi}{2} - \cos^3\frac{\varphi}{2}\right) \mathrm{d}\varphi = 2a \int_0^{\frac{\pi}{2}} (2\cos^5 t - \cos^3 t)\, \mathrm{d}t.$$

Beide Teilintegrale sind dem Typ nach bekannt; man erhält schließlich

$$x_S = 2a\left(\frac{16}{15} - \frac{2}{3}\right) = \frac{4a}{5}.$$

Für y_S ergibt sich:

$$y_S = \frac{1}{4a} \int_0^\pi a(1 + \cos\varphi) \sin\varphi \cdot 2a \cos\frac{\varphi}{2}\, \mathrm{d}\varphi =$$

$$= \frac{a}{2} \int_0^\pi 2\cos^2\frac{\varphi}{2}\, 2\sin\frac{\varphi}{2} \cos\frac{\varphi}{2} \cos\frac{\varphi}{2}\, \mathrm{d}\varphi =$$

$$= 2a \int_0^\pi \cos^4\frac{\varphi}{2} \sin\frac{\varphi}{2}\, \mathrm{d}\varphi = 4a \int_0^{\frac{\pi}{2}} \cos^4 t \sin t\, \mathrm{d}t = \frac{4a}{5}.$$

Die Koordinaten des Schwerpunktes sind also $\underline{\underline{\left(\frac{4a}{5}; \frac{4a}{5}\right)}}$.

Nach der Definition des *Trägheitsmomentes* läßt sich dieses für *Kurvenstücke* berechnen, indem man die einzelnen Bogendifferentiale mit dem Quadrat ihres Abstandes von der Bezugsachse bzw. vom Pol multipliziert und die erhaltenen Produkte integriert. Für die x-Achse als Bezugsachse gilt:

$$\boxed{I_x = \int_{(1)}^{(2)} y^2\, \mathrm{d}s} \tag{153a}$$

Für die y-Achse gilt entsprechend:

$$I_y = \int_{(1)}^{(2)} x^2 \, \mathrm{d}s \tag{153b}$$

Neben diesen *äquatorialen Trägheitsmomenten* gibt es auch das *polare Trägheitsmoment* mit dem Ursprung als Pol (Bezugspunkt). Es gilt hier offenbar:

$$I_\mathrm{p} = I_x + I_y = \int_{(1)}^{(2)} (x^2 + y^2) \, \mathrm{d}s \tag{153c}$$

Die Übertragung dieser Formeln auf die Parameterdarstellung und auf Polarkoordinaten ergibt:

$$\begin{aligned} I_x &= \int_{t_1}^{t_2} [y(t)]^2 \sqrt{\dot{x}^2 + \dot{y}^2} \, \mathrm{d}t \\ I_y &= \int_{t_1}^{t_2} [x(t)]^2 \sqrt{\dot{x}^2 + \dot{y}^2} \, \mathrm{d}t \\ I_\mathrm{p} &= \int_{t_1}^{t_2} \{[x(t)]^2 + [y(t)]^2\} \sqrt{\dot{x}^2 + \dot{y}^2} \, \mathrm{d}t \end{aligned} \tag{154}$$

und

$$\begin{aligned} I_x &= \int_{\varphi_1}^{\varphi_2} r^2 \sin^2 \varphi \sqrt{r^2 + \dot{r}^2} \, \mathrm{d}\varphi \\ I_y &= \int_{\varphi_1}^{\varphi_2} r^2 \cos^2 \varphi \sqrt{r^2 + \dot{r}^2} \, \mathrm{d}\varphi \\ I_\mathrm{p} &= \int_{\varphi_1}^{\varphi_2} r^2 \sqrt{r^2 + \dot{r}^2} \, \mathrm{d}\varphi \end{aligned} \tag{155}$$

BEISPIELE

1. Man berechne das äquatoriale Trägheitsmoment des Kreisumfanges in bezug auf einen Durchmesser.

   Lösung: Legt man den Kreis mit seinem Mittelpunkt in den Nullpunkt des Koordinatensystems, so kann die x-Achse als Bezugsachse angesehen werden. Jedes Bogenlängendifferential hat dann den Abstand y von der x-Achse, und es gilt bei Parameterdarstellung:

$$I_x = 4 \int_0^{\frac{\pi}{2}} y^2 \, \mathrm{d}s = 4 \int_0^{\frac{\pi}{2}} R^2 \sin^2 t \, \mathrm{d}s.$$

Weil $\mathrm{d}s = \sqrt{\dot{x}^2 + \dot{y}^2}\,\mathrm{d}t = R\,\mathrm{d}t$ ist, folgt weiter

$$I_x = 4R^3 \int_0^{\frac{\pi}{2}} \sin^2 t\,\mathrm{d}t = 2R^3 \int_0^{\frac{\pi}{2}} (1 - \cos 2t)\,\mathrm{d}t =$$

$$= 2R^3 \left(t - \frac{1}{2}\sin 2t\right)\Bigg|_0^{\frac{\pi}{2}} = 2R^3\,\frac{\pi}{2} = \frac{2\pi R}{2}\,R^2 = \underline{\underline{\frac{U_0}{2}\,R^2}},$$

wenn U_0 der Kreisumfang ist.

4. Man berechne das äquatoriale Trägheitsmoment des Kreisumfanges in bezug auf eine Tangente.

Lösung: Man wähle die y-Achse als Tangente (Bild 255). Die Gleichung des Kreises heißt in Polarkoordinaten $r = 2R\cos\varphi$. Jedes Bogenlängendifferential hat von der y-Achse den Abstand $r\cos\varphi$.

Also gilt

$$I_y = 2\int_0^{\frac{\pi}{2}} r^2\cos^2\varphi\,\mathrm{d}s = 2\int_0^{\frac{\pi}{2}} 4R^2\cos^4\varphi\,\mathrm{d}s.$$

Es ist $\mathrm{d}s = \sqrt{r^2 + \dot{r}^2}\,\mathrm{d}\varphi = \sqrt{4R^2\cos^2\varphi + 4R^2\sin^2\varphi}\,\mathrm{d}\varphi =$ $= 2R\,\mathrm{d}\varphi$; somit ergibt sich

$$I_y = 16R^3\int_0^{\frac{\pi}{2}} \cos^4\varphi\,\mathrm{d}\varphi = 3\pi R^3 = \underline{\underline{\frac{3}{2}\,U_0R^2}}.$$

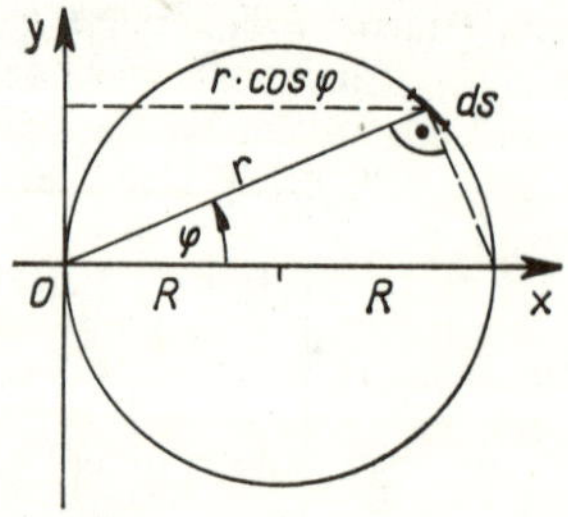

Bild 255

5. Man berechne das polare Trägheitsmoment der Kardioide $r = a(1 + \cos\varphi)$ in bezug auf den Ursprung als Pol.

Lösung: Es ist mit $\mathrm{d}s = 2a\cos{}^{\varphi}/_2\,\mathrm{d}\varphi$ das folgende Integral anzusetzen:

$$I_\mathrm{p} = 2\int_0^{\pi} r^2\,\mathrm{d}s = 4a^3\int_0^{\pi} (1 + \cos\varphi)^2\cos\frac{\varphi}{2}\,\mathrm{d}\varphi = 16a^3\int_0^{\pi}\cos^4\frac{\varphi}{2}\cos\frac{\varphi}{2}\,\mathrm{d}\varphi =$$

$$= 16a^3\int_0^{\pi}\cos^5\frac{\varphi}{2}\,\mathrm{d}\varphi = 32a^3\int_0^{\frac{\pi}{2}}\cos^5 t\,\mathrm{d}t =$$

$$= 32\,a^3\left(\sin t - \frac{2}{3}\sin^3 t + \frac{1}{5}\sin^5 t\right)\Bigg|_0^{\frac{\pi}{2}} = 32a^3\,\frac{8}{15} = \underline{\underline{\frac{32}{15}\,U_\mathrm{K}a^2}},$$

wobei $U_\mathrm{K} = 8a$ der Umfang der Kardioide ist.

14.3.2. Schwerpunkte und Momente von Flächen

Die Berechnung des *Schwerpunktes von Flächen* erfolgt nach der gleichen Überlegung, wie sie in 14.3.1. für Kurven angestellt wurde: Man bildet die Summe der statischen Momente aller Flächendifferentiale $\mathrm{d}A$ und setzt diese gleich dem statischen Moment der „im Schwerpunkt vereinigt“ gedachten Fläche. Es gelten also die Formeln (cartesisch):

x-Achse als Bezugsachse $$y_S = \frac{1}{A} \int_{x=x_1}^{x_2} \int_{y=y_1}^{y_2} y \, \mathrm{d}y \, \mathrm{d}x \tag{156a}$$

y-Achse als Bezugsachse $$x_S = \frac{1}{A} \int_{x=x_1}^{x_2} \int_{y=y_1}^{y_2} x \, \mathrm{d}y \, \mathrm{d}x \tag{156b}$$

x und y unter dem Integral sind die jeweiligen Abstände der Flächendifferentiale von der y- bzw. der x-Achse.

Liegt die Kurve, welche die Fläche begrenzt, in Parameterdarstellung vor oder in Polarkoordinaten, so muß (156) auf diese Darstellungen abgewandelt werden. Dies soll an Beispielen gezeigt werden.

BEISPIELE

1. Man berechne die Lage des Schwerpunktes der Fläche, die von den Kurven mit den Gleichungen $y = x$ und $y = \sqrt{x}$ begrenzt wird (Bild 245).

Lösung: Die Fläche wurde bereits zu $A = 1/6$ ermittelt (14.1.1., Beispiel 2.) Nun gilt

$$y_S = \frac{1}{A} \int_{x=0}^{1} \int_{y=x}^{\sqrt{x}} y \, \mathrm{d}y \, \mathrm{d}x = 6 \int_x \frac{y^2}{2} \Big|_x^{\sqrt{x}} \mathrm{d}x =$$

$$= 6 \cdot \frac{1}{2} \int_x (x - x^2) \, \mathrm{d}x = 3 \left(\frac{x^2}{2} - \frac{x^3}{3} \right) \Big|_0^1 = \frac{1}{2}.$$

$$x_S = \frac{1}{A} \int_{x=0}^{1} \int_{y=x}^{\sqrt{x}} x \, \mathrm{d}y \, \mathrm{d}x = 6 \int_{x=0}^{1} xy \Big|_x^{\sqrt{x}} \mathrm{d}x =$$

$$= 6 \int_x \left(x\sqrt{x} - x^2 \right) \mathrm{d}x = 6 \left(\frac{2}{5} x^2 \sqrt{x} - \frac{x^3}{3} \right) \Big|_0^1 = \frac{2}{5}.$$

Der Schwerpunkt hat die Koordinaten $x_S = 2/5$; $y_S = 1/2$.

2. Man berechne den Schwerpunkt der von der Kardioide ($r = 1 + \cos \varphi$) umschlossenen Fläche (Bild 248).

Lösung: Die umschlossene Fläche wurde zu $A = {}^3/_2\pi$ berechnet. Für die Schwerpunktkoordinaten gilt:

$$x_S = \frac{1}{A} \int_{\varphi=-\pi}^{\pi} \int_{r=0}^{1+\cos\varphi} r \cos \varphi \, r \, \mathrm{d}r \, \mathrm{d}\varphi = \frac{2}{3\pi} \int_\varphi \frac{r^3}{3} \cos \varphi \Big|_0^{1+\cos\varphi} \mathrm{d}\varphi =$$

$$= \frac{2}{9\pi} \int_\varphi (1 + \cos \varphi)^3 \cos \varphi \, \mathrm{d}\varphi = \frac{5}{6}$$

$$y_S = \frac{1}{A} \int_{\varphi=-\pi}^{+\pi} \int_{r=0}^{1+\cos\varphi} r \sin \varphi \, r \, \mathrm{d}r \, \mathrm{d}\varphi =$$

$$= \frac{2}{3\pi} \int_\varphi \frac{r^3}{3} \sin \varphi \Big|_0^{1+\cos\varphi} \mathrm{d}\varphi = \frac{2}{9\pi} \int_\varphi (1 + \cos \varphi)^3 \sin \varphi \, \mathrm{d}\varphi = 0$$

Also:

$$x_S = \frac{5}{6}; \quad y_S = 0.$$

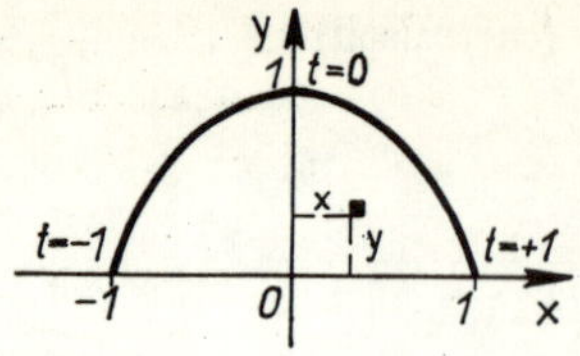

Bild 256

3. Wo hat die Fläche, die von der x-Achse und der Kurve mit den Gleichungen $x = t$; $y = 1 - t^2$ begrenzt wird, ihren Schwerpunkt?

Lösung: Die Kurve ist in Bild 256 dargestellt. Für die Berechnung eines beliebig in die Fläche gelegten Flächendifferentiales dA stehen die Formeln dy dx bzw. r dr dφ zur Verfügung. Wählt man die erste Formel, so sind die Abstände von den Achsen cartesisch mit x und y anzugeben. Daher rechnet man die gegebene Funktion in cartesischer Schreibweise durch Elimination von t um. Man erhält $y = 1 - x^2$. Nun gilt:

$$x_S = \frac{1}{A} \int\limits_{x=-1}^{1} \int\limits_{y=0}^{1-x^2} x \, dy \, dx \quad \text{und} \quad y_S = \frac{1}{A} \int\limits_{x=-1}^{1} \int\limits_{y=0}^{1-x^2} y \, dy \, dx$$

mit $A = 2 \int\limits_0^1 (1 - x^2) \, dx = \frac{4}{3}$.

Die Berechnung der Integrale ergibt:

$$x_S = \frac{3}{4} \int\limits_x xy \Big|_0^{1-x^2} dx = \frac{3}{4} \int\limits_x (x - x^3) \, dx = 0$$

$$y_S = \frac{3}{4} \int\limits_x \frac{y^2}{2} \Big|_0^{1-x^2} dx = \frac{3}{4 \cdot 2} \int\limits_x (1 - 2x^2 + x^4) \, dx = \frac{3}{8} \cdot \frac{16}{15} = \frac{2}{5}.$$

$$x_S = 0; \quad y_S = \frac{2}{5}.$$

Man beachte besonders, daß die unter den Integralen für x_S und y_S stehenden Variablen x und y Koordinaten eines beliebigen Flächendifferentiales sind, also *nicht* die laufenden Koordinaten der Kurve darstellen!

Die Berechnung der *Trägheitsmomente von Flächen* erfolgt mit den Formeln, welche ohne weiteres aus der Definition des Trägheitsmomentes abgeleitet werden können. Für die x-Achse als Bezugsachse gilt (cartesisch):

$$\boxed{I_x = \int\limits_{x=x_1}^{x_2} \int\limits_{y=y_1}^{y_2} y^2 \, dy \, dx} \qquad (157\,a)$$

Für die y-Achse gilt entsprechend:

$$\boxed{I_y = \int\limits_{x=x_1}^{x_2} \int\limits_{y=y_1}^{y_2} x^2 \, dy \, dx} \qquad (157\,b)$$

Für Polarkoordinaten gehen die Formeln über in

$$\boxed{I_x = \int\limits_{\varphi=\varphi_1}^{\varphi_2} \int\limits_{r=0}^{r(\varphi)} r^3 \sin^2 \varphi \, \mathrm{d}r \, \mathrm{d}\varphi} \tag{158a}$$

$$\boxed{I_y = \int\limits_{\varphi=\varphi_1}^{\varphi_2} \int\limits_{r=0}^{r(\varphi)} r^3 \cos^2 \varphi \, \mathrm{d}r \, \mathrm{d}\varphi} \tag{158b}$$

Das polare Trägheitsmoment mit dem Ursprung als Pol heißt:

$$\boxed{I_p = \int\limits_{x=x_1}^{x_2} \int\limits_{y=y_1}^{y_2} (x^2 + y^2) \, \mathrm{d}y \, \mathrm{d}x} \tag{157c}$$

$$\boxed{I_p = \int\limits_{\varphi=\varphi_1}^{\varphi_2} \int\limits_{r=0}^{r(\varphi)} r^3 \, \mathrm{d}r \, \mathrm{d}\varphi} \tag{158c}$$

Liegt die Funktion in Parameterdarstellung vor, ist es wie im Beispiel 3 angebracht, die Funktion in die cartesische Form bzw. in Polarkoordinaten umzuschreiben.

BEISPIELE

4. Es soll das polare Trägheitsmoment der Lemniskatenfläche in bezug auf den Ursprung als Pol berechnet werden (Bild 203, S. 363).

Lösung: Die Gleichung der Lemniskate heißt in Polarkoordinaten

$$r = a\sqrt{\cos 2\varphi}.$$

Unter Beachtung der Symmetrieeigenschaften der Kurve gilt für das gesuchte Trägheitsmoment:

$$I_p = 4 \int\limits_{\varphi=0}^{\frac{\pi}{4}} \int\limits_{r=0}^{a\sqrt{\cos 2\varphi}} r^3 \, \mathrm{d}r \, \mathrm{d}\varphi = \int\limits_{\varphi} r^4 \Big|_0^{a\sqrt{\cos 2\varphi}} \mathrm{d}\varphi = a^4 \int\limits_{\varphi} \cos^2 3\varphi \, \mathrm{d}\varphi =$$

$$= \frac{a^4}{2} \int\limits_{\varphi} (1 + \cos 4\varphi) \, \mathrm{d}\varphi = \frac{a^4}{2} \left(\varphi + \frac{1}{4} \sin 4\varphi\right)\Bigg|_0^{\frac{\pi}{4}} = \underline{\underline{\frac{\pi a^4}{8}}}.$$

5. Man berechne das äquatoriale Trägheitsmoment der Fläche, die von der Kurve mit den Gleichungen

$$x = \cos t; \qquad y = \cos^2 t + \sin t$$

umschlossen wird, in bezug auf die y-Achse (Bild 210, S. 372).

Lösung: Arbeitet man mit dem cartesischen Flächendifferential $\mathrm{d}y \, \mathrm{d}x$, so ist die Gleichung der Kurve in cartesischen Koordinaten aufzustellen. Es ergibt sich

$$y = \cos^2 t + \sqrt{1 - \cos^2 t} = x^2 + \sqrt{1 - x^2}.$$

Diese Gleichung stellt den oberhalb der Geraden $y = 1$ liegenden Kurventeil dar. Der Restteil der Kurve hat die Gleichung

$$y = x^2 - \sqrt{1 - x^2}.$$

Somit gilt für I_y

$$I_y = 2 \int\limits_{x=0}^{1} \int\limits_{y=x^2-\sqrt{1-x^2}}^{x^2+\sqrt{1-x^2}} x^2 \,\mathrm{d}y \,\mathrm{d}x = 2 \int\limits_{x} x^2 \left(x^2 + \sqrt{1 - x^2} - x^2 + \sqrt{1 - x^2}\right) \mathrm{d}x =$$

$$= 4 \int\limits_{x} x^2 \sqrt{1 - x^2}\, \mathrm{d}x.$$

Mit der Substitution $x = \sin\varphi,\ \mathrm{d}x = \cos\varphi \,\mathrm{d}\varphi$ erhält man

$$I_y = 4 \int\limits_{\varphi=0}^{\frac{\pi}{2}} \sin^2\varphi \sqrt{1 - \sin^2\varphi}\, \cos\varphi \,\mathrm{d}\varphi = 4 \int\limits_{\varphi} \sin^2\varphi \cos^2\varphi \,\mathrm{d}\varphi =$$

$$= \int\limits_{\varphi} \sin^2 2\varphi \,\mathrm{d}\varphi = \frac{1}{2} \int\limits_{\varphi} (1 - \cos 4\varphi)\, \mathrm{d}\varphi = \frac{1}{2}\left(\varphi - \frac{1}{4} \sin 4\varphi\right)\Bigg|_0^{\frac{\pi}{2}} = \underline{\underline{\frac{\pi}{4}}}.$$

6. Man berechne das polare Trägheitsmoment der Fläche eines gleichseitigen Dreiecks von der Seite a, wenn ein Eckpunkt Pol ist.

Lösung: In Bild 257 ist P der Pol und r der Abstand eines Flächendifferentiales vom Pol. Die Strecke PR hat die Länge

$$\frac{h}{\cos\varphi} = h\sqrt{1 + \tan^2\varphi} = h\sqrt{1 + \frac{x^2}{h^2}} = \sqrt{h^2 + x^2}.$$

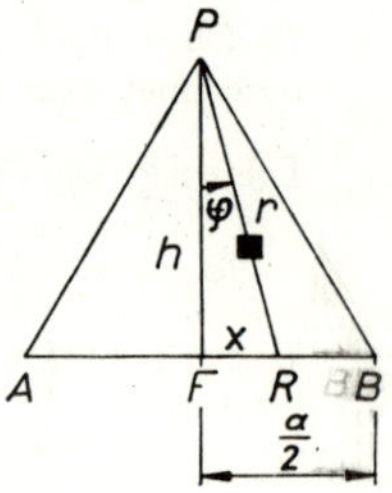

Bild 257

Für Polarkoordinaten gilt:

$$I_\mathrm{p} = 2 \int\limits_{\varphi=0}^{\frac{\pi}{6}} \int\limits_{r=0}^{\frac{h}{\cos\varphi}} r^3 \,\mathrm{d}r \,\mathrm{d}\varphi.$$

Nun soll an Stelle von φ die Variable x eingeführt werden, da sonst der Integrand $\cos^4\varphi$ im Nenner erhält und schwer lösbar wird. Es ist

$$\tan\varphi = \frac{x}{h}, \quad \text{also} \quad \varphi = \arctan\frac{x}{h}, \quad \mathrm{d}\varphi = \frac{h}{h^2 + x^2}\,\mathrm{d}x.$$

Das Integral geht unter Beachtung der obigen Umrechnung von $h/\cos\varphi$ über in

$$I_\mathrm{p} = 2 \int\limits_{x=0}^{\frac{a}{2}} \int\limits_{r=0}^{\sqrt{h^2+x^2}} r^3 \frac{h}{h^2 + x^2}\,\mathrm{d}r \,\mathrm{d}x$$

$$\left(\text{für } \varphi = \frac{\pi}{6} \quad \text{wird} \quad \tan\frac{\pi}{6} = \frac{1}{3}\sqrt{3} = \frac{x}{\frac{a}{2}\sqrt{3}}, \quad \text{also: } x = \frac{a}{2}\right)$$

Die Integration ergibt:

$$I_p = \frac{h}{2}\int_x \frac{(h^2+x^2)^2}{h^2+x^2}\,dx = \frac{h}{2}\int_x (h^2+x^2)\,dx = \frac{h}{2}\left(h^2x+\frac{x^3}{3}\right)\Bigg|_0^{\frac{a}{2}} =$$

$$= \frac{ah}{4}\left(h^2+\frac{a^2}{12}\right).$$

Da $h = \frac{a}{2}\sqrt{3}$ ist, folgt

$$I_p = \frac{a^2}{8}\sqrt{3}\left(\frac{3a^2}{4}+\frac{a^2}{12}\right) = \frac{10a^4\sqrt{3}}{96} = \frac{5}{48}a^4\sqrt{3} = \underline{\underline{\frac{5}{12}A_\triangle a^2}},$$

wenn $A_\triangle$ die Dreiecksfläche ist.

14.3.3. Schwerpunkte und Momente von Volumina

In diesem Abschnitt sollen im wesentlichen die Schwerpunkt- und Momentenberechnungen an den technisch wichtigen Drehkörpern gezeigt werden. Die angestellten Überlegungen lassen sich sinngemäß auf beliebige Körper erweitern.

Soll z. B. die Lage des Schwerpunktes eines Drehkegels ermittelt werden, dessen Höhe h und Grundkreisradius r_1 gegeben sind, so wählt man die Grundebene als Bezugsebene und bildet für alle Volumendifferentiale die statischen Momente in bezug auf diese Ebene. Die Summe dieser Momente muß gleich sein dem statischen Moment, welches das „im Schwerpunkt vereinigt gedachte" Kegelvolumen in bezug auf die gleiche Ebene besitzt. Es gilt also (Bild 258) bei Zylinderkoordinaten mit $dV = r\,dr\,d\varphi\,dz$

$$\int_\varphi\int_r\int_z zr\,dz\,dr\,d\varphi = \frac{1}{3}\pi r_1^2 h z_S,$$

wobei z_S die Koordinate des Schwerpunktes S ist, der aus Symmetriegründen auf der z-Achse liegen muß. Zur Festlegung der Grenzen liest man aus Bild 258 für die obere Grenze z_0 ab:

$$\frac{r}{r_1} = \frac{h-z_0}{h}; \quad z_0 = h\left(1-\frac{r}{r_1}\right).$$

Also gilt:

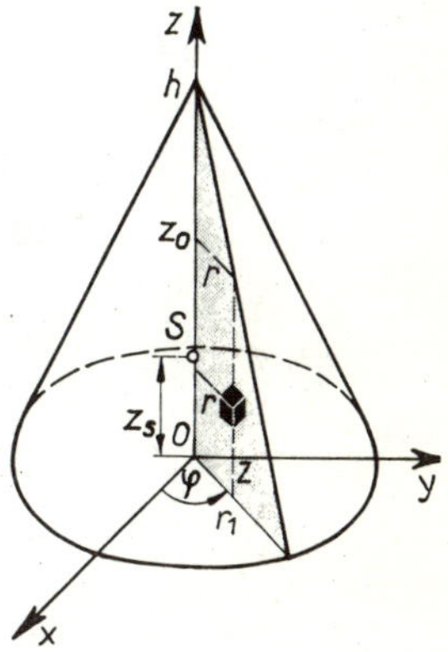

Bild 258

$$\int_{\varphi=0}^{2\pi}\int_{z=0}^{r_1}\int_{r=0}^{h\left(1-\frac{r}{r_1}\right)} zr\,dz\,dr\,d\varphi =$$

$$= \frac{1}{2}\int_\varphi\int_r h^2\left(1-\frac{r}{r_1}\right)^2 r\,dr\,d\varphi = \frac{h^2}{2}\int_\varphi\int_r\left(r-\frac{2r^2}{r_1}+\frac{r^3}{r_1^2}\right)dr\,d\varphi =$$

$$= \frac{2\pi h^2}{2}\left(\frac{r^2}{2}-\frac{2r^3}{3r_1}+\frac{r^4}{4r_1^2}\right)\Bigg|_0^{r_1} = \pi h^2\frac{1}{12}r_1^2.$$

Somit ergibt sich die Gleichung

$$\frac{1}{12}\,\pi h^2 r_1^2 = \frac{1}{3}\,\pi r_1^2 h z_S$$

$$z_S = \frac{h}{4}.$$

Der Schwerpunkt des Drehkegels liegt im Abstand $h/4$ von der Grundebene.

BEISPIELE

1. Man berechne die Lage des Schwerpunktes für das Volumen der Halbkugel.

Lösung: Aus Gründen der Symmetrie liegt der Schwerpunkt auf dem mittleren Radius OG (Bild 259). Wählt man die Auflageebene der Halbkugel als Bezugsebene, so hat ein beliebiges Volumendifferential $r\,\mathrm{d}z\,\mathrm{d}r\,\mathrm{d}\varphi$ von dieser Ebene den Abstand z, sein statisches Moment ist also $zr\,\mathrm{d}z\,\mathrm{d}r\,\mathrm{d}\varphi$. Nun gilt nach den oben angestellten Überlegungen (Bild 259):

$$\frac{2}{3}\,\pi R^3 z_S = \int\limits_{\varphi=0}^{2\pi}\int\limits_{r=0}^{R}\int\limits_{z=0}^{\sqrt{R^2-r^2}} zr\,\mathrm{d}z\,\mathrm{d}r\,\mathrm{d}\varphi =$$

$$= \frac{1}{2}\int\limits_{\varphi}\int\limits_{r} r(R^2 - r^2)\,\mathrm{d}r\,\mathrm{d}\varphi = \frac{1}{2}\int\limits_{\varphi}\left(\frac{R^4}{2} - \frac{R^4}{4}\right)\mathrm{d}\varphi = \frac{\pi R^4}{4}.$$

Also ist

$$z_S = \frac{3}{8}\,R.$$

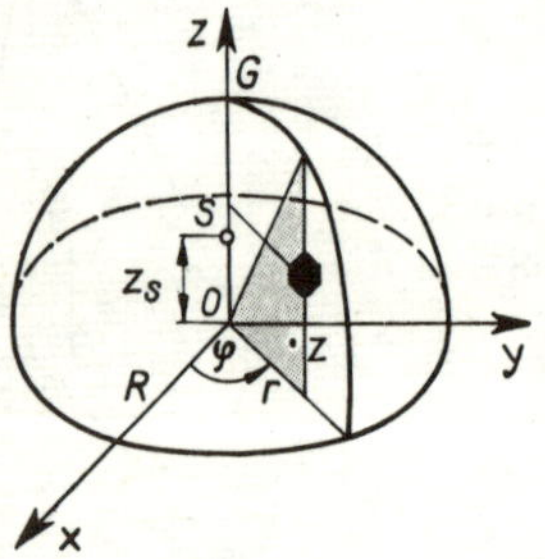

Bild 259

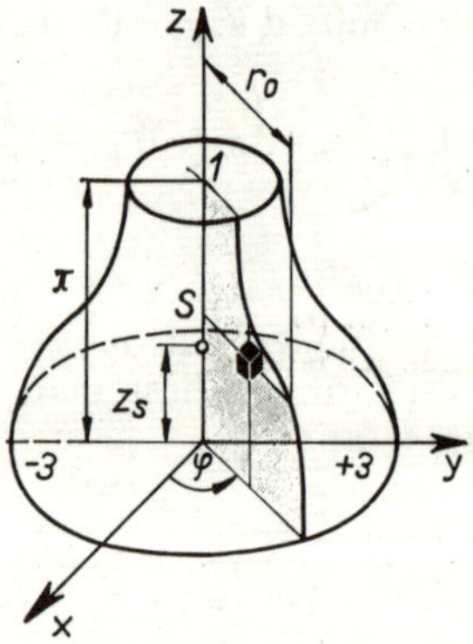

Bild 260

2. Die Kurve mit der Gleichung $x = 2 + \cos z$ $(0 \leqq z \leqq \pi)$ rotiere um die z-Achse. Wo liegt auf der z-Achse der Schwerpunkt des entstehenden Drehvolumens?

Lösung: Als Bezugsebene wähle man die x,y-Ebene (Bild 260). Dann hat jedes Volumendifferential $r\,\mathrm{d}r\,\mathrm{d}z\,\mathrm{d}\varphi$ von dieser Ebene den Abstand z und das statische Moment $rz\,\mathrm{d}r\,\mathrm{d}z\,\mathrm{d}\varphi$. Ist z_S die Schwerpunktkoordinate, so gilt:

$$V \cdot z_S = \int\limits_{\varphi}\int\limits_{z}\int\limits_{r} zr\,\mathrm{d}r\,\mathrm{d}z\,\mathrm{d}\varphi.$$

Integriert man in der Reihenfolge r, z, φ und beachtet man, daß $r_0 = 2 + \cos z$ die obere Grenze für r ist, so ergibt sich

$$V = \int_{\varphi=0}^{2\pi} \int_{z=0}^{\pi} \int_{r=0}^{2+\cos z} r \, \mathrm{d}r \, \mathrm{d}z \, \mathrm{d}\varphi = \frac{9}{2} \pi^2$$

und

$$\int_{\varphi=0}^{2\pi} \int_{z=0}^{\pi} \int_{r=0}^{2+\cos z} rz \, \mathrm{d}r \, \mathrm{d}z \, \mathrm{d}\varphi = \frac{9}{4} \pi^3 - 8\pi.$$

Also gilt:

$$\frac{9}{2} \pi^2 z_S = \frac{9}{4} \pi^3 - 8\pi.$$

$$z_S = \frac{\pi}{2} - \frac{16}{9\pi} = 1{,}01.$$

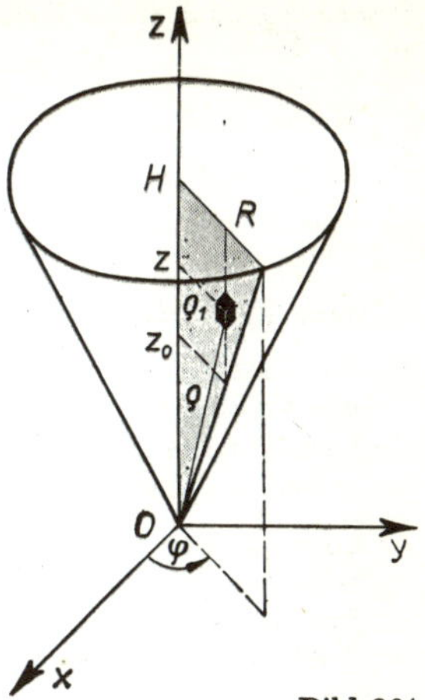

Bild 261

Für die Berechnung der *Trägheitsmomente von Volumina* ist gemäß der Definition des Trägheitsmomentes jedes Volumendifferential mit dem Quadrat seines Abstandes von der Bezugsachse bzw. vom Pol zu multiplizieren, und die erhaltenen Produkte sind zu summieren.

BEISPIELE

3. Man berechne das Trägheitsmoment der Kugel in bezug auf einen Durchmesser.

Lösung: Unter Verwendung des Bildes 259 erkennt man sofort das Integral

$$I_\mathrm{p} = 2 \int_{\varphi=0}^{2\pi} \int_{r=0}^{R} \int_{z=0}^{\sqrt{R^2-r^2}} r^3 \, \mathrm{d}z \, \mathrm{d}r \, \mathrm{d}\varphi = \frac{8}{15} \pi R^5 = \frac{2}{5} V_k \cdot R^2,$$

wobei V_k das Kugelvolumen ist.

4. Man berechne das polare Trägheitsmoment der Kugel mit dem Mittelpunkt als Pol. Man verwende Kugelkoordinaten (vgl. Aufg. 613 und Bild 253).

Lösung: Der Abstand des Volumendifferentials $\mathrm{d}V = \varrho^2 \sin\vartheta \, \mathrm{d}\varrho \, \mathrm{d}\varphi \, \mathrm{d}\vartheta$ vom Pol ist ϱ. Also gilt

$$I_\mathrm{p} = \int_{\vartheta=0}^{\pi} \int_{\varphi=0}^{2\pi} \int_{\varrho=0}^{R} \varrho^4 \sin\vartheta \, \mathrm{d}\varrho \, \mathrm{d}\varphi \, \mathrm{d}\vartheta = \frac{R^5}{5} 2\pi \cdot 2 = \frac{4}{5} \pi R^5 = \frac{3}{5} V_k R^2.$$

5. Man berechne das polare Trägheitsmoment eines Drehkegels in bezug auf seine Spitze als Pol!

Lösung: Das Volumendifferential $\varrho_1 \, \mathrm{d}\varrho_1 \, \mathrm{d}\varphi \, \mathrm{d}z$ (Bild 261) hat von O den Abstand ϱ, und es gilt

$$I_0 = \int_{\varphi=0}^{2\pi} \int_{\varrho_1=0}^{R} \int_{z=z_0}^{H} \varrho^2 \varrho_1 \, \mathrm{d}z \, \mathrm{d}\varrho_1 \, \mathrm{d}\varphi.$$

Hierbei ist $\varrho^2 = \varrho_1^2 + z^2$ und nach dem Strahlensatz

$$z_0 = \frac{H}{R} \varrho_1;$$

also geht das Integral über in

$$I_p = \int_{\varphi=0}^{2\pi} \int_{\varrho_1=0}^{R} \int_{z=\frac{H}{R}\varrho_1}^{H} (\varrho_1^2 + z^2)\,\varrho_1\,\mathrm{d}z\,\mathrm{d}\varrho_1\,\mathrm{d}\varphi = \int_{\varphi}\int_{\varrho_1}\int_{z} (\varrho_1^3 + z^2\varrho_1)\,\mathrm{d}z\,\mathrm{d}\varrho_1\,\mathrm{d}\varphi =$$

$$= \frac{\pi R^2 H}{10}(R^2 + 2H^2) = \underline{\underline{\frac{3}{10}\,V_k(R^2 + 2H^2)}},$$

wenn V_k das Kegelvolumen bedeutet.

6. Die Strecke $AB = s$ führt mit konstanter Drehgeschwindigkeit bei stets horizontaler Lage eine Volldrehung so um die z-Achse aus, daß sich hierbei der Punkt A längs der z-Achse von der Höhe h_1 auf die Höhe h_2 hebt. Man berechne das Trägheitsmoment des unter der Strecke liegenden Volumens in bezug auf die z-Achse.

Lösung: Ein beliebiges Volumendifferential $r\,\mathrm{d}z\,\mathrm{d}r\,\mathrm{d}\varphi$ mit dem Abstand r von der z-Achse liefert zum Trägheitsmoment den Beitrag $r^3\,\mathrm{d}z\,\mathrm{d}r\,\mathrm{d}\varphi$. Für die Integration ist die obere Grenze von z zu bestimmen. Hat die Strecke den Drehwinkel φ erreicht, so gilt für die hierbei erreichte Hubhöhe Δh die Proportion (Bild 262):

$$\varphi : 2\pi = \Delta h : (h_2 - h_1)$$

$$\Delta h = \frac{h_2 - h_1}{2\pi}\,\varphi.$$

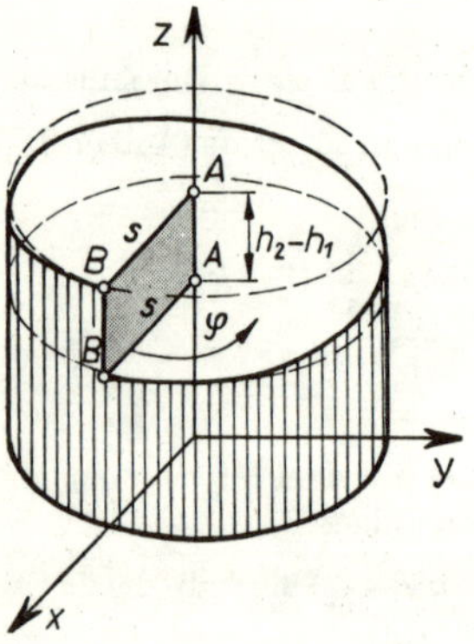

Bild 262

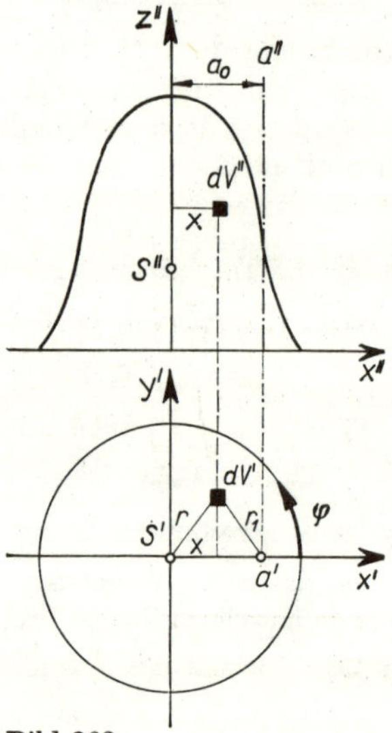

Bild 263

Die obere Grenze für z ist also: $z_0 = h_1 + \Delta h = h_1 + \dfrac{h_2 - h_1}{2\pi}\,\varphi$. Nun gilt für das Trägheitsmoment:

$$I_z = \int_{\varphi=0}^{2\pi}\int_{r=0}^{s}\int_{z=0}^{z_0} r^3\,\mathrm{d}z\,\mathrm{d}r\,\mathrm{d}\varphi = \underline{\underline{\frac{\pi s^4}{4}(h_1 + h_2)}}.$$

Bei der Berechnung dieses Integrals beachte man, daß bei der Integration nach z die Veränderliche φ ins Integral kommt, welche bei der Integration nach r („Scheibendifferential") konstant bleibt und erst bei der letzten Integration nach φ zu integrieren ist.

Abschließend soll der in 11.2.1. für Flächenträgheitsmomente hergeleitete Satz von Steiner nochmals unter Verwendung mehrfacher Integrale für die Trägheitsmomente von Volumina entwickelt werden. In Bild 263 ist ein Drehkörper mit der z-Achse als Drehachse in Zweitafelprojektion dargestellt. S ist sein Schwerpunkt; die Drehachse geht also durch den Schwerpunkt („Schwerpunktachse"). Das Trägheitsmoment des Körpers in bezug auf die z-Achse ist allgemein

$$I_z = I_S = \int_{\varphi} \int_{z} \int_{r} r^2 \, \mathrm{d}V.$$

Denkt man sich alle Volumendifferentiale $\mathrm{d}V$ in die x,y-Ebene projiziert, so bleiben die jeweiligen r-Werte unverändert, das heißt aber, jedes $\mathrm{d}V$ behält beim Projektionsvorgang unverändert sein Trägheitsmoment $\mathrm{d}I_S = r^2 \mathrm{d}V$. Daher kann im folgenden eine Betrachtung für die in die x,y-Ebene projizierten Volumendifferentiale durchgeführt werden, die unverändert auch für ihre eigentliche Raumlage gilt: Die z-Achse werde parallel zu sich um a_0 nach der neuen Lage (a) geschoben. In bezug auf diese Achse gilt:

$$\mathrm{d}I_a = r_1^2 \mathrm{d}V.$$

Nun ist $r_1^2 = (a_0 - x)^2 + r^2 - x^2 = a_0^2 - 2a_0 x + r^2$. Also folgt:

$$\mathrm{d}I_a = a_0^2 \, \mathrm{d}V - 2a_0 x \, \mathrm{d}V + r^2 \mathrm{d}V.$$

Die Integration über das gesamte Volumen ergibt

$$I_a = a_0^2 V - 2a_0 \iiint x \, \mathrm{d}V + \iiint r^2 \mathrm{d}V.$$

Für das mittlere Integral gilt andererseits nach den Eigenschaften des Schwerpunktes

$$V x_S = \iiint x \, \mathrm{d}V.$$

Da $x_S = 0$ ist, verschwindet also das Integral.
Es bleibt

$$I_a = \iiint r^2 \mathrm{d}V + V a_0^2$$

oder

$$\boxed{I_a = I_S + V a_0^2} \tag{159}$$

Gleichung (159) stellt den Satz von STEINER dar, der in 11.2.1. [vgl. (117)] für Flächenträgheitsmomente hergeleitet wurde.

AUFGABEN

614. Man berechne das polare Trägheitsmoment des Kreisumfanges, wenn der Mittelpunkt bzw. ein Punkt des Umfanges der Pol ist.

615. Man berechne das polare Trägheitsmoment der logarithmischen Spirale $r = e^{\varphi}$, wenn der Ursprung Pol ist ($0 \leqq \varphi \leqq 2\pi$).

616. Man berechne die Lage des Schwerpunktes des Halbkreisbogens in Parameter- bzw. in Polarkoordinatendarstellung.

617. Wo liegt der Schwerpunkt der geschlossenen Kurve mit der Gleichung $r = 2 - 2\cos\varphi$?

618. Wo liegt der Schwerpunkt der Kreisevolvente mit den Gleichungen

$$x = R(\cos t + t \sin t)$$
$$y = R(\sin t - t \cos t) \qquad (0 \leqq t \leqq \pi)?$$

619. Man berechne das Trägheitsmoment der Kardioidenfläche in bezug auf den Ursprung.

620. Man berechne mittels Doppelintegrals die Fläche der Halbellipse ($x \geqq 0$) und deren Schwerpunktlage.

621. Man berechne das Trägheitsmoment einer rechtwinkligen Dreiecksfläche in bezug auf die eine Kathete. (Gegeben sind beide Katheten a und b.)

622. Man berechne mittels Doppelintegrals das polare Trägheitsmoment der Kreisfläche, wenn a) der Mittelpunkt, b) ein Peripheriepunkt der Pol ist.

623. Für die gleichschenklig-rechtwinklige Dreiecksfläche mit der Hypotenuse c berechne man das polare Trägheitsmoment in bezug auf den Scheitel des rechten Winkels als Pol. (Man wähle die Katheten als Achsen eines cartesischen Koordinatensystems.)

624. Man entwickle eine Formel für das Trägheitsmoment des Drehzylinders, wenn die Drehachse bzw. eine Mantellinie Bezugsachse ist. (Gegeben sind r und h.)

625. Man berechne das Trägheitsmoment des Volumens, das durch Drehung der Sinuskurve um die x-Achse zwischen 0 und π entsteht, in bezug auf die Drehachse.

626. Man berechne das Trägheitsmoment des Volumens, das durch Drehung der Seilkurve $y = \cosh x$ zwischen $x = -a$ und $x = +a$ entsteht, in bezug auf die x-Achse als Drehachse („Seilscheibe“).

627. Man entwickle eine Formel für das polare Trägheitsmoment des Paraboloides, das durch Drehung der Normalparabel $z = x^2$ um die z-Achse entsteht. (Scheitel ist der Pol; Höhe $= h$.)

628. Wo liegt der Schwerpunkt des Normalparaboloides von der Höhe h?

15. Linienintegrale

15.1. Vektorielle Darstellung von Kurven und Feldern

Liegt in der x, y-Ebene eine Kurve in der Parameterdarstellung

$$x = x(t); \qquad y = y(t)$$

vor, so können die Werte $x(t)$ und $y(t)$ als die Koordinaten eines Vektors $\mathfrak{x}$ aufgefaßt werden; der durch einen Pfeil symbolisch dargestellte Vektor hat seinen Ausgangspunkt im Ursprung (Bild 264). Bei veränderlichem Parameter t „tastet“ der Vektor mit seiner Spitze die Kurve ab. Dieser an den festen Ursprung gebundene Vektor wird Ortsvektor genannt. Da er die Kurve abtastet, kann er auch *Kurvenvektor* genannt werden.

Mit den Einsvektoren $\mathfrak{i}$ und $\mathfrak{j}$ gilt für $\mathfrak{x}$:

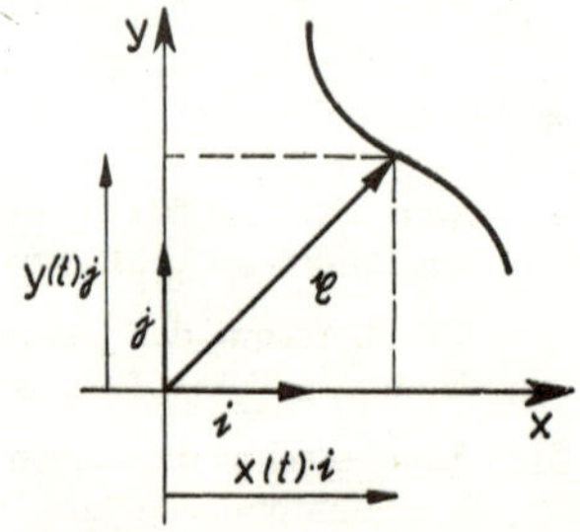

Bild 264

ebene Kurve

$$\boxed{\mathfrak{x} = x(t)\,\mathfrak{i} + y(t)\,\mathfrak{j}} \qquad (160)$$

Die Kurve kann also durch den Vektor $\mathfrak{x} = \mathfrak{x}(t)$ dargestellt werden. Für den Kreis mit dem Ursprung als Mittelpunkt z. B. gilt, da die Parameterdarstellung $x = r\cos t$, $y = r\sin t$ ist,

$$\mathfrak{x}(t) = r\cos t\,\mathfrak{i} + r\sin t\,\mathfrak{j}.$$

Ohne weiteres können diese Überlegungen auf *Raumkurven* übertragen werden, wenn man noch die z-Achse mit dem Einsvektor $\mathfrak{k}$ dazunimmt. Dann gilt:

Raumkurve

$$\boxed{\mathfrak{x}(t) = x(t)\,\mathfrak{i} + y(t)\,\mathfrak{j} + z(t)\,\mathfrak{k}} \qquad (161)$$

Zum Beispiel ist die durch den Vektor

$$\mathfrak{x} = r\cos t\,\mathfrak{i} + r\sin t\,\mathfrak{j} + \frac{h}{2\pi}\,t\mathfrak{k}$$

gegebene Kurve eine *Schraubenlinie von der Ganghöhe h*. Denn wandert t von 0 bis 2π, so hat sich $\mathfrak{x}$, in der x-Achsenrichtung beginnend, um 360° gedreht; außerdem aber hat sich seine Spitze von 0 bis h gleichmäßig gehoben, wie die z-Koordinate zeigt. Die Spirale liegt auf dem Mantel des Zylinders, dessen Grundkreis die Gleichung

$$x^2 + y^2 = r^2(\cos^2 t + \sin^2 t) = r^2$$

hat. Man beachte, daß sich der Betrag von $\mathfrak{x}$, also $|\mathfrak{x}|$, natürlich für den an den Nullpunkt gebundenen Vektor $\mathfrak{x}$ vergrößert, wenn sich t vergrößert; für ihn gilt

$$|\mathfrak{x}| = \sqrt{x^2 + y^2 + z^2} = \sqrt{r^2 + \frac{h^2}{4\pi^2}\,t^2}.$$

BEISPIEL

Man untersuche den geometrischen Verlauf der Kurve, welche durch den Ortsvektor

$$\mathfrak{x} = \sin t\,\mathfrak{i} + \sin^2 t\,\mathfrak{j} + t\mathfrak{k} \qquad (0 \leqq t \leqq \pi)$$

dargestellt wird.

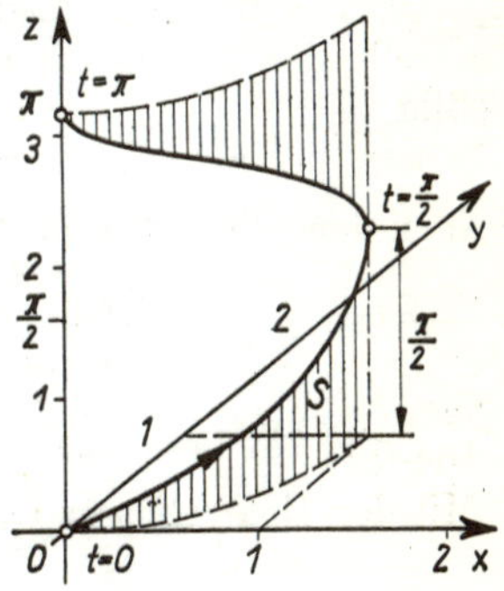

Bild 265

Lösung: Es ist $x = \sin t$ und $y = \sin^2 t$; also gilt $y = x^2$, d. h., die Projektion der Raumkurve ergibt einen Bogen der Normalparabel in der x,y-Ebene. Weiterhin gilt:

$$t = 0 \to x = 0;\quad y = 0;\quad z = 0$$

Die Kurve beginnt im Ursprung.

$$t = \frac{\pi}{2} \to x = 1;\quad y = 1;\quad z = \frac{\pi}{2} \approx 1{,}57$$

$$t = \pi \to x = 0;\quad y = 0;\quad z = \pi \approx 3{,}14$$

Die Kurve kehrt zur z-Achse in der Höhe π zurück, wobei die Parabel in der x,y-Ebene wieder rückwärts durchlaufen wird. In Bild 265 ist die Kurve in einer Raumskizze dargestellt.

Auch zur *Darstellung von Feldern* (Kraftfelder, Geschwindigkeitsfelder, Strömungsfelder usw.) kann man sich der Vektoren bedienen. In diesem Falle ist, wenn man wieder zunächst ein ebenes Feld betrachtet, jedem Punkte $P(x; y)$ ein Vektor zugeordnet, der die in diesem Punkte vorliegende Feldgröße (z. B. die Kraft) symbolisch darstellt. Dieser von Ort zu Ort veränderliche Feldvektor werde mit $\mathfrak{F}$ bezeichnet, seine Komponenten sind $\mathfrak{F}_1$ und $\mathfrak{F}_2$ (Bild 266). Diese müssen also jeweils von den Koordinaten x und y abhängig sein. Also gilt:

$$\mathfrak{F} = \mathfrak{F}_1(x; y) + \mathfrak{F}_2(x; y)$$

oder

stationäres, ebenes Feld

$$\boxed{\mathfrak{F} = F_1(x; y)\,\mathfrak{i} + F_2(x; y)\,\mathfrak{j}} \qquad (162)$$

Das durch $\mathfrak{F}$ dargestellte Feld heißt stationär, weil $\mathfrak{F}$ nicht zusätzlich noch von der Zeit abhängt. Die Feldgröße ist also in jedem Punkte des Feldes konstant, sie ist aber von Punkt zu Punkt veränderlich.

Auf den Raum übertragen ergibt sich analog

stationäres, räumliches Feld

$$\boxed{\mathfrak{F} = F_1(x; y; z)\,\mathfrak{i} + F_2(x; y; z)\,\mathfrak{j} + F_3(x; y; z)\,\mathfrak{k}} \qquad (163)$$

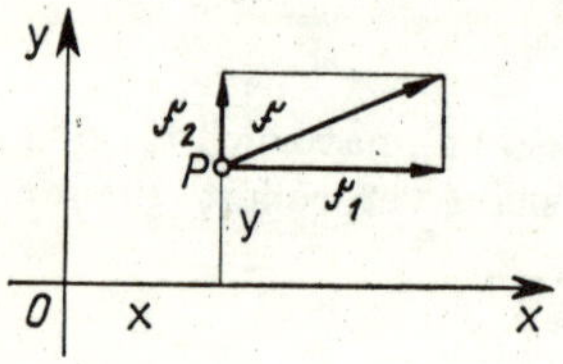

Bild 266

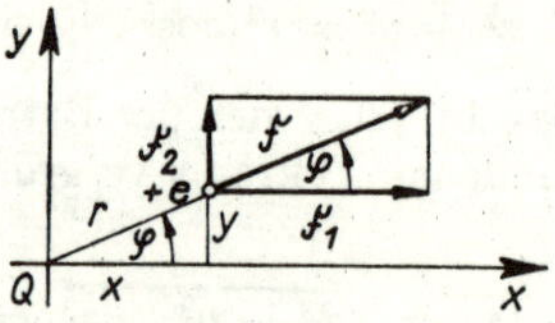

Bild 267

Beispiel für ein ebenes Kraftfeld: Im Ursprung befinde sich die elektrische Ladung $(+Q)$. Das um diese Ladung erregte Kraftfeld wird nun durch den Vektor $\mathfrak{F}$ dargestellt, der die auf die positive Ladungseinheit $(+e)$ wirkende Kraft repräsentiert (Bild 267).

Es ist $\quad \mathfrak{F} = F_1\mathfrak{i} + F_2\mathfrak{j}$.

Nach dem Coulombschen Gesetz hat $\mathfrak{F}$ den Betrag

$$F = \frac{Qe}{r^2}.$$

Aus Bild 267 liest man ab:

$$F_1 = F\cos\varphi = \frac{Qe}{r^2}\,\frac{x}{r} = Qe\,\frac{x}{(x^2 + y^2)^{\frac{3}{2}}}$$

$$F_2 = F\sin\varphi = \frac{Qe}{r^2}\,\frac{y}{r} = Qe\,\frac{y}{(x^2 + y^2)^{\frac{3}{2}}}$$

Das Feld kann also wie folgt dargestellt werden:

$$\mathfrak{F} = Qe \frac{x}{(x^2 + y^2)^{\frac{3}{2}}} \mathfrak{i} + Qe \frac{y}{(x^2 + y^2)^{\frac{3}{2}}} \mathfrak{j} = Qe \frac{x\mathfrak{i} + y\mathfrak{j}}{(x^2 + y^2)^{\frac{3}{2}}}.$$

Jedem Wertepaar $x; y$ ist also ein Feldvektor $\mathfrak{F}$ zugeordnet.

15.2. Differentiation und Integration von Vektoren

Gegeben sei der zeitabhängige Ortsvektor $\mathfrak{r}(t)$, der eine Raumkurve darstellt. Bildet man die Differenz zweier benachbarter Vektoren $\mathfrak{r}(t + \Delta t) - \mathfrak{r}(t)$, so stellt dieser Differenzenvektor den in Bild 268 eingezeichneten *Sehnenvektor* dar. Man bildet nun den Vektor

$$\frac{\mathfrak{r}(t + \Delta t) - \mathfrak{r}(t)}{\Delta t},$$

der mit dem Sehnenvektor die gleiche Richtung hat. Für eine differenzierbare Kurve geht der Sehnenvektor beim Grenzübergang ($\Delta t \to 0$) in einen Tangentenvektor als Grenzlage über. Man kann also schreiben:

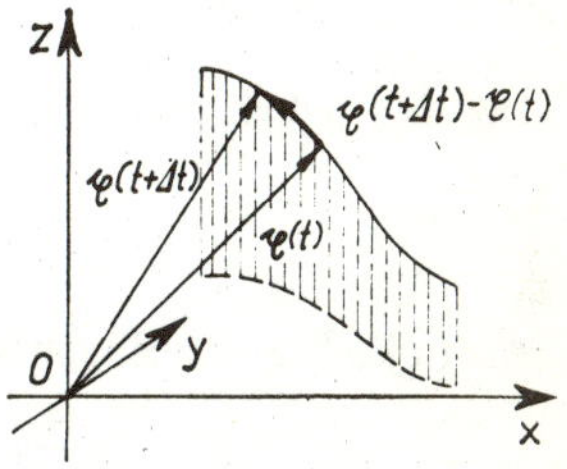

Bild 268

$$\lim_{\Delta t \to 0} \frac{\mathfrak{r}(t + \Delta t) - \mathfrak{r}(t)}{\Delta t} = \mathfrak{r}'(t) = \dot{\mathfrak{r}} = \frac{d\mathfrak{r}}{dt}.$$

Liegt der Vektor in Komponentendarstellung vor, gilt:

$$\frac{\mathfrak{r}(t + \Delta t) - \mathfrak{r}(t)}{\Delta t} = \frac{x(t + \Delta t) - x(t)}{\Delta t} \mathfrak{i} + \frac{y(t + \Delta t) - y(t)}{\Delta t} \mathfrak{j} + \frac{z(t + \Delta t) - z(t)}{\Delta t} \mathfrak{k}.$$

Der Grenzübergang ergibt, da bei $\mathfrak{i}$, $\mathfrak{j}$ und $\mathfrak{k}$ die Differenzenquotienten der Funktionen x, y und z stehen, den

Tangentenvektor an eine Raumkurve

$$\boxed{\dot{\mathfrak{r}} = \dot{x}\mathfrak{i} + \dot{y}\mathfrak{j} + \dot{z}\mathfrak{k}} \tag{164}$$

Für eine ebene Kurve gilt entsprechend

Tangentenvektor an eine ebene Kurve

$$\boxed{\dot{\mathfrak{r}} = \dot{x}\mathfrak{i} + \dot{y}\mathfrak{j}} \tag{164a}$$

Für die in Bild 265 dargestellte Kurve mit dem Ortsvektor

$$\mathfrak{r} = \sin t\, \mathfrak{i} + \sin^2 t\, \mathfrak{j} + t\, \mathfrak{k}$$

ergibt sich für den Tangentenvektor

$$\dot{\mathfrak{x}} = \cos t\, \mathfrak{i} + 2 \sin t \cos t\, \mathfrak{j} + \mathfrak{k}.$$

Speziell gilt: $\dot{\mathfrak{x}}(0) = \mathfrak{i} + \mathfrak{k}$, die Kurve startet also vom Ursprung aus in der x,z-Ebene unter 45° Anstieg gegen die x-Achse;

$\dot{\mathfrak{x}}\left(\frac{\pi}{2}\right) = \mathfrak{k}$, die Kurve verläuft vertikal;

$\dot{\mathfrak{x}}(\pi) = -\mathfrak{i} + \mathfrak{k}$, die Kurve gelangt unter 45° Anstieg zur z-Achse.

Für eine ebene Kurve wurde bereits für das Bogenlängendifferential die Formel entwickelt:

$$\mathrm{d}s = \sqrt{\dot{x}^2 + \dot{y}^2}\,\mathrm{d}t.$$

Die Wurzel stellt den Betrag des Tangentenvektors dar:

$$|\dot{\mathfrak{x}}| = \sqrt{\dot{x}^2 + \dot{y}^2}.$$

Also gilt für das **Bogenlängendifferential einer Kurve**

$$\mathrm{d}s = |\dot{\mathfrak{x}}|\,\mathrm{d}t = |\mathrm{d}\mathfrak{x}|.$$

Die Formel gilt natürlich auch für Raumkurven mit

$$|\dot{\mathfrak{x}}| = \sqrt{\dot{x}^2 + \dot{y}^2 + \dot{z}^2}.$$

Die Bogenlänge selbst liefert die Formel

$$\boxed{s = \int_{t_1}^{t_2} |\dot{\mathfrak{x}}|\,\mathrm{d}t} \qquad (165)$$

Die Bogenlänge einer Windung der Schraubenlinie

$$\mathfrak{x} = r \cos t\, \mathfrak{i} + r \sin t\, \mathfrak{j} + \frac{h}{2\pi} t\, \mathfrak{k}$$

ist mit

$$|\dot{\mathfrak{x}}| = \sqrt{r^2 \sin^2 t + r^2 \cos^2 t + \frac{h^2}{4\pi^2}}$$

$$s = \int_0^{2\pi} \sqrt{r^2 + \frac{h^2}{4\pi^2}}\,\mathrm{d}t = 2\pi \sqrt{r^2 + \frac{h^2}{4\pi^2}} = \sqrt{(2\pi r)^2 + h^2}.$$

15.3. Das Linienintegral

Man betrachte ein Kraftfeld, das durch den Feldvektor

$$\mathfrak{F}(x; y; z) = F_1\mathfrak{i} + F_2\mathfrak{j} + F_3\mathfrak{k}$$

gegeben ist. In diesem Feld bewege sich unter dem Einfluß der Feldkraft ein Massenpunkt längs der Raumkurve mit dem Ortsvektor

$$\mathfrak{r}(t) = x(t)\,\mathfrak{i} + y(t)\,\mathfrak{j} + z(t)\,\mathfrak{k}.$$

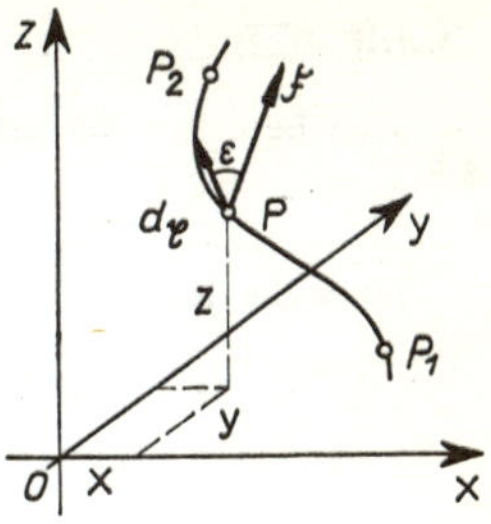

Bild 269

Um die von der Feldkraft am Massenpunkt verrichtete Arbeit zu berechnen, greift man auf der Kurve den beliebigen Punkt $P(x; y; z)$ heraus. Die Feldkraft ist dort $\mathfrak{F}$. Das zu diesem Punkt gehörige Arbeitsdifferential erhält man, indem man die in Kurvenrichtung liegende Tangentialkomponente von $\mathfrak{F}$ mit dem Wegdifferential $\mathrm{d}s$ multipliziert. Man bildet also, da $\mathrm{d}s = |\mathrm{d}\mathfrak{r}|$ ist (Bild 269):

$$\mathrm{d}W = |\mathfrak{F}|\,|\mathrm{d}\mathfrak{r}|\cos\varepsilon,$$

das ist das skalare Produkt der Vektoren $\mathfrak{F}$ und $\mathrm{d}\mathfrak{r}$. Also gilt

$$\mathrm{d}W = \mathfrak{F}\,\mathrm{d}\mathfrak{r}.$$

Die Arbeit zwischen zwei Punkten P_1 und P_2 längs der Kurve ist dann

Arbeitsintegral längs einer Raumkurve

$$\boxed{W = \int_{P_1}^{P_2} \mathfrak{F}\,\mathrm{d}\mathfrak{r}} \tag{166}$$

Zur Berechnung des Integrals beachte man, daß $\mathfrak{F}$ von den drei Raumkoordinaten x, y, z abhängt. Da aber das Integral *längs der Kurve* gebildet werden soll, ist zu setzen

$$x = x(t); \qquad y = y(t); \qquad z = z(t).$$

Somit ergibt sich, ausführlich geschrieben, der folgende Rechengang:

$$W = \int_{P_1}^{P_2} \mathfrak{F}\,\mathrm{d}\mathfrak{r} = \int_{t_1}^{t_2} \mathfrak{F}\dot{\mathfrak{r}}\,\mathrm{d}t = \int_{t_1}^{t_2} \big[F_1\big(x(t); y(t); z(t)\big)\,\mathfrak{i} + F_2\big(x(t); y(t); (z(t)\big)\,\mathfrak{j} +$$

$$+ F_3\big(x(t); y(t); z(t)\big)\,\mathfrak{k}\big] \cdot [\dot{x}(t)\,\mathfrak{i} + \dot{y}(t)\,\mathfrak{j} + \dot{z}(t)\,\mathfrak{k}]\,\mathrm{d}t =$$

$$= \int_{t_1}^{t_2} [F_1\dot{x} + F_2\dot{y} + F_3\dot{z}]\,\mathrm{d}t.$$

Das Integral enthält also letzten Endes nur t als Veränderliche. Es heißt Linienintegral.

BEISPIELE

1. Man berechne die Arbeit des Kraftfeldes

$$\mathfrak{F} = (x + y)\,\mathfrak{i} + x\mathfrak{j} + xz\mathfrak{k}$$

längs der Kurve

$$\mathfrak{x} = \sin t\,\mathfrak{i} + \sin^2 t\,\mathfrak{j} + t^2\mathfrak{k} \qquad (0 \leqq t \leqq \pi/2).$$

Lösung: Es ist

$$\dot{\mathfrak{x}} = \cos t\,\mathfrak{i} + 2\sin t\cos t\,\mathfrak{j} + 2t\,\mathfrak{k}.$$

Längs der Kurve gilt:

$$x = \sin t; \quad y = \sin^2 t; \quad z = t^2.$$

Somit heißt das Linienintegral

$$W = \int_0^{\frac{\pi}{2}} [(\sin t + \sin^2 t)\,\mathfrak{i} + \sin t\,\mathfrak{j} + t^2 \sin t\,\mathfrak{k}] \cdot [\cos t\,\mathfrak{i} + 2\sin t\cos t\,\mathfrak{j} + 2t\,\mathfrak{k}]\,\mathrm{d}t =$$

$$= \int_0^{\frac{\pi}{2}} (\sin t\cos t + \sin^2 t\cos t + 2\sin^2 t\cos t + 2t^3 \sin t)\,\mathrm{d}t =$$

$$= \int_0^{\frac{\pi}{2}} (\sin t\cos t + 3\sin^2 t\cos t + 2t^3\sin t)\,\mathrm{d}t =$$

$$= \frac{1}{2} + 1 + \left(\frac{3}{2}\pi^2 - 12\right) = \underline{\underline{\frac{3}{2}(\pi^2 - 7) > 0.}}$$

Das positive Ergebnis bedeutet, daß man beim Ablaufen der Kurve mit wachsendem Parameter zum Teil oder immer mit dem Kraftfeld schreitet.

2. Ein Körper der Masse m werde längs einer Windung der Schraubenlinie

$$\mathfrak{x} = \cos t\,\mathfrak{i} + \sin t\,\mathfrak{j} + \frac{h}{2\pi}\,t\,\mathfrak{k}$$

um h im Kraftfeld der Erde gehoben. Welche Arbeit ist aufzuwenden, wenn die z-Achse vom Erdmittelpunkt weg zeigt?

Lösung: Für das Kraftfeld gilt im gesamten Bereich der Spirale:

$$\mathfrak{F} = -mg\,\mathfrak{k}.$$

Also gilt für die Arbeit:

$$W = \int_0^{2\pi} \mathfrak{F}\,\mathrm{d}\mathfrak{x} = -mg\int_0^{2\pi} \mathfrak{k}\left[-\sin t\,\mathfrak{i} + \cos t\,\mathfrak{j} + \frac{h}{2\pi}\,\mathfrak{k}\right]\mathrm{d}t = -mg\int_0^{2\pi} \frac{h}{2\pi}\,\mathrm{d}t = \underline{\underline{-mgh.}}$$

Die hier berechnete Arbeit verrichtet das Kraftfeld. Man selbst muß aber, wenn man die Masse gegen die Kraft des Feldes bewegt, die gleich große p o s i t i v e Arbeit aufbringen, die der Masse als potentielle Energie gegeben wird. Liefert das Gravitationsfeld positive Arbeit (der Körper fällt längs der Spirale), so nimmt der Körper diese Arbeit als kinetische Energie auf. Man beachte also, daß das Arbeitsintegral stets die vom Kraftfeld verrichtete Arbeit angibt (und nicht die, welche an einer im Kraftfeld bewegten Masse verrichtet wird).

3. Um den Ursprung existiere ein Kraftfeld, bei dem alle Feldvektoren nach dem Ursprung hin gerichtet sind. Ihr Betrag ist proportional dem Abstand vom Ursprung (Proportionalitätsfaktor $= c$). Welche Arbeit ist aufzubringen, wenn die Masse längs der Schraubenlinie

$$\mathfrak{x} = a \cos t\, \mathfrak{i} + a \sin t\, \mathfrak{j} + \frac{h}{2\pi} t\, \mathfrak{k}$$

um eine Ganghöhe bewegt wird?

Lösung: Für einen beliebigen Punkt P des Raumes mit den Koordinaten x, y, z ist der nach P zeigende Ortsvektor mit der Spitze P

$$\mathfrak{r} = x\mathfrak{i} + y\mathfrak{j} + z\mathfrak{k}.$$

Liegt P auf der Spirale, so ist $\mathfrak{r} = \mathfrak{x}$. Die in diesem Punkte wirkende Feldkraft ist dann nach Forderung der Aufgabe $\mathfrak{K} = -c\mathfrak{x}$. Also gilt

$$W = \int_0^{2\pi} \mathfrak{K} \cdot \mathrm{d}\mathfrak{x} =$$

$$= \int_0^{2\pi} \left[-ac \cos t\,\mathfrak{i} - ac \sin t\,\mathfrak{j} - \frac{ch}{2\pi} t\,\mathfrak{k} \right] \cdot \left[-a \sin t\,\mathfrak{i} + a \cos t\,\mathfrak{j} + \frac{h}{2\pi} \mathfrak{k} \right] \mathrm{d}t =$$

$$= +c \cdot \int_0^{2\pi} \left(a^2 \cos t \sin t - a^2 \sin t \cos t - \frac{h^2}{4\pi^2} t \right) \mathrm{d}t = c \left(-\frac{h^2}{2} \right) = \underline{\underline{-\frac{1}{2} ch^2.}}$$

Nach obigen Überlegungen ist dann die aufzubringende Arbeit $^1/_2\, ch^2$.

4. Man berechne in dem Felde

$$\mathfrak{F} = xy^2\mathfrak{i} + x^2y\mathfrak{j}$$

das Linienintegral $\int_0^P \mathfrak{F}\, \mathrm{d}\mathfrak{x}$ zwischen dem Ursprung und dem Punkte $P(1; 1)$ längs

a) der geradlinigen Verbindung $y = x$
b) der Normalparabel $y = x^2$
c) und längs der x- und y-Richtung (Bild 270).

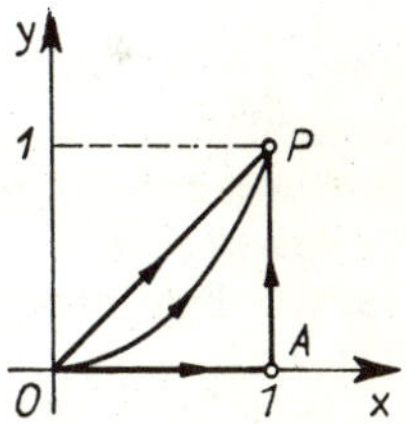

Bild 270

Lösung:
a) $y = x$ kann in Parameterdarstellung geschrieben werden: $x = t$; $y = t$. Dann ist der Ortsvektor der Geraden durch O und P:

$$\mathfrak{x} = t\mathfrak{i} + t\mathfrak{j} \quad \text{mit} \quad \dot{\mathfrak{x}} = \mathfrak{i} + \mathfrak{j}.$$

Also heißt das Integral für die Arbeit mit $x = t$ und $y = t$:

$$W = \int_0^1 (t^3\mathfrak{i} + t^3\mathfrak{j})(\mathfrak{i} + \mathfrak{j})\, \mathrm{d}t = \int_0^1 (t^3 + t^3)\, \mathrm{d}t = \underline{\underline{\frac{1}{2}.}}$$

b) Eine Parameterdarstellung für $y = x^2$ ist: $x = t$; $y = t^2$.
Der Ortsvektor der Parabel ist also

$$\mathfrak{x} = t\mathfrak{i} + t^2\mathfrak{j} \quad \text{mit} \quad \dot{\mathfrak{x}} = \mathfrak{i} + 2t\mathfrak{j}.$$

Es folgt:

$$W = \int_0^1 (t^5\mathfrak{i} + t^4\mathfrak{j})(\mathfrak{i} + 2t\mathfrak{j})\,dt = \int_0^1 (t^5 + 2t^5)\,dt = \underline{\underline{\frac{1}{2}}}.$$

c) Der Integrationsweg setzt sich aus $\overline{OA}$ und $\overline{AP}$ zusammen. Für $\overline{OA}$ gilt: $y = 0$. Man kann also schreiben: $x = t$; $y = 0$. Somit ist $\mathfrak{x}_1 = t\mathfrak{i}$, und es gilt:

$$W_{OA} = \int_0^1 (0)\mathfrak{i}\,dt = 0.$$

Für $\overline{AP}$ ist $x = 1$; die Parameterdarstellung für $\overline{AP}$ ist demnach $x = 1$; $y = t$. Somit folgt: $\mathfrak{x}_2 = \mathfrak{i} + t\mathfrak{j}$.

$$W_{AP} = \int_0^1 (t^2\mathfrak{i} + t\mathfrak{j})(\mathfrak{j})\,dt = \int_0^1 t\,dt = \frac{1}{2}.$$

Also ist $W = W_{OA} + W_{AP} = \underline{\underline{\frac{1}{2}}}.$

In diesem Felde ergeben die 3 verschiedenen Wege den gleichen Wert des Linienintegrales $\int_0^P \mathfrak{F}\,d\mathfrak{x}$.

15.4. Das Linienintegral im Potentialfeld

Das letzte Beispiel gibt Anlaß zu der Frage: Unter welchen Bedingungen ist das Linienintegral vom Wege unabhängig? In den folgenden Untersuchungen, welche ohne weiteres auf Raumfelder erweitert werden könnten, sollen nur *ebene Felder* zugrunde gelegt werden.

Ist das Feld mit dem Feldvektor

$$\mathfrak{F} = F_1(x; y)\,\mathfrak{i} + F_2(x; y)\,\mathfrak{j}$$

gegeben und in ihm die Kurve mit dem Ortsvektor

$$\mathfrak{x} = x(t)\,\mathfrak{i} + y(t)\,\mathfrak{j},$$

so kann man das Linienintegral $\int_{t_1}^{t_2} \mathfrak{F}\,d\mathfrak{x}$ in skalare Schreibweise wie folgt umrechnen:

Es ist:

$$\begin{aligned} d\mathfrak{x} &= (\dot{x}\mathfrak{i} + \dot{y}\mathfrak{j})\,dt = \\ &= \dot{x}\,dt\,\mathfrak{i} + \dot{y}\,dt\,\mathfrak{j} = \\ &= dx\,\mathfrak{i} + dy\,\mathfrak{j}. \end{aligned}$$

Also folgt für das Integral

$$\int_{t_1}^{t_2} \mathfrak{F}\,\mathrm{d}\mathfrak{x} = \int_{(x_1;y_1)}^{(x_2;y_2)} (F_1\mathfrak{i} + F_2\mathfrak{j})(\mathrm{d}x\mathfrak{i} + \mathrm{d}y\mathfrak{j}) = \int_{(x_1;y_1)}^{(x_2;y_2)} (F_1\mathrm{d}x + F_2\mathrm{d}y).$$

Dieses Integral hat also den Integranden

$$F_1(x;y)\,\mathrm{d}x + F_2(x;y)\,\mathrm{d}y,$$

der dann ein *vollständiges Differential* einer Funktion $W(x;y)$ ist, wenn die SCHWARZsche *Bedingung* erfüllt ist:

$$\frac{\partial F_1}{\partial y} = \frac{\partial F_2}{\partial x}.$$

Dann ist

$$\mathrm{d}W = F_1 \cdot \mathrm{d}x + F_2 \cdot \mathrm{d}y = \frac{\partial W}{\partial x} \cdot \mathrm{d}x + \frac{\partial W}{\partial y} \cdot \mathrm{d}y$$

und

$$\int_{(x_1;y_1)}^{(x_2;y_2)} \mathrm{d}W = W(x_2;y_2) - W(x_1;y_1) = W_2 - W_1.$$

Für den Wert des Integrales entscheiden also nur Anfangs- und Endwert; d. h., das Integral ist vom Wege unabhängig.
Für das Beispiel 4 des letzten Abschnittes ist in der Tat die SCHWARZsche Bedingung erfüllt:

$$F_1 = xy^2 \qquad F_2 = x^2y$$

$$\frac{\partial F_1}{\partial y} = 2xy \qquad \frac{\partial F_2}{\partial x} = 2xy.$$

Es gilt also der

Satz

Erfüllen die Funktionen der Komponenten des Feldvektors eines ebenen Feldes die SCHWARZsche Bedingung, so ist in diesem Felde das Linienintegral vom Wege unabhängig.

Ein solches Feld heißt **Potentialfeld**, und W ist die **Potentialfunktion.**

BEISPIELE

1. Für das elektrische Kraftfeld um die felderregende Ladung $(+Q)$ im Ursprung wurde bereits (vgl. 15.1.) der Feldvektor berechnet:

$$\mathfrak{F} = Qe\left(\frac{x}{(x^2 + y^2)^{\frac{3}{2}}}\,\mathfrak{i} + \frac{y}{(x^2 + y^2)^{\frac{3}{2}}}\,\mathfrak{j}\right).$$

Bei für die Rechnung erlaubtem Verzicht auf die multiplikative Konstante Qe heißen die Terme für die Koordinaten:

$$F_1 = \frac{x}{(x^2+y^2)^{\frac{3}{2}}}, \quad F_2 = \frac{y}{(x^2+y^2)^{\frac{3}{2}}}.$$

Es ist

$$\frac{\partial F_1}{\partial y} = \frac{-3xy\cdot(x^2+y^2)^{\frac{1}{2}}}{(x^2+y^2)^3} = \frac{-3xy}{(x^2+y^2)^{\frac{5}{2}}},$$

$$\frac{\partial F_2}{\partial x} = \frac{-3xy\cdot(x^2+y^2)^{\frac{1}{2}}}{(x^2+y^2)^3} = \frac{-3xy}{(x^2+y^2)^{\frac{5}{2}}}.$$

Also ist die SCHWARZsche Regel erfüllt.

Soll das Linienintegral $\int\limits_{(x_1;y_1)}^{(x_2;y_2)} \mathfrak{F}\,\mathrm{d}\mathfrak{x}$ vom Punkte $A(x_1;y_1)$ bis zum Punkte $B(x_2;y_2)$ berechnet werden, spielt der Integrationsweg keine Rolle, da ein Potentialfeld vorliegt. Man bestimmt die zu dem totalen Differential

$$\mathrm{d}W = \frac{x}{(x^2+y^2)^{\frac{3}{2}}}\,\mathrm{d}x + \frac{y}{(x^2+y^2)^{\frac{3}{2}}}\,\mathrm{d}y \tag{I}$$

gehörige Potentialfunktion $W(x;y)$:

$$\mathrm{d}W = \frac{\partial W}{\partial x}\,\mathrm{d}x + \frac{\partial W}{\partial y}\,\mathrm{d}y, \tag{II}$$

also

$$\frac{\partial W}{\partial x} = \frac{x}{(x^2+y^2)^{\frac{3}{2}}}$$

$$W = \int \frac{x}{(x^2+y^2)^{\frac{3}{2}}}\,\mathrm{d}x + \varphi(y) = \frac{1}{2}\int \frac{\mathrm{d}t}{t^{\frac{3}{2}}} + \varphi(y) = \qquad \begin{array}{r} t = x^2+y^2 \\ \mathrm{d}t = 2x\,\mathrm{d}x \end{array}$$

$$= -\frac{1}{\sqrt{t}} + \varphi(y) = -\frac{1}{\sqrt{x^2+y^2}} + \varphi(y).$$

Nach (I) und (II) gilt weiter, wenn man $\frac{\partial W}{\partial y}$ bildet:

$$\frac{\partial W}{\partial y} = \frac{2y}{2(x^2+y^2)^{\frac{3}{2}}} + \frac{\mathrm{d}\varphi}{\mathrm{d}y} = \frac{y}{(x^2+y^2)^{\frac{3}{2}}}$$

$$\frac{\mathrm{d}\varphi}{\mathrm{d}y} = 0, \quad \varphi = 0\ (= \text{const.}).$$

Somit heißt die Potentialfunktion

$$W = -\frac{1}{\sqrt{x^2+y^2}}.$$

Das Integral hat nun den Wert $W(x_2; y_2) - W(x_1; y_1)$, also

$$\int_{(x_2;y_2)}^{(x_1;y_1)} \mathfrak{F}\,d\mathfrak{r} = \frac{1}{\sqrt{x_1^2+y_1^2}} - \frac{1}{\sqrt{x_2^2+y_2^2}} = \frac{1}{r_1} - \frac{1}{r_2},$$

wobei r_1 und r_2 die Abstände der Punkte A und B vom Ursprung sind.
Der Wert des Integrals hängt nur vom radialen Abstand der Wegendpunkte von der felderregenden Ladung ab:

$$\int_A^B \mathfrak{F}\,d\mathfrak{r} = \underline{\underline{Qe\left(\frac{1}{r_1} - \frac{1}{r_2}\right)}}.$$

Er stellt physikalisch den Potentialunterschied zwischen den Punkten A und B dar.

2. Führt man einer abgeschlossenen Gasmenge mit den Zustandsgrößen p_1, V_1, T_1 eine Wärmemenge Q zu, so geht sie in den Zustand p_2, V_2, T_2 über. Die Wärmemenge dient zur Steigerung der inneren Energie des Gases und zur Aufbringung der Expansionsarbeit. In Differentialform gilt:

$$dQ = dU + p\,dV = mc_v\,dT + \frac{mTR}{V}\,dV.$$

Hieraus folgt durch Integration die gesamte Wärmezufuhr Q, die das Gas vom Zustand I in den Zustand II führt. Ist diese Überführung vom Weg abhängig? Wenn nicht, dann muß dQ ein totales Differential mit den Variablen T und V sein und die Bedingung von SCHWARZ erfüllen.

$$dQ = \underbrace{(mc_v)}_{F_1}\,dT + \underbrace{\left(\frac{mRT}{V}\right)}_{F_2}\,dV.$$

Es ist

$$\frac{\partial F_1}{\partial V} = 0 \quad \text{und} \quad \frac{\partial F_2}{\partial T} = \frac{mR}{V} \neq 0.$$

Die SCHWARZsche Bedingung ist nicht erfüllt; es wird also je nach gewähltem Weg von I nach II (z. B. erst isobar, dann isochor, oder erst isotherm bis V_2 und dann isochor bis T_2 usw.) eine verschiedene Wärmemenge benötigt.
Dividiert man das obige Differential für dQ durch T, so ergibt sich:

$$\frac{dQ}{T} = \underbrace{\frac{mc_v}{T}}_{F_3}\,dT + \underbrace{\frac{mR}{V}}_{F_4}\,dV.$$

Jetzt gilt

$$\frac{\partial F_3}{\partial V} = \frac{\partial F_4}{\partial T} = 0,$$

also liegt ein totales Differential vor, und es gibt eine Funktion $S(V; T)$, die dieses Differential hat. Nunmehr ist

$$\int_I^{II} \frac{dQ}{T} = \int_I^{II} dS = S_{II} - S_I$$

unabhängig vom Wege. Die Funktion S beschreibt also den jeweiligen Zustand des Gases selbst, da der Weg, auf dem das Gas in diesen Zustand gelangte, auf den Wert von S keinen Einfluß hat. S heißt Entropie und ist eine *Zustandsgröße*.

AUFGABEN

629. Man berechne für das Kraftfeld

$$\mathfrak{F} = x^2\mathfrak{i} + y^2\mathfrak{j} + z^2\mathfrak{k}$$

die Feldarbeit längs der Kurve

$$\mathfrak{x} = \sqrt{3}\sin t\,\mathfrak{i} + \cos t\,\mathfrak{k}$$

von $A\left(\sqrt{3};0;0\right)$ bis $B(0;0;-1)$.

630. Man deute den Verlauf der Raumkurve

$$\mathfrak{x} = (\sin^2 t)\,\mathfrak{i} + \frac{1}{2}(1+\cos 2t)\,\mathfrak{j} + \left(t^2 - \frac{\pi}{2}t\right)\mathfrak{k}$$

und berechne für sie das Linienintegral im Felde

$$\mathfrak{F} = x\mathfrak{i} + xy\mathfrak{j} + z\mathfrak{k}$$

im Intervall $0 \leqq t \leqq \dfrac{\pi}{2}$.

631. Man berechne für das Kraftfeld

$$\mathfrak{F} = \begin{vmatrix} \mathfrak{i} & \mathfrak{j} & \mathfrak{k} \\ 1 & 0 & 0 \\ x & y & z \end{vmatrix}$$

die Arbeit längs der Kurve

$$\mathfrak{x} = \sqrt{2}\cos t\,\mathfrak{i} + \cos 2t\,\mathfrak{j} + \frac{2t}{\pi}\mathfrak{k} \qquad \left(0 \leqq t \leqq \frac{\pi}{2}\right)$$

und deute den Verlauf der Kurve.

632. Man zeige, daß das Feld

$$\mathfrak{F} = \left(\frac{x}{\sqrt{x^2+y^2}} + y\right)\mathfrak{i} + \left(\frac{y}{\sqrt{x^2+y^2}} + x\right)\mathfrak{j}$$

ein Potentialfeld ist, und berechne die Arbeit von $P_1(0;0)$ nach $P_2(3;4)$ einmal unter Verwendung der Potentialfunktion, dann aber längs der Geraden P_1P_2.

633. Man zeige für das Integral

$$Q = \int\limits_{I}^{II} \left(mc_v\,\mathrm{d}T + \frac{mRT}{V}\,\mathrm{d}V\right),$$

daß es wegabhängig ist, indem man vom Zustand I in den Zustand II folgende Wege wählt:

a) isotherm, isochor,

b) isochor, isotherm.

(Man mache sich die Wege im p, V-Diagramm klar.)

Unendliche Reihen

16. Grundbegriffe

16.1. Definition der unendlichen Reihe

Bisweilen kommt es vor, daß die Glieder einer unendlichen Folge addiert werden sollen. Wenn z. B. die unendliche Folge

$$\{u_k\} = 1,\ \frac{1}{2},\ \frac{1}{3},\ \frac{1}{4},\ \ldots$$

gegeben ist, so ergibt sich bei Addition der einzelnen Glieder der Term

$$1 + \frac{1}{2} + \frac{1}{3} + \frac{1}{4} + \cdots.$$

Zunächst zeigt sich aber hier eine Schwierigkeit. Denn eine Summe ist für diese unendlich vielen Summanden nicht definiert. Es liegt auch vorerst keine Berechtigung vor, die Grundgesetze der Addition, also z. B. Kommutativgesetz, Assoziativgesetz, ohne weiteres anzuwenden.

Verallgemeinert hat der genannte Term das Aussehen

$$u_1 + u_2 + u_3 + u_4 + \cdots.$$

Es ist aber nun möglich, diesen Term zu definieren.

Wie schon bei der Behandlung der geometrischen Reihe (vgl. 2.3.) gezeigt wurde, sind die Glieder $s_1, s_2, \ldots, s_k, \ldots$ dieser Folge **Teil-** oder **Partialsummen** des vorliegenden Terms. Also

$$\begin{aligned} s_1 &= u_1, \\ s_2 &= u_1 + u_2, \\ s_3 &= u_1 + u_2 + u_3, \\ s_4 &= u_1 + u_2 + u_3 + u_4, \text{ usw.} \end{aligned}$$

Diese Partialsummen bilden für sich eine Folge $\{s_k\}$, $\{s_k\} = s_1, s_2, s_3, s_4, \ldots$. Sie ist eine Partialsummenfolge der ursprünglichen Folge $\{u_k\}$. Der angegebene Term $u_1 + u_2 + u_3 + u_4 + \cdots$, kurz geschrieben $\sum\limits_{k=1}^{\infty} u_k$, wird eine **unendliche Reihe** genannt. Er ist nichts anderes als eine andere Darstellung für die Partialsummenfolge.

Für eine vorliegende Reihe ist es oft nicht einfach, die formelmäßige Berechnungsvorschrift für alle Glieder aus dem Anfang dieser Reihe zu ermitteln.

Wenn die einzelnen Glieder $u_1, u_2, \ldots$ einer Reihe bestimmte Zahlen sind, und zwar echte Brüche, so handelt es sich um eine *numerische Reihe*. An solchen Reihen sollen zunächst die Grundbegriffe erläutert werden.

BEISPIELE

1. Die Reihe $\sum_{k=1}^{\infty} \frac{1}{k} = 1 + \frac{1}{2} + \frac{1}{3} + \frac{1}{4} + \cdots$ ist nur eine andere Darstellung der Folge

$$\{s_k\} = 1; \quad 1 + \frac{1}{2}; \quad 1 + \frac{1}{2} + \frac{1}{3}; \quad 1 + \frac{1}{2} + \frac{1}{3} + \frac{1}{4}; \cdots$$

$$= 1; \quad \frac{3}{2}; \quad \frac{11}{6}; \quad \frac{25}{12}; \ldots.$$

2. Gegeben ist die Reihe

$$R = \frac{1}{2} + \frac{1}{6} + \frac{1}{12} + \frac{1}{20} + \frac{1}{30} + \cdots.$$

Durch Probieren ergibt sich die Berechnungsvorschrift für alle Glieder $\sum_{k=1}^{\infty} \frac{1}{k \cdot (k+1)}$.
Die Reihe $\sum_{k=1}^{\infty} \frac{1}{k \cdot (k+1)} = \frac{1}{2} + \frac{1}{6} + \frac{1}{12} + \frac{1}{20} + \frac{1}{30} + \cdots$ ist also nur eine andere Darstellung der Folge

$$\{s_k\} = \frac{1}{2}; \ \frac{2}{3}; \ \frac{3}{4}; \ \frac{4}{5}; \ \frac{5}{6}; \ldots.$$

3. $R(x) = 1 - x^1 + x^2 - x^3 + - \ldots = \sum_{k=0}^{\infty} (-x)^k$ ist der Sonderfall einer geometrischen Reihe, die bereits schon früher behandelt wurde (vgl. 2.3.). Das Bildungsgesetz für die einzelnen Glieder sagt aus, daß ein Glied aus dem vorangegangenen entsteht, indem dieses mit $-x$ multipliziert wurde. Hier liegt ein grundsätzlicher Unterschied gegenüber den ersten beiden Beispielen vor, denn dort sind alle Glieder Konstante, während hier die Glieder von $R(x)$ Terme mit einer Variablen sind. Dieser Fall soll später eingehend behandelt werden.

16.2. Konvergenz, Divergenz

Bei Betrachtung der drei vorhergegangenen Beispiele taucht nun die Frage auf, ob diese Reihen, oder auch andere solcher Art, obwohl sie unendlich viele Summanden besitzen, einen endlichen Summenwert haben.
Nur besonders einfache Fälle gestatten es, hierüber sofort Klarheit zu bekommen.

BEISPIEL

1. $R = 0{,}3 + 0{,}03 + 0{,}003 + 0{,}0003 + \cdots$.
Dies ist eine geometrische Reihe, sie hat den Quotienten $q = 0{,}1$. Nach Formel (31) ist die Summe $s = \frac{0{,}3}{1 - 0{,}1} = \frac{1}{3}$.

In den weitaus meisten Fällen ist die Ermittlung des Summenwertes nicht so einfach wie hier.
Um den Begriff *Konvergenz* zu klären, sollen von $u_1 + u_2 + u_3 + \cdots + u_k + \cdots$ nochmals die Partialsummen hingeschrieben werden, also

$$s_1 = u_1, \quad s_2 = u_1 + u_2, \quad s_3 = u_1 + u_2 + u_3, \ldots.$$

Somit ist $s_n = u_1 + u_2 + u_3 + \cdots + u_n$ die n-te Teilsumme der unendlichen Reihe. Sie hat n Glieder.

Definition

Wenn mit wachsendem n die Teilsumme s_n einem bestimmten Grenzwert s zustrebt, nennt man die Reihe konvergent, also $\lim_{n\to\infty} s_n = \lim_{n\to\infty} (u_1 + u_2 + \cdots + u_n + \cdots) = \sum_{n=1}^{\infty} u_n = s$.

Dabei bezeichnet s den **Summenwert** der endlichen Reihe. Ist diese Bedingung nicht erfüllt, so wird die Reihe als *divergent* bezeichnet. Sie heißt *bestimmt divergent*, wenn

$$\lim_{n\to\infty} (u_1 + u_2 + \cdots + u_n) = \pm\infty \text{ ist.}$$

Ist die Reihe weder konvergent noch bestimmt divergent, so heißt sie *unbestimmt divergent* oder *oszillierend divergent.*

BEISPIELE

2. $R = 1 + \frac{1}{2} + \frac{1}{4} + \frac{1}{8} + \cdots$. Diese geometrische Reihe ist konvergent. Ihr Summenwert ist $R = 2$.

3. $R = 1 + 2 + 3 + \cdots$. Diese Reihe ist bestimmt divergent. Alle arithmetischen Reihen sind bestimmt divergent.

4. $R = \sin\frac{\pi}{2} + \sin\frac{3\pi}{2} + \sin\frac{5\pi}{2} + \cdots = 1 - 1 + 1 - + \cdots$.

   Diese Reihe ist unbestimmt divergent oder oszillierend divergent.

17. Konvergenzkriterien

Notwendige und hinreichende Bedingung

Für die Anwendung in technischen Rechnungen sind in der Regel nur konvergente Reihen von Interesse. Es muß also Möglichkeiten geben, mit Hilfe von Sätzen oder sogenannten Konvergenzkriterien festzustellen, ob eine vorgelegte Reihe konvergent ist oder nicht. Zwar gibt es allgemeine Konvergenzkriterien, die notwendig und hinreichend sind. Da aber diese Kriterien keine praktische Bedeutung haben, soll zunächst die **notwendige Bedingung** angegeben werden. Diese ist

$$\boxed{\lim_{k\to\infty} u_k = 0} \qquad (167)$$

Die Glieder müssen also eine Nullfolge bilden. Ausdrücklich soll gesagt werden, daß die Forderung (167) zwar notwendig, aber nicht hinreichend ist. Das heißt, wenn sie erfüllt ist, braucht trotzdem die Reihe nicht konvergent zu sein. Dieser Sachverhalt soll an einer einfach aufgebauten Reihe, der harmonischen Reihe, verdeutlicht werden.

BEISPIEL

1. $R = 1 + \frac{1}{2} + \frac{1}{3} + \cdots$. **Die genannte notwendige Bedingung ist erfüllt, aber trotzdem ist die Reihe bestimmt divergent. Es ist nämlich möglich, aufeinanderfolgende Glieder der Reihe so zusammenzufassen, daß deren Summe jeweils größer als 1/2 ist:**

$$R = 1 + \frac{1}{2} + \left(\frac{1}{3} + \frac{1}{4}\right) + \left(\frac{1}{5} + \frac{1}{6} + \frac{1}{7} + \frac{1}{8}\right) + (\cdots) + \cdots.$$

Da hierbei unendlich oft ein Wert $> 1/2$ erhalten wird, so geht der Summenwert über alle Grenzen, das heißt, die Reihe ist bestimmt divergent.

Alternierende Reihen

Darunter werden solche Reihen verstanben, die adwechselnd positive und negative Glieber haden, wie z. B. die Reihe

$$1 - \frac{1}{2} + \frac{1}{3} - \frac{1}{4} + - \cdots.$$

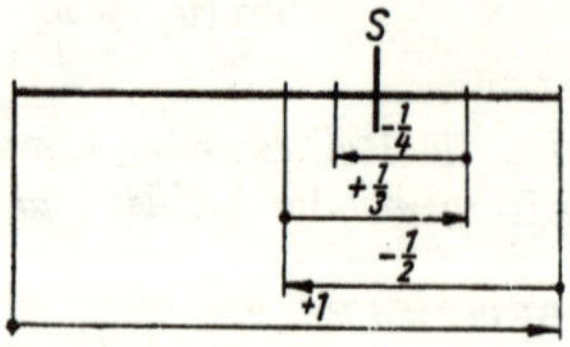

Bild 271

Für diese gilt der **Satz von Leibniz:**

Wenn die absoluten Beträge der Glieder einer alternierenden Reihe einsinnig (monoton) gegen Null abnehmen, so ist die Reihe konvergent.

Hier ist die Bedingung (167) notwendig und hinreichend.
Dieser Satz wird deutlich durch Bild 271, welches die Ineinanderschachtelung der einzelnen Glieder zeigt. Dabei kommt es bei unendlich vielen Gliedern im Innern zu einem Häufungspunkt S, der also als Zahlenwert der Summe angesehen werden muß.
Beim eingangs genannten Beispiel ist zu beachten, daß durch die vorgenommene Änderung der Vorzeichen in der harmonischen Reihe eine konvergente Reihe entsteht.
Wenn eine konvergente alternierende Reihe auch dann noch konvergiert, wenn alle Glieder durch ihre Absolutbeträge ersetzt werden, so wird diese alternierende Reihe *absolut konvergent* oder *unbedingt konvergent* genannt.
Ist eine konvergente alternierende Reihe nicht auch absolut konvergent, so wird sie *bedingt konvergent* genannt. Die Reihe $1 - \frac{1}{2} + \frac{1}{3} - \frac{1}{4} + \cdots$ ist somit bedingt konvergent, denn werden die absoluten Beträge der Glieder genommen, so entsteht die bestimmt divergente harmonische Reihe.

Majorantenmethode

Hier handelt es sich um eine Vergleichsmethode bei Reihen mit nur positiven Gliedern.
Es sollen zwei Reihen $R_u = u_1 + u_2 + \cdots + u_n + \cdots$ und

$$R_v = v_1 + v_2 + \cdots + v_n + \cdots$$

gegeben sein. Ist nun $u_n \leqq v_n$ für alle n, so heißt die Reihe R_v eine *Majorante oder Oberreihe* der Reihe R_u, während R_u als *Minorante oder Unterreihe* von R_v bezeichnet wird. Es gilt nun der

Satz

Gibt es zu einer Reihe $R_u = u_1 + u_2 + \cdots$ mit nur positiven Gliedern eine konvergente Majorante $R_v = v_1 + v_2 + \cdots$, so konvergiert auch die Reihe R_u, und ihre Summe ist höchstens gleich der Summe der Majorante.

BEISPIEL

2. Die Reihe $R_u = \frac{1}{3} + \frac{1}{6} + \frac{1}{11} + \frac{1}{20} + \frac{1}{37} + \cdots$ soll auf Konvergenz untersucht werden.

Lösung: Das allgemeine Glied ist $u_n = \frac{1}{2^n + n}$. Damit kann R_u als Minorante der geometrischen Reihe

$$R_v = \frac{1}{2} + \frac{1}{4} + \frac{1}{8} + \frac{1}{16} + \frac{1}{32} + \cdots \text{ mit } v_n = \frac{1}{2^n}$$

aufgefaßt werden. R_u ist somit konvergent, da $u_n < v_n$ ist.

Das Quotientenkriterium

Diese Konvergenzprobe stammt vom franz. Mathematiker D'ALEMBERT (1717 bis 1783). Sie besagt folgendes:

Wenn bei einer Reihe $R = u_1 + u_2 + u_3 + \cdots + u_n + \cdots$ von einem bestimmten n an der Quotient $\left|\frac{u_{n+1}}{u_n}\right| \leqq q < 1$ ist, so konvergiert die Reihe. Ist aber $\left|\frac{u_{n+1}}{u_n}\right| > 1$, so divergiert sie.

Bei der praktischen Rechnung wird die folgende handliche Form benutzt:

$$\lim_{n \to \infty} \left|\frac{u_{n+1}}{u_n}\right| = q < 1 \tag{168}$$

falls der Grenzwert vorhanden ist. Für $q > 1$ ist die Reihe divergent, für $q = 1$ ist das Verhalten der Reihe unbestimmt, d. h., das Konvergenzkriterium liefert keine eindeutige Entscheidung. Das Quotientenkriterium ist für die Konvergenz hinreichend, d. h., wenn es erfüllt ist, ist die Reihe konvergent. Jedoch bedeutet Nichterfüllung nicht unbedingt Divergenz.
Da hierbei die absoluten Beträge betrachtet werden, wird absolute Konvergenz festgestellt.

BEISPIELE

3. Es soll die Reihe $R = \frac{1}{1!} + \frac{2^2}{2!} + \frac{3^2}{3!} + \cdots$ auf Konvergenz untersucht werden. Der Summenwert der Reihe ist auf 3 Stellen zu berechnen.

Lösung: Mit $u_n = \frac{n^2}{n!}$ und $u_{n+1} = \frac{(n+1)^2}{(n+1)!}$ wird

$$\lim_{n\to\infty}\left|\frac{u_{n+1}}{u_n}\right| = \lim_{n\to\infty}\frac{\frac{(n+1)^2}{(n+1)!}}{\frac{n^2}{n!}} = \lim_{n\to\infty}\frac{(n+1)^2 n!}{(n+1)!\,n^2} = \lim_{n\to\infty}\frac{n+1}{n^2} = \lim_{n\to\infty}\left(\frac{1}{n}+\frac{1}{n^2}\right) = 0.$$

Somit ist die Reihe konvergent. Der Summenwert der Reihe auf 3 Stellen wird:

$$R = 1{,}000 + 2{,}000 + 1{,}500 + 0{,}667 + 0{,}208 + 0{,}050 + 0{,}0097 + 0{,}0016 + \\ + 0{,}0002 = 5{,}44.$$

Hier ist deutlich zu erkennen, wie am Anfang die Werte der einzelnen Glieder noch zunehmen, wie aber die der weiteren dann sehr rasch so klein werden, daß ihr Einfluß vernachlässigt werden kann.

4. Die Reihe $R = \frac{3}{1\cdot 2} + \frac{3^2}{2\cdot 2^2} + \frac{3^3}{3\cdot 2^3} + \cdots$ ist auf Konvergenz zu untersuchen.

Lösung: Mit $u_n = \frac{3^n}{n\cdot 2^n}$ und $u_{n+1} = \frac{3^{n+1}}{(n+1)2^{n+1}}$ wird

$$\lim_{n\to\infty}\left|\frac{u_{n+1}}{u_n}\right| = \lim_{n\to\infty}\frac{3^{n+1}n\,2^n}{(n+1)2^{n+1}3^n} = \lim_{n\to\infty}\frac{3}{2}\left(\frac{1}{1+\frac{1}{n}}\right) = \frac{3}{2}.$$

Die Reihe ist somit bestimmt divergent.

5. Die schon erwähnte harmonische Reihe $1 + \frac{1}{2} + \frac{1}{3} + \frac{1}{4} + \cdots$ und die ihr ähnliche, aber alternierende Reihe $1 - \frac{1}{2} + \frac{1}{3} - \frac{1}{4} + - \cdots$ sollen mittels des Quotientenkriteriums auf Konvergenz untersucht werden.

Lösung: Da nur die absoluten Beträge in Betracht kommen, gilt für beide Reihen

$$\lim_{n\to\infty}\left|\frac{u_{n+1}}{u_n}\right| = \lim_{n\to\infty}\left|\frac{n}{n+1}\right| = \lim_{n\to\infty}\left|\frac{1}{1+\frac{1}{n}}\right| = 1.$$

Das Quotientenkriterium führt also zu keinem Ziel. Es wurde aber schon gezeigt, daß die harmonische Reihe bestimmt divergent ist. Die andere, alternierende Reihe ist jedoch bedingt konvergent.

Das Wurzelkriterium

Diese Konvergenzprobe stammt vom franz. Mathematiker CAUCHY (1798 bis 1857, Cauchy sprich koschi). Sie besagt:

Wenn bei einer Reihe $R = u_1 + u_2 + u_3 + \cdots + u_n + \cdots$ von einem bestimmten n an $\sqrt[n]{|u_n|} \leqq q < 1$ ist, so konvergiert die Reihe.

Für die praktische Rechnung wird die folgende handliche Form

$$\boxed{\lim_{n\to\infty}\sqrt[n]{|u_n|} = q < 1} \qquad (169)$$

benutzt, falls der Grenzwert vorhanden ist.

Auch das Wurzelkriterium ist eine hinreichende Bedingung. Wenn es erfüllt ist, ist die Reihe sicher konvergent. Da auch hier nur die absoluten Beträge in Rechnung gehen, wird absolute Konvergenz festgestellt. Für $q > 1$ divergiert die Reihe, für $q = 1$ ist auch hier ihr Verhalten unbestimmt.
Wie gesagt gibt es, außer bei alternierenden Reihen, kein handliches Kriterium, welches zugleich notwendig und hinreichend ist. Das Wurzelkriterium ist etwas stärker als das Quotientenkriterium. Letzteres ist schließlich nur ein Sonderfall des Wurzelkriteriums. Auf die Herleitung soll hier verzichtet werden.

BEISPIELE

6. Die Reihe $R = 3 + \frac{1}{2} + \frac{3}{4} + \frac{1}{8} + \frac{3}{16} + \cdots + \frac{2 + (-1)^n}{2^n} + \cdots$ ist auf Konvergenz zu untersuchen.

   Lösung: Es ist $\lim\limits_{n\to\infty} \sqrt[n]{|u_n|} = \lim\limits_{n\to\infty} \sqrt[n]{\left|\frac{2 + (-1)^n}{2^n}\right|} = \frac{1}{2} < 1.$

   Somit ist die Reihe konvergent. Mit Hilfe des Quotientenkriteriums bekommt man

$$\lim_{n\to\infty} \left|\frac{u_{n+1}}{u_n}\right| = \lim_{n\to\infty} \left|\frac{2^n}{2 + (-1)^n} \cdot \frac{2 + (-1)^{n+1}}{2^{n+1}}\right| = \lim_{n\to\infty} \left|\frac{1}{2} \cdot \frac{2 + (-1)^{n+1}}{2 + (-1)^n}\right| =$$
$$= \lim_{n\to\infty} \left|\frac{1}{2} \cdot \frac{2 - (-1)^n}{2 + (-1)^n}\right|.$$

   Ist n gerade, so ergibt $\lim\limits_{n\to\infty} \left|\frac{u_{n+1}}{u_n}\right|$ den Wert $\frac{1}{6}$, ist n ungerade, so wird als Grenzwert 3/2 erhalten.
   Dieses Beispiel zeigt die Überlegenheit des Wurzelkriteriums gegenüber dem Quotientenkriterium.
   Trotzdem wird bei der Konvergenzprobe meistens zuerst das Quotientenkriterium genommen, da es handlicher ist.

7. Die Reihe

$$R = 1 + \frac{1}{2^2} + \frac{1}{3^3} + \frac{1}{4^4} + \cdots$$

   ist auf Konvergenz zu untersuchen.

   Lösung: Leicht ist zu erkennen, daß das allgemeine Glied $u_n = \frac{1}{n^n}$ lautet.

   Damit ist $\lim\limits_{n\to\infty} \sqrt[n]{|u_n|} = \lim\limits_{n\to\infty} \sqrt[n]{\frac{1}{n^n}} = \lim\limits_{n\to\infty} \frac{1}{\sqrt[n]{n^n}} = \lim\limits_{n\to\infty} \frac{1}{n} = 0.$

   Also ist die vorgelegte Reihe konvergent.

8. Es soll nun anhand der Reihe $R = 1 + \frac{1}{2^2} + \frac{1}{3^2} + \frac{1}{4^2} + \cdots$ gezeigt werden, daß beide Kriterien gleichzeitig versagen können.

   Lösung: Es ist $\lim\limits_{n\to\infty} \left|\frac{u_{n+1}}{u_n}\right| = \lim\limits_{n\to\infty} \frac{n^2}{(n+1)^2} = \lim\limits_{n\to\infty} \left(\frac{1}{1 + \frac{1}{n}}\right)^2 = 1,$

   bei Anwendung des Wurzelkriteriums

$$\lim_{n\to\infty} \sqrt[n]{|u_n|} = \lim_{n\to\infty} \sqrt[n]{\frac{1}{n^2}} = \lim_{n\to\infty} n^{-\frac{2}{n}} = 1,$$

   wenn dabei die Regel von de l'Hospital (vgl. 5.2.) angewendet wird.

Es ist aber möglich, eine Vergleichsreihe aufzustellen. Es gilt nämlich:

$$1 + \frac{1}{2^2} + \frac{1}{3^2} + \frac{1}{4^2} + \frac{1}{5^2} + \frac{1}{6^2} + \cdots <$$

$$< 1 + \frac{1}{2^2} + \frac{1}{2^2} + \frac{1}{4^2} + \frac{1}{4^2} + \frac{1}{4^2} + \frac{1}{4^2} + \frac{1}{8^2} + \cdots + \frac{1}{16^2} + \cdots =$$

$$= 1 + \frac{2}{2^2} + \frac{4}{4^2} + \frac{8}{8^2} + \frac{16}{16^2} + \cdots = 1 + \frac{1}{2} + \frac{1}{4} + \frac{1}{8} + \frac{1}{16} + \cdots.$$

Diese konvergente geometrische Reihe ist somit Majorante der zu untersuchenden Reihe, das heißt, jene ist also konvergent.

AUFGABEN

Die folgenden Reihen sind auf Konvergenz zu untersuchen. Bei der Reihe 634. ist außerdem der Summenwert auf drei Dezimalen zu ermitteln.

634. $R = \frac{1}{4} + \frac{1}{10} + \frac{1}{28} + \frac{1}{82} + \cdots$

635. $R = 1 + \frac{1}{\sqrt{2}} + \frac{1}{\sqrt{3}} + \frac{1}{\sqrt{4}} + \cdots.$

636. $R = 1 + \frac{2^3}{2!} + \frac{3^3}{3!} + \frac{4^3}{4!} + \cdots.$

637. $R = 1 + \frac{2^2}{2!} + \frac{2^3}{3!} + \frac{2^4}{4!} + \cdots.$

638. $R = \frac{1}{1 \cdot 2} + \frac{1}{3 \cdot 2^3} + \frac{1}{5 \cdot 2^5} + \cdots.$

639. $R = 1 + \frac{3}{2!} + \frac{5}{3!} + \frac{7}{4!} + \cdots.$

640. $R = 1 + \frac{3}{2} + \frac{1}{4} + \frac{3}{8} + \frac{1}{16} + \frac{3}{32} + \cdots.$

641. $R = 1 + \frac{1}{e} + \frac{2}{e^2} + \frac{3}{e^3} + \frac{4}{e^4} + \cdots.$

18. Potenzreihen

18.1. Erklärung, Konvergenzradius, Konvergenzbereich

Von den numerischen Reihen unterscheiden sich die Potenzreihen dadurch, daß die einzelnen Glieder $u_1, u_2, \ldots$ der Reihe aus den Konstanten $a_0, a_1, a_2, \ldots$ und den steigenden Potenzen einer unabhängigen Veränderlichen x (oder $t, \varphi, \ldots$) bestehen, also

$$P(x) = a_0 + a_1 x + a_2 x^2 + a_3 x^3 + \cdots + a_k x^k + \cdots = \sum_{k=0}^{\infty} a_k x^k.$$

Die Konvergenz der Potenzreihe hängt vom Wert der Variablen x ab. Alle Potenzreihen konvergieren für $x = 0$. Weiterhin gilt der

Konvergenzsatz

Wenn $P(x)$ für $x = +\xi$ (wobei $\xi \geqq 0$ ist) konvergent ist, so ist sie das auch für alle Werte x, für die $-\xi < x \leqq +\xi$ gilt.
Ist $P(x)$ für $x = -\xi$ konvergent, so ist sie das auch für alle Werte x, für die $-\xi \leqq x < +\xi$ gilt.

Der größte Wert $\xi_{\max}$ wird Konvergenzradius r genannt. Für den Konvergenzradius r kann gelten: $0 \leqq r < +\infty$. Bei $r = 0$ schrumpft er auf einen Konvergenzpunkt zusammen. Wenn aber $r \to +\infty$, so wird die Reihe als *beständig konvergent* bezeichnet. Zur Ermittlung des Konvergenzradius dient einmal das Quotientenkriterium. Dieses angesetzt ergibt

$$\lim_{n\to\infty}\left|\frac{u_{n+1}}{u_n}\right| = \lim_{n\to\infty}\left|\frac{a_{n+1}x^{n+1}}{a_n x^n}\right| = \lim_{n\to\infty}\left|\frac{a_{n+1}}{a_n}\right| \cdot |x| < 1, \quad \text{daraus}$$

$$|x| < \frac{1}{\lim\limits_{n\to\infty}\left|\frac{a_{n+1}}{a_n}\right|} = \lim_{n\to\infty}\left|\frac{a_n}{a_{n+1}}\right|, \quad \text{somit der}$$

Konvergenzradius

$$\boxed{r = \lim_{n\to\infty}\left|\frac{a_n}{a_{n+1}}\right|} \tag{170a}$$

Ähnlich ergibt sich mit Hilfe des Wurzelkriteriums:

$$\boxed{r = \frac{1}{\lim\limits_{n\to\infty}\sqrt[n]{|a_n|}}} \tag{170b}$$

Dabei gilt: für $|x| < r$ konvergiert die Reihe,
für $|x| > r$ divergiert die Reihe,
für $|x| = r$ ist das Verhalten der Reihe unbestimmt.

Oft gehört $x = r$ nicht mehr dem Konvergenzbereich an. Deshalb muß, wenn nötig, das Verhalten der Reihe für $x = r$ und $x = -r$ besonders untersucht werden.
Bei der Anwendung ist zu beachten, daß a_n und a_{n+1} Koeffizienten der Reihe sind. Sind die beiden Grenzwerte (170a) und (170b) vorhanden, so stimmen sie überein.

BEISPIELE

1. Die Reihe $P(x) = \frac{x}{1} + \frac{x^2}{2} + \frac{x^3}{3} + \frac{x^4}{4} + \cdots$ soll auf Konvergenz untersucht werden.

Lösung: Der Konvergenzradius ist $r = \lim\limits_{n\to\infty}\left|\frac{a_n}{a_{n+1}}\right| = \lim\limits_{n\to\infty}\left|\frac{n+1}{n}\right| = \lim\limits_{n\to\infty}\frac{1+\frac{1}{n}}{1} = 1$, ebenso $r = \lim\limits_{n\to\infty}\frac{1}{\sqrt[n]{n}} = 1$, denn der Nenner wird 1. Dies wird durch Anwenden der Regel von DE L'HOSPITAL gefunden. (Man setze $\sqrt[n]{n} = z(n)$, $\ln z(n) = \frac{\ln n}{n}$, d. h., $\ln z(\infty) = \lim\limits_{n\to\infty}\frac{\ln n}{n} =$
$= \lim\limits_{n\to\infty}\frac{\frac{1}{n}}{1} = 0$, also $z(\infty) = \lim\limits_{n\to\infty}\sqrt[n]{n} = 1$.)

Andererseits ergibt sich Konvergenz aus

$$\lim_{n\to\infty}\left|\frac{u_{n+1}}{u_n}\right| = \lim_{n\to\infty}\left|\frac{x^{n+1}}{n+1}\cdot\frac{n}{x^n}\right| = \lim_{n\to\infty}\left|x\cdot\frac{1}{1+\dfrac{1}{n}}\right|.$$

Es ist also Konvergenz vorhanden für alle $x < 1$.
Im Grenzfalle $x = 1$ liegt die divergente harmonische Reihe vor.
Für $x = -1$ ist die Reihe alternierend und konvergiert, denn es ist

$$-1 + \frac{1}{2} - \frac{1}{3} + \frac{1}{4} - + \cdots = -\left(1 - \frac{1}{2} + \frac{1}{3} - \frac{1}{4} + - \cdots\right).$$

Der in der Klammer stehende Ausdruck wurde schon als konvergent bewiesen. Somit ist die Reihe konvergent für $-1 \leqq x < +1$.

2. Die Reihe

$$P(x) = \frac{x}{1} + \frac{x^2}{2^2} + \frac{x^3}{3^2} + \frac{x^4}{4^2} + \cdots$$ ist auf Konvergenz zu untersuchen.

Lösung: Der Konvergenzradius ist mit $a_n = \dfrac{1}{n^2}$ und $a_{n+1} = \dfrac{1}{(n+1)^2}$

$$\lim_{n\to\infty}\left|\frac{a_n}{a_{n+1}}\right| = \lim_{n\to\infty}\frac{(n+1)^2}{n^2} = \lim_{n\to\infty}\left(1 + \frac{2}{n} + \frac{1}{n^2}\right) = 1.$$

Für $x = 1$ wurde schon früher gezeigt, daß die Reihe konvergent ist. Für $x = -1$ ist die Reihe alternierend und damit konvergent. Somit ist die Reihe konvergent für $-1 \leqq x \leqq +1$.

3. Die Reihe

$$P(x) = \frac{x}{1} + \frac{x^2}{2^2} + \frac{x^3}{3^3} + \frac{x^4}{4^4} + \cdots$$ ist auf Konvergenz zu untersuchen.

Lösung: Mit $a_n = \dfrac{1}{n^n}$ und $a_{n+1} = \dfrac{1}{(n+1)^{n+1}}$ wird der Konvergenzradius

$$r = \lim_{n\to\infty}\left|\frac{a_n}{a_{n+1}}\right| = \lim_{n\to\infty}\frac{(n+1)^{n+1}}{n^n} = \lim_{n\to\infty}\frac{(n+1)^n\,(n+1)}{n^n} =$$

$$= \lim_{n\to\infty}\left(1 + \frac{1}{n}\right)^n (n+1).$$

Hier ist der Grenzwert eines Produktes zu bestimmen. Dabei gilt: Der Grenzwert eines Produktes ist gleich dem Produkt der Grenzwerte der einzelnen Faktoren. Also

$$r = \lim_{n\to\infty}\left(1 + \frac{1}{n}\right)^n \cdot \lim_{n\to\infty}(n+1) = \mathrm{e}\cdot\infty = \infty.$$

Die Reihe ist konvergent für alle Werte $-\infty < x < +\infty$, das heißt, sie ist beständig konvergent.

AUFGABEN

Die folgenden Reihen sind auf Konvergenz zu untersuchen.

642. $P(x) = \dfrac{x}{2} + \dfrac{x^2}{2^2} + \dfrac{x^3}{2^3} + \dfrac{x^4}{2^4} + \cdots.$

643. $P(x) = \frac{x}{\sqrt{1}} + \frac{x^2}{\sqrt{2}} + \frac{x^3}{\sqrt{3}} + \frac{x^4}{\sqrt{4}} + \cdots$.

644. $P(x) = \frac{x}{2} + \frac{x^2}{6} + \frac{x^3}{12} + \frac{x^4}{20} + \frac{x^5}{30} + \frac{x^6}{42} + \cdots$.

645. $P(x) = x + \frac{x^2}{2^3} + \frac{x^3}{3^4} + \frac{x^4}{4^5} + \cdots$.

18.2. Die Maclaurinsche Form der Reihe von Taylor

Es gibt komplizierte Formeln in der Physik und in der Technik, die beim wiederholten Einsetzen von nur wenig unterschiedlichen Zahlen, z. B. bei der Durchführung einer Versuchsreihe, recht unbequeme Rechnungen ergeben. Dann ist es vorteilhaft, wenn die gegebene Funktion $y = f(x)$ zunächst in eine Potenzreihe entwickelt wird. Handelt es sich in einem anderen Falle um eine Integration, so kann es nach erfolgter Potenzreihenentwicklung erst möglich sein, die Integration durchzuführen. Es soll deshalb nach Möglichkeiten gesucht werden, $f(x)$ als Potenzreihe darzustellen, d. h. in der Fachsprache, die gegebene Funktion nach Potenzen der unabhängigen Veränderlichen zu entwickeln.
Ein einfaches Beispiel soll die Problematik zeigen. Wenn $f(x) = \frac{1}{1+x}$ ist, so folgt nach Division $\frac{1}{1+x} = 1 - x + x^2 - x^3 + - \cdots$. Ist nun $x \ll 1$, so gilt die Näherung $\frac{1}{1+x} \approx 1 - x$. Zufolge der angegebenen Bedingung können rechts vom Gleichheitszeichen die Glieder höherer Ordnung vernachlässigt werden.

BEISPIEL

$$\frac{1}{1{,}0045} = \frac{1}{1 + 0{,}0045} \approx 1 - 0{,}0045 = 0{,}9955.$$

Die genaue Rechnung ergibt 0,9955202 … .
Dieses Ergebnis läßt die hinreichende Genauigkeit von 4 Stellen erkennen.

Entsprechend dem eben angeführten Beispiel wird eine Potenzreihe das folgende, ganz allgemeine Aussehen haben:

$$f(x) = a_0 + a_1 x + a_2 x^2 + a_3 x^3 + \cdots.$$

Damit wurde die Funktion f nach Potenzen von x entwickelt.
Es handelt sich nun darum, die unbekannten Koeffizienten $a_0, a_1, a_2, \ldots$ zu ermitteln. Zu diesem Zwecke werden die Ableitungen $f'(x), f''(x), \ldots$ des Termes $f(x)$ benötigt. Es gilt der

Satz

> Jede konvergente Potenzreihe darf gliedweise differenziert werden. Die neue Potenzreihe hat den gleichen Konvergenzradius wie die ursprüngliche.

Die Ermittlung der $a_0, a_1, a_2, \ldots$ geschieht wie folgt:

In $$f(x) = a_0 + a_1 x + a_2 x^2 + a_3 x^3 + a_4 x^4 + a_5 x^5 + \cdots$$

gilt $f(0) = a_0$, da rechts für $x = 0$ alle Glieder verschwinden.

Wenn nun die Reihe für $f(x)$ an der Stelle x konvergent ist, so ist es auch die abgeleitete Reihe

$$f'(x) = a_1 + 2a_2x + 3a_3x^2 + 4a_4x^3 + 5a_5x^4 + \cdots$$

und damit

$$f'(0) = a_1.$$

Weiter wird

$$f''(x) = 2a_2 + 2\cdot 3a_3x + 3\cdot 4a_4x^2 + 4\cdot 5a_5x^3 + \cdots$$

und

$$f''(0) = 2a_2, \quad a_2 = \frac{1}{2!}f''(0),$$

$$f'''(x) = 2\cdot 3a_3 + 2\cdot 3\cdot 4a_4x + 3\cdot 4\cdot 5a_5x^2 + \cdots$$

und

$$f'''(0) = 2\cdot 3a_3 = 3!a_3, \text{ wenn } 1\cdot 2\cdot 3 = 3! \text{ gesetzt wird.}$$

Somit ist

$$a_3 = \frac{1}{3!}f'''(0).$$

Mit diesen Werten wird der Ausdruck für a_k erkannt. Dieser lautet $a_k = (1/k!)f^{(k)}(0)$. Durch Einsetzen dieser Werte in die Ausgangsreihe wird die **Maclaurinsche Form der Reihe von Taylor**, d. h. die Entwicklung der Funktion $f(x)$ nach Potenzen von x, erhalten:

$$\boxed{f(x) = f(0) + \frac{f'(0)}{1!}x + \frac{f''(0)}{2!}x^2 + \frac{f'''(0)}{3!}x^3 + \cdots} \qquad (171)$$

Notwendige Bedingung hierbei ist: f muß an der Stelle $x = 0$ einen endlichen Funktionswert haben und beliebig oft differenzierbar sein.

Wird nach einem bestimmten Glied die Reihe abgebrochen, so gibt es sog. Restgliedabschätzungen, mit deren Hilfe eine Schranke für den Wert der vernachlässigten Glieder angegeben werden kann. Darauf soll hier verzichtet werden.

In Bild 272 ist $f(0)$ die Ordinate des Punktes $P[0; f(0)]$, $f'(0) = \tan\alpha$ der Anstieg der in P angelegten Tangente. Der Wert $f''(0)$ ist maßgebend für die Krümmung in P (vgl. 12.6.1.). Nun sollen die Kurven von zwei Funktionen mit den Gleichungen $y = f(x)$ und $y = g(x) = f(0) + f'(0)x + [f''(0)/2!]x^2 + \cdots$ miteinander verglichen werden. Dabei sei g eine ganzrationale Funktion n-ten Grades.

Unter Beachtung, daß an der Stelle $x = 0$ entwickelt wird, bedeutet die Entwicklung bis zum

1. Glied: Die Kurven der Funktionen f und g stimmen überein im Punkte P,

2. Glied: Die Kurven der Funktionen f und g stimmen überein im Punkte P und haben gleiche Tangentenrichtungen,

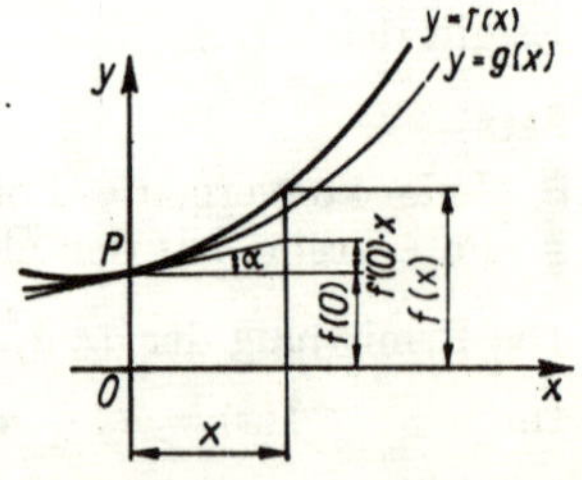

Bild 272

3. Glied: Die Kurven der Funktionen f und g stimmen überein im Punkte P, in Tangentenrichtung und Krümmung.

Nicht jede Funktion läßt sich nach MACLAURIN in eine Potenzreihe entwickeln. Zum Beispiel eignet sich die Funktion $f(x) = 1/x$ nicht dazu, da sie und ihre Ableitungen zwar differenzierbar, aber $f(0), f'(0), f''(0), \ldots$ nicht definiert sind.
Vor der Durchrechnung von Beispielen sollen noch weitere Formen der TAYLOR-Reihe abgeleitet werden.

18.3. Die Hauptform der Reihe von Taylor

Für manche technische Untersuchungen macht es sich nötig, nicht den Term $f(x)$ nach Potenzen von x an der Stelle $x = 0$, sondern den Term $f(x+h)$ an der Stelle x nach Potenzen von h zu entwickeln. Dabei soll vorübergehend x als konstant und h als variabel betrachtet werden (Bild 273).
Zum Zwecke der Herleitung wird gesetzt

$$f(x+h) = g(h) \quad \text{und bei} \quad h = 0$$
$$f(x) = g(0).$$

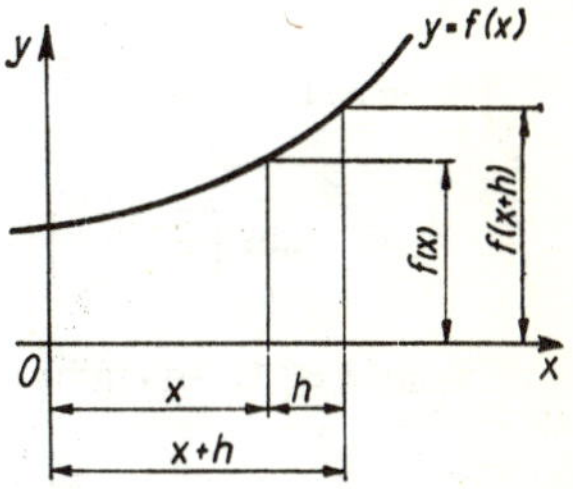

Bild 273

Auf beiden Seiten werden die Ableitungen gebildet, dabei soll x wieder variabel sein:

$$f'(x) = g'(0)$$
$$f''(x) = g''(0)$$
$$f'''(x) = g'''(0), \ldots.$$

Nach MACLAURIN wird $g(h)$ nach Potenzen von h entwickelt:

$$g(h) = g(0) + \frac{g'(0)}{1!}h + \frac{g''(0)}{2!}h^2 + \frac{g'''(0)}{3!}h^3 + \cdots.$$

Mit den obigen Werten ergibt sich die

Hauptform der Reihe von Taylor:

$$f(x+h) = f(x) + \frac{f'(x)}{1!}h + \frac{f''(x)}{2!}h^2 + \frac{f'''(x)}{3!}h^3 + \cdots \tag{172}$$

BEISPIELE

1. Gegeben ist $f(x) = \dfrac{4}{1-3x}$. Es soll $f(x+h)$ nach Potenzen von h entwickelt werden. Die ersten 4 Glieder sind zu ermitteln.

   Lösung: Nach (172) sind die ersten 3 Ableitungen von $f(x)$ erforderlich.

$$f'(x) = \frac{12}{(1-3x)^2}, \quad f''(x) = \frac{72}{(1-3x)^3}, \quad f'''(x) = \frac{648}{(1-3x)^4},$$

damit

$$f(x+h) = \frac{4}{1-3x} + \frac{12h}{(1-3x)^2} + \frac{36h^2}{(1-3x)^3} + \frac{108h^3}{(1-3x)^4} + \cdots,$$

oder

$$f(x+h) = \frac{4}{1-3x} + \frac{4\cdot 3}{(1-3x)^2}\,h + \frac{4\cdot 3^2}{(1-3x)^3}\,h^2 + \frac{4\cdot 3^3}{(1-3x)^4}\,h^3 + \cdots.$$

Die Schreibart der letzten Zeile gestattet es, bei Bedarf auch noch Glieder mit höherer Potenz von h sofort hinzuschreiben.

2. Gegeben ist $f(x) = \sin x$. Es ist $\sin(x+h)$ nach Potenzen von h zu entwickeln, damit der Sonderfall $x = \frac{\pi}{4}$.

Lösung: $f'(x) = \cos x$, $f''(x) = -\sin x$, $f'''(x) = -\cos x$, $f^{(4)}(x) = \sin x$. Mit diesen Werten ist

$$\sin(x+h) = \sin x + \cos x\cdot h - \frac{\sin x}{2}\cdot h^2 - \frac{\cos x}{3!}\cdot h^3 + \frac{\sin x}{4!}\cdot h^4 \cdots.$$

Hierin soll nun $x = \frac{\pi}{4}$ sein:

$$\sin\left(\frac{\pi}{4} + h\right) = \frac{1}{\sqrt{2}}\left(1 + h - \frac{h^2}{2} - \frac{h^3}{6} + \frac{h^4}{24} + \cdots\right).$$

Wenn $h \ll 1$, so ergibt sich die Näherung

$$\sin\left(\frac{\pi}{4} + h\right) \approx \frac{1}{\sqrt{2}}(1+h).$$

Wird in (172) eine Transformation in der Abszissenrichtung so vorgenommen, daß zunächst $x = a$ gesetzt wird, so ist

$$f(a+h) = f(a) + \frac{f'(a)}{1!}\,h + \frac{f''(a)}{2!}\,h^2 + \frac{f'''(a)}{3!}\,h^3 + \cdots,$$

und mit $h = x$ bekommt man eine andere Fassung der TAYLOR-Reihe

$$\boxed{f(a+x) = f(x) + \frac{f'(a)}{1!}\,x + \frac{f''(a)}{2!}\,x^2 + \frac{f'''(a)}{3!}\,x^3 + \cdots} \tag{173}$$

Auch hier ist zu beachten, daß die Ausdrücke $f(a)$, $f'(a)$, $f''(a)$, ... konstante Werte sind, nämlich die Werte der Funktion und ihrer Ableitungen an der Stelle $x = a$. Schließlich wird noch eine Fassung der TAYLOR-Reihe erhalten, wenn in (173) an Stelle von x der Wert $x - a$ gesetzt wird:

$$\boxed{f(x) = f(a) + \frac{f'(a)}{1!}(x-a) + \frac{f''(a)}{2!}(x-a)^2 + \frac{f'''(a)}{3!}(x-a)^3 + \cdots} \tag{174}$$

BEISPIEL

3. Gegeben ist die ganzrationale Funktion $f(x) = x^7 + 5x^4 - 3x^2 + 6$. Sie soll an der Stelle $a = -2$ nach Potenzen von x entwickelt werden.

Lösung: Mit (173) wird

$$f(-2 + x) = f(-2) + \frac{f'(-2)}{1!}x + \frac{f''(-2)}{2!}x^2 + \frac{f'''(-2)}{3!}x^3 + \cdots$$

$$\begin{aligned} f(x) &= x^7 + 5x^4 - 3x^2 + 6, & f(-2) &= -54 \\ f'(x) &= 7x^6 + 20x^3 - 6x, & f'(-2) &= 300 \\ f''(x) &= 42x^5 + 60x^2 - 6, & f''(-2) &= -1110 \\ f'''(x) &= 210x^4 + 120x, & f'''(-2) &= 3120 \\ f^{(4)}(x) &= 840x^3 + 120, & f^{(4)}(-2) &= -6600 \\ f^{(5)}(x) &= 2520x^2, & f^{(5)}(-2) &= 10080 \\ f^{(6)}(x) &= 5040x, & f^{(6)}(-2) &= -10080 \\ f^{(7)}(x) &= 5040, & f^{(7)}(-2) &= 5040 \end{aligned}$$

Unter Beachtung der Fakultäten im Nenner wird

$$f(-2 + x) = -54 + 300x - 555x^2 + 520x^3 - 275x^4 + 84x^5 - 14x^6 + x^7.$$

AUFGABEN

646. Gegeben sei die Funktion $f(x) = x^5 + 6x^3 - 9x + 10$. Zu ermitteln ist $f(x + h)$ nach Potenzen von h geordnet.

647. Die Funktion $f(x) = \dfrac{4}{1 - 3x}$ soll an der Stelle $2 + x$ nach Potenzen von x entwickelt werden. Die ersten 4 Glieder sind zu ermitteln.

18.4. Entwicklung von Funktionen in Potenzreihen

Entwicklung der Funktion $f(x) = \sin x$

Bei Anwendung der MACLAURINschen Form (171) werden benötigt

$$\begin{aligned} f(x) &= \sin x, & f(0) &= 0, \\ f'(x) &= \cos x, & f'(0) &= 1, \\ f''(x) &= -\sin x, & f''(0) &= 0, \\ f'''(x) &= -\cos x, & f'''(0) &= -1, \\ f^{(4)}(x) &= \sin x, & f^{(4)}(0) &= 0, \\ f^{(5)}(x) &= \cos x, & f^{(5)}(0) &= 1 \quad \text{usw.} \end{aligned}$$

Nach Einsetzen in die Reihe (171) ergibt sich für $\sin x$ die folgende alternierende Reihe

$$\boxed{\sin x = x - \frac{x^3}{3!} + \frac{x^5}{5!} - \frac{x^7}{7!} + - \cdots.} \tag{175}$$

Die Funktion $y = \sin x$ ist eine ungerade Funktion, denn infolge der ungeraden Potenzen von x auf der rechten Seite gilt $\sin(-x) = -\sin x$.

Zur Bestimmung der Konvergenz liefert (170a):

$$r = \lim_{n\to\infty} \left| \frac{a_n}{a_{n+1}} \right| = \lim_{n\to\infty} \frac{(n+2)!}{n!} = \lim_{n\to\infty} (n+1)(n+2) = \infty,$$

das heißt, es gilt $-\infty < x < +\infty$. Die Reihe ist also beständig konvergent. Mit der Reihe (175) ist die Sinusfunktion, die anschaulich im Einskreis festgelegt ist, analytisch definiert. Praktische Anwendung findet diese Reihe z. B. bei der Berechnung des Sinuswertes eines bestimmten Winkels, wobei x im Bogenmaß eingesetzt werden muß.

BEISPIEL

Es ist sin 24° auf drei Stellen genau zu bestimmen.

Lösung: Es ist $\text{arc}\, 24° = 24\, \text{arc}\, 1° = 24 \cdot 0{,}017453 \approx 0{,}419$.
Durch Einsetzen in (175) wird

$$\sin 24° = 0{,}419 - \frac{0{,}419^3}{6} + \frac{0{,}419^5}{120} - + \cdots = 0{,}419 - 0{,}012 + 0{,}000\ldots = \underline{\underline{0{,}407}}.$$

Die Rechnung zeigt, daß bei der geforderten Genauigkeit von drei Stellen nur die ersten zwei Glieder einen Beitrag liefern. Solche Reihen, bei denen schon die ersten zwei, drei oder vier Glieder eine hinreichende Genauigkeit ergeben, werden *schnell konvergierend* genannt. Es ist verständlich, daß für die praktische Mathematik nur solche Reihen von Bedeutung sind.

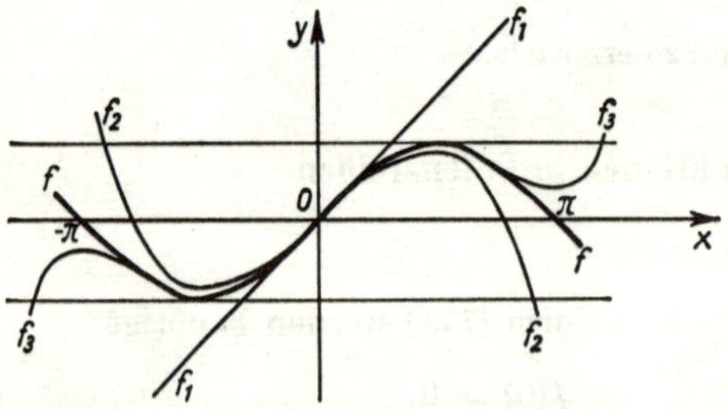

Bild 274

Bei Betrachtung der Reihe $\sin x = x - x^3/3! + x^5/5! - + \cdots$ kann gesagt werden, daß sich die Kurve von $f(x) = \sin x$ durch Superposition der Parabeln n-ter Ordnung auf der rechten Seite der Gleichung darstellen läßt. Je mehr Glieder rechts hinzugenommen werden, um so mehr schmiegen sich diese Parabeln, die deshalb den Namen *Schmiegungsparabeln* bekommen haben, an die Sinus-Linie an. In Bild 274 ist dies veranschaulicht worden. Dabei bedeuten

$$f(x) = \sin x, \quad f_1(x) = x, \quad f_2(x) = x - \frac{x^3}{6}, \quad f_3(x) = x - \frac{x^3}{6} + \frac{x^5}{120}.$$

Die Funktion $f(x) = \sin x$ kann also durch Potenzfunktionen angenähert werden. Da z. B. bei $f_3(x)$ nach der 5. Potenz abgebrochen wurde, so liegt eine Schmiegungsparabel vom 5. Grad vor.

Entwicklung der Funktion $f(x) = \cos x$

Hier ergibt sich ähnlich wie bei der Entwicklung von $\sin x$

$$\begin{aligned} f(x) &= \cos x, & f(0) &= 1, \\ f'(x) &= -\sin x, & f'(0) &= 0, \\ f''(x) &= -\cos x, & f''(0) &= -1, \\ f'''(x) &= \sin x, & f'''(0) &= 0, \\ f^{(4)}(x) &= \cos x, & f^{(4)}(0) &= 1 \text{ usw.} \end{aligned}$$

Durch Einsetzen dieser Werte in die MACLAURINsche Form (171) erhält man die Reihe für $\cos x$:

$$\boxed{\cos x = 1 - \frac{x^2}{2!} + \frac{x^4}{4!} - \frac{x^6}{6!} + - \cdots .} \tag{176}$$

Als gerade Funktion hat die Cosinusreihe nur gerade Potenzen von x. Es ist zu erkennen, daß die Beziehung $\cos(-x) = \cos x$ Gültigkeit hat.
Wie die Sinusreihe ist auch die Cosinusreihe konvergent für alle $-\infty < x < +\infty$, d. h., sie ist beständig konvergent. Übrigens kann auch noch durch gliedweises Differenzieren der Reihe für $\sin x$ als Ergebnis die Reihe für $\cos x$ erhalten werden.

Entwicklung der Funktion $f(x) = \tan x$

Es ist $\quad f(0) = 0,$

$$\begin{aligned} f'(x) &= \frac{1}{\cos^2 x}, & f'(0) &= 1, \\ f''(x) &= \frac{2\cos x \cdot \sin x}{\cos^4 x} = 2\,\frac{\sin x}{\cos^3 x} = 2\,\frac{\sin x}{\cos x}\cdot\frac{1}{\cos^2 x} = 2ff', & f''(0) &= 0, \\ f'''(x) &= 2(ff'' + f'^2), & f'''(0) &= 2, \\ f^{(4)}(x) &= 2(ff''' + f'f'' + 2f'f'') = 2(ff''' + 3f'f''), & f^{(4)}(0) &= 0, \\ f^{(5)}(x) &= 2(ff^{(4)} + f'f''' + 3f'f''' + 3f''f''^{2}) = \\ &= 2(ff^{(4)} + 4f'f''' + 3f''^2), & f^{(5)}(0) &= 16 \\ & & &\text{usw.} \end{aligned}$$

Diese Werte in (171) eingesetzt, ergibt

$$\boxed{\tan x = x + \frac{1}{3}x^3 + \frac{2}{15}x^5 + \frac{17}{315}x^7 + \cdots} \tag{177}$$

Die Reihe konvergiert für alle $|x| < \pi/2$. Auf die Entwicklung von $f(x) = \cot x$ soll hier nicht eingegangen werden, da sie einerseits umfangreicher ist und andererseits weniger Anwendung findet. Insbesondere läßt sich $\cot x$ um $x = 0$ nicht entwickeln, da die Funktion dort einen Pol hat.

Entwicklung der Funktion $f(x) = e^x$

Dieser Fall ist besonders einfach, da alle Ableitungen gleich der Funktion sind.

$$f(0) = 1, \quad f'(0) = 1, \quad f''(0) = 1, \quad f'''(0) = 1, \quad \cdots, \quad f^{(k)}(0) = 1.$$

Diese Werte in (171) eingesetzt ergibt

$$\boxed{e^x = 1 + x + \frac{x^2}{2!} + \frac{x^3}{3!} + \frac{x^4}{4!} + \frac{x^5}{5!} + \cdots = \sum_{k=0}^{\infty} \frac{x^k}{k!}} \tag{178}$$

Hier muß bei Anwendung des Summenausdruckes $0! = 1$ definiert werden.

Die Konvergenz wird aus $\lim\limits_{n\to\infty} \frac{x^{n+1}}{(n+1)!} \cdot \frac{n!}{x^n} = \lim\limits_{n\to\infty} \frac{x}{n+1}$ gefunden. Die Reihe für e^x ist konvergent für alle $-\infty < x < +\infty$, d. h., sie ist beständig konvergent. Nach der grundlegenden Forderung (167) über konvergente Reihen bedeutet das, daß der Ausdruck $x^n/n!$ für $n \to \infty$ gegen Null geht. Damit kann gesagt werden: Im Fall $n \to \infty$ wird $n!$ „stärker unendlich" als x^n.

Wird (178) gliedweise differenziert, so erhält man als Ergebnis die gleiche Reihe, wie es ja auch sein muß.

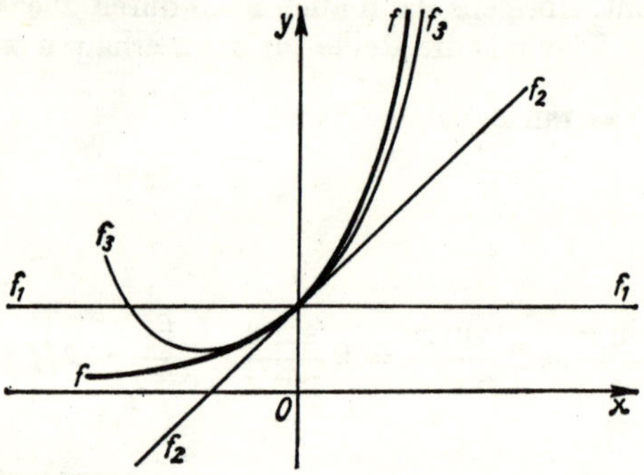

Bild 275

Das Bild 275 zeigt die Kurve der Funktion $f(x) = e^x$ und die Schmiegungsparabeln $f_1(x) = 1$, $f_2(x) = 1 + x$, $f_3(x) = 1 + x + x^2/2!$. Wird in der Reihe für e^x als Sonderfall $x = 1$ gesetzt, so ergibt sich die schnell konvergierende Reihe für e:

$$\boxed{e = 1 + 1 + \frac{1}{2} + \frac{1}{6} + \frac{1}{24} + \frac{1}{120} + \frac{1}{720} + \frac{1}{5040} + \cdots = \sum_{k=0}^{\infty} \frac{1}{k!} = 2{,}71828\ldots} \tag{178a}$$

Ist $f(x) = a^x$, so ergibt eine einfache Umformung $a^x = e^{x \ln a}$, und mit (178) wird

$$a^x = 1 + \frac{x \ln a}{1!} + \frac{(x \ln a)^2}{2!} + \frac{(x \ln a)^3}{3!} + \cdots.$$

Entwicklung der Funktion $f(x) = \cosh x$

$$\begin{aligned} f(x) &= \cosh x, & f(0) &= 1, \\ f'(x) &= \sinh x, & f'(0) &= 0, \\ f''(x) &= \cosh x, & f''(0) &= 1, \\ f'''(x) &= \sinh x, & f'''(0) &= 0, \\ f^{(4)}(x) &= \cosh x, & f^{(4)}(0) &= 1 \text{ usw.} \end{aligned}$$

$$\boxed{\cosh x = 1 + \frac{x^2}{2!} + \frac{x^4}{4!} + \cdots} \qquad (179)$$

Da nur gerade Potenzen von x vorkommen, ist $\cosh x$ eine gerade Funktion. Die Konvergenz ergibt sich aus

$$\lim_{n\to\infty}\left|\frac{u_{n+1}}{u_n}\right| = \lim_{n\to\infty}\frac{x^{n+2}}{(n+2)!}\cdot\frac{n!}{x^n} = \lim_{n\to\infty}\frac{x^2}{(n+1)(n+2)},$$

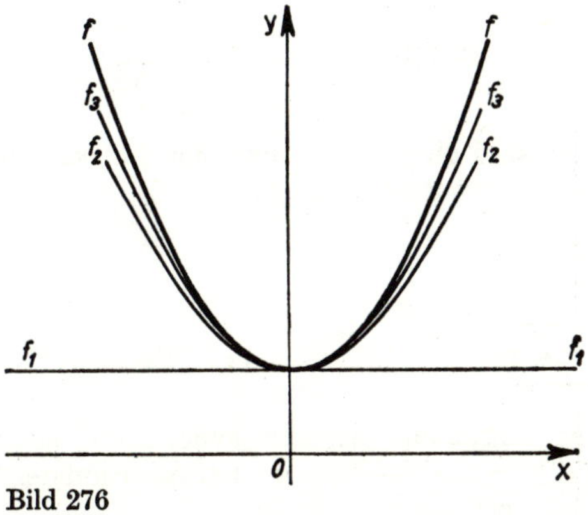

Bild 276

d. h., für alle Werte $-\infty < x < +\infty$ ist die Reihe konvergent.
Die Reihen für $\cosh x$ und $\cos x$ haben große Ähnlichkeit, der Unterschied liegt nur in den Vorzeichen. Die Verwandtschaft wird sofort sichtbar, wenn an Stelle des x die imaginäre Größe $\mathrm{j}x$ eingesetzt wird. Nun ist $\mathrm{j}^2 = -1$, $\mathrm{j}^3 = -\mathrm{j}$, $\mathrm{j}^4 = 1$, $\mathrm{j}^5 = \mathrm{j}, \ldots$ und damit schließlich:

$$\cosh \mathrm{j}x = 1 + \frac{(\mathrm{j}x)^2}{2!} + \frac{(\mathrm{j}x)^4}{4!} + \cdots = 1 - \frac{x^2}{2!} + \frac{x^4}{4!} - + \cdots.$$

Das ist aber die Reihe für $\cos x$. Somit gilt $\cosh \mathrm{j}x = \cos x$. Ähnlich ergibt sich: $\cos \mathrm{j}x = \cosh x$. Diese Beziehungen finden Anwendung besonders in der Elektrotechnik.
Das Bild (276) zeigt die Kurve der Funktion $f(x) = \cosh x$ und die Schmiegungsparabeln $f_1(x) = 1$, $f_2(x) = 1 + \frac{x^2}{2!}$, $f_3(x) = 1 + \frac{x^2}{2!} + \frac{x^4}{4!}$.

Die Gleichung von Euler

Wird in der Potenzreihe $e^x = 1 + x + \frac{x^2}{2!} + \frac{x^3}{3!} + \frac{x^4}{4!} + \frac{x^5}{5!} + \cdots$ an Stelle des reellen Exponenten x der imaginäre Ausdruck jx gesetzt, wobei also $j^2 = -1$, so ist zunächst

$$e^{jx} = 1 + jx + \frac{(jx)^2}{2!} + \frac{(jx)^3}{3!} + \frac{(jx)^4}{4!} + \frac{(jx)^5}{5!} + \cdots$$

oder

$$e^{jx} = 1 + jx - \frac{x^2}{2!} - j\frac{x^3}{3!} + \frac{x^4}{4!} + j\frac{x^5}{5!} - - + + \cdots.$$

Das ist eine Reihe mit komplexen Gliedern. Solche Reihen sind etwas qualitativ Neuartiges. Sie haben besondere Gesetze, auf die hier nicht eingegangen werden soll. Nach solch einem Satz ist es hier möglich, reelle und imaginäre Teile für sich zusammenzufassen, also

$$e^{jx} = \left(1 - \frac{x^2}{2!} + \frac{x^4}{4!} - + \cdots\right) + j\left(x - \frac{x^3}{3!} + \frac{x^5}{5!} - + \cdots\right).$$

Die Ausdrücke in den Klammern sind aber die Potenzreihen für $\cos x$ und $\sin x$. Es gilt also die für die Elektrotechnik besonders wichtige

Gleichung von Euler

$$\boxed{e^{jx} = \cos x + j \sin x} \qquad (180)$$

Wird in dieser Gleichung das Argument negativ genommen, so wird $e^{-jx} = \cos(-x) + j\sin(-x)$, also $e^{-jx} = \cos x - j \sin x$. Bei Addition der Gleichungen für e^{jx} und e^{-jx} ergibt sich $\cos x = \frac{e^{jx} + e^{-jx}}{2} = \cosh jx$, bei Subtraktion schließlich $\sin x = -j\frac{e^{jx} - e^{-jx}}{2} = -j \sinh jx$.

AUFGABEN

648. Es ist die Cosinuslinie mit den Schmiegungsparabeln bis zum 4. Grade zu zeichnen.

649. Es ist zu beweisen, daß die Reihe für a^x beständig konvergent ist.

650. Für $f(x) = \sinh x$ ist die Potenzreihe zu entwickeln und die Kurve der Funktion mit den Schmiegungsparabeln bis zum 5. Grade zu zeichnen. Anschließend ist der Zusammenhang zwischen Kreissinus und Hyperbelsinus zu zeigen.

651. Die Funktion $f(x) = \sin(x + \pi/3)$ ist in eine Potenzreihe bis zur 4. Potenz zu entwickeln.

652. Für $f(x) = e^{-\frac{1}{3}x}$ ist a) eine Potenzreihe bis zur 4. Potenz zu entwickeln, b) der Ausdruck für das n-te Glied aufzustellen.

18.5. Entwicklung der Binomialreihe

(Beweis für die bereits im Band „Algebra und Geometrie“ angeführte Reihe.)
Für kleine ganze n können die Binomialkoeffizienten dem PASCALschen Dreieck entnommen werden. Wird jedoch n sehr groß oder aber gebrochen, so wird diese Methode umständlich bzw. sie versagt. Um die Entwicklung nach MACLAURIN (171) durchführen zu können, ermittelt man:

$$f(x) = (a + x)^n, \qquad f(0) = a^n,$$

$$f'(x) = n(a + x)^{n-1}, \qquad f'(0) = na^{n-1},$$

$$f''(x) = n(n-1)(a + x)^{n-2}, \qquad f''(0) = n(n-1)a^{n-2},$$

$$f'''(x) = n(n-1)(n-2)(a + x)^{n-3}, \qquad f'''(0) = n(n-1)(n-2)a^{n-3},$$

allgemein: $f^{(k)}(0) = n(n-1)(n-2)\cdots(n-k+1)\,a^{n-k}$.

Eingesetzt in (171):

$$(a + x)^n = a^n + \frac{n}{1!}a^{n-1}x + \frac{n(n-1)}{2!}a^{n-2}x^2 + \frac{n(n-1)(n-2)}{3!}a^{n-3}x^3 + \cdots$$
$$\cdots + \frac{n(n-1)(n-2)\ldots(n-k+1)}{k!}a^{n-k}x^k + \cdots \tag{181}$$

Diese Reihe ist gültig für alle reellen Werte von n.
Für $\frac{n(n-1)(n-2)\ldots(n-k+1)}{k!}$ kann die kürzere symbolische Schreibweise $\binom{n}{k}$ genommen werden (vgl. Bd. „Algebra und Geometrie“). Mit dieser Vereinfachung erhält (181) die Form

$$(a + x)^n = a^n + \binom{n}{1}a^{n-1}x + \binom{n}{2}a^{n-2}x^2 + \binom{n}{3}a^{n-3}x^3 + \cdots + \binom{n}{k}a^{n-k}x^k + \cdots$$

Bei Betrachtung der Gesetzmäßigkeit der Binomialkoeffizienten könnte der erste Summand rechts vom Gleichheitszeichen den Faktor $\binom{n}{0}$ haben.
Deshalb wird definiert $\binom{n}{0} = 1$. Aus der Definitionsgleichung folgt $\binom{n}{n} = 1$.
Ein Sonderfall ergibt sich in (181), wenn $a = 1$ ist, dies ist die

Binomialreihe

$$(1 + x)^n = 1 + nx + \binom{n}{2}x^2 + \binom{n}{3}x^3 + \cdots + \binom{n}{k}x^k + \cdots \tag{181a}$$

Ist der Exponent n eine positive ganze Zahl, so bricht die Reihe von selbst ab. Ist das nicht der Fall, so handelt es sich um eine unendliche Reihe. Der Konvergenz von (181) ergibt sich aus

$$\lim_{k\to\infty}\left|\frac{u_{k+1}}{u_k}\right| = \lim_{k\to\infty}\left|\frac{\dfrac{n(n-1)(n-2)\dots(n-k+1)(n-k)}{(k+1)!}}{\dfrac{n(n-1)(n-2)\dots(n-k+1)}{k!}}\cdot\frac{a^{n-k-1}x^{k+1}}{a^{n-k}x^k}\right| =$$

$$= \lim_{k\to\infty}\left|\frac{n-k}{k+1}\cdot\frac{x}{a}\right| = \lim_{k\to\infty}\left|\frac{\dfrac{n}{k}-1}{1+\dfrac{1}{k}}\cdot\frac{x}{a}\right| = \left|\frac{x}{a}\right|,$$

d. h., für alle $|x| < a$ herrscht Konvergenz. Die Binomialreihe (181 a) ist somit konvergent für $|x| < 1$.

18.6. Reihenentwicklung durch Integration

Die Entwicklung einer Funktion in eine Potenzreihe läßt sich oft dadurch ermöglichen, daß zunächst die Ableitung dieser Funktion in eine Potenzreihe entwickelt und diese dann gliedweise integriert wird. Dabei gilt der

Satz

> Jede konvergente Potenzreihe darf im Innern ihres Konvergenzbereiches gliedweise integriert werden.

Reihe für $f(x) = \arctan x$

Es ist $\arctan x = \int\limits_0^x \frac{1}{1+x^2}\,\mathrm{d}x$. Wird der Integrand in eine Reihe entwickelt, wobei hier die Division schneller zum Ziele führt als die Benutzung der Binomialreihe, so gilt:

$$\frac{1}{1+x^2} = 1 - x^2 + x^4 - x^6 + x^8 - + \cdots, \quad \text{konvergent für } |x| < 1.$$

Mit dieser Bedingung ist es möglich zu schreiben

$$\int\limits_0^x \frac{\mathrm{d}x}{1+x^2} = \arctan x = \int\limits_0^x (1 - x^2 + x^4 - x^6 + x^8 - + \cdots)\,\mathrm{d}x.$$

Somit wird

$$\boxed{\arctan x = x - \frac{x^3}{3} + \frac{x^5}{5} - \frac{x^7}{7} + \frac{x^9}{9} - + \cdots,\ |x| \leqq 1} \qquad (182)$$

Sonderfall: Wird hier $x = 1$ gesetzt, so ist $\arctan 1 = \pi/4$.

Damit ergibt sich die recht langsam konvergierende LEIBNIZ*sche Reihe*:

$$\frac{\pi}{4} = 1 - \frac{1}{3} + \frac{1}{5} - \frac{1}{7} + \frac{1}{9} - + \cdots.$$

Die Länge eines Kreisbogens (Entwicklung der Bogenlänge nach Potenzen des Verhältnisses Bogenhöhe zu halber Spannweite). Nach Bild 277 sind gegeben: s halbe Spannweite, h Bogenhöhe. Gesucht: b Bogenlänge. Wird gesetzt $h/s = \lambda$, so ist also $b = f(h/s) = f(\lambda)$. Nun ist $\tan \varphi/2 = h/s = \lambda$, $\varphi = 2 \arctan \lambda$, und außerdem $b = 2\varphi r$. Der Höhensatz liefert $s^2 = h(2r - h)$,

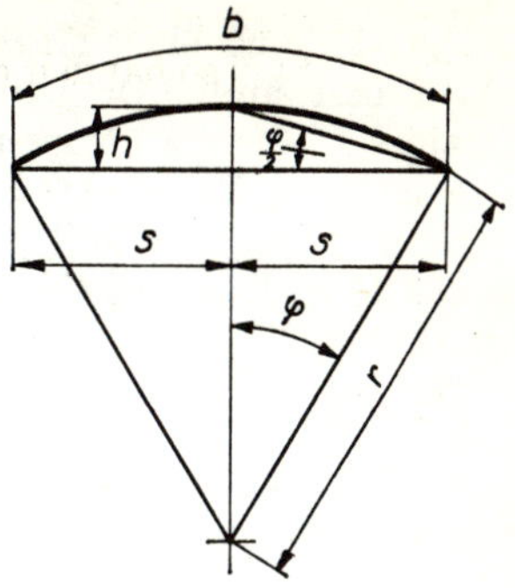

Bild 277

$$r = \frac{1}{2}\left(\frac{s^2}{h} + h\right) = \frac{s}{2}\left(\frac{1}{\lambda} + \lambda\right).$$

Werden die Werte für r und φ in den Ausdruck für b eingesetzt, so ergibt sich zunächst

$$b = 2s\left(\frac{1}{\lambda} + \lambda\right) \arctan \lambda.$$

Wenn nun noch für $\arctan \lambda$ die Potenzreihe (182) eingesetzt wird, so ist

$$b = 2s\left(\frac{1}{\lambda} + \lambda\right)\left(\lambda - \frac{\lambda^3}{3} + \frac{\lambda^5}{5} - \frac{\lambda^7}{7} + - \cdots\right).$$

Nach Multiplikation der Klammern und Ordnen nach Potenzen von λ wird schließlich

$$b = 2s\left(1 + \frac{2}{3}\lambda^2 - \frac{2}{15}\lambda^4 + \frac{2}{35}\lambda^6 - \frac{2}{63}\lambda^8 + - \cdots\right), \quad \lambda \leqq 1.$$

BEISPIEL

1. Welche Länge b muß eine kreisförmig gebogene Eisenbahnschiene haben, wenn die Sehne $2s = 6500$ mm lang und die Bogenhöhe $h = 555$ mm sein soll?

   Lösung: Mit

   $$\lambda = \frac{h}{s} = \frac{555\text{ mm}}{3250\text{ mm}} = 0{,}17077$$

   wird

   $$b = 6500\text{ mm}\left(1 + \frac{2}{3}\,0{,}17077^2 - \frac{2}{15}\,0{,}17077^4 + \frac{2}{35}\,0{,}17077^6 - + \cdots\right) =$$

   $$= 6500\text{ mm}(1 + 0{,}0194416 - 0{,}0001134 + 0{,}0000014 - + \cdots)$$

   $$\underline{\underline{b = 6626\text{ mm}.}}$$

Spiegelablesung einer Meßgröße. Bei der Spiegelablesung einer Meßgröße entspricht einem bestimmten Drehwinkel φ (in Grad) des Spiegels Sp eine Auslenkung des Lichtstrahles L, die als Länge x auf einer um h vom Spiegel entfernten Skale abgelesen werden kann. Es soll eine Funktion $\varphi = f(x)$ mit $x \ll h$ durch eine Potenzreihe dargestellt werden. Wie lautet damit die aufgestellte Näherungsformel, wenn bei $h = 7{,}50$ m und $x \leqq 1$ m der Winkel φ mit einem Fehler von 1% bzw. 1‰ bestimmt werden soll?

Nach Bild 278 gilt

$$\tan 2\varphi = \frac{x}{h}, \quad \varphi = \frac{1}{2}\arctan\frac{x}{h}.$$

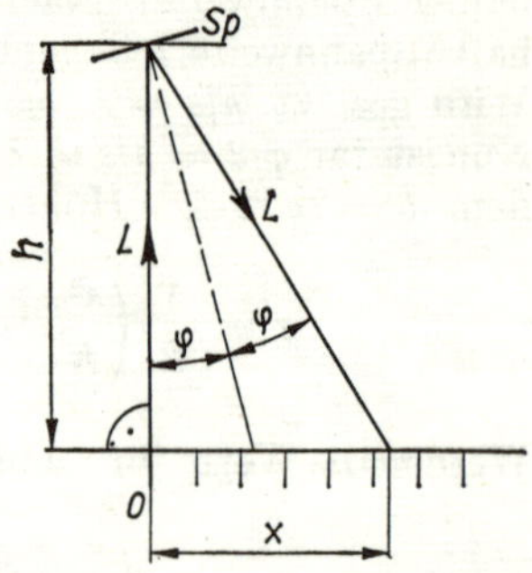

Bild 278

Mit der Reihenentwicklung (182) wird daraus

$$\varphi = \frac{1}{2}\left[\frac{x}{h} - \frac{1}{3}\left(\frac{x}{h}\right)^3 + \frac{1}{5}\left(\frac{x}{h}\right)^5 - + \cdots\right].$$

Nach Umrechnung des Winkels φ ins Gradmaß wird

$$\varphi = \frac{90^\circ}{\pi}\left[\frac{x}{h} - \frac{1}{3}\left(\frac{x}{h}\right)^3 + \frac{1}{5}\left(\frac{x}{h}\right)^5 - + \cdots\right],$$

$$\varphi = \frac{90^\circ}{\pi}\cdot\frac{x}{h}\left[1 - \frac{x^2}{3h^2} + \frac{x^4}{5h^4} - + \cdots\right].$$

Für den größtmöglichen Wert von x, $x_{\max} = 1$ m, wird mit $h = 7{,}50$ m

$$\varphi = \frac{90^\circ}{\pi}\cdot\frac{1}{7{,}50}\left[1 - \frac{1}{3}\cdot\frac{1}{7{,}5^2} + \frac{1}{5}\cdot\frac{1}{7{,}5^4} - + \cdots\right].$$

Das 2. Glied in der Klammer besitzt angenähert den Wert 0,006. Es kann demnach bereits vernachlässigt werden, wenn ein Fehler von 1% zugelassen ist.

Das 3. Glied in der Klammer besitzt angenähert den Wert 0,00006 und kann bei einem zugelassenen Fehler von 1‰ unberücksichtigt bleiben.

Damit heißen die Näherungsformeln

für einen Fehler $\leqq 1\%$ $\quad \varphi = \dfrac{90^\circ}{\pi}\,\dfrac{x}{h}$,

für einen Fehler $\leqq 1‰$ $\quad \varphi = \dfrac{90^\circ}{\pi}\left[\dfrac{x}{h} - \dfrac{1}{3}\left(\dfrac{x}{h}\right)^3\right]$.

Reihe für $f(x) = \ln x$

Wird in $\int\limits_0^x \frac{1}{1+x}\,dx$ der Integrand als Reihe geschrieben, also $\frac{1}{1+x} = 1 - x + x^2 - x^3 + x^4 - + \cdots$, eingesetzt und integriert von $0 \cdots x$, so ergibt sich

$$\ln(1+x) = x - \frac{x^2}{2} + \frac{x^3}{3} - \frac{x^4}{4} + \frac{x^5}{5} - + \cdots, \quad -1 < x \leqq +1.$$

Für $x = 1$ wird:

$$\ln 2 = 1 - \frac{1}{2} + \frac{1}{3} - \frac{1}{4} + \frac{1}{5} - + \cdots = 0{,}693 \cdots.$$

Die Reihe für $\ln(1 + x)$ konvergiert zu langsam, sie eignet sich also schlecht zur praktischen Rechnung. Deshalb wird eine andere Reihe hergeleitet. Durch Änderung des Vorzeichens von x ergibt sich zunächst die Reihe

$$\ln(1 - x) = -x - \frac{x^2}{2} - \frac{x^3}{3} - \frac{x^4}{4} - \frac{x^5}{5} - \cdots, \quad |x| < 1.$$

Durch Bilden der Differenz $\ln(1 + x) - \ln(1 - x)$ erhält man eine neue Reihe:

$$\boxed{\ln \frac{1+x}{1-x} = 2\left(x + \frac{x^3}{3} + \frac{x^5}{5} + \frac{x^7}{7} + \cdots\right), \quad |x| < 1} \tag{183}$$

Wird hierin $\dfrac{1+x}{1-x} = z$ gesetzt, so folgt daraus $x = \dfrac{z-1}{z+1}$.
Schreibt man für die Variable wiederum x (statt z), so ergibt sich eine Form, die sich für das praktische Rechnen besser eignet:

$$\boxed{\ln x = 2\left[\frac{x-1}{x+1} + \frac{1}{3}\left(\frac{x-1}{x+1}\right)^3 + \frac{1}{5}\left(\frac{x-1}{x+1}\right)^5 + \frac{1}{7}\left(\frac{x-1}{x+1}\right)^7 + \cdots\right], \quad x > 0} \tag{184}$$

Aus der obigen Substitution $\dfrac{1+x}{1-x} = z$ wird der angegebene Konvergenzbereich erhalten, da dort $|x| < 1$ ist.
Die Reihe (184) hat also eine umfassendere Gültigkeit als die für $\ln(1 + x)$.

BEISPIELE

2. Es soll für ln 2 eine Reihe aufgestellt werden.

   Lösung: In (183) wird $x = 1/3$ gesetzt oder in (184) $x = 2$, in beiden Fällen ergibt sich die schnell konvergierende Reihe

$$\ln 2 = 2\left(\frac{1}{3} + \frac{1}{81} + \frac{1}{1215} + \frac{1}{15309} + \cdots\right) = 0{,}693 \cdots.$$

3. Es soll ln 3 bestimmt werden.

   Lösung: Ähnlich wie in Beispiel 2 wird gefunden:

$$\ln 3 = 2\left(\frac{1}{2} + \frac{1}{24} + \frac{1}{160} + \frac{1}{896} + \frac{1}{4608} + \cdots\right) = 1{,}098 \cdots.$$

Durch geschickte Kombination logarithmischer Reihen sind die Logarithmen der nächsten Primzahlen ermittelt und damit die Logarithmentafeln aufgestellt worden.

AUFGABEN

653. $\pi/6$ ist mittels einer Potenzreihe (bis zum 5. Glied) zu berechnen.

654. Mit Hilfe von $\int_0^x \frac{dx}{\sqrt{1-x^2}} = \arcsin x$ ist eine Potenzreihe für $\arcsin x$ und daraus eine Reihe für $\pi/2$ bis zum 5. Gliede zu entwickeln.

655. In der Reihe für die Länge eines Kreisbogens ist für b das allgemeine Glied zu ermitteln und die angegebene Konvergenz zu beweisen.

19. Anwendungen

19.1. Näherungsformeln

19.1.1. Aus Grundfunktionen zusammengesetzte Ausdrücke

Hier kommt in den meisten Fällen die MACLAURINsche Form der TAYLOR-Reihe zur Anwendung.

BEISPIELE

1. $f(x) = e^x(2x+1)$ ist in eine Potenzreihe zu entwickeln.

$$f'(x) = e^x(2x+3), \qquad f'(0) = 3,$$
$$f''(x) = e^x(2x+5), \qquad f''(0) = 5,$$
$$f'''(x) = e^x(2x+7), \qquad f'''(0) = 7,$$
$$f^{(4)}(x) = e^x(2x+9), \qquad f^{(4)}(0) = 9, \ldots.$$

Mit (171) ergibt sich:

$$f(x) = e^x(2x+1) = 1 + 3x + \frac{5}{2}\cdot x^2 + \frac{7}{6}\cdot x^3 + \frac{9}{24}\cdot x^4 + \ldots.$$

Da $x \ll 1$ sein soll, können die Glieder höherer Ordnung vernachlässigt werden, so daß sich eine recht einfache Näherungsformel ergibt:

$$e^x(2x+1) \approx 1 + 3x.$$

Ein Zahlenbeispiel soll die einfache Handhabung veranschaulichen. Wenn nämlich $x = 0{,}03$ ist, so ist $f(0{,}03) = 1 + 3\cdot 0{,}03 = 1{,}09$. Eine genauere Rechnung, etwa mit dem „Duplex"-Rechenstab, liefert $e^{0{,}03}\cdot 1{,}06 = 1{,}093$. Bei der geforderten Genauigkeit steht demnach die Näherungsformel nicht nach.

2. $f(x) = \frac{\cos 3x - 2}{e^{2x}}$ soll in eine Potenzreihe entwickelt werden.

Es ist $f(0) = -1$. Bei Anwendung der Quotientenregel $f'(0) = 2$. Mit diesen Werten ergibt sich eine Näherungsformel für Werte $x \ll 1$:

$$\frac{\cos 3x - 2}{e^{2x}} \approx -1 + 2x.$$ Wenn hier z. B. $x = 0{,}01$, so wird $f(0{,}01) = -0{,}98$.

Liegt wie beim Beispiel 2 ein Quotient vor, so werden sich nur wenige Glieder, d. h. zwei oder drei, ohne größeren Aufwand ermitteln lassen, da sich bei wiederholter Anwendung der Quotientenregel kompliziertere Ausdrücke ergeben können.

19.1.2. Wurzelausdrücke

Die Hauptanwendung der Binomialreihe liegt in der Aufstellung von Näherungsformeln. Je nach geforderter Genauigkeit wird auch hier die Reihe an einer bestimmten Stelle abgebrochen.

BEISPIELE

1. Entwicklung von $f(x) = \sqrt{a+x} = (a+x)^{\frac{1}{2}}$.

Lösung: Mit (181) wird:

$$(a+x)^{\frac{1}{2}} = a^{\frac{1}{2}} + \frac{1}{2}a^{\frac{1}{2}-1}x + \frac{\frac{1}{2}\left(\frac{1}{2}-1\right)}{2}a^{\frac{1}{2}-2}x^2 + \frac{\frac{1}{2}\left(\frac{1}{2}-1\right)\left(\frac{1}{2}-2\right)}{6}a^{\frac{1}{2}-3}x^3 +$$

$$+ \frac{\frac{1}{2}\left(\frac{1}{2}-1\right)\left(\frac{1}{2}-2\right)\left(\frac{1}{2}-3\right)}{24}a^{\frac{1}{2}-4}x^4 + \cdots, \text{ also}$$

$$\sqrt{a+x} = \sqrt{a}\left(1 + \frac{1}{2}\cdot\frac{x}{a} - \frac{1}{8}\cdot\frac{x^2}{a^2} + \frac{1}{16}\cdot\frac{x^3}{a^3} - \frac{5}{128}\cdot\frac{x^4}{a^4} + - \cdots\right).$$

Die Koeffizienten lassen sich anders schreiben, damit ihre Gesetzmäßigkeit zum Ausdruck kommt:

$$\sqrt{a+x} = \sqrt{a}\left(1 + \frac{1}{2}\cdot\frac{x}{a} - \frac{1}{2\cdot 4}\cdot\frac{x^2}{a^2} + \frac{1\cdot 3}{2\cdot 4\cdot 6}\cdot\frac{x^3}{a^3} - \frac{1\cdot 3\cdot 5}{2\cdot 4\cdot 6\cdot 8}\cdot\frac{x^4}{a^4} + - \cdots\right).$$

Diese Reihe ist konvergent für $|x| < a$. Die vorstehende Entwicklung zeigt, daß vor der Reihenentwicklung die einfache Umformung $\sqrt{a+x} = \sqrt{a}\cdot\sqrt{1+\frac{x}{a}}$ ebenfalls zum Ziele geführt hätte, wenn anschließend die Wurzel nach Potenzen von x/a entwickelt worden wäre. Für $a = 1$ wird:

$$\sqrt{1+x} = 1 + \frac{1}{2}x - \frac{1}{2\cdot 4}x^2 + \frac{1\cdot 3}{2\cdot 4\cdot 6}x^3 - \frac{1\cdot 3\cdot 5}{2\cdot 4\cdot 6\cdot 8}x^4 + - \cdots, \quad |x| < 1.$$

2. Entwicklung von $f(x) = \sqrt{a+x^2} = (a+x^2)^{\frac{1}{2}}$.

Lösung: Wird hier $x^2 = z$ gesetzt, so läßt sich die Reihe vom vorigen Beispiel verwenden, also:

$$\sqrt{a+x^2} = \sqrt{a}\cdot\left(1 + \frac{1}{2}\cdot\frac{x^2}{a} - \frac{1}{8}\cdot\frac{x^4}{a^2} + \frac{1}{16}\cdot\frac{x^6}{a^3} - \frac{5}{128}\cdot\frac{x^8}{a^4} + - \cdots\right), \quad |x| < \sqrt{a}.$$

$$\sqrt{1+x^2} = 1 + \frac{1}{2}x^2 - \frac{1}{8}x^4 + \frac{1}{16}x^6 - \frac{5}{128}x^8 + - \cdots, \quad |x| < 1.$$

3. Entwicklung von $f(x) = \frac{1}{\sqrt{a+x}} = (a+x)^{-\frac{1}{2}}$.

Lösung: Bei ähnlicher Rechnung wie im ersten Beispiel ergibt sich:

$$\frac{1}{\sqrt{a+x}} = \frac{1}{\sqrt{a}}\left(1 - \frac{1}{2}\cdot\frac{x}{a} + \frac{1\cdot 3}{2\cdot 4}\cdot\frac{x^2}{a^2} - \frac{1\cdot 3\cdot 5}{2\cdot 4\cdot 6}\cdot\frac{x^3}{a^3} + \frac{1\cdot 3\cdot 5\cdot 7}{2\cdot 4\cdot 6\cdot 8}\cdot\frac{x^4}{a^4} - + \cdots\right),\quad |x| < a.$$

Einen Sonderfall erhält man für $a = 1$:

$$\frac{1}{\sqrt{1+x}} = 1 - \frac{1}{2}x + \frac{3}{8}x^2 - \frac{5}{16}x^3 + \frac{35}{128}x^4 - + \cdots,\quad |x| < 1.$$

4. Die Funktion $f(x) = \sqrt{4+5x}$ soll bis zur 4. Potenz von x entwickelt werden.

Lösung: Zunächst eine kleine Umformung mit anschließender Substitution:

$$\sqrt{4+5x} = 2\sqrt{1+\frac{5}{4}x} = 2\sqrt{1+z},\quad z = \frac{5}{4}x.$$

$$2\sqrt{1+\frac{5}{4}x} = 2\left(1 + \frac{1}{2}\cdot\frac{5}{4}x - \frac{1}{8}\cdot\frac{25}{16}x^2 + \frac{1}{16}\cdot\frac{125}{64}x^3 - \frac{5}{128}\cdot\frac{625}{256}x^4 + - \cdots\right),$$

oder

$$\sqrt{4+5x} = 2\,(1 + 0{,}6250x - 0{,}1953x^2 + 0{,}1221x^3 - 0{,}0954x^4 + - \cdots),\quad |x| < \frac{4}{5}.$$

Die n-te Wurzel einer Zahl kann mit Hilfe einer Reihenentwicklung gezogen werden, wenn vorher der Radikand so umgeformt wird, daß die Binomialreihe möglichst schnell konvergiert.

BEISPIEL

5. $\sqrt{41}$ ist auf 4 Dezimalen genau zu bestimmen.

Lösung: Es ist

$$\sqrt{41} = \sqrt{36+5} = \sqrt{36\left(1+\frac{5}{36}\right)} = 6\sqrt{1+\frac{5}{36}}.$$

Wird nun $x = \frac{5}{36}$ gesetzt und die Reihenentwicklung für $\sqrt{1+x}$ angewendet, so ergibt sich

$$6\sqrt{1+\frac{5}{36}} = 6\left(1 + \frac{1}{2}\cdot\frac{5}{36} - \frac{1}{8}\cdot\frac{25}{1\,296} + \frac{1}{16}\cdot\frac{125}{46\,656} - \frac{5}{128}\cdot\frac{625}{1\,679\,616} + - \cdots\right) =$$

$$= 6\,(1 + 0{,}069\,444 - 0{,}002\,411 + 0{,}000\,167 - 0{,}000\,0145 + - \cdots)$$

$$\sqrt{41} = \underline{\underline{6{,}4031}}.$$

19.1.3. Besondere Fälle

Schubkurbelgetriebe. Der Kreuzkopfabstand ist nach Potenzen des Verhältnisses Kurbelradius zu Schubstangenlänge zu entwickeln.
Nach Bild 279 sind gegeben: r Radius der Kurbel, s Länge der Schubstange, φ Drehwinkel, δ Hilfswinkel.

Gesucht: x Abstand Kurbelachse—Kreuzkopfmitte.

Wird das Verhältnis $\frac{r}{s} = \lambda$ gesetzt, so ist gesucht $x = f\left(\frac{r}{s}\right) = x(\lambda)$. (Bei Dampfmaschinen ist $\lambda \approx 1/5$.)

Von Bild 279 ist abzulesen $x = r\cos\varphi + s\cos\delta$, und der Sinussatz sagt aus

$$\frac{\sin\delta}{r} = \frac{\sin\varphi}{s}, \quad \text{also} \quad \sin\delta = \frac{r}{s}\cdot\sin\varphi.$$

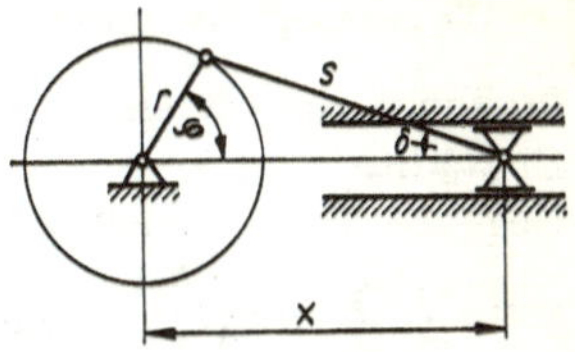

Bild 279

Mit

$$\cos\delta = \sqrt{1-\sin^2\delta}$$

ist

$$x = r\cos\varphi + s\sqrt{1-\left(\frac{r}{s}\right)^2\sin^2\varphi}$$

oder

$$x = s\left(\frac{r}{s}\cos\varphi + \sqrt{1-\left(\frac{r}{s}\right)^2\sin^2\varphi}\right).$$

Wenn hier das Verhältnis $r/s = \lambda$ eingesetzt wird, so ist

$$x = s\left(\lambda\cos\varphi + \sqrt{1-\lambda^2\sin^2\varphi}\right).$$

Nun kann der Wurzelausdruck $\sqrt{1-\lambda^2\sin^2\varphi} = \sqrt{1+z}$ mit $z = -\lambda^2\sin^2\varphi$ zunächst nach Potenzen von z entwickelt werden. Unter Benutzung der Entwicklung für $f(x) = \sqrt{1+x}$ ergibt sich

$$\sqrt{1-\lambda^2\sin^2\varphi} = 1 - \frac{1}{2}\lambda^2\sin^2\varphi - \frac{1}{8}\lambda^4\sin^4\varphi - \frac{1}{16}\lambda^6\sin^6\varphi - \cdots.$$

Wird dies oben in die letzte Gleichung für x eingesetzt, so ist

$$x = s\left(\lambda\cos\varphi + 1 - \frac{1}{2}\lambda^2\sin^2\varphi - \cdots\right) =$$

$$= s\left[1 + \lambda\cos\varphi - \frac{1}{2}\lambda^2(1-\cos^2\varphi) - \cdots\right].$$

Werden hierbei die Glieder höherer Ordnung fortgelassen, so gilt für hinreichend kleine Werte von λ:

$$x = s\left(1 + \lambda\cos\varphi - \frac{1}{2}\lambda^2 + \frac{1}{2}\lambda^2\cos^2\varphi,\right), \quad \lambda \ll 1.$$

Zahlenbeispiel:

Es seien $s = 1{,}150\,\text{m}$, $\varphi = 60°$, $\frac{r}{s} = \lambda = \frac{1}{5}$ und $\cos\varphi = \frac{1}{2}$.

Damit wird der Abstand

$$x = 1{,}150\left(1 + \frac{1}{5}\cdot\frac{1}{2} - \frac{1}{2}\cdot\frac{1}{25} + \frac{1}{2}\cdot\frac{1}{25}\cdot\frac{1}{4}\right)\,\mathrm{m},$$

$$\underline{\underline{x = 1{,}248\ \mathrm{m}.}}$$

Die genaue, aber umständlichere Rechnung liefert den gleichen gerundeten Wert.

Pfeilhöhe eines Kreisabschnittes. Entwicklung nach Potenzen des Verhältnisses Bogen zu Radius.

Gegeben seien Bogen b und Radius r (Bild 280). Wird $\frac{b}{r} = \lambda$ gesetzt, dann ist gesucht $h = f\left(\frac{b}{r}\right) = f(\lambda)$.

Das Bild zeigt, daß $r\cos\varphi + h = r$ ist, also $h = r(1 - \cos\varphi)$.

Mit

$$2\varphi = \frac{b}{r} \quad \text{wird} \quad h = r\left(1 - \cos\frac{b}{2r}\right).$$

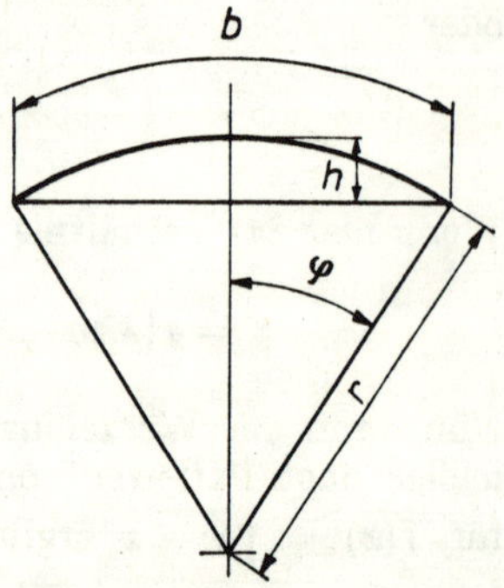

Bild 280

Nun ist nach (176)

$$\cos x = 1 - \frac{x^2}{2!} + \frac{x^4}{4!} - \frac{x^6}{6!} + - \cdots.$$

Wird hierin

$$x = \frac{b}{2r}$$

eingesetzt, so ist

$$\cos\frac{b}{2r} = 1 - \left(\frac{b}{2r}\right)^2\cdot\frac{1}{2!} + \left(\frac{b}{2r}\right)^4\cdot\frac{1}{4!} - \left(\frac{b}{2r}\right)^6\cdot\frac{1}{6!} + - \cdots.$$

Wenn schließlich zur Abkürzung $\frac{b}{r} = \lambda$ gesetzt wird, so ergibt sich

$$h = r\left(\frac{\lambda^2}{2^2\cdot 2!} - \frac{\lambda^4}{2^4\cdot 4!} + \frac{\lambda^6}{2^6\cdot 6!} - + \cdots\right)$$

oder

$$h = r\left(\frac{\lambda^2}{8} - \frac{\lambda^4}{384} + \frac{\lambda^6}{46080} - + \cdots\right).$$

Der Konvergenzradius ergibt sich aus

$$r = \lim_{n\to\infty}\left|\frac{a_n}{a_{n+1}}\right| = \lim_{n\to\infty}\left|\frac{2^{n+2}(n+2)!}{2^n n!}\right| = \lim_{n\to\infty} 2^2(n+1)(n+2) = \infty,$$

d. h., die Reihe ist konvergent für alle $|\lambda| < \infty$. In Anwendungen dürften aber nur Werte $\lambda < \pi$ vorkommen.

Zahlenbeispiel:

Es soll die Höhe des Kreisabschnittes bestimmt werden, für den das Verhältnis Bogen zu Radius gleich 2 ist.

Lösung: Mit $\lambda = 2$ wird $h = r\left(\frac{4}{8} - \frac{16}{384} + \frac{64}{46080}\right) =$

$$= r(0{,}500 - 0{,}0416 + 0{,}00138) = \underline{\underline{0{,}460r}}.$$

Die Brinellsche Kugeldruckprobe. Eine Stahlkugel vom Durchmesser D in mm wird mit einer Kraft F in kp in die blanke Oberfläche eines Probestückes gepreßt. Ist d in mm der Durchmesser der Eindruckfläche (er muß auf hundertstel mm genau angegeben werden), so läßt sich nach BRINELL (TGL 8648) die Härte in kp/mm² berechnen nach der Formel

$$H = \frac{2F}{\pi D\left(D - \sqrt{D^2 - d^2}\right)}.$$

Mit Hilfe einer Potenzreihe soll diese Formel durch eine Näherungsformel ersetzt werden.

Hierbei soll sein

$$0{,}2 \leqq \frac{d}{D} \leqq 0{,}5.$$

Zunächst ist

$$\sqrt{D^2 - d^2} = D\sqrt{1 - \left(\frac{d}{D}\right)^2}.$$

Der Wurzelausdruck wird nun in eine Potenzreihe entwickelt:

$$D\sqrt{1 - \left(\frac{d}{D}\right)^2} = D\left[1 - \frac{1}{2}\left(\frac{d}{D}\right)^2 - \frac{1}{8}\left(\frac{d}{D}\right)^4 - \frac{1}{16}\left(\frac{d}{D}\right)^6 - \cdots\right],$$

damit wird

$$H = \frac{2F}{\pi D\left\{D - D\left[1 - \frac{1}{2}\left(\frac{d}{D}\right)^2 - \frac{1}{8}\left(\frac{d}{D}\right)^4 - \frac{1}{16}\left(\frac{d}{D}\right)^6 - \cdots\right]\right\}}$$

oder

$$H = \frac{2F}{\frac{\pi D^2}{2}\left(\frac{d^2}{D^2} + \frac{1}{4}\frac{d^4}{D^4} + \frac{1}{8}\frac{d^6}{D^6} + \cdots\right)}$$

und weiter

$$H = \frac{4F}{\pi d^2\left(1 + \frac{1}{4}\frac{d^2}{D^2} + \frac{1}{8}\frac{d^4}{D^4} + \cdots\right)} = \frac{4F}{\pi d^2}\,\frac{1}{1 + \frac{1}{4}\frac{d^2}{D^2} + \frac{1}{8}\frac{d^4}{D^4} + \cdots}$$

Mit Anwendung der Näherung

$$\frac{1}{1+x} \approx 1 - x + x^2$$

(oder mit Hilfe der Division) wird

$$H \approx \frac{4F}{\pi d^2}\left(1 - \frac{1}{4}\cdot\frac{d^2}{D^2} - \frac{1}{16}\cdot\frac{d^4}{D^4}\right).$$

Schließlich kann noch zur Vereinfachung gesetzt werden

$$\frac{4}{\pi} \approx 1{,}273, \quad \frac{d}{D} = \alpha,$$

und man erhält

$$H \approx 1{,}273\,\frac{F}{d^2}\left(1 - \frac{1}{4}\,\alpha^2 - \frac{1}{16}\,\alpha^4\right).$$

Da $\frac{d}{D} < 1$, ist $\alpha < 1$.

Zahlenbeispiel:

Mit $\frac{d}{D} = \alpha = 0{,}2$ ist $\alpha^2 = 0{,}04$, $\alpha^4 = 0{,}0016$

und $H \approx 1{,}273\,\frac{F}{d^2}\,(1 - 0{,}01 - 0{,}0001) \approx 1{,}273\,\frac{F}{d^2}\,0{,}99 \approx 1{,}26\,\frac{F}{d^2}$.

Anderseits ist mit $\frac{d}{D} = \alpha = 0{,}5$, $\alpha^2 = 0{,}25$ und $\alpha^4 = 0{,}0625$
und

$$H \approx 1{,}273\,\frac{F}{d^2}\,(1 - 0{,}0625 - 0{,}0039) \approx 1{,}19\,\frac{F}{d^2}.$$

19.2. Integration nach vorhergegangener Reihenentwicklung

Bei der Lösung eines Integrales kann der Fall eintreten, daß sich trotz Anwendung der bekannten Lösungsverfahren das Integral nicht in einer geschlossenen Form lösen läßt. Dann steht das hier zu behandelnde Mittel zur Verfügung. Der Integrand wird in eine Potenzreihe entwickelt und das Ergebnis dann gliedweise integriert. Natürlich muß eine Entwicklung in eine Potenzreihe überhaupt möglich sein. Von der zu integrierenden Reihe muß Konvergenz gefordert werden. Es läßt sich nachweisen, daß die mittels der Integration gewonnene neue Potenzreihe den gleichen Konvergenzradius wie die alte Reihe hat.

Integration irrationaler Funktionen

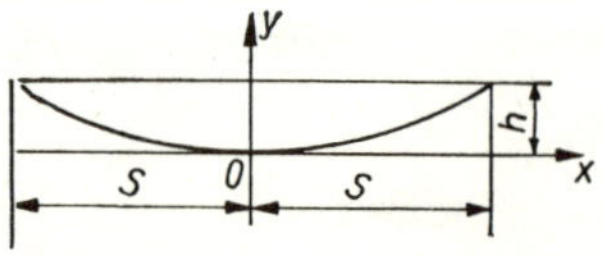

Bild 281

Die Bogenlänge der Parabel 2. Grades (Entwicklung nach Potenzen des Verhältnisses Bogenhöhe h zu halber Bogenbreite s).
Nach Bild 281 sind gegeben s und h, wobei $\frac{h}{s} = \lambda \ll 1$.

Die Bogenlänge b soll also nach Potenzen von λ entwickelt werden, d. h. $b = f(\lambda)$.

Die Parabel hat die Gleichung $y = cx^2$, also $h = cs^2$ oder $c = \frac{h}{s^2}$, somit

$$y = \frac{h}{s^2}\,x^2.$$

Um die Formel für die Bogenlänge $s = \int \sqrt{1 + y'^2}\,\mathrm{d}x$ anwenden zu können, sind erforderlich

$$y' = 2\,\frac{h}{s^2}\,x \quad \text{und} \quad y'^2 = 4\,\frac{h^2}{s^4}\,x^2.$$

Dies eingesetzt, wird

$$b = \int_0^s \sqrt{1 + y'^2}\,\mathrm{d}x = \int_0^s \sqrt{1 + 4\,\frac{h^2}{s^4}\,x^2}\,\mathrm{d}x.$$

Nach Einführung einer neuen Variablen

$$z = 4\,\frac{h^2}{s^4}\,x^2$$

läßt sich der Integrand wie folgt als Reihe schreiben:

$$(1 + z)^{\frac{1}{2}} = 1 + \frac{1}{2}\,z - \frac{1}{8}\,z^2 + \frac{1}{16}\,z^3 - + \cdots, \quad |z| < 1.$$

Damit ist

$$\left(1 + 4\,\frac{h^2}{s^4}\,x^2\right)^{\frac{1}{2}} = 1 + \frac{1}{2}\cdot 4 \cdot \frac{h^2}{s^4}\cdot x^2 - \frac{1}{8}\cdot 16 \cdot \frac{h^4}{s^8}\cdot x^4 + $$
$$+ \frac{1}{16}\cdot 64 \cdot \frac{h^6}{s^{12}}\cdot x^6 - + \cdots.$$

Nun wird auf beiden Seiten integriert und das Verhältnis $\frac{h}{s} = \lambda$ gesetzt. Es ergibt sich dann

$$b = s\left(1 + \frac{2}{3}\,\lambda^2 - \frac{2}{5}\,\lambda^4 + \frac{4}{7}\,\lambda^6 - \frac{10}{9}\,\lambda^8 + - \cdots\right).$$

Sind z. B. $h = 1$ m, $s = 4$ m, so ist also $\lambda = \frac{1}{4}$ und

$$b = 4\left(1 + \frac{1}{24} - \frac{1}{640} + \frac{1}{7168} - \frac{5}{294912} + - \cdots\right)\mathrm{m} = 4{,}161\ \mathrm{m}.$$

BEISPIELE

1. Es soll $\int_0^{0,655} \sqrt{1 + x^3}\,\mathrm{d}x$ gelöst werden.

Lösung: Mit Hilfe der Binomialreihe wird der Integrand in eine Reihe entwickelt. Mit der Reihe für $(1 + z)^{\frac{1}{2}}$, wobei $z = x^3$ ist, erhält man

$$\int_0^x \sqrt{1 + x^3}\,\mathrm{d}x = \int_0^x \left(1 + \frac{1}{2}x^3 - \frac{1}{8}x^6 + \frac{1}{16}x^9 - \frac{5}{128}x^{12} + - \cdots\right)\mathrm{d}x, \quad |x| < 1.$$

$$\int_0^x \sqrt{1 + x^3}\,\mathrm{d}x = x + \frac{x^4}{8} - \frac{x^7}{56} + \frac{x^{10}}{160} - \frac{5x^{13}}{1664} + - \cdots, \quad |x| < 1.$$

Wenn nun für die obere Grenze $x = 0{,}655$ gesetzt wird, so ergibt die Zahlenrechnung

$$\int_0^{0,655} \sqrt{1 + x^3}\,\mathrm{d}x = 0{,}655 + \frac{0{,}655^4}{8} - \frac{0{,}655^7}{56} + - \cdots = \underline{\underline{0{,}677}}.$$

2. Es ist zu bestimmen

$$\int_0^{0,800} \sqrt{\frac{4 - x^2}{1 + x^3}}\,\mathrm{d}x.$$

Lösung: Der Integrand wird zunächst als Produkt geschrieben, d. h.

$$\int \sqrt{\frac{4 - x^2}{1 + x^3}}\,\mathrm{d}x = 2 \int \left(1 - \frac{x^2}{4}\right)^{\frac{1}{2}} \cdot (1 + x^3)^{-\frac{1}{2}}\,\mathrm{d}x.$$

Nun gilt der Satz:
Zwei Potenzreihen dürfen miteinander multipliziert werden innerhalb des Bereiches, für den sie gemeinsam absolute Konvergenz besitzen.
Im vorliegenden Falle konvergieren beide gemeinsam für $|x| < 1$. Die Reihen für die Faktoren des Integranden lauten:

$$\left(1 - \frac{x^2}{4}\right)^{\frac{1}{2}} = 1 - \frac{1}{8}x^2 - \frac{1}{128}x^4 - \frac{1}{1024}x^6 - \frac{5}{32768}x^8 - \frac{7}{262144}x^{10} - \cdots,$$

$$(1 + x^3)^{-\frac{1}{2}} = 1 - \frac{1}{2}x^3 + \frac{3}{8}x^6 - \frac{5}{16}x^9 + \frac{35}{128}x^{12} - + \cdots.$$

Werden diese beiden Reihen multipliziert und nach Potenzen von x geordnet, so ergibt sich für den Integranden I:

$$I = 1 - \frac{1}{8}x^2 - \frac{1}{2}x^3 - \frac{1}{128}x^4 + \frac{1}{16}x^5 + \frac{383}{1024}x^6 + \frac{1}{256}x^7 - \frac{1541}{32768}x^8 - - + \cdots.$$

Mit dieser Reihe ergibt sich

$$\int_0^{x} \sqrt{\frac{4 - x^2}{1 + x^3}}\,\mathrm{d}x = 2\left(x - \frac{1}{24}x^3 - \frac{1}{8}x^4 - \frac{1}{640}x^5 + \frac{1}{96}x^6 + \frac{383}{7168}x^7 + \right.$$
$$\left. + \frac{1}{2048}x^8 - \frac{1541}{294912}x^9 - - + \cdots\right), \quad |x| < 1.$$

Wird nun die obere Grenze $x = 0{,}800$ eingesetzt, so ist

$$\int_0^{0,800} \sqrt{\frac{4 - x^2}{1 + x^3}}\,\mathrm{d}x = 2(0{,}800 - 0{,}0213 - 0{,}0512 - 0{,}0005 + 0{,}0027 + 0{,}0112 +$$
$$+ 0{,}00008) = \underline{\underline{1{,}482}}.$$

Integration transzendenter Funktionen

BEISPIELE

1. Das Integral $\int\limits_0^x e^x \sin x \,dx$ läßt sich zwar in geschlossener Form lösen. Wird aber der Integrand in eine Potenzreihe entwickelt, so genügen oft schon wenige ihrer ersten Glieder für eine hinreichende Genauigkeit.

Lösung: Die Verwendung der Reihen für e^x und $\sin x$ führt zum Ansatz:

$$e^x \sin x = \left(1 + x + \frac{x^2}{2} + \frac{x^3}{6} + \frac{x^4}{24} + \frac{x^5}{120} + \frac{x^6}{720} + \frac{x^7}{5040} + \frac{x^8}{40320} + \cdots\right) \times$$

$$\times \left(x - \frac{x^3}{6} + \frac{x^5}{120} - \frac{x^7}{5040} + \frac{x^9}{362880} - + \cdots\right).$$

Dieser Ansatz ist gestattet, da beide Reihen nicht nur absolut konvergent, sondern sogar beständig konvergent sind.
Wird multipliziert und das Ergebnis nach steigenden Potenzen von x geordnet, so ergibt sich

$$e^x \sin x = x + x^2 + \frac{x^3}{3} - \frac{x^5}{30} - \frac{x^6}{90} - \frac{x^7}{630} - \frac{x^9}{22680} - \cdots$$

(die 4. und die 8. Potenz fallen dabei heraus).
Diese Reihe für $e^x \cdot \sin x$ kann aber auch mit der Reihe von MACLAURIN (171) aufgestellt werden. Mit den Werten

$$f(0) = 0, \qquad f'(x) = e^x(\cos x + \sin x), \qquad f'(0) = 1$$

$$f''(x) = e^x \cdot 2 \cdot \cos x \qquad f''(0) = 2$$

$$f'''(x) = 2e^x(-\sin x + \cos x), \qquad f'''(0) = 2$$

$$f^{(4)}(0) = 0, \qquad f^{(5)}(0) = -4, \qquad f^{(6)}(0) = -8,$$

$$f^{(7)}(0) = -8, \qquad f^{(8)}(0) = 0, \qquad f^{(9)}(0) = -16,$$

ergibt sich nach Einsetzen in (171) die gleiche Reihe wie vorher.
Es wird aber nicht immer sofort zu entscheiden sein, welches Verfahren dabei schneller zum Ziele führt.
Mit dieser Reihenentwicklung läßt sich nun die Integration durchführen:

$$\int\limits_0^x e^x \sin x \,dx = \frac{x^2}{2} + \frac{x^3}{3} + \frac{x^4}{12} - \frac{x^6}{180} - \frac{x^7}{630} - \frac{x^8}{5040} - \frac{x^{10}}{226800} - \cdots.$$

Zahlenbeispiel:

Das vorstehende Integral soll im Intervall $0{,}200 \leqq x \leqq 0{,}850$ bestimmt werden.

$$\int_{0,200}^{0,850} e^x \sin x \, dx = \frac{1}{2}(0{,}85^2 - 0{,}2^2) + \frac{1}{3}(0{,}85^3 - 0{,}2^3) + \frac{1}{12}(0{,}85^4 - 0{,}2^4) -$$

$$- \frac{1}{180}(0{,}85^6 - 0{,}2^6) - \frac{1}{630}(0{,}85^7 - 0{,}2^7) - \cdots =$$

$$= 0{,}34125 + 0{,}20204 + 0{,}04337 - 0{,}00209 - 0{,}00051 = \underline{\underline{0{,}584}}.$$

2. Das Integral $\int \frac{x}{e^x - 1} \, dx$ soll durch Reihenentwicklung gelöst werden.

Lösung: Zur Entwicklung des Integranden in eine Potenzreihe ist der folgende Ansatz zu wählen:

$$\frac{x}{e^x - 1} = \frac{x}{x + \frac{x^2}{2!} + \frac{x^3}{3!} + \frac{x^4}{4!} + \cdots} = a_0 + a_1 x + a_2 x^2 + a_3 x^3 + a_4 x^4 + a_5 x^5 + \cdots.$$

Die Ermittlung der Koeffizienten $a_0, a_1, a_2, \ldots$ erfolgt durch *Koeffizientenvergleich*, d. h., nach Multiplikation mit dem Nenner müssen auf beiden Seiten die Koeffizienten gleich hoher Potenzen von x übereinstimmen. Also:

$$x = \left(x + \frac{x^2}{2!} + \frac{x^3}{3!} + \frac{x^4}{4!} + \frac{x^5}{5!} + \frac{x^6}{6!} + \cdots\right)(a_0 + a_1 x + a_2 x^2 + a_3 x^3 + a_4 x^4 + \cdots),$$

$$x = a_0 x + x^2\left(\frac{a_0}{2} + a_1\right) + x^3\left(\frac{a_0}{6} + \frac{a_1}{2} + a_2\right) + x^4\left(\frac{a_0}{24} + \frac{a_1}{6} + \frac{a_2}{2} + a_3\right) +$$

$$+ x^5\left(\frac{a_0}{120} + \frac{a_1}{24} + \frac{a_2}{6} + \frac{a_3}{2} + a_4\right) + x^6\left(\frac{a_0}{6!} + \frac{a_1}{5!} + \frac{a_2}{4!} + \frac{a_3}{3!} + \frac{a_4}{2!} + a_5\right) + \cdots.$$

Damit wird $a_0 = 1$, und alle Klammerausdrücke sind Null. Durch wiederholtes Einsetzen wird gefunden:

$$a_1 = -\frac{1}{2}, \quad a_2 = \frac{1}{12}, \quad a_3 = 0, \quad a_4 = -\frac{1}{720}, \quad a_5 = 0, \quad a_6 = \frac{1}{30240}.$$

Werden diese Koeffizienten oben eingesetzt, so gilt:

$$\int \frac{x}{e^x - 1} \, dx = \int \left(1 - \frac{1}{2}x + \frac{1}{12}x^2 - \frac{1}{720}x^4 + \frac{1}{30240}x^6 - + \cdots\right) dx,$$

schließlich

$$\int_0^x \frac{x}{e^x - 1}\,dx = x - \frac{1}{4}x^2 + \frac{1}{36}x^3 - \frac{1}{3600}x^5 + \frac{1}{211680}x^7 - + \cdots.$$

Zahlenbeispiel:

$$\int_0^1 \frac{x}{e^x - 1}\,dx = 1{,}0000 - 0{,}2500 + 0{,}0278 - 0{,}0002 = \underline{\underline{0{,}7776}}.$$

Der Integralsinus

Bei der Untersuchung von gewissen Vorgängen, z. B. in der Elektrotechnik, hat das Integral

$$\int_0^x \frac{\sin x}{x}\,dx = \mathrm{Si}(x) \quad \text{(sinus integralis)}$$

eine besondere Bedeutung. Weder eine Substitution noch partielle Integration führen zu einer Lösung. Dieses Integral ist nicht in geschlossener Form lösbar, d. h., es gibt mit den festgelegten Definitionen keine bekannte Funktion, deren erste Ableitung den Integranden ergibt. Die Lösung des Integrals führt auf eine neue unbekannte Funktion, die Integralsinus benannt wird.
Der Integrand läßt sich aber leicht als Reihe darstellen:

$$\frac{\sin x}{x} = \frac{1}{x}\cdot\sin x = \frac{1}{x}\left(x - \frac{x^3}{3!} + \frac{x^5}{5!} - \frac{x^7}{7!} + - \cdots\right) =$$

$$= 1 - \frac{x^2}{3!} + \frac{x^4}{5!} - \frac{x^6}{7!} + - \cdots$$

und damit

$$\mathrm{Si}(x) = \int_0^x \frac{\sin x}{x}\,dx = x - \frac{x^3}{3\cdot 3!} + \frac{x^5}{5\cdot 5!} - \frac{x^7}{7\cdot 7!} + - \cdots.$$

Ähnlich wie die Reihe für $\sin x$ konvergiert auch diese Reihe sehr schnell. Sie ist ebenfalls beständig konvergent.
Ohne Beweis sei angeführt:

$$\lim_{n\to\infty} \mathrm{Si}(x) = \int_0^\infty \frac{\sin x}{x}\,dx = \frac{\pi}{2}.$$

Das Gaußsche Fehlerintegral

Eine besondere Rolle in der Wahrscheinlichkeitsrechnung spielt das Fehlerintegral von C. F. GAUSS (1777 bis 1855). In der einfachsten Form kann es geschrieben werden

$$\Phi(x) = \int_0^x e^{-x^2}\,dx.$$

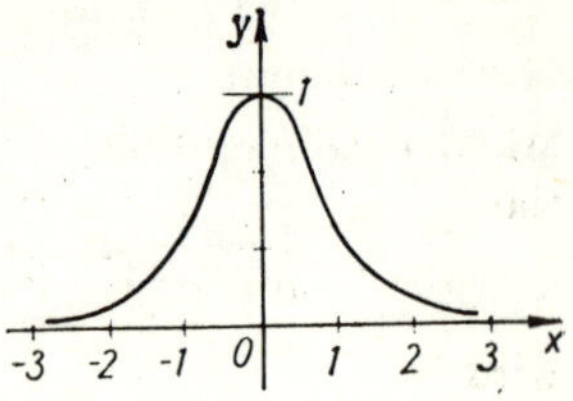

Bild 282

Es läßt sich ebenfalls nicht in geschlossener Form darstellen. Auch hier führt die Reihenentwicklung zum Ziel. Wird in der Reihe

$$e^z = 1 + z + \frac{z^2}{2!} + \frac{z^3}{3!} + \frac{z^4}{4!} + \cdots$$

für $z = -x^2$ gesetzt, so ergibt sich

$$\int_0^x e^{-x^2}\,dx = \int_0^x \left(1 - x^2 + \frac{x^4}{2!} - \frac{x^6}{3!} + \frac{x^8}{4!} - + \cdots\right) dx$$

und schließlich

$$\int_0^x e^{-x^2}\,dx = x - \frac{x^3}{3} + \frac{x^5}{5\cdot 2!} - \frac{x^7}{7\cdot 3!} + \frac{x^9}{9\cdot 4!} - + \cdots,$$

konvergent für $|x| < \infty$.

Bild 282 zeigt den Verlauf der Kurve der Funktion $f(x) = e^{-x^2}$. Die Kurve wird auch Verteilungs-, Häufigkeits- oder GAUSSsche Glockenkurve genannt. Der Inhalt der Fläche unter der Kurve im Intervall $0 \leqq x \leqq 1$ ist

$$\int_0^1 e^{-x^2}\,dx = 1 - \frac{1}{3} + \frac{1}{10} - \frac{1}{42} + \frac{1}{216} - \frac{1}{1320} + - \cdots = 0{,}747.$$

Ohne Beweis sei angeführt

$$\int_0^\infty e^{-x^2}\,dx = \frac{\sqrt{\pi}}{2}.$$

Die Bogenlänge der Ellipse

Die Ellipse mit den Halbachsen a und b wobei $a > b$ (Bild 283), hat die Parameterdarstellung $x = a \sin t$, $y = b \cos t$.

Hierbei gilt:

für $t = 0$ ist $x = 0, \quad y = b,$

für $t = \frac{\pi}{2}$ ist $x = a, \quad y = 0.$

Mit den Differentialen $\mathrm{d}x = a \cos t \,\mathrm{d}t$, $\mathrm{d}y = -b \sin t \,\mathrm{d}t$ und dem Bogendifferential

$$\mathrm{d}s = \sqrt{(\mathrm{d}x)^2 + (\mathrm{d}y)^2}$$

wird

$$\mathrm{d}s = \sqrt{a^2 \cos^2 t + b^2 \sin^2 t}\,\mathrm{d}t = a \sqrt{\cos^2 t + \frac{b^2}{a^2} \sin^2 t}\,\mathrm{d}t.$$

Nun ist bekanntlich die numerische Exzentrizität ε festgelegt durch

$$\varepsilon = \frac{\sqrt{a^2 - b^2}}{a},$$

also

$$\varepsilon^2 = \frac{a^2 - b^2}{a^2} = 1 - \frac{b^2}{a^2};$$

daraus folgt

$$\frac{b^2}{a^2} = 1 - \varepsilon^2.$$

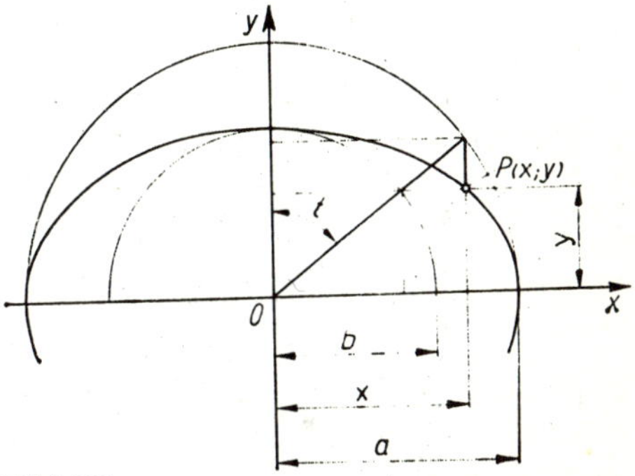

Bild 283

Wird dies oben eingesetzt, so gilt

$$\mathrm{d}s = a \sqrt{\cos^2 t + (1 - \varepsilon^2) \sin^2 t}\,\mathrm{d}t = a \sqrt{1 - \varepsilon^2 \sin^2 t}\,\mathrm{d}t.$$

Die Bogenlänge ist dann

$$s = a \int_0^t \sqrt{1 - \varepsilon^2 \sin^2 t}\,\mathrm{d}t.$$

Dieses Integral läßt sich durch keine elementare Funktion ausdrücken, es wird *elliptisches Integral zweiter Gattung* genannt. Der Integrand

$$\sqrt{1 - \varepsilon^2 \sin^2 t}$$

wird nach Potenzen von $\varepsilon^2 \sin^2 t$ entwickelt. Damit wird unter Benutzung von

$$(1-z)^{\frac{1}{2}} = 1 - \frac{1}{2} z - \frac{1}{2 \cdot 4} z^2 - \frac{1 \cdot 3}{2 \cdot 4 \cdot 6} z^3 - \frac{1 \cdot 3 \cdot 5}{2 \cdot 4 \cdot 6 \cdot 8} z^4 - \cdots$$

$$(1 - \varepsilon^2 \sin^2 t)^{\frac{1}{2}} = 1 - \frac{1}{2} \varepsilon^2 \sin^2 t - \frac{1}{2 \cdot 4} \varepsilon^4 \sin^4 t - \frac{1 \cdot 3}{2 \cdot 4 \cdot 6} \varepsilon^6 \sin^6 t - $$
$$- \frac{1 \cdot 3 \cdot 5}{2 \cdot 4 \cdot 6 \cdot 8} \varepsilon^8 \sin^8 t - \cdots.$$

Mit dieser Reihenentwicklung wird

$$s = a \int_0^t \left(1 - \frac{1}{2} \varepsilon^2 \sin^2 t - \frac{1}{2 \cdot 4} \varepsilon^4 \sin^4 t - \frac{1 \cdot 3}{2 \cdot 4 \cdot 6} \varepsilon^6 \sin^6 t - \right.$$
$$\left. - \frac{1 \cdot 3 \cdot 5}{2 \cdot 4 \cdot 6 \cdot 8} \varepsilon^8 \sin^8 t - \cdots \right) \mathrm{d}t$$

oder

$$s = a \left(t - \frac{1}{2} \varepsilon^2 \int_0^t \sin^2 t \, \mathrm{d}t - \frac{1}{2 \cdot 4} \varepsilon^4 \int_0^t \sin^4 t \, \mathrm{d}t - \frac{1 \cdot 3}{2 \cdot 4 \cdot 6} \varepsilon^6 \int_0^t \sin^6 t \, \mathrm{d}t - \right.$$
$$\left. - \frac{1 \cdot 3 \cdot 5}{2 \cdot 4 \cdot 6 \cdot 8} \varepsilon^8 \int_0^t \sin^8 t \, \mathrm{d}t - \cdots \right).$$

Für die hier auftretenden Integrale, allgemein $\int\limits_0^t \sin^n t \, \mathrm{d}t = S_n$, gilt die Rekursionsformel

$$S_n = -\frac{1}{n} \sin^{n-1} t \cos t + \frac{n-1}{n} S_{n-2}, \quad n > 1.$$

Werden damit die in der Klammer stehenden Integrale gelöst und für den Ellipsenquadranten $t = \frac{\pi}{2}$ gesetzt, so ergibt sich

$$\int_0^{\frac{\pi}{2}} \sin^2 t \, \mathrm{d}t = \frac{\pi}{4}, \qquad \int_0^{\frac{\pi}{2}} \sin^4 t \, \mathrm{d}t = \frac{1 \cdot 3}{2 \cdot 4} \frac{\pi}{2},$$

$$\int_0^{\frac{\pi}{2}} \sin^6 t \, \mathrm{d}t = \frac{1 \cdot 3 \cdot 5}{2 \cdot 4 \cdot 6} \frac{\pi}{2}, \qquad \int_0^{\frac{\pi}{2}} \sin^8 t \, \mathrm{d}t = \frac{1 \cdot 3 \cdot 5 \cdot 7}{2 \cdot 4 \cdot 6 \cdot 8} \frac{\pi}{2}.$$

Mit diesen Werten erhält man zunächst den Viertelumfang

$$s = \frac{U}{4} = \pi a \left(\frac{1}{2} - \frac{1}{2}\,\varepsilon^2 \cdot \frac{1}{4} - \frac{1}{2\cdot 4}\,\varepsilon^4 \cdot \frac{1\cdot 3}{2\cdot 4}\cdot\frac{1}{2} - \right.$$

$$\left. - \frac{1\cdot 3}{2\cdot 4\cdot 6}\,\varepsilon^6 \cdot \frac{1\cdot 3\cdot 5}{2\cdot 4\cdot 6}\cdot\frac{1}{2} - \frac{1\cdot 3\cdot 5}{2\cdot 4\cdot 6\cdot 8}\,\varepsilon^8 \cdot \frac{1\cdot 3\cdot 5\cdot 7}{2\cdot 4\cdot 6\cdot 8}\cdot\frac{1}{2} - \cdots\right).$$

Der volle Umfang ist

$$U = 2\pi a \left[1 - \frac{1}{4}\,\varepsilon^2 - \left(\frac{1\cdot 3}{2\cdot 4}\right)^2 \cdot \frac{\varepsilon^4}{3} - \left(\frac{1\cdot 3\cdot 5}{2\cdot 4\cdot 6}\right)^2 \cdot \frac{\varepsilon^6}{5} - \right.$$

$$\left. - \left(\frac{1\cdot 3\cdot 5\cdot 7}{2\cdot 4\cdot 6\cdot 8}\right)^2 \cdot \frac{\varepsilon^8}{7} - \cdots\right]$$

oder

$$U = 2\pi a \left(1 - \frac{1}{4}\,\varepsilon^2 - \frac{3}{64}\,\varepsilon^4 - \frac{5}{256}\,\varepsilon^6 - \frac{175}{16384}\,\varepsilon^8 - \cdots\right).$$

Für praktische Rechnungen ist es besser, die gemeinen Brüche als Dezimalbrüche zu schreiben:

$$U \approx 2\pi a(1 - 0{,}25\,\varepsilon^2 - 0{,}046875\,\varepsilon^4 - 0{,}01953125\,\varepsilon^6 -$$

$$-0{,}010681153\,\varepsilon^8 - \cdots).$$

Zahlenbeispiel:

Es ist der Umfang der Ellipse mit den Halbachsen $a = 26{,}5$ cm und $b = 20{,}3$ cm zu bestimmen.

Lösung: Die numerische Exzentrizität ergibt sich zu

$$\varepsilon = \frac{\sqrt{26{,}5^2 - 20{,}3^2}}{26{,}5} = 0{,}6428.$$

$$U = 2\pi\, 26{,}5\,(1 - 0{,}1033 - 0{,}0080 - 0{,}0014 - 0{,}0003 - \cdots)\ \text{cm}$$

$$\underline{\underline{U = 148\ \text{cm}}}.$$

AUFGABEN

656. Die Funktion $f(x) = \dfrac{1}{\sqrt[3]{(7-4x)^2}}$ soll bis zur 4. Potenz entwickelt werden.

657. $\sqrt[3]{9350}$ ist bis auf 4 Dezimalen zu berechnen.

658. $\int\limits_0^{1,100} \sqrt{10 - x^4}\,\mathrm{d}x$ (3 Dezimalen).

659. $\int\limits_0^{0,350} \sqrt{3 - x^2}\,\sqrt{5 - x}\,\mathrm{d}x$ (3 Dezimalen).

660. $\int\limits_0^{\frac{1}{3}} \mathrm{e}^{-x^2} \sin 2x\,\mathrm{d}x$ (4 Dezimalen).

661. $\int\limits_0^{\frac{2}{3}} \mathrm{e}^{-x} \cos x\,\mathrm{d}x$ (3 Dezimalen).

662. $\int\limits_0^{\frac{1}{2}} \sin x \sqrt{1+x^2}\,\mathrm{d}x$ (4 Dezimalen).

663. $\int\limits_0^1 \frac{\sin x}{x}\,\mathrm{d}x$ (3 Dezimalen).

664. $\int\limits_1^2 \frac{\cos x}{x}\,\mathrm{d}x$ (4 Dezimalen).

665. Als elliptisches Integral erster Gattung wird definiert

$$\int\limits_0^x \frac{\mathrm{d}x}{\sqrt{1-k^2\sin^2 x}}, \quad k^2 < 1.$$

Es ist zu ermitteln

$$\int\limits_0^{\frac{\pi}{2}} \frac{\mathrm{d}x}{\sqrt{1-\frac{1}{4}\sin^2 x}}.$$

Einführung in die Fehler- und Ausgleichungsrechnung

20. Fehlerrechnung für wahre Fehler

20.1. Fehlerarten

Um den Wert einer Größe, z. B. der Strecke, der Temperatur oder der Stromstärke, zu bestimmen, werden Messungen mit bestimmten Instrumenten und nach bestimmten Methoden durchgeführt. Der erhaltene Meßwert wird im allgemeinen nicht mit dem wahren Wert der Größe übereinstimmen, da bei den Messungen Fehler auftreten. Man unterscheidet drei Arten von Meßfehlern:

Grobe Fehler ergeben sich etwa durch Unaufmerksamkeit des Messenden (Beobachter) oder durch Verwendung eines schadhaften Instrumentes. Ein grober Fehler tritt z. B. auf, wenn bei der Messung einer Strecke an einem in cm geteilten Meßband ein Ablesefehler von 1 m gemacht wird oder wenn ein beschädigtes Voltmeter, das bei einem Meßbereich von 10 V eine Ablesegenauigkeit von $^1/_{20}$ V gestattet, die Spannung um mehrere Volt falsch angibt. Grobe Fehler liegen also weit über der erreichbaren Ablesegenauigkeit. Man kann grobe Fehler erkennen, indem man mehrere Messungen durchführt bzw. andere Messungs- oder Rechnungsproben beachtet. So müßte z. B. die Summe der gemessenen Winkel eines Dreiecks 180° betragen. Nach dem Bekanntwerden lassen sich diese Fehler rechnerisch beseitigen. Prinzipiell gehören die groben Fehler zu den *vermeidbaren* Fehlern.

Systematische Fehler sind nicht immer vermeidbar und haben ihre Ursache hauptsächlich in gewissen Mängeln des verwendeten Instrumentes bzw. in der Art des Meßvorgangs. Zum Beispiel sei ein Meßband von 20 m Länge um 1 cm zu kurz. Bei der Messung einer Strecke von 250 m wird also ein Fehler von $\frac{250\text{ m}}{20\text{ m}}\,1\text{ cm} = 12{,}5\text{ cm}$ gemacht. Ein regelmäßiger Fehler tritt auch auf, wenn ein Thermometer einen Nullpunktfehler besitzt und somit beispielsweise alle Temperaturen um 2 grd zu klein angibt. Regelmäßige Fehler haben daher immer das gleiche Vorzeichen. Diese Fehler können entweder durch Berichtigung des Instrumentes vor der Messung vermieden werden, oder man bestimmt durch Vergleich mit anderen Instrumenten und Meßmethoden die Größe des Fehlers und beseitigt ihn nach der Messung durch Anbringung einer Reduktion.

Zufällige Fehler ergeben sich aus dem Zusammenwirken zahlreicher Fehlerursachen, die vom Beobachter nicht erfaßt und beseitigt werden können, und sind daher *nicht vermeidbar*. Die Fehlerursachen sind Mängel im Instrument, die trotz aller Sorgfalt bei der Herstellung auftreten, Unvollkommenheit der Meßmethoden, persönliche Fehler des Beobachters, z. B. Augenfehler, Witterungseinflüsse usw. Die dabei auftretenden kleinen Teilfehler ergeben sich mit einer ähnlichen Zufälligkeit wie die Zahlen 1 bis 6 beim Würfelspiel. Da positive und negative Vorzeichen gleich wahrscheinlich sind, werden sich einige der Teilfehler bei ihrer Vereinigung zum zufälligen Fehler gegenseitig aufheben. Wie die Teilfehler bleibt der zufällige Fehler, der auch *Meß*- oder *Beobachtungsfehler* heißt, unbekannt. Man begnügt sich mit genäherten Werten.

Den Betrachtungen des vorliegenden Kapitels wird nur der zufällige Fehler zugrunde gelegt.

In der Fehlerrechnung gibt es vor allem *zwei Aufgaben*: Sind die Fehler gemessener Größen näherungsweise bekannt, etwa geschätzt, und werden aus den gemessenen Größen andere berechnet, dann ist zu zeigen, wie sich die Meßfehler auf die zu berechnende Größe auswirken. Hierdurch wird verhindert, daß bei der Rechnung eine nicht vorhandene Genauigkeit vorgetäuscht wird, also z. B. Dezimalstellen berechnet werden, die wegen der Meßfehler nicht gesichert sind.

Wird umgekehrt vorgeschrieben, mit welcher Genauigkeit eine Größe aus Messungen zu bestimmen ist, dann lassen sich mit Hilfe der Fehlerrechnung die einzuhaltenden Meßfehler berechnen und Entscheidungen über die zu verwendenden Instrumente und Meßmethoden treffen.

20.2. Wahre Fehler

X sei der wahre Wert einer zu messenden Größe und x der erhaltene Meßwert oder Beobachtungswert. Dann definiert man als den **wahren Fehler** der Messung

$$\varepsilon = x - X.$$

Als zufälliger Fehler muß ε relativ klein sein und innerhalb bestimmter Grenzen bleiben. Bei mehreren Messungen ein- und derselben Größe werden die Beobachtungen x um den wahren Wert „streuen“, d. h., die wahren Fehler ε werden gleichwahrscheinlich positiv und negativ sein und annähernd symmetrisch zum Wert $\varepsilon = 0$ liegen.

Da mit dem wahren Wert X auch der wahre Fehler ε unbekannt bleibt, begnügt man sich häufig mit seiner Schätzung, für die die Ablesegenauigkeit des Meßinstrumentes, das Streuen der Beobachtungswerte x bei mehreren Beobachtungen sowie die Erfahrung des Beobachters die Grundlage bilden. Der geschätzte Wert von ε wird mit Δx bezeichnet und, da X unbekannt ist, mit doppeltem Vorzeichen angegeben. Δx wird zur Beobachtung x hinzugefügt und mit der Schreibweise $X = x + \Delta x$ ausgedrückt, daß der wahre Wert mit großer Wahrscheinlichkeit im Intervall

$$x - |\Delta x| < X < x + |\Delta x|$$

liegen wird. Häufig interessiert nicht der Fehler Δx selbst, sondern sein Verhältnis zu der zu messenden Größe. Man nennt in diesem Zusammenhang

Δx den **absoluten Fehler,**

$\dfrac{\Delta x}{x}$ den **relativen Fehler.**

Der relative Fehler wird oft in Prozent angegeben.

BEISPIELE

1. An einem Voltmeter wurde eine Spannung von 42,9 V abgelesen und der Meßfehler mit $\Delta U = \pm 0{,}3$ V geschätzt. Dann ist

$$U = (42{,}9 \pm 0{,}3)\text{ V},$$

d. h., der wahre Wert ist im Intervall $42{,}6\text{ V} < U < 43{,}2\text{ V}$ zu erwarten, der relative Fehler ist

$$\frac{\Delta U}{U} = \frac{\pm 0{,}3\text{ V}}{42{,}9\text{ V}} = \pm 0{,}007 = \pm 0{,}7\%.$$

2. Eine Strecke $s_1 = 622{,}60$ m wurde mit dem absoluten Fehler $\Delta s_1 = \pm 20$ cm und eine Strecke $s_2 = 280{,}70$ m mit dem absoluten Fehler $\Delta s_2 = \pm 15$ cm bestimmt. Für die relativen Fehler erhält man

$$\frac{\Delta s_1}{s_1} = \frac{\pm 20\text{ cm}}{62\,260\text{ cm}} = \pm 0{,}00032,$$

$$\frac{\Delta s_2}{s_2} = \frac{\pm 15\text{ cm}}{28\,070\text{ cm}} = \pm 0{,}00053.$$

Der relative Fehler zeigt also besser als der absolute Fehler, daß der ersten Messung eine größere Genauigkeit als der zweiten innewohnt.

Häufig läßt sich eine Größe nicht unmittelbar messen, sondern sie muß aus anderen, durch Messung erhaltenen Größen rechnerisch abgeleitet werden. Zum Beispiel sei eine Größe Y von k Größen $X_1, X_2, \ldots, X_k$ abhängig:

$$Y = f(X_1; X_2; \ldots; X_k). \tag{I}$$

Die Messungen der X_i haben die Werte x_i ergeben, mit denen man aus (I) erhält

$$y = f(x_1; x_2; \ldots; x_k).$$

Es ist nun wichtig festzustellen, wie sich die wahren Fehler ε_i der Meßwerte auf das Ergebnis der Rechnung auswirken, d. h., wie groß der wahre Fehler ε_y von y ist. Nach dem Satz vom totalen Differential folgt

$$\mathrm{d}y = \frac{\partial y}{\partial x_1}\,\mathrm{d}x_1 + \frac{\partial y}{\partial x_2}\,\mathrm{d}x_2 + \cdots + \frac{\partial y}{\partial x_k}\,\mathrm{d}x_k.$$

Man setzt $\mathrm{d}x_i = \varepsilon_i$. Da die ε_i relativ klein sind, gilt $\mathrm{d}y \approx \Delta y = \varepsilon_y$, und man erhält

$$\boxed{\varepsilon_y = \frac{\partial y}{\partial x_1}\,\varepsilon_1 + \frac{\partial y}{\partial x_2}\,\varepsilon_2 + \cdots + \frac{\partial y}{\partial x_k}\,\varepsilon_k} \tag{185}$$

(185) ist das **Fehlerfortpflanzungsgesetz für wahre Fehler.** Für praktische Aufgaben werden die ε_i durch die geschätzten Fehler Δx_i ersetzt. Da diese Fehler doppelte Vorzeichen besitzen, nimmt man sicherheitshalber den ungünstigsten Fall an, daß sich

in (185) alle einzelnen Fehleranteile summieren, und gelangt so zur Definition des **absoluten Maximalfehlers:**

$$\Delta y_{\max} = \pm \left(\left| \frac{\partial y}{\partial x_1} \Delta x_1 \right| + \left| \frac{\partial y}{\partial x_2} \Delta x_2 \right| + \cdots + \left| \frac{\partial y}{\partial x_k} \Delta x_k \right| \right) \tag{186}$$

Ist $y = f(x)$ eine Funktion von einer unabhängigen Variablen und hat x den Meßfehler Δx, dann ergibt sich der Fehler Δy als Sonderfall von (186):

$$\Delta y = f'(x)\,\Delta x \tag{187}$$

Die Zahlenrechnung erfolgt mit dem Rechenstab. Man hüte sich dabei vor übertriebenen Genauigkeiten. Es wird stets nach oben gerundet. Für den Fehler werden nur ein oder höchstens zwei Ziffern (ohne die Nullen vor bzw. nach dem Komma) angegeben. Nach dem Fehler richtet sich wiederum die Genauigkeit, mit der y selbst angegeben wird.

Mit (186) bzw. (187) läßt sich noch der **relative Maximalfehler**

$$\Delta y_r = \frac{\Delta y_{\max}}{y} \tag{188}$$

bilden.

BEISPIELE

3. Zur Bestimmung der nicht meßbaren Strecke $AB = c$ wurde ein Hilfspunkt C gewählt, und dann wurden die Strecken $a = 364{,}76$ m, $b = 402{,}35$ m und der Winkel $\gamma = 68°14'$ gemessen (Bild 284). Die Meßfehler der Seiten und Winkel wurden mit $\Delta a = \Delta b = \pm 5$ cm, $\Delta\gamma = \pm 1'$ geschätzt. Wie groß ist c und sein absoluter Maximalfehler?

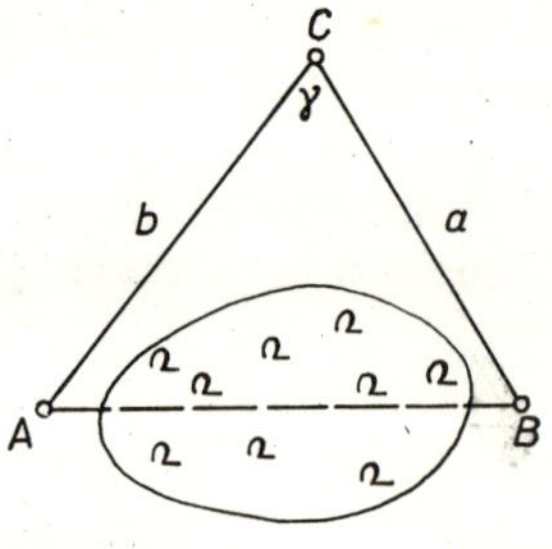

Bild 284

Lösung: c ergibt sich als Funktionswert der gemessenen Größen aus

$$c = \sqrt{a^2 + b^2 - 2ab\cos\gamma} = f(a; b; \gamma), \tag{II}$$

und man erhält $c = 431{,}38$ m. Nach (186) folgt

$$\Delta c_{\max} = \pm \left(\left| \frac{\partial c}{\partial a} \Delta a \right| + \left| \frac{\partial c}{\partial b} \Delta b \right| + \left| \frac{\partial c}{\partial \gamma} \Delta \gamma \right| \right).$$

Bei der Bildung der partiellen Ableitungen wird die Wurzel nach (II) durch c ersetzt:

$$\Delta c_{\max} = \pm \left(\left| \frac{a - b\cos\gamma}{c} \Delta a \right| + \left| \frac{b - a\cos\gamma}{c} \Delta b \right| + \left| \frac{ab\sin\gamma}{c} \Delta \gamma \right| \right).$$

Anmerkung: Um den Streckenfehler in cm zu erhalten, wird beim Einsetzen der Zahlenwerte der Winkelfehler im Bogenmaß angegeben, d. h., 1' wird ersetzt durch

$$1' = \frac{\pi}{180 \cdot 60} = 0{,}00029.$$

Dieser Wert kann aus einer Tabelle entnommen werden. Weil die Berechnung der Fehler zumeist mit dem Rechenstab erfolgt, auf dem im allgemeinen der mit ϱ' bezeichnete Wert

$$\frac{180 \cdot 60}{\pi} = 3438$$

besonders gekennzeichnet ist, kann auch

$$1' = \frac{1}{3438}$$

gesetzt werden. Ebenfalls kann man mit genügender Genauigkeit die Werte der trigonometrischen Funktionen mit dem Rechenstab bestimmen.
Mit den gegebenen Zahlen folgt

$$\Delta c_{\max} = \pm \left(\frac{365 - 402 \cdot 0{,}371}{431} 0{,}05 + \frac{402 - 365 \cdot 0{,}371}{431} 0{,}05 + \frac{365 \cdot 402 \cdot 0{,}929}{431 \cdot 3438} \right) \mathrm{m},$$

$$\Delta c_{\max} = \pm (0{,}025 + 0{,}031 + 0{,}092)\,\mathrm{m},$$

$$\Delta c_{\max} = \pm 0{,}148\,\mathrm{m} \approx \pm 0{,}15\,\mathrm{m}.$$

Für die Strecke c erhält man

$$\underline{\underline{c = (431{,}38 \pm 0{,}15)\,\mathrm{m}}}.$$

4. Zur Berechnung eines elektrischen Widerstandes R wurden die Stromstärke $I = (15 \pm 0{,}3)$ A und die Spannung $U = (110 \pm 2)$ V gemessen. Gesucht wird der relative Maximalfehler von R.

Lösung: Nach dem Ohmschen Gesetz gilt

$$R = \frac{U}{I} = f(U; I).$$

Nach Formel (186) folgt

$$\Delta R_{\max} = \pm \left(\left| \frac{\partial R}{\partial U} \Delta U \right| + \left| \frac{\partial R}{\partial I} \Delta I \right| \right) = \pm \left(\left| \frac{\Delta U}{I} \right| + \left| \frac{U}{I^2} \Delta I \right| \right).$$

Zur Bestimmung des relativen Maximalfehlers wird durch R geteilt und $IR = U$ beachtet:

$$\Delta R_r = \frac{\Delta R_{\max}}{R} = \pm \left(\left| \frac{\Delta U}{IR} \right| + \left| \frac{U}{I^2 R} \Delta I \right| \right) = \pm \left(\left| \frac{\Delta U}{U} \right| + \left| \frac{\Delta I}{I} \right| \right).$$

Die Zahlenwerte ergeben

$$\Delta R_r = \frac{\Delta R_{\max}}{R} = \pm \left(\frac{2}{110} + \frac{0{,}3}{15} \right) \approx \underline{\underline{\pm 0{,}04}}.$$

Speziell für Funktionen der Form

$$y = f(x_1; x_2; \ldots; x_k) = \varphi_1(x_1)\, \varphi_2(x_2) \ldots \varphi_k(x_k) \qquad \text{(III)}$$

erhält man den relativen Maximalfehler leicht durch *logarithmische Differentiation* (vgl. 3.7.3.). Man logarithmiert (III) und erhält

$$\ln y = \ln \varphi_1(x_1) + \ln \varphi_2(x_2) + \cdots + \ln \varphi_k(x_k).$$

Das totale Differential ergibt

$$\mathrm{d}(\ln y) = \frac{\mathrm{d}y}{y} = \frac{\varphi_1'(x_1)}{\varphi_1(x_1)}\,\mathrm{d}x_1 + \frac{\varphi_2'(x_2)}{\varphi_2(x_2)}\,\mathrm{d}x_2 + \cdots + \frac{\varphi_k'(x_k)}{\varphi_k(x_k)}\,\mathrm{d}x_k.$$

Die Differentiale ersetzt man wieder durch die Fehler Δy, Δx_i und erhält den relativen Maximalfehler aus

$$\Delta y_r = \frac{\Delta y_{\max}}{y} = \pm\left(\left|\frac{\varphi_1'(x_1)}{\varphi_1(x_1)}\,\Delta x_1\right| + \left|\frac{\varphi_2'(x_2)}{\varphi_2(x_2)}\,\Delta x_2\right| + \cdots + \right.$$

$$\left. + \left|\frac{\varphi_k'(x_k)}{\varphi_k(x_k)}\,\Delta x_k\right|\right).$$

BEISPIELE

5. Von einem Zylinder wurde der Durchmesser $D = (4{,}84 \pm 0{,}01)$ cm, die Höhe $h = (6{,}74 \pm \pm 0{,}01)$ cm und durch Wägung die Masse $m = (968{,}5 \pm 0{,}1)$ g bestimmt. Mit welchem relativen Maximalfehler läßt sich daraus die Dichte ϱ berechnen?

Lösung: Es ist

$$\varrho = \frac{m}{V} = \frac{4m}{\pi D^2 h} = f(D; h; m).$$

Man erhält logarithmiert

$$\ln\varrho = \ln\frac{4}{\pi} + \ln m - 2\ln D - \ln h$$

und für das totale Differential

$$\mathrm{d}(\ln\varrho) = \frac{\mathrm{d}\varrho}{\varrho} = \frac{\mathrm{d}m}{m} - \frac{2\,\mathrm{d}D}{D} - \frac{\mathrm{d}h}{h}.$$

Daraus ergibt sich der relative Maximalfehler

$$\frac{\Delta\varrho_{\max}}{\varrho} = \pm\left(\left|\frac{\Delta m}{m}\right| + \left|\frac{2\Delta D}{D}\right| + \left|\frac{\Delta h}{h}\right|\right) =$$

$$= \pm\left(\frac{0{,}1}{970} + \frac{2\cdot 0{,}01}{4{,}84} + \frac{0{,}01}{6{,}74}\right) =$$

$$= \pm\,(0{,}0001 + 0{,}0041 + 0{,}0015) = \underline{\underline{\pm\,0{,}0057 \approx \pm\,0{,}6\%}}.$$

Man sieht, daß der Fehler der Wägung gegen die Längenmeßfehler vernachlässigt werden kann und eine weitere Genauigkeitssteigerung für ϱ nur durch genauere Volumenbestimmung möglich ist.

Für die Dichte selbst erhält man $\varrho = 7{,}81\ \mathrm{gcm^{-3}}$ und für den absoluten Maximalfehler

$$\Delta\varrho_{\max} = \pm\,0{,}0057\cdot\varrho = \pm\,0{,}045\ \mathrm{gcm^{-3}},$$

also

$$\varrho = (7{,}81 \pm 0{,}05)\ \mathrm{gcm^{-3}}.$$

6.* Aus der Länge $l = 118{,}5$ cm und der Schwingungsdauer $T = 2{,}180$ s eines mathematischen Pendels soll die Erdbeschleunigung g berechnet werden. Wie genau müssen l und T bestimmt werden, damit der absolute Maximalfehler von g nicht mehr als ± 1 cm s^{-2} beträgt?

Lösung: Obgleich die Fehler Δl und ΔT der zu messenden Größen unbekannt sind, muß zunächst eine Formel für Δg_{max} aufgestellt werden. Man erhält aus

$$T = 2\pi\sqrt{\frac{l}{g}}:$$

$$g = \frac{4\pi^2 l}{T^2} = f(l; T)$$

$$\Delta g_{max} = \pm\left(\left|\frac{4\pi^2}{T^2}\Delta l\right| + \left|\frac{-8\pi^2 l}{T^3}\Delta T\right|\right) = \pm 1 \text{ cm s}^{-2}. \qquad \text{(IV)}$$

Nun wird die Annahme gemacht, daß die Fehler in der Messung der Länge und der Schwingungsdauer je zur Hälfte zum Fehler Δg_{max} beitragen sollen. Aus (IV) folgt also

$$\frac{4\pi^2}{T^2}\Delta l = \pm 0{,}5 \text{ cm s}^{-2}$$

oder

$$\Delta l = \pm\frac{T^2}{4\pi^2}0{,}5 \text{ cm s}^{-2} = \pm 0{,}06 \text{ cm},$$

$$\frac{8\pi^2 l}{T^3}\Delta T = \pm 0{,}5 \text{ cm s}^{-2}$$

oder

$$\Delta T = \pm\frac{T^3}{8\pi^2 l}0{,}5 \text{ cm s}^{-2} = \pm 0{,}00055 \text{ s}.$$

Die Pendellänge müßte annähernd auf einen halben Millimeter und die Schwingungszeit auf sechs zehntausendstel Sekunden bestimmt werden, um die geforderte Genauigkeit für g einzuhalten.

AUFGABEN

666. Die Zahl $\pi = 3{,}14159265\ldots$ werde durch die Näherungswerte

$$z_1 = \frac{22}{7} \quad \text{und} \quad z_2 = \frac{355}{113}$$

ersetzt.

a) Wie groß sind die wahren Fehler von z_1 und z_2?

b) Welchen Fehler erhält man für den Umfang eines Kreises mit dem Radius $r = 5$ m, wenn man U unter Verwendung von z_1 bzw. z_2 berechnet?

667. Der Durchmesser d eines Drahtes wurde unter Verwendung einer Schieblehre mit $(0{,}361 \pm \pm 0{,}005)$ mm gemessen. Mit welchem relativen Fehler kann man daraus die Querschnittsfläche berechnen?

668. Von einem Quader wurden die Kanten mit

$$a = (32{,}3 \pm 0{,}1) \text{ cm}, \quad b = (12{,}0 \pm 0{,}1) \text{ cm}, \quad c = (6{,}7 \pm 0{,}1) \text{ cm}$$

bestimmt. Wie groß ist der absolute Maximalfehler des Quadervolumens?

669. Zur Bestimmung der Brennweite einer einfachen, bikonvexen Linse wurden die Gegenstandsweite $a = 42{,}4$ cm und die Bildweite $b = 26{,}6$ cm mit den Meßfehlern $\Delta a = \Delta b = \pm 0{,}1$ cm ermittelt. Wie groß ist die Brennweite f und ihr absoluter Maximalfehler?

670. Im rechtwinkligen Dreieck wurden die Hypotenuse $c = (130 \pm 0{,}06)$ m und die Kathete $a = (50 \pm 0{,}02)$ m gemessen. Welcher absolute Maximalfehler ergibt sich hieraus für den Winkel α?

671. Bei der Widerstandsmessung mit der WHEATSTONEschen Brücke ergibt sich der zu bestimmende Widerstand aus

$$R_x = R \frac{x}{1000 - x},$$

wobei

$$R = (1000 \pm 1)\,\Omega$$

der bekannte Widerstand und $x = (765{,}8 \pm 0{,}3)$ die Maßzahl der am Maßstab abgelesenen Länge in mm sind. Mit welchem absoluten Maximalfehler erhält man den gesuchten Widerstand R_x?

672. Die drei Widerstände

$$R_1 = (100 \pm 1)\,\Omega, \quad R_2 = (50 \pm 1)\,\Omega, \quad R_3 = (250 \pm 2)\,\Omega$$

sind hintereinandergeschaltet. Wie groß ist für die Spannung

$$U = (220 \pm 2)\ \mathrm{V}$$

die Stromstärke des durchfließenden Stromes und ihr relativer Maximalfehler?

673. Die Widerstände

$$R_1 = (350 \pm 2)\,\Omega \quad \text{und} \quad R_2 = (100 \pm 1)\,\Omega$$

sind parallelgeschaltet. Man berechne den Ersatzwiderstand R und seinen relativen Maximalfehler.

674. Mit welcher Genauigkeit erhält man $y = \lg \sin \alpha$, wenn $\alpha = 24°10'$ mit dem Fehler $\Delta\alpha = \pm 2'$ versehen ist?

675. Zur Bestimmung des Elastizitätsmoduls eines Stahldrahtes wurden dessen Länge $l = (2473 \pm 3)$ mm und der Durchmesser $d = (0{,}292 \pm 0{,}001)$ mm gemessen. Durch eine am Draht angreifende Kraft $F = (1 \pm 0{,}005)$ kp ergab sich eine Längenänderung $\delta = (1{,}750 \pm 0{,}005)$ mm. Den Elastizitätsmodul erhält man aus

$$E = \frac{Fl}{\left(\frac{d}{2}\right)^2 \pi \delta}.$$

Man bestimme E sowie seinen absoluten und relativen Maximalfehler.

676. Ein Hohlzylinder hat den äußeren Radius $r_1 \approx 10$ cm, den inneren Radius $r_2 \approx 8$ cm und die Höhe $h \approx 12$ cm. Mit welchen absoluten Fehlern dürfen diese drei Größen gemessen werden, damit der relative Maximalfehler des Volumens höchstens $\pm 0{,}2\%$ beträgt?

677. Die Brechzahl einer Glassorte ergibt sich aus $n = \frac{\sin\alpha}{\sin\beta}$. Wie genau müssen Einfallswinkel $\alpha \approx 33°20'$ und Ausfallswinkel $\beta \approx 21°45'$ gemessen werden, damit der relative Maximalfehler von n höchstens $\pm 0{,}001$ beträgt?

678. Im Dreieck sollen die Seite b und die Winkel α und β gemessen und daraus die Seite a berechnet werden.

a) Man stelle mit Hilfe der logarithmischen Differentiation die Fehlerformel für den relativen Maximalfehler von a auf.

b) Wie genau müssen $b \approx 220$ m, $\alpha \approx 63°$, $\beta \approx 42°$ gemessen werden, damit ein relativer Maximalfehler

$$\frac{\Delta a_{\max}}{a} = \pm 0{,}0003$$

nicht überschritten wird?

21. Ausgleichungsrechnung

21.1. Allgemeines zur Ausgleichungsrechnung

Die Ausgleichungsrechnung kommt überall dort zur Anwendung, wo zur Bestimmung unbekannter Größen mehr Messungen als notwendig gemacht wurden.
Wurde z. B. eine Größe nicht nur einmal, sondern mehrfach gemessen, dann ergeben sich wegen der zufälligen Messungsfehler voneinander abweichende Werte, d. h., die Messungen widersprechen sich. Es besteht daher die Aufgabe, aus den vorliegenden Messungen einen Mittelwert zu bilden, der dem wahren Wert möglichst nahekommt, also ein günstigster oder plausibelster Wert. Für den vorliegenden einfachen Fall bildet man bekanntlich, meist ohne weitere Begründung, das arithmetische Mittel der Meßwerte.
Ein ähnliches Problem liegt z. B. vor, wenn zwei Größen x und y direkt meßbar sind, zwischen denen eine lineare Beziehung $y = mx + b$ besteht. Die Konstanten m und b sollen bestimmt werden. Ermittelt man durch Messungen zwei Wertepaare $(x_1; y_1)$, $(x_2; y_2)$, dann lassen sich aus den Gleichungen $y_1 = mx_1 + b$, $y_2 = mx_2 + b$ eindeutig m und b berechnen. Geometrisch veranschaulicht wird also durch zwei Punkte eine Gerade gelegt. Bei Vergrößerung der Zahl der Messungen erhält man sich widersprechende Gleichungen $y_i = mx_i + b$ $(i = 1, 2, \ldots n)$, d. h., die zu den Wertepaaren $(x_i; y_i)$ gehörigen Punkte liegen nicht genau auf einer Geraden, sondern „streuen" mehr oder weniger stark. Es gilt nun, günstige Werte für m und b zu finden, geometrisch also eine Gerade, die sich den vorliegenden Punkten am besten anpaßt.
Als drittes Beispiel betrachtet man ein Dreieck, in dem die drei Winkel gemessen wurden. Wegen der Messungsfehler weicht die Summe der Meßwerte von 180° ab. Auch hier sind günstigste, den wahren Werten möglichst nahekommende Werte für die Winkel zu ermitteln, die aber gleichzeitig noch die Winkelsummenbedingung erfüllen.
Die allgemeinen Aussagen „günstigste Werte" oder „Werte, die sich den Messungen am besten anpassen", müssen nun präzise analytisch formuliert werden.
Hierzu muß die Verteilung der zufälligen Fehler untersucht werden. Mit den Hilfsmitteln der Wahrscheinlichkeitsrechnung und der mathematischen Statistik gelangt man zu folgender **Ausgleichungsbedingung**:

Man erhält die günstigsten oder ausgeglichenen Werte der gesuchten Größen, wenn man die Beobachtungen mit Verbesserungen versieht, so daß

1. die auftretenden Widersprüche beseitigt werden und
2. die Summe der Quadrate der Verbesserungen ein Minimum wird.

Diese **Methode der kleinsten Quadrate** wurde unabhängig voneinander von C. F. Gauss und A. M. Legendre am Anfang des 19. Jahrhunderts entwickelt und zeigte zunächst bei der Lösung astronomischer Aufgaben ihre großen Vorteile. Wenn auch eine gewisse Willkürlichkeit in ihr erhalten ist, so hat sie sich doch seit über 150 Jahren bewährt und konnte durch kein besseres Verfahren ersetzt werden.
Die oben angeführten drei Beispiele führen zu drei verschiedenen Aufgaben der Ausgleichungsrechnung, die der klassischen Einteilung entsprechen:

1. **Ausgleichung direkter Beobachtungen**
   Hier werden die gesuchten Größen, wie z.B. eine Stromstärke oder eine Strecke, direkt gemessen.

2. **Ausgleichung vermittelnder Beobachtungen**
   Die gesuchten Größen werden nicht unmittelbar gemessen, sondern aus anderen, gemessenen Größen abgeleitet.

3. **Ausgleichung bedingter Beobachtungen**
   Zwischen den gemessenen Größen bestehen noch Bedingungen, die streng erfüllt sein müssen.

Im vorliegenden Kapitel wird das erste Problem ausführlicher behandelt. Die beiden anderen Probleme werden an einigen Aufgaben erklärt.

21.2. Ausgleichung direkter Beobachtungen gleicher Genauigkeit

Eine Größe X sei n-mal mit gleicher Genauigkeit (gleiche Meßinstrumente, gleiche Meßverfahren usw.) gemessen, und man habe die Werte $l_1, l_2, \ldots, l_n$ erhalten. Die Anzahl n der Messungen soll nicht unter 8 bis 10 liegen, da sich sonst die Zufälligkeit der Meßfehler zu einseitig auswirken kann. Aus den Beobachtungen l_i ist nach der Methode der kleinsten Quadrate der günstigste Wert x zu bestimmen, der **wahrscheinlichster Wert** von X heißt.
Man versieht die l_i mit Verbesserungen v_i, so daß die Widersprüche verschwinden, und stets gilt:

$$x = l_i + v_i, \qquad i = 1, 2, \ldots, n. \tag{I}$$

x ist so zu wählen, daß

$$\boxed{\sum_{i=1}^{n} v_i^2 = [vv] = \text{Minimum}} \tag{189}$$

wird. Die eckige Klammer bedeutet „Summe aller v_i^2“ und stellt die von Gauss stammende Summensymbolik dar. Mit (I) folgt

$$[vv] = (x - l_1)^2 + (x - l_2)^2 + \cdots + (x - l_n)^2 = f(x).$$

Das Minimum ergibt sich aus

$$\frac{d[vv]}{dx} = 2(x - l_1) + 2(x - l_2) + \cdots + 2(x - l_n) = 0.$$

Daraus folgt

$$nx = l_1 + l_2 + \cdots + l_n,$$

$$\boxed{x = \frac{[l]}{n}} \tag{190}$$

Der wahrscheinlichste Wert x ist erwartungsgemäß das **einfache arithmetische Mittel** aus den n Messungen. Die Abweichungen v_i der Beobachtungen l_i vom wahrscheinlichsten Wert heißen **wahrscheinliche Fehler**

$$\boxed{v_i = x - l_i} \qquad i = 1, 2, \ldots, n. \tag{191}$$

Je größer n ist, um so näher muß der wahrscheinlichste Wert am wahren Wert liegen. Daher stimmen für großes n die v_i annähernd mit den ε_i überein. Summiert man die n Gleichungen (191) und beachtet (190), dann folgt

$$[v] = nx - [l] = n\frac{[l]}{n} - [l] = 0,$$

$$\boxed{[v] = 0} \tag{192}$$

Die Summe der wahrscheinlichen Fehler ist Null, was als Probe für die Bildung des arithmetischen Mittels verwandt werden kann.
Die praktische Berechnung von x vereinfacht sich durch Verwendung kleinerer Zahlen, wenn ein Näherungswert x_0 gewählt wird:

$$\boxed{x = x_0 + \delta x} \tag{193}$$

Aus (191) ergibt sich

$$v_i = x_0 + \delta x - l_i = \delta x - (l_i - x_0).$$

Entsprechend (189) folgt jetzt aus der Bedingung $[vv]$ = Minimum:

$$\delta x = \frac{[l - x_0]}{n} \tag{194}$$

BEISPIEL

Die Länge einer Strecke wurde achtmal gemessen. Es ergaben sich die folgenden Werte: 164,35 m; 164,32 m; 164,36 m; 164,34 m; 164,39 m; 164,31 m; 164,35 m; 164,37 m. Man berechne nach (193) und (194) den Mittelwert x und wende die Probe (192) an.

Lösung: Als Näherungswert wurde $x_0 = 164{,}30$ m gewählt.

l_i	v_i
164,35 m	−0,001 m
164,32 „	0,029 „
164,36 „	−0,011 „
164,34 „	0,009 „
164,39 „	−0,041 „
164,31 „	0,039 „
164,35 „	−0,001 „
164,37 „	−0,021 „
$[l - x_0] = 0{,}39$ m	0,077 m
	−0,075 „
	$[v] \approx 0$ m

$$\delta x = \frac{[l - x_0]}{n} = \frac{0{,}39\text{ m}}{8} = 0{,}049\text{ m}$$

$$x = x_0 + \delta x = 164{,}30\text{ m} + 0{,}049\text{ m}$$

$$x = 164{,}349\text{ m}$$

21.3. Der mittlere Fehler als Genauigkeitsmaß

Für die Messungen im vorigen Abschnitt war gleiche Genauigkeit gefordert. Es liegt nahe, als Genauigkeitsmaß für die l_i einen Mittelwert der v_i zu bilden. Das arithmetische Mittel ist ungeeignet, da $[v] \doteq 0$ ist. Man könnte höchstens die Absolutwerte der v_i addieren und den sogenannten *durchschnittlichen Fehler*

$$t = \pm \frac{[|v|]}{n}$$

bilden. Ein besseres Genauigkeitsmaß ist aber der **mittlere Fehler**, der durch die Formel

$$m = \pm \sqrt{\frac{[vv]}{n-1}} \tag{195}$$

definiert wird. Hier werden also die Quadrate der v_i addiert. m gibt als Genauigkeitsmaß die mittlere Abweichung einer Messung l_i vom wahrscheinlichsten Wert, d. h. bei großem n annähernd vom wahren Wert an. Man sagt auch, m ist ein Maß für die Streuungen der Messungen um den Mittelwert und nennt m^2 *Streuungsmaß*. Die Definition des mittleren Fehlers hängt eng mit der Methode der kleinsten Quadrate zusammen. Wegen der Ausgleichungsbedingung $[vv]$ = Minimum und der im folgenden abgeleiteten Formel (196) hat der wahrscheinlichste Wert x gegenüber anderen möglichen Mittelwerten, etwa dem geometrischen Mittel, den kleinsten mittleren Fehler.

Anmerkung: Häufig wird der mittlere Fehler unter Verwendung der wahren Fehler durch

$$m = \pm \sqrt{\frac{[\varepsilon\varepsilon]}{n}}$$

definiert, und zwar strenggenommen für $n \to \infty$. Beim Übergang zu wahrscheinlichen Fehlern kann dann näherungsweise für endliches n die Formel (195) abgeleitet werden.

BEISPIEL

1. Zur genauen Bestimmung der Länge eines Werkstückes wurden von zwei Beobachtern A und B je acht Messungen durchgeführt. Zu berechnen sind der wahrscheinlichste Wert, der durchschnittliche und der mittlere Fehler aus jeder Messungsreihe.

Lösung: Die Beobachtungen sind in der folgenden Tabelle angegeben. Nachdem die Mittelwerte x gebildet sind, werden die v_i und v_i^2 berechnet, und damit wird t und m bestimmt. (192) dient wieder als Probe.

	Beobachter A			Beobachter B		
	$\frac{l_i}{\text{mm}}$	$\frac{v_i}{\text{mm}}$	$\frac{v_i^2}{\text{mm}^2}$	$\frac{l_i}{\text{mm}}$	$\frac{v_i}{\text{mm}}$	$\frac{v_i^2}{\text{mm}^2}$
1	1283,0	0,1	0,01	1283,0	0,0	0,00
2	1282,9	0,2	0,04	1283,5	−0,5	0,25
3	1283,4	−0,3	0,09	1282,4	0,6	0,36
4	1283,0	0,1	0,01	1283,0	0,0	0,00
5	1283,3	−0,2	0,04	1282,9	0,1	0,01
6	1282,8	0,3	0,09	1283,3	−0,3	0,09
7	1283,4	−0,3	0,09	1282,9	0,1	0,01
8	1283,0	0,1	0,01	1283,0	0,0	0,00
	8,8	0,0	0,38	8,0	0,0	0,72

Beobachter A:

$$x = \left(1282{,}0 + \frac{8{,}8}{8}\right) \text{mm}$$

$$x = 1283{,}1 \text{ mm}$$

$$t = \pm \frac{1{,}6}{8} \text{mm} = \pm 0{,}2 \text{ mm}$$

$$m = \pm \sqrt{\frac{0{,}38}{7}} \text{mm} = \pm 0{,}23 \text{ mm}$$

Beobachter B:

$$x = \left(1282{,}0 + \frac{8{,}0}{8}\right) \text{mm}$$

$$x = 1283{,}0 \text{ mm}$$

$$t = \pm \frac{1{,}6}{8} \text{mm} = \pm 0{,}2 \text{ mm}$$

$$m = \pm \sqrt{\frac{0{,}72}{7}} \text{mm} = \pm 0{,}32 \text{ mm}$$

Nimmt man den durchschnittlichen Fehler als Genauigkeitsmaß, dann werden beide Meßreihen als gleich genau beurteilt. Nach dem mittleren Fehler ist aber die linke Meßreihe genauer, d. h., die Messungen sind sorgfältiger oder mit einem besseren Instrument durchgeführt. Tatsächlich sind links die v_i gleichmäßiger verteilt, während rechts zwar einige Male $v_i = 0$ ist, dafür aber auch größere v_i vorkommen. Größere v-Werte fallen aber durch die Quadratbildung bei der Berechnung des mittleren Fehlers sehr ins Gewicht, was ein Vorteil von m ist.

Entsprechend dem Fehlerfortpflanzungsgesetz (185) für wahre Fehler soll ein Fortpflanzungsgesetz für mittlere Fehler abgeleitet werden.
Eine Größe z sei abhängig von den Größen x und y:

$$z = f(x; y). \tag{I}$$

Zur Bestimmung von x und y wurden je n Messungen

$$l_1, l_2, \ldots, l_n \quad \text{bzw.} \quad \bar{l}_1, \bar{l}_2, \ldots, \bar{l}_n$$

durchgeführt und daraus die Mittel

$$x = \frac{[l]}{n} \qquad y = \frac{[\bar{l}]}{n}$$

gebildet. Weiterhin wurden die wahrscheinlichen Fehler

$$v_i = x - l_i \qquad \bar{v}_i = y - \bar{l}_i \qquad i = 1, 2, \ldots, n$$

sowie die mittleren Fehler der Messungen l_i bzw. $\bar{l}_i$

$$m = \pm\sqrt{\frac{[vv]}{n-1}} \qquad \overline{m} = \pm\sqrt{\frac{[\bar{v}\bar{v}]}{n-1}} \tag{II}$$

berechnet.
Werden in (I) für x und y die Werte der i-ten Messung l_i, $\bar{l}_i$ eingesetzt, dann ergibt sich

$$l_i = f(l_i; \bar{l}_i), \qquad i = 1, 2, \ldots, n. \tag{III}$$

Zunächst wird gezeigt, wie sich die mittleren Fehler m, $\overline{m}$ der Messungen l_i, $\bar{l}_i$ auf die Genauigkeit der zu errechnenden Größe l_i auswirken. Man bildet wie in (191)

$$\begin{aligned} \tilde{v}_i &= z - l_i = f(x; y) - f(l_i, \bar{l}_i) = \\ &= f(l_i + v_i; \bar{l}_i + \bar{v}_i) - f(l_i; \bar{l}_i), \qquad i = 1, 2, \ldots, n \end{aligned}$$

und erhält mit dem totalen Differential

$$\tilde{v}_i = f_x(l_i; \bar{l}_i)\, v_i + f_y(l_i; \bar{l}_i)\, \bar{v}_i, \qquad i = 1, 2, \ldots, n.$$

Aus den n Werten $\tilde{v}_i$ soll analog zu (195) ein Mittelwert als Genauigkeitsmaß der l_i gebildet werden. Man quadriert

$$\tilde{v}_i^2 = f_x^2(l_i; \bar{l}_i) v_i^2 + f_y^2(l_i; \bar{l}_i) \bar{v}_i^2 + 2 f_x(l_i; \bar{l}_i)\, f_y(l_i; \bar{l}_i)\, v_i \bar{v}_i$$

und summiert

$$[\tilde{v}\tilde{v}] = f_x^2(l_i; \bar{l}_i)\, [vv] + f_y^2(l_i; \bar{l}_i)\, [\bar{v}\bar{v}] + 2 f_x(l_i; \bar{l}_i)\, f_y(l_i; \bar{l}_i)\, [v\bar{v}]. \tag{IV}$$

Die v_i und $\bar{v}_i$ sind gleichwahrscheinlich positiv und negativ. Für großes n gilt daher $[v\bar{v}] \approx 0$. Nach Division durch $n - 1$ folgt aus (IV)

$$\frac{[\tilde{v}\tilde{v}]}{n-1} = f_x^2(l_i; \bar{l}_i)\, \frac{[vv]}{n-1} + f_y^2(l_i; \bar{l}_i)\, \frac{[\bar{v}\,\bar{v}]}{n-1}$$

und mit (II) und nach Radizieren

$$\tilde{m} = \pm \sqrt{f_x^2(l_i; l_i)\, m^2 + f_y^2(l_i; \bar{l}_i)\, \overline{m}^2}, \tag{V}$$

wobei

$$\tilde{m} = \pm \sqrt{\frac{[\tilde{v}\tilde{v}]}{n-1}}$$

der mittlere Fehler eines nach (II) berechneten Funktionswertes $\tilde{l}_i$ ist.
Bevor das Problem der Fortpflanzung mittlerer Fehler weiter verfolgt werden kann, ist eine wichtige Anwendung zu behandeln. Mit Hilfe von (V) kann man speziell aus dem mittleren Fehler m der Messungen l_i den mittleren Fehler m_x des arithmetischen Mittels x berechnen. Für die Funktion

$$x = \frac{[l]}{n} = \frac{l_1}{n} + \frac{l_2}{n} + \cdots + \frac{l_n}{n} = f(l_1; l_2; \ldots; l_n)$$

folgt durch Erweiterung von (V) auf n Variable

$$m_x = \pm \sqrt{\left(\frac{\partial x}{\partial l_1}\right)^2 m^2 + \left(\frac{\partial x}{\partial l_2}\right)^2 m^2 + \cdots + \left(\frac{\partial x}{\partial l_n}\right)^2 m^2} =$$

$$= \pm \sqrt{\frac{m^2}{n^2} + \frac{m^2}{n^2} + \cdots + \frac{m^2}{n^2}} = \pm \sqrt{\frac{n m^2}{n^2}}.$$

Mittlerer Fehler des einfachen arithmetischen Mittels

$$\boxed{m_x = \frac{m}{\sqrt{n}} = \pm \sqrt{\frac{[vv]}{n(n-1)}}} \qquad (196)$$

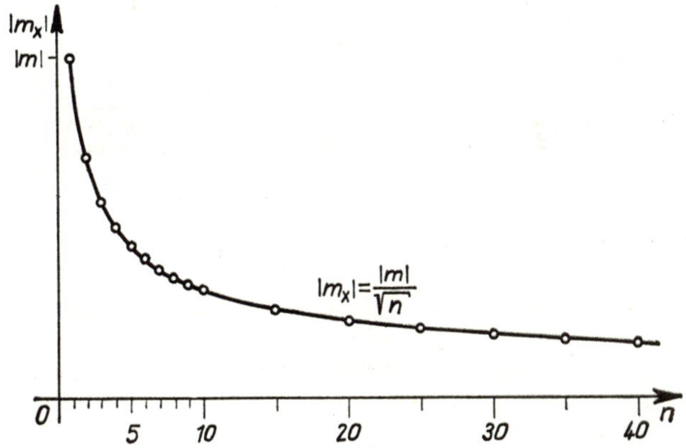

Bild 285

Durch Vergrößerung der Messungszahl n läßt sich also der mittlere Fehler von x verkleinern, d. h. die Genauigkeit des Mittelwertes vergrößern. Da man durch $\sqrt{n}$ teilt, wird bei einer Vergrößerung von n die Abnahme von m_x zwar am Anfang schnell, später aber immer langsamer vor sich gehen (Bild 285). Um z. B. den aus zehn Messungen berechneten mittleren Fehler m_x auf die Hälfte herabzudrücken, wären weitere 30 Messungen notwendig, was meist nicht ökonomisch ist. Eine günstige Messungszahl liegt bei $n = 8$ bis 10.

Nun kann das mit Gleichung (V) erreichte Ergebnis verallgemeinert werden. Praktisch interessiert nicht ein Wert l_i mit dem mittleren Fehler m, sondern der aus den Mittelwerten x und y nach (I) berechnete Wert z und sein mittlerer Fehler m_z. Setzt man in (V) für die mittleren Fehler m und $\overline{m}$ der Einzelmessungen l_i bzw. $\bar{l}_i$ die mittleren Fehler

$$m_x = \frac{m}{\sqrt{n}}; \qquad m_y = \frac{\overline{m}}{\sqrt{n}}$$

von x und y ein, dann erhält man aus

$$m_z = \pm \sqrt{\left(\frac{\partial z}{\partial x}\right)^2 m_x^2 + \left(\frac{\partial z}{\partial y}\right)^2 m_y^2}$$

den mittleren Fehler der Größe $z = f(x; y)$.

Durch Übergang zu k gemessenen Größen folgt allgemein:

Gegeben sei die Funktion

$$y = f(x_1; x_2; \ldots; x_k).$$

Die x_i seien Mittelwerte aus mehreren Messungen, die die mittleren Fehler m_i haben. Dann ergibt sich der mittlere Fehler von y aus dem **Fehlerfortpflanzungsgesetz für mittlere Fehler**

$$\boxed{m_y = \pm\sqrt{\left(\frac{\partial y}{\partial x_1} m_1\right)^2 + \left(\frac{\partial y}{\partial x_2} m_2\right)^2 + \cdots + \left(\frac{\partial y}{\partial x_k} m_k\right)^2}} \qquad (197)$$

BEISPIELE

2. Zur Bestimmung der unzugänglichen Entfernung e (Bild 286) wurden in einem Hilfsdreieck die Strecke b und die Winkel α und β je achtmal gemessen. Die Meßwerte sind in den entsprechenden Tabellen in der Lösung angegeben. Gesucht werden
   a) die Mittelwerte für b, α und β,
   b) die mittleren Fehler je einer Beobachtung dieser Größen,
   c) die mittleren Fehler des arithmetischen Mittels für jede dieser Größen,
   d) die aus den Mittelwerten von b, α und β berechnete Strecke e,
   e) der mittlere Fehler von e.

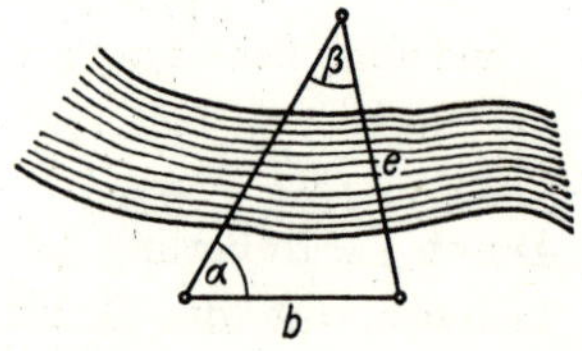

Bild 286

Lösung: Die Rechnungen zu a) und b) erfolgen wie in Beispiel 1.

$\frac{b_i}{\text{m}}$	$\frac{v_i}{\text{cm}}$	$\frac{v_i^2}{\text{cm}^2}$	α_i	$\frac{v_i}{1''}$	$\left(\frac{v_i}{1''}\right)^2$	β_i	$\frac{v_i}{1''}$	$\left(\frac{v_i}{1''}\right)^2$
318,28	2	4	63°26′40″	−15	225	76°56′40″	0	0
318,31	−1	1	63°26′00″	25	625	76°57′00″	−20	400
318,30	0	0	63°27′20″	−55	3025	76°55′00″	100	10000
318,25	5	25	63°25′40″	45	2025	76°56′40″	0	0
318,34	−4	16	63°26′40″	−15	225	76°58′00″	−80	6400
318,30	0	0	63°27′40″	−75	5625	76°57′00″	−20	400
318,29	1	1	63°26′20″	5	25	76°55′20″	80	6400
318,33	−3	9	63°25′00″	85	7225	76°57′40″	−60	3600
2,40	0	56	51′20″	0	19000	53′20″	0	27200

$$b = \left(318 + \frac{2{,}40}{8}\right) \text{ m} \qquad \alpha = 63°20' + \frac{51'20''}{8} \qquad \beta = 76°50' + \frac{53'20''}{8}$$

$$b = 318{,}30 \text{ m} \qquad \alpha = 63°26'25'' \qquad \beta = 76°56'40''$$

$$m = \pm\sqrt{\frac{56}{7}} \text{ cm} = \pm 2{,}8 \text{ cm} \qquad m = \pm\sqrt{\frac{19000''}{7}} = \pm 52'' \qquad m = \pm\sqrt{\frac{27200''}{7}} = \pm 62''$$

Aus (196) erhält man die mittleren Fehler der arithmetischen Mittel

$$m_b = \pm\frac{2{,}8 \text{ cm}}{\sqrt{8}} = \pm 1 \text{ cm} \qquad m_\alpha = \pm\frac{52''}{\sqrt{8}} = \pm 19'' \qquad m_\beta = \pm\frac{62''}{\sqrt{8}} = \pm 22''$$

e ergibt sich als Funktionswert der gemessenen Größen aus

$$e = \frac{b \sin\alpha}{\sin\beta} = f(b; \alpha; \beta). \tag{VI}$$

Die Rechnung mit den Mittelwerten von b, α und β ergibt

$$e = 292{,}26 \text{ m}.$$

Den mittleren Fehler m_e von e erhält man nach dem Fortpflanzungsgesetz (197) aus

$$m_e = \pm\sqrt{\left(\frac{\partial e}{\partial b} m_b\right)^2 + \left(\frac{\partial e}{\partial \alpha} m_\alpha\right)^2 + \left(\frac{\partial e}{\partial \beta} m_\beta\right)^2}$$

$$m_e = \pm\sqrt{\left(\frac{\sin\alpha}{\sin\beta} m_b\right)^2 + \left(\frac{b\cos\alpha}{\sin\beta} m_\alpha\right)^2 + \left(\frac{-b\sin\alpha\cos\alpha}{\sin^2\beta} m_\beta\right)^2}$$

und unter Beachtung von (VI) folgt

$$m_e = \pm\sqrt{\left(\frac{e}{b} m_b\right)^2 + (e\cot\alpha\, m_\alpha)^2 + (e\cot\beta\, m_\beta)^2}$$

$$m_e = \pm\sqrt{\left(\frac{292}{318} 0{,}01\right)^2 + (292\cdot 0{,}50\cdot 9\cdot 10^{-5})^2 + (292\cdot 0{,}23\cdot 11\cdot 10^{-5})^2} \text{ m}$$

$$m_e = \pm\sqrt{0{,}9 \cdot 10^{-4} + 1{,}8 \cdot 10^{-4} + 0{,}5 \cdot 10^{-4}}\ \text{m}$$

$$m_e = \pm\sqrt{3{,}2 \cdot 10^{-4}}\ \text{m} = \pm\, 0{,}018\ \text{m} \approx \pm\, 0{,}02\ \text{m}.$$

Für die unbekannte Strecke e erhält man abschließend

$$\underline{\underline{e = (292{,}26 \pm 0{,}02)\ \text{m}.}}$$

3. Mit einer vorhandenen Meßeinrichtung ergibt sich die Länge l eines Werkstückes aus einer Messung mit dem mittleren Fehler $m = \pm\, 0{,}10$ mm. Wieviel Messungen muß man annähernd ausführen, damit der mittlere Fehler des arithmetischen Mittels $m_l = \pm\, 0{,}02$ mm beträgt?

Lösung: Aus (196) folgt

$$n = \frac{m^2}{m_l^2} = \frac{0{,}10^2}{0{,}02^2} = 25,$$

d. h., es sind etwa 25 Messungen auszuführen.

AUFGABEN

679. Der Durchmesser einer Kugel wurde achtmal gemessen und ergab in Millimetern die folgenden Werte: 34,10; 34,18; 34,14; 34,08; 34,12; 34,14; 34,04; 34,12. Man berechne den Mittelwert des Durchmessers, den mittleren Fehler einer Beobachtung sowie des Mittelwertes, das Kugelvolumen und seinen relativen mittleren Fehler.

680. In einem rechtwinkligen Dreieck wurden die Hypotenuse $c = 42{,}16$ m und die Kathete $a = 25{,}78$ m mit den mittleren Fehlern $m_c = m_a = \pm\, 2$ cm gemessen. Gesucht wird die Kathete b und ihr mittlerer Fehler m_b.

681. Man betrachte in 20.2., Beispiel 3, die Meßfehler als mittlere Fehler und berechne den mittleren Fehler von c.

682. Bei der Durchführung eines physikalischen Versuches wurde die Zeitdifferenz Δt zwischen zwei Ereignissen sechsmal bestimmt. Man erhielt die Werte 4,3 s; 4,6 s; 4,4 s; 4,2 s; 4,5 s; 4,4 s. Wie oft müßte man die Zeitmessungen durchführen, um für den Mittelwert der Δt den mittleren Fehler $m_{\Delta t} = \pm\, 0{,}03$ s zu erhalten?

683. Um die Fläche eines Dreiecks zu bestimmen, wurden mit einem Lineal die Grundlinie $c = (11{,}31 \pm 0{,}03)$ cm und die Höhe $h = (7{,}44 \pm 0{,}03)$ cm gemessen. Welcher mittlere Fehler ergibt sich für die Dreiecksfläche?

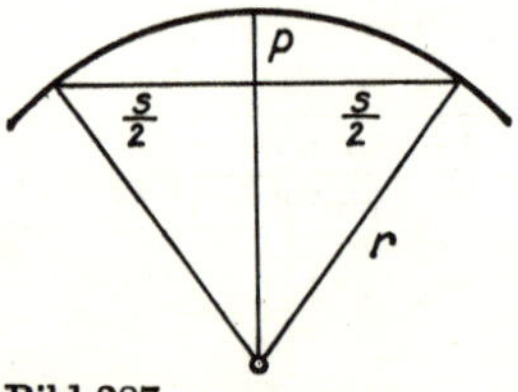

Bild 287

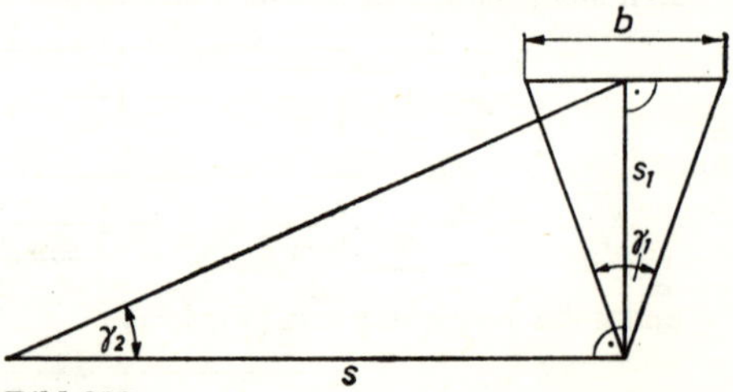

Bild 288

684. Um den Radius eines im Kreisbogen verlegten Gleises zu bestimmen, wurden eine Sehne $s = (20 \pm 0{,}01)$ m und die zugehörige Pfeilhöhe $p = (0{,}085 \pm 0{,}001)$ m gemessen. Man berechne den Radius und seinen mittleren Fehler (Bild 287).

685. Zur „optischen Messung" der Strecke s wurden unter Verwendung einer Hilfsbasis s_1 die Winkel $\gamma_1 = 3°26'00''$ und $\gamma_2 = 5°43'10''$ mit den mittleren Fehlern $m_{\gamma 1} = m_{\gamma 2} = \pm 10''$ gemessen (Bild 288). Die als fehlerfrei anzunehmende Basis beträgt $b = 2$ m. Man berechne den relativen mittleren Fehler der Strecke s.

686. Wie genau sind in einem Dreieck die Winkel α und β zu messen, damit man γ mit dem mittleren Fehler $m_\gamma = \pm 2'$ berechnen kann?

687. Um die Höhe h eines Turmes zu bestimmen, wurden in P der Winkel $\alpha = 19°15'$ und die waagerechte Entfernung $e = 254{,}30$ m gemessen (Bild 289). Mit welcher Genauigkeit müßte diese Messung durchgeführt werden, um h mit dem mittleren Fehler $m_h = \pm 1$ dm zu erhalten?

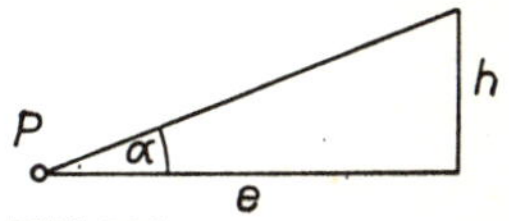

Bild 289

688. Für eine bikonvexe Linse wurden zu verschiedenen Gegenstandsweiten g die zugehörigen Bildweiten b gemessen. Man erhielt die folgenden Wertepaare $(g; b)$ mit Angabe in cm: (11,8; 62,3), (62,5; 11,7), (12,0; 56,5), (56,7; 11,8), (12,2; 51,4), (51,5; 12,0), (12,6; 45,6), (45,6; 12,5). Man berechne für jedes Wertepaar die Brennweite, deren Mittelwert und dessen mittleren Fehler.

21.4. Ausgleichung direkter Beobachtungen verschiedener Genauigkeit

Bisher wurde angenommen, daß die n Messungen zur Bestimmung einer Größe X von gleicher Genauigkeit sind, d. h., alle Meßwerte l_i $(i = 1, 2, \ldots, n)$ besitzen den gleichen mittleren Fehler m. Es kann aber auch vorkommen, daß die Meßwerte l_i verschiedene Genauigkeiten, also verschiedene mittlere Fehler besitzen. So könnten für die Messungen verschiedene Instrumente oder unterschiedliche Meßmethoden verwendet worden sein. Der Mittelwert x folgt dann nicht mehr aus Formel (190), diese muß vielmehr verallgemeinert werden.
Zur Einführung in das neue Problem wird zunächst vom Fall gleich genauer Beobachtungen ausgegangen.
Die Größe X sei zehnmal mit gleicher Genauigkeit gemessen worden, und man erhielt die Werte

$$\lambda_1, \lambda_2, \ldots, \lambda_{10},$$

aus denen nach (190) der Mittelwert

$$x = \frac{[\lambda]}{n} = \frac{\lambda_1 + \lambda_2 + \ldots + \lambda_{10}}{10} \tag{I}$$

folgt. Aus irgendeinem Grund seien aber zuerst die Teilmittel

$$l_1 = \frac{\lambda_1 + \lambda_2 + \lambda_3}{3}, \qquad l_2 = \frac{\lambda_4 + \lambda_5}{2}, \qquad l_3 = \frac{\lambda_6 + \lambda_7 + \lambda_8 + \lambda_9 + \lambda_{10}}{5} \tag{II}$$

gebildet, und man fragt nun, wie diese Teilmittel zum Mittelwert x vereinigt werden können. Das einfache arithmetische Mittel aus den l_i nach (190) ist nicht zu verwenden, da die l_i aus einer verschieden großen Anzahl von Beobachtungen λ_k berechnet wurden und daher nicht die gleiche Genauigkeit besitzen. Durch Zusammenfassen von (I) und (II) läßt sich aber für x schreiben

$$x = \frac{(\lambda_1 + \lambda_2 + \lambda_3) + (\lambda_4 + \lambda_5) + (\lambda_6 + \lambda_7 + \lambda_8 + \lambda_9 + \lambda_{10})}{10},$$

$$x = \frac{3l_1 + 2l_2 + 5l_3}{3 + 2 + 5}.$$

Die Koeffizienten der l_i bezeichnet man allgemein mit p_i:

$$x = \frac{p_1 l_1 + p_2 l_2 + p_3 l_3}{p_1 + p_2 + p_3} = \frac{[pl]}{[p]} \quad \text{mit} \quad p_1 = 3, \; p_2 = 2, \; p_3 = 5.$$

Die Zahl p_i gibt an, wie viele der ursprünglichen Beobachtungen λ_k zur Bildung des Mittels l_i verwendet wurden und mit welchem Gewicht daher l_i in die Berechnung des Mittels x eingeht. Man nennt die Zahlen p_i **Gewichte.** Das arithmetische Mittel x selbst hat das Gewicht $p_x = [p]$, weil es aus $n = [p]$ Messungen gebildet wird.
Ist m der mittlere Fehler der gleich genauen Messungen λ_k, dann erhält man die Fehler von l_1, l_2 und l_3 nach (196) aus

$$m_1 = \frac{m}{\sqrt{3}} = \frac{m}{\sqrt{p_1}}; \quad m_2 = \frac{m}{\sqrt{2}} = \frac{m}{\sqrt{p_2}}; \quad m_3 = \frac{m}{\sqrt{5}} = \frac{m}{\sqrt{p_3}}.$$

Aus den ersten zwei Gleichungen folgt z. B.

$$\frac{p_2}{p_1} = \frac{m_1^2}{m_2^2}.$$

Allgemein gilt der **Satz:**

Die Gewichte verhalten sich umgekehrt proportional wie die Quadrate der mittleren Fehler.

Für eine Größe X seien nun n verschieden genaue Messungen

$$l_1, l_2, \ldots, l_n$$

mit den mittleren Fehlern

$$m_1, m_2, \ldots, m_n$$

durchgeführt worden, und gesucht wird der Mittelwert x. Die l_i sind jetzt im allgemeinen keine Teilmittel, und ihre unterschiedlichen Genauigkeiten rühren von der Messung selbst her. Man kann dann aber jedes l_i als Mittel aus einer Anzahl p_i von gedachten, nicht wirklich durchgeführten gleich genauen Messungen ansehen und sich nach obigem Satz aus den mittleren Fehlern m_i die zugehörigen Gewichte p_i berechnen. Für einen beliebigen Meßwert, z. B. l_1, kann das Gewicht $p_1 = 1$ gesetzt werden, da die Gewichte nur Verhältniszahlen sind. Die übrigen Gewichte folgen aus

$$p_2 = \frac{m_1^2}{m_2^2}, \quad p_3 = \frac{m_1^2}{m_3^2}, \quad \ldots, \quad p_n = \frac{m_1^2}{m_n^2}.$$

Der Meßwert mit dem Gewicht 1 heißt **Gewichtseinheit** und wird meist mit l_0, sein mittlerer Fehler mit m_0 bezeichnet. Mit den bekannten Gewichten wird das **allgemeine arithmetische Mittel** gebildet:

$$\boxed{x = \frac{p_1 l_1 + p_2 l_2 + \cdots + p_n l_n}{p_1 + p_2 + \cdots + p_n} = \frac{[pl]}{[p]}} \qquad (198)$$

Multipliziert man die wahrscheinlichen Fehler

$$v_i = x - l_i \qquad i = 1, 2, \ldots, n$$

mit den zugehörigen Gewichten p_i

$$p_i v_i = p_i x - p_i l_i \qquad i = 1, 2, \ldots, n$$

und summiert über i

$$[pv] = [p]\, x - [pl],$$

dann folgt wegen (198)

$$\boxed{[pv] = 0} \qquad (199)$$

was wieder als Probe verwandt werden kann.

Hat l_i den mittleren Fehler m_i, dann hat die Größe $l_i' = l_i \sqrt{p_i}$ nach dem Fehlerfortpflanzungsgesetz (197) den mittleren Fehler $m_i' = m_i \sqrt{p_i}$. Aus dem Verhältnis

$$\frac{p_i}{p_i'} = \frac{m_i'^2}{m_i^2} = \frac{m_i^2 p_i}{m_i^2} = p_i$$

folgt $p_i' = 1$.

Satz

Multipliziert man bei verschieden genauen Messungen l_i jede mit der Wurzel aus ihrem Gewicht, dann haben alle Größen $l_i \sqrt{p_i}$ das Gewicht 1, sind also gleich genau.

Mit Hilfe dieses Satzes läßt sich die Auswertung verschieden genauer Messungen auf den Fall gleich genauer Messungen zurückführen. Unter anderem lassen sich mit diesem Satz leicht Formeln zur Berechnung der mittleren Fehler aufstellen. Die Fehlergleichungen

$$v_i = x - l_i \qquad i = 1, 2, \ldots, n$$

multipliziert man mit $\sqrt{p_i}$

$$\sqrt{p_i}\, v_i = \sqrt{p_i}\, x - \sqrt{p_i}\, l_i$$

und faßt $l'_i = \sqrt{p_i}\, l_i$ als neue, jetzt aber gleich genaue Messungen, $v'_i = \sqrt{p_i}\, v_i$ als neue wahrscheinliche Fehler auf. Durch Einsetzen dieser Fehler $\sqrt{p_i}\, v_i$ in (195) erhält man den **mittleren Fehler einer Messung vom Gewicht 1** oder den **Gewichtseinheitsfehler**

$$\boxed{m_0 = \pm\sqrt{\frac{[pvv]}{n-1}}} \tag{200}$$

Entsprechend folgt für den mittleren Fehler einer Messung vom Gewicht p_i, wenn p_i wie oben als Messungszahl gedeutet wird, nach (196)

$$m_i = \frac{m_0}{\sqrt{p_i}} = \pm\sqrt{\frac{[pvv]}{p_i(n-1)}}$$

und für den **mittleren Fehler des allgemeinen arithmetischen Mittels**

$$\boxed{m_x = \frac{m_0}{\sqrt{[p]}} = \pm\sqrt{\frac{[pvv]}{[p]\,(n-1)}}} \tag{201}$$

Werden die wahrscheinlichen Fehler $v'_i = \sqrt{p_i}\, v_i$ in die Ausgleichungsbedingung $[v'v'] = \text{Minimum}$ eingesetzt, dann folgt für den Fall verschieden genauer Beobachtungen die **Ausgleichungsbedingung**

$$\boxed{[pvv] = \text{Minimum}} \tag{202}$$

Während in diesem Abschnitt das allgemeine arithmetische Mittel (198) aus dem einfachen arithmetischen Mittel (190) abgeleitet wurde, kann auch die Ausgleichungsbedingung (202) an den Anfang gestellt und — ähnlich wie in 21.2. die Gl. (190) — die Formel (198) abgeleitet werden (vgl. Aufgabe 689).

BEISPIEL

Das Volumen eines Körpers wurde nach verschiedenen Verfahren bestimmt. Für jedes Verfahren wurden mehrere Messungen durchgeführt und daraus folgende Mittelwerte und mittlere Fehler berechnet:

$$V_1 = (138{,}0 \pm 2{,}1)\ \text{cm}^3 \qquad V_2 = (140{,}5 \pm 3{,}0)\ \text{cm}^3$$
$$V_3 = (139{,}5 \pm 1{,}5)\ \text{cm}^3 \qquad V_4 = (138{,}5 \pm 1{,}8)\ \text{cm}^3$$
$$V_5 = (141{,}5 \pm 3{,}4)\ \text{cm}^3.$$

Man bilde aus den 5 Werten das allgemeine arithmetische Mittel sowie seinen mittleren Fehler.

L ö s u n g: Nimmt man $m_0 = \pm 3\ \text{cm}^3$ an, dann folgen die Gewichte aus

$$p_1 = \frac{m_0^2}{m_1^2} = \frac{9}{4{,}41} \approx 2 \qquad p_2 = \frac{m_0^2}{m_2^2} = \frac{9}{9} = 1$$
$$p_3 = \frac{m_0^2}{m_3^2} = \frac{9}{2{,}25} = 4 \qquad p_4 = \frac{m_0^2}{m_4^2} = \frac{9}{3{,}24} \approx 2{,}8$$
$$p_5 = \frac{m_0^2}{m_5^2} = \frac{9}{11{,}56} \approx 0{,}8.$$

Die weitere Berechnung erfolgt wieder in einer Tabelle.

$\frac{V_i}{\text{cm}^3} = \frac{l_i}{\text{cm}^3}$	p_i	$\frac{p_i l_i}{\text{cm}^3}$	$\frac{v_i}{\text{cm}^3}$	$\frac{p_i v_i}{\text{cm}^3}$	$\frac{v_i v_i}{\text{cm}^6}$	$\frac{p_i v_i v_i}{\text{cm}^6}$
138,0	2,0	276,0	1,2	2,40	1,44	2,88
140,5	1,0	140,5	−1,3	−1,30	1,69	1,69
139,5	4,0	558,0	−0,3	−1,20	0,09	0,36
138,5	2,8	387,8	0,7	1,96	0,49	1,37
141,5	0,8	113,2	−2,3	−1,84	5,29	4,23
	10,6	1475,5		0,02		10,53

Man berechnet zunächst die Produkte $p_i l_i$, bildet die Summen $[pl]$ und $[p]$ und erhält nach (198)

$$x = \frac{[pl]}{[p]} = \frac{1475{,}5}{10{,}6}\,\text{cm}^3 = 139{,}2\ \text{cm}^3.$$

Dann berechnet man die wahrscheinlichen Fehler v_i, $p_i v_i$ und macht die Probe $[pv] = 0{,}02\ \text{cm}^3 \approx 0\ \text{cm}^3$. Schließlich bildet man $[pvv]$ und nach (201) den mittleren Fehler des allgemeinen arithmetischen Mittels

$$m_x = \pm\sqrt{\frac{[pvv]}{[p](n-1)}} = \pm\sqrt{\frac{10{,}53}{10{,}6(5-1)}}\,\text{cm}^3 = \pm 0{,}5\ \text{cm}^3.$$

Für das gesuchte Volumen folgt

$$\underline{\underline{V = (139{,}2 \pm 0{,}5)\ \text{cm}^3.}}$$

Die Berechnungen von m_0 und m_i sind hier nicht notwendig, da diese mittleren Fehler bereits in der Aufgabe enthalten sind.

AUFGABEN

689. Man leite für den Fall verschieden genauer Messungen aus der Ausgleichungsbedingung $[pvv]$ = Minimum das allgemeine arithmetische Mittel (198) ab.

690. Zur Bestimmung einer Größe wurden insgesamt 36 gleich genaue Messungen in 4 Gruppen durchgeführt, und es liegen die einfachen arithmetischen Mittel der Messungen aus jeder Gruppe vor:

1. Gruppe:	6 Messungen,	Mittelwert	: $l_1 = 245{,}7$
2. ,,	10 ,,	,,	: $l_2 = 245{,}3$
3. ,,	4 ,,	,,	: $l_3 = 243{,}9$
4. ,,	16 ,,	,,	: $l_4 = 244{,}8$.

Man berechne das allgemeine arithmetische Mittel x aus den l_i, den mittleren Fehler einer Messung, die mittleren Fehler der Mittelwerte l_i sowie den mittleren Fehler des allgemeinen arithmetischen Mittels.

691. Es liegen die Ergebnisse von 5 Meßreihen zur Bestimmung der Erdbeschleunigung g vor:

$g_1 = (980{,}2 \pm 2{,}0)\ \text{cm s}^{-2}$ $\qquad g_2 = (983{,}6 \pm 3{,}5)\ \text{cm s}^{-2}$

$g_3 = (981{,}4 \pm 2{,}5)\ \text{cm s}^{-2}$ $\qquad g_4 = (978{,}5 \pm 4{,}0)\ \text{cm s}^{-2}$

$g_5 = (983{,}0 \pm 3{,}0)\ \text{cm s}^{-2}$.

Zu berechnen sind das allgemeine arithmetische Mittel und sein mittlerer Fehler.

21.5. Ausgleichung vermittelnder Beobachtungen

Bei der Ausgleichung direkter Beobachtungen wurde eine unbekannte Größe direkt mehrfach gemessen und daraus als ausgeglichener Wert das einfache bzw. allgemeine arithmetische Mittel berechnet. Jetzt sind erstens mehrere unbekannte Größen zu bestimmen, und zweitens lassen sie sich nicht selbst messen, sondern sie müssen aus anderen gemessenen Größen rechnerisch abgeleitet werden. Eine Ausgleichung der Messungsergebnisse setzt wieder voraus, daß mehr Messungen durchgeführt wurden, als zur eindeutigen Berechnung der Unbekannten notwendig sind.
Der einfachste und zugleich häufiger vorkommende Fall liegt vor, wenn zwei Unbekannte gesucht werden, die mit den zu messenden Größen durch eine lineare Beziehung verknüpft sind (vgl. Aufg. 692). Dieser Fall soll behandelt werden.
In der Funktion

$$y = ax + b \tag{I}$$

sind die Koeffizienten a und b zu bestimmen. x sei eine willkürlich wählbare und zunächst als fehlerfrei anzunehmende Variable. Zu jedem gewählten Wert $x_i (i = 1, 2, \ldots, n)$ wurde ein Wert y_i gemessen.
Für $n = 2$ könnte man aus den zwei Gleichungen $y_1 = ax_1 + b$, $y_2 = ax_2 + b$ eindeutig a und b berechnen. Für $n > 2$ gibt es aber wegen der auftretenden Messungsfehler von y_i keine Werte a, b, so daß alle n Gleichungen

$$y_i = ax_i + b, \qquad i = 1, 2, \ldots, n, \tag{II}$$

gleichzeitig erfüllt sind. Es treten Widersprüche auf. Es können also nur nach der Methode der kleinsten Quadrate wahrscheinlichste Werte für a und b ermittelt werden.
Geometrisch bedeutet die Aufgabe, daß eine Gerade g mit der Gleichung (I) zu zeichnen ist, von der n Punkte $P_i(x_i; y_i)$ gegeben sind. Wegen der Messungsfehler liegen die Punkte nicht genau auf einer Geraden, sondern streuen, und man muß die Gerade so legen, daß sie sich allen Punkten möglichst gut anpaßt. Diese nach der Methode der kleinsten Quadrate berechnete Gerade heißt auch **ausgleichende Gerade.**

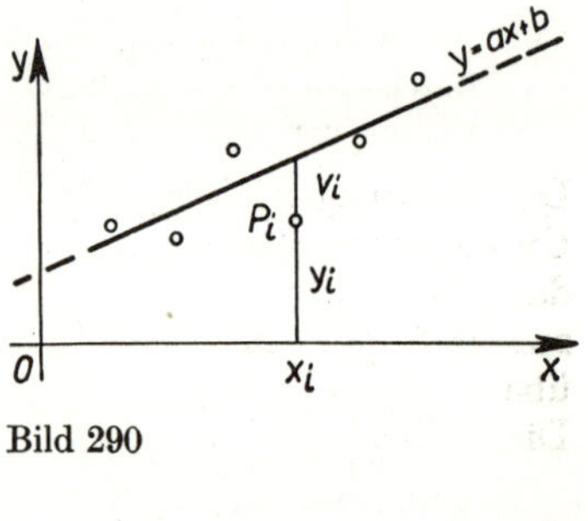

Bild 290

Man versieht die Meßwerte y_i mit Verbesserungen v_i, so daß in (II) die Widersprüche beseitigt sind (Bild 290):

$$y_i + v_i = ax_i + b$$

oder

$$v_i = ax_i - y_i + b, \qquad i = 1, 2, \ldots, n. \tag{III}$$

(III) stellt die **Verbesserungsgleichungen** dar. a und b sind nun so zu wählen, daß $[vv]$ ein Minimum wird. Man bildet

$$v_i^2 = a^2x_i^2 + y_i^2 + b^2 - 2ax_iy_i + 2abx_i - 2by_i$$

und summiert über alle i:

$$[vv] = a^2[xx] + [yy] + nb^2 - 2a[xy] + 2ab[x] - 2b[y] = f(a; b).$$

Die partiellen Ableitungen nach a und b werden Null gesetzt (vgl. 13.5.):

$$\frac{\partial[vv]}{\partial a} = 2a[xx] - 2[xy] + 2b[x] = 0$$

$$\frac{\partial[vv]}{\partial b} = 2nb + 2a[x] - 2[y] = 0$$

oder

$$\begin{aligned} &[xx]a + [x]b = [xy] \\ &[x]a + nb = [y]. \end{aligned} \tag{IV}$$

Die Gleichungen (IV) heißen allgemein in der Ausgleichungsrechnung **Normalgleichungen.** Man erhält für die ausgeglichenen Werte der Koeffizienten

$$\boxed{\begin{aligned} a &= \frac{[xy]\,n - [x]\,[y]}{[xx]\,n - [x]^2} \\ b &= \frac{[xx]\,[y] - [xy]\,[x]}{[xx]n - [x]^2} \end{aligned}} \tag{203}$$

Es sind noch die mittleren Fehler von a und b und zur Einschätzung der Messung selbst ist der mittlere Fehler der Meßwerte y_i zu bestimmen.
Hierzu berechnet man zunächst mit den Werten a und b aus den Verbesserungsgleichungen (III) die wahrscheinlichen Fehler v_i und bildet $[vv]$. Der mittlere Fehler eines Meßwertes y_i folgt dann aus

$$\boxed{m = \pm\sqrt{\frac{[vv]}{n-2}}} \tag{204}$$

Da n Messungen durchgeführt wurden, zwei aber nur zur eindeutigen Berechnung der Unbekannten notwendig sind, stellt $n - 2$ die Anzahl der überschüssigen Messungen dar. Man vergleiche (204) mit der Formel (195) für direkte Beobachtungen. Dort ist zur einfachen Größenbestimmung nur eine Messung erforderlich, so daß $n - 1$ überschüssige Messungen vorliegen. Auf den Beweis von (204) wird verzichtet.
Die mittleren Fehler von a und b erhält man aus

$$\boxed{\begin{aligned} m_a &= m\sqrt{\frac{n}{[xx]\,n - [x]^2}} \\ m_b &= m\sqrt{\frac{[xx]}{[xx]\,n - [x]^2}} \end{aligned}} \tag{205}$$

Um z. B. m_a zu berechnen, wird nach (203) a in Abhängigkeit von den Meßwerten y_i betrachtet:

$$a = \frac{[xy]\,n - [x]\,[y]}{[xx]\,n - [x]^2} = \frac{n\,(x_1 y_1 + \cdots + x_n y_n) - [x]\,(y_1 + \cdots + y_n)}{[xx]\cdot n - [x]^2}$$

und das Fehlerfortpflanzungsgesetz (197) angewendet, wobei alle y_i den gleichen Fehler m besitzen:

$$m_a = \pm\sqrt{\frac{(n x_1 - [x])^2 m^2 + \cdots + (n x_n - [x])^2 m^2}{([xx]\,n - [x]^2)^2}}$$

$$m_a = m\sqrt{\frac{n^2 x_1^2 - 2 n x_1 [x] + [x]^2 + \cdots + n^2 x_n^2 - 2 n x_n [x] + [x]^2}{([xx]\,n - [x]^2)^2}}$$

$$m_a = m\sqrt{\frac{n^2 [xx] - 2n [x]^2 + n [x]^2}{([xx]\,n - [x]^2)^2}} = m\sqrt{\frac{n}{[xx]\,n - [x]^2}}.$$

Auf gleichem Weg wird m_b hergeleitet.

BEISPIEL

In der linearen Gleichung $y = ax + b$ sind die Konstanten a und b zu bestimmen. Es wurden zu 10 gewählten Werten x_i die zugehörigen Werte y_i gemessen. Die Wertepaare $(x_i; y_i)$ sind in der folgenden Tabelle angegeben. Es sind nach (203) a und b sowie nach (204) und (205) die mittleren Fehler zu berechnen.

Lösung: Man bildet in der Tabelle die Werte x_i^2 und $x_i y_i$ und summiert über alle i:

x_i	y_i	x_i^2	$x_i y_i$	v_i	v_i^2
4	3,3	16	13,2	0,9	0,81
6	5,3	36	31,8	0,0	0,00
8	7,4	64	59,2	−1,1	1,21
10	6,9	100	69,0	0,5	0,25
12	9,0	144	108,0	−0,6	0,36
14	8,6	196	120,4	0,9	0,81
16	10,8	256	172,8	−0,3	0,09
18	12,4	324	223,2	−0,8	0,64
20	12,0	400	240,0	0,7	0,49
22	13,2	484	290,4	0,5	0,25
130	88,9	2020	1328,0		4,91

Nach (203) folgt

$$a = \frac{1328{,}0\cdot 10 - 130\cdot 88{,}9}{2020\cdot 10 - 130^2} = \frac{1723}{3300} = 0{,}522$$

$$b = \frac{2020\cdot 88{,}9 - 1328{,}0\cdot 130}{2020\cdot 10 - 130^2} = \frac{6938}{3300} = 2{,}102.$$

Mit a und b erhält man nach (III) v_i, v_i^2 und $[vv] = 5{,}82$. Der mittlere Fehler einer Messung ist

$$m = \pm\sqrt{\frac{4{,}91}{10-2}} = \pm 0{,}8,$$

und die mittleren Fehler von a und b sind

$$m_a = \pm 0{,}8\sqrt{\frac{10}{3300}} = \pm 0{,}05,$$

$$m_b = \pm 0{,}8\sqrt{\frac{2020}{3300}} = \pm 0{,}7.$$

Es ist daher sinnvoll, a nur auf zwei Dezimalen und b auf eine Dezimale anzugeben. Man erhält für die gesuchte Gleichung

$$\underline{\underline{y = 0{,}52x + 2{,}1}} \qquad \text{(V)}$$

oder ausführlicher

$$y = (0{,}52 \pm 0{,}05)x + (2{,}1 \pm 0{,}7).$$

In Bild 291 sind die den Wertepaaren $(x_i; y_i)$ entsprechenden Punkte P_i sowie die der Gleichung (V) entsprechende ausgleichende Gerade angegeben.

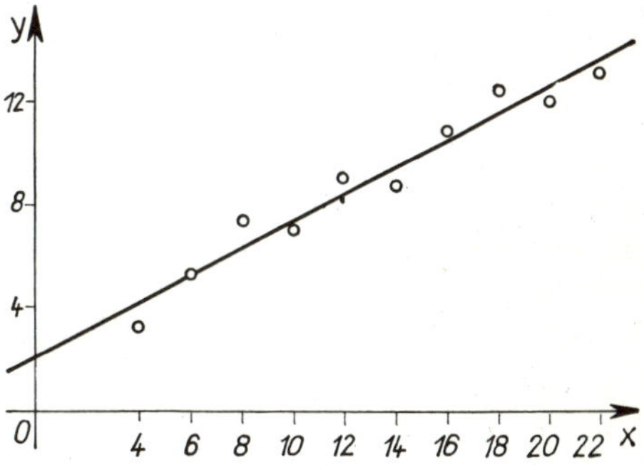

Bild 291

Durch einen Kunstgriff lassen sich die Berechnungen von a, b und der mittleren Fehler vereinfachen. Man bestimmt nach den Formeln

$$x_S = \frac{[x]}{n}, \qquad y_S = \frac{[y]}{n}$$

die Koordinaten des Schwerpunktes S des gegebenen Punktsystems und legt durch S ein neues Koordinatensystem mit den Achsen x' und y' parallel zu den alten Achsen (Bild 292). Die neuen Punktkoordinaten folgen aus

$$x_i' = x_S - x_i, \qquad y_i' = y_S - y_i.$$

Es gilt dann

$$[x'] = 0, \qquad [y'] = 0,$$

und aus (203) folgt

$$a' = \frac{[x'y']}{[x'x']}, \qquad b' = 0,$$

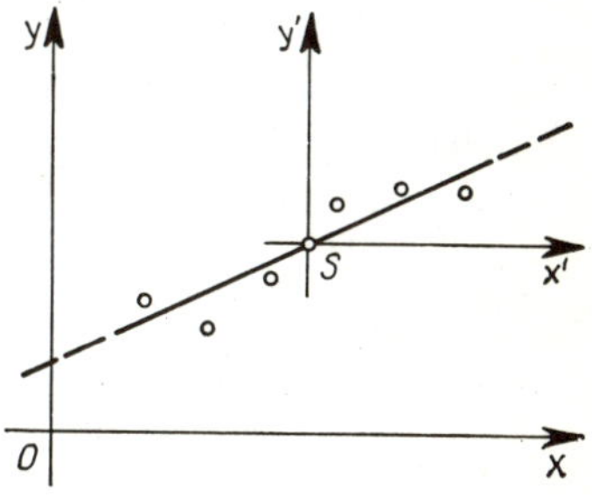

Bild 292

Die ausgleichende Gerade geht also stets durch den Schwerpunkt des gegebenen Punktsystems. Im x', y'-System hat sie die Gleichung

$$y' = \frac{[x'y']}{[x'x']}\, x'.$$

Aus (205) folgt

$$m_a = \frac{m}{\sqrt{[x'x']}}, \qquad m_b = \frac{m}{\sqrt{n}}.$$

Sind die Messungen y_i von verschiedener Genauigkeit, dann bestimmt man ihre Gewichte p_i, multipliziert die Fehlergleichungen (III) nach dem Satz aus 21.4. mit $\sqrt{p_i}$ und leitet auf gleichem Weg Formeln für a und b ab, wie es für die Formeln (203) erfolgte.

Schließlich sei noch auf den seltener vorkommenden Fall verwiesen, daß außer den y_i auch die x_i mit Fehlern behaftete Meßwerte sind. Man bestimmt dann die Gerade derart, daß die Summe der Quadrate der (senkrechten) Abstände der Punkte von der Geraden ein Minimum wird (s. Aufgabe 694).

Bei einigen Anwendungen ist keine ausgleichende Gerade, sondern allgemeiner eine **Ausgleichsparabel n-ter Ordnung** zu bestimmen. So kann z. B. der Zusammenhang zwischen den Größen x und y von ihrer technischen oder physikalischen Bedeutung her bekannt sein und eine ganzrationale Funktion n-ten Grades

$$y = a_n x^n + a_{n-1} x^{n-1} + \cdots + a_1 x + a_0$$

darstellen, deren Koeffizienten auf Grund vorliegender Meßwerte durch die Ausgleichung zu bestimmen sind. In anderen Fällen soll die Art der gegenseitigen Abhängigkeit zwischen x und y überhaupt erst bestimmt werden. Sind die Wertepaare $(x_i; y_i)$ durch Messung bekannt und werden die zugehörigen Punkte gezeichnet, dann ist meist aus dem Bild zu erkennen, ob eine Parabel 2., 3. oder höheren Grades sich den Punkten am besten anpaßt, und es können ebenfalls durch die Ausgleichung die Koeffizienten berechnet werden. Da der Rechenaufwand mit Erhöhung des Grades n stark ansteigt, beschränkt man sich möglichst auf Parabeln 2. oder 3. Grades.

Die Formelableitung ist prinzipiell wie bei der linearen Funktion. Soll zu n Wertepaaren $(x_i; y_i)$ z. B. die Parabel mit der Gleichung

$$y = a_2 x^2 + a_1 x + a_0$$

gefunden werden, dann bildet man die Verbesserungsgleichungen

$$v_i = a_2 x_i^2 + a_1 x_i + a_0 - y_i. \qquad i = 1, 2, \ldots, n.$$

Die Forderung $[vv] =$ Minimum führt zu dem System der Normalgleichungen

$$\begin{aligned} n \cdot a_0 + [x]\, a_1 + [x^2]\, a_2 &= [y] \\ [x]\, a_0 + [x^2]\, a_1 + [x^3]\, a_2 &= [xy] \\ [x^2]\, a_0 + [x^3]\, a_1 + [x^4]\, a_2 &= [x^2 y]. \end{aligned}$$

Mit Determinanten oder besser unter Verwendung des Gaussschen Algorithmus werden die Koeffizienten a_0, a_1, a_2 berechnet. Auf die Berechnung der mittleren Fehler kann hier nicht eingegangen werden.
Bild 293 zeigt die zu den 6 eingezeichneten Punkten gehörende ausgleichende Parabel 2. Grades.

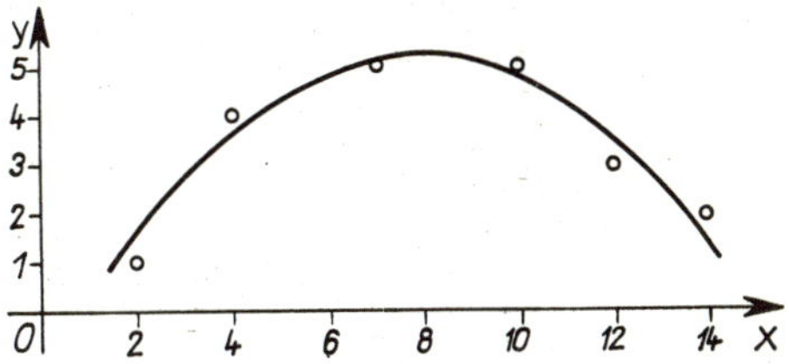

Bild 293

AUFGABEN

692. Für die Abhängigkeit des Widerstandes eines metallischen Leiters von der Temperatur gilt innerhalb eines gewissen Temperaturintervalls die Gleichung

$R_T = R_0 + R_0\beta T$ mit R_T Widerstand bei der Temperatur T

R_0 „ „ „ „ 0°C

β Temperaturkoeffizient.

Zu acht verschiedenen als fehlerfrei anzunehmenden Temperaturen T wurden die Widerstände R_T gemessen. Man erhielt die Wertepaare (20°C; 1,66 Ω), (30°C; 1,71 Ω), (40°C; 1,76 Ω), (50°C; 1,81 Ω), (60°C; 1,86 Ω), (70°C; 1,93 Ω), (80°C; 2,00 Ω), (90°C; 2,05 Ω).
Zu berechnen sind die Konstanten R_0 und β ($R_T = aT + b$ mit $a = R_0\beta$, $b = R_0$) und die mittleren Fehler m, m_a, $m_b = m_{R0}$ und m_β.

693. Man berechne das Beispiel aus 21.5. durch Reduktion der Koordinaten auf den Schwerpunkt S.

694. Es ist die Formel für den Neigungswinkel α der ausgleichenden Geraden zu entwickeln, wenn x_i und y_i mit Fehlern behaftete Meßgrößen sind. (Man reduziere zunächst auf den Schwerpunkt.)

695. Man berechne für die gemessenen Wertepaare (10; 60), (30; 55), (50; 45), (70; 30), (90; 15), (110; 15) nach der in Aufgabe 694 entwickelten Formel den Neigungswinkel der ausgleichenden Geraden.

696. Es ist das in 21.5. angegebene System der Normalgleichungen zur Bestimmung der ausgleichenden Parabel mit der Gleichung $y = a_2x^2 + a_1x + a_0$ herzuleiten.

697. Man bestimme zu den Punkten $P_1(2; 1)$, $P_2(4; 4)$, $P_3(7; 5)$, $P_4(10; 5)$, $P_5(12; 3)$, $P_6(14; 2)$ die ausgleichende Parabel mit der Gleichung $y = a_2x^2 + a_1x + a_0$ (Verwendung einer Rechenmaschine) und zeichne die Punkte und die Kurve.

698. Desgleichen für $P_1(0; 0{,}28)$, $P_2(5; -0{,}70)$, $P_3(10; -1{,}01)$, $P_4(15; -0{,}80)$, $P_5(20; -0{,}27)$, $P_6(25; 1{,}10)$.

21.6. Ausgleichung bedingter Beobachtungen

Es werden mehrere, direkt meßbare Größen x_i $(i = 1, 2, \ldots, n)$ betrachtet. Diese Größen seien außerdem durch eine oder mehrere Nebenbedingungen

$$\varphi_k(x_1, x_2, \ldots, x_n) = 0, \qquad k = 1, 2, \ldots, r,$$

miteinander verknüpft, die streng erfüllt sein müssen. Werden die Meßwerte der Größen in die Nebenbedingungen eingesetzt, dann sind diese wegen der zufälligen Fehler nicht erfüllt, sondern es ergeben sich *Widersprüche*:

$$\varphi_k(l_1, l_2, \ldots, l_n) = w_k, \qquad k = 1, 2, \ldots, r.$$

Man versieht deshalb wieder die Meßwerte mit Verbesserungen v_i, an die *zwei Forderungen* gestellt werden:

1. Die verbesserten Meßwerte $l_i + v_i$ müssen die Nebenbedingungen streng erfüllen.
2. Die Summe der Quadrate der Verbesserungen muß ein Minimum werden.

Es liegt also die Aufgabe vor, den Extremwert einer Funktion von mehreren Variablen unter Beachtung von Nebenbedingungen zu finden (vgl. 13.6.). Es werden jetzt die Verbesserungen v_i als die eigentlichen Variablen betrachtet, die sich aus der Ausgleichung ergeben.

Das Verfahren soll an einer übersichtlichen geometrischen Aufgabe erklärt werden.

BEISPIEL

In dem Viereck $ABCD$ wurden die Winkel $\alpha_1, \alpha_2, \ldots, \alpha_8$ gemessen (Bild 294):

$$\alpha_1 = 70°15' \qquad \alpha_2 = 46°12' \qquad \alpha_3 = 78°56'$$
$$\alpha_4 = 67°13' \qquad \alpha_5 = 33°50' \qquad \alpha_6 = 63°36'$$
$$\alpha_7 = 124°59' \qquad \alpha_8 = 97°21'.$$

Sie sind unter Beachtung der notwendigen Nebenbedingungen auszugleichen.

Lösung: Um die Anzahl r der Nebenbedingungen zu finden, wird zunächst folgende Überlegung angestellt: Ist eine Seite des Vierecks gegeben, dann genügen 4 Winkel, um das Viereck eindeutig zu konstruieren oder zu berechnen. Jeder weitere hinzukommende Winkel liefert eine Bedingungsgleichung. Ist $n = 8$ die Zahl der gemessenen Winkel, $u = 4$ die Zahl der notwendigen Winkel, dann ist $n - u = r = 4$ die Zahl der überschüssigen Messungen und zugleich die Zahl der Nebenbedingungen. Es ist also stets $r < n$. Für dieses Beispiel ergeben sich folgende Bedingungen

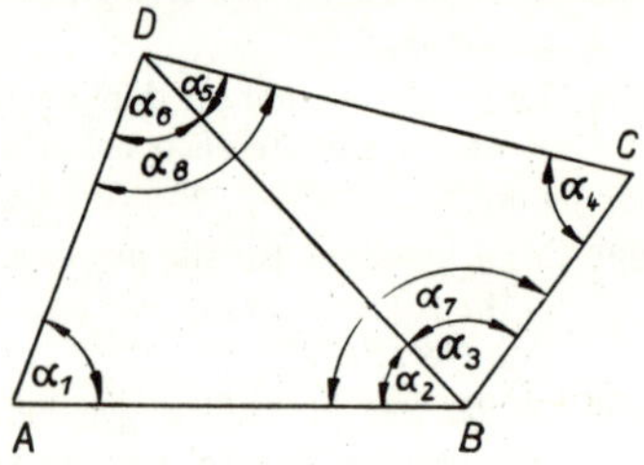

Bild 294

$$\begin{aligned} \alpha_1 + \alpha_2 + \alpha_6 - 180° &= 0 \\ \alpha_3 + \alpha_4 + \alpha_5 - 180° &= 0 \\ \alpha_2 + \alpha_3 - \alpha_7 &= 0 \\ \alpha_5 + \alpha_6 - \alpha_8 &= 0. \end{aligned} \tag{I}$$

Die Bedingungen müssen voneinander unabhängig sein. Daher ist die Vierecksbedingung $\alpha_1 + \alpha_2 + \alpha_3 + \alpha_4 + \alpha_5 + \alpha_6 - 360° = 0$ neben den ersten beiden Gleichungen nicht mit zu verwenden, da sie die Summe beider Gleichungen ist. Werden in (I) die gemessenen Werte eingesetzt, dann ergeben sich die Widersprüche

$$\begin{aligned} \alpha_1 + \alpha_2 + \alpha_6 - 180° &= w_1 = 3' \\ \alpha_3 + \alpha_4 + \alpha_5 - 180° &= w_2 = -1' \\ \alpha_2 + \alpha_3 - \alpha_7 &= w_3 = 9' \\ \alpha_5 + \alpha_6 - \alpha_8 &= w_4 = 5'. \end{aligned} \tag{II}$$

Man bringt an die Meßwerte Verbesserungen an, so daß die Widersprüche Null werden:

$$\begin{aligned} (\alpha_1 + v_1) + (\alpha_2 + v_2) + (\alpha_6 + v_6) - 180° &= 0 \\ (\alpha_3 + v_3) + (\alpha_4 + v_4) + (\alpha_5 + v_5) - 180° &= 0 \\ (\alpha_2 + v_2) + (\alpha_3 + v_3) - (\alpha_7 + v_7) &= 0 \\ (\alpha_5 + v_5) + (\alpha_6 + v_6) - (\alpha_8 + v_8) &= 0. \end{aligned} \tag{III}$$

Die Differenz einer Gleichung von (III) minus der entsprechenden Gleichung von (II) ergibt

$$\begin{aligned} v_1 + v_2 + v_6 + w_1 &= 0 \\ v_3 + v_4 + v_5 + w_2 &= 0 \\ v_2 + v_3 - v_7 + w_3 &= 0 \\ v_5 + v_6 - v_8 + w_4 &= 0. \end{aligned} \tag{IV}$$

Nun ist das Minimum der Funktion $[vv] = f(v_1, \ldots, v_8)$ unter Beachtung der Nebenbedingungen (IV) zu berechnen. Nach 13.6. bildet man mit den LAGRANGEschen Multiplikatoren die Funktion

$$F = \sum_{i=1}^{8} v_i^2 + \lambda_1(v_1 + v_2 + v_6 + w_1) + \lambda_2(v_3 + v_4 + v_5 + w_2) + \\ + \lambda_3(v_2 + v_3 - v_7 + w_3) + \lambda_4(v_5 + v_6 - v_8 + w_4)$$

und setzt ihre partiellen Ableitungen gleich Null:

$$\begin{aligned} F_{v1} &= 2v_1 + \lambda_1 = 0 \quad \text{(a)} & F_{v5} &= 2v_5 + \lambda_2 + \lambda_4 = 0 \\ F_{v2} &= 2v_2 + \lambda_1 + \lambda_3 = 0 & F_{v6} &= 2v_6 + \lambda_1 + \lambda_4 = 0 \\ F_{v3} &= 2v_3 + \lambda_2 + \lambda_3 = 0 & F_{v7} &= 2v_7 - \lambda_3 = 0 \quad \text{(c)} \\ F_{v4} &= 2v_4 + \lambda_2 = 0 \quad \text{(b)} & F_{v8} &= 2v_8 - \lambda_4 = 0 \quad \text{(d)}. \end{aligned} \tag{V}$$

(IV) und (V) stellen ein System von 12 Gleichungen mit den 12 Variablen v_i ($i = 1, \ldots, 8$) und λ_k ($k = 1, \ldots, 4$) dar. Werden aus den Gleichungen (V a) bis (Vd) die λ_k berechnet, aus den restlichen Gleichungen von (V) die Verbesserungen v_2, v_3, v_5 und v_6 und wird alles in (IV) eingesetzt, dann folgt

$$\begin{aligned} 3v_1 \quad\quad - v_7 - v_8 &= -w_1 = -3' \\ 3v_4 - v_7 - v_8 &= -w_2 = 1' \\ v_1 + v_4 - 3v_7 \quad\quad &= -w_3 = -9' \\ v_1 + v_4 \quad\quad - 3v_8 &= -w_4 = -5'. \end{aligned}$$

Mit Determinanten bzw. mit dem GAUSSschen Algorithmus folgt

$$v_1 = 1{,}5'; \quad v_4 = 2{,}9'; \quad v_7 = 4{,}5'; \quad v_8 = 3{,}1'$$

und damit

$$v_2 = -3'; \quad v_3 = -1{,}6'; \quad v_5 = -0{,}2'; \quad v_6 = -1{,}6'.$$

Die ausgeglichenen Winkel sind

$$\begin{aligned} \alpha_1 + v_1 &= 70°16{,}5' & \alpha_5 + v_5 &= 33°49{,}8' \\ \alpha_2 + v_2 &= 46°09' & \alpha_6 + v_6 &= 63°34{,}4' \\ \alpha_3 + v_3 &= 78°54{,}4' & \alpha_7 + v_7 &= 125°03{,}5' \\ \alpha_4 + v_4 &= 67°15{,}9' & \alpha_8 + v_8 &= 97°24{,}1'. \end{aligned}$$

Zur Probe werden diese Werte in die Nebenbedingungen eingesetzt, die bis auf Rundungsfehler widerspruchsfrei erfüllt sein müssen. Der mittlere Fehler eines gemessenen Winkels ergibt sich aus

$$m = \pm\sqrt{\frac{[vv]}{r}} = \pm\sqrt{\frac{54{,}68'}{4}} = \pm 3{,}7'.$$

Auf den Beweis wird verzichtet.

Abschließend sei noch erwähnt, daß bei vermittelnden oder bei bedingten Beobachtungen die Fehlergleichungen auch nichtlinear sein können. Mit Hilfe des totalen Differentials bzw. des TAYLORschen Satzes für mehrere Variable werden diese Fehlergleichungen näherungsweise in lineare verwandelt. Diese Rechnungen sind in der Spezialliteratur für die Ausgleichungsrechnung enthalten.

AUFGABE

699. Gegeben sind die Höhen der Punkte A und B mit $H_A = 153{,}625$ m, $H_B = 168{,}177$ m. Um die Höhen der Punkte P_1 und P_2 zu bestimmen, wurden die Höhenunterschiede $h_1 = 8{,}053$ m, $h_2 = -2{,}410$ m, $h_3 = -5{,}652$ m, $h_4 = 6{,}492$ m, $h_5 = -8{,}912$ m in der durch Pfeile angegebenen Richtung gemessen (Bild 295). Man berechne die ausgeglichenen Höhenunterschiede $h_i + v_i$ und damit die Höhen H_1 und H_2 der Punkte P_1 und P_2.

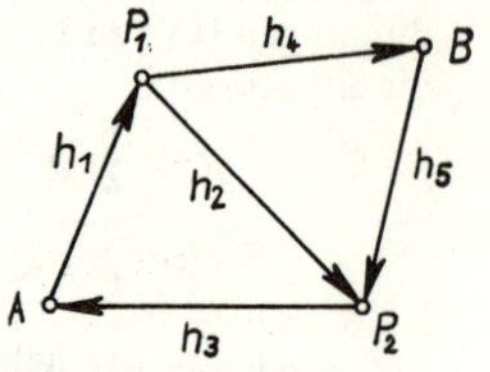

Bild 295

Differentialgleichungen

22. Grundbegriffe; Aufstellen von Differentialgleichungen

22.1. Definition der Differentialgleichung

In Naturwissenschaft und Technik treten oft Probleme auf, deren mathematische Behandlung das Lösen von Differentialgleichungen[1]) erfordert. Ein solches ist z. B. das Problem der Ermittlung des Weg-Zeit-Gesetzes für den Wurf senkrecht nach oben.

Auf einen senkrecht nach oben geworfenen Körper wirkt (wenn von anderen Kräften, wie Luftwiderstand usw., abgesehen wird) die Anziehungskraft der Erde und bewirkt eine der Wurfrichtung entgegengesetzt gerichtete Beschleunigung.

Bezeichnet man die Beschleunigungs-Zeit-Funktion mit f_1, so gilt für diese die Gleichung

$$a = f_1(t) = -g. \tag{I}$$

Für die Geschwindigkeits-Zeit-Funktion f_2:

$$v = f_2(t)$$

kann dann angesetzt werden

$$\frac{\mathrm{d}v}{\mathrm{d}t} = f_2'(t) = a.$$

Daraus folgt[2]) wegen (I)

$$\int f_2'(t)\,\mathrm{d}t = \int -g\,\mathrm{d}t = \{-gt + C_1;\, C_1 \in R\},$$

also für die Geschwindigkeits-Zeit-Funktion:

$$f_2 = \{(t;v)\,|\,v = -gt + C_1;\, C_1 \in R\}.$$

Das unbestimmte Integral liefert eine Menge von Geschwindigkeits-Zeit-Funktionen, die sich lediglich in der Integrationskonstanten unterscheiden. Im folgenden soll immer nur ein Repräsentant aus der Menge der Stammfunktionen geschrieben werden, also

$$\int f_2'(t)\,\mathrm{d}t = -gt + C_1.$$

---

[1]) Im folgenden wird „Differentialgleichung“ mit „Dgl.“ abgekürzt

[2]) Die Integrationskonstante soll im folgenden — wie bereits im Teil Integralrechnung — durch Großbuchstaben (C, K usw.) bezeichnet werden (diese sind hier *nicht* Symbole für Mengen)

In gleicher Weise erhält man für die Weg-Zeit-Funktion f_3:

$$s = f_3(t)$$

aus

$$\frac{\mathrm{d}s}{\mathrm{d}t} = f_3'(t) = v$$

$$\int f_3'(t)\,\mathrm{d}t = \int(-gt + C_1)\,\mathrm{d}t = \{-\frac{g}{2}t^2 + C_1t + C_2;\, C_1 \in R,\, C_2 \in R\},$$

also für die Weg-Zeit-Funktion

$$f_3 = \{(t;s)\,|\,s = -\frac{g}{2}t^2 + C_1t + C_2;\, C_1 \in R,\, C_2 \in R\},$$

und für einen Repräsentanten aus der Menge der Stammfunktionen in abgekürzter Schreibweise

$$\int f_3'(t)\,\mathrm{d}t = -\frac{g}{2}t^2 + C_1t + C_2.$$

Zur Verminderung des Schreibaufwandes soll auch im Teil Differentialgleichungen (wie bereits in der Integralrechnung) der Rechengang sofort für Repräsentanten aus der Menge der Stammfunktionen, die das unbestimmte Integral liefert, geschrieben werden, also

$$a = f_1(t) = -g, \qquad \text{(I)}$$

$$\frac{\mathrm{d}v}{\mathrm{d}t} = f_2'(t) = -g,$$

$$v = f_2(t) = -gt + C_1, \qquad \text{(II)}$$

$$\frac{\mathrm{d}s}{\mathrm{d}t} = f_3'(t) = -gt + C_1,$$

$$s = f_3(t) = -\frac{g}{2}t^2 + C_1t + C_2. \qquad \text{(III)}$$

Für die hierzu erforderlichen Überlegungen und Rechenoperationen soll die Formulierung verwendet werden: *Gleichung* (II) *wurde aus* (I) (*bzw.* (III) *aus* (II)) *durch Integrieren erhalten.*

Hat der Körper zu Beginn der Zeitmessung, für $t = 0$, die Geschwindigkeit $v = v_0$, und ist der bis dahin zurückgelegte Weg $s = s_0$, so kann mit Hilfe dieser *Anfangsbedingung* das Weg-Zeit-Gesetz (III) eine für den betrachteten Fall gültige spezielel Form bekommen (d. h., aus der Menge aller Weg-Zeit-Funktionen f_3 wird mit Hilfe der Anfangsbedingung ein Element ausgewählt).

Aus (II) folgt für $t = 0$, $v = v_0$: $C_1 = v_0$,

aus (III) folgt für $t = 0$, $s = s_0$: $C_2 = s_0$.

Somit lautet das Weg-Zeit-Gesetz des Wurfes senkrecht nach oben unter Berücksichtigung der Anfangsbedingung $t = 0,\ v = v_0,\ s = s_0$

$$s = s_0 + v_0 t - \frac{g}{2} t^2. \tag{IV}$$

Dieses Ergebnis wurde aus Gl. (I) gewonnen, die man wegen

$$a = \frac{\mathrm{d}v}{\mathrm{d}t} = \frac{\mathrm{d}^2 s}{\mathrm{d}t^2}$$

auch in der Form

$$\frac{\mathrm{d}^2 s}{\mathrm{d}t^2} + g = 0 \tag{V}$$

schreiben kann. Gl. (V) enthält eine Ableitung (hier die 2. Ableitung) einer zu bestimmenden Funktion mit einer abhängigen (hier s) und einer unabhängigen Variablen (hier t), die durch Integrationen in Form der Gl. (III) ermittelt werden konnte. Allgemein gilt die

Definition

Eine Bestimmungsgleichung für eine Funktion einer unabhängigen Variablen, die mindestens eine Ableitung der gesuchten Funktion nach der unabhängigen Variablen enthält, heißt eine gewöhnliche Differentialgleichung.

Von der Richtigkeit der Lösung (III) der Dgl., aber auch der speziellen Lösung (IV), kann man sich durch Ableiten von (III) oder (IV) und Einsetzen der Werte der Ableitungen in (V) überzeugen.

Definition

Lösung der Dgl. ist die Menge aller Funktionen, deren Funktionswerte und Werte der Ableitungen die Dgl. erfüllen.

In der Dgl. (V) war die höchste Ableitung eine zweite. Man nennt eine solche Dgl. eine Dgl. 2. Ordnung. Allgemein gilt:

Die höchste in einer Dgl. vorkommende Ableitung der gesuchten Funktion bestimmt die Ordnung der Dgl., d. h., in einer Dgl. n-ter Ordnung tritt als höchste Ableitung die n-te auf.

Ein weiteres Beispiel einer einfach lösbaren Dgl. tritt beim radioaktiven Zerfall auf. Beim radioaktiven Zerfall ist (im Mittel) die Anzahl der in einer bestimmten Zeit zerfallenden Atome, d. i. die Zerfallsgeschwindigkeit $\mathrm{d}n/\mathrm{d}t$, proportional der Anzahl n der noch nicht zerfallenen Atome. Mit λ als Proportionalitätsfaktor (Zerfallskonstante des jeweiligen Elements) erhält man zur Beschreibung des Problems die Dgl. 1. Ordnung

$$\frac{\mathrm{d}n}{\mathrm{d}t} = -\lambda n. \tag{VI}$$

Diese Dgl. stellt einen speziellen Fall des Typs

$$y' = g(x) \cdot h(y)$$

dar, auf den in 23.3. noch weiter eingegangen wird.
Gesucht ist $y = f(x)$ mit $f'(x) = g(x) \cdot h(y)$.
Durch Umformung erhält man $[h(y) \neq 0]$

$$\frac{\mathrm{d}y}{h(y)} = g(x)\,\mathrm{d}x. \qquad (*)$$

Um f zu ermitteln, werden beide Seiten unbestimmt integriert: Eine Stammfunktion des Integrals der linken Seite sei H, eine Stammfunktion des Integrals der rechten Seite sei G, wobei gilt

$$H'(y) = G'(x).$$

Gemäß 4.2., Satz 3, unterscheiden sich die Funktionswerte zweier Funktionen, deren Ableitungen übereinstimmen, höchstens um eine additive Konstante, d. h., im vorliegenden Fall muß gelten

$$H(y) = G(x) + C, \quad C \in R. \qquad (**)$$

Man sagt: Durch Integrieren von (*) entsteht (**).
$y = f(x)$ erhält man durch Auflösen von (**) nach y.
Für die vorliegende Dgl. des radioaktiven Zerfalls

$$\frac{\mathrm{d}n}{\mathrm{d}t} = -\lambda n$$

folgt aus

$$\frac{\mathrm{d}n}{n} = -\lambda\,\mathrm{d}t$$

durch Integrieren

$$\ln|n| = -\lambda t + C,$$

und durch Auflösen nach n

$$n = \pm \mathrm{e}^{-\lambda t + C} = \pm \mathrm{e}^{C} \mathrm{e}^{-\lambda t}.$$

Mit $\pm \mathrm{e}^{C} = K$ wird

$$n = K\mathrm{e}^{-\lambda t}. \qquad \text{(VII)}$$

Auch hier kann für eine Anfangsbedingung der Integrationskonstanten ein spezieller Wert erteilt werden. Ist z. B. zur Zeit $t = 0$ die Anzahl der noch nicht zerfallenen Atome n_0, so wird

$$n_0 = K\mathrm{e}^{0} = K.$$

Damit gilt für diese Anfangsbedingung

$$n = n_0 \mathrm{e}^{-\lambda t} \qquad \text{(VIII)}$$

Bei beiden bisher betrachteten Dgln. lieferten die zum Lösen erforderlichen Integrationen zunächst eine Menge von Lösungsfunktionen. Einzelne Lösungsfunktionen ergeben sich durch Belegen der Integrationskonstanten mit speziellen Werten. Man nennt die Menge aller Lösungsfunktionen einer Dgl. [z. B. Gl. (III) und (VII)] die **allgemeine Lösung der Dgl.**

Das Lösen der Dgl. (I) bzw. (V), die eine Dgl. 2. Ordnung ist, erforderte ein zweimaliges Integrieren. Deshalb enthält die allgemeine Lösung (III) zwei Integrationskonstanten, über die — sofern keine Anfangsbedingung gegeben ist — willkürlich verfügt werden kann. Diese Integrationskonstanten werden auch als *Parameter* bezeichnet. Die Dgl. (VI), eine Dgl. 1. Ordnung, lieferte nach einmaligem Integrieren die allgemeine Lösung (VII) mit einer Integrationskonstanten (einem Parameter). Allgemein gilt — was hier nicht bewiesen werden soll — der

Satz

Die allgemeine Lösung einer Dgl. n-ter Ordnung enthält genau n willkürliche Parameter.

Legt man, z. B. auf Grund einer Anfangsbedingung, für diese Parameter spezielle Werte fest, so bekommt man eine **partikuläre Lösung der Dgl.**

Eine partikuläre Lösung ist also ein Element aus der Menge aller Lösungsfunktionen, der allgemeinen Lösung der Dgl.

Die allgemeine Lösung einer Dgl. kann man graphisch durch eine Kurvenschar darstellen. Man nennt die Darstellung der Lösungsmenge einer Dgl. n-ter Ordnung, die n willkürliche Parameter enthält, eine *n-parametrige Kurvenschar*. Einer partikulären Lösung entspricht dann eine dieser Kurven, die man auch als *Lösungskurve* oder Integralkurve bezeichnet.

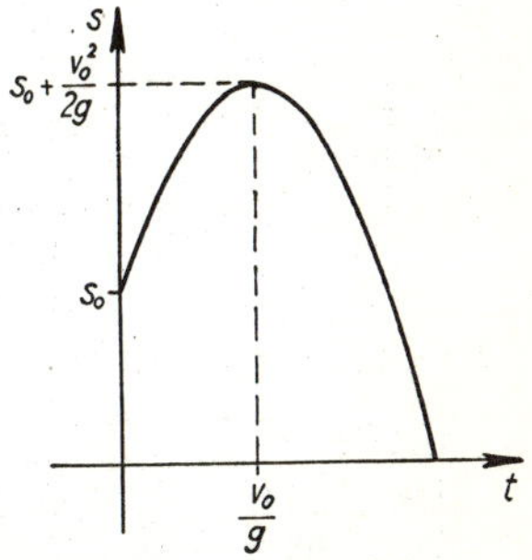

Bild 296

Die Lösungsmenge der Dgl. (V), deren Elemente Funktionen mit der Gleichung (III) sind, wird durch eine zweiparametrige Kurvenschar dargestellt, nämlich durch quadratische Parabeln. Durch die Parameterwerte C_1 und C_2 kann man die Koordinaten des Scheitelpunktes der Parabel festlegen, durch Variieren von C_1 und C_2 kann der Scheitelpunkt in jeden Punkt der Koordinatenebene gebracht werden. In Bild 296 ist die Lösungskurve für die partikuläre Lösung (IV) dargestellt.

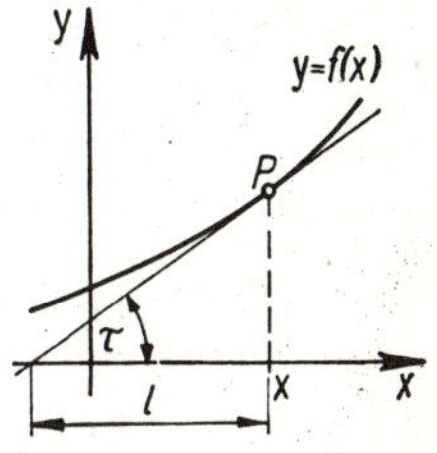

Bild 297

BEISPIELE

1. Gesucht ist die Gleichung $y = f(x)$ der Menge aller Kurven, deren Subtangente die konstante Länge l besitzt. Es sind einige Kurven der Kurvenschar zu zeichnen, darunter die durch den Punkt (0; 1/2) verlaufende. Die Richtigkeit der errechneten Gleichung ist zu überprüfen.

L ö s u n g: Für die Subtangente (Projektion des Tangentenabschnitts zwischen Berührungspunkt und Schnittpunkt mit der Abszissenachse auf die Abszissenachse) gilt (Bild 297)

$$\tan \tau = y' = \frac{dy}{dx} = \frac{y}{l}.$$

Das ist eine Dgl. 1. Ordnung mit x als unabhängiger und y als abhängiger Variabler. Trennt man die beiden Variablen bzw. ihre Differentiale

$$\frac{\mathrm{d}y}{y} = \frac{\mathrm{d}x}{l},$$

so erhält man durch Integrieren

$$\ln |y| = \frac{x}{l} + C$$

und daraus

$$y = \pm\, \mathrm{e}^{\frac{x}{l}+C} = \pm\, \mathrm{e}^{C} \cdot \mathrm{e}^{\frac{x}{l}}.$$

Mit $\pm\,\mathrm{e}^C = K$ als Parameter lautet die allgemeine Lösung der Dgl.

$$\underline{\underline{y = K\mathrm{e}^{\frac{x}{l}}}}\,.$$

Die Menge aller Kurven, deren Subtangente die konstante Länge l hat, ist eine einparametrige Schar von Exponentialkurven. Die Werte der Anfangsbedingung $x = 0$, $y = 1/2$ in die allgemeine Lösung eingesetzt, ergibt

$$\frac{1}{2} = K \cdot \mathrm{e}^0$$

$$K = \frac{1}{2}.$$

Damit erhält man als partikuläre Lösung

$$\underline{\underline{y = \frac{1}{2}\,\mathrm{e}^{\frac{x}{l}}}}\,.$$

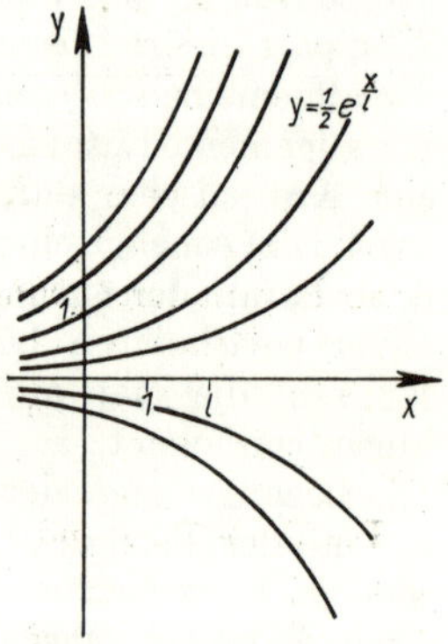

Bild 298

Bild 298 zeigt die zu dieser partikulären Lösung gehörende Lösungskurve sowie einige weitere Kurven der Lösungsmenge. Die Probe für die ermittelte allgemeine Lösung

$$y = K\mathrm{e}^{\frac{x}{l}}$$

führt man durch, indem man diese differenziert

$$\frac{\mathrm{d}y}{\mathrm{d}x} = \frac{K}{l}\,\mathrm{e}^{\frac{x}{l}}$$

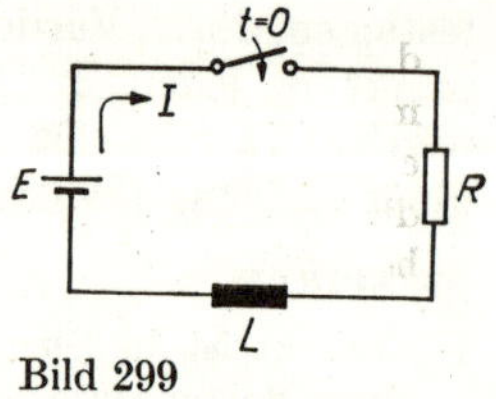

Bild 299

und die als Funktionswert und Wert der 1. Ableitung erhaltenen Terme in die Dgl. einsetzt.

Man erhält eine identische Gleichung. $y = K\mathrm{e}^{\frac{x}{l}}$ ist somit die allgemeine Lösung der aufgestellten Dgl. (Da die Richtigkeit der Lösung für einen beliebigen Parameterwert K nachgewiesen wurde, erübrigt sich eine Nachprüfung der partikulären Lösung mit $K = 1/2$.)

2. Ein Stromkreis mit einer Gleichurspannung E, einer Induktivität L und einem Gesamtwiderstand R (Bild 299) wird zur Zeit $t = 0$ geschlossen.

a) Wie heißt die Dgl. des Einschaltvorganges?

b) Es ist zu prüfen, ob $I = \frac{E}{R} + K e^{-\frac{R}{L}t}$. ($K$ Parameter) die allgemeine Lösung der aufgestellten Dgl. ist.

c) Wie heißt die partikuläre Lösung, die der Anfangsbedingung des Einschaltvorganges genügt?

Lösung:

a) Im geschlossenen Stromkreis muß die Summe der Spannungsabfälle gleich der vorhandenen Urspannung sein:

$$u_R + u_L = E.$$

Mit $u_R = I \cdot R$ und $u_L = L \cdot \frac{dI}{dt}$ erhält man eine Dgl. 1. Ordnung zur Beschreibung des Zeitverhaltens des Stromes:

$$IR + L\frac{dI}{dt} = E$$

bzw.

$$\frac{L}{R}\frac{dI}{dt} + I = \frac{E}{R}.$$

b) Aus

$$I = \frac{E}{R} + K e^{-\frac{R}{L}t}$$

erhält man durch Differenzieren

$$\frac{dI}{dt} = -K\frac{R}{L} e^{-\frac{R}{L}t}.$$

Die Terme für I und $\frac{dI}{dt}$ in die aufgestellte Dgl. eingesetzt, ergibt

$$\frac{L}{R}\left(-K\frac{R}{L} e^{-\frac{R}{L}t}\right) + \frac{E}{R} + K e^{-\frac{R}{L}t} = \frac{E}{R},$$

d. i. eine identische Gleichung. Da die gegebene Lösung sowohl einen willkürlichen Parameter enthält als auch die Dgl. erfüllt, ist sie die allgemeine Lösung der Dgl.

c) Da zur Zeit $t = 0$ der Stromkreis erst geschlossen wird, muß bis dahin $I = 0$ gelten; denn die Stromstärke in einer Induktivität kann sich nicht sprunghaft ändern. Diese Anfangsbedingung in

$$I = \frac{E}{R} + K e^{-\frac{R}{L}t}$$

eingesetzt, ermöglicht das Bestimmen des der Anfangsbedingung entsprechenden speziellen Wertes von K:

$$0 = \frac{E}{R} + K e^0$$

$$K = -\frac{E}{R}.$$

Somit lautet die partikuläre Lösung

$$I = \frac{E}{R} - \frac{E}{R}\,\mathrm{e}^{-\frac{R}{L}t}$$

$$I = \frac{E}{R}\left(1 - \mathrm{e}^{-\frac{R}{L}t}\right).$$

Den Verlauf der Stromstärke in Abhängigkeit von der Zeit zeigt Bild 300.

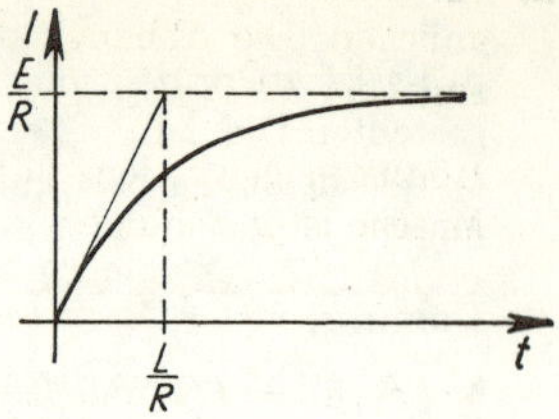

Bild 300

22.2. Aufstellen von Differentialgleichungen

Im 2. Beispiel des vorangegangenen Abschnitts wurde die Dgl. eines technischen Vorgangs, eines Schaltvorgangs, ermittelt. Das Aufstellen einer Dgl. ist ein wichtiger Teil der mathematischen Erfassung und Lösung eines naturwissenschaftlichen oder technischen Problems. Es soll deshalb anhand einiger Beispiele gezeigt werden. Sehr oft ermöglicht das Zurückgreifen auf bestimmte Grundgesetze den Ansatz.

BEISPIELE

1. Beim freien Fall eines Körpers von der Masse m ist der Luftwiderstand bei geringer Geschwindigkeit dieser selbst proportional, bei höheren Geschwindigkeiten dem Quadrat der Geschwindigkeit, bei sehr großen Geschwindigkeiten einer höheren als 2. Potenz. Es soll die Dgl. des freien Falles mit Luftwiderstand bei Annahme eines quadratischen Widerstandsgesetzes mit der Geschwindigkeit als abhängiger Variabler aufgestellt werden.

Lösung: Das Grundgesetz der Dynamik lautet

$$F = ma.$$

Die beschleunigende Kraft F setzt sich zusammen aus der gleichgerichteten Gravitationskraft F_G und der entgegengesetzt gerichteten Kraft des Luftwiderstandes F_L:

$$F = F_G - F_L,$$

wobei $F_G = mg$ und $F_L = cv^2$ ist (c Proportionalitätsfaktor).
Also wird

$$ma = mg - cv^2$$

$$m\frac{\mathrm{d}v}{\mathrm{d}t} = mg - cv^2.$$

Die Dgl. lautet

$$\frac{m}{c}\frac{\mathrm{d}v}{\mathrm{d}t} + v^2 = \frac{mg}{c}. \qquad \text{(I)}$$

2. An einem RC-Glied (Bild 301) soll eingangsseitig eine zeitlich veränderliche Urspannung $e(t)$ anliegen. Die Abhängigkeit der Ausgangsspannung u von der Zeit ist durch eine Dgl. anzugeben.

Lösung: Nach dem 2. Kirchhoffschen Satz („Die Summe aller Urspannungen in einer Masche ist gleich der Summe aller Spannungsabfälle") gilt

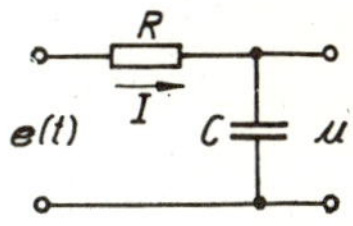

Bild 301

$$e(t) = u_R + u_C,$$

wobei $u_R = IR$ und $u_C = u$ ist.
Für einen idealen Kondensator gilt die Strom-Spannungs-Beziehung

$$I = C\frac{\mathrm{d}u}{\mathrm{d}t}.$$

Damit erhält man

$$e(t) = IR + u = $$
$$= C\frac{\mathrm{d}u}{\mathrm{d}t}R + u.$$

Das Übertragungsverhalten des Vierpols wird also durch die Dgl. 1. Ordnung

$$\underline{\underline{RC\frac{\mathrm{d}u}{\mathrm{d}t} + u = e(t)}} \qquad \text{(II)}$$

beschrieben.

Man schreibt Dgln. der Technik, in denen die Zeit als unabhängige Variable auftritt, im allgemeinen so, daß die abhängige Variable mit keinem Koeffizienten behaftet ist (insbesondere dann, wenn die abhängige Variable linear auftritt). Bei dieser Schreibweise kann man aus der Dgl. sofort auch das statische Verhalten erkennen. Wenn im Beispiel 2 die Ausgangsgröße des RC-Gliedes (nach längerer Zeit) in einen stationären Zustand übergeht, müssen alle Ableitungen der Ausgangsgröße nach der Zeit zu Null geworden sein, und man entnimmt aus der Dgl.

$$u\,|_{t\to\infty} = e.$$

Anhand des Beispiels 2 soll auch noch erläutert werden, warum für viele Betrachtungen in Naturwissenschaft und Technik die Dgl. nicht nur wichtiger, sondern in ihrer Aussagekraft auch viel umfassender als ihre Lösung ist, die meist in Form der allein interessierenden partikulären Lösung angegeben wird. Die Dgl. (II) beschreibt das Übertragungsverhalten des elektrischen Baugliedes für jede beliebige Form der Eingangsgröße (Urspannung) $e(t)$. Es könnte also $e(t)$ sowohl eine Gleichurspannung E sein (die im Zeitpunkt $t = 0$ zugeschaltet wird) als auch eine zeitliche veränderliche Urspannung, z. B. $E \sin \omega t$ oder $E \cdot t$. Eine Lösung der Dgl. in der Form $u = f(t)$ kann aber stets nur für eine bestimmte Form der Eingangsgröße angegeben werden.

BEISPIELE

3. Es soll die Dgl. der elastischen Linie eines auf zwei Stützen gelagerten Balkens bei Einwirkung eines positiven Momentes M aufgestellt werden.

Lösung: Wird ein Balken von konstantem Querschnitt durch ein positives Moment auf Biegung beansprucht (Bild 302), so wirken auf der Balkenunterseite Zugspannungen, verbunden mit einer Längung der Faser, auf der Oberseite Druckspannungen, verbunden mit einer Verkürzung der Faser. Eine bestimmte, dazwischenliegende Schicht, die neutrale Faser, behält ihre ursprüngliche Länge bei.

Für ein Balkenelement von der ursprünglichen Länge Δx (Bild 303) kann man die Proportion

$$\Delta x : \varrho = \Delta l : a$$

aufstellen (ϱ Krümmungsradius der neutralen Faser, Δl Längung der Faser im Abstand a von der neutralen Faser).

Hieraus folgt

$$\Delta l = \frac{a \cdot \Delta x}{\varrho}.$$

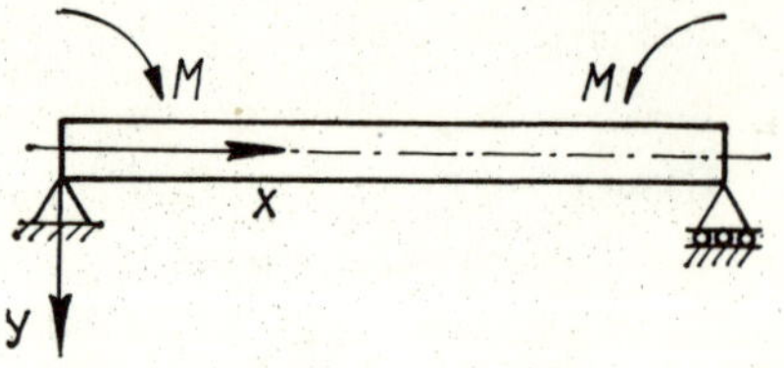

Bild 302

Nach dem Hookeschen Gesetz ist aber auch

$$\Delta l = \varepsilon \cdot \Delta x = \frac{\sigma}{E} \cdot \Delta x$$

(ε Dehnung, σ Normalspannung, E Elastizitätsmodul), so daß man erhält

$$\frac{a \cdot \Delta x}{\varrho} = \frac{\sigma}{E} \cdot \Delta x$$

$$\varrho = \frac{E \cdot a}{\sigma}.$$

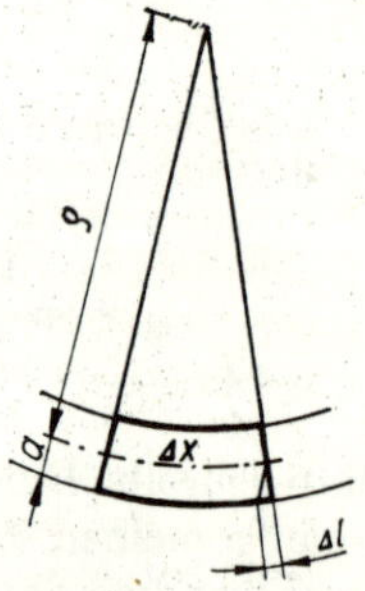

Bild 303

Setzt man hierin den Wert für σ aus der Biegespannungsformel

$$\sigma = \frac{M}{I} a$$

ein (I Flächenträgheitsmoment des Querschnittes, bezogen auf die neutrale Faser), so wird

$$\varrho = \frac{E \cdot I}{M}.$$

Für den Krümmungsradius ϱ gilt

$$\varrho = \frac{1}{|k|} = \left| \frac{(1 + y'^2)^{\frac{3}{2}}}{y''} \right|$$

[k Krümmung, vgl. (141)].

In dem zugrunde gelegten Koordinatensystem (Bild 302) muß bei einem positiven Moment $y'' < 0$ sein, also kann man setzen

$$\varrho = \frac{EI}{M} = -\frac{(1 + y'^2)^{\frac{3}{2}}}{y''}.$$

Diese Dgl. 2. Ordnung ist die Dgl. der elastischen Linie

$$y'' + \frac{M}{EI}(1 + y'^2)^{\frac{3}{2}} = 0. \qquad \text{(III)}$$

Da die Durchbiegung des Balkens in den meisten praktischen Fällen sehr klein gegenüber der Balkenlänge ist, ist y', das als Tangenswert des Neigungswinkels gedeutet werden kann, sehr klein, und y'^2 kann gegenüber 1 vernachlässigt werden. Die Dgl. der elastischen Linie nimmt dann die wesentlich einfacher zu lösende Form

$$\underline{\underline{y'' = -\frac{M}{EI}}} \qquad \text{(IV)}$$

an. Aus dieser kann für den jeweiligen Belastungsfall durch einmaliges Integrieren der Neigungswinkel der elastischen Linie, nach zweimaligem Integrieren die Durchbiegung y im Abstand x vom Auflager berechnet werden.

4. Mittels des Impulssatzes soll die Dgl. der Raketenbewegung aufgestellt werden.

Lösung: Der Impulssatz besagt: Die Änderung des Impulses ist gleich der von außen einwirkenden Kraft:

$$\frac{\mathrm{d}}{\mathrm{d}t}(m \cdot v) = F.$$

Nimmt man zunächst als Näherung an, daß die Wirkung der äußeren Kräfte vernachlässigt werden kann, so ist $F = 0$. Zwischen zwei Zeitpunkten t und $t + \Delta t$ muß also die Größe des Impulses erhalten bleiben. Ist m die Masse und v die Geschwindigkeit der Rakete zur Zeit t, dann fliegt zur Zeit $t + \Delta t$ die infolge Treibstoffverbrauches kleinere Masse $m - \Delta m$ mit der vergrößerten Geschwindigkeit $v + \Delta v$ weiter. Die in der Zeit Δt ausgestoßenen Antriebsgase mit der Masse Δm besitzen eine Relativgeschwindigkeit v_a gegenüber der Rakete. v_a ist der Geschwindigkeit v entgegengesetzt gerichtet, Δm besitzt folglich die Geschwindigkeit $v - v_a$ (Bild 304).

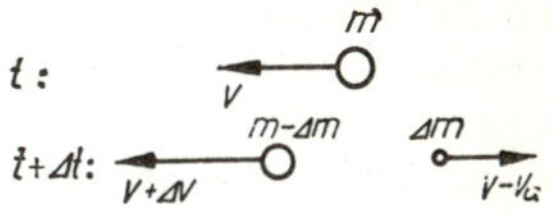

Bild 304

Es gilt also

$$m \cdot v = (m - \Delta m)(v + \Delta v) + \Delta m (v - v_a) =$$
$$= m \cdot v - v \cdot \Delta m + m \cdot \Delta v - \Delta m \cdot \Delta v + v \cdot \Delta m - v_a \cdot \Delta m$$
$$\Delta m \cdot \Delta v = m \cdot \Delta v - v_a \cdot \Delta m.$$

Dividiert man durch Δt und bildet den Grenzwert für $\Delta t \to 0$, so erhält man hieraus

$$0 = m\frac{\mathrm{d}v}{\mathrm{d}t} - v_a\frac{\mathrm{d}m}{\mathrm{d}t}.$$

Dies ist die Dgl. der (idealen) Raketenbewegung

$$\underline{\underline{m\frac{\mathrm{d}v}{\mathrm{d}t} - v_a\frac{\mathrm{d}m}{\mathrm{d}t} = 0.}} \qquad \text{(V)}$$

Sollen die äußeren Kräfte nicht außer acht gelassen werden, so sind noch der Luftwiderstand und die Anziehungskraft der Erde zu berücksichtigen:

$$F = F_L + F_G$$

mit $F_L = \frac{\varrho}{2} v^2 c_w A_{max}$ (ϱ Dichte der Luft, c_w ein geschwindigkeits- und formabhängiger Beiwert, A_{max} größte Querschnittsfläche der Rakete) und $F_G = -mg \sin\alpha$ (α Schußwinkel).

Weiterhin müßte bei großen Geschwindigkeiten auf der linken Seite der Gleichung die relativistische Massenänderung $v\frac{\mathrm{d}m_r}{\mathrm{d}t}$ mit in Rechnung gesetzt werden, so daß die Dgl. der Raketenbewegung genauer lautet:

$$m\frac{\mathrm{d}v}{\mathrm{d}t} + v\frac{\mathrm{d}m_r}{\mathrm{d}t} - v_a\frac{\mathrm{d}m}{\mathrm{d}t} = \frac{\varrho}{2}v^2 c_w A_{\max} - mg\sin\alpha.$$

Die bisher behandelten Beispiele von Dgln. zeigen bereits eine Vielfalt des Ansatzes, der in vielen Fällen durch Verwenden verschiedener, für das jeweils vorliegende Problem gültiger technisch-physikalischer Gesetzmäßigkeiten gefunden werden kann. Einige Gesetze werden recht oft für das Aufstellen einer Dgl. verwendet, so z. B.

das Grundgesetz der Dynamik	$F = ma,$
der Impulssatz	$\frac{\mathrm{d}}{\mathrm{d}t}(mv) = F,$
die Gleichgewichtsbedingung für die Momente	$\sum M = 0,$
der Energiesatz	$\sum W_{zu} = \sum W_{ab},$
der 2. KIRCHHOFFsche Satz	$\sum u = \sum e,$

oder auch die Tatsache, daß die zeitliche Änderung eines Zustandes dem jeweils erreichten Zustand proportional ist (z. B. im Gesetz des organischen Wachstums).

Im folgenden soll noch eine Einteilung der Differentialgleichungen vorgenommen werden. In allen bisherigen Beispielen von Dgln. traten stets nur die Ableitungen nach einer Variablen auf. Solche Dgln. heißen **gewöhnliche Differentialgleichungen**[1]). Als mögliches Einteilungsprinzip der gewöhnlichen Dgln. wurde in 22.1. bereits die Ordnung der Dgl. genannt. Eine gewöhnliche Dgl. n-ter Ordnung mit den Variablen x und y kann allgemein in der Form

$$\boxed{\Phi(x, y, y', y'', \ldots, y^{(n)}) = 0} \qquad (206)$$

geschrieben werden.

Ist die Funktion Φ eine rationale bezüglich des Funktionswertes y und der Werte der Ableitungen $y', y'', \ldots, y^{(n)}$, so kann man auch von einem Grad der Dgl. sprechen, der sich aus der höchsten Potenz von y und seinen Ableitungen ergibt. Besondere Bedeutung für die Praxis besitzen *lineare Dgln.* (Dgln. 1. Grades),

a) da sehr oft in Naturwissenschaft und Technik lineare Zusammenhänge zwischen dem Funktionswert y und den Werten der Ableitungen $y', y'', \ldots, y^{(n)}$ bestehen;

b) weil für lineare Dgln. spezielle, relativ einfache Lösungsverfahren existieren (neben numerischen und graphischen Lösungsverfahren ist hier die Möglichkeit des Lösens mittels Analogrechners zu nennen).

---

[1]) *Partielle Dgln.*, in denen die zu bestimmende Funktion eine Funktion mehrerer unabhängiger Variabler ist und demzufolge die auftretenden Ableitungen partielle sind, sollen in diesem Band nicht behandelt werden

Aus dem letztgenannten Grund werden oft auch nichtlineare Dgln. linearisiert, d. h., die Beschreibung durch eine nichtlineare Dgl. wird entweder für den gesamten Definitionsbereich oder innerhalb einzelner Intervalle durch eine in Näherung gültige lineare Dgl. ersetzt. So ist z. B. die lineare Dgl. 2. Ordnung (IV) ein im allgemeinen den Anforderungen der Praxis mit hinreichender Genauigkeit genügender Ersatz für die nichtlineare Dgl. (III).
Da in linearen Dgln. die Glieder mit $y, y', y'', \ldots, y^{(n)}$ jeweils vom 1. Grade sind, hat die **lineare Dgl. n-ter Ordnung** die allgemeine Form

$$\boxed{g_n(x)y^{(n)} + g_{n-1}(x)y^{(n-1)} + \cdots + g_1(x)y' + g_0(x)y = S(x)} \tag{207}$$

22.3. Differentialgleichung einer Kurvenschar

Wie in 22.1. festgestellt wurde, kann die Lösung einer Dgl. n-ter Ordnung als n-parametrige Kurvenschar dargestellt werden. Wegen der größeren Allgemeingültigkeit der Aussage durch die Dgl. selbst kann es erforderlich sein, die zu einer n-parametrigen Kurvenschar gehörende Dgl. n-ter Ordnung zu bestimmen. Um n Parameter zu ersetzen, werden $n+1$ Gleichungen benötigt. Eine Gleichung ist durch die Kurvengleichung selbst bereits gegeben, die n Gleichungen bekommt man durch n-maliges Differenzieren der Kurvengleichung.

Differenziert man die Gleichung einer n-parametrigen Kurvenschar n-mal, so kann die zugehörige Dgl. n-ter Ordnung durch Eliminieren der n Parameter aus den $n+1$ Gleichungen ermittelt werden.

BEISPIELE

1. Die Dgl. der durch die Gleichung

$$y = Y - K\mathrm{e}^{-\frac{x}{\tau}} \qquad (x \geqq 0)$$

(Y und τ Konstanten, K Parameter) dargestellten Kurvenschar ist aufzustellen.

Lösung: Aus $y = Y - K\mathrm{e}^{-\frac{x}{\tau}}$ erhält man durch Differentiation

$$y' = \frac{K}{\tau}\mathrm{e}^{-\frac{x}{\tau}}.$$

Also ist

$$y = Y - \tau y'$$

oder

$$\underline{\underline{\tau y' + y = Y.}}$$

Dies ist eine lineare Dgl. 1. Ordnung. τ und K bestimmen den Anstieg der aus dem Punkt $(0; Y - K)$ herausgehenden Kurven, denn für $x = 0$ ist $y = Y - K$ und $y' = \frac{K}{\tau}$. Für $x \to \infty$ gilt $y \to Y$ (Bild 305).

2. Gesucht ist die Dgl. der harmonischen Schwingung

$$s = C \sin(\omega t + \varphi)$$

(ω Konstante, C und φ Parameter).

Lösung: Die Gleichung beschreibt eine zweiparametrige Schar sinusförmiger Kurven mit C als Amplitude und φ als Phasenwinkel (der dem Ursprung nächstgelegene Anfangspunkt einer Sinuswelle hat den Abszissenwert $t = -\varphi/\omega$).
Die Differentiation ergibt

$$\frac{ds}{dt} = \omega C \cos(\omega t + \varphi)$$

$$\frac{d^2s}{dt^2} = -\omega^2 C \sin(\omega t + \varphi).$$

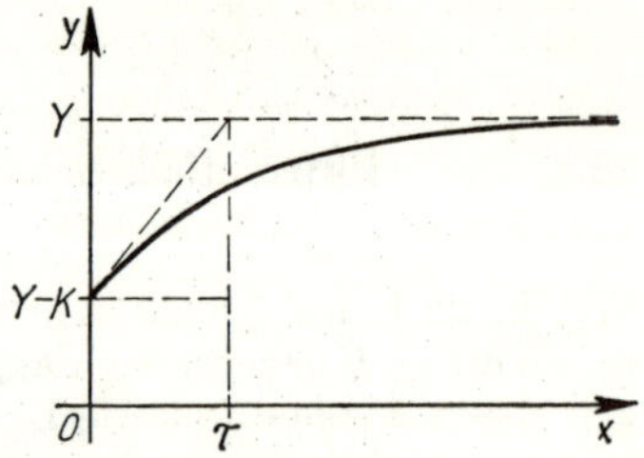

Bild 305

Somit wird wegen

$$s = C \sin(\omega t + \varphi)$$

$$\frac{d^2s}{dt^2} = -\omega^2 s$$

oder

$$\underline{\underline{\frac{d^2s}{dt^2} + \omega^2 s = 0.}}$$

Die Dgl. der harmonischen Schwingung ist eine lineare Dgl. 2. Ordnung.

3. Die Dgl. aller Kreise ist aufzustellen.

Lösung: Die Gleichung eines Kreises in beliebiger Lage und mit beliebigem Radius kann entweder durch

$$x^2 + y^2 + ax + by + c = 0$$

oder durch

$$(x - x_m)^2 + (y - y_m)^2 = r^2$$

mit a, b, c oder x_m, y_m, r als Parameter angegeben werden. Geht man von der zweiten Gleichung aus und differenziert diese dreimal (da 3 Parameter enthalten sind), so wird

$$x - x_m + (y - y_m)y' = 0$$

$$1 + (y - y_m)y'' + y'^2 = 0$$

$$(y - y_m)y''' + y'y'' + 2y'y'' = 0.$$

Hier braucht man nur noch aus den letzten beiden Gleichungen den Parameter y_m zu ersetzen, und man bekommt als Dgl. aller Kreise

$$\underline{\underline{y'''(1 + y'^2) - 3y''^2y' = 0,}}$$

eine Dgl. 3. Ordnung (und 3. Grades).

4. Wie heißt die Dgl. aller Kurven, die alle Geraden durch den Ursprung rechtwinklig schneiden?

Lösung: Die Menge aller Geraden durch den Ursprung wird durch die Gleichung

$$y = mx$$

beschrieben.
Es ist also

$$y' = m$$

und damit

$$y = y'x \qquad (x \neq 0)$$

die Dgl. dieser Geraden.
Da $y' = y/x$ als Tangenswert des Richtungswinkels der Ursprungsgeraden gedeutet werden kann, muß für die in allen Punkten $(x; y)$ senkrecht dazu verlaufenden Kurven der Tangenswert des Richtungswinkels

$$y' = -\frac{x}{y} \qquad (y \neq 0)$$

sein.

$$\underline{\underline{y'y + x = 0}} \quad \text{mit} \quad x \neq 0, \quad y \neq 0$$

ist die Dgl. der Kurvenschar, die alle Ursprungsgeraden rechtwinklig schneiden.

23. Differentialgleichungen 1. Ordnung

23.1. Geometrische Deutung

In einer Dgl. 1. Ordnung tritt mindestens einmal der Wert der abgeleiteten Funktion $y' = f'(x)$ einer Funktion f auf, die zwischen einer unabhängigen Variablen x und einer abhängigen Variablen y besteht. Weiterhin können x und y selbst noch vorkommen.
Gleichung (206) bekommt für die Dgl. 1. Ordnung die Gestalt

$$\boxed{\Phi(x; y; y') = 0} \tag{208}$$

Bei dieser Form spricht man auch von einer *impliziten Dgl. 1. Ordnung*. Im folgenden sollen ausschließlich solche Dgln. 1. Ordnung behandelt werden, die sich eindeutig nach y' auflösen lassen. Diese sog. *expliziten Dgln. 1. Ordnung* können allgemein in der Form

$$\boxed{y' = \varphi(x; y)} \tag{209}$$

geschrieben werden.
Der Dgl. (209) kann man eine anschauliche geometrische Deutung geben. Jedem Wertepaar $x; y$ des Definitionsbereiches der Funktion φ entspricht genau ein Punkt

der x,y-Ebene. Durch die Funktion φ ist jedem dieser Punkte eine Steigung $y' = \varphi(x; y)$ mit einem Winkel $\alpha = \arctan y'$ zugeordnet (Bild 306). Ein Wertetripel $(x; y; y')$ bestimmt demnach ein *Linienelement*, die Gesamtheit aller Linienelemente ergibt ein *Richtungsfeld* in der x,y-Ebene. Alle Kurven, die in jedem Punkt die Richtung des Linienelementes haben, erfüllen die Dgl., sind Kurven der Lösungsmenge der Dgl.

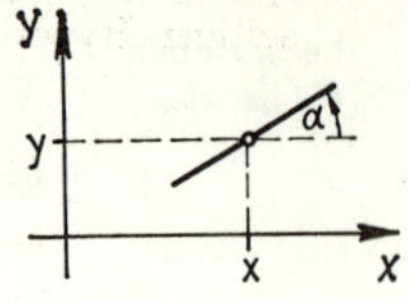

Bild 306

BEISPIEL

Welche Kurven beschreibt die Lösungsmenge der Dgl. $y' = x$?

Lösung: Die Dgl. besagt, daß in jedem Punkt des Richtungsfeldes die Steigung des Linienelementes gleich dem Abszissenwert dieses Punktes sein muß. Zeichnet man z. B. die Linienelemente nur für Punkte mit ganzzahligen Koordinaten, so erhält man ein Richtungsfeld wie in Bild 307. Die zu diesem Richtungsfeld gehörenden Kurven sind quadratische Parabeln mit der Gleichung $y = x^2/2 + C$.

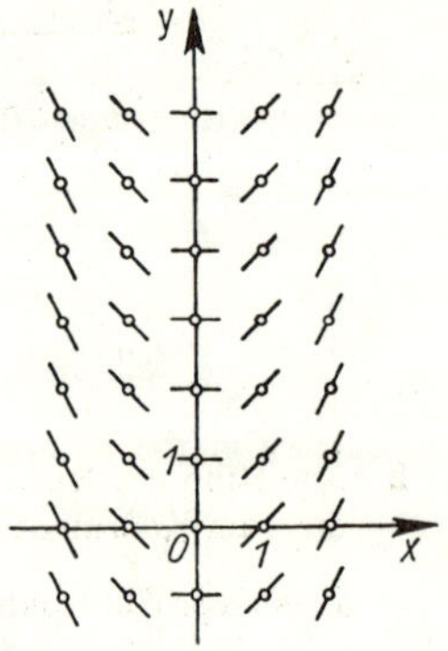

Bild 307

23.2. Isoklinenverfahren

In Bild 307 ist für alle Linienelemente mit gleichem Abszissenwert der Richtungswinkel der gleiche. Die Parallelen zur y-Achse sind also Linien, in deren sämtlichen Punkten die Linienelemente dieselbe Richtung besitzen. Solche Linien heißen *Isoklinen*.

Mittels der Isoklinen kann man sich — unter Vermeidung des oft recht mühsamen punktweisen Zeichnens — das Bild des Richtungsfeldes verschaffen. Da für eine Isokline

$$y' = c \qquad (c = \text{const.})$$

gilt, muß sich zu einer expliziten Dgl. 1. Ordnung immer eine *Isoklinengleichung*

$$\varphi(x; y) = c$$

bilden lassen.

Setzt man in der Isoklinengleichung für c verschiedene Werte ein und zeichnet die durch diese Gleichungen dargestellten Kurven, so erhält man Isoklinen. Diese ergeben ein Bild des Richtungsfeldes, in das man mit guter Annäherung Lösungskurven der Dgl. einzeichnen kann.

BEISPIELE

1. Das Richtungsfeld der Dgl. $y' = -y/x$ $(x \neq 0)$ ist durch Isoklinen zu zeichnen und die der Anfangsbedingung $x = 1$, $y = 1$ genügende Lösung graphisch zu ermitteln.

   Lösung: Zur Dgl. $y' = -y/x$ erhält man als Isoklinengleichung $-y/x = c$. Löst man diese nach y auf,

   $$y = -cx,$$

so erkennt man, daß die Isoklinen Geraden durch den Ursprung mit der Steigung $-c$ sind. In Bild 308 sind die Isoklinen für $c = -2, -1, -1/2, 0, 1/2, 1, 2$ (die Isokline für $c = 0$ ist die x-Achse) sowie die durch den Punkt $(1; 1)$ gehende Lösungskurve gezeichnet (es ist, wie später noch anhand der rechnerischen Lösung nachgewiesen werden wird, ein Ast der gleichseitigen Hyperbel mit der Gleichung $y = 1/x$).

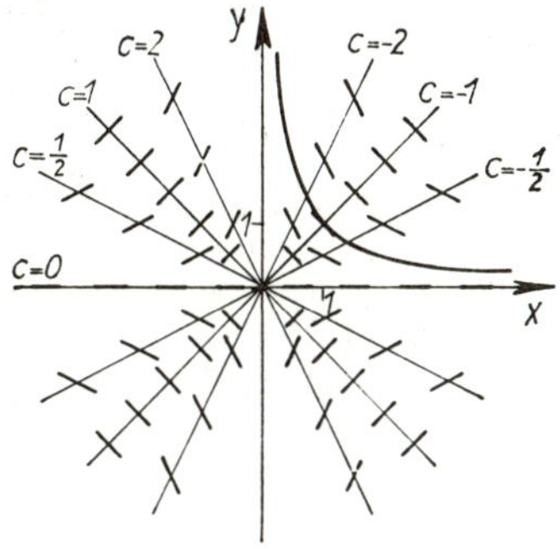

Bild 308

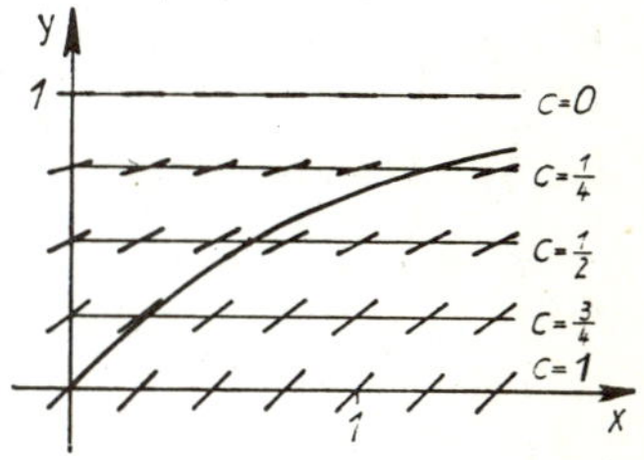

Bild 309

2. Mit Hilfe des Richtungsfeldes der Dgl. $y' = 1 - y$ (wobei $x \geqq 0,\ 0 \leqq y \leqq 1$ sein soll) ist die vom Koordinatenursprung ausgehende Lösungskurve zu ermitteln.

Lösung: Die Isoklinengleichung der gegebenen Dgl. lautet

$$y = 1 - c.$$

Für $c = 0, 1/4, 1/2, 3/4$ und 1 erhält man die Gleichungen von Parallelen zur x-Achse in den Abständen $1, 3/4, 1/2, 1/4$ und 0. Bild 309 zeigt die Isoklinen für die ausgewählten Werte von c sowie die vom Ursprung ausgehende Lösungskurve. Man erkennt diese als Kurve der Gleichung $y = 1 - e^{-x}$.

Das Isoklinenverfahren stellt ein gut anwendbares graphisches Lösungsverfahren für Dgln. 1. Ordnung dar. Als besondere Vorteile sind anzusehen:

a) Es ermöglicht, sich relativ schnell einen Überblick über den Verlauf der Kurven der Lösungen und damit über die Lösungen der Dgl. selbst zu verschaffen;

b) partikuläre Lösungen, die z. B. durch eine Anfangsbedingung bestimmt sind, können mit recht guter Genauigkeit ermittelt werden.

23.3. Differentialgleichungen 1. Ordnung mit trennbaren Variablen

Kann in der expliziten Dgl. 1. Ordnung $y' = \varphi(x; y)$ die rechte Seite $\varphi(x; y)$ als Produkt zweier Terme $g(x)$ und $h(y)$ geschrieben werden, die jeweils nur eine der beiden Variablen enthalten, so entsteht die häufig vorkommende Form einer Dgl.

$$\boxed{y' = g(x) \cdot h(y)} \qquad (210)$$

Bei dieser Dgl. ist es stets möglich, die beiden Variablen zu trennen. Man nennt deshalb (210) auch eine Dgl. 1. Ordnung mit trennbaren Variablen.
Zum Lösen der Dgl. schreibt man y' als Quotienten der Differentiale

$$\frac{\mathrm{d}y}{\mathrm{d}x} = g(x)\,h(y),$$

trennt die Variablen

$$\frac{\mathrm{d}y}{h(y)} = g(x)\,\mathrm{d}x$$

und integriert beide Seiten (vgl. 22.1.)

$$\int \frac{\mathrm{d}y}{h(y)} = \int g(x)\,\mathrm{d}x.$$

Die Berechnung der Integrale auf beiden Seiten liefert die Lösung der Dgl.

BEISPIELE

1. Die Dgl. $y'y + x = 0$ $(y \neq 0)$ soll gelöst werden (vgl. 22.3. Beisp. 4).

   Lösung:

   Explizite Form

$$\frac{\mathrm{d}y}{\mathrm{d}x} = -\frac{x}{y}.$$

   Trennen der Variablen

$$y\,\mathrm{d}y = -x\,\mathrm{d}x.$$

   Integrieren

$$\frac{y^2}{2} = -\frac{x^2}{2} + C.$$

$$\frac{x^2}{2} + \frac{y^2}{2} = C.$$

   Mit $r = \sqrt{2C}$ wird

$$\underline{\underline{x^2 + y^2 = r^2.}}$$

   Dies ist die Gleichung von Kreisen, deren Mittelpunkt im Ursprung liegt.

2. Man löse die Dgl. $ay' + y = b$ $(a \neq 0,\ y \neq b)$.

   Lösung:

   Explizite Form

$$\frac{\mathrm{d}y}{\mathrm{d}x} = \frac{b - y}{a}.$$

Trennen der Variablen

$$\frac{\mathrm{d}y}{y-b} = -\frac{\mathrm{d}x}{a}.$$

Integrieren

$$\ln|y-b| = -\frac{x}{a} + C$$

$$y - b = \pm\,\mathrm{e}^{-\frac{x}{a}+C} = \pm\,\mathrm{e}^{C}\cdot\mathrm{e}^{-\frac{x}{a}}$$

$$\underline{\underline{y = b + K\mathrm{e}^{-\frac{x}{a}}}} \quad \text{mit} \quad \pm\,\mathrm{e}^{C} = K.$$

Mit dieser Dgl. können auch die Dgln.

$$\frac{L}{R}\frac{\mathrm{d}I}{\mathrm{d}t} + I = \frac{E}{R}. \qquad \text{(vgl. 22.1. Beisp. 2)}$$

$$\tau y' + y = Y \qquad \text{(vgl. 22.3. Beisp. 1)}$$

$$y' = 1 - y \qquad \text{(vgl. 23.2. Beisp. 2)}$$

als allgemein gelöst betrachtet werden.
Beim vorstehenden Beispiel ergab sich nach dem Integrieren der linken Seite der Logarithmus eines Terms. Ist dies auf mindestens einer der beiden Seiten der Fall, dann setzt man zweckmäßig die Integrationskonstante gleich in der Form des Logarithmus einer Konstanten an. Dies ist ohne Einschränkung der Lösungsmenge möglich, denn C soll eine reelle Zahl sein, und jede reelle Zahl kann als Logarithmus einer positiven Zahl dargestellt werden.
Im Beispiel 2 würde sich ergeben

$$\ln|y-b| = -\frac{x}{a} + \ln|K|$$

$$\ln\left|\frac{y-b}{K}\right| = -\frac{x}{a}$$

$$\frac{y-b}{K} = \mathrm{e}^{-\frac{x}{a}}$$

$$y = b + K\mathrm{e}^{-\frac{x}{a}}.$$

3. Man bestimme die partikuläre Lösung der Dgl. des freien Falles mit Luftwiderstand (vgl. 22.2. Beisp. 1)

$$\frac{m}{c}\frac{\mathrm{d}v}{\mathrm{d}t} + v^2 = \frac{mg}{c}$$

für die Anfangsbedingung $t = 0,\ v = 0$.

Lösung:

Explizite Form

$$\frac{\mathrm{d}v}{\mathrm{d}t} = g - \frac{c}{m} v^2.$$

Trennen der Variablen

$$\frac{\mathrm{d}v}{g - \frac{c}{m} v^2} = \mathrm{d}t \qquad \left(v \neq \sqrt{\frac{mg}{c}}, \text{ vgl. weiter unten}\right).$$

Die Integration der linken Seite geht auf das Grundintegral

$$\int \frac{\mathrm{d}x}{1 - x^2} = \operatorname{artanh} x + C$$

zurückzuführen.
Man erhält durch Integrieren

$$\sqrt{\frac{m}{cg}} \operatorname{artanh} \sqrt{\frac{c}{mg}}\, v = t + C.$$

Die Anfangsbedingung $t = 0,\ v = 0$ liefert für die Integrationskonstante

$$C = 0.$$

Damit wird die partikuläre Lösung

$$v = \sqrt{\frac{mg}{c}} \tanh \sqrt{\frac{cg}{m}}\, t$$

oder auch $\left(\text{mit } \sqrt{\frac{cg}{m}} = k\right)$

$$\underline{\underline{v = \sqrt{\frac{mg}{c}} \frac{\mathrm{e}^{kt} - \mathrm{e}^{-kt}}{\mathrm{e}^{kt} + \mathrm{e}^{-kt}}}}.$$

Wie man erkennt, nähert sich v nach langer Zeit einer konstanten Geschwindigkeit

$$v\,|_{t\to\infty} = \sqrt{\frac{mg}{c}}.$$

4. Aus der Dgl. der (idealen) Raketenbewegung (vgl. 22.2. Beisp. 4) soll v in Abhängigkeit von m unter Berücksichtigung der Anfangsbedingung $t = 0,\ m = m_0,\ v = 0$ berechnet werden. Welche Geschwindigkeit v_B bei Brennschluß ($t = t_\mathrm{B}$) ergibt sich für die Rakete A 4, die eine Masse von 12960 kg mit einem Treib- und Betriebsstoffanteil von 8930 kg besitzt? Die Ausströmgeschwindigkeit der Gase während der Brenndauer von 71 s wird mit $v_\mathrm{a} = -1950$ m/s als konstant angenommen.

Lösung: Die Dgl. der Raketenbewegung lautet

$$m \frac{\mathrm{d}v}{\mathrm{d}t} - v_\mathrm{a} \frac{\mathrm{d}m}{\mathrm{d}t} = 0.$$

Setzt man voraus, es bestehe nicht nur eine eindeutige Zuordnung der Werte von m und v zu den Werten von t, sondern auch der Werte von v zu den Werten von m, so kann man die Dgl. als Dgl. mit m und v als Variablen schreiben

$$m\,\mathrm{d}v = v_a\,\mathrm{d}m.$$

Trennen der Variablen

$$\mathrm{d}v = v_a \frac{\mathrm{d}m}{m}.$$

Integrieren

$$v = v_a \ln m + C.$$

Die Anfangsbedingung $m = m_0$, $v = 0$ liefert

$$C = -v_a \ln m_0.$$

Also ist

$$v = -v_a (\ln m_0 - \ln m)$$

$$v = -v_a \ln \frac{m_0}{m}$$

die partikuläre Lösung der Dgl.
Hieraus erhält man durch Einsetzen von $m_0 = 12960$ kg, $m_{t=t_B} = (12960-8930)$ kg $= 4030$ kg und $v_a = -1950$ m/s die Brennschlußgeschwindigkeit

$$v_B = 2280 \text{ m/s}.$$

Dieser Wert liegt über der tatsächlich erreichten Brennschlußgeschwindigkeit, da der Einfluß der Schwerkraft und des Luftwiderstandes (vgl. die in 22.2. am Ende von Beisp. 4 angegebene Dgl.), die eine Verminderung der Geschwindigkeit um ca. 3% und ca. 19% (bei der Rakete A 4) bewirken, vernachlässigt wurde. Der Einfluß der relativistischen Massenänderung kann vernachlässigt werden, da v_B sehr klein gegenüber der Lichtgeschwindigkeit ist. Die von der Rakete A 4 erreichte Brennschlußgeschwindigkeit beträgt $v_B = 1780$ m/s.

23.4. Durch Substitution lösbare Differentialgleichungen 1. Ordnung

In manchen Fällen kann eine explizite Dgl. 1. Ordnung durch eine geeignete Substitution auf eine Dgl. 1. Ordnung mit trennbaren Variablen zurückgeführt werden. Die rechte Seite der Dgl. $y' = \varphi(x; y)$ soll die Variablen x und y nur in der Verbindung y/x $(x \neq 0)$ enthalten:

$$\boxed{y' = \psi\left(\frac{y}{x}\right)} \qquad (211)$$

Diese Dgl. kann durch Einführung einer neuen Variablen

$$\boxed{u = \frac{y}{x}}$$

in eine Dgl. mit trennbaren Variablen umgewandelt werden.

Aus $u = \frac{y}{x}$ folgt $y = ux$

und nach Differentiation nach x

$$\frac{dy}{dx} = \frac{du}{dx} x + u.$$

Dies in (211) eingesetzt, ergibt

$$\frac{du}{dx} x + u = \psi(u)$$

$$\boxed{\frac{du}{dx} = \frac{1}{x} [\psi(u) - u]} \tag{211a}$$

Dies ist eine Dgl. mit den trennbaren Variablen x und u, aus der zunächst u berechnet werden kann. y folgt aus $y = ux$.

BEISPIEL

1. $y' = \frac{x - y}{x} \qquad (x \neq 0).$

Lösung: Die Dgl. kann in der Form

$$y' = 1 - \frac{y}{x}$$

geschrieben werden.
Die Substitution

$$u = \frac{y}{x}$$

und

$$y' = \frac{du}{dx} x + u$$

liefert die Dgl. mit trennbaren Variablen

$$\frac{du}{dx} x + u = 1 - u.$$

Explizite Form

$$\frac{du}{dx} = \frac{1 - 2u}{x}.$$

Trennen der Variablen

$$\frac{du}{2u - 1} = -\frac{dx}{x} \qquad \left(u \neq \frac{1}{2}\right).$$

Integrieren

$$\frac{1}{2}\ln|2u-1| = -\ln|x| + \ln|C|$$

$$\ln|2u-1| = 2\ln\left|\frac{C}{x}\right|$$

$$2u - 1 = \pm\left(\frac{C}{x}\right)^2.$$

Mit $\pm C^2 = K$ wird

$$y = \frac{1}{2}\left(x + \frac{K}{x}\right).$$

Treten die Variablen x und y in der Dgl. $y' = \varphi(x; y)$ nur in der Verbindung $ax + by + c$ auf

$$\boxed{y' = \psi(ax + by + c)} \tag{212}$$

so kann die Dgl. durch die Substitution

$$\boxed{u = ax + by + c}$$

auf eine Dgl. mit trennbaren Variablen zurückgeführt werden. Wegen

$$u = ax + by + c,$$

$$y = \frac{1}{b}(u - ax - c)$$

und

$$\frac{\mathrm{d}y}{\mathrm{d}x} = \frac{1}{b}\left(\frac{\mathrm{d}u}{\mathrm{d}x} - a\right)$$

wird (212) zu

$$\frac{1}{b}\left(\frac{\mathrm{d}u}{\mathrm{d}x} - a\right) = \psi(u)$$

$$\boxed{\frac{\mathrm{d}u}{\mathrm{d}x} = b\,\psi(u) + a} \tag{212a}$$

In dieser Dgl. können die Variablen x und u getrennt und somit u berechnet werden. y erhält man durch die Rücksubstitution $y = \frac{1}{b}(u - ax - c)$.

BEISPIEL

2. Die partikuläre Lösung der Dgl. $y' = (x + y - 1)^2$ $(|x| < \pi/2)$ für die Anfangsbedingung $x = 0,\ y = 1$ ist zu bestimmen.

Lösung:

Substitution

$$\begin{aligned} u &= x + y - 1 \\ y &= u - x + 1 \\ \frac{dy}{dx} &= \frac{du}{dx} - 1. \end{aligned}$$

Dgl. für u

$$\frac{du}{dx} - 1 = u^2.$$

Explizite Form

$$\frac{du}{dx} = 1 + u^2.$$

Trennen der Variablen

$$\frac{du}{1 + u^2} = dx.$$

Integrieren

$$\begin{aligned} \arctan u &= x + C \\ u &= \tan(x + C). \end{aligned}$$

Rücksubstitution

$$x + y - 1 = \tan(x + C).$$

Anfangsbedingung

$$x = 0, \qquad y = 1$$
$$1 - 1 = \tan C; \quad C = 0.$$

Partikuläre Lösung der Dgl.

$$\underline{\underline{y = 1 - x + \tan x.}}$$

Die beiden Typen $y' = \psi\left(\frac{y}{x}\right)$ und $y' = \psi(ax + by + c)$ sind spezielle Formen eines allgemeineren Typs von Dgln.:

$$\boxed{y' = \psi\left(\frac{ax + by + c}{\alpha x + \beta y + \gamma}\right)} \tag{213}$$

Für diese Dgl. gibt es zwei verschiedene Lösungswege, je nachdem die Determinante

$$D = \begin{vmatrix} a & b \\ \alpha & \beta \end{vmatrix}$$

gleich oder verschieden von Null ist.

a) $D = 0$ (aber $b^2 + \beta^2 \neq 0$, da sonst $b = \beta = 0$ wäre und damit bereits eine Dgl. mit trennbaren Variablen vorläge).

Die Determinante kann nur dann den Wert Null haben, wenn die Elemente der Zeilen einander proportional sind. Man kann also $\alpha = \lambda a$ und $\beta = \lambda b$ setzen, und es wird

$$\frac{ax + by + c}{\alpha x + \beta y + \gamma} = \frac{ax + by + c}{\lambda(ax + by + c) + \gamma - \lambda c}.$$

Substituiert man

$$u = ax + by + c,$$

so erhält man wegen

$$\frac{\mathrm{d}u}{\mathrm{d}x} = a + b\,\frac{\mathrm{d}y}{\mathrm{d}x}$$

die Dgl. mit trennbaren Variablen

$$\boxed{\frac{\mathrm{d}u}{\mathrm{d}x} = a + b \cdot \psi\left(\frac{u}{\lambda u + \gamma - \lambda c}\right)} \tag{213a}$$

BEISPIEL

3. $y' = \dfrac{x - 2y + 1}{2x - 4y - 1}$.

Lösung: Es ist

$$D = \begin{vmatrix} 1 & -2 \\ 2 & -4 \end{vmatrix} = 0.$$

Substitution

$$u = x - 2x + 1; \quad y' = \frac{x - 2y + 1}{2x - 4y - 1} = \frac{u}{2u - 3},$$

$$\frac{\mathrm{d}u}{\mathrm{d}x} = 1 - 2\,\frac{\mathrm{d}y}{\mathrm{d}x} = 1 - 2\,\frac{u}{2u - 3}.$$

Explizite Form

$$\frac{\mathrm{d}u}{\mathrm{d}x} = -\frac{3}{2u - 3}.$$

Trennen der Variablen

$$(2u - 3)\,\mathrm{d}u = -3\,\mathrm{d}x.$$

Integrieren

$$u^2 - 3u = -3x + C$$

$$(x - 2y + 1)^2 - 3(x - 2y + 1) + 3x - C = 0.$$

Lösung

$$x^2 + 4y^2 - 4xy + 2x + 2y + K = 0 \quad (K = -2 - C).$$

Die Probe kann durch implizites Differenzieren und Auflösen der Gleichung nach y' durchgeführt werden.

b) $D \neq 0$
Dann ist das Gleichungssystem

$$ax + by + c = 0$$

$$\alpha x + \beta y + \gamma = 0$$

eindeutig lösbar. Die Lösungen seien x_0 und y_0.
Führt man neue Variable ξ und η durch

$$x = x_0 + \xi, \qquad y = y_0 + \eta$$

ein, so wird wegen

$$\mathrm{d}x = \mathrm{d}\xi, \qquad \mathrm{d}y = \mathrm{d}\eta$$

$$y' = \frac{\mathrm{d}y}{\mathrm{d}x} = \frac{\mathrm{d}\eta}{\mathrm{d}\xi} = \psi\left(\frac{ax_0 + by_0 + c + a\xi + b\eta}{\alpha x_0 + \beta y_0 + \gamma + \alpha\xi + \beta\eta}\right) = \psi\left(\frac{a\xi + b\eta}{\alpha\xi + \beta\eta}\right)$$

$$\boxed{\frac{\mathrm{d}\eta}{\mathrm{d}\xi} = \psi\left(\frac{a + b\,\dfrac{\eta}{\xi}}{\alpha + \beta\,\dfrac{\eta}{\xi}}\right)} \qquad (213\,\text{b})$$

Das ist eine Dgl. vom Typ $y' = \psi\left(\frac{y}{x}\right)$, die nach dem hierfür erläuterten Verfahren gelöst werden kann. Aus η erhält man mit $y = y_0 + \eta$ die Lösung der vorgelegten Dgl.

23.5. Lineare Differentialgleichungen 1. Ordnung

Eine lineare Dgl. 1. Ordnung besitzt die Form [vgl. 22. 2., (207)]

$$g_1(x)\,y' + g_0(x)\,y = S(x) \qquad [g_1(x) \neq 0].$$

Dividiert man durch $g_1(x)$, so erhält man mit $\frac{g_0(x)}{g_1(x)} = g(x)$, $\frac{S(x)}{g_1(x)} = s(x)$ die Normalform der inhomogenen linearen Dgl. 1. Ordnung

$$\boxed{y' + g(x)\,y = s(x)} \qquad (214)$$

Im Falle $s(x) = 0$ liegt die **homogene lineare Dgl. 1. Ordnung** vor

$$\boxed{y' + g(x)\,y = 0} \tag{215}$$

Die homogene lineare Dgl. 1. Ordnung kann nach Trennen der Variablen gelöst werden.

$$\frac{\mathrm{d}y}{\mathrm{d}x} = -g(x)\,y$$

$$\frac{\mathrm{d}y}{y} = -g(x)\,\mathrm{d}x$$

$$\ln|y| = -\int g(x)\,\mathrm{d}x + \ln|K|.$$

Damit wird die allgemeine Lösung der homogenen linearen Dgl. 1. Ordnung

$$\boxed{y_\mathrm{h} = K \cdot \mathrm{e}^{-\int g(x)\mathrm{d}x}} \tag{215a}$$

(Die allgemeine Lösung der homogenen Dgl. soll von der inhomogenen Dgl. durch den Index h unterschieden werden, deshalb y_h.)
Die inhomogene lineare Dgl. 1. Ordnung besitzt im Gegensatz zur homogenen Dgl. ein Glied $s(x)$, das nur die Variable x enthält. Dieser Term $s(x)$ wird auch als Störfunktion bezeichnet. Der französische Mathematiker LAGRANGE hatte die Idee, die Integrationskonstante K in der allgemeinen Lösung der homogenen Dgl. durch einen Term mit der Variablen x zu ersetzen und diesen Term $K(x)$ so zu bestimmen, daß $y = K(x)\,\mathrm{e}^{-\int g(x)\mathrm{d}x}$ Lösung der inhomogenen Dgl. wird. Weil bei diesem Verfahren die Integrationskonstante durch einen Term mit einer Variablen ersetzt wird, spricht man von der **Variation der Konstanten.** Aus (215a) wird also

$$y = K(x)\,\mathrm{e}^{-\int g(x)\mathrm{d}x}.$$

Differenziert

$$\frac{\mathrm{d}y}{\mathrm{d}x} = K'(x)\,\mathrm{e}^{-\int g(x)\mathrm{d}x} - K(x)\,g(x)\,\mathrm{e}^{-\int g(x)\mathrm{d}x}.$$

Einsetzen in (214) ergibt

$$K'(x)\,\mathrm{e}^{-\int g(x)\mathrm{d}x} - K(x)\,g(x)\,\mathrm{e}^{-\int g(x)\mathrm{d}x} + g(x)\,K(x)\,\mathrm{e}^{-\int g(x)\mathrm{d}x} = s(x)$$

$$K'(x)\,\mathrm{e}^{-\int g(x)\mathrm{d}x} = s(x)$$

$$K'(x) = s(x)\,\mathrm{e}^{\int g(x)\mathrm{d}x}.$$

Das ist eine nach Trennen der Variablen lösbare Dgl. Man erhält durch Integrieren

$$K(x) = \int s(x)\, e^{\int g(x)\,dx}\, dx + C.$$

Damit ist der Term $K(x)$ bestimmt. Setzt man ihn in den Ansatz

$$y = K(x)\, e^{-\int g(x)\,dx}$$

ein, so erhält man mit

$$\boxed{y = e^{-\int g(x)\,dx} \left[\int s(x)\, e^{\int g(x)\,dx}\, dx + C\right]} \tag{214a}$$

die allgemeine Lösung der inhomogenen Dgl., denn (214a) ist Lösung der inhomogenen Dgl. und enthält auch eine willkürliche Konstante. Zum Lösen der inhomogenen einearen Dgl. 1. Ordnung sind also zwei Schritte mit insgesamt zwei Integrationen 1rforderlich:

1. Lösen der homogenen Dgl. durch Trennen der Variablen;
2. Lösen der inhomogenen Dgl. durch Variation der Konstanten.

Schreibt man die rechte Seite von (214a) als Summe, so ist bemerkenswert, daß der 2. Summand $C e^{-\int g(x)\,dx}$ die allgemeine Lösung der zugehörigen homogenen Dgl., der 1. Summand $e^{-\int g(x)\,dx} \int s(x)\, e^{\int g(x)\,dx}\, dx$ eine partikuläre Lösung der inhomogenen Dgl. (für $C = 0$) darstellt.
Was hier für die lineare Dgl. 1. Ordnung festgestellt wurde, gilt auch für die lineare Dgl. n-ter Ordnung.

Satz

> Die allgemeine Lösung einer linearen Dgl. n-ter Ordnung setzt sich aus einer partikulären Lösung der Dgl. und der allgemeinen Lösung der zugehörigen homogenen Dgl. zusammen.

BEISPIELE

1. $y' + \dfrac{y}{x} = \sin x \qquad (x \neq 0)$

   Lösung:

   Homogene Dgl.

   $$y' + \frac{y}{x} = 0.$$

   Trennen der Variablen

   $$\frac{dy}{y} = -\frac{dx}{x} \qquad (y \neq 0).$$

Integrieren

$$\ln|y| = -\ln|x| + \ln|K|.$$

Allgemeine Lösung der homogenen Dgl.

$$y_h = \frac{K}{x}.$$

Variation der Konstanten

$$y = \frac{K(x)}{x}$$

$$y' = \frac{K'(x)x - K(x)}{x^2}.$$

Einsetzen in die Dgl.

$$\frac{K'(x)x - K(x)}{x^2} + \frac{K(x)}{x^2} = \sin x$$

$$\frac{K'(x)}{x} = \sin x.$$

Trennen der Variablen

$$\mathrm{d}K(x) = x \sin x \,\mathrm{d}x.$$

Integrieren

$$K(x) = \sin x - x \cos x + C.$$

Allgemeine Lösung der inhomogenen Dgl.

$$y = \frac{\sin x - x\cos x + C}{x}$$

$$y = \frac{C + \sin x}{x} - \cos x.$$

2. Ein Stromkreis mit dem ohmschen Widerstand R, der Induktivität L und der Wechselspannungsquelle $e(t) = \hat{e} \sin \omega t$ wird zur Zeit $t = 0$ geschlossen (Bild 310). Wie ist der zeitliche Verlauf des Stromes?

Lösung: Der 2. KIRCHHOFFsche Satz ermöglicht den Ansatz der Dgl.:

$$u_R + u_L = e$$

$$Ri + L\frac{\mathrm{d}i}{\mathrm{d}t} = \hat{e} \sin \omega t.$$

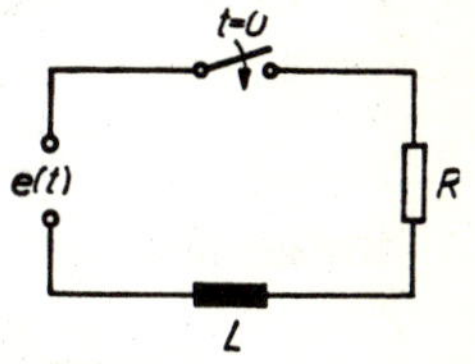

Bild 310

Dgl. des Stromkreises

$$\frac{\mathrm{d}i}{\mathrm{d}t} + \frac{R}{L} i = \frac{\hat{e}}{L} \sin \omega t.$$

Homogene Dgl.

$$\frac{\mathrm{d}i}{\mathrm{d}t} + \frac{R}{L} i = 0.$$

Trennen der Variablen

$$\frac{\mathrm{d}i}{i} = -\frac{R}{L}\,\mathrm{d}t.$$

Integrieren

$$\ln|i| = -\frac{R}{L}t + \ln|K|.$$

Allgemeine Lösung der homogenen Dgl.

$$\underline{\underline{i_h = K\,\mathrm{e}^{-\frac{R}{L}t}}}.$$

Lösungsansatz durch Variation der Konstanten

$$i = K(t)\,\mathrm{e}^{-\frac{R}{L}t},$$

$$\frac{\mathrm{d}i}{\mathrm{d}t} = K'(t)\,\mathrm{e}^{-\frac{R}{L}t} - K(t)\frac{R}{L}\,\mathrm{e}^{-\frac{R}{L}t}.$$

Einsetzen in die Dgl.

$$K'(t)\,\mathrm{e}^{-\frac{R}{L}t} - K(t)\frac{R}{L}\,\mathrm{e}^{-\frac{R}{L}t} + \frac{R}{L}K(t)\,\mathrm{e}^{-\frac{R}{L}t} = \frac{\hat{e}}{L}\sin\omega t.$$

Trennen der Variablen

$$\mathrm{d}K(t) = \frac{\hat{e}}{L}\,\mathrm{e}^{\frac{R}{L}t}\sin\omega t\,\mathrm{d}t.$$

Integrieren

$$K(t) = \frac{\hat{e}}{L}\,\frac{\mathrm{e}^{\frac{R}{L}t}}{\left(\frac{R}{L}\right)^2 + \omega^2}\left(\frac{R}{L}\sin\omega t - \omega\cos\omega t\right) + C.$$

Allgemeine Lösung der inhomogenen Dgl.

$$\underline{\underline{i = \frac{\hat{e}}{R^2 + \omega^2 L^2}(R\sin\omega t - \omega L\cos\omega t) + C\,\mathrm{e}^{-\frac{R}{L}t}}}.$$

Für den Einschaltvorgang gilt die Anfangsbedingung $t = 0,\ i = 0$.
Aus

$$0 = \frac{\hat{e}}{R^2 + \omega^2 L^2}(0 - \omega L) + C\,\mathrm{e}^0$$

läßt sich für C der Wert

$$C = \frac{\hat{e}\omega L}{R^2 + \omega^2 L^2}$$

errechnen. Damit wird die partikuläre Lösung zu

$$i_p = \frac{\hat{e}}{R^2 + \omega^2 L^2}\left(\omega L\,\mathrm{e}^{-\frac{R}{L}t} + R\sin\omega t - \omega L\cos\omega t\right).$$

In einem Wechselstromkreis bestehen zwischen Wirk-, Blind- und Scheinwiderstand die in Bild 311 dargestellten Beziehungen $\left(\varphi = \arctan \frac{\omega L}{R}\right.$ Phasenwinkel, R_s Scheinwiderstand$\left.\right)$. Ersetzt man außerdem den Quotienten $\frac{L}{R}$, der die Dimension einer Zeit hat, durch die Zeitkonstante $\tau = \frac{L}{R}$, so kann wegen

$$\sin \varphi = \frac{\omega L}{\sqrt{R^2 + \omega^2 L^2}}, \quad \cos \varphi = \frac{R}{\sqrt{R^2 + \omega^2 L^2}}, \quad R_S = \sqrt{R^2 + \omega^2 L^2}$$

die partikuläre Lösung in der Form

$$i_p = \frac{\hat{e}}{R_s}\left(\sin \varphi \, e^{-\frac{t}{\tau}} + \cos \varphi \sin \omega t - \sin \varphi \cos \omega t\right)$$

geschrieben werden. Faßt man noch die beiden letzten Summanden in der Klammer mittels eines Additionstheorems zusammen, so wird

$$\underline{\underline{i_p = \frac{\hat{e}}{R_s}\left[\sin \varphi \, e^{-\frac{t}{\tau}} + \sin(\omega t - \varphi)\right].}}$$

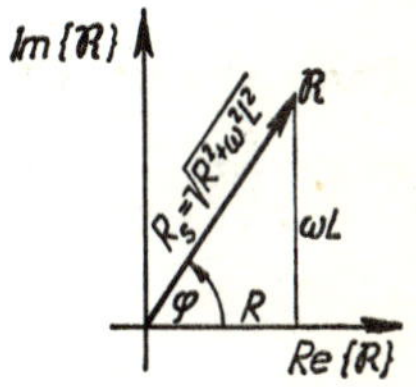

Bild 311

Für $t \to \infty$ geht der erste Summand der rechten Seite gegen Null. Dieser Anteil des Stromes wird deshalb auch als *flüchtiger Anteil*

$$i_{fl} = \frac{\hat{e}}{R_S} \sin \varphi \, e^{-\frac{t}{\tau}}$$

bezeichnet. Der Anteil

$$i_{st} = \frac{\hat{e}}{R_S} \sin(\omega t - \varphi)$$

heißt der *stationäre Anteil*. Er beschreibt den Stromverlauf nach Abklingen des Einschaltvorganges. Bild 312 zeigt den Verlauf von i, i_{fl} und i_{st}.

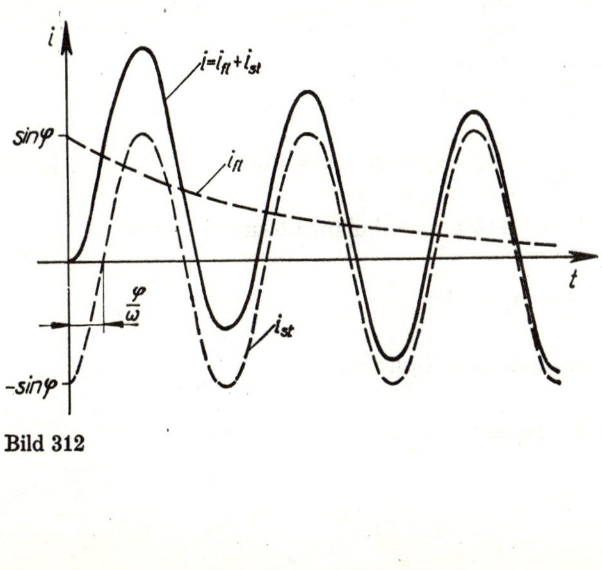

Bild 312

Bei Dgln., die einen technischen Sachverhalt zum Inhalt haben, kommt es nicht selten vor, daß man partikuläre Lösungen der Dgln. kennt. Dann kann ein Teil des Lösungsganges, insbesondere der sonst erforderlichen Integrationen, eingespart werden.

Mit $y_1 = f_1(x)$ liege eine partikuläre Lösung der homogenen linearen Dgl. 1. Ordnung vor, d. h., es sei

$$\frac{\mathrm{d}y_1}{\mathrm{d}x} + g(x)\,y_1 = 0.$$

Dann ist auch $Cy_1 = Cf_1(x)$, worin C eine Konstante ist, Lösung dieser Dgl.; denn es ist $\left(\text{da } \frac{\mathrm{d}Cx_1}{\mathrm{d}x} = C\,\frac{\mathrm{d}y_1}{\mathrm{d}x}\right)$

$$C\,\frac{\mathrm{d}y_1}{\mathrm{d}x} + g(x)\,Cy_1 = C\left(\frac{\mathrm{d}y_1}{\mathrm{d}x} + g(x)\,y_1\right) = 0.$$

Weil somit $Cy_1 = Cf_1(x)$ Lösung der Dgl. ist und eine willkürliche Konstante enthält, muß es die allgemeine Lösung sein. Es gilt also:

Ist von einer homogenen linearen Dgl. 1. Ordnung eine partikuläre Lösung bekannt, so erhält man durch Multiplizieren mit einer Konstanten die allgemeine Lösung.

Ist $y_1 = f_1(x)$ eine partikuläre Lösung der inhomogenen linearen Dgl. 1. Ordnung, so kann nach Einführen einer neuen, von x abhängigen Variablen u die allgemeine Lösung mittels des Lösungsansatzes

$$y = y_1 + u$$

berechnet werden.

Es ist

$$\frac{\mathrm{d}y}{\mathrm{d}x} = \frac{\mathrm{d}y_1}{\mathrm{d}x} + \frac{\mathrm{d}u}{\mathrm{d}x}.$$

Nach Einsetzen in (214) erhält man

$$\frac{\mathrm{d}y_1}{\mathrm{d}x} + \frac{\mathrm{d}u}{\mathrm{d}x} + g(x)\,y_1 + g(x)\,u = s(x).$$

Da vorausgesetzt wurde, daß y_1 partikuläre Lösung ist, muß

$$\frac{\mathrm{d}y_1}{\mathrm{d}x} + g(x)\,y_1 = s(x)$$

sein. Damit vereinfacht sich die Dgl. zu

$$\frac{\mathrm{d}u}{\mathrm{d}x} + g(x)\,u = 0,$$

also einer Dgl. mit trennbaren Variablen, aus der u bestimmt werden kann. Man erkennt:

Ist von einer inhomogenen linearen Dgl. 1. Ordnung eine partikuläre Lösung bekannt, so genügt eine Integration, um die allgemeine Lösung zu finden.

Sind $y_1 = f_1(x)$ und $y_2 = f_2(x)$ zwei partikuläre Lösungen einer inhomogenen linearen Dgl. 1. Ordnung, so muß gelten

$$\frac{\mathrm{d}y_1}{\mathrm{d}x} + g(x)\, y_1 = s(x)$$

und

$$\frac{\mathrm{d}y_2}{\mathrm{d}x} + g(x)\, y_2 = s(x).$$

Durch Subtrahieren der ersten Gleichung von der zweiten erhält man

$$\frac{\mathrm{d}(y_2 - y_1)}{\mathrm{d}x} + g(x)\,(y_2 - y_1) = 0.$$

$y_2 - y_1 = f_2(x) - f_1(x)$ ist also eine Lösung der zugehörigen homogenen Gleichung. Wie oben dargelegt wurde, erhält man aus einer partikulären die allgemeine Lösung einer homogenen linearen Dgl. 1. Ordnung durch Multiplizieren mit einer Konstanten. Die allgemeine Lösung der inhomogenen Gleichung kann man nunmehr als Summe aus einer partikulären Lösung und der allgemeinen Lösung der zugehörigen homogenen Dgl. ermitteln:

$$y = y_1 + C(y_2 - y_1).$$

Aus zwei partikulären Lösungen einer inhomogenen linearen Dgl. 1. Ordnung kann die allgemeine Lösung ohne Integrationen bestimmt werden.

23.6. Auf Differentialgleichungen 1. Ordnung zurückführbare Differentialgleichungen 2. Ordnung

Die implizite Dgl. 2. Ordnung besitzt die allgemeine Form

$$\boxed{\Phi(x; y; y'; y'') = 0} \tag{216}$$

die explizite Dgl. 2. Ordnung lautet

$$\boxed{y'' = \varphi(x; y; y')} \tag{217}$$

Im folgenden sollen diejenigen expliziten Dgln. 2. Ordnung behandelt werden, die sich auf Dgln. 1. Ordnung zurückführen lassen.

$y'' = \varphi(x)$

Dieser Typ ist durch zweimaliges Integrieren lösbar (vgl. 22.1., Weg-Zeit-Gesetz für den Wurf senkrecht nach oben).

BEISPIEL

1. Wie heißt die Gleichung der elastischen Linie eines Trägers auf zwei Stützen (Länge l), der mit einer konstanten Streckenlast q belastet ist (Bild 313)?

Lösung: Die Dgl. der elastischen Linie lautet (vgl. 22.2., Beisp. 3)

$$y'' = -\frac{M}{EI}.$$

Das Moment M im Abstand x errechnet sich aus der Gleichgewichtsbedingung für die Momente zu

$$M = \frac{q}{2}(lx - x^2).$$

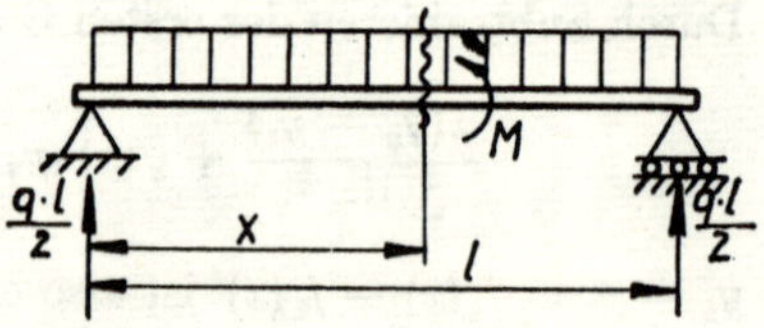

Bild 313

Es ist also

$$y'' = -\frac{q}{2EI}(lx - x^2).$$

Zweimaliges Integrieren

$$y' = -\frac{q}{2EI}\left(l\frac{x^2}{2} - \frac{x^3}{3}\right) + C_1,$$

$$y = -\frac{q}{2EI}\left(l\frac{x^3}{6} - \frac{x^4}{12}\right) + C_1x + C_2.$$

An den Stellen $x = 0$ und $x = l$ muß $y = 0$ sein. Die beiden Bedingungen für das Belegen von C_1 und C_2 sind diesmal für zwei verschiedene Werte der unabhängigen Variablen vorgegeben. Man spricht in diesem Falle von *Randbedingungen*.

$x = 0,\ y = 0$ liefert $C_2 = 0$,

$x = l,\ y = 0$ liefert $C_1 = \frac{q}{24EI}l^3$.

Die Gleichung der elastischen Linie für den vorliegenden Belastungsfall lautet

$$y = \frac{q}{24EI}(l^3x - 2lx^3 + x^4).$$

$y'' = \varphi(y)$

Man multipliziert beide Seiten mit $2y'$

$$2y'y'' = 2\varphi(y)\,y',$$

denn dann kann auf der linken Seite $2y'y'' = \frac{\mathrm{d}(y'^2)}{\mathrm{d}x}$ gesetzt werden.

Aus

$$\frac{\mathrm{d}(y'^2)}{\mathrm{d}x} = 2\varphi(y)\frac{\mathrm{d}y}{\mathrm{d}x}$$

$$\mathrm{d}(y'^2) = 2\varphi(y)\,\mathrm{d}y$$

erhält man

$$y'^2 = 2\int \varphi(y)\,\mathrm{d}y + C_1$$

$$y' = \pm\sqrt{2\int \varphi(y)\,\mathrm{d}y + C_1}.$$

Damit ist die Dgl. 2. Ordnung auf eine Dgl. 1. Ordnung mit trennbaren Variablen zurückgeführt worden.

BEISPIELE

2. $y'' = 2e^y$; Anfangsbedingungen: $x = 0$, $y = 0$, $y' = -2$.

Lösung:

$$\begin{aligned} y'' &= 2e^y \\ 2y'y'' &= 4e^y y' \\ \mathrm{d}(y'^2) &= 4e^y\,\mathrm{d}y \\ y'^2 &= 4e^y + C_1. \end{aligned}$$

$y = 0$, $y' = -2$:

$$\begin{aligned} C_1 &= 0 \\ y' &= \pm 2\sqrt{e^y}. \end{aligned}$$

Wegen $y'|_{x=0} = -2$ scheidet das positive Vorzeichen auf der rechten Seite aus.

$$y' = -2e^{\frac{y}{2}}$$

Trennen der Variablen

$$e^{-\frac{y}{2}}\,\mathrm{d}y = -2\,\mathrm{d}x.$$

Integrieren

$$-2e^{-\frac{y}{2}} = -2x + C_2.$$

$x = 0$, $y = 0$:

$$\begin{aligned} C_2 &= -2 \\ e^{-\frac{y}{2}} &= 1 + x \\ -\frac{y}{2} &= \ln(1 + x) \\ y &= -2\ln(1 + x) \\ y &= -\ln(1 + x)^2. \end{aligned}$$

3. Schwingt in einer Ebene an einem Faden von der Länge l eine Masse m (die Masse des Fadens soll vernachlässigt werden), so spricht man von einem mathematischen Pendel. Es soll die Schwingungsdauer des mathematischen Pendels berechnet werden.

Lösung: Zur Zeit t sei der Auslenkwinkel α (Bild 314).

Die Trägheitskraft tangential zur Bahn ist $ml\frac{d^2\alpha}{dt^2} = ml\ddot{\alpha}$ (im folgenden sollen die Ableitungen nach der Zeit in der von NEWTON stammenden Schreibweise mit darübergesetzten Punkten dargestellt werden), sie wirkt im Abstand l vom Aufhängepunkt. Die Schwerkraft mg greift an einem Hebelarm $l \sin\alpha$ an. Die Momentengleichung bezüglich des Aufhängepunktes liefert die Dgl. der Pendelbewegung

$$ml^2\ddot{\alpha} + mgl\sin\alpha = 0.$$

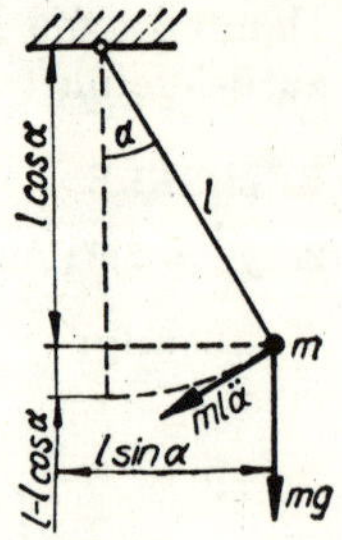

Bild 314

Vereinfacht

$$\ddot{\alpha} + \frac{g}{l}\sin\alpha = 0.$$

Mit $2\dot{\alpha}$ multipliziert

$$2\dot{\alpha}\ddot{\alpha} = -2\frac{g}{l}\dot{\alpha}\sin\alpha.$$

Integriert

$$\dot{\alpha}^2 = 2\frac{g}{l}\cos\alpha + C_1.$$

Bei der größten Auslenkung ist $\alpha = \alpha_{max}$ und $\dot{\alpha} = 0$. Dies ergibt

$$C_1 = -2\frac{g}{l}\cos\alpha_{max}.$$

$$\dot{\alpha} = \pm\sqrt{\frac{2g}{l}(\cos\alpha - \cos\alpha_{max})}.$$

Betrachtet man nur den Ausschlag nach einer Seite, so kann eines der beiden Vorzeichen weggelassen werden. Den Radikanden formt man unter Verwendung der Beziehung $\cos x = 1 - 2\sin^2\frac{x}{2}$ um.

$$\dot{\alpha} = 2\sqrt{\frac{g}{l}\left(\sin^2\frac{\alpha_{max}}{2} - \sin^2\frac{\alpha}{2}\right)}.$$

Trennen der Variablen

$$dt = \frac{d\alpha}{2\sqrt{\frac{g}{l}\left(\sin^2\frac{\alpha_{max}}{2} - \sin^2\frac{\alpha}{2}\right)}}.$$

Die Integration führt auf ein elliptisches Integral, das durch Reihenentwicklung (vgl. Aufg. 665) gelöst werden kann, auf dessen Berechnung jedoch hier verzichtet werden soll. Für die Zeitdauer einer vollen Schwingung erhielte man

$$T = 2\pi\sqrt{\frac{l}{g}}\left(1 + \frac{1}{4}\sin^2\frac{\alpha_{max}}{2} + \frac{9}{64}\sin^4\frac{\alpha_{max}}{2} + \cdots\right).$$

Der aus der Physik bekannte Wert für die Periodendauer ist ein Näherungswert, der sich durch Abbrechen der Reihe nach dem 1. Glied ergibt.
Die vollständige Berechnung soll unter der Voraussetzung kleiner Ausschlagwinkel α durchgeführt werden. Für kleine Winkel α gilt $\sin\alpha \approx \alpha$. Die Dgl. der Pendelbewegung vereinfacht sich damit zu

$$\ddot{\alpha} = -\frac{g}{l}\alpha$$

(damit ist die ursprünglich nichtlineare Dgl. linearisiert worden).

$$2\dot{\alpha}\ddot{\alpha} = -2\frac{g}{l}\alpha\dot{\alpha}$$

$$\dot{\alpha}^2 = -\frac{g}{l}\alpha^2 + C_1.$$

Für die Anfangsbedingung $\alpha = \alpha_{\max}$, $\dot{\alpha} = 0$ wird

$$C_1 = \frac{g}{l}\alpha_{\max}^2$$

$$\dot{\alpha}^2 = \frac{g}{l}(\alpha_{\max}^2 - \alpha^2).$$

Trennen der Variablen

$$dt = \sqrt{\frac{l}{g}}\frac{d\alpha}{\sqrt{\alpha_{\max}^2 - \alpha^2}}$$

$$t = \sqrt{\frac{l}{g}}\arcsin\frac{\alpha}{\alpha_{\max}} + C_2.$$

$t = 0$, $\alpha = 0$ liefert

$$C_2 = 0$$

$$t = \sqrt{\frac{l}{g}}\arcsin\frac{\alpha}{\alpha_{\max}}.$$

Bewegt sich das Pendel aus der Vertikallage bis zur größten Auslenkung, so wird $\alpha = \alpha_{\max}$ und $t = T/4$.

$$\frac{T}{4} = \sqrt{\frac{l}{g}}\arcsin 1 = \sqrt{\frac{l}{g}}\frac{\pi}{2}$$

$$\underline{\underline{T = 2\pi\sqrt{\frac{l}{g}}.}}$$

$y'' = \varphi(y')$, $y'' = \varphi(x; y')$, $y'' = \varphi(y; y')$

In allen drei vorliegenden Fällen ist es möglich, die Dgl. mittels der Substitution

$$y' = \frac{\mathrm{d}y}{\mathrm{d}x} = u$$

$$y'' = \frac{\mathrm{d}u}{\mathrm{d}x}$$

auf eine Dgl. 1. Ordnung zurückzuführen. Aus dieser wird zunächst u errechnet, anschließend durch eine zweite Integration y.

$y'' = \varphi(y')$

Die Substitution ergibt

$$\frac{\mathrm{d}u}{\mathrm{d}x} = \varphi(u)$$

d. h. eine Dgl. 1. Ordnung mit trennbaren Variablen.

$y'' = \varphi(x; y')$

Durch die Substitution entsteht die Dgl. 1. Ordnung

$$\frac{\mathrm{d}u}{\mathrm{d}x} = \varphi(x, u).$$

$y'' = \varphi(y; y')$

Kann vorausgesetzt werden, daß die 1. Ableitung der Lösung verschieden von Null ist, dann ist $y = f(x)$ eigentlich monoton, und es ist erlaubt, die Substitution

$$y' = \frac{\mathrm{d}y}{\mathrm{d}x} = u$$

und

$$y'' = \frac{\mathrm{d}u}{\mathrm{d}x} = \frac{\mathrm{d}u}{\mathrm{d}y} \cdot \frac{\mathrm{d}y}{\mathrm{d}x} = \frac{\mathrm{d}u}{\mathrm{d}y}\, u$$

vorzunehmen. Damit wird aus der Dgl. $y'' = \varphi(y; y')$

$$\frac{\mathrm{d}u}{\mathrm{d}}\, u = \varphi(u; y).$$

Dies ist eine Dgl. 1. Ordnung mit u als abhängiger und y als unabhängiger Variabler, die auch in der Form

$$\frac{\mathrm{d}u}{\mathrm{d}y} = \psi(y; u)$$

geschrieben werden kann.

BEISPIELE

4. $y'' - y' = e^x$

Lösung: Mit $y' = u$, $y'' = \frac{du}{dx}$ wird die Dgl. zu

$$\frac{du}{dx} - u = e^x,$$

einer inhomogenen linearen Dgl. 1. Ordnung
Homogene Dgl.

$$\frac{du}{dx} - u = 0.$$

Trennen der Variablen

$$\frac{du}{u} = dx.$$

Integrieren

$$\ln|u| = x + \ln|K|.$$

Lösung der homogenen Dgl.

$$u_h = K e^x.$$

Variation der Konstanten

$$u = K(x)\, e^x$$

$$\frac{du}{dx} = K'(x)\, e^x + K(x)\, e^x.$$

Einsetzen in die Dgl. ergibt

$$\begin{aligned} K'(x)\, e^x &= e^x \\ K'(x) &= 1 \\ K(x) &= x + C_1 \\ u &= (C_1 + x)\, e^x. \end{aligned}$$

Rücksubstitution

$$\frac{dy}{dx} = (C_1 + x)\, e^x.$$

Integrieren

$$y = C_1 e^x + x e^x - e^x + C_2 = e^x(x - 1 + C_1) + C_2.$$

Allgemeine Lösung der inhomogenen Dgl.

$$\underline{\underline{y = e^x(x + C_3) + C_2.}}$$

5. Für ein zwischen zwei Punkten P_1 und P_2 ausgespanntes Seil, das nur seinem Eigengewicht als Belastung unterworfen ist und keine Biegesteifigkeit aufweist, gilt die Dgl.

$$H\frac{d^2y}{dx^2} = q\sqrt{1 + \left(\frac{dy}{dx}\right)^2}$$

(H Horizontalkomponente der Seilzugkraft, q Seilgewicht je Längeneinheit). Die vorgenannten Bedingungen sind bei einer Kette annähernd erfüllt, weshalb die Dgl. auch *Dgl. der Kettenlinie* heißt. Wie hängt der Ordinatenwert vom jeweiligen Abszissenwert x ab?

Lösung: Es liegt eine Dgl. vom Typ $y'' = \varphi(y')$ vor. Setzt man $y' = u$ sowie $\frac{q}{H} = a$, so wird die Dgl. zu

$$\frac{du}{dx} = a\sqrt{1 + u^2}.$$

Trennen der Variablen

$$\frac{du}{\sqrt{1 + u^2}} = a\,dx.$$

Integrieren

$$\operatorname{arsinh} u = ax + C_1$$
$$u = \sinh(ax + C_1).$$

Nochmaliges Integrieren liefert als Lösung der Dgl.

$$y = \frac{1}{a}\cosh(ax + C_1) + C_2.$$

Die Integrationskonstanten können durch Anfangs- oder Randbedingungen bestimmt werden. Als Randbedingungen könnten z. B. die Koordinaten der Aufhängepunkte gegeben sein.

Aufgaben

700. Wie heißt die Dgl. aller Tangenten an die Kurve mit der Gleichung $y = x^2$?

701. Von der Gleichung $x^2 + y^2 + Ax + By + C = 0$ ausgehend soll die Dgl. aller Kreise aufgestellt werden (vgl. 22.3., Beispiel 3).

702. Gesucht ist die Dgl. der Kurvenschar mit der Gleichung $y = c^2/x$.

703. Wie heißt die Dgl. aller Kreise mit dem Radius r, deren Mittelpunkte auf der x-Achse liegen?

704. Die Dgl. aller Parabeln in der Ebene ist aufzustellen.

705. Gesucht ist die Gleichung der Kurven, für deren Tangenten gilt: Der Berührungspunkt teilt den durch die Schnittpunkte mit der y- und der x-Achse begrenzten Tangentenabschnitt im Verhältnis 1:2.

706. Die Dgl. aller Kurven, deren Subtangentenlänge das Doppelte der Abszisse des Berührungspunktes ist, soll aufgestellt werden. Wie heißt die Gleichung der Kurven?

707. Mittels des Isoklinenverfahrens ist die durch den Punkt (1; 1) gehende Lösungskurve der Dgl. $y' = \frac{x - y}{x}$ zu ermitteln.

708. Die Dgl. $T\dot{y} + y = K$ ist zu lösen ($t = 0$, $y = 0$). Wie groß ist y für $t \to \infty$? Wie groß ist y zur Zeit $t = T$? Zu welcher Zeit t (bezogen auf T) hat y 95% bzw. 99% von $y|_{t\to\infty}$ erreicht?

Man löse nach Trennen der Variablen:

709. $y' = \dfrac{x}{y}$

710. $y' = \dfrac{y}{x}$

711. $y' = \dfrac{e^x}{y}$

712. $xy' - ay' - y + b = 0$

713. $y' = \dfrac{2x^2 + 7x - 4}{y^2 - 9}$

714. $y' - xy + x\sqrt{y} = 0$

715. $xy' - \dfrac{y}{x+1} = 0$

716. $\sqrt{a^2 - x^2}\; y' - x^2\sqrt{(a^2 + y^2)^3} = 0$

717. Die Dgl. $y' \sin x = y \ln y$ ist zu lösen. Wie lautet die partikuläre Lösung, für die $x = \pi/2$, $y = 1$ gilt?

Für die Dgln. 718 bis 723 sind die partikulären Lösungen zu ermitteln, die die angegebenen Anfangsbedingungen erfüllen.

718. $\dfrac{y'}{x \sin x} + \dfrac{1}{y} = 0 \quad x = \pi,\ y = 11$

719. $y'y^2 + x^2 - 1 = 0 \quad x = 2,\ y = 1$

720. $y'(1 - x^2) - 1 - 2y^2 = 0 \quad x = \dfrac{1}{3},\ y = \dfrac{1}{2}\sqrt{2}$

721. $y'(2 + 3x) - 2(3 + 4y^2) = 0 \quad x = 110,\ y = 1{,}95$

722. $y'(x^2 - 28x + 160) - \dfrac{6}{y} = 0 \quad x = 40,\ y = 1{,}045$

723. $y'(1 + 11x^2) - \dfrac{1}{y} = 0 \quad x = \sqrt{11},\ y = 16$

Die Dgln. 724 bis 729 sind durch Substitution zu lösen.

724. $y' = x - y$

725. $y' = x + y$

726. $y' = \dfrac{x + y}{x - y}$

727. $y' = \dfrac{xy + y^2}{x^2}$

728. $y' = \dfrac{x^2 + 5y^2}{3xy}$

729. $y' = \dfrac{2x - 3y + 1}{6x - 9y - 1}$

730. Für ein System mit einfacher Speicherwirkung gilt die Dgl. $T\dot{x}_a + x_a = K x_e$ (x_a Ausgangsgröße, x_e Eingangsgröße, T Zeitkonstante, K proportionaler Übertragungsfaktor mit $[K] = \dfrac{[x_a]}{[x_e]}$). Wie ändert sich die Ausgangsgröße x_a in Abhängigkeit von der Zeit t, wenn $x_e = ct$ ist ($c = \text{const.}$)?

731. $y' - xy + 2x = 0$

732. $y' + 2y = e^{3x}$

733. $y' - 2xy + e^{x^2} = 0$

734. $y' - y \tan x + \sin x = 0$

735. $y' = \dfrac{y}{\sin x \cos x} - \dfrac{\sin^2 x}{\cos x}$

736. $y' + 3xy - 2e^{-\frac{3}{2}x^2 - 4x} = 0 \quad x = 2,\ y = 40$

737. $y' - 2y + x = 0 \qquad x = 0,\ y = 20$

738. $xy' + 2y = 3x^2 - 2x + 4 \quad x = 1,\ y = \dfrac{1}{12}$

739. $y' + y + e^x = 0 \qquad x = 1,\ y = 0$

Die folgenden Dgln. 2. Ordnung sind auf Dgln. 1. Ordnung zurückzuführen und zu lösen.

740. $y'' + y = 0$

741. $y'' + y' = e^x$

742. $y'' + y = x^2$

743. $y'' + 2y = e^{3x}$

744. $y'' - y = e^x$

745. $y'' - y = -x \qquad x = 1 \begin{cases} y = 3 \\ y' = 5 \end{cases}$

746. $y'' - 10y' + x^2 = 0 \qquad x = 0 \begin{cases} y = 0 \\ y' = 0 \end{cases}$

747. $y'' - 5y + 3x - 8 = 0 \qquad x = 0 \begin{cases} y = 0 \\ y' = 3 \end{cases}$

748. $y'' + 3y' - 6x + 5 = 0 \qquad x = -1 \begin{cases} y = 1 \\ y' = 2 \end{cases}$

749. $y'' + y + x^2 + 6 = 0 \qquad \begin{matrix} x = 0, & y = 0 \\ x = \pi, & y' = 0 \end{matrix}$

750. Für einen Träger auf zwei Stützen mit der Länge l ist die Gleichung der elastischen Linie für folgende Belastungsfälle zu ermitteln:

a) Mittellast, $M = \dfrac{Fx}{2}$

b) Dreieckslast, $M = \dfrac{Fl}{3}\left[\dfrac{x}{l} - \left(\dfrac{x}{l}\right)^3\right]$.

24. Lineare Differentialgleichungen 2. und höherer Ordnung mit konstanten Koeffizienten

24.1. Einführen eines linearen Differentialoperators

Eine lineare Dgl. n-ter Ordnung hat die allgemeine Form (207)

$$g_n(x)\, y^{(n)} + g_{n-1}(x)\, y^{(n-1)} + \cdots + g_1(x)\, y' + g_0(x)\, y = S(x).$$

Im folgenden sollen ausschließlich solche lineare Dgln. behandelt werden, in denen alle $g_i(x)$ konstante reelle Zahlen sind. Dividiert man die vorstehende Dgl. noch durch den Koeffizienten der höchsten Ableitung, so erhält man mit $\dfrac{g_i}{g_n} = a_i$, $\dfrac{S(x)}{g_n} = s(x)$ als allgemeine Form einer linearen Dgl. n-ter Ordnung mit konstanten Koeffizienten

$$\boxed{y^{(n)} + a_{n-1}y^{(n-1)} + \cdots + a_1 y' + a_0 y = s(x), \quad a_i \in R} \tag{218}$$

Im Falle $s(x) \equiv 0$ heißt die Dgl. homogen, für $s(x) \not\equiv 0$ inhomogen.
Zum Bilden der linken Seite von (218) werden folgende Operationen angewendet:

a) n-maliges Ableiten einer Funktion $y = f(x)$ und Bestimmen der Funktionswerte $y, y', \ldots, y^{(n)}$;

b) Multiplizieren mit den Koeffizienten a_i $(i = 0, 1, \ldots, n-1)$;

c) Addieren der Produkte.

Das Ergebnis der Anwendung dieser Operationen auf eine Funktion $y = f(x)$ soll durch einen Operator L_n bezeichnet werden, d. h., es wird vereinbart

$$\boxed{L_n[y] \equiv y^{(n)} + a_{n-1}y^{(n-1)} + \cdots + a_1 y' + a_0 y} \tag{219}$$

L_n heißt **linearer Differentialoperator**, $L_n[y]$ ein *linearer Differentialterm*.

Der lineare Differentialoperator besitzt folgende Eigenschaften:

1. Sind y_1 und y_2 die Funktionswerte zweier beliebiger, im betrachteten Intervall stetiger und n-mal differenzierbarer Funktionen $y_1 = f_1(x)$ und $y_2 = f_2(x)$, so ist

$$\boxed{L_n[y_1 + y_2] = L_n[y_1] + L_n[y_2]} \tag{220}$$

Gemäß der Definition des Operators muß nämlich gelten

$$\begin{aligned} L_n[y_1 + y_2] &= (y_1 + y_2)^{(n)} + a_{n-1}(y_1 + y_2)^{(n-1)} + \cdots + \\ &\qquad + a_1(y_1 + y_2)' + a_0(y_1 + y_2) = \\ &= y_1^{(n)} + a_{n-1}y_1^{(n-1)} + \cdots + a_1 y_1' + a_0 y_1 + \\ &\qquad + y_2^{(n)} + a_{n-1}y_2^{(n-1)} + \cdots + a_1 y_2' + a_0 y_2 = \\ &= L_n[y_1] + L_n[y_2]. \end{aligned}$$

Wie durch vollständige Induktion bewiesen werden kann, gilt die Beziehung (220) für beliebig viele Summanden.

2. Ist y_1 der Funktionswert einer beliebigen, im betrachteten Intervall stetigen und n-mal differenzierbaren Funktion $y_1 = f_1(x)$ und C eine Konstante, so ist

$$\boxed{L_n[Cy_1] = CL_n[y_1]} \tag{221}$$

denn es gilt

$$L_n[Cy_1] = Cy_1^{(n)} + Ca_{n-1}y_1^{(n-1)} + \cdots + Ca_1 y_1' + Ca_0 y_1 = CL_n[y_1].$$

Mit Hilfe der Relationen (220) und (221) ist es nunmehr möglich, die Richtigkeit folgender für das Lösen von linearen Dgln. wichtiger Sätze zu beweisen:

Satz

Sind $y_1 = f_1(x)$ und $y_2 = f_2(x)$ Lösungen einer homogenen linearen Dgl., so ist auch $y_1 + y_2 = f_1(x) + f_2(x)$ eine Lösung.

Beweis: Sind $y_1 = f_1(x)$ und $y_2 = f_2(x)$ Lösungen der Dgl. $L_n[y] = 0$, so ist $L_n[y_1] = 0$ und $L_n[y_2] = 0$. Wegen Gl. (220) wird dann aber auch $L_n[y_1 + y_2] = L_n[y_1] + L_n[y_2] = 0$.

Satz

Ist $y_1 = f_1(x)$ Lösung einer homogenen linearen Dgl., so ist auch $Cy_1 = Cf_1(x)$ eine Lösung.

Beweis: Nach Gl. (221) ist $L_n[Cy_1] = CL_n[y_1]$. Da $y_1 = f_1(x)$ Lösung sein soll, muß $L_n[y_1] = 0$ und damit auch $L_n[Cy_1] = 0$ gelten.

Aus den vorstehenden beiden Sätzen folgt:

Liegen mit $y_1 = f_1(x)$, $y_2 = f_2(x), \ldots, y_n = f_n(x)$ n wesentliche[1]), voneinander nicht abhängige[2]) Lösungen einer homogenen linearen Dgl. n-ter Ordnung vor, so kann mit $y = C_1y_1 + C_2y_2 + C_3y_3 + \cdots + C_ny_n$ die allgemeine Lösung angegeben werden.

$y = C_1y_1 + C_2y_2 + \cdots + C_ny_n$ ist nämlich nach der Aussage der obenstehenden beiden Sätze Lösung der Dgl.; da diese Lösung n Konstanten enthält, ist es die allgemeine Lösung.

Ist eine komplexwertige Funktion der reellen Variablen x in der Form $y = f(x) = u(x) + \mathrm{j}v(x)$ Lösung einer homogenen linearen Dgl., so sind auch $y_1 = u(x)$ und $y_2 = v(x)$ Lösungen der Dgl.

Beweis: Ist $y = f(x)$ Lösung der Dgl., so muß $L_n[y] = L_n[u(x) + \mathrm{j}v(x)] = 0$ sein. Wegen (220) gilt dann auch $L_n[u(x) + \mathrm{j}v(x)] = L_n[u(x)] + \mathrm{j}L_n[v(x)] = 0$. Diese Gleichung wird aber nur durch $L_n[u(x)] = 0$ und zugleich $L_n[v(x)] = 0$ erfüllt, d. h., wenn $y_1 = u(x)$ und $y_2 = v(x)$ Lösungen der Dgl. sind.

BEISPIEL

Mit $y_1 = \mathrm{e}^x$ und $y_2 = \mathrm{e}^{-x}$ liegen zwei Lösungen der Dgl. $y'' - y = 0$ vor. Wie heißt die allgemeine Lösung?

Lösung: Wie obenstehend bewiesen wurde, müssen auch $y = C_1\,\mathrm{e}^x$ und $y = C_2\,\mathrm{e}^{-x}$ Lösungen sein. Die allgemeine Lösung erhält man dann als Linearkombination der beiden Lösungen:

$$\underline{\underline{y = C_1\mathrm{e}^x + C_2\mathrm{e}^{-x}}}.$$

Probe: Es wird

$$\begin{aligned} y' &= C_1\mathrm{e}^x - C_2\mathrm{e}^{-x} \\ y'' &= C_1\mathrm{e}^x + C_2\mathrm{e}^{-x} \\ y'' - y &= C_1\mathrm{e}^x + C_2\mathrm{e}^{-x} - (C_1\mathrm{e}^x + C_2\mathrm{e}^{-x}) = 0. \end{aligned}$$

24.2. Die homogene lineare Differentialgleichung 2. Ordnung

Wie in 24.1. dargelegt wurde, genügt es für das Lösen der homogenen linearen Dgl. 2. Ordnung

$$\boxed{y'' + a_1y' + a_0y = 0} \qquad (222)$$

[1]) Wie leicht nachzuprüfen ist, hat jede homogene lineare Dgl. die triviale Lösung $y = 0$. Diese soll nicht als wesentliche Lösung gelten

[2]) Sind z. B. $y_1 = 1$ und $y_2 = \sin^2 x$ Lösungen einer Dgl., so ist $y_3 = \cos 2x$ keine unabhängige Lösung, da sie wegen $\cos 2x = 2\sin^2 x - 1$ eine Linearkombination der beiden erstgenannten Lösungen darstellt

zwei partikuläre, voneinander unabhängige Lösungen zu finden. Wie im folgenden gezeigt wird, ist dies allein mit Hilfe elementarer Funktionen und durch algebraische Operationen, also ohne Integrationen, möglich.
Eine elementare Funktion, die die Dgl. $y'' + a_1 y' + a_0 y = 0$ erfüllen soll, muß nach Einsetzen des Funktionswertes und der Werte der Ableitungen in die Dgl. eine Summe gleichartiger Glieder ergeben, die identisch Null sein kann. Eine Funktion, deren Ableitungswerte einander und auch dem Funktionswert selbst proportional sind, ist die Exponentialfunktion.

Zum Lösen einer homogenen linearen Dgl. verwendet man den Ansatz

$$y = e^{kx}$$

und bestimmt die Konstante k so, daß $y = e^{kx}$ die Dgl. erfüllt.

Aus $y = e^{kx}$ folgt $y' = k e^{kx}$, $y'' = k^2 e^{kx}$. Dies in die Dgl. (222) eingesetzt, ergibt

$$k^2 e^{kx} + a_1 k e^{kx} + a_0 e^{kx} = 0$$

$$e^{kx}(k^2 + a_1 k + a_0) = 0 .$$

Da e^{kx} für alle Werte der Variablen x verschieden von Null ist, muß

$$\boxed{k^2 + a_1 k + a_0 = 0} \tag{223}$$

sein. Man nennt (223) die der Dgl. (222) zugeordnete **charakteristische Gleichung.** (Wie man bemerkt, kann man die charakteristische Gleichung aus der Dgl. dadurch erhalten, daß man die Werte der Ableitungen durch Potenzen von k gleicher Ordnung ersetzt.)
Aus der charakteristischen Gleichung errechnet man für k die Werte

$$\boxed{k_{1;2} = -\frac{a_1}{2} \pm \sqrt{\frac{a_1^2}{4} - a_0}} \tag{223a}$$

Je nachdem die Diskriminante $\frac{a_1^2}{4} - a_0$ größer, gleich oder kleiner Null ist, sind drei Fälle zu unterscheiden:

1. *k_1 und k_2 sind reell und voneinander verschieden* $\left(\frac{a_1^2}{4} - a_0 > 0\right)$.

   Dann sind nach 24.1. $y_1 = C_1 e^{k_1 x}$ und $y_2 = C_2 e^{k_2 x}$ Lösungen der Dgl. (222), und die allgemeine Lösung lautet

$$\boxed{y = C_1 e^{k_1 x} + C_2 e^{k_2 x}} \tag{224a}$$

2. *k_1 und k_2 sind gleich.*

   Dies ist der Fall, wenn $\frac{a_1^2}{4} - a_0 = 0$ ist. Wegen $k_1 = k_2 = -\frac{a_1}{2}$ ergäbe sich nur eine unabhängige Lösung $y = C e^{kx}$. Die allgemeine Lösung kann hier mit

Hilfe der *Variation der Konstanten* bestimmt werden:

$$y = C(x)e^{kx}$$
$$y' = C'(x)e^{kx} + C(x)ke^{kx} = e^{kx}[C'(x) + kC(x)]$$
$$y'' = C''(x)e^{kx} + C'(x)\,ke^{kx} + C'(x)ke^{kx} + C(x)k^2e^{kx} =$$
$$= e^{kx}[C''(x) + 2kC'(x) + k^2C(x)].$$

Die Terme für y, y' und y'' in die Dgl. (222) eingesetzt, liefert die Dgl.

$$e^{kx}[C''(x) + (2k + a_1)\,C'(x) + (k^2 + a_1k + a_0)\,C(x)] = 0.$$

Wegen $e^{kx} \neq 0$, $k = -\dfrac{a_1}{2}$ und $a_0 = \dfrac{a_1^2}{4}$ folgt daraus

$$C''(x) = 0$$
$$C(x) = C_1x + C_2.$$

Führt man noch $-\delta = -\dfrac{a_1}{2} = k$ ein, so ergibt sich als allgemeine Lösung der Dgl.

$$\boxed{y = (C_1x + C_2)\,e^{-\delta x}} \tag{224b}$$

3. *k_1 und k_2 sind konjugiert-komplex* $\left(\dfrac{a_1^2}{4} - a_0 < 0\right)$.

Mit $\dfrac{a_1}{2} = \delta$ und $\omega = \sqrt{a_0 - \dfrac{a_1^2}{4}}$ wird

$$k_1 = -\delta + j\omega$$
$$k_2 = -\delta - j\omega.$$

Die Lösung der Dgl. kann somit in der Form

$$y = C_1e^{(-\delta+j\omega)x} + C_2e^{(-\delta-j\omega)x} =$$
$$= e^{-\delta x}(C_1e^{j\omega x} + C_2e^{-j\omega x})$$

geschrieben werden. Mit Hilfe der Beziehungen $e^{jx} = \cos x + j\sin x$ und $e^{-jx} = \cos x - j\sin x$ läßt sich die Lösung umformen zu

$$y = e^{-\delta x}[C_1(\cos\omega x + j\sin\omega x) + C_2(\cos\omega x - j\sin\omega x)] =$$
$$= e^{-\delta x}[(C_1 + C_2)\cos\omega x + j\,(C_1 - C_2)\sin\omega x].$$

Wie in 24.1. gezeigt wurde, müssen Realteil und Imaginärteil dieser Lösung selbst Lösung der Dgl. sein. Setzt man noch $C_1 + C_2 = A$ und $C_1 - C_2 = B$ und bildet aus Realteil und Imaginärteil eine neue Lösung, so erhält man diese in der Form

$$\boxed{y = e^{-\delta x}(A\cos\omega x + B\sin\omega x)} \tag{224c}$$

BEISPIELE

1. Die Dgl. $y'' + a_1 y' + a_0 y = 0$ ist für $a_1 = 4$ und

a) $a_0 = 3$ b) $a_0 = 4$ c) $a_0 = 5$ zu lösen.

Lösung:

a) $$y'' + 4y' + 3y = 0.$$

Charakt. Gleichung

$$k^2 + 4k + 3 = 0.$$

Lösungen der charakt. Gleichung

$$k_1 = -1, \quad k_2 = -3.$$

Allgemeine Lösung der Dgl.

$$\underline{\underline{y = C_1 e^{-x} + C_2 e^{-3x}}}.$$

b) $$y'' + 4y' + 4y = 0.$$

Charakt. Gleichung

$$k^2 + 4k + 4 = 0.$$

Lösungen der charakt. Gleichung

$$k_1 = k_2 = k = -2.$$

Allgemeine Lösung der Dgl.

$$\underline{\underline{y = e^{-2x}(C_1 x + C_2)}}.$$

c) $$y'' + 4y' + 5y = 0.$$

Charakt. Gleichung

$$k^2 + 4k + 5 = 0.$$

Lösungen der charakt. Gleichung

$$k_1 = -2 + j, \quad k_2 = -2 - j$$

$$y = e^{-2x}(C_1 e^{jx} + C_2 e^{-jx}).$$

Allgemeine Lösung der Dgl.

$$\underline{\underline{y = e^{-2x}(A \cos x + B \sin x)}}.$$

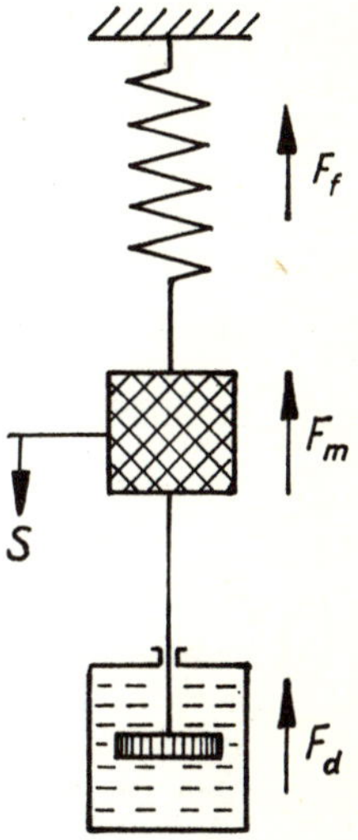

Bild 315

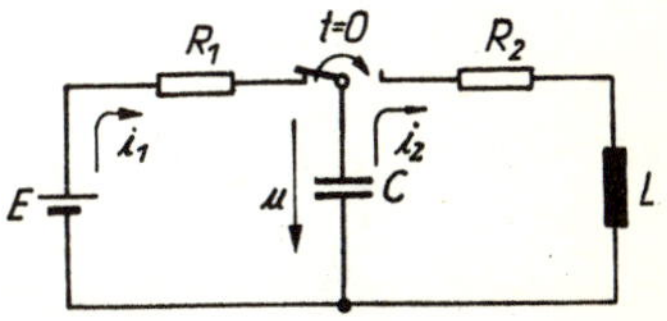

Bild 316

2. Eine Masse sei an einer elastischen Feder aufgehängt und starr mit einem in einer Flüssigkeit eingetauchten Dämpfungskolben verbunden (Bild 315).

a) Die Dgl. der Bewegung der Gesamtmasse nach einmaligem Auslenken aus der Ruhelage ist aufzustellen.

Das elektrische Analogon zu diesem Problem stellt der Reihenschwingungskreis dar (Bild 316), der zur Zeit $t = 0$ geschlossen wird.

b) Das Strom-Zeit-Gesetz des Reihenschwingungskreises ist ebenfalls durch eine Dgl. anzugeben.

c) Die Dgln. aus a) und b) sind unter Berücksichtigung der Annahme, der Dämpfungszylinder sei nicht vorhanden (Reibungskraft $F_d = 0$) bzw. der ohmsche Widerstand sei nicht vorhanden ($R = 0$), zu lösen: *ungedämpfte freie Schwingung.*

d) Die grundsätzlich möglichen Lösungen der Dgln. für $F_d \neq 0$ bzw. $R \neq 0$ sind zu ermitteln und zu diskutieren: *gedämpfte freie Schwingung.*

Lösung:

a) Bei einer Abwärtsbewegung der Masse tritt eine nach oben gerichtete Federkraft auf, die proportional der Auslenkung ist

$$F_f = fs \quad (f \text{ Federkonstante}),$$

außerdem eine geschwindigkeitsproportionale Reibungs- bzw. Dämpfungskraft

$$F_d = d\dot{s} \quad (d \text{ Dämpfungsfaktor}).$$

Die der Bewegung entgegengesetzt, also ebenfalls nach oben gerichtete Massenträgheitskraft ist

$$F_m = m\ddot{s} \quad (m \text{ Gesamtmasse}).$$

Die Gleichgewichtsbedingung liefert die Dgl.

$$m\ddot{s} + d\dot{s} + fs = 0$$

$$\ddot{s} + \frac{d}{m}\dot{s} + \frac{f}{m}s = 0,$$

eine homogene lineare Dgl. 2. Ordnung mit konstanten Koeffizienten.

b) Der Kondensator sei bis zur Zeit $t = 0$ durch den Strom i_1 aufgeladen worden. Die Spannung am Kondensator sei dann u_C. Wird zur Zeit $t = 0$ der Reihenschwingungskreis geschlossen, so beginnt ein Entladevorgang des Kondensators mit einem Stromfluß der Stärke i_2. Das 2. KIRCHHOFFsche Gesetz ermöglicht den Ansatz

$$-u_C + i_2 R_2 + u_L = 0.$$

Differenziert man diese Gleichung einmal nach der Zeit und setzt $u_C = u$, $i_2 = i$, so erhält man wegen $u_L = L\frac{\mathrm{d}i}{\mathrm{d}t}$ und $i = -C\frac{\mathrm{d}u}{\mathrm{d}t}$

$$\frac{1}{C}i + R\frac{\mathrm{d}i}{\mathrm{d}t} + L\frac{\mathrm{d}^2 i}{\mathrm{d}t^2} = 0$$

$$\frac{\mathrm{d}^2 i}{\mathrm{d}t^2} + \frac{R}{L}\frac{\mathrm{d}i}{\mathrm{d}t} + \frac{1}{LC}i = 0.$$

Dies ist wiederum eine homogene lineare Dgl. 2. Ordnung.

c) Nimmt man die Bewegung reibungsfrei an bzw. den ohmschen Widerstand mit Null (beides ist real nicht voll zu verwirklichen), so vereinfachen sich die beiden Dgln. zu

$$\ddot{s} + \frac{f}{m}s = 0$$

bzw.

$$\frac{\mathrm{d}^2 i}{\mathrm{d}t^2} + \frac{1}{LC}i = 0.$$

Da beide Gleichungen dieselbe Gestalt haben, genügt es, für eine die allgemeine Lösung zu bestimmen. Nimmt man die Dgl. der mechanischen Schwingung und setzt noch $\frac{f}{m} = \omega_0^2$, so erhält man

$$\ddot{s} + \omega_0^2 s = 0.$$

Die zugehörige charakteristische Gleichung $k^2 + \omega_0^2 = 0$ hat die Lösungen $k_1 = \mathrm{j}\omega_0$ und $k_2 = -\mathrm{j}\omega_0$.
Damit ergibt sich für die Lösung der Dgl.

$$s = C_1 \mathrm{e}^{\mathrm{j}\omega_0 t} + C_2 \mathrm{e}^{-\mathrm{j}\omega_0 t} = C_1(\cos\omega_0 t + \mathrm{j}\sin\omega_0 t) + C_2(\cos\omega_0 t - \mathrm{j}\sin\omega_0 t).$$

Wie in 24.1. gezeigt wurde, kann aus Real- und Imaginärteil eine neue Lösung kombiniert werden. Mit $C_1 + C_2 = A$, $C_1 - C_2 = B$ lautet somit die allgemeine Lösung der Dgl.

$$s = A\cos\omega_0 t + B\sin\omega_0 t.$$

Ersetzt man noch A und B mittels der Substitutionen $A = K\sin\varphi$ und $B = K\cos\varphi$ durch die Konstanten K und φ, so erhält man nach Anwenden eines Additionstheorems als allgemeine Lösung der Dgl.

$$\underline{\underline{s = K\sin(\omega_0 t + \varphi).}}$$

Dies ist die Gleichung einer harmonischen Schwingung mit der Amplitude K, der Kreisfrequenz ω_0 und dem Phasenwinkel φ. Sowohl die Masse m des mechanischen Systems als auch der Strom i im Reihenschwingungskreis würden im angenommenen Falle eine harmonische Schwingung ausführen. $\omega_0 = \sqrt{\dfrac{f}{m}}$ bzw. $\omega_0 = \dfrac{1}{\sqrt{LC}}$ heißt auch *Kennkreisfrequenz* (Eigenfrequenz des ungedämpften Systems).
Die Konstanten K und φ können auf Grund der Anfangsbedingungen berechnet werden. Im mechanischen System gilt: $t = 0$, $s = s_0$, $\dot{s} = v_0$.
Aus

$$s = K\sin(\omega_0 t + \varphi), \qquad \dot{s} = \omega_0 K\cos(\omega_0 t + \varphi)$$

folgt

$$s_0 = K\sin\varphi \qquad v_0 = \omega_0 K\cos\varphi$$

$$K = \sqrt{s_0^2 + \left(\frac{v_0}{\omega_0}\right)^2} \qquad \varphi = \arctan\frac{\omega_0 s_0}{v_0}.$$

Damit erhält man als partikuläre Lösung

$$s = \sqrt{s_0^2 + \left(\frac{v_0}{\omega_0}\right)^2}\,\sin\left(\omega_0 t + \arctan\frac{\omega_0 s_0}{v_0}\right).$$

Für den Reihenschwingungskreis heißt die allgemeine Lösung der Dgl.

$$i = K\sin(\omega_0 t + \varphi)$$

mit

$$\omega_0 = \frac{1}{\sqrt{LC}}.$$

Hier gelten die Anfangsbedingungen $t = 0$: $i = 0$, $u = u_C = u_L = L\dfrac{\mathrm{d}i}{\mathrm{d}t}$. Durch Ableiten der Lösung der Dgl. bekommt man

$$\frac{\mathrm{d}i}{\mathrm{d}t} = \omega_0 K\cos(\omega_0 t + \varphi).$$

Die Lösung und die vorstehende Gleichung liefern nach Einsetzen der Anfangsbedingungen

$$\varphi = 0, \qquad K = \frac{u}{\omega_0 L}.$$

Die den Anfangsbedingungen gehorchende partikuläre Lösung ist

$$i = \frac{u}{\omega_0 L} \sin \omega_0 t.$$

d) Ist $F_d \neq 0$ bzw. $R \neq 0$, so verläuft der Schwingungsvorgang gedämpft. Die Dgln. sind jetzt in der Form

$$\ddot{s} + \frac{d}{m}\dot{s} + \frac{f}{m}s = 0$$

und

$$\frac{\mathrm{d}^2 i}{\mathrm{d}t^2} + \frac{R}{L}\frac{\mathrm{d}i}{\mathrm{d}t} + \frac{1}{LC}i = 0$$

anzusetzen.
Statt dieser soll im folgenden mit der Dgl.

$$\ddot{y} + 2\delta\dot{y} + \omega_0^2 y = 0$$

gerechnet werden (im mechanischen Beispiel ist $y = s$, $2\delta = \frac{d}{m}$, $\omega_0^2 = \frac{f}{m}$, im elektrischen Beispiel $y = i$, $2\delta = \frac{R}{L}$, $\omega_0^2 = \frac{1}{LC}$).

Die charakteristische Gleichung

$$k^2 + 2\delta k + \omega_0^2 = 0$$

hat die Lösungen

$$k_{1;2} = -\delta \pm \sqrt{\delta^2 - \omega_0^2}.$$

Je nachdem $\delta < \omega_0$, $\delta = \omega_0$ oder $\delta > \omega_0$ ist, ergeben sich verschiedene Lösungen der Dgl. Die Berechnung dieser Lösungen soll unter Verwendung der in der Technik verwendeten Kenngröße, des **Dämpfungsgrades**

$$D = \frac{\delta}{\omega_0}$$

erfolgen.

α) $0 < D < 1$, d. h. $\delta < \omega_0$.

Die ist der Fall, wenn im mechanischen System die Dämpfung oder im Reihenschwingungskreis der ohmsche Widerstand relativ klein ist $\left(d < 2\sqrt{fm}\text{ bzw. } R < 2\sqrt{\frac{L}{C}}\right)$. k_1 und k_2 sind konjugiert-komplex:

$$k_{1;2} = -\delta \pm \mathrm{j}\sqrt{\omega_0^2 - \delta^2}$$

oder, mit

$$\omega_\mathrm{e} = \sqrt{\omega_0^2 - \delta^2},$$

$$k_1 = -\delta + \mathrm{j}\omega_\mathrm{e}, \quad k_2 = -\delta - \mathrm{j}\omega_\mathrm{e}.$$

Als allgemeine Lösung der Dgl. ergibt sich durch Kombination von Real- und Imaginärteil

$$y = e^{-\delta t}[C_1 e^{j\omega_e t} + C_2 e^{-j\omega_e t}] =$$
$$= e^{-\delta t}[A \cos \omega_e t + B \sin \omega_e t] \qquad (A = C_1 + C_2, \quad B = C_1 - C_2)$$
$$y = e^{-\delta t} K \sin(\omega_e t + \varphi) \qquad \left(K = \sqrt{A^2 + B^2},\ \varphi = \arctan \frac{A}{B}\right).$$

Das System führt eine gedämpfte Schwingung aus. Die Amplituden $K \cdot e^{-\delta t}$ ändern sich in Abhängigkeit von t. $\omega_e = \sqrt{\omega_0^2 - \delta^2} = \omega_0 \sqrt{1 - D^2}$ ist die Eigenfrequenz der freien Schwingung des gedämpften Systems, die um so mehr von der Kennkreisfrequenz ω_0 abweicht, je größer der Dämpfungsgrad D ist. Wegen $\omega_e < \omega_0$ ist die Periodendauer T des gedämpften Systems stets größer als die Periodendauer T_0 des ungedämpften Systems (Bild 317a).

Für das mechanische System lautet die allgemeine Lösung der Dgl.

$$s = e^{-\frac{d}{2m}t} K \sin\left(\sqrt{\frac{f}{m} - \frac{d^2}{4m^2}}\, t + \varphi\right),$$

für das elektrische

$$i = e^{-\frac{R}{2L}t} K \sin\left(\sqrt{\frac{1}{LC} - \frac{R^2}{4L^2}}\, t + \varphi\right).$$

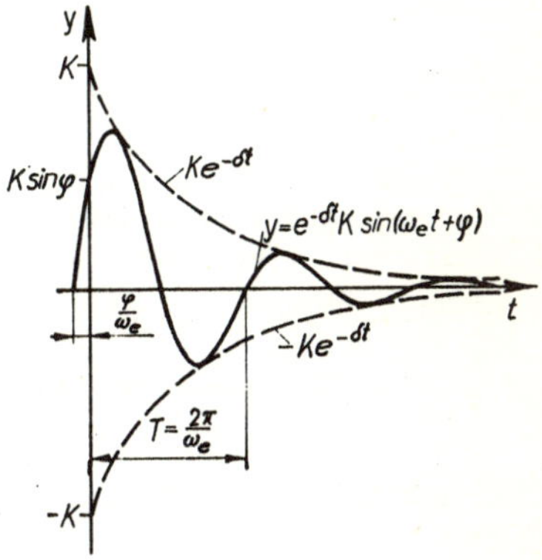

Bild 317 a

β) $D = 1$, d. h. $\delta = \omega_0$.

Die Lösungen der charakteristischen Gleichung sind

$$k_1 = k_2 = -\delta.$$

Nach (224b) heißt dann die allgemeine Lösung der Dgl.

$$\underline{\underline{y = (C_1 t + C_2)e^{-\delta t}}},$$

bzw. für das mechanische System

$$s = (C_1 t + C_2)e^{-\frac{d}{2m}t}$$

und für den Reihenschwingungskreis

$$i = (C_1 t + C_2)e^{-\frac{R}{2L}t}.$$

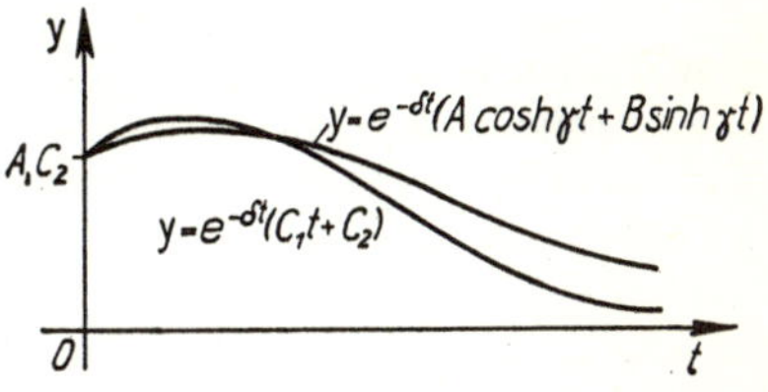

Bild 317 b

Die Systeme führen keine Schwingungen, d. h. periodische Bewegungen, mehr aus. Wie man zeigen kann, hat die Funktion $y = (C_1 x + C_2)e^{-\delta t}$ höchstens eine Nullstelle (wenn $C_1 \neq 0$) und einen Extremwert. Der Fall $D = 1$ trennt die für $D > 1$ aperiodisch verlaufenden Vorgänge von den periodischen (für $0 < D < 1$), man nennt ihn deshalb den **aperiodischen Grenzfall** (Bild 317b).

γ) $D > 1$, d. h. $\delta > \omega_0$.

Das schwingungsfähige System ist stark gedämpft. Die Lösungen der charakteristischen Gleichung sind

$$k_1 = -\delta + \sqrt{\delta^2 - \omega_0^2}, \quad k_2 = -\delta - \sqrt{\delta^2 - \omega_0^2}.$$

Mit $\gamma = \sqrt{\delta^2 - \omega_0^2}$ kann man die allgemeine Lösung der Dgl. in der Form

$$y = e^{-\delta t}(C_1 e^{\gamma t} + C_2 e^{-\gamma t})$$

oder auch, mit $C_1 + C_2 = A$ und $C_1 - C_2 = B$,

$$\underline{\underline{y = e^{-\delta t}(A \cosh \gamma t + B \sinh \gamma t)}}$$

schreiben. Diese Funktion hat ebenfalls höchstens eine Nullstelle (wenn $C_1 \neq 0$ und $C_2 \neq 0$ sowie $C_1 C_2 < 0$) und einen Extremwert. Der durch diese Funktion beschriebene aperiodische Vorgang heißt der **Kriechfall** (Bild 317b).

Für die mechanische Schwingung nimmt die Lösung die Gestalt

$$s = e^{-\frac{2m}{d}t}\left(A \cosh \sqrt{\frac{d^2}{4m^2} - \frac{f}{m}}\, t + B \sinh \sqrt{\frac{d^2}{4m^2} - \frac{f}{m}}\, t\right)$$

an, für den Reihenschwingungskreis

$$i = e^{-\frac{R}{2L}t}\left(A \cosh \sqrt{\frac{R^2}{4L^2} - \frac{1}{LC}}\, t + B \sinh \sqrt{\frac{R^2}{4L^2} - \frac{1}{LC}}\, t\right).$$

In allen drei betrachteten Fällen können die den technischen Problemstellungen entsprechenden partikulären Lösungen ermittelt werden, indem man die zu den Anfangsbedingungen gehörenden Werte für C_1 und C_2 bzw. A und B bestimmt.

24.3. Die inhomogene lineare Differentialgleichung 2. Ordnung

Jede inhomogene lineare Dgl. 2. Ordnung mit konstanten Koeffizienten kann in der Form

$$\boxed{y'' + a_1 y' + a_0 y = s(x)} \tag{225}$$

geschrieben werden.

Wie bereits in 23.5. ausgeführt wurde, setzt sich die allgemeine Lösung einer linearen Dgl. n-ter Ordnung aus der allgemeinen Lösung (y_h) der zugehörigen homogenen Dgl. und einer partikulären Lösung (y_p) der inhomogenen Dgl. zusammen:

$$y = y_h + y_p.$$

Damit ist — da der Lösungsweg bei einer homogenen linearen Dgl. bereits bekannt ist — für das Lösen einer inhomogenen linearen Dgl. nur noch erforderlich, ein Verfahren zum Bestimmen einer partikulären Lösung bereitzustellen. Dieses ist für den allgemeinen Fall das Verfahren der Variation der Konstanten. Bei gewissen speziellen Formen der Störfunktion $s(x)$ kann jedoch eine partikuläre Lösung wesentlich einfacher, ohne das (allgemeingültige) Verfahren der Variation der Konstanten anwenden zu müssen, gefunden werden. Der Vorteil dieses Weges besteht darin, daß er keine Integrationen erfordert. Dabei wird u. U. der folgende Satz angewendet werden müssen.

Satz

Hat eine inhomogene lineare Dgl. die Form

$$L_n[y] = s_1(x) + s_2(x)$$

und ist y_{p1} eine partikuläre Lösung der Dgl. $L_n[y] = s_1(x)$, y_{p2} eine partikuläre Lösung der Dgl. $L_n[y] = s_2(x)$, so ist

$$y_p = y_{p1} + y_{p2}$$

eine partikuläre Lösung der Dgl. $L_n[y] = s_1(x) + s_2(x)$.

Beweis: Nach (220) ist

$$L_n[y_{p1} + y_{p2}] = L_n[y_{p1}] + L_n[y_{p2}].$$

Wegen

$$L_n[y_{p1}] \equiv s_1(x) \quad \text{und} \quad L_n[y_{p2}] \equiv s_2(x)$$

ist auch

$$L_n[y_{p1} + y_{p2}] \equiv s_1(x) + s_2(x)$$

bzw.

$$L_n[y_p] \equiv s_1(x) + s_2(x),$$

was zu beweisen war.

Im weiteren sollen nun Dgln. mit folgenden Formen der Störfunktion gelöst werden:

$$s(x) = P_m(x)\,e^{\alpha x}$$

[$P_m(x)$ ein Polynom m-ten Grades in x]

$$s(x) = P_{m1}(x)\cos\beta x + P_{m2}(x)\sin\beta x$$

[$P_{m1}(x)$ und $P_{m2}(x)$ zwei Polynome in x von höchstens m-tem Grad].
In beiden Fällen ist es möglich, eine partikuläre Lösung mittels eines Lösungsansatzes zu ermitteln. Die Richtigkeit der partikulären Lösung kann durch die Probe nachgewiesen werden.

$s(x) = P_m(x)\,e^{\alpha x}$

mit

$$P_m(x) = p_0 + p_1 x + \cdots + p_m x^m$$

Lösungsansatz:

$$y_p = B_m(x)\,e^{\alpha x}$$

mit

$$B_m(x) = b_0 + b_1 x + \cdots + b_m x^m,$$

wenn α nicht Lösungswert der charakteristischen Gleichung der zugehörigen homogenen Dgl. ist. Der Grad des Polynoms $B_m(x)$ ist der gleiche wie der des Polynoms $P_m(x)$ in der Störfunktion.

$$y_p = x^q B_m(x)\,e^{\alpha x},$$

wenn α der Wert einer q-fachen Lösung der charakteristischen Gleichung ist.

Die Koeffizienten $b_0, b_1, \ldots, b_m$ sind durch Koeffizientenvergleich nach Einsetzen von $y_p, y_p', \ldots, y_p^{(n)}$ in die zu lösende inhomogene lineare Dgl. $L_n[y] = s(x)$ zu bestimmen.

BEISPIELE

1. $y'' - 3y' + 2y = 2x + 1.$

Lösung:

Homogene Dgl.

$$y'' - 3y' + 2y = 0.$$

Charakt. Gleichung

$$k^2 - 3k + 2 = 0.$$

Lösungen der charakt. Gleichung

$$k_1 = 1, \quad k_2 = 2.$$

Allgemeine Lösung der homogenen Dgl.

$$\underline{\underline{y_h = C_1 e^x + C_2 e^{2x}}}.$$

Mit $s(x) = 2x + 1$ liegt ein besonders einfacher Fall vor, da die Störfunktion nur ein Polynom in x ist, d. h., der Lösungsansatz $y_p = B_m(x) e^{\alpha x}$ vereinfacht sich mit $\alpha = 0$ und $m = 1$ zu

$$y_p = b_0 + b_1 x \quad \text{(denn } \alpha = 0 \text{ ist nicht Lösung der charakt. Gleichung)}$$

$$y_p' = b_1$$

$$y_p'' = 0.$$

In die Dgl. eingesetzt

$$0 - 3b_1 + 2(b_0 + b_1 x) = 2x + 1$$

$$2b_1 x + (2b_0 - 3b_1) = 2x + 1.$$

Der Koeffizientenvergleich liefert

$$b_1 = 1, \quad b_0 = 2.$$

Also ist

$$\underline{\underline{y_p = x + 2}}.$$

Die allgemeine Lösung der inhomogenen Dgl. erhält man mit $y = y_h + y_p$ zu

$$\underline{\underline{y = C_1 e^x + C_2 e^{2x} + x + 2}}.$$

2. $y'' - 3y' + 2y = e^{3x}$.

Lösung:

Da die zugehörige homogene Dgl. die gleiche wie in Beisp. 1 ist, gilt

$$\underline{\underline{y_h = C_1 e^x + C_2 e^{2x}}}.$$

Mit $s(x) = e^{3x}$ und weil $\alpha = 3$ nicht Lösung der charakteristischen Gleichung ist, lautet der Lösungsansatz

$$y_p = B_0(x) e^{\alpha x}$$
$$y_p = b_0 e^{3x}$$
$$y_p' = 3b_0 e^{3x}$$
$$y_p'' = 9b_0 e^{3x}.$$

In die Dgl. eingesetzt

$$9b_0 e^{3x} - 3 \cdot 3b_0 e^{3x} + 2b_0 e^{3x} = e^{3x}$$

$$b_0 = \frac{1}{2}$$

$$\underline{\underline{y_p = \frac{1}{2} e^{3x}}}$$

$$\underline{\underline{y = C_1 e^x + C_2 e^{2x} + \frac{1}{2} e^{3x}}}.$$

3. $y'' - 3y' + 2y = 2x e^{3x}$.

Lösung:

Auch hier ist wiederum

$$\underline{\underline{y_h = C_1 e^x + C_2 e^{2x}}}.$$

Lösungsansatz für eine partikuläre Lösung der inhomogenen Dgl.:

$$y_p = (b_0 + b_1 x) e^{3x}$$
$$y_p' = (3b_1 x + b_1 + 3b_0) e^{3x}$$
$$y_p'' = (9b_1 x + 6b_1 + 9b_0) e^{3x}.$$

Einsetzen in die Dgl. und Koeffizientenvergleich ergeben

$$b_1 = 1, \quad b_0 = -\frac{3}{2}$$

$$\underline{\underline{y_p = \left(x - \frac{3}{2}\right) e^{3x}}}$$

$$\underline{\underline{y = C_1 e^x + C_2 e^{2x} + \left(x - \frac{3}{2}\right) e^{3x}}}.$$

4. $y'' - 3y' + 2y = e^{2x}$.

Lösung:

$$\underline{\underline{y_h = C_1 e^x + C_2 e^{2x}}}.$$

Der Wert $\alpha = 2$ in $s(x) = e^{2x} = P_m(x)e^{\alpha x}$ ist (einfache) Lösung der charakteristischen Gleichung der homogenen Dgl. Also muß der Lösungsansatz in der Form $y_p = xB_0(x)e^{2x}$ erfolgen

$$y_p = xb_0e^{2x}$$

$$y_p' = b_0e^{2x} + 2b_0xe^{2x}$$

$$y_p'' = 4b_0e^{2x} + 4b_0xe^{2x}.$$

Einsetzen in die Dgl. und Koeffizientenvergleich liefert

$$b_0 = 1$$

$$\underline{\underline{y_p = xe^{2x}}}$$

$$\underline{\underline{y = C_1e^x + (C_2 + x)e^{2x}}}.$$

5. $y'' - 3y' + 2y = 2x + 1 + e^{2x}$

Lösung:

$$\underline{\underline{y_h = C_1 e^x + C_1 e^{2x}}}.$$

Die Störfunktion $s(x) = 2x + 1 + e^{2x}$ kann in zwei Summanden

$$s_1(x) = 2x + 1 \quad \text{und} \quad s_2(x) = e^{2x}$$

zerlegt werden. Eine partikuläre Lösung y_p kann hier — gemäß dem am Anfang des Abschnitts stehenden Satz — als Summe zweier partikulärer Lösungen y_{p1} und y_{p2} der Dgln.

$$y'' - 3y' + 2y = 2x + 1$$

und

$$y'' - 3y' + 2y = e^{2x}$$

ermittelt werden.

Aus Beispiel 1 kann man entnehmen

$$y_{p1} = x + 2,$$

aus Beispiel 4

$$y_{p2} = xe^{2x}.$$

Somit ist

$$\underline{\underline{y_p = x + 2 + xe^{2x}}}$$

$$\underline{\underline{y = C_1e^x + (C_2 + x)e^{2x} + x + 2}}.$$

6. $y'' - 3y' = 2x + 1.$

Lösung:

Homogene Dgl.

$$y'' - 3y' = 0.$$

Charakt. Gleichung

$$k^2 - 3k = 0.$$

Lösungen der charakt. Gleichung

$$k_1 = 0, \quad k_2 = 3.$$

Allgemeine Lösung der homogenen Dgl.

$$\underline{\underline{y_{\mathrm{h}} = C_1 + C_2 e^{3x}.}}$$

Mit $s(x) = 2x + 1 = P_1(x)e^{\alpha x}$ liegt der Fall vor, daß $\alpha = 0$ auch (einfache) Lösung der charakteristischen Gleichung ist. Also ist als Lösungsansatz zu verwenden

$$y_{\mathrm{p}} = x(b_0 + b_1 x) = b_0 x + b_1 x^2$$

$$y' = b_0 + 2b_1 x$$

$$y''_{\mathrm{p}} = 2b_1.$$

Durch Einsetzen in die Dgl. und Koeffizientenvergleich erhält man

$$b_0 = -\frac{5}{9}, \quad b_1 = -\frac{1}{3}$$

$$\underline{\underline{y_{\mathrm{p}} = -\frac{x^2}{3} - \frac{5}{9}x}}$$

$$\underline{\underline{y = C_1 + C_2 e^{3x} - \frac{x}{9}(3x + 5).}}$$

$s(x) = P_{m_1}(x) \cos \beta x + P_{m_2}(x) \sin \beta x$

Lösungsansatz:

$$\boldsymbol{y_p = B_m(x) \cos \beta x + C_m(x) \sin \beta x}$$

mit

$$B_m(x) = b_0 + b_1 x + \cdots + b_m x^m,$$

$$C_m(x) = c_0 + c_1 x + \cdots + c_m x^m,$$

wenn $\pm\, \mathrm{j}\beta$ nicht Lösung der charakteristischen Gleichung der zugehörigen homogenen Dgl. ist. Sind $P_{m1}(x)$ und $P_{m2}(x)$ Polynome von höchstens m-tem Grade, so sind für $B_m(x)$ und $C_m(x)$ Polynome m-ten Grades anzusetzen.

$$\boldsymbol{y_p = x^q [B_m(x) \cos \beta x + C_m(x) \sin \beta x],}$$

wenn $\mathrm{j}\beta$ und $-\mathrm{j}\beta$ q-fache Lösungen der charakteristischen Gleichung sind.

Die Koeffizienten $b_0, b_1, \ldots, b_m$ und $c_0, c_1, \ldots, c_m$ sind durch Koeffizientenvergleich nach Einsetzen von $y_p, y'_p, \ldots, y_p^{(n)}$ in die zu lösende inhomogene lineare Dgl. $L_n[y] = s(x)$ zu bestimmen.

BEISPIELE

7. $y'' - 3y' + 2y = \cos 2x.$

Lösung:

$$\underline{\underline{y_h = C_1 e^x + C_2 e^{2x}.}}$$

Da $j\beta = j2$ und $-j\beta = -j2$ nicht Lösungen der charakteristischen Gleichung sind, lautet mit $m = 0, \beta = 2$ der Lösungsansatz

$$y_p = b_0 \cos 2x + c_0 \sin 2x$$

$$y'_p = -2b_0 \sin 2x + 2c_0 \cos 2x$$

$$y''_p = -4b_0 \cos 2x - 4c_0 \sin 2x.$$

Einsetzen in die Dgl.

$$(-2b_0 - 6c_0) \cos 2x + (6b_0 - 2c_0) \sin 2x = \cos 2x.$$

Der Koeffizientenvergleich

$$-2b_0 - 6c_0 = 1$$

$$6b_0 - 2c_0 = 0$$

liefert

$$b_0 = -\frac{1}{20}, \quad c_0 = -\frac{3}{20}$$

$$\underline{\underline{y_p = -\frac{1}{20} \cos 2x - \frac{3}{20} \sin 2x}}$$

$$\underline{\underline{y = C_1 e^x + C_2 e^{2x} - \frac{1}{20} \cos 2x - \frac{3}{20} \sin 2x.}}$$

8. $y'' - 3y' + 2y = x \cos 2x - 2 \sin 2x.$

Lösung:

$$\underline{\underline{y_h = C_1 e^x + C_2 e^{2x}.}}$$

Wegen $m = 1, \ \beta = 2$ heißt der Lösungsansatz für eine partikuläre Lösung

$$y_p = (b_0 + b_1 x) \cos 2x + (c_0 + c_1 x) \sin 2x$$

$$y'_p = (b_1 + 2c_0) \cos 2x + 2c_1 x \cos 2x + (-2b_0 + c_1) \sin 2x - 2b_1 x \sin 2x$$

$$y''_p = (-4b_0 + 4c_1) \cos 2x - 4b_1 x \cos 2x + (-4b_1 - 4c_0) \sin 2x - 4c_1 x \sin 2x.$$

Nach Einsetzen in die Dgl. und durch Koeffizientenvergleich erhält man das Gleichungssystem

$$\begin{aligned} -2b_0 - 3b_1 - 6c_0 + 4c_1 &= 0 \\ -2b_1 \qquad - 6c_1 &= 1 \\ 6b_0 - 4b_1 - 2c_0 - 3c_1 &= -2 \\ -6b_1 \qquad - 2c_1 &= 0 \end{aligned}$$

mit den Lösungen

$$b_0 = -\frac{21}{50}, \quad b_1 = -\frac{1}{20}, \quad c_0 = \frac{13}{200}, \quad c_1 = -\frac{3}{20}.$$

Die partikuläre Lösung lautet

$$\underline{\underline{y_p = -\left(\frac{21}{50} + \frac{1}{20}x\right)\cos 2x + \left(\frac{13}{200} - \frac{3}{20}x\right)\sin 2x}}$$

$$\underline{\underline{y = C_1 e^x + C_2 e^{2x} - \left(\frac{21}{50} + \frac{1}{20}x\right)\cos 2x + \left(\frac{13}{200} - \frac{3}{20}x\right)\sin 2x.}}$$

9. $y'' + 4y = \cos 2x$

Lösung:

Homogene Dgl.

$$y'' + 4y = 0.$$

Charakt. Gleichung

$$k^2 + 4 = 0.$$

Lösungen der charakt. Gleichung

$$k_1 = \mathrm{j}2, \quad k_2 = -\mathrm{j}2.$$

Allgemeine Lösung der homogenen Dgl.

$$\underline{\underline{y_h = C_1 e^{\mathrm{j}2x} + C_2 e^{-\mathrm{j}2x} = A\cos 2x + B\sin 2x.}}$$

Da $k_1 = \mathrm{j}2 = \mathrm{j}\beta$ und damit $k_2 = -\mathrm{j}2 = -\mathrm{j}\beta$ (da komplexe Lösungen nur paarweise konjugiert-komplex auftreten können) einfache Lösung der charakteristischen Gleichung ist, lautet mit $q = 1$, $m = 0$, $\beta = 2$ der Lösungsansatz

$$\begin{aligned} y_p &= xb_0\cos 2x + xc_0\sin 2x \\ y_p' &= b_0\cos 2x - 2xb_0\sin 2x + c_0\sin 2x + 2xc_0\cos 2x \\ y_p'' &= -4b_0\sin 2x - 4xb_0\cos 2x + 4c_0\cos 2x - 4xc_0\sin 2x. \end{aligned}$$

Durch Koeffizientenvergleich ermittelt man

$$b_0 = 0, \quad c_0 = \frac{1}{4}.$$

$$\underline{\underline{y_p = \frac{x}{4}\sin 2x}}$$

$$\underline{\underline{y = A\cos 2x + \left(B + \frac{x}{4}\right)\sin 2x.}}$$

Da bei dem zuletzt behandelten Lösungsansatz die Argumente der beiden trigonometrischen Funktionen gleich sind, könnte man diesen wegen

$$\cos\beta x + \mathrm{j}\sin\beta x = \mathrm{e}^{\mathrm{j}\beta x}, \quad \cos\beta x - \mathrm{j}\sin\beta x = \mathrm{e}^{-\mathrm{j}\beta x}$$

$$\cos\beta x = \frac{\mathrm{e}^{\mathrm{j}\beta x} + \mathrm{e}^{-\mathrm{j}\beta x}}{2}, \quad \sin\beta x = \frac{\mathrm{e}^{\mathrm{j}\beta x} - \mathrm{e}^{-\mathrm{j}\beta x}}{2\mathrm{j}}$$

auch in der Exponentialform schreiben, z. B.

$$b_0\cos\beta x + c_0\sin\beta x = B_0\mathrm{e}^{\mathrm{j}\beta x} + C_0\mathrm{e}^{-\mathrm{j}\beta x} \quad (B_0, C_0 \text{ Konstanten}).$$

Das bedeutet, daß der 2. Lösungsansatz auf den 1. Lösungsansatz zurückgeführt werden kann. Man erkennt auch die Übereinstimmung der Bedingungen für α in $\mathrm{e}^{\alpha x}$ und $\pm\mathrm{j}\beta$ in

$$P_{m1}(x)\cos\beta x + P_{m2}(x)\sin\beta x.$$

Mit den beiden Lösungsansätzen können nunmehr lineare inhomogene Dgln. mit konstanten Koeffizienten für folgende Formen der Störfunktion gelöst werden:

a) $s(x)$ ist ein Polynom in x,

b) $s(x)$ ist ein Exponentialterm der Variablen x,

c) $s(x)$ ist ein aus Sinus- und Cosinusgliedern der Variablen x zusammengesetzter Term,

d) $s(x)$ ist eine Summe von Termen der Form a) ... c),

e) $s(x)$ ist ein Produkt von Termen der Formen a) und b) oder a) und c).

Es könnte noch interessieren, wie der Lösungsansatz lauten muß, wenn

f) $s(x)$ ein Produkt von Termen der Formen b) und c) oder a), b) und c) ist.

Ohne auf diesen Fall weiter einzugehen, sei dafür noch der Lösungsansatz gegeben. Dieser stellt eine Erweiterung der anderen beiden Lösungsansätze dar.

$$\boldsymbol{s(x) = \mathrm{e}^{\alpha x}[P_{m_1}(x)\cos\beta x + P_{m_2}(x)\sin\beta x]}$$

Lösungsansatz:

$$\boldsymbol{y_p = \mathrm{e}^{\alpha x}[B_m(x)\cos\beta x + C_m(x)\sin\beta x]},$$

wenn $\alpha \pm \mathrm{j}\beta$ nicht Lösung der charakteristischen Gleichung der zugehörigen homogenen Dgl. ist;

$$\boldsymbol{y_p = x^q\,\mathrm{e}^{\alpha x}[B_m(x)\cos\beta x + C_m(x)\sin\beta x]},$$

wenn $\alpha \pm \mathrm{j}\beta$ q-fache Lösung der charakteristischen Gleichung ist.

Auf die Richtigkeit dieses Lösungsansatzes kann auf Grund der oben dargestellten Möglichkeit, die trigonometrischen Terme des Argumentes βx durch Exponentialterme mit den Exponenten $\mathrm{j}\beta x$ und $-\mathrm{j}\beta x$ auszudrücken, geschlossen werden.

Von besonderer Bedeutung sind die Lösungsverfahren linearer inhomogener Dgln. mit konstanten Koeffizienten für die Behandlung von Schwingungsvorgängen. Auf diese soll im folgenden Beispiel näher eingegangen werden.

BEISPIEL

10. Eine an einer elastischen Feder aufgehängte und mit einem Dämpfungskolben starr verbundene Masse wird durch eine erzwungene periodische Bewegung des oberen Federaufhängepunktes (von außen einwirkende Kraft $F_a = F \sin \omega t$) zum Schwingen gebracht (in Annäherung durch einen Schubkurbeltrieb realisiert, Bild 318).
Das elektrische Analogon ist der durch eine Wechselspannungsquelle ($e = \hat{e} \cos \omega t$) gespeiste Reihenschwingungskreis (Bild 319).
a) Die Dgln. der erzwungenen mechanischen und der erzwungenen elektrischen Schwingung sind aufzustellen.
b) Die Dgln. sind für Reibungskraft $F_d = 0$ bzw. Widerstand $R = 0$ zu lösen: *ungedämpfte erzwungene Schwingung.*
c) Die Lösungen der Dgln. für $F_d \neq 0$ bzw. $R \neq 0$ sind zu ermitteln und zu diskutieren: *gedämpfte erzwungene Schwingung.*

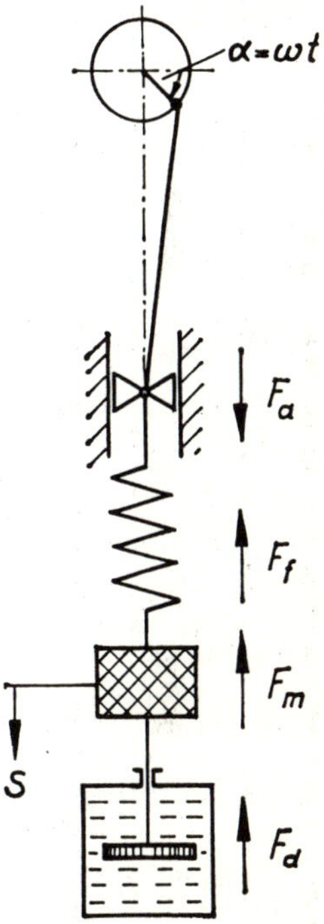

Bild 318

Lösung:

a) Für die Systeme gelten die Dgln. (vgl. 24.2., Beisp. 2)

$$\ddot{s} + \frac{d}{m}\dot{s} + \frac{f}{m}s = \frac{F}{m}\sin \omega t$$

bzw.

$$\frac{d^2 i}{dt^2} + \frac{R}{L}\frac{di}{dt} + \frac{1}{LC}i = -\frac{\omega \hat{e}}{L}\sin \omega t.$$

Anstelle dieser beiden soll im folgenden die Dgl.

$$y'' + 2\delta y' + \omega_0^2 y = K_0 \sin \omega t,$$

worin

$$y = s, \quad 2\delta = \frac{d}{m}, \quad \omega_0^2 = \frac{f}{m}, \quad K_0 = \frac{F}{m},$$

bzw.

$$y = i, \quad 2\delta = \frac{R}{L}, \quad \omega_0^2 = \frac{1}{LC}, \quad K_0 = -\frac{\omega \hat{e}}{L}$$

ist, gelöst werden.

b) Die Lösung der homogenen Dgl. kann aus 24.2., Beisp. 2, übernommen werden:

$$y_h = K_h \sin(\omega_0 t + \varphi_h).$$

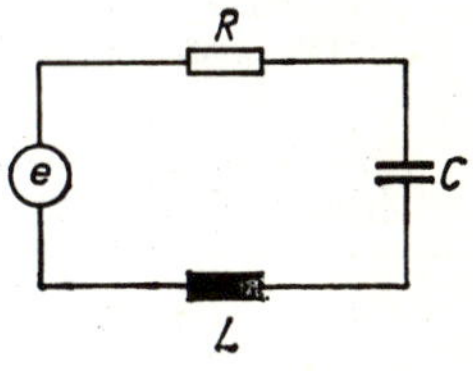

Bild 319

Der Lösungsansatz für eine partikuläre Lösung

$$y_p = b_0 \cos \omega t + c_0 \sin \omega t$$

ergibt

$$y_p = \frac{K_0}{\omega_0^2 - \omega^2}\sin \omega t.$$

Somit wird

$$\underline{\underline{y = K_\text{h} \sin(\omega_0 t + \varphi_\text{h}) + \frac{K_0}{\omega_0^2 - \omega^2} \sin \omega t.}}$$

c) Die Lösungen der homogenen Dgl.

$$\ddot{y} + 2\delta\dot{y} + \omega_0^2 y = 0$$

wurden in 24.2., Beisp. 2d, ermittelt. Sie sind

α) $y_\text{h} = \mathrm{e}^{-\delta t} K_\text{h} \sin(\omega_\text{e} t + \varphi_\text{h})$ für $\delta < \omega_0$

β) $y_\text{h} = (C_1 t + C_2)\mathrm{e}^{-\delta t}$ für $\delta = \omega_0$

γ) $y_\text{h} = \mathrm{e}^{-\delta t} (A \cosh \gamma t + B \sinh \gamma t)$ für $\delta > \omega_0$.

Im folgenden soll nur der Fall α), der für ein schwingungsfähiges System gilt, weiter betrachtet werden.
Für eine partikuläre Lösung der inhomogenen Dgl. ist der Lösungsansatz

$$y_\text{p} = b_0 \cos \omega t + c_0 \sin \omega t$$

aufzustellen, wenn $\mathrm{j}\omega \neq \mathrm{j}\sqrt{\omega_0^2 - \delta^2}$, d. h., wenn (wegen $\omega_\text{e} = \sqrt{\omega_0^2 - \delta^2}$) $\omega \neq \omega_\text{e}$ ist (die Frequenz der erregenden Schwingung ω ist nicht gleich der Eigenfrequenz des Systems ω_e).
Ableiten von y_p, Einsetzen in die Dgl. und Koeffizientenvergleich ergeben

$$b_0 = -\frac{2\delta\omega K_0}{(\omega_0^2 - \omega^2)^2 + (2\delta\omega)^2}, \quad c_0 = \frac{(\omega_0^2 - \omega^2) K_0}{(\omega_0^2 - \omega^2)^2 + (2\delta\omega)^2}.$$

Also ist

$$y_\text{p} = -\frac{2\delta\omega K_0}{(\omega_0^2 - \omega^2)^2 + (2\delta\omega)^2} \cos \omega t + \frac{(\omega_0^2 - \omega^2) K_0}{(\omega_0^2 - \omega^2)^2 + (2\delta\omega)^2} \sin \omega t,$$

oder, nach Zusammenfassen von Sinus- und Cosinusglied,

$$y_\text{p} = K \cos(\omega t + \varphi)$$ [1]

mit

$$K = \frac{-K_0}{\sqrt{(\omega_0^2 - \omega^2)^2 + (2\delta\omega)^2}} \quad \text{und} \quad \varphi = \arctan \frac{\omega_0^2 - \omega^2}{2\delta\omega}.$$

Damit erhält man als allgemeine Lösung der inhomogenen Dgl.

$$\underline{\underline{y = \mathrm{e}^{-\delta t} K_\text{h} \sin(\omega_\text{e} t + \varphi_\text{h}) + K \cos(\omega t + \varphi).}}$$

Der erste Summand der allgemeinen Lösung strebt für $t \to \infty$ gegen Null. Man erkennt: Die gedämpfte erzwungene Schwingung setzt sich aus zwei Anteilen zusammen,

1. einem *flüchtigen Anteil*, beschrieben durch die für die Anfangsbedingungen gültige Lösung der homogenen Dgl.,

---

[1]) y_p könnte auch in der Form $K \sin(\omega t + \bar{\varphi})$ angegeben werden. Die verwendete Darstellungsweise ist im vorliegenden Fall günstiger, da die Störfunktion mit $e = \hat{e} \cos \omega t$ angenommen wurde

2. einem *stationären Anteil*, beschrieben durch eine partikuläre Lösung der inhomogenen Dgl., deren Parameter von den Konstanten des schwingungsfähigen Systems und den von außen einwirkenden Größen abhängen.

Für den Reihenschwingungskreis ist der durch die partikuläre Lösung $y_p = K \cos(\omega t + \varphi)$ beschriebene stationäre Anteil des Stromes mit

$$K = \frac{-K_0}{\sqrt{(\omega_0^2 - \omega^2)^2 + (2\delta\omega)^2}} = \frac{\frac{\omega \hat{e}}{L}}{\sqrt{\left(\frac{1}{LC} - \omega^2\right)^2 + \left(\frac{R}{L}\omega\right)^2}} = \frac{\hat{e}}{\sqrt{R^2 + \left(\omega L - \frac{1}{\omega C}\right)^2}}$$

und

$$\varphi = \arctan\frac{\omega_0^2 - \omega^2}{2\delta\omega} = \arctan\frac{\frac{1}{LC} - \omega^2}{\frac{R}{L}\omega} = \arctan\frac{\frac{1}{\omega C} - \omega L}{R} =$$

$$= -\arctan\frac{\omega L - \frac{1}{\omega C}}{R}$$

$$\underline{\underline{i_p = \frac{\hat{e}}{R_s}\cos(\omega t + \varphi).}}$$

Dies ist das OHMsche *Gesetz für Wechselstrom*, worin

$$R_s = \sqrt{R^2 + \left(\omega L - \frac{1}{\omega C}\right)^2}$$

den *Scheinwiderstand* darstellt.

Technisch interessant ist eine Untersuchung der Amplitude des stationären Anteils, dem sich die Schwingung des Systems mit wachsendem t immer mehr annähert. Für diese wurde

$$K = \frac{-K_0}{\sqrt{(\omega_0^2 - \omega^2)^2 + (2\delta\omega)^2}}$$

errechnet. Es darf $K_0 \neq 0$ vorausgesetzt werden, da sonst keine Einwirkung von außen vorhanden wäre, also keine erzwungene Schwingung vorliegen würde. Auch ist $\delta \neq 0$, da sonst das System nicht gedämpft wäre. ω_0 ist die Kennkreisfrequenz (die Eigenfrequenz des dämpfungslos gedachten Systems). Bei einem bestimmten System hängt K von ω ab, d. h. $K = f(\omega)$.

K nimmt einen maximalen Wert an, wenn der Nenner des für K errechneten Ausdrucks ein Minimum wird. Jenes kann nur vorliegen für

$$\frac{\mathrm{d}}{\mathrm{d}\omega}\left[(\omega_0^2 - \omega^2)^2 + (2\delta\omega)^2\right] = 0,$$

$$2(\omega_0^2 - \omega^2)(-2\omega) + 8\delta^2\omega = 0.$$

$\omega = 0$ scheidet als Lösung aus (es ergibt, wie sich nachprüfen läßt, ein Minimum für K). Also liegt ein Maximum vor bei

$$\omega = \omega_r = \sqrt{\omega_0^2 - 2\delta^2} = \omega_0\sqrt{1 - 2D^2}.$$

Man nennt $\omega = \omega_r$ die *Resonanzfrequenz.* Wie man erkennt, ist im gedämpften System ω_r immer kleiner als die Kennkreisfrequenz ω_0 (im ungedämpften System ist ω_r gleich der Kennkreisfrequenz) und auch kleiner als die Eigenfrequenz $\omega_e = \sqrt{\omega_0^2 - \delta^2}$.

24.4. Lineare Differentialgleichungen 3. und höherer Ordnung

Die in 24.1. bis 24.3. hergeleiteten Sätze und aufgestellten Lösungsansätze gelten für lineare Dgln. n-ter Ordnung. Demnach ist auch der Lösungsweg für lineare Dgln. 3. und höherer Ordnung der gleiche wie bei den ausführlich behandelten Dgln. 2. Ordnung:

1. Bestimmen der allgemeinen Lösung der zugehörigen homogenen Dgl. mittels der Lösungen der charakteristischen Gleichung;
2. Bestimmen einer partikulären Lösung der inhomogenen Dgl. mittels eines Lösungsansatzes;
3. Addieren beider Lösungen zur allgemeinen Lösung der inhomogenen Dgl.

BEISPIELE

1. $y''' - 2y'' - 3y' = 2x + 1.$

Lösung:

Homogene Dgl.

$$y''' - 2y'' - 3y' = 0.$$

Charakt. Gleichung

$$k^3 - 2k^2 - 3k = 0.$$

Lösungen der charakt. Gleichung

$$k_1 = 0, \quad k_2 = -1, \quad k_3 = 3.$$

Allgemeine Lösung der homogenen Dgl.

$$y_h = C_1 + C_2 e^{-x} + C_3 e^{3x}.$$

Da $\alpha = 0$ einfache Lösung der charakteristischen Gleichung ist, lautet der Lösungsansatz

$$y_p = x(b_0 + b_1 x)$$

$$y_p' = b_0 + 2b_1 x$$

$$y_p'' = 2b_1$$

$$y_p''' = 0.$$

Der Koeffizientenvergleich ergibt

$$b_0 = \frac{1}{9}, \quad b_1 = -\frac{1}{3}$$

$$y_p = -\frac{x^2}{3} + \frac{x}{9}$$

$$y = C_1 + C_2 e^{-x} + C_3 e^{3x} - \frac{x^2}{3} + \frac{x}{9}.$$

2. $y''' + y' + 10y = e^{-3x}$.

Lösung:

Homogene Dgl.

$$y''' + y' + 10y = 0.$$

Charakt. Gleichung

$$k^3 + k + 10 = 0.$$

Lösungen der charakt. Gleichung

$$k_1 = -2, \quad k_2 = 1 + j2, \quad k_3 = 1 - j2.$$

Allgemeine Lösung der homogenen Dgl.

$$y_h = C_1 e^{-2x} + e^x (A \cos 2x + B \sin 2x).$$

Lösungsansatz für eine partikuläre Lösung der inhomogenen Dgl.

$$y_p = b_0 e^{-3x}$$
$$y_p' = -3b_0 e^{-3x}$$
$$y_p'' = 9b_0 e^{-3x}$$
$$y_p''' = -27b_0 e^{-3x}.$$

Durch Koeffizientenvergleich erhält man

$$b_0 = -\frac{1}{20}$$

$$y_p = -\frac{1}{20} e^{-3x}$$

$$y = C_1 e^{-2x} + e^x (A \cos 2x + B \sin 2x) - \frac{1}{20} e^{-3x}.$$

AUFGABEN

751. Die Dgl. $y'' - 7y' + 12y = 0$ ist zu lösen und die Gleichung der Lösungskurve zu bestimmen, die durch den Punkt (0; 2) geht.

752. $y'' + 2y' + y = 0$

753. $y'' + 6y' + 13y = 0$

754. $y'' + 5y' + 4y = 0, \quad x = 0 \begin{cases} y = 2 \\ y' = 1 \end{cases}$

755. $y'' - 5y' + 4y = x$

756. $y'' - 3y' + 2y = 2xe^{2x}$

757. $y'' - 3y' = (2x + 1)e^{3x}$

758. $y'' - 3y' = 2x + 1 + e^{3x}$

759. $y'' - 4y' + 3y = 7x^2 + 3$

760. $y'' + 6y' + 25y = e^{3x}$

761. $y'' - 4y' + 4y = \sin x$

762. $y'' + 2y' + 4y = \sin 2x$

763. $y'' - y' + \frac{5}{4}y = 5 \sin 5x - 23{,}75 \cos 5x$

764. $y'' - 10y' + 25y = 16e^x$

765. $y'' + y' + y = x^2 + 2x + 3$

766. $y'' - 5y' + 6y = 4 \sin 2x$

767. $y'' + 3y' - 6y + 3 = 0, \quad x = 0 \begin{cases} y = 0 \\ y' = 0 \end{cases}$

768. Für ein Energieübertragungssystem mit zweifacher Speicherwirkung gilt die Dgl.

$$T_2^2 \ddot{x}_a + T_1 \dot{x}_a + x_a = K x_e \qquad \text{(vgl. Aufg. 730).}$$

Man berechne x_a für $x_e = \text{const.}$ und $T_1 > 2T_2$, Anfangsbedingung: $x_e = 0 \begin{cases} x_a = 0 \\ \dot{x}_a = 0 \end{cases}$

769. $y''' - y'' + y' - y = \cos 2x$

770. $y''' + 4y'' + 3y' = x^2$

771. $y^{(4)} - 10y''' + 35y'' - 50y' + 24y = 0$

Lösungen

1. a) m^2 b) mn c) nm

2. Vgl. Bild 320

3. a) Bild 321 b) Bild 322
   c) Bild 323 d) Bild 324

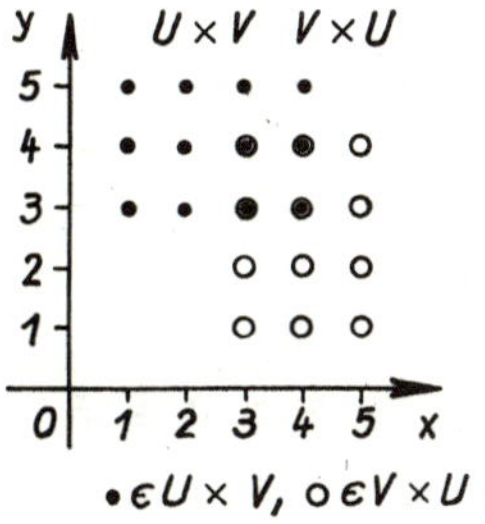

Bild 320 a

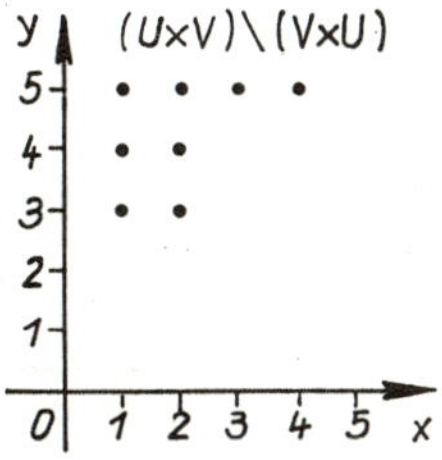

Bild 320 b

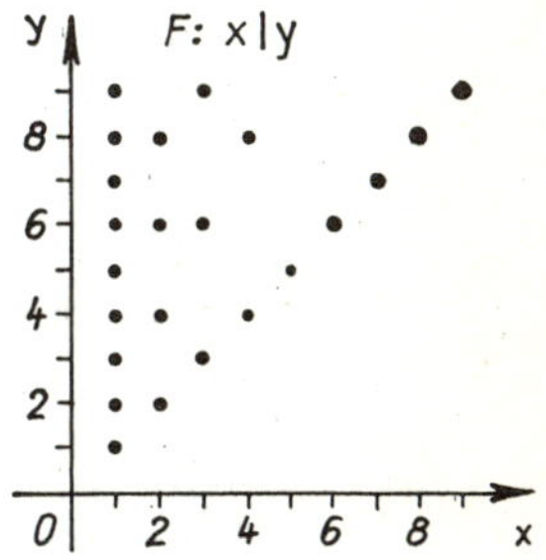

Bild 321

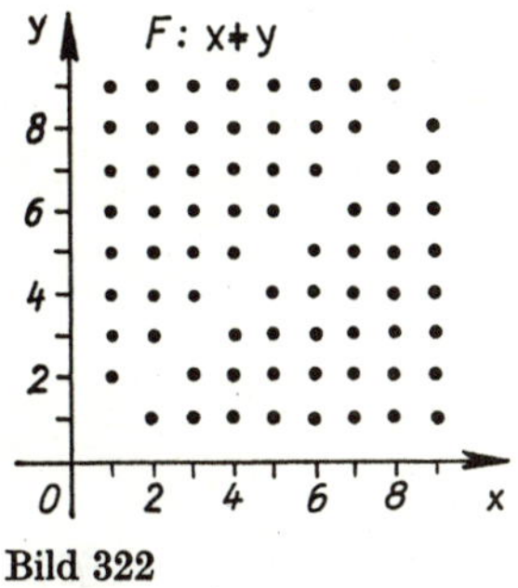

Bild 322

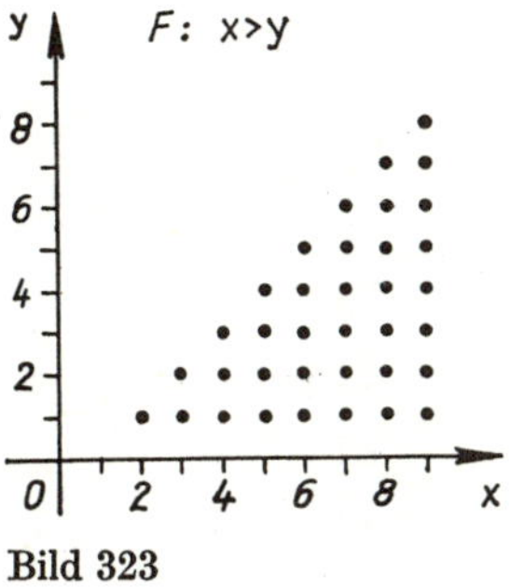

Bild 323

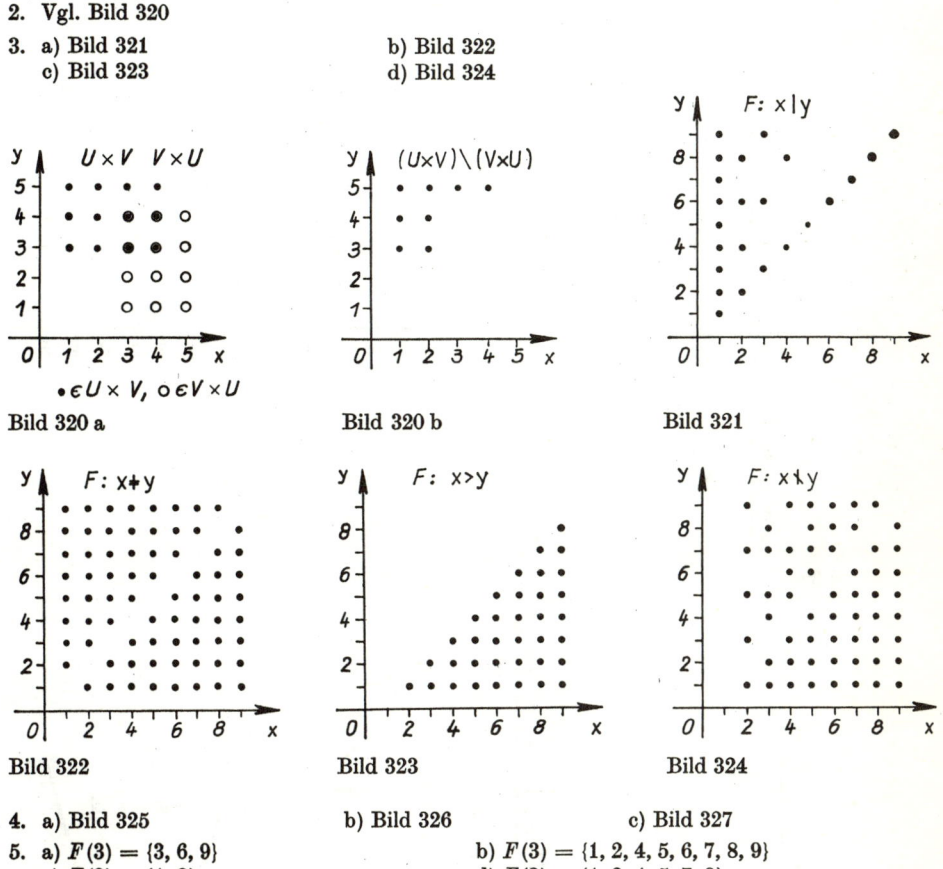

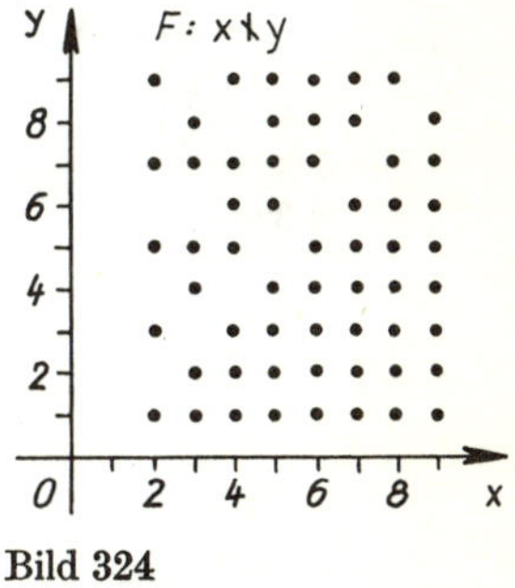

Bild 324

4. a) Bild 325 b) Bild 326 c) Bild 327

5. a) $F(3) = \{3, 6, 9\}$ b) $F(3) = \{1, 2, 4, 5, 6, 7, 8, 9\}$
   c) $F(3) = \{1, 2\}$ d) $F(3) = \{1, 2, 4, 5, 7, 8\}$

6. a) $F^{-1} = \{(x; y) \mid y \mid x\} \subset U \times U$
   b) $F^{-1} = \{(x; y) \mid x \neq y\} \subset U \times U$

c) $F^{-1} = \{(x; y) \mid y > x\} \subset U \times U$

d) $F^{-1} = \{(x; y) \mid y$ teilt nicht $x\} \subset U \times U$

Die Punkte von F^{-1} liegen spiegelbildlich zu denen von F bezüglich der Spiegelachse $y = x$ des cartesischen Koordinatensystems.

7. a) $F^{-1} = \{(x; y) \mid x = 2y - 1\} \subset V \times V$
   b) $F^{-1} = \{(x; y) \mid (y + 1)x = 6\} \subset V \times V$
   c) $F^{-1} = \{(x; y) \mid x = y^2 + 1\} \subset V \times V$

8. a) eineindeutig b) eineindeutig c) eindeutig

9. Für $F = \{(x; y) \mid x \neq y\}$

10. a) Bild 328 b) Bild 329 c) Bild 330 d) Bild 331
    e) Bild 332 f) Bild 333 g) Bild 334 h) Bild 335

11. Bilder 336 bis 343

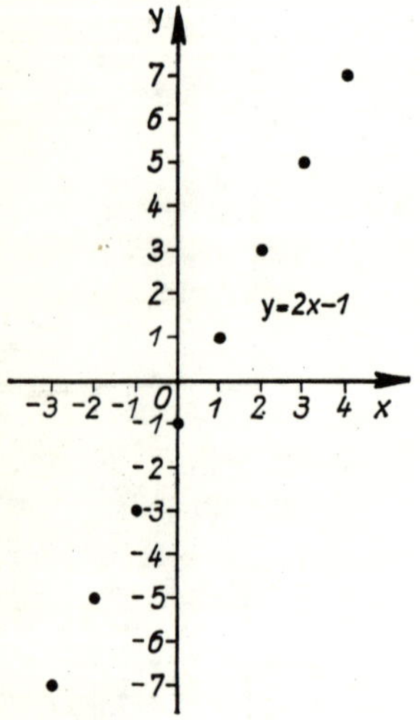

Bild 325

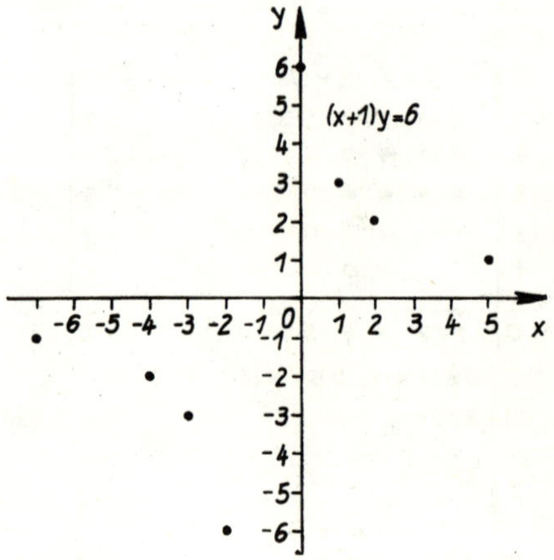

Bild 326

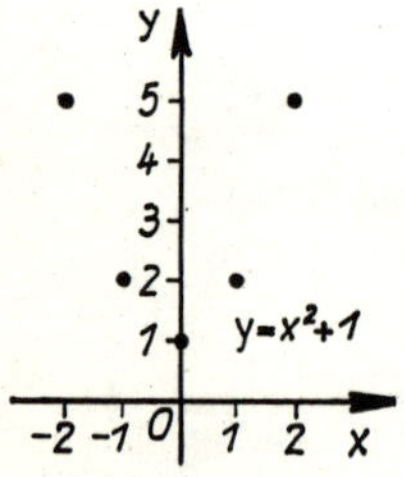

Bild 327

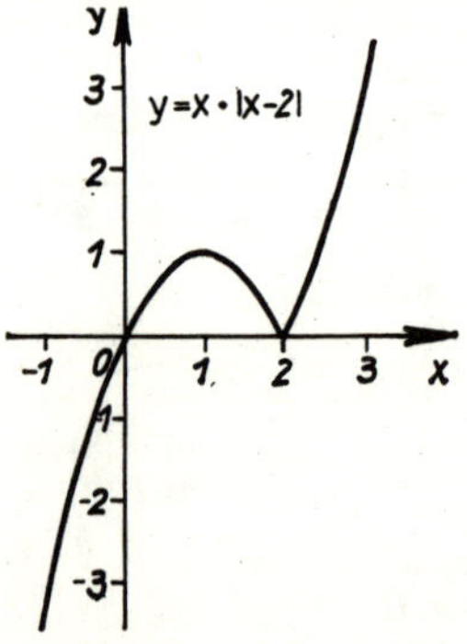

Bild 328

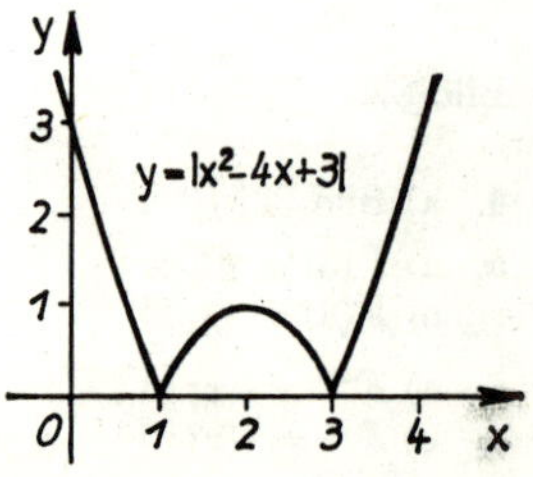

Bild 329

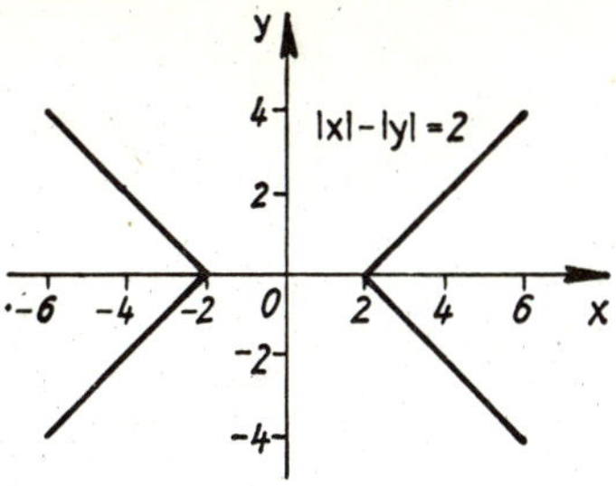

Bild 330

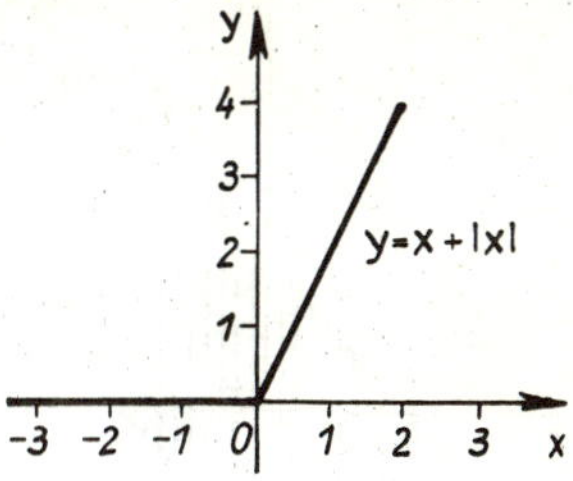

Bild 331

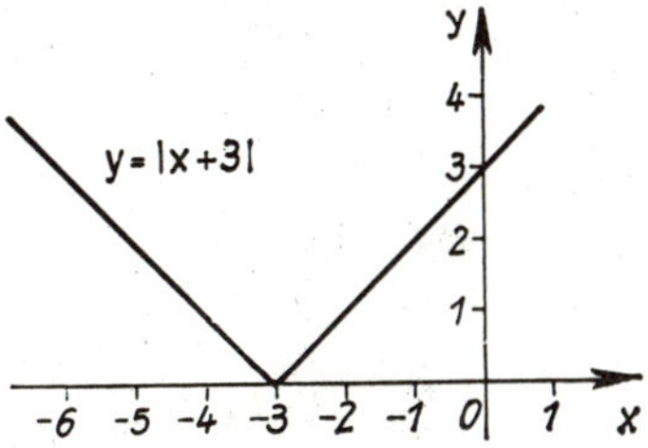

Bild 332

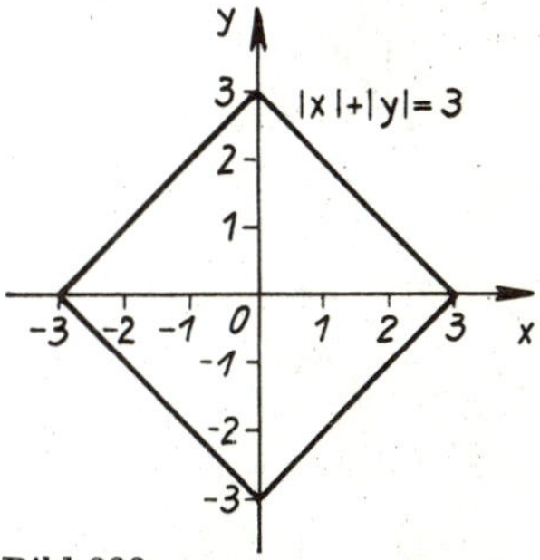

Bild 333

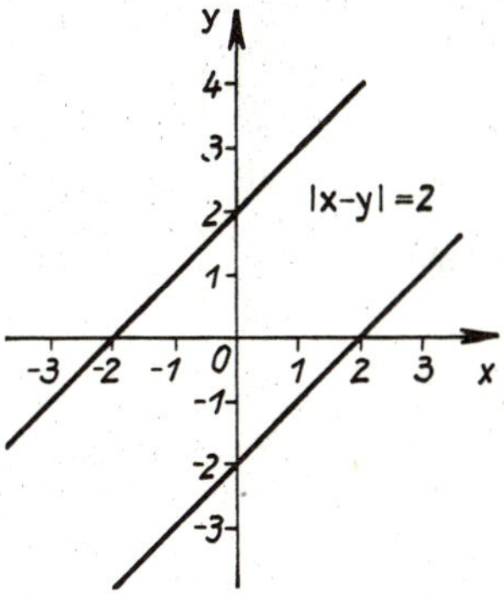

Bild 334

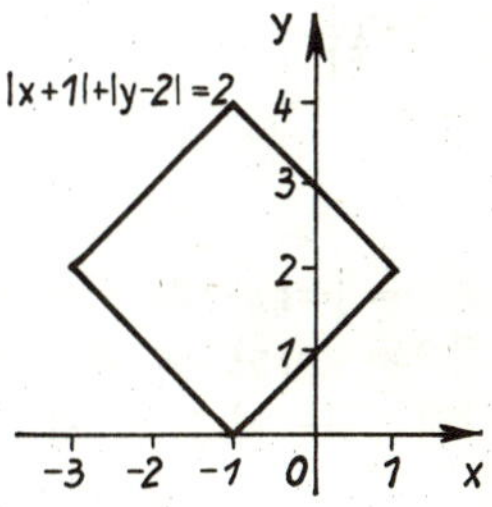

Bild 335

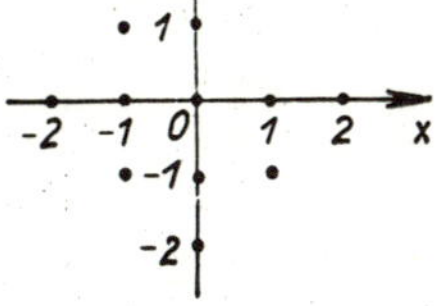

Bild 336

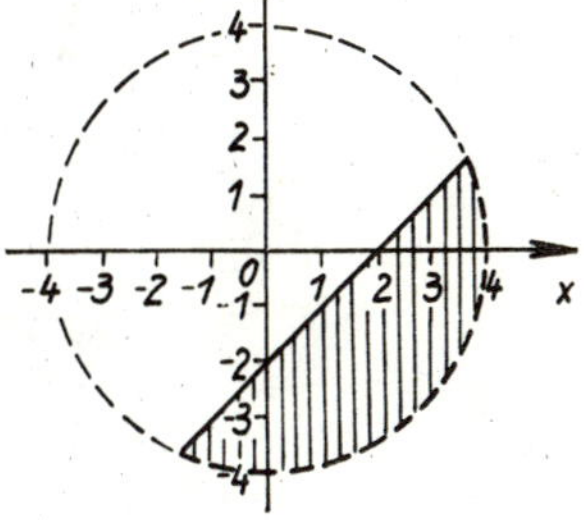

Bild 337

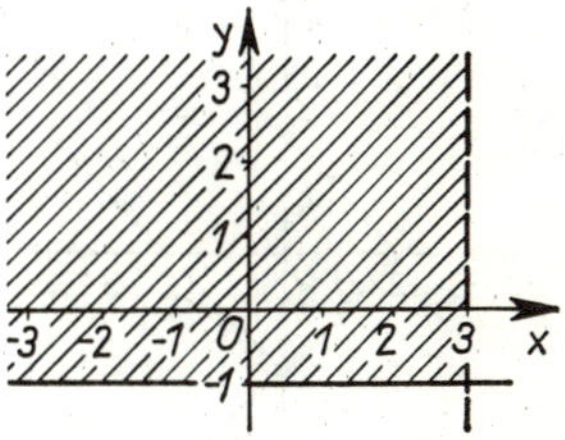

Bild 338

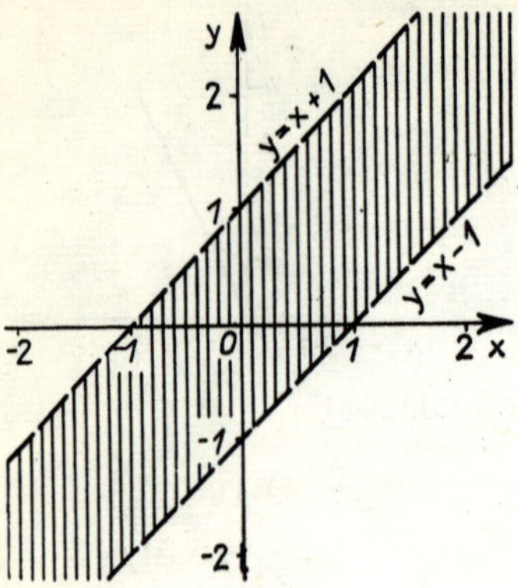

Bild 339

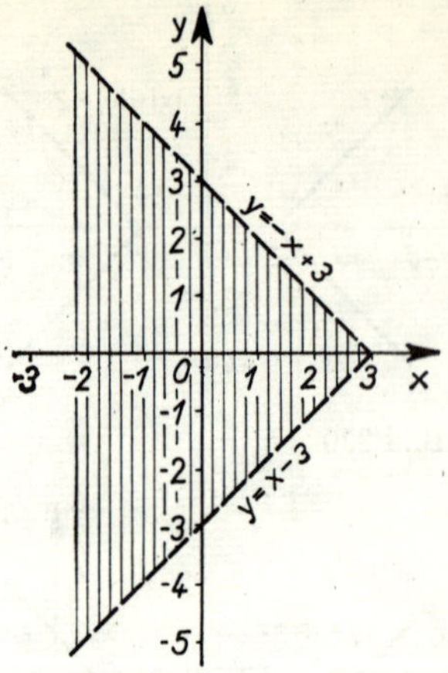

Bild 340

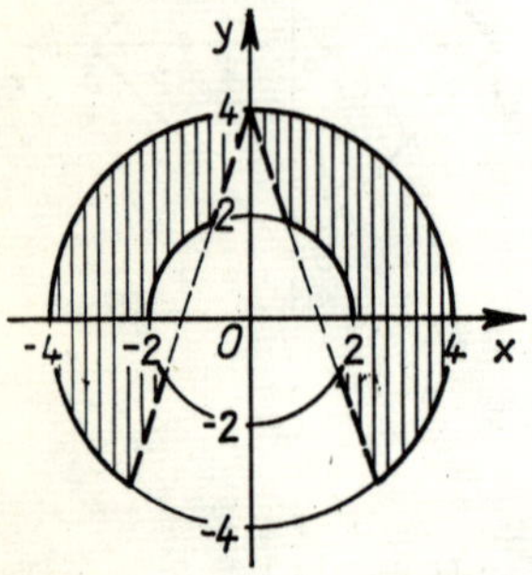

Bild 341

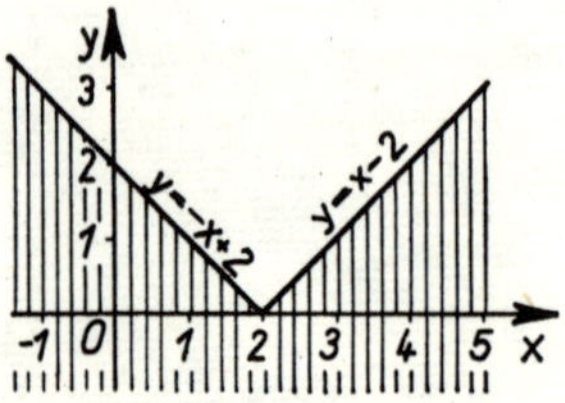

Bild 342

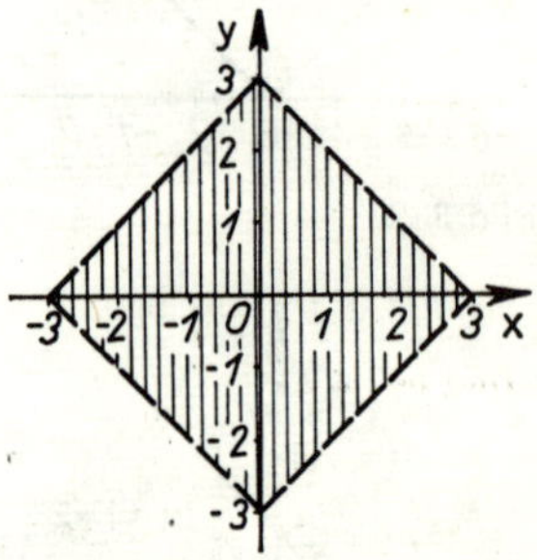

Bild 343

12. a) $F^{-1} = \{(x; y) \mid |x| = y + 2\}$, Bild 344

b) $F^{-1} = \{(x; y) \mid 2x = y^2 + 2\,|y| - 3\}$, Bild 345

c) $F^{-1} = \{(x; y) \mid |x| \geqq |y - 2|\}$, Bilder 346a, b

d) $F^{-1} = \{(x; y) \mid |y - 1| + |x - 2| < 2\}$, Bilder 347a, b

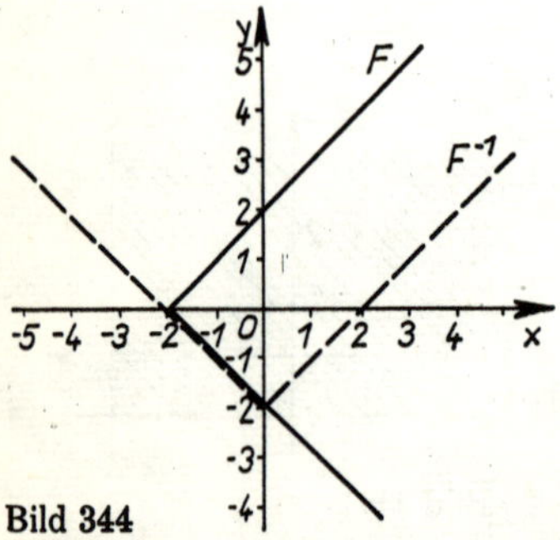

Bild 344

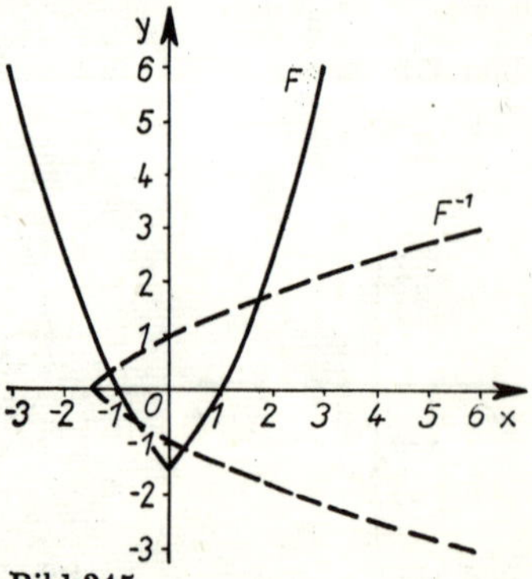

Bild 345

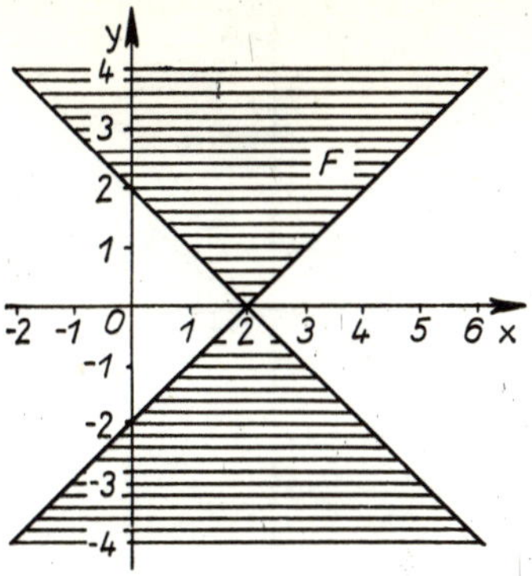

Bild 346 a

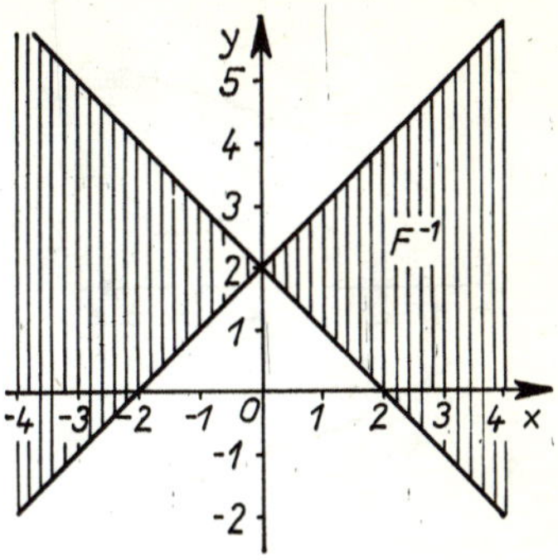

Bild 346 b

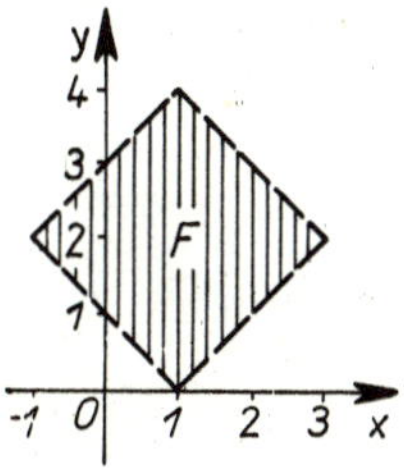

Bild 347 a

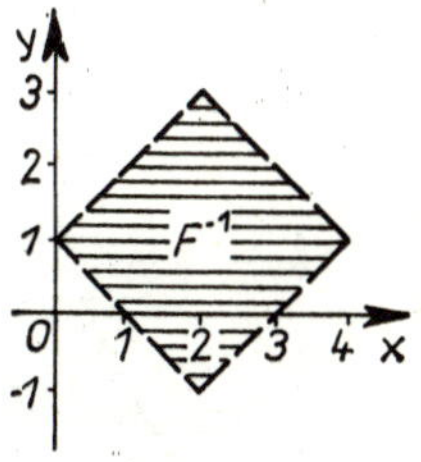

Bild 347 b

13.

	Definitionsbereich	Wertevorrat
a)	$-\infty < x < +\infty$	$-\infty < y < +\infty$
b)	$-\infty < x < +\infty$	$-\infty < y < +\infty$
c)	$\lvert x\rvert \leqq 1$	$0 \leqq y \leqq 1$
d)	$-2 \leqq x < +\infty$	$0 \leqq y < +\infty$
e)	$-\infty < x < +\infty$	$4 \leqq y < +\infty$
f)	$\lvert x\rvert \geqq 4$	$-2 \leqq y < +\infty$
g)	$-5 \leqq x < +\infty$	$-\infty < y \leqq 4$
h)	$-\infty < x < +\infty$	$-1 \leqq y \leqq 1$
i)	$-\infty < x < +\infty$	$1 \leqq y \leqq 3$
k)	$1 < x < +\infty$	$-\infty < y < +\infty$
l)	$-\infty < x < +\infty$	$2 < y < +\infty$
m)	$x \geqq 0$	$1 \leqq y < +\infty$

14. a) $f \neq g$: $X_f = R \setminus \{-2\}$, $X_g = R$ b) $f = g$
c) $f = g$ d) $f \neq g$: $X_f = R \setminus \{0\}$; $X_g = (0, +\infty)$
e) $f \neq g$: $X_f = R \setminus \{0, \pm\pi/2, \pm 2\pi/2, \pm 3\pi/2, \ldots\}$ f) $f = g$
$X_g = R \setminus \{\pm\pi/2, \pm 3\pi/2, \pm 5\pi/2, \ldots\}$

15. a) Bild 348 b) Bild 349 c) Bild 350 d) Bild 351
e) Bild 352 f) Bild 353

16. a) Bild 354 b) Bild 355 c) Bild 356 d) Bild 357

38*

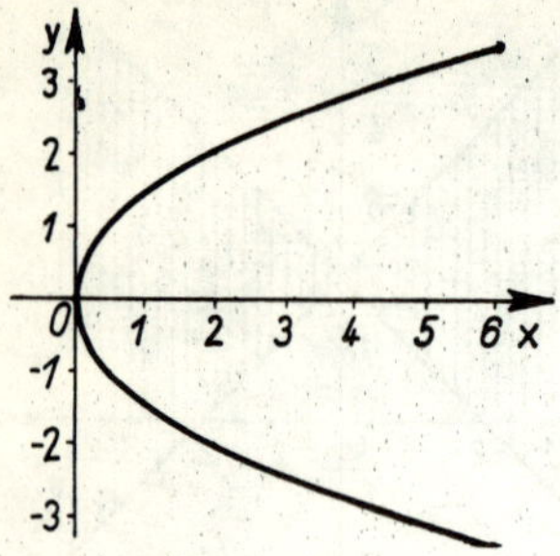
Bild 348

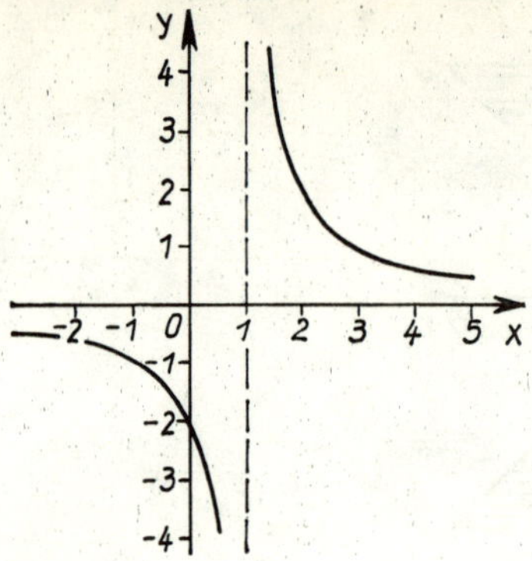
Bild 349

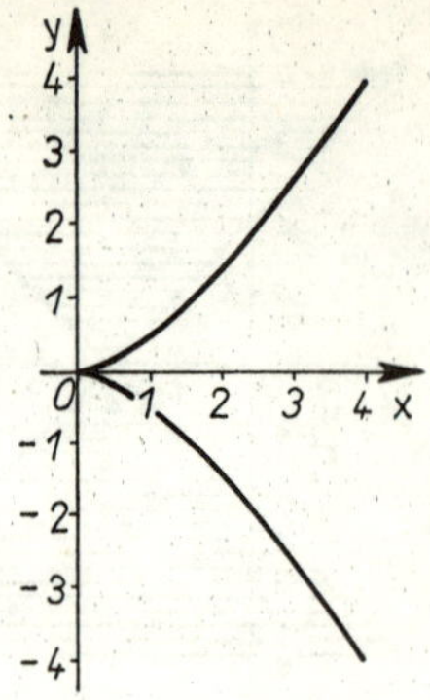
Bild 350

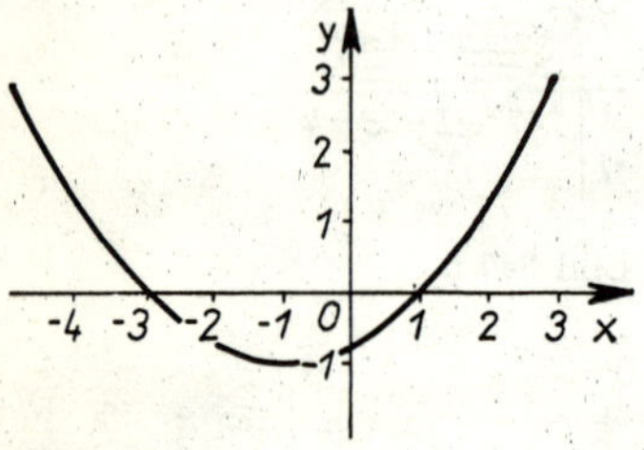
Bild 351

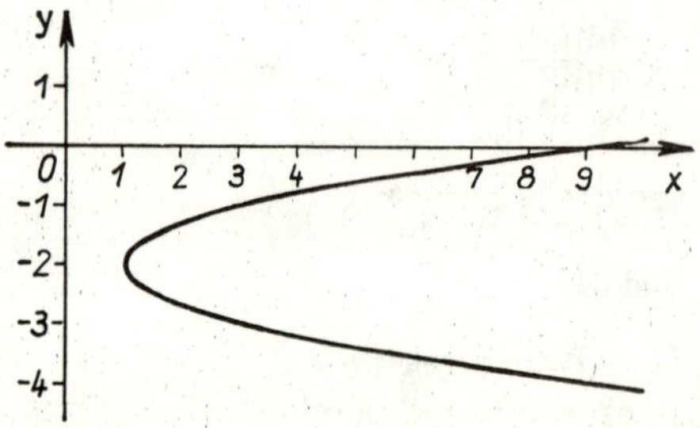
Bild 352

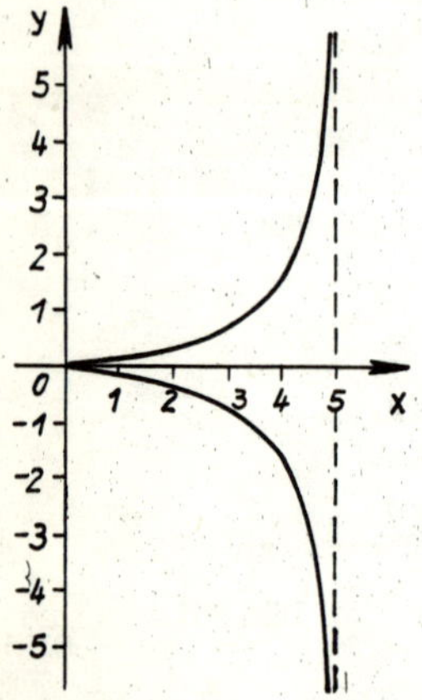
Bild 353

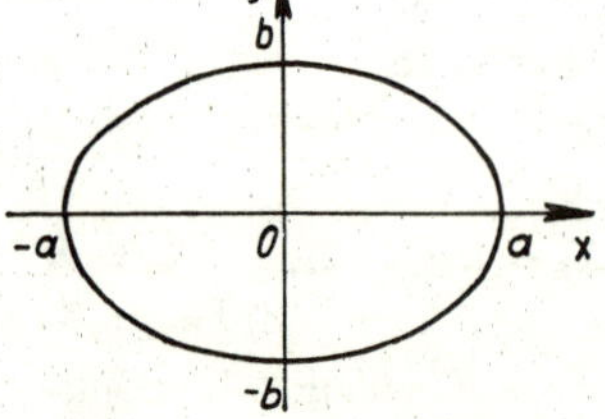

Bild 354

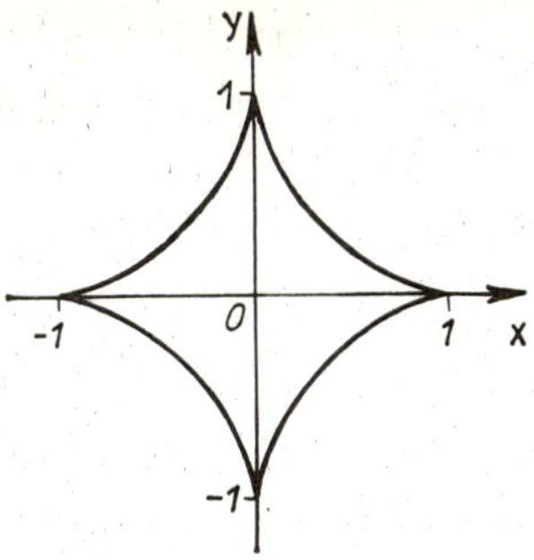

Bild 355

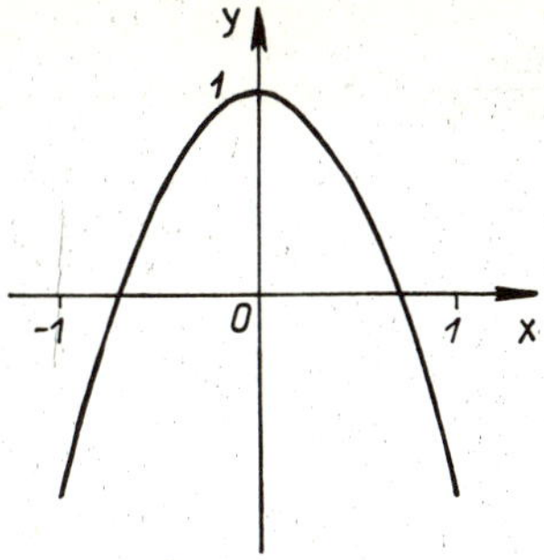

Bild 356

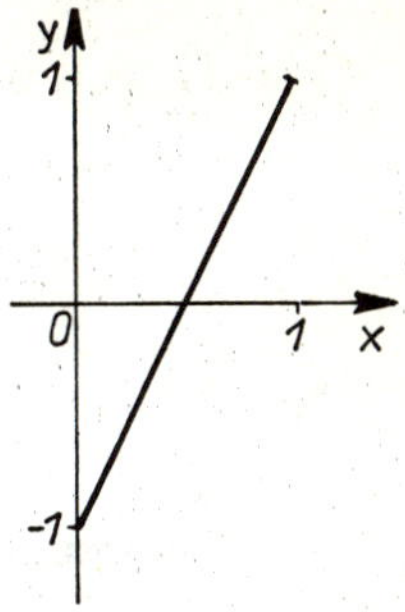

Bild 357

17. a) $y^2 = 2x$ b) $y = \dfrac{2}{x-1}$ c) $y^2 = \dfrac{1}{4}x^3$

d) $y = \dfrac{1}{4}(x^2 + 2x - 3)$ e) $(y+2)^2 = \dfrac{1}{2}(x-1)$ f) $y^2 = \dfrac{x^3}{25(5-x)}$

18. a) $\dfrac{x^2}{a^2} + \dfrac{y^2}{b^2} = 1$ b) $x^{2/3} + y^{2/3} = 1$

c) $y = 1 - 2x^2$ mit $|x| \leqq 1$ d) $y = 2x - 1$ mit $0 \leqq x \leqq 1$

19. a) $x_0 = 1$, $l_y \leqq \dfrac{100\text{ mm}}{\lg 10} = 100\text{ mm}$, $s(x) = 100\text{ mm} \lg x$ (Bild 358)

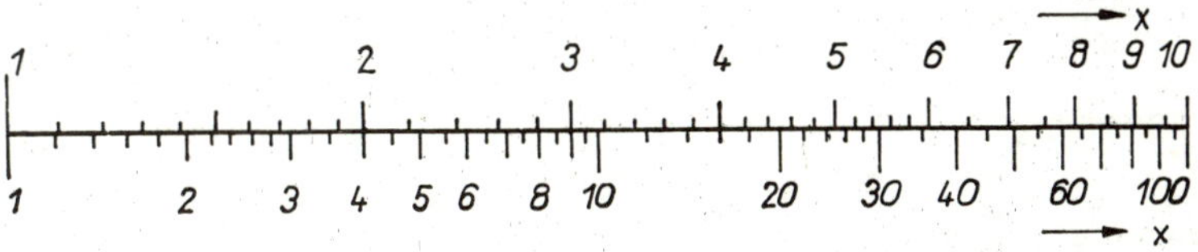

Bild 358

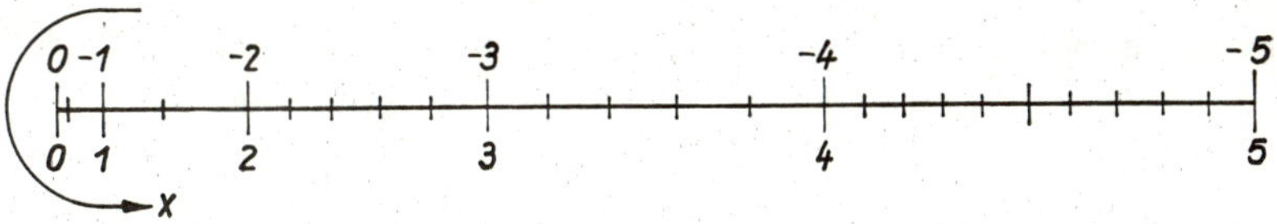

Bild 359

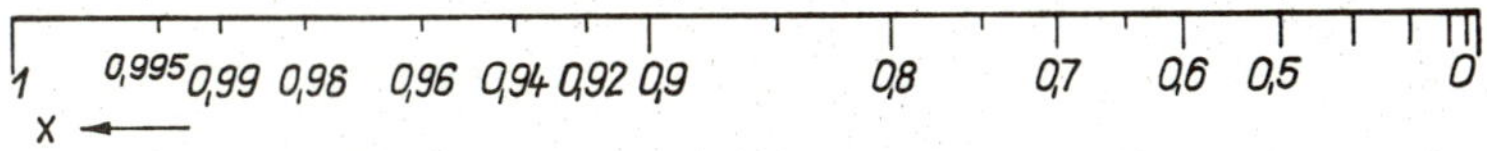

Bild 360

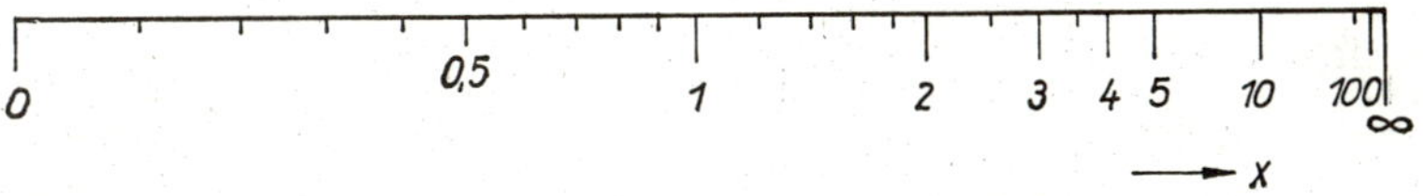

Bild 361

b) $x_0 = 1, \quad l_y \leqq \dfrac{100\text{ mm}}{\lg 10000} = 25\text{ mm}, \quad s(x) = 50\text{ mm} \lg x$

(Bild 358)

c) $x_0 = -5, \quad l_y \leqq \dfrac{100\text{ mm}}{25} = 4\text{ mm}, \quad s(x) = 4\text{ mm}\,(x^2 - 25)$

(Bild 359)

d) $x_0 = 0, \quad l_y \leqq 100\text{ mm}, \quad s(x) = 100\text{ mm}\left(\sqrt{1 - x^2} - 1\right)$

(Bild 360)

20. $s(x) = 1000\text{ mm}\,\dfrac{x}{1 + x}$ (Bild 361)

21. $y = \lg x = \lg \dfrac{\lambda}{\text{cm}}$ für $10^{-13} \leqq \dfrac{\lambda}{\text{cm}} \leqq 10^6$;

$l_y = \dfrac{190\text{ mm}}{19} = 10\text{ mm}; \quad s(x) = 10\text{ mm}\left(\lg \dfrac{\lambda}{\text{cm}} + 13\right);$

(Bild 362)

22. a) $v = \dfrac{\pi}{60000} \cdot \dfrac{d}{\text{mm}} \cdot \dfrac{n}{\text{min}^{-1}}\text{ m s}^{-1}$

b) $m = \pi/6 \cdot 10^{-3} \cdot \dfrac{\varrho}{\text{g cm}^{-3}} \cdot \dfrac{d^3}{\text{mm}^3}\text{ g}$

c) $J = 0{,}5 \cdot 10^{-6} \cdot \dfrac{m}{\text{kg}} \cdot \dfrac{r^2}{\text{mm}^2} \cdot \text{kg m}^2$

d) $F = 10^{-5} \cdot \dfrac{m}{\text{g}} \cdot \dfrac{a}{\text{cm s}^{-2}} \cdot \text{N}$

e) $P = 0{,}0981\,\dfrac{F}{\text{kp}} \cdot \dfrac{v}{\text{cm s}^{-1}} \cdot \text{W}$ f) $T = 0{,}0634\sqrt{\dfrac{l}{\text{mm}}}\text{ s}$

23. a) gerade b) ungerade
c) weder gerade noch ungerade
d) gerade
e) weder gerade noch ungerade
f) weder gerade noch ungerade

24. a) gerade b) gerade
c) weder gerade noch ungerade
d) gerade
e) weder gerade noch ungerade
f) ungerade

25. a) $\dfrac{\Delta y}{\Delta x} = 0{,}6x + 0{,}3\Delta x + 2$

b) $\dfrac{\Delta y}{\Delta x} = 6x^2 + 6x\Delta x + 2(\Delta x)^2 - 1$

c) $\dfrac{\Delta v}{\Delta t} = 4t + 2\Delta t - 4$

26. a) 6,2; 4,7; 3,5; 3,23; 3,203
b) 343; 133; 37; 24,22; 23,1202
c) 24; 14; 6; 4,2; 4,02

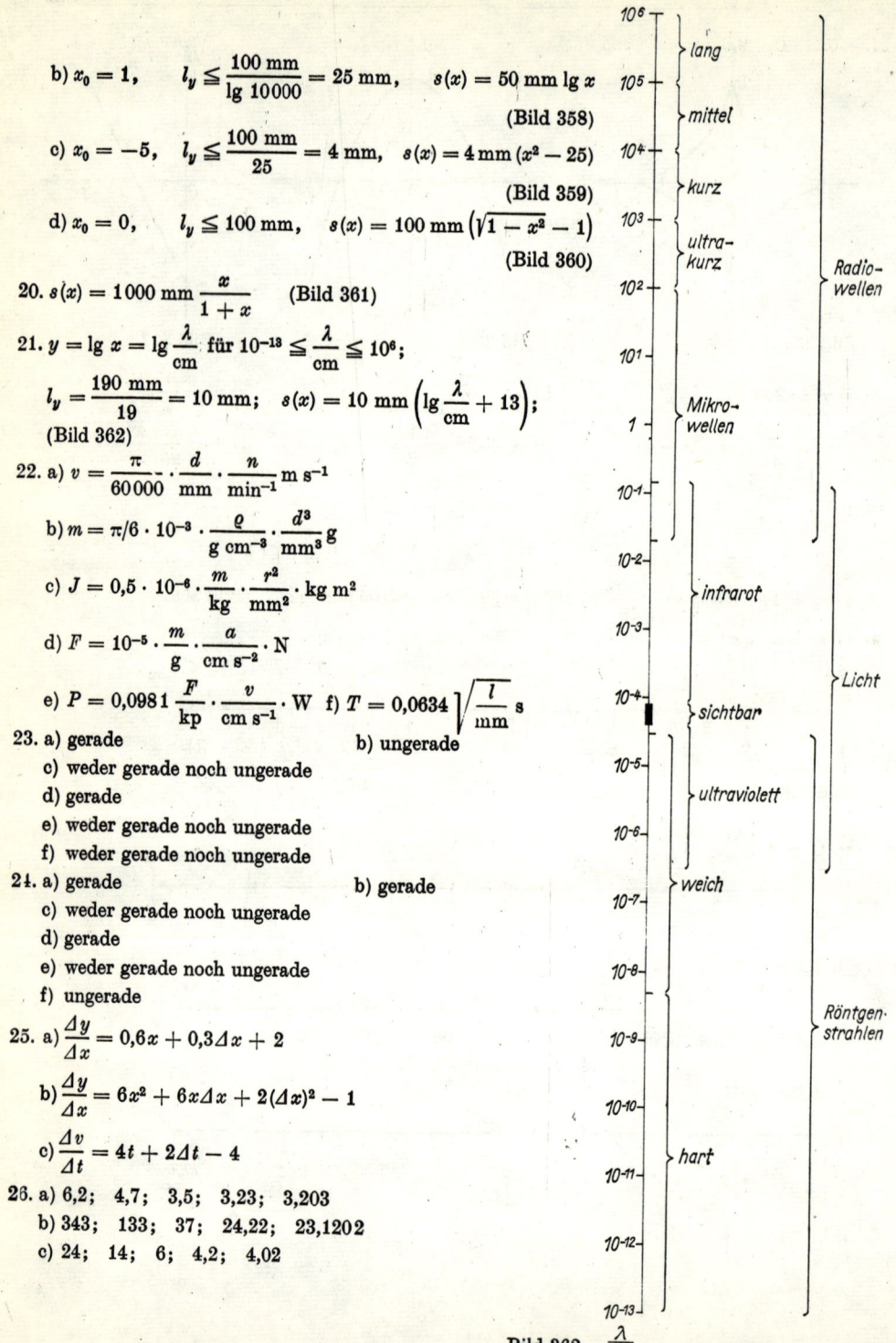

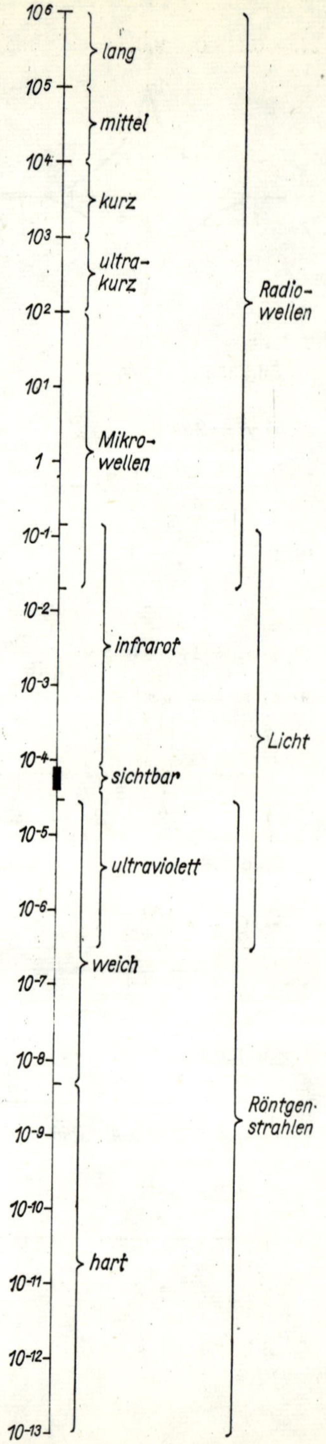

Bild 362

27. $-0{,}4$; 0; $0{,}6$; 1 (Bild 363)

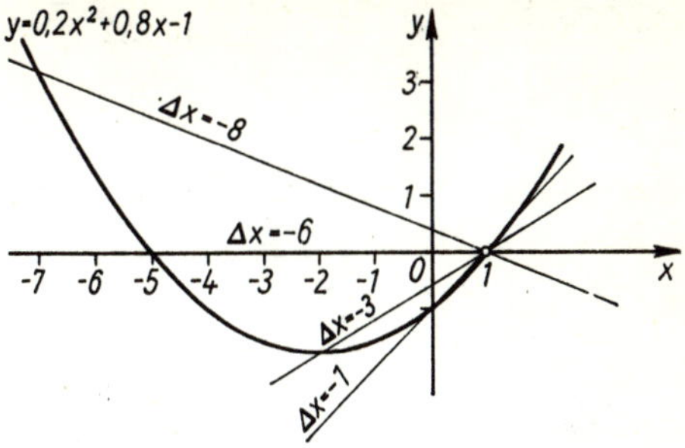

Bild 363

28. a) $\dfrac{\Delta y}{\Delta x} = -4\,\dfrac{2x + \Delta x}{x^2(x + \Delta x)^2}$

b) $\dfrac{\Delta y}{\Delta x} = \dfrac{1}{\sqrt{x + \Delta x} + \sqrt{x}}$

c) $\dfrac{\Delta y}{\Delta x} = -\dfrac{1}{\sqrt{x}\,\sqrt{x + \Delta x}\left(\sqrt{x} + \sqrt{x + \Delta x}\right)}$

29. a) $y = \dfrac{1}{3}x + \dfrac{2}{3}$ b) $y = -2x + 10$

c) $y = x + \dfrac{3}{2}$

d) $y = -\dfrac{1}{2}x^3,\quad X = (-\infty; 0]$ e) $y = (4 - x)^2,\quad X = (-\infty; 4]$

f) $y = \dfrac{x + 1}{x - 1}$ g) $y = \dfrac{3x}{2x - 1}$ h) $y = +\dfrac{1}{2}\sqrt{x - 2}$

i) $y = \begin{cases} \sqrt[3]{1 - x}, & x \leqq 1 \\ -\sqrt[3]{x - 1}, & x > 1 \end{cases}$ k) $y = \log_2(x - 1)$

l) $y = \mathrm{e}^{x-1}$ m) $y = \mathrm{e}^{\mathrm{e}^x}$

30. a) $f\colon\ y = \lg x$
$\varphi\colon\ y = 10^x$

b) $f\colon\ y = \lg\sqrt{x}$
$\varphi\colon\ y = 10^{2x}$

c) $f\colon\ y = \dfrac{10}{x}$
$\varphi\colon\ y = \dfrac{10}{x}$

d) $f\colon\ y = \lg\dfrac{10}{x} = 1 - \lg x$
$\varphi\colon\ y = 10^{1-x}$

e) $f\colon\ y = \dfrac{100}{x^2}$
$\varphi\colon\ y = \dfrac{10}{\sqrt{x}}$

f) $f\colon\ y = x^{10}$
$\varphi\colon\ y = \sqrt[10]{x}$

g) $f\colon\ y = \mathrm{e}^x$
$\varphi\colon\ y = \ln x$

h) $f\colon\ y = \mathrm{e}^{0,1x}$
$\varphi\colon\ y = 10\ln x$

i) $f\colon\ y = 10\,\mathrm{e}^{\frac{10}{x}}$
$\varphi\colon\ y = \dfrac{10}{\ln x}$

31. a) 4,47 b) 66,1 c) 110
d) 1,779 e) 2,21 f) 0,284
g) 3,49 h) 1,271 i) 1,0640
k) 0,896 l) 0,0414 m) 1,0556

32. a) 3,47 b) 832 c) 0,0355

33. a) 153 b) 25 c) 0,8

34. a) π b) $\frac{2\pi}{k}$ c) $\frac{2\pi}{3}$ d) 2π e) $\frac{2\pi}{3\omega}$

f) $\frac{2\pi}{\omega}$ g) $\frac{\pi}{\omega}$ h) $\frac{\pi}{2}$ i) $\frac{\pi}{\omega}$ k) $\frac{2\pi}{\omega}$

35. a) $$y = f(t) = \begin{cases} A \sin 2(\omega t - k\pi), & k\pi \leqq \omega t < (2k+1)\frac{\pi}{2} \\ 0, & (2k+1)\frac{\pi}{2} \leqq \omega t < (k+1)\pi \end{cases}$$

$k = 0, \quad \pm 1, \quad \pm 2, \ldots$

b) $y = f(t) = A \sin\left(\frac{\pi}{a}\omega t - k\pi\right), \quad ka \leqq \omega t < (k+1)a, \quad k = 0, \quad \pm 1, \quad \pm 2, \ldots$

36. a) $y = g_3(x) = -2x^3 + 15x + 12$ b) $y = g_3(x) = 0{,}5x^2 - 2x - 5$

c) $y = g_3(x) = 0{,}2x^3 - 1{,}2x^2 + 2x - 4{,}21$ d) $y = g_3(x) = -0{,}5x^3 + 1{,}72x + 6{,}28$

e) $y = g_4(x) = -1{,}2x^3 + 2{,}8x^2 - 1{,}8x + 8{,}4$

37. a) 4,75; −5,536 b) −3,875; −6,28 c) −5,535; −3,5444

d) 5,4825; −4,60 e) 10,15; −8,0096

38. a) −2,0557 (linear: −2,0562) b) −2,0173 (linear: −2,0180)

39. a) 7,91026 (linear: 7,91023) b) 7,92039 (linear: 7,92037)

40. $g_3(0{,}1t) = 0{,}09999t - 0{,}00017t^3$ $(0 \leqq t \leqq 3)$ a) 0,04997 b) 0,11969

41. $g_3(0{,}4 + 0{,}1t) = 1{,}49182 + 0{,}14923t + 0{,}00739t^2 + 0{,}00029t^3$ $(0 \leqq t \leqq 3)$

a) 1,56832 b) 1,66530

42. $g_3(0{,}4 + 0{,}05t) = 0{,}91652 - 0{,}02185t - 0{,}00158t^2 - 0{,}00006t^3$ $(0 \leqq t \leqq 3)$

a) 0,88792 b) 0,85108

43. a) 3, 6, 9, 12, 15 b) 1, −1, −3, −5, −7

c) $\frac{1}{3}, \frac{2}{5}, \frac{3}{7}, \frac{4}{9}, \frac{5}{11}$ d) 0,1, 0,01, 0,001, 0,0001, 0,00001

e) 0,1, 0,02, 0,003, 0,0004, 0,00005

f) $2, \frac{9}{4}, \frac{64}{27}, \frac{625}{256}, \frac{7776}{3125}$

g) $1, \frac{1}{2}, \frac{1}{6}, \frac{1}{24}, \frac{1}{120}$

h) $x^2, \quad -x^4, \quad x^6, \quad -x^8, \quad x^{10}$

44. a) $k = \nu + 1$ b) $k = 4 + \nu$ c) $k = \nu - 2$ d) $k = \nu - 3$

45. a) $a_k = 5 - 2k$ b) $a_1 = 4, \quad a_k = 4$

c) $a_1 = 3{,}5, \quad a_k = 4 - 2^{k-2}$ d) $a_1 = 2, \quad a_k = 2^{k+1} - (k+1)$

e) $a_1 = 0{,}75, \quad a_k = 0{,}75 \cdot 2^{k-1}$ f) $a_1 = -5, \quad a_k = -8 + 3k$

g) $a_1 = -\frac{1}{2}, \quad a_k = \begin{cases} -\frac{1}{2}, & k \text{ ungerade} \\ -2, & k \text{ gerade} \end{cases}$

h) $a_1 = -16, \quad a_k = -16 \cdot \left(-\frac{1}{2}\right)^{k-1}$

46. Folgen von Aufgabe 43:

a) wachsend b) fallend c) wachsend d) fallend

e) fallend f) wachsend g) fallend h) alternierend

Folgen von Aufgabe 44:

a) fallend b) fallend c) ab 5. Glied alternierend

d) ab 5. Glied wachsend

47. a) $a_k = (k+1)^2 - 1$, wachsend b) $a_k = 4 - 2k$, fallend

c) $a_k = \left(-\frac{1}{2}\right)^{k+1}$, alternierend d) $a_k = (-1)^k - 1$, nicht monoton

e) $a_k = \frac{k+2}{k+1}$, fallend f) $a_k = 2^{2-k}$, fallend

48. a) 10,5 b) 333,333 c) 8 d) 10,05 e) −5 f) 49

49. a) $a + a^2b^{-1} + a^3b^{-2} + a^4b^{-3} + a^5b^{-4} + a^6b^{-5}$

b) $x^3 - 2x^2 + 2x$ c) 31 d) 84 e) −0,99 f) $-2a + 2a^2 - a^3$

50. $(a+b)^n = \sum\limits_{\nu=0}^{n} \binom{n}{\nu} a^{n-\nu} b^{\nu}$

51. a) $\sum\limits_{\mu=1}^{6} \frac{\mu}{2}$ b) $\sum\limits_{\mu=1}^{6} 3 \cdot 10^{3-\mu}$ c) $\sum\limits_{\mu=1}^{4} (\mu - 2)^3$ d) $\sum\limits_{\mu=1}^{6} \frac{2\mu - 5}{7 - \mu}$

e) $\sum\limits_{\mu=1}^{5} (-1)^{\mu} (\mu + 2)$ f) $\sum\limits_{\mu=1}^{7} (2\mu - 1)$

52. Aufgabe 45: a) $d = -2$ b) $d = 0$ f) $d = 3$

Aufgabe 47: b) $d = -2$

53. a) −2,5; −32,5 b) −6; −78 c) −4,4; −57,2

d) −7,4; −96,2 e) −0,6; −7,8 f) −0,6; −7,8

g) −5; −65 h) 18; 234

54. a) $n = 13, \quad x_{13} = -13$ b) $n_1 = 16, \quad x_{16} = -\frac{3}{4}; \quad n_2 = 17, \quad x_{17} = 0$

c) Der Aufgabenstellung entspricht keine arithmetische Folge.

55. $\{y_k\}$: $y_k = m(k-1) + n$; arithmetische Folge mit $y_1 = n, \ d = m$

56. Vor.: $x_k = x_1 + (k-1)d, \qquad k = 1, 2, 3, \ldots$

Beh. $s_n = \sum_{k=1}^{n} x_k = \frac{n}{2}[2x_1 + (n-1)d]$

Bew.: $n = 1$: $\qquad s_1 = x_1$

$n' = n + 1$: $\quad s_{n+1} = \frac{n}{2}[2x_1 + (n-1)d] + x_1 + nd$

$$s_{n+1} = \frac{n+1}{2}(2x_1 + nd)$$

$$s_{n'} = \frac{n'}{2}[2x_1 + (n'-1)d]$$

57. 70336

58. 4496955

59. a) $n = 1$: $\qquad s_1 = 1$

$n' = n + 1$: $\quad s_{n+1} = \frac{n(n+1)}{2} + n + 1 = \frac{n^2 + n + 2n + 2}{2}$

$$s_{n+1} = \frac{(n+1)(n+2)}{2}$$

$$s_{n'} = \frac{n'(n'+1)}{2}$$

b) $n = 1$: $\qquad s_1 = 1$

$n' = n + 1$: $\quad s_{n+1} = \frac{n(n+1)(2n+1)}{6} + (n+1)^2$

$$s_{n+1} = \frac{(n+1)(n+2)(2n+3)}{6}$$

$$s_{n'} = \frac{n'(n'+1)(2n'+1)}{6}$$

c) $n = 1$: $\qquad s_1 = 1$

$n' = n + 1$: $\quad s_{n+1} = \frac{n^2(n+1)^2}{4} + (n+1)^3$

$$s_{n+1} = \frac{(n+1)^2(n+2)^2}{4}$$

$$s_{n'} = \frac{n'^2(n'+1)^2}{4}$$

60. n^2

61. Aufgabe 45: e) $x_1 = 0{,}75, \quad q = 2$ h) $x_1 = -16, \quad q = -\frac{1}{2}$

Aufgabe 47: c) $x_1 = -\frac{1}{2}, \quad q = -\frac{1}{2}$ f) $x_1 = 4, \quad q = \frac{1}{2}$

62. $q < 0$: alternierend; $0 < q < 1$: fallend;
$q = 1$: konstant; $q > 1$: steigend

63. a) $\frac{5}{2}$ b) $\frac{b}{2a}$ c) $-\sqrt{3}$ d) $\sqrt{2}$

64. $y_k = \lg x_1 q^{k-1} = \lg x_1 + (k-1) \lg q$; arithmetische Folge $\{y_k\}$ mit

$y_1 = \lg x_1$ und $d = \lg q$

$x_1 q^{k-1}$	1	10	100	1000	10000
y_k	0	1	2	3	4

Die Logarithmen der Glieder einer geometrischen Folge bilden eine arithmetische Folge.

65. a) −0,2; −6,35 b) −2,56; −71,5456 c) 2500; 11179
d) −5; −35 e) 0,256; 16,63936 f) −6,4; −50,8 (6,4; 17,2)

66. a) $n = 8$, $x_8 = 437{,}4$ b) $n = 9$, $x_9 = 0{,}75$

67. a) $n = 8$, $s_8 = 820$ b) $n = 6$, $s_6 = -26{,}6$

68. $2^{20} - 1 = 1048575$ 69. $\frac{1}{8}(2^{13} - 1) = 1023{,}875$

70. 11 Rohre; 8 Schichten

71. 440, 466, 494, 523, 554, 587, 622, 659, 698, 740, 784, 831, 880

72. a) 337965 b) 53261

73. $d = -4°20'$;
55°30′, 51°10′, 46°50′, 42°30′, 38°10′, 33°50′, 29°30′, 25°10′, 20°50′, 16°30′

74. $l = 96{,}5$ m

75. 120, 135, 151, 170, 190, 213, 239, 269, 301, 338, 379, 426, 478, 536, 601, 675, 757, 850, 953, 1070, 1200

76. 751 Ω

77. a) $\dfrac{1 + x^7}{1 + x}$ b) $\dfrac{1 - (-x)^{n+1}}{1 + x}$ c) $\dfrac{b^{n+1} - (-a)^{n+1}}{a + b}$

78. 15a (23a) 79. 2,29 s 80. 7,6%

81. a) 5209,04 Mark b) 6783,52 Mark

82. 3637,7 Mark 83. 0,039 a^{-1} 84. 16,1 a

85. a) 24300 a b) 0,18 s c) 481 d

86. 46,1 s 87. 3,0 min 88. Auf das 1400fache

89. a) beschränkt: $0 < x_n \leqq 4$ b) beschränkt: $0 \leqq x_n \leqq 20$
c) n. u. beschränkt: $0 \leqq x_n < \infty$ d) beschränkt: $-1 < x_n \leqq 3$
e) n. u. beschränkt: $0 \leqq x_n < \infty$ f) n. o. beschränkt: $-\infty < x_n \leqq x_0$
g) unbeschränkt: $-\infty < x_n < \infty$ h) beschränkt: $-1/2 \leqq x_n \leqq 1$
i) beschränkt: $-1 \leqq x_n \leqq 1$ k) beschränkt: $-2 \leqq x_n \leqq 1$
l) beschränkt: $1 < x_n \leqq 3$
m) n. u. beschränkt: $8/9 \leqq x_n < \infty$ Die Folge wächst unbeschränkt, denn

es ist

$$x_n = x_{n-1} \cdot 2 \frac{n^2}{(n+1)^2} \quad \text{und} \quad 2\left(\frac{n}{n+1}\right)^2 > 1{,}5 \text{ für } n \geqq 8.$$

Es gilt also $x_n > 1{,}5x_{n-1}$ für $n \geqq 8$. Das bedeutet: ab $n = 8$ wachsen die Glieder der Folge $\{x_n\}$ schneller als die der divergenten geometrischen Folge mit $q = 1{,}5$.

90. a) 0 b) ∞ c) 0 d) 0 e) $-\infty$ f) ∞

91. a) $N > -\frac{\lg \varepsilon}{\lg 2}$ $(N = 7)$ b) $N > \sqrt{\varepsilon^{-1}}$ $(N = 11)$
c) $N > \varepsilon^{-2}$ $(N = 10001)$ d) $N > \frac{\lg 3}{\lg(1+\varepsilon)}$ $(N = 111)$
e) $N > -\frac{\lg 2}{\lg(1-\varepsilon)}$ $(N = 70)$ f) $N > \frac{1+\sqrt{1-4\varepsilon^2}}{2\varepsilon}$ $(N = 100)$

92. a) $c < 0$ b) $|c| < 1$ c) $c > 0$

93. a) konvergent: $g = 0$ b) konvergent: $g = 0$
c) bestimmt divergent: $g = \infty$ d) konvergent: $g = -1$
e) bestimmt divergent: $g = \infty$ f) bestimmt divergent: $g = -\infty$
g) unbestimmt divergent h) konvergent: $g = 0$
i) unbestimmt divergent k) unbestimmt divergent
l) konvergent: $g = 1$ m) bestimmt divergent: $g = \infty$

94. a) $g = 1$, $N(\varepsilon) > \frac{1-\varepsilon}{\varepsilon}$ b) $g = a$, $N(\varepsilon) > \frac{a-\varepsilon}{\varepsilon}$
c) $g = \frac{a}{c}$, $N(\varepsilon) > \frac{|bc-ad| - \varepsilon cd}{\varepsilon c^2}$ d) $g = 0$, $N(\varepsilon) > \frac{\lg(1-\varepsilon)/\varepsilon}{\lg|c|}$
e) $g = 1$, $N(\varepsilon) > \frac{\lg \varepsilon/(1-\varepsilon)}{\lg|c|}$ f) $g = 1$, $N(\varepsilon) > \left(5 + \sqrt{25 - 24\varepsilon - \varepsilon^2}\right)/\varepsilon$

95. a) $1{,}5x_1$ b) $0{,}75x_1$ c) $\frac{10}{9}x_1$ d) $\frac{5}{9}x_1$

96. $N(\varepsilon) > \frac{\lg|\varepsilon(1-q)|}{\lg|q|}$
a) $N = 7$ b) $N = 7$ c) $N = 4$ d) $N = 29$

97. $s = \frac{b}{a}\left(b + \sqrt{a^2+b^2}\right)$ 98. a) $a_1\left(2+\sqrt{2}\right)$ b) $2a_1^2$

99. a) $\frac{a_1(m+n)}{2mn}\left[m + n + \sqrt{m^2+n^2}\right]$ b) $\frac{(m+n)^2}{2mn}a_1^2$

100. a) $(4+\pi)\left(2+\sqrt{2}\right)a_1$ b) $(2+\pi/2)\,a_1^2$

101. a) $\frac{7}{9}$ b) $\frac{1}{33}$ c) $6\,\frac{217}{505}$ d) $1\,\frac{5}{26}$

102. a) 1 b) $1\,\frac{1}{3}$ c) $1\,\frac{6}{7}$

103. a) -6 b) $3/4$ c) $-7/9$ d) 4 e) 12 f) $4a^3$

104. Vgl. Aufgabe 103

105. a) 2 b) 5 c) $\frac{1}{2}$

106. a) 1 b) 0 c) 1 d) 1 e) 0 f) 0 g) $-\infty$ h) -1

107. a) $y = \begin{cases} 1 \text{ für } x > 0 \\ -1 \text{ für } x < 0 \end{cases}$

Nichthebbare Unstetigkeit bei $x = 0$, denn $\lim\limits_{x \to +0} \frac{x}{|x|} = 1$, $\lim\limits_{x \to -0} \frac{x}{|x|} = -1$

b) Nichthebbare Unstetigkeit bei $x = 0$. Es existiert weder links- noch rechtsseitiger Grenzwert für $x = 0$

c) Hebbare Unstetigkeit bei $x = 0$, denn wegen $\left|\sin \frac{1}{x}\right| \leqq 1$ für alle x ist

$$-|x| \leqq x \sin \frac{1}{x} \leqq |x| \text{ und deshalb } \lim_{x \to 0} x \sin \frac{1}{x} = 0$$

d) Unstetigkeiten bei $x_1 = 0$ und $x_2 = -1$

Unstetigkeit bei $x_1 = 0$ hebbar, da $\lim\limits_{x \to +0} f(x) = \lim\limits_{x \to -0} f(x) = 2$

Unstetigkeit bei $x_2 = -1$ nicht hebbar:

$$\lim_{x \to -1+0} f(x) = \infty, \quad \lim_{x \to -1-0} f(x) = -\infty$$

e) Hebbare Unstetigkeit bei $x = 4$: $\lim\limits_{x \to 4 \pm 0} \frac{x - 4}{\sqrt{x} - 2} = 4$

f) Nichthebbare Unstetigkeit bei $x = 1$: $\lim\limits_{x \to 1-0} \ln 2^{\frac{1}{x-1}} = -\infty$, $\lim\limits_{x \to 1+0} \ln 2^{\frac{1}{x-1}} = +\infty$

108. a) Hebbare Unstetigkeit bei $x = 0$: $\lim\limits_{x \to +0} \frac{x^2}{|x|} = \lim\limits_{x \to -0} \frac{x^2}{|x|} = 0$

b) Nichthebbare Unstetigkeit bei $x = 0$: $\lim\limits_{x \to +0} 2^{\frac{|x|}{x}} = 2$, $\lim\limits_{x \to -0} 2^{\frac{|x|}{x}} = \frac{1}{2}$

c) Hebbare Unstetigkeit bei $x = 0$: $\lim\limits_{x \to \pm 0} x\, 2^{\frac{|x|}{x}} = 0$

d) Nichthebbare Unstetigkeit bei $x = 0, \pm 1, \pm 2, \ldots$:

Sei $k \in G$, dann ist $\lim\limits_{x \to k+0} (x - [x]) = 0$, $\lim\limits_{x \to k-0} (x - [x]) = 1$

e) Nichthebbare Unstetigkeit bei $x = 1$: $\lim\limits_{x \to 1+0} 2^{\frac{1}{x-1}} = \infty$, $\lim\limits_{x \to 1-0} 2^{\frac{1}{x-1}} = 0$

f) Hebbare Unstetigkeit bei $x = 1$: $\lim\limits_{x \to 1 \pm 0} \frac{1 - x}{1 - |x|} = 1$

Nichthebbare Unstetigkeit bei $x = -1$:

$$\lim_{x \to -1+0} \frac{1 - x}{1 - |x|} = \infty, \quad \lim_{x \to -1-0} \frac{1 - x}{1 - |x|} = -\infty$$

109. a) $y' = \lim\limits_{\Delta x \to 0} (-4x + 2\Delta x) = -4x$ b) $y' = \lim\limits_{\Delta x \to 0} (-1{,}2x - 0{,}6\Delta x - 2) = -1{,}2x - 2$

c) $v' = \lim\limits_{\Delta u \to 0} (3{,}6u^2 + 3{,}6u\,\Delta u + 1{,}2\Delta u) = 3{,}6u^2$

d) $y' = \lim\limits_{\Delta x \to 0} (0{,}6x^2 + 0{,}6x\,\Delta x + 0{,}2(\Delta x)^2 + 0{,}5) = 0{,}6x^2 + 0{,}5$

e) $y' = \lim\limits_{\Delta x \to 0} (8x + 4\Delta x - 12) = 8x - 12$ f) $y' = \lim\limits_{\Delta x \to 0} (-6x - 3\Delta x + 14) = -6x + 14$

110. a) $y' = \lim\limits_{\Delta x \to 0} \left(\dfrac{1}{\sqrt{x + \Delta x} + \sqrt{x}}\right) = \dfrac{1}{2\sqrt{x}}$

b) $y' = \lim\limits_{\Delta x \to 0} \left(-\dfrac{1}{\sqrt{-(x + \Delta x)} + \sqrt{-x}}\right) = -\dfrac{1}{2\sqrt{-x}}$

c) $y' = \lim\limits_{\Delta x \to 0} \dfrac{3x^2 + 3x\,\Delta x + (\Delta x)^2}{(x + \Delta x)\sqrt{x + \Delta x} + x\sqrt{x}} = \dfrac{3}{2}\sqrt{x}$

111. a) $\lim\limits_{\Delta x \to 0} \dfrac{\Delta y}{\Delta x} = 8x$; f': $y' = 8x$ ist überall definiert, also f überall differenzierbar

b) $x < 0$: $\lim\limits_{\Delta x \to 0} \dfrac{\Delta y}{\Delta x} = -1$ $x > 0$: $\lim\limits_{\Delta x \to 0} \dfrac{\Delta y}{\Delta x} = 1$

$x = 0$: $\lim\limits_{\Delta x \to -0} \dfrac{\Delta y}{\Delta x} = \lim\limits_{\Delta x \to -0} \dfrac{|\Delta x|}{\Delta x} = -1$

$\lim\limits_{\Delta x \to +0} \dfrac{\Delta y}{\Delta x} = \lim\limits_{\Delta x \to +0} \dfrac{|\Delta x|}{\Delta x} = 1$

f ist bei $x = 0$ nicht differenzierbar, da dort links- und rechtsseitiger Grenzwert des Differenzenquotienten voneinander verschieden sind.

c) $\lim\limits_{\Delta x \to 0} \dfrac{\Delta y}{\Delta x} = nx^{n-1}$; f': $y' = nx^{n-1}$ ist überall definiert, also f überall differenzierbar

d) $\lim\limits_{\Delta x \to 0} \dfrac{\Delta y}{\Delta x} = -\dfrac{2}{x^3}$; f' und f sind bei $x = 0$ nicht definiert, also ist f bei $x = 0$ unstetig und somit dort nicht differenzierbar

e) Die Funktion f ist bei $x = 0$ unstetig, daher dort nicht differenzierbar. Für $x \neq 0$ ist $\lim\limits_{\Delta x \to 0} \dfrac{\Delta y}{\Delta x} = 0$; f also für $x \neq 0$ differenzierbar

f) $\lim\limits_{\Delta x \to 0} \dfrac{\Delta y}{\Delta x} = -\dfrac{x}{\sqrt{1 - x^2}}$; f': $y' = -\dfrac{x}{\sqrt{1 - x^2}}$ ist bei $x = 1$ und $x = -1$ nicht erklärt; f ist differenzierbar für $-1 < x < 1$

112. Vgl. Lösungen der Aufgabe 109!

113. a) $y' = 8x^3 - 6x - 5$ b) $y' = -2{,}4x^2 + 2\sqrt{3}x + 1{,}9$

c) $y' = \dfrac{15}{4}x^8 + 8x^5 - \dfrac{8}{3}x^2 + 2$ d) $y' = -4ax^3 + 6bx + c^2$

e) $y' = 32t - 8$ f) $y' = 3x^2 - 2ax - a^2$

114. a) $y' = 10x^{-6} - 9x^{-4} + x^{-3}$ b) $y' = 4x - x^{-2} + 4x^{-3} + 5x^{-6}$

c) $v' = 8u^{\frac{1}{3}} + \frac{2}{3}u^{-\frac{4}{3}} - 4u^{-\frac{3}{5}}$ d) $y' = -\frac{16}{3}x^{-\frac{7}{3}} + 14x^{-\frac{13}{6}} - 9x^{-2}$

115. a) $y' = 2 + \frac{6}{x^3}$ b) $v'(s) = a + \frac{2b}{s^3} + \frac{3c}{s^4}$ c) $y' = \frac{-2 + 6x - 8x^3}{x^3}$

d) $y' = 3(-x^{-2} + 2x^{-3})$ e) $y' = -3t^{-4}$

116. a) $g' = \frac{3}{2}\sqrt{t}$ b) $w' = \frac{1}{6\sqrt[6]{u^5}}$ c) $y' = \frac{11}{4}x\sqrt[4]{x^3}$

d) $y' = -\frac{a}{2\sqrt{bx^3}} - \frac{1}{2\sqrt{bx}}$ e) $s' = \frac{5}{3}\sqrt[3]{t^2} + \frac{2}{3t\sqrt[3]{t}}$ f) $v' = -\frac{1}{2u\sqrt{u}}$

g) $y' = \frac{1}{3}\left(8x\sqrt[3]{x^2} + 13x\sqrt[6]{x} + \frac{8}{\sqrt[3]{x}}\right)$ h) $y' = \frac{1}{2\sqrt{x}} - \frac{3}{2}\sqrt{x}$

i) $y' = -1 + \frac{2}{\sqrt[3]{x}} - \frac{1}{\sqrt[3]{x^2}}$ k) $y = -3t^{-4} + 2t^{-3} + t^{-2}$

117. a) $-25\frac{1}{3}$; 92°16′ b) 0; 0° c) −1; 135° d) −3; 108°26′

118. $x_1 = -3$, $x_2 = -2$, $x_3 = 2$

119. a) $\alpha_1 = 125°49'$, $\alpha_2 = 54°11'$ b) $\alpha = 92°23'$

c) $\alpha_1 = 85°14'$, $\alpha_2 = 0°$

120. a) $P_1(0; 0)$, $\varphi_1 = 90°$; $P_2(1; 1)$, $\varphi_2 = 45°$

b) $P_1(1; 1)$, $\varphi_1 = 8°8'$; $P_2(0; 0)$ (Berührungspunkt), $\varphi_2 = 0°$

c) $P(-1; -3)$, $\varphi = 20°14'$

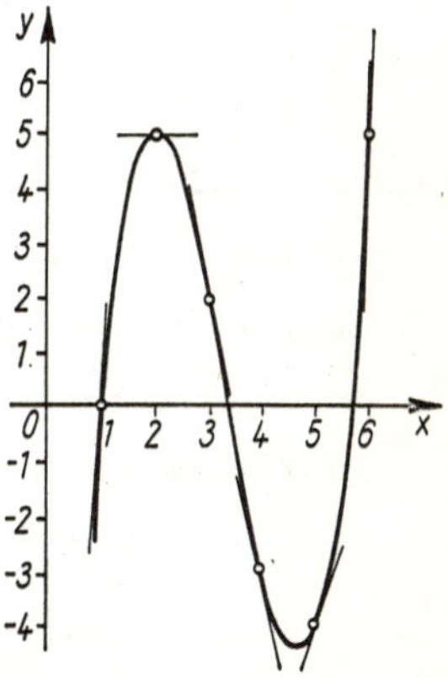

Bild 364

121. a) $x_1 = 1$, $x_2 = \frac{1}{3}$ b) $x_{1;2} = \pm\sqrt{0{,}5}$, $x_{3;4} = \pm\sqrt{0{,}1}$

122.

x	1	2	3	4	5	6
y	0	5	2	−3	−4	5
y'	11	0	−5	−4	3	16

(Bild 364)

123. a) $y = -2x^3 + 5x^2 - 2$ b) $y = 2x^3 - 8x + 1$

c) $y = -x^3 - x^2 + x - 1$

124. a) $y' = -\frac{1}{2y} = -\frac{1}{2\sqrt{2-x}}$ b) $y' = -\frac{1}{2}(y-1)^3 = -\frac{1}{2\sqrt{1+x}^3}$

c) $y' = \frac{(1+y^2)^2}{2ay} = \frac{a}{2(a-x)^2}\sqrt{\frac{a-x}{x}}$ d) $y' = -\frac{1}{2}y^3$; $y_0' = -4$

125. $P_1(0; 0)$; $P_2\left(0; \sqrt{3}\right)$; $P_3\left(0; -\sqrt{3}\right)$; $y' = \frac{1}{3}\cdot\frac{1}{1-y^2}$; $y_1' = \frac{1}{3}$; $y_2' = y_3' = -\frac{1}{6}$

126. a) 40 b) $-14{,}79$ c) 0

d) $-71{,}12$ e) $4{,}71$

127. a) $y = -\frac{3}{2}x^3 - 2x^2 + \frac{3}{2}x + 2$ b) $x_0 = -\frac{4}{3}$

128. a) $y = \frac{1}{2}(x^3 - 3x^2 - 6x + 8)$

b) $y = -\frac{1}{4}x^3 - x^2 + 2$

129. $y = \frac{1}{5}(3x^2 - 8x - 28)$

130. $w = -0{,}5u + 3{,}75$

131. $a^2 < 3b$

132. $b = \frac{1}{4}$

133. $a^2 + b = \frac{1}{4}$

134. $y = \frac{1}{4}(5x^3 - 7x + 10), \quad x_3 = 0$

135. a) $y = (2 - x^2) - 2x(x - 1)$

b) $y' = (-1 - 2x)(x^3 + 2x) + (3x^2 + 2)(1 - x - x^2)$

c) $y' = (-3x^2 + 4)(x^2 - 6x + 5) + (2x - 6)(-x^3 + 4x - 1)$

d) $v' = 3u^2(u^2 - 2u + 1) + (2u - 2)(u^3 - 2)$

e) $y' = (8x - 3)(2 - x^3)x^3 - 3x^5(4x^2 - 3x) + 3x^2(4x^2 - 3x)(2 - x^3)$

f) $y' = 8x(2x^2 - 5)$

136. a) $y' = (x^2 - 1)(x^3 - 1) + 2x(x - 1)(x^3 - 1) + 3x^2(x - 1)(x^2 - 1)$

b) $y' = (-1 - 2x)(1 + x^2) + 2x(1 - x - x^2)$

c) $y' = -(b - x^2) - 2x(a - x)$

d) $y' = 2[nx^{n-1} - (n - 2)x^{n-3}](x^n - x^{n-2} + 1)$

e) $y' = (x^2 + b)(x^3 + c) + 2x(x + a)(x^3 + c) + 3x^2(x + a)(x^2 + b)$

f) $y' = (2x - a)(x^2 + ax - b^2) + (2x + a)(x^2 - ax + b^2)$

137. a) $y' = \sqrt{t} + \frac{t - 1}{2\sqrt{t}}$ b) $y' = 6\sqrt{x} - \frac{3x^2 - a}{2x\sqrt{x}}$

c) $y' = \frac{2x - \sqrt{x}}{3\sqrt[3]{x^2}} + \left(2 - \frac{1}{2\sqrt{x}}\right)\left(\sqrt[3]{x} - 1\right)$

d) $y' = \frac{8x + 1}{3x\sqrt[3]{x}}(3x^2 - 1) + 6\sqrt[3]{x^2}\,(4x - 1)$

138. a) $y' = -\dfrac{1}{3x\sqrt[3]{x}}\left(1+\sqrt{x}\right) + \dfrac{1}{4x\sqrt[12]{x}} = -\dfrac{4+\sqrt[4]{x}}{12x\sqrt[3]{x}}$

b) $y' = \left(-\dfrac{1}{x\sqrt{x}} - \dfrac{2}{3\sqrt[3]{x}} - \dfrac{2}{3x\sqrt[6]{x}}\right)\left(1+\sqrt{5x}-\sqrt[6]{x^5}\right) +$

$+ \left(\dfrac{\sqrt{5}}{2\sqrt{x}} - \dfrac{5}{6\sqrt[6]{x}}\right)\left(\dfrac{2}{\sqrt{x}} - \sqrt[3]{x^2} + \dfrac{4}{\sqrt[6]{x}}\right)$

c) $y' = \left(\dfrac{2}{\sqrt{x}} - \dfrac{8}{3x^2\sqrt[3]{x}}\right)\left(4-\sqrt[3]{x}\right) - \dfrac{1}{3\sqrt[3]{x^2}}\left(3\sqrt[3]{x^2} + \dfrac{2}{x\sqrt[3]{x}}\right)$

d) $y' = \dfrac{-\dfrac{3}{4}\sqrt{x}+1}{x^3}\left(1+\sqrt{x}\right)^2 + \dfrac{x-1}{2x^2\sqrt{x}}$

139. a) $y' = b(c-dx) - d(a+bx) + b(c+dx) - d(a-bx) = 2(bc-ad)$

b) $v' = 4(t-1)^3$

c) $w' = 6au(au^2-1)^2(c-bu^3) - 3bu^2(au^2-1)^3$

d) $y' = 2a(ax+b)(b-ax)^2 - 2a(b-ax)(ax+b)^2 = 4a^2x(a^2x^2-b^2)$

e) $y' = an(ax+b)^{n-1}$ f) $y' = 2(2ax-b)(ax^2-bx+c)$

140. a) $y' = (2nx^{2n-1}-1)\left(x^{3-n}+\dfrac{2}{x}\right) + \left[(3-n)x^{2-n} - \dfrac{2}{x^2}\right](x^{2n}-x)$

b) $y' = nx^{\frac{n}{2}-1}\sqrt[n]{x} + \dfrac{2x^{\frac{n}{2}}-1}{n\sqrt[n]{x^{n-1}}} = \left(n+\dfrac{2}{n}\right)x^{\frac{n}{2}-1}\sqrt[n]{x} - \dfrac{1}{n\sqrt[n]{x^{n-1}}}$

c) $y' = nx^{n-1}f(x) + x^n f'(x)$ d) $y' = 3[f(x)]^2 f'(x)$

141. a) $y' = -\dfrac{2}{(t-1)^2}$ b) $y' = -\dfrac{2}{(t-1)^2}$ c) $y' = \dfrac{-2ab}{(ax-b)^2}$

d) $y' = \dfrac{6x^2+16x+3}{(3x+4)^2}$ e) $y' = \dfrac{-12x^4+12x^3-4x^2+32x-8}{(3x^3-x+4)^2}$

f) $y' = -\dfrac{12x^4+18x^2+10}{(5x-2x^3)^2}$

142. a) $y' = \dfrac{2x^2-4x}{(x^2+x-1)^2}$ b) $y' = 4\,\dfrac{8x^5-50x^4-8x^3+59x^2+10x-2}{(5-x)^2}$

c) $y' = \dfrac{-4x^3+27x^2-24x+5}{(3-2x)^2(x^2+1)^2}$ d) $y' = \dfrac{3x^4+11x^2+10x-2}{(x^2+1)^2}$

e) $k' = -\dfrac{1}{(h+2)^2}$ f) $y' = -\dfrac{9x^2-8x-6}{(x^2-2)^2(3x-4)^2}$

143. a) $y' = \dfrac{4 - 6x^2 - 4x^3}{(2 + x^3)^2}$ b) $y' = 4\dfrac{1 - x}{(1 - 2x)^3}$

c) $y' = -\dfrac{4}{(3 - x)^2}$ d) $y' = \dfrac{-6t}{(t^2 + 2)^2}$

e) $y' = \dfrac{-4x^2 + 6}{(x - 1)^2 (2x - 3)^2}$ f) $y' = -\dfrac{1}{(1 + 3x)^2}$

144. a) $y' = -a\dfrac{x^2 + a}{(x^2 - a)^2}$ b) $y' = -\dfrac{2a^2x}{(x^2 - a)^2}$

c) $y' = \dfrac{-ax^2 + 2a^2x - a^3}{(x^2 - a^2)^2} = -\dfrac{a}{(x + a)^2}$

d) $y' = \dfrac{-ax + ab}{(x + b)^3}$ e) $y' = -2\dfrac{(ac + b)x}{(x^2 - c)^2}$

f) $y' = -\dfrac{cnx^{n-1}}{(x^n - c)^2}$

145. a) $y' = \dfrac{1}{2\sqrt{x}\left(1 - \sqrt{x}\right)^2}$ b) $y' = -\dfrac{2x^4 + 2x^3 - 10x\sqrt{x} - 2\sqrt{x}}{(2x^2 + x)^2}$

c) $y' = \dfrac{1}{3\sqrt[3]{t^2}\left(1 - \sqrt[3]{t}\right)^2}$ d) $y' = -\dfrac{a}{\sqrt{x}\left(a + \sqrt{x}\right)^2}$

e) $y' = -\dfrac{a}{\sqrt{x}\left(a + \sqrt{x}\right)^2}$

f) $y' = \dfrac{-6x^2\sqrt[3]{x^2} + 5x^2 - 4x - 6\sqrt[3]{x^2} + 1}{3\sqrt[3]{x^2}\,(x^2 - 2x - 1)^2}$ g) $y' = \dfrac{2x^2\sqrt{x} - 3x^2 + \sqrt{x} - \dfrac{1}{2}}{\sqrt{x}\left(\sqrt{x} - x\right)^2}$

146. Es ist $\dfrac{2t}{t - 1} - 1 = \dfrac{t + 1}{t - 1}$. Die Funktionswerte unterscheiden sich nur durch eine Konstante.

147. a) Die Kurve steigt für $u^2 < 1$ und fällt für $u^2 > 1$ b) $u_{1;2} = \pm 1$

148. a) f nicht differenzierbar in $x_0 = -2,\ x_1 = 2$

$f'(-2 - 0) = -4,\quad f'(-2 + 0) = 4,\quad f'(2 - 0) = -4,\quad f'(2 + 0) = 4$

b) f nicht differenzierbar in $x_0 = 0$

$f'(-0) = 2,\quad f'(+0) = -2$

c) f nicht differenzierbar in $x_0 = -1,\ x_1 = 3$

$f'(-1 - 0) = -4,\ f'(-1 + 0) = 4,\ f'(3 - 0) = -4,\ f'(3 + 0) = 4$

d) f nicht differenzierbar bei $x_0 = -3$

$f'(-3 - 0) = 5,\ f'(-3 + 0) = -5$

e) f überall differenzierbar f) f überall differenzierbar

149. a) $y' = \sin 2x$ b) $y' = -\dfrac{2\cot x}{\sin^2 x}$ c) $y' = 4\cos t - t\sin t$

d) $y' = 2\cos\alpha\,(\alpha - \cot\alpha) + 2\sin\alpha\left(1 + \dfrac{1}{\sin^2\alpha}\right)$

e) $y' = \left(\dfrac{2}{\cos^2 x} - 3\cos x\right)(\cot x - 2\cos x) + (2\tan x - 3\sin x)\left(-\dfrac{1}{\sin^2 x} + 2\sin x\right)$

f) $y' = x\cos 2x - \dfrac{1}{2}\sin 2x$

150. a) $y' = -\dfrac{1}{\cos^2\alpha\,(1 + \tan\alpha)^2} = -\dfrac{1}{1 + \sin 2\alpha}$

b) $y' = \dfrac{1 + \sin x - \cos x}{(1 + \sin x)^2}$ c) $y' = -\dfrac{x\sin 2x + 3\cos^2 x}{\sin^4 x}$

d) $y' = \dfrac{t\cos t - \sin t}{t^2}$ e) $y' = \dfrac{x\sin x\tan x + \sin x + \dfrac{x}{\cos x}}{2x^2\tan^2 x}$

f) $y' = \dfrac{2x^2 - 1 + 4x\sin x}{1 + \cos x}$

151. a) $y' = 6x^2\tan x + \dfrac{2x^3}{\cos^2 x}$

b) $y' = \sin t - \cos t + t(\cos t + \sin t)$

c) $y' = \alpha\sin\alpha$ d) $y' = x^2\sin x$

e) $y' = 2\,\dfrac{\cos^2 x(1 + \tan x) - x}{1 + \sin 2x}$

f) $y' = \dfrac{\sin^2 x(1 + \tan x) + x\tan x(2 + \tan x)}{1 + \sin 2x}$

152. a) $y' = -\sin 2x$ b) $y' = 6\cos 2x + 2\sin 2x$

c) $y' = \cos 2x - \sin 2x$ d) $y' = 4\cos 4x$

e) $y' = \dfrac{1 + \sin x}{\cos^2 x} = \dfrac{1}{1 - \sin x}$ f) $y' = \dfrac{1 - \sin x}{\cos^2 x} = \dfrac{1}{1 + \sin x}$

g) $y' = 2\sin^2 x$ h) $y' = 2\cos^2 x$

153. a) $\varphi_{1/2} = \arctan \pm a$ b) $\varphi = \arctan a$

154. a) $\varphi = 70°32'$ b) $\varphi = 53°8'$ c) $\varphi_1 = 63°26'$, $\varphi_2 = 88°51'$

155. a) $dy = (12x^2 - 4x)\,dx$ b) $dy = \dfrac{dx}{\cos^2 x}$

c) $dy = -\dfrac{2\,dx}{x^3}$ d) $dy = dx$

156. a)

$\Delta x = dx$	2	1	0,5	0,1
Δy	1,80	0,60	0,225	0,033
dy	0,60	0,30	0,150	0,030
$\Delta y - dy$	1,20	0,30	0,075	0,003
$\dfrac{\Delta y - dy}{dy}$	2,00	1,00	0,500	0,100
$\dfrac{\Delta y - dy}{\Delta y}$	0,667	0,50	0,333	0,091

b)

$\Delta x = \mathrm{d}x$	2	1	0,5	0,1
Δy	0,80	0,700	0,462	0,1141
$\mathrm{d}y$	2,40	1,200	0,600	0,1200
$\Delta y - \mathrm{d}y$	−1,60	−0,500	−0,138	−0,0059
$\frac{\Delta y - \mathrm{d}y}{\mathrm{d}y}$	−0,667	−0,417	−0,229	−0,0492
$\frac{\Delta y - \mathrm{d}y}{\Delta y}$	−2,00	−0,714	−0,297	−0,0517

Zeichnerische Darstellung: Bilder 365 und 366

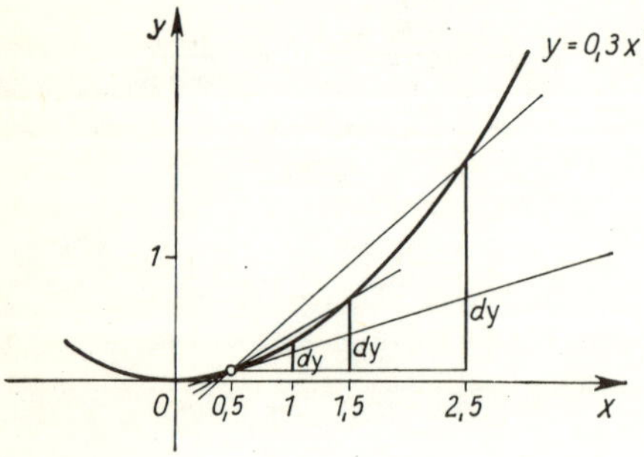

Bild 365

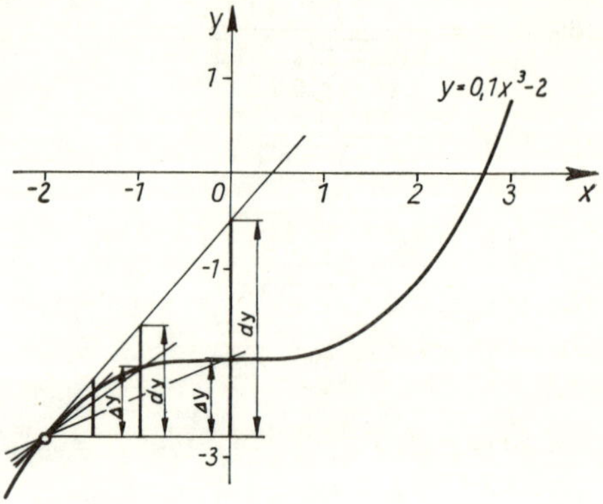

Bild 366

157. 22,8 m

158. a) $v_x = v_0 \cos\alpha$, $\quad v_y = v_0 \sin\alpha - g \cdot t$

b) $v = \sqrt{v_x^2 + v_y^2} = \sqrt{v_0^2 - 2v_0 g t \sin\alpha + g^2 t^2}$

c) $v_\mathrm{e} = v_0$

159. $v_\beta = v_0 \sqrt{1 - 4\cos\alpha \tan\beta \dfrac{\sin(\alpha - \beta)}{\cos\beta}}$

160. $v_\mathrm{e} = \sqrt{v_0^2 + 2gh}$

161. a) −49; −36; −12 b) 0,00; 0,00; −14,40; 24,00

c) 1,16; −8,81; −22,66; −19,20 d) 378; −670; 860; −714; 288

162. a) −27,07 b) −1,98 c) 5,99

163. a) $y' = 40x(2x^2 - 1)^9$

b) $y' = (3x^2 - 2)(1 - x^3)^5 - 15x^2(1 - x^3)^4(x^3 - 2x)$

c) $y' = 8\left(6 - \dfrac{4}{3\sqrt[3]{x}}\right)\left(6x - 2\sqrt[3]{x^2}\right)^7$ d) $y' = -\dfrac{1}{2\sqrt{1 - x}}$

e) $x' = 2\cos 2t$ f) $y' = \dfrac{2}{\sin^2(1 - 2x)}$

164. a) $y' = -\frac{10(3 - 2\sqrt{2x})^4}{\sqrt{2x}}$ b) $y' = -\frac{6x(1 - \sqrt{1 + x^2})^5}{\sqrt{1 + x^2}}$

c) $y' = \frac{1}{4\sqrt{x + x\sqrt{x}}}$ d) $y' = -\frac{\sin\frac{1}{1 - x}}{(1 - x)^2}$

e) $y' = \frac{1}{2\cos^2 x\sqrt{\tan x}}$ f) $y' = -\frac{1}{(1 + x)\sqrt{1 - x^2}}$

165. a) $y' = \frac{2\sqrt{x^2 - 1} + 2}{\sqrt{x^2 - 1}\left(1 - \sqrt{x^2 - 1}\right)^2}$ b) $y' = \frac{1 - 8x}{2\sqrt{1 - x - x^2(2x - 3)^2}}$

c) $y' = -\frac{\cos\sqrt{1 - 2x}}{\sqrt{1 - 2x}}$ d) $y' = \frac{3 + x + 2\sqrt{1 + x}}{2(1 - x)^2\sqrt{1 + x}}$

e) $y' = 3x^2 - 3x\sqrt{x^2 - 1} - 1$ f) $y' = -\frac{2}{3(x - 1)\sqrt{4x^2(x - 1)}}$

166. a) $v_x = -\omega r \sin \omega t, \quad v_y = \omega r \cos \omega t;$

$a_x = -\omega^2 r \cos \omega t, \quad a_y = -\omega^2 r \sin \omega t$

b) $v_x = 0{:}\ t = \frac{1}{\omega}(0 + n\pi) \qquad a_x = 0{:}\ t = \frac{1}{\omega}\left(\frac{\pi}{2} + n\pi\right)$

$v_y = 0{:}\ t = \frac{1}{\omega}\left(\frac{\pi}{2} + n\pi\right) \qquad a_y = 0{:}\ t = \frac{1}{\omega}(0 + n\pi)$

c) $v = \sqrt{v_x^2 + v_y^2} = \omega r$

d) $a = \sqrt{a_x^2 + a_y^2} = \omega^2 r.$

Wegen $a_x = -\omega^2 x$ und $a_y = -\omega^2 y$ ist die Bahnbeschleunigung zum Kreismittelpunkt gerichtet.

167. a) $v_x = -\omega m \sin \omega t, \quad v_y = \omega n \cos \omega t$

b) $v = \omega\sqrt{m^2 \sin^2 \omega t + n^2 \cos^2 \omega t}$

c) $v = \omega\sqrt{m^2 + n^2 - r^2}, \quad v_{\max} = \omega m$ im Nebenscheitel,

$v_{\min} = \omega n$ im Hauptscheitel

d) $a_x = -\omega^2 m \cos \omega t, \quad a_y = -\omega^2 n \sin \omega t$

e) $a = \omega^2\sqrt{m^2 \cos^2 \omega t + n^2 \sin^2 \omega t}, \quad a = \omega^2 \cdot r$

f) $a_x = -\omega^2 x, \quad a_y = -\omega^2 y$

Die Beschleunigung ist stets zum Mittelpunkt der Ellipse gerichtet. (Bewegungen, bei denen der Beschleunigungsvektor stets in Richtung eines Punktes O weist, heißen Zentralbewegungen. O heißt Zentrum der Beschleunigung.)

g) $a_{\max} = \omega^2 \cdot m$ im Hauptscheitel

168. a) $x = r\cos\omega t + l\sqrt{1 - \frac{r^2}{l^2}\sin^2\omega t}$

Mit $r^2 \ll l^2$ folgt

$$x \approx r\cos\omega t + l - \frac{r^2}{2l}\sin^2\omega t.$$

Das geht mit $\sin^2\omega t = {}^1/_2(1 - \cos 2\,\omega t)$ über in

$$x \approx \frac{4l^2 - r^2}{4l} + r\cos\omega t + \frac{r^2}{4l}\cos 2\omega t.$$

b) $v = \dot{x} \approx -\omega r\left(\sin\omega t + \frac{r}{2l}\sin 2\omega t\right)$

c) $a = \ddot{x} \approx -\omega^2 r\left(\cos\omega t + \frac{r}{l}\cos 2\omega t\right)$

d) $x_P = \frac{1}{m+n}(mx + rn\cos\omega t)$ $\qquad y_P = \frac{rn}{m+n}\sin\omega t$

$\dot{x}_P = \frac{1}{m+n}(m\dot{x} - \omega rn\sin\omega t) =$ $\qquad \dot{y}_P = \frac{\omega rn}{m+n}\cos\omega t$

$= -\omega r\left(\sin\omega t + \frac{rm}{2l(m+n)}\sin 2\omega t\right)$

169. a) $y' = \frac{6x^2 + 2y^2}{2 - 4xy}$ $\qquad$ b) $y' = \frac{x(a^2 - x^2) + ax^2}{y(a-x)^2}$

c) $y' = \frac{x^2 - ay}{ax - y^2}$ $\qquad$ d) $y' = \frac{(x^2 + y^2)(2x - a) - 2ax^2}{y(a^2 + 2ax) - 2y(x^2 + y^2)}$

e) $y' = -\sqrt[3]{\frac{y}{x}}$ $\qquad$ f) $y' = \frac{\sin y}{1 - x\cos y}$

g) $y' = -\frac{3(x+1)^2}{2y^3(x-1)^4}$ $\qquad$ h) $y' = \frac{-2y}{3y^2(x-y)^2 - 2x}$

i) $y' = \frac{2x + 2xy + y^2}{4y - 2xy - x^2}$ $\qquad$ k) $y' = \frac{4x^3 - 2y - y^3}{3xy^2 - 3y^2 + 2x}$

l) $y' = \frac{x^3 - 2xy}{x^2 + y^3}$ $\qquad$ m) $y' = \frac{y^2 - 5x^4}{5y^4 - 2xy}$

n) $y' = \frac{xy^2}{(y+1)(4 - y^2) - y(y+1)^2 - x^2y}$

170. a) $y' = -\frac{x}{y}$ $\qquad$ b) $y' = -\frac{x}{\pm\sqrt{r^2 - x^2}}$

171. a) $xx_0 + yy_0 = r^2$ $\qquad$ b) $yy_0 = p(x + x_0)$ $\qquad$ c) $\frac{xx_0}{a^2} - \frac{yy_0}{b^2} = 1$

172.
$$f(x)\,v(x) = u(x)$$
$$f'(x)\,v(x) + f(x)\,v'(x) = u'(x)$$
$$f'(x) = \frac{u'(x) - f(x)\,v'(x)}{v(x)} = \frac{u'(x) - \dfrac{u(x)}{v(x)}\,v'(x)}{v(x)}$$
$$y' = f'(x) = \frac{u'(x)\,v(x) - u(x)\,v'(x)}{[v(x)]^2}$$

173. $\tan\alpha_1 = \frac{4}{3}$, $\tan\alpha_2 = -\frac{4}{3}$

174. a) $y' = 1 + \ln x$ b) $y' = \frac{1 - \ln x}{x^2}$

c) $y' = -\frac{1}{2(1-x)}$ d) $y' = \frac{2}{\sin 2x}$

e) $y' = \frac{\log_2 e}{x} = \frac{1}{x\ln 2}$ f) $u' = \frac{\cot t \ln \cos t + \tan t \ln \sin t}{(\ln \cos t)^2}$

175. a) $y' = \frac{-\cot x}{2\sqrt{-\ln \sin x}}$ b) $y' = \frac{n \lg e}{x} = \frac{n}{x \ln 10}$

c) $y' = \frac{1}{1 - t^2}$ d) $y' = -\frac{3}{x}(\log_a e \log_b x + \log_a x \log_b e)$

e) $y' = \frac{1}{\sqrt{1 + x^2}}$ f) $y' = \frac{1}{x} - \tan x$

176. a) $y' = \frac{1}{x \ln x}$ b) $y' = \frac{4}{\sin 4x \cdot \ln \tan 2x}$

c) $y' = \frac{4(\ln u)^3}{u}$ d) $y' = \frac{1}{\sin x}$

e) $y' = \frac{1}{\cos x}$ f) $y' = -\cot^3 x$

177. a) $y' = 2^x \ln 2$ b) $y' = e^x(2x + x^2)$

c) $y' = \frac{\cos x - \sin x}{e^x}$ d) $y' = a^x x^{a-1}(x \ln a + a)$

e) $u' = \frac{e^{\sqrt{t}}}{2\sqrt{t}}$ f) $y' = -\sin x \cdot e^{\cos x}$

178. a) $y' = 1$ b) $v' = e^u(\cos u - \sin u)$

c) $y' = \frac{e^t + e^{-t}}{2}$ d) $y' = \frac{4}{(e^t + e^{-t})^2}$

e) $y' = -\frac{e^{2x}}{\sqrt{1 - e^{2x}}}$ f) $y' = \omega \cdot \cos \omega t \cdot e^{\sin \omega t}$

179. a) $y' = \dfrac{a^x \ln a}{2\sqrt{1+a^x}}$ b) $y' = 2^x e^x (1 + \ln 2)$

c) $y' = 2$ d) $y' = \dfrac{4}{(e^x + e^{-x})^2}$

e) $y' = \dfrac{2}{x^3} e^{-\frac{1}{x^2}}$ f) $y' = \dfrac{e^{\frac{1}{1-x}}}{(1-x)^2 \left(2 - e^{\frac{1}{1-x}}\right)^2}$

180. a) $y' = x^{\sin x}\left(\cos x \ln x + \dfrac{\sin x}{x}\right)$

b) $y' = \sin x \cdot x^{\cos x}\left(\cot x - \sin x \ln x + \dfrac{\cos x}{x}\right)$

c) $y' = \left(1 + \dfrac{1}{x}\right)^x \left[\ln\left(1 + \dfrac{1}{x}\right) - \dfrac{1}{1+x}\right]$

d) $y' = \sqrt[x]{x}\,\dfrac{1 - \ln x}{x^2}$ e) $y' = -\dfrac{e \ln 2}{x^2}\sqrt[x]{2}$

f) $y' = x^{1-\cos x}\left(\sin x \ln x + \dfrac{1 - \cos x}{x}\right)$

g) $y' = x^{x \cos x}(\cos x \ln x - x \sin x \ln x + \cos x)$

h) $y' = \dfrac{u'(x)\,v(x) - u(x)\,v'(x)}{[v(x)]^2}$ i) $y' = \dfrac{y^2 - xy \ln y}{x^2 - xy \ln x}$

181. a) $y' = \cos 2x,$ $y'' = -2 \sin 2x$

b) $y' = -\sin 2x,$ $y'' = -2 \cos 2x$

c) $y' = \dfrac{1}{(1-x)^2},$ $y'' = \dfrac{2}{(1-x)^3}$

d) $y' = x^3(1 + 4 \ln x),$ $y'' = x^2(7 + 12 \ln x)$

e) $y' = 2a^{2x} \ln a,$ $y'' = 4a^{2x} \ln^2 a$

f) $y' = \dfrac{2x^3 - 3x^2}{(x-1)^2},$ $y'' = \dfrac{2x^3 - 6x^2 + 6x}{(x-1)^3}$

g) $y' = 2x \sin 2x + 2x^2 \cos 2x,$ $y'' = (2 - 4x^2) \sin 2x + 8x \cos 2x$

h) $y' = e^x(\sin x + \cos x),$ $y'' = 2e^x \cos x$

i) $y' = -e^{-x} - 2e^{-2x},$ $y'' = e^{-x} + 4e^{-2x}$

k) $y' = \dfrac{x^2 + 2x + 3}{(1 - 2x - x^2)^2},$ $y'' = \dfrac{2x^3 + 6x^2 + 18x + 14}{(1 - 2x - x^2)^3}$

l) $y' = \dfrac{a^2x^2 + 2abx}{(ax+b)^2},$ $y'' = \dfrac{2ab^2}{(ax+b)^3}$

m) $y' = -\dfrac{1}{3\sqrt[3]{(1-x)^2}},$ $y' = -\dfrac{2}{9(1-x)\sqrt[3]{(1-x)^2}}$

n) $y' = -\dfrac{x}{\sqrt{1-x^2}},$ $y'' = -\dfrac{1}{\left(\sqrt{1-x^2}\right)^3}$

o) $y' = \dfrac{e^{\tan x}}{\cos^2 x}$, $\qquad y'' = \dfrac{(1 + \sin 2x)\, e^{\tan x}}{\cos^4 x}$

p) $y' = e^{\sqrt{x}} \left(1 + \dfrac{1}{2}\sqrt{x}\right)$, $\qquad y'' = e^{\sqrt{x}} \left(\dfrac{1}{4} + \dfrac{3}{4\sqrt{x}}\right)$

182. a) $y' = \cos x, \quad y'' = -\sin x, \quad y''' = -\cos x, \quad y^{(4)} = \sin x$

b) $y' = -\sin x, \quad y'' = -\cos x, \quad y''' = \sin x, \quad y^{(4)} = \cos x$

c) $y' = \dfrac{1}{x}, \quad y'' = -\dfrac{1}{x^2}, \quad y''' = \dfrac{2}{x^3}, \quad y^{(4)} = -\dfrac{6}{x^4}$

d) $y' = nx^{n-1}, \quad y'' = n(n-1)x^{n-2}, \quad y''' = n(n-1)(n-2)x^{n-3}$,
$y^{(4)} = n(n-1)(n-2)(n-3)x^{n-4}$

e) $y' = u'v + uv', \quad y'' = u''v + 2u'v' + uv'', \quad y''' = u'''v + 3u''v' + 3u'v'' + uv'''$,
$y^{(4)} = u^{(4)} + 4u'''v' + 6u''v'' + 4u'v''' + uv^{(4)}$

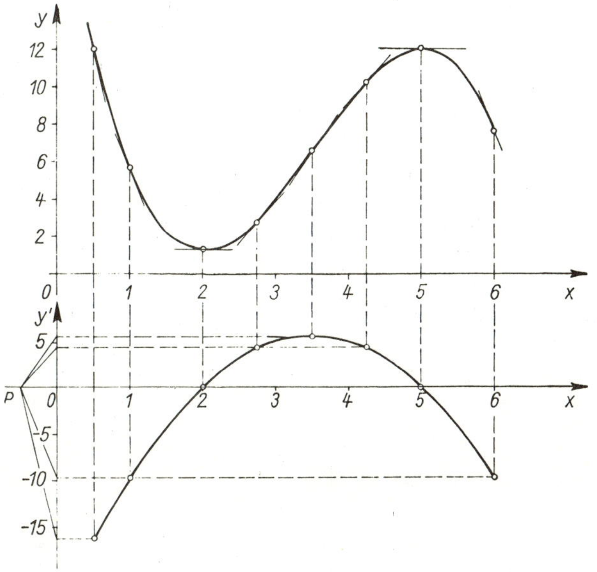

Bild 367

183. a) $y^{(n)} = n!$ $\qquad$ b) $y^{(n)} = (-1)^{n-1}(n-1)!\,\dfrac{1}{x^n}$

c) $y^{(n)} = \dfrac{2n!}{(1-x)^{n+1}}$ $\qquad$ d) $y^{(n)} = \dfrac{n!}{(1-x)^{n+1}}$

e) $y^{(n)} = a^n e^{ax}$ $\qquad$ f) $y^{(n)} = 2^x (\ln 2)^n$

184. $x = \dfrac{x_0}{4}; \quad y = \pm \dfrac{x_0}{8}\sqrt{\dfrac{x_0}{a}}$

185. a) $y = 3x^3 - 2x + 1$ $\qquad$ b) $y = 2x^3 - 2x^2 - 4$

c) $y = -4x^3 + x^2 - x + 2$

186. a) $-0{,}75$ b) $6{,}0$

187. $p = 10$ mm (vgl. Bild 367, Maßstab 1:2)

188. Vgl. Bild 368

189. Anwendung der Folgerung 1 aus dem Mittelwertsatz:

a) $(-3; 1), \left(1; \frac{5}{2}\right)$ b) $(-3; -1), (-1; 0), \left(0; \frac{1}{2}\right), \left(\frac{1}{2}; 5\right)$

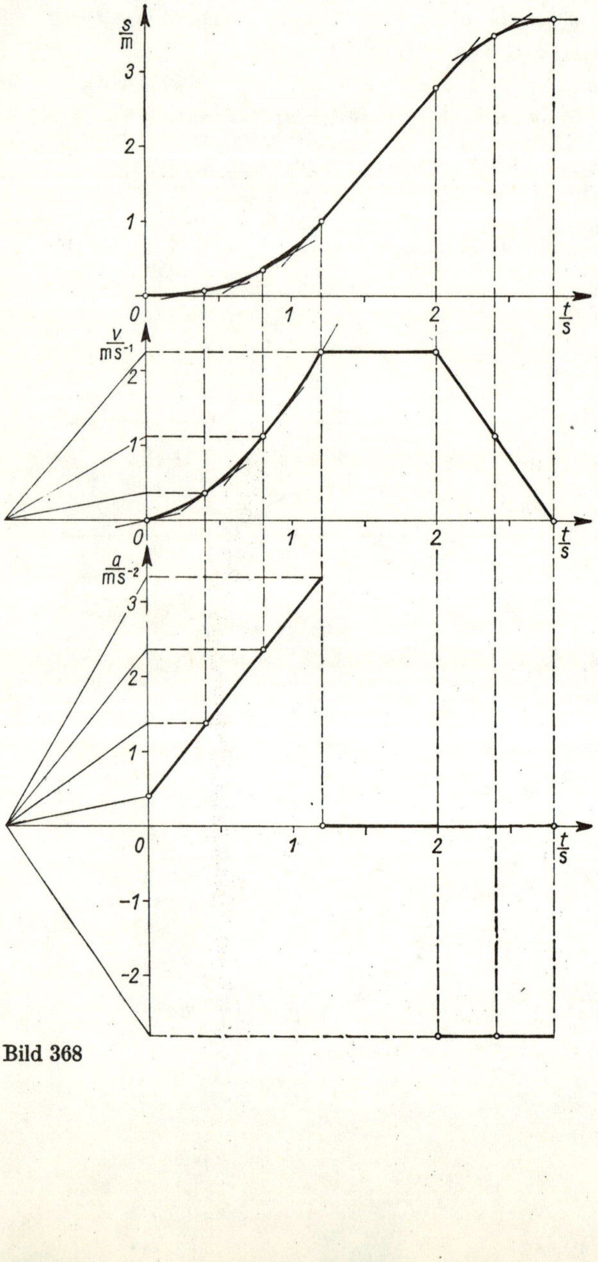

Bild 368

190. a) $\frac{f(2) - f(1)}{2 - 1} = -5 = f'(c)$, $c \in (1; 2)$; aus $-3x^2 + 2 = -5$ folgt $x_{1,2} = \pm \sqrt{\frac{7}{3}}$, also $x \approx 1{,}528$

b) $x = -1$

c) $x = \sqrt{\frac{\ln 3 - 1}{\ln 3}} \approx 0{,}300$

d) $x = -\frac{1}{3} \ln(\ln 2) \approx 0{,}122$

191. Anwendung der Folgerung 3 aus dem Mittelwertsatz.

a) $f'(x) = g'(x) = \frac{1}{\sqrt{x^2 + a^2}}$, aus $x = 0$ folgt $c = \ln a$

b) $f'(x) = g'(x) = -2 \sin 2x$, aus $x = 0$ folgt $c = 1$

192. $x = \frac{x_1 + x_2}{2}$, Tangentenkonstruktion: Soll in $P_0(x_0; y_0)$ die Tangente konstruiert werden, dann ist durch die Punkte $P_1(x_1; y_1)$ und $P_2(x_2; y_2)$ der Parabel, deren Abszissen von x_0 gleichen Abstand haben, die Sekante zu zeichnen. Diese ist parallel zur Tangente durch P_0.

193. a) $-\frac{23}{7}$ b) 55 c) $-\frac{1}{96}$ d) 0 e) $\frac{9}{16x_0}$ f) 1 g) 0
h) 0 i) $\frac{6}{7}$ k) 20 l) 0 m) 1 n) b o) $\frac{1}{3}$ p) 0

194. a) 0 b) $-\frac{2}{\pi}$ c) 0 d) -3 e) $\frac{1}{2}$ f) 1 g) $\frac{1}{2}$
h) 0 i) 1 k) 1 l) 1 m) e n) 1

195. a) $X = R \setminus \{0; 2; 4\}$ b) $X = [1; \infty) \setminus \{7\}$ c) $X = (-3; \infty)$

d) $X = (-\infty; -7) \cup (2; \infty)$

e) $X = (0; \pi) \cup (2\pi; 3\pi) \cup \ldots \cup (2k\pi; (2k + 1)\pi) \cup \ldots \; k \in G$

f) $X = [-2; 3]$

g) $X = \{-4; 4\}$

196. a) $X_f = R \setminus \{0; 3\}$, $X_g = R \setminus \{3\}$

b) $X_f = R$, $X_g = [1; \infty)$

c) $X_f = [0; \infty)$, $X_g = (-\infty; -1) \cup [0; \infty)$

d) $X = R \setminus \{2\}$, $X_g = (2; \infty)$

197. a) $X = R$; $\lim\limits_{x \to -\infty} y = -\infty$, $\lim\limits_{x \to \infty} y = \infty$; Berührungspunkt $P_1(1; 0)$, $P_2(4; 0)$, $P_3(0; -4)$; $T(3; -4)$, $H = P_1$; $W(2; -2)$; $f'(x_w) = -3$

b) $X = R$; symm. zur y-Achse; $\lim\limits_{x \to \pm\infty} y = -\infty$; $P_{1,2}(\pm \sqrt{2}; 0)$,

$P_{3,4}(\pm \sqrt{6}; 0)$, $P_5(0; -6)$; $T = P_5$; $H_{1,2}(\pm 2; 2)$;

$W_{1,2}\left(\pm \frac{2}{3}\sqrt{3}; -\frac{14}{9}\right)$; $f'(x_w) = \pm \frac{32}{9}\sqrt{3}$

c) $X = R$; $\lim\limits_{x \to -\infty} y = \infty$, $\lim\limits_{x \to \infty} y = -\infty$; $P_1(-1; 0)$, $P_2(1,21; 0)$,

$P_3(5,79; 0)$, $P_4(0; -7)$; $T = P_4$, $H(4; 25)$; $W(2; 9)$; $f'(x_w) = 12$

d) $X = R$; symm. zur y-Achse; $\lim\limits_{x \to \pm\infty} y = \infty$; Berührungspunkt

$P_1(0; 0)$, $P_{2,3}(\pm 4; 0)$; $H = P_1$, $T_{1,2}\left(\pm\sqrt{8}; -64\right)$;

$W_{1,2}\left(\pm\frac{2}{3}\sqrt{6}; -\frac{320}{9}\right)$; $f'(x_w) = \mp\frac{128}{9}\sqrt{6}$

e) $X = R$; $\lim\limits_{x \to \pm\infty} y = \infty$; Berührungspunkt $P_1(0; 0)$; $T = P_1$;

$W_t\left(2; \frac{16}{3}\right)$, $W\left(\frac{2}{3}; \frac{176}{81}\right)$; $f'(x_w) = \frac{128}{27}$

f) $X = R$; $\lim\limits_{x \to \pm\infty} y = \infty$; Berührungspunkt $P_1(-6; 0)$, $P_2(3; 0)$, $P_3(0; 108)$; $H = P_3$,

$T_1 = P_1$, $T_2 = P_2$; $W_1(-3; 54)$, $W_2 = P_2$; $f'(x_w) = 27$ (Bild 369)

g) $X = R$; $\lim\limits_{x \to \pm\infty} y = \infty$; $P_1(0{,}08; 0)$, $P_2(5{,}89; 0)$, $P_3(0; 5)$; $H(4; 379)$, $T_1 = P_1$,

$T_2 = P_2$; $W_t(-2; 53)$, $W_1(2; 203)$; $W_2 = P_1$, $W_3 = P_2$; $f'(x_w) = 128$ (Bild 370)

h) $X = R$; $y = \begin{cases} x^2 + 2x + 8 & x \geqq -2 \\ x^2 - 2x, & x < -2 \end{cases}$ $\lim\limits_{x \to \pm\infty} y = \infty$; $P_1(0; 8)$;

$T(-1; 7)$; $P_2(-2; 8)$ Knick, $f'(-2 + 0) = -2$, $f'(-2 - 0) = -6$

198. a) $X = R \setminus \{1\}$; $y_A = 0$; $P_1(0; 0)$; $x_p = 1$; $H\left(-1; \frac{1}{2}\right)$; $W\left(-2; \frac{4}{9}\right)$;

$f'(x_w) = \frac{2}{27}$ (Bild 371)

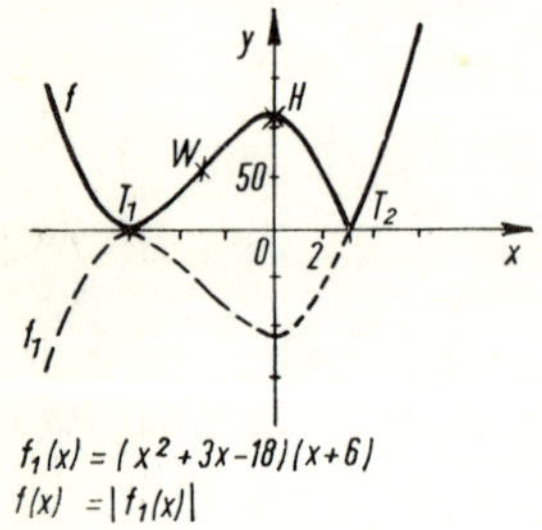

Bild 369

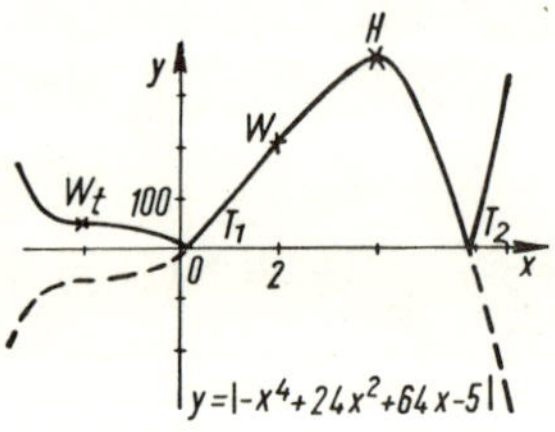

Bild 370

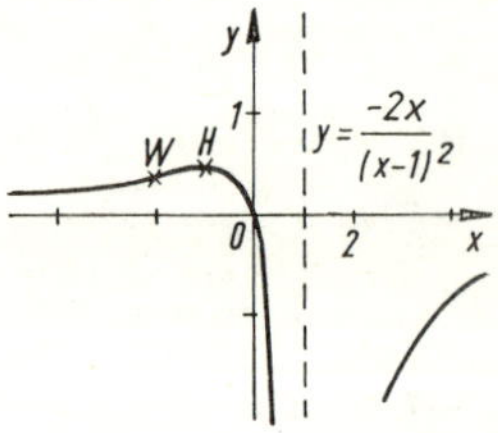

Bild 371

b) $X = R \setminus \{-1; 0; 3\}$; $y_A = 0$; $x_1 = 0$, $\lim\limits_{x \to 0} y = \frac{1}{3}$; $x_{p1} = -1$, $x_{p2} = 3$; $T\left(1; \frac{1}{4}\right)$ (Bild 372)

c) $X = R$; symm. zur y-Achse; $y_A = 0$; $H(0; 1)$;

$W_{1,2}\left(\pm\frac{1}{3}\sqrt{3}; \frac{3}{4}\right)$; $f'(x_{w1,2}) = \mp\frac{3}{8}\sqrt{3}$

d) $X = R \setminus \{0; -4; 4\}$; symm. zum Ursprung; $y_A = 0$; $P_{1,2}(\pm 2; 0)$; $x_{p1,2} = \pm 4$, $x_{p3} =$ $= 0$; $W_{1,2}(\pm 1{,}88; \pm 0{,}02)$; $f'(x_w) = -0{,}165$ (Bild 373)

e) $X = R \setminus \{-1\}$; $y_A = 3$; $P_1(2; 0)$, $P_2(0; -6)$; $x_p = -1$

f) $X = R$; symm. zur y-Achse; $y_A = 1$; $P_{1,2}(\pm 3; 0)$, $P_3\left(0; -\frac{9}{4}\right)$

$T = P_3$; $W_{1,2}\left(\pm \frac{2}{3}\sqrt{3}; -\frac{23}{16}\right)$; $f'(x_{w1,2}) = \pm \frac{39}{64}\sqrt{3}$ (Bild 374)

g) $X = R \setminus \{1; 5\}$; $y_A = 2$; $P_1(2; 0)$, $P_2(4; 0)$, $P_3\left(0; \frac{16}{5}\right)$; $x_{p1} = 1$, $x_{p2} = 5$; $H\left(3; \frac{1}{2}\right)$;

h) $X = R \setminus \{-2\}$; $y_A = 1$; $P_1(2; 0)$, $P_2(0; 1)$; $x_p = -2$; $T = P_1$; $W\left(4; \frac{1}{9}\right)$; $f'(x_w) = \frac{1}{4}$ (Bild 375)

i) $X = R \setminus \{0\}$; symm. zum Ursprung; $y_A = x$; $x_p = 0$; $T(2; 4)$, $H(-2; -4)$ (Bild 376)

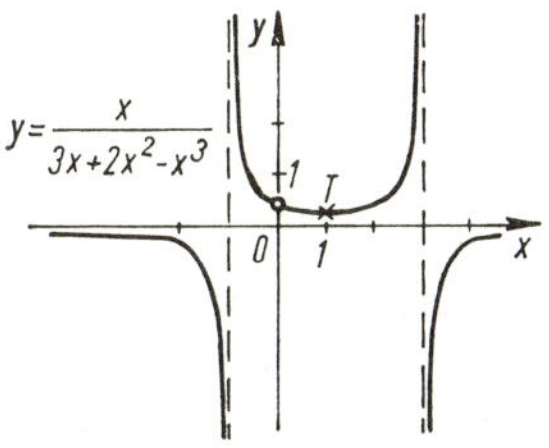

Bild 372

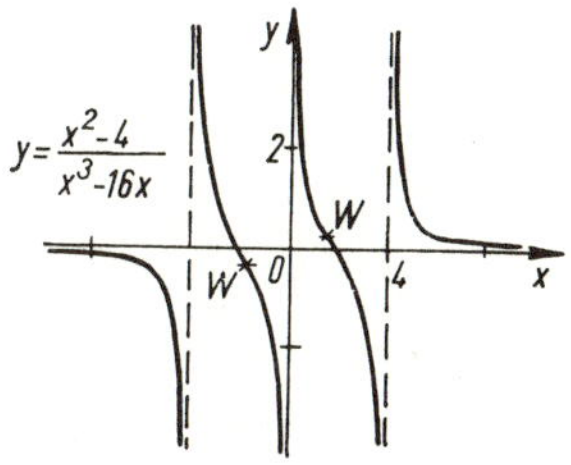

Bild 373

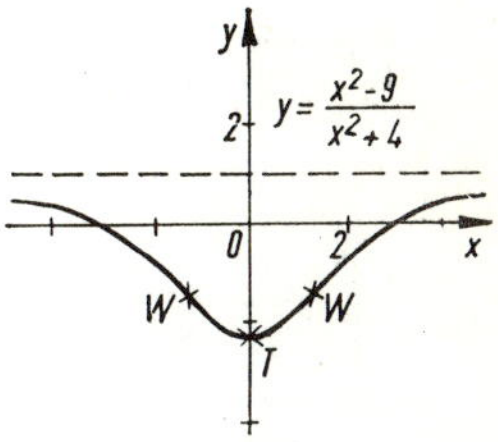

Bild 374

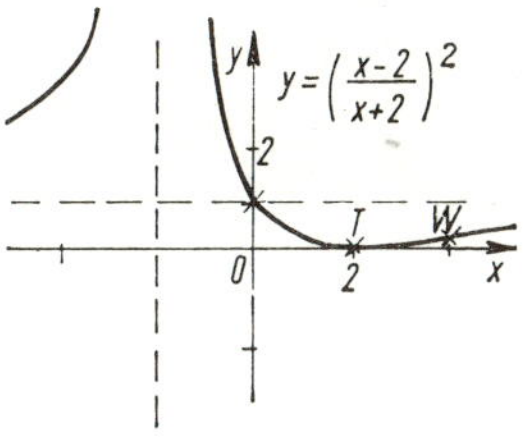

Bild 375

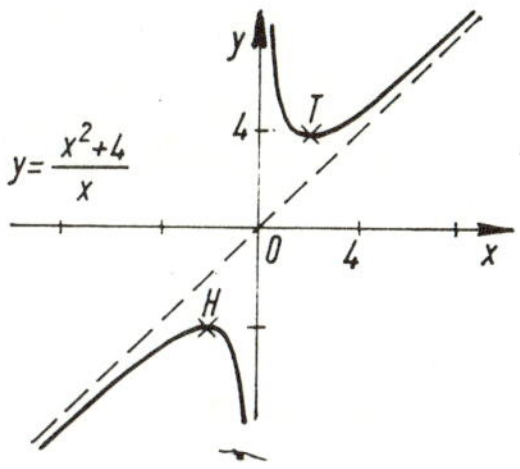

Bild 376

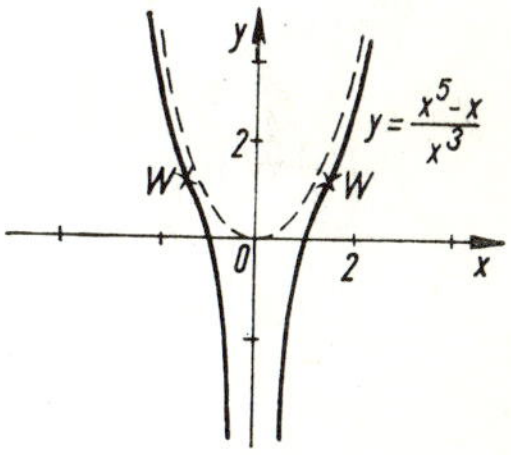

Bild 377

k) $X = R \setminus \{0\}$; symm. zur y-Achse; $y_A = x^2$; $P_{1,2}(\pm 1; 0)$; $x_p = 0$;

$W_{1,2}\left(\pm \sqrt[4]{3}; \frac{2}{3}\sqrt{3}\right)$; $f'(x_{w1,2}) = \pm \frac{8}{3}\sqrt{3}$ (Bild 377)

l) $X = R \setminus \{2\}$; $y_A = \frac{1}{2}x + 1$; $P_{1,2}(\pm 3; 0)$, $P_3\left(0; \frac{9}{4}\right)$; $x_p = 2$

m) $X = R \setminus \{0\}$; $y_A = x^2$; $P_1(1;0)$; $x_p = 0$; $T\left(-\frac{1}{2}\sqrt[3]{4}; \frac{3}{2}\sqrt[3]{2}\right)$; $W = P_1$; $f'(x_w) = 3$ (Bild 378)

n) $X = [0; \infty)$; symm. zur x-Achse; $P_1(0;0)$, $P_2(4;0)$; $H\left(\frac{4}{3}; \frac{16}{9}\sqrt{3}\right)$, $T\left(\frac{4}{3}; -\frac{16}{9}\sqrt{3}\right)$ (Bild 379)

o) $X = (-2; 2)$; symm. zur y-Achse; $P_1\left(0; \frac{1}{2}\right)$; $x_{p1,2} = \pm 2$; $T = P_1$ (Bild 380)

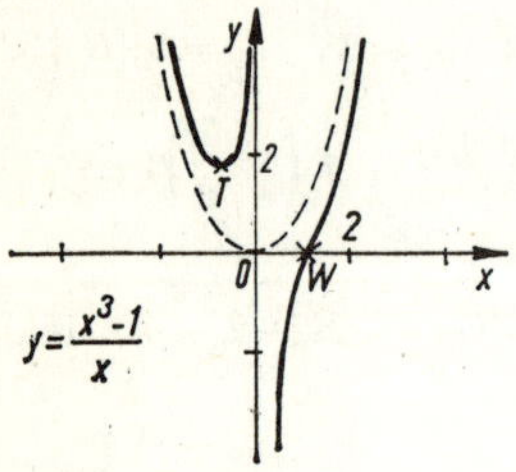

Bild 378

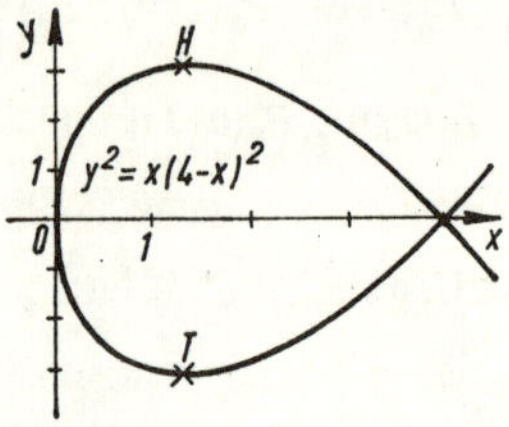

Bild 379

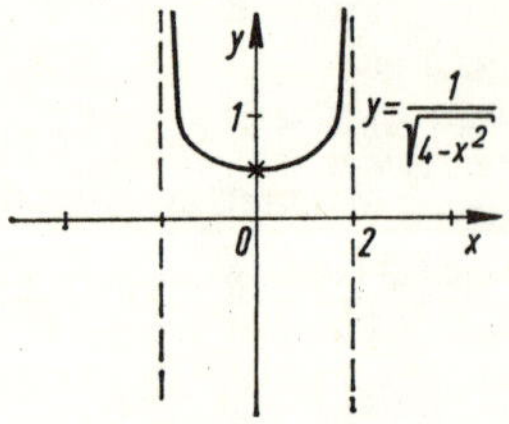

Bild 380

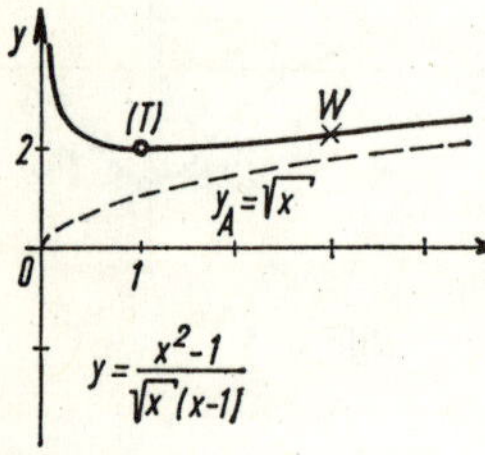

Bild 381

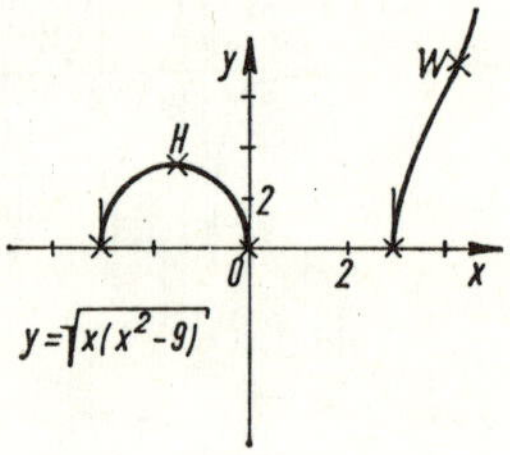

Bild 382

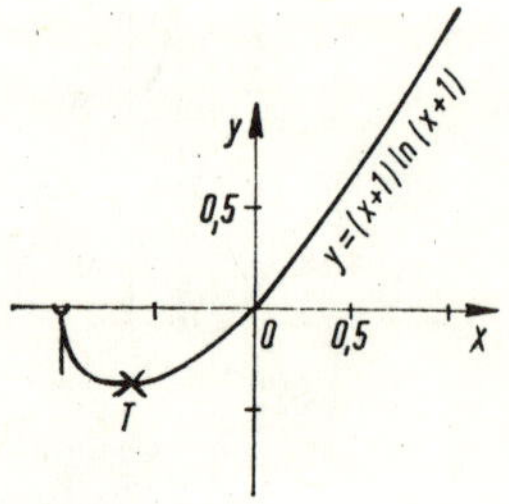

Bild 383

p) $X = (0; \infty)$; $x_1 = 1$, $\lim_{x \to 1} y = 2$; $x_p = 0$; $y^* = \frac{x+1}{\sqrt{x}}$; $y_A^* = \sqrt{x}$; $T^*(1; 2)$, aber $1 \notin X$; $W\left(3; \frac{4}{3}\sqrt{3}\right)$; $f'(x_w) = \frac{1}{9}\sqrt{3}$ (Bild 381)

q) $X = [-3; 0] \cup [3; \infty)$; $\lim_{x \to \infty} y = \infty$; $P_{1,2}(\pm 3; 0)$; $P_3(0;0)$; $H\left(-\sqrt{3}; \sqrt[4]{108}\right)$; $W(4{,}40; 6{,}77)$; $f'(x_w) = 3{,}63$ (Bild 382)

199. a) $X = (-1; \infty)$; $\lim_{x \to -1} y = 0$; $P_1(0;0)$; $T\left(\frac{1}{e} - 1; -\frac{1}{e}\right)$ (Bild 383)

b) $X = (0; \infty)$; $\lim_{x \to 0} y = -\infty$; $\lim_{x \to \infty} y = 0$; $P_1(1;0)$; $H\left(e; \frac{1}{e}\right)$; $W\left(e\sqrt{e}; \frac{3}{2e\sqrt{e}}\right)$; $f'(x_w) = -\frac{1}{2e^3}$ (Bild 384)

c) $X = (0; \infty)$; $\lim\limits_{x \to 0} y = 0$; $P_1(1; 0)$; $T\left(\frac{1}{\sqrt{e}}; -\frac{1}{2e}\right)$; $W\left(\frac{1}{e\sqrt{e}}; -\frac{3}{2e^3}\right)$;

$f'(x_w) = -\frac{2}{e\sqrt{e}}$ (Bild 385)

d) $X = (0; \infty)$; $\lim\limits_{x \to 0} y = -\infty$, $\lim\limits_{x \to \infty} y = 0$; $P_1(1; 0)$; $H\left(\sqrt{e}; \frac{1}{2e}\right)$;

$W\left(\sqrt[6]{e^5}; \frac{5}{6\sqrt{e^5}}\right)$, $f'(x_w) = -\frac{4}{6e^2\sqrt{e}}$ (vgl. Bild 384)

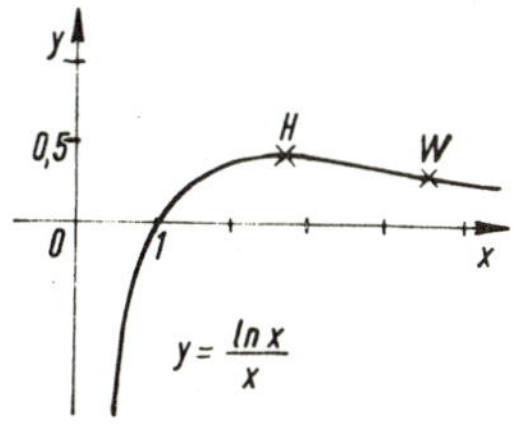

Bild 384

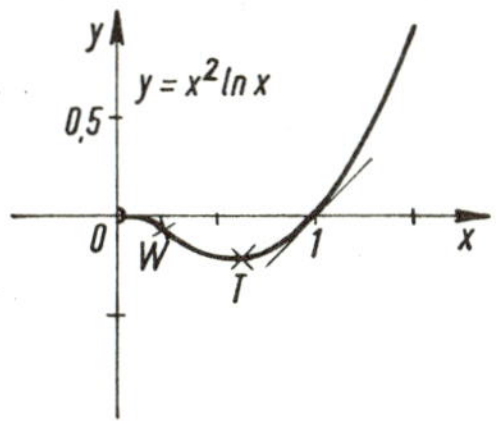

Bild 385

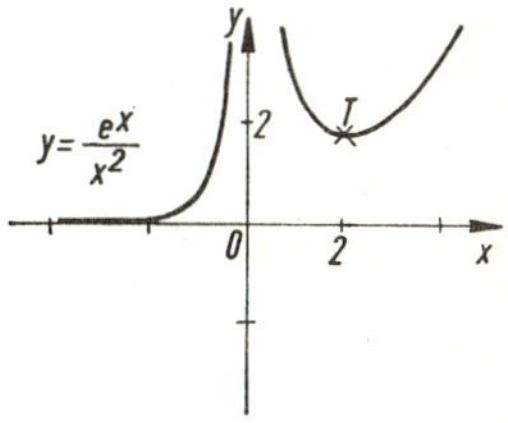

Bild 386

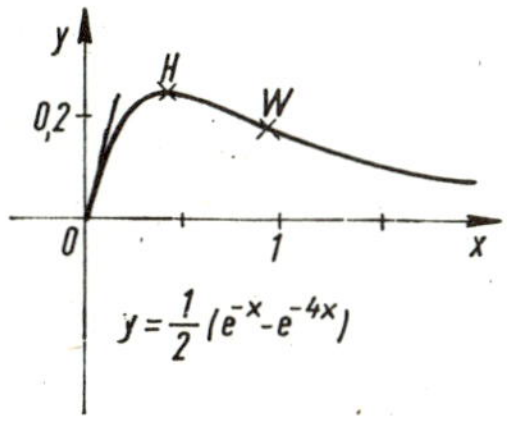

Bild 387

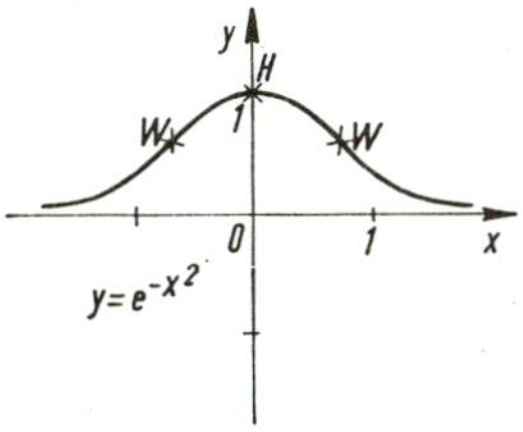

Bild 388

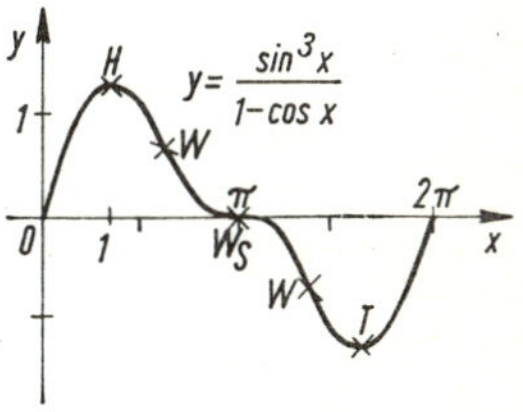

Bild 389

e) $X = R \setminus \{0\}$; $\lim\limits_{x \to -\infty} y = 0$, $\lim\limits_{x \to \infty} y = \infty$; $\lim\limits_{x \to 0} y = \infty$; $T\left(2; \frac{1}{4}e^2\right)$ (Bild 386)

f) $\lim\limits_{x \to \infty} y = 0$; $P_1(0; 0)$; $H\left(\frac{1}{3}\ln 4; \frac{3}{8\sqrt[3]{4}}\right)$; $W\left(\frac{2}{3}\ln 4; \frac{15}{32\sqrt[3]{16}}\right)$;

$f'(x_w) = -\frac{3}{8\sqrt[3]{16}}$, $f'(0) = 1{,}5$ (Bild 387)

g) $\lim\limits_{x \to \infty} y = 0$; $P_1(0; 0)$; $H\left(5; \frac{20}{e}\right)$; $W\left(10; \frac{40}{e^2}\right)$; $f'(x_w) = -\frac{4}{e^2}$

h) $X = R$; $\lim\limits_{x \to \pm\infty} y = 0$; symm. zur y-Achse; $P_1(0; 1)$; $H = P_1$; $W_{1,2}\left(\pm\frac{1}{2}\sqrt{2}; \frac{1}{\sqrt{e}}\right)$;

$f'(x_{w1,2}) = \mp\sqrt{2}\,\frac{1}{\sqrt{e}}$ (Bild 388)

i) $P_1(0;0)$, $P_2\left(\frac{\pi}{2};0\right)$, $P_3(\pi;0)$, $P_4\left(\frac{3\pi}{2};0\right)$, $P_5(2\pi;0)$; $H_1\left(\frac{\pi}{4};\frac{1}{2}\right)$, $T_1\left(\frac{3\pi}{4};-\frac{1}{2}\right)$,

$H_2\left(\frac{5\pi}{4};\frac{1}{2}\right)$, $T_2\left(\frac{7\pi}{4};-\frac{1}{2}\right)$; $W_1\left(\frac{\pi}{2};0\right)$, $W_2(\pi;0)$, $W_3\left(\frac{3\pi}{2};0\right)$;

$f'(x_{w2}) = 1$, $f'(x_{w1,3}) = -1$

k) $X = R$; $P_i(k\pi;0)$; $H_i\left(\frac{\pi}{2}+k\pi;1\right)$; $T_i = P_i$; $W_i\left(\frac{\pi}{4}+k\frac{\pi}{2};\frac{1}{2}\right)$;

$f'(x_{wi}) = \pm 1$; $k \in G$

l) $X = [0;\pi] \cup [2\pi;3\pi] \cup \ldots \cup [2k\pi;(2k+1)\pi] \cup \ldots$; $P_i(k\pi;0)$; $H_i\left(\frac{\pi}{2}+2k\pi;1\right)$;

$k \in N$

m) $P_1(\pi;0)$; mit $1-\cos x$ kürzen: $y^* = \sin x(1+\cos x)$; $W_s = P_1$; $H\left(\frac{\pi}{3};\frac{3}{4}\sqrt{3}\right)$,

$T\left(\frac{5\pi}{3};-\frac{3}{4}\sqrt{3}\right)$; $W_1(1{,}82;0{,}726)$, $W_2(4{,}46;-0{,}726)$; $f'(x_w) = -1{,}124$ (Bild 389)

200. a) $x_E = 0$, $y_E = 2$, Max. b) $x_E = \pm\sqrt{ab}$, $y_E = \frac{-1}{(\sqrt{a}\mp\sqrt{b})^2}$, Max., Min.

201. $t_1 = 0{,}666 + 2k\pi$, $t_2 = 2{,}475 + 2k\pi$, $k \in G$

202. $y = x^3 - 6x^2 + 12x - 6$

203. $y = x^5 - 5x^4 + \frac{17}{2}x^3 - \frac{11}{2}x^2$

204. a) $x_E = y_E = \frac{z}{2}$; b) siehe a); c) $x_E + y_E = \sqrt{z}$

205. a) A^2 untersuchen; $a_E = b_E = r\sqrt{2}$ (Quadrat); b) siehe a);

c) I^2 untersuchen; $a_E = r$, $b_E = r\sqrt{3}$

d) $a_E = \frac{2}{3}r\sqrt{3}$, $b_E = \frac{2}{3}r\sqrt{6}$

206. $a_E = h_E = \frac{1}{2}s$ 207. c^2 untersuchen; $a_E = b_E = \frac{s}{2}$, $c_E = \frac{s}{2}\sqrt{2}$

208. A^2 untersuchen, $(r-x)^2 + h^2 = r^2$; $x_E = \frac{r}{2}$, $h_E = \frac{r}{2}\sqrt{3}$, $\alpha_E = 60°$

209. $x_E = \frac{1}{n}(x_1 + x_2 + \cdots + x_n)$; arithmetisches Mittel

210. a) $m_E = 2a$, $n_E = 2b$ b) $m_E = a + \sqrt{ab}$, $n_E = b + \sqrt{ab}$

c) d^2 untersuchen, $m_E = a + \sqrt[3]{ab^2}$, $n_E = b + \sqrt[3]{a^2b}$

211. a) $a_E = \sqrt{2A} = 2b_E \approx 14{,}14$ dm

b) $U = a + 2b$; $A = \frac{h}{2}(a+c) = \frac{b}{4}\left(2a + b\sqrt{3}\right)$; $U = \frac{2A}{b} + b\left(2 - \frac{1}{2}\sqrt{3}\right)$;

$b_E = 2\sqrt{\frac{A}{4-\sqrt{3}}} = 2h_E = a_E\left(2+\sqrt{3}\right) \approx 13{,}28$ dm

c) $A = \frac{1}{2} a^2 \sin\alpha$; $U = 2\sqrt{\frac{2A}{\sin\alpha}}$; $\alpha_E = 90°$, $a_E = \sqrt{2A} \approx 14{,}14$ dm

d) $U = \frac{2A}{a} + a\left(1 + \frac{\pi}{4}\right)$, $a_E = \frac{2\sqrt{2A}}{\sqrt{4+\pi}} \approx 10{,}58$ dm

212. a) $r_E = \frac{R}{3}\sqrt{6}$, $h_E = \frac{2}{3} R\sqrt{3}$

b) M^2 untersuchen; $r_E = \frac{R}{2}\sqrt{2} = \frac{1}{2} h_E$

c) $r_E = R\sqrt{\frac{1}{2} + \frac{1}{10}\sqrt{5}} \approx 0{,}851 R$, $h_E = \frac{R}{2}\sqrt{\frac{1}{2} - \frac{1}{10}\sqrt{5}} \approx 0{,}263 R$

d) $r_E = \frac{2R}{3}\sqrt{3}$, $h_E = \frac{4}{3} R$

213. a) $r_E = \sqrt[3]{\frac{V}{2\pi}} = \frac{1}{2} h_E \approx 5{,}43$ cm

b) $r_E = \sqrt[3]{\frac{V}{\pi}} = h_E \approx 6{,}83$ cm

c) A_O^2 untersuchen; $r_E = \sqrt[3]{\frac{3V}{\pi\sqrt{2}}} = \frac{1}{2}\sqrt{2}\, h_E \approx 8{,}77$ cm; $\alpha = \frac{2\pi}{\sqrt{3}} \approx 208°$

d) $a_E = \sqrt[3]{V} = h_E = 10$ cm; e) $a_E = \sqrt[3]{2V} = 2h_E \approx 12{,}6$ cm

214. $V^2 = f(\alpha)$ untersuchen; $\alpha_E = 2\pi\sqrt{\frac{2}{3}} \approx 294°$

215. $d^2 = (x_2 - x_1)^2 + (y_2 - y_1)^2$ untersuchen; $y_2 = \sqrt{x_2}$, $y_1 = \frac{1}{2} x_1 + 2$,

$\frac{y_2 - y_1}{x_2 - x_1} = -2$; $P\left(\frac{2}{5}; \frac{11}{5}\right)$

216. Quadrat des Nennerterms untersuchen; $\omega_r = \sqrt{\omega_0^2 - 2\delta^2}$

217. $d^2 = s_1^2 + s_2^2$ untersuchen; $s_1 = 12 - 0{,}3t$, $s_2 = 9 - 0{,}4t$; $t_E = 72$

218. F_a ist Fußpunkt des Lotes von A auf g, $\overline{F_a P} = x$:

a) $\frac{x_E}{\sqrt{a^2 + x_E^2}} = \frac{c - x_E}{\sqrt{b^2 + (c - x_E)^2}}$; $x_E = \frac{ac}{a+b}$;

$\sin\alpha = \sin\beta$, folglich $\alpha = \beta$, Reflexionsgesetz

b) $\frac{x_E}{v_1\sqrt{a^2 + x_E^2}} = \frac{c - x_E}{v_2\sqrt{b^2 + (c - x_E)^2}}$; $\frac{\sin\alpha}{\sin\beta} = \frac{v_1}{v_2}$, Brechungsgesetz

219. v_x^2 am Fuß der schiefen Ebene untersuchen; $\cot\alpha_E = \sqrt{2}$, $\alpha_E = 35{,}3°$

220. $b_E = 2f = g_E$; $s_E = 4f$

221. a) $x_E = \frac{l}{2}$, $M_E = \frac{ql^2}{8}$ b) $x_E = \frac{l}{3\sqrt{3}}$; $M_E = \frac{ql^2}{27}\sqrt{3}$

c) $x_E = \frac{2l - a}{4}$, $M_E = \frac{F}{2l}\left(l - \frac{a}{2}\right)^2$; der gefährdete Querschnitt ist *nicht* die Balkenmitte.

222. $I = \frac{E}{R_i + R_a}$, $R_{aE} = R_i$ (Anpassung) 223. $n_E = \sqrt{\frac{N R_a}{R_i}}$

224. $x_E = r\sqrt{2\left(1 - \frac{1}{5}\sqrt{5}\right)} \approx 1{,}052r$;

$y_E = r\sqrt{2\left(1 + \frac{1}{5}\sqrt{5}\right)} \approx 1{,}701r$; 79%

225. a) $\frac{\pi}{4}$ b) 0,927 c) $\frac{\pi}{3}$ d) $\frac{\pi}{4}$ e) $-0{,}330$ f) $\frac{2}{3}\pi$ g) $-0{,}6440$ h) 3,0630

226. a) vgl. den entsprechenden Beweis in 7.1.3.

b) $\arctan x = z$, $x = \tan z = \frac{1}{\cot z}$, $\cot z = \frac{1}{x}$, $z = \operatorname{arccot}\frac{1}{x}$

227. a) 0 b) 1 c) 1 d) $\frac{1}{a}$

228. a) $y' = 2x\arctan x + 1$ b) $y' = \arcsin 4x + \frac{4x}{\sqrt{1 - 16x^2}}$

c) $y' = \operatorname{arccot}\frac{x}{4} - \frac{4x}{16 + x^2}$ d) $y' = 0$

e) $y' = \frac{-1}{\sqrt{2x - x^2}}$ f) $y' = \frac{-x}{|x|\sqrt{1 - x^2}} = \begin{cases} \frac{-1}{\sqrt{1 - x^2}} & x > 0 \\ \frac{1}{\sqrt{1 - x^2}}, & x < 0 \end{cases}$

g) $y' = \frac{1}{1 + x^2}$ h) $y' = \frac{-1}{\sqrt{1 - x^2}}$

i) $y' = -\frac{2a^2x}{|ax|(a^2 + x^2)} = \begin{cases} -\frac{2a}{a^2 + x^2}, & ax > 0 \\ \frac{2a}{a^2 + x^2}, & ax < 0 \end{cases}$

k) $y' = \arctan x$ l) $y' = \frac{3(3 - x)}{|3 - x|\sqrt{6x - x^2}} - \frac{3 - x}{\sqrt{6x - x^2}} = \begin{cases} \frac{x}{\sqrt{6x - x^2}}, & x < 3 \\ \frac{-6 + x}{\sqrt{6x - x^2}}, & x > 3 \end{cases}$

m) $y' = \arcsin\frac{x}{a}$

229. a) $f'(x) = g'(x) = \frac{1}{1+x^2}, \quad c = \arctan a$

b) $f'(x) = 2\frac{1-2x^2}{|1-2x^2|\sqrt{1-x^2}} = 2\frac{1}{\sqrt{1-x^2}} = g'(x),$

denn $1 - 2x^2 > 0$ wegen $|x| < \frac{1}{2}\sqrt{2}, \quad c = 0$

230. $\alpha_E = \pm\frac{\pi}{2}, \quad |\beta_E| = \arcsin\left(\frac{r}{l}\right)$

231. $y' = \frac{2-x}{\sqrt{2x-x^2}} = \sqrt{\frac{2-x}{x}}, \quad x_E = 2, \quad y_E = 0,$ Max.

232. a) 2,095 b) $\ln 5 = 1{,}609$ c) $\frac{1}{2}\ln 7 = 0{,}973$ d) $\frac{1}{2}\ln 5 = 0{,}805$ e) $-2{,}095$
f) $-0{,}973$ g) $-0{,}805$

233. a) vgl. den entsprechenden Beweis in 7.2.3.
b) vgl. „ „ „ „ 7.3.2.

234. a) $\frac{1}{2}$ b) $-\frac{1}{2}$ c) $\frac{1}{20}$ d) $-\frac{1}{15}$

235. a) $y' = \frac{1}{2\cosh^2\frac{x}{2}}$ b) $y' = 2\sinh 2x$ c) $y' = 2\tanh 2x$

d) $y' = -\frac{2\sinh 2x}{(\cosh 2x - 1)^2}\sqrt{\frac{\cosh 2x + 1}{\cosh 2x - 1}}$

e) $y' = \frac{1}{\cosh^2 x\sqrt{1-\tanh^2 x}} = \frac{1}{\cosh x}$ f) $y' = e^{\sinh x}\cosh x$

g) $y' = \frac{5}{\sqrt{25x^2+1}}$ h) $y' = \frac{x}{|x|\sqrt{x^2-1}} = \begin{cases} \frac{1}{\sqrt{x^2-1}}, & x > 0 \\ -\frac{1}{\sqrt{x^2-1}}, & x < 0 \end{cases}$

i) $y' = \frac{2}{1-x^2}$ k) $y' = \frac{\sin x}{|\tan x|\cos^2 x} = \begin{cases} \frac{1}{\cos x}, & \tan x > 0 \\ -\frac{1}{\cos x}, & \tan x < 0 \end{cases}$

l) $y' = \operatorname{artanh} x$ m) $y' = \operatorname{arsinh} x$

236. a) $f'(x) = g'(x) = \frac{1}{x}, \quad c = 0$

b) $f'(x) = \frac{1}{\cosh 2x} = \frac{2}{e^{2x} + e^{-2x}}$

$g'(x) = \frac{2e^{2x}}{1+e^{4x}} = \frac{2}{e^{2x}+e^{-2x}}, \quad c = \frac{\pi}{4}$

237. a) $v = a \tanh \frac{g}{a} t,$

b) $$s = \lim_{a \to \infty} \frac{\frac{1}{g} \ln \cosh \frac{g}{a} t}{\frac{1}{a^2}} = \lim_{a \to \infty} \frac{\frac{t}{2} \tanh \frac{g}{a} t}{\frac{1}{a}} = \frac{1}{2} g t^2,$$

$$v = \lim_{a \to \infty} \frac{\tanh \frac{g}{a} t}{\frac{1}{a}} = g t.$$

238. $P_1(0; 0)$; $x_E = \frac{1}{b} \operatorname{artanh} \frac{b}{a} = \frac{1}{2b} \ln \frac{a+b}{a-b}$;

$$x_W = \frac{1}{b} \operatorname{artanh} \frac{2ab}{a^2+b^2} = \frac{1}{2b} \ln \left(\frac{a+b}{a-b}\right)^2 = 2x_E;$$

$f'(0) = b$; $\lim_{x \to \infty} y = \lim_{x \to \infty} \frac{1}{2} \left(e^{(b-a)x} - e^{-(b+a)x}\right) = 0$, da $a > b$; Kurve etwa wie Bild 387.

239. $\frac{x^6}{6} - x^3 + 7x + C$

240. $-\frac{1}{2x^2} + C$

241. $\frac{x^2}{2} - 5x - \frac{2}{x} + C$

242. $\frac{3}{4} x \sqrt[3]{x} + C$

243. $3x^2 \sqrt[3]{x} + C$

244. $\frac{5}{3} \sqrt[5]{x^3} + C$

245. $\frac{1}{5} t^2 \sqrt{t} - \frac{12}{5} \sqrt[6]{t^5} - \frac{8}{3} \frac{\sqrt{t}}{t^2} + C$

246. $\frac{1}{4} s^4 + \frac{12}{7} s^3 \sqrt{s} + 4s^3 + \frac{16}{5} s^2 \sqrt{s} + C$

247. $\frac{6}{11} u \sqrt[6]{u^5} + C$

248. $\frac{3}{4} \sqrt{v}\ u \sqrt[3]{u} + C$

249. $\frac{r^3}{3} + \frac{2^r}{\ln 2} + C$

250. $-\cos x + \cosh x + 2e^x - x + C$

251. $\frac{m^2}{2} - \ln |m| + C$

252. $a \cdot \cos^2 x \cdot u + c = au \cos^2 x + C$

253. $I(t) = \tan t - 1$

254. $I(x) = \frac{x^4}{4} + 2x^3 - x^2 + 7x - \frac{33}{4}$

255. $I(s) = \ln |s| - \ln 2$

256. $I(y) = \frac{\pi}{2} y + \arcsin y - \frac{5\pi}{12}$

257. $I(x) = \frac{x^4}{4} + \frac{5x^2}{2} - 4x + 2$

258. 12

259. $2 - 5\pi \approx -13{,}708$

260. $\operatorname{artanh} 0{,}5 = \frac{1}{2} \ln 3 \approx 0{,}549$

261. $\operatorname{arcoth} 4 - \operatorname{arcoth} 2 = \frac{1}{2} \ln \frac{5}{9} \approx -0{,}294$

262. Das Integrationsintervall [0,5; 2] enthält bei $x = 1$ eine Unendlichkeitsstelle des Integranden, über die hinweg nicht integriert werden darf.

263. $\frac{3}{2} \cos \varphi$

264. $\operatorname{arsinh} 5 \approx 2{,}312$

265. $ab\pi(x_2 - x_1)$

266. $\int_1^4 (1 - x^2)\, dx = -18$

267. $\frac{\pi}{4} + 1 \approx 1{,}785$

268. $3e^a - 3$

269. $\ln 0{,}1 = -\ln 10 \approx -2{,}303$

270. 2 (Integrationsvariable ist x^2, also gelten auch die Grenzen für x^2)

271. $f(\xi) = \frac{1}{a}(e^a - a - 1)$

272. $f(\xi) = 0$

273. $f(\xi) = \frac{3}{2\pi} \approx 0{,}477$

274. $A = \frac{15}{4} + \frac{3}{2} \ln 4 \approx 5{,}829$

275. $A = 10{,}40$

276. $A = \frac{102{,}3}{\ln 2} \approx 147{,}59$

277. $A = 2\pi^2 \approx 19{,}739$

278. $A = \frac{16}{3} \approx 5{,}33$

279. $x_{N_1} = 1; \quad x_{N_2} = 4; \quad A = 15$

280. $x_{N_1} = \frac{\pi}{4}; \quad x_{N_2} = \frac{5\pi}{4}; \quad A = 4\sqrt{2} \approx 5{,}657$

281. $A = \frac{32}{3} \approx 10{,}67$

282. $A = 6$

283. $A = 4$

284. $x_1 = \frac{\pi}{2}; \quad x_2 = \frac{3\pi}{2}; \quad A = 2$

285. $A = 2 \operatorname{arsinh} a$

286. $A = \frac{40}{3} \approx 13{,}33$

287. $A = \frac{1}{2} \ln 3 + \frac{9}{8} \approx 1{,}674$

288. $A = 2\sqrt{2} \approx 2{,}828$

289. $y = \frac{b^2}{2} \sqrt[3]{2}$

290. $A \approx 2{,}08$

291. $A = 2 \lim\limits_{\omega \to \infty} \arctan \omega = \pi$

292. $V_x = 2\pi \tanh 2 = 1{,}928\pi \approx 6{,}057$

293. $V_y = \pi \ln 9 \approx 6{,}903$

294. $V_x = V_{Paraboloid} - V_{Halbkugel} =$
$= 100\pi - 18\pi = 82\pi \approx 257{,}6$

295. $x \in [-5; 5]$, Schnittstelle zwischen Parabel und Kreis: $x = 3$

$$V_x = V_{Paraboloid} + V_{Kugelabschnitt} = 64\pi + \frac{52}{3}\pi = \frac{244}{3}\pi \approx 255{,}5$$

296. $V_x = \frac{128}{15}\pi \approx 26{,}81$; $V_y = 4\pi \approx 12{,}57$

297. $V_x = \frac{4}{3}\pi a b^2$; $V_y = \frac{4}{3}\pi a^2 b$

298. $V_x = \frac{\pi b^2}{a^2}\left[\frac{x^3}{3} - a^2 x\right]_{x_1}^{x_2}$, x_1 und $x_2 \geqq a$ (zweischaliges Hyperboloid)

$V_y = \frac{\pi a^2}{b^2}\left[\frac{y^3}{3} + b^2 y\right]_{y_1}^{y_2}$, (einschaliges Hyperboloid)

299. $y = \sqrt{x}$; Schicht eines Rotationsparaboloids

300. $y = \frac{1 + \operatorname{arccos}\left(x\sqrt{\pi}\right)}{2}$

301. $y = \sqrt[4]{\frac{x}{\pi^2}}$

302. $q(x) = \frac{3\sqrt{3}\; s^2 x^2}{2h^2}$, $V = \frac{\sqrt{3}}{2} s^2 h$

303. $q(x) = \pi y z = \pi b c\left(1 - \frac{x^2}{a^2}\right)$, $V = \frac{4}{3}\pi a b c$

304. $\frac{2}{15}(5x + 3)\sqrt{5x + 3} + C$

305. $\frac{1}{2}\ln|2t + 3| + C$

306. $-\frac{3^{2-x}}{\ln 3} + C$

307. $\frac{1}{2}\sin(2\varphi + 0{,}5) + C$

308. $\frac{1}{3}\operatorname{arcosh} 3x + C$

309. $3\left(\sqrt[6]{2u - 7}\right)^5 + C$

310. $\frac{3}{4}\tan(4x - 2) + C$

311. $\frac{1}{2}(x + \sinh x \cosh x) + C$

312. $-\frac{1}{2}(x - \sinh x \cosh x) + C$

313. $\frac{1}{a}\arctan(au) + C$

314. $\frac{2}{3}(e^6 - 1) \approx 268{,}29$

315. $\frac{37}{12} \approx 3{,}08$

316. $\frac{1}{2}$

317. $-1{,}8515$

318. $\frac{\pi}{4} - \frac{1}{2} \approx 0{,}285$

319. $-\frac{1}{4}\cos^4 x + C$

320. $\sin^5 x - \sin^3 x + \sin^2 x + 4\sin x + C$

321. $\frac{1}{27}(6x^3 - 5)\sqrt{6x^3 - 5} + C$

322. $-e^{\frac{1}{x}} + C$

323. $e^{\sin x} + C$

324. $\frac{1}{8}(\operatorname{arsinh} 4x)^2 + C$

325. $-2\sqrt{2 - r^3} + C$

326. $2 - \sqrt{2} \approx 0{,}586$

327. 0,574

328. 1,395

329. 17,39

330. $\frac{1}{2}\sin(\alpha^2) + C$

331. 1

332. $\ln|\sin x| + C$

333. $\ln|e^x + a| + C$

334. $\frac{1}{6}\tan^6 t + C$

335. $-\frac{1}{4}\ln|\sinh(1-4x)| + C$

336. $\frac{1}{2}\ln(a^2 + x^2) + C$

337. $-0{,}1018$

338. $\frac{1}{b}\ln\left|\frac{a+b}{a}\right|$

339. 2,187

340. $-\frac{\sqrt{4-x^2}}{4x} + C$

341. $\arcsin\frac{u}{\sqrt{5}} + C$

342. $-\frac{\sqrt{a^2-x^2}}{x} - \arcsin\frac{x}{a} + C$

343. $\frac{3}{2}\arcsin\frac{4+y}{\sqrt{3}} + \frac{4+y}{2}\sqrt{3-(4+y)^2} + C$

344. $x\sqrt{a^2-x^2} + C$

345. $\frac{x}{2}\sqrt{a^2-b^2x^2} - \frac{a^2}{2b}\arccos\frac{b}{a}x + C$

346. $-\frac{\pi}{4} \approx -0{,}785$

347. $\frac{x}{2}\sqrt{4+x^2} + 2\,\mathrm{arsinh}\,\frac{x}{2} + C$

348. $\frac{1}{3}(x^2-2)\sqrt{1+x^2} + C$

350. $\frac{1}{3}\ln\left|3x+1+\sqrt{9x^2+6x+5}\right| + C$

349. $\frac{1}{3}(x^2+4x+26)\sqrt{x^2+4x+29} - 25\,\mathrm{arsinh}\,\frac{x+2}{5} + C$

351. $\frac{x}{2}\sqrt{x^2-1} - \frac{1}{2}\mathrm{arcosh}\,x + C$

352. $\frac{\sqrt{x^2-1}}{3x^3}(2x^2+1) + C$

353. $-\frac{x}{4\sqrt{x^2-4}} + C$

354. $\frac{1}{2}\mathrm{arcosh}\,(x-1) + C$

355. $2\,\mathrm{artanh}\left(\tan\frac{x}{2}\right) + C$

356. $\tan\frac{x}{2} + C$

357. $\frac{1}{nb}\ln|a+bx^n| + C$

358. $\arctan e^x + C$

359. $-\frac{1}{42(4+7s^3)^2} + C$

360. $\ln\left|\cos\frac{1}{x}\right| + C$

361. $\frac{1}{ab}\arctan\left(\frac{a}{b}\tan x\right) + C$

362. $-\frac{1}{\ln|y|} + C$

363. $\frac{1}{3}\tan(x^3) + C$

364. $6\left(\sqrt[6]{x} - \arctan\sqrt[6]{x}\right) + C$

365. $\frac{1}{\sqrt{7}}\arctan\frac{x}{\sqrt{7}} + C$

366. $\frac{1}{\sqrt{2}}\arctan\frac{x-3}{\sqrt{2}} + C$

367. $\sin x - \frac{2}{3}\sin^3 x + \frac{1}{5}\sin^5 x + C$

368. $\frac{1}{2\cos^2 x} + \ln|\cos x| + C$

369. $\frac{1}{2}\left[9\arcsin\frac{x+3}{3} + (x+3)\sqrt{-x^2-6x}\right] + C$

370. $\frac{5}{2}\ln(x^2-3x+7) + \frac{1}{\sqrt{19}}\arctan\frac{2x-3}{\sqrt{19}} + C$

371. $\arcsin x - \sqrt{1-x^2} + C$

372. $\ln\frac{\cosh 3}{\cosh 2} \approx 0{,}978$

373. 0,5362

374. $2\left[\cos\frac{\pi}{8} - \sin\frac{\pi}{8}\right] \approx 1{,}08240$

375. $\frac{1}{2}\left[\left(\operatorname{arctanh}\frac{3}{4}\right)^2 - \left(\operatorname{artanh}\frac{1}{2}\right)^2\right] \approx 0{,}32$

376. $A = 12\pi \approx 37{,}70$

377. $A = b^2\sinh\frac{a}{b}$

378. $A = 1{,}8515$

379. Grenzen: $x_1 = 0;\ x_2 = \frac{\pi}{4}$

$A = 2 - 1 - \frac{1}{2}\ln 2 \approx 0{,}068$

380. Grenzen: $x_1 = 0;\ x_2 = \frac{\pi}{4}$

$A \approx 0{,}0306$

381. $A = \frac{8}{15} \approx 0{,}533$

382. $A = \frac{1}{2b}\ln\left|\frac{a+b^3}{a(1+ab)}\right|$

383. $A = 3{,}53$

384. $\arccos\frac{1}{e} \approx 1{,}1941$

385. $A = 3{,}872;\ V_x = 10{,}445\pi \approx 32{,}814$

386. $A = 6,\ V_x = \frac{27}{2}\pi \approx 42{,}411$

387. $V_x = \pi(2 + \sin 2) \approx 9{,}1396$

388. $V_x = \frac{64}{3}\pi \approx 67{,}021$

389. $\begin{cases} V_x = \frac{\pi^2}{2} \approx 4{,}935 \\ A_M = 2\pi\left[\sqrt{2} + \ln\left(1+\sqrt{2}\right)\right] \approx 14{,}423 \end{cases}$

390. $A_M = 36{,}517\pi \approx 114{,}72$

391. $A_M = 2{,}46$

392. $A_M = 0{,}422$

393. $\frac{2\pi a^2 b}{e}\left(\arcsin\frac{e}{a} + \frac{eb}{a^2}\right)$, wobei $a^2 - b^2 = e^2$.

394. $s = \sqrt{c}\,\sqrt{a+4c} + \frac{a}{2}\operatorname{arsinh}\frac{2\sqrt{ac}}{a}$

395. $s = 33{,}64$

396. $s = \frac{14}{3} \approx 4{,}67$

397. $s = \frac{1}{2}\pi r$

398. $s = 27{,}712$

399. Lösungen: a) $\frac{1}{2}\sin^2 x + C_1$ b) $-\frac{1}{4}\cos 2x + C_2$

Wegen $\cos 2x = \cos^2 x - \sin^2 x$ erhält man

$$-\frac{1}{4}\cos 2x + C_2 = -\frac{1}{4}\cos^2 x + \frac{1}{4}\sin^2 x + C_2 =$$

$$= -\frac{1}{4}(1 - \sin^2 x) + \frac{1}{4}\sin^2 x + C_2 =$$

$$= -\frac{1}{4} + \frac{1}{4}\sin^2 x + \frac{1}{4}\sin^2 x + C_2 =$$

$$= \frac{1}{2}\sin^2 x + C_2 - \frac{1}{4}.$$

Setzt man $C_2 - \frac{1}{4} = C_1$, so erhält man das Ergebnis von a). Die beiden Resultate unterscheiden sich also nur in der Integrationskonstanten.

400. $-x^2 \cos x + 2(x \sin x + \cos x) + C$

401. $\frac{x^2}{4} - \frac{x}{2}\sin x \cos x + \frac{\sin^2 x}{4} + C$

402. $-\frac{1}{2}\cos(x^2) + C$

403. $\sin(3 - x) + x\cos(3 - x) + C$

404. 1,80

405. $\frac{\pi}{2} - 1 \approx 0{,}571$

406. 2

407. $-\frac{\cos x + \sin x}{2e^x} + C$

408. $-\frac{1}{4e^{4x}}\left(x^3 + \frac{3}{4}x^2 + \frac{3}{8}x + \frac{3}{32}\right) + C$

409. $a\left[\sinh\frac{x}{a}(x^2 + 2a^2) - 2ax\cosh\frac{x}{a}\right] + C$

410. $x \arctan x - \frac{1}{2}\ln(1 + x^2) + C$

411. $\frac{1}{2}(x^2 + 1)\arctan x - \frac{x}{2} + C$

412. $x \operatorname{arsinh} x - \sqrt{1 + x^2} + C$

413. $\frac{x^2}{2}(2\ln x + 1) + C$

414. $\frac{1}{2}(1 - \ln 2) \approx 0{,}1534$

415. $\frac{3}{2}x^{\frac{2}{3}}\left(\ln x - \frac{3}{2}\right) + C$

416. $\ln x[\ln(\ln x) - 1] + C$

417. $-\cos x\left[\frac{1}{6}\sin^5 x + \frac{5}{24}\sin^3 x + \frac{5}{16}\sin x\right] + \frac{5}{16}x + C$

418. $\sin x\left[\frac{1}{8}\cos^7 x + \frac{7}{48}\cos^5 x + \frac{35}{192}\cos^3 x + \frac{35}{128}\cos x\right] + \frac{35}{128}x + C$

419. $\frac{16}{35} \approx 0{,}457$

420. $\frac{1}{n-1} \frac{\sin x}{\cos^{n-1} x} + \frac{n-2}{n-1} \int \frac{\mathrm{d}x}{\cos^{n-2} x}$

421. $V_x = \pi^2 \left(\frac{31\,\pi^2}{6} + 5 \right) \approx 552{,}63$

422. $A = 20 - 18 \lg \mathrm{e} \approx 12{,}1826$

423. $V_x = \frac{\pi}{2 \ln |a|} \left[a^2 + \frac{1 - a^2}{2 \ln |a|} \right]$

424. Aus $\sin 2a = -2a + \frac{1}{2}$ folgt durch graphische Lösung $a \approx 0{,}125$.

425. $A_{\mathrm{M}x} \approx 985$

426. $3 \ln |x - 5| - 2 \ln |x + 1| + C$

427. $\frac{11}{5 - x} + 2 \ln |x - 5| + C$

428. $\frac{3}{x - 1} - \ln |x - 1| + C$

429. $\frac{1}{2} \ln (x^2 + 1) - 3 \arctan x + C$

430. $\frac{1}{2} \ln |x^2 + 2x - 1| + \sqrt{2}\, \operatorname{artanh} \frac{x + 1}{\sqrt{2}} + C$ für $\left| \frac{x + 1}{\sqrt{2}} \right| < 1$

und

$\frac{1}{2} \ln |x^2 + 2x - 1| + \sqrt{2}\, \operatorname{arcoth} \frac{x + 1}{\sqrt{2}} + C$ für $\left| \frac{x + 1}{\sqrt{2}} \right| > 1$

bzw.

$\frac{1 - \sqrt{2}}{2} \ln \left| x + 1 - \sqrt{2} \right| + \frac{1 + \sqrt{2}}{2} \ln \left| x + 1 + \sqrt{2} \right| + C$

Die Ergebnisse sind einander äquivalent.

431. $\frac{3}{2} x^2 + \frac{5}{2} \ln |x - 4| + \frac{3}{2} \ln |x + 2| + C$

432. $10 \ln |x - 4| + \ln |x + 2| + C$

433. $\frac{1}{3(x + 2)} - \frac{1}{9} \ln |x + 2| + \frac{1}{9} \ln |x - 1| + C$

434. $2 \ln |x + 1| + 3 \ln |x - 4| - \frac{1}{x - 4} + C$

435. $-\frac{1}{\sqrt{2}} \ln \left| \tan \left(\frac{3}{8} \pi - \frac{x}{2} \right) \right| + C$

436. $\frac{1}{8} \left[2x + 5 - 10 \ln |2x + 5| - \frac{25}{2x + 5} \right] + C$ (Integral 1.3.)

437. $\frac{1}{2} \ln \left| \frac{x^2}{9x^2 + 6x + 1} \right| + \frac{1}{3x + 1} + C$ (Integrale 2.7. und 2.1.)

438. $\frac{1}{8}\sin^4(2x) + C$ (Integral 4.11.)

439. $\frac{2}{3}\arctan e^{3x} + C$ (Integral 5.8.)

440. $-\frac{4e^{-2x}}{17}\left[2\sin\frac{x}{2} + \frac{1}{2}\cos\frac{x}{2}\right] + C$ (Integral 6.3.)

441. $x\,[(\ln x)^5 - 5(\ln x)^4 + 20(\ln x)^3 - 60(\ln x)^2 + 120\ln x - 120] + C$ (Integral 7.2.)

442. $x \operatorname{arccot} x + \frac{1}{2}\ln(1 + x^2) + C$ (Integral 8.4.)

443. $-\sqrt{3 - 2x - x^2} + \arcsin\left(-\frac{x+1}{2}\right) + C$ (Integrale 3.7. und 3.1.)

444. $I = 0{,}086\,896$

445. $I = 0{,}183\,493$

446. $I = 0{,}787\,672$

447. $I = 1{,}048\,783$

448. $I = 0{,}904\,064$

449. $I = 0{,}292$

450. $I = 1{,}02$

451. $A = 94{,}66$

452. Man erhält die Kurve mit der Gleichung $y = \frac{1}{2}x^2 + C$.

453. Durch Rechnung gewonnener Wert: $\frac{\pi}{4} \approx 0{,}785\,40$

454. $x_s \approx 2{,}69; \quad y_s \approx 5{,}95$

455. $x_s \approx 1{,}143; \quad y_s \approx 0{,}504$

456. $x_s = 1{,}5; \quad y_s = 0{,}9$

457. $x_s = \frac{x\sinh x - \cosh x + 1}{\sinh x}; \quad y_s = \frac{x + \sinh x \cosh x}{4\sinh x}$

458. $x_s = \frac{e - 2}{2e - 2}; \quad y_s = \frac{e + 1}{4e}$

459. $x_s \approx 2{,}33; \quad y_s \approx 0{,}93$

460. $x_s = \frac{4r}{3\pi}; \quad y_s = 0$

461. Der Schwerpunkt hat von b den Abstand $\frac{a}{3}$ und von a den Abstand $\frac{b}{3}$

462. $x_s = \frac{9}{20} = 0{,}45; \quad y_s = \frac{9}{20} = 0{,}45$

463. $x_s = 2{,}04; \quad y_s = 2{,}10$

464. $x_s = 1; \quad y_s = -1$ (Grenzen: $x_1 = -1,\ x_2 = 3$)

465. $x_s = \frac{3}{4}x_1; \quad y_s = \frac{3}{10}y_1 = \frac{3}{10a}x_1^2$

466. $x_s = \frac{12}{7}$; $y_s = 0$

467. $x_s = \frac{9}{16}$; $y_s = 0$; $z_s = 0$

468. $x_s = \frac{e^2 - 1}{4(e-2)}$; $y_s = 0$; $z_s = 0$

469. Integrationsintervall $[-5; 3] \cup [3; 5]$

$x_s \approx 1{,}05$; $y_s = 0$; $z_s = 0$

470. $x_s = \frac{h}{4} \frac{R^2 + 2Rr + 3r^2}{R^2 + Rr + r^2}$; $y_s = 0$; $z_s = 0$

471. $x_s = \frac{h}{4}$; $y_s = 0$; $z_s = 0$

472. $s \approx 65{,}97$; $x_s \approx 2{,}92$; $y_s \approx 31{,}1$

473. $x_s = 1{,}5$; $y_s = 1{,}5$

474. $A_M = 4\pi^2 rR$

475. $y_s = \frac{3}{2}$

476. $I_x \approx 53{,}95$; $I_y \approx 14{,}93$

477. $I_x \approx 59{,}63$; $I_y \approx 85{,}18$; $I_p \approx 144{,}81$

478. $I_x = \frac{1}{72}(e^6 - 1) \approx 5{,}589$; $I_y = e^2 - 1 \approx 6{,}389$

479. $I_x = \frac{2}{3}(\ln 2)^3 - 2(\ln 2)^2 + 4 \ln 2 - 2 \approx 0{,}033$

$I_y = \frac{8}{3} \ln 2 - \frac{7}{9} \approx 1{,}071$

480. $I_x = \frac{1}{48}\left[180 \ln\left|\frac{x+1}{x-1}\right| - \frac{360x - 90}{x^2 - 1} + \frac{27}{(x-1)^2} - \frac{125}{(x+1)^2}\right]\Bigg|_{x_1}^{x_2}$

481. $I_g = \frac{gh^3}{12}$; $I_s = \frac{gh^3}{36}$

482. Bild 192:

$I_x = \frac{2a}{3}\left[a^2\left(3b + \frac{c}{2}\right) + b^2(3a + b)\right]$; $I_y = \frac{a}{12}(c^3 + 8a^2 b)$

Bild 193:

$I_{Sx} = \frac{1}{12}[h_1^3 l_1 - h_2^3(l_1 - l_2)]$; $I_x = I_{Sx} + \frac{h_1^2}{4}[l_1(h_1 - h_2) + l_2 h_2]$

$I_{Sy} = \frac{1}{12}[l_1^3 h_1 - h_2(l_1^3 - l_3^3)]$; $I_y = I_{Sy} + \frac{l_1^2}{4}[l_1(h_1 - h_2) + l_2 h_2]$

483. $J_x = 88569\pi\varrho \approx 278250\varrho$

484. $J_x = \frac{3\pi^2}{32}\varrho \approx 0{,}925\varrho$

485. a) $J = \frac{2}{5} mr^2$; b) $J = \frac{7}{5} mr^2$

486. $J = \frac{1}{6}\pi\varrho r^4 h = \frac{1}{3} mr^2$

487. a) Die Horizontaltangente geht durch $P_1(3; -2)$, die Vertikaltangente durch $P_2(-1; 2)$.

b) $x^2 + y^2 - 2xy - 10x - 6y - 7 = 0$ (gedrehte Parabel).

c) Parameterbereich: $(-\infty; +\infty)$

Definitionsbereich: $(-1; +\infty)$

Wertebereich: $(2; +\infty)$

488. a) $x^2 - y^2 = 1$ (Einheitshyperbel)

Parameterbereich: $[1; +\infty)$

Definitionsbereich: $|x| \geqq 1$

Wertebereich: $[0; +\infty)$

b) $x(y - 1) = 1$ (transformierte Einheitshyperbel)

Parameterbereich: $(-\infty; +\infty)$ mit $t \neq 0$ und $t \neq 1$

Definitionsbereich: $(-\infty; +\infty)$ mit $x \neq 0$

Wertebereich: $(-\infty; +\infty)$

489. $\frac{x^2}{(r+a)^2} + \frac{y^2}{(r-a)^2} = 1$ (Ellipsengleichung)

$x = 2r\cos\frac{t}{2}$; $y = 0$

490. $\frac{x^2}{(s-a)^2} + \frac{y^2}{a^2} = 1$ (Ellipse)

491. $x^2 - y^2 = 1$ (Einheitshyperbel)

492. $y' = \frac{a \cdot \sin t}{r - a \cdot \cos t}$

für $a < r$ ist $y'(0) = 0$ [horizontale Tangente durch $P(0; r - a)$]

für $a = r$ ist $y'(0) = \frac{0}{0}$ (unbestimmt; Spitze)

für $a > r$ ist $y'(0) = 0$ [horizontale Tangente durch $P(0; r - a)$]

493. a) $y' = \frac{\dot{y}}{\dot{x}} = 2t^2$; $y'' = \frac{\dot{x}\ddot{y} - \ddot{x}\dot{y}}{\dot{x}^3} = 4t^2$

b) $y' = -\cot t$; $y'' = \frac{1}{3\sin^4 t \cos t}$

494. $x = a\cos^3 t;\ y = a\sin^3 t$

Sternkurve. Durchlauf beginnt für $t = 0$ bei $P(a;0)$ entgegen der Uhrzeigerbewegung

495. $r = \dfrac{a}{\cos\varphi}$ oder $r = \dfrac{a}{\sin\varphi}$

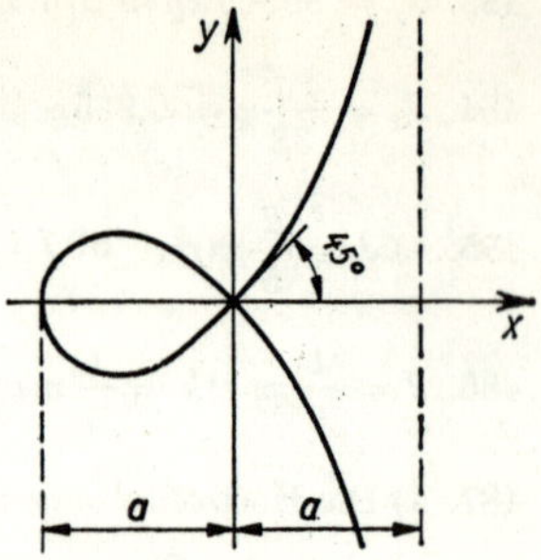

Bild 390

496. $y = x\sqrt{\dfrac{a+x}{a-x}};\quad r = -\dfrac{a\cdot\cos 2\varphi}{\cos\varphi}$ (Bild 390)

Für x von $-a$ bis $+a$ wird die Kurve im dritten und ersten Quadranten durchlaufen. Für t von $-\infty$ bis $+\infty$ wird die gesamte Kurve von $y = -\infty$ bis $y = +\infty$ durchlaufen.

Für φ von 45° bis 90°: Kurventeil im 1. Quadranten

135° bis 225°: Kurventeil im 2. und 3. Quadranten

270° bis 315°: Kurventeil im 4. Quadranten

497. a) $r = \dfrac{\varphi}{\sin 2\varphi}$ b) $r = \dfrac{3\sin\varphi\cos\varphi}{\sin^3\varphi + \cos^3\varphi}$

498. Horizontaltangenten für $\varphi = 0°;\ 60°;\ 180°;\ 240°$

Vertikaltangenten für $\varphi = 30°;\ 90°;\ 210°;\ 270°$

$r(0°) = r(90°) = r(180°) = r(270°) = 0$

$r(30°) = r(60°) = r(210°) = r(240°) = \sqrt[4]{3}$

$r_{max} = \sqrt{2}$ für $\varphi = 45°$ und $\varphi = 225°$.

$y'(45°) = y'(225°) = -1$.

499. $s = 2\int\limits_0^a \sqrt{1+y'^2}\,\mathrm{d}x = \mathrm{e}^x - \mathrm{e}^{-x}\,\Big|_0^a = \mathrm{e}^a - \mathrm{e}^{-a}$

500. $s = \dfrac{r\pi^2}{2}$

501. $s = 6a$

502. $s = 2\int\limits_0^3 \dfrac{1+x}{\sqrt{x}}\,\mathrm{d}x = 4\sqrt{3}$

503. $x = v_0 t \quad \dot{x} = v_0 \qquad y = H - \dfrac{1}{2}gt^2 \qquad \dot{y} = -gt$

$$s = \int\limits_0^{\sqrt{\frac{2H}{g}}} \sqrt{v_0^2 + g^2t^2}\,\mathrm{d}t = \frac{1}{2}\left[\sqrt{\frac{2Hv_0^2}{g} + 4H^2} + \frac{v_0^2}{g}\ln\left|\sqrt{2Hg} + \sqrt{v_0^2 + 2Hg}\right|\right]$$

504. $s = \int\limits_{\frac{3\pi}{2}}^{2\pi} \sqrt{r^2 + \dot{r}^2}\,\mathrm{d}\varphi = 2\pi\sqrt{5}$

Kreis um M (4; −2) durch den Ursprung

505. $s = 2\int\limits_0^{\frac{\pi}{2}} \sqrt{1+\varphi^2}\,\mathrm{d}\varphi = \frac{\pi}{2}\sqrt{1+\frac{\pi^2}{4}} + \ln\left|\frac{\pi}{2} + \sqrt{1+\frac{\pi^2}{4}}\right|$

506. $A_z = 3\pi a^2;\ A_z = 3A_{\text{Kreis}}$

507. $A = 4\pi a^2$

508. $A = \frac{8}{3}ab$

509. $A = \frac{57}{64}a^2\pi^3$

510. $A = \frac{1}{2}\left(\frac{3\pi}{4} - 2\right)$

511. $V = 2\pi\int\limits_0^R (R^2 - x^2)\,\mathrm{d}x = \frac{4}{3}\pi R^3$

$$V = -2\pi\int\limits_0^{\frac{\pi}{2}} R^2\sin^2 t R\sin t\,\mathrm{d}t = \frac{4}{3}\pi R^3$$

$$V = \pi\int\limits_0^{\pi} R^2\sin^2\varphi\,(-R\sin\varphi)\,\mathrm{d}\varphi = \frac{4}{3}\pi R^3$$

512. $V_x = 2\pi\int\limits_0^{\frac{\pi}{2}} b^2\sin^2 t(-a\sin t)\,\mathrm{d}t = \frac{4}{3}\pi ab^2$

$$V_y = 2\pi\int\limits_0^{\frac{\pi}{2}} a^2\cos^2 t\, b\cos t\,\mathrm{d}t = \frac{4}{3}\pi a^2 b$$

513. $A_{\mathrm{M}x} = 4\pi R^2\int\limits_0^{\frac{\pi}{2}} \sin t\,\mathrm{d}t = 4\pi R^2$

$$A_{\mathrm{M}x} = 4\pi R^2\int\limits_0^{\frac{\pi}{2}} \sin\varphi\,\mathrm{d}\varphi = 4\pi R^2$$

514. $A_{\mathrm{M}x} = 2\pi\int\limits_0^{\pi} (1 - \varphi^4)\sin\varphi\,\mathrm{d}\varphi = 2\pi(12\pi^2 - \pi^4 - 22)$

515. $A_{\mathrm{M}x} = 2\pi\int\limits_0^{\sqrt{3}} \left(t - \frac{t^3}{3}\right)(1 + t^2)\,\mathrm{d}t = 3\pi$

516. $r = p$

517. $\xi = -4x^3;\ \eta = 3x^2 + \frac{1}{2}$ (Evolute)

518. $x = \frac{1}{2}\sqrt{2};\ y = -\frac{1}{2}\ln 2;\ r = -\frac{3}{2}\sqrt{3}$

519. $K = -\sin x;\ K\left(\frac{\pi}{2}; -1\right);\ r = -1$ (Bild 391)

520. $K = \frac{1}{t}$ hat kein Extremum. $\xi = \cos t;\ \eta = \sin t$ (Kreis)

521. Die Kurve ist der Kreis mit $M(4; -2)$ und $r = \sqrt{20}$; Evolute degeneriert zu $M(4; -2)$.

522. $|\mathrm{d}s| = |\mathrm{d}r| = 6t\sqrt{1 + 4t^2}\ \mathrm{d}t$

523. $r = \frac{s}{2} = \frac{\sqrt{(c^4 + x^4)^3}}{2c^2x^3}$

524. $r = \frac{b^2}{a}$; Höhensatz

525. Ebene entsprechend Bild 392

526. Kegelfläche entsprechend Bild 393

527. $f_x(1; 1) = 2 = \tan\alpha,\quad \alpha = 63°26'$ (Bild 394)

528. $z_x = 3x^2 - 16xy + y^2 + 15 \qquad z_y = -8x^2 + 2xy - 20$

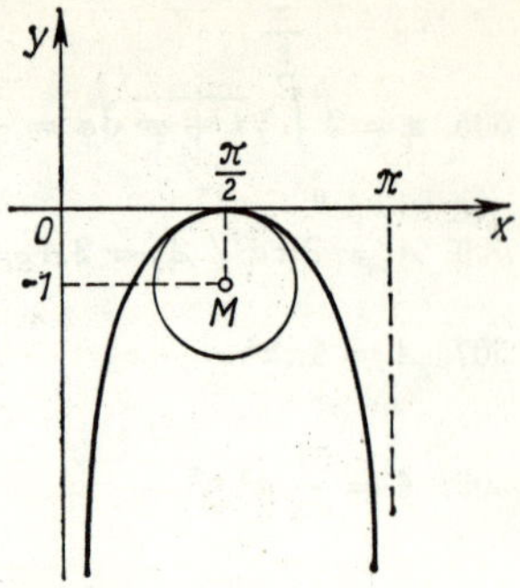

Bild 391

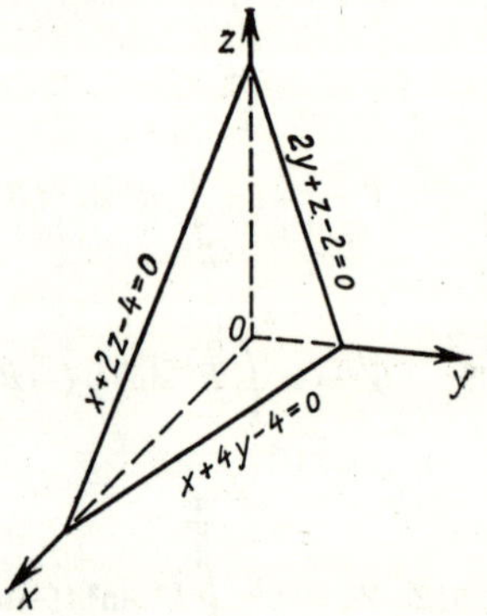

Bild 392

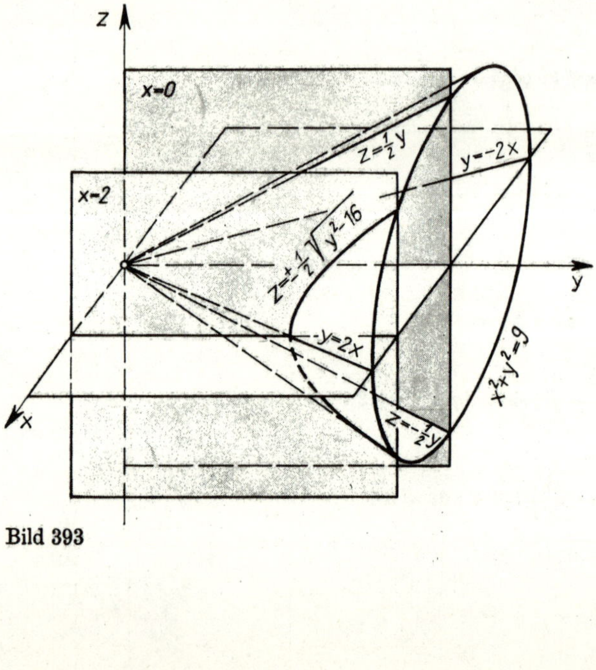

Bild 393

529. $u_x = 5x^4 + 18x^2y - 4xyz \qquad u_y = 6x^3 - 2x^2z + 3z^3 \qquad u_z = -2x^2y + 9yz^2$

530. $z_x = \dfrac{6x + 2y^2 - 3x^2}{(1-x)^2} \qquad z_y = \dfrac{4xy}{1-x}$

531. $z_x = y\dfrac{y^2 - x^2}{(x^2+y^2)^2} \qquad z_y = x\dfrac{x^2 - y^2}{(x^2+y^2)^2}$

532. $u_x = 2x\dfrac{y^2 - z^2}{(x^2+y^2)^2} \qquad u_y = -2y\dfrac{x^2 + z^2}{(x^2+y^2)^2} \qquad u_z = \dfrac{2z}{x^2+y^2}$

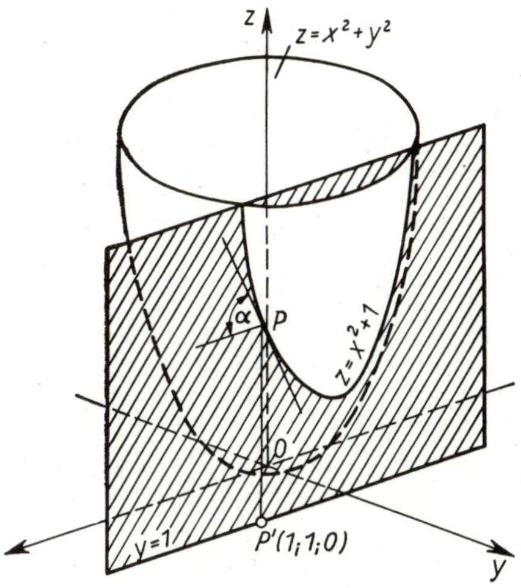

Bild 394

533. $z_x = -\dfrac{x}{z} \qquad z_y = -\dfrac{y}{z}$

534. $z_x = -\sin 2x \qquad z_y = -\sin 2y$

535. $z_x = \dfrac{-y}{x^2+y^2} \qquad z_y = \dfrac{x}{x^2+y^2}$

536. $z_x = y\,e^{\sin xy}\cos xy - e^{\cos(x+y)}\sin(x+y)$

$z_y = x\,e^{\sin xy}\cos xy - e^{\cos(x+y)}\sin(x+y)$

537. $u_x = e^x \ln y \qquad u_y = \dfrac{e^x}{y} - z^2\sin y \qquad u_z = 2z\cos y$

538. $\dfrac{\partial v}{\partial p} = -v_0\dfrac{p_0}{p^2}(1+\alpha t) \qquad \dfrac{\partial v}{\partial t} = \dfrac{v_0 p_0}{p}\alpha$

539. $\dfrac{\partial T}{\partial l} = \dfrac{\pi}{\sqrt{gl}} \qquad \dfrac{\partial T}{\partial g} = -\dfrac{\pi\sqrt{gl}}{g^2}$

540. $\frac{\partial I_1}{\partial R_1} = -I \frac{R_2}{(R_1 + R_2)^2}$ $\frac{\partial I_1}{\partial R_2} = I \frac{R_1}{(R_1 + R_2)^2}$

541. $z_x = 5x^4 + 6x^2y^2$ $z_y = 4x^3y + 10y^4$

$z_{xx} = 20x^3 + 12xy^2$ $z_{xy} = z_{yx} = 12x^2y$ $z_{yy} = 4x^3 + 40y^3$

542. $u_x = y + z$ $u_y = x + z$ $u_z = y + x$ $u_{xx} = u_{yy} = u_{zz} = 0$

$u_{xz} = u_{zx} = 1$ $u_{xy} = u_{yx} = 1$ $u_{yz} = u_{zy} = 1$

543. $f_x(x; y) = \frac{2y}{(x + y)^2}$ $f_y(x; y) = \frac{-2x}{(x + y)^2}$

$f_{xx}(x; y) = -\frac{4y}{(x + y)^3}$ $f_{xy}(x; y) = f_{yx}(x; y) = \frac{2(x - y)}{(x + y)^3}$ $f_{yy}(x; y) = \frac{4x}{(x + y)^3}$

544. $z_x = \frac{2y}{(1 - xy)^2}$ $z_y = \frac{2x}{(1 - xy)^2}$

$z_{xx} = \frac{4y^2}{(1 - xy)^3}$ $z_{xy} = z_{yx} = \frac{2(1 + xy)}{(1 - xy)^3}$

$z_{yy} = \frac{4x^2}{(1 - xy)^3}$

545. $z_x = \frac{x}{\sqrt{x^2 + y^2}}$ $z_y = \frac{y}{\sqrt{x^2 + y^2}}$

$z_{xx} = \frac{y^2}{\sqrt{x^2 + y^2}^3}$ $z_{xy} = z_{yx} = -\frac{xy}{\sqrt{x^2 + y^2}^3}$

$z_{yy} = \frac{x^2}{\sqrt{x^2 + y^2}^3}$

546. $z_x = 2 \cos 2x$ $z_y = 2 \cos 2y$

$z_{xx} = -4 \sin 2x$ $z_{xy} = z_{yx} = 0$ $z_{yy} = -4 \sin 2y$

547. $z_x = \frac{1}{1 + x^2}$ $z_y = \frac{1}{1 + y^2}$

$z_{xx} = -\frac{2x}{(1 + x^2)^2}$ $z_{xy} = z_{yx} = 0$ $z_{yy} = -\frac{2y}{(1 + y^2)^2}$

548. $f_x(x; y) = -\frac{2y}{x^2 - y^2}$ $f_y(x; y) = \frac{2x}{x^2 - y^2}$ $f_{xx}(x; y) = \frac{4xy}{(x^2 - y^2)^2}$

$f_{xy}(x; y) = f_{yx}(x; y) = -\frac{2(x^2 + y^2)}{(x^2 - y^2)^2}$ $f_{yy}(x; y) = \frac{4xy}{(x^2 - y^2)^2}$

549. $f_x(x; y) = -\cot x$ $f_y(x; y) = \cot y$ $f_{xx}(x; y) = \frac{1}{\sin^2 x}$

$f_{xy}(x; y) = f_{yx}(x; y) = 0$ $f_{yy}(x; y) = -\frac{1}{\sin^2 y}$

550. $u_{xyz} = e^{xyz}(1 + 3xyz + x^2y^2z^2)$

551. $u_{xyz} = u_{zyx} = (x - y)^{z-2}[1 + 2z + (z - z^2) \ln (x - y)]$

552. a) $u_{xyz} = u_{zyx} = \dfrac{2x}{\sin^2(y-z)}$ b) $u_{yyz} = u_{zyy} = \dfrac{-2x^2\cos(y-z)}{\sin^3(y-z)}$

553. $z_x = \dfrac{e^y}{\sqrt{1-(x-y)^2}}$ $z_y = e^y \arcsin(x-y) - \dfrac{e^y}{\sqrt{1-(x-y)^2}}$

554. $z_x = \dfrac{1}{y}$ $z_y = -\dfrac{x}{y^2}$ $xz_x + yz_y = \dfrac{x}{y} - \dfrac{x}{y} = 0$

555. $u_x = \dfrac{3x^2-3yz}{x^3+y^3+z^3-3xyz}$ $u_y = \dfrac{3y^2-3xz}{x^3+y^3+z^3-3xyz}$

$u_z = \dfrac{3z^2-3xy}{x^3+y^3+z^3-3xyz}$ $u_x + u_y + u_z = \dfrac{3}{x+y+z}$

556. Mit $z_x = \dfrac{2x}{y^2}\, e^{\frac{x^2}{y^2}}$ und $z_y = -\dfrac{2x^2}{y^3}\, e^{\frac{x^2}{y^2}}$ folgt die Behauptung

557. $\Delta u = 0{,}76$; $du = 0{,}8$

558. $\Delta z = -5{,}16$; $dz = -4{,}8$

559. $dw = 4$

560. $dz = 12x(x-y^2)\,dx + 12y(y-x^2)\,dy$

561. $dz = \dfrac{x^2-y^2}{x^2y^2}(y\,dx - x\,dy)$

562. $dz = yx^{y-1}\,dx + x^y \ln x\,dy$

563. $du = 2e^{x^2+y^2+z^2}\cdot(x\,dx + y\,dy + z\,dz)$

564. $dz = e^x(\sin y\,dx + \cos y\,dy)$

565. $dw = \dfrac{x\,dx + y\,dy + z\,dz}{x^2+y^2+z^2}$

566. $dz = \dfrac{y\,dx + x\,dy}{1+x^2y^2}$

567. $\alpha = \arccos\dfrac{b}{c}$

$$d\alpha = \frac{-\Delta b}{\sqrt{c^2-b^2}} + \frac{b\,\Delta c}{c\sqrt{c^2-b^2}} = -0{,}0062$$

$d\alpha = -21' \approx \Delta\alpha$

568. $A = \dfrac{1}{2}ab\sin\gamma$

$dA = 2{,}95\ \text{m}^2 \approx 3\ \text{m}^2 \approx \Delta A$

569. $y_1 = 0$ $[y']_{\substack{x=0\\y=0}} = \dfrac{1}{3}$

$y_2 = \sqrt{3}$ $[y']_{\substack{x=0\\y=\sqrt{3}}} = -\dfrac{1}{6}$

$y_3 = -\sqrt{3}$ $[y']_{\substack{x=0\\y=-\sqrt{3}}} = -\dfrac{1}{6}$

570. $x_1 = 0$ $[y']_{\substack{x=0\\y=0}} = 4$

$x_2 = 2$ $[y']_{\substack{x=2\\y=0}} = -8$

$x_3 = -2$ $[y']_{\substack{x=-2\\y=0}} = -8$

571. $\dfrac{dy}{dx} = \dfrac{(y+2)\cos x}{\sin x - \cos y}$ $\left[\dfrac{dy}{dx}\right]_{\substack{x=0\\y=0}} = 2$

572. $y' = \dfrac{3x^2}{2ay}$

573. $y' = \frac{-yz + x}{xz + y}$ mit $z = \sqrt{1 - x^2 + y^2}\,\sqrt{x^2 - y^2}$

574. $y' = -\frac{y - y^x \ln y}{x - xy^{x-1}}$ 575. $y' = -\left(\frac{y}{x}\right)^{\frac{1}{3}}$

576. $y' = -\frac{2(x^2 + y^2)x - a^2x}{2(x^2 + y^2)y - b^2y}$

577. $y' = \frac{x + y}{x - y}$

578. Schnittpunkt (im I. Quadranten): $P_1(6; 4)$

Schnittwinkel: $\delta = 76°52'$

579. Minimum $z_E = -3$ bei $x_E = -1$; $y_E = -2$

580. kein Extremwert

581. Minimum $z_E = -6$ bei $x_E = 2$; $y_E = 3$

582. kein Extremwert

583. Minimum $z_E = -59$ bei $x_E = 2$; $y_E = -3$

584. Maximum $z_E = -1$ bei $x_E = -3$; $y_E = 3$

585. Bei (0; 0) kein Extremwert, bei $\left(\frac{1}{2}; \frac{1}{3}\right)$ ein Maximum $z_E = \frac{1}{432}$

586. Bei (0; 0) kein Extremwert, bei $\left(\frac{1}{2}; \frac{1}{2}\right)$ ein Minimum $z_E = \frac{3}{4}$

587. Aus $f_x(x; y) = 0$; $f_y(x; y) = 0$ folgt $x = y$ und damit $\cos x = -\frac{1}{4} \pm \frac{3}{4}$

Maximum $z_E = \frac{3}{2}\sqrt{3}$ bei $x_E = y_E = \frac{\pi}{3}$

588. $f(x; y) = xy(1 - x - y)$; $x_E = y_E = \frac{1}{3}$, d. h., die Strecke ist in 3 gleiche Teile zu teilen.

589. Mit der HESSEschen Normalform erhält man

$$f(x; y) = a_1^2 + a_2^2 + a_3^2 = \left(\frac{y - x - 2}{\sqrt{2}}\right)^2 + \left(\frac{y + x - 3}{\sqrt{2}}\right)^2 + (x - 6)^2$$

Die gesuchten Koordinaten lauten $x = \frac{13}{4}$; $y = \frac{5}{2}$

590. Sind K_1, K_2, K_3 die Kanten, dann ist

$$A_O = 2(K_1K_2 + K_1K_3 + K_2K_3) = f(K_1; K_2; K_3)$$

Es folgt $K_1 = K_2 = K_3 = \sqrt[3]{V}$, der Quader ist ein Würfel.

591. $U = 2\,\frac{h}{\sin\alpha} + \frac{A}{h} - h\cot\alpha = f(h; \alpha)$

Minimum bei $\alpha = \frac{\pi}{3}$, $h = \sqrt{\frac{A}{3}\sqrt{3}}$

592. Minimum $z_{E1} = \frac{9}{8}$ bei $x_{E1} = \frac{9}{10}$, $y_{E1} = \frac{6}{5}$

Maximum $z_{E2} = \frac{39}{8}$ bei $x_{E2} = -\frac{9}{10}$, $y_{E2} = -\frac{6}{5}$ (Bild 395)

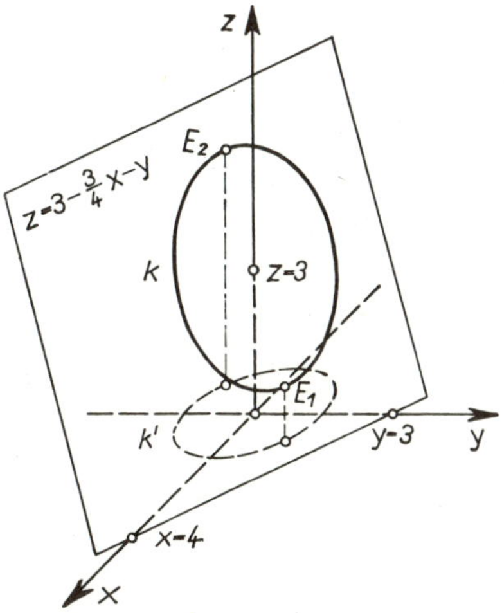

Bild 395

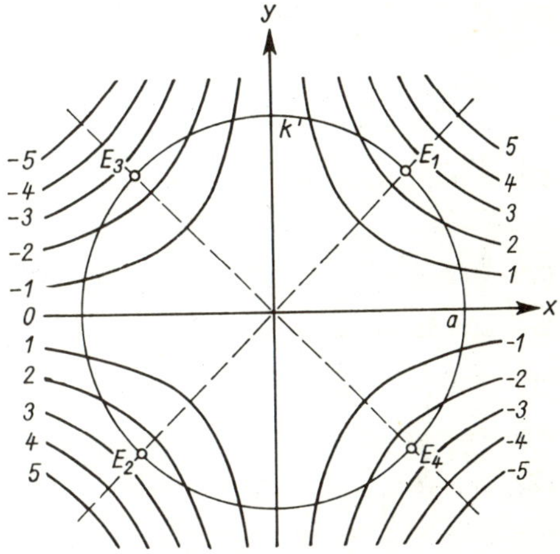

Bild 396

593. Maximum $z_{E1} = \frac{a^2}{2}$ bei $x_{E1} = \frac{a}{2}\sqrt{2}$, $y_{E1} = \frac{a}{2}\sqrt{2}$

Maximum $z_{E2} = \frac{a^2}{2}$ bei $x_{E2} = -\frac{a}{2}\sqrt{2}$, $y_{E2} = -\frac{a}{2}\sqrt{2}$

Minimum $z_{E3} = -\frac{a^2}{2}$ bei $x_{E3} = -\frac{a}{2}\sqrt{2}$, $y_{E3} = \frac{a}{2}\sqrt{2}$

Minimum $z_{E4} = -\frac{a^2}{2}$ bei $x_{E4} = \frac{a}{2}\sqrt{2}$, $y_{E4} = -\frac{a}{2}\sqrt{2}$ (Bild 396)

594. Minimum $z_E = 2$ bei $x_E = y_E = 2$

595. Minimum $z_E = 36$ bei $x_E = 18$; $y_E = 27$

596. Minimum $z_E = 1$ bei $x_E = y_E = 1$

597. $x_E = y_E = z_E = \frac{2}{3} s$

598. $f(x; y) = \sqrt{x^2 + (1 - y)^2}$,

$\varphi(x; y) = x^2 - y^2 - 1 = 0$

$x_{E1} = \frac{1}{2}\sqrt{5}$, $y_{E1} = \frac{1}{2}$

$x_{E2} = -\frac{1}{2}\sqrt{5}$, $y_{E2} = \frac{1}{2}$

599. $d^2 = f(x; y) = x^2 + y^2$,

$\varphi(x; y) = 5x^2 - 8xy + 5y^2 - 9 = 0$

Maximum bei $x_{E1} = y_{E1} = \frac{3}{\sqrt{2}}$, d. h. $a = 3$

Minimum bei $x_{E2} = -y_{E2} = \frac{1}{\sqrt{2}}$, d. h. $b = 1$

600. $A = f(\alpha_1; \alpha_2; \ldots; \alpha_5) = \frac{1}{2} r^2 (\sin\alpha_1 + \sin\alpha_2 + \cdots + \sin\alpha_5)$

$\varphi(\alpha_1; \ldots; \alpha_5) = \alpha_1 + \alpha_2 + \cdots + \alpha_5 - 2\pi = 0$ (Bild 397)

$\alpha_1 = \alpha_2 = \cdots = \alpha_5$ Das Fünfeck ist regelmäßig.

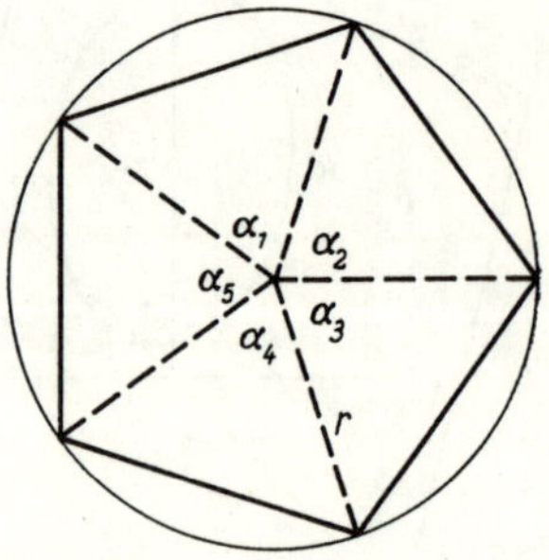

Bild 397

601. $U = f(r; b) = 2r + b$

$\varphi(r; b) = \frac{1}{2} rb - A = 0 \quad r_E = \sqrt{A} \quad b_E = 2\sqrt{A}$

602. $f(r; h) = \pi r^2 h$

$\varphi(r; h) = 2\pi rh + 2\pi r^2 - A_O = 0$

$r_E = \sqrt{\frac{A_O}{6\pi}}; \quad h_E = \sqrt{\frac{2A_O}{3\pi}}$

603. $f(x; y; z) = xyz$

$\varphi(x; y; z) = x + y + z - a = 0$

$x_E = y_E = z_E = \frac{a}{3}$

604. $A = 4 \int\limits_{x=0}^{a} \int\limits_{y=0}^{\frac{b}{a}\sqrt{a^2-x^2}} \mathrm{d}x\, \mathrm{d}y = \pi ab$

605. Polarkoordinaten: $r = \sqrt{2 \sin\varphi \cos\varphi}$; $A = 2 \int\limits_{\varphi=0}^{\frac{\pi}{2}} \int\limits_{r=0}^{\sqrt{2\sin\varphi\cos\varphi}} r\, \mathrm{d}r\, \mathrm{d}\varphi = 1$

606. $A = \int\limits_{x=0}^{1} \int\limits_{y=\mathrm{e}x^2}^{\mathrm{e}^x} \mathrm{d}y\, \mathrm{d}x = \frac{2}{3}\mathrm{e} - 1$

607. $A = 2 \int\limits_{\varphi=0}^{\frac{\pi}{2}} \int\limits_{r=0}^{\sin\varphi\cos\varphi} r\, \mathrm{d}r\, \mathrm{d}\varphi = \frac{\pi}{16}$

608. $V = 8 \int\limits_{x=0}^{R} \int\limits_{y=0}^{\sqrt{R^2-x^2}} \int\limits_{z=0}^{\sqrt{R^2-x^2-y^2}} \mathrm{d}z\, \mathrm{d}y\, \mathrm{d}x = \frac{4\pi}{3} R^3$; $V = 8 \int\limits_{\varphi=0}^{\frac{\pi}{2}} \int\limits_{r=0}^{R} \int\limits_{z=0}^{\sqrt{R^2-r^2}} r\, \mathrm{d}z\, \mathrm{d}r\, \mathrm{d}\varphi = \frac{4\pi}{3} R^3$

609. $V = 4 \int\limits_{x=0}^{R} \int\limits_{y=0}^{\sqrt{R^2-x^2}} \int\limits_{z=\frac{H}{R}\sqrt{x^2+y^2}}^{H} \mathrm{d}z\, \mathrm{d}y\, \mathrm{d}x = \frac{1}{3}\pi R^2 H$; $V = \int\limits_{\varphi=0}^{2\pi} \int\limits_{r=0}^{R} \int\limits_{z=\frac{H}{R}\cdot r}^{H} r\, \mathrm{d}z\, \mathrm{d}r\, \mathrm{d}\varphi = \frac{1}{3}\pi R^2 H$

610. $V = 2\int\limits_{\varphi=0}^{2\pi}\int\limits_{x=0}^{a}\int\limits_{r=0}^{\frac{b}{a}\sqrt{a^2-x^2}} r\,\mathrm{d}r\,\mathrm{d}x\,\mathrm{d}\varphi = \frac{4}{3}ab^2\pi$

611. $V = 2\int\limits_{\varphi=0}^{2\pi}\int\limits_{r=0}^{\frac{R}{2}}\int\limits_{z=0}^{\sqrt{R^2-r^2}} r\,\mathrm{d}z\,\mathrm{d}r\,\mathrm{d}\varphi = \frac{4\pi}{3}R^3\left(1-\frac{3}{8}\sqrt{3}\right)$

612. $V = \int\limits_{\varphi=0}^{2\pi}\int\limits_{r=0}^{\frac{R}{\sqrt{5}}}\int\limits_{z=2r}^{\sqrt{R^2-r^2}} r\,\mathrm{d}z\,\mathrm{d}r\,\mathrm{d}\varphi = \frac{2\pi R^3}{3}\left(1-\frac{2}{5}\sqrt{5}\right)$

613. $V = \int\limits_{\varphi=0}^{2\pi}\int\limits_{\vartheta=0}^{\pi}\int\limits_{\varrho=0}^{R} \varrho^2\sin\vartheta\,\mathrm{d}\varrho\,\mathrm{d}\vartheta\,\mathrm{d}\varphi = \frac{4\pi}{3}R^3$

614. $I_{\mathrm{p}1} = 2\pi R^3;\ I_{\mathrm{p}2} = 4\pi R^3$

615. $I_{\mathrm{p}} = \frac{\sqrt{2}}{3}(\mathrm{e}^{6\pi}-1)$

616. $x_S = 0;\ \ y_S = \frac{2R}{\pi}$

617. $x_S = -\frac{8}{5};\ y_S = 0$

618. $x_S = \frac{2(\pi^2-6)}{\pi^2}R;\ y_S = \frac{6}{\pi}R$

619. $I_p = 2\int\limits_{\varphi=0}^{\pi}\int\limits_{r=0}^{1+\cos\varphi} r^3\,\mathrm{d}r\,\mathrm{d}\varphi = \frac{35\pi}{16}$

620. $A = 2\int\limits_{x=0}^{a}\int\limits_{y=0}^{\frac{b}{a}\sqrt{a^2-x^2}} \mathrm{d}y\,\mathrm{d}x = \frac{1}{2}\pi ab;\ x_S = \frac{4a}{3\pi};\ y_S = 0$

621. $I_a = \frac{ab^3}{12}$

622. $I_{pM} = \frac{1}{2}\pi R^4;\ I_{pU} = \frac{3}{4}\pi R^4$

623. $I_p = \int\limits_{x=0}^{a}\int\limits_{y=0}^{(a-x)} (x^2+y^2)\,\mathrm{d}y\,\mathrm{d}x = \frac{a^4}{6} = \frac{c^4}{24}$

624. $I_A = \frac{1}{2}\pi R^4h;\ I_M = \frac{3}{2}\pi R^4h$

625. $I = \int\limits_{x=0}^{\pi}\int\limits_{\varphi=0}^{2\pi}\int\limits_{r=0}^{\sin\varphi} r^3\,\mathrm{d}r\,\mathrm{d}\varphi\,\mathrm{d}x = \frac{3}{16}\pi^2$

626. $I = 2\int\limits_{x=0}^{a}\int\limits_{\varphi=0}^{2\pi}\int\limits_{r=0}^{\frac{\mathrm{e}^x+\mathrm{e}^{-x}}{2}} r^3\,\mathrm{d}r\,\mathrm{d}\varphi\,\mathrm{d}x = \frac{\pi}{16}\left[\frac{1}{4}(\mathrm{e}^{4a}-\mathrm{e}^{-4a}) + \frac{3}{2}(\mathrm{e}^{2a}-\mathrm{e}^{-2a}) + 6a\right]$

627. $I_p = \int\limits_{\varphi=0}^{2\pi} \int\limits_{r=0}^{\sqrt{h}} \int\limits_{z=0}^{h} (r^2 + z^2) r \, dz \, dr \, d\varphi = \frac{\pi h^3}{6}(3 + 2h)$

628. $z_S = \frac{2}{3} h$

629. $\int\limits_{\frac{\pi}{2}}^{\pi} \mathfrak{F} \cdot d\mathfrak{x} = -\left(\frac{1}{3} + \sqrt{3}\right)$

630. Parabelbogen $A(0; 1; 0)$, $B(1; 0; 0)$, $C\left(\frac{1}{2}; \frac{1}{2}; -\frac{\pi^2}{16}\right)$; $L = \int\limits_{0}^{\frac{\pi}{2}} \mathfrak{F} \, d\mathfrak{x} = \frac{1}{3}$

631. $W = \int\limits_{0}^{\frac{\pi}{2}} \mathfrak{F} \, d\mathfrak{x} = 1$; Kurve klettert längs des parabolischen Zylinders $y = x^2 - 1$ von $A(\sqrt{2}; 1; 0)$ bis $B(0; -1; 1)$

632. $\frac{\partial f_1}{\partial y} = \frac{\partial f_2}{\partial x} = \left(\frac{-yx}{\sqrt{x^2 + x^{2^3}}} + 1\right)$

$W = \sqrt{x^2 + y^2} + xy$; $W_{P1P2} = 17$; $\int\limits_{0}^{3} \left(\frac{5}{3} + \frac{8x}{3}\right) dx = 17$

633. $\int\limits_{\mathrm{I}}^{\mathrm{II'}} \frac{mRT_1}{V} \, dV + \int\limits_{\mathrm{II'}}^{\mathrm{II}} mc_v \, dT = mRT_1 \ln \frac{V_2}{V_1} + mc_v(T_2 - T_1)$

$\int\limits_{\mathrm{I}}^{\mathrm{II'}} mc_v \, dT + \int\limits_{\mathrm{II'}}^{\mathrm{II}} \frac{mRT_2}{V} \, dV = mc_v(T_2 - T_1) + mRT_2 \ln \frac{V_2}{V_1}$

634. Das allgemeine Glied der Reihe ist $u_n = \frac{1}{3^n + 1}$. Die konvergente geometrische Reihe mit dem allg. Glied $u_n = \frac{1}{3^n}$ ist Majorante, deshalb ist die vorgelegte Reihe konvergent.

635. Diese Reihe ist bestimmt divergent, da die Divergenz der harmonischen Reihe als Vergleichsreihe bewiesen wurde.

636. Da $\lim\limits_{n \to \infty} \left|\frac{u_{n+1}}{u_n}\right| = 0$, ist die Reihe konvergent. Ihr Summenwert ist $s = 13{,}591$.

637. Da $\lim\limits_{n \to \infty} \left|\frac{u_{n+1}}{u_n}\right| = 0$, liegt Konvergenz vor.

638. Konvergent

639. Konvergent

640. Das Quotientenkriterium führt hier nicht eindeutig zum Ziel. Mit dem allg. Glied $u_n = \frac{2 + (-1)^n}{2^{n-1}}$ wird mit Hilfe des Wurzelkriteriums

$$\lim_{n\to\infty} \sqrt[n]{|u_n|} = \lim_{n\to\infty} \sqrt[n]{\frac{2+(-1)^n}{2^{n-1}}} = \lim_{n\to\infty} \frac{\sqrt[n]{2+(-1)^n}}{2^{1-\frac{1}{n}}} = \frac{1}{2} < 1,$$

somit ist die Reihe konvergent.

641. $\lim\limits_{n\to\infty} \sqrt[n]{|u_n|} = \lim\limits_{n\to\infty} \sqrt[n]{\frac{n}{e^n}} = \lim\limits_{n\to\infty} \frac{\sqrt[n]{n}}{e} = \frac{1}{e} < 1$, da der Grenzwert $\lim\limits_{n\to\infty} \sqrt[n]{n} = 1$ ist (Regel von DE L'HOSPITAL). Also liegt Konvergenz vor.

642. $r = \lim\limits_{n\to\infty} \left|\frac{a_n}{a_{n+1}}\right| = \lim\limits_{n\to\infty} \frac{2^{n+1}}{2^n} = 2$. Konvergenz für $-2 < x < 2$.

643. $r = \lim\limits_{n\to\infty} \sqrt{1 + \frac{1}{n}} = 1$, also konvergent für $-1 \leqq x < 1$.

644. Konvergiert für $-1 \leqq x < 1$.

645. $r = \lim\limits_{n\to\infty} \left|\frac{a}{a_{n+1}}\right| = \infty$, konvergiert für $-\infty < x < +\infty$.

646. $f(x+h) = x^5 + 6x^3 - 9x + 10 + (5x^4 + 18x^2 - 9) \cdot h + (10x^3 + 18x) \cdot h^2 +$
$+ (10x^2 + 6) \cdot h^3 + 5xh^4 + h^5$.

647. $f(2+x) = -\frac{4}{5} + \frac{12}{25}x - \frac{36}{125}x^2 + \frac{54}{625}x^3 - + \cdots$.

648. Bild 398

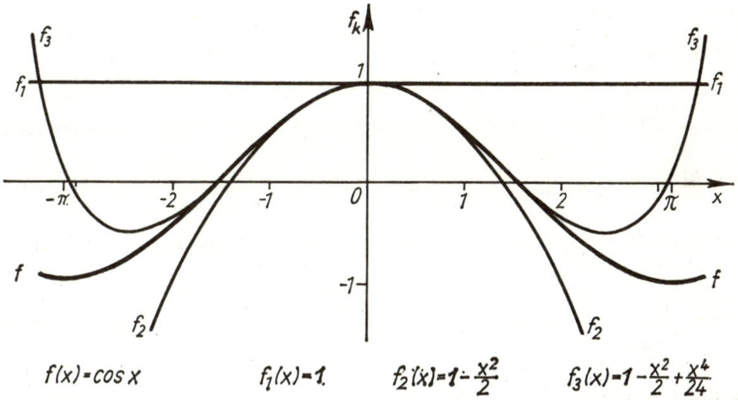

Bild 398

649. Man kann schreiben $a^x = e^{x \ln a} = e^z$, $z = x \ln a$. Da aber die Reihe für e^z beständig konvergent ist, so ist es auch die Reihe für a^x.

650. $\sinh x = x + \frac{x^3}{3!} + \frac{x^5}{5!} + \frac{x^7}{7!} + \ldots$, ist beständig konvergent. Wird für den Kreissinus ein

imaginäres Argument genommen, so lautet dann die Reihe

$$\sin jx = jx - \frac{j^3x^3}{3!} + \frac{j^5x^5}{5!} - \frac{j^7x^7}{7!} + - \cdots =$$

$$= j \cdot \left(x + \frac{x^3}{3!} + \frac{x^5}{5!} + \frac{x^7}{7!} + \cdots\right).$$

$\sin jx = j \sinh x$ (Bild 399)

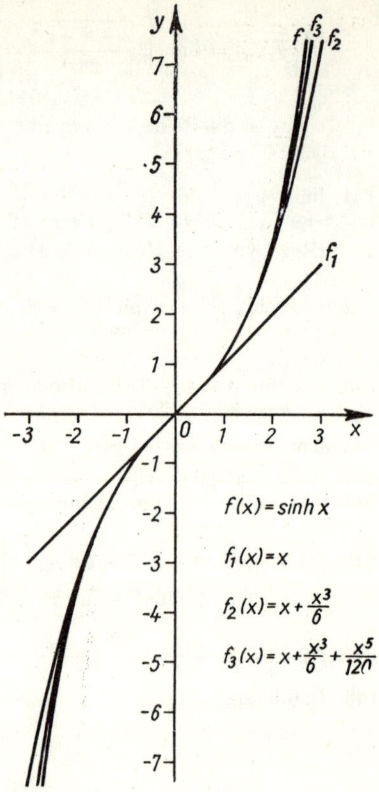

Bild 399

651. $\sin\left(x + \frac{\pi}{3}\right) \approx \frac{1}{2}\left(\sqrt{3} + x - \frac{\sqrt{3}}{2}x^2 - \frac{1}{6}x^3 + \right.$

$$\left. + \frac{\sqrt{3}}{24}x^4 + - \cdots\right)$$

652. a) $e^{-\frac{1}{3}x} = 1 - \frac{1}{3}x + \frac{1}{18}x^2 - \frac{1}{162}x^3 +$

$$+ \frac{1}{1944}x^4 - + \cdots$$

b) $a_n = \frac{1}{(-3)^n} \cdot \frac{x^n}{n!}$

653. $\arctan\frac{1}{\sqrt{3}} = \frac{\pi}{6}\,\text{rad} = \frac{1}{\sqrt{3}}\left(1 - \frac{1}{9} + \frac{1}{45} - \right.$

$$\left. - \frac{1}{189} + \frac{1}{729} - + \cdots\right)$$

654. $\arcsin x = x + \frac{1}{2}\cdot\frac{x^3}{3} + \frac{1\cdot 3}{2\cdot 4}\cdot\frac{x^5}{5} +$

$$+ \frac{1\cdot 3\cdot 5}{2\cdot 4\cdot 6}\cdot\frac{x^7}{7} + \frac{1\cdot 3\cdot 5\cdot 7}{2\cdot 4\cdot 6\cdot 8}\cdot\frac{x^9}{9} + \cdots \quad |x| \leqq 1$$

Sonderfall $x = 1$: $\frac{\pi}{2} = 1 + \frac{1}{6} + \frac{3}{40} + \frac{5}{112} + \frac{35}{1152} + \cdots$

655. Die Multiplikation der beiden Klammern ergibt, nach Potenzen von λ geordnet

$$1 + \lambda^2\left(1 - \frac{1}{3}\right) - \lambda^4\left(\frac{1}{3} - \frac{1}{5}\right) + \lambda^6\left(\frac{1}{5} - \frac{1}{7}\right) - + \cdots$$

$$|u_n| = \lambda^{2n}\left(\frac{1}{2n-1} - \frac{1}{2n+1}\right) = \lambda^{2n}\frac{2}{(2n-1)(2n+1)}$$

$$|u_{n+1}| = \lambda^{2n+2}\frac{2}{(2n+1)(2n+3)}$$

$$\lim_{n\to\infty}\left|\frac{u_{n+1}}{u_n}\right| = \lim_{n\to\infty}\lambda^2\cdot\frac{2n-1}{2n+3} = \lim_{n\to\infty}\lambda^2\cdot\frac{2-\frac{1}{n}}{2+\frac{3}{n}},$$

d. h., die Reihe ist konvergent für alle $\lambda < 1$.

656. $$\frac{1}{\sqrt[3]{(7-4x)^2}} = \frac{1}{\sqrt[3]{49}}\left(1 + \frac{8}{21}x + \frac{80}{441}x^2 + \frac{2560}{27783}x^3 + \frac{28160}{583442}x^4 + \cdots\right) =$$

$$= 0{,}2733 + 0{,}1041x + 0{,}0495x^2 + 0{,}0251x^3 + 0{,}0132x^4 + \cdots \quad |x| < \frac{7}{4}$$

657. $\sqrt{9350} = 21{,}0671$

658. $$\int_0^x \sqrt{10-x^4}\,dx = \sqrt{10}\left(x - \frac{1}{100}x^5 - \frac{1}{7200}x^9 - \frac{1}{208000}x^{13} - \frac{1}{4352000}x^{17} - \cdots\right),$$

$\left(|x| < \sqrt[4]{10}\right)$,

$$\int_0^{1,100} \sqrt{10-x^4}\,dx = \sqrt{10}\cdot 1{,}08355 \approx 3{,}4265$$

659. $$\int_0^{0,350} \sqrt{3-x^2}\,\sqrt{5-x}\,dx = \sqrt{15}\left[x - \frac{1}{20}x^2 - \frac{103}{1800}x^3 + \frac{97}{24000}x^4 - \right.$$

$$\left. - \frac{1889}{720000}x^5 + \frac{10537}{43200000}x^6 - + \cdots\right]_0^{0,350} =$$

$$= \sqrt{15}\cdot 0{,}34148 \approx 1{,}324 \qquad \left(|x| < \sqrt{3}\right)$$

660. $$\int_0^{\frac{1}{3}} e^{-x^2}\sin 2x\,dx = \left[x^2 - \frac{5}{6}x^4 + \frac{13}{30}x^6 - \frac{407}{2520}x^8 + \frac{5281}{113400}x^{10} - + \cdots\right]_0^{\frac{1}{3}} \approx 0{,}1014$$

661. $$\int_0^{\frac{2}{3}} e^{-x}\cos x\,dx = \left[x - \frac{1}{2}x^2 + \frac{1}{12}x^4 - \frac{1}{30}x^5 + \frac{1}{180}x^6 - \frac{1}{5040}x^8 + \right.$$

$$\left. + \frac{1}{22680}x^9 - + \cdots\right]_0^{\frac{2}{3}} \approx 0{,}457$$

662. $$\int_0^{\frac{1}{2}} \sin x\sqrt{1+x^2}\,dx = \left[\frac{1}{2}x^2 + \frac{1}{12}x^4 - \frac{1}{30}x^6 + \frac{11}{1008}x^8 - + \cdots\right]_0^{\frac{1}{2}} \approx 0{,}1297$$

663. $$\int_0^1 \frac{\sin x}{x}\,dx = 0{,}946$$

664. $$\int_1^2 \frac{\cos x}{x}\,dx = \left[\ln x - \frac{x^2}{2\cdot 2!} + \frac{x^4}{4\cdot 4!} - \frac{x^6}{6\cdot 6!} + \frac{x^8}{8\cdot 8!} - + \cdots\right]_1^2 \approx 0{,}0855$$

665. $$\int_0^{\frac{\pi}{2}} \frac{dx}{\sqrt{1-k^2\sin^2 x}} = \frac{\pi}{2}\left[1+\frac{1}{4}k^2+\left(\frac{1\cdot 3}{2\cdot 4}\right)^2 k^4+\left(\frac{1\cdot 3\cdot 5}{2\cdot 4\cdot 6}\right)^2 k^6+\left(\frac{1\cdot 3\cdot 5\cdot 7}{2\cdot 4\cdot 6\cdot 8}\right)^2 k^8+\cdots\right]=$$
$$= \frac{\pi}{2}\left[1+\frac{1}{4}k^2+\frac{9}{64}k^4+\frac{25}{256}k^6+\frac{1225}{16384}k^8+\cdots\right]$$

$$\int_0^{\frac{\pi}{2}} \frac{dx}{\sqrt{1-\frac{1}{4}\sin^2 x}} \approx 1{,}0727\,\frac{\pi}{2} \approx 1{,}685$$

666. a) $\Delta z_1 = z_1 - \pi \approx 1{,}3\cdot 10^{-3}$ b) $\Delta U_1 \approx 1{,}3$ cm

$\Delta z_2 = z_2 - \pi \approx 2{,}7\cdot 10^{-7}$ $\Delta U_2 \approx 0{,}00027$ cm

667. $A = \frac{d^2}{4}\pi = 0{,}0805, \quad \frac{\Delta A}{A} = \frac{2\Delta d}{d} = \pm 2{,}8\%$

668. $\Delta V = \pm(bc\,|\Delta a| + ac\,|\Delta b| + ab\,|\Delta c|) = \pm 68\ \text{cm}^3$

669. $f = \frac{ab}{a+b} = 16{,}35$ cm

$$\Delta f_{\max} = \pm\frac{|b^2\Delta a| + |a^2\Delta b|}{(a+b)^2} = \pm 0{,}05\ \text{cm}$$

670. $\alpha = \arcsin\frac{a}{c}$

$$\Delta\alpha_{\max} = \pm\left(\left|\frac{\Delta a}{\sqrt{c^2-a^2}}\right| + \left|\frac{-a\Delta c}{c\sqrt{c^2-a^2}}\right|\right) = \pm\ 0{,}00038 = \pm\ 1{,}3'$$

671. $$\Delta R_x = \pm\left(\left|\frac{x}{1000-x}\Delta R\right| + \left|\frac{1000\,R}{(1000-x)^2}\Delta x\right|\right) = \pm\ 8{,}7\ \Omega$$

672. $$I = \frac{U}{R_1+R_2+R_3} = \frac{U}{R} = 0{,}5\ \text{A}$$

$$\frac{\Delta I_{\max}}{I} = \pm\left(\left|\frac{\Delta U}{U}\right| + \frac{1}{R}(|\Delta R_1| + |\Delta R_2| + |\Delta R_3|)\right) = \pm 0{,}02$$

673. $$R = \frac{R_1R_2}{R_1+R_2} = 77{,}8\ \Omega$$

$$\frac{\Delta R_{\max}}{R} = \pm\left(\left|\frac{R\Delta R_1}{R_1^2}\right| + \left|\frac{R\Delta R_2}{R_2^2}\right|\right) = \pm 0{,}9\%$$

674. $\Delta y = \cot\alpha\,\lg e\,\Delta\alpha = \pm 6\cdot 10^{-4}$

675. $E = 21\,100\ \text{kp mm}^{-2}$

$$\frac{\Delta E_{\max}}{E} = \pm\left(\left|\frac{\Delta F}{F}\right| + \left|\frac{\Delta l}{l}\right| + \left|\frac{2\Delta d}{d}\right| + \left|\frac{\Delta\delta}{\delta}\right|\right) = \pm 0{,}016$$

$\Delta E_{\max} = \pm 340\ \text{kp mm}^{-2}$

676. $\Delta V = \pm 2{,}7\ \text{cm}^3 = \pm(|2r_1\pi h\,\Delta r_1| + |2r_2\pi h\,\Delta r_2| + |(r_1^2 - r_2^2)\,\pi\Delta h|)$

$\Delta r_1 = \pm 0{,}0012\ \text{cm},\quad \Delta r_2 = \pm 0{,}0015\ \text{cm},\quad \Delta h = \pm 0{,}008\ \text{cm}$

677. $\dfrac{\Delta n_{\max}}{n} = \pm 0{,}001 = \pm(|\cot\alpha\,\Delta\alpha| + |\cot\beta\,\Delta\beta|)$

$\Delta\alpha = \pm 1' \qquad \Delta\beta = \pm 0{,}6'$

678. a) $\dfrac{\Delta a_{\max}}{a} = \pm\left(\left|\dfrac{\Delta b}{b}\right| + |\cot\alpha\cdot\Delta\alpha| + |\cot\beta\cdot\Delta\beta|\right)$

b) $\Delta b = \pm 0{,}02\ \text{m};\quad \Delta\alpha = \pm 0{,}6';\quad \Delta\beta = \pm 0{,}3'$

679. $d = 34{,}115\ \text{mm};\quad m = \pm 0{,}042\ \text{mm};\quad m_d = \pm 0{,}015\ \text{mm}$

$V = (20790 \pm 30)\ \text{mm}^3$

680. $b = \sqrt{c^2 - a^2} = 33{,}36\ \text{m}$

$$m_b = \pm\sqrt{\left(\frac{c}{b}\,m_c\right)^2 + \left(\frac{a}{b}\,m_a\right)^2} = \pm 0{,}03\ \text{m}$$

681. $m_c = \pm 0{,}11\ \text{m}$

682. $n = \dfrac{m^2}{m_{\Delta t}^2} = \dfrac{0{,}02}{0{,}0009} \approx 23$

683. $m_A = \pm\sqrt{\left(\dfrac{c}{2}\,m_c\right)^2 + \left(\dfrac{h}{2}\,m_h\right)^2} = \pm 0{,}21\ \text{cm}^2$

684. $r = \dfrac{s^2}{8p} + \dfrac{p}{2} \approx \dfrac{s^2}{8p} \approx 590\ \text{m}$

$$m_r = \pm\sqrt{\left(\frac{s}{4p}\,m_s\right)^2 + \left(\frac{-s^2}{8p^2}\,m_p\right)^2} = \pm\sqrt{0{,}4 + 48}\ \text{m} = \pm 7\ \text{m}$$

Der Fehler der Sehne hat also kaum Einfluß auf m_r.

685. $s = \dfrac{b}{2}\cot\dfrac{\gamma_1}{2}\cot\gamma_2 = 333{,}15\ \text{m}$

$$m_s = \pm\sqrt{\left(\frac{-b\cot\gamma_2}{4\sin^2\frac{\gamma_1}{2}}\cdot\Delta\gamma_1\right)^2 + \left(\frac{-b\cot\frac{\gamma_1}{2}}{2\sin^2\gamma_2}\cdot\Delta\gamma_2\right)^2}$$

$$\frac{m_s}{s} = \pm\sqrt{\left(\frac{1}{\sin\gamma_1}\right)^2 + \left(\frac{2}{\sin 2\gamma_2}\right)^2}\cdot\Delta\gamma_1 = \pm 0{,}00095 \approx \pm 1\cdot 10^{-3}$$

686. $m_\alpha = m_\beta = \dfrac{m_\gamma}{\sqrt{2}} = \pm 1{,}5'$

687. $m_h^2 = (\tan\alpha \cdot m_e)^2 + \left(\dfrac{e}{\cos^2\alpha} \cdot m_\alpha\right)^2$

$m_e = \pm 2\ \text{dm} \qquad m_\alpha = \pm 0{,}8'$

688. $f = (9{,}839 \pm 0{,}023)\ \text{cm}$

689. $x = l_i + v_i, \quad l_i$ hat das Gewicht p_i

$$[pvv] = \sum_{i=1}^{n} p_i (x - l_i)^2$$

$$\frac{\mathrm{d}[pvv]}{\mathrm{d}x} = \sum_{i=1}^{n} 2 p_i (x - l_i) = 0 \qquad \sum_{i=1}^{n} p_i x - \sum_{i=1}^{n} p_i l_i = 0$$

$$x = \frac{\sum\limits_{i=1}^{n} p_i l_i}{\sum\limits_{i=1}^{n} p_i} = \frac{[pl]}{[p]}$$

690. $x = 245{,}0; \quad m_0 = \pm 1{,}8; \quad m_1 = \pm 0{,}8; \quad m_2 = \pm 0{,}6; \quad m_3 = \pm 0{,}9$

$m_4 = \pm 0{,}5; \quad m_x = \pm\ 0{,}3$

691. $g = (981{,}2 \pm 0{,}8)\ \text{cm} \cdot \text{s}^{-2}$

692. $a = R_0 \beta = 0{,}0056\ \dfrac{\Omega}{°\text{C}} \qquad b = R_0 = 1{,}54\ \Omega$

$\beta = \dfrac{a}{R_0} = 0{,}0037\ \dfrac{1}{°\text{C}}$

$m = \pm 0{,}08\ \Omega; \quad m_a = \pm 0{,}0013\ \dfrac{\Omega}{°\text{C}};$

$m_b = \pm 0{,}08\ \Omega; \quad m_\beta = \pm 0{,}0009\ \dfrac{1}{°\text{C}}$

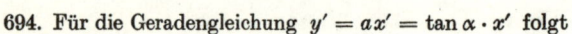

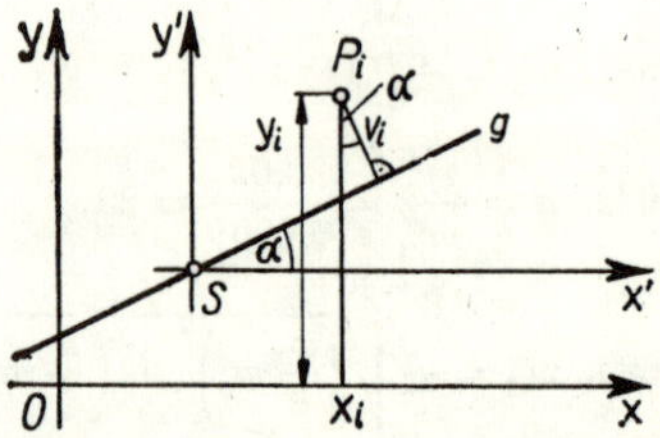

Bild 400

694. Für die Geradengleichung $y' = ax' = \tan\alpha \cdot x'$ folgt

$v_i = (a x_i' - y_i') \cos\alpha = x_i' \sin\alpha - y_i' \cos\alpha$ (Bild 400)

$[vv] = [x'x'] \sin^2\alpha - 2[x'y'] \sin\alpha \cos\alpha + [y'y'] \cos^2\alpha$

$\dfrac{\partial [vv]}{\partial \alpha} = [x'x'] \sin 2\alpha - 2[x'y'] \cos 2\alpha - [y'y'] \sin 2\alpha = 0 \quad \tan 2\alpha = \dfrac{2[x'y']}{[x'x'] - [y'y']}$

695. $\alpha = 152°34'$

697. $y = -0{,}10 x^2 + 1{,}68 x - 1{,}60$ (s. Bild 293)

698. $y = 0{,}01 x^2 - 0{,}24 x + 0{,}26$

699. $w_1 = h_1 + h_2 + h_3 = -9\ \text{mm}$

$w_2 = -h_2 + h_4 + h_5 = -10\ \text{mm}$

$w_3 = h_1 + h_4 - (H_B - H_A) = -7\ \text{mm}$

$F = \sum\limits_{i=1}^{5} v_i^2 + \lambda_1 (v_1 + v_2 + v_3 - 9) + \lambda_2 (-v_2 + v_3 + v_5 - 10) + \lambda_3 (v_1 + v_4 - 7)$

$v_1 = 3{,}4\ \text{mm}; \quad v_2 = -0{,}2\ \text{mm}; \quad v_3 = 5{,}9\ \text{mm}; \quad v_4 = 3{,}6\ \text{mm}; \quad v_5 = 6{,}1\ \text{mm}$

$h_1 + v_1 = 8{,}056\ \text{m}, \quad h_2 + v_2 = -2{,}410\ \text{m}, \quad h_3 + v_3 = -5{,}646\ \text{m},$

$h_4 + v_4 = 6{,}496\ \text{m}, \quad h_5 + v_5 = -8{,}906\ \text{m}$
$H_1 = 161{,}681\ \text{m}; \quad H_2 = 159{,}271\ \text{m}$

700. $y'^2 - 4xy' + 4y = 0$

701. $y'''(1 + y'^2) - 3y''^2 y' = 0$

702. $xy' + y = 0$

703. $y^2(1 + y'^2) = r^2$

704. $5y'''^2 - 3y''y^{(4)} = 0$

705. $xy^2 = C$

706. $y' = \dfrac{y}{2x}; \quad y^2 = 2Cx$

707. vgl. 23.4., Beisp. 1: $y = \dfrac{1}{2}\left(x + \dfrac{1}{x}\right)$

708. $y = K\left(1 - e^{-\frac{t}{T}}\right); \quad y|_{t\to\infty} = K; \quad y|_{t=T} = 0{,}632K; \quad t_{95\%} = T \ln 20 \approx 3{,}00T;$
$t_{99\%} = T \ln 100 \approx 4{,}61T$

709. $x^2 - y^2 = C$

710. $y = Cx$

711. $y = \sqrt{2e^x + C_1}$

712. $y = C(x - a) + b$

713. $y(y^2 - 27) = 2x^3 + \dfrac{21}{2}x^2 - 12x + C$

714. $y = \left(1 + Ce^{\frac{x^2}{4}}\right)^2$

715. $y = \dfrac{Cx}{1 + x}$

716. $\dfrac{y}{a^2\sqrt{a^2 + y^2}} = \dfrac{a^2}{2}\arcsin\dfrac{x}{a} - \dfrac{x}{2}\sqrt{a^2 - x^2} + C$

717. $y = e^{K\tan\frac{x}{2}}, \qquad y_p = 1$

718. $y = \sqrt{2(x\cos x - \sin x) + 127{,}3}$

719. $y = \sqrt[3]{3 + 3x - x^3}$

720. $y = \dfrac{\sqrt{2}}{2}\tan\left[\dfrac{\sqrt{2}}{2}\ln\dfrac{1 + x}{1 - x} + 0{,}295\right]$

721. $y = \dfrac{\sqrt{3}}{2}\tan\left[\dfrac{4}{\sqrt{3}}\ln(2 + 3x) - 12{,}25\right]$

722. $y = \sqrt{\ln\dfrac{x - 20}{x - 8} + 1{,}562}$

723. $y = \sqrt{\dfrac{2}{\sqrt{11}}\arctan\sqrt{11}\,x + 255{,}1}$

724. $y = x - 1 + Ke^{-x}$

725. $y = Ke^x - x - 1$

726. $y = x\tan\left[\ln\sqrt{x^2 + y^2} + C\right];$
in Polarkoordinaten: $r = Ke^{\varphi}$

727. $y = \dfrac{x}{K - \ln x}$

728. $y = x\sqrt{\dfrac{Kx^{\frac{4}{3}} - 1}{2}}$

729. $3x - 9y - 5 + K + 4\ln|6x - 9y - 5| = 0$

730. $x_a = Kc(t - T) + Ce^{-\frac{t}{T}}$

731. $y = 2 + Ke^{\frac{x^2}{2}}$

732. $y = \dfrac{1}{5}e^{3x} + Ce^{-2x}$

733. $y = e^{x^2}(K - x)$

734. $y = \dfrac{\cos x}{2} + \dfrac{C}{\cos x}$

735. $y = \sin x + K\tan x$

736. $y = e^{-\frac{3}{2}x^2}\left(16136 - \dfrac{1}{2}e^{-4x}\right)$

737. $y = \dfrac{1}{4}(1 + 2x + 79e^{2x})$

738. $y = \dfrac{3}{4}x^2 - \dfrac{2}{3}x + 2 - \dfrac{2}{x^2}$

739. $y = \frac{1}{2}(e^{2-x} - e^{x})$

740. $y = A\sin(x + \varphi)$

741. $y = \frac{e^{x}}{2} - C_1 e^{-x} + C_2$

742. $y = A\sin(x + \varphi) + x^2 - 2$

743. $y = \frac{1}{5}e^{3x} + Ce^{-2x}$

744. $y = e^{x}\left(\frac{x}{2} + C_1\right) + C_2 e^{-x}$

745. $y = x + 1{,}29e^{x} - 4{,}08e^{-x}$

746. $y = \frac{x}{500} + \frac{x^2}{100} + \frac{x^3}{30} - \frac{1}{5000}(e^{10x} - 1)$

747. $y = -1{,}60 + 0{,}60x + 1{,}34e^{\sqrt{5}x} + 0{,}264e^{-\sqrt{5}x}$

748. $y = -\frac{7}{3}x + x^2 - 0{,}105e^{-3x} - 0{,}22$

749. $y = 4\cos x - 2\pi\sin x - x^2 - 4$

750. a) $y = \frac{Fl^3}{16EI}\left(\frac{x}{l} - \frac{4x^3}{3l^3}\right)$ b) $y = \frac{Fl^3}{180EI}\left[7\frac{x}{l} - 10\left(\frac{x}{l}\right)^3 + 3\left(\frac{x}{l}\right)^5\right]$

751. $y = C_1 e^{3x} + C_2 e^{4x}$; $y = Ce^{3x} + (2 - C)e^{4x}$

752. $y = e^{-x}(C_1 + C_2 x)$

753. $y = Ae^{-3x}\sin(2x + \varphi)$

754. $y = 3e^{-x} - e^{-4x}$

755. $y = C_1 e^{4x} + C_2 e^{x} + \frac{x}{4} + \frac{5}{16}$

756. $y = C_1 e^{x} + (C_2 - 2x + x^2)e^{2x}$

757. $y = C_1 + \left(C_2 + \frac{x}{9} + \frac{x^2}{3}\right)e^{3x}$

758. $y = C_1 + \left(C_2 + \frac{x}{3}\right)e^{3x} - \frac{x}{9}(3x + 5)$

759. $y = C_1 e^{3x} + C_2 e^{x} + \frac{7}{3}x^2 + \frac{56}{9}x + \frac{209}{27}$

760. $y = e^{-3x} A\sin(4x + \varphi) + \frac{1}{52}e^{3x}$

761. $y = e^{2x}(C_1 + C_2 x) + \frac{3}{25}\sin x + \frac{4}{25}\cos x = e^{2x}(C_1 + C_2 x) + \frac{1}{5}\sin\left(x + \arctan\frac{4}{3}\right)$

762. $y = Ke^{-x}\sin\left(\sqrt{3}x + \varphi\right) - \frac{1}{4}\cos 2x$

763. $y = e^{\frac{x}{2}} A\sin(x + \varphi) + \cos 5x$

764. $y = e^{5x}(C_1 + C_2 x) + e^{x}$

765. $y = e^{-\frac{x}{2}} A\sin\left(\sqrt{\frac{3}{4}}x + \varphi\right) + x^2 + 1$

766. $y = \frac{1}{13}\sin 2x + \frac{5}{13}\cos 2x + C_1 e^{3x} + C_2 e^{2x}$

767. $y = \frac{1}{2} - 0{,}381\, e^{1{,}37x} - 0{,}119e^{-4{,}37x}$

768. $x_a = Kx_e\left\{1 - e^{-\frac{t}{\tau_1}}\left[\frac{\tau_2 + \tau_1}{2\tau_1}e^{\frac{t}{\tau_2}} - \frac{\tau_2 - \tau_1}{2\tau_1}e^{-\frac{t}{\tau_2}}\right]\right\}$; $\tau_1 = \frac{2T_2^2}{T_1}$, $\tau_2 = \frac{2T_2^2}{\sqrt{T_1^2 - 4T_2^2}}$

769. $y = C_1 e^{x} + K\sin(x + \varphi) - \frac{2}{15}\sin 2x + \frac{1}{15}\cos 2x$

770. $y = C_1 + C_2 e^{-x} + C_3 e^{-3x} + \frac{26}{27}x - \frac{4}{9}x^2 + \frac{1}{9}x^3$

771. $y = C_1 e^{x} + C_2 e^{2x} + C_3 e^{3x} + C_4 e^{4x}$

Sachwortverzeichnis

Integraltafel

	$f(x)$	$\int f(x)\,\mathrm{d}x$	Bemerkungen
1. Integrale, die $ax + b$ enthalten			
1.1.	$(ax+b)^n$	$\frac{(ax+b)^{n+1}}{a(n+1)}$	$n \in R \setminus \{-1\}$
		$\frac{1}{a}\ln\lvert ax+b\rvert$	$n = -1$
1.2.	$x(ax+b)^n$	$\frac{(ax+b)^{n+2}}{a^2(n+2)} - \frac{b(ax+b)^{n+1}}{a^2(n+1)}$	$n \in R \setminus \{-1; -2\}$
		$\frac{x}{a} - \frac{b}{a^2}\ln\lvert ax+b\rvert$	$n = -1$
		$\frac{b}{a^2(ax+b)} + \frac{1}{a^2}\ln\lvert ax+b\rvert$	$n = -2$
1.3.	$x^2(ax+b)^n$	$\frac{1}{a^3}\left[\frac{(ax+b)^{n+3}}{n+3} - \frac{2b(ax+b)^{n+2}}{n+2} + \frac{b^2(ax+b)^{n+1}}{n+1}\right]$	$n \in R \setminus \{-1; -2; -3\}$
		$\frac{1}{a^3}\left[\frac{(ax+b)^2}{2} - 2b(ax+b) + b^2\ln\lvert ax+b\rvert\right]$	$n = -1$
		$\frac{1}{a^3}\left[ax+b-2b\ln\lvert ax+b\rvert - \frac{b^2}{ax+b}\right]$	$n = -2$
		$\frac{1}{a^3}\left[\ln\lvert ax+b\rvert + \frac{2b}{ax+b} - \frac{b^2}{2(ax+b)^2}\right]$	$n = -3$
1.4.	$\frac{1}{x(ax+b)}$	$-\frac{1}{b}\ln\left\lvert\frac{ax+b}{x}\right\rvert$	$x \neq 0;\ b \neq 0;\ x \neq -\frac{b}{a}$

	$f(x)$	$\int f(x)\,dx$	Bemerkungen
1.5.	$\frac{1}{x^2(ax+b)}$	$-\frac{1}{bx}+\frac{a}{b^2}\ln\left\|\frac{ax+b}{x}\right\|$	$x \neq 0;\ b \neq 0;\ x \neq -\frac{b}{a}$
1.6.	$\frac{1}{x(ax+b)^2}$	$-\frac{1}{b^2}\cdot\left[\ln\left\|\frac{ax+b}{x}\right\|+\frac{ax}{ax+b}\right]$	$x \neq 0;\ b \neq 0;\ x \neq -\frac{b}{a}$
1.7.	$\frac{1}{x^2(ax+b)^2}$	$-a\cdot\left[\frac{1}{b^2(ax+b)}+\frac{1}{ab^2x}-\frac{2}{b^3}\ln\left\|\frac{ax+b}{x}\right\|\right]$	$x \neq 0;\ x \neq -\frac{b}{a}$; $a \neq 0;\ b \neq 0$

2. Integrale, die ax^2+bx+c enthalten

	$f(x)$	$\int f(x)\,dx$	Bemerkungen
2.1.	$\frac{1}{ax^2+bx+c}$	$\frac{2}{\sqrt{4ac-b^2}}\arctan\frac{2ax+b}{\sqrt{4ac-b^2}}$	$4ac-b^2>0$
		$-\frac{2}{2ax+b}$	$4ac-b^2=0$
		$-\frac{2}{\sqrt{b^2-4ac}}\operatorname{artanh}\frac{2ax+b}{\sqrt{b^2-4ac}}$	$4ac-b^2<0$
2.2.	$\frac{1}{(ax^2+bx+c)^n}$	$\frac{1}{(n-1)(4ac-b^2)}\left[\frac{2ax+b}{(ax^2+bx+c)^{n-1}}+\right.$ $\left.+2a(2n-3)\int\frac{dx}{(ax^2+bx+c)^{n-1}}\right]$	$n \in N \setminus \{1\}$; $4ac-b^2 \neq 0$
2.3.	$\frac{x}{ax^2+bx+c}$	$\frac{1}{2a}\ln\|ax^2+bx+c\|-$ $-\frac{b}{2a}\int\frac{dx}{ax^2+bx+c}$	$4ac-b^2 \neq 0;\ a \neq 0$
2.4.	$\frac{x}{(ax^2+bx+c)^n}$	$-\frac{1}{(n-1)(4ac-b^2)}\left[\frac{bx+2c}{(ax^2+bx+c)^{n-1}}+\right.$ $\left.+b(2n-3)\int\frac{dx}{(ax^2+bx+c)^{n-1}}\right]$	$n \in N \setminus \{1\}$; $4ac-b^2 \neq 0$
2.5.	$\frac{x^2}{ax^2+bx+c}$	$\frac{x}{a}-\frac{b}{2a^2}\ln\|ax^2+bx+c\|+$ $+\frac{b^2-2ac}{2a^2}\int\frac{dx}{ax^2+bx+c}$	

	$f(x)$	$\int f(x)\,\mathrm{d}x$	Bemerkungen
2.6.	$\dfrac{x^2}{(ax^2+bx+c)^n}$	$\dfrac{1}{a(2n-3)}\left[-\dfrac{x}{(ax^2+bx+c)^{n-1}}+ c\displaystyle\int\dfrac{\mathrm{d}x}{(ax^2+bx+c)^n} - b(n-2)\int\dfrac{x\,\mathrm{d}x}{(ax^2+bx+c)^n}\right]$	$n \in N$
2.7.	$\dfrac{1}{x(ax^2+bx+c)}$	$\dfrac{1}{2c}\ln\left\|\dfrac{x^2}{ax^2+bx+c}\right\| - \dfrac{b}{2c}\displaystyle\int\dfrac{\mathrm{d}x}{ax^2+bx+c}$	$c \neq 0$
2.8.	$\dfrac{1}{x(ax^2+bx+c)^n}$	$\dfrac{1}{2c(n-1)(ax^2+bx+c)^{n-1}} - \dfrac{b}{2c}\displaystyle\int\dfrac{\mathrm{d}x}{(ax^2+bx+c)^n} + \dfrac{1}{c}\int\dfrac{\mathrm{d}x}{x(ax^2+bx+c)^{n-1}}$	$c \neq 0$ $n \in N\setminus\{1\}$
2.9.	$\dfrac{1}{x^m(ax^2+bx+c)^n}$	$-\dfrac{1}{c(m-1)}\left[\dfrac{1}{x^{m-1}(ax^2+bx+c)^{n-1}} + (2n+m-3)\,a\displaystyle\int\dfrac{\mathrm{d}x}{x^{m-2}(ax^2+bx+c)^n} + (n+m-2)\,b\int\dfrac{\mathrm{d}x}{x^{m-1}(ax^2+bx+c)^n}\right]$	$c \neq 0$ $m \in N\setminus\{1\}$ $n \in N$

3. Integrale, die $\sqrt{ax^2+bx+c}$ enthalten

3.1.	$\dfrac{1}{\sqrt{ax^2+bx+c}}$	$\dfrac{1}{\sqrt{a}}\operatorname{arsinh}\dfrac{2ax+b}{\sqrt{4ac-b^2}}$	$4ac-b^2>0;\ a>0$
		$\dfrac{1}{\sqrt{a}}\ln\|2ax+b\|$	$4ac-b^2=0;\ a>0$
		$-\dfrac{1}{\sqrt{-a}}\arcsin\dfrac{2ax+b}{\sqrt{b^2-4ac}}$	$4ac-b^2<0;\ a<0$
		$\dfrac{1}{\sqrt{a}}\operatorname{arcosh}\dfrac{2ax+b}{\sqrt{b^2-4ac}}$	$4ac-b^2<0;\ a>0$

	$f(x)$	$\int f(x)\,\mathrm{d}x$	Bemerkungen
3.2.	$\dfrac{1}{\left(\sqrt{ax^2+bx+c}\right)^3}$	$\dfrac{2(2ax+b)}{(4ac-b^2)\sqrt{ax^2+bx+c}}$	$4ac-b^2\neq 0$
3.3.	$\dfrac{1}{\left(\sqrt{ax^2+bx+c}\right)^{2n+1}}$	$\dfrac{2(2ax+b)}{2(n-1)(4ac-b^2)\left(\sqrt{ax^2+bx+c}\right)^{2n-1}}+$	$n\in N\setminus\{0;1\}$
		$+\dfrac{8a(n-1)}{(2n-1)(4ac-b^2)}\displaystyle\int\dfrac{\mathrm{d}x}{\left(\sqrt{ax^2+bx+c}\right)^{2n-1}}$	$4ac-b^2\neq 0$
3.4.	$\sqrt{ax^2+bx+c}$	$\dfrac{(2ax+b)\sqrt{ax^2+bx+c}}{4a}+$	$a\neq 0$
		$+\dfrac{4ac-b^2}{8a}\displaystyle\int\dfrac{\mathrm{d}x}{\sqrt{ax^2+bx+c}}$	
3.5.	$\left(\sqrt{ax^2+bx+c}\right)^3$	$\dfrac{(2ax+b)\sqrt{ax^2+bx+c}}{8a}\left[ax^2+bx+c+\dfrac{3(4ac-b^2)}{8a}\right]+$	
		$+\dfrac{3(4ac-b^2)^2}{128a^2}\displaystyle\int\dfrac{\mathrm{d}x}{\sqrt{ax^2+bx+c}}$	$a\neq 0$
3.6.	$\left(\sqrt{ax^2+bx+c}\right)^{2n+1}$	$\dfrac{(2ax+b)\left(\sqrt{ax^2+bx+c}\right)^{2n+1}}{4a(n+1)}+$	$n\in N$ $a\neq 0$
		$+\dfrac{(2n+1)(4ac-b^2)}{8a(n+1)}\displaystyle\int\left(\sqrt{ax^2+bx+c}\right)^{2n-1}\mathrm{d}x$	
3.7.	$\dfrac{x}{\sqrt{ax^2+bx+c}}$	$\dfrac{\sqrt{ax^2+bx+c}}{a}-\dfrac{b}{2a}\displaystyle\int\dfrac{\mathrm{d}x}{\sqrt{ax^2+bx+c}}$	$a\neq 0$
3.8.	$\dfrac{x}{\left(\sqrt{ax^2+bx+c}\right)^3}$	$-\dfrac{2(bx+2c)}{(4ac-b^2)\sqrt{ax^2+bx+c}}$	$4ac-b^2\neq 0$
3.9.	$\dfrac{x}{\left(\sqrt{ax^2+bx+c}\right)^{2n+1}}$	$-\dfrac{1}{a(2n-1)\left(\sqrt{ax^2+bx+c}\right)^{2n-1}}-$	$n\in N\setminus\{1\}$ $a\neq 0$
		$-\dfrac{b}{2a}\displaystyle\int\dfrac{\mathrm{d}x}{\left(\sqrt{ax^2+bx+c}\right)^{2n+1}}$	
3.10.	$\dfrac{x^2}{\sqrt{ax^2+bx+c}}$	$\dfrac{2ax-3b}{4a^2}\sqrt{ax^2+bx+c}+$	$a\neq 0$
		$+\dfrac{3b^2-4ac}{8a^2}\displaystyle\int\dfrac{\mathrm{d}x}{\sqrt{ax^2+bx+c}}$	

	$f(x)$	$\int f(x)\,dx$	Bemerkungen
3.11.	$\dfrac{x^2}{\left(\sqrt{ax^2+bx+c}\right)^3}$	$\dfrac{(2b^2-4ac)x+2bc}{a(4ac-b^2)\sqrt{ax^2+bx+c}}+$	$a \neq 0$
		$+\dfrac{1}{a}\int\dfrac{dx}{\sqrt{ax^2+bx+c}}$	$4ac-b^2 \neq 0$
3.12.	$x\sqrt{ax^2+bx+c}$	$\dfrac{\left(\sqrt{ax^2+bx+c}\right)^3}{3a}-\dfrac{b(2ax+b)\sqrt{ax^2+bx+c}}{8a^2}-$	
		$-\dfrac{b(4ac-b^2)}{16a^2}\int\dfrac{dx}{\sqrt{ax^2+bx+c}}$	$a \neq 0$
3.13.	$x\left(\sqrt{ax^2+bx+c}\right)^{2n+1}$	$\dfrac{\left(\sqrt{ax^2+bx+c}\right)^{2n+3}}{a(2n+3)}-$	$n \in N$
		$-\dfrac{b}{2a}\int\left(\sqrt{ax^2+bx+c}\right)^{2n+1}dx$	$a \neq 0$
3.14.	$x^2\sqrt{ax^2+bx+c}$	$\dfrac{(6ax-5b)\left(\sqrt{ax^2+bx+c}\right)^3}{24a^2}+$	
		$+\dfrac{5b^2-4ac}{16a^2}\int\sqrt{ax^2+bx+c}\,dx$	$a \neq 0$

4. Integrale, die trigonometrische Funktionen enthalten

4.1.	$\sin\omega x$	$-\dfrac{1}{\omega}\cos\omega x$	
4.2.	$\cos\omega x$	$\dfrac{1}{\omega}\sin\omega x$	
4.3.	$\sin^n\omega x$	$-\dfrac{\sin^{n-1}\omega x\cos\omega x}{n\omega}+$	$n \in N\setminus\{0\}$
		$+\dfrac{n-1}{n}\int\sin^{n-2}\omega x\,dx$	
4.4.	$\cos^n\omega x$	$\dfrac{\cos^{n-1}\omega x\sin\omega x}{n\omega}+$	$n \in N\setminus\{0\}$
		$+\dfrac{n-1}{n}\int\cos^{n-2}\omega x\,dx$	
4.5.	$x^n\sin\omega x$	$-\dfrac{x^n}{\omega}\cos\omega x+\dfrac{n}{\omega}\int x^{n-1}\cos\omega x\,dx$	$n \in N\setminus\{0\}$

	$f(x)$	$\int f(x)\,\mathrm{d}x$	Bemerkungen
4.6.	$x^n \cos \omega x$	$\frac{x^n}{\omega} \sin \omega x - \frac{n}{\omega} \int x^{n-1} \sin \omega x \,\mathrm{d}x$	$n \in N \setminus \{0\}$
4.7.	$\frac{1}{\sin \omega x}$	$\frac{1}{\omega} \ln \left\| \tan \frac{\omega x}{2} \right\|$	
4.8.	$\frac{1}{\cos \omega x}$	$\frac{1}{\omega} \ln \left\| \tan \left(\frac{\omega x}{2} + \frac{\pi}{4}\right) \right\|$	
4.9.	$\frac{1}{\sin^n \omega x}$	$-\frac{1}{\omega (n-1)} \frac{\cos \omega x}{\sin^{n-1} \omega x} + \frac{n-2}{n-1} \int \frac{\mathrm{d}x}{\sin^{n-2} \omega x}$	$n \in N \setminus \{0; 1\}$
4.10.	$\frac{1}{\cos^n \omega x}$	$\frac{1}{\omega (n-1)} \frac{\sin \omega x}{\cos^{n-1} \omega x} + \frac{n-2}{n-1} \int \frac{\mathrm{d}x}{\cos^{n-2} \omega x}$	$n \in N \setminus \{0; 1\}$
4.11.	$\sin^n \omega x \cos \omega x$	$\frac{1}{\omega (n+1)} \sin^{n+1} \omega x$	$n \in R \setminus \{-1\}$
4.12.	$\sin \omega x \cos^n \omega x$	$-\frac{1}{\omega (n+1)} \cos^{n+1} \omega x$	$n \in R \setminus \{-1\}$
4.13.	$\sin^m \omega x \cos^n \omega x$	$-\frac{\sin^{m-1} \omega x \cos^{n+1} \omega x}{\omega (m+n)} + \frac{m-1}{m+n} \int \sin^{m-2} \omega x \cos^n \omega x \,\mathrm{d}x$ oder $\frac{\sin^{m+1} \omega x \cos^{n-1} \omega x}{\omega (m+n)} + \frac{n-1}{m+n} \int \sin^m \omega x \cos^{n-2} \omega x \,\mathrm{d}x$	$m \in N$ $n \in N$
4.14.	$\sin \omega_1 x \sin \omega_2 x$	$\frac{\sin (\omega_1 - \omega_2) x}{2 (\omega_1 - \omega_2)} - \frac{\sin (\omega_1 + \omega_2) x}{2 (\omega_1 + \omega_2)}$	$\|\omega_1\| \neq \|\omega_2\|$
4.15.	$\sin \omega_1 x \cos \omega_2 x$	$-\frac{\cos (\omega_1 - \omega_2) x}{2 (\omega_1 - \omega_2)} - \frac{\cos (\omega_1 + \omega_2) x}{2 (\omega_1 + \omega_2)}$	$\|\omega_1\| \neq \|\omega_2\|$
4.16.	$\cos \omega_1 x \cos \omega_2 x$	$\frac{\sin (\omega_1 - \omega_2) x}{2 (\omega_1 - \omega_2)} + \frac{\sin (\omega_1 + \omega_2) x}{2 (\omega_1 + \omega_2)}$	$\|\omega_1\| \neq \|\omega_2\|$

	$f(x)$	$\int f(x)\,dx$	Bemerkungen
4.17.	$\sin\omega x\,\sin(\omega x+\varphi)$	$\frac{1}{2}\left[-\frac{1}{2\omega}\sin(2\omega x+\varphi)+x\cos\varphi\right]$	
4.18.	$\cos\omega x\,\cos(\omega x+\varphi)$	$\frac{1}{2}\left[\frac{1}{2\omega}\sin(2\omega x+\varphi)+x\cos\varphi\right]$	
4.19.	$\sin\omega x\,\cos(\omega x+\varphi)$	$\frac{1}{2}\left[-\frac{1}{2\omega}\cos(2\omega x+\varphi)-x\sin\varphi\right]$	
4.20.	$\cos\omega x\,\sin(\omega x+\varphi)$	$\frac{1}{2}\left[-\frac{1}{2\omega}\cos(2\omega x+\varphi)+x\sin\varphi\right]$	
4.21.	$\tan\omega x$	$-\frac{1}{\omega}\ln\lvert\cos\omega x\rvert$	
4.22.	$\tan^n\omega x$	$\frac{1}{\omega(n-1)}\tan^{n-1}\omega x-\int\tan^{n-2}\omega x\,dx$	$n\in N\setminus\{0;1\}$
4.23.	$\cot\omega x$	$\frac{1}{\omega}\ln\lvert\sin\omega x\rvert$	
4.24.	$\cot^n\omega x$	$-\frac{1}{\omega(n-1)}\cot^{n-1}\omega x-\int\cot^{n-2}\omega x\,dx$	$n\in N\setminus\{0;1\}$

5. Integrale, die Hyperbelfunktionen enthalten

5.1.	$\sinh ax$	$\frac{1}{a}\cosh ax$	$a\neq 0$
5.2.	$\cosh ax$	$\frac{1}{a}\sinh ax$	$a\neq 0$
5.3.	$\sinh^n ax$	$\frac{1}{an}\sinh^{n-1}ax\cosh ax-$ $-\frac{n-1}{n}\int\sinh^{n-2}ax\,dx$	$n\in N\setminus\{0;1\}$ $a\neq 0$
5.4.	$\cosh^n ax$	$\frac{1}{an}\cosh^{n-1}ax\sinh ax+$ $+\frac{n-1}{n}\int\cosh^{n-2}ax\,dx$	$n\in N\setminus\{0;1\}$ $a\neq 0$
5.5.	$x^n\sinh ax$	$\frac{x^n}{a}\cosh ax-\frac{n}{a}\int x^{n-1}\cosh ax\,dx$	$n\in N\setminus\{0\}$ $a\neq 0$

	$f(x)$	$\int f(x)\,dx$	Bemerkungen
5.6.	$x^n \cosh ax$	$\frac{x^n}{a}\sinh ax - \frac{n}{a}\int x^{n-1}\sinh ax\,dx$	$n \in N \setminus \{0\}$ $a \neq 0$
5.7.	$\frac{1}{\sinh ax}$	$\frac{1}{a}\ln\left\vert\tanh\frac{ax}{2}\right\vert$	$a \neq 0$
5.8.	$\frac{1}{\cosh ax}$	$\frac{2}{a}\arctan e^{ax}$	$a \neq 0$
5.9.	$\tanh ax$	$\frac{1}{a}\ln\left\vert\cosh ax\right\vert$	$a \neq 0$
5.10.	$\coth ax$	$\frac{1}{a}\ln\left\vert\sinh ax\right\vert$	$a \neq 0$
5.11.	$\tanh^n ax$	$-\frac{1}{a(n-1)}\tanh^{n-1} ax +$ $+\int \tanh^{n-2} ax\,dx$	$n \in N \setminus \{0; 1\}$ $a \neq 0$
5.12.	$\coth^n ax$	$-\frac{1}{a(n-1)}\coth^{n-1} ax +$ $+\int \coth^{n-2} ax\,dx$	$n \in N \setminus \{0; 1\}$ $a \neq 0$

6. Integrale, die Exponentialfunktionen enthalten

6.1.	e^{ax}	$\frac{1}{a}e^{ax}$	
6.2.	$x^n e^{ax}$	$\frac{1}{a}x^n e^{ax} - \frac{n}{a}\int x^{n-1}e^{ax}\,dx$	$n \in N \setminus \{0\}$
6.3.	$e^{ax}\sin\omega x$	$\frac{e^{ax}}{a^2+\omega^2}[a\sin\omega x - \omega\cos\omega x]$	$\vert a\vert \neq \vert\omega\vert$
6.4.	$e^{ax}\cos\omega x$	$\frac{e^{ax}}{a^2+\omega^2}[a\cos\omega x + \omega\sin\omega x]$	$\vert a\vert \neq \vert\omega\vert$
6.5.	$e^{ax}\sinh bx$	$\frac{e^{ax}}{b^2-a^2}[b\cosh bx - a\sinh bx]$	$\vert a\vert \neq \vert b\vert$
6.6.	$e^{ax}\cosh bx$	$\frac{e^{ax}}{b^2-a^2}[b\sinh bx - a\cosh bx]$	$\vert a\vert \neq \vert b\vert$
6.7.	a^{bx}	$\frac{1}{b}\frac{a^{bx}}{\ln a}$	$0 < a \neq 1;\ b \neq 0$

	$f(x)$	$\int f(x)\,dx$	Bemerkungen
7. Integrale, die logarithmische Funktionen enthalten			
7.1.	$\ln x$	$x \ln x - x$	$x > 0$
7.2.	$(\ln x)^n$	$x(\ln x)^n - n \int (\ln x)^{n-1}\,dx$	$n \in N \setminus \{0\}$
7.3.	$x^m \ln x$	$x^{m+1}\left[\frac{\ln x}{m+1} - \frac{1}{(m+1)^2}\right]$	$m \neq -1$
7.4.	$\frac{1}{x} \ln x$	$\frac{1}{2}(\ln x)^2$	
7.5.	$\frac{\ln x}{x^m}$	$-\frac{\ln x}{(m-1)\,x^{m-1}} - \frac{1}{(m-1)^2\,x^{m-1}}$	$m \neq 1$
7.6.	$\frac{(\ln x)^n}{x^m}$	$-\frac{(\ln x)^n}{(m-1)\,x^{m-1}} + \frac{n}{m-1}\int \frac{(\ln x)^{n-1}\,dx}{x^m}$	$m \neq 1$
7.7.	$\frac{1}{x \ln x}$	$\ln \lvert \ln x \rvert$	
8. Integrale, die Arcus-Funktionen enthalten			
8.1.	$\arcsin \frac{x}{a}$	$x \arcsin \frac{x}{a} + \sqrt{a^2 - x^2}$	$\lvert x \rvert \leqq a;\ a \neq 0$
8.2.	$\arccos \frac{x}{a}$	$x \arccos \frac{x}{a} - \sqrt{a^2 - x^2}$	$\lvert x \rvert \leqq a;\ a \neq 0$
8.3.	$\arctan \frac{x}{a}$	$x \arctan \frac{x}{a} - \frac{a}{2}\ln(a^2 + x^2)$	$a \neq 0$
8.4.	$\operatorname{arccot} \frac{x}{a}$	$x \operatorname{arccot} \frac{x}{a} + \frac{a}{2}\ln(a^2 + x^2)$	$a \neq 0$
9. Integrale, die Area-Funktionen enthalten			
9.1.	$\operatorname{arsinh} \frac{x}{a}$	$x \operatorname{arsinh} \frac{x}{a} - \sqrt{x^2 + a^2}$	$a \neq 0$
9.2.	$\operatorname{arcosh} \frac{x}{a}$	$x \operatorname{arcosh} \frac{x}{a} - \sqrt{x^2 - a^2}$	$\lvert x \rvert \geqq \lvert a \rvert;\ a \neq 0$
9.3.	$\operatorname{artanh} \frac{x}{a}$	$x \operatorname{artanh} \frac{x}{a} + \frac{a}{2}\ln \lvert a^2 - x^2 \rvert$	$\lvert x \rvert < \lvert a \rvert;\ a \neq 0$
9.4.	$\operatorname{arcoth} \frac{x}{a}$	$x \operatorname{arcoth} \frac{x}{a} + \frac{a}{2}\ln \lvert x^2 - a^2 \rvert$	$\lvert x \rvert > \lvert a \rvert;\ a \neq 0$

10. Einige bestimmte Integrale

			Bemerkungen
10.1.	$\int_0^{\frac{\pi}{2\omega}} \sin \omega x \, \mathrm{d}x$	$\frac{1}{\omega}$	
10.2.	$\int_0^{\frac{\pi}{2\omega}} \cos \omega x \, \mathrm{d}x$	$\frac{1}{\omega}$	
10.3.	$\int_0^{\frac{\pi}{2\omega}} \sin \omega x \, \mathrm{d}x$	0	
10.4.	$\int_0^{\frac{\pi}{2\omega}} \cos \omega x \, \mathrm{d}x$	0	
10.5.	$\int_0^{2\pi} \sin nx \, \mathrm{d}x$	0	$n \in N$
10.6.	$\int_0^{2\pi} \cos nx \, \mathrm{d}x$	0	$n \in N \setminus \{0\}$
10.7.	$\int_0^{\pi} \sin mx \sin nx \, \mathrm{d}x$	$\begin{cases} 0 & \text{für } m \neq n \\ \frac{\pi}{2} & \text{für } m = n \neq 0 \end{cases}$	$m; n \in N$
10.8.	$\int_0^{\pi} \cos mx \cos nx \, \mathrm{d}x$	$\begin{cases} 0 & \text{für } n \neq n \\ \frac{\pi}{2} & \text{für } m = n \neq 0 \end{cases}$	$m; n \in N$
10.9.	$\int_0^{\pi} \sin mx \cos nx \, \mathrm{d}x$	$\begin{cases} 0 & \text{für } m + n \text{ gerade} \\ \frac{2m}{m^2 - n^2} & \text{für } m + n \text{ ungerade} \end{cases}$	$m; n \in N$
10.10.	$\int_0^{2\pi} \sin mx \sin nx \, \mathrm{d}x$	$\begin{cases} 0 & \text{für } m \neq n \\ \pi & \text{für } m = n \neq 0 \end{cases}$	$m; n \in N$
10.11.	$\int_0^{2\pi} \sin mx \cos nx \, \mathrm{d}x$	0	$m; n \in N$
10.12.	$\int_0^{2\pi} \cos mx \cos nx \, \mathrm{d}x$	$\begin{cases} 0 & \text{für } m \neq n \\ \pi & \text{für } m = n \neq 0 \end{cases}$	$m; n \in N$